KB065675

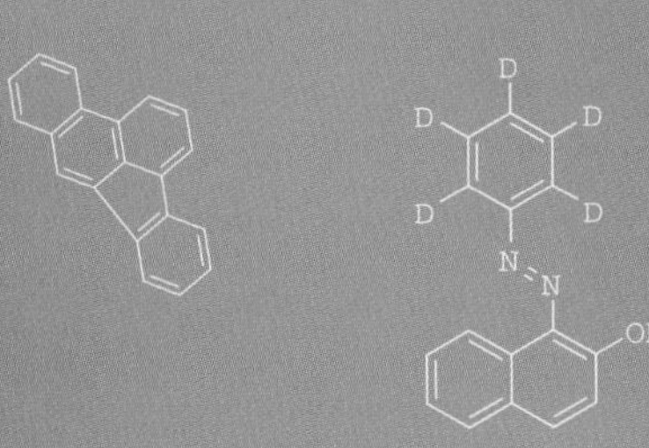
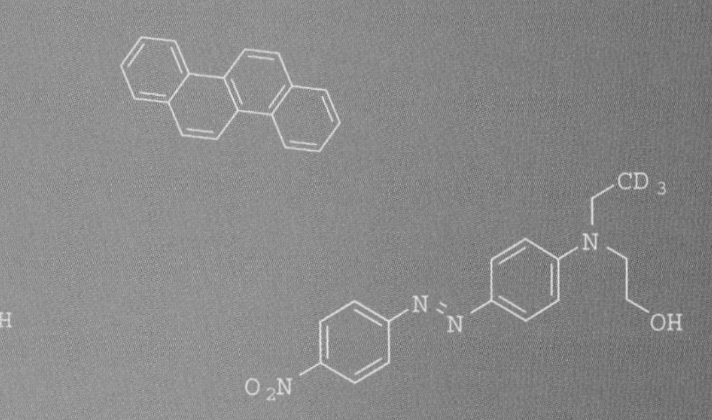

맞춤형 화장품 조제관리사

Customized Cosmetics Preparation Manager

권지우
(주)에듀웨이 R&D 연구소
지음

권지우

- 한국네일진흥원 살롱웍마스터 심사위원
- 한국네일협회 인증강사 자격증 취득
- 한국네일협회 기술강사 자격증
- 서해대학교 피부미용학과 겸임교수
- 건국대학원 뷰티아카데미 네일아트강의
- 삼육대학교 대학원 나노향장학석사과정
- 네일미용사 필기시험 문제집(에듀웨이 출판사) 집필
- 네일미용사 실기 교재(에듀웨이 출판사) 집필

개인의 피부 타입, 특성 등에 맞는 다양한 형태의 맞춤형 화장품에 대한 소비자의 니즈를 충족시키고, 맞춤형 화장품을 우리나라 화장품 산업의 신성장 동력으로 키우기 위해 맞춤형화장품 업종을 신설하였으며, 맞춤형화장품 조제관리사 국가자격증을 세계 최초로 도입하였습니다.

맞춤형화장품 조제관리사는 맞춤형 화장품 판매장에서 개인의 피부 타입이나 취향 등을 고려하여 화장품의 내용물에 다른 화장품의 내용물이나 원료를 혼합하거나 소분해서 판매하는 업무를 하게 됩니다.

특히 화장품 분야 최초로 신설된 국가자격증이고 연령 또는 학력의 제한없이 누구나 응시 가능하기 때문에 기존 화장품 분야에서 일하고 있는 분들뿐만 아니라 취업이나 창업을 꿈꾸는 분들에게 인기 자격증으로 떠올랐습니다.

이에 현직 종사자는 물론 예비 맞춤형화장품 조제관리사들이 보다 쉽게 합격할 수 있도록 이 책을 집필하였습니다.

【이 책의 특징】

1. 기출문제를 바탕으로 최신 법령, 고시, 식약처 자료 등을 분석하여 이론을 정리하였습니다.
2. 기출문제의 유형 및 난이도와 최대한 유사하게 맞춰서 단원별 예상문제와 적중모의고사 문제를 수록하였습니다.
3. 화장품법, 개인정보보호법 등 최근 개정 법령을 반영하였습니다.

이 책으로 공부하신 여러분 모두에게 합격의 영광이 있기를 기원하며 책을 출판하는데 도움을 주신 ㈜에듀웨이 출판사의 임직원 및 편집 담당자, 디자인 실장님에게 지면을 빌어 감사드립니다.

㈜에듀웨이 R&D연구소(미용부문) 드림

출제기준표

Examination Question's Standard

교과목	주요 항목	세부 내용
1 화장품 관련 법령 및 제도 등에 관한 사항	1. 화장품법	• 화장품법의 입법취지 • 화장품의 정의 및 유형 • 화장품의 유형별 특성 • 화장품법에 따른 영업의 종류 • 화장품의 품질 요소(안전성, 안정성, 유효성) • 화장품의 사후관리 기준
	2. 개인정보 보호법	• 고객 관리 프로그램 운용 • 개인정보보호법에 근거한 고객정보 입력 · 고객정보 관리 · 고객 상담
2 화장품의 제조 및 품질관리와 원료의 사용기준 등에 관한 사항	1. 화장품 원료의 종류와 특성	• 화장품 원료의 종류 • 화장품에 사용된 성분의 특성 • 원료 및 제품의 성분 정보
	2. 화장품의 기능과 품질	• 화장품의 효과 • 판매 가능한 맞춤형화장품 구성 • 내용물 및 원료의 품질성적서 구비
	3. 화장품 사용제한 원료	• 화장품에 사용되는 사용제한 원료의 종류 및 사용한도 • 착향제(향료) 성분 중 알레르기 유발 물질
	4. 화장품 관리	• 화장품의 취급방법 · 보관방법 · 사용방법 • 화장품의 사용상 주의사항
	5. 위해사례 판단 및 보고	• 위해여부 판단 • 위해사례 보고
3 화장품의 유통 및 안전관리 등에 관한 사항	1. 작업장 위생관리	• 작업장의 위생 기준 및 상태 • 작업장의 위생 유지관리 활동 • 작업장 위생 유지를 위한 세제의 종류와 사용법 • 작업장 소독을 위한 소독제의 종류와 사용법
	2. 작업장 위생관리	• 작업장 내 직원의 위생 기준 설정 및 위생 상태 판정 • 혼합 · 소분 시 위생관리 규정 • 작업자 위생 유지를 위한 세제의 종류와 사용법 • 작업자 소독을 위한 소독제의 종류와 사용법 • 작업자 위생 관리를 위한 복장 청결상태 판단
	3. 설비 및 기구 관리	• 설비 · 기구의 위생 기준 설정 · 위생 상태 판정 • 오염물질 제거 및 소독 방법 • 설비 · 기구의 구성 재질 구분 • 설비 · 기구의 폐기 기준

교과목	주요 항목	세부 내용
	4. 내용물 및 원료 관리	• 내용물 및 원료의 입고 기준 • 유통화장품의 안전관리 기준 • 입고된 원료 및 내용물 관리기준 • 보관중인 원료 및 내용물 출고기준 • 내용물 및 원료의 폐기기준 및 폐기절차 • 내용물 및 원료의 사용기한 확인 · 판정 • 내용물 및 원료의 개봉 후 사용기한 확인 · 판정 • 내용물 및 원료의 변질 상태(변색, 변취 등) 확인
	5. 포장재의 관리	• 포장재의 입고 기준 • 입고된 포장재 관리기준 • 보관중인 포장재 출고기준 • 포장재의 폐기기준 및 폐기절차 • 포장재의 사용기한 확인 · 판정 • 포장재의 개봉 후 사용기한 확인 · 판정 • 포장재의 변질 상태 확인
4 맞춤형화장품의 특성 · 내용 및 관리 등에 관한 사항	1. 맞춤형화장품 개요	• 맞춤형화장품 정의 • 맞춤형화장품 주요 규정 • 맞춤형화장품의 안전성 · 유효성 · 안정성
	2. 피부 및 모발 생리구조	• 피부 및 모발의 생리 구조 및 상태 분석
	3. 관능평가 방법과 절차	• 관능평가 방법과 절차
	4. 제품 상담	• 맞춤형 화장품의 효과 • 맞춤형 화장품의 부작용의 종류와 현상 • 배합금지 사항 확인 · 배합 • 내용물 및 원료의 사용제한 사항
	5. 제품 안내	• 맞춤형 화장품의 표시사항 및 안전기준의 주요사항 • 맞춤형 화장품의 특징 및 사용법
	6. 혼합 및 소분	• 원료 및 제형의 물리적 특성 • 화장품 배합한도 및 금지원료 • 원료 및 내용물의 유효성 • 원료 및 내용물의 규격(PH, 점도, 색상, 냄새 등) • 혼합 · 소분에 필요한 도구 · 기기 리스트 선택 • 혼합 · 소분에 필요한 기구 사용 • 맞춤형화장품 판매업 준수사항에 맞는 혼합 · 소분 활동
	7. 충진 및 포장	• 제품에 맞는 충진 · 포장 방법 • 용기 기재사항
	8. 재고관리	• 원료 및 내용물의 재고 파악 • 적정 재고를 유지하기 위한 발주

시험개요

Accept Application - Objective Test Process

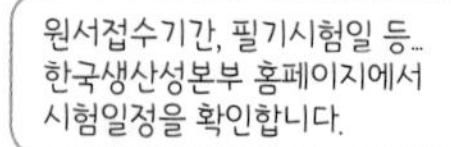

1 자격종목 : 맞춤형화장품조제관리사

2 시행처 : 식품의약품안전처

3 시행기관 : 한국생산성본부

4 응시자격 : 제한 없음

5 시험문항 유형

시험과목	문항 유형(총 100문항)	과목별 총점	시험방법
화장품 관련 법령 및 제도 등에 관한 사항	선다형 7문항(1~7번) 단답형 3문항(81~83번)	100점	필기시험
화장품의 제조 및 품질관리와 원료의 사용기준 등에 관한 사항	선다형 20문항(8~27번) 단답형 5문항(84~88번)	250점	
화장품의 유통 및 안전관리 등에 관한 사항	선다형 25문항(28~52번)	250점	
맞춤형화장품의 특성 · 내용 및 관리 등에 관한 사항	선다형 28문항(53~80번) 단답형 12문항(89~100번)	400점	

※ 문항별 배점은 난이도별로 상이하며, 구체적인 문항배점은 비공개입니다.

6 시험시간

입실완료 : 09:00까지

시험시간 : 09:30~11:30(120분)

7 합격기준

전 과목 총점(1,000점)의 **60%(600점)** 이상을 득점하고, 각 과목별 만점의 **40%** 이상을 득점한 자

8 응시 수수료 : 100,000원

9 시험운영기관

- 한국생산성본부 자격컨설팅센터
- 전화번호 : **1577-9402**
- 홈페이지 : **ccmm.kpc.or.kr**

10 주요 유의사항

- 준비물 : 신분증, 수험표, 검정색 필기구(볼펜, 컴퓨터용 사인펜 등)
- 손목시계 사용 가능(단, 시각만 확인 가능한 것만 사용 가능)
- 시험 중 전자기기 또는 통신기기 휴대할 수 없음
- 선다형 답안 작성 시 컴퓨터용 사인펜을 이용하여 답안 카드(OMR) 카드에 기입하며,
  단답형 답안 작성 시 반드시 검정색 볼펜 등을 이용하여 기입한다.
  (단답형 답안을 정정할 경우 두 줄(=)을 긋고 다시 기재하며, 수정테이프(액) 사용하지 말 것)
- 시험 후 문제지 및 시험 후 본인이 작성한 답안에 대한 메모 반출 불가

※ 기타 시험에 관련된 사항은 위의 연락처에 문의하시기 바랍니다.

출제비율

a Ratio of Questions

※ 본 교재의 분류에 따른 출제비율입니다.
시험 일자 및 회차에 따라 차이가 있을 수 있습니다.

	1회 시험	2회 시험	3회 시험	4회 시험
화장품법, 시행령, 시행규칙	26문항	24문항	22문항	27문항
화장품 안전기준 등에 관한 규정	16문항	17문항	15문항	4문항
우수화장품 제조 및 품질관리기준(CGMP)	14문항	5문항	17문항	17문항
기능성화장품 심사에 관한 규정	7문항	7문항	3문항	1문항
기능성화장품 기준 및 시험방법	1문항	4문항	2문항	2문항
피부생리학	6문항	12문항	5문항	7문항
화장품 사용 시의 주의사항 및 알레르기 유발성분 표시에 관한 규정	2문항	3문항	4문항	4문항
천연화장품 및 유기농화장품의 기준에 관한 규정	3문항	1문항	3문항	3문항
화장품 표시 · 광고 실증에 관한 규정	2문항	4문항		4문항
개인정보보호법	2문항	2문항	2문항	2문항
화장품 안전성정보관리 규정	3문항		3문항	1문항
화장품의 색소 종류와 기준 및 시험방법	2문항		2문항	
위해평가 방법 및 절차 등에 관한 규정	1문항			
맞춤형화장품판매업 가이드라인		3문항	5문항	
인체적용제품의 위해성평가 등에 관한 규정		2문항		2문항
화장품 표시 · 광고를 위한 인증 · 보증 기관의 신뢰성 인정에 관한 규정				
화장품 성분 · 원료, 조제관리사 업무, 기구, 중량	16문항	16문항	16문항	22문항
기타 특수 문제		• 화장품 피부감작성 동물대체시험법 가이드라인 • 화장품독성시험동물대체시험법 • 화장품 바코드 표시 및 관리요령 • 미생물한도 시험법 가이드라인		• 제품의 포장재질 · 포장방법에 관한 기준 등에 관한 규칙 • 화장품 표시·광고를 위한 인증·보증기관의 신뢰성 인정에 관한 규정

이 책의 특징

the Feature & Merit of This Book

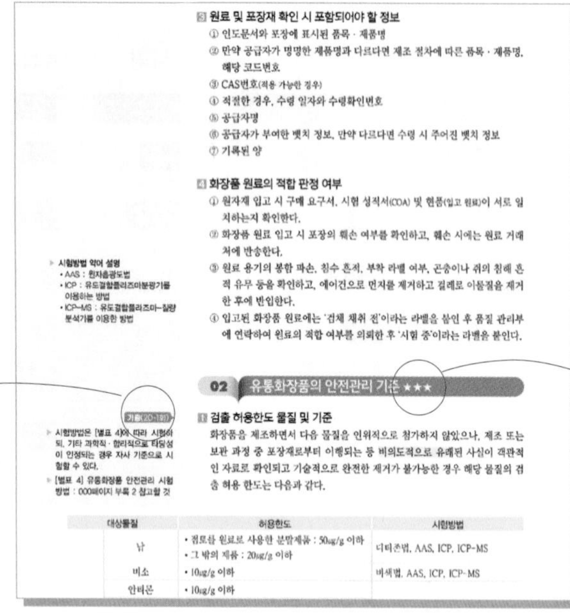

6 원료 및 포장재 확인 시 포함되어야 할 정보

① 인도문서와 포장에 표시된 품목 · 제품명
② 만약 공급자가 명명한 제품명과 다르다면 제조 절차에 따른 품목 · 제품명, 해당 코드번호
③ CAS번호(적용 가능한 경우)
④ 적절한 경우, 수령 일자와 수령확인번호
⑤ 공급자명
⑥ 공급자가 부여한 뱃치 정보, 만약 다르다면 수령 시 주어진 뱃치 정보
⑦ 기록된 양

7 화장품 원료의 적합 판정 여부

① 원자재 입고 시 구매 요구서, 시험 성적서(COA) 및 현품(입고 원료)이 서로 일치하는지 확인한다.
② 화장품 원료 입고 시 포장의 훼손 여부를 확인하고, 훼손 시에는 원료 거래처에 반송한다.
③ 원료 용기의 봉함 파손, 침수 흔적, 부착 라벨 여부, 곤충이나 쥐의 침해 흔적 유무 등을 확인하고, 에어건으로 먼지를 제거하고 걸레로 이물질을 제거한 후에 반입한다.
④ 입고된 화장품 원료에는 '검체 채취 전'이라는 라벨을 부착 후 품질 관리부에 연락하여 원료의 적합 여부를 의뢰한 후 '시험 중'이라는 라벨을 붙인다.

▸ 시험방법 약어 설명
- AAS : 원자흡광도법
- ICP : 유도결합플라즈마분광기를 이용하는 방법
- ICP-MS : 유도결합플라즈마-질량 분석기를 이용한 방법

02 유통화장품의 안전관리 기준 ★★★

1 검출 허용한도 물질 및 기준

화장품을 제조하면서 다음 물질을 인위적으로 첨가하지 않았으나, 제조 또는 보관 과정 중 포장재로부터 이행되는 등 비의도적으로 유래된 사실이 객관적인 자료로 확인되고 기술적으로 완전한 제거가 불가능한 경우 해당 물질의 검출 허용 한도는 다음과 같다.

기출(20-1회)

▸ 시험방법은 [별표 4]에 따라 시험하되, 기타 과학적 · 합리적으로 타당성이 인정되는 경우 자사 기준으로 시험할 수 있다.

▸ [별표 4] 유통화장품 안전관리 시험방법 : 000페이지 부록 2 참고할 것

대상물질	허용한도	시험방법
납	• 점토를 원료로 사용한 분말제품 : 50㎍/g 이하 • 그 밖의 제품 : 20㎍/g 이하	디티존법, AAS, ICP, ICP-MS
비소	• 10㎍/g 이하	비색법, AAS, ICP, ICP-MS
안티몬	• 10㎍/g 이하	

노트형 이론정리

방대한 이론 및 법규 내용을 한 눈에 정리하기 쉽도록 내용을 구분하여 가독성을 향상시켰습니다.

기출 표시

이론 내용 중 시험에 출제된 부분을 표시하여 유형파악에 도움이 되고자 했습니다.

중요도 표시

출제비율에 따라 출제빈도가 높은 부분에 별표로 표시하여 반드시 학습해야 할 범위를 체크했습니다.

형광펜 표시

기출분석을 통해 반드시 숙지해야 할 내용에는 형광펜 표시를 하여 가독성을 높였습니다.

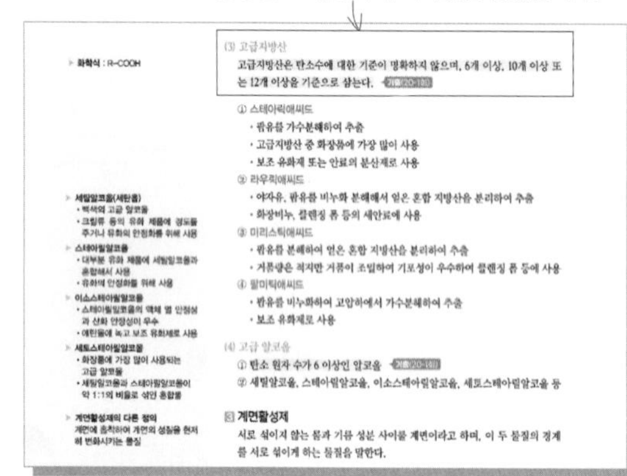

▸ 화학식 : R-COOH

(3) 고급지방산

고급지방산은 탄소수에 대한 기준이 명확하지 않으며, 6개 이상, 10개 이상 또는 12개 이상을 기준으로 삼는다. 기출(20-1회)

① 스테아릭애씨드
- 팜유를 가수분해하여 추출
- 고급지방산 중 화장품에 가장 많이 사용
- 보조 유화제 또는 안료의 분산제로 사용

② 라우릭애씨드
- 야자유, 팜유를 비누화 분해해서 얻은 혼합 지방산을 분리하여 추출
- 화장비누, 클렌징 폼 등의 세안료에 사용

③ 미리스틱애씨드
- 팜유를 분해하여 얻은 혼합 지방산을 분리하여 추출
- 거품생은 적지만 거품이 조밀하여 기포성이 우수하여 클렌징 폼 등에 사용

④ 팔미틱애씨드
- 팜유를 비누화하여 고압하에서 가수분해하여 추출
- 보조 유화제로 사용

(4) 고급 알코올

① 탄소 원자 수가 6 이상인 알코올 기출(20-1회)
② 세틸알코올, 스테아릴알코올, 이소스테아릴알코올, 세토스테아릴알코올 등

▸ 세틸알코올(세탄올)
- 백색의 고급 알코올
- 크림류 등의 유화 제품에 경도를 주거나 유화의 안정화를 위해 사용

▸ 스테아릴알코올
- 대부분 유화 제품에 세틸알코올과 혼합해서 사용
- 유화의 안정화를 위해 사용

▸ 이소스테아릴알코올
- 스테아릴알코올의 액체 열 안정성과 산화 안정성이 우수
- 에탄올에 녹고 보조 유화제로 사용

▸ 세토스테아릴알코올
- 화장품에 가장 많이 사용되는 고급 알코올
- 세틸알코올과 스테아릴알코올이 약 1:1의 비율로 섞인 혼합물

5 계면활성제

서로 섞이지 않는 물과 기름 성분 사이를 계면이라고 하며, 이 두 물질의 경계를 서로 섞이게 하는 물질을 말한다.

▸ 계면활성제의 다른 정의
계면에 흡착하여 계면의 성질을 현저히 변화시키는 물질

해설란

이론과 관계된 용어 이해, 참고, 수험준비에 유용한 설명 및 시험에 관련된 주요 내용 등을 별도로 수록하였습니다.

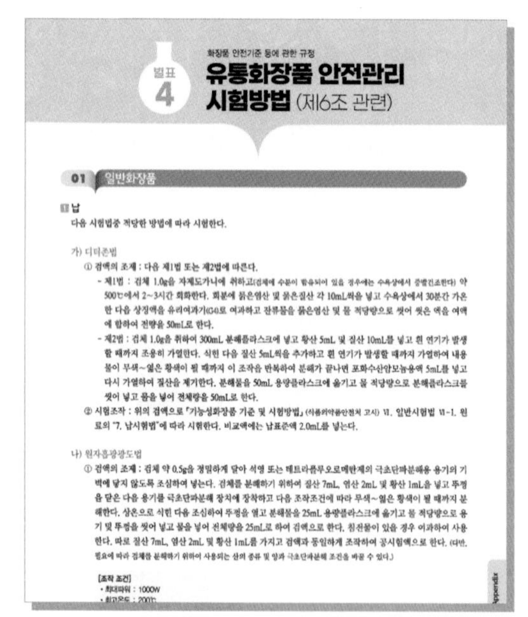

화장품 안전기준 등에 관한 규정

별표 4 유통화장품 안전관리 시험방법 (제6조 관련)

01 일반화장품

1 납

다음 시험법중 적당한 방법에 따라 시험한다.

가) 디티존법

① 검액의 조제 : 다음 제1법 또는 제2법에 따른다.

- 제1법 : 검체 1.0g을 자제도가니에 취하고(검체에 수분이 함유되어 있을 경우에는 수욕상에서 증발건조한다) 약 500℃에서 2~3시간 회화한다. 회분에 묽은염산 및 묽은질산 각 10mL씩을 넣고 수욕상에서 30분간 가온한 다음 상징액을 유리여과기(G4)로 여과하고 잔류물을 묽은염산 및 물 적당량으로 씻어 씻은 액을 여액에 합하여 전량을 50mL로 한다.
- 제2법 : 검체 1.0g을 취하여 300mL 분해플라스크에 넣고 황산 5mL 및 질산 10mL를 넣고 흰 연기가 발생할 때까지 조용히 가열한다. 식힌 다음 질산 5mL씩을 추가하고 흰 연기가 발생할 때까지 가열하여 내용물이 무색~엷은 황색이 될 때까지 이 조작을 반복하여 분해가 끝나면 포화수산암모늄용액 5mL를 넣고 다시 가열하여 질산을 제거한다. 분해물을 50mL 용량플라스크에 옮기고 물 적당량으로 분해플라스크를 씻어 넣고 물을 넣어 전체량을 50mL로 한다.

② 시험조작 : 위의 검액으로 「기능성화장품 기준 및 시험방법」(식품의약품안전처 고시) Ⅵ. 일반시험법 Ⅵ-1. 원료의 "7. 납시험법"에 따라 시험한다. 비교액에는 납표준액 2.0mL를 넣는다.

나) 원자흡광광도법

① 검액의 조제 : 검체 약 0.5g을 정밀하게 달아 석영 또는 테트라플루오로메탄제의 극초단파분해용 용기의 기벽에 닿지 않도록 조심하여 넣는다. 검체를 분해하기 위하여 질산 7mL, 염산 2mL 및 황산 1mL을 넣고 뚜껑을 닫은 다음 용기를 극초단파분해 장치에 장착하고 다음 조작조건에 따라 무색~엷은 황색이 될 때까지 분해한다. 상온으로 식힌 다음 조심하여 뚜껑을 열고 분해물을 25mL 용량플라스크에 옮기고 물 적당량으로 용기 및 뚜껑을 씻어 넣고 물을 넣어 전체량을 25mL로 하여 검액으로 한다. 침전물이 있을 경우 여과하여 사용한다. 따로 질산 7mL, 염산 2mL 및 황산 1mL를 가지고 검액과 동일하게 조작하여 공시험액으로 한다. (다만, 필요에 따라 검체를 분해하기 위하여 사용되는 산의 종류 및 양과 극초단파분해 조건을 바꿀 수 있다.)

[조작 조건]
- 최대파워 : 1000W
- 최고온도 : 200℃

Appendix

관련 법령 수록

이론과 관계된 용어, 설명 및 시험에 관련된 내용 등을 별도로 수록하였습니다.

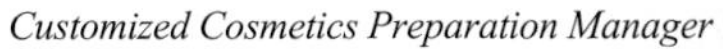

출제예상문제

01 다음 중 맞춤형화장품조제관리사의 업무로 옳지 않은 것은?

① 맞춤형화장품조제관리사는 화장품의 안전성 확보 및 품질관리에 관한 교육을 매년 받아야 한다.
② 맞춤형화장품조제관리사는 화장품의 용기에 담은 내용물을 나누어 판매할 수 있다.
③ 맞춤형화장품조제관리사는 화장품의 내용물에 다른 화장품의 내용물 또는 원료를 혼합하여 판매할 수 있다.
④ 책임판매업자가 기능성화장품으로 보고한 원료를 혼합하여 조제한 맞춤형화장품을 고객에게 판매할 수 있다.
⑤ 맞춤형화장품조제관리사는 맞춤형화장품 판매내역서를 작성 · 보관해야 한다.

⑤ 맞춤형화장품 판매내역서 작성 · 보관은 맞춤형화장품판매업자의 업무에 해당한다.

02 다음 중 1차 위반 시 행정 처분기준이 등록취소인 경우는?

① 제조소의 소재지 변경 사항 등록을 하지 않은 경우
② 화장품법 제3조의3 결격사유에 해당하는 경우
③ 제6조제1항에 따른 제조 또는 품질검사에 필요한 시설 및 기구의 전부가 없는 경우
④ 국민보건에 위해를 끼쳤거나 끼칠 우려가 있는 화장품을 제조 · 수입한 경우
⑤ 심사를 받지 않거나 거짓으로 보고하고 기능성화장품을 판매한 경우

① 4차 이상 위반 시 등록취소
③ 3차 위반 시 등록취소
④ 4차 위반 시 등록취소
⑤ 3차 위반 시 등록취소

03 맞춤형화장품판매업자의 변경신고를 하지 않은 경우 1차 행정처분 기준은?

① 시정명령
② 판매업무정지 5일
③ 판매업무정지 15일
④ 판매업무정지 20일
⑤ 판매업무정지 1개월

• 1차 위반 : 시정명령
• 2차 위반 : 판매업무정지 5일
• 3차 위반 : 판매업무정지 15일
• 4차 이상 위반 : 판매업무정지 1개월

04 맞춤형화장품판매업소 소재지의 변경신고를 하지 않은 경우 3차 행정처분 기준은?

① 판매업무정지 1개월
② 판매업무정지 2개월
③ 판매업무정지 3개월
④ 판매업무정지 4개월
⑤ 판매업무정지 5개월

• 1차 위반 : 판매업무정지 1개월
• 2차 위반 : 판매업무정지 2개월
• 3차 위반 : 판매업무정지 3개월
• 4차 이상 위반 : 판매업무정지 4개월

05 다음 중 화장품법에 따른 과태료 부과기준이 다른 하나는?

① 폐업 또는 휴업 신고를 하지 않은 경우
② 화장품의 판매 가격을 표시하지 않은 경우
③ 화장품의 생산실적 또는 수입실적 또는 화장품 원료의 목록 등을 보고하지 않은 경우
④ 맞춤형화장품조제관리사가 화장품의 안전성 확보 및 품질관리에 관한 교육을 받지 않은 경우
⑤ 동물실험을 실시한 화장품 원료를 사용하여 제조 또는 수입한 화장품을 유통 · 판매한 경우

①~④는 50만원의 과태료에 해당하고, ⑤는 100만원의 과태료에 해당한다.

정답 01 ⑤ 02 ② 03 ① 04 ③ 05 ⑤

274 | 제4장_ 맞춤형화장품의 이해

단원별 출제예상문제

기출복원문제를 토대로 각 장(과목) 뒤에 풍부한 파생형 출제예상문제를 수록하여 예상가능한 출제동향을 파악할 수 있도록 하였습니다.

최종점검 – 다양한 출제유형을 통해 마무리하자!

실전모의고사 제1회

[선다형] 다음 문제를 읽고 답안을 선택하시오.

[제1과목 | 화장품법의 이해]

01 화장품법상 화장품의 정의와 관련한 내용이 아닌 것은?

① 인체에 대한 약리적인 효과를 주기 위해 사용하는 물품
② 인체를 청결 · 미화하여 매력을 더하고 용모를 밝게 변화시키기 위해 사용하는 물품
③ 피부 혹은 모발의 건강을 유지 또는 증진하기 위한 물품
④ 인체에 사용되는 물품으로 인체에 대한 작용이 경미한 것
⑤ 인체에 바르고 문지르거나 뿌리는 등의 방법으로 사용되는 물품

02 <보기>에서 '화장품법 제2조의2' 영업의 종류에 해당하는 것을 모두 고른 것은?

【보기】
㉠ 화장품을 직접 제조하는 영업
㉡ 화장품 제조를 위탁받아 제조하는 영업
㉢ 화장품의 1차 포장을 하는 영업
㉣ 화장품의 2차 포장을 하는 영업
㉤ 화장품제조업자에게 위탁하여 제조된 화장품을 유통 · 판매하는 영업

① ㉠, ㉡, ㉢　② ㉠, ㉡, ㉣
③ ㉡, ㉢, ㉣　④ ㉡, ㉢, ㉤
⑤ ㉢, ㉣, ㉤

03 <보기>는 화장품법 제6조 폐업 등의 신고에 관한 내용이다. (　)에 들어갈 말로 적합한 것은?

【보기】
영업자가 폐업 또는 휴업하려는 경우 총리령으로 정하는 바에 따라 식품의약품안전처장에게 신고하여야 한다. 다만, 휴업기간이 (　) 미만이거나 그 기간 동안 휴업하였다가 그 업을 재개하는 경우에는 그러하지 아니하다.

① 1개월　② 2개월　③ 3개월
④ 5개월　⑤ 6개월

해설

01 "화장품"이란 인체를 청결 · 미화하여 매력을 더하고 용모를 밝게 변화시키거나 피부 · 모발의 건강을 유지 또는 증진하기 위하여 인체에 바르고 문지르거나 뿌리는 등 이와 유사한 방법으로 사용되는 물품으로서 인체에 대한 작용이 경미한 것을 말한다. 다만, 「약사법」 제2조제4호의 의약품에 해당하는 물품은 제외한다.

02 화장품제조업의 범위
• 화장품을 직접 제조하는 영업
• 화장품 제조를 위탁받아 제조하는 영업
• 화장품의 포장(1차 포장만 해당)을 하는 영업

03 휴업기간이 1개월 미만이거나 그 기간 동안 휴업하였다가 그 업을 재개하는 경우에는 신고를 할 필요가 없다.

정답 01 ① 02 ① 03 ①

294 | Chapter 05_ 실전 모의고사

기출복원문제를 기반으로 한 실전모의고사

에듀웨이 전문위원들이 출제비율을 바탕으로 출제빈도가 높은 문제를 엄선하여 상세한 해설과 함께 모의고사 4회분으로 수록하였습니다.

Contents

Customized Cosmetics Preparation Manager

At a glance

CHAPTER

01

화장품 관련 법령 및 제도 등에 관한 사항

Customized Cosmetics Preparation Manager

Section 01

화장품법 입법 취지 · 화장품의 정의 및 유형

[식약처 동영상 강의]

01 화장품법의 개요

▶ 1999년 9월7일 화장품법 제정
2000년 7월1일 시행

1 화장품법의 제정 이유

화장품을 약사법에서 의약품등의 범위에 포함하여 의약품과 동등하거나 유사하게 규제를 하고 있어 외국화장품과 동등한 경쟁여건 확보를 위한 시의적절한 대응이 어려운 바, 화장품의 특성에 부합되는 적절한 관리와 동 산업의 경쟁력 배양을 위한 제도의 도입이 요망되어 약사법 중 화장품과 관련된 규정을 분리하여 화장품법 제정

2 화장품법의 목적

화장품의 제조 · 수입 · 판매 및 수출 등에 관한 사항을 규정함으로써 국민보건 향상과 화장품 산업의 발전에 기여

02 화장품의 정의 및 유형

1 용어 정의

① 화장품

기출(20-1회)

▶ 화장품의 정의
"화장품"이란 인체를 청결 · 미화하여 매력을 더하고 용모를 밝게 변화시키거나 피부 · 모발의 건강을 유지 또는 증진하기 위하여 인체에 바르고 문지르거나 뿌리는 등 이와 유사한 방법으로 사용되는 물품으로서 인체에 대한 작용이 경미한 것을 말한다. 다만, 「약사법」 제2조제4호의 의약품에 해당하는 물품은 제외한다.

구분	용어설명
화장품	• 인체를 청결 · 미화하여 매력을 더하고 용모를 밝게 변화시키기 위해 사용하는 물품 • 피부 혹은 모발의 건강을 유지 또는 증진하기 위한 물품 • 인체에 바르고 문지르거나 뿌리는 등의 방법으로 사용되는 물품 • 인체에 사용되는 물품으로 인체에 대한 작용이 경미한 것 • 의약품이 아닐 것
맞춤형 화장품	• 제조 또는 수입된 화장품의 내용물에 다른 화장품의 내용물이나 식품의약품안전처장이 정하는 원료를 추가하여 혼합한 화장품 • 제조 또는 수입된 화장품의 내용물을 소분한 화장품
천연 화장품	동식물 및 그 유래 원료 등을 함유한 화장품으로서 식품의약품안전처장이 정하는 기준에 맞는 화장품
유기농 화장품	유기농 원료, 동식물 및 그 유래 원료 등을 함유한 화장품으로서 식품의약품안전처장이 정하는 기준에 맞는 화장품

② 안전용기 · 포장 : 만 5세 미만의 어린이가 개봉*하기 어렵게 설계 · 고안된 용기나 포장

③ 사용기한 : 화장품이 제조된 날부터 적절한 보관 상태에서 제품이 고유의 특성을 간직한 채 소비자가 안정적으로 사용할 수 있는 최소한의 기한

④ 1차 포장 : 화장품 제조 시 내용물과 직접 접촉하는 포장용기

⑤ 2차 포장 : 1차 포장을 수용하는 1개 또는 그 이상의 포장과 보호재 및 표시의 목적으로 한 포장(첨부문서 등 포함)

⑥ 표시 : 화장품의 용기 · 포장에 기재하는 문자 · 숫자 · 도형 또는 그림 등

⑦ 화장품제조업 : 화장품의 전부 또는 일부를 제조(2차 포장 또는 표시만의 공정은 제외)하는 영업

⑧ 화장품책임판매업 : 취급하는 화장품의 품질 및 안전 등을 관리하면서 이를 유통 · 판매하거나 수입대행형 거래를 목적으로 알선 · 수여하는 영업

⑨ 맞춤형화장품판매업 : 맞춤형화장품을 판매하는 영업

기출(20-1회, 21-3회)

▶ 개봉하기 어려운 정도의 구체적인 기준 및 시험방법은 산업통상자원부장관이 정하여 고시하는 바에 따른다.

기출(20-1회, 21-3회)

2 화장품의 유형 ★★★

유형	종류
만 3세 이하의 영유아용 제품류	• 영 · 유아용 샴푸, 린스 • 영 · 유아용 로션, 크림 • 영 · 유아용 오일 • 영 · 유아 인체 세정용 제품 • 영 · 유아 목욕용 제품
목욕용 제품류	• 목욕용 오일 · 정제 · 캡슐 • 목욕용 소금류 • 버블 배스 • 그 밖의 목욕용 제품류
인체 세정용 제품류	• 폼 클렌저 • 바디 클렌저 • 액체 비누 및 화장 비누(고체 형태의 세안용 비누) • 외음부 세정제 • 물휴지* • 그 밖의 인체 세정용 제품류
눈 화장용 제품류	• 아이브로 펜슬 • 아이 라이너 • 아이 섀도 • 마스카라 • 아이 메이크업 리무버 • 그 밖의 눈 화장용 제품류
방향용 제품류	• 향수 • 분말향 • 향낭(香囊, 향주머니) • 콜롱

기출(20-2회)

▶ **화장품법상 영유아 및 어린이 연령 기준**
• 영유아 : 만 3세 이하
• 어린이 : 만 4세 이상부터 만 13세 이하까지

기출(21-4회)

▶ • 손세정제 : 화장품
• 손소독제 : 의약외품

▶ 구강청결용 물휴지는 의약외품에 속한다.

▶ 디퓨저는 화장품에 해당하지 않는다.

유형	종류
두발 염색용 제품류	• 헤어 틴트 • 헤어 컬러스프레이 • 염모제 • 탈염 · 탈색용 제품 • 그 밖의 두발 염색용 제품류
색조 화장용 제품류	• 볼연지 • 페이스 파우더, 페이스 케이크 • 리퀴드 · 크림 · 케이크 파운데이션 • 메이크업 베이스 • 메이크업 픽서티브 • 립스틱, 립라이너 • 립글로스, 립밤 • 바디페인팅, 페이스페인팅, 분장용 제품 • 그 밖의 색조 화장용 제품류
두발용 제품류	• 헤어 컨디셔너 • 헤어 토닉 • 헤어 그루밍 에이드 • 헤어 크림 · 로션 및 헤어 오일 • 포마드 • 헤어 스프레이 · 무스 · 왁스 · 젤 • 샴푸, 린스 • 퍼머넌트 웨이브 • 헤어 스트레이트너 • 흑채 • 그 밖의 두발용 제품류
손발톱용 제품류	• 베이스코트, 언더코트 • 네일폴리시, 네일에나멜 • 탑코트 • 네일 크림 · 로션 · 에센스 • 네일폴리시 · 네일에나멜 리무버 • 그 밖의 손발톱용 제품류
면도용 제품류	• 애프터셰이브 로션 • 남성용 면도용 파우더 • 프리셰이브 로션 • 셰이빙 크림, 셰이빙 폼 • 그 밖의 면도용 제품류

기출(20-1회)

▶ 메이크업 픽서티브(fixative)
메이크업 효과를 지속시키기 위해 메이크업 마무리 단계에 사용되는 고정용 제품으로, 색조화장용 제품류에 속한다.

▶ 립스틱, 립라이너
입술에 색조효과와 윤기를 주고 건조를 방지하여 입술을 건강하고 부드럽게 하기 위해 사용

▶ 립글로스, 립밤
입술에 도포하여 색조효과보다는 입술에 윤기를 주며, 촉촉하게 보이게 하기 위해 사용

▶ CheckPoint
두발 염색용 제품류와 두발용 제품류를 잘 구분하도록 한다.

▶ 포마드 : 두발에 윤기를 주어 정발효과를 주기 위하여 사용하는 제품

▶ 남성용 면도용 파우더 : 피부의 유 · 수분을 조절하여 면도 시 제거된 털이 피부에 달라붙는 것을 방지하고 피부의 진정효과를 위해 사용하는 제품

유형	종류
기초화장용 제품류	• 수렴 · 유연 · 영양 화장수 • 마사지 크림 • 에센스, 오일 • 파우더 • 바디 제품 • 팩, 마스크 • 눈 주위 제품 • 로션, 크림 • 손 · 발의 피부연화 제품 • 클렌징 워터, 클렌징 오일, 클렌징 로션, 클렌징 크림 등 메이크업 리무버 • 그 밖의 기초화장용 제품류
체취 방지용 제품류	• 데오도런트 • 그 밖의 체취 방지용 제품류
체모 제거용 제품류	• 제모제 • 제모왁스 • 그 밖의 체모 제거용 제품류

기출(20-1회)

기출(21-3회)

▶ • 제모제 : 체모의 시스틴 결합을 환원제로 화학적으로 절단하여 제거하는 제품
• 제모왁스 : 물리적으로 체모를 제거하는 제품

Customized Cosmetics Preparation Manager

Section 02

화장품법에 따른 영업의 종류

[식약처 동영상 강의]

01 화장품법에 따른 영업

1 화장품 영업의 종류 및 범위

▶ 각 종류에 따른 범위를 구분한다.

▶ 2차 포장 공정만 하는 경우 등록 대상에서 제외

▶ 수입대행형 거래는 전자상거래만 해당된다.

종류	범위
화장품 제조업	• 화장품을 직접 제조하는 영업 • 화장품 제조를 위탁받아 제조하는 영업 • 화장품의 포장(1차 포장만 해당)을 하는 영업
화장품 책임판매업	• 화장품제조업자가 화장품을 직접 제조하여 유통 · 판매하는 영업 • 화장품제조업자에게 위탁하여 제조된 화장품을 유통 · 판매하는 영업 • 수입된 화장품을 유통 · 판매하는 영업 • 수입대행형 거래를 목적으로 화장품을 알선 · 수여하는 영업
맞춤형화장품 판매업	• 제조 또는 수입된 화장품의 내용물에 다른 화장품의 내용물이나 식품의약품안전처장이 정하여 고시하는 원료를 추가하여 혼합한 화장품을 판매하는 영업 • 제조 또는 수입된 화장품의 내용물을 소분한 화장품을 판매하는 영업

2 영업의 금지

누구든지 다음의 어느 하나에 해당하는 화장품을 판매(수입대행형 거래를 목적으로 하는 알선 · 수여 포함)하거나 판매할 목적으로 제조 · 수입 · 보관 또는 진열해서는 안 된다.

① 심사를 받지 아니하거나 보고서를 제출하지 아니한 기능성화장품
② 전부 또는 일부가 변패(變敗)된 화장품
③ 병원미생물에 오염된 화장품
④ 이물이 혼입되었거나 부착된 것
⑤ 화장품에 사용할 수 없는 원료를 사용하였거나 유통화장품 안전관리 기준에 적합하지 않은 화장품
⑥ 코뿔소 뿔 또는 호랑이 뼈와 그 추출물을 사용한 화장품
⑦ 보건위생상 위해가 발생할 우려가 있는 비위생적인 조건에서 제조되었거나 시설기준에 적합하지 아니한 시설에서 제조된 것
⑧ 용기나 포장이 불량하여 해당 화장품이 보건위생상 위해를 발생할 우려가 있는 것

⑨ 사용기한 또는 개봉 후 사용기간(병행 표기된 제조연월일 포함)을 위조 · 변조한 화장품

⑩ 식품의 형태 · 냄새 · 색깔 · 크기 · 용기 및 포장 등을 모방하여 섭취 등 식품으로 오용될 우려가 있는 화장품

02 맞춤형화장품판매업

1 영업 신고

① 맞춤형화장품판매업을 신고하려는 자는 총리령으로 정하는 시설기준을 갖추어야 하며, 맞춤형화장품의 혼합 · 소분 등 품질 · 안전 관리 업무에 종사하는 자(맞춤형화장품조제관리사)를 두어야 한다.

② 제출서류
- 맞춤형화장품판매업 신고서
- 맞춤형화장품조제관리사의 자격증 사본
- 시설의 명세서
- 맞춤형화장품판매업 신고필증 사본(한시적 영업의 경우에 해당)

③ 제출처 : 소재지 관할 지방식품의약품안전청장

④ 등기사항증명서 확인 : 행정정보의 공동이용을 통해 확인(법인인 경우)

⑤ 신고 요건을 갖춘 경우 맞춤형화장품판매업 신고대장에 다음 사항을 적고, 맞춤형화장품판매업 신고필증 발급
- 신고 번호 및 신고 연월일
- 맞춤형화장품판매업자의 성명 및 생년월일
  (법인인 경우 대표자의 성명 및 생년월일)
- 맞춤형화장품판매업자의 상호 및 소재지
- 맞춤형화장품판매업소의 상호 및 소재지
- 맞춤형화장품조제관리사의 성명, 생년월일 및 자격증 번호
- 영업의 기간(한시적으로 맞춤형화장품판매업을 하려는 경우만 해당)

2 변경신고

① 변경신고 사항
- 맞춤형화장품판매업자의 변경
- 맞춤형화장품판매업소의 상호 또는 소재지 변경
- 맞춤형화장품조제관리사의 변경

② 처리기간 : 10일 (맞춤형화장품조제관리사의 변경신고는 7일)

③ 제출처 : 소재지 관할 지방식품의약품안전청장

▶ 맞춤형화장품판매업 : 신고
▶ 화장품제조업, 화장품책임판매업 : 등록

▶ 영업 신고 처리기간 : 10일
한시적 영업의 신고 : 7일

▶ 맞춤형화장품판매업자가 맞춤형화장품조제관리사 자격시험에 합격한 경우 → 해당 맞춤형화장품판매업자의 판매업소 중 하나의 판매업소에서 맞춤형화장품조제관리사 업무를 수행할 수 있다. 이 경우 해당 판매업소에는 맞춤형화장품조제관리사를 둔 것으로 본다.

▶ 맞춤형화장품판매업자가 판매업소로 신고한 소재지 외의 장소에서 1개월의 범위에서 한시적으로 같은 영업을 하려는 경우 : 해당 맞춤형화장품판매업 신고서에 맞춤형화장품판매업 신고필증 사본과 맞춤형화장품조제관리사 자격증 사본을 첨부해서 제출해야 한다.

▶ **행정처분**
거짓이나 그 밖의 부정한 방법으로 등록 · 변경등록, 신고 · 변경신고를 한 경우 : 등록 취소 또는 영업소 폐쇄

03 화장품제조업 및 화장품책임판매업

1 신청서 제출

화장품제조업 또는 화장품책임판매업 등록을 하려는 자는 등록신청서에 관련 서류를 첨부하여 소재지 관할 지방식품의약품안전청장에게 제출한다.

(1) 첨부서류

구분	첨부서류
화장품 제조업	• 정신질환자가 아님을 증명하는 의사의 진단서 또는 화장품제조업자로서 적합하다고 인정하는 전문의의 진단서 • 마약중독자가 아님을 증명하는 의사의 진단서 • 시설의 명세서
화장품 책임판매업	• 화장품의 품질관리 및 책임판매 후 안전관리에 적합한 기준에 관한 규정 • 책임판매관리자의 자격을 확인할 수 있는 서류 ▶화장품판매업의 종류 중 수입대행형 거래를 목적으로 화장품을 알선 · 수여하는 영업을 등록하려는 경우에는 제출하지 않아도 된다.

(2) 등록대장 작성 및 등록필증 발급

등록신청이 등록요건을 갖춘 경우 화장품 등록대장에 다음 사항을 적고, 화장품제조업 등록필증 또는 화장품책임판매업 등록필증을 발급한다.

▶ 화장품제조업자 또는 화장품책임판매업자의 등록 등의 확인 또는 증명을 받으려는 자는 확인신청서 또는 증명신청서를 식품의약품안전처장 또는 지방식품의약품안전청장에게 제출하여야 한다.

구분	등록대장 내용
화장품 제조업 등록대장	• 등록번호 및 등록연월일 • 화장품제조업자의 성명 및 생년월일(법인인 경우 대표자의 성명 및 생년월일) • 화장품제조업자의 상호(법인인 경우 법인의 명칭) • 제조소의 소재지, • 제조 유형
화장품 책임판매업 등록대장	• 등록번호 및 등록연월일 • 화장품책임판매업자의 성명 및 생년월일(법인인 경우 대표자의 성명 및 생년월일) • 화장품책임판매업자의 상호(법인인 경우 법인의 명칭) • 화장품책임판매업소의 소재지 • 책임판매관리자의 성명 및 생년월일 • 책임판매 유형

2 변경등록

(1) 변경등록이 필요한 경우

구분	변경 내용
화장품 제조업자	• 화장품제조업자의 변경(법인인 경우 대표자의 변경) • 화장품제조업자의 상호 변경(법인인 경우 법인의 명칭 변경) • 제조소의 소재지 변경 • 제조 유형 변경
화장품 책임판매업자	• 화장품책임판매업자의 변경(법인인 경우 대표자의 변경) • 화장품책임판매업자의 상호 변경(법인인 경우 법인의 명칭 변경) • 화장품책임판매업소의 소재지 변경 • 책임판매관리자의 변경 • 책임판매 유형 변경

(2) 제출서류

① 화장품제조업

구분	신청인(대표자) 제출서류
화장품제조업자의 변경(법인인 경우 대표자의 변경)	• 화장품제조업 변경등록 신청서 • 화장품제조업 등록필증 • 정신질환자가 아님을 증명하는 의사의 진단서 또는 화장품제조업자로서 적합하다고 인정하는 전문의의 진단서 • 마약중독자가 아님을 증명하는 의사의 진단서 • 양도 · 양수의 경우 이를 증명할 수 있는 서류 • 상속의 경우 가족관계증명서
화장품제조업자의 상호 변경 (법인의 명칭 변경)	• 화장품제조업 변경등록 신청서 • 화장품제조업 등록필증
제조소의 소재지 변경*	• 화장품제조업 변경등록 신청서 • 화장품제조업 등록필증 • 시설의 명세서
제조업 유형 변경**	• 화장품제조업 변경등록 신청서 • 화장품제조업 등록필증 • 시설의 명세서

▶ 등록관청을 달리하는 화장품제조소 또는 화장품책임판매업소의 소재지 변경의 경우에는 새로운 소재지를 관할하는 지방식품의약품안전청장에게 제출하여야 한다.

▶ 제조업 유형 변경 : 화장품 1차 포장 영업 → 화장품 제조 영업 또는 화장품 위탁 제조 영업으로 변경 또는 추가

② 화장품책임판매업

구분	신청인(대표자) 제출서류
화장품 책임판매업자의 변경 (법인대표자의 변경)	• 화장품책임판매업 변경등록 신청서 • 화장품책임판매업 등록필증 • 양도 · 양수의 경우 이를 증명할 수 있는 서류 • 상속의 경우 가족관계증명서

구분	신청인(대표자) 제출서류
화장품 책임판매업자의 상호 변경 (법인의 명칭 변경)	• 화장품책임판매업 변경등록 신청서 • 화장품책임판매업 등록필증
책임판매업소의 소재지 변경	• 화장품책임판매업 변경등록 신청서 • 화장품책임판매업 등록필증
책임판매관리자의 변경	• 화장품책임판매업 변경등록 신청서 • 변경할 책임판매관리자의 자격을 확인할 수 있는 서류
책임판매 유형 변경*	• 화장품책임판매업 변경등록 신청서 • 화장품책임판매업 등록필증 • 화장품의 품질관리 및 책임판매 후 안전관리에 적합한 기준에 관한 규정, 책임판매관리자의 자격을 확인할 수 있는 서류

▶ **책임판매 유형 변경**
수입대행형 거래(전자상거래)를 목적으로 화장품을 알선 · 수여하는 영업 유형 → 기타 화장품책임판매업으로 변경 또는 추가

③ 변경등록 기한
- 변경 사유가 발생한 날부터 30일 이내
- 행정구역 개편에 따른 소재지 변경의 경우 90일 이내

④ 등록대장 작성 및 등록필증 발급 : 신청사항을 확인한 후 등록대장에 변경사항을 적고, 등록필증의 뒷면에 변경사항을 적은 후 이를 내주어야 한다.

기출(20-1회)

3 등록필증 등의 재교부

① 영업자가 등록필증 · 신고필증 또는 기능성화장품심사결과통지서 등을 분실하거나 훼손될 경우 총리령으로 정하는 바에 따라 재교부받을 수 있다.

② 화장품책임판매업 등록필증 · 화장품제조업 등록필증 · 맞춤형화장품판매업 신고필증 또는 기능성화장품심사결과통지서를 재발급받으려는 자는 재발급신청서에 다음의 서류를 첨부하여 각각 지방식품의약품안전청장 또는 식품의약품안전평가원장에게 제출하여야 한다.
- 등록필증 등이 오염, 훼손 등으로 못쓰게 된 경우 : 해당 등록필증 등
- 등록필증 등을 잃어버린 경우 : 사유서

③ 등록필증 등을 재발급 받은 후 잃어버린 등록필증 등을 찾았을 때에는 지체 없이 이를 해당 발급기관의 장에게 반납하여야 한다.

04 폐업 및 휴업 신고(식품의약품안전처장)

▶ 휴업기간이 1개월 미만인 경우에는 신고할 필요가 없다.

▶ 기존에는 폐업, 휴업, 휴업 후 재개 등의 사유가 발생한 날부터 20일 이내에 신고를 해야 했지만, 현재는 법령 개정으로 인해 신고기한이 없어졌다.

① 폐업, 휴업, 휴업 후 재개 시 신고

② 제출서류 : 등록필증(폐업/휴업의 경우만 해당), 신고서

③ 제출처 : 지방식품의약품안전청장

④ 통지 : 폐업신고 또는 휴업신고를 받은 날부터 7일 이내에 신고수리 여부를 신고인에게 통지한다. 신고수리 여부 또는 연장 미통지 시 다음 날에 신고를 수리한 것으로 본다.

05 결격사유 ★★★

다음에 해당하는 자는 화장품제조업 또는 화장품책임판매업의 등록이나 맞춤형화장품판매업의 신고를 할 수 없다.(④, ⑤는 화장품제조업만 해당)

① 피성년후견인 또는 파산선고를 받고 복권되지 아니한 자
② 제24조(등록의 취소등)에 따라 등록이 취소되거나 영업소가 폐쇄된 날부터 1년이 지나지 아니한 자
③ '화장품법' 또는 '보건범죄 단속에 관한 특별조치법'을 위반하여 금고 이상의 형을 선고받고 그 집행이 끝나지 않았거나 집행을 받지 않기로 확정되지 않은 자
④「정신건강증진 및 정신질환자 복지서비스 지원에 관한 법률」 제3조제1호에 따른 정신질환자(전문의가 화장품제조업자로서 적합하다고 인정하는 사람은 제외) - 화장품제조업
⑤「마약류 관리에 관한 법률」 제2조제1호에 따른 마약류의 중독자 - 화장품제조업

▶ 아래의 이유로 등록이 취소되거나 영업소가 폐쇄된 경우는 제외한다.
- 화장품제조업 또는 화장품책임판매업의 변경 사항 등록을 하지 아니한 경우
- 시설을 갖추지 아니한 경우
- 맞춤형화장품판매업의 변경신고를 하지 아니한 경우
- 결격사유에 해당하는 경우

▶ 정신질환자, 마약 중독자는 맞춤형화장품판매업 신고가 가능하다.

06 영업자의 의무 및 준수사항

1 화장품 영업에 따른 영업자의 의무

종류	의무사항
화장품 제조업자	화장품의 제조와 관련된 기록 · 시설 · 기구 등 관리 방법, 원료 · 자재 · 완제품 등에 대한 시험 · 검사 · 검정 실시 방법 및 의무 등에 관하여 총리령으로 정하는 사항 준수
화장품 책임판매업자	• 화장품의 품질관리기준, 책임판매 후 안전관리기준, 품질검사 방법 및 실시 의무, 안전성 · 유효성 관련 정보사항 등의 보고 및 안전대책 마련 의무 등에 관하여 총리령으로 정하는 사항 준수 • 화장품의 생산실적 또는 수입실적, 화장품의 제조과정에 사용된 원료의 목록 등을 식품의약품안전처장에게 보고 ※ 원료의 목록에 관한 보고는 화장품의 유통 · 판매 전에 실시
맞춤형화장품 판매업자	• 소비자에게 유통 · 판매되는 화장품을 임의로 혼합 · 소분 금지 • 맞춤형화장품에 사용된 모든 원료의 목록을 매년 1회 식품의약품안전처장에게 보고 • 맞춤형화장품 판매장 시설 · 기구의 관리 방법, 혼합 · 소분 안전관리기준의 준수 의무, 혼합 · 소분되는 내용물 및 원료에 대한 설명 의무, 안전성 관련 사항 보고 의무 등에 관하여 총리령으로 정하는 사항 준수

기출(21-4회)

▶ **위반 시 행정처분**
- 1차 : 판매업무정지 15일
- 2차 : 판매업무정지 1개월
- 3차 : 판매업무정지 3개월
- 4차 : 판매업무정지 6개월

▶ **맞춤형화장품의 원료목록 보고**
지난해에 판매한 맞춤형화장품에 사용된 원료의 목록을 매년 2월 말까지 식품의약품안전처장이 정하여 고시하는 바에 따라 법 제17조에 따라 설립된 화장품업 단체를 통하여 식품의약품안전처장에게 보고하여야 한다.

종류	의무사항
책임판매관리자 및 맞춤형화장품 조제관리사	다음 구분에 따라 화장품의 안전성 확보 및 품질관리에 관한 교육을 매년 받아야 한다. 1. 최초 교육 : 종사한 날부터 6개월 이내(다만, 자격시험에 합격한 날이 종사한 날 이전 1년 이내이면 최초 교육을 받은 것으로 함) 2. 보수 교육 : 제1호에 따라 교육을 받은 날을 기준으로 매년 1회 (다만, 제1호 단서에 해당하는 경우에는 자격시험에 합격한 날부터 1년이 되는 날을 기준으로 매년 1회)

2 맞춤형화장품판매업자의 준수사항

① 맞춤형화장품 판매장 시설 · 기구를 정기적으로 점검하여 보건위생상 위해가 없도록 관리할 것

② 다음 각 목의 혼합 · 소분 안전관리기준을 준수할 것

- 혼합 · 소분 전에 혼합 · 소분에 사용되는 내용물 또는 원료에 대한 품질성적서를 확인할 것
  → 작성(×)
- 혼합 · 소분 전에 손을 소독하거나 세정할 것 (다만, 혼합 · 소분 시 일회용 장갑을 착용 시 예외)
- 혼합 · 소분 전에 혼합 · 소분된 제품을 담을 포장용기의 오염 여부를 확인할 것
- 혼합 · 소분에 사용되는 장비 또는 기구 등은 사용 전에 그 위생 상태를 점검하고, 사용 후에는 오염이 없도록 세척할 것
- 그 밖에 혼합 · 소분의 안전을 위해 식품의약품안전처장이 정하여 고시하는 사항을 준수할 것

③ 다음 내용을 포함하는 맞춤형화장품 판매내역서를 작성 · 보관할 것

> • 제조번호(맞춤형화장품의 경우 식별번호를 제조번호로 함*
> • 판매일자 · 판매량
> • 사용기한 또는 개봉 후 사용기간
> ※ 맞춤형화장품의 사용기한 또는 개봉 후 사용기간은 맞춤형화장품의 혼합 또는 소분에 사용되는 내용물의 사용기한 또는 개봉 후 사용기간을 초과할 수 없다.

④ 맞춤형화장품 판매 시 다음 사항을 소비자에게 설명할 것

- 혼합 · 소분에 사용된 내용물 · 원료의 내용 및 특성
  → 원료의 함량(×)
- 맞춤형화장품 사용 시의 주의사항

⑤ 맞춤형화장품 사용과 관련된 부작용 발생사례에 대해서는 식품의약품안전처장이 정하여 고시하는 바에 따라 보고할 것

기출(20-2회)

▶ **식별번호**
맞춤형화장품의 혼합 또는 소분에 사용되는 내용물 및 원료의 제조번호와 혼합 · 소분 기록을 포함하여 맞춤형화장품판매업자가 부여한 번호를 말한다.

기출(21-3회)

3 화장품제조업자의 준수사항

① 품질관리기준에 따른 화장품책임판매업자의 지도 · 감독 및 요청에 따를 것

② 제조관리기준서 · 제품표준서 · 제조관리기록서 및 품질관리기록서를 작성 · 보관할 것

③ 보건위생상 위해가 없도록 제조소, 시설 및 기구를 위생적으로 관리하고 오염되지 않도록 할 것
④ 화장품의 제조에 필요한 시설 및 기구에 대하여 정기적으로 점검하여 작업에 지장이 없도록 관리 · 유지할 것
⑤ 작업소에는 위해가 발생할 염려가 있는 물건을 두지 말고, 작업소에서 국민보건 및 환경에 유해한 물질이 유출되거나 방출되지 않도록 할 것
⑥ 위 ②의 사항 중 품질관리를 위하여 필요한 사항을 화장품책임판매업자에게 제출할 것. 다만, 다음에 해당하는 경우 제출하지 않아도 된다.
- 화장품제조업자와 화장품책임판매업자가 동일한 경우
- 화장품제조업자가 제품을 설계 · 개발 · 생산하는 방식으로 제조하는 경우로서 품질 · 안전관리에 영향이 없는 범위에서 화장품제조업자와 화장품책임판매업자 상호 계약에 따라 영업비밀에 해당하는 경우

⑦ 원료 및 자재의 입고부터 완제품의 출고에 이르기까지 필요한 시험 · 검사 또는 검정을 할 것
⑧ 제조 또는 품질검사를 위탁하는 경우 제조 또는 품질검사가 적절하게 이루어지고 있는지 수탁자에 대한 관리 · 감독을 철저히 하고, 제조 및 품질관리에 관한 기록을 받아 유지 · 관리할 것

▶ **우수화장품 제조관리기준을 준수하는 제조업자에게 지원 가능한 사항**
- 우수화장품 제조관리기준 적용에 관한 전문적 기술과 교육
- 우수화장품 제조관리기준 적용을 위한 자문
- 우수화장품 제조관리기준 적용을 위한 시설 · 설비 등 개수 · 보수

4 화장품책임판매업자의 준수사항

① 품질관리기준을 준수할 것
② 책임판매 후 안전관리기준을 준수할 것
③ 제조업자로부터 받은 제품표준서 및 품질관리기록서를 보관할 것
④ 수입한 화장품에 대하여 다음 사항을 적거나 또는 첨부한 수입관리기록서를 작성 · 보관할 것

> ㉠ 제품명 또는 국내에서 판매하려는 명칭
> ㉡ 원료성분의 규격 및 함량
> ㉢ 제조국, 제조회사명 및 제조회사의 소재지
> ㉣ 기능성화장품심사결과통지서 사본
> ㉤ 제조 및 판매증명서 (다만, 「대외무역법」 제12조제2항에 따른 통합 공고상의 수출입 요건 확인기관에서 제조 및 판매증명서를 갖춘 화장품책임판매업자가 수입한 화장품과 같다는 것을 확인받고, 기관으로부터 화장품책임판매업자가 정한 품질관리기준에 따른 검사를 받아 그 시험성적서를 갖추어 둔 경우에는 이를 생략할 수 있다.)
> ㉥ 한글로 작성된 제품설명서 견본
> ㉦ 최초 수입연월일(통관연월일을 말한다. 이하 이 호에서 같다)
> ㉧ 제조번호별 수입연월일 및 수입량
> ㉨ 제조번호별 품질검사 연월일 및 결과
> ㉩ 판매처, 판매연월일 및 판매량

▶ **수입대행형 거래를 목적**으로 화장품을 알선 · 수여하는 영업으로 등록한 책임판매업자는 ①, ②, ④의 ㉠ · ㉢ · ㉦ · ㉩, ⑩만 해당한다.

⑤ 제조번호별로 품질검사를 철저히 한 후 유통시킬 것

▶ 예외
- 화장품제조업자와 화장품책임판매업자가 같은 경우
- 품질검사를 위탁하여 제조번호별 품질검사결과가 있는 경우
- 수입된 화장품을 유통 · 판매하는 영업으로 화장품책임판매업을 등록한 자는 제조국 제조회사의 품질관리기준이 국가 간 상호 인증되었거나, 식품의약품안전처장이 고시하는 우수화장품 제조관리기준과 같은 수준 이상이라고 인정되는 경우에는 국내에서의 품질검사를 하지 아니할 수 있다. 이 경우 제조국 제조회사의 품질검사 시험성적서는 품질관리기록서를 갈음한다.

⑥ 화장품의 제조를 위탁하거나 원료 · 자재 및 제품의 품질검사를 위하여 필요한 시험실을 갖춘 제조업자에게 품질검사를 위탁하는 경우 제조 또는 품질검사가 적절하게 이루어지고 있는지 수탁자에 대한 관리 · 감독을 철저히 하여야 하며, 제조 및 품질관리에 관한 기록을 받아 유지 · 관리하고, 그 최종 제품의 품질관리를 철저히 할 것

⑦ 수입된 화장품을 유통 · 판매하는 영업으로 화장품책임판매업을 등록한 자가 수입화장품에 대한 품질검사를 하지 않으려는 경우에는 식품의약품안전처장이 정하는 바에 따라 식품의약품안전처장에게 수입화장품의 제조업자에 대한 현지실사를 신청하여야 한다. 현지실사에 필요한 신청절차, 제출서류 및 평가방법 등에 대하여는 식품의약품안전처장이 정하여 고시한다.

⑧ ⑦항에 따른 인정을 받은 수입 화장품 제조회사의 품질관리기준이 우수화장품 제조관리기준과 같은 수준 이상이라고 인정되지 아니하여 ⑦항에 따른 인정이 취소된 경우에는 품질검사를 하여야 한다. 이 경우 인정 취소와 관련하여 필요한 세부적인 사항은 식품의약품안전처장이 정하여 고시한다.

⑨ '수입된 화장품을 유통 · 판매하는 영업'으로 화장품책임판매업을 등록한 경우 대외무역법에 따른 수출 · 수입요령을 준수하여야 하며, 전자무역 촉진에 관한 법률에 따른 전자무역문서로 표준통관예정보고를 할 것

⑩ 제품과 관련하여 국민보건에 직접 영향을 미칠 수 있는 안전성 · 유효성에 관한 새로운 자료, 정보사항(화장품 부작용 사례 포함) 등을 알게 되었을 때에는 식품의약품안전처장이 정하여 고시하는 바에 따라 보고하고, 필요한 안전대책을 마련할 것

기출(20-1회)

⑪ 다음에 해당하는 성분을 0.5% 이상 함유하는 제품의 경우에는 해당 품목의 안정성시험 자료를 최종 제조된 제품의 사용기한이 만료되는 날부터 1년간 보존할 것 ★★★
- 레티놀(비타민A) 및 그 유도체
- 아스코빅애시드(비타민C) 및 그 유도체
- 토코페롤(비타민E)
- 과산화화합물
- 효소

⑫ 화장품 생산실적 보고

- 화장품책임판매업자는 지난해의 생산실적 또는 수입실적과 화장품의 제조과정에 사용된 원료의 목록 등을 식품의약품안전처장이 정하는 바에 따라 매년 2월 말까지 식품의약품안전처장이 정하여 고시하는 바에 따라 대한화장품협회 등의 화장품업 단체를 통하여 식품의약품안전처장에게 보고하여야 한다.
- 화장품의 제조과정에 사용된 원료의 목록은 화장품의 유통 · 판매 전까지 보고해야 한다. 보고한 목록이 변경된 경우에도 또한 같다.
- 전자무역문서로 표준통관예정보고를 하고 수입하는 화장품책임판매업자는 수입실적 및 원료의 목록을 보고하지 않을 수 있다.

기출(21-4회)

5 영업자의 지위 승계

(1) 영업자의 의무 및 지위를 승계할 수 있는 경우

① 영업자가 사망한 경우 – 상속인

② 영업을 양도한 경우 – 양수인

③ 법인인 영업자가 합병한 경우 – 합병 후 존속하는 법인 또는 합병에 따라 설립되는 법인

(2) 행정제재처분 효과의 승계

① 영업자의 지위를 승계한 경우에 종전의 영업자에 대한 행정제재처분의 효과는 그 처분 기간이 끝난 날부터 1년간 해당 영업자의 지위를 승계한 자에게 승계

② 행정제재처분의 절차가 진행 중일 때에는 지위를 승계한 자에 대하여 그 절차를 계속 진행할 수 있다.(지위를 승계할 때에 그 처분 또는 위반 사실을 알지 못하였음을 증명하는 경우에는 예외)

6 단체 설립

영업자는 자주적인 활동과 공동이익을 보장하고 국민보건향상에 기여하기 위하여 단체를 설립할 수 있다.

07 교육에 관한 사항

1 교육 명령

① 식품의약품안전처장은 국민 건강상 위해를 방지하기 위하여 필요하다고 인정하면 화장품 관련 법령 및 제도(화장품의 안전성 확보 및 품질관리에 관한 내용 포함)에 관한 교육을 받을 것을 명할 수 있다.

② 교육의 실시 기관, 내용, 대상 및 교육비 등에 관하여 필요한 사항은 총리령으로 정한다.

③ 교육에 필요한 세부 사항은 식품의약품안전처장이 정하여 고시한다.

2 실시 기관

화장품과 관련된 기관 · 단체 및 화장품업 영업자 단체 중에서 식품의약품안전처장이 지정하여 고시

3 교육 내용

▶ 교육 내용의 세부사항은 식품의약품안전처장의 승인 필요

① 화장품 관련 법령 및 제도에 관한 사항
② 화장품의 안전성 확보 및 품질관리에 관한 사항

4 교육 대상

① 교육명령의 대상은 다음에 해당하는 영업자로 한다.
- 영업 금지 규정을 위반한 영업자
- 시정명령을 받은 영업자
- 화장품제조업자의 준수사항을 위반한 화장품제조업자
- 화장품책임판매업자의 준수사항을 위반한 화장품책임판매업자
- 맞춤형화장품판매업자의 준수사항을 위반한 맞춤형화장품판매업자

② 교육 대상자가 둘 이상의 장소에서 영업을 하는 경우에는 종업원 중에서 총리령으로 정하는 자*를 책임자로 지정하여 교육을 받게 할 수 있다.

▶ **총리령으로 정하는 자**
- 책임판매관리자 또는 맞춤형화장품조제관리사
- 품질관리기준에 따라 품질관리 업무에 종사하는 종업원

5 교육 유예

① 유예 사유 : 천재지변, 질병, 임신, 출산, 사고 및 출장 등
② 유예 절차

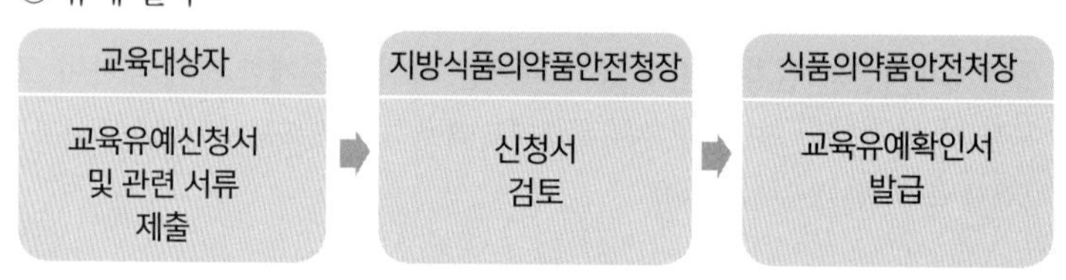

6 교육실시기관의 업무

① 매년 교육의 대상, 내용 및 시간을 포함한 교육 계획을 수립하여 식품의약품안전처장에게 제출
② 제출 기한 : 교육을 시행할 해의 전년도 11월 30일까지
③ 수료증 발급
④ 매년 1월 31일까지 전년도 교육 실적을 식품의약품안전처장에게 보고
⑤ 교육 실시기간, 교육대상자 명부, 교육 내용 등 교육에 관한 기록을 작성하여 이를 증명할 수 있는 자료와 함께 2년간 보관

7 교육시간 및 교육비

기출(21-3회)

① 교육시간 : 4시간 이상, 8시간 이하
② 교육비 : 교재비 · 실습비 및 강사 수당 등 교육에 필요한 실비를 교육대상자로부터 징수 가능

08 동물실험을 실시한 화장품 등의 유통판매 금지

기출(20-2회)

① 화장품책임판매업자 및 맞춤형화장품판매업자는 「실험동물에 관한 법률」 제2조제1호에 따른 동물실험을 실시한 화장품 또는 동물실험을 실시한 화장품 원료를 사용하여 제조(위탁제조 포함) 또는 수입한 화장품을 유통 · 판매하면 안 된다.

② 예외 허용 사항

- 보존제, 색소, 자외선차단제 등 특별히 사용상의 제한이 필요한 원료에 대하여 그 사용기준을 지정하거나 국민보건상 위해 우려가 제기되는 화장품 원료 등에 대한 위해평가를 하기 위하여 필요한 경우
- 동물대체시험법(동물을 사용하지 않는 실험방법 및 부득이하게 동물을 사용하더라도 그 사용되는 동물의 개체 수를 감소하거나 고통을 경감시킬 수 있는 실험방법으로서 식품의약품안전처장이 인정하는 것을 말한다)이 존재하지 아니하여 동물실험이 필요한 경우
- 화장품 수출을 위하여 수출 상대국의 법령에 따라 동물실험이 필요한 경우
- 수입하려는 상대국의 법령에 따라 제품 개발에 동물실험이 필요한 경우
- 다른 법령에 따라 동물실험을 실시하여 개발된 원료를 화장품의 제조 등에 사용하는 경우
- 그 밖에 동물실험을 대체할 수 있는 실험을 실시하기 곤란한 경우로서 식품의약품안전처장이 정하는 경우

Section 03

Customized Cosmetics Preparation Manager

시설기준 및 등록기준

01 맞춤형화장품판매업소의 시설기준

맞춤형화장품판매업을 신고하려는 자는 맞춤형화장품의 혼합 · 소분 이외의 용도로 사용되는 공간과 분리 또는 구획된 공간으로서 맞춤형화장품의 혼합 · 소분을 위한 공간을 갖추어야 한다. 다만, 혼합 · 소분의 행위가 맞춤형화장품의 품질 · 안전 등 보건위생상 위해 발생의 우려가 없다고 인정되는 경우에는 해당 시설은 분리 또는 구획된 것으로 본다.

▶ **시설을 갖추지 않은 경우 행정처분**
- 1차 : 시정명령
- 2차 : 판매업무정지 1개월
- 3차 : 판매업무정지 3개월
- 4차 : 영업소 폐쇄

02 화장품제조업 시설기준

1 화장품제조업의 시설기준

화장품제조업을 등록하려는 자는 다음 시설기준을 갖추어야 한다.

① 제조 작업을 하는 아래의 시설을 갖춘 작업소
- 쥐 · 해충 및 먼지 등을 막을 수 있는 시설
- 작업대 등 제조에 필요한 시설 및 기구
- 가루가 날리는 작업실은 가루를 제거하는 시설

② 원료 · 자재 및 제품을 보관하는 보관소

③ 원료 · 자재 및 제품의 품질검사를 위하여 필요한 시험실

④ 품질검사에 필요한 시설 및 기구

▶ **예외**
- 일부 공정만 제조하는 경우 필요없는 시설 및 기구는 갖추지 않아도 된다.
- 자재 및 제품에 대한 품질검사를 위탁하는 경우에는 원료 · 자재 및 제품의 품질검사를 위하여 필요한 시험실 및 품질검사에 필요한 시설 및 기구를 갖추지 않아도 된다.

기출(21-4회)

▶ **개수명령**
식품의약품안전처장은 화장품제조업자가 갖추고 있는 시설이 시설기준에 적합하지 않거나 노후 또는 오손되어 있어 그 시설로 화장품을 제조하면 화장품의 안전과 품질에 문제의 우려가 있다고 인정되는 경우에는 화장품제조업자에게 그 시설의 개수를 명하거나 그 개수가 끝날 때까지 해당 시설의 전부 또는 일부의 사용금지를 명할 수 있다.

기출(21-4회)

▶ **검사 위탁기관**
- 보건환경연구원
- 원료 · 자재 및 제품의 품질검사를 위하여 필요한 시험실을 갖춘 제조업자
- 화장품 시험 · 검사기관
- 한국의약품수출입협회

▶ 화장품 제조시설을 이용하여 화장품 외의 물품을 제조할 수 있지만, 제품 상호간에 오염의 우려가 있는 경우에는 안 된다.

2 화장품책임판매업 등록요건

화장품책임판매업을 등록하려는 자는 화장품의 품질관리 및 책임판매 후 안전관리에 관한 기준을 갖추어야 하며, 이를 관리할 수 있는 책임판매관리자를 두어야 한다.

(1) 책임판매관리자의 자격기준

① 의사 또는 약사

② 학사 이상의 학위를 취득한 사람(법령에서 이와 같은 수준 이상의 학력이 있다고 인정한 사람 포함)으로서 이공계 학과 또는 향장학 · 화장품과학 · 한의학 · 한약학과 등을 전공한 사람

③ 대학에서 학사 이상의 학위를 취득한 사람으로서 간호학과, 간호과학과, 건강간호학과를 전공하고 화학 · 생물학 · 생명과학 · 유전학 · 유전공학 · 향장학 · 화장품과학 · 의학 · 약학 등 관련 과목을 20학점 이상 이수한 사람
④ 전문대학 졸업자로서 화학 · 생물학 · 화학공학 · 생물공학 · 미생물학 · 생화학 · 생명과학 · 생명공학 · 유전공학 · 향장학 · 화장품과학 · 한의학과 · 한약학과 등 화장품 관련 분야를 전공한 후 화장품 제조 또는 품질관리 업무에 1년 이상 종사한 경력이 있는 사람
⑤ 전문대학을 졸업한 사람으로서 간호학과, 간호과학과, 건강간호학과를 전공하고 화학 · 생물학 · 생명과학 · 유전학 · 유전공학 · 향장학 · 화장품과학 · 의학 · 약학 등 관련 과목을 20학점 이상 이수한 후 화장품 제조나 품질관리 업무에 1년 이상 종사한 경력이 있는 사람
⑥ 식품의약품안전처장이 정하여 고시하는 전문 교육과정을 이수한 사람
(식품의약품안전처장이 정하여 고시하는 품목만 해당)
⑦ 맞춤형화장품조제관리사 자격시험에 합격한 사람으로서 화장품 제조 또는 품질관리 업무에 1년 이상 종사한 경력이 있는 사람
⑧ 그 밖에 화장품 제조 또는 품질관리 업무에 2년 이상 종사한 경력이 있는 사람

▶ 전문 교육과정을 이수하여 책임판매관리자의 자격기준을 인정받을 수 있는 품목은 화장 비누(다만, 상시근로자수가 2인 이하로서 직접 제조한 화장 비누만을 판매하는 화장품책임판매업자의 경우에 한한다)로 한다.

(2) 책임판매관리자의 직무
① 품질관리기준에 따른 품질관리 업무
② 책임판매 후 안전관리기준에 따른 안전확보 업무
③ 원료 및 자재의 입고부터 완제품의 출고에 이르기까지 필요한 시험 · 검사 또는 검정에 대하여 제조업자를 관리 · 감독하는 업무

▶ 상시근로자수가 10명 이하인 화장품책임판매업을 경영하는 화장품책임판매업자가 자격기준에 해당하는 사람인 경우에는 그 사람이 직무를 수행할 수 있다. 이 경우 책임판매관리자를 둔 것으로 본다.

▶ 권한의 위임
식품의약품안전처장은 다음의 권한을 지방식품의약품안전청장에게 위임한다.

- 화장품제조업 또는 화장품제조책임판매업의 등록 및 변경등록
- 맞춤형화장품판매업의 신고 및 변경신고의 수리
- 화장품제조업자, 화장품책임판매업자 및 맞춤형화장품판매업자에 대한 교육명령
- 회수계획 보고의 접수 및 행정처분의 감경 · 면제
- 영업자의 폐업, 휴업 등 신고에 관한 권한
- 보고명령 · 출입 · 검사 · 질문 및 수거
- 소비자화장품안전관리감시원의 위촉 · 해촉 및 교육
- 개수명령 및 시설의 전부 또는 일부의 사용금지명령
- 회수 · 폐기 등의 명령, 회수계획 보고의 접수와 폐기 또는 그 밖에 필요한 처분
- 등록의 취소, 영업소의 폐쇄명령, 품목의 제조 · 수입 및 판매의 금지명령, 업무의 전부 또는 일부에 대한 정지명령
- 검사 · 공표 명령
- 청문 · 공표
- 과징금 및 과태료의 부과 · 징수
- 등록필증 · 신고필증의 재교부
- 표시 · 광고 내용의 실증 등에 관한 권한
- 시정명령 : 변경등록 및 변경신고를 하지 않은 경우
교육명령을 위반한 경우
폐업 또는 휴업신고나 휴업 후 재개신고를 하지 않은 경우

Customized Cosmetics Preparation Manager

Section 04

화장품의 품질 및 사후관리

[식약처 동영상 강의]

01 화장품의 품질 요소

▶ 안전성, 안정성, 유효성에 관한 상세 내용은 제4장을 참고하세요.

구분	의미
안전성	피부에 대한 자극, 알러지, 감작성, 경구독성, 파손, 독성이 없어야 함
안정성	보관에 따른 변색, 변취, 변질, 미생물의 오염이 없어야 함
사용성	피부친화성, 촉촉함, 부드러움 등 사용감이 좋고 잘 스며들어야 함
유효성	미백, 주름개선, 자외선 차단, 보습, 세정, 색채 등의 효과가 있어야 함

02 화장품의 사후관리 기준

1 영업자의 의무

① 화장품책임판매업자는 화장품의 품질관리기준, 책임판매 후 안전관리기준, 품질 검사 방법 및 실시 의무, 안전성 · 유효성 관련 정보사항 등의 보고 및 안전대책 마련 의무 등에 관하여 총리령으로 정하는 사항을 준수하여야 한다.

▶ 원료의 목록에 관한 보고는 화장품 유통 · 판매 전에 하여야 한다.

② 화장품책임판매업자는 총리령으로 정하는 바에 따라 화장품의 생산실적 또는 수입실적, 화장품의 제조과정에 사용된 원료의 목록 등을 식품의약품안전처장에게 보고하여야 한다.

- 책임판매업자는 지난해의 생산실적 또는 수입실적, 화장품의 제조과정에 사용된 원료의 목록 등을 매년 2월 말까지 대한화장품협회등 법 제17조에 따라 설립된 화장품업 단체를 통하여 보고
- 책임판매업자는 화장품의 제조과정에 사용된 원료의 목록을 화장품의 유통 · 판매 전까지 보고(목록 변경 시 변경보고)

▶ **교육기관**
- 대한화장품협회
- 한국의약품수출입협회
- 대한화장품산업연구원
- 한국보건산업진흥원

③ 책임판매관리자 및 맞춤형화장품조제관리사는 화장품의 안전성 확보 및 품질관리에 관한 교육을 매년 받아야 한다.

▶ 위반 시 과태료 50만원

④ 식품의약품안전처장은 국민 건강상 위해를 방지하기 위하여 필요하다고 인정하면 화장품제조업자, 화장품책임판매업자 및 맞춤형화장품판매업자에게 화장품 관련 법령 및 제도(화장품의 안전성 확보 및 품질관리에 관한 내용 포함)에 관한 교육을 받을 것을 명할 수 있다.

03 품질관리기준

▶ 화장품법 시행규칙 [별표 1]

1 품질관리의 정의

① 품질관리 : 화장품의 책임판매 시 필요한 제품의 품질을 확보하기 위해서 실시하는 것으로서, 화장품제조업자 및 제조에 관계된 업무(시험 · 검사 등의 업무 포함)에 대한 관리 · 감독 및 화장품의 시장 출하에 관한 관리, 그 밖에 제품의 품질의 관리에 필요한 업무를 말한다.

② 시장출하 : 화장품책임판매업자가 그 제조 등(타인에게 위탁 제조 또는 검사하는 경우를 포함하고 타인으로부터 수탁 제조 또는 검사하는 경우는 포함하지 않는다)을 하거나 수입한 화장품의 판매를 위해 출하하는 것을 말한다.

2 품질관리 업무에 관련된 조직 및 인원

화장품책임판매업자는 책임판매관리자를 두어야 하며, 품질관리 업무를 적정하고 원활하게 수행할 능력이 있는 인력을 충분히 갖추어야 한다.

3 품질관리업무의 절차에 관한 문서 및 기록 등

① 화장품책임판매업자는 품질관리 업무를 적정하고 원활하게 수행하기 위하여 다음의 사항이 포함된 품질관리 업무 절차서를 작성 · 보관해야 한다.

- 적정한 제조관리 및 품질관리 확보에 관한 절차
- 품질 등에 관한 정보 및 품질 불량 등의 처리 절차
- 회수처리 절차
- 교육 · 훈련에 관한 절차
- 문서 및 기록의 관리 절차
- 시장출하에 관한 기록 절차
- 그 밖에 품질관리 업무에 필요한 절차

② 화장품책임판매업자는 품질관리 업무 절차서에 따라 다음의 업무를 수행해야 한다.

- 화장품제조업자가 화장품을 적정하고 원활하게 제조한 것임을 확인하고 기록할 것
- 제품의 품질 등에 관한 정보를 얻었을 때 해당 정보가 인체에 영향을 미치는 경우에는 그 원인을 밝히고, 개선이 필요한 경우에는 적정한 조치를 하고 기록할 것
- 책임판매한 제품의 품질이 불량하거나 품질이 불량할 우려가 있는 경우 회수 등 신속한 조치를 하고 기록할 것
- 시장출하에 관하여 기록할 것
- 제조번호별 품질검사를 철저히 한 후 그 결과를 기록할 것
  (다만, 화장품제조업자와 화장품책임판매업자가 같은 경우, 화장품제조업자 또는 화장품 시험 · 검사기관에 품질검사를 위탁하여 제조번호별 품질검사 결과가 있는 경우에는 품질검사를 하지 않을 수 있다.)
- 그 밖에 품질관리에 관한 업무를 수행할 것

③ 화장품책임판매업자는 책임판매관리자가 업무를 수행하는 장소에 품질관리 업무 절차서 원본을 보관하고, 그 외의 장소에는 원본과 대조를 마친 사본을 보관해야 한다.

4 책임판매관리자의 업무

화장품책임판매업자는 품질관리 업무 절차서에 따라 다음 업무를 책임판매관리자에게 수행하도록 해야 한다.

① 품질관리 업무를 총괄할 것
② 품질관리 업무가 적정하고 원활하게 수행되는 것을 확인할 것
③ 품질관리 업무의 수행을 위하여 필요하다고 인정할 때에는 화장품책임판매업자에게 문서로 보고할 것
④ 품질관리 업무 시 필요에 따라 화장품제조업자, 맞춤형화장품판매업자 등 그 밖의 관계자에게 문서로 연락하거나 지시할 것
⑤ 품질관리에 관한 기록 및 화장품제조업자의 관리에 관한 기록을 작성하고 이를 해당 제품의 제조일(수입의 경우 수입일)부터 3년간 보관할 것

5 회수처리

화장품책임판매업자는 품질관리 업무 절차서에 따라 책임판매관리자에게 다음과 같이 회수 업무를 수행하도록 해야 한다.

① 회수한 화장품은 구분하여 일정 기간 보관한 후 폐기 등 적정한 방법으로 처리할 것
② 회수 내용을 적은 기록을 작성하고 화장품책임판매업자에게 문서로 보고할 것

6 교육 및 훈련

화장품책임판매업자는 책임판매관리자에게 교육 · 훈련계획서를 작성하게 하고, 품질관리 업무 절차서 및 교육 · 훈련계획서에 따라 다음의 업무를 수행하도록 해야 한다.

① 품질관리 업무에 종사하는 사람들에게 품질관리 업무에 관한 교육 · 훈련을 정기적으로 실시하고 그 기록을 작성, 보관할 것
② 책임판매관리자 외의 사람이 교육 · 훈련 업무를 실시하는 경우에는 교육 · 훈련 실시 상황을 화장품책임판매업자에게 문서로 보고할 것

7 문서 및 기록의 정리

화장품책임판매업자는 문서 · 기록에 관하여 다음과 같이 관리해야 한다.

① 문서를 작성하거나 개정했을 때에는 품질관리 업무 절차서에 따라 해당 문서의 승인, 배포, 보관 등을 할 것
② 품질관리 업무 절차서를 작성하거나 개정했을 때에는 해당 품질관리 업무 절차서에 그 날짜를 적고 개정 내용을 보관할 것

04 책임판매 후 안전관리기준

▶ 화장품법 시행규칙 [별표 2]

1 용어의 정의

① 안전관리 정보 : 화장품의 품질, 안전성 · 유효성, 그 밖에 적정 사용을 위한 정보

② 안전확보 업무 : 화장품책임판매 후 안전관리 업무 중 정보 수집, 검토 및 그 결과에 따른 필요한 조치(안전확보 조치)에 관한 업무

2 안전확보 업무에 관련된 조직 및 인원

화장품책임판매업자는 책임판매관리자를 두어야 하며, 안전확보 업무를 적정하고 원활하게 수행할 능력을 갖는 인원을 충분히 갖추어야 한다.

3 안전관리 정보 수집

화장품책임판매업자는 책임판매관리자에게 학회, 문헌, 그 밖의 연구보고 등에서 안전관리 정보를 수집 · 기록하도록 해야 한다.

4 안전관리 정보의 검토 및 그 결과에 따른 안전확보 조치

화장품책임판매업자는 다음 업무를 책임판매관리자에게 수행하도록 해야 한다.

① 수집한 안전관리 정보를 신속히 검토 · 기록할 것

② 수집한 안전관리 정보의 검토 결과 조치가 필요하다고 판단될 경우 회수, 폐기, 판매정지 또는 첨부문서의 개정, 식품의약품안전처장에게 보고 등 안전확보 조치를 할 것

③ 안전확보 조치계획을 화장품책임판매업자에게 문서로 보고한 후 그 사본을 보관할 것

5 안전확보 조치의 실시

화장품책임판매업자는 다음 업무를 책임판매관리자에게 수행하도록 해야 한다.

① 안전확보 조치계획을 적정하게 평가하여 안전확보 조치를 결정하고 이를 기록 · 보관할 것

② 안전확보 조치를 수행할 경우 문서로 지시하고 이를 보관할 것

③ 안전확보 조치를 실시하고 그 결과를 화장품책임판매업자에게 문서로 보고한 후 보관할 것

6 책임판매관리자의 업무

화장품책임판매업자는 다음 업무를 책임판매관리자에게 수행하도록 해야 한다.

① 안전확보 업무를 총괄할 것

② 안전확보 업무가 적정하고 원활하게 수행되는 것을 확인하여 기록 · 보관할 것

③ 안전확보 업무의 수행을 위하여 필요하다고 인정할 때에는 화장품책임판매업자에게 문서로 보고한 후 보관할 것

Section

05 개인정보 보호법

Customized Cosmetics Preparation Manager

[식약처 동영상 강의]

▶ **개인정보에 해당되지 않는 정보**
- 사망한 자의 정보
- 법인, 단체에 관한 정보
- 개인사업자의 상호명, 사업장주소, 사업자등록번호, 납세액 등 사업체 운영과 관련한 정보
- 사물에 관한 정보

▶ **개인정보에 포함되는 정보**
- 법인, 단체의 대표자 · 임원진 · 업무담당자 개인에 대한 정보
- 사물의 제조자 또는 소유자 개인에 대한 정보
- 단체 사진을 SNS에 올린 경우 그 사진에 등장하는 인물 모두 개인정보에 해당
- 정보의 내용, 형태 등에는 제한이 없음
- 개인을 "알아볼 수 있는" 정보이어야 함

▶ **개인정보처리와 유사한 행위의 예**
전송, 전달, 이전, 열람, 조회, 수정, 보완, 삭제, 공유, 보전, 파쇄 등

▶ **개인정보처리가 아닌 경우**
- 다른 사람이 처리하고 있는 개인정보를 단순히 전달, 전송, 통과만 시켜주는 행위
- 예 개인정보가 기록된 우편물을 우체부가 전달하는 경우

01 고객관리 프로그램 운용

1 고객 정보 수집
상담을 통해 고객 관리에 필요한 최소한의 정보를 고객의 동의하에 수집하여 고객관리카드를 작성하고 고객관리 프로그램을 이용하여 데이터베이스화 한다.

2 고객관리 프로그램 운용
고객관리 프로그램을 이용하여 방문 주기, 피부 유형, 고객의 선호도 등을 분석하여 고객 만족도를 위한 자료로 활용한다.

02 개인정보보호법에 근거한 고객정보 입력

1 용어 정의
① **개인정보** : 살아 있는 개인에 관한 정보로서 다음의 어느 하나에 해당하는 정보

㉠ 성명, 주민등록번호 및 영상 등을 통한 개인식별 정보

㉡ 해당 정보만으로는 특정 개인을 알아볼 수 없더라도 다른 정보와 쉽게 결합하여 알아볼 수 있는 정보. 이 경우 쉽게 결합할 수 있는지 여부는 다른 정보의 입수 가능성 등 개인을 알아보는 데 소요되는 시간, 비용, 기술 등을 합리적으로 고려하여야 한다.

㉢ 위 ㉠, ㉡을 가명처리함으로써 원래의 상태로 복원하기 위한 추가 정보의 사용 · 결합 없이는 특정 개인을 알아볼 수 없는 정보(가명정보)

② **가명처리** : 개인정보의 일부를 삭제하거나 일부 또는 전부를 대체하는 등의 방법으로 추가 정보가 없이는 특정 개인을 알아볼 수 없도록 처리하는 것

③ **처리** : 개인정보의 수집, 생성, 연계, 연동, 기록, 저장, 보유, 가공, 편집, 검색, 출력, 정정(訂正), 복구, 이용, 제공, 공개, 파기, 그 밖에 이와 유사한 행위

④ **정보주체** : 처리되는 정보에 의하여 알아볼 수 있는 사람으로서 그 정보의 주체가 되는 사람

⑤ **개인정보파일** : 개인정보를 쉽게 검색할 수 있도록 일정한 규칙에 따라 체계적으로 배열하거나 구성한 개인정보의 집합물

⑥ **개인정보처리자** : 업무를 목적으로 개인정보파일을 운용하기 위하여 스스로 또는 다른 사람을 통하여 개인정보를 처리하는 공공기관, 법인, 단체 및 개인 등

⑦ **영상정보처리기기** : 일정한 공간에 지속적으로 설치되어 사람 또는 사물의 영상 등을 촬영하거나 이를 유 · 무선망을 통하여 전송하는 장치로서 대통령령으로 정하는 장치

⑧ **과학적 연구** : 기술의 개발과 실증, 기초연구, 응용연구 및 민간 투자 연구 등 과학적 방법을 적용하는 연구

2 개인정보 보호 원칙

① 개인정보처리자는 개인정보의 처리 목적을 명확하게 하여야 하고 그 목적에 필요한 범위에서 최소한의 개인정보만을 적법하고 정당하게 수집하여야 한다.

② 개인정보처리자는 개인정보의 처리 목적에 필요한 범위에서 적합하게 개인정보를 처리하여야 하며, 그 목적 외의 용도로 활용해서는 안 된다.

③ 개인정보처리자는 개인정보의 처리 목적에 필요한 범위에서 개인정보의 정확성, 완전성 및 최신성이 보장되도록 하여야 한다.

④ 개인정보처리자는 개인정보의 처리 방법 및 종류 등에 따라 정보주체의 권리가 침해받을 가능성과 그 위험 정도를 고려하여 개인정보를 안전하게 관리하여야 한다.

⑤ 개인정보처리자는 개인정보 처리방침 등 개인정보의 처리에 관한 사항을 공개하여야 하며, 열람청구권 등 정보주체의 권리를 보장하여야 한다.

⑥ 개인정보처리자는 정보주체의 사생활 침해를 최소화하는 방법으로 개인정보를 처리하여야 한다.

⑦ 개인정보처리자는 개인정보를 익명 또는 가명으로 처리하여도 개인정보 수집 목적을 달성할 수 있는 경우 익명처리가 가능한 경우에는 익명에 의하여, 익명처리로 목적을 달성할 수 없는 경우에는 가명에 의하여 처리될 수 있도록 하여야 한다.

⑧ 개인정보처리자는 이 법 및 관계 법령에서 규정하고 있는 책임과 의무를 준수하고 실천함으로써 정보주체의 신뢰를 얻기 위하여 노력하여야 한다.

▶ **영상정보처리기기**

▣ 폐쇄회로 텔레비전
- 일정한 공간에 지속적으로 설치된 카메라를 통하여 영상 등을 촬영하거나 촬영한 영상정보를 유무선 폐쇄회로 등의 전송로를 통하여 특정 장소에 전송하는 장치
- 촬영 또는 전송된 영상정보를 녹화 · 기록할 수 있도록 하는 장치

▣ 네트워크 카메라 : 일정한 공간에 지속적으로 설치된 기기로 촬영한 영상정보를 그 기기를 설치 · 관리하는 자가 유무선 인터넷을 통하여 어느 곳에서나 수집 · 저장 등의 처리를 할 수 있도록 하는 장치

기출(20-1회)

1회 기출문제 ③~⑦항

기출(20-1회)

▶ **동의를 받는 방법 예시**
- 가입신청서 등 서면에 직접 서명 날인하는 경우
- 홈페이지 가입 시 "동의"버튼을 누르는 경우
- 구두로 동의 의사를 표시하는 경우

3 개인정보의 수집·이용

① 개인정보처리자는 다음의 경우 개인정보를 수집할 수 있으며 그 수집 목적의 범위에서 이용할 수 있다.
- 정보주체의 동의를 받은 경우
- 법률에 특별한 규정이 있거나 법령상 의무를 준수하기 위하여 불가피한 경우
- 공공기관이 법령 등에서 정하는 소관 업무의 수행을 위하여 불가피한 경우
- 정보주체와의 계약의 체결 및 이행을 위하여 불가피하게 필요한 경우
- 정보주체 또는 그 법정대리인이 의사표시를 할 수 없는 상태에 있거나 주소불명 등으로 사전 동의를 받을 수 없는 경우로서 명백히 정보주체 또는 제3자의 급박한 생명, 신체, 재산의 이익을 위하여 필요하다고 인정되는 경우
- 개인정보처리자의 정당한 이익을 달성하기 위하여 필요한 경우로서 명백하게 정보주체의 권리보다 우선하는 경우(이 경우 개인정보처리자의 정당한 이익과 상당한 관련이 있고 합리적인 범위를 초과하지 않는 경우에 한함)
- 친목단체의 운영을 위한 경우

② 개인정보처리자는 개인정보 수집에 대한 동의를 받을 때에는 다음의 사항을 정보주체에게 알려야 한다. 다음 사항을 변경하는 경우에도 이를 알리고 동의를 받아야 한다.

- 개인정보의 수집 · 이용 목적
- 수집하려는 개인정보의 항목
- 개인정보의 보유 및 이용 기간
- 동의를 거부할 권리가 있다는 사실 및 동의 거부에 따른 불이익이 있는 경우에는 그 불이익의 내용

③ 개인정보처리자는 당초 수집 목적과 합리적으로 관련된 범위에서 정보주체에게 불이익이 발생하는지 여부, 암호화 등 안전성 확보에 필요한 조치를 하였는지 여부 등을 고려하여 대통령령으로 정하는 바에 따라 정보주체의 동의 없이 개인정보를 이용할 수 있다.

4 개인정보의 수집 제한

① 개인정보처리자는 개인정보를 수집하는 경우에는 그 목적에 필요한 최소한의 개인정보를 수집하여야 한다. 이 경우 최소한의 개인정보 수집이라는 입증책임은 개인정보처리자가 부담한다.

② 개인정보처리자는 정보주체의 동의를 받아 개인정보를 수집하는 경우 필요한 최소한의 정보 외의 개인정보 수집에는 동의하지 아니할 수 있다는 사실을 구체적으로 알리고 개인정보를 수집하여야 한다.

③ 개인정보처리자는 정보주체가 필요한 최소한의 정보 외의 개인정보 수집에 동의하지 않는다는 이유로 정보주체에게 재화 또는 서비스의 제공을 거부하여서는 안 된다.

03 개인정보보호법에 근거한 고객정보 관리

1 개인정보의 제공

① 개인정보처리자는 다음의 어느 하나에 해당되는 경우에는 정보주체의 개인정보를 제3자에게 제공(공유 포함)할 수 있다.

정보주체의 동의를 받은 경우
제15조제1항제2호 · 제3호 · 제5호* 및 제39조의3제2항제2호 · 제3호*에 따라 개인정보를 수집한 목적 범위에서 개인정보를 제공하는 경우

② 개인정보처리자는 정보주체의 동의를 받을 때에는 다음의 사항을 정보주체에게 알려야 한다. 다음 어느 하나의 사항을 변경하는 경우에도 이를 알리고 동의를 받아야 한다. 기출(21-4회)

- 개인정보를 제공받는 자
- 개인정보를 제공받는 자의 개인정보 이용 목적
- 제공하는 개인정보의 항목
- 개인정보를 제공받는 자의 개인정보 보유 및 이용 기간
- 동의를 거부할 권리가 있다는 사실 및 동의 거부에 따른 불이익이 있는 경우에는 그 불이익의 내용

③ 개인정보처리자가 개인정보를 국외의 제3자에게 제공할 때에는 ②의 사항을 정보주체에게 알리고 동의를 받아야 하며, 이 법을 위반하는 내용으로 개인정보의 국외 이전에 관한 계약을 체결해서는 안 된다.

④ 개인정보처리자는 당초 수집 목적과 합리적으로 관련된 범위에서 정보주체에게 불이익이 발생하는지 여부, 암호화 등 안전성 확보에 필요한 조치를 하였는지 여부 등을 고려하여 대통령령으로 정하는 바에 따라 정보주체의 동의 없이 개인정보를 제공할 수 있다.

2 개인정보를 제공받은 자의 이용·제공 제한

개인정보처리자로부터 개인정보를 제공받은 자는 다음에 해당하는 경우를 제외하고는 개인정보를 제공받은 목적 외의 용도로 이용하거나 이를 제3자에게 제공해서는 안 된다.

① 정보주체로부터 별도의 동의를 받은 경우
② 다른 법률에 특별한 규정이 있는 경우

3 개인정보의 목적 외 이용·제공 제한

① 개인정보처리자는 다음의 어느 하나에 해당하는 경우에는 정보주체 또는 제3자의 이익을 부당하게 침해할 우려가 있을 때를 제외하고는 개인정보를 목적 외의 용도로 이용하거나 이를 제3자에게 제공할 수 있다. 다만, 이용자의 개인정보를 처리하는 정보통신서비스 제공자의 경우 ㉠ · ㉡의 경우로 한정하고, ㉤부터 ㉧까지의 경우는 공공기관의 경우로 한정한다.

▶ **제15조제1항제2호 · 제3호 · 제5호**
2. 법률에 특별한 규정이 있거나 법령상 의무를 준수하기 위하여 불가피한 경우
3. 공공기관이 법령 등에서 정하는 소관 업무의 수행을 위하여 불가피한 경우
5. 정보주체 또는 그 법정대리인이 의사표시를 할 수 없는 상태에 있거나 주소불명 등으로 사전 동의를 받을 수 없는 경우로서 명백히 정보주체 또는 제3자의 급박한 생명, 신체, 재산의 이익을 위하여 필요하다고 인정되는 경우

▶ **제39조의3제2항제2호 · 제3호**
2. 정보통신서비스의 제공에 따른 요금정산을 위하여 필요한 경우
3. 다른 법률에 특별한 규정이 있는 경우

㉠ 정보주체로부터 별도의 동의를 받은 경우
㉡ 다른 법률에 특별한 규정이 있는 경우
㉢ 정보주체 또는 그 법정대리인이 의사표시를 할 수 없는 상태에 있거나 주소불명 등으로 사전 동의를 받을 수 없는 경우로서 명백히 정보주체 또는 제3자의 급박한 생명, 신체, 재산의 이익을 위하여 필요하다고 인정되는 경우
㉣ 개인정보를 목적 외의 용도로 이용하거나 이를 제3자에게 제공하지 아니하면 다른 법률에서 정하는 소관 업무를 수행할 수 없는 경우로서 보호위원회의 심의 · 의결을 거친 경우
㉤ 조약, 그 밖의 국제협정의 이행을 위하여 외국정부 또는 국제기구에 제공하기 위하여 필요한 경우
㉥ 범죄의 수사와 공소의 제기 및 유지를 위하여 필요한 경우
㉦ 법원의 재판업무 수행을 위하여 필요한 경우
㉧ 형(刑) 및 감호, 보호처분의 집행을 위하여 필요한 경우

② 공공기관은 개인정보를 목적 외의 용도로 이용하거나 이를 제3자에게 제공하는 경우에는 다음 사항을 행정안전부령으로 정하는 개인정보의 목적 외 이용 및 제3자 제공 대장에 기록하고 관리하여야 한다.

- 이용하거나 제공하는 개인정보 또는 개인정보파일의 명칭
- 이용기관 또는 제공받는 기관의 명칭
- 이용 목적 또는 제공받는 목적
- 이용 또는 제공의 법적 근거
- 이용하거나 제공하는 개인정보의 항목
- 이용 또는 제공의 날짜, 주기 또는 기간
- 이용하거나 제공하는 형태
- 제한을 하거나 필요한 조치를 마련할 것을 요청한 경우에는 그 내용

③ 개인정보처리자는 정보주체로부터 별도의 동의를 받을 때에는 다음 사항을 정보주체에게 알려야 한다. 다음의 어느 하나의 사항을 변경하는 경우에도 이를 알리고 동의를 받아야 한다.

- 개인정보를 제공받는 자
- 개인정보의 이용 목적(제공 시에는 제공받는 자의 이용 목적을 말한다)
- 이용 또는 제공하는 개인정보의 항목
- 개인정보의 보유 및 이용 기간(제공 시에는 제공받는 자의 보유 및 이용 기간을 말한다)
- 동의를 거부할 권리가 있다는 사실 및 동의 거부에 따른 불이익이 있는 경우에는 그 불이익의 내용

④ 공공기관은 개인정보를 목적 외의 용도로 이용하거나 이를 제3자에게 제공하는 경우에는 그 이용 또는 제공의 법적 근거, 목적 및 범위 등에 관하여 필요한 사항을 보호위원회가 고시로 정하는 바에 따라 관보 또는 인터넷 홈페이지 등에 게재하여야 한다.

⑤ 개인정보처리자는 ②의 어느 하나의 경우에 해당하여 개인정보를 목적 외의 용도로 제3자에게 제공하는 경우에는 개인정보를 제공받는 자에게 이용 목적, 이용 방법, 그 밖에 필요한 사항에 대해 제한하거나, 개인정보의 안전성 확보를 위하여 필요한 조치를 마련하도록 요청하여야 한다. 이 경우 요청을 받은 자는 개인정보의 안전성 확보를 위하여 필요한 조치를 하여야 한다.

4 정보주체 이외로부터 수집한 개인정보의 수집 출처 등 고지

① 개인정보처리자가 정보주체 이외로부터 수집한 개인정보를 처리하는 때에는 정보주체의 요구가 있으면 즉시 다음 사항을 정보주체에게 알려야 한다.

- 개인정보의 수집 출처
- 개인정보의 처리 목적
- 개인정보 처리의 정지를 요구할 권리가 있다는 사실

② 처리하는 개인정보의 종류 · 규모, 종업원 수 및 매출액 규모 등을 고려하여 대통령령으로 정하는 기준에 해당하는 개인정보처리자*가 정보주체 이외로부터 개인정보를 수집하여 처리하는 때에는 위 ①의 모든 사항을 정보주체에게 알려야 한다. (다만, 개인정보처리자가 수집한 정보에 연락처 등 정보주체에게 알릴 수 있는 개인정보가 포함되지 않은 경우에는 알리지 않아도 된다.)

③ 정보주체에게 알리는 시기 · 방법 및 절차 등 필요한 사항은 대통령령으로 정한다.

④ 다음의 경우에는 위 ①과 ②를 적용하지 않는다.(다만, 이 법에 따른 정보주체의 권리보다 명백히 우선하는 경우에 한한다.)

- 고지를 요구하는 대상이 되는 개인정보가 제32조제2항*의 어느 하나에 해당하는 개인정보파일에 포함되어 있는 경우
- 고지로 인하여 다른 사람의 생명 · 신체를 해할 우려가 있거나 다른 사람의 재산과 그 밖의 이익을 부당하게 침해할 우려가 있는 경우

5 개인정보 보호책임자의 지정

① 개인정보처리자는 개인정보의 처리에 관한 업무를 총괄해서 책임질 개인정보 보호책임자를 지정하여야 한다.

② 개인정보 보호책임자는 다음 업무를 수행한다.

- 개인정보 보호 계획의 수립 및 시행
- 개인정보 처리 실태 및 관행의 정기적인 조사 및 개선
- 개인정보 처리와 관련한 불만의 처리 및 피해 구제
- 개인정보 유출 및 오용 · 남용 방지를 위한 내부통제시스템의 구축
- 개인정보 보호 교육 계획의 수립 및 시행
- 개인정보파일의 보호 및 관리 · 감독
- 그 밖에 개인정보의 적절한 처리를 위하여 대통령령으로 정한 업무*

▶ **대통령령으로 정하는 기준에 해당하는 개인정보처리자**
- 5만명 이상의 정보주체에 관하여 민감정보 또는 고유식별정보를 처리하는 자
- 100만명 이상의 정보주체에 관하여 개인정보를 처리하는 자

▶ 위에 해당하는 개인정보처리자는 서면 · 전화 · 문자전송 · 전자우편 등 정보주체가 쉽게 알 수 있는 방법으로 개인정보를 제공받은 날부터 3개월 이내에 정보주체에게 알려야 한다.

▶ **제32조제2항**
1. 국가 안전, 외교상 비밀, 그 밖에 국가의 중대한 이익에 관한 사항을 기록한 개인정보파일
2. 범죄의 수사, 공소의 제기 및 유지, 형 및 감호의 집행, 교정처분, 보호처분, 보안관찰처분과 출입국관리에 관한 사항을 기록한 개인정보파일
3. 「조세범처벌법」에 따른 범칙행위 조사 및 「관세법」에 따른 범칙행위 조사에 관한 사항을 기록한 개인정보파일
4. 공공기관의 내부적 업무처리만을 위하여 사용되는 개인정보파일
5. 다른 법령에 따라 비밀로 분류된 개인정보파일

▶ **대통령령으로 정한 업무**
- 개인정보 처리방침의 수립 · 변경 및 시행
- 개인정보 보호 관련 자료의 관리
- 처리 목적이 달성되거나 보유기간이 지난 개인정보의 파기

③ 개인정보 보호책임자는 업무를 수행함에 있어서 필요한 경우 개인정보의 처리 현황, 처리 체계 등에 대하여 수시로 조사하거나 관계 당사자로부터 보고를 받을 수 있다.

④ 개인정보 보호책임자는 개인정보 보호와 관련하여 이 법 및 다른 관계 법령의 위반 사실을 알게 된 경우에는 즉시 개선조치를 하여야 하며, 필요하면 소속 기관 또는 단체의 장에게 개선조치를 보고하여야 한다.

⑤ 개인정보처리자는 개인정보 보호책임자가 업무를 수행함에 있어서 정당한 이유 없이 불이익을 주거나 받게 해서는 안 된다.

⑥ 개인정보 보호책임자의 지정요건, 업무, 자격요건, 그 밖에 필요한 사항은 대통령령으로 정한다.

6 개인정보의 안전한 관리

(1) 안전조치의무

① 개인정보처리자는 개인정보가 분실 · 도난 · 유출 · 위조 · 변조 또는 훼손되지 않도록 내부 관리계획 수립, 접속기록 보관 등 대통령령으로 정하는 바에 따라 안전성 확보에 필요한 기술적 · 관리적 및 물리적 조치를 하여야 한다.

② 개인정보처리자는 다음에 따른 안전성 확보 조치를 하여야 한다.

- 개인정보의 안전한 처리를 위한 내부 관리계획의 수립 · 시행
- 개인정보에 대한 접근 통제 및 접근 권한의 제한 조치
- 개인정보를 안전하게 저장 · 전송할 수 있는 암호화 기술의 적용 또는 이에 상응하는 조치
- 개인정보 침해사고 발생에 대응하기 위한 접속기록의 보관 및 위조 · 변조 방지를 위한 조치
- 개인정보에 대한 보안프로그램의 설치 및 갱신
- 개인정보의 안전한 보관을 위한 보관시설의 마련 또는 잠금장치의 설치 등 물리적 조치

(2) 개인정보 처리방침의 수립 및 공개

① 개인정보처리자는 다음 사항이 포함된 개인정보의 처리 방침을 정하여야 한다. 이 경우 공공기관은 등록대상이 되는 개인정보파일에 대하여 개인정보 처리방침을 정한다.

- 개인정보의 처리 목적
- 개인정보의 처리 및 보유 기간
- 개인정보의 제3자 제공에 관한 사항(해당되는 경우에만 정함)
- 개인정보의 파기절차 및 파기방법(개인정보를 보존하여야 하는 경우에는 그 보존 근거와 보존하는 개인정보 항목을 포함)
- 개인정보처리의 위탁에 관한 사항(해당되는 경우에만 정함)
- 정보주체와 법정대리인의 권리 · 의무 및 그 행사방법에 관한 사항
- 개인정보 보호책임자의 성명 또는 개인정보 보호업무 및 관련 고충사항을

처리하는 부서의 명칭과 전화번호 등 연락처
- 인터넷 접속정보파일 등 개인정보를 자동으로 수집하는 장치의 설치 · 운영 및 그 거부에 관한 사항(해당하는 경우에만 정한다)
- 그 밖에 개인정보의 처리에 관하여 대통령령으로 정한 사항*

② 개인정보처리자가 개인정보 처리방침을 수립하거나 변경하는 경우에는 정보주체가 쉽게 확인할 수 있도록 대통령령으로 정하는 방법에 따라 공개하여야 한다.

▶ **개인정보 처리방침 공개 방법**
㉠ 인터넷 홈페이지에 지속적으로 게재하여야 한다.
㉡ 인터넷 홈페이지에 게재할 수 없는 경우에는 다음 중 하나 이상의 방법으로 수립하거나 변경한 개인정보 처리방침을 공개하여야 한다.
- 개인정보처리자의 사업장등의 보기 쉬운 장소에 게시하는 방법
- 관보(공공기관인 경우)나 개인정보처리자의 사업장등이 있는 시 · 도 이상의 지역을 주된 보급지역으로 하는 일반일간신문, 일반주간신문 또는 인터넷신문에 싣는 방법
- 같은 제목으로 연 2회 이상 발행하여 정보주체에게 배포하는 간행물 · 소식지 · 홍보지 또는 청구서 등에 지속적으로 싣는 방법
- 재화나 용역을 제공하기 위하여 개인정보처리자와 정보주체가 작성한 계약서 등에 실어 정보주체에게 발급하는 방법

③ 개인정보 처리방침의 내용과 개인정보처리자와 정보주체 간에 체결한 계약의 내용이 다른 경우에는 정보주체에게 유리한 것을 적용한다.

④ 보호위원회는 개인정보 처리방침의 작성지침을 정하여 개인정보처리자에게 그 준수를 권장할 수 있다.

7 개인정보취급자에 대한 감독

① 개인정보처리자는 개인정보를 처리함에 있어서 개인정보가 안전하게 관리될 수 있도록 임직원, 파견근로자, 시간제근로자 등 개인정보처리자의 지휘 · 감독을 받아 개인정보를 처리하는 자(개인정보취급자)에 대하여 적절한 관리 · 감독을 행하여야 한다.

② 개인정보처리자는 개인정보의 적정한 취급을 보장하기 위하여 개인정보취급자에게 정기적으로 필요한 교육을 실시하여야 한다.

8 가명정보의 처리에 관한 특례

(1) 가명정보의 처리

① 개인정보처리자는 통계작성, 과학적 연구, 공익적 기록보존 등을 위하여 정보주체의 동의 없이 가명정보를 처리할 수 있다.

② 개인정보처리자는 가명정보를 제3자에게 제공하는 경우에는 특정 개인을 알아보기 위하여 사용될 수 있는 정보를 포함해서는 안 된다.

▶ **대통령령으로 정한 사항**
- 처리하는 개인정보의 항목
- 개인정보의 파기에 관한 사항
- 개인정보의 안전성 확보 조치에 관한 사항

(2) 가명정보의 결합 제한

① 통계작성, 과학적 연구, 공익적 기록보존 등을 위한 서로 다른 개인정보처리자 간의 가명정보의 결합은 보호위원회 또는 관계 중앙행정기관의 장이 지정하는 전문기관이 수행한다.

② 결합을 수행한 기관 외부로 결합된 정보를 반출하려는 개인정보처리자는 가명정보 또는 제58조의2*에 해당하는 정보로 처리한 뒤 전문기관의 장의 승인을 받아야 한다.

▶ 제58조의2(적용 제외)
이 법은 시간 · 비용 · 기술 등을 합리적으로 고려할 때 다른 정보를 사용하여도 더 이상 개인을 알아볼 수 없는 정보에는 적용하지 않는다.

③ 결합 절차와 방법, 전문기관의 지정과 지정 취소 기준 · 절차, 관리 · 감독, ②에 따른 반출 및 승인 기준 · 절차 등 필요한 사항은 대통령령으로 정한다.

(3) 가명정보에 대한 안전조치의무

① 개인정보처리자는 가명정보를 처리하는 경우에는 원래의 상태로 복원하기 위한 추가 정보를 별도로 분리하여 보관 · 관리하는 등 해당 정보가 분실 · 도난 · 유출 · 위조 · 변조 또는 훼손되지 않도록 대통령령으로 정하는 바에 따라 안전성 확보에 필요한 기술적 · 관리적 및 물리적 조치를 하여야 한다.

② 개인정보처리자는 가명정보를 처리하고자 하는 경우에는 가명정보의 처리 목적, 제3자 제공 시 제공받는 자 등 가명정보의 처리 내용을 관리하기 위하여 대통령령으로 정하는 사항*에 대한 관련 기록을 작성하여 보관하여야 한다.

▶ **대통령령으로 정하는 사항**
- 가명정보 처리의 목적
- 가명처리한 개인정보의 항목
- 가명정보의 이용내역
- 제3자 제공 시 제공받는 자
- 그 밖에 가명정보의 처리 내용을 관리하기 위하여 보호위원회가 필요하다고 인정하여 고시하는 사항

(4) 가명정보 처리 시 금지의무

① 특정 개인을 알아보기 위한 목적으로 가명정보를 처리해서는 안 된다.

② 개인정보처리자는 가명정보를 처리하는 과정에서 특정 개인을 알아볼 수 있는 정보가 생성된 경우에는 즉시 해당 정보의 처리를 중지하고, 지체 없이 회수 · 파기하여야 한다.

9 개인정보 유출 통지

① 개인정보처리자는 개인정보가 유출되었음을 알게 되었을 때에는 지체 없이 해당 정보주체에게 다음의 사실을 알려야 한다.

- 유출된 개인정보의 항목
- 유출된 시점과 그 경위
- 유출에 의한 피해를 최소화하기 위하여 정보주체가 할 수 있는 방법 등에 관한 정보
- 개인정보처리자의 대응조치 및 피해 구제절차
- 정보주체에게 피해가 발생한 경우 신고 등을 접수할 수 있는 담당부서 및 연락처

② 개인정보처리자는 개인정보가 유출된 경우 그 피해를 최소화하기 위한 대책을 마련하고 필요한 조치를 하여야 한다.

③ 개인정보처리자는 대통령령으로 정한 규모 이상의 개인정보가 유출된 경우에는 통지 및 조치 결과를 지체 없이 보호위원회 또는 대통령령으로 정하는 전문기관에 신고하여야 한다. 이 경우 보호위원회 또는 대통령령으로 정하는 전문기관은 피해 확산방지, 피해 복구 등을 위한 기술을 지원할 수 있다.

10 개인정보의 파기

① 개인정보처리자는 보유기간의 경과, 개인정보의 처리 목적 달성 등 그 개인정보가 불필요하게 되었을 때에는 지체 없이 그 개인정보를 파기하여야 한다. 다만, 다른 법령에 따라 보존하여야 하는 경우에는 그러하지 아니하다.

② 개인정보를 파기할 때에는 복구 또는 재생되지 않도록 조치하여야 한다.

③ 개인정보를 파기하지 않고 보존하여야 하는 경우에는 해당 개인정보 또는 개인정보파일을 다른 개인정보와 분리하여서 저장 · 관리하여야 한다.

④ 개인정보의 파기방법
- 전자적 파일 형태인 경우 : 복원이 불가능한 방법으로 영구 삭제
- 전자적 파일 외의 기록물, 인쇄물, 서면, 기타 : 파쇄 또는 소각

11 개인정보의 처리 제한

(1) 민감정보의 처리 제한

① 개인정보처리자는 사상 · 신념, 노동조합 · 정당의 가입 · 탈퇴, 정치적 견해, 건강, 성생활 등에 관한 정보, 그 밖에 정보주체의 사생활을 현저히 침해할 우려가 있는 개인정보로서 대통령령으로 정하는 정보(민감정보)*를 처리해서는 안 된다. 다만, 다음에 해당하는 경우에는 그러하지 아니하다.
- 정보주체에게 제15조제2항 각 호* 또는 제17조제2항 각 호*의 사항을 알리고 다른 개인정보의 처리에 대한 동의와 별도로 동의를 받은 경우
- 법령에서 민감정보의 처리를 요구하거나 허용하는 경우

② 개인정보처리자가 민감정보를 처리하는 경우에는 민감정보가 분실 · 도난 · 유출 · 위조 · 변조 또는 훼손되지 않도록 안전성 확보에 필요한 조치를 하여야 한다.

(2) 고유식별정보의 처리 제한

① 개인정보처리자는 다음 경우를 제외하고는 법령에 따라 개인을 고유하게 구별하기 위하여 부여된 고유식별정보*를 처리할 수 없다.
- 정보주체에게 제15조제2항 각 호 또는 제17조제2항 각 호의 사항을 알리고 다른 개인정보의 처리에 대한 동의와 별도로 동의를 받은 경우
- 법령에서 구체적으로 고유식별정보 처리의 요구나 허용하는 경우

② 개인정보처리자가 고유식별정보를 처리하는 경우에는 그 고유식별정보가 분실 · 도난 · 유출 · 위조 · 변조 또는 훼손되지 않도록 대통령령으로 정하는 바에 따라 암호화 등 안전성 확보에 필요한 조치를 하여야 한다.

③ 보호위원회는 처리하는 개인정보의 종류 · 규모, 종업원 수 및 매출액 규모 등을 고려하여 대통령령으로 정하는 기준에 해당하는 개인정보처리자가 안전성 확보에 필요한 조치를 하였는지에 관하여 대통령령으로 정하는 바에 따라 정기적으로 조사하여야 한다.

▶ **대통령령으로 정하는 민감정보의 범위** ★★★
- 유전자검사 등의 결과로 얻어진 유전정보
- 범죄경력자료에 해당하는 정보
- 개인의 신체적, 생리적, 행동적 특징에 관한 정보로서 특정 개인을 알아볼 목적으로 일정한 기술적 수단을 통해 생성한 정보
- 인종이나 민족에 관한 정보

▶ **제15조제2항 각 호**
1. 개인정보의 수집 · 이용 목적
2. 수집하려는 개인정보의 항목
3. 개인정보의 보유 및 이용 기간
4. 동의를 거부할 권리가 있다는 사실 및 동의 거부에 따른 불이익이 있는 경우에는 그 불이익의 내용

▶ **제17조제2항 각 호**
1. 개인정보를 제공받는 자
2. 개인정보를 제공받는 자의 개인정보 이용 목적
3. 제공하는 개인정보의 항목
4. 개인정보를 제공받는 자의 개인정보 보유 및 이용 기간
5. 동의를 거부할 권리가 있다는 사실 및 동의 거부에 따른 불이익이 있는 경우에는 그 불이익의 내용

▶ **고유식별정보의 범위** ★★★
- 주민등록번호
- 여권번호
- 운전면허번호
- 외국인등록번호

④ 보호위원회는 대통령령으로 정하는 전문기관으로 하여금 조사를 수행하게 할 수 있다.

(3) 주민등록번호 처리의 제한

① 개인정보처리자는 다음 경우를 제외하고는 주민등록번호를 처리할 수 없다.

㉠ 법률 · 대통령령 · 국회규칙 · 대법원규칙 · 헌법재판소규칙 · 중앙선거관리위원회규칙 및 감사원규칙에서 구체적으로 주민등록번호의 처리를 요구하거나 허용한 경우

㉡ 정보주체 또는 제3자의 급박한 생명, 신체, 재산의 이익을 위하여 명백히 필요하다고 인정되는 경우

㉢ ㉠과 ㉡에 준하여 주민등록번호 처리가 불가피한 경우로서 보호위원회가 고시로 정하는 경우

② 개인정보처리자는 주민등록번호가 분실 · 도난 · 유출 · 위조 · 변조 또는 훼손되지 않도록 암호화 조치를 통하여 안전하게 보관하여야 한다. 이 경우 암호화 적용 대상* 및 대상별 적용 시기* 등에 관하여 필요한 사항은 개인정보의 처리 규모와 유출 시 영향 등을 고려하여 대통령령으로 정한다.

▶ **암호화 적용 대상**
주민등록번호를 전자적인 방법으로 보관하는 개인정보처리자

▶ **대상별 적용 시기**
- 100만명 미만의 주민등록번호를 보관하는 개인정보처리자 : 2017년 1월 1일
- 100만명 이상의 주민등록번호를 보관하는 개인정보처리자 : 2018년 1월 1일

③ 개인정보처리자는 주민등록번호를 처리하는 경우에도 정보주체가 인터넷 홈페이지를 통하여 회원으로 가입하는 단계에서는 주민등록번호를 사용하지 않고도 회원으로 가입할 수 있는 방법을 제공하여야 한다.

④ 보호위원회는 개인정보처리자가 ③에 따른 방법을 제공할 수 있도록 관계 법령의 정비, 계획의 수립, 필요한 시설 및 시스템의 구축 등 제반 조치를 마련 · 지원할 수 있다.

(4) 영상정보처리기기의 설치 · 운영 제한

① 누구든지 다음의 경우를 제외하고는 공개된 장소에 영상정보처리기기를 설치 · 운영해서는 안 된다.

- 법령에서 구체적으로 허용하고 있는 경우
- 범죄의 예방 및 수사를 위하여 필요한 경우
- 시설안전 및 화재 예방을 위하여 필요한 경우
- 교통단속을 위하여 필요한 경우
- 교통정보의 수집 · 분석 및 제공을 위하여 필요한 경우

② 누구든지 불특정 다수가 이용하는 목욕실, 화장실, 발한실, 탈의실 등 개인의 사생활을 현저히 침해할 우려가 있는 장소의 내부를 볼 수 있도록 영상정보처리기기를 설치 · 운영해서는 안 된다.

▶ **예외**
교도소, 정신보건 시설 등 법령에 근거하여 사람을 구금하거나 보호하는 시설로서 대통령령으로 정하는 시설

③ 영상정보처리기기를 설치 · 운영하려는 공공기관의 장과 영상정보처리기기를 설치 · 운영하려는 자는 공청회 · 설명회의 개최 등 대통령령으로 정하는 절차를 거쳐 관계 전문가 및 이해관계인의 의견을 수렴하여야 한다.

④ 영상정보처리기기를 설치 · 운영하는 자(영상정보처리기기운영자)는 정보주체가 쉽게 인식할 수 있도록 다음 사항이 포함된 안내판을 설치하는 등 필요한 조치를 하여야 한다. 다만, 「군사기지 및 군사시설 보호법」 제2조제2호에 따른 군사시설, 「통합방위법」 제2조제13호에 따른 국가중요시설, 그 밖에 대통령령으로 정하는 시설에 대하여는 그러하지 아니하다.

- 설치 목적 및 장소
- 촬영 범위 및 시간
- 관리책임자 성명 및 연락처
- 그 밖에 대통령령으로 정하는 사항

▶ **대통령령으로 정하는 시설**
국가보안시설

기출(20-2회)

⑤ 영상정보처리기기운영자는 영상정보처리기기의 설치 목적과 다른 목적으로 영상정보처리기기를 임의로 조작하거나 다른 곳을 비춰서는 안 되며, 녹음기능은 사용할 수 없다.

⑥ 영상정보처리기기운영자는 개인정보가 분실 · 도난 · 유출 · 위조 · 변조 또는 훼손되지 아니하도록 안전성 확보에 필요한 조치를 하여야 한다.

⑦ 영상정보처리기기운영자는 대통령령으로 정하는 바에 따라 영상정보처리기기 운영 · 관리 방침을 마련하여야 한다. 이 경우 개인정보 처리방침을 정하지 않을 수 있다.

⑧ 영상정보처리기기운영자는 영상정보처리기기의 설치 · 운영에 관한 사무를 위탁할 수 있다.

(5) 업무위탁에 따른 개인정보의 처리 제한

기출(21-3회)

① 개인정보처리자가 제3자에게 개인정보의 처리 업무를 위탁하는 경우에는 다음 내용이 포함된 문서에 의하여야 한다.
- 위탁업무 수행 목적 외 개인정보의 처리 금지에 관한 사항
- 개인정보의 기술적 · 관리적 보호조치에 관한 사항
- 그 밖에 개인정보의 안전한 관리를 위하여 대통령령으로 정한 사항

② 개인정보의 처리 업무를 위탁하는 개인정보처리자(위탁자)는 위탁하는 업무의 내용과 개인정보 처리 업무를 위탁받아 처리하는 자(수탁자)를 정보주체가 언제든지 쉽게 확인할 수 있도록 대통령령으로 정하는 방법에 따라 공개하여야 한다.

③ 위탁자가 재화 또는 서비스를 홍보하거나 판매를 권유하는 업무를 위탁하는 경우에는 대통령령으로 정하는 방법에 따라 위탁하는 업무의 내용과 수탁자를 정보주체에게 알려야 한다. 위탁하는 업무의 내용이나 수탁자가 변경된 경우에도 또한 같다.

④ 위탁자는 업무 위탁으로 인하여 정보주체의 개인정보가 분실 · 도난 · 유출 · 위조 · 변조 또는 훼손되지 아니하도록 수탁자를 교육하고, 처리 현황 점검 등 대통령령으로 정하는 바에 따라 수탁자가 개인정보를 안전하게 처리하는지를 감독하여야 한다.

⑤ 수탁자는 개인정보처리자로부터 위탁받은 해당 업무 범위를 초과하여 개인정보를 이용하거나 제3자에게 제공해서는 안 된다.

⑥ 수탁자가 위탁받은 업무와 관련하여 개인정보를 처리하는 과정에서 이 법을 위반하여 발생한 손해배상책임에 대하여는 수탁자를 개인정보처리자의 소속 직원으로 본다.

기출(21-3회)

▶ **대통령령으로 정하는 방법**
- 서면 등의 방법을 말한다.
- 개인정보를 이전하려는 자(영업양도자등)가 과실 없이 서면 등의 방법으로 정보주체에게 알릴 수 없는 경우 인터넷 홈페이지 또는 사업장의 보기 쉬운 장소에 30일 이상 게시하여야 한다.
- 인터넷 홈페이지를 운영하지 않는 경우 사업장의 보기 쉬운 장소에 30일 이상 게시하여야 한다.

(6) 영업양도 등에 따른 개인정보의 이전 제한

① 개인정보처리자는 영업의 전부 또는 일부의 양도 · 합병 등으로 개인정보를 다른 사람에게 이전하는 경우에는 미리 다음 사항을 대통령령으로 정하는 방법에 따라 해당 정보주체에게 알려야 한다.
- 개인정보를 이전하려는 사실
- 개인정보를 이전받는 자(영업양수자 등)의 성명(법인의 경우 법인의 명칭), 주소, 전화번호 및 그 밖의 연락처
- 정보주체가 개인정보의 이전을 원하지 않는 경우 조치할 수 있는 방법 및 절차

② 영업양수자등은 개인정보를 이전받았을 때에는 지체 없이 그 사실을 대통령령으로 정하는 방법에 따라 정보주체에게 알려야 한다. 다만, 개인정보처리자가 이전 사실을 이미 알린 경우에는 그러하지 아니하다.

③ 영업양수자등은 영업의 양도 · 합병 등으로 개인정보를 이전받은 경우에는 이전 당시의 본래 목적으로만 개인정보를 이용하거나 제3자에게 제공할 수 있다. 이 경우 영업양수자등은 개인정보처리자로 본다.

04 개인정보보호법에 근거한 고객 상담

1 정보주체의 권리

정보주체는 자신의 개인정보 처리와 관련하여 다음의 권리를 가진다.

① 개인정보의 처리에 관한 정보를 제공받을 권리
② 개인정보의 처리에 관한 동의 여부, 동의 범위 등을 선택하고 결정할 권리
③ 개인정보의 처리 여부를 확인하고 개인정보에 대하여 열람(사본 발급 포함)을 요구할 권리
④ 개인정보의 처리 정지, 정정 · 삭제 및 파기를 요구할 권리
⑤ 개인정보의 처리로 인하여 발생한 피해를 신속하고 공정한 절차에 따라 구제받을 권리

2 정보주체의 권리 보장

(1) 개인정보의 열람

① 정보주체는 개인정보처리자가 처리하는 자신의 개인정보에 대한 열람을 해당 개인정보처리자에게 요구할 수 있다.

② 정보주체가 자신의 개인정보에 대한 열람을 공공기관에 요구하고자 할 때에는 공공기관에 직접 열람을 요구하거나 대통령령으로 정하는 바에 따라 보호위원회를 통하여 열람을 요구할 수 있다.

③ 개인정보처리자는 열람을 요구받았을 때에는 대통령령으로 정하는 기간 내에 정보주체가 해당 개인정보를 열람할 수 있도록 하여야 한다. 이 경우 해당 기간 내에 열람할 수 없는 정당한 사유가 있을 때에는 정보주체에게 그 사유를 알리고 열람을 연기할 수 있으며, 그 사유가 소멸하면 지체 없이 열람하게 하여야 한다.

④ 개인정보처리자는 다음에 해당하는 경우에는 정보주체에게 그 사유를 알리고 열람을 제한하거나 거절할 수 있다.

- 법률에 따라 열람이 금지되거나 제한되는 경우
- 다른 사람의 생명 · 신체를 해할 우려가 있거나 다른 사람의 재산과 그 밖의 이익을 부당하게 침해할 우려가 있는 경우
- 공공기관이 다음에 해당하는 업무를 수행할 때 중대한 지장을 초래하는 경우

가. 조세의 부과 · 징수 또는 환급에 관한 업무
나. 학교, 평생교육시설, 그 밖의 고등교육기관에서의 성적 평가 또는 입학자 선발에 관한 업무
다. 학력 · 기능 및 채용에 관한 시험, 자격 심사에 관한 업무
라. 보상금 · 급부금 산정 등에 대하여 진행 중인 평가 또는 판단에 관한 업무
마. 다른 법률에 따라 진행 중인 감사 및 조사에 관한 업무

▶ **열람 대상**
- 개인정보의 항목 및 내용
- 개인정보의 수집 · 이용의 목적
- 개인정보 보유 및 이용 기간
- 개인정보의 제3자 제공 현황
- 개인정보 처리에 동의한 사실 및 내용

(2) 개인정보의 정정 · 삭제

① 자신의 개인정보를 열람한 정보주체는 개인정보처리자에게 그 개인정보의 정정 또는 삭제를 요구할 수 있다. 다만, 다른 법령에서 그 개인정보가 수집 대상으로 명시되어 있는 경우에는 그 삭제를 요구할 수 없다.

② 개인정보처리자는 정보주체의 요구를 받았을 때에는 개인정보의 정정 또는 삭제에 관하여 다른 법령에 특별한 절차가 규정되어 있는 경우를 제외하고는 지체 없이 그 개인정보를 조사하여 정보주체의 요구에 따라 정정 · 삭제 등 필요한 조치를 한 후 그 결과를 정보주체에게 알려야 한다.

③ 개인정보처리자가 개인정보를 삭제할 때에는 복구 또는 재생되지 않도록 조치하여야 한다.

④ 개인정보처리자는 정보주체의 요구가 다른 법령에서 개인정보가 수집 대상으로 명시되어 있는 경우에 해당될 때에는 지체 없이 그 내용을 정보주체에게 알려야 한다.

⑤ 개인정보처리자는 ②에 따른 조사를 할 때 필요하면 해당 정보주체에게 정정 · 삭제 요구사항의 확인에 필요한 증거자료를 제출하게 할 수 있다.

(3) 개인정보의 처리정지

① 정보주체는 개인정보처리자에 대하여 자신의 개인정보 처리의 정지를 요구할 수 있다. 이 경우 공공기관에 대하여는 등록 대상이 되는 개인정보파일 중 자신의 개인정보에 대한 처리의 정지를 요구할 수 있다.

② 개인정보처리자는 개인정보 처리정지 요구를 받았을 때에는 지체 없이 정보주체의 요구에 따라 개인정보 처리의 전부를 정지하거나 일부를 정지하여야 한다.(다만, 다음에 해당하는 경우에는 정보주체의 처리정지 요구를 거절할 수 있다.)

- 법률에 특별한 규정이 있거나 법령상 의무를 준수하기 위하여 불가피한 경우
- 다른 사람의 생명 · 신체를 해할 우려가 있거나 다른 사람의 재산과 그 밖의 이익을 부당하게 침해할 우려가 있는 경우
- 공공기관이 개인정보를 처리하지 아니하면 다른 법률에서 정하는 소관 업무를 수행할 수 없는 경우
- 개인정보를 처리하지 않으면 정보주체와 약정한 서비스를 제공하지 못하는 등 계약의 이행이 곤란한 경우로서 정보주체가 그 계약의 해지 의사를 명확하게 밝히지 않은 경우

③ 개인정보처리자는 처리정지 요구를 거절하였을 때에는 정보주체에게 지체 없이 그 사유를 알려야 한다.

④ 개인정보처리자는 정보주체의 요구에 따라 처리가 정지된 개인정보에 대하여 지체 없이 해당 개인정보의 파기 등 필요한 조치를 하여야 한다.

(4) 권리행사의 방법 및 절차

① 정보주체는 개인정보의 열람, 정정 · 삭제, 처리정지, 동의 철회 등의 요구를 문서 등 대통령령으로 정하는 방법 · 절차에 따라 대리인에게 하게 할 수 있다.

② 만 14세 미만 아동의 법정대리인은 개인정보처리자에게 그 아동의 개인정보 열람등요구를 할 수 있다.

③ 개인정보처리자는 열람등요구를 하는 자에게 대통령령으로 정하는 바에 따라 수수료와 우송료를 청구할 수 있다.

④ 개인정보처리자는 정보주체가 열람등요구를 할 수 있는 구체적인 방법과 절차를 마련하고, 이를 정보주체가 알 수 있도록 공개하여야 한다.

⑤ 개인정보처리자는 정보주체가 열람등요구에 대한 거절 등 조치에 대하여 불복이 있는 경우 이의를 제기할 수 있도록 필요한 절차를 마련하고 안내하여야 한다.

(5) 손해배상책임

① 정보주체는 개인정보처리자가 개인정보보호법을 위반한 행위로 손해를 입으면 개인정보처리자에게 손해배상을 청구할 수 있다. 이 경우 그 개인정보처리자는 고의 또는 과실이 없음을 입증하지 아니하면 책임을 면할 수 없다.

② 개인정보처리자의 고의 또는 중대한 과실로 인하여 개인정보가 분실 · 도난 · 유출 · 위조 · 변조 또는 훼손된 경우로서 정보주체에게 손해가 발생한 때에는 법원은 그 손해액의 3배를 넘지 않는 범위에서 손해배상액*을 정할 수 있다. 다만, 개인정보처리자가 고의 또는 중대한 과실이 없음을 증명한 경우에는 그러하지 아니하다.

▶ **배상액을 정할 때 법원의 고려사항**
- 고의 또는 손해 발생의 우려를 인식한 정도
- 위반행위로 인하여 입은 피해 규모
- 위법행위로 인하여 개인정보처리자가 취득한 경제적 이익
- 위반행위에 따른 벌금 및 과징금
- 위반행위의 기간 · 횟수 등
- 개인정보처리자의 재산상태
- 개인정보처리자가 정보주체의 개인정보 분실 · 도난 · 유출 후 해당 개인정보를 회수하기 위하여 노력한 정도
- 개인정보처리자가 정보주체의 피해구제를 위하여 노력한 정도

3 동의를 받는 방법

① 개인정보처리자는 이 법에 따른 개인정보의 처리에 대하여 정보주체의 동의를 받을 때에는 각각의 동의 사항을 구분하여 정보주체가 이를 명확하게 인지할 수 있도록 알리고 각각 동의를 받아야 한다.

② 개인정보처리자는 동의를 서면으로 받을 때에는 개인정보의 수집 · 이용 목적, 수집 · 이용하려는 개인정보의 항목 등 대통령령으로 정하는 중요한 내용*을 보호위원회가 고시로 정하는 방법에 따라 명확히 표시하여 알아보기 쉽게 하여야 한다.

▶ **대통령령으로 정하는 중요한 내용**
- 개인정보의 수집 · 이용 목적 중 재화나 서비스의 홍보 또는 판매 권유 등을 위하여 해당 개인정보를 이용하여 정보주체에게 연락할 수 있다는 사실
- 처리하려는 개인정보의 항목 중 민감정보, 여권번호, 운전면허번호 및 외국인등록번호
- 개인정보의 보유 및 이용 기간(제공 시에는 제공받는 자의 보유 및 이용 기간)
- 개인정보를 제공받는 자 및 개인정보를 제공받는 자의 개인정보 이용 목적

③ 개인정보처리자는 개인정보의 처리에 대하여 정보주체의 동의를 받을 때에는 정보주체와의 계약 체결 등을 위하여 정보주체의 동의 없이 처리할 수 있는 개인정보와 정보주체의 동의가 필요한 개인정보를 구분하여야 한다. 이 경우 동의 없이 처리할 수 있는 개인정보라는 입증책임은 개인정보처리자가 부담한다.

④ 개인정보처리자는 정보주체에게 재화나 서비스를 홍보하거나 판매를 권유하기 위하여 개인정보의 처리에 대한 동의를 받으려는 때에는 정보주체가 이를 명확하게 인지할 수 있도록 알리고 동의를 받아야 한다.

⑤ 개인정보처리자는 정보주체가 동의를 하지 않는다는 이유로 정보주체에게 재화 또는 서비스의 제공을 거부해서는 안 된다.

⑥ 개인정보처리자는 만 14세 미만 아동의 개인정보를 처리하기 위하여 동의를 받아야 할 때에는 법정대리인의 동의*를 받아야 한다.

▶ 법정대리인의 동의를 받기 위하여 필요한 최소한의 정보는 법정대리인의 동의 없이 해당 아동으로부터 직접 수집할 수 있다.

⑦ 정보주체의 동의를 받는 세부 방법
- 동의 내용이 적힌 서면을 정보주체에게 직접 발급하거나 우편 또는 팩스 등의 방법으로 전달하고, 정보주체가 서명하거나 날인한 동의서를 받는 방법
- 전화를 통하여 동의 내용을 정보주체에게 알리고 동의의 의사표시를 확인하는 방법
- 전화를 통하여 동의 내용을 정보주체에게 알리고 정보주체에게 인터넷주소 등을 통하여 동의 사항을 확인하도록 한 후 다시 전화를 통하여 그 동의

사항에 대한 동의의 의사표시를 확인하는 방법
- 인터넷 홈페이지 등에 동의 내용을 게재하고 정보주체가 동의 여부를 표시하도록 하는 방법
- 동의 내용이 적힌 전자우편을 발송하여 정보주체로부터 동의의 의사표시가 적힌 전자우편을 받는 방법

▶ **맞춤형화장품판매장에서의 개인정보 보호**

① 맞춤형화장품판매장에서 수집된 고객의 개인정보는 개인정보보호법령에 따라 적법하게 관리해야 한다.
② 맞춤형화장품판매장에서 판매내역서 작성 등 판매관리 등의 목적으로 고객 개인의 정보를 수집할 경우 개인정보보호법에 따라 개인 정보 수집 및 이용목적, 수집 항목 등에 관한 사항을 안내하고 동의를 받아야 한다.
③ 소비자 피부진단 데이터 등을 활용하여 연구 · 개발 등 목적으로 사용하고자 하는 경우 소비자에게 별도의 사전 안내 및 동의를 받아야 한다.
④ 수집된 고객의 개인정보는 개인정보보호법에 따라 분실, 도난, 유출, 위조, 변조 또는 훼손되지 않도록 취급하여야한다. 아울러 이를 당해 정보주체의 동의 없이 타 기관 또는 제3자에게 정보를 공개하면 안 된다.

▶ **화장품법상 민감정보 및 고유식별정보의 처리**

식품의약품안전처장(식품의약품안전처장의 권한을 위임받은 자 또는 자격시험 업무를 위탁받은 자 포함)은 다음의 사무를 수행하기 위하여 불가피한 경우 「개인정보 보호법」 제23조에 따른 건강에 관한 정보, 같은 법 시행령 제18조제2호에 따른 범죄경력자료에 해당하는 정보, 같은 영 제19조제1호 또는 제4호에 따른 주민등록번호 또는 외국인등록번호가 포함된 자료를 처리할 수 있다.

- 법 제3조에 따른 화장품제조업 또는 화장품책임판매업의 등록 및 변경등록에 관한 사무
- 법 제3조의2제1항에 따른 맞춤형화장품판매업의 신고 및 변경신고에 관한 사무
- 법 제3조의4제1항에 따른 맞춤형화장품조제관리사 자격시험에 관한 사무
- 법 제4조에 따른 기능성화장품의 심사 등에 관한 사무
- 법 제6조에 따른 폐업 등의 신고에 관한 사무
- 법 제18조에 따른 보고와 검사 등에 관한 사무
- 법 제19조에 따른 시정명령에 관한 사무
- 법 제20조에 따른 검사명령에 관한 사무
- 법 제22조에 따른 개수명령 및 시설의 전부 또는 일부의 사용금지명령에 관한 사무
- 법 제23조에 따른 회수 · 폐기 등의 명령과 폐기 또는 그 밖에 필요한 처분에 관한 사무
- 법 제24조에 따른 등록의 취소, 영업소의 폐쇄명령, 품목의 제조 · 수입 및 판매의 금지명령, 업무의 전부 또는 일부에 대한 정지명령에 관한 사무
- 법 제27조에 따른 청문에 관한 사무
- 법 제28조에 따른 과징금의 부과 · 징수에 관한 사무
- 법 제31조에 따른 등록필증 등의 재교부에 관한 사무

01 화장품법상 화장품의 정의와 관련한 내용이 아닌 것은?

① 인체에 대한 약리적인 효과를 주기 위해 사용하는 물품
② 인체를 청결 · 미화하여 매력을 더하고 용모를 밝게 변화시키기 위해 사용하는 물품
③ 피부 혹은 모발의 건강을 유지 또는 증진하기 위한 물품
④ 인체에 사용되는 물품으로 인체에 대한 작용이 경미한 것
⑤ 인체에 바르고 문지르거나 뿌리는 등의 방법으로 사용되는 물품

"화장품"이란 인체를 청결 · 미화하여 매력을 더하고 용모를 밝게 변화시키거나 피부 · 모발의 건강을 유지 · 증진하기 위해 인체에 바르고 문지르거나 뿌리는 등의 방법으로 사용되는 물품으로서 인체에 대한 작용이 경미한 것을 말한다. 다만, 「약사법」 제2조제4호의 의약품에 해당하는 물품은 제외한다.

02 화장품법에 따른 화장품의 정의를 모두 고른 것은?

【보기】
㉠ 인체를 청결 · 미화하여 매력을 더하고 용모를 밝게 변화시켜 주는 물품이다.
㉡ 피부 · 모발 · 구강의 건강을 유지 또는 증진하기 위하여 인체에 사용하는 물품이다.
㉢ 인체에 바르고 문지르거나 뿌리는 등 이와 유사한 방법으로 사용되는 물품이다.
㉣ 피부 · 모발 · 구강에 사용하여 인체에 대한 작용이 경미한 것을 말한다.
㉤ 약사법상의 의약품에 해당하는 물품은 제외한다.

① ㉠, ㉡, ㉢ ② ㉠, ㉢, ㉤
③ ㉠, ㉣, ㉤ ④ ㉡, ㉢, ㉣
⑤ ㉡, ㉢, ㉤

03 화장품의 사용 목적과 가장 거리가 먼 것은?

① 인체를 청결, 미화하기 위하여 사용한다.
② 용모를 밝게 변화시키기 위하여 사용한다.
③ 피부의 건강을 유지하기 위하여 사용한다.
④ 인체에 대한 약리적인 효과를 주기 위해 사용한다.
⑤ 모발의 건강을 유지하기 위하여 사용한다.

인체에 대한 약리적인 효과를 위해 사용하는 것은 의약품이다.

04 다음은 화장품법 시행규칙 <별표 3>의 화장품 유형에 대한 설명이다. 3회 기출 유형(8점)

【화장품법 시행규칙】
클렌징 워터, 클렌징 오일, 클렌징 로션, 클렌징 크림 등 메이크업 리무버는 ( )에 포함된다.

( ) 안에 들어갈 해당 법령에 기재된 용어를 <보기>에서 골라 그대로 기입하시오.

【보기】
영유아용제품류, 어린이용제품류, 목욕용제품류, 인체세정용제품류, 세안용제품류, 소독용제품류, 여드름피부용제품류, 기초화장용제품류, 눈화장용제품류, 색조화장용제품류, 두발세정용제품류, 체모제거용제품류, 방향용제품류

05 화장품법에서 규정하고 있는 용어에 관한 설명으로 틀린 것은?

① "안전용기 · 포장"이란 만 6세 미만의 어린이가 개봉하기 어렵게 설계 · 고안된 용기나 포장을 말한다.
② "표시"란 화장품의 용기 · 포장에 기재하는 문자 · 숫자 · 도형 또는 그림 등을 말한다.
③ "유기농화장품"이란 유기농 원료, 동식물 및 그 유래 원료 등을 함유한 화장품으로서 식품의약품안전처장이 정하는 기준에 맞는 화장품을 말한다.
④ "화장품책임판매업"이란 취급하는 화장품의 품질 및 안전 등을 관리하면서 이를 유통 · 판매하거나 수입대행형 거래를 목적으로 알선 · 수여(授與)하는 영업을 말한다.
⑤ "광고"란 라디오 · 텔레비전 · 신문 · 잡지 · 음성 · 음향 · 영상 · 인터넷 · 인쇄물 · 간판, 그 밖의 방법에 의하여 화장품에 대한 정보를 나타내거나 알리는 행위를 말한다.

"안전용기 · 포장"이란 만 5세 미만의 어린이가 개봉하기 어렵게 설계 · 고안된 용기나 포장을 말한다.

정답 01 ① 02 ② 03 ④ 04 기초화장용제품류 05 ①

06 다음 중 ( )에 들어갈 말로 적당한 것은?

【보기】

( )이란 화장품이 제조된 날로부터 적절한 보관 상태에서 제품이 고유의 특성을 간직한 채 소비자가 안정적으로 사용할 수 있는 최소한의 기한을 말한다.

① 사용기한 ② 보관기한
③ 유통기한 ④ 유효기한
⑤ 개봉 후 사용기간

"사용기한"이란 화장품이 제조된 날부터 적절한 보관 상태에서 제품이 고유의 특성을 간직한 채 소비자가 안정적으로 사용할 수 있는 최소한의 기한을 말한다.

07 화장품법에 따른 화장품과 그 유형을 바르게 연결한 것은?

① 염모제 - 두발용 제품류
② 바디 클렌저 - 세안용 제품류
③ 마스카라 - 색조 화장용 제품류
④ 데오도런트 - 체모 제거용 제품류
⑤ 손발의 피부연화 제품 - 기초화장용 제품류

화장품 유형과 사용 시의 주의사항 - 화장품법 시행규칙 [별표 3]
① 염모제 - 두발 염색용 제품류
② 바디 클렌저 - 인체 세정용 제품류
③ 마스카라 - 눈 화장용 제품류
④ 데오도런트 - 체취 방지용 제품류

08 화장품법에 따른 화장품과 그 유형의 연결이 옳지 않은 것은?

① 립글로스 - 색조 화장용 제품류
② 포마드 - 두발용 제품류
③ 클렌징 워터 - 인체 세정용 제품류
④ 셰이빙 폼 - 면도용 제품류
⑤ 흑채 - 두발용 제품류

③ 클렌징 워터 - 기초화장용 제품류

09 화장품법 시행규칙 [별표 3]에서 구분하고 있는 화장품의 유형과 해당하는 제품의 연결이 옳은 것은?

3회 기출 유형(8점)

① 목욕용 제품류 - 바디 클렌저
② 인체 세정용 제품류 - 외음부 세정제
③ 눈 화장용 제품류 - 아이 크림
④ 두발용 제품류 - 헤어 틴트
⑤ 방향용 제품류 - 디퓨저

① 인체 세정용 제품류 - 바디 클렌저
③ 기초화장용 제품류 - 아이 크림
④ 두발 염색용 제품류 - 헤어 틴트
⑤ 디퓨저는 화장품에 해당하지 않는다.

10 화장품법에 따른 화장품의 유형 중 인체 세정용 제품류에 해당하지 않는 것은?

① 폼 클렌저 ② 바디 클렌저
③ 액체 비누 ④ 물휴지
⑤ 버블 배스

버블 배스는 목욕용 제품류에 해당한다.

11 <보기>에서 화장품법 시행령 제2조(영업의 세부 종류와 범위)에 따른 화장품제조업의 범위에 해당하는 것을 모두 고른 것은?

【보기】

㉠ 화장품을 직접 제조하는 영업
㉡ 화장품 제조를 위탁받아 제조하는 영업
㉢ 화장품의 1차 포장을 하는 영업
㉣ 화장품의 2차 포장을 하는 영업
㉤ 화장품제조업자에게 위탁하여 제조된 화장품을 유통 · 판매하는 영업

① ㉠, ㉡, ㉢ ② ㉠, ㉡, ㉣
③ ㉡, ㉢, ㉣ ④ ㉡, ㉢, ㉤
⑤ ㉢, ㉣, ㉤

화장품제조업의 범위
- 화장품을 직접 제조하는 영업
- 화장품 제조를 위탁받아 제조하는 영업
- 화장품의 포장(1차 포장만 해당)을 하는 영업

정답 06 ① 07 ⑤ 08 ③ 09 ② 10 ⑤ 11 ①

12 <보기>에서 맞춤형화장품판매업의 범위에 해당하는 것을 모두 고른 것은?

【보기】

㉠ 제조 또는 수입된 화장품의 내용물에 다른 화장품의 내용물이나 식품의약품안전처장이 정하여 고시하는 원료를 추가하여 혼합한 화장품을 판매하는 영업
㉡ 제조 또는 수입된 화장품의 내용물을 소분한 화장품을 판매하는 영업
㉢ 화장품제조업자에게 위탁하여 제조된 화장품을 유통 · 판매하는 영업
㉣ 수입대행형 거래를 목적으로 화장품을 알선 · 수여하는 영업

① ㉠, ㉡　② ㉠, ㉢
③ ㉠, ㉣　④ ㉡, ㉢
⑤ ㉢. ㉣

㉢, ㉣은 화장품책임판매업의 범위에 해당한다.

13 화장품법 제5조, 화장품법 시행규칙 제12조, 13조, 화장품 안전성 정보관리 규정 제6조에 따른 화장품책임판매업자의 의무사항으로 옳지 않은 것은?

4회 기출 유형(8점)

① 화장품의 안전성 확보 및 품질관리에 관한 교육을 매년 받아야 한다.
② 전년도 생산실적 또는 수입실적, 화장품의 제조과정에 사용된 원료의 목록 등을 식품의약품안전처장에게 보고하여야 한다.
③ 과산화화합물을 0.5퍼센트 이상 함유하는 제품의 경우에는 해당 품목의 안정성시험 자료를 최종 제조된 제품의 사용기한이 만료되는 날부터 1년간 보존해야 한다.
④ 화장품책임판매업자는 화장품의 제조과정에 사용된 원료의 목록을 화장품의 유통 · 판매 전까지 보고해야 한다.
⑤ 화장품책임판매업자는 제5조에 따라 신속보고되지 아니한 화장품의 안전성 정보를 별지 제3호 서식에 따라 작성한 후 매 반기 종료 후 1월 이내에 식품의약품안전처장에게 보고하여야 한다.

화장품의 제조과정에 사용된 원료의 목록에 관한 보고는 화장품의 유통 · 판매 전에 하여야 한다.

14 <보기>에서 맞춤형화장품판매업의 범위에 해당하는 것을 모두 고른 것은?

【보기】

㉠ 제조 또는 수입된 화장품의 내용물에 다른 화장품의 내용물을 혼합한 화장품을 판매하는 영업
㉡ 제조 또는 수입된 화장품의 내용물을 소분한 화장품을 판매하는 영업
㉢ 화장품제조업자에게 위탁하여 제조된 화장품을 유통 · 판매하는 영업
㉣ 수입대행형 거래를 목적으로 화장품을 알선 · 수여하는 영업
㉤ 제조 또는 수입된 화장품의 내용물에 식품의약품안전처장이 정하여 고시하는 원료를 추가하여 혼합한 화장품을 판매하는 영업

① ㉠, ㉡, ㉢　② ㉠, ㉡, ㉣
③ ㉠, ㉡, ㉤　④ ㉡, ㉢, ㉤
⑤ ㉢, ㉣, ㉤

㉢, ㉣은 화장품책임판매업의 범위에 해당한다.

15 <보기>에서 화장품책임판매업자가 변경등록이 필요한 경우에 해당하는 것을 모두 고른 것은?

【보기】

㉠ 책임판매관리자의 주소를 변경하는 경우
㉡ 화장품책임판매업자의 상호를 변경하는 경우
㉢ 화장품책임판매업소의 전화번호를 변경하는 경우
㉣ 화장품책임판매업소의 소재지를 변경하는 경우
㉤ 책임판매 유형을 변경하는 경우

① ㉠, ㉡, ㉢　② ㉠, ㉡, ㉣
③ ㉠, ㉡, ㉤　④ ㉡, ㉣, ㉤
⑤ ㉢, ㉣, ㉤

화장품책임판매업자가 변경등록이 필요한 경우
- 화장품책임판매업자의 변경(법인인 경우 대표자의 변경)
- 화장품책임판매업자의 상호 변경(법인인 경우 법인의 명칭 변경)
- 화장품책임판매업소의 소재지 변경
- 책임판매관리자의 변경
- 책임판매 유형 변경

정답 12 ① 13 ② 14 ③ 15 ④

16 다음 ( )에 들어갈 말로 알맞은 것은?

【보기】

화장품제조업자 또는 화장품책임판매업자는 변경등록을 하는 경우에는 변경 사유가 발생한 날부터 ( ) 이내에 화장품제조업 변경등록 신청서 또는 화장품책임판매업 변경등록 신청서에 화장품제조업 등록필증 또는 화장품책임판매업 등록필증과 해당 서류를 첨부하여 지방식품의약품안전청장에게 제출하여야 한다.

① 10일 ② 20일 ③ 30일
④ 40일 ⑤ 50일

변경 사유가 발생한 날부터 30일 이내에 변경등록을 해야 한다.

17 화장품법 시행규칙 제6조 화장품제조업을 등록하려는 자가 갖추어야 하는 시설에 해당하지 않는 것은?

① 원료 · 자재 및 제품을 보관하는 보관소
② 원료 · 자재 및 제품의 품질검사를 위하여 필요한 시험실
③ 품질검사에 필요한 시설 및 기구
④ 작업대 등 제조에 필요한 시설 및 기구를 갖춘 작업소
⑤ 맞춤형화장품을 혼합 · 소분할 수 있는 조제실

맞춤형화장품을 혼합 · 소분할 수 있는 조제실은 맞춤형화장품 판매업소의 시설기준에 해당한다.

18 <보기>는 화장품법 제6조 폐업 등의 신고에 관한 내용이다. ( )에 들어갈 말로 적합한 것은?

【보기】

영업자가 폐업 또는 휴업하려는 경우 총리령으로 정하는 바에 따라 식품의약품안전처장에게 신고하여야 한다. 다만, 휴업기간이 ( ) 미만이거나 그 기간 동안 휴업하였다가 그 업을 재개하는 경우에는 그러하지 아니하다.

① 1개월 ② 2개월 ③ 3개월
④ 5개월 ⑤ 6개월

휴업기간이 1개월 미만이거나 그 기간 동안 휴업하였다가 그 업을 재개하는 경우에는 신고를 할 필요가 없다.

19 다음 중 화장품제조업을 등록하려는 자가 갖추어야 하는 시설기준에 대한 설명이다. 옳지 않은 것은?

① 화장품제조업을 등록하려는 자는 원료 · 자재 및 제품을 보관하는 보관소를 갖추어야 한다.
② 화장품제조업을 등록하려는 자는 품질검사에 필요한 시설 및 기구를 갖추어야 한다.
③ 화장품제조업자가 화장품의 일부 공정만을 제조하는 경우에는 해당 공정에 필요한 시설 및 기구 외의 시설 및 기구를 갖추지 않아도 된다.
④ 보건환경연구원 등에 원료 · 자재 및 제품에 대한 품질검사를 위탁하는 경우에는 품질검사에 필요한 시설 및 기구를 갖추지 않아도 된다.
⑤ 제조업자는 화장품의 제조시설을 이용하여 화장품 외의 물품을 제조할 수 없다.

제품 상호간에 오염의 우려가 없는 경우에는 화장품 외의 물품을 제조할 수 있다.

20 화장품법상 영업자의 지위 승계에 대한 설명으로 옳지 않은 것은?

① 영업자가 사망하거나 그 영업을 양도한 경우에는 그 상속인 또는 영업을 양수한 자가 그 영업자의 의무 및 지위를 승계한다.
② 법인인 영업자가 합병한 경우에는 합병 후 존속하는 법인이나 합병에 따라 설립되는 법인이 그 영업자의 의무 및 지위를 승계한다.
③ 영업자의 지위를 승계한 경우에 종전의 영업자에 대한 행정제재처분의 효과는 그 처분 기간이 끝난 날부터 2년간 해당 영업자의 지위를 승계한 자에게 승계된다.
④ 행정제재처분의 절차가 진행 중일 때에는 해당 영업자의 지위를 승계한 자에 대하여 그 절차를 계속 진행할 수 있다.
⑤ 영업자의 지위를 승계한 자가 지위를 승계할 때에 그 처분 또는 위반 사실을 알지 못하였음을 증명하는 경우에는 행정제재처분의 절차를 계속 진행할 수 없다.

영업자의 지위를 승계한 경우에 종전의 영업자에 대한 행정제재처분의 효과는 그 처분 기간이 끝난 날부터 1년간 해당 영업자의 지위를 승계한 자에게 승계된다.

정답 16 ③ 17 ⑤ 18 ① 19 ⑤ 20 ③

21 화장품법상 폐업 등의 신고에 대한 설명이다. 잘못된 것은?

① 영업자는 폐업 또는 휴업하려는 경우 총리령으로 정하는 바에 따라 식품의약품안전처장에게 신고하여야 한다.
② 휴업기간이 1개월 미만이거나 그 기간 동안 휴업하였다가 그 업을 재개하는 경우에는 신고를 할 필요가 없다.
③ 식품의약품안전처장은 화장품제조업자 또는 화장품책임판매업자가 「부가가치세법」 제8조에 따라 관할 세무서장에게 폐업신고를 하거나 관할 세무서장이 사업자등록을 말소한 경우에는 등록을 취소할 수 있다.
④ 식품의약품안전처장은 등록을 취소하기 위하여 필요하면 관할 세무서장에게 화장품제조업자 또는 화장품책임판매업자의 폐업여부에 대한 정보제공을 요청할 수 있다.
⑤ 식품의약품안전처장은 폐업신고 또는 휴업신고를 받은 날부터 14일 이내에 신고수리 여부를 신고인에게 통지하여야 한다.

식품의약품안전처장은 폐업신고 또는 휴업신고를 받은 날부터 7일 이내에 신고수리 여부를 신고인에게 통지하여야 한다.

22 혼합·소분 전에 사용되는 내용물 또는 원료의 품질을 확인하는 것은 맞춤형화장품판매업자의 의무사항이다. 내용물과 원료에 대한 품질검사성적서 발행처로 옳지 않은 것은?

3회 기출 유형(12점)

① 「보건환경연구원법」 제2조에 따른 보건환경연구원
② 화장품법 시행규칙 제17조에 따라 조직된 사단법인 대한화장품협회
③ 화장품법 시행규칙 제6조제1항 제3호에 따른 시험실을 갖춘 제조업자
④ 약사법 제67조에 따라 조직된 사단법인 한국의약품수출입협회
⑤ 식품 · 의약품분야 시험 · 검사 등에 관한 법률 제6조에 따른 화장품 시험 · 검사기관

대한화장품협회는 품질검사 위탁기관에 해당하지 않는다.

23 화장품법상 맞춤형화장품판매업을 폐업하고자 하는 자가 필요로 하는 것은?

① 등록
② 통고
③ 신고
④ 허가
⑤ 보고

영업자가 폐업 또는 휴업하려는 경우에는 총리령으로 정하는 바에 따라 식품의약품안전처장에게 신고하여야 한다.

24 <보기>는 화장품법 시행규칙 제14조에 따른 맞춤형화장품조제관리사 교육에 관한 내용이다. ( ) 안에 들어갈 숫자를 순서대로 쓰시오.

3회 기출 유형(8점)

【보기】

맞춤형화장품판매장의 조제관리사로 지방식품의약품안전청에 신고한 맞춤형화장품조제관리사는 매년 (㉠) 시간 이상 (㉡) 시간 이하의 집합 교육 또는 온라인 교육을 식품의약품안전처에서 정한 교육실시기관에서 이수해야 한다.

25 <보기>는 화장품법 제6조 폐업 등의 신고에 대한 설명이다. ( )에 차례대로 들어갈 숫자로 알맞은 것은?

【보기】

- 영업자는 다음 각 호의 어느 하나에 해당하는 경우에는 총리령으로 정하는 바에 따라 식품의약품안전처장에게 신고하여야 한다. 다만, 휴업기간이 ( )개월 미만이거나 그 기간 동안 휴업하였다가 그 업을 재개하는 경우에는 그러하지 아니하다.
- 식품의약품안전처장은 폐업신고 또는 휴업신고를 받은 날부터 ( )일 이내에 신고수리 여부를 신고인에게 통지하여야 한다.

① 1, 5
② 1, 7
③ 2, 5
④ 3, 5
⑤ 3, 7

- 영업자는 다음 각 호의 어느 하나에 해당하는 경우에는 총리령으로 정하는 바에 따라 식품의약품안전처장에게 신고하여야 한다. 다만, 휴업기간이 1개월 미만이거나 그 기간 동안 휴업하였다가 그 업을 재개하는 경우에는 그러하지 아니하다.
- 식품의약품안전처장은 폐업신고 또는 휴업신고를 받은 날부터 7일 이내에 신고수리 여부를 신고인에게 통지하여야 한다.

정답 21 ⑤ 22 ② 23 ③ 24 '4, 8' 25 ②

26 맞춤형화장품판매업 신고가 가능한 자는?

【보기】

㉠ 정신질환자
㉡ 피성년후견인 또는 파산선고를 받고 복권되지 아니한 자
㉢ 마약 중독자
㉣ 화장품법을 위반하여 금고 이상의 형을 선고받고 그 집행이 끝나지 아니한 자

① ㉠, ㉡　② ㉠, ㉢
③ ㉠, ㉣　④ ㉡, ㉢
⑤ ㉢, ㉣

화장품법 제3조의3(결격사유)
㉠, ㉢은 화장품제조업 결격사유에 해당한다.

27 <보기>에서 맞춤형화장품판매업 신고가 가능한 자를 모두 고른 것은?

【보기】

㉠ 피성년후견인
㉡ 파산선고를 받고 복권되지 아니한 자
㉢ 정신질환자
㉣ 보건범죄 단속에 관한 특별조치법을 위반하여 금고 이상의 형을 선고받고 그 집행이 끝나지 아니한 자
㉤ 마약 중독자

① ㉠, ㉡　② ㉠, ㉢
③ ㉠, ㉣　④ ㉡, ㉢
⑤ ㉢, ㉤

정신질환자, 마약 중독자는 화장품제조업 신고는 할 수 없지만, 맞춤형화장품판매업과 화장품책임판매업 신고는 가능하다.

28 다음 맞춤형화장품판매업 신고에 대한 설명 중 옳은 것은?

① 피성년후견인은 맞춤형화장품판매업 신고를 할 수 있다.
② '화장품법'을 위반하여 금고 이상의 형을 선고받고 집행을 받지 않기로 확정되지 않은 자는 맞춤형화장품판매업 신고를 할 수 있다.
③ 마약류의 중독자는 맞춤형화장품판매업 신고를 할 수 없다.
④ 파산선고를 받고 복권되지 아니한 자는 맞춤형화장품판매업 신고를 할 수 없다.
⑤ 등록이 취소되거나 영업소가 폐쇄된 날부터 1년이 지나지 아니한 자는 맞춤형화장품판매업 신고를 할 수 있다.

① 피성년후견인은 맞춤형화장품판매업 신고를 할 수 없다.
② '화장품법'을 위반하여 금고 이상의 형을 선고받고 집행을 받지 않기로 확정되지 않은 자는 맞춤형화장품판매업 신고를 할 수 없다.
③ 마약류의 중독자는 맞춤형화장품판매업 신고를 할 수 있다.
⑤ 등록이 취소되거나 영업소가 폐쇄된 날부터 1년이 지나지 아니한 자는 맞춤형화장품판매업 신고를 할 수 없다.

29 <보기>에서 맞춤형화장품판매업 신고를 할 수 없는 자를 모두 고르시오.

【보기】

㉠ 화장품법 제24조(등록의 취소등)에 따라 등록이 취소되거나 영업소가 폐쇄된 날부터 1년이 지나지 아니한 자
㉡ 「마약류 관리에 관한 법률」 제2조제1호에 따른 마약류의 중독자
㉢ 「보건범죄 단속에 관한 특별조치법」을 위반하여 금고 이상의 형을 선고받고 그 집행이 끝나지 아니한 자
㉣ 「정신건강증진 및 정신질환자 복지서비스 지원에 관한 법률」 제3조제1호에 따른 정신질환자

① ㉠, ㉡　② ㉠, ㉢
③ ㉠, ㉣　④ ㉡, ㉢
⑤ ㉡, ㉣

㉠, ㉢은 맞춤형화장품판매업 신고를 할 수 없다.

30 화장품법상 다음 중 화장품제조업 등록을 할 수 있는 사람은?

① 정신질환자
② 피성년후견인
③ 마약중독자
④ 당뇨병 환자
⑤ 파산선고를 받고 복권되지 아니한 자

당뇨병 환자는 화장품제조업 등록이 가능하다.

정답 26 ② 27 ⑤ 28 ④ 29 ② 30 ④

31 다음 <보기>에서 우수화장품 제조관리기준을 준수하는 제조업자에게 지원 가능한 사항을 모두 고른 것은?

【보기】
㉠ 우수화장품 제조관리기준 적용에 관한 전문적 기술과 교육
㉡ 우수화장품 제조관리기준 적용을 위한 자문
㉢ 우수화장품 제조관리기준 적용을 위한 시설 · 설비 등 지원
㉣ 우수화장품 제조관리기준 적용을 위한 시설 · 설비 등 개수 · 보수

① ㉠, ㉡
② ㉠, ㉡, ㉢
③ ㉠, ㉡, ㉣
④ ㉠, ㉢, ㉣
⑤ ㉡, ㉢, ㉣

우수화장품 제조관리기준을 준수하는 제조업자에게 지원 가능한 사항은 ㉠, ㉡, ㉣이다.

32 <보기>의 성분을 0.5% 이상 함유하는 제품의 경우 안정성 시험 자료를 최종 제조된 제품의 사용기한이 만료되는 날부터 몇 년 동안 보존해야 하는가?

【보기】
㉠ 레티놀(비타민A) 및 그 유도체
㉡ 아스코빅애시드(비타민C) 및 그 유도체
㉢ 토코페롤(비타민E)
㉣ 과산화화합물
㉤ 효소

① 1년
② 2년
③ 3년
④ 4년
⑤ 5년

레티놀(비타민A) 및 그 유도체, 아스코빅애시드(비타민C) 및 그 유도체, 토코페롤(비타민E), 과산화화합물, 효소 성분을 0.5% 이상 함유하는 제품의 경우 해당 품목의 안정성시험 자료를 1년간 보존해야 한다.

33 화장품책임판매업자는 특정 성분을 0.5퍼센트 이상 함유하는 제품의 경우 해당 품목의 안정성시험 자료를 1년간 보존해야 한다. 이 성분에 해당하지 않는 것은?

① 비타민A
② 비타민B
③ 비타민C
④ 비타민E
⑤ 효소

34 다음 중 판매 가능한 화장품은?

① 심사 또는 보고서를 제출하지 않은 기능성 화장품
② 화장품에 사용할 수 없는 원료를 사용한 화장품
③ 맞춤형화장품 조제관리사를 두지 않고 판매한 맞춤형화장품
④ 의약품으로 잘못 인식할 우려가 있게 기재 · 표시된 화장품
⑤ 제조 · 수입한 화장품의 포장 및 기재 · 표시사항을 훼손하고 새로 표시한 맞춤형화장품

판매 등의 금지 – 화장품법 제16조
화장품의 포장 및 기재 · 표시 사항을 훼손 또는 위조 · 변조한 화장품을 판매하거나 판매할 목적으로 보관 또는 진열하여서는 안 되지만, 맞춤형화장품 판매를 위해 필요한 경우는 가능하다.
① 심사를 받지 아니하거나 보고서를 제출하지 아니한 기능성화장품을 판매할 목적으로 제조 · 수입 · 보관 또는 진열하여서는 아니 된다.(영업의 금지 – 화장품법 제15조)

35 맞춤형화장품조제관리사는 화장품의 안전성 확보 및 품질관리에 관한 교육을 매년 몇 시간씩 받아야 하는가?

① 2시간 이상, 4시간 이하
② 3시간 이상, 6시간 이하
③ 4시간 이상, 8시간 이하
④ 5시간 이상, 10시간 이하
⑤ 6시간 이상, 12시간 이하

교육시간은 4시간 이상, 8시간 이하로 한다.

36 우수화장품 제조 및 품질관리 기준에 따른 제품표준서 중 제조지시서에 포함되지 않아도 되는 것은?

① 제품표준서의 번호
② 사용된 원료명, 분량, 시험번호 및 제조단위당 실 사용량
③ 제조 설비명
④ 출고 시 선입선출 및 칭량된 용기의 표시사항
⑤ 공정별 상세 작업내용 및 주의사항

④ 출고 시 선입선출 및 칭량된 용기의 표시사항은 제조관리기준서의 원자재 관리에 관한 사항에 포함되어야 하는 사항이다.

정답 31 ③ 32 ① 33 ② 34 ⑤ 35 ③ 36 ④

37 화장품 관련 법령 및 제도에 관한 교육을 받아야 하는 영업자가 둘 이상의 장소에서 영업을 하는 경우에는 종업원 중에서 책임자로 지정하여 교육을 받게 할 수 있다. 책임자로 지정될 수 있는 사람을 모두 고른 것은?

【보기】
㉠ 제조시설관리자
㉡ 맞춤형화장품조제관리사
㉢ 품질관리 업무에 종사하는 종업원
㉣ 책임판매관리자

① ㉠, ㉡ ② ㉡, ㉢
③ ㉠, ㉡, ㉢ ④ ㉡, ㉢, ㉣
⑤ ㉠, ㉡, ㉢, ㉣

종업원 중에서 책임자로 지정하여 교육을 받을 수 있는 자
• 책임판매관리자 또는 맞춤형화장품조제관리사
• 품질관리 업무에 종사하는 종업원

38 화장품업 단체의 설립 목적으로 가장 적합한 것은?

① 영업종류별 조직을 확대하기 위하여
② 화장품 영업자의 정치 · 경제적 목적을 달성하기 위하여
③ 영업의 건전한 발전을 도모하고 단체의 이익을 옹호하기 위하여
④ 자주적인 활동과 공동이익을 보장하고 국민보건 향상에 기여하기 위하여
⑤ 화장품 영업자의 지위 향상을 위하여

영업자는 자주적인 활동과 공동이익을 보장하고 국민보건향상에 기여하기 위하여 단체를 설립할 수 있다.

39 맞춤형화장품조제관리사가 자격증을 잃어버린 경우 누구에게 재발급 신청을 해야 하는가?

① 시 · 도지사
② 시장 · 군수 · 구청장
③ 식품의약품안전처장
④ 화장품협회장
⑤ 보건복지부장관

맞춤형화장품조제관리사 자격증을 재발급 받으려는 경우 식품의약품안전처장에게 신청해야 한다.

40 화장품법상 맞춤형화장품조제관리사가 매년 받아야 하는 교육을 <보기>에서 모두 고른 것은?

【보기】
㉠ 화장품의 안전성 확보에 관한 교육
㉡ 화장품의 품질관리에 관한 교육
㉢ 화장품 관련 법령 및 제도에 관한 교육
㉣ 종업원 위생 및 고객응대에 관한 교육
㉤ 화장품 제조 일반에 관한 교육

① ㉠, ㉡ ② ㉡, ㉢
③ ㉠, ㉡, ㉢ ④ ㉡, ㉢, ㉣
⑤ ㉠, ㉡, ㉢, ㉣

41 화장품제조업을 등록하려는 자가 원료·자재 및 제품에 대한 품질검사를 위탁하는 경우 적당한 기관이 아닌 것은?

①「보건환경연구원법」 제2조에 따른 보건환경연구원
② 원료 · 자재 및 제품의 품질검사를 위하여 필요한 시험실을 갖춘 제조업자
③「식품 · 의약품분야 시험 · 검사 등에 관한 법률」 제6조에 따른 화장품 시험 · 검사기관
④ 원료 · 자재 및 제품 보관소를 갖춘 제조업자
⑤「약사법」 제67조에 따라 조직된 사단법인인 한국의약품수출입협회

검사 위탁기관
• 보건환경연구원
• 원료 · 자재 및 제품의 품질검사를 위하여 필요한 시험실을 갖춘 제조업자
• 화장품 시험 · 검사기관
• 한국의약품수출입협회

42 화장품이 갖춰야 할 품질요소를 모두 고른 것은?

【보기】
㉠ 안전성 ㉡ 안정성 ㉢ 생산성
㉣ 판매성 ㉤ 사용성

① ㉠, ㉡, ㉢ ② ㉡, ㉢, ㉣
③ ㉠, ㉡, ㉤ ④ ㉡, ㉢, ㉤
⑤ ㉢, ㉣, ㉤

화장품 내용물이 갖추어야 할 주요 품질요소는 안전성, 안정성, 사용성, 유효성이다.

정답 37 ④ 38 ④ 39 ③ 40 ① 41 ④ 42 ③

43 다음 중 개인정보보호법에 따른 개인정보 보호원칙이 아닌 것은?

① 개인정보처리자는 개인정보의 처리 목적을 명확하게 하여야 하고 그 목적에 필요한 범위에서 최소한의 개인정보만을 적법하고 정당하게 수집해야 한다.
② 개인정보처리자는 개인정보의 처리 목적에 필요한 범위에서 적합하게 개인정보를 처리하여야 한다.
③ 개인정보처리자는 개인정보의 처리 방법 및 종류 등에 따라 정보주체의 권리가 침해받을 가능성과 그 위험 정도를 고려하여 개인정보를 안전하게 관리해야 한다.
④ 개인정보처리자는 정보주체의 사생활 침해를 최소화하는 방법으로 개인정보를 처리해야 한다.
⑤ 개인정보처리자는 개인정보 처리방침 등 개인정보의 처리에 관한 사항을 비공개로 해야 한다.

> 개인정보보호법 제3조 개인정보 보호 원칙
> ⑤ 개인정보처리자는 개인정보 처리방침 등 개인정보의 처리에 관한 사항을 공개하여야 하며, 열람청구권 등 정보주체의 권리를 보장하여야 한다.

44 개인정보보호법상 개인정보 보호원칙이 아닌 것은?

① 개인정보처리자는 개인정보의 처리 목적에 필요한 범위에서 개인정보의 정확성, 완전성 및 최신성이 보장되도록 하여야 한다.
② 개인정보처리자는 정보주체의 사생활 침해를 최소화하는 방법으로 개인정보를 처리하여야 한다.
③ 개인정보처리자는 개인정보의 처리 방법 및 종류 등에 따라 정보주체의 권리가 침해받을 가능성과 그 위험 정도를 고려하여 개인정보를 안전하게 관리하여야 한다.
④ 개인정보처리자는 개인정보 처리방침 등 개인정보의 처리에 관한 사항을 공개하여야 하며, 열람청구권 등 정보주체의 권리를 보장하여야 한다.
⑤ 개인정보처리자는 개인정보를 익명으로 처리 가능한 경우라도 실명에 의하여 처리하여야 한다.

> 개인정보보호법 제3조 개인정보 보호 원칙
> ⑤ 개인정보를 익명 또는 가명으로 처리하여도 개인정보 수집목적을 달성할 수 있는 경우 익명처리가 가능한 경우에는 익명에 의하여, 익명처리로 목적을 달성할 수 없는 경우에는 가명에 의하여 처리될 수 있도록 하여야 한다.

45 개인정보보호법에 따른 개인정보처리자가 준수해야 할 개인정보 보호원칙이 아닌 것은?

① 개인정보의 처리 목적에 필요한 범위에서 개인정보의 정확성, 안전성 및 최신성이 보장되도록 하여야 한다.
② 정보주체의 사생활 침해를 최소화하는 방법으로 개인정보를 처리하여야 한다.
③ 개인정보의 처리방법 및 종류 등에 따라 정보주체의 권리가 침해받을 가능성과 그 위험 정도를 고려하여 개인정보를 안전하게 관리하여야 한다.
④ 개인정보의 익명처리가 가능한 경우라도 실명에 의하여 처리하여야 한다.
⑤ 개인정보 처리방침 등 개인정보의 처리에 관한 사항을 공개하여야 하며, 열람청구권 등 정보주체의 권리를 보장하여야 한다.

> 개인정보보호법 제3조 개인정보 보호 원칙
> ④ 개인정보를 익명 또는 가명으로 처리하여도 개인정보 수집목적을 달성할 수 있는 경우 익명처리가 가능한 경우에는 익명에 의하여, 익명처리로 목적을 달성할 수 없는 경우에는 가명에 의하여 처리될 수 있도록 하여야 한다.

46 개인정보처리자가 개인정보를 수집할 수 있는 경우를 모두 고른 것은?

【보기】
㉠ 정보주체의 동의를 받은 경우
㉡ 회사 업무 처리를 위해 불가피한 경우
㉢ 정보주체와의 계약 이행을 위해 불가피하게 필요한 경우
㉣ 공공기관이 법에서 정하는 소관 업무의 수행을 위하여 불가피한 경우
㉤ 일반적인 사유로 정보주체 또는 법정대리인이 의사표시를 할 수 없는 상태에 있는 경우

① ㉠, ㉡, ㉢　② ㉠, ㉣, ㉤
③ ㉡, ㉢, ㉤　④ ㉠, ㉢, ㉣
⑤ ㉡, ㉣, ㉤

> 개인정보처리자는 다음의 경우 개인정보를 수집할 수 있으며 그 수집 목적의 범위에서 이용할 수 있다.
> • 정보주체의 동의를 받은 경우
> • 법률에 특별한 규정이 있거나 법령상 의무를 준수하기 위하여 불가피한 경우

정답 43 ⑤ 44 ⑤ 45 ④ 46 ④

- 공공기관이 법령 등에서 정하는 소관 업무의 수행을 위하여 불가피한 경우
- 정보주체와의 계약의 체결 및 이행을 위하여 불가피하게 필요한 경우
- 정보주체 또는 그 법정대리인이 의사표시를 할 수 없는 상태에 있거나 주소불명 등으로 사전 동의를 받을 수 없는 경우로서 명백히 정보주체 또는 제3자의 급박한 생명, 신체, 재산의 이익을 위하여 필요하다고 인정되는 경우
- 개인정보처리자의 정당한 이익을 달성하기 위하여 필요한 경우로서 명백하게 정보주체의 권리보다 우선하는 경우. 이 경우 개인정보처리자의 정당한 이익과 상당한 관련이 있고 합리적인 범위를 초과하지 않는 경우에 한한다.

47 <보기>에서 개인정보보호법에 의한 개인정보처리자가 개인정보를 수집할 수 있는 경우를 모두 고른 것은?

【보기】
㉠ 정보주체의 동의를 받은 경우
㉡ 법률에 특별한 규정이 있거나 법령상 의무를 준수하기 위하여 불가피한 경우
㉢ 공공기관이 일반적인 사유로 소관 업무의 수행을 위하여
㉣ 개인정보처리자의 정당한 이익을 달성하기 위하여 필요한 경우로서 명백하게 정보주체의 권리보다 우선하는 경우
㉤ 긴급하게 이벤트 상품을 안내하기 위하여

① ㉠, ㉡, ㉢ ② ㉠, ㉡, ㉣
③ ㉠, ㉣, ㉤ ④ ㉡, ㉢, ㉤
⑤ ㉡, ㉣, ㉤

48 개인정보보호법에 따른 개인정보처리자의 가명정보 처리에 대한 설명으로 옳지 않은 것은?

① 개인정보처리자는 통계작성, 과학적 연구, 공익적 기록보존 등을 위하여 정보주체의 동의 없이 가명정보를 처리할 수 없다.
② 개인정보처리자는 가명정보를 제3자에게 제공하는 경우에는 특정 개인을 알아보기 위하여 사용될 수 있는 정보를 포함해서는 안 된다.
③ 개인정보처리자는 가명정보를 처리하는 경우 해당 정보가 분실 · 도난 · 유출 · 위조 · 변조 또는 훼손되지 않도록 안전성 확보에 필요한 기술적 · 관리적 및 물리적 조치를 하여야 한다.
④ 개인정보처리자는 가명정보를 처리하고자 하는 경우 가명정보의 처리 목적, 제3자 제공 시 제공받는 자 등 가명정보의 처리 내용을 관리하기 위하여 관련 기록을 작성하여 보관하여야 한다.
⑤ 개인정보처리자는 가명정보를 처리하는 과정에서 특정 개인을 알아볼 수 있는 정보가 생성된 경우에는 즉시 해당 정보의 처리를 중지하고, 지체 없이 회수 · 파기하여야 한다.

① 개인정보처리자는 통계작성, 과학적 연구, 공익적 기록보존 등을 위하여 정보주체의 동의 없이 가명정보를 처리할 수 있다.

49 개인정보처리자가 개인정보가 유출되었음을 알게 되었을 때 지체 없이 해당 정보주체에게 알려야 할 사실에 해당되지 않는 것은?

① 유출된 개인정보의 항목
② 유출된 시점과 그 경위
③ 유출로 인하여 발생할 수 있는 피해를 최소화하기 위하여 정보주체가 할 수 있는 방법 등에 관한 정보
④ 개인정보처리자의 대응조치 및 피해 구제절차
⑤ 개인정보 유출로 인한 피해보상 및 대책

개인정보처리자는 개인정보가 유출되었음을 알게 되었을 때에는 지체 없이 해당 정보주체에게 다음의 사실을 알려야 한다.
- 유출된 개인정보의 항목
- 유출된 시점과 그 경위
- 유출로 인하여 발생할 수 있는 피해를 최소화하기 위하여 정보주체가 할 수 있는 방법 등에 관한 정보
- 개인정보처리자의 대응조치 및 피해 구제절차
- 정보주체에게 피해가 발생한 경우 신고 등을 접수할 수 있는 담당부서 및 연락처

50 개인정보보호법 시행령 제18조의 "대통령령으로 정하는 정보(민감정보)"에 해당하는 것은?

① 주민등록법에 따른 주민등록번호
② 여권법에 따른 여권번호
③ 출입국관리법에 따른 외국인등록번호
④ 도로교통법에 따른 운전면허의 면허번호
⑤ 범죄경력자료에 해당하는 정보

민감정보의 범위
- 유전자검사 등의 결과로 얻어진 유전정보
- 범죄경력자료에 해당하는 정보
- 개인의 신체적, 생리적, 행동적 특징에 관한 정보로서 특정 개인을 알아볼 목적으로 일정한 기술적 수단을 통해 생성한 정보
- 인종이나 민족에 관한 정보

정답 47 ② 48 ① 49 ⑤ 50 ⑤

51 개인정보보호법에 따라 ( )에 들어갈 단어로 옳은 것은?

【보기】

(   ) (이)란 개인정보의 일부를 삭제하거나 일부 또는 전부를 대체하는 등의 방법으로 추가 정보가 없이 특정 개인을 알아볼 수 없도록 처리하는 것을 말한다.

① 개인정보파일
② 가명처리
③ 영상정보처리
④ 개인정보침해
⑤ 열람청구

개인정보법 제2조
"가명처리"란 개인정보의 일부를 삭제하거나 일부 또는 전부를 대체하는 등의 방법으로 추가 정보가 없이는 특정 개인을 알아볼 수 없도록 처리하는 것을 말한다.

52 <보기>는 개인정보보호법 제39조 손해배상책임에 관한 내용이다. ( )에 들어갈 말로 알맞은 것은?

【보기】

개인정보처리자의 고의 또는 중대한 과실로 인하여 개인정보가 분실 · 도난 · 유출 · 위조 · 변조 또는 훼손된 경우로서 정보주체에게 손해가 발생한 때에는 법원은 그 손해액의 ( )를 넘지 아니하는 범위에서 손해배상액을 정할 수 있다.

① 2배
② 3배
③ 4배
④ 5배
⑤ 6배

53 개인정보보호법 제15조에 따라 개인정보처리자가 개인정보 수집에 대한 동의를 받을 때 정보주체에게 알려야 할 사항을 <보기>에서 모두 고른 것은?

【보기】

㉠ 개인정보의 수집 · 이용 목적
㉡ 개인정보 침해 방지를 위한 대책
㉢ 개인정보의 보유 및 이용 기간
㉣ 동의를 거부할 권리가 있다는 사실
㉤ 개인정보파일의 관리 방법

① ㉠, ㉡, ㉢
② ㉠, ㉢, ㉣
③ ㉠, ㉣, ㉤
④ ㉡, ㉢, ㉤
⑤ ㉡, ㉣, ㉤

개인정보처리자는 개인정보 수집에 대한 동의를 받을 때 다음 사항을 정보주체에게 알려야 한다.
- 개인정보의 수집 · 이용 목적
- 수집하려는 개인정보의 항목
- 개인정보의 보유 및 이용 기간
- 동의를 거부할 권리가 있다는 사실 및 동의 거부에 따른 불이익이 있는 경우에는 그 불이익의 내용

54 개인정보보호법에 따른 개인정보 보호책임자가 수행하는 업무에 해당되지 않는 것은?

① 개인정보 보호 계획의 수립 및 시행
② 개인정보 처리 실태 및 관행의 정기적인 조사 및 개선
③ 개인정보 처리와 관련한 불만의 처리 및 피해 구제
④ 개인정보 보호 교육 계획의 수립 및 시행
⑤ 개인정보에 대한 보안프로그램의 설치 및 갱신

⑤ 개인정보에 대한 보안프로그램의 설치 및 갱신은 개인정보처리자가 해야 할 안전성 확보 조치에 해당한다.

55 개인정보보호법에 따른 개인정보 수집 및 제공에 대한 설명으로 옳지 않은 것은?

① 개인정보처리자는 개인정보처리자의 정당한 이익을 달성하기 위하여 필요한 경우로서 명백하게 정보주체의 권리보다 우선하는 경우 개인정보를 수집할 수 있다.
② 개인정보처리자는 개인정보를 수집할 경우 최소한의 개인정보를 수집하여야 한다.
③ 개인정보처리자는 정보주체의 동의를 받아 개인정보를 수집하는 경우 필요한 최소한의 정보 외의 개인정보 수집에는 동의하지 아니할 수 있다는 사실을 구체적으로 알리고 개인정보를 수집하여야 한다.
④ 개인정보처리자는 정보주체가 필요한 최소한의 정보 외의 개인정보 수집에 동의하지 않을 경우 재화 또는 서비스의 제공을 거부할 수 있다.
⑤ 개인정보처리자는 정보주체의 동의를 받은 경우 개인정보를 제3자에게 제공할 수 있다.

④ 개인정보처리자는 정보주체가 필요한 최소한의 정보 외의 개인정보 수집에 동의하지 아니한다는 이유로 정보주체에게 재화 또는 서비스의 제공을 거부하여서는 아니 된다.

정답 51 ② 52 ② 53 ② 54 ⑤ 55 ④

56 **개인정보보호법 제30조에 따른 개인정보 처리방침의 수립 및 공개에 대한 내용으로 옳지 않은 것은?**

① 개인정보처리자는 개인정보의 처리 목적 등이 포함된 개인정보의 처리 방침을 정하여야 한다.
② 공공기관은 제32조에 따라 등록대상이 되는 개인정보파일에 대하여 개인정보 처리방침을 정한다.
③ 개인정보처리자가 개인정보 처리방침을 수립하거나 변경하는 경우에는 정보주체가 쉽게 확인할 수 있도록 대통령령으로 정하는 방법에 따라 공개하여야 한다.
④ 개인정보 처리방침의 내용과 개인정보처리자와 정보주체 간에 체결한 계약의 내용이 다른 경우에는 개인정보처리자에게 유리한 것을 적용한다.
⑤ 보호위원회는 개인정보 처리방침의 작성지침을 정하여 개인정보처리자에게 그 준수를 권장할 수 있다.

> ④ 개인정보 처리방침의 내용과 개인정보처리자와 정보주체 간에 체결한 계약의 내용이 다른 경우에는 정보주체에게 유리한 것을 적용한다.

57 **개인정보보호법 제25조에 따른 영상정보처리기기의 설치·운영 제한에 대한 내용으로 옳지 않은 것은?**

① 누구든지 불특정 다수가 이용하는 목욕실, 화장실, 발한실, 탈의실 등 개인의 사생활을 현저히 침해할 우려가 있는 장소의 내부를 볼 수 있도록 영상정보처리기기를 설치 · 운영해서는 안 된다.
② 영상정보처리기기를 설치 · 운영하려는 자는 공청회 · 설명회의 개최 등 대통령령으로 정하는 절차를 거쳐 관계 전문가 및 이해관계인의 의견을 수렴하여야 한다.
③ 영상정보처리기기운영자는 정보주체가 쉽게 인식할 수 있도록 설치 목적 및 장소 등이 포함된 안내판을 설치하는 등 필요한 조치를 하여야 한다.
④ 영상정보처리기기운영자는 영상정보처리기기의 설치 목적과 다른 목적으로 영상정보처리기기를 임의로 조작하거나 다른 곳을 비춰서는 안 되며, 녹음기능도 사용할 수 있다.
⑤ 영상정보처리기기운영자는 영상정보처리기기의 설치 · 운영에 관한 사무를 위탁할 수 있다.

> 영상정보처리기기운영자는 영상정보처리기기의 설치 목적과 다른 목적으로 영상정보처리기기를 임의로 조작하거나 다른 곳을 비춰서는 안 되며, 녹음기능은 사용할 수 없다.

58 **정보주체는 개인정보처리자가 처리하는 자신의 개인정보에 대한 열람을 해당 개인정보처리자에게 요구할 수 있다. 정보주체가 열람을 요구할 수 있는 사항이 아닌 것은?**

① 개인정보의 항목 및 내용
② 개인정보의 수집 · 이용의 목적
③ 개인정보 보유 및 이용 기간
④ 개인정보의 제3자 제공 현황
⑤ 개인정보 보호 인증서

> 정보주체가 열람을 요구할 수 있는 사항
> • 개인정보의 항목 및 내용
> • 개인정보의 수집 · 이용의 목적
> • 개인정보 보유 및 이용 기간
> • 개인정보의 제3자 제공 현황
> • 개인정보 처리에 동의한 사실 및 내용

59 **개인정보처리자는 개인정보가 분실·도난·유출·위조·변조 또는 훼손되지 아니하도록 안전성 확보에 필요한 기술적·관리적 및 물리적 조치를 하여야 한다. 다음 중 안전성 확보 조치에 해당하지 않는 것은?**

① 개인정보의 안전한 처리를 위한 내부 관리계획의 수립 · 시행
② 개인정보에 대한 접근을 원활하게 할 수 있는 통합시스템 개발 등의 기술적 조치
③ 개인정보를 안전하게 저장 · 전송할 수 있는 암호화 기술의 적용 또는 이에 상응하는 조치
④ 개인정보 침해사고 발생에 대응하기 위한 접속기록의 보관 및 위조 · 변조 방지를 위한 조치
⑤ 개인정보의 안전한 보관을 위한 보관시설의 마련 또는 잠금장치의 설치 등 물리적 조치

정답 56 ④ 57 ④ 58 ⑤ 59 ②

개인정보처리자는 다음에 따른 안전성 확보 조치를 하여야 한다.
• 개인정보의 안전한 처리를 위한 내부 관리계획의 수립 · 시행
• 개인정보에 대한 접근 통제 및 접근 권한의 제한 조치
• 개인정보를 안전하게 저장 · 전송할 수 있는 암호화 기술의 적용 또는 이에 상응하는 조치
• 개인정보 침해사고 발생에 대응하기 위한 접속기록의 보관 및 위조 · 변조 방지를 위한 조치
• 개인정보에 대한 보안프로그램의 설치 및 갱신
• 개인정보의 안전한 보관을 위한 보관시설의 마련 또는 잠금장치의 설치 등 물리적 조치

60 맞춤형화장품판매업자 A는 갑작스러운 건강악화로 영업을 B에게 양도하면서 관리하던 고객에 대한 정보도 함께 이전하려고 한다. 개인정보보호법에 따라 A와 B가 한 행동으로 옳지 않은 것은?

3회 기출 유형(8점)

① A는 개인정보를 B에게 이전한다는 사실을 고객들에게 우편으로 고지하였다.
② A는 고객들에게 '개인정보를 이전한다는 사실'과 함께 '고객이 이전을 원하지 아니하는 경우 조치할 수 있는 방법 및 절차', '개인정보를 이전받는 지인 B의 성명, 주소, 전화번호, 이메일 주소'를 알렸다.
③ A가 개인정보 이전 사실을 고객들에게 알렸기 때문에 B는 별도로 고객들의 개인정보를 이전받았다는 사실을 알리지 않았다.
④ B는 자신의 개인정보가 이전되는 것을 원하지 않는다고 알려온 고객들의 개인정보는 모두 폐기하였다.
⑤ A는 주소를 기재하지 않아 개인정보 이전 사실을 통지할 수 없는 고객들이 있어 부득이하게 15일 동안 인터넷 홈페이지와 매장 출입구에 개인정보 이전 사실을 게시하였다.

개인정보를 이전하려는 자가 정보주체에게 알릴 수 없는 경우에는 해당 사항을 인터넷 홈페이지에 30일 이상 게재하여야 한다.

61 <보기>는 화장품법 제22조 중 식품의약품안전처장의 감독 명령에 대한 내용이다. ( ) 안에 들어갈 해당 법령에 기재된 용어를 한글로 기입하시오.

4회 기출 유형(12점)

【보기】

( ) 명령 : 화장품제조업자가 갖추고 있는 시설이 제3조제2항에 따른 시설기준에 적합하지 아니하거나 노후 또는 오손되어 있어 그 시설로 화장품을 제조하면 화장품의 안전과 품질에 문제의 우려가 있다고 인정되는 경우에 내리는 명령

62 맞춤형화장품판매업자 A는 고객으로부터 수집한 개인정보 처리 업무를 전문업체 B에 위탁하려고 한다. <보기>에서 개인정보보호법에 따른 옳은 설명을 모두 고른 것은?

3회 기출 유형(12점)

【보기】

㉠ A는 고객들의 동의 없이 개인정보 처리 업무를 제3자에게 위탁하고 개인정보보호법에 따른 위탁정보를 홈페이지에 게시한다.
㉡ A는 홈페이지 공지사항에 개인정보 처리 업무를 위탁받아 수행하는 업체명, 대표자 이름, 연락처, 위탁하는 개인정보 처리 업무 업무의 내용을 공개한다.
㉢ A는 B의 개인정보를 처리하는 과정에서 개인정보보호법을 위반하여 발생한 손해배상책임에 대하여는 B가 전부 책임진다는 특약을 체결하였다. 이 특약에 따라 A는 향후 이와 관련한 문제가 발생하였을 경우 대외적인 책임을 지지 않는다.
㉣ B는 A와의 계약을 유지하기 위해 부득이한 경우 위탁받은 업무 범위를 초과하여 고객의 개인정보를 처리할 수 있다.
㉤ 별도로 홈페이지를 운영하지 않는 A는 위탁하는 개인정보 처리 업무의 내용이 B에 대한 정보를 고객들이 잘 볼 수 있는 곳에 게시하였고 반기마다 고객들에게 발송하는 홍보지 하단에 기재하여 둔다.

① ㉠, ㉡, ㉢
② ㉠, ㉡, ㉤
③ ㉠, ㉢, ㉣
④ ㉡, ㉣, ㉤
⑤ ㉢, ㉣, ㉥

㉢ 수탁자가 위탁받은 업무와 관련하여 개인정보를 처리하는 과정에서 이 법을 위반하여 발생한 손해배상책임에 대하여는 수탁자를 개인정보처리자의 소속 직원으로 본다.
㉣ 수탁자는 개인정보처리자로부터 위탁받은 해당 업무 범위를 초과하여 개인정보를 이용하거나 제3자에게 제공하여서는 아니 된다.

정답 60 ⑤ 61 개수 62 ②

Customized Cosmetics Preparation Manager

CHAPTER

02

화장품의 제조 및 품질관리와 원료의 사용기준 등에 관한 사항

Section 01 화장품 원료의 종류와 특성
Section 02 화장품의 기능과 품질
Section 03 화장품 사용제한 원료
Section 04 화장품 관리
Section 05 위해사례 판단 및 보고

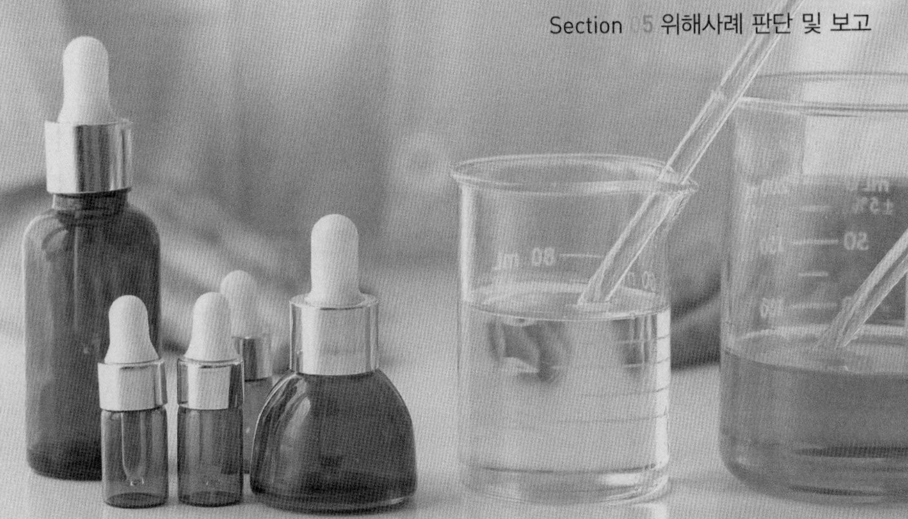

Customized Cosmetics Preparation Manager

Section 01

화장품 원료의 종류와 특성

[식약처 동영상 강의]

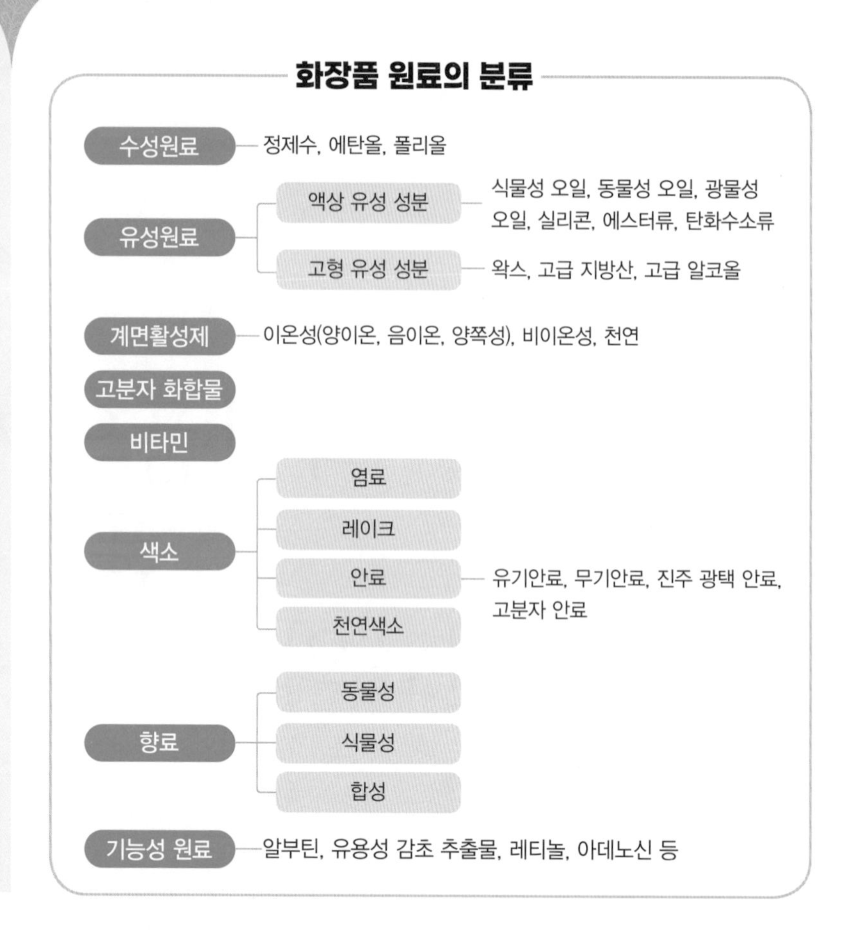

01 원료의 종류 및 특성

1 수성원료

구분	특성
정제수	• 화장수, 크림, 로션 등의 기초 물질로 사용 • 물에 포함된 불순물이 피부 트러블을 일으킬 수 있으므로 깨끗한 정제수 사용 • 일반적으로 이온 교환법과 역삼투 방식을 통하여 물을 정제한 후 자외선 살균법을 통하여 정제수를 살균 및 보관 • 물속에 금속이온(칼슘, 마그네슘 등)이 존재하면 화장품 제품 내 원료의 산화 촉진, 변색과 변취, 기타 화장품 성분들의 작용을 저해하는 요소로 작용할 수 있어 정제수를 사용 • 정제수 내 미량의 금속이온들의 존재를 배제할 수 없을 때는 금속이온봉쇄제(EDTA 및 그 염류)를 제품에 첨가

구분	특성
에탄올	• 휘발성이며, 화장수, 헤어토닉, 향수 등에 많이 사용 • 효과 : 청량감, 수렴효과, 소독작용 • 에틸알코올이라고도 하며, 화장품에서는 수렴, 청결, 살균제, 가용화제 등으로 사용 • 스킨 토너류 제품에서는 수렴 효과 및 청량감 부여 • 네일 제품에서는 가용화제로 사용 • 에탄올과 물의 비율이 7:3일 때 살균과 소독의 효과가 가장 우수 • 화장품에 사용되고 있는 에탄올은 술을 만드는 데 사용할 수 없도록 변성제(폴리필렌글리콜, 부탄올)를 첨가하여 만든 변성 에탄올(SD-alcohol)인 SD-에탄올 40을 사용한다. • 비극성인 탄화수소기와 극성인 하이드록시기(-OH)가 존재하여 식물의 소수성 및 친수성 물질의 추출 및 기타 화장품 성분의 용제(용매)로도 사용
폴리올	• 분자구조 내 극성인 하이드록시기(-OH)를 2개 이상 가지고 있는 유기화합물 • 보습제, 가용화제, 제형 조절제, 균의 증식 억제 및 동결 방지 원료로 사용 • 글리세린, 프로필렌글리콜, 부틸렌글리콜 등 기출(21-3회)

→ OH기를 3개 가지고 있는 3가 알코올

2 유성원료

(1) 오일

① 천연오일

구분	종류 및 특성
식물성 및 동물성	• 식물성 오일의 종류 : 올리브유, 파마자유, 야자유, 맥아유 등 • 동물성 오일의 종류 : 밍크 오일, 난황유, 스쿠알렌 등 • 비극성인 특성을 기반으로 피부 표면에 소수성 피막을 형성하여 수분 증발 억제 목적(밀폐제)으로 사용 • 제품의 사용감 향상 • 연화제 효과가 우수하여 피부 및 모발에 대한 유연성 부여, 광택제로도 사용 • 식물성 오일의 경우 지방산 내 불포화 결합이 많아 쉽게 산화되는 단점을 가짐 - **포화 지방산** : 지방산 사슬에 있는 탄소들이 모두 단일 결합으로 연결된 지방산 - **불포화 지방산** : 지방산사슬에 있는 탄소들 내 1개 이상의 이중 결합으로 연결된 지방산 - **오메가 지방산** : 다중 불포화 지방산 중 탄화수소 사슬 제일 마지막 탄소(오메가 탄소)를 기준으로 첫 번째 이중결합이 나타나는 탄소의 위치를 기준으로 명명한 지방산 (예) 오메가-3 지방산은 탄화수소 사슬 제일 마지막을 기준으로 세 번째 탄소에서 이중결합이 나타나는 다중 불포화 지방산을 가리킴 • 동물성 오일은 식물성 오일에 비해 색상 및 냄새가 좋지 않고, 화장품 원료로 널리 이용되지는 않음 • 식물성 오일은 피부 흡수가 느린 반면 동물성 오일은 빠름
기출(21-4회) 광물성	• 광물성 오일의 종류 : 파라핀, 바셀린(페트롤라툼) 등 • 포화 결합으로 변질의 우려는 없음 • 유성감이 강해 피부 호흡을 방해할 수 있음 • 비극성인 특성을 기반으로 피부 표면에서 수분 증발 억제 목적(밀폐제)으로 사용 • 제품의 사용감 향상의 목적으로 사용 • 연화제 효과가 우수하여 피부 및 모발에 대한 유연성을 부여하기 위해 사용 • 광물성 오일은 증발하지 않고 산화되지 않는 특성이 있지만, 유성감이 강해 다른 오일과 혼합하여 사용

② 합성오일

구분	종류 및 특성
합성오일	• 합성오일의 종류 : 실리콘 오일 • 실록산 결합(-Si-O-Si-)을 가지는 유기 규소 화합물의 총칭 • 화학적으로 합성되며 무색 투명하고, 냄새가 거의 없다. • 퍼짐성이 우수하고 가볍게 발라지며, 피부 유연성과 매끄러움, 광택 부여 • 색조 화장품의 내수성을 높이고, 모발 제품에 자연스러운 광택 부여 • 다이메티콘, 사이클로메티콘, 디메틸폴리실록산 등

(2) 왁스

고급 지방산에 고급 알코올이 결합된 에스테르 화합물 기출(20-1회)

구분	종류	특성
식물성	카르나우바 왁스	• 식물성 왁스 중 녹는 온도가 가장 높음(80~86℃) • 크림, 립스틱, 탈모제 등에 사용
	칸델리라 왁스	• 립스틱에 주로 사용
	호호바 오일	• 미국 남부나 멕시코 북부의 건조지대에 자생하고 있는 호호바의 열매에서 얻은 액상의 왁스 • 인체의 피지와 유사한 화학 구조 물질을 함유하고 있어 퍼짐성과 친화성이 우수하고 피부 침투성이 좋음
동물성	비즈왁스(밀납)	• 꿀벌의 벌집에서 꿀을 채취한 후 벌집을 열탕에 넣어 분리한 왁스 • 주성분 : 고급지방산과 고급알코올의 에스테르 • 붕사와 반응시켜 콜드크림의 제조에 천연 유화제로 사용 • 친유성 제품의 보조 유화제로도 사용 • 크림의 사용감 증대나 립스틱의 경도 조절용으로 이용되고 있는 동물성 왁스 중 가장 많이 사용
	라놀린	• 양의 털을 가공할 때 나오는 지방을 정제하여 얻은 것 • 피부에 대한 친화성과 부착성, 포수성이 우수하여 크림이나 립스틱 등에 많이 사용 • 알레르기 유발 가능성과 무거운 사용감, 색상이나 냄새 등의 문제와 동물성원료 기피로 사용량이 감소

▶ 화학식 : R-COOH

(3) 고급지방산

고급지방산은 탄소수에 대한 기준이 명확하지 않으며, 6개 이상, 10개 이상 또는 12개 이상을 기준으로 삼는다. 기출(20-1회)

① 스테아릭애씨드
- 팜유를 가수분해하여 추출
- 고급지방산 중 화장품에 가장 많이 사용
- 보조 유화제 또는 안료의 분산제로 사용

② 라우릭애씨드
- 야자유, 팜유를 비누화 분해해서 얻은 혼합 지방산을 분리하여 추출
- 화장비누, 클렌징 폼 등의 세안료에 사용

③ **미리스틱애씨드**

- 팜유를 분해하여 얻은 혼합 지방산을 분리하여 추출
- 거품량은 적지만 거품이 조밀하여 기포성이 우수하여 클렌징 폼 등에 사용

④ **팔미틱애씨드**

- 팜유를 비누화하여 고압하에서 가수분해하여 추출
- 보조 유화제로 사용

(4) 고급 알코올

① 탄소 원자 수가 6 이상인 알코올

② 세틸알코올, 스테아릴알코올, 이소스테아릴알코올, 세토스테아릴알코올 등

3 계면활성제

서로 섞이지 않는 물과 기름 성분 사이를 계면이라고 하며, 이 두 물질의 경계를 서로 섞이게 하는 물질을 말한다.

(1) 친수성기 : 물과의 친화성이 강한 둥근 머리 모양

① 구분 ★★★

구분	특징, 용도, 종류
양이온성	• 물에 용해할 때 친수기 부분이 양이온으로 해리되는 계면활성제 • 살균 및 소독작용이 우수 • 일반적으로 분자량이 적으면 보존제로 이용되며 분자량이 큰 경우는 모발이나 섬유에 흡착성이 커서 헤어 린스 등 유연제 및 대전 방지제로 주로 활용 • 종류 - 양이온 계면활성제의 구조에서 친수기가 가장 중요하며, 주로 암모늄염, 아민 유도체로 구성됨 - 알킬디메틸암모늄클로라이드, 세테아디모늄클로라이드 등
음이온성	• 물에 용해할 때 친수기 부분이 음이온으로 해리되는 계면활성제 • 세정력과 거품 형성 작용이 우수하여 주로 클렌징 제품에 활용 • 용도 : 비누, 샴푸, 클렌징 폼 등 • 종류 - 이온 계면활성제의 구조에서 친수기가 가장 중요하며, 주로 카르복실레이트(carboxylate, COO^-), 설페이트(sulfate, SO_4^{2-}), 설포네이트(sulfonate, SO_3^-)로 이루어져 있음 - 설페이트계 계면활성제 종류 : 소듐라우릴설페이트(SLS), 소듐라우레스설페이트(SLES), 암모늄라우릴설페이트(ALS), 암모늄라우레스설페이트(ALES) 등 - 설포네이트계 계면활성제 종류 : 티이에이-도데실벤젠설포네이트, 페르프루오로옥탄설포네이트, 알킬벤젠설포네이트 등 - 카르복실레이트계 계면활성제 종류 : 소듐라우레스-3카복실레이트 등

▶ **세틸알코올(세탄올)**
- 백색의 고급 알코올
- 크림류 등의 유화 제품에 경도를 주거나 유화의 안정화를 위해 사용

▶ **스테아릴알코올**
- 대부분 유화 제품에 세틸알코올과 혼합해서 사용
- 유화의 안정화를 위해 사용

▶ **이소스테아릴알코올**
- 스테아릴알코올의 액체 열 안정성과 산화 안정성이 우수
- 에탄올에 녹고 보조 유화제로 사용

▶ **세토스테아릴알코올**
- 화장품에 가장 많이 사용되는 고급 알코올
- 세틸알코올과 스테아릴알코올이 약 1:1의 비율로 섞인 혼합물

▶ 계면활성제는 표면장력을 감소시키는 역할을 한다.

▶ **주요 원료의 표면장력** 기출(20-2회)

물	72.8
글리세린	64
벤젠	28.88
헥산	18.43
다이메티콘	21.3
올레익애씨드	31.92

▶ **용도**
- 유화제 : 크림이나 로션과 같이 물과 기름을 혼합하기 위해 사용
- 가용화제 : 향과 에탄올 등 물에 용해되지 않는 물질을 용해시키기 위해 사용
- 분산제 : 안료를 분산시키기 위해 사용
- 세정제 : 세정을 목적으로 사용

기출(21-4회)

기출(21-3회)

chapter 02

기출(20-2회)

구분	특징, 용도, 종류
비이온성	• 이온성에 친수기를 갖는 대신 하이드록시기(-OH)나 에틸렌옥사이드에 의한 물과의 수소결합에 의한 친수성을 가지며, 전하를 가지지 않는 계면활성제 • 전하를 가지지 않으므로 물의 경도로 인한 비활성화에 잘 견디는 특징이 있으며, 피부에 대하여 이온 계면활성제보다 안전성이 높으며 유화력 등이 우수하므로 세정제를 제외한 에멀젼 제품 및 스킨케어 제품에서의 유화제로 사용 • 종류 : 솔비탄라우레이트, 솔비탄팔미테이트, 솔비탄세스퀴올리에이트, 폴리솔베이트20 등
양쪽성	• 물에 용해할 때 친수기 부분이 양이온과 음이온을 동시에 갖는 계면활성제로 알칼리에서는 음이온, 산성에서는 양이온 특성을 나타냄 • 일반적으로 다른 이온성 계면활성제보다 피부에 안전하고, 세정력, 살균력, 유연효과 등을 나타내므로 저자극 샴푸, 스킨케어 제품, 어린이용 제품에 사용 • 종류 : 아이소스테아라미도프로필베타인, 코카미도프로필베타인, 라우라미도프로필베타인 등
기출(21-3회) 천연물 유래 계면활성제	• 대두, 난황 등에서 얻어지는 레시틴임 • 그 외 천연물 유래 콜레스테롤 및 사포닌 등도 천연 계면활성제로 사용됨 • 그 외 종류 : 라우릴글루코사이드, 세테아릴올리베이트, 솔비탄올리베이트코코베타인 등

▶ **피부 자극**
양이온성 > 음이온성 > 양쪽성 > 비이온성

▶ **세정력**
음이온성 > 양쪽성 > 양이온성 > 비이온성

(2) 친유성기(소수성기) : 기름과의 친화성이 강한 막대꼬리 모양

4 유화제

에멀젼과 같이 물과 오일을 혼합하기 위한 목적으로 사용되는 계면활성제

(1) 원리

서로 성질이 다른 두 액체(물과 오일)에 계면활성제를 처리 후 교반하게 되면 물과 오일 사이의 계면장력이 낮아져서 물과 오일의 한쪽이 연속상(분산매)이 되고 다른 한쪽이 미세한 다수의 액적(분산질)으로 연속상에 분산되어 유지되고 있는 상태가 됨

(2) 에멀젼의 구분

O/W 에멀전	물에 오일이 분산되어 있는 형태(로션, 크림, 에센스 등)
W/O 에멀전	오일에 물이 분산되어 있는 형태(영양크림, 선크림 등)
W/O/W 에멀전	분산되어 있는 입자 자체가 에멀전을 형성하고 있는 상태

(3) 유화액의 형태

① 에멀젼 : 서로 섞이지 않는 두 액체 중에서 한 액체가 미세한 입자 형태로 다른 액체에 분산된 형태

② 유화액 형태의 판별

외관	O/W형은 크리미(creamy)한 질감을 가지나, W/O형은 끈적이는(greasy) 느낌이 듦
색소에 의한 판별	유화액은 분산매에 녹는 염료로 염색 후 판별 예 O/W형 : 수용성 염료를 넣으면 전체적으로 색이 퍼짐
희석에 의한 방법	유화액은 분산매와 혼합되는 액체와 쉽게 혼합되며, 혼합 정도를 통해 판별 예 O/W형 : 물에 의해 희석 가능, 오일에 첨가 시 층 분리가 나타남
전기전도도에 의한 방법	• 물은 극성분자 물질로 전기전도도를 가짐 • O/W형 유화액은 W/O형 유화액보다 훨씬 큰 전기전도도를 가짐
HLB값을 통한 유화제 선택	• 유화제의 특성을 파악하는 중요한 요소로 유화제의 친수성과 친유성의 균형을 HLB로 나타낸다. • HLB*값은 비이온성 유화제인 경우 친유성을 0, 친수성을 20으로 하여 수치가 높을수록 친수성의 성질이 큰 것으로 한다.

▶ HLB
hydor philic–lipophilic balance
(친수성 친유성 밸런스)

(3) 유화제의 종류

글리세릴스테아레이트, 솔비탄스테아레이트, 스테아릭애씨드, 폴리글리세릴-3메칠글루코오스디스테아레이트 등

5 가용화제

용매에 난용성 물질을 용해시키기 위한 목적으로 사용되는 계면활성제

기출(21-2회, 21-4회)

(1) 원리

① 미셀 형성 : 물에 계면활성제를 용해하였을 때 계면활성제의 소수성 부분은 가능한 한 물과 접촉을 최소화하려고 할 것이며 희석 용액에서 계면활성제는 주로 물과 공기의 표면에 단분자막 형태로 존재한다. 그러나 계면활성제의 농도가 증가하면 계면활성제의 소수성 부분끼리 서로 모이게 되고 집합체를 형성하는데, 이러한 집합체를 미셀(micelle)*이라 하며 미셀이 형성되기 시작하는 농도를 임계미셀농도라 한다.

② 가용화는 난용성 물질이 미셀 내부 또는 표면에 흡착되어 용해되는 것과 같아 보이는 현상으로 가용화력과 미셀 형성과는 밀접한 관계를 가진다.

▶ 미셀(micelle)
• 계면활성제가 일정 농도 이상에서 모인 집합체
• 계면활성제의 농도가 임계 미셀 농도 이상이고 온도가 임계 미셀 온도 이상에서 형성

(2) 종류

폴리솔베이트80, 피이지-40하이드로제네이티드캐스터오일, 폴리글리세릴-10올리에이트, 콜레스-24, 세테스-24 등

6 분산제

① 안료를 분산시키는 목적으로 사용되는 계면활성제
② '분산'이란 넓은 의미로 분산매가 분산상에 퍼져있는 현상을 말하는데, 액체가 액체 속에 분산된 경우를 '유화'라 하며, 기체가 액체 속에 분산된 경우를 '거품(foam)'이라 한다.
③ 화장품에서 고체 입자를 액체에 분산시킨 것으로는 파운데이션, 마스카라, 아이라이너, 네일에나멜 등이 있다.
④ 이러한 제품의 제조 시 고체 입자의 침전 및 고체입자 간의 응집을 막고자 분산제를 통해 고체 입자를 액체 속에 균일하게 혼합시키기 위함이다.
⑤ 종류 : 벤토나이트, 폴리하이드로시스테아릭애씨드 등

▶ **좁은 의미의 분산**
고체가 액체 속에 퍼져있는 현상에 국한시킴

▶ **콜로이드**
어떤 물질이 특정한 범위의 크기(1nm~1㎛ 정도)를 가진 입자가 되어 다른 물질 속에 분산된 상태를 말함

7 세정제

① 세정을 목적으로 사용되는 계면활성제
② 세정의 원리 : 계면활성제의 소수성 부분이 주로 지방성분인 오염물질 표면에 붙고, 친수성 부분은 물 쪽을 향하게 되는데, 세정이 진행되면서 친유기 성분은 피부에 묻어 있는 오염물질을 붙잡고 물 속으로 떨어져 미세한 입자로 분산되어 세정 효과가 나타난다.
③ 종류 : 소듐라우릴설페이트, 소듐라우레스설페이트, 암모늄라우릴설페이트 등

8 고분자 화합물

(1) 점증제

① 천연물질
- 장점 : 생체 적합성이 좋고, 특이한 사용감 부여
- 단점 : 채취시기 및 지역에 따라 일정하지 않은 물성, 미생물 오염
- 식물성 : 구아검, 아라비아고무나무검, 카라기난, 전분 등에서 추출
- 동물성 : 젤라틴, 콜라겐 등에서 추출
- 미생물 유래 : 잔탄검, 텍스트란 등에서 추출

② 반합성 천연 고분자 물질
- 안정성이 좋고 사용이 용이
- 종류 : 메틸셀룰로오스, 에틸셀룰로오스, 카복시메틸셀룰로오스 등

③ 합성 점증제 : 카보머, 폴리아크릴릭 애씨드 등

▶ **점증제**
화장품의 점도를 향상시키고 사용감을 높이기 위해 첨가하는 물질

(2) 필름 형성제

① 고분자의 필름막을 화장품에 이용하기 위해 사용
② 필름 형성제와 점증제를 혼합하여 이용
③ 종류

구분	특징 및 용도
폴리비닐알코올	폴리비닐 아세테이트를 검화하여 제조하며 주로 필 오프 타입의 팩 제조에 사용

▶ **필름(피막) 형성제**
피부, 모발 또는 손톱 위에 고분자의 필름 막을 만들어 매끈한 피부 등을 유지하는 데 사용

▶ 다량의 점증제는 필름을 형성하는 성질이 있어 필름 형성제로 사용이 가능하다. 필름 형성제와 점증제를 혼합하여 제품의 사용성과 필름의 성질을 바꾸는 목적으로도 사용된다.

구분	특징 및 용도
폴리비닐피롤리돈 메타크릴레이트 공중합체	N-비닐 피롤리돈을 과산화 촉매하에서 중합하여 제조됨. 피막 형성능 및 모발에의 밀착성의 특징으로 두발제품의 기포 안정화나 모발 광택 부여의 목적으로 배합할 수 있음
양이온성 셀룰로오스 폴리염화디메틸메틸렌피페리듐	샴푸, 린스
폴리아크릴레이트 공중합체, 폴리비닐아세테이트	마스카라, 아이라이너
니트로셀룰로오스	네일 에나멜
고분자 실리콘	모발 코팅제
실리콘 레진	액상 파운데이션, 선오일

9 비타민

종류	효능
비타민 A (레티놀)	• 시각 기능에 관여하고, 성장 인자로 작용하는 지용성 비타민 • 구조학적으로 네 단위의 이소프레노이드(isoprenoid)가 머리꼬리 형태로 결합하여 다섯 개의 이중결합을 갖는 화합물군에 속하며, 이중결합이 있어 산화에 매우 예민함 • 레티노이드로 알려진 지용성 물질군으로 레티놀, 레틴알데하이드 및 레티노익애씨드의 3가지 형태가 있음 (→ 이들은 상호전환될 수 있으나, 레티노익애씨드로 전환되는 과정은 비가역적임) • 레티놀은 항산화 효능 및 주름개선 기능성화장품 고시원료로 사용되나, 열과 공기에 매우 불안정하므로 레티놀의 안정화된 유도체인 레티닐팔미테이트, 폴리에톡실레이티드레틴아마이드 등이 개발되어 사용 • 레티닐팔미테이트는 레티놀에 지방산이 붙은 에스테르 형태로 레티놀 대비 안정성이 높으며 인체 흡수 뒤 레티놀로 가수분해 됨 • 폴리에톡실레이티드레틴아마이드는 레티놀에 PEG를 결합한 형태이며, 레티놀 대비 안정성이 높음
비타민 C (아스코빅애씨드)	• '엘-아스코빅애씨드'라고도 불리는 수용성 비타민으로 많은 생리대사에 관여 • 강력한 항산화 기능을 가지나, 상대적으로 일반적인 저장 및 가공 과정하에서 불안정함 • 열, 산화, 전이금속에 의해 구조가 파괴될 수 있음 • 비타민 C의 안정성을 향상시키는 비타민 C 유도체(에칠아스코빌에텔, 아스코빌글루코사이드, 마그네슘아스코빌포스페이트)들이 개발되어 사용 • 해당 비타민 C 유도체들은 미백 기능성화장품 고시원료로 사용

chapter 02

기출(20-1회)

▶ **주요 비타민의 화학명**
- 비타민 A – 레티놀
- 비타민 B – 나이아신아마이드(B_3), 판테놀(B_5), 피리독신(B_6)
- 비타민 C – 아스코빅애씨드
- 비타민 D – 칼시페롤
- 비타민 E – 토코페롤

▶ **수용성 · 지용성 비타민의 종류**
- 수용성 비타민 : 비타민 C, B_1, B_2, B_3, B_5, B_6, B_9, B_{12}
- 지용성 비타민 : 비타민 A, D, E, F, K

종류	효능
비타민 E (토코페롤)	• 식물성 기름에서 분리되는 천연 산화방지제 • 비타민 E는 8가지의 이성체를 가짐(α-, β-, γ-, δ-토코페롤과 α-, β-, γ-, δ-토코트리에놀) • 생물학적으로 가장 활동적인 이성체는 알파-토코페롤임 • 화장품에는 토코페롤 자체보다도 토코페롤의 에스터*가 널리 사용 • 강력한 항산화 작용으로 화장품에서 주로 산화방지제로 사용

▶ 에스터에 포함된 성분
- 토코페릴아세테이트(토코페롤의 아세틱애씨드에스터)
- 토코페릴리놀리에이트(토코페롤의 리놀레익애씨드에스터)
- 토코페릴리놀리에이트/올리에이트(토코페롤의 리놀레익애씨드에스터와 올레익애씨드에스터의 혼합물),
- 토코페릴니코티네이트(토코페롤의 니코티닉애씨드에스터) 및 토코페릴석시네이트(토코페롤의 석시닉애씨드에스터)

기출(21-4회)

10 pH조절제 및 금속이온봉쇄제

(1) pH조절제

① 감도조절제의 중화과정 및 최종 제품의 pH를 조절하는 데 사용

② pH는 수용액의 수소 이온 농도를 나타내는 지표로서 중성의 수용액은 pH 7이며, pH가 7보다 낮으면 산성, 높으면 염기성임

③ 화장품에 사용되는 대표적인 중화제로는 트라이에탄올아민(TEA, triethanolamine), 시트릭애씨드, 알지닌, 포타슘하이드록사이드, 소듐하이드록사이드 등이 있음

(2) 금속이온봉쇄제

① 화장품의 안전성을 유지하기 위해 방부제, 산화방지제뿐만 아니라 금속이온봉쇄제도 첨가함

② 제품 내 금속이온의 존재는 화장품의 안정성 및 성상에 영향을 유발할 수 있어 금속이온과 결합해 불활성화시키는 성분임

③ 종류 : 디소듐이디티에이, 테트라소듐이디티에이 등

11 보습제

(1) 종류 및 구성성분

천연보습인자(NMF)	아미노산(40%), 젖산(12%), 요소(7%), 지방산 등
고분자 보습제	히알루로닉애씨드*, 가수분해 콜라겐 등
폴리올(다가 알코올)	글리세린, 프로필렌글리콜, 부틸렌글리콜 등

▶ 히알루로닉애씨드
- 포유동물의 결합 조직에 널리 분포되어 세포 간에 수분을 보유하게 하는 역할
- 초기에는 탯줄이나 닭 볏으로부터 추출하여 사용, 최근에는 미생물로부터 생산

(2) 보습제가 갖추어야 할 조건

① 적절한 보습능력이 있을 것

② 보습력이 환경의 변화(온도, 습도 등)에 쉽게 영향을 받지 않을 것

③ 피부 친화성이 좋을 것

④ 다른 성분과의 혼용성이 좋을 것

⑤ 응고점이 낮을 것

⑥ 휘발성이 없을 것

(3) 특성에 따른 분류

습윤제	• 죽은 각질세포 내 케라틴과 NMF(natural moisturizing factor)와 같이 수분과 결합하는 능력을 갖춘 성분을 보습제 성분(습윤제)으로 처방하여 피부에 수분을 증가시키는 역할 • 습윤제 성분 기반 보습제는 피부에 도포 시 가볍고 산뜻한 느낌을 유발하며, 지성 피부 타입에 효과적일 수 있음 • 종류 : 글리세린, 부틸렌글라이콜, 락틱애씨드, 프로필렌글라이콜, 솔비톨, 하이알루로닉애씨드, 판테놀, 우레아 등
밀폐제	• 피지처럼 피부 표면에 얇은 소수성 밀폐막을 만드는 성분을 보습제 성분(밀폐제)으로 처방하여, 피부에 소수성 막을 형성하여 물리적으로 TEWL*을 저하시키는데 효과적임 • 피부에 도포 시 다소 두껍고 기름진 느낌을 유발하나, 건조한 피부에 효과적임 • 종류 : 페트롤라툼, 미네랄오일, 실리콘 오일, 파라핀, 스쿠알렌, 왁스 등
연화제	• 탈락하는 각질세포 사이의 틈을 메워주는 역할을 가진 물질로 피부의 윤기와 유연성을 제공 • 종류 : 글리세릴스테아레이트, 호호바오일, 실리콘오일, 시어버터 등
장벽 대체제	• 각질층 내 세포 간 지질(세라마이드, 지방산, 콜레스테롤)을 보습제 성분(장벽대체제)으로 처방하여 피부장벽 기능의 유지와 회복에 관여함으로써 피부 보습력 유지를 증가시키는 방법 • 종류 : 세라마이드 등

기출(21-3회)

▶ TEWL(경피수분손실도)
피부를 통해 손실되는 수분량(단, 땀을 통한 수분 배출은 제외)으로 TEWL이 높을수록 피부의 수분도가 낮아짐

12 색소

(1) 유기합성 색소

① 염료와 안료

구분		특징
염료	수용성 염료	• 물에 녹는 염료 • 화장수, 로션, 샴푸 등의 착색에 사용
	유용성 염료	• 오일에 녹는 염료 • 헤어오일 등의 유성 화장품의 착색에 사용
안료	무기 안료	• 내광성 및 내열성이 우수하나 색상이 선명하지 않음 • 빛, 산, 알칼리에 강함 • 유기용제에 녹지 않음 • 가격이 저렴하고 많이 사용
	유기 안료	• 선명도 및 착색력이 우수하며, 색의 종류가 다양 • 빛, 산, 알칼리에 약함 • 유기용제에 녹아 색의 변질 우려가 있음

▶ 염료와 안료의 특징 비교

염료	안료
물이나 오일에 잘 녹는다.	물이나 오일에 녹지 않는다.
화장품에 시각적인 색상 효과를 부여하기 위해 사용	빛을 반사 및 차단하는 능력이 우수

▶ 염료의 종류
- 아조계 염료
- 잔틴계 염료
- 퀴놀린계 염료
- 트리페닐계메탄 염료
- 안트라퀴논계 염료

② **레이크**(lake)

- 물에 녹기 쉬운 염료를 칼슘 등의 염이나 황산 알루미늄, 황산 지르코늄 등을 가해 물에 녹지 않도록 불용화시킨 안료
- 립스틱, 블러셔, 네일 에나멜 등에 안료와 함께 사용

(2) 무기 안료

색상의 화려함이나 선명도는 떨어지지만 빛이나 열에 강하고 유기 용매에 녹지 않아 마스카라 등에 사용

▶ **체질 안료의 역할**
색상에는 영향을 주지 않으며 착색 안료의 희석제로서 색조를 조정하고 제품의 전연성, 부착성 등 사용감촉과 제품의 제형화 역할을 함

① **체질 안료**

종류	특징
마이카 (운모)	• 탄성이 풍부해 사용감이 좋고 피부에 대한 부착성이 우수 • 뭉침 현상이 없고, 자연스러운 광택을 주기 때문에 파우더류 제품에 많이 사용 • 종류 : 백운모
탤크 (활석)	• 매끄러운 감촉이 풍부해 활석이라고도 함 • 매끄러운 사용감과 흡수력이 우수하여 베이비 파우더와 투웨이 케이크 등에 많이 사용
카올린 (고령토)	• 피부에 대한 부착성, 땀이나 피지의 흡수력이 우수 • 탤크에 비해 매끄럽지 않음

② **착색 안료**

- 화장품에 색상을 부여하는 역할을 하는 안료로 색이 선명하지는 않으나 빛과 열에 강하여 변색이 잘되지 않는 특성을 가짐
- 종류 : 산화철*, 울트라마린블루, 크롬옥사이드그린 등

▶ 산화철 : 적색, 황색, 흑색의 3가지 기본 색조를 혼합해서 사용

③ **백색 안료**

- 피부의 커버력을 조절하는 역할을 하는 안료
- 종류 : 티타늄다이옥사이드*, 징크옥사이드

▶ 티타늄다이옥사이드 : 굴절률이 높고, 입자경이 작아 백색도, 은폐력, 착색력이 우수

④ **진주 광택 안료**

- 진주와 비슷한 광택이나 금속성의 광택을 주는 안료
- 종류 : 티타네이티드마이카*, 비스머스옥시클로라이드, 구아닌 등

▶ 티타네이티드마이카 : 운모에 티타늄다이옥사이드를 코팅

화장품의 색소(제3조 관련) – 「화장품의 색소 종류와 기준 및 시험방법」 [별표 1]

연번	색소	사용제한	비고
1	녹색 204호 (피라닌콘크, Pyranine Conc)* CI 59040 8–히드록시–1, 3, 6–피렌트리설폰산의 트리나트륨염 ◎ 사용한도 0.01%	눈 주위 및 입술에 사용할 수 없음	타르 색소
2	녹색 401호 (나프톨그린 B, Naphthol Green B)* CI 10020 5–이소니트로소–6–옥소–5, 6–디히드로–2–나프탈렌설폰산의 철염	눈 주위 및 입술에 사용할 수 없음	타르 색소
3	등색 206호 (디요오드플루오레세인, Diiodofluorescein)* CI 45425:1 4′, 5′–디요오드–3′, 6′–디히드록시스피로[이소벤조푸란–1(3H), 9′–[9H]크산텐]–3–온	눈 주위 및 입술에 사용할 수 없음	타르 색소
4	등색 207호 (에리트로신 옐로위쉬 NA, Erythrosine Yellowish NA)* CI 45425 9–(2–카르복시페닐)–6–히드록시–4, 5–디요오드–3H–크산텐–3–온의 디나트륨염	눈 주위 및 입술에 사용할 수 없음	타르 색소
5	자색 401호 (알리주롤퍼플, Alizurol Purple)* CI 60730 1–히드록시–4–(2–설포–p–톨루이노)–안트라퀴논의 모노나트륨염	눈 주위 및 입술에 사용할 수 없음	타르 색소
6	적색 205호 (리톨레드, Lithol Red)* CI 15630 2–(2–히드록시–1–나프틸아조)–1–나프탈렌설폰산의 모노나트륨염 ◎ 사용한도 3%	눈 주위 및 입술에 사용할 수 없음	타르 색소
7	적색 206호 (리톨레드 CA, Lithol Red CA)* CI 15630:2 2–(2–히드록시–1–나프틸아조)–1–나프탈렌설폰산의 칼슘염 ◎ 사용한도 3%	눈 주위 및 입술에 사용할 수 없음	타르 색소
8	적색 207호 (리톨레드 BA, Lithol Red BA) CI 15630:1 2–(2–히드록시–1–나프틸아조)–1–나프탈렌설폰산의 바륨염 ◎ 사용한도 3%	눈 주위 및 입술에 사용할 수 없음	타르 색소
9	적색 208호 (리톨레드 SR, Lithol Red SR) CI 15630:3 2–(2–히드록시–1–나프틸아조)–1–나프탈렌설폰산의 스트론튬염 ◎ 사용한도 3%	눈 주위 및 입술에 사용할 수 없음	타르 색소
10	적색 219호 (브릴리안트레이크레드 R, Brilliant Lake Red R)* CI 15800 3–히드록시–4–페닐아조–2–나프토에산의 칼슘염	눈 주위 및 입술에 사용할 수 없음	타르 색소
11	적색 225호 (수단 Ⅲ, Sudan Ⅲ)* CI 26100 1–[4–(페닐아조)페닐아조]–2–나프톨	눈 주위 및 입술에 사용할 수 없음	타르 색소
12	적색 405호 (퍼머넌트레드 F5R, Permanent Red F5R) CI 15865:2 4–(5–클로로–2–설포–p–톨릴아조)–3–히드록시–2–나프토에산의 칼슘염	눈 주위 및 입술에 사용할 수 없음	타르 색소
13	적색 504호 (폰소 SX, Ponceau SX)* CI 14700 2–(5–설포–2, 4–키실릴아조)–1–나프톨–4–설폰산의 디나트륨염	눈 주위 및 입술에 사용할 수 없음	타르 색소
14	청색 404호 (프탈로시아닌블루, Phthalocyanine Blue)* CI 74160 프탈로시아닌의 구리착염	눈 주위 및 입술에 사용할 수 없음	타르 색소
15	황색 202호의 (2) (우라닌 K, Uranine K)* CI 45350 9–올소–카르복시페닐–6–히드록시–3–이소크산톤의 디칼륨염 ◎ 사용한도 6%	눈 주위 및 입술에 사용할 수 없음	타르 색소
16	황색 204호 (퀴놀린옐로우 SS, Quinoline Yellow SS)* CI 47000 2–(2–퀴놀릴)–1, 3–인단디온	눈 주위 및 입술에 사용할 수 없음	타르 색소
17	황색 401호 (한자옐로우, Hanza Yellow)* CI 11680 N–페닐–2–(니트로–p–톨릴아조)–3–옥소부탄아미드	눈 주위 및 입술에 사용할 수 없음	타르 색소
18	황색 403호의 (1) (나프톨옐로우 S, Naphthol Yellow S) CI 10316 2, 4–디니트로–1–나프톨–7–설폰산의 디나트륨염	눈 주위 및 입술에 사용할 수 없음	타르 색소
19	등색 205호 (오렌지Ⅱ, Orange Ⅱ) CI 15510 1–(4–설포페닐아조)–2–나프톨의 모노나트륨염	눈 주위 및 입술에 사용할 수 없음	타르 색소

연번	색소	사용제한	비고
20	황색 203호 (퀴놀린옐로우 WS, Quinoline Yellow WS) CI 47005 2-(1, 3-디옥소인단-2-일) 퀴놀린 모노설폰산 및 디설폰산의 나트륨염	눈 주위 및 입술에 사용할 수 없음	타르 색소
21	녹색 3호 (패스트그린 FCF, Fast Green FCF) CI 42053 2-[α-[4-(N-에틸-3-설포벤질이미니오)-2, 5-시클로헥사디에닐덴]-4-(N에틸-3-설포벤질아미노)벤질]-5-히드록시벤젠설포네이트의 디나트륨염	—	타르 색소
22	녹색 201호 (알리자린시아닌그린 F, Alizarine Cyanine Green F)* CI 61570 1, 4-비스-(2-설포-p-톨루이디노)-안트라퀴논의 디나트륨염	—	타르 색소
23	녹색 202호 (퀴니자린그린 SS, Quinizarine Green SS)* CI 61565 1, 4-비스(p-톨루이디노)안트라퀴논	—	타르 색소
24	등색 201호 (디브로모플루오레세인, Dibromofluorescein) CI 45370 4', 5'-디브로모-3', 6'-디히드로시스피로[이소벤조푸란-1(3H),9-[9H]크산텐-3-온	눈 주위 및 입술에 사용할 수 없음	타르 색소
25	자색 201호 (알리주린퍼플 SS, Alizurine Purple SS)* CI 60725 1-히드록시-4-(p-톨루이디노)안트라퀴논	—	타르 색소
26	적색 2호 (아마란트, Amaranth) CI 16185 3-히드록시-4-(4-설포나프틸아조)-2, 7-나프탈렌디설폰산의 트리나트륨염	영유아용 제품류 또는 만 13세 이하 어린이가 사용할 수 있음을 특정하여 표시하는 제품에 사용할 수 없음	타르 색소
27	적색 102호 (뉴콕신, New Coccine) CI 16255 1-(4-설포-1-나프틸아조)-2-나프톨-6, 8-디설폰산의 트리나트륨염의 1.5 수화물		
28	적색 40호 (알루라레드 AC, Allura Red AC) CI 16035 6-히드록시-5-[(2-메톡시-5-메틸-4-설포페닐)아조]-2-나프탈렌설폰산의 디나트륨염	—	타르 색소
29	적색 103호의 (1) (에오신 YS, Eosine YS) CI 45380 9-(2-카르복시페닐)-6-히드록시-2, 4, 5, 7-테트라브로모-3H-크산텐-3-온의 디나트륨염	눈 주위에 사용할 수 없음	타르 색소
30	적색 104호의 (1) (플록신 B, Phloxine B) CI 45410 9-(3, 4, 5, 6-테트라클로로-2-카르복시페닐)-6-히드록시-2, 4, 5, 7-테트라브로모-3H-크산텐-3-온의 디나트륨염	눈 주위에 사용할 수 없음	타르 색소
31	적색 104호의 (2) (플록신 BK, Phloxine BK) CI 45410 9-(3, 4, 5, 6-테트라클로로-2-카르복시페닐)-6-히드록시-2, 4, 5, 7-테트라브로모-3H-크산텐-3-온의 디칼륨염	눈 주위에 사용할 수 없음	타르 색소
32	적색 201호 (리톨루빈 B, Lithol Rubine B) CI 15850 4-(2-설포-p-톨릴아조)-3-히드록시-2-나프토에산의 디나트륨염	—	타르 색소
33	적색 202호 (리톨루빈 BCA, Lithol Rubine BCA) CI 15850:1 4-(2-설포-p-톨릴아조)-3-히드록시-2-나프토에산의 칼슘염	—	타르 색소
34	적색 218호 (테트라클로로테트라브로모플루오레세인, Tetrachlorotetrabromofluorescein) CI 45410:1 2', 4', 5', 7'-테트라브로모-4, 5, 6, 7-테트라클로로-3', 6'-디히드록시피로[이소벤조푸란-1(3H),9'-[9H] 크산텐]-3-온	눈 주위에 사용할 수 없음	타르 색소
35	적색 220호 (디프마룬, Deep Maroon)* CI 15880:1 4-(1-설포-2-나프틸아조)-3-히드록시-2-나프토에산의 칼슘염	—	타르 색소
36	적색 223호 (테트라브로모플루오레세인, Tetrabromofluorescein) CI 45380:2 2', 4', 5', 7'-테트라브로모-3', 6'-디히드록시스피로[이소벤조푸란-1(3H),9'-[9H]크산텐]-3-온	눈 주위에 사용할 수 없음	타르 색소
37	적색 226호 (헬린돈핑크 CN, Helindone Pink CN)* CI 73360 6, 6'-디클로로-4, 4'-디메틸-티오인디고	—	타르 색소
38	적색 227호 (패스트애시드마겐타, Fast Acid Magenta)* CI 17200 8-아미노-2-페닐아조-1-나프톨-3, 6-디설폰산의 디나트륨염 ◎ 입술에 적용을 목적으로 하는 화장품의 경우만 사용한도 3%	—	타르 색소

연번	색소	사용제한	비고
39	적색 228호 (퍼마톤레드, Permaton Red) CI 12085 1-(2-클로로-4-니트로페닐아조)-2-나프톨 ◎ 사용한도 3%	—	타르 색소
40	적색 230호의 (2) (에오신 YSK, Eosine YSK) CI 45380 9-(2-카르복시페닐)-6-히드록시-2, 4, 5, 7-테트라브로모-3H-크산텐-3-온의 디칼륨염	—	타르 색소
41	청색 1호 (브릴리안트블루 FCF, Brilliant Blue FCF) CI 42090 2-[α-[4-(N-에틸-3-설포벤질이미니오)-2, 5-시클로헥사디에닐리덴]-4-(N-에틸-3-설포벤질아미노)벤질]벤젠설포네이트의 디나트륨염	—	타르 색소
42	청색 2호 (인디고카르민, Indigo Carmine) CI 73015 5, 5'-인디고틴디설폰산의 디나트륨염	—	타르 색소
43	청색 201호 (인디고, Indigo)* CI 73000 인디고틴	—	타르 색소
44	청색 204호 (카르반트렌블루, Carbanthrene Blue)* CI 69825 3, 3'-디클로로인단스렌	—	타르 색소
45	청색 205호 (알파주린 FG, Alphazurine FG)* CI 42090 2-[α-[4-(N-에틸-3-설포벤질이미니오)-2, 5-시클로헥산디에닐리덴]-4-(N-에틸-3-설포벤질아미노)벤질]벤젠설포네이트의 디암모늄염	—	타르 색소
46	황색 4호 (타르트라진, Tartrazine) CI 19140 5-히드록시-1-(4-설포페닐)-4-(4-설포페닐아조)-1H-피라졸-3-카르본산의 트리나트륨염	—	타르 색소
47	황색 5호 (선셋옐로우 FCF, Sunset Yellow FCF) CI 15985 6-히드록시-5-(4-설포페닐아조)-2-나프탈렌설폰산의 디나트륨염	—	타르 색소
48	황색 201호 (플루오레세인, Fluorescein)* CI 45350:1 3', 6'-디히드록시스피로[이소벤조푸란-1(3H), 9'-[9H]크산텐]-3-온 ◎ 사용한도 6%	—	타르 색소
49	황색 202호의 (1) (우라닌, Uranine)* CI 45350 9-(2-카르복시페닐)-6-히드록시-3H-크산텐-3-온의 디나트륨염 ◎ 사용한도 6%	—	타르 색소
50	등색 204호 (벤지딘오렌지 G, Benzidine Orange G)* CI 21110 4, 4'-[(3, 3'-디클로로-1, 1'-비페닐)-4, 4'-디일비스(아조)]비스[3-메틸-1-페닐-5-피라졸론]	적용 후 바로 씻어내는 제품 및 염모용 화장품에만 사용	타르 색소
51	적색 106호 (애시드레드, Acid Red)* CI 45100 2-[[N, N-디에틸-6-(디에틸아미노)-3H-크산텐-3-이미니오]-9-일]-5-설포벤젠설포네이트의 모노나트륨염	적용 후 바로 씻어내는 제품 및 염모용 화장품에만 사용	타르 색소
52	적색 221호 (톨루이딘레드, Toluidine Red)* CI 12120 1-(2-니트로-p-톨릴아조)-2-나프톨	적용 후 바로 씻어내는 제품 및 염모용 화장품에만 사용	타르 색소
53	적색 401호 (비올라민 R, Violamine R) CI 45190 9-(2-카르복시페닐)-6-(4-설포-올소-톨루이디노)-N-(올소-톨릴)-3H-크산텐-3-이민의 디나트륨염	적용 후 바로 씻어내는 제품 및 염모용 화장품에만 사용	타르 색소
54	적색 506호 (패스트레드 S, Fast Red S)* CI 15620 4-(2-히드록시-1-나프틸아조)-1-나프탈렌설폰산의 모노나트륨염	적용 후 바로 씻어내는 제품 및 염모용 화장품에만 사용	타르 색소
55	황색 407호 (패스트라이트옐로우 3G, Fast Light Yellow 3G)* CI 18820 3-메틸-4-페닐아조-1-(4-설포페닐)-5-피라졸론의 모노나트륨염	적용 후 바로 씻어내는 제품 및 염모용 화장품에만 사용	타르 색소

연번	색소	사용제한	비고
56	흑색 401호 (나프톨블루블랙, Naphthol Blue Black)* CI 20470 8-아미노-7-(4-니트로페닐아조)-2-(페닐아조)-1-나프톨-3, 6-디설폰산의 디나트륨염	적용 후 바로 씻어내는 제품 및 염모용 화장품에만 사용	타르 색소
57	등색 401호(오렌지 401, Orange no. 401)* CI 11725	점막에 사용할 수 없음	타르 색소
58	안나토 (Annatto) CI 75120	—	—
59	라이코펜 (Lycopene) CI 75125	—	—
60	베타카로틴 (Beta-Carotene) CI 40800, CI 75130	—	—
61	구아닌 (2-아미노-1,7-디하이드로-6H-퓨린-6-온, Guanine, 2-Amino- 1,7-dihydro-6H-purin-6-one) CI 75170	—	—
62	커큐민 (Curcumin) CI 75300	—	—
63	카민류 (Carmines) CI 75470	—	—
64	클로로필류 (Chlorophylls) CI 75810	—	—
65	알루미늄 (Aluminum) CI 77000	—	—
66	벤토나이트 (Bentonite) CI 77004	—	—
67	울트라마린 (Ultramarines) CI 77007 **기출(21-3회)**	—	—
68	바륨설페이트 (Barium Sulfate) CI 77120	—	—
69	비스머스옥시클로라이드 (Bismuth Oxychloride) CI 77163	—	—
70	칼슘카보네이트 (Calcium Carbonate) CI 77220	—	—
71	칼슘설페이트 (Calcium Sulfate) CI 77231	—	—
72	카본블랙 (Carbon black) CI 77266	—	—
73	본블랙, 본챠콜 (본차콜, Bone black, Bone Charcoal) CI 77267	—	—
74	베지터블카본 (코크블랙, Vegetable Carbon, Coke Black) CI 77268:1	—	—
75	크로뮴옥사이드그린 (크롬(III) 옥사이드, Chromium Oxide Greens) CI 77288	—	—
76	크로뮴하이드로사이드그린 (크롬(III) 하이드록사이드, Chromium Hydroxide Green) CI 77289	—	—
77	코발트알루미늄옥사이드 (Cobalt Aluminum Oxide) CI 77346	—	—
78	구리 (카퍼, Copper) CI 77400	—	—
79	금 (Gold) CI 77480	—	—
80	페러스옥사이드 (Ferrous oxide, Iron Oxide) CI 77489	—	—
81	적색산화철 (아이런옥사이드레드, Iron Oxide Red, Ferric Oxide) CI 77491	—	—
82	황색산화철 (아이런옥사이드옐로우, Iron Oxide Yellow, Hydrated Ferric Oxide) CI 77492	—	—
83	흑색산화철 (아이런옥사이드블랙, Iron Oxide Black, Ferrous-Ferric Oxide) CI 77499	—	—
84	페릭암모늄페로시아나이드 (Ferric Ammonium Ferrocyanide) CI 77510	—	—
85	페릭페로시아나이드 (Ferric Ferrocyanide) CI 77510	—	—
86	마그네슘카보네이트 (Magnesium Carbonate) CI 77713	—	—
87	망가니즈바이올렛 (암모늄망가니즈(3+) 디포스페이트, Manganese Violet, Ammonium Manganese(3+) Diphosphate) CI 77742	—	—
88	실버 (Silver) CI 77820	—	—
89	티타늄디옥사이드 (Titanium Dioxide) CI 77891	—	—
90	징크옥사이드 (Zinc Oxide) CI 77947	—	—
91	리보플라빈 (락토플라빈, Riboflavin, Lactoflavin)	—	—

연번	색소	사용제한	비고
92	카라멜 (Caramel)	—	—
93	파프리카추출물, 캡산틴/캡소루빈 (Paprika Extract Capsanthin/ Capsorubin)	—	—
94	비트루트레드 (Beetroot Red)	—	—
95	안토시아닌류 (시아니딘, 페오니딘, 말비딘, 델피니딘, 페투니딘, 페라고니딘, Anthocyanins)	—	—
96	알루미늄스테아레이트/징크스테아레이트/마그네슘스테아레이트/칼슘스테아레이트 (Aluminum Stearate/Zinc Stearate/Magnesium Stearate/ Calcium Stearate)	—	—
97	디소듐이디티에이-카퍼 (Disodium EDTA-copper)	—	—
98	디하이드록시아세톤 (Dihydroxyacetone)	—	—
99	구아이아줄렌 (Guaiazulene)	—	—
100	피로필라이트 (Pyrophyllite)	—	—
101	마이카 (Mica) CI 77019	—	—
102	청동 (Bronze)	—	—
103	염기성갈색 16호 (Basic Brown 16) CI 12250	염모용 화장품에만 사용	타르 색소
104	염기성청색 99호 (Basic Blue 99) CI 56059	염모용 화장품에만 사용	타르 색소
105	염기성적색 76호 (Basic Red 76) CI 12245 ◎ 사용한도 2%	염모용 화장품에만 사용	타르 색소
106	염기성갈색 17호 (Basic Brown 17) CI 12251 ◎ 사용한도 2%	염모용 화장품에만 사용	
107	염기성황색 87호 (Basic Yellow 87) ◎ 사용한도 1%	염모용 화장품에만 사용	타르 색소
108	염기성황색 57호 (Basic Yellow 57) CI 12719 ◎ 사용한도 2%	염모용 화장품에만 사용	타르 색소
109	염기성적색 51호 (Basic Red 51) ◎ 사용한도 1%	염모용 화장품에만 사용	타르 색소
110	염기성등색 31호 (Basic Orange 31) ◎ 사용한도 1%	염모용 화장품에만 사용	타르 색소
111	에치씨청색 15호 (HC Blue No. 15) ◎ 사용한도 0.2%	염모용 화장품에만 사용	타르 색소
112	에치씨청색 16호 (HC Blue No. 16) ◎ 사용한도 3%	염모용 화장품에만 사용	타르 색소
113	분산자색 1호 (Disperse Violet 1) CI 61100 1,4-디아미노안트라퀴논 ◎ 사용한도 0.5%	염모용 화장품에만 사용	타르 색소
114	에치씨적색 1호 (HC Red No. 1) 4-아미노-2-니트로디페닐아민 ◎ 사용한도 1%	염모용 화장품에만 사용	타르 색소
115	2-아미노-6-클로로-4-니트로페놀 ◎ 사용한도 2%	염모용 화장품에만 사용	타르 색소
116	4-하이드록시프로필 아미노-3-니트로페놀 ◎ 사용한도 2.6%	염모용 화장품에만 사용	타르 색소
117	염기성자색 2호 (Basic Violet 2) CI 42520 ◎ 사용한도 0.5%	염모용 화장품에만 사용	타르 색소

연번	색소	사용제한	비고
118	분산흑색 9호 (Disperse Black 9) ◎ 사용한도 0.3%	염모용 화장품에만 사용	타르 색소
119	에치씨황색 7호 (HC Yellow No. 7) ◎ 사용한도 0.25%	염모용 화장품에만 사용	타르 색소
120	산성적색 52호 (Acid Red 52) CI 45100 ◎ 사용한도 0.6%	염모용 화장품에만 사용	타르 색소
121	산성적색 92호 (Acid Red 92) ◎ 사용한도 0.4%	염모용 화장품에만 사용	타르 색소
122	에치씨청색 17호 (HC Blue 17) ◎ 사용한도 2%	염모용 화장품에만 사용	타르 색소
123	에치씨등색 1호 (HC Orange No. 1) ◎ 사용한도 1%	염모용 화장품에만 사용	타르 색소
124	분산청색 377호 (Disperse Blue 377) ◎ 사용한도 2%	염모용 화장품에만 사용	타르 색소
125	에치씨청색 12호 (HC Blue No. 12) ◎ 사용한도 1.5%	염모용 화장품에만 사용	타르 색소
126	에치씨황색 17호 (HC Yellow No. 17) ◎ 사용한도 0.5%	염모용 화장품에만 사용	타르 색소
127	피그먼트 적색 5호 (Pigment Red 5)* CI 12490 엔-(5-클로로-2,4-디메톡시페닐)-4-[[5-[(디에칠아미노)설포닐]-2-메톡시페닐]아조]-3-하이드록시나프탈렌-2-카복사마이드	화장 비누에만 사용	타르 색소
128	피그먼트 자색 23호 (Pigment Violet 23) CI 51319	화장 비누에만 사용	타르 색소
129	피그먼트 녹색 7호 (Pigment Green 7) CI 74260	화장 비누에만 사용	타르 색소

주) *표시는 해당 색소의 바륨, 스트론튬, 지르코늄레이크는 사용할 수 없다.

02 기능성화장품의 종류 ★★★

1 기능성화장품의 종류

종류	범위
피부의 미백에 도움을 주는 제품	① 피부에 멜라닌색소가 침착하는 것을 방지하여 기미 · 주근깨 등의 생성을 억제함으로써 피부의 미백에 도움을 주는 기능을 가진 화장품 ② 피부에 침착된 멜라닌색소의 색을 엷게 하여 피부의 미백에 도움을 주는 기능을 가진 화장품
피부의 주름 개선에 도움을 주는 제품	③ 피부에 탄력을 주어 피부의 주름을 완화 또는 개선하는 기능을 가진 화장품
피부를 곱게 태워주거나 자외선으로부터 피부를 보호하는 데에 도움을 주는 제품	④ 강한 햇볕을 방지하여 피부를 곱게 태워주는 기능을 가진 화장품 ⑤ 자외선을 차단 또는 산란시켜 자외선으로부터 피부를 보호하는 기능을 가진 화장품
모발의 색상 변화 · 제거 또는 영양공급에 도움을 주는 제품	⑥ 모발의 색상을 변화(탈염 · 탈색 포함)시키는 기능을 가진 화장품(일시적으로 모발의 색상을 변화시키는 제품*은 제외) ⑦ 체모를 제거하는 기능을 가진 화장품(물리적으로 제거하는 제품*은 제외)
피부나 모발의 기능 약화로 인한 건조함, 갈라짐, 빠짐, 각질화 등을 방지하거나 개선하는 데에 도움을 주는 제품	⑧ 탈모 증상의 완화에 도움을 주는 화장품(코팅 등 물리적으로 모발을 굵게 보이게 하는 제품은 제외) ⑨ 여드름성 피부를 완화하는 데 도움을 주는 화장품(인체세정용 제품류로 한정) ⑩ 피부장벽*의 기능을 회복하여 가려움 등의 개선에 도움을 주는 화장품 ⑪ 튼살로 인한 붉은 선을 엷게 하는 데 도움을 주는 화장품

▶ 기능성화장품은 '화장품법 제2조'에서 다섯 가지로 분류하고 있으며, 전체 기능성화장품의 범위는 '화장품법 시행규칙 제2조'에서 설명하고 있다.

▶ 일시적으로 모발의 색상을 변화시키는 제품 : 헤어틴트, 헤어 컬러스프레이

▶ 물리적으로 체모를 제거하는 제품 : 제모왁스

기출(21-3회)

▶ 피부장벽 : 피부의 가장 바깥쪽에 존재하는 각질층의 표피

2 자료제출이 생략되는 기능성화장품의 종류(제6조제3항 관련)

(1) 피부를 곱게 태워주거나 자외선으로부터 피부를 보호하는데 도움을 주는 제품

연번	성분명	최대 함량
1	드로메트리졸	1%
2	디갈로일트리올리에이트	5%
3	4-메칠벤질리덴캠퍼	4%
4	멘틸안트라닐레이트	5%
5	벤조페논-3	5%
6	벤조페논-4	5%
7	벤조페논-8	3%

▶ 화장품의 유형(의약외품은 제외) 중 영 · 유아용 제품류 중 로션, 크림 및 오일, 기초화장용 제품류, 색조화장용 제품류에 한함

기출(20-2회)

연번	성분명	최대 함량
8	부틸메톡시디벤조일메탄	5%
9	시녹세이트	5%
10	에칠헥실트리아존	5%
11	옥토크릴렌	10%
12	에칠헥실디메칠파바	8%
13	에칠헥실메톡시신나메이트	7.5%
14	에칠헥실살리실레이트	5%
15	페닐벤즈이미다졸설포닉애씨드	4%
16	호모살레이트	10%
17	징크옥사이드	25%(자외선차단 성분으로서)
18	티타늄디옥사이드	
19	이소아밀p-메톡시신나메이트 기출(21-3회)	10%
20	비스-에칠헥실옥시페놀메톡시페닐트리아진	10%
21	디소듐페닐디벤즈이미다졸테트라설포네이트	산으로 10%
22	드로메트리졸트리실록산	15%
23	디에칠헥실부타미도트리아존	10%
24	폴리실리콘-15(디메치코디에칠벤잘말로네이트)	10%
25	메칠렌비스-벤조트리아졸릴테트라메칠부틸페놀	10%
26	테레프탈릴리덴디캠퍼설포닉애씨드 및 그 염류	산으로 10%
27	디에칠아미노하이드록시벤조일헥실벤조에이트	10%

(2) 피부의 미백에 도움을 주는 제품 기출(20-2회)

연번	성분명	함량
1	닥나무추출물	2%
2	알부틴	2~5%
3	에칠아스코빌에텔	1~2%
4	유용성감초추출물	0.05%
5	아스코빌글루코사이드	2%
6	마그네슘아스코빌포스페이트	3%
7	나이아신아마이드	2~5%
8	알파-비사보롤	0.5%
9	아스코빌테트라이소팔미테이트	2%

기출(21-3회)

▶ 징크옥사이드와 티타늄디옥사이드는 자외선 산란제에 해당한다.
- 무기 자외선 차단제
- 물리적 차단제

▶ 기타 성분은 자외선 흡수제(유기 자외선 차단제, 화학적 차단제)에 해당한다.

▶
- 제형 : 로션제, 액제, 크림제 및 침적 마스크에 한함
- 제품의 효능 · 효과 : '피부의 미백에 도움을 준다'로 제한함
- 용법 · 용량 : '본품 적당량을 취해 피부에 골고루 펴바른다. 또는 본품을 피부에 붙이고 10~20분 후 지지체를 제거한 다음 남은 제품을 골고루 펴바른다(침적 마스크에 한함)'로 제한함

▶
- 1, 2, 4, 8 : 멜라닌 생성에 관여하는 효소인 티로시나아제의 활성을 억제한다.
- 3, 5, 6, 9 : 피부가 자외선에 과다 노출되면 멜라노사이트 내에 존재하는 단백질인 티로신이 산화되고 이 산화된 티로신이 멜라닌을 만들게 되는데, 티로신의 산화를 억제해 주는 기능을 한다.
- 나이아신아마이드 : 멜라노사이트에서 각질형성세포로의 멜라닌 이동을 억제한다.

기출(21-4회)

▶ 히드로퀴논 : 알부틴이 함유된 미백 기능성화장품에서 1 ppm 이하로 관리되어야 하는 성분

(3) 피부의 주름개선에 도움을 주는 제품 기출(20-2회)

연번	성분명	함량
1	레티놀	2,500IU/g
2	레티닐팔미테이트	10,000IU/g
3	아데노신	0.04%
4	폴리에톡실레이티드레틴아마이드	0.05~0.2%

▶ • 제형 : 로션제, 액제, 크림제 및 침적 마스크에 한함
• 제품의 효능 · 효과 : "피부의 주름개선에 도움을 준다"로 제한함
• 용법 · 용량 : "본품 적당량을 취해 피부에 골고루 펴 바른다. 또는 본품을 피부에 붙이고 10~20분 후 지지체를 제거한 다음 남은 제품을 골고루 펴 바른다(침적 마스크에 한함)"로 제한함

(4) 모발의 색상을 변화(탈염 · 탈색 포함)시키는 기능을 가진 제품

① **제형** : 분말제, 액제, 크림제, 로션제, 에어로졸제, 겔제에 한함

② **제품의 효능 · 효과** : 다음 중 하나로 제한함

- 염모제 : 모발의 염모(색상) 예) 모발의 염모(노랑색)
- 탈색 · 탈염제 : 모발의 탈색
- 염모제의 산화제
- 염모제의 산화제 또는 탈색제 · 탈염제의 산화제
- 염모제의 산화보조제
- 염모제의 산화보조제 또는 탈색제 · 탈염제의 산화보조제

③ **용법 · 용량** : 품목에 따라 다음과 같이 제한함

㉠ 3제형 산화염모제 : 제1제 ○g(mL)에 대하여 제2제 ○g(mL)와 제3제 ○g(mL)의 비율로 (필요한 경우 혼합순서를 기재한다) 사용 직전에 잘 섞은 후 모발에 균등히 바른다. ○분에 미지근한 물로 잘 헹군 후 비누나 샴푸로 깨끗이 씻고 마지막에 따뜻한 물로 충분히 헹군다. 용량은 모발의 양에 따라 적절히 증감한다.

㉡ 2제형 산화염모제 : 제1제 ○g(mL)에 대하여 제2제 ○g(mL)의 비율로 사용 직전에 잘 섞은 후 모발에 균등히 바른다. (단, 일체형 에어로졸제*의 경우에는 "(사용 직전에 충분히 흔들어) 제1제 ○g(mL)에 대하여 제2제 ○g(mL)의 비율로 섞여 나오는 내용물을 적당량 취해 모발에 균등히 바른다"로 한다) ○분 후에 미지근한 물로 잘 헹군 후 비누나 샴푸로 깨끗이 씻고 마지막에 따뜻한 물로 충분히 헹군다. 용량은 모발의 양에 따라 적절히 증감한다.

▶ **일체형 에어로졸제**
1품목으로 신청하는 2제형 산화염모제 또는 2제형 탈색 · 탈염제 중 제1제와 제2제가 칸막이로 나뉘어져 있는 일체형 용기에 서로 섞이지 않게 각각 분리 · 충전되어 있다가 사용 시 하나의 배출구(노즐)로 배출되면서 기계적(자동)으로 섞이는 제품

㉢ 2제형 비산화염모제 : 먼저 제1제를 필요한 양만큼 취하여 (탈지면에 묻혀) 모발에 충분히 반복하여 바른 다음 가볍게 비벼준다. 자연 상태에서 ○분 후 염색이 조금 되어갈 때 제2제를 (필요 시, 잘 흔들어 섞어) 충분한 양을 취해 반복해서 균등히 바르고 때때로 빗질을 해준다. 제2제를 바른 후 ○분 후에 미지근한 물로 잘 헹군 후 비누나 샴푸로 깨끗이 씻고 마지막에 따뜻한 물로 충분히 헹군다. 용량은 모발의 양에 따라 적절히 증감한다.

㉣ 3제형 탈색 · 탈염제 : 제1제 ○g(mL)에 대하여 제2제 ○g(mL)와 제3제 ○g(mL)의 비율로 (필요한 경우 혼합순서를 기재한다) 사용 직전에 잘 섞은 후 모발에 균등히 바른다. ○분 후에 미지근한 물로 잘 헹군 후 비누나 샴푸로 깨끗이 씻고 마지막에 따뜻한 물로 충분히 헹군다. 용량은 모발의 양에 따라 적절히

증감한다.

㉤ 2제형 탈색 · 탈염제 : 제1제 ○g(mL)에 대하여 제2제 ○g(mL)의 비율로 사용 직전에 잘 섞은 후 모발에 균등히 바른다. (단, 일체형 에어로졸제의 경우에는 "사용 직전에 충분히 흔들어 제1제 ○g(mL)에 대하여 제2제 ○g(mL)의 비율로 섞여 나오는 내용물을 적당량 취해 모발에 균등히 바른다"로 한다. ○분 후에 미지근한 물로 잘 헹군 후 비누나 샴푸로 깨끗이 씻는다. 용량은 모발의 양에 따라 적절히 증감한다.)

㉥ 1제형(분말제, 액제 등) 신청의 경우

- "이 제품 ○g을 두발에 바른다. 약 ○분 후 미지근한 물로 잘 헹군 후 비누나 샴푸로 깨끗이 씻는다" 또는 "이 제품 ○g을 물 ○mL에 용해하고 두발에 바른다. 약 ○분 후 미지근한 물로 잘 헹군 후 비누나 샴푸로 깨끗이 씻는다"
- 1제형 산화염모제, 1제형 비산화염모제, 1제형 탈색 · 탈염제는 1제형(분말제, 액제 등)의 예에 따라 기재한다.

㉦ 분리 신청의 경우

- 산화염모제의 경우 : 이 제품과 산화제(H_2O_2 ○w/w% 함유)를 ○ : ○의 비율로 혼합하고 두발에 바른다. 약 ○분 후 미지근한 물로 잘 헹군 후 비누나 샴푸로 깨끗이 씻는다. 1인 1회분의 사용량 ○~○g(mL)
- 탈색 · 탈염제의 경우 : 이 제품과 산화제(H_2O_2 ○w/w% 함유)를 ○ : ○의 비율로 혼합하고 두발에 바른다. 약 ○분 후 미지근한 물로 잘 헹군 후 비누나 샴푸로 깨끗이 씻는다. 1인 1회분의 사용량 ○~○g(mL)
- 산화염모제의 산화제인 경우 : 염모제의 산화제로서 사용한다.
- 탈색 · 탈염제의 산화제인 경우 : 탈색 · 탈염제의 산화제로서 사용한다.
- 산화염모제, 탈색 · 탈염제의 산화제인 경우 : 염모제, 탈색 · 탈염제의 산화제로서 사용한다.
- 산화염모제의 산화보조제인 경우 : 염모제의 산화보조제로서 사용한다.
- 탈색 · 탈염제의 산화보조제인 경우 : 탈색 · 탈염제의 산화보조제로서 사용한다.
- 산화염모제, 탈색 · 탈염제의 산화보조제인 경우 : 염모제, 탈색 · 탈염제의 산화보조제로서 사용한다.

구분	성분명	사용할 때 농도 상한(%)
I	p-니트로-o-페닐렌디아민	1.5
	니트로-p-페닐렌디아민	3.0
	2-메칠-5-히드록시에칠아미노페놀	0.5
	2-아미노-4-니트로페놀	2.5
	2-아미노-5-니트로페놀	1.5
	2-아미노-3-히드록시피리딘	1.0
	5-아미노-o-크레솔	1.0
	m-아미노페놀	2.0
	o-아미노페놀	3.0
	p-아미노페놀	0.9
	염산 2,4-디아미노페녹시에탄올	0.5
	염산 톨루엔-2,5-디아민	3.2
	염산 m-페닐렌디아민	0.5
	염산 p-페닐렌디아민	3.3
	염산 히드록시프로필비스 (N-히드록시에칠-p-페닐렌디아민)	0.4
	톨루엔-2,5-디아민	2.0
	m-페닐렌디아민	1.0
	p-페닐렌디아민	2.0
	N-페닐-p-페닐렌디아민	2.0
	피크라민산	0.6
	황산 p-니트로-o-페닐렌디아민	2.0
	황산 p-메칠아미노페놀	0.68
	황산 5-아미노-o-크레솔	4.5
	황산 m-아미노페놀	2.0
	황산 o-아미노페놀	3.0
	황산 p-아미노페놀	1.3
	황산 톨루엔-2,5-디아민	3.6
	황산 m-페닐렌디아민	3.0
	황산 p-페닐렌디아민	3.8
	황산 N,N-비스(2-히드록시에칠)-p-페닐렌디아민	2.9
	2,6-디아미노피리딘	0.15
	염산 2,4-디아미노페놀	0.5

기출(21-3회)

구분		성분명	사용할 때 농도 상한(%)
I		1,5-디히드록시나프탈렌	0.5
		피크라민산 나트륨	0.6
		황산 2-아미노-5-니트로페놀	1.5
		황산 o-클로로-p-페닐렌디아민	1.5
		황산 1-히드록시에칠-4,5-디아미노피라졸	3.0
		히드록시벤조모르포린	1.0
II		6-히드록시인돌	0.5
		α-나프톨	2.0
		레조시놀	2.0
		2-메칠레조시놀	0.5
		몰식자산	4.0
		카테콜	1.5
		피로갈롤	2.0
III	A	과붕산나트륨사수화물 과붕산나트륨일수화물 과산화수소수 과탄산나트륨	
	B	강암모니아수 모노에탄올아민 수산화나트륨	
IV		과황산암모늄 과황산칼륨 과황산나트륨	
V	A	황산철	
	B	피로갈롤	

(5) 체모를 제거하는 기능을 가진 제품의 성분 및 함량

① **제형** : 액제, 크림제, 로션제, 에어로졸제에 한함

② **제품의 효능 · 효과** : "제모(체모의 제거)"로 제한함

③ **용법 · 용량** : "사용 전 제모할 부위를 씻고 건조시킨 후 이 제품을 제모할 부위의 털이 완전히 덮이도록 충분히 바른다. 문지르지 말고 5~10분간 그대로 두었다가 일부분을 손가락으로 문질러 보아 털이 쉽게 제거되면 젖은 수건[(제품에 따라서는) 또는 동봉된 부직포 등]으로 닦아 내거나 물로 씻어낸다. 면도한 부위의 짧고 거친 털을 완전히 제거하기 위해서는 한 번 이상(수일 간격) 사용하는 것이 좋다"로 제한함

기출(20-2회)

연번	성분명	함량
1	치오글리콜산 80%	치오글리콜산으로서 3.0~4.5%

※ pH 범위는 7.0 이상 12.7 미만이어야 한다.

(6) 여드름성 피부를 완화하는데 도움을 주는 제품 기출(20-2회)

① **유형** : 인체세정용제품류(비누조성의 제제)

② **제형** : 액제, 로션제, 크림제에 한함(부직포 등에 침적된 상태는 제외)

③ **제품의 효능 · 효과** : "여드름성 피부를 완화하는 데 도움을 준다"로 제한함

④ **용법용량** : "본품 적당량을 취해 피부에 사용한 후 물로 바로 깨끗이 씻어낸다"로 제한함

연번	성분명	함량
1	살리실릭애씨드	0.5%

기출(20-1회)

▶ **살리실릭애씨드 사용한도**
- 보존제로서 0.5%
- 여드름 기능성화장품으로서 0.5%인 경우 자료제출 면제
- 인체세정용 제품류에 2%
- 사용 후 씻어내는 두발용 제품류에 3%

3 기타 기능성 화장품 (기능성화장품 기준 및 시험방법)

① 피부의 미백 및 주름개선에 도움을 주는 기능성화장품
- 알부틴 · 레티놀 크림제
- 아스코빌글루코사이드 · 아데노신 액제
- 유용성감초추출물 · 아데노신 로션제(액제, 크림제)
- 알부틴 · 아데노신 로션제(액제, 크림제, 침적 마스크)
- 나이아신아마이드 · 아데노신 로션제(액제, 크림제, 침적 마스크)
- 알파-비사보롤 · 아데노신 로션제(액제, 크림제, 침적 마스크)
- 에칠아스코빌에텔 · 아데노신 로션제(액제, 크림제, 침적 마스크)

② 탈모 증상의 완화에 도움을 주는 기능성화장품 기출(20-1회, 20-2회, 21-3회)
덱스판테놀, 비오틴, 엘-멘톨, 징크피리치온, 징크피리치온 액(50%)

▶ **징크피리치온 사용한도**
- 보존제로서 사용 후 씻어내는 제품에 0.5%
- 비듬 및 가려움을 덜어주고 씻어내는 제품(샴푸, 린스) 및 탈모증상의 완화에 도움을 주는 화장품에 1.0%

03 천연화장품 및 유기농화장품의 기준

1 용어 정의

기출(21-3회)

① **유기농 원료** : 다음에 해당하는 화장품 원료를 말한다.
- 「친환경농어업 육성 및 유기식품 등의 관리 · 지원에 관한 법률」에 따른 유기농수산물 또는 이를 이 고시에서 허용하는 물리적 공정에 따라 가공한 것
- 외국 정부에서 정한 기준에 따른 인증기관으로부터 유기농수산물로 인정받거나 이를 이 고시에서 허용하는 물리적 공정에 따라 가공한 것
- 국제유기농업운동연맹(IFOAM)에 등록된 인증기관으로부터 유기농 원료로 인증받거나 이를 이 고시에서 허용하는 물리적 공정에 따라 가공한 것

② **식물 원료** : 식물(해조류와 같은 해양식물, 버섯과 같은 균사체 포함) 그 자체로서 가공하지 않거나, 이 식물을 가지고 이 고시에서 허용하는 물리적 공정에 따라 가공한 화장품 원료 (→ 제외(×))

③ **동물성 원료**(동물에서 생산된 원료) : 동물 그 자체(세포, 조직, 장기)는 제외하고, 동물로부터 자연적으로 생산되는 것으로서 가공하지 않거나, 이 동물로부터 자연적으로 생산되는 것을 가지고 이 고시에서 허용하는 물리적 공정에 따라 가

chapter 02

공한 계란, 우유, 우유단백질 등의 화장품 원료

▶ 화석연료로부터 기원한 물질은 제외한다.

④ **미네랄 원료** : 지질학적 작용에 의해 자연적으로 생성된 물질을 가지고 이 고시에서 허용하는 물리적 공정에 따라 가공한 화장품 원료

⑤ **유기농유래 원료** : 유기농 원료를 이 고시에서 허용하는 화학적 또는 생물학적 공정에 따라 가공한 원료

▶ 천연 원료 : 유기농 원료, 식물 원료, 동물성 원료, 미네랄 원료

▶ 천연유래 원료 : 유기농유래 원료, 식물유래, 동물성유래 원료, 미네랄유래 원료

⑥ **식물유래, 동물성유래 원료** : 식물 원료 또는 동물성 원료를 가지고 이 고시에서 허용하는 화학적 공정 또는 생물학적 공정에 따라 가공한 원료

⑦ **미네랄유래 원료** : 미네랄 원료를 가지고 이 고시에서 허용하는 화학적 공정 또는 생물학적 공정에 따라 가공한 [별표 1]의 원료를 말한다.

[별표 1] 미네랄 유래 원료 **기출**(21-4회)

구리가루	규조토	디소듐포스페이트	디칼슘포스페이트
디칼슘포스페이트디하이드레이트	마그네슘설페이트	마그네슘실리케이트	마그네슘알루미늄실리케이트
마그네슘옥사이드	마그네슘카보네이트	마그네슘클로라이드	마그네슘카보네이트하이드록사이드
마그네슘하이드록사이드	마이카	말라카이트	망가니즈비스오르토포스페이트
망가니즈설페이트	바륨설페이트	벤토나이트	비스머스옥시클로라이드
소듐글리세로포스페이트	소듐마그네슘실리케이트	소듐메타실리케이트	소듐모노플루오로포스페이트
소듐바이카보네이트	소듐보레이트	소듐설페이트	소듐실리케이트
소듐카보네이트	소듐치오설페이트	소듐클로라이드	소듐포스페이트
소듐플루오라이드	소듐하이드록사이드	실리카	실버
실버설페이트	실버씨트레이트	실버옥사이드	실버클로라이드
씨솔트	아이런설페이트	아이런옥사이드	아이런하이드록사이드
알루미늄아이런실리케이트	알루미늄	알루미늄가루	알루미늄설퍼이트
알루미늄암모니움설퍼이트	알루미늄옥사이드	알루미늄하이드록사이드	암모늄망가니즈디포스페이트
암모늄설페이트	울트라마린	징크설페이트	징크옥사이드
징크카보네이트	카올린	카퍼설페이트	카퍼옥사이드
칼슘설페이트	칼슘소듐보로실리케이트	칼슘알루미늄보로실리케이트	칼슘카보네이트
칼슘포스페이트와 그 수화물	칼슘플루오라이드	칼슘하이드록사이드	크로뮴옥사이드그린
크로뮴하이드록사이드그린	탤크	테트라소듐파이로포스페이트	티타늄디옥사이드
틴옥사이드	페릭암모늄페로시아나이드	포타슘설페이트	포타슘아이오다이드
포타슘알루미늄설페이트	포타슘카보네이트	포타슘클로라이드	포타슘하이드록사이드
하이드레이티드실리카	하이드록시아파타이트	헥토라이트	세륨옥사이드
아이런 실리케이트	골드	마그네슘 포스페이트	칼슘 클로라이드
포타슘 알룸	포타슘 티오시아네이트	알루미늄 실리케이트	

2 사용할 수 있는 원료

① 천연화장품 및 유기농화장품의 제조에 사용할 수 있는 원료는 다음과 같다. (다만, 제조에 사용하는 원료는 [별표 2]의 오염물질에 의해 오염되어서는 안 된다.)

- 천연 원료, 천연유래 원료, 물, 기타 [별표 3] 및 [별표 4]에서 정하는 원료

기출(20-1회, 21-4회)

② 합성원료는 천연화장품 및 유기농화장품의 제조에 사용할 수 없다. 다만, 천연화장품 또는 유기농화장품의 품질 또는 안전을 위해 필요하나 따로 자연에서 대체하기 곤란한 허용 기타원료와 허용 합성원료는 5% 이내에서 사용할 수 있다. 이 경우에도 석유화학 부분은 2%를 초과할 수 없다.

[별표 2] 오염물질
중금속, 방향족 탄화수소, 농약, 다이옥신 및 폴리염화비페닐, 방사능, 유전자변형 생물체, 곰팡이 독소, 의약 잔류물, 질산염, 니트로사민

[별표 3] **허용 기타원료**
다음의 원료는 천연 원료에서 석유화학 용제를 이용하여 추출할 수 있다.
베타인, 카라기난, 레시틴 및 그 유도체, 토코페롤, 토코트리에놀, 오리자놀, 안나토, 카로티노이드/잔토필, 앱솔루트, 콘크리트, 레지노이드, 라놀린, 피토스테롤, 글라이코스핑고리피드 및 글라이코리피드, 잔탄검, 알킬베타인
▶ 앱솔루트, 콘크리트, 레지노이드 : 천연화장품에만 허용
※ 석유화학 용제의 사용 시 반드시 최종적으로 모두 회수되거나 제거되어야 하며, 방향족, 알콕실레이트화, 할로겐화, 니트로젠 또는 황(DMSO 예외) 유래 용제는 사용이 불가하다.

[별표 4] **허용 합성원료** 기출(21-3회)
1. 합성 보존제 및 변성제
   벤조익애씨드 및 그 염류, 벤질알코올, 살리실릭애씨드 및 그 염류, 소르빅애씨드 및 그 염류, 데하이드로아세틱애씨드 및 그 염류, 이소프로필알코올, 테트라소듐글루타메이트디아세테이트, 데나토늄벤조에이트, 3급부틸알코올, 기타 변성제(프탈레이트류 제외)
   → 에탄올에 변성제로 사용된 경우에 한함
2. 천연 유래와 석유화학 부분을 모두 포함하고 있는 원료
   디알킬카보네이트, 알킬아미도프로필베타인, 알킬메칠글루카미드, 알킬암포아세테이트/디아세테이트, 알킬글루코사이드카르복실레이트, 카르복시메칠 – 식물 폴리머, 식물성 폴리머 – 하이드록시프로필트리모늄클로라이드, 디알킬디모늄클로라이드, 알킬디모늄하이드록시프로필하이드로라이즈드식물성단백질
   → 두발/수염에 사용하는 제품에 한함

   ※ 석유화학 부분은 전체 제품에서 2%를 초과할 수 없다.
   ※ 석유화학 부분은 다음과 같이 계산한다.

$$\text{석유화학 부분(\%)} = \frac{\text{석유화학 유래 부분 몰중량}}{\text{전체 분자량}} \times 100$$

   ※ 이 원료들은 유기농이 될 수 없다.

3 제조공정

(1) 허용되는 공정

① **물리적 공정** : 물리적 공정 시 물이나 자연에서 유래한 천연 용매로 추출해야 한다.
- 흡수/흡착, 탈색/탈취 : 불활성 지지체
- 분쇄, 원심분리, 상층액분리, 건조
- 탈(脫)고무/탈(脫)유
- 탈(脫)테르펜 : 증기 또는 자연적으로 얻어지는 용매 사용
- 증류 또는 추출 : 자연적으로 얻어지는 용매(물, CO_2 등) 사용
- 여과 : 불활성 지지체
- 동결건조, 혼합, 삼출, 압력
- 멸균 : 열처리, 가스 처리(O_2, N_2, Ar, He, O_3, CO_2 등), UV, IR, Microwave
- 체로 거르기
- 달임 : 뿌리, 열매 등 단단한 부위를 우려냄
- 냉동
- 우려냄 : 꽃, 잎 등 연약한 부위를 우려냄
- 매서레이션 : 정제수나 오일에 담가 부드럽게 함

▶ 원료의 제조공정은 간단하고 오염을 일으키지 않으며, 원료 고유의품질이 유지될 수 있어야 한다.

• 마이크로웨이브, 결정화, 압착/분쇄, 초음파
• UV 처치, 진공, 로스팅
• 탈색(벤토나이트, 숯가루, 표백토, 과산화수소, 오존 사용)

기출(20-2회)

② 화학적 · 생물학적 공정 : 석유화학 용제의 사용 시 반드시 최종적으로 모두 회수되거나 제거되어야 하며, 방향족, 알콕실레이트화, 할로겐화, 니트로젠 또는 황(DMSO 예외) 유래 용제는 사용이 불가하다.
• 알킬화, 아마이드 형성, 회화, 탄화, 응축/부가, 복합화, 에스텔화/에스테르결합전이반응/에스테르교환, 에텔화, 생명공학기술/자연발효, 수화(Hydration), 수소화(Hydrogenation), 가수분해, 중화, 산화/환원
• 양쪽성물질의 제조공정 : 아마이드, 4기화반응
• 비누화, 황화, 이온교환, 오존분해

(2) 금지되는 공정
① 유전자 변형 원료 배합
② 니트로스아민류 배합 및 생성
③ 일면 또는 다면의 외형 또는 내부구조를 가지도록 의도적으로 만들어진 불용성이거나 생체지속성인 1~100μm 크기의 물질 배합
④ 공기, 산소, 질소, 이산화탄소, 아르곤 가스 외의 분사제 사용
⑤ [별표 5]의 금지되는 공정
• 탈색, 탈취 : 동물 유래
• 방사선 조사 : 알파선, 감마선
• 설폰화*
• 에칠렌 옥사이드, 프로필렌 옥사이드 또는 다른 알켄 옥사이드 사용
• 수은화합물을 사용한 처리
• 포름알데하이드 사용

▶ 설폰화(sulfonization) : 유기화합물의 분자를 설폰기를 도입하는 반응을 말하며, 주로 공업용으로 활용되며 세제나 염료에도 사용된다.

4 작업장 및 제조설비

① 작업장 및 제조설비는 교차오염이 발생하지 않도록 충분히 청소 및 세척되어야 한다.
② 작업장과 제조설비의 세척제에 사용 가능한 원료
㉠ 과산화수소, 과초산, 락틱애씨드, 알코올(이소프로판올 및 에탄올), 석회장석유, 소듐카보네이트, 소듐하이드록사이드, 시트릭애씨드, 식물성 비누, 아세틱애씨드, 열수와 증기, 정유, 포타슘하이드록사이드, 무기산과 알칼리

㉡ 계면활성제

- 재생 가능
- EC50 or IC50 or LC50 > 10 mg/l
- 혐기성 및 호기성 조건하에서 쉽고 빠르게 생분해 될 것
  (OECD 301 > 70% in 28 days)
- 에톡실화 계면활성제는 상기 조건에 추가하여 다음 조건을 만족하여야 함
  - 전체 계면활성제의 50% 이하일 것
  - 에톡실화가 8번 이하일 것
  - 유기농 화장품에 혼합되지 않을 것

5 포장 및 보관

기출(20-1회, 21-3회, 21-4회)

① 천연화장품 및 유기농화장품의 용기와 포장에 폴리염화비닐(PVC), 폴리스티렌폼을 사용할 수 없다.

② 유기농화장품을 제조하기 위한 유기농 원료는 다른 원료와 명확히 표시 및 구분하여 보관하여야 한다.

③ 표시 및 포장 전 상태의 유기농화장품은 다른 화장품과 구분하여 보관하여야 한다.

6 원료조성 및 함량 계산

(1) 천연화장품

① 원료조성 : 중량 기준으로 천연 함량이 전체 제품에서 95% 이상

② 함량 계산

기출(20-1회)

천연 함량 비율(%) = 물 비율 + 천연 원료 비율 + 천연유래 원료 비율

▶ Note
함량 계산 시 '물'은 천연화장품에는 포함되지만, 유기농화장품에는 포함되지 않는다.

(2) 유기농화장품

① 원료조성

- 중량 기준으로 유기농 함량이 전체 제품에서 10% 이상
- 유기농 함량을 포함한 천연 함량이 전체 제품에서 95% 이상

② 함량 계산

- 유기농 인증 원료의 경우 해당 원료의 유기농 함량으로 계산
- 유기농 함량 확인이 불가능한 경우
  1) 물, 미네랄 또는 미네랄유래 원료는 유기농 함량 비율 계산에 포함하지 않는다. 물은 제품에 직접 함유되거나 혼합 원료의 구성요소일 수 있다.
  2) 유기농 원물만 사용하거나, 유기농 용매를 사용하여 유기농 원물을 추출한 경우 해당 원료의 유기농 함량 비율은 100%로 계산한다.
  3) 수용성 및 비수용성 추출물 원료의 유기농 함량 비율 계산 방법은 다음과 같다. 단, 용매는 최종 추출물에 존재하는 양으로 계산하며 물은 용매로 계산하지 않고, 동일한 식물의 유기농과 비유기농이 혼합되어 있는 경우 이 혼합물은 유기농으로 간주하지 않는다.

기출(21-3회)

▶ 수용성 추출물 원료의 경우

• 1단계 : $비율 = \frac{신선한\ 유기농\ 원물}{추출물 - 용매} \times 100$

※ 비율이 1 이상인 경우 1로 계산

• 2단계 : $유기농\ 함량\ 비율(\%) = 비율 \times \frac{추출물 - 용매}{추출물} + \frac{유기농\ 용매}{추출물} \times 100$

▶ 물로만 추출한 원료의 경우

$$유기농\ 함량\ 비율(\%) = \frac{신선한\ 유기농\ 원물}{추출물} \times 100$$

▶ 비수용성 원료인 경우

$$유기농\ 함량\ 비율(\%) = \frac{신선\ 또는\ 건조\ 유기농\ 원물 + 사용하는\ 유기농\ 용매}{신선\ 또는\ 건조\ 원물 + 사용하는\ 총\ 용매} \times 100$$

▶ 신선한 원물로 복원하기 위해서는 실제 건조 비율을 사용하거나(이 경우 증빙자료 필요) 중량에 아래 일정 비율을 곱해야 한다.
• 나무, 껍질, 씨앗, 견과류, 뿌리 –1 : 2.5
• 잎, 꽃, 지상부 –1 : 4.5
• 과일(예: 살구, 포도) –1 : 5

4) 화학적으로 가공한 원료의 경우

(예 유기농 글리세린이나 유기농 알코올의 유기농 함량 비율 계산)

$$유기농\ 함량\ 비율(\%) = \frac{투입되는\ 유기농\ 원물 - 회수\ 또는\ 제거되는\ 유기농\ 원물}{투입되는\ 총\ 원료 - 회수\ 또는\ 제거되는\ 원료} \times 100$$

※ 최종 물질이 1개 이상인 경우 분자량으로 계산한다.

7 자료의 보존

기출(21-3회)

화장품의 책임판매업자는 천연화장품 또는 유기농화장품으로 표시 · 광고하여 제조, 수입 및 판매할 경우, 이 고시에 적합함을 입증하는 자료를 구비하고, 제조일(수입일 경우 통관일)로부터 3년 또는 사용기한 경과 후 1년 중 긴 기간 동안 보존하여야 한다.
→ 제조일(×)

04 천연화장품 및 유기농화장품에 대한 인증

1 인증 제도 도입의 의의

① 천연화장품 및 유기농화장품의 품질제고를 유도
② 소비자에게 보다 정확한 제품정보 제공

2 인증 신청

인증을 받으려는 화장품제조업자, 화장품책임판매업자 또는 총리령으로 정하는 대학 · 연구소 등은 식품의약품안전처장에게 인증 신청

3 인증업무 위탁 및 수수료

① 인증업무를 효과적으로 수행하기 위하여 필요한 전문 인력과 시설을 갖춘 기관 또는 단체를 인증기관으로 지정하여 인증업무를 위탁할 수 있다.
② 인증기관의 장은 식품의약품안전처장의 승인을 받아 결정한 수수료를 신청인으로부터 받을 수 있다.

4 인증기관의 지정기준

(1) 조직 및 인력

국제표준화기구(ISO)와 국제전기표준회의(IEC)가 정한 제품인증시스템을 운영하는 기관을 위한 요구사항에 적합한 경우로서 다음의 조직 및 인력을 모두 갖춰야 한다.

① 조직

- 인증업무를 수행하는 상설 전담조직을 갖추고 인증기관의 운영에 필요한 재원을 확보할 것
- 인증업무와 인증업무 외의 업무를 함께 수행하고 있는 경우 인증기관[대표, 인증업무를 담당하는 자(인증담당자) 등 소속 임직원 포함]은 천연화장품 또는 유기농화장품의 제조 · 유통 · 판매나 인증, 인증을 위한 컨설팅 또는 관련 제품이나 서비스를 제공함으로써 인증업무가 불공정하게 수행될 우려가 없을 것

② 인력 : 인증담당자를 2명 이상 갖출 것(지정 이후 추가적으로 확보 가능)

(2) 시설

인증기관으로 지정받으려는 자는 다음 시설을 갖추어야 한다.

① 인증기관이 인증품의 계측 및 분석을 직접 수행하는 경우 다음의 어느 하나에 해당하는 시험 · 검사기관이어야 하고, 인증품의 계측 및 분석 등에 필요한 시설을 갖추어야 한다.

- 국가표준기본법에 따라 인정받은 시험 · 검사기관
- 화장품 시험 · 검사기관
- 식품의약품안전처장이 인정한 시험 · 검사기관

② 인증기관이 다른 시험 · 검사기관 등에 위탁하여 인증품의 계측 및 분석 등의 업무를 수행할 경우에는 인증품의 계측 및 분석 등에 필요한 시설을 갖추지 않을 수 있으며, 이 경우 인증기관은 인증품의 계측 및 분석을 위탁받은 기관이 그 결과의 신뢰성과 정확성을 확보하기 위해 다음의 조치를 취해야 한다.

㉠ 인증기관은 수탁기관이 해당 분야의 시험 · 검사기관으로 인정 또는 지정받았는지 여부와 그 인정 또는 지정을 유지하고 있는지를 확인하고 관련 증명자료를 비치할 것

㉡ 인증기관의 장은 수탁기관이 준수해야 하는 다음의 사항을 수탁기관에 통보하고 수탁기관이 성실하게 이를 준수하지 않는 경우 해당 수탁기관에 대한 위탁을 중지할 것

- 관련 규정에서 정한 절차와 방법에 따라 계측 및 분석을 실시할 것
- 계측 및 분석 관련 해당 시료는 15일 이상 보관하고 검사결과의 원본자료는 2년간 보관할 것
- 인증기관의 장 또는 식품의약품안전처장의 요구가 있는 경우 제공할 것

㉢ 인증기관 또는 식품의약품안전처장이 수탁기관이 수행하는 검사의 절차 및 방법 등에 대한 현장 확인을 요구하는 경우 이에 협조할 것

㉣ 시험 · 검사기관의 업무정지, 지정취소 시 인증기관에 통지할 것

③ 인증기관의 장은 수탁기관이 검사 관련 기록을 위조 · 변조하여 검사성적서를 발급하거나 검사를 하지 않고 검사성적서를 발급하는 등 검사성적서를 거짓으로 발급하는 것으로 확인되는 경우에는 지체 없이 식품의약품안전처장에게 보고하고 해당 기관에 인증품의 계측 및 분석 위탁을 중지할 것

(3) 인증업무 규정

인증기관으로 지정받으려는 자는 다음 사항을 적은 인증업무규정을 갖추어야 하며, 이를 준수해야 한다.

① 인증업무 실시방법
② 인증의 사후관리 방법
③ 인증 수수료
④ 인증담당자의 준수사항 및 인증담당자의 자체 관리 · 감독 요령
⑤ 인증담당자에 대한 교육계획
⑥ 인증의 품질을 보장할 수 있는 관리지침
⑦ 인증업무와 관련하여 제기된 불만 및 분쟁에 대한 처리 절차와 조치방법에 관한 사항
⑧ 인증 심사, 인증 결정, 인증 활동 등 인증업무를 독립적으로 수행할 수 있는 관리체계에 관한 사항
⑨ 모든 신청자가 인증서비스를 이용할 수 있고, 인증의 심사 · 유지 · 확대 · 취소 등의 결정에 대해 어떠한 상업적 · 재정적 압력으로부터 영향을 받지 않는다는 사항
⑩ 그 밖에 인증업무 수행에 필요하다고 인정하여 식품의약품안전처장이 정하는 사항
⑪ 인증신청, 인증심사 및 인증사업자에 관한 자료를 인증의 유효기간이 끝난 후 2년 동안 보관할 것
⑫ 식품의약품안전처장의 요청이 있는 경우에는 인증기관의 사무소 및 시설에 대한 접근을 허용하거나 필요한 정보 및 자료를 제공할 것

▶ **천연화장품 및 유기농화장품의 인증표시**
- 도안의 크기는 용도 및 포장재의 크기에 따라 동일 배율로 조정할 것
- 도안은 알아보기 쉽도록 인쇄 또는 각인 등의 방법으로 표시할 것

표시기준(로고모형)

5 인증 절차

① 인증 신청 : 서류 첨부하여 인증기관에 신청
② 인증기관 심사 : 인증기준에 적합한지 여부를 심사
③ 결과 통지
④ 보고 : 인증제품 명칭이 변경이 되었거나 책임판매자가 변경된 경우 인증기관에 보고

▶ **인증의 세부 절차와 방법의 고시**
→ 식품의약품안전처장이 정하여 고시함

▶ **인증 유효기간**
인증을 받은 날부터 3년

6 인증 취소

① 거짓이나 그 밖의 부정한 방법으로 인증을 받은 경우
② 제1항에 따른 인증기준에 적합하지 아니하게 된 경우

05 인증기관 지정 및 인증 등에 관한 규정

1 천연화장품 및 유기농화장품 인증기관 지정

(1) 인증기관 지정 신청

① 인증기관으로 지정을 받고자 하는 자는 인증기관 지정 신청서에 다음 서류를 첨부하여 식품의약품안전처장에게 제출하여야 한다.

② 식품의약품안전처장은 신청내용이 지정기준에 적합한지 여부를 평가하기 위하여 실태조사를 실시할 수 있다.

③ 식품의약품안전처장은 제출서류에 대한 검토결과와 조사결과를 종합적으로 심사하여 인증기관 지정 신청의 적합여부를 판정하여야 한다.

④ 식품의약품안전처장은 심사 결과 적합한 경우에는 지정대장에 지정사항을 적고 인증기관 지정서를 발급하며, 그 결과를 홈페이지에 게시하여야 한다.

⑤ 실태조사의 절차와 방법 등은 「행정절차법」에 따른다.

> ▶ 인증기관 지정 신청 시 첨부서류
> • 인증업무 범위, 조직 · 인력 · 재정운영, 시험 · 검사운영 등을 적은 사업계획서
> • 인증기관의 지정기준에 부합함을 입증하는 서류

(2) 인증기관 지정사항 변경

① 인증기관의 장이 지정받은 사항을 변경하려는 경우에는 변경 사유가 발생한 날부터 30일 이내에 인증기관 지정사항 변경 신청서에 다음 서류를 첨부하여 식품의약품안전처장에게 제출하여야 한다.

㉠ 인증기관 지정서

㉡ 인증기관의 대표자, 명칭 및 소재지 변경 : 변경내용을 증명하는 서류

㉢ 인증업무의 범위 변경 : 변경내용이 인증기관의 지정기준에 적합함을 증명하는 서류

② 식품의약품안전처장은 변경 신청서를 접수한 때에는 신청 사항을 검토한 후 지정대장에 변경사항을 적고 지정서의 이면에 변경사항을 기재하여 인증기관의 장에게 돌려주어야 한다. 이 경우 식품의약품안전처장은 변경사항에 대한 확인을 위하여 실태조사를 실시할 수 있다.

(3) 인증기관의 준수사항

① 인증번호, 인증범위, 유효기간, 인증제품명 등이 포함된 인증서를 발급할 것

② 인증기관의 장은 인증 결과 등을 인증을 실시한 해의 다음 연도 1월 31일까지 식품의약품안전처장에게 보고할 것

③ 인증기관은 동 인증업무 이외의 다른 업무를 행하고 있는 경우 그 업무로 인해 인증업무에 지장을 주거나 공정성을 손상시키지 말 것

(4) 인증기관 지정 철회

① 인증기관의 장이 인증기관 지정을 철회하려는 경우에는 다음 내용을 이행한 후 인증기관 지정 철회 신고서에 인증기관 지정서를 첨부하여 식품의약품안전처장에게 제출하여야 한다.

② 식품의약품안전처장은 인증기관 지정 철회 신청이 적합한 경우에는 신고를 수리하고, 그 결과를 식품의약품안전처 홈페이지에 게시하여야 한다.

③ 인증기관 지정 철회를 신고한 인증기관의 장은 신고가 수리된 이후 7일 이내에 인증신청자 및 인증사업자에게 그 사실을 알려 주어야 한다.

> ▶ 인증기관 지정 철회 시 첨부서류
> • 인증사업자에 인증기관 지정 철회 예정 사실 안내
> • 접수되어 심사 중에 있는 사안 처리
> • 당해 인증기관에서 인증한 제품 및 인증사업자에 대한 사후관리를 다른 인증기관이 수행하도록 양도 계약 체결

2 천연화장품 및 유기농화장품 인증

(1) 인증 신청

▶ 인증 신청 시 첨부서류
- 인증신청 대상 제품에 사용된 원료에 대한 정보
- 인증신청 대상 제품의 제조공정, 용기·포장 및 보관 등에 대한 정보

① 천연화장품 또는 유기농화장품에 대한 인증을 받고자 하는 자는 천연·유기농화장품 인증 신청서에 서류를 첨부하여 인증기관의 장에게 제출하여야 한다.

② 인증기관의 장은 신청내용이 「천연화장품 및 유기농화장품의 기준에 관한 규정」에 적합한지 여부를 판정하여야 한다.

③ 인증기관의 장은 심사 결과 적합한 경우에는 천연화장품 또는 유기농화장품 인증서를 발급하고 인증기관의 인증등록 대장에 기재하여야 한다.

④ 인증기관의 장은 인증서를 발급한 경우 인증사업자 준수사항, 인증 표시 방법 등을 인증사업자에게 알려야 한다.

(2) 인증 변경보고

▶ 인증 변경보고 시 첨부서류
- 인증서 원본
- 인증제품 명칭의 변경 : 인증제품의 명칭 변경사유를 적은 서류
- 인증제품을 판매하는 책임판매업자의 변경 : 책임판매업자의 변경을 증명하는 서류
- 인증사업자의 명칭 또는 주소의 변경 : 변경된 명칭이나 주소를 증명하는 서류

① 인증사업자가 변경 보고를 하려는 경우에는 인증사항 변경 신청서에 다음 서류를 첨부하여 그 인증을 한 인증기관의 장에게 제출하여야 한다.

② 변경 신청서를 받은 인증기관의 장은 신청사항을 검토한 후 인증등록 대장에 변경사항을 적고 인증서의 이면에 변경사항을 기재하여 인증사업자에게 돌려주어야 한다.

(3) 인증의 유효기간 연장

기출(21-3회)

① 인증사업자가 인증의 유효기간을 연장하려는 경우에는 인증의 유효기간 만료 90일 전까지 천연·유기농화장품 유효기간 연장 신청서에 다음 서류를 첨부하여 해당 인증을 한 인증기관의 장에게 제출하여야 한다.
   ㉠ 인증서 원본
   ㉡ 인증받은 제품이 최신의 인증기준에 적합함을 입증하는 서류

② 인증기관의 장은 신청서를 접수한 때에는 인증신청 규정을 준용하여 심사를 하고 적합한 경우 유효기간을 연장하여 인증서를 다시 발급하고 인증등록 대장에 그 사항을 기재하여야 한다.

▶ 인증을 한 인증기관이 폐업, 업무정지 또는 그 밖의 부득이한 사유로 연장신청이 불가능한 경우에는 다른 인증기관에 신청할 수 있다.

(4) 인증서의 재발급

① 인증서를 교부받은 인증사업자가 그 인증서를 잃어버렸거나 못쓰게 된 경우 또는 기재사항에 변경이 있어 인증서를 재발급 받으려는 경우 인증서 재발급 신청서에 못쓰게 된 인증서 등을 첨부하여 해당 인증을 한 인증기관의 장에게 제출하여야 한다.

② 인증기관의 장은 제1항에 따라 인증서의 재발급 신청을 받은 때에는 7일 이내에 인증서를 재발급하고, 인증 등록대장에 재발급의 사유를 적어야 한다.

05 기능성화장품 기준 및 시험방법

1 통칙

(1) 화장품 제형 ★★★

① **로션제** : 유화제 등을 넣어 유성성분과 수성성분을 균질화하여 점액상으로 만든 것

② **액제** : 화장품에 사용되는 성분을 용제 등에 녹여서 액상으로 만든 것

③ **크림제** : 유화제 등을 넣어 유성성분과 수성성분을 균질화하여 반고형상으로 만든 것

④ **침적마스크제** : 액제, 로션제, 크림제, 겔제 등을 부직포 등의 지지체에 침적하여 만든 것

⑤ **겔제** : 액체를 침투시킨 분자량이 큰 유기분자로 이루어진 반고형상

⑥ **에어로졸제** : 원액을 같은 용기 또는 다른 용기에 충전한 분사제(액화기체, 압축기체 등)의 압력을 이용하여 안개모양, 포말상 등으로 분출하도록 만든 것

⑦ **분말제** : 균질하게 분말상 또는 미립상으로 만든 것을 말하며, 부형제 등을 사용할 수 있다.

▶ 기능성화장품 기준 및 시험방법 (KFCC, 식약처 고시)
- 기능성화장품 심사를 받기 위하여 자료를 제출하고자 하는 경우, 기준 및 시험방법에 관한 자료 제출을 면제할 수 있는 범위를 정함을 목적으로 한다.
- 기능성화장품 품질기준에 관한 세부사항을 정함을 목적으로 한다.

기출(20-2회, 21-3회)

(2) 용기의 종류 ★★★

① **밀폐용기** : 일상의 취급 또는 보통 보존상태에서 외부로부터 고형의 이물이 들어가는 것을 방지하고 고형의 내용물이 손실되지 않도록 보호할 수 있는 용기를 말한다. 밀폐용기로 규정되어 있는 경우에는 기밀용기도 쓸 수 있다.

기출(20-2회)

② **기밀용기** : 일상의 취급 또는 보통 보존상태에서 액상 또는 고형의 이물 또는 수분이 침입하지 않고 내용물을 손실, 풍화, 조해 또는 증발로부터 보호할 수 있는 용기를 말한다. 기밀용기로 규정되어 있는 경우에는 밀봉용기도 쓸 수 있다.

③ **밀봉용기** : 일상의 취급 또는 보통의 보존상태에서 기체 또는 미생물이 침입할 염려가 없는 용기를 말한다.

④ **차광용기** : 광선의 투과를 방지하는 용기 또는 투과를 방지하는 포장을 한 용기를 말한다.

(3) 기타 규정

① 제제를 만들 경우에는 따로 규정이 없는 한 그 보존 중 성상 및 품질의 기준을 확보하고 그 유용성을 높이기 위하여 부형제, 안정제, 보존제, 완충제 등 적당한 첨가제를 넣을 수 있다. (다만, 첨가제는 해당 제제의 안전성에 영향을 주지 않아야 하며, 또한 기능을 변하게 하거나 시험에 영향을 주어서는 아니된다.)

기출(21-4회)

② 이 고시에서 규정하는 시험방법 외에 정확도와 정밀도가 높고 그 결과를 신뢰할 수 있는 다른 시험방법이 있는 경우에는 그 시험방법을 쓸 수 있다. (다만, 그 결과에 대하여 의심이 있을 때에는 규정하는 방법으로 최종의 판정을 실시한다.)

③ 물질명 다음에 ( ) 또는 [ ] 중에 분자식을 기재한 것은 화학적 순수물질을 뜻한다. 분자량은 국제원자량표에 따라 계산하여 소수점이하 셋째 자리에서 반올림하여 둘째 자리까지 표시한다.

④ 이 기준의 주된 계량의 단위에 대하여는 다음의 기호를 쓴다.

단위	표기	단위	표기
미터	m	데시미터	dm
센터미터	cm	밀리미터	mm
마이크로미터	μm	나노미터	nm
킬로그람	kg	그람	g
밀리그람	mg	마이크로그람	μg
나노그람	ng	리터	L
밀리리터	mL	마이크로리터	μL
평방센티미터	cm^2	수은주밀리미터	mmHg
센티스톡스	cs	센티포아스	cps
노르말(규정)	N	몰	M 또는 mol.
질량백분율	%	질량대용량백분율	w/v%
용량백분율	vol%	용량대질량백분율	v/w%
질량백만분율	ppm	피에이치	pH
섭씨 도	℃		

기출(21-4회)

▶ 온도 구분
- 표준온도 : 20℃
- 상온 : 15~25℃
- 실온 : 1~30℃
- 미온 : 30~40℃

⑤ 시험 또는 저장할 때의 온도는 원칙적으로 구체적인 수치를 기재한다. 다만, 표준온도는 20℃, 상온은 15~25℃, 실온은 1~30℃, 미온은 30~40℃로 한다. 냉소는 따로 규정이 없는 한 1~15℃ 이하의 곳을 말하며, 냉수는 10℃ 이하, 미온탕은 30~40℃, 온탕은 60~70℃, 열탕은 약 100℃의 물을 뜻한다.

⑥ 가열한 용매 또는 열용매라 함은 그 용매의 비점 부근의 온도로 가열한 것을 의미하며, 가온한 용매 또는 온용매라 함은 보통 60~70℃로 가온한 것을 의미한다. 수욕상 또는 수욕중에서 가열한다라 함은 따로 규정이 없는 한 끓인 수욕 또는 100℃의 증기욕을 써서 가열하는 것이다. 보통 냉침은 15~25℃, 온침은 35~45℃에서 실시한다.

⑦ 통칙 및 일반시험법에 쓰이는 시약, 시액, 표준액, 용량분석용표준액, 계량기 및 용기는 따로 규정이 없는 한 일반시험법에서 규정하는 것을 쓴다. 또한 시험에 쓰는 물은 따로 규정이 없는 한 정제수로 한다.

⑧ 용질명 다음에 용액이라 기재하고, 그 용제를 밝히지 않은 것은 수용액을 말한다.

기출(21-3회)

⑨ 용액의 농도를 (1→5), (1→10), (1→100) 등으로 기재한 것은 고체물질 1g 또는 액상물질 1mL를 용제에 녹여 전체량을 각각 5mL, 10mL, 100mL등으로 하는 비율을 나타낸 것이다. 또한, 혼합액을 (1:10) 또는 (5:3:1) 등으로 나타낸 것은 액상물질의 1용량과 10용량과의 혼합액, 5용량과 3용량과 1용량과의 혼합액을 나타낸다.

⑩ 시험은 따로 규정이 없는 한 상온에서 실시하고 조작 직후 그 결과를 관찰하는 것으로 한다.(다만 온도의 영향이 있는 것의 판정은 표준온도에 있어서의 상태를 기준으로 한다.)

⑪ 따로 규정이 없는 한 일반시험법에 규정되어 있는 시약을 쓰고 시험에 쓰는 물은 정제수이다.

⑫ 액성을 산성, 알칼리성 또는 중성으로 나타낸 것은 따로 규정이 없는 한 리트머스지를 써서 검사한다. 액성을 구체적으로 표시할 때에는 pH값을 쓴다. 또한, 미산성, 약산성, 강산성, 미알칼리성, 약알칼리성, 강알칼리성등으로 기재한 것은 산성 또는 알칼리성의 정도의 개략(槪略)을 뜻하는 것으로 pH의 범위는 다음과 같다.

[pH의 범위]

미산성	약 5~약 6.5	미알칼리성	약 7.5~약 9
약산성	약 3~약 5	약알칼리성	약 9~약 11
강산성	약 3이하	강알칼리성	약 11이상

⑬ 질량을 "정밀하게 단다"라 함은 달아야 할 최소 자리수를 고려하여 0.1mg, 0.01mg 또는 0.001mg까지 단다는 것을 말한다. 또 질량을 "정확하게 단다"라 함은 지시된 수치의 질량을 그 자리수까지 단다는 것을 말한다.

⑭ 시험할 때 n자리의 수치를 얻으려면 보통 (n+1)자리까지 수치를 구하고 (n+1)자리의 수치를 반올림한다.

⑮ 시험조작을 할 때 "직후" 또는 "곧"이란 보통 앞의 조작이 종료된 다음 30초 이내에 다음 조작을 시작하는 것을 말한다.

⑯ 시험에서 용질이 "용매에 녹는다 또는 섞인다"라 함은 투명하게 녹거나 임의의 비율로 투명하게 섞이는 것을 말하며 섬유 등을 볼 수 없거나 있더라도 매우 적다.

⑰ 검체의 채취량에 있어서 "약"이라고 붙인 것은 기재된 양의 ±10%의 범위를 뜻한다.

기출(21-4회)

2 일반시험법 [별표 10]

▶ Note
일반시험법은 분량이 방대하여 링크로 대체합니다. 시험에 1문제 정도 출제될 수 있으니 참고하세요.

Customized Cosmetics Preparation Manager

화장품의 기능과 품질

[식약처 동영상 강의]

01 기초 화장품

▶ 기초 화장품의 효과
① 거칠어진 피부를 개선하고 살결을 가다듬는다.
② 화장을 지우고 피부를 청결하게 한다.
③ 피부에 수분을 공급하여 촉촉함을 유지 및 개선하며 유연하게 한다.
④ 피부에 수렴 효과를 주며, 피부 탄력을 증가시킨다.

1 화장수

① 각질층에 수분 · 보습 성분을 공급하고, 수렴효과, 피지분비 억제효과를 줌
② 각질층에 수분 · 보습 성분을 공급하여 피부를 유연하게 하고 촉촉하고 매끄러우며 윤택한 피부를 유지시킴
③ 피부에 유분과 수분을 공급하여 피지막을 보충시킬 수 있음
④ 화장수의 종류

종류	특징
유연 화장수	피부 각질층에 수분과 보습 성분을 공급하여 피부의 유연성을 증가시켜 부드러움을 유발함
수렴 화장수	피부 각질층에 수분과 보습 성분을 공급할 뿐 아니라 피지나 발한을 억제하는 기능을 하는 원료를 추가로 넣어 줌
세정용 화장수	• 세안용으로서 사용하거나 가벼운 색조화장을 지우는 데 사용하여 피부를 청결하게 하거나 오염을 제거해 줌 • 보습제와 세정효과를 향상하기 위해 계면활성제, 에탄올이 배합되기도 함
다층 화장수	• 2층 이상의 층을 이루는 화장수로 오일층, 물층, 분말층이 다층으로 구성되기도 함 • 사용 시 흔들어 사용하고 수분과 유분에 의한 보습감을 동시에 느낄 수 있으며, 분발의 경우 특이한 사용감을 나타냄 • 최근에는 오일층도 오일의 비중과 극성을 이용하여 더 세분된 층을 이루는 다층 화장수도 있음

2 로션

① 세부 유형 : 로션은 스킨과 크림의 중간적인 성질을 갖는 형태로, 크림과 유사한 구성성분을 가지나 해당 성분의 사용 비율이 크림에 비해 적어 유동성이 있는 에멀젼 형태임. 세부적으로 O/W형과 W/O형 로션이 있다.
② 사용 목적 : 피부에 대한 기능 및 효과는 크림과 동일하나 발림성이 크림보다 좋으며, 기타 세정, 메이크업리무버, 미백화장품, 자외선 차단화장품의 기제(基劑)로 사용된다.

3 크림

① 피부에 수분과 유분을 공급하여 피부의 보습 효과와 유연 효과를 부여한다.

② 크림은 물과 오일 성분처럼 섞이지 않는 2개의 상을 계면활성제를 이용하여 안정된 상태로 분산시킨 에멀젼으로 다양한 유화법을 통해 만들어진다.

③ 크림의 종류

종류	특징
O/W형 크림	• 대표적인 유화타입의 크림으로 유성성분이 내상(외상인 수성성분 내에 유화)인 산뜻한 사용감을 느끼는 친수성크림 • 유성성분이 많은 마사지크림 및 클렌징크림도 있음
W/O형 크림	• O/W형 크림과는 내상과 외상이 반대로 수성성분이 내상(외상인 유성성분 내에 유화)인 친유성 크림 • 주로 유분감을 주거나, 내수성을 요구되는 용도의 제품(자외선 차단 제품)으로 활용
다중유화 크림	• O/W형과 W/O형과 같이 2개의 상보다 더 많은 상으로 구성된 크림. • O/W형의 내상으로 수성성분이 존재하는 W/O/W형, W/O형의 내상으로 유성성분이 존재하는 O/W/O형이 대표적이며, 3개 상보다 많은 다중유화 제형도 알려져 있음 • 제형으로서 매력이 있으나 안정성과 제조의 불편함으로 인하여 상품성은 낮음

4 에센스

① 에센스는 스킨과 달리 점성이 있으며, 추가적으로 함유된 피부의 유효성 관련 성분의 종류에 따라 보습 에센스, 미백 에센스 등으로 나뉜다.

② 피부 보습 기능 및 유연 기능을 동시에 가진다.

③ 일반적으로 에센스 내에는 고급 오일과 기능성 성분 등 피부에 영양을 공급하기 위한 목적으로 농축하여 배합돼 있다.

5 팩

① 피부 보습 촉진, 오래된 각질 또는 오염물질 제거, 피부 긴장감 부여

② 최근에는 기능성 및 영양 성분의 함유를 통해 피부의 보습 및 유연 효과 이외에 영양 제공, 미백 효과 등 추가적 효과를 유도하기 위해 사용

③ 팩의 폐쇄 효과에 의해 피하에서 올라오는 수분으로 보습이 유지되고 유연해짐

④ 팩의 흡착작용과 동시에 건조 박리 시에 피부표면의 오염을 제거하므로 우수한 청정작용을 함

⑤ 피막제나 분만의 건조과정에서는 피부에 적당한 긴장감을 주고, 건조 후 일시적으로 피부 온도를 높여 혈행을 원활하게 함

▶ 사용 방법에 따른 팩 종류
- 워시(wash) 타입
- 필오프(peel off) 타입
- 석고팩 타입
- 붙이는 타입 등

6 메이크업 리무버

① 피부 생리의 대사산물(피부표면층에 부착된 피지, 각질층의 딱지, 피지의 산화분해물, 땀의 잔여물 등)이나 먼지, 미생물, 메이크업 화장품 등을 제거한다.

② 워터프루프 타입의 파운데이션, 유성 기반 마스카라 또는 일부 자외선 차단제 등의 화장품을 효과적으로 씻기 위해 유성 성분의 용제에 해당 화장품 성분을 용해 및 분산시켜 닦아내어 제거하는 목적으로 사용한다.

③ 메이크업 리무버의 종류

종류	특징
클렌징 워터	액상 타입으로 사용하기 간편하며, 빠른 거품 생성으로 사용성이 뛰어남. 보습제 등을 다량으로 배합할 수 있음. 또한 버블타입의 용기를 사용하면, 바로 거품으로 사용할 수 있음
클렌징 오일	유성성분으로 오일성분 외에 계면활성제 등을 배합. 사용 후 물로 헹구어 내는 유형으로 헹구어 낼 때 O/W형으로 유화됨. 사용 후에는 피부를 촉촉하게 함
클렌징 로션	O/W형의 유화 타입으로 크림 타입보다 사용이 쉬우며 사용 후 감촉이 산뜻함. 크림타입보다 클렌징력이 다소 낮을 수 있음
클렌징 크림	O/W형과 W/O형의 유화타입으로 나눌 수 있으며, O/W의 경우 사용 후 물로 씻을 수 있음
클렌징 젤	• 수용성 고분자와 계면활성제를 이용한 고분자젤 타입과 유분을 다량 함유한 유화 타입의 액정타입이 있음 • 모두 사용 후 물로 헹구어 내는 타입이며, 액정 타입은 클렌징력이 높음 • 최근에는 오일겔화제를 활용하여 클렌징 오일보다 점도가 높은 클렌징 젤을 개발하기도 함

02 색조 화장품

1 볼연지

① 볼에 도포하여 안색을 밝고, 건강하게 보이도록 하며 얼굴의 음영을 강조해 입체감을 부여한다.

② 제형에 따라 고형 타입, 크림 타입, 스틱 타입으로 나눈다.

▶ 색조 화장품의 효과
① 색조 효과를 부여하여 분장 효과
② 수분이나 오일 성분으로 인한 피부의 번들거림이나 결점을 감춤
③ 피부의 거칠어짐을 방지
④ 메이크업의 효과를 지속
⑤ 입술에 색조 효과를 부여하며, 윤기를 주고 부드럽게 함
⑥ 입술의 건조함을 방지하여 입술의 건강을 유지

2 페이스파우더 및 페이스케이크

① 베이스 메이크업이란 피부의 색이나 질감을 바꾸고 얼굴에 입체감을 부여하기 위해 피부의 결점을 커버하는 목적으로 하는 화장품이다.

② 제형(제제) 형태 및 사용 목적에 따라 페이스파우더(가루형), 페이스케이크(고체형), 메이크업베이스, 파운데이션 등으로 분류한다.

③ 피부색을 조절하여 밝게 하고, 피부에 탄력감과 투명감을 준다.

④ 땀과 피지를 억제하고, 화장 지속을 좋게 함

3 파운데이션

① 파운데이션은 베이스 메이크업의 한 형태로 사용 특성 및 제형(제제)에 따라 리퀴드 타입, 크림 타입, 케이크 타입으로 분류한다.

② 사용 목적

- 피부색을 기호에 맞게 바꾸어 준다.
- 피부에 광택 · 탄력 · 투명감을 부여한다.
- 기미 · 주근깨 등 피부결점을 커버한다.

4 메이크업베이스

① 보색 효과를 위한 색인 녹색 메이크업베이스, 노란색 메이크업베이스 등으로 나눌 수 있음

② 사용 목적

- 파운데이션 전 단계에서 사용하여 보색 효과로 피부톤이나 결을 보정한다.
- 파운데이션의 발림력, 밀착력, 발색력을 증가시키기 위해 사용한다.
- 피부색을 조절하여 밝게 한다.
- 피부에 탄력 · 투명감을 준다.
- 땀과 피지를 억제하고 화장 지속을 좋게 한다.

5 메이크업 픽서티브

① 메이크업 픽서라고도 불리며, 필름에 얇은 막을 형성하고 증발성을 가지기 위해 알코올 용제에 고분자물질들이 배합된 제품으로 분사형의 제품 형태를 가짐

② 메이크업 지속력과 고정력을 높여줌

6 립스틱 및 립라이너

① 입술의 보습, 윤기, 광태, 색 부여, 입술 윤곽 강조 등 사용 목적에 따라 립스틱, 립라이너, 글로즈, 립밤 등으로 분류한다.

② 립스틱은 입술에 색을 주어 얼굴을 돋보이게 한다.

③ 립라이너(립펜슬)는 입술의 윤곽을 그리기 위해서나 립스틱이 입술 라인으로 번지는 것을 방지하거나 립스틱과의 색조 균형을 위해 사용되어 입술을 강조하는 효과를 부여한다.

7 립글로스, 립밤

① 립글로스

- 입술을 빛나고 윤기있게 해준다.
- 점도가 있는 유성 성분이나 보습 성분에 색재를 첨가하여 분산시킨 것으로 제형 형태에 따라 액상과 크림상으로 분류한다.

② 립밤

- 입술이 트는 것을 방지하고, 거친 입술에 보습효과를 주어 부드럽게 해준다.
- 액상 및 고형 유성 성분을 용해시켜 만든 제품으로, 제형 형태에 따라 스틱형과 크림형으로 분류한다.

03 두발용 제품류

▶ 두발용 제품의 효과
① 두발에 윤기를 부여
② 두피 및 두발의 건강을 유지
③ 두발이 거칠어지고 갈라지는 것을 방지
④ 수분 및 지방을 공급하여 부드럽게 함(헤어토닉 제외)
⑤ 정전기 발생을 방지하여 머리의 단정을 용이하게 함(헤어토닉 제외)
⑥ 원하는 두발 형태를 만들거나 고정 및 세팅 효과를 유지
⑦ 두피 및 두발을 세정함으로써 비듬과 가려움을 개선
⑧ 웨이브를 형성하는 등 두발을 변형시켜 일정한 형태로 유지
⑨ 웨이브한 두발, 말리기 쉬운 두발 및 곱슬머리를 펴는 데 사용

1 헤어컨디셔너(hair conditioner)

① 일반적인 두발 관리에 있어서 세정을 위한 샴푸와 린스를 사용하고 세정 후 정발(conditioning, 흐트러진 두발을 정돈하고 유연하게 함) 효과 및 두피와 두발에 영양 효과를 주기 위해 헤어컨디셔너, 헤어크림 · 로션, 헤어트리트먼트가 사용된다.

② 헤어컨디셔너는 사용 방법에 따라 사용 후 씻어내는 제품과 사용 후 씻어내지 않는 제품으로 구별할 수 있다.

③ 사용 목적
- 두발에 수분, 지방을 공급하여 두발을 건강하게 유지하고 두발 표면을 매끄럽게 한다.
- 빗질을 쉽게 하고 정전기를 방지한다.
- 광택을 부여한다.

2 헤어토닉

① 헤어토닉은 두피의 청량감과 가려움을 개선하기 위해 사용된다.
② 세부적으로 제형 형태에 따른 유형으로 나눌 수 있으나 목적은 유사하다.
③ 두피를 깨끗하게 하여 건강한 두피로 가꾸어준다.

3 헤어그루밍에이드

① 헤어 오일, 헤어 왁스 등 적절한 두발의 관리를 위해 사용한다.
② 두발에 유분, 광택, 매끄러움, 유연성, 정발 효과 등을 주기 위해 사용한다.

4 헤어크림·로션

① 헤어크림 및 헤어로션의 사용 목적은 동일하나 제형 형태에 따라 유화 또는 젤 타입으로 분류한다.

② 사용 목적
- 두발에 윤기, 유연성, 광택을 준다.
- 빗질이 잘 되게 하고 필요에 따라 적당한 정발 효과를 준다.

5 헤어 오일

① 일반적으로 오일 기반의 액상 형태의 제품이다.
② 사용 목적 : 두발에 유분을 공급하고, 광택, 매끄러움, 유연성을 부여함

6 포마드

① 유성원료를 주원료로 하는 포마드는 젤리상으로 약간 굳은 반고체상인 유성의 정발제임
② 사용 목적 : 두발에 광택을 주고 동시에 헤어스타일링을 정돈해 줌

7 헤어스프레이·무스·왁스·젤

① 헤어스타일링제는 두발에 윤기를 부여하고 머리 모양을 유지하기 위해 사용되는 화장품으로 세부적인 유형은 제형 형태에 따라 나눌 수 있음

② 액상(헤어 오일), 크림상(헤어크림, 헤어왁스), 젤상(헤어젤, 포마드), 거품상(무스, 에어로졸(헤어스프레이)

③ 사용 목적
- 두발의 형태를 유지하며, 적당한 정발효과를 준다.
- 두발에 윤기나 촉촉함을 부여하여 머리 모양을 정돈하는 데 도움을 준다.

8 샴푸, 린스

① 샴푸
- 두발과 두피에 부착된 오염물을 씻어내고 비듬이나 가려움 등을 방지하여 두발과 두피를 청결하게 유지하기 위해 사용한다.
- 샴푸의 기능을 위해 계면활성제, 컨디셔닝제, 유분, 보습제, 착향제, 색소, 약제 성분들이 사용되며, 사용된 원료의 주된 기능에 따라 오일 샴푸, 비듬 관리 샴푸, 컬러 샴푸, 컨디셔닝 샴푸, 드라이 샴푸 등으로 분류한다.
- 외형상 투명 샴푸와 진주 광택을 가지는 펄 샴푸로 나눈다.

② 린스
- 음극으로 대전된 두발 표면에 린스의 주성분인 양이온성 계면활성제의 양극과 흡착되어 두발의 마찰계수를 낮추어 두발의 정전기 방지 및 빗질을 쉽게 한다.
- 대부분의 린스는 크림상으로 양이온성 계면활성제에 친유성 고급알코올(예: 세틸알코올 등), 유분 등을 첨가하여 유화시켜 제조
- 기능상으로 린스인샴푸, 컬러 린스, 헤어팩 등으로 구별할 수 있다.

9 퍼머넌트 웨이브

① 두발의 주요 구성 단백질은 케라틴이며, 케라틴 단백질의 세부 결합 형태에 따라 두발의 형태가 달라진다.

② 두발 케라틴 단백질 간의 공유 결합인 이황화결합(disulfide bond, -S-S-)을 환원제로 끊어 준 다음 원하는 두발의 모양을 틀을 이용하여 고정화하고, 산화제로 재결합시켜서 두발의 웨이브를 만들어 변형시키는 것을 퍼머넌트 웨이브라고 한다.

③ 제1제 환원제에 사용되는 주요 성분의 종류에 따라 치오글리콜릭애씨드 퍼머넌트웨이브, 시스테인 퍼머넌트웨이브, 티오락틱애씨드 퍼머넌트웨이브로 분류한다.

④ 사용 목적
- 산화 · 환원 반응을 통해 두발에 웨이브를 준다.
- 두발을 일정한 형으로 유지시켜 주기 위해 사용한다.

10 헤어스트레이트너

① 산화 · 환원 반응을 통해 곱슬머리를 직모로 펴주기 위해 사용한다.

② 헤어스트레이트너의 작용 원리는 퍼머넌트웨이브와 동일하며, 주로 티오글리콜릭애씨드 퍼머제와 동일하나 환원제 및 산화제의 제형이 크림 형태를 가진다.

04 기타

1 인체세정용 제품류

1) 폼클렌저

① 세안용 화장품은 주로 안면 피부 표면에 붙어있는 피지나 그 산화물, 죽은 각질, 외부 환경 오염물질의 부착, 화장품 잔여물 등의 제거를 목적으로 한다.

② 폼클렌저는 계면활성제 세안제에 화장비누와 같이 포함되는 유형으로 계면활성제에 유연제, 보습제, 정제수 등을 배합한 것으로 거품을 내어 사용한다.

③ 분류 : 계면활성제 세안제, 용제형 세안제

④ 세부 제형에 따라 거품 타입, 크림 타입, 로션 타입 등으로 구별할 수 있으며, 물리적 세정을 위하여 스크럽제를 배합한 유형도 있다.

2) 바디클렌저

① 주로 액체 상태나 겔 상태로 제형의 형태에 따라 세부적으로 나눌 수 있다.

② 사용 목적

- 피부에 부착된 오염물질을 제거하여 피부를 청결하게 유지한다.
- 신체의 향취 제거를 위해 사용하기도 한다.

3) 액체비누 및 화장비누

① 액체비누 : 손이나 얼굴의 청결을 위해 사용되는 것으로 액상의 형태를 띤 제품

② 화장비누 : 얼굴 등을 깨끗이 할 용도로 제작된 고체의 형태를 띤 제품

4) 외음부 세정제

① 세부 유형 : 제형 형태 및 성상에 따라 액상형, 거품 타입, 티슈 타입 등으로 다양하게 분류한다.

② 사용 목적 : 외음부의 세정 · 청결을 위해 사용

2 향수

① 착향제가 주체인 화장품으로 일반적으로 액상의 유형을 가진다.

② 제품 내 착향제의 함유량(부향률)에 따라 퍼퓸, 오드퍼퓸, 오드뜨왈렛, 오드코롱, 샤워코롱으로 분류한다.

- 성상에 따라 액상, 고체상, 방향 파우더 등으로 분류
- 착향제의 휘발성으로 인해 신체에 뿌린 후 시간이 지나면서 향이 변화하는데, 향이 나는 시간대에 따라 탑 노트, 미들 노트, 라스팅 노트로 분류

③ 사용 목적

- 인체에 좋은 냄새가 나는 효과를 줌
- 제품의 매력을 높이는 역할. 원치 않은 냄새를 향수로 마스킹(masking)하는 역할

④ 향수의 종류

종류	특징
분말향	• 분말 형태의 방향용 제품 • 인체에 좋은 냄새가 나는 효과를 줌
향낭	• 주머니에 향을 넣는 제품 형태 • 향을 넣어 신체에 차는 주머니로 좋은 냄새가 나는 효과를 줌
콜롱	• 향수의 세부 종류 중 부향률이 비교적 적은 제품 유형 • 비교적 단시간 동안 인체에 방향 효과를 주기 위해 사용 • 인체에 좋은 냄새가 나는 효과를 줌

3 눈화장용 제품

① 색채 효과로 눈 주위 및 눈의 윤곽을 선명하게 하고 아름답게 한다.
② 속눈썹을 진하고 길게 하며 컬을 주어 눈가를 아름답게 한다.
③ 눈썹을 진하게 하여 얼굴 이미지에 변화를 주고 아름답게 한다.
④ 눈 화장을 지워준다.
⑤ 눈화장용 제품의 종류

종류	특징
아이라이너	• 아이라이너는 제형상 액상과 고형으로 분류 • 액상은 수성 타입과 유성 타입으로 세분화할 수 있으며, 고형상은 케이크 타입과 펜슬 타입으로 세분화할 수 있음
마스카라	• 유성 타입과 유화 타입으로 분류 • 유성 타입은 휘발성 오일에 색재와 왁스 성분 및 필름형성제 성분을 분산시킨 것 • 유화 타입은 일반적으로 O/W 타입으로 색재 및 필름형성제 성분을 유화 분산시킨 형태 • 기능적으로 롱래쉬(속눈썹을 길게 보이게 유도) 타입과 볼륨(속눈썹이 두껍고 진하게 보이게 유도) 타입, 컬(속눈썹의 컬을 유지 및 고정) 타입, 워터프루프 타입으로 나눌 수 있음
아이섀도	• 무기안료, 유기안료, 펄제를 색재로 사용하며, 제형에 따라 고형 타입과 크림 타입으로 분류 • 고형 타입 : 분말 고형 타입, 유성 스틱 타입, 펜슬 타입 • 크림 타입 : 유성 타입, 유화형 타입
아이브로우 펜슬	• 펜슬 타입이 많이 사용되나 고형 파우더 타입의 아이브로우도 존재함 • 일반적으로 펜슬 타입은 고형과 액상의 유분에 안료를 첨가 및 반죽하여 성형하여 제조

▶ 눈화장용 제품의 사용 목적
- 색채 효과로 눈 주위를 아름답게 함
- 눈의 윤곽을 선명하게 하고 아름답게 함
- 속눈썹을 진하고 길게 하며 컬을 주어 눈가를 아름답게 함
- 눈썹을 진하게 하여 얼굴 이미지에 변화를 주고 아름답게 함
- 눈 화장을 지워줌

05 판매 가능한 맞춤형화장품 구성

▶ 맞춤형화장품의 범위
- 내용물 + 내용물 = 가능
- 내용물 + 원료 = 가능
- 원료 + 원료 = 불가능

※ 원료와 원료를 혼합하는 것은 맞춤형화장품의 혼합이 아닌 '화장품 제조'에 해당한다.

1 맞춤형화장품의 범위

① 제조 또는 수입된 화장품의 내용물을 소분한 화장품(고형 비누를 단순 소분한 것은 제외)

② 제조 또는 수입된 화장품의 내용물에 다른 화장품의 내용물이나 식품의약품안전처장이 정하는 원료를 추가하여 혼합한 화장품

구분	맞춤형화장품판매업의 영업 범위
혼합	내용물(벌크제품) + 내용물(벌크제품)
	내용물(벌크제품) + 특정 성분(단일 원료 또는 혼합원료)
소분	내용물(벌크제품) ÷ 소분

2 내용물의 범위

① 맞춤형화장품의 혼합 · 소분에 사용할 목적이다. 화장품책임판매업자로부터 제공받은 것으로 다음 항목에 해당하지 않는 것이어야 한다.

- 화장품책임판매업자가 소비자에게 그대로 유통 · 판매할 목적으로 제조 또는 수입한 화장품
- 판매의 목적이 아닌 제품의 홍보 · 판매촉진 등을 위하여 미리 소비자가 시험 · 사용하도록 제조 또는 수입한 화장품

3 원료의 범위

맞춤형화장품의 혼합에 사용할 수 없는 원료를 다음과 같이 정하고 있으며 그 외의 원료는 혼합에 사용 가능하다.

▶ 화장품 안전기준(화장품법 제8조)
① 식품의약품안전처장은 화장품의 제조 등에 사용할 수 없는 원료를 지정하여 고시하여야 한다.
② 식품의약품안전처장은 보존제, 색소, 자외선차단제 등과 같이 특별히 사용상의 제한이 필요한 원료에 대하여는 그 사용기준을 지정하여 고시하여야 하며, 사용기준이 지정 · 고시된 원료 외의 보존제, 색소, 자외선차단제 등은 사용할 수 없다.

①「화장품 안전기준 등에 관한 규정」[별표 1]의 '화장품에 사용할 수 없는 원료'

②「화장품 안전기준 등에 관한 규정」[별표 2]의 '화장품에 사용상의 제한이 필요한 원료'

③ 식품의약품안전처장이 고시한 기능성화장품의 효능 · 효과를 나타내는 원료(다만, 맞춤형화장품판매업자에게 원료를 공급하는 화장품책임판매업자가 화장품법 제4조에 따라 해당 원료를 포함하여 기능성화장품에 대한 심사를 받거나 보고서를 제출한 경우는 제외한다)

▶ 예외
- 원료의 품질 유지를 위해 원료에 보존제가 포함된 경우에는 예외적으로 허용
- 원료의 경우 개인 맞춤형으로 추가되는 색소, 향, 기능성 원료 등이 해당되며 이를 위한 원료의 조합(혼합 원료)도 허용

Customized Cosmetics Preparation Manager

화장품 사용 제한 원료

[식약처 동영상 강의]

01 사용제한 원료의 종류 및 사용한도

화장품 안전기준 등에 관한 규정 [별표 2]의 원료 외의 보존제, 자외선 차단제 등은 사용할 수 없다.

[별표 2] 사용상의 제한이 필요한 원료 ★★★

1. 보존제 성분

원료명	사용한도	비고
글루타랄(펜탄-1,5-디알)	0.1%	에어로졸(스프레이에 한함) 제품에는 사용금지
데하이드로아세틱애씨드(3-아세틸-6-메칠피란-2,4(3H)-디온) 및 그 염류	데하이드로아세틱애씨드로서 0.6%	에어로졸(스프레이에 한함) 제품에는 사용금지
4,4-디메칠-1,3-옥사졸리딘(디메칠옥사졸리딘)	0.05% (다만, 제품의 pH는 6을 넘어야 함)	
디브로모헥사미딘 및 그 염류 (이세치오네이트 포함)	디브로모헥사미딘으로서 0.1%	
디아졸리디닐우레아 (N-(히드록시메칠)-N-(디히드록시메칠-1,3-디옥소-2,5-이미다졸리디닐-4)-N′-(히드록시메칠)우레아)	0.5%	
디엠디엠하이단토인 (1,3-비스(히드록시메칠)-5,5-디메칠이미다졸리딘-2,4-디온)	0.6%	
2, 4-디클로로벤질알코올	0.15%	
3, 4-디클로로벤질알코올	0.15%	
메칠이소치아졸리논 기출(21-4회)	사용 후 씻어내는 제품에 0.0015% (단, 메칠클로로이소치아졸리논과 메칠이소치아졸리논 혼합물과 병행 사용 금지)	기타 제품에는 사용금지
메칠클로로이소치아졸리논과 메칠이소치아졸리논 혼합물 (염화마그네슘과 질산마그네슘 포함)	사용 후 씻어내는 제품에 0.0015% (메칠클로로이소치아졸리논 : 메칠이소치아졸리논 = 3:1 혼합물로서)	기타 제품에는 사용금지
메텐아민(헥사메칠렌테트라아민)	0.15%	
무기설파이트 및 하이드로젠설파이트류	유리 SO_2로 0.2%	
벤잘코늄클로라이드, 브로마이드 및 사카리네이트	• 사용 후 씻어내는 제품에 벤잘코늄클로라이드로서 0.1% • 기타 제품에 벤잘코늄클로라이드로서 0.05%	

원료명	사용한도	비고
벤제토늄클로라이드	0.1%	점막에 사용되는 제품에는 사용금지
벤조익애씨드, 그 염류 및 에스텔류	산으로서 0.5% (다만, 벤조익애씨드 및 그 소듐염은 사용 후 씻어내는 제품에는 산으로서 2.5%)	
벤질알코올	1.0% (다만, 두발 염색용 제품류에 용제로 사용할 경우에는 10%)	
벤질헤미포름알	사용 후 씻어내는 제품에 0.15%	기타 목적에는 사용금지
보레이트류(소듐보레이트, 테트라보레이트)	밀납, 백납의 유화의 목적으로 사용 시 0.76% (이 경우, 밀납 · 백납 배합량의 1/2을 초과할 수 없음)	기타 제품에는 사용금지
5-브로모-5-나이트로-1,3-디옥산	사용 후 씻어내는 제품에 0.1% (다만, 아민류나 아마이드류를 함유하고 있는 제품에는 사용금지)	기타 제품에는 사용금지
2-브로모-2-나이트로프로판-1,3-디올(브로노폴)	0.1%	아민류나 아마이드류를 함유하고 있는 제품에는 사용금지
브로모클로로펜 (6,6-디브로모-4,4-디클로로-2,2'-메칠렌-디페놀)	0.1%	
비페닐-2-올(O-페닐페놀) 및 그 염류	페놀로서 0.15%	
살리실릭애씨드 및 그 염류	살리실릭애씨드로서 0.5%	영유아용 제품류 또는 만 13세 이하 어린이가 사용할 수 있음을 특정하여 표시하는 제품에는 사용금지 (샴푸 제외)
세틸피리디늄클로라이드 **기출**(21-3회)	0.08%	
소듐라우로일사코시네이트	사용 후 씻어내는 제품에 허용	기타 제품에는 사용금지
소듐아이오데이트	사용 후 씻어내는 제품에 0.1%	기타 제품에는 사용금지
소듐하이드록시메칠아미노아세테이트 (소듐하이드록시메칠글리시네이트)	0.5%	
소르빅애씨드(헥사-2,4-디에노익 애씨드) 및 그 염류	소르빅애씨드로서 0.6%	
아이오도프로피닐부틸카바메이트 (아이피비씨) **기출**(21-4회)	• 사용 후 씻어내는 제품에 0.02% • 사용 후 씻어내지 않는 제품에 0.01% • 다만, 데오드란트에 배합할 경우에는 0.0075%	• 입술에 사용되는 제품, 에어로졸(스프레이에 한함) 제품, 바디로션 및 바디크림에는 사용금지 • 영유아용 제품류 또는 만 13세 이하 어린이가 사용할 수 있음을 특정하여 표시하는 제품에는 사용금지(목욕용제품, 샤워젤류 및 샴푸류는 제외)
알킬이소퀴놀리늄브로마이드	사용 후 씻어내지 않는 제품에 0.05%	
알킬(C_{12}-C_{22})트리메칠암모늄 브로마이드 및 클로라이드 (브롬화세트리모늄 포함)	두발용 제품류를 제외한 화장품에 0.1%	
에칠라우로일알지네이트 하이드로클로라이드	0.4%	입술에 사용되는 제품 및 에어로졸(스프레이에 한함) 제품에는 사용금지
엠디엠하이단토인	0.2%	
알킬디아미노에칠글라이신하이드로클로라이드용액(30%)	0.3%	
운데실레닉애씨드 및 그 염류 및 모노에탄올아마이드	사용 후 씻어내는 제품에 산으로서 0.2%	기타 제품에는 사용금지
이미다졸리디닐우레아(3,3'-비스(1-하이드록시메칠-2,5-디옥소이미다졸리딘-4-일)-1,1'메칠렌디우레아)	0.6%	
이소프로필메칠페놀(이소프로필크레졸, O-시멘-5-올)	0.1%	
기출(21-4회) 징크피리치온	사용 후 씻어내는 제품에 0.5%	기타 제품에는 사용금지
쿼터늄-15(메텐아민 3-클로로알릴클로라이드)	0.2%	

기출(21-3회)

원료명	사용한도	비고
클로로부탄올	0.5%	에어로졸(스프레이에 한함) 제품에는 사용금지
클로로자이레놀	0.5%	
p-클로로-m-크레졸	0.04%	점막에 사용되는 제품에는 사용금지
클로로펜(2-벤질-4-클로로페놀)	0.05%	
클로페네신(3-(p-클로로페녹시)-프로판-1,2-디올)	0.3%	
클로헥시딘, 그 디글루코네이트, 디아세테이트 및 디하이드로클로라이드	• 점막에 사용하지 않고 씻어내는 제품에 클로헥시딘으로서 0.1% • 기타 제품에 클로헥시딘으로서 0.05%	
클림바졸[1-(4-클로로페녹시)-1-(1H-이미다졸릴)-3,3-디메칠-2-부타논]	두발용 제품에 0.5%	기타 제품에는 사용금지
테트라브로모-o-크레졸	0.3%	
트리클로산	사용 후 씻어내는 인체세정용 제품류, 데오도런트(스프레이 제품 제외), 페이스파우더, 피부결점을 감추기 위해 국소적으로 사용하는 파운데이션(예 블레미쉬컨실러)에 0.3%	기타 제품에는 사용금지
트리클로카반(트리클로카바닐리드)	0.2% (다만, 원료 중 3,3',4,4'-테트라클로로아조벤젠 1ppm 미만, 3,3',4,4'-테트라클로로아족시벤젠 1ppm 미만 함유하여야 함)	
페녹시에탄올	1%	
페녹시이소프로판올(1-페녹시프로판-2-올)	사용 후 씻어내는 제품에 1.0%	기타 제품에는 사용금지
포믹애씨드 및 소듐포메이트	포믹애씨드로서 0.5%	
폴리(1-헥사메칠렌바이구아니드)에이치씨엘	0.05%	에어로졸(스프레이에 한함) 제품에는 사용금지
프로피오닉애씨드 및 그 염류	프로피오닉애씨드로서 0.9%	
피록톤올아민(1-하이드록시-4-메칠-6(2,4,4-트리메칠펜틸)2-피리돈 및 그 모노에탄올아민염)	사용 후 씻어내는 제품에 1.0%, 기타 제품에 0.5%	
피리딘-2-올 1-옥사이드	0.5%	
p-하이드록시벤조익애씨드, 그 염류 및 에스텔류 (다만, 에스텔류 중 페닐은 제외)	• 단일성분일 경우 0.4%(산으로서) • 혼합사용의 경우 0.8%(산으로서)	
헥세티딘	사용 후 씻어내는 제품에 0.1%	기타 제품에는 사용금지
헥사미딘(1,6-디(4-아미디노페녹시)-n-헥산) 및 그 염류 (이세치오네이트 및 p-하이드록시벤조에이트)	헥사미딘으로서 0.1%	

※ 염류의 예 : 소듐, 포타슘, 칼슘, 마그네슘, 암모늄, 에탄올아민, 클로라이드, 브로마이드, 설페이트, 아세테이트, 베타인 등
※ 에스텔류의 예 : 메칠, 에칠, 프로필, 이소프로필, 부틸, 이소부틸, 페닐 **기출(20-1회)**

2. 자외선 차단성분

원료명	사용한도
드로메트리졸트리실록산	15%
드로메트리졸	1.0%
디갈로일트리올리에이트	5%
디소듐페닐디벤즈이미다졸테트라설포네이트	산으로서 10%
디에칠헥실부타미도트리아존	10%

원료명	사용한도
디에칠아미노하이드록시벤조일헥실벤조에이트	10%
로우손과 디하이드록시아세톤의 혼합물	로우손 0.25%, 디하이드록시아세톤 3%
메칠렌비스-벤조트리아졸릴테트라메칠부틸페놀	10%
4-메칠벤질리덴캠퍼	4%
멘틸안트라닐레이트	5%
벤조페논-3(옥시벤존)	5%
벤조페논-4	5%
벤조페논-8(디옥시벤존)	3%
부틸메톡시디벤조일메탄	5%
비스에칠헥실옥시페놀메톡시페닐트리아진	10%
시녹세이트	5%
에칠디하이드록시프로필파바	5%
옥토크릴렌	10%
에칠헥실디메칠파바	8%
에칠헥실메톡시신나메이트	7.5%
에칠헥실살리실레이트	5%
에칠헥실트리아존	5%
이소아밀-p-메톡시신나메이트	10%
폴리실리콘-15(디메치코디에칠벤잘말로네이트)	10%
징크옥사이드	25%
테레프탈릴리덴디캠퍼설포닉애씨드 및 그 염류	산으로서 10%
티이에이-살리실레이트	12%
티타늄디옥사이드	25%
페닐벤즈이미다졸설포닉애씨드	4%
호모살레이트	10%

※ 다만, 제품의 변색방지를 목적으로 그 사용농도가 0.5% 미만인 것은 자외선 차단 제품으로 인정하지 아니한다.

※ 염류 : 양이온염으로 소듐, 포타슘, 칼슘, 마그네슘, 암모늄 및 에탄올아민, 음이온염으로 클로라이드, 브로마이드, 설페이트, 아세테이트

3. 염모제 성분 기출(20-2회)

원료명	사용할 때 농도상한(%)	비고
p-니트로-o-페닐렌디아민	산화형 염모제에 1.5 %	기타 제품에는 사용금지
니트로-p-페닐렌디아민	산화형 염모제에 3.0 %	기타 제품에는 사용금지
2-메칠-5-하이드록시에칠아미노페놀	산화형 염모제에 0.5 %	기타 제품에는 사용금지
2-아미노-4-니트로페놀	산화형 염모제에 2.5 %	기타 제품에는 사용금지
2-아미노-5-니트로페놀	산화형 염모제에 1.5 %	기타 제품에는 사용금지
2-아미노-3-히드록시피리딘	산화염모제에 1.0%	기타 제품에는 사용금지
4-아미노-m-크레솔	산화염모제에 1.5%	기타 제품에는 사용금지
5-아미노-o-크레솔	산화형 염모제에 1.0 %	기타 제품에는 사용금지
5-아미노-6-클로로-o-크레솔	산화염모제에 1.0%, 비산화염모제에 0.5%	기타 제품에는 사용금지

원료명	사용할 때 농도상한(%)	비고
m-아미노페놀	산화형 염모제에 2.0 %	기타 제품에는 사용금지
o-아미노페놀	산화형 염모제에 3.0 %	기타 제품에는 사용금지
p-아미노페놀	산화형 염모제에 0.9 %	기타 제품에는 사용금지
염산 2,4-디아미노페녹시에탄올	산화형 염모제에 0.5 %	기타 제품에는 사용금지
염산 톨루엔-2,5-디아민	산화형 염모제에 3.2 %	기타 제품에는 사용금지
염산 m-페닐렌디아민	산화형 염모제에 0.5 %	기타 제품에는 사용금지
염산 p-페닐렌디아민	산화형 염모제에 3.3 %	기타 제품에는 사용금지
염산 히드록시프로필비스 (N-히드록시에칠-p-페닐렌디아민)	산화염모제에 0.4%	기타 제품에는 사용금지
톨루엔-2,5-디아민	산화형 염모제에 2.0 %	기타 제품에는 사용금지
m-페닐렌디아민	산화형 염모제에 1.0 %	기타 제품에는 사용금지
p-페닐렌디아민	산화형 염모제에 2.0 %	기타 제품에는 사용금지
N-페닐-p-페닐렌디아민 및 그 염류	산화염모제에 N-페닐-p-페닐렌디아민으로서 2.0 %	기타 제품에는 사용금지
피크라민산	산화형 염모제에 0.6 %	기타 제품에는 사용금지
황산 p-니트로-o-페닐렌디아민	산화형 염모제에 2.0 %	기타 제품에는 사용금지
p-메칠아미노페놀 및 그 염류	산화형 염모제에 황산염으로서 0.68%	기타 제품에는 사용금지
황산 5-아미노-o-크레솔	산화형 염모제에 4.5 %	기타 제품에는 사용금지
황산 m-아미노페놀	산화형 염모제에 2.0 %	기타 제품에는 사용금지
황산 o-아미노페놀	산화형 염모제에 3.0 %	기타 제품에는 사용금지
황산 p-아미노페놀	산화형 염모제에 1.3 %	기타 제품에는 사용금지
황산 톨루엔-2,5-디아민	산화형 염모제에 3.6 %	기타 제품에는 사용금지
황산 m-페닐렌디아민	산화형 염모제에 3.0 %	기타 제품에는 사용금지
황산 p-페닐렌디아민	산화형 염모제에 3.8 %	기타 제품에는 사용금지
황산 N,N-비스(2-히드록시에칠)-p-페닐렌디아민 산화염모제에 2.9 %	산화염모제에 2.9 %	기타 제품에는 사용금지
2,6-디아미노피리딘	산화형 염모제에 0.15 %	기타 제품에는 사용금지
염산 2,4-디아미노페놀	산화형 염모제에 0.5 %	기타 제품에는 사용금지
1,5-디히드록시나프탈렌	산화형 염모제에 0.5 %	기타 제품에는 사용금지
피크라민산 나트륨	산화형 염모제에 0.6 %	기타 제품에는 사용금지
황산 2-아미노-5-니트로페놀	산화형 염모제에 1.5 %	기타 제품에는 사용금지
황산 o-클로로-p-페닐렌디아민	산화형 염모제에 1.5 %	기타 제품에는 사용금지
황산 1-히드록시에칠-4,5-디아미노피라졸	산화염모제에 3.0 %	기타 제품에는 사용금지
히드록시벤조모르포린	산화염모제에 1.0 %	기타 제품에는 사용금지
6-히드록시인돌	산화염모제에 0.5 %	기타 제품에는 사용금지
1-나프톨(α-나프톨)	산화형 염모제에 2.0 %	기타 제품에는 사용금지
레조시놀	산화형 염모제에 2.0 %	—
2-메칠레조시놀	산화형 염모제에 0.5 %	기타 제품에는 사용금지
몰식자산	산화형 염모제에 4.0 %	—
카테콜(피로카테콜)	산화형 염모제에 1.5 %	—
피로갈롤	염모제에 2.0 %	기타 제품에는 사용금지
과붕산나트륨, 과붕산나트륨일수화물, 과산화수소수, 과탄산나트륨	염모제(탈염 · 탈색 포함)에서 과산화수소로서 12.0 %	—

4. 기타

원료명	사용한도	비고
감광소 • 감광소 101호(플라토닌) • 감광소 201호(쿼터늄-73) • 감광소 301호(쿼터늄-51) • 감광소 401호(쿼터늄-45) • 기타의 감광소 의 합계량	0.002%	
건강틴크 칸타리스틴크 고추틴크 의 합계량	1%	
과산화수소 및 과산화수소 생성물질	• 두발용 제품류에 과산화수소로서 3% • 손톱경화용 제품에 과산화수소로서 2%	기타 제품에는 사용금지
글라이옥살	0.01%	
α-다마스콘(시스-로즈 케톤-1)	0.02%	
디아미노피리미딘옥사이드 (2,4-디아미노-피리미딘-3-옥사이드)	두발용 제품류에 1.5%	기타 제품에는 사용금지
땅콩오일, 추출물 및 유도체 기출(21-3회)		원료 중 땅콩 단백질의 최대 농도는 0.5ppm을 초과하지 않아야 함
라우레스-8, 9 및 10	2%	
레조시놀	• 산화형 염모제에 용법 · 용량에 따른 혼합물의 염모 성분으로서 2.0% • 기타제품에 0.1%	
로즈 케톤-3	0.02%	
로즈 케톤-4	0.02%	
로즈 케톤-5	0.02%	
시스-로즈 케톤-2	0.02%	
트랜스-로즈 케톤-1	0.02%	
트랜스-로즈 케톤-2	0.02%	
트랜스-로즈 케톤-3	0.02%	
트랜스-로즈 케톤-5	0.02%	
리튬하이드록사이드	• 헤어스트레이트너 제품에 4.5% • 제모제에서 pH조정 목적으로 사용되는 경우 최종 제품의 pH는 12.7이하	기타 제품에는 사용금지
머스크자일렌	• 향수류 – 향료원액을 8% 초과하여 함유하는 제품에 1.0% – 향료원액을 8% 이하로 함유하는 제품에 0.4% • 기타 제품에 0.03%	
만수국꽃 추출물 또는 오일	• 사용 후 씻어내는 제품에 0.1% • 사용 후 씻어내지 않는 제품에 0.01% • 원료 중 알파 테르티에닐(테르티오펜) 함량은 0.35% 이하 • 자외선 차단제품 또는 자외선을 이용한 태닝(천연 또는 인공)을 목적으로 하는 제품에는 사용금지 • 만수국아재비꽃 추출물 또는 오일과 혼합 사용 시 '사용 후 씻어내는 제품'에 0.1%, '사용 후 씻어내지 않는 제품'에 0.01%를 초과하지 않아야 함	

원료명	사용한도	비고
머스크케톤	• 향수류 – 향료원액을 8% 초과하여 함유하는 제품 1.4% – 향료원액을 8% 이하로 함유하는 제품 0.56% • 기타 제품에 0.042%	
3-메칠논-2-엔니트릴	0.2%	
메칠 2-옥티노에이트(메칠헵틴카보네이트)	0.01% (메칠옥틴카보네이트와 병용 시 최종제품에서 두 성분의 합은 0.01%, 메칠옥틴카보네이트는 0.002%)	
메칠옥틴카보네이트(메칠논-2-이노에이트)	0.002% (메칠 2-옥티노에이트와 병용 시 최종제품에서 두 성분의 합이 0.01%)	
p-메칠하이드로신나믹알데하이드	0.2%	
메칠헵타디에논	0.002%	
메톡시디시클로펜타디엔카르복스알데하이드	0.5%	
무기설파이트 및 하이드로젠설파이트류	산화염모제에서 유리 SO_2로 0.67%	기타 제품에는 사용금지
베헨트리모늄 클로라이드 **기출**(20-2회)	(단일성분 또는 세트리모늄 클로라이드, 스테아트리모늄클로라이드와 혼합사용의 합으로서) • 사용 후 씻어내는 두발용 제품류 및 두발 염색용 제품류에 5.0% • 사용 후 씻어내지 않는 두발용 제품류 및 두발 염색용 제품류에 3.0%	세트리모늄 클로라이드 또는 스테아트리모늄 클로라이드와 혼합 사용하는 경우 세트리모늄 클로라이드 및 스테아트리모늄 클로라이드의 합은 '사용 후 씻어내지 않는 두발용 제품류'에 1.0% 이하, '사용 후 씻어내는 두발용 제품류 및 두발 염색용 제품류'에 2.5% 이하여야 함)
4-tert-부틸디하이드로신남알데하이드	0.6%	
1,3-비스(하이드록시메칠)이미다졸리딘-2-치온	두발용 제품류 및 손발톱용 제품류에 2% (다만, 에어로졸(스프레이에 한함) 제품에는 사용금지)	기타 제품에는 사용금지
비타민E(토코페롤) **기출**(21-3회)	20%	
살리실릭애씨드 및 그 염류	• 인체세정용 제품류에 살리실릭애씨드로서 2% • 사용 후 씻어내는 두발용 제품류에 살리실릭애씨드로서 3%	• 영유아용 제품류 또는 만 13세 이하 어린이가 사용할 수 있음을 특정하여 표시하는 제품에는 사용금지(다만, 샴푸는 제외) • 기능성화장품의 유효성분으로 사용하는 경우에 한하며 기타 제품에는 사용금지
세트리모늄 클로라이드, 스테아트리모늄 클로라이드	(단일성분 또는 혼합사용의 합으로서) • 사용 후 씻어내는 두발용 제품류 및 두발용 염색용 제품류에 2.5% • 사용 후 씻어내지 않는 두발용 제품류 및 두발 염색용 제품류에 1.0%	
소듐나이트라이트	0.2%	2급, 3급 아민 또는 기타 니트로사민형성물질을 함유하고 있는 제품에는 사용금지
소합향나무(Liquidambar orientalis) 발삼오일 및 추출물	0.6% **기출**(21-3회)	
수용성 징크 염류(징크 4-하이드록시벤젠설포네이트와 징크피리치온 제외)	징크로서 1%	
알에이치(또는 에스에이치) 올리고펩타이드-1 (상피세포성장인자)	0.001%	

원료명	사용한도	비고
시스테인, 아세틸시스테인 및 그 염류	퍼머넌트웨이브용 제품에 시스테인으로서 3.0~7.5%(다만, 가온2욕식 퍼머넌트웨이브용 제품의 경우에는 시스테인으로서 1.5~5.5%, 안정제로서 치오글라이콜릭애씨드 1.0%를 배합할 수 있으며, 첨가하는 치오글라이콜릭애씨드의 양을 최대한 1.0%로 했을 때 주성분인 시스테인의 양은 6.5%를 초과할 수 없다)	
실버나이트레이트	속눈썹 및 눈썹 착색용도의 제품에 4%	기타 제품에는 사용금지
아밀비닐카르비닐아세테이트	0.3%	
아밀시클로펜테논	0.1%	
아세틸헥사메칠인단	사용 후 씻어내지 않는 제품에 2%	
아세틸헥사메칠테트라린	• 사용 후 씻어내지 않는 제품 0.1%(다만, 하이드로알콜성 제품에 배합할 경우 1%, 순수향료 제품에 배합할 경우 2.5%, 방향크림에 배합할 경우 0.5%) • 사용 후 씻어내는 제품 0.2%	
알에이치(또는 에스에이치) 올리고펩타이드-1(상피세포성장인자)	0.001%	
알란토인클로로하이드록시알루미늄(알클록사)	1%	
알릴헵틴카보네이트	0.002%	2-알키노익애씨드 에스텔(예 메칠헵틴카보네이트)을 함유하고 있는 제품에는 사용금지
알칼리금속의 염소산염	3%	
암모니아	6%	
에칠라우로일알지네이트 하이드로클로라이드	비듬 및 가려움을 덜어주고 씻어내는 제품(샴푸)에 0.8%	기타 제품에는 사용금지
에탄올 · 붕사 · 라우릴황산나트륨(4:1:1)혼합물	외음부세정제에 12%	기타 제품에는 사용금지
에티드로닉애씨드 및 그 염류(1-하이드록시에칠리덴-디-포스포닉애씨드 및 그 염류)	• 두발용 제품류 및 두발염색용 제품류에 산으로서 1.5% • 인체 세정용 제품류에 산으로서 0.2%	기타 제품에는 사용금지
오포파낙스	0.6%	
옥살릭애씨드, 그 에스텔류 및 알칼리 염류	두발용제품류에 5%	기타 제품에는 사용금지
우레아 기출(21-3회)	10%	
이소베르가메이트	0.1%	
이소사이클로제라니올	0.5%	
징크페놀설포네이트	사용 후 씻어내지 않는 제품에 2%	
징크피리치온	비듬 및 가려움을 덜어주고 씻어내는 제품(샴푸, 린스) 및 탈모증상의 완화에 도움을 주는 화장품에 총 징크피리치온으로서 1.0%	기타 제품에는 사용금지
치오글라이콜릭애씨드, 그 염류 및 에스텔류	• 퍼머넌트웨이브용 및 헤어스트레이트너 제품에 치오글라이콜릭애씨드로서 11% (다만, 가온2욕식 헤어스트레이트너 제품의 경우에는 치오글라이콜릭애씨드로서 5%, 치오글라이콜릭애씨드 및 그 염류를 주성분으로 하고 제1제 사용 시 조제하는 발열 2욕식 퍼머넌트웨이브용 제품의 경우 치오글라이콜릭애씨드로서 19%에 해당하는 양) • 제모용 제품에 치오글라이콜릭애씨드로서 5% • 염모제에 치오글라이콜릭애씨드로서 1% • 사용 후 씻어내는 두발용 제품류에 2%	기타 제품에는 사용금지

원료명	사용한도	비고
칼슘하이드록사이드	• 헤어스트레이트너 제품에 7% • 제모제에서 pH조정 목적으로 사용되는 경우 최종 제품의 pH는 12.7이하	기타 제품에는 사용금지
Commiphora erythrea engler var. *glabrescens* 검 추출물 및 오일	0.6%	
쿠민(Cuminum cyminum) 열매 오일 및 추출물	사용 후 씻어내지 않는 제품에 쿠민오일로서 0.4%	
퀴닌 및 그 염류	• 샴푸에 퀴닌염으로서 0.5% • 헤어로션에 퀴닌염으로서 0.2%	기타 제품에는 사용금지
클로라민T	0.2%	
톨루엔	손발톱용 제품류에 25%	기타 제품에는 사용금지
트리알킬아민, 트리알칸올아민 및 그 염류	사용 후 씻어내지 않는 제품에 2.5%	
트리클로산	사용 후 씻어내는 제품류에 0.3%	기능성화장품의 유효성분으로 사용하는 경우에 한하며 기타 제품에는 사용금지
트리클로카반(트리클로카바닐리드)	사용 후 씻어내는 제품류에 1.5%	기능성화장품의 유효성분으로 사용하는 경우에 한하며 기타 제품에는 사용금지
페릴알데하이드	0.1%	
페루발삼(Myroxylon pereirae의 수지) 추출물(extracts), 증류물(distillates)	0.4%	
포타슘하이드록사이드 또는 소듐하이드록사이드	• 손톱표피 용해 목적일 경우 5%, pH 조정 목적으로 사용되고 최종 제품이 제5조제5항에 pH기준이 정하여 있지 아니한 경우에도 최종 제품의 pH는 11이하 • 제모제에서 pH조정 목적으로 사용되는 경우 최종 제품의 pH는 12.7 이하	
폴리아크릴아마이드류	• 사용 후 씻어내지 않는 바디화장품에 잔류 아크릴아마이드로서 0.00001% • 기타 제품에 잔류 아크릴아마이드로서 0.00005%	
풍나무(Liquidambar styraciflua) 발삼오일 및 추출물	0.6%	
프로필리덴프탈라이드	0.01%	
하이드롤라이즈드밀단백질		원료 중 펩타이드의 최대 평균분자량은 3.5 kDa 이하이어야 함
트랜스-2-헥세날	0.002%	
2-헥실리덴사이클로펜타논	0.06%	

* 염류의 예 : 소듐, 포타슘, 칼슘, 마그네슘, 암모늄, 에탄올아민, 클로라이드, 브로마이드, 설페이트, 아세테이트, 베타인 등
* 에스텔류 : 메칠, 에칠, 프로필, 이소프로필, 부틸, 이소부틸, 페닐

▶ **영유아 또는 만 13세 이하 어린이에게는 사용할 수 없는 보존제** **기출**(20-2회)
살리실릭애씨드 및 그 염류, 아이오도프로피닐부틸카바메이트(아이피비씨)

▶ **이상적인 보존제 조건**

- 사용하기에 안전할 것
- 낮은 농도에서 다양한 균에 대한 효과를 나타낼 것
- 넓은 온도 및 pH 범위에서 안정하고, 장기적으로 효과가 지속될 것
- 제품의 물리적 성질에 영향을 미치지 않을 것
- 제품 내 다른 원료 및 포장 재료와 반응하지 않을 것
- 제품의 안정성, 색상, 향, 질감, 점도 등 외관적 특성에 영향을 미치지 않을 것
- 미생물이 존재하는 물 파트에서 충분한 농도를 유지할 수 있는 적절한 오일/물 분배계수를 가질 것
- 자연계에서 쉽게 분해되고, 분해산물에 독성이 없을 것
- 원료 수급이 용이하고, 가격이 저렴할 것

02 착향제 성분 중 알레르기 유발물질

1 착향제 성분 표시

기출(20-1회, 21-4회)

① 착향제는 "향료"로 표시할 수 있다. 다만, 착향제의 구성 성분 중 식품의약품안전처장이 정하여 고시한 알레르기 유발성분이 있는 경우에는 향료로 표시할 수 없고, 해당 성분의 명칭을 기재 · 표시해야 한다.

② 사용 후 씻어내는 제품에는 0.01% 초과, 사용 후 씻어내지 않는 제품에는 0.001% 초과 함유하는 경우에 한한다. (→이상(×))

기출(20-2회, 21-3회)

▶ **착향제의 구성성분 중 알레르기 유발성분 25종** ★★★

아밀신남알	벤질신나메이트	벤질알코올
파네솔	신나밀알코올	부틸페닐메틸프로피오날
시트랄	리날룰	유제놀
벤질벤조에이트	하이드록시시트로넬알	시트로넬올
아이소유제놀	헥실신남알	아밀신나밀알코올
리모넨	벤질살리실레이트	메틸 2-옥티노에이트
신남알	α-아이소메틸아이오논	쿠마린
참나무이끼추출물	제라니올	나무이끼추출물
아니스알코올		

2 표시·기재 관련 세부 지침

① 알레르기 유발성분의 표시 기준인 0.01%, 0.001%의 산출 방법

해당 알레르기 유발성분이 제품의 내용량에서 차지하는 함량의 비율로 계산

▶ ㉒ 사용 후 씻어내지 않는 바디로션(250g) 제품에 리모넨이 0.05g 포함 시, 0.05g÷250g×100 = 0.02% → 0.001% 초과하므로 표시 대상

② 알레르기 유발성분 표시 기준인 "사용 후 씻어내는 제품" 및 "사용 후 씻어내지 않는 제품"의 구분

"사용 후 씻어내는 제품"은 피부, 모발 등에 적용 후 씻어내는 과정이 필요한 제품을 말함(㉒ 샴푸, 린스 등)

③ 알레르기 유발성분 함량에 따른 표기 순서 : 알레르기 유발성분의 함량에 따른 표시 방법이나 순서를 별도로 정하고 있지는 않으나, 전성분 표시 방법 적용을 권장

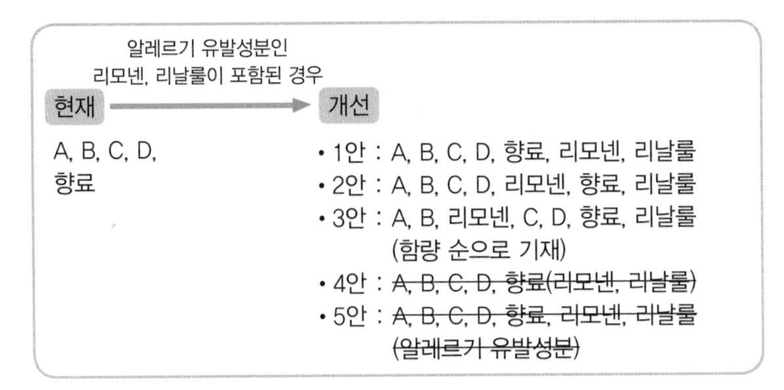

기출(21-4회)

▶ 1~3안은 가능하며, 4~5안은 소비자 오해 · 오인 우려로 불가함

④ 알레르기 유발성분임을 별도 표시 또는 "사용 시의 주의사항"에 기재 여부

- 향료에 포함된 알레르기 성분을 표시하도록 하는 것의 취지는 전성분에 표시된 성분 외에도 추가적으로 향료 성분에 대한 정보를 제공하여 알레르기가 있는 소비자의 안전을 확보하기 위한 것이다.
- 해당 25종에 대해 알레르기 유발성분임을 별도로 표시하면 해당 성분만 알레르기를 유발하는 것으로 소비자가 오인할 우려가 있어 부적절하다.

기출(21-4회)

▶ Note : 향료 중에 포함된 알레르기 유발성분의 표시는 '전성분 표시제'의 표시대상 범위를 확대한 것으로, '사용 시의 주의사항'에 기재될 사항은 아니다.

⑤ 내용량 10mL(g) 초과 50mL(g) 이하인 소용량 화장품의 경우 착향제 구성 성분 중 알레르기 유발성분 표시 여부

- 기존 규정과 동일하게 표시 · 기재를 위한 면적이 부족한 사유로 생략이 가능하나 해당 정보는 홈페이지 등에서 확인할 수 있도록 해야 한다.
- 소용량 화장품일지라도 표시 면적이 확보되는 경우에는 해당 알레르기 유발 성분을 표시하는 것을 권장한다.

⑥ 천연오일 또는 식물 추출물에 함유된 알레르기 유발성분의 표시 여부 : 식물의 꽃 · 잎 · 줄기 등에서 추출한 에센셜오일이나 추출물이 착향의 목적으로 사용되었거나 또는 해당 성분이 착향제의 특성이 있는 경우에는 알레르기 유발성분을 표시 · 기재하여야 한다.

⑦ 2019년(시행 전) 제조된 부자재로 2020년(부자재 유예기간) 제조한 화장품을 2021년(부자재 사용 경과조치 기간 종료 후)에 유통 · 판매 가능 여부

- 부자재 유예기간 종료 전에 기존 부자재를 사용하여 제조한 화장품은 그 화장품의 사용기한까지 유통 가능
- 다만 소비자 건강보호라는 동 제도의 취지를 고려할 때 오버레이블링 등을 통해 알레르기 유발 성분을 표시하여 유통하는 것을 권장

⑧ 책임판매업자 홈페이지, 온라인 판매처 사이트에 알레르기 유발성분 표시 여부

- 온라인 상에서도 전성분 표시사항에 향료 중 알레르기 유발성분을 표시하여야 한다.

• 다만, 기존 부자재 사용으로 실제 유통 중인 제품과 온라인 상의 향료 중 알레르기 유발성분의 표시사항에 차이가 나는 경우 "소비자 오해나 혼란이 없도록 유통 화장품의 표시사항과 온라인 상의 표시사항에 차이가 날 수 있음"을 안내하는 문구를 기재할 것을 권장

3 원료목록 보고 관련 세부 지침

① **원료목록 보고 시 알레르기 유발성분 정보 포함 여부** : 해당 알레르기 유발성분을 제품에 표시하는 경우 원료목록 보고에도 포함하여야 한다.

② **시행일 이전에 제조 · 수입되어 유통 중인 제품의 경우에도 원료목록에 알레르기 유발성분을 포함하여 보고해야 하는지 여부** : 알레르기 유발성분을 포함하여 기존 유통품의 표시 · 기재사항을 변경하고자 한다면 원료목록 보고 시에도 해당 성분을 포함하는 게 적절하다.

③ **알레르기 유발성분에 대한 증빙자료** : 책임판매업자는 알레르기 유발성분이 기재된 '제조증명서'나 '제품표준서'를 구비하여야 하며, 또는 알레르기 유발성분이 제품에 포함되어 있음을 입증하는 제조사에서 제공한 신뢰성 있는 자료(예: 시험성적서, 원료규격서 등)를 보관해야 한다.

Section 04

Customized Cosmetics Preparation Manager

화장품 관리

[식약처 동영상 강의]

01 화장품의 취급 및 보관 방법

1 공통사항

① 어린이의 손이 닿지 않는 곳에 보관할 것
② 직사광선을 피해서 보관할 것

2 체취 방지용 제품

(1) 불꽃길이시험에 의한 화염이 인지되지 않는 것으로서 가연성 가스를 사용하지 않는 제품

① 섭씨 40도 이상의 장소 또는 밀폐된 장소에 보관하지 말 것
② 사용 후 남은 가스가 없도록 하고 불 속에 버리지 말 것

(2) 가연성 가스를 사용하는 제품

① 불꽃을 향하여 사용하지 말 것
② 난로, 풍로 등 화기 부근 또는 화기를 사용하고 있는 실내에서 사용하지 말 것
③ 섭씨 40도 이상의 장소 또는 밀폐된 장소에서 보관하지 말 것
④ 밀폐된 실내에서 사용한 후에는 반드시 환기를 할 것
⑤ 불 속에 버리지 말 것

3 염모제

① 혼합한 염모액을 밀폐된 용기에 보존하지 말 것
② 혼합한 액의 잔액은 효과가 없으므로 잔액은 반드시 바로 버릴 것
③ 용기를 버릴 때는 반드시 뚜껑을 열어서 버릴 것
④ 사용 후 혼합하지 않은 액은 직사광선을 피하고 공기와 접촉을 피하여 서늘한 곳에 보관할 것

▶ 혼합한 액으로부터 발생하는 가스의 압력으로 용기가 파손될 염려가 있어 위험하며, 혼합한 염모액이 위로 튀어 오르거나 주변을 오염시키고 지워지지 않게 된다.

4 탈염·탈색제

① 혼합한 제품을 밀폐된 용기에 보존하지 말 것
② 혼합한 액의 잔액은 효과가 없으므로 잔액은 반드시 바로 버릴 것
③ 용기를 버릴 때는 반드시 뚜껑을 열어서 버릴 것

02 화장품의 사용 방법

1 일반적인 화장품 사용 방법

① 화장품 성분의 변질을 막고 2차 오염을 방지하기 위해 화장품 사용 전에는 손을 깨끗하게 씻은 후 사용한다.
② 먼지나 미생물이 유입될 우려가 있으므로 화장품 사용 후에는 뚜껑을 꼭 닫아준다.
③ 화장품을 여러 사람이 같이 쓰면 감염의 우려가 있으므로 같이 사용하지 않도록 한다.
④ 화장에 사용되는 도구는 위생관리에 주의한다.
⑤ 화장품에 기재된 사용법 및 주의사항을 준수한다.
⑥ 화장품에 기재된 보관방법을 준수한다.
⑦ 사용기한이 지난 화장품은 사용하지 않는다.

2 기초화장품 사용 방법

(1) 세안 화장품

① 땀, 피지, 각질, 메이크업 잔여물 등을 제거하기 위해 사용한다.
② 화장솜에 적당량의 세안제를 묻힌 후 포인트 메이크업을 가볍게 닦아낸다.
③ 클렌징 로션 등을 이용하여 얼굴을 가볍게 러빙하여 클렌징한다.

(2) 화장수

① 세안 후 피부를 유연하게 하고 각질층에 수분을 공급하여 메이크업 잔여물을 제거하여 피부를 청결하게 유지하기 위해 사용한다.
② 피부 타입에 맞는 화장수를 선택하여 적당량을 화장솜에 묻힌 후 피부 결 방향에 맞게 닦아낸다.

(3) 에센스

① 피부의 유 · 수분 밸런스를 조절하여 피부의 항상성을 유지시켜 주기 위해 사용한다.
② 적당한 타입의 에센스를 선택하여 피부에 흡수될 수 있도록 가볍게 두드려 준다.

(4) 크림

① 피부를 촉촉하게 하고 외부의 자극으로부터 피부를 보호하기 위해 사용한다.
② 사용 목적과 피부 타입에 맞는 크림을 스파출라로 적당량을 덜어 발라준다.

03 화장품 사용 시 주의사항 ★★★

1 공통사항

① 화장품 사용 시 또는 사용 후 직사광선에 의하여 사용부위가 붉은 반점, 부어오름 또는 가려움증 등의 이상 증상이나 부작용이 있는 경우 전문의 등과 상담할 것

② 상처가 있는 부위 등에는 사용을 자제할 것

③ 보관 및 취급 시의 주의사항
- 어린이의 손이 닿지 않는 곳에 보관할 것
- 직사광선을 피해서 보관할 것

2 개별사항

▶ 그 밖에 화장품의 안전정보와 관련하여 기재 · 표시하도록 화장품의 유형별 · 함유 성분별로 식품의약품안전처장이 정하여 고시하는 사용할 때의 주의사항

(1) 미세한 알갱이가 함유되어 있는 스크러브세안제

알갱이가 눈에 들어갔을 때에는 물로 씻어내고, 이상이 있는 경우에는 전문의와 상담할 것

(2) 팩

눈 주위를 피하여 사용할 것

(3) 두발용, 두발염색용 및 눈 화장용 제품류

눈에 들어갔을 때에는 즉시 씻어낼 것

(4) 모발용 샴푸

① 눈에 들어갔을 때에는 즉시 씻어낼 것

② 사용 후 물로 씻어내지 않으면 탈모 또는 탈색의 원인이 될 수 있으므로 주의할 것

(5) 퍼머넌트 웨이브 제품 및 헤어스트레이트너 제품

기출(20-1회, 21-3회)

① 두피 · 얼굴 · 눈 · 목 · 손 등에 약액이 묻지 않도록 유의하고, 얼굴 등에 약액이 묻었을 때에는 즉시 물로 씻어낼 것

② 특이체질, 생리 또는 출산 전후이거나 질환이 있는 사람 등은 사용을 피할 것

③ 머리카락의 손상 등을 피하기 위하여 용법 · 용량을 지켜야 하며, 가능하면 일부에 시험적으로 사용하여 볼 것

④ 섭씨 15도 이하의 어두운 장소에 보존하고, 색이 변하거나 침전된 경우에는 사용하지 말 것

⑤ 개봉한 제품은 7일 이내에 사용할 것(에어로졸 제품이나 사용 중 공기유입이 차단되는 용기는 표시하지 않는다)

⑥ 제2단계 퍼머액 중 그 주성분이 과산화수소인 제품은 검은 머리카락이 갈색으로 변할 수 있으므로 유의하여 사용할 것

(6) 외음부 세정제

기출(21-3회)

① 정해진 용법과 용량을 잘 지켜 사용할 것

② 만 3세 이하 영유아에게는 사용하지 말 것

③ 임신 중에는 사용하지 않는 것이 바람직하며, 분만 직전의 외음부 주위에는 사용하지 말 것

④ 프로필렌 글리콜(Propylene glycol)을 함유하고 있으므로 이 성분에 과민하거나 알레르기 병력이 있는 사람은 신중히 사용할 것(프로필렌 글리콜 함유제품만 표시한다)

(7) 손 · 발의 피부연화 제품(요소제제의 핸드크림 및 풋크림)

① 눈, 코 또는 입 등에 닿지 않도록 주의하여 사용할 것

② 프로필렌 글리콜을 함유하고 있으므로 이 성분에 과민하거나 알레르기 병력이 있는 사람은 신중히 사용할 것 (프로필렌 글리콜 함유제품만 표시)

(8) 체취 방지용 제품

털을 제거한 직후에는 사용하지 말 것

기출(21-4회)

(9) 고압가스를 사용하는 에어로졸 제품(무스의 경우 ①~④는 제외)

① 같은 부위에 연속해서 3초 이상 분사하지 말 것

② 가능하면 인체에서 20센티미터 이상 떨어져서 사용할 것

③ 눈 주위 또는 점막 등에 분사하지 말 것. 다만, 자외선 차단제의 경우 얼굴에 직접 분사하지 말고 손에 덜어 얼굴에 바를 것

④ 분사가스는 직접 흡입하지 않도록 주의할 것

⑤ 보관 및 취급상의 주의사항

㉠ 불꽃길이시험에 의한 화염이 인지되지 않는 것으로서 가연성 가스를 사용하지 않는 제품

- 섭씨 40도 이상의 장소 또는 밀폐된 장소에 보관하지 말 것
- 사용 후 남은 가스가 없도록 하고 불 속에 버리지 말 것

㉡ 가연성 가스를 사용하는 제품

- 불꽃을 향하여 사용하지 말 것
- 난로, 풍로 등 화기 부근 또는 화기를 사용하고 있는 실내에서 사용하지 말 것
- 섭씨 40도 이상의 장소 또는 밀폐된 장소에서 보관하지 말 것
- 밀폐된 실내에서 사용한 후에는 반드시 환기를 할 것
- 불 속에 버리지 말 것

기출(21-4회)

(10) 고압가스를 사용하지 않는 분무형 자외선 차단제 : 얼굴에 직접 분사하지 말고 손에 덜어 얼굴에 바를 것

기출(20-1회, 21-4회)

(11) 알파-하이드록시애시드(α-hydroxyacid, AHA) 함유제품

(0.5% 이하의 AHA가 함유된 제품 제외)

▶ AHA 성분
글라이콜릭애씨드, 락틱애씨드, 시트릭애씨드, 말릭애씨드, 타타릭애씨드, 만델릭애씨드

① 햇빛에 대한 피부의 감수성을 증가시킬 수 있으므로 자외선 차단제를 함께 사용할 것(씻어내는 제품 및 두발용 제품은 제외)

② 일부에 시험 사용하여 피부 이상을 확인할 것

기출(21-3회)

③ 고농도의 AHA 성분이 들어 있어 부작용이 발생할 우려가 있으므로 전문의 등에게 상담할 것(AHA 성분이 10%를 초과하여 함유되어 있거나 산도 3.5 미만인 제품만 표시)

(12) 염모제(산화염모제와 비산화염모제)

① 다음 분들은 사용하지 마십시오. 사용 후 피부나 신체가 과민상태로 되거나 피부이상반응(부종, 염증 등)이 일어나거나, 현재의 증상이 악화될 가능성이 있습니다.

- 지금까지 이 제품에 배합되어 있는 '과황산염'이 함유된 탈색제로 몸이 부은 경험이 있는 경우, 사용 중 또는 사용 직후에 구역, 구토 등 속이 좋지 않았던 분(이 내용은 '과황산염'이 배합된 염모제에만 표시한다)
- 지금까지 염모제를 사용할 때 피부이상반응(부종, 염증 등)이 있었거나, 염색 중 또는 염색 직후에 발진, 발적, 가려움 등이 있거나 구역, 구토 등 속이 좋지 않았던 경험이 있었던 분
- 피부시험(패취테스트, patch test)의 결과, 이상이 발생한 경험이 있는 분
- 두피, 얼굴, 목덜미에 부스럼, 상처, 피부병이 있는 분
- 생리 중, 임신 중 또는 임신할 가능성이 있는 분
- 출산 후, 병중, 병후의 회복 중인 분, 그 밖의 신체에 이상이 있는 분
- 특이체질, 신장질환, 혈액질환이 있는 분
- 미열, 권태감, 두근거림, 호흡곤란의 증상이 지속되거나 코피 등의 출혈이 잦고 생리, 그 밖에 출혈이 멈추기 어려운 증상이 있는 분
- 이 제품에 첨가제로 함유된 프로필렌글리콜에 의하여 알레르기를 일으킬 수 있으므로 이 성분에 과민하거나 알레르기 반응을 보였던 적이 있는 분은 사용 전에 의사 또는 약사와 상의하여 주십시오(프로필렌글리콜 함유 제제에만 표시한다)

② 염모제 사용 전 주의사항

㉠ 염색 전 2일 전(48시간 전)에는 다음의 순서에 따라 매회 반드시 패취테스트(patch test)를 실시하여 주십시오. 패취테스트는 염모제에 부작용이 있는 체질인지 아닌지를 조사하는 테스트입니다. 과거에 아무 이상이 없이 염색한 경우에도 체질의 변화에 따라 알레르기 등 부작용이 발생할 수 있으므로 매회 반드시 실시하여 주십시오. (패취테스트의 순서 (a)~(d)를 그림 등을 사용하여 알기 쉽게 표시하며, 필요 시 사용 상의 주의사항에 "별첨"으로 첨부할 수 있음)

(a) 먼저 팔의 안쪽 또는 귀 뒤쪽 머리카락이 난 주변의 피부를 비눗물로 잘 씻고 탈지면으로 가볍게 닦습니다.

(b) 다음에 이 제품 소량을 취해 정해진 용법대로 혼합하여 실험액을 준비합니다.

(c) 실험액을 앞서 세척한 부위에 동전 크기로 바르고 자연건조시킨 후 그대로 48시간 방치합니다.(시간을 잘 지킵니다)

(d) 테스트 부위의 관찰은 테스트액을 바른 후 30분 그리고 48시간 후 총 2회를 반드시 행하여 주십시오. 그 때 도포 부위에 발진, 발적, 가려움, 수포, 자극 등의 피부 등의 이상이 있는 경우에는 손 등으로 만지지 말고 바로 씻어내고 염모는 하지 말아 주십시오. 테스트 도중, 48시간 이전이라도 위와 같은 피부이상을 느낀 경우에는 바로 테스트를 중지하

▶ **패취테스트**
- 염모제에 부작용이 있는 체질인지 아닌지를 조사하는 테스트이다.
- 과거에 아무 이상이 없이 염색했더라도 체질 변화에 따라 알레르기 등 부작용이 발생할 수 있으므로 반드시 매회 실시한다.

▶ **패취테스트의 설명 표시**
패취테스트의 순서를 그림 등을 사용하여 알기 쉽게 표시하며, 필요 시 사용 상의 주의사항에 '별첨'으로 첨부할 수 있음

기출(21-4회)

고 테스트액을 씻어내고 염모는 하지 말아 주십시오.

(e) 48시간 이내에 이상이 발생하지 않는다면 바로 염모하여 주십시오.

㉡ 눈썹, 속눈썹 등은 위험하므로 사용하지 마십시오. 염모액이 눈에 들어갈 염려가 있습니다. 그 밖에 두발 이외에는 염색하지 말아 주십시오.

㉢ 면도 직후에는 염색하지 말아 주십시오.

㉣ 염모 전후 1주간은 파마 · 웨이브(퍼머넨트웨이브)를 하지 말아 주십시오.

③ 염모 시 주의사항

- 염모액 또는 머리를 감는 동안 그 액이 눈에 들어가지 않도록 하여 주십시오. 눈에 들어가면 심한 통증을 발생시키거나 경우에 따라서 눈에 손상(각막의 염증)을 입을 수 있습니다. 만일, 눈에 들어갔을 때는 절대로 손으로 비비지 말고 바로 물 또는 미지근한 물로 15분 이상 잘 씻어 주시고 곧바로 안과 전문의의 진찰을 받으십시오. 임의로 안약 등을 사용하지 마십시오.
- 염색 중에는 목욕을 하거나 염색 전에 머리를 적시거나 감지 말아 주십시오. 땀이나 물방울 등을 통해 염모액이 눈에 들어갈 염려가 있습니다.
- 염모 중에 발진, 발적, 부어오름, 가려움, 강한 자극감 등의 피부이상이나 구역, 구토 등의 이상을 느꼈을 때는 즉시 염색을 중지하고 염모액을 잘 씻어내 주십시오. 그대로 방치하면 증상이 악화될 수 있습니다.
- 염모액이 피부에 묻었을 때는 곧바로 물 등으로 씻어내 주십시오. 손가락이나 손톱을 보호하기 위하여 장갑을 끼고 염색하여 주십시오.
- 환기가 잘 되는 곳에서 염모하여 주십시오.

④ 염모 후의 주의사항

- 머리, 얼굴, 목덜미 등에 발진, 발적, 가려움, 수포, 자극 등 피부의 이상반응이 발생한 경우, 그 부위를 손으로 긁거나 문지르지 말고 바로 피부과 전문의의 진찰을 받으십시오. 임의로 의약품 등을 사용하는 것은 삼가 주십시오.
- 염모 중 또는 염모 후에 속이 안 좋아 지는 등 신체이상을 느끼는 분은 의사에게 상담하십시오.

⑤ 보관 및 취급상의 주의

- 혼합한 염모액을 밀폐된 용기에 보존하지 말아 주십시오. 혼합한 액으로부터 발생하는 가스의 압력으로 용기가 파손될 염려가 있어 위험합니다. 또한 혼합한 염모액이 위로 튀어 오르거나 주변을 오염시키고 지워지지 않게 됩니다. 혼합한 액의 잔액은 효과가 없으므로 잔액은 반드시 바로 버려 주십시오.
- 용기를 버릴 때는 반드시 뚜껑을 열어서 버려 주십시오.
- 사용 후 혼합하지 않은 액은 직사광선을 피하고 공기와 접촉을 피하여 서늘한 곳에 보관하여 주십시오.

(13) 탈염 · 탈색제

① 사용 주의 대상 : 사용 후 피부나 신체가 과민상태로 되거나 피부이상반응을 보이거나, 현재의 증상이 악화될 가능성이 있습니다.

- 두피, 얼굴, 목덜미에 부스럼, 상처, 피부병이 있는 분
- 생리 중, 임신 중 또는 임신할 가능성이 있는 분
- 출산 후, 병중이거나 또는 회복 중에 있는 분, 그 밖에 신체에 이상이 있는 분

② 사용 주의 대상

- 특이체질, 신장질환, 혈액질환 등의 병력이 있는 분은 피부과 전문의와 상의하여 사용하십시오.
- 이 제품에 첨가제로 함유된 프로필렌글리콜에 의하여 알레르기를 일으킬 수 있으므로 이 성분에 과민하거나 알레르기 반응을 보였던 적이 있는 분은 사용 전에 의사 또는 약사와 상의하여 주십시오.

③ 사용 전 주의사항

- 눈썹, 속눈썹에는 위험하므로 사용하지 마십시오. 제품이 눈에 들어갈 염려가 있습니다. 또한, 두발 이외의 부분(손발의 털 등)에는 사용하지 말아 주십시오. 피부에 부작용(피부이상반응, 염증 등)이 나타날 수 있습니다.
- 면도 직후에는 사용하지 말아 주십시오.
- 사용을 전후하여 1주일 사이에는 퍼머넌트웨이브 제품 및 헤어스트레이트너 제품을 사용하지 말아 주십시오.

④ 사용 시 주의사항

- 제품 또는 머리 감는 동안 제품이 눈에 들어가지 않도록 하여 주십시오. 만일 눈에 들어갔을 때는 절대로 손으로 비비지 말고 바로 물이나 미지근한 물로 15분 이상 씻어 흘려 내시고 곧바로 안과 전문의의 진찰을 받으십시오. 임의로 안약을 사용하는 것은 삼가 주십시오.
- 사용 중에 목욕을 하거나 사용 전에 머리를 적시거나 감지 말아 주십시오. 땀이나 물방울 등을 통해 제품이 눈에 들어갈 염려가 있습니다.
- 사용 중에 발진, 발적, 부어오름, 가려움, 강한 자극감 등 피부의 이상을 느끼면 즉시 사용을 중지하고 잘 씻어내 주십시오.
- 제품이 피부에 묻었을 때는 곧바로 물 등으로 씻어내 주십시오. 손가락이나 손톱을 보호하기 위하여 장갑을 끼고 사용하십시오.
- 환기가 잘 되는 곳에서 사용하여 주십시오.

⑤ 사용 후 주의

- 두피, 얼굴, 목덜미 등에 발진, 발적, 가려움, 수포, 자극 등 피부이상반응이 발생한 때에는 그 부위를 손 등으로 긁거나 문지르지 말고 바로 피부과 전문의의 진찰을 받아 주십시오. 임의로 의약품 등을 사용하는 것은 삼가 주십시오.
- 사용 중 또는 사용 후에 구역, 구토 등 신체에 이상을 느끼시는 분은 의사에게 상담하십시오.

⑥ 보관 및 취급상의 주의

- 혼합한 제품을 밀폐된 용기에 보존하지 말아 주십시오. 혼합한 제품으로부터 발생하는 가스의 압력으로 용기가 파열될 염려가 있어 위험합니다. 또한, 혼합한 제품이 위로 튀어 오르거나 주변을 오염시키고 지워지지 않게 됩니다. 혼합한 제품의 잔액은 효과가 없으므로 반드시 바로 버려 주십시오.
- 용기를 버릴 때는 뚜껑을 열어서 버려 주십시오.

(14) 제모제(치오글라이콜릭애씨드 함유 제품에만 표시함)

① 사용주의 대상

- 생리 전후, 산전, 산후, 병후의 환자
- 얼굴, 상처, 부스럼, 습진, 짓무름, 기타의 염증, 반점 또는 자극이 있는 피부
- 유사 제품에 부작용이 나타난 적이 있는 피부
- 약한 피부 또는 남성의 수염부위

기출(21-4회)

② 이 제품을 사용하는 동안 다음의 약이나 화장품을 사용하지 마십시오.

- 땀발생억제제(Antiperspirant), 향수, 수렴로션(Astringent Lotion)은 이 제품 사용 후 24시간 후에 사용하십시오.

③ 부종, 홍반, 가려움, 피부염(발진, 알레르기), 광과민반응, 중증의 화상 및 수포 등의 증상이 나타날 수 있으므로 이러한 경우 이 제품의 사용을 즉각 중지하고 의사 또는 약사와 상의하십시오.

④ 그 밖의 사용 시 주의사항

- 사용 중 따가운 느낌, 불쾌감, 자극이 발생할 경우 즉시 닦아내어 제거하고 찬물로 씻으며, 불쾌감이나 자극이 지속될 경우 의사 또는 약사와 상의하십시오.
- 자극감이 나타날 수 있으므로 매일 사용하지 마십시오.
- 이 제품의 사용 전후에 비누류를 사용하면 자극감이 나타날 수 있으므로 주의하십시오.
- 이 제품은 외용으로만 사용하십시오.
- 눈에 들어가지 않도록 하며 눈 또는 점막에 닿았을 경우 미지근한 물로 씻어내고 붕산수(농도 약 2%)로 헹구어 내십시오.
- 이 제품을 10분 이상 피부에 방치하거나 피부에서 건조시키지 마십시오.
- 제모에 필요한 시간은 모질(毛質)에 따라 차이가 있을 수 있으므로 정해진 시간 내에 모가 깨끗이 제거되지 않은 경우 2~3일의 간격을 두고 사용하십시오.

3 화장품의 함유 성분별 사용 시의 주의사항 표시 문구 ★★★

(화장품 사용 시의 주의사항 및 알레르기 유발성분 표시에 관한 규정)

대상 제품	표시 문구
기출(21-3회) 과산화수소 및 과산화수소 생성물질 함유 제품	눈에 접촉을 피하고 눈에 들어갔을 때는 즉시 씻어낼 것 기출(20-2회)
벤잘코늄클로라이드, 벤잘코늄브로마이드 및 벤잘코늄 사카리네이트 함유 제품	
실버나이트레이트 함유 제품	
스테아린산아연 함유 제품 (기초화장용 제품류 중 파우더 제품에 한함)	사용 시 흡입되지 않도록 주의할 것
살리실릭애씨드 및 그 염류 함유 제품 (샴푸 등 사용 후 바로 씻어내는 제품 제외)	만 3세 이하 어린이에게는 사용하지 말 것 기출(21-4회)
아이오도프로피닐부틸카바메이트(IPBC) 함유 제품 (목욕용제품, 샴푸류 및 바디클렌저 제외)	
기출(21-3회) 부틸파라벤, 프로필파라벤, 이소부틸파라벤, 또는 이소프로필파라벤 함유 제품(영 · 유아용 제품류 및 기초화장용 제품류(만 3세 이하 어린이가 사용하는 제품) 중 사용 후 씻어내지 않는 제품에 한함)	만 3세 이하 어린이의 기저귀가 닿는 부위에는 사용하지 말 것
알루미늄 및 그 염류 함유 제품 (체취방지용 제품류에 한함)	신장 질환이 있는 사람은 사용 전에 의사, 약사, 한의사와 상의할 것
알부틴 2% 이상 함유 제품 기출(20-2회)	알부틴은 「인체적용시험자료」에서 구진과 경미한 가려움이 보고된 예가 있음 기출(21-3회)
카민 함유 제품	카민 성분에 과민하거나 알레르기가 있는 사람은 신중히 사용할 것
코치닐추출물 함유 제품	코치닐추출물 성분에 과민하거나 알레르기가 있는 사람은 신중히 사용할 것 기출(21-3회)
포름알데하이드 0.05% 이상 검출된 제품 기출(20-1회)	포름알데하이드 성분에 과민한 사람은 신중히 사용할 것
폴리에톡실레이티드레틴아마이드 0.2% 이상 함유 제품	폴리에톡실레이티드레틴아마이드는 「인체적용시험자료」에서 경미한 발적, 피부건조, 화끈감, 가려움, 구진이 보고된 예가 있음

Section 05

Customized Cosmetics Preparation Manager

위해사례 판단 및 보고

[식약처 동영상 강의]

01 위해(危害) 평가

기출(21-3회)

① 식품의약품안전처장은 국내외에서 유해물질이 포함되어 있는 것으로 알려지는 등 국민보건상 위해 우려가 제기되는 화장품 원료 등의 경우에는 위해요소를 신속히 평가하여 그 위해 여부를 결정하여야 한다.

기출(20-1회)

▶ **화장품 원료 등의 위해평가**

㉠ 위해평가는 다음의 확인 · 결정 · 평가 · 결정 등의 과정을 거쳐 실시한다. ★★★
- 위해요소의 인체 내 독성을 확인하는 위험성 확인과정
- 위해요소의 인체노출 허용량을 산출하는 위험성 결정과정
- 위해요소가 인체에 노출된 양을 산출하는 노출 평가과정
- 위 결과를 종합하여 인체에 미치는 위해 영향을 판단하는 위해도 결정과정

㉡ 식품의약품안전처장은 평가 결과를 근거로 식품의약품안전처장이 정하는 기준에 따라 위해 여부를 결정한다.

㉢ 해당 화장품 원료 등에 대하여 국내외의 연구 · 검사기관에서 이미 위해평가를 실시하였거나 위해요소에 대한 과학적 시험 · 분석 자료가 있는 경우에는 그 자료를 근거로 위해 여부를 결정할 수 있다.

㉣ 위해평가의 기준, 방법 등에 관한 세부사항은 식품의약품안전처장이 정하여 고시한다.

② 위해평가가 완료되면 해당 원료를 화장품의 제조에 사용할 수 없는 원료로 지정하거나 그 사용기준을 지정하여야 한다.

기출(21-3회)

③ 지정 · 고시된 원료의 사용기준의 안전성을 정기적으로 검토 (검토 주기 : 5년)

└> 수시로(×)

④ 지정 · 고시된 원료의 사용기준은 변경 가능

⑤ 사용기준의 안전성 검토 시 사전에 안전성 검토 대상을 선정하여 실시

⑥ **사용기준 지정 · 고시 및 변경 신청**

화장품제조업자, 화장품책임판매업자 또는 대학 · 연구소 등 총리령으로 정하는 자는 지정 · 고시되지 아니한 원료의 사용기준을 지정 · 고시하거나 지정 · 고시된 원료의 사용기준을 변경하여 줄 것을 총리령으로 정하는 바에 따라 식품의약품안전처장에게 신청할 수 있다.

▶ **신청서류**
- 신청서
- 제출자료 전체의 요약본
- 원료의 기원, 개발 경위, 국내 · 외 사용기준 및 사용현황 등에 관한 자료
- 원료의 특성에 관한 자료
- 안전성 및 유효성에 관한 자료(유효성에 관한 자료는 해당하는 경우에만 제출한다)
- 원료의 기준 및 시험방법에 관한 시험성적서

⑦ **타당성 검토** : 식품의약품안전처장이 내용의 타당성 검토

타당성이 인정되는 경우	• 원료의 사용기준을 지정 · 고시하거나 변경 • 신청인에게 검토 결과 서면으로 통지
자료가 부적합한 경우	• 내용을 구체적으로 명시하여 신청인에게 보완 요청 • 추가 자료 제출 : 보완일부터 60일 이내 • 보완자료 제출기한 연장 요청 가능

⑧ **결과통지서 발송** : 식품의약품안전처장은 신청인이 자료를 제출한 날(자료가 보완 요청된 경우 신청인이 보완된 자료를 제출한 날)부터 180일 이내에 신청인에게 '원료 사용기준 지정(변경지정) 심사 결과통지서'를 보내야 한다.

02 위해평가의 방법

① **위험성 확인** : 위해요소에 노출됨에 따라 발생할 수 있는 독성의 정도와 영향의 종류 등을 파악한다.

② **위험성 결정** : 동물 실험결과, 동물대체 실험결과 등의 불확실성 등을 보정하여 인체노출 허용량을 결정한다.

③ **노출평가** : 화장품의 사용을 통하여 노출되는 위해요소의 양 또는 수준을 정량적 또는 정성적으로 산출한다.

㉠ 노출시나리오 작성

- 위험에 노출된 대상이 누구이며, 어떻게 노출되었는지에 대해 보다 명확한 판단을 하기 위해 노출시나리오를 설정하고 노출량을 평가
- 단일 또는 함께 사용할 경우의 인체노출량을 제품별 특성에 따라 경구, 피부노출 경로를 고려하여 시나리오 설정
- 인체피부노출량 계산 시에는 제품 사용 시 접촉할 수 있는 피부면적(예 입술, 손톱, 목 등)을 고려
- 유해성분의 오염도 자료는 제품의 종류, 제품사용량을 고려하여 노출량 산출

㉡ 노출시나리오 작성 시 고려사항

- 1일 사용횟수
- 1일 사용량 또는 1회 사용량
- 피부흡수율
- 소비자 유형(예 어린이)
- 제품접촉피부면적
- 적용방법(예 씻어내는 제품, 바르는 제품 등)

④ **위해도 결정** : 위해요소 및 이를 함유한 화장품의 사용에 따른 건강상영향, 인체노출 허용량 또는 수준 및 화장품 이외의 환경 등에 의하여 노출되는 위해요소의 양을 고려하여 사람에게 미칠 수 있는 위해의 정도와 발생빈도 등을 정량적 또는 정성적으로 예측한다.

▶ 안전역(安全域) : 화장품에 존재하는 위해요소의 최대무독성용량을 1일 인체노출량으로 나눈 값으로, 안전성을 판정하는 기준이다.

- 일반적으로 안전역이 100 이상이면 안전한 것으로 평가하며 이는 동물과 사람간의 종간 차이 계수 10과 사람 개인 간 차이를 나타내는 계수 10을 곱한 값이다.
- 일부의 독성자료는 최대무독성량을 기준으로 참고용량(RfD)을 산출하여 나타내며 이 경우에는 비확실성 인자들이 이미 포함되어 있으므로 MOS를 따로 산출하지 않고 RfD와 SED를 직접 비교하여 SED가 RfD보다 작은 경우 안전한 것으로 평가할 수 있다.
- 화장품의 피부흡수율 자료가 없거나 적합하지 않을 경우에는 보수적으로 50%가 흡수된 것으로 가정하여 SED를 구할 수 있다. 이 경우 실제 위험도는 이를 통해 산출한 위험보다 훨씬 적을 것이다. 특정한 경우에는 투과계수를 통해 피부흡수율을 예측할 수 있으며 이러한 예측치를 사용할 경우에는 위해평가에 특별히 더 주의를 기울여야 할 것이다.
- 안전역의 계산 상 최대무독성량에 비교하여 매일 사용하지 않는 물질의 경우 실제 위험도는 더 낮을 가능성이 있으므로 근거가 있는 경우 이러한 점도 안전역 계산과 평가에 고려할 수 있다.
- 반면 새로운 연구 결과에 따라 이전에 사용되지 않던 낮은 용량의 최대무독성량이 제시될 수 있으며 이는 안전역의 변동을 야기할 수 있으며 이는 위해성 판정에 있어서도 유의해야 한다.

⑤ 화장품 중의 위해요소에 대한 위해도 결정은 안전역* 등으로 표현하고 국내 · 외 위해평가 결과 등을 종합적으로 비교 · 분석하여 최종 판단한다.

※ 위해평가 필요성 검토 **기출**(20-1회)

위해평가 필요한 경우	위해평가 불필요한 경우
• 위험성에 근거하여 사용금지 설정 • 안전역을 근거로 사용한도를 설정 (자외선 차단성분, 살균보존성분 등) • 현 사용한도 성분의 기준 적절성 • 비의도적 잔류물의 기준 설정 • 화장품 안전 이슈 성분의 위해성 • 위해관리 우선순위 설정 • 인체 위해의 유의한 증거가 없음을 검증	• 불법으로 유해물질을 화장품에 혼입한 경우 • 안전성, 유효성이 입증되어 기 허가된 기능성 화장품 • 위험에 대한 충분한 정보가 부족한 경우

03 위해평가의 절차

① 식품의약품안전처장은 위해평가 수행에 필요한 자료를 국내 · 외 관련 전문기관, 대학, 학회 등에 요청할 수 있다.

② 식품의약품안전처장은 위해평가 과정에서 필요한 경우 관계 전문가의 의견을 청취할 수 있다.

③ 식품의약품안전처장은 위해평가가 완료되면 요약, 위해평가의 목적 · 범위 · 내용 · 방법 · 결론, 참고문헌 등을 포함한 결과보고서를 작성하여야 한다.

④ 식품의약품안전처장은 위해평가 결과에 대하여 「식품의약품안전처 정책자문위원회 규정」에 따른 화장품 분야 소위원회의 심의 · 의결을 거쳐야 한다.

04 위해화장품의 회수

1 회수 조치 및 보고

① 영업자는 국민보건에 위해를 끼치거나 끼칠 우려가 있는 화장품이 유통 중인 사실을 알게 된 경우에는 지체 없이 해당 화장품을 회수하거나 회수하는 데에 필요한 조치를 하여야 한다.

② 회수하거나 회수하는 데에 필요한 조치를 하려는 영업자는 회수계획을 식품의약품안전처장에게 미리 보고하여야 한다.

2 회수 대상 화장품의 기준 및 위해성 등급 ★★★

유통 중인 화장품으로서 다음에 해당하는 화장품은 회수 대상 화장품이며, 다음 등급으로 구분된다.

등급	평가 기준
㉮ 등급	• 사용할 수 없는 원료를 사용한 화장품 • 사용상의 제한이 필요한 원료를 사용한도 이상으로 사용한 화장품 • 사용기준이 지정 · 고시된 원료 외의 보존제, 색소, 자외선차단제 등을 사용한 화장품
㉯ 등급	• 안전용기 · 포장 기준에 위반되는 화장품 • 유통화장품 안전관리 기준(내용량의 기준에 관한 부분은 제외)에 적합하지 않은 화장품 (기능성화장품의 기능성을 나타나게 하는 주원료 함량이 기준치에 부적합한 경우는 제외) • 식품의 형태 · 냄새 · 색깔 · 크기 · 용기 및 포장 등을 모방하여 섭취 등 식품으로 오용될 우려가 있는 화장품
㉰ 등급	• 전부 또는 일부가 변패된 화장품 • 병원미생물에 오염된 화장품 • 이물이 혼입되었거나 부착된 화장품 중 보건위생상 위해를 발생할 우려가 있는 화장품 • 유통화장품 안전관리 기준(내용량의 기준에 관한 부분은 제외)에 적합하지 않은 화장품 • 사용기한 또는 개봉 후 사용기간(병행 표기된 제조연월일 포함)을 위조 · 변조한 화장품
㉰ 등급	• 그 밖에 화장품제조업자(또는 화장품책임판매업자) 스스로 국민보건에 위해를 줄 우려가 있어 회수가 필요하다고 판단한 화장품 • 다음의 판매 · 보관 · 진열 금지 화장품 - 미등록자가 제조한 화장품 또는 제조 · 수입하여 유통 · 판매한 화장품 - 미신고자가 판매한 맞춤형화장품 - 맞춤형화장품조제관리사를 두지 않고 판매한 맞춤형화장품 - 화장품의 기재사항, 가격표시, 기재 · 표시상의 주의사항에 위반되는 화장품 또는 의약품으로 잘못 인식할 우려가 있게 기재 · 표시된 화장품 - 판매의 목적이 아닌 제품의 홍보 · 판매촉진 등을 위하여 미리 소비자가 시험 · 사용하도록 제조 또는 수입된 화장품(소비자에게 판매하는 화장품에 한함) - 화장품의 포장 및 기재 · 표시 사항을 훼손(맞춤형화장품 판매를 위하여 필요한 경우는 제외) 또는 위조 · 변조한 것

기출(20-1회, 21-2회, 21-3회)

기출(21-4회)

▶ **안전용기 · 포장 대상 품목**
- 아세톤을 함유하는 네일 에나멜 리무버 및 네일 폴리시 리무버
- 어린이용 오일 등 개별포장 미네랄오일, 스쿠알렌, 스쿠알란 등 탄화수소류를 10% 이상 함유하고 운동점도가 21센티스톡스(40℃ 기준) 이하인 에멀션 형태가 아닌 액체상태의 제품
- 개별포장당 메틸 살리실레이트를 5% 이상 함유하는 액체상태의 제품

※ 일회용 제품, 용기 입구 부분이 펌프 또는 방아쇠로 작동되는 분무용기 제품, 압축 분무용기 제품(에어로졸 제품 등)은 제외

▶ 기능성화장품의 기능성을 나타나게 하는 주원료 함량이 기준치에 부적합한 경우만 해당

기출(21-3회)

▶ **회수계획 보고 및 서류제출**
- 회수계획 보고 : 식품의약품안전처장
- 회수계획서 제출 : 지방식품의약품안전청장(권한 위임)

▶ 제출기한까지 회수계획서의 제출이 곤란하다고 판단되는 경우에는 지방식품의약품안전청장에게 그 사유를 밝히고 제출기한 연장을 요청하여야 한다.

▶ 회수 기간 이내에 회수하기가 곤란하다고 판단되는 경우에는 지방식품의약품안전청장에게 그 사유를 밝히고 회수 기간 연장을 요청할 수 있다.

3 회수계획 및 회수절차

(1) 회수의무자의 조치사항

① 해당 화장품이 유통 중인 사실을 알게 된 경우 판매중지 등의 조치를 즉시 실시할 것

② 회수의무자는 그가 제조 또는 수입하거나 유통 · 판매한 화장품이 회수대상화장품으로 의심되는 경우에는 지체없이 해당 화장품에 대한 위해성 등급을 평가해야 한다.

(2) 회수계획서 제출

기출(20-2회, 21-3회)

① **제출기한** : 회수대상화장품이라는 사실을 안 날부터 5일 이내

② **첨부서류**
- 해당 품목의 제조 · 수입기록서 사본
- 판매처별 판매량 · 판매일 등의 기록
- 회수 사유를 적은 서류

③ **회수종료일** : 회수계획서 제출 시 다음 구분에 따라 회수기간을 기재해야 한다.

등급	회수 기간
㉮ 등급 위해성	회수를 시작한 날부터 15일 이내
㉯ ㉰ 등급 위해성	회수를 시작한 날부터 30일 이내

기출(20-2회, 21-3회)

④ **회수계획 보완 명령**

회수계획이 미흡하다고 판단되는 경우 지방식품의약품안전청장은 회수의무자에게 회수계획의 보완을 명할 수 있다.

⑤ **회수계획 통보**
- 회수의무자는 회수대상화장품 판매자 및 취급자에게 방문, 우편, 전화, 전보, 전자우편, 팩스, 언론매체를 통한 공고 등을 통하여 통보하여야 한다.
- 통보 사실을 입증할 수 있는 자료를 회수 종료일부터 2년간 보관해야 한다.

기출(20-2회, 21-3회)

↳ 회수 시작일(×)

⑥ **회수확인서 송부**

회수계획을 통보받은 자는 회수대상화장품을 회수의무자에게 반품하고, 회수확인서를 작성하여 회수의무자에게 송부하여야 한다.

⑦ **회수 화장품 폐기**
- 제출서류 : 폐기신청서, 회수계획서 사본, 회수확인서 사본
- 제출처 : 지방식품의약품안전청장
- 폐기확인서 작성 및 보관 : 폐기를 한 회수의무자는 폐기확인서를 작성 후 2년간 보관

⑧ 회수종료신고서 제출

회수의무자가 회수대상화장품의 회수를 완료한 경우에는 서류를 첨부하여 지방식품의약품안전청장에게 제출

▶ 회수종료신고서 첨부서류
- 회수확인서 사본
- 폐기확인서 사본(폐기한 경우)
- 평가보고서 사본

⑨ **통보** : 지방식품의약품안전청장은 회수종료신고서를 받으면 다음과 같이 조치하여야 한다.
- 회수계획서에 따라 회수대상화장품의 회수를 적절하게 이행하였다고 판단되는 경우 회수가 종료되었음을 확인하고 회수의무자에게 서면으로 통보
- 회수가 효과적으로 이루어지지 않은 경우 추가 조치를 명할 것

4 회수·폐기명령

① 식품의약품안전처장은 영업자 · 판매자 또는 그 밖에 화장품을 업무상 취급하는 자에게 판매 · 보관 · 진열 · 제조 또는 수입한 화장품이나 그 원료 · 재료 등이 국민보건에 위해를 끼칠 우려가 있는 경우에는 해당 물품의 회수 · 폐기 등의 조치를 명하여야 한다.

② 회수명령을 받은 영업자 · 판매자 또는 그 밖에 화장품을 업무상 취급하는 자는 미리 식품의약품안전처장에게 회수계획을 보고하여야 한다.

③ 식품의약품안전처장은 다음의 경우 관계 공무원으로 하여금 해당 물품을 폐기하게 하거나 그 밖에 필요한 처분을 하게 할 수 있다.
- 회수 · 폐기명령을 받은 자가 그 명령을 이행하지 아니한 경우
- 그 밖에 국민보건을 위하여 긴급한 조치가 필요한 경우

5 위해화장품의 공표 명령

(1) 공표 명령 대상

식품의약품안전처장은 다음의 경우 해당 영업자에 대하여 그 사실의 공표를 명할 수 있다.

① 영업자로부터 위해화장품의 회수계획을 보고받은 때
② 회수 · 폐기 명령에 따른 회수계획을 보고받은 때

(2) 공표의 내용 및 방법

① 공표명령을 받은 영업자는 지체 없이 위해 발생사실 또는 다음 사항을 1개 이상의 일반일간신문 및 해당 영업자의 인터넷 홈페이지에 게재하고, 식품의약품안전처의 인터넷 홈페이지에 게재를 요청하여야 한다.

▶ 위해성 등급이 다 등급인 화장품의 경우 해당 일반 일간신문의 게재를 생략할 수 있다.

기출(21-3회)

- 화장품을 회수한다는 내용의 표제
- 제품명, 회수대상화장품의 제조번호
- 사용기한 또는 개봉 후 사용기간(병행 표기된 제조연월일)
- 회수 사유 및 방법
- 회수하는 영업자의 명칭, 전화번호, 주소, 그 밖에 회수에 필요한 사항

② 공표문의 크기
- 일반일간신문 게재용 : 3단 10cm 이상
- 인터넷 홈페이지 게재용 : 회수문의 내용이 잘 보이도록 크기 조정 가능

③ 공표를 한 영업자는 다음 사항이 포함된 공표 결과를 지체 없이 지방식품의약품안전청장에게 통보하여야 한다.
- 공표일 • 공표매체
- 공표횟수 • 공표문 사본 또는 내용

6 행정처분의 감경 또는 면제

식품의약품안전처장은 회수 또는 회수에 필요한 조치를 성실하게 이행한 영업자가 해당 화장품으로 인하여 받게 되는 행정처분을 총리령으로 정하는 바에 따라 감경 또는 면제할 수 있다.

▶ **벌칙**
위해화장품 회수 조치 의무 및 회수계획 보고 의무를 위반한 경우 200만원 이하의 벌금

기출(21-3회)

▶ **감경 또는 면제 기준**
㉠ 회수계획량의 4/5 이상을 회수한 경우 : 위반행위에 대한 행정처분 면제
㉡ 회수계획량의 1/3분 이상을 회수한 경우(㉠의 경우는 제외)
- 행정처분기준이 등록취소인 경우 업무정지 2개월 이상 6개월 이하의 범위에서 처분
- 행정처분기준이 업무정지 또는 품목의 제조 · 수입 · 판매 업무정지인 경우 정지처분기간의 2/3 이하의 범위에서 경감

㉢ 회수계획량의 1/4 이상~1/3 미만을 회수한 경우
- 행정처분기준이 등록취소인 경우 업무정지 3개월 이상 6개월 이하의 범위에서 처분
- 행정처분기준이 업무정지 또는 품목의 제조 · 수입 · 판매 업무정지인 경우 정지처분기간의 1/2 이하의 범위에서 경감

05 인체적용제품의 위해성평가 등에 관한 규정

1 목적

인체적용제품에 존재하는 위해요소가 인체에 노출되었을 때 발생할 수 있는 위해성을 종합적으로 평가하기 위한 사항을 규정함으로써 인체적용제품의 안전관리를 통해 국민건강을 보호 · 증진하는 것을 목적으로 한다.

2 관련용어 정의

① **인체적용제품** : 사람이 섭취 · 투여 · 접촉 · 흡입 등을 함으로써 인체에 영향을 줄 수 있는 것으로서 다음에 해당하는 제품
- 「식품위생법」제2조에 따른 식품, 식품첨가물, 기구 또는 용기 · 포장
- 「농수산물 품질관리법」제2조제1항에 따른 농수산물 및 농수산가공품
- 「축산물 위생관리법」제2조에 따른 축산물
- 「건강기능식품에 관한 법률」제3조에 따른 건강기능식품

• 「약사법」제2조에 따른 의약품, 한약, 한약제제 및 의약외품
• 「화장품법」제2조에 따른 화장품
• 「의료기기법」제2조제1항에 따른 의료기기
• 「위생용품 관리법」제2조에 따른 위생용품
• 그 밖에 식품의약품안전처장이 소관 법률에 따라 관리하는 제품

② **독성** : 인체적용제품에 존재하는 위해요소가 인체에 유해한 영향을 미치는 고유의 성질

③ **위해요소** : 인체의 건강을 해치거나 해칠 우려가 있는 화학적 · 생물학적 · 물리적 요인

④ **위해성** : 인체적용제품에 존재하는 위해요소에 노출되는 경우 인체의 건강을 해칠 수 있는 정도

⑤ **위해성평가** : 인체적용제품에 존재하는 위해요소가 인체의 건강을 해치거나 해칠 우려가 있는지 여부와 그 정도를 과학적으로 평가하는 것

⑥ **통합위해성평가** : 인체적용제품에 존재하는 위해요소가 다양한 매체와 경로를 통하여 인체에 미치는 영향을 종합적으로 평가하는 것

3 위해성평가위원회

(1) 위원회의 목적

식품의약품안전처장은 다음 사항을 자문하기 위하여 위해성평가위원회를 둔다.

① 위해성평가의 방법

② 위해성평가 결과의 교차검증

③ 독성시험의 절차 · 방법

④ 그 밖에 위해성평가 등에 관하여 식품의약품안전처장이 자문을 요구하는 사항

② 위원회의 구성

• 위원회는 위원장 1명을 포함한 20명 이내의 위원으로 구성한다.
• 위원회의 위원장은 식품의약품안전평가원장이 되며 위원은 다음에 해당하는 자 중에서 식품의약품안전처장이 위촉하거나 지명한다.
• 위원회의 사무를 처리하기 위하여 위원회에 간사 1명을 두며 간사는 식품의약품안전처 또는 식품의약품안전평가원 소속 공무원 중에서 식품의약품안전처장이 지명한다.
• 위원회는 자문사항을 전문적으로 검토하기 위하여 분야별로 전문위원회를 둘 수 있다.

▶ 위원회 위원 자격조건
• 위해성평가 분야에 관한 학식과 경험이 풍부한 자
• 식품의약품안전처 또는 식품의약품안전평가원의 공무원
• 그 밖에 식품의약품안전처장이 제3조의 자문을 위하여 필요하다고 인정하는 자

4 위해성평가

(1) 위해성평가의 대상

① 식품의약품안전처장은 인체적용제품이 다음에 해당하는 경우에는 위해성평가의 대상으로 선정할 수 있다.

㉠ 국제기구 또는 외국정부가 인체의 건강을 해칠 우려가 있다고 인정하여 판매하거나 판매할 목적으로 생산 · 판매 등을 금지한 인체적용제품

㉡ 새로운 원료 또는 성분을 사용하거나 새로운 기술을 적용한 것으로서 안전성에 대한 기준 및 규격이 정해지지 아니한 인체적용제품
㉢ 그 밖에 인체의 건강을 해칠 우려가 있다고 인정되는 인체적용제품

② 인체적용제품의 위해성평가에서 평가하여야 할 위해요소는 다음과 같다.
㉠ 「식품위생법 시행령」 제4조제2항의 각 호
㉡ 「축산물 위생관리법 시행령」 제27조제1항제2호의 각 목
㉢ 「유전자변형농수산물의 표시 및 농수산물의 안전성조사 등에 관한 규칙」 제14조제1항제2호의 각 목
㉣ 그 밖에 인체적용제품의 제조에 사용된 성분, 화학적 요인, 물리적 요인, 미생물적 요인 등

(2) 위해성평가의 수행

① 식품의약품안전처장은 인체적용제품에 대하여 다음의 순서에 따른 위해성평가 방법을 거쳐 위해성평가를 수행하여야 한다. 다만, 위원회의 자문을 거쳐 위해성평가 관련 기술 수준이나 위해요소의 특성 등을 고려하여 위해성평가의 방법을 다르게 정하여 수행할 수 있다.
㉠ 위해요소의 인체 내 독성 등을 확인하는 과정
㉡ 인체가 위해요소에 노출되었을 경우 유해한 영향이 나타나지 않는 것으로 판단되는 인체노출 안전기준을 설정하는 과정
㉢ 인체가 위해요소에 노출되어 있는 정도를 산출하는 과정
㉣ 위해요소가 인체에 미치는 위해성을 종합적으로 판단하는 과정

② 식품의약품안전처장은 다양한 경로를 통해 인체에 영향을 미칠 수 있는 위해요소에 관하여는 통합위해성평가를 수행할 수 있다. 이때, 필요한 경우 관계 중앙행정기관의 협조를 받아 통합위해성평가를 수행할 수 있다.

③ 현재의 과학기술 수준 또는 자료 등의 제한이 있거나 신속한 위해성평가가 요구될 경우 인체적용제품의 위해성평가는 다음과 같이 실시할 수 있다.
㉠ 위해요소의 인체 내 독성 등 확인과 인체노출 안전기준 설정을 위하여 국제기구 및 신뢰성 있는 국내·외 위해성평가기관 등에서 평가한 결과를 준용하거나 인용할 수 있다.
㉡ 인체노출 안전기준의 설정이 어려울 경우 위해요소의 인체 내 독성 등 확인과 인체의 위해요소 노출 정도만으로 위해성을 예측할 수 있다.
㉢ 인체적용제품의 섭취, 사용 등에 따라 사망 등의 위해가 발생하였을 경우 위해요소의 인체 내 독성 등의 확인만으로 위해성을 예측할 수 있다.
㉣ 인체의 위해요소 노출 정도를 산출하기 위한 자료가 불충분하거나 없는 경우 활용 가능한 과학적 모델을 토대로 노출 정도를 산출할 수 있다.
㉤ 특정집단에 노출 가능성이 클 경우 어린이 및 임산부 등 민감집단 및 고위험집단을 대상으로 위해성평가를 실시할 수 있다.

④ 화학적 위해요소에 대한 위해성은 물질의 특성에 따라 위해지수, 안전역 등으로 표현하고 국내·외 위해성평가 결과 등을 종합적으로 비교·분석하여

최종 판단한다.

⑤ 미생물적 위해요소에 대한 위해성은 미생물 생육 예측 모델 결과값, 용량-반응 모델 결과값 등을 이용하여 인체 건강에 미치는 유해영향 발생 가능성 등을 최종 판단한다.

⑥ 식품의약품안전처장은 위해성평가 결과에 대한 교차검증을 위하여 위원회의 자문을 받을 수 있다.

⑦ 식품의약품안전처장은 전문적인 위해성평가를 위하여 식품의약품안전평가원을 위해성평가 전문기관으로 한다.

(3) 독성시험의 실시

① 식품의약품안전처장은 위해성평가에 필요한 자료를 확보하기 위해 독성 정도를 동물실험 등을 통해 과학적으로 평가하는 독성시험을 실시할 수 있다.

② 독성시험은 「의약품등 독성시험기준」 또는 경제협력개발기구(OECD)에서 정하고 있는 독성시험방법에 따라 다음과 같이 실시한다. (다만, 필요한 경우 위원회의 자문을 거쳐 독성시험의 절차 · 방법을 다르게 정할 수 있다.)

㉠ 독성시험 대상물질의 특성, 노출경로 등을 고려하여 독성시험항목 및 방법 등을 선정한다.

㉡ 독성시험 절차는 「비임상시험관리기준」에 따라 수행한다.

㉢ 독성시험결과에 대한 독성병리 전문가 등의 검증을 수행한다.

기출(20-2회)

(4) 위해성평가 결과의 보고

① 식품의약품안전처장은 위해성평가가 완료되면 요약 · 위해성평가의 목적 · 범위 · 내용 · 방법 · 결론 등을 포함한 결과보고서를 작성하여야 한다.

② 식품의약품안전처장은 위해성평가 결과에 대한 심의 · 의결 등 다른 법령에 정한 절차가 있는 경우에는 그 법령이 정하는 바에 따른다.

(5) 위해요소별 위해평가 유형

기출(21-4회)

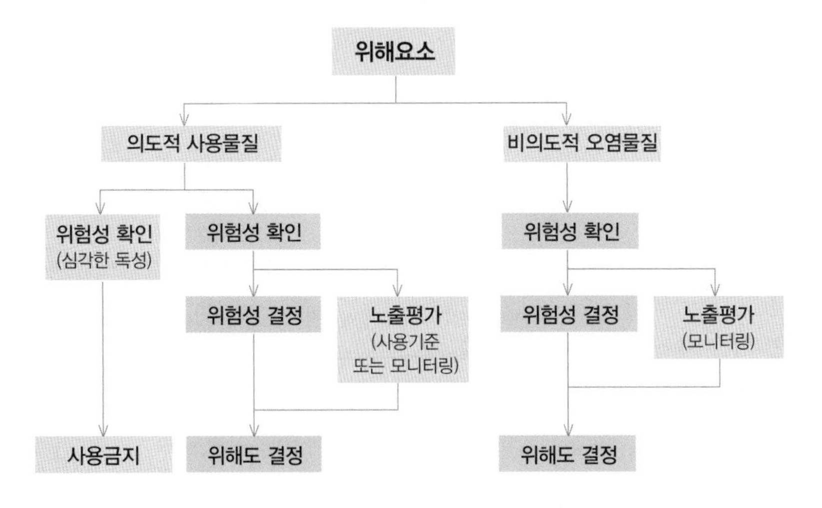

출 제 예 상 문 제

01 다음은 현재 사용되는 화장품의 원료의 종류와 특성, 해당 성분에 관한 설명으로 옳은 것은?

① 알코올 : R-OH 화학식의 물질로 탄소(C)수가 1~3개인 알코올에는 스테아릴알코올(Stearyl Acohol)이 해당된다.
② 고급지방산 : R-COOH 화학식의 물질로 탄소수가 3개 이하를 고급지방산이라 하며, 성분으로는 글라이콜릭애씨드(Glycolic Acid)가 해당된다.
③ 왁스 : 고급지방산과 고급알코올의 에테르 결합으로 구성되며, 상온에서 대부분이 액체 성질이며, 성분으로는 팔미틱애씨드가 해당된다.
④ 점증제 : 에멀전의 안정성을 높이고 점도를 증가시키기 위해 사용되며, 성분으로는 카보머(Carbormer)가 해당된다.
⑤ 실리콘 : 실리콘의 구성 요소는 철, 질소로 구성되어 있으며, 퍼발림성이 우수한 편이며, 성분으로는 다이메티콘이 해당된다.

> ① 스테아릴알코올은 고급 알코올로 탄소 수가 6개 이상이다.
> ② 고급지방산 : R-COOH 화학식의 물질로 탄소 6개 이상인 친유기와 카르복실기(-COOH)를 가지고 있는 지방산을 고급지방산이라 하며, 라우릭애씨드, 미리스틱애씨드, 팔미틱애씨드, 스테아릭애씨드, 이소스테아릭애씨드, 올레익애씨드 등의 성분이 고급지방산에 해당된다.
> ③ 왁스 : 고급지방산과 고급알코올의 에스테르 결합으로 구성되며, 상온에서 대부분이 고체 성질이며, 팔미틱애씨드는 고급지방산에 해당한다.
> ⑤ 실리콘 : 실록산 결합(-Si-O-Si-)을 가지는 유기 규소 화합물의 총칭이다.

02 화장품 성분 중 무기 안료의 특성은?

① 내광성, 내열성이 우수하다.
② 선명도와 착색력이 뛰어나다.
③ 유기 용매에 잘 녹는다.
④ 유기 안료에 비해 색의 종류가 다양하다.
⑤ 빛, 산, 알칼리에 약하다.

> ②, ③, ④, ⑤는 유기 안료의 특성에 해당한다.

03 다음 중 계면활성제에 대한 설명으로 옳지 않은 것은?

① 양쪽성 계면활성제는 유아용 제품과 저자극성 제품에 많이 사용된다.
② 양이온성 계면활성제는 살균 및 소독작용이 우수하여 헤어린스, 헤어 트리트먼트 등에 사용된다.
③ 음이온성 계면활성제는 세정 작용 및 기포 형성 작용이 우수하다.
④ 비이온성 계면활성제는 피부에 대한 자극이 적어 화장수의 가용화제, 크림의 유화제 등에 사용된다.
⑤ 피부 자극은 비이온성 계면활성제가 가장 크다.

> ⑤ 피부 자극은 비이온성 계면활성제가 가장 작다.

04 비타민의 종류와 성분이 바르게 연결된 것을 모두 고른 것은?

【보기】
㉠ 비타민 A – 레티놀
㉡ 비타민 B – 피리독신
㉢ 비타민 B – 아스코빅애씨드
㉣ 비타민 C – 판테놀
㉤ 비타민 C – 나이아신아마이드
㉥ 비타민 E – 토코페롤

① ㉠, ㉡, ㉢ ② ㉠, ㉡, ㉥
③ ㉡, ㉢, ㉣ ④ ㉡, ㉣, ㉤
⑤ ㉢, ㉣, ㉥

> • 비타민 A – 레티놀
> • 비타민 B – 나이아신아마이드(B_3), 판테놀(B_5), 피리독신(B_6)
> • 비타민 C – 아스코빅애씨드
> • 비타민 E – 토코페롤

05 천연보습인자(NMF)의 구성 성분 중 40%를 차지하는 중요 성분은?

① 요소 ② 젖산염
③ 무기염 ④ 아미노산
⑤ 포름산염

> 천연보습인자의 구성 성분 중 아미노산이 40%로 가장 많이 차지하며, 젖산 12%, 요소 7% 등으로 이루어져 있다.

정답 01 ④ 02 ① 03 ⑤ 04 ② 05 ④

06 천연물 유래 계면활성제로 옳지 않은 것은?

3회 기출 유형(12점)

① 레시틴
② 알킬벤젠설포네이트
③ 콜레스테롤
④ 라우릴글루코사이드
⑤ 세테아릴올리베이트

알킬벤젠설포네이트는 음이온성 계면활성제에 해당한다.

07 화장품 성분에 대한 설명으로 옳은 것은?

① 계면활성제는 수분 증발을 억제하고 사용 감촉을 향상시키는 등의 목적으로 사용된다.
② 고분자 화합물은 제품의 점성을 높이거나, 사용감을 개선하거나, 피막을 형성하기 위한 목적으로 사용된다.
③ 유성 원료는 피부의 홍반, 그을림을 완화하는 데 도움을 주기 위해 사용된다.
④ 자외선차단제는 화장품에 색을 나타나게 하기 위해 사용된다.
⑤ 금속이온봉쇄제는 한 분자 내에 물과 친화성을 갖는 친수기와 오일과 친화성을 갖는 친유기를 동시에 갖는 물질이다.

① 수분 증발을 억제하고 사용 감촉을 향상시키는 등의 목적으로 사용되는 것은 유성 원료이다.
③ 피부의 홍반, 그을림을 완화하는 데 도움을 주기 위해 사용되는 것은 자외선차단제이다.
④ 화장품에 색을 나타나게 하기 위해 사용되는 것은 색소이다.
⑤ 한 분자 내에 물과 친화성을 갖는 친수기와 오일과 친화성을 갖는 친유기를 동시에 갖는 물질은 계면활성제이다.

08 ( ) 안에 들어갈 말로 옳은 것은?

【보기】

( )(이)라 함은 레이크 제조 시 순색소를 확산시키는 목적으로 사용되는 물질을 말하며 알루미나, 브랭크휙스, 크레이, 이산화티탄, 산화아연, 탤크, 로진, 벤조산알루미늄, 탄산칼슘 등의 단일 또는 혼합물을 사용한다.

① 기질
② 타르색소
③ 순색소
④ 희석제
⑤ 레이크

09 ( ) 안에 들어갈 말로 옳은 것은?

【보기】

( )은/는 타르색소를 기질에 흡착, 공침 또는 단순한 혼합시킨 것이 아닌, 화학적 결합에 의해 확산시킨 색소를 말한다.

① 기질
② 레이크
③ 순색소
④ 희석제
⑤ 천연색소

화장품의 색소 종류와 기준 및 시험방법
- 색소 : 화장품이나 피부에 색을 띄게 하는 것을 주요 목적으로 하는 성분
- 타르색소 : 제1호의 색소 중 콜타르, 그 중간생성물에서 유래되었거나 유기합성하여 얻은 색소 및 그 레이크, 염, 희석제와의 혼합물
- 순색소 : 중간체, 희석제, 기질 등을 포함하지 않은 순수한 색소
- 레이크 : 타르색소를 기질에 흡착, 공침 또는 단순한 혼합이 아닌 화학적 결합에 의하여 확산시킨 색소
- 기질 : 레이크 제조 시 순색소를 확산시키는 목적으로 사용되는 물질을 말하며 알루미나, 브랭크휙스, 크레이, 이산화티탄, 산화아연, 탤크, 로진, 벤조산알루미늄, 탄산칼슘 등의 단일 또는 혼합물을 사용한다.

10 「화장품의 색소 종류와 기준 및 시험방법」에서 정의하고 있는 용어에 대한 설명으로 옳은 것은?

3회 기출 유형(8점)

① "순색소"란 중간체, 희석제, 기질 등을 포함한 색소를 말한다.
② "기질" 성분으로는 알루미나, 이산화티탄, 산화아연 등이 있으며 레이크 제조 시 사용된다.
③ "희석제"는 타르색소를 유기물과의 화학적 결합으로 확산시키는 성분을 말한다.
④ "레이크"는 무기안료를 기질에 흡착하여 안정성과 색조를 조절한 색소이다.
⑤ "타르색소"는 콜타르 및 그 중간생성물에서 합성 공정을 통하여 얻어지는 무기화합물이다.

① 순색소 : 중간체, 희석제, 기질 등을 포함하지 않은 순수한 색소
② 기질 : 레이크 제조 시 순색소를 확산시키는 목적으로 사용되는 물질을 말하며 알루미나, 브랭크휙스, 크레이, 이산화티탄, 산화아연, 탤크, 로진, 벤조산알루미늄, 탄산칼슘 등의 단일 또는 혼합물을 사용
③ 희석제 : 색소 사용을 용이하기 위해 혼합되는 성분을 말하며, 「화장품 안전기준 등에 관한 규정」(식품의약품안전처 고시) 별표 1의 원료는 사용할 수 없다.
④ 레이크 : 타르색소를 기질에 흡착, 공침 또는 단순한 혼합이 아닌 화학적 결합에 의하여 확산시킨 색소
⑤ 타르색소 : 제1호의 색소 중 콜타르, 그 중간생성물에서 유래되었거나 유기합성하여 얻은 색소 및 그 레이크, 염, 희석제와의 혼합물

정답 06 ② 07 ② 08 ① 09 ② 10 ②

11 화장품법 제8조제2항에 따라 식품의약품안전처장은 화장품에 사용 가능한 보존제, 색소 및 자외선 차단제 성분을 지정·고시하고 있다. 「화장품의 색소 종류와 기준 및 시험방법」 [별표 1]에 지정되어 있는 화장품 색소 성분으로 옳은 것은? 3회 기출 유형(12점)

① 카카오색소 ② 치자청색소
③ 울트라마린 ④ 브롬페놀블루
⑤ 샤플라워옐로우

[별표 1]에 지정되어 있는 색소는 울트라마린 CI 77007이다.

12 다음 화장품의 색소 중 화장 비누에만 사용할 수 있는 색소는?

① 녹색 202호 ② 에치씨황색 7호
③ 피그먼트 녹색 7호 ④ 적색 405호
⑤ 등색 206호

화장 비누에만 사용할 수 있는 색소는 피그먼트 적색 5호, 피그먼트 자색 23호, 피그먼트 녹색 7호이다.

13 다음 중 적용 후 바로 씻어내는 제품 및 염모용 화장품에만 사용할 수 있는 색소의 종류를 모두 고른 것은?

【보기】
㉠ 등색 204호 ㉡ 적색 106호
㉢ 녹색 204호 ㉣ 황색 407호
㉤ 등색 206호

① ㉠, ㉡, ㉢ ② ㉠, ㉡, ㉣
③ ㉡, ㉢, ㉤ ④ ㉡, ㉣, ㉤
⑤ ㉢, ㉣, ㉤

적용 후 바로 씻어내는 제품 및 염모용 화장품에만 사용할 수 있는 색소는 등색 204호, 적색 106호, 황색 407호이다.

14 다음 중 화장품법상 기능성화장품이 아닌 것은?

① 피부의 미백에 도움을 주는 제품
② 피부의 주름 개선에 도움을 주는 제품
③ 피부를 곱게 태워 주거나 자외선으로부터 피부를 보호하는 데에 도움을 주는 제품
④ 피부나 모발의 기능 약화로 인한 건조함, 갈라짐, 빠짐, 각질화 등을 방지하거나 개선하는 데에 도움을 주는 제품
⑤ 일시적으로 모발의 색상을 변화시키는 제품

모발의 색상을 변화(탈염 · 탈색 포함)시키는 기능을 가진 화장품의 범위에 해당되지만, 일시적으로 모발의 색상을 변화시키는 제품은 제외한다.

15 ( ) 안에 들어갈 용어로 옳은 것은?

【보기】
식품의약품안전처장은 화장품에 사용할 수 없는 원료를 지정하여 고시하여야 한다. (㉠), (㉡), (㉢) 등과 같이 특별히 사용상의 제한이 필요한 원료에 대하여는 사용기준을 지정하여 고시하여야 하며, 사용기준이 지정 · 고시된 원료 외의 (㉠), (㉡), (㉢) 등은 사용할 수 없다.

① 보존제, 색소, 자외선차단제
② 색소, 유연제, 자외선차단제
③ 색소, 유연제, 계면활성제
④ 보존제, 색소, 유연제
⑤ 자외선차단제, 보습제, 유연제

화장품 안전기준 등 – 화장품법 제8조
식품의약품안전처장은 보존제, 색소, 자외선차단제 등과 같이 특별히 사용상의 제한이 필요한 원료에 대하여는 그 사용기준을 지정하여 고시하여야 하며, 사용기준이 지정 · 고시된 원료 외의 보존제, 색소, 자외선차단제 등은 사용할 수 없다.

16 「기능성화장품 기준 및 시험방법」에 따라 알부틴이 함유된 미백 기능성화장품에서 1 ppm 이하로 관리되어야 하는 성분으로 옳은 것은?

4회 기출 유형(8점)

① 감광소
② 히드로퀴논
③ 페릴알데하이드
④ 드로메트리졸
⑤ 멘틸안트라닐레이트

미백 성분으로 사용되는 알부틴은 히드로퀴논을 생성할 수 있다. 히드로퀴논은 피부 알레르기, 백반증 등을 유발할 수 있어 화장품에는 사용이 금지되어 있으며, 알부틴이 함유된 미백 기능성화장품에서 1 ppm 이하로 관리되어야 한다.

정답 11 ③ 12 ③ 13 ② 14 ⑤ 15 ① 16 ②

17 다음 중 화장품 시행규칙상 기능성화장품의 범위에 해당하지 않는 것은?

① 강한 햇볕을 방지하여 피부를 곱게 태워주는 기능을 가진 화장품
② 물리적으로 체모를 제거하는 기능을 가진 화장품
③ 탈모 증상의 완화에 도움을 주는 화장품
④ 여드름성 피부를 완화하는 데 도움을 주는 화장품
⑤ 튼살로 인한 붉은 선을 엷게 하는 데 도움을 주는 화장품

체모를 제거하는 기능을 가진 화장품은 기능성화장품에 포함되지만, 물리적으로 체모를 제거하는 기능을 가진 화장품은 포함되지 않는다.

18 다음 중 <화장품법 시행규칙>상 기능성화장품의 범위에 해당하지 않는 것은?

① 피부에 탄력을 주어 피부의 주름을 완화 또는 개선하는 기능을 가진 화장품
② 강한 햇볕을 방지하여 피부를 곱게 태워주는 기능을 가진 화장품
③ 튼살로 인한 붉은 선을 엷게 하는 데 도움을 주는 화장품
④ 일시적으로 모발의 색상을 변화시키는 기능을 가진 화장품
⑤ 피부장벽의 기능을 회복하여 가려움 등의 개선에 도움을 주는 화장품

모발의 색상을 일시적으로 변화시키는 제품은 기능성화장품에 해당되지 않는다.

19 다음 기능성화장품의 범위에 대한 설명 중 옳은 것은?

① 여드름성 피부를 완화하는 데 도움을 주는 화장품 중 인체세정용이 아닌 제품도 기능성화장품에 해당한다.
② 코팅 등 물리적으로 모발을 굵게 보이게 하는 제품은 기능성화장품에 해당한다.
③ 일시적으로 모발의 색상을 변화시키는 제품은 기능성화장품에 해당되지 않는다.
④ 물리적으로 체모를 제거하는 제품은 기능성화장품에 해당한다.
⑤ 피부에 침착된 멜라닌색소의 색을 엷게 하여 피부의 미백에 도움을 주는 기능을 가진 화장품은 기능성화장품에 해당되지 않는다.

① 여드름성 피부를 완화하는 데 도움을 주는 화장품 중 인체세정용 제품만 기능성화장품에 해당한다.
② 코팅 등 물리적으로 모발을 굵게 보이게 하는 제품은 기능성화장품에 해당하지 않는다.
④ 물리적으로 체모를 제거하는 제품은 기능성화장품에 해당하지 않는다.
⑤ 피부에 침착된 멜라닌색소의 색을 엷게 하여 피부의 미백에 도움을 주는 기능을 가진 화장품은 기능성화장품에 해당한다.

20 자료제출이 생략되는 기능성화장품의 기능·주성분·최대 함량이 옳게 연결된 것은?

① 피부를 곱게 태워주거나 자외선으로부터 피부를 보호함 - 에칠헥실트리아존 - 10%
② 피부의 주름 개선에 도움을 줌 - 아데노신 - 0.4%
③ 체모를 제거함 - 시녹세이트 - 5%
④ 여드름성 피부를 완화하는 데 도움을 줌 - 살리실릭애씨드 - 0.5%
⑤ 피부의 미백에 도움을 줌 - 유용성감초추출물 - 0.5%

① 피부를 곱게 태워주거나 자외선으로부터 피부를 보호함 - 에칠헥실트리아존 - 5%
② 피부의 주름 개선에 도움을 줌 - 아데노신 - 0.04%
③ 체모를 제거함 - 치오글리콜산 80% - 4.5%
⑤ 피부의 미백에 도움을 줌 - 유용성감초추출물 - 0.05%

정답 17 ② 18 ④ 19 ③ 20 ④

21 기능성 화장품의 기능·주성분·최대 함량이 옳게 연결된 것은?

① 피부의 미백에 도움을 줌 - 닥나무 추출물 - 2%
② 피부의 주름 개선에 도움을 줌 - 레티노익산 - 3,500IU/g
③ 체모를 제거함 - 치오글리콜산 80% - 2%
④ 여드름성 피부를 완화하는 데 도움을 줌 - 살리실릭애씨드 - 0.5%
⑤ 피부를 곱게 태워주거나 자외선으로부터 피부를 보호함 - 티타늄디옥사이드 - 10%

> 기능성화장품의 종류(제6조제3항 관련)
> ② 피부의 주름 개선에 도움을 줌 - 레티놀 - 2,500IU/g
> ③ 체모를 제거함 - 치오글리콜산 80% - 4.5%
> ④ 여드름성 피부를 완화하는 데 도움을 줌 - 살리실릭애씨드 - 2%(살리실릭애씨드는 여드름성 피부 완화용 기능성화장품에 사용될 경우 최대 함량은 2%이고, 0.5% 사용될 경우 자료제출이 생략됨)
> ⑤ 피부를 곱게 태워주거나 자외선으로부터 피부를 보호함 - 티타늄디옥사이드 - 25%

22 <보기>에서 탈모 증상의 완화에 도움을 주는 기능성화장품을 모두 고른 것은?

【보기】
㉠ 덱스판테놀　　㉡ 알부틴
㉢ l-멘톨　　㉣ 알파-비사보롤
㉤ 징크피리치온　　㉥ 아데노신

① ㉠, ㉡, ㉢　　② ㉠, ㉢, ㉤
③ ㉠, ㉣, ㉥　　④ ㉡, ㉢, ㉣
⑤ ㉡, ㉤, ㉥

> 탈모 증상의 완화에 도움을 주는 기능성화장품
> 덱스판테놀, 비오틴, 엘-멘톨, 징크피리치온

23 체모를 제거하는 기능을 가진 제품의 제형으로 옳지 않은 것은?

① 분말제　　② 액제
③ 크림제　　④ 로션제
⑤ 에어로졸제

> 체모를 제거하는 기능을 가진 제품의 제형
> 액제, 크림제, 로션제, 에어로졸제

24 <보기>에서 탈모 증상의 완화에 도움을 주는 기능성화장품 고시 원료를 모두 고른 것은?

【보기】
㉠ 카테콜　　㉡ 덱스판테놀
㉢ 엘-멘톨　　㉣ 징크피리치온
㉤ 나이아신아마이드　　㉥ 아데노신

① ㉠, ㉡, ㉢　　② ㉠, ㉢, ㉤
③ ㉠, ㉣, ㉥　　④ ㉡, ㉢, ㉣
⑤ ㉡, ㉤, ㉥

25 자외선차단제의 원료성분과 사용한도에 대한 내용으로 옳은 것은?

① 옥토크릴렌 - 10.0%
② 호모살레이트 - 5.0%
③ 티타늄디옥사이드 - 20.0%
④ 에칠헥실살리실레이트 - 10%
⑤ 에칠헥실메톡시신나메이트 15%

> 자료제출이 생략되는 기능성화장품의 종류 [별표4]
> ② 호모살레이트 10%
> ③ 티타늄디옥사이드 25%
> ④ 에칠헥실살리실레이트 5%
> ⑤ 에칠헥실메톡시신나메이트 7.5%

26 <보기>에서 탈모 증상의 완화에 도움을 주는 기능성화장품 고시 원료를 모두 고른 것은?

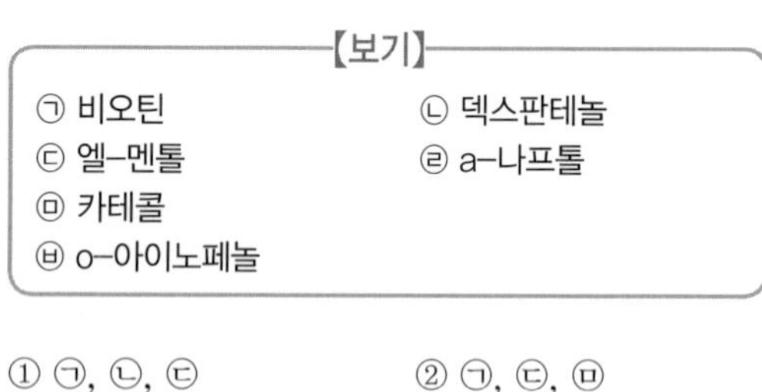

【보기】
㉠ 비오틴　　㉡ 덱스판테놀
㉢ 엘-멘톨　　㉣ a-나프톨
㉤ 카테콜
㉥ o-아이노페놀

① ㉠, ㉡, ㉢　　② ㉠, ㉢, ㉤
③ ㉠, ㉣, ㉥　　④ ㉡, ㉢, ㉣
⑤ ㉡, ㉤, ㉥

> 탈모 증상의 완화에 도움을 주는 기능성화장품
> 덱스판테놀, 비오틴, 엘-멘톨, 징크피리치온

정답　21 ①　22 ②　23 ①　24 ④　25 ①　26 ①

27 화장품에 사용되는 원료의 기능과 성분명이 바르게 연결된 것은?

기능	성분명
① 자외선 차단	- 옥토크릴렌
② 피부 미백	- 징크옥사이드
③ 주름 개선	- 에칠아스코빌에텔
④ 모발 색상 변화	- 레티놀
⑤ 체모 제거	- 피크라민산

② 자외선 차단 - 징크옥사이드
③ 피부 미백 - 에칠아스코빌에텔
④ 주름 개선 - 레티놀
⑤ 모발 색상 변화 - 피크라민산

28 피부미백제의 원료성분과 사용한도에 대한 내용으로 옳지 않은 것은?

① 닥나무추출물 2%
② 유용성감초추출물 0.5%
③ 알파-비사보롤 0.5%
④ 아스코빌글루코사이드 2%
⑤ 아스코빌테트라이소팔미테이트 2%

② 유용성감초추출물 0.05%

29 천연 유기농화장품의 원료성분 기준으로 옳은 것은?

① 합성원료는 최대 10%까지 사용할 수 있다.
② 천연화장품을 제조할 때 석유화학부분 유래의 원료는 사용할 수 없다.
③ 정제수는 천연원료에 포함되지 않는다.
④ 물, 미네랄은 유기농 함량 비율 계산에 포함하지 않는다.
⑤ 유기농화장품 제조 시설을 세척할 때 세척제를 사용할 수 없다.

① 합성원료는 천연화장품 및 유기농화장품의 제조에 사용할 수 없다. 다만, 천연화장품 또는 유기농화장품의 품질 또는 안전을 위해 필요하나 따로 자연에서 대체하기 곤란한 제1항 제4호의 원료는 5% 이내에서 사용할 수 있다.(천연화장품 및 유기농화장품의 기준에 관한 규정)
② 석유화학 부분은 전체 제품에서 2%를 초과할 수 없다.
③ 천연화장품을 생산할 때 사용되는 정제수는 천연원료에 포함된다.
⑤ 작업장과 제조설비의 세척제는 [별표 6]에 적합하여야 한다.

30 천연화장품 및 유기농화장품의 원료 기준에 대한 설명으로 옳지 않은 것은?

① 천연화장품 및 유기농화장품의 제조에 사용되는 원료는 오염물질에 의해 오염되어서는 안 된다.
② 앱솔루트, 콘크리트, 레지노이드는 유기농화장품에만 허용된다.
③ 천연화장품은 별표 7에 따라 계산했을 때 중량 기준으로 천연 함량이 전체 제품에서 95% 이상으로 구성되어야 한다.
④ 유기농화장품은 별표 7에 따라 계산하였을 때 중량 기준으로 유기농 함량이 전체 제품에서 10% 이상이어야 한다.
⑤ 유기농 함량 비율은 유기농 원료 및 유기농유래 원료에서 유기농 부분에 해당되는 함량 비율로 계산한다.

② 앱솔루트, 콘크리트, 레지노이드는 천연화장품에만 허용된다.

31 ( ) 안에 들어갈 함량을 순서대로 나열한 것은?

【보기】
- 천연화장품은 [별표7]에 따라 계산했을 때 중량 기준으로 천연 함량이 전체 제품에서 (㉠)% 이상으로 구성되어야 한다.
- 유기농화장품은 [별표 7]에 따라 계산했을 때 중량 기준으로 유기농 함량이 전체 제품에서 (㉡)% 이상이어야 하며, 유기농 함량을 포함한 천연 함량이 전체 제품에서 (㉢)% 이상으로 구성되어야 한다.

① 95, 10, 95
② 97, 10, 95
③ 97, 10, 97
④ 90, 15, 95
⑤ 95, 15, 95

천연화장품 및 유기농화장품의 기준에 관한 규정
- 천연화장품은 별표 7에 따라 계산했을 때 중량 기준으로 천연 함량이 전체 제품에서 95% 이상으로 구성되어야 한다.
- 유기농화장품은 별표 7에 따라 계산하였을 때 중량 기준으로 유기농 함량이 전체 제품에서 10% 이상이어야 하며, 유기농 함량을 포함한 천연 함량이 전체 제품에서 95% 이상으로 구성되어야 한다.

정답 27 ① 28 ② 29 ④ 30 ② 31 ①

32 다음은 천연화장품 및 유기농화장품의 기준에 관한 규정 제3조 '사용할 수 없는 원료'에 관한 규정이다. ( ) 안에 들어갈 내용으로 옳은 것은?

【보기】

합성원료는 천연화장품 및 유기농화장품의 제조에 사용할 수 없다. 다만, 천연화장품 또는 유기농화장품의 품질 또는 안전을 위해 필요하나 따로 자연에서 대체하기 곤란한 허용 기타원료와 허용 합성원료는 (㉠) % 이내에서 사용할 수 있다. 이 경우에도 석유화학 부분은 (㉡)%를 초과할 수 없다.

① 10, 5 ② 10, 3 ③ 5, 3
④ 5, 2 ⑤ 3, 2

33 「천연화장품 및 유기농화장품의 기준에 관한 규정」에 따라 천연화장품에 사용 가능한 보존제로만 짝지어지지 않은 것은? 3회 기출 유형(12점)

① 이소프로필알코올, 벤조익애씨드
② 벤질알코올, 데나토늄벤조에이트
③ 살리실릭애씨드, 데트라소듐글루타메이트디아세테이트
④ 소르빅애씨드, 데하이드로아세틱애씨드
⑤ 4-하이드록시벤조익애씨드, 소듐벤조에이트

4-하이드록시벤조익애씨드, 소듐벤조에이트는 천연화장품에 사용 가능한 보존제에 해당하지 않는다.

34 다음 중 천연 유래와 석유화학 부분을 모두 포함하고 있는 원료에 해당하는 것을 모두 고른 것은?

【보기】

㉠ 벤질알코올 ㉡ 디알킬카보네이트
㉢ 이소프로필알코올 ㉣ 알킬아미도프로필베타인
㉤ 알킬메칠글루카미드

① ㉠, ㉡, ㉢ ② ㉠, ㉡, ㉣
③ ㉡, ㉢, ㉤ ④ ㉡, ㉣, ㉤
⑤ ㉢, ㉣, ㉤

천연 유래와 석유화학 부분을 모두 포함하고 있는 원료

디알킬카보네이트, 알킬아미도프로필베타인, 알킬메칠글루카미드, 알킬암포아세테이트/디아세테이트, 알킬글루코사이드카르복실레 이트, 카르복시메칠 - 식물폴리머, 식물성폴리머 - 하이드록시프로필트리모늄클로라이드, 디알킬디모늄클로라이드, 알킬디모늄하이드록시프로필하이드로라이즈드식물성단백질

35 <보기>에서 「천연화장품 및 유기농화장품의 기준에 관한 규정」에 따른 옳은 설명을 모두 고른 것은? 3회 기출 유형(8점)

【보기】

㉠ "유기농 원료"란 국제유기농업운동연맹(IFOAM)에 등록된 인증기관으로부터 유기농 원료로 인증받거나 이를 이 고시에서 허용하는 물리적 공정에 따라 가공한 것이다.
㉡ "식물 원료"란 식물(해조류와 같은 해양식물, 버섯과 같은 균사체를 제외한다) 그 자체로서 가공하지 않거나, 이 식물을 가지고 이 고시에서 허용하는 물리적 공정에 따라 가공한 화장품 원료를 말한다.
㉢ 천연화장품 및 유기농화장품의 용기와 포장에 폴리염화비닐, 폴리스티렌폼을 사용할 수 없다.
㉣ "미네랄 원료"란 지질학적 작용에 의해 자연적으로 생성된 물질을 가지고 (화석연료로부터 기원한 물질은 제외하고) 이 고시에서 허용하는 물리적 공정에 따라 가공한 화장품 원료를 말한다.
㉤ 화장품의 책임판매업자는 천연화장품 또는 유기농화장품으로 표시 · 광고하여 제조, 수입 및 판매할 경우 이 고시에 적합함을 입증하는 자료를 구비하고, 수입제품일 경우 제조일 기준으로부터 3년 또는 사용기한 경과 후 1년 중 긴 기간 동안 보존하여야 한다.

① ㉠, ㉡, ㉢ ② ㉠, ㉡, ㉤
③ ㉠, ㉢, ㉣ ④ ㉡, ㉣, ㉤
⑤ ㉢, ㉣, ㉤

㉡ "식물 원료"란 식물(해조류와 같은 해양식물, 버섯과 같은 균사체를 포함한다) 그 자체로서 가공하지 않거나, 이 식물을 가지고 이 고시에서 허용하는 물리적 공정에 따라 가공한 화장품 원료를 말한다.
㉤ 화장품의 책임판매업자는 천연화장품 또는 유기농화장품으로 표시 · 광고하여 제조, 수입 및 판매할 경우 이 고시에 적합함을 입증하는 자료를 구비하고, 수입제품일 경우 통관일 기준으로부터 3년 또는 사용기한 경과 후 1년 중 긴 기간 동안 보존하여야 한다.

36 다음 중 미네랄 유래 원료에 해당하는 것을 모두 고른 것은?

【보기】

㉠ 오리자놀 ㉡ 규조토
㉢ 바륨설페이트 ㉣ 실버옥사이드
㉤ 잔탄검

① ㉠, ㉡, ㉢ ② ㉠, ㉡, ㉣

32 ④ 33 ⑤ 34 ④ 35 ③ 36 ③

③ ㉡, ㉢, ㉣　　④ ㉡, ㉣, ㉤
⑤ ㉢, ㉣, ㉤

미네랄 유래 원료에 해당하는 것은 규조토, 바륨설페이트, 실버옥사이드이다.

37 천연화장품 및 유기농화장품의 제조에 사용할 수 있는 원료는 별표 2의 오염물질에 의해 오염되어서는 안 된다. 다음 중 오염물질에 해당하지 않는 것은?

① 중금속　　② 방향족 탄화수소
③ 질산염　　④ 니트로사민
⑤ 레지노이드

오염물질 : 중금속, 방향족 탄화수소, 농약, 다이옥신 및 폴리염화비페닐, 방사능, 유전자변형 생물체, 곰팡이 독소, 의약 잔류물, 질산염, 니트로사민

38 천연화장품 및 유기농화장품 제조에 금지되는 공정으로 옳은 것은?

① 미네랄 원료 배합
② 유기농유래 원료 배합
③ 동물성 원료 배합
④ 유전자 변형 원료 배합
⑤ 합성 원료 배합

유전자 변형 원료 배합, 니트로스아민류 배합 및 생성, 일면 또는 다면의 외형 또는 내부구조를 가지도록 의도적으로 만들어진 불용성이거나 생체지속성인 1~100nm 크기의 물질 배합 등이 금지되는 공정에 해당한다.

39 천연화장품 및 유기농화장품의 기준에 관한 규정에 따른 작업장과 제조설비의 세척제에 사용 가능한 원료를 모두 고른 것은?

【보기】
㉠ 락틱애씨드　　㉡ 식물성 비누
㉢ 솔벤트　　㉣ 포타슘하이드록사이드
㉤ 톨루엔

① ㉠, ㉡, ㉢　　② ㉠, ㉡, ㉣
③ ㉡, ㉢, ㉤　　④ ㉡, ㉣, ㉤
⑤ ㉢, ㉣, ㉤

작업장과 제조설비의 세척제에 사용 가능한 원료
과산화수소, 과초산, 락틱애씨드, 알코올(이소프로판올 및 에탄올), 석회장석유, 소듐카보네이트, 소듐하이드록사이드, 시트릭애씨드, 식물성 비누, 아세틱애씨드, 열수와 증기, 정유, 포타슘하이드록사이드, 무기산과 알칼리, 계면활성제

40 <보기>는 화장품책임판매업소에서 근무하는 책임판매관리자 A와 새로 입사한 직원 B의 대화이다. A의 설명으로 옳지 않은 것은? 3회 기출 유형(8점)

【보기】
A : 우리 회사에서 판매하는 유기농화장품은 화장품법 및 「천연화장품 및 유기농화장품의 기준에 관한 규정」의 기준에 부합하는 제품입니다. ㉠ 천연화장품과 유기농화장품에는 합성원료를 사용해서는 안 됩니다. 참고로 ㉡ 천연원료에서 석유화학 용제를 이용하여 추출할 수 있는 원료를 별도로 정해 놓고 있는데 흔히 사용되는 토코페롤, 베타인, 라놀린 등이 포함되어 있습니다.
B : 그럼 제품에 사용된 원료가 어떤 것인지만 확인하면 되나요?
A : 제품에 사용된 원료 외에도 제조공정상 주의가 필요합니다. ㉢ 금지되는 공정 중에는 방사선 조사의 탈색, 탈취도 포함되어 있어 제약이 따릅니다.
B : 관련 규정을 꼼꼼히 봐야 할 것 같습니다. 그리고 유기농화장품 인증기관으로 지정된 곳에서 인증을 받은 이후에 유기농화장품으로 광고할 수 있는 건가요?
A : 그렇지 않습니다. ㉣ 관련 규정을 확인하여 기준에 적합한 제품은 인증을 받지 않더라도 유기농화장품으로 표시와 광고를 할 수 있습니다. 다만, ㉤식품의약품안전처장이 정하여 고시한 인증마크를 제품에 부착하기 위해서는 반드시 인증을 받아야 하니 주의하시기 바랍니다.
B : 네, 자세한 설명 감사합니다.

① ㉠　　② ㉡　　③ ㉢
④ ㉣　　⑤ ㉤

유기농화장품 인증을 받은 제품에 대해서만 유기농화장품으로 표시 및 광고를 할 수 있다.

정답 37 ⑤ 38 ④ 39 ② 40 ④

41 천연화장품 및 유기농화장품의 기준에 관한 규정에 따른 작업장과 제조설비의 세척제에 사용 가능한 원료에 해당되지 않는 것은?

① 과산화수소
② 과초산
③ 시트릭애씨드
④ 석회장석유
⑤ 카올린

42 천연화장품 및 유기농화장품 조제 시 「천연화장품 및 유기농화장품의 기준에 관한 규정」 [별표 7]에 따른 천연 및 유기농 함량 계산 방법으로 옳은 것은? 3회 기출 유형(12점)

① 유기농 원료에 사용된 물은 유기농 함량 비율 계산에 포함된다.
② 수용성추출물 원료에서 물로만 추출한 원료의 경우 유기농 원료의 함량 비율 계산은 '(건조한 유기농 원물 / 추출물)×100'이다.
③ 수용성추출물 원료의 경우 [신선한 유기농 원물 / (추출물 - 용매)]의 비율이 1 이하일 경우 1로 간주한다.
④ 비수용성추출물 원료에서 유기농 원료의 함량 비율 계산은 '(신선 또는 건조 유기농 원물 + 사용하는 유기농 용매) / (신선 또는 건조 원물 + 사용하는 총 용매)×100'이다.
⑤ 원료를 만들기 위해 사용된 부분이 건조된 뿌리일 경우 실제 건조 비율을 사용하거나 중량에 규정된 5배의 비율을 곱하여 계산한다.

① 유기농 원료에 사용된 물은 유기농 함량 비율 계산에 포함되지 않는다.
② 수용성추출물 원료에서 물로만 추출한 원료의 경우 유기농 원료의 함량 비율 계산은 '(신선한 유기농 원물 / 추출물) ×100'이다.
③ 수용성추출물 원료의 경우 [신선한 유기농 원물 / (추출물 - 용매)]의 비율이 1 이상일 경우 1로 간주한다.
⑤ 원료를 만들기 위해 사용된 부분이 건조된 뿌리일 경우 실제 건조 비율을 사용하거나 중량에 규정된 2.5배의 비율을 곱하여 계산한다.

43 <보기>는 화장품법에 따른 천연화장품 및 유기농화장품에 대한 인증의 유효기간에 대한 설명이다. ( ) 안에 들어갈 해당 법령에 기재된 숫자를 기입하시오. 3회 기출 유형(8점)

【보기】

식품의약품안전처장은 천연화장품 및 유기농화장품의 품질제고를 유도하고 소비자에게 보다 정확한 제품정보가 제공될 수 있도록 식품의약품안전처장이 정하는 기준에 적합한 천연화장품 및 유기농화장품에 대하여 인증할 수 있으며, 유효기간은 인증을 받은 날부터 3년으로 한다. 유효기간을 연장 받으려는 자는 유효기간 만료 ( )일 전에 총리령으로 정하는 바에 따라 연장신청을 하여야 한다.

44 「화장품 안전기준 등에 관한 규정」 [별표 1]의 사용할 수 없는 원료만을 나열한 것은? 3회 기출 유형(8점)

① 금염, 디하이드로쿠마린, 아세타마이드
② 금염, 트리클로카반, 에칠헥실트리아존
③ 벤제토늄클로라이드, 디하이드로쿠마린
④ 벤제토늄클로라이드, 아세타마이드, 메칠이소치아졸리논
⑤ 에칠헥실트리아존, 메텐아민, 피크라민산

[별표 1]의 사용할 수 없는 원료에 해당하는 것은 금염, 디하이드로쿠마린, 아세타마이드이다.

45 <보기>에서 맞춤형화장품 조제관리사가 사용할 수 있는 원료에 해당하는 것을 모두 고른 것은?

【보기】

㉠ 우레아	㉡ 알지닌
㉢ 트리클로산	㉣ 파이틱애씨드
㉤ 징크피리치온	㉥ 에틸헥실글리세린

① ㉠, ㉡, ㉢　　② ㉠, ㉤, ㉥
③ ㉡, ㉢, ㉣　　④ ㉡, ㉣, ㉥
⑤ ㉢, ㉣, ㉤

맞춤형화장품에 사용 가능한 원료
- 화장품 안전기준 등에 관한 규정 제5조

우레아, 트리클로산, 징크피리치온은 '화장품 안전기준 등에 관한 규정' [별표 2]의 화장품에 사용상의 제한이 필요한 원료에 해당하므로 맞춤형화장품에 사용할 수 없다.

정답 41 ⑤ 42 ④ 43 '90' 44 ① 45 ④

46 다음은 고객의 피부상태를 확인하고 맞춤형화장품으로 조제한 100g 용량의 바디로션에 대한 전 성분 표시이다. 3회 기출 유형(12점)

【전 성분】
정제수, 변성알코올, 부틸렌글라이콜, 사이클로 실록세인, 베다인, 1,2-헥산다이올, 스쿠알란, 버스-파이지-18 다이메틸실레인

전성분표를 보고 고객이 맞춤형화장품조제관리사에게 사용상의 제한이 있는 원료가 어떠한 것인지 물어볼 때, 「화장품 안전기준 등에 관한 규정」[별표 2] 사용상의 제한이 필요한 원료인 것으로 안내해야 할 원료를 모두 고른 것은?

① 베타인, 트로메타인, 비에이치티
② 아데노신, 제라니올, 펜틸렌글라이콜
③ 변성알코올, 사이클로헥사실록세인, 에틸트라이메티콘
④ 쿼터늄-15, 우레아, 토코페롤
⑤ 시트로넬올, 비에이치티, 리모넨

[별표 2] 사용상의 제한이 필요한 원료로만 묶인 것은 쿼터늄-15, 우레아, 토코페롤이다.

47 다음은 어느 화장품의 전성분 표시 내용이다. 밑줄 친 성분 중 알레르기 유발성분에 해당하는 성분을 모두 고르시오.

【보기】
정제수, ㉠ 프로판다이올, 글리세린, ㉡ 메틸프로판다이올, ㉢ 부틸렌글리콜, 유자추출물, 향료, ㉣ 파네솔, 모과추출물, ㉤ 참나무이끼추출물, 1,2-헥산다이올, 글리세릴카프릴레이트, 적색산화철

① ㉠, ㉡
② ㉡, ㉢
③ ㉢, ㉣
④ ㉣, ㉤
⑤ ㉤, ㉥

파네솔과 참나무이끼추출물이 알레르기 유발성분에 해당한다.

48 맞춤형화장품판매장에 방문한 고객이 수분크림에 조합할 향으로 다음 표의 조성을 가진 착향제를 선택하였고, 맞춤형화장품조제관리사는 해당 착향제를 0.2% 혼합하여 조제하였다. 3회 기출 유형(12점)

【착향제의 구성성분 및 함량】

성분명	CAS NO	함량(%)
펜에틸알코올	60-12-8	35.0
디프로필렌글라이콜	35590-94-8	30.0
유제놀	106-24-1	10.0
헥사메틸인다노피란	1222-05-5	9.0
파네신	502-61-4	8.0
시트랄	106-23-0	5.0
벤질신나메이트	103-41-3	2.5
벤질살리실레이트	118-58-1	0.5
합계		100.0

「화장품 사용 시의 주의사항 및 알레르기 유발성분 표시에 관한 규정」에 따라 이 화장품의 포장에 추가로 기재·표시해야 하는 알레르기 유발성분은 몇 개인가?

① 1
② 2
③ 3
④ 4
⑤ 5

착향제 구성성분 중 알레르기 유발성분은 유제놀, 시트랄, 벤질신나메이트, 벤질살리실레이트이다. 수분크림은 사용 후 씻어내지 않는 제품이므로 0.001% 초과 함유하는 성분을 고르면 된다. 벤질살리실레이트는 0.001%로 0.001%를 초과하지 않으므로 제외된다.
- 유제놀 : 0.2×0.1 = 0.02%
- 시트랄 : 0.2×0.05 = 0.01%
- 벤질신나메이트 : 0.2×0.025 = 0.005%
- 벤질살리실레이트 : 0.2×0.005 = 0.001%

49 사용 후 씻어내는 화장품에서 향료의 구성성분 중 알레르기 유발 성분을 표시해야 하는 농도 기준은?

① 1.0%를 초과하는 경우
② 0.1%를 초과하는 경우
③ 0.01%를 초과하는 경우
④ 0.001%를 초과하는 경우
⑤ 0.0001%를 초과하는 경우

사용 후 씻어내는 제품에는 0.01% 초과, 사용 후 씻어내지 않는 제품에는 0.001% 초과 함유하는 경우에 한한다.

정답 46 ④ 47 ④ 48 ③ 49 ③

50 화장품에 사용되는 보존제와 그 사용 한도로 옳은 것은?

① 글루타랄 0.2%
② 벤제토늄클로라이드 0.5%
③ 벤질알코올 1.0%
④ 클로로부탄올 0.2%
⑤ 엠디엠하이단토인 1.0%

사용상의 제한이 필요한 원료
- 화장품 안전기준 등에 관한 규정 [별표2]
① 글루타랄 0.1%
② 벤제토늄클로라이드 0.1%
④ 클로로부탄올 0.5%
⑤ 엠디엠하이단토인 0.2%

51 「화장품 안전기준 등에 관한 기준」 [별표 2]에 따라 바디크림에는 사용할 수 없지만, 샴푸에는 사용 가능한 보존제는? 4회 기출 유형(8점)

① 메칠이소치아졸리논, 벤잘코늄클로라이드
② 메칠이소치아졸리논, 징크피리치온
③ 벤잘코늄클로라이드, 트리클로카반
④ 살리실릭애씨드, 징크피리치온
⑤ 살리실릭애씨드, 트리클로카반

사용 후 씻어내는 제품인 샴푸에 사용 가능한 보존제는 메칠이소치아졸리논, 징크피리치온, 트리클로카반이다.

52 사용상의 제한이 필요한 보존제 성분 중 점막에 사용되는 제품에는 사용을 금지한 성분은?

① p-클로로-m-크레졸
② 클로로자이레놀
③ 소듐아이오데이트
④ 메칠이소치아졸리논
⑤ 벤질헤미포름알

점막에 사용되는 제품에 사용이 금지된 성분은 p-클로로-m-크레졸이다.

53 착향제 성분 중 알레르기 유발물질의 기재·표시에 대한 설명으로 옳지 않은 것은?

① 착향제의 구성 성분 중 식품의약품 안전처장이 정하여 고시한 알레르기 유발성분이 있는 경우에는 향료로 표시 할 수 없고, 해당 성분의 명칭을 기재 · 표시해야 한다.
② 사용 후 씻어내는 제품에 0.01% 초과 시 해당 성분의 명칭을 기재 · 표시해야 한다.
③ 식물의 꽃 · 잎 · 줄기 등에서 추출한 에센셜오일이나 추출물이 착향 목적으로 사용되었거나 또는 해당 성분이 착향제의 특성이 있는 경우에는 알레르기 유발성분을 표시 · 기재하여야 한다.
④ 내용량 10mL(g) 초과 50mL(g) 이하인 소용량 화장품의 경우 기재 · 표시 생략이 가능하나 해당 정보는 홈페이지 등에서 확인할 수 있도록 해야 한다.
⑤ 향료 중에 포함된 알레르기 유발물질은 '사용 시의 유의사항'에도 기재해야 한다.

⑤ 향료 중에 포함된 알레르기 유발성분의 표시는 '전 성분 표시제'의 표시대상 범위를 확대한 것으로, '사용 시의 주의사항'에 기재될 사항은 아니다.

54 「화장품 사용 시의 주의사항 및 알레르기 유발성분 표시에 관한 규정」, 「화장품 향료 중 알레르기 유발물질 표시 지침」에서 설명하고 있는 내용으로 옳은 것은? 3회 기출 유형(8점)

① 천연 식물에서 추출된 착향제에는 알레르기 유발성분이 함유되어 있지 않다.
② 착향제 중 알레르기 유발성분은 화장품에 함유된 성분별 사용 시 주의사항 표시와 함께 기재 · 표시하여야 한다.
③ 기재 · 표시 대상 착향제 중 알레르기 유발성분은 시트랄, 리모넨, 글루타랄 등을 포함한 25종이다.
④ 착향제 중 알레르기 유발성분은 사용 후 씻어내는 제품에 0.01% 이상 함유되는 경우에 한해 기재 · 표시하여야 한다.
⑤ 내용량 10mL(g) 초과, 50mL(g) 이하인 소용량 화장품의 경우 착향제 구성 성분 중 알레르기 유발성분은 기재 · 표시하지 않을 수 있다.

정답 50 ③ 51 ② 52 ① 53 ⑤ 54 ⑤

① 천연 식물에서 추출된 착향제에도 알레르기 유발성분이 함유되어 있을 수 있다.
② 향료 중에 포함된 알레르기 유발성분의 표시는 '전성분 표시제'의 표시대상 범위를 확대한 것으로, '사용 시의 주의사항'에 기재될 사항은 아니다.
③ 글루타랄은 알레르기 유발성분에 해당하지 않는다.
④ 착향제 중 알레르기 유발성분은 사용 후 씻어내는 제품에 0.01% 초과 함유되는 경우에 한해 기재 · 표시하여야 한다.

55 사용 후 씻어내지 않는 화장품에서 착향제의 구성성분 중 알레르기 유발 성분을 표시해야 하는 농도 기준은?

① 0.1%를 초과하는 경우
② 0.01%를 초과하는 경우
③ 0.001%를 초과하는 경우
④ 0.0001%를 초과하는 경우
⑤ 0.00001%를 초과하는 경우

56 다음 제품 중 알레르기 유발 성분의 명칭을 기재·표시해야 하는 제품이 아닌 것은?

① 리모넨이 0.01g 포함된 샴푸 300g
② 리모넨이 0.01g 포함된 로션 250g
③ 신남알이 0.03g 포함된 로션 600g
④ 신남알이 0.3g 포함된 폼클렌저 600g
⑤ 시트랄이 0.05g 포함된 에센스 500g

사용 후 씻어내는 제품에는 0.01% 초과, 사용 후 씻어내지 않는 제품에는 0.001% 초과 함유하는 경우 해당 성분의 명칭을 기재 · 표시해야 한다.
① $\frac{0.01g}{300g} \times 100 = 0.003\%$ ② $\frac{0.01g}{250g} \times 100 = 0.004\%$(표시)
③ $\frac{0.03g}{600g} \times 100 = 0.005\%$(표시) ④ $\frac{0.3g}{600g} \times 100 = 0.05\%$(표시)
⑤ $\frac{0.05g}{500g} \times 100 = 0.01\%$(표시)

57 다음 중 화장품 종류와 사용 시 주의사항의 연결이 옳지 않은 것은?

① 눈 화장용 제품류 – 눈에 들어갔을 때에는 즉시 씻어낼 것
② 퍼머넌트 웨이브 제품 및 헤어스트레이트너 제품 – 섭씨 15도 이하의 어두운 장소에 보존하고, 색이 변하거나 침전된 경우에는 사용하지 말 것
③ 손 · 발의 피부연화 제품 – 눈, 코 또는 입 등에 닿지 않도록 주의하여 사용할 것
④ 고압가스를 사용하지 않는 분무형 자외선 차단제 – 가능하면 인체에서 20cm 이상 떨어져서 사용할 것
⑤ 체취 방지용 제품 – 털을 제거한 직후에는 사용하지 말 것

고압가스를 사용하지 않는 분무형 자외선 차단제 – 얼굴에 직접 분사하지 말고 손에 덜어 얼굴에 바를 것

58 다음 알레르기 유발성분 표기 중 옳은 것을 모두 고른 것은?

【보기】
㉠ 정제수, 글리세린, 다이프로필렌글라이콜, 페녹시에탄올, 향료, 리모넨, 리날룰
㉡ 정제수, 글리세린, 다이프로필렌글라이콜, 페녹시에탄올, 향료(리모넨, 리날룰)
㉢ 정제수, 글리세린, 다이프로필렌글라이콜, 리모넨, 페녹시에탄올, 향료, 리날룰(함량 순으로 기재)
㉣ 정제수, 글리세린, 다이프로필렌글라이콜, 페녹시에탄올, 리모넨, 향료, 리날룰
㉤ 정제수, 글리세린, 다이프로필렌글라이콜, 페녹시에탄올, 향료, 리모넨, 리날룰(알레르기 유발성분)

① ㉠, ㉡, ㉢ ② ㉠, ㉢, ㉣
③ ㉡, ㉢, ㉣ ④ ㉡, ㉣, ㉤
⑤ ㉢, ㉣, ㉤

㉡, ㉤은 잘못된 표기 방법이다.

59 화장품 사용 시의 주의사항 중 공통사항에 해당하는 것은?

① 화장품 사용 전에 전문의와 상담할 것
② 눈 주위를 피하여 사용할 것
③ 어린이에게는 사용하지 말 것
④ 정해진 용법과 용량을 잘 지켜 사용할 것
⑤ 상처가 있는 부위 등에는 사용을 자제할 것

화장품 유형과 사용 시의 주의사항(공통사항)
– 화장품법 시행규칙 [별표 3]
• 화장품 사용 시 또는 사용 후 직사광선에 의하여 사용부위가 붉은 반점, 부어오름 또는 가려움증 등의 이상 증상이나 부작용이 있는 경우 전문의 등과 상담할 것
• 상처가 있는 부위 등에는 사용을 자제할 것

정답 55 ③ 56 ① 57 ④ 58 ② 59 ⑤

60 염모제 사용 전 주의사항으로 옳지 않은 것은?

① 눈썹, 속눈썹 등은 위험하므로 사용하지 말 것
② 면도 직후에는 염색하지 말 것
③ 염모 전후 1주간은 파마 · 웨이브(퍼머넌트웨이브)를 하지 말 것
④ 고농도의 AHA 성분이 들어있어 부작용이 발생할 우려가 있으므로 전문의 등에게 상담할 것
⑤ 염색 전 2일 전(48시간 전)에는 매회 반드시 패취테스트를 실시할 것

④는 알파-하이드록시애시드 함유 제품의 주의사항이다.

61 퍼머넌트 웨이브 제품 및 헤어스트레이트너 제품 사용 시 주의사항으로 옳은 것은?

① 개봉한 제품은 15일 이내에 사용할 것
② 섭씨 20도 이하의 밝은 장소에 보관할 것
③ 두피, 얼굴, 눈, 목, 손 등에 약액이 묻지 않도록 유의하고, 얼굴 등에 약액이 묻었을 때는 즉시 물티슈로 닦을 것
④ 머리카락의 손상 등을 피하기 위하여 용법 · 용량을 지킬 것
⑤ 제2단계 퍼머액 중 그 주성분이 과산화수소인 제품은 검은 머리카락이 흰색으로 변할 수 있으므로 유의하여 사용할 것

퍼머넌트 웨이브 제품 및 헤어스트레이트너 제품 – 화장품 유형과 사용 시의 주의사항 – 화장품법 시행규칙 [별표3]
① 개봉한 제품은 7일 이내에 사용할 것
② 섭씨 15도 이하의 어두운 장소에 보존하고, 색이 변하거나 침전된 경우에는 사용하지 말 것
③ 두피 · 얼굴 · 눈 · 목 · 손 등에 약액이 묻지 않도록 유의하고, 얼굴 등에 약액이 묻었을 때에는 즉시 물로 씻어낼 것
⑤ 제2단계 퍼머액 중 그 주성분이 과산화수소인 제품은 검은 머리카락이 갈색으로 변할 수 있으므로 유의하여 사용할 것

62 화장품법 시행규칙 [별표 3] 화장품 유형과 사용 시의 주의사항에 따라 '퍼머넌트웨이브 제품 및 헤어스트레이트너 제품'에 개별적으로 반드시 기재하여야 하는 사항으로 옳은 것은? 3회 기출 유형(8점)

① 20℃ 이하의 어두운 장소에 보존하고, 색이 변하거나 침전된 경우에는 사용하지 말 것
② 개봉한 제품은 7일 이내에 사용할 것(에어로졸 제품이나 사용 중 공기유입이 차단되는 용기는 표시하지 아니한다)
③ 제2단계 퍼머액 중 그 주성분이 과산화수소인 제품은 모발이 손상될 수 있으므로 유의하여 사용할 것
④ 프로필렌 글리콜을 함유하고 있으므로 이 성분에 과민하거나 알레르기 병력이 있는 사람은 신중히 사용할 것(프로필렌 글리콜 함유제품만 표시한다)
⑤ 사용 후 물로 씻어내지 않으면 탈모 또는 탈색의 원인이 될 수 있으므로 주의할 것

① 15℃ 이하의 어두운 장소에 보존하고, 색이 변하거나 침전된 경우에는 사용하지 말 것
③ 제2단계 퍼머액 중 그 주성분이 과산화수소인 제품은 검은 머리카락이 갈색으로 변할 수 있으므로 유의하여 사용할 것
④ 외음부 세정제의 주의사항이다.
⑤ 모발용 샴푸의 주의사항이다.

63 <보기>에서 화장품법 시행규칙 [별표 3]에 따라 고압가스를 사용하는 에어로졸 제품에 추가로 기재하여야 할 주의사항을 모두 고른 것은?

4회 기출 유형(8점)

【보기】
㉠ 화장품 사용 시 또는 사용 후 자외선에 의하여 사용 부위가 붉은 반점, 부어오름 또는 가려움증 등의 이상 증상이나 부작용이 있는 경우 전문의 등과 상담할 것
㉡ 같은 부위에 연속해서 3초 이상 분사하지 말 것
㉢ 눈 주위 또는 점막 등에 분사하지 말 것. 다만, 자외선 차단제의 경우 얼굴에 직접 분사하지 말고 퍼프에 뿌려 얼굴에 바를 것
㉣ 섭씨 40도 이상의 장소 또는 밀폐된 장소에서 보관하지 말 것
㉤ 분사가스는 직접 흡입하지 않도록 주의할 것
㉥ 가능하면 인체에서 10센티미터 이상 떨어져서 사용할 것

① ㉠, ㉡, ㉢ ② ㉠, ㉡, ㉥
③ ㉡, ㉣, ㉤ ④ ㉢, ㉣, ㉥
⑤ ㉢, ㉤, ㉥

㉠은 공통 주의사항에 해당한다.
㉢ 눈 주위 또는 점막 등에 분사하지 말 것. 다만, 자외선 차단제의 경우 얼굴에 직접 분사하지 말고 손에 덜어 얼굴에 바를 것
㉥ 가능하면 인체에서 20센티미터 이상 떨어져서 사용할 것

정답 60 ④ 61 ④ 62 ② 63 ③

64 화장품 사용 시의 주의사항 표시 문구가 "눈에 접촉을 피하고 눈에 들어갔을 때는 즉시 씻어낼 것"인 제품을 모두 고른 것은?

【보기】

㉠ 스테아린산아연 함유 제품
㉡ 과산화수소 및 과산화수소 생성물질 함유 제품
㉢ 카민 함유 제품
㉣ 벤잘코늄클로라이드, 벤잘코늄브로마이드 및 벤잘코늄사카리네이트 함유 제품
㉤ 실버나이트레이트 함유 제품

① ㉠, ㉡, ㉢
② ㉠, ㉡, ㉣
③ ㉡, ㉢, ㉤
④ ㉡, ㉣, ㉤
⑤ ㉢, ㉣, ㉤

㉠ 스테아린산아연 함유 제품 : 사용 시 흡입되지 않도록 주의할 것
㉢ 카민 함유 제품 : 카민 성분에 과민하거나 알레르기가 있는 사람은 신중히 사용할 것

65 <보기>에서 「화장품 사용 시의 주의사항 및 알레르기 유발성분 표시에 관한 규정」 제3조 및 [별표 2] 화장품 착향제 중 알레르기 유발물질 표시 지침에 대한 옳은 설명을 모두 고른 것은?

4회 기출 유형(8점)

【보기】

㉠ 500g의 바디클렌저 제품에 제라니올이 0.02g 포함 시 제라니올은 표시하지 않아도 된다.
㉡ 알레르기 유발물질 25종에 대해서는 사용 시의 주의사항에 알레르기 유발성분임을 표시해야 한다.
㉢ 전성분이, A, B, C, D, E, F인 로션에 리모넨, 시트로넬올, 제라니올을 추가하면 "A, B, C, D, E, F, 향료(리모넨, 시트로넬올, 제라니올)"라고 전성분을 표시한다.
㉣ 알레르기 성분표시는 알레르기가 있는 소비자의 안전을 확보하기 위한 것이다.
㉤ 알레르기 유발성분을 함유하고 있지 않은 착향제는 전성분에 "향료"라고 표시할 수 있다.

① ㉠, ㉡
② ㉡, ㉢
③ ㉠, ㉣, ㉤
④ ㉡, ㉢, ㉣
⑤ ㉢, ㉣, ㉤

㉠ 바디클렌저는 씻어내는 제품이므로 0.01%를 초과하는 경우에 성분의 명칭을 기재 · 표시해야 한다. 제라니올이 0.004% 포함되어 있으므로 성분의 명칭을 기재 · 표시하지 않아도 된다.
㉡ 향료 중에 포함된 알레르기 유발성분의 표시는 '전성분 표시제'의 표시대상 범위를 확대한 것으로, '사용 시의 주의사항'에 기재될 사항은 아니다.
㉢ 소비자의 오해 · 오인의 우려가 있어 맞지 않는 표시 방법이다.
㉣, ㉤은 옳은 설명이다.

66 인체적용제품의 위해성평가 등에 관한 규정에 관한 내용으로 옳지 않은 것은?

① "위해성평가"란 인체적용제품에 존재하는 위해요소가 인체의 건강을 해치거나 해칠 우려가 있는지 여부와 그 정도를 과학적으로 평가하는 것을 말한다.
② 화장품의 위해성평가에 필요한 자료를 확보하기 위하여 동물실험 등을 통해 독성시험을 실시하는 것은 '동물실험에 관한 법률'에 의해 윤리성 및 안전성의 문제로 금지되어 있다.
③ 화학적 위해요소에 대한 위해성은 물질의 특성에 따라 위해지수, 안전역 등으로 표현하고 국내 · 외 위해성평가 결과 등을 종합적으로 비교 · 분석하여 최종 판단한다.
④ 미생물적 위해요소에 대한 위해성은 미생물 생육 예측 모델 결과값, 용량-반응 모델 결과값 등을 이용하여 인체 건강에 미치는 유해영향 발생 가능성 등을 최종 판단한다.
⑤ 식품의약품안전처장은 인체의 건강을 해칠 우려가 있다고 인정되는 인체적용제품에 해당하는 경우에는 위해성평가의 대상으로 선정할 수 있다.

② 식품의약품안전처장은 위해성평가에 필요한 자료를 확보하기 위하여 독성의 정도를 동물실험 등을 통하여 과학적으로 평가하는 독성시험을 실시할 수 있다.

67 <보기>는 피부장벽기능을 나타내는 지표에 관한 설명이다. ( ) 안에 들어갈 말을 영어 또는 한글로 기입하시오.

3회 기출 유형(12점)

【보기】

(㉠)은/는 각질층의 피부장벽기능을 측정하는 방법으로 단위면적당, 단위시간당 피부표면에서 증발되는 수분량으로 표기한다.

정답 64 ④ 65 ③ 66 ② 67 경피수분손실량 또는 TEWL

68 다음 제품 중 프로필렌 글리콜(Propylene glycol)을 함유하고 있으므로 이 성분에 과민하거나 알레르기 병력이 있는 사람은 신중히 사용해야 하는 제품을 모두 고른 것은?

【보기】
㉠ 염모제
㉡ 손 · 발의 피부연화 제품
㉢ 모발용 샴푸
㉣ 외음부 세정제
㉤ 제모제

① ㉠, ㉡, ㉢
② ㉠, ㉡, ㉣
③ ㉡, ㉢, ㉤
④ ㉡, ㉣, ㉤
⑤ ㉢, ㉣, ㉤

[문제]의 주의사항은 염모제, 탈염 · 탈색제, 손 · 발의 피부연화 제품, 외음부 세정제에 해당하는 내용이다.

69 다음 중 화장품의 함유 성분별 사용 시의 주의사항을 표시해야 하는 제품에 해당하는 것은?

① 스테아린산아연을 함유한 에센스
② 살리실릭애씨드 및 그 염류를 함유한 바디 클렌저
③ 알루미늄 및 그 염류를 함유한 데오도런트
④ 알부틴을 1% 함유한 미백크림
⑤ 포름알데하이드가 0.03% 검출된 버블 배스

주의사항 표시 대상 제품
① 스테아린산아연 함유 제품(기초화장용 제품류 중 파우더 제품에 한함)
② 살리실릭애씨드 및 그 염류 함유 제품(샴푸 등 사용 후 바로 씻어내는 제품 제외)
③ 알루미늄 및 그 염류 함유 제품(체취방지용 제품류에 한함)
④ 알부틴 2% 이상 함유 제품
⑤ 포름알데하이드 0.05% 이상 검출된 제품

70 다음은 화장품법 시행규칙 [별표 6]에 따라 식품의약품안전처장으로부터 위해화장품의 공표 명령을 받아 위해화장품 공표문을 인터넷 홈페이지에 게시하고자 작성한 것이다. ( ) 안에 들어갈 말로 옳은 것은? 3회 기출 유형(12점)

【위해화장품 회수】
「화장품법」 제5조의2에 따라 아래의 화장품을 회수합니다.

가. 회수제품명 :
나. (㉠) :
다. (㉡) :
라. (㉢) :
마. 회수 방법 :
바. 회수 영업자 :
사. 영업자 주소 :
아. 연락처 :
자. 그 밖의 사항 : 위해화장품 회수 관련 협조 요청
1) 해당 회수화장품을 보관하고 있는 판매자는 판매를 중지하고 회수 영업자에게 반품하여 주시기 바랍니다.
2) 해당 제품을 구입한 소비자께서는 그 구입한 업소에 되돌려 주시는 등 위해화장품 회수에 적극 협조하여 주시기 바랍니다.

	㉠	㉡	㉢
①	회수기한,	회수목적,	회수사유
②	회수기한,	제조번호,	회수목적
③	제조번호,	회수사유,	사용기한
④	제조번호,	사용기한,	회수기한
⑤	회수목적,	사용기한,	회수사용

나. 제조번호
다. 사용기한 또는 개봉 후 사용기간(병행 표기된 제조연월일을 포함한다)
라. 회수 사유

정답 68 ② 69 ③ 70 ③

71 다음은 맞춤형화장품판매장에서 근무하는 맞춤형화장품조제관리사가 화장품에 표시할 사용 시의 주의사항 중 모든 제품에 기재해야 할 공통내용을 미리 작성해 놓은 것이다. 3회 기출 유형(8점)

【사용 시의 주의사항】

(1) 화장품 사용 시 또는 사용 후 직사광선에 의하여 사용부위가 붉은 반점, 부어오름 또는 가려움증 등의 이상 증상이나 부작용이 있는 경우 전문의 등과 상담할 것
(2) 상처가 있는 부위 등에는 사용을 자제할 것
(3) 보관 및 취급 시의 주의사항
- 어린이의 손이 닿지 않는 곳에 보관할 것
- 직사광선을 피해서 보관할 것

매장에서 보관 중인 화장품의 내용물 중 외음부 세정제를 소분하여 판매하려는 경우, 화장품법 시행규칙 [별표 3] 화장품 유형과 사용 시의 주의사항에 따라 추가로 기재해야 할 내용을 <보기>에서 모두 고른 것은? (단, 해당 내용물에는 프로필렌글라이콜이 함유되어 있지 않음)

【보기】

㉠ 털을 제거한 직후에는 사용하지 말 것
㉡ 정해진 용법과 용량을 잘 지켜 사용할 것
㉢ 만 3세 이하 영유아에게는 사용하지 말 것
㉣ 임신 중에는 사용하지 않는 것이 바람직하며, 분만 직전의 외음부 주위에는 사용하지 말 것
㉤ 특이체질, 생리 또는 출산 전후이거나 질환이 있는 사람 등은 사용을 피할 것

① ㉠, ㉢, ㉣ ② ㉡, ㉢, ㉣
③ ㉡, ㉢, ㉣, ㉤ ④ ㉠, ㉡, ㉢, ㉤
⑤ ㉠, ㉡, ㉢, ㉣, ㉤

㉠은 체취 방지용 제품의 주의사항이다.
㉤은 퍼머넌트 웨이브 제품 및 헤어스트레이트너 제품의 주의사항이다.

72 <보기>는 화장품법 시행규칙 제2조를 토대로 작성한 내용이다. ( ) 안에 들어갈 해당 법령에 기재된 용어를 한글로 기입하시오. 3회 기출 유형(8점)

【보기】

덱스판테놀, 비오틴, 엘-멘톨 등은 「기능성화장품 기준 및 시험방법」 [별표 9]에 따라 ( )에 도움을 주는 기능성화장품 성분이다.

73 다음 중 위해평가 방법에 대한 설명으로 옳지 않은 것은?

① 위해요소에 노출됨에 따라 발생할 수 있는 독성의 정도와 영향의 종류 등을 파악한다.
② 동물 실험결과, 동물대체 실험결과 등의 불확실성 등을 보정하여 인체노출 허용량을 결정한다.
③ 화장품의 사용을 통하여 노출되는 위해요소의 양 또는 수준을 정량적 또는 정성적으로 산출한다.
④ 위해요소 및 이를 함유한 화장품의 사용에 따른 건강상 영향, 인체노출 허용량 또는 수준 및 화장품 이외의 환경 등에 의하여 노출되는 위해요소의 양을 고려하여 사람에게 미칠 수 있는 위해의 정도와 발생빈도 등을 정량적 또는 정성적으로 예측한다.
⑤ 화장품의 사용에 따른 사망 등의 위해가 발생하였을 경우, 인체의 위해요소 노출 정도만으로 위해성을 예측할 수 있다.

⑤ 화장품의 사용에 따른 사망 등의 위해가 발생하였을 경우, 위험성 확인만으로 위해도를 예측할 수 있다.

74 화장품의 위해평가 시에는 화장품 유형별 사용방법을 고려한 노출 시나리오를 설정하여 노출평가를 해야 한다. 화장품 유해물질 등에 대한 노출 시나리오 작성 시 고려할 사항에 해당되지 않는 것은?

① 1일 사용횟수
② 1회 사용량
③ 소비자 유형
④ 제품 도포 시간
⑤ 피부흡수율

노출 시나리오 작성 시 고려사항
- 1일 사용횟수
- 1일 사용량 또는 1회 사용량
- 피부흡수율
- 소비자 유형(예 어린이)
- 제품접촉 피부면적
- 적용방법(예 씻어내는 제품, 바르는 제품 등)

정답 71 ② 72 탈모 증상의 완화 73 ⑤ 74 ④

75 <보기>의 화장품이 국민 보건에 위해를 가할 우려가 있어 화장품법 시행규칙 제14조의2에 따라 회수 조치를 취하고자 할 때 회수 사유가 되는 성분과 위해성 등급으로 옳은 것은? 4회 기출 유형(12점)

【보기】

〈고시 원료를 사용한 미백 기능성화장품 성분표〉

성분명	함량(%)
정제수	87.08
글리세린	3.5
세틸알코올	2.1
아스코빌글루코사이드	2.0
비즈왁스	1.5
1,2-헥산다이올	1.0
소합향나무발삼오일	0.5
알로에베라추출물	0.5
카보머	0.5
페닐파라벤	0.5
착향제	0.5
메틸파라벤	0.3
적색 102호 (CI 16255)	0.02

〈조제한 맞춤형화장품 성분 분석 결과〉

성분	분석 결과
아스코빌글루코사이드	1.6%
납	15ppm
비소	10ppm
수은	0.5ppm
총호기성생균수	800개/g(mL)

	성분	위해성 등급
①	적색 102호,	나 등급
②	1,2 헥산다이올,	나 등급
③	소합향나무발삼오일,	다 등급
④	페닐파라벤,	가 등급
⑤	메틸파라벤,	가 등급

화장품에 사용할 수 없는 원료인 페닐파라벤이 사용되었으며, 사용할 수 없는 원료를 사용한 화장품의 위해 등급은 가 등급에 해당한다.

76 화장품에 중대한 유해사례가 발생하면 식품의약품안전처에 유해사실이 발견된 화장품에 대한 보고를 해야 한다. 이 경우 보고 주체와 보고 시기로 옳은 것은?

	보고 주체	보고 시기
①	화장품책임판매업자	15일 이내
②	맞춤형화장품조제관리사	15일 이내
③	화장품제조업자	15일 이내
④	화장품책임판매업자	30일 이내
⑤	맞춤형화장품조제관리사	30일 이내

안전성 정보의 신속보고 – 화장품 안전성정보관리 규정 제5조
화장품책임판매업자는 화장품 안전성 정보를 알게 된 때에는 그 정보를 알게 된 날로부터 15일 이내에 식품의약품안전처장에게 신속히 보고하여야 한다.

77 다음 중 위해성 등급의 정도가 다른 것은?

① 안전용기 · 포장 기준에 위반되는 화장품
② 병원미생물에 오염된 화장품
③ 미등록자가 제조한 화장품 또는 제조 · 수입하여 유통 · 판매한 화장품
④ 화장품제조업자 또는 화장품책임판매업자 스스로 국민보건에 위해를 끼칠 우려가 있어 회수가 필요하다고 판단한 화장품
⑤ 미신고자가 판매한 맞춤형화장품

안전용기 · 포장 기준에 위반되는 화장품은 나 등급이며, 나머지는 모두 다 등급에 해당한다.

78 다음 중 위해성 등급의 정도가 다른 것은?

① 포름알데하이드가 2,000ppm 초과 검출된 화장품
② 전부 또는 일부가 변패된 화장품
③ 맞춤형화장품조제관리사를 두지 않고 판매한 맞춤형화장품
④ 이물이 혼입되었거나 부착된 화장품 중 보건위생상 위해를 발생할 우려가 있는 화장품
⑤ 사용기한 또는 개봉 후 사용기간(병행 표기된 제조연월일 포함)을 위조 · 변조한 화장품

화장품에 사용할 수 없는 포름알데하이드가 검출된 화장품의 위해성 등급은 가 등급이며, 나머지는 모두 다 등급에 해당한다.

정답 75 ④ 76 ① 77 ① 78 ①

79 화장품 사용 중 알게 된 유해사례 등의 안전성 정보 보고에 대한 설명으로 옳은 것은? 3회 기출 유형(12점)

① 유해사례란 화장품의 사용 중 발생한 바람직하지 않고 의도되지 아니한 징후 · 증상 또는 질병을 말하며, 당해 화장품과 반드시 인과관계를 가져야 하는 것은 아니다.
② 사망을 초래하거나 생명을 위협하는 중대한 위해사례가 발생하여 신속보고를 하는 때에는 정보를 알게 된 날로부터 30일 이내에 하여야 한다.
③ 안전성 정보란 화장품과 관련하여 국민보건에 직접 영향을 미칠 수 있는 안전성에 관한 새로운 자료, 유해사례 정보 등을 말하는 것으로 유효성에 관한 자료는 포함되지 않는다.
④ 반기 내 발생한 부작용 사례나 알게 된 유해사례를 정기 보고할 때에는 매 반기 종료 후 20일 이내에 보고하여야 한다.
⑤ 안전성 정보의 보고는 식품의약품안전처 홈페이지를 통해서만 할 수 있다.

화장품 안전성 정보관리 규정
② 사망을 초래하거나 생명을 위협하는 중대한 위해사례가 발생하여 신속보고를 하는 때에는 정보를 알게 된 날로부터 15일 이내에 하여야 한다.
③ "안전성 정보"란 화장품과 관련하여 국민보건에 직접 영향을 미칠 수 있는 안전성 · 유효성에 관한 새로운 자료, 유해사례 정보 등을 말한다.
④ 반기 내 발생한 부작용 사례나 알게 된 유해사례를 정기 보고할 때에는 매 반기 종료 후 1월 이내에 보고하여야 한다.
⑤ 안전성 정보의 신속보고는 식품의약품안전처 홈페이지를 통해 보고하거나 우편 · 팩스 · 정보통신망 등의 방법으로 할 수 있다.

80 다음 중 회수 대상 화장품이 아닌 것은?

① 디메칠니트로소아민이 함유된 화장품
② 맞춤형화장품조제관리사를 두지 않고 판매한 맞춤형화장품
③ 맞춤형화장품 판매를 위하여 화장품의 포장 및 기재 · 표시 사항을 훼손한 화장품
④ 화장품의 기재사항, 가격표시, 기재 · 표시상의 주의사항에 위반되는 화장품 또는 의약품으로 잘못 인식할 우려가 있게 기재 · 표시된 화장품
⑤ 사용기한을 위조한 화장품

① 디메칠니트로소아민은 사용할 수 없는 원료이므로 회수 대상 화장품이다.
③ 맞춤형화장품 판매를 위하여 화장품의 포장 및 기재 · 표시 사항을 훼손한 경우는 회수 대상 화장품이 아니다.

81 다음 중 식품의약품안전처에 회수명령대상 화장품인 것은?

① 펌프가 불량한 화장품
② 내용량이 표시량보다 20% 부족한 화장품
③ 안전용기가 아닌 용기에 포장된 아세톤 네일 에나멜 리무버
④ 기능성화장품으로 보고하지 않고 주름개선에 도움을 준다고 표시 · 광고한 화장품
⑤ 판매 가격을 표시하지 않은 화장품

회수 대상 화장품의 기준
아세톤을 함유하는 네일 에나멜 리무버는 안전용기 · 포장을 사용하여야 하는 품목에 해당되며, 안전용기 · 포장 기준에 위반되는 화장품은 회수명령대상 화장품에 속한다.

82 「인체적용제품의 위해성평가 등에 관한 규정」 제13조 독성시험의 실시에 관한 내용으로 옳은 것은?

① 식품의약품안전처장은 위해성평가에 필요한 자료를 확보하기 위하여 독성의 정도를 동물실험 등을 통하여 과학적으로 평가하는 독성시험을 실시할 수 있다.
② 독성시험은 「의약품등 독성시험기준」 또는 세계보건기구에서 정하고 있는 독성시험방법에 따라 실시한다.
③ 독성시험 임상동물의 특성, 노출경로 등을 고려하여 독성시험항목 및 방법 등을 선정한다.
④ 독성시험 절차는 「화장품 임상시험관리기준」에 따라 수행한다.
⑤ 독성시험결과에 대한 조직병리 전문가 등의 검증을 수행한다.

② 독성시험은 「의약품등 독성시험기준」 또는 경제협력개발기구(OECD)에서 정하고 있는 독성시험방법에 따라 실시한다.
③ 독성시험 대상물질의 특성, 노출경로 등을 고려하여 독성시험 항목 및 방법 등을 선정한다.
④ 독성시험 절차는 「비임상시험관리기준」에 따라 수행한다.
⑤ 독성시험결과에 대한 독성병리 전문가 등의 검증을 수행한다.

정답 79 ① 80 ③ 81 ③ 82 ①

83 <보기>에서 화장품법 시행규칙에 따른 화장품의 회수에 대한 옳은 설명을 모두 고른 것은?

3회 기출 유형(12점)

【보기】

㉠ 전부 또는 일부가 변폐된 화장품은 위해성 등급 중 '가등급'에 해당한다.
㉡ 내용량 측정 결과 95%인 화장품은 위해성 등급 중 '나등급'에 해당한다.
㉢ 기능성화장품 주성분 함량이 기준치에 부적합한 경우는 '다등급'에 해당한다.
㉣ 회수를 하고자 하는 영업자는 회수대상화장품이라는 사실을 안 날로부터 5일 이내에 식품의약품안전처장에게 회수계획서를 제출하여야 한다.
㉤ '가등급' 화장품의 경우 회수기간 연장 신청을 하지 않을 경우 회수를 시작한 날부터 15일 이내에 회수하여야 한다.
㉥ 회수의무자는 통보 사실을 입증할 수 있는 자료를 회수시작일로부터 2년간 보관하여야 한다.
㉦ 회수계획에 따른 회수계획량의 5분의 4 이상을 회수한 경우 행정처분을 면제받을 수 있다.

① ㉠, ㉣, ㉥　② ㉡, ㉣, ㉦
③ ㉡, ㉤, ㉥　④ ㉢, ㉣, ㉦
⑤ ㉢, ㉤, ㉦

㉠ 전부 또는 일부가 변폐된 화장품은 위해성 등급 중 '다등급'에 해당한다.
㉡ 내용량의 기준에 관한 부분은 위해성 등급에 해당하지 않는다.
㉣ 회수를 하고자 하는 영업자는 회수대상화장품이라는 사실을 안 날로부터 5일 이내에 지방식품의약품안전청장에게 회수계획서를 제출하여야 한다.
㉥ 회수의무자는 통보 사실을 입증할 수 있는 자료를 회수종료일로부터 2년간 보관하여야 한다.

84 <보기>에서 「화장품 안전기준 등에 관한 규정」 [별표 2] 사용상의 제한이 필요한 원료에 따라 화장품 유형에 상관없이 0.7%를 사용할 수 있는 성분만 고른 것은?

3회 기출 유형(8점)

【보기】

살리실릭애씨드, 벤조익애씨드, 벤질알코올, 소르빅애씨드, 페녹시에탄올, 포믹애씨드, 프로피오닉애씨드

① 살리실릭애씨드, 벤조익애씨드
② 벤조익애씨드, 포믹애씨드
③ 벤질알코올, 소르빅애씨드
④ 소르빅애씨드, 페녹시에탄올
⑤ 프로피오닉애씨드, 벤질알코올

① 살리실릭애씨드(0.5%), 벤조익애씨드(0.5%)
② 벤조익애씨드(0.5%), 포믹애씨드(0.5%)
③ 벤질알코올(1.0%), 소르빅애씨드(0.6%)
④ 소르빅애씨드(0.6%), 페녹시에탄올(1%)
⑤ 프로피오닉애씨드(0.9%), 벤질알코올(1.0%)

85 <보기>는 「기능성화장품 기준 및 시험방법」 [별표 1] 통칙에 따라 화장품 제형을 정의내린 것이다. ( ) 안에 들어갈 말로 옳은 것은?

3회 기출 유형(8점)

【보기】

- (㉠)란 유성성분과 수성성분을 균질화하는 원료를 넣어 만든 반고형상을 말한다.
- (㉡)란 액체를 침투시킨 분자량이 큰 유기분자로 이루어진 반고형상을 말한다.

	㉠	㉡
①	로션제,	크림제
②	크림제,	겔제
③	크림제,	로션제
④	겔제,	크림제
⑤	로션제,	겔제

86 <보기>는 에탄올과 땅콩오일이 포함된 맞춤형화장품을 조제할 때 필요한 규격이다. ( ) 안에 들어갈 말로 옳은 것은?

3회 기출 유형(12점)

【보기】

- 땅콩오일은 원료 중 땅콩단백질의 최대 농도가 (㉠) ppm을 초과하지 않아야 한다.
- 메탄올은 에탄올의 변성제로서만 전체 알코올 중에서 (㉡)%까지 사용 가능하므로 에탄올의 함유량이 포함된 규격서를 확인하여 변성제의 유무 또는 함유량을 확인해야 한다.

	㉠	㉡
①	0.1,	0.1
②	0.1,	1.0
③	0.5,	5.0
④	0.5,	1.0
⑤	1.0,	5.0

- 땅콩오일은 원료 중 땅콩단백질의 최대 농도가 0.5ppm을 초과하지 않아야 한다.
- 메탄올은 에탄올의 변성제로서만 전체 알코올 중에서 5%까지 사용 가능하다.

정답 83 ⑤ 84 ⑤ 85 ② 86 ③

87 맞춤형화장품판매장에 방문한 고객이 해당 매장에 근무하고 있는 맞춤형화장품조제관리사에게 매장에서 조제되는 여러 가지 화장품과 관련하여 사용상의 주의사항에 대한 설명을 듣게 되었다. 이때 맞춤형화장품조제관리의 설명으로 옳은 것은?

3회 기출 유형(8점)

① A는 파우더 팩트 제품인데 실버나이트레이트가 함유되어 있으니 신장 질환이 있으신 경우 사용하기 전에 의사, 약사, 한의사와 상담하세요.
② B는 미백 기능성화장품인데, 알부틴이 2% 이상 함유되어 있으니 만 3세 이하의 어린이에게는 사용하지 말아 주세요.
③ C는 카민이 함유된 제품이므로 눈에 접촉을 피하고 눈에 들어갔을 때는 즉시 씻어내세요.
④ D는 알루미늄이 함유된 제품이므로 만 3세 이하의 어린이에게는 사용하지 말아주세요.
⑤ E는 바디 파우더 제품인데 스테아린산 아연이 함유되어 있으니 사용하실 때 흡입되지 않도록 주의해 주세요.

> ① 실버나이트레이트 : 눈에 접촉을 피하고 눈에 들어갔을 때는 즉시 씻어낼 것
> ② 알부틴 : 알부틴은 「인체적용시험자료」에서 구진과 경미한 가려움이 보고된 예가 있음
> ③ 카민 : 카민 성분에 과민하거나 알레르기가 있는 사람은 신중히 사용할 것
> ④ 알루미늄 : 신장 질환이 있는 사람은 사용 전에 의사, 약사, 한의사와 상의할 것

88 <보기>는 식품의약품안전처에서 수거하여 점검한 화장품의 성분 및 함량과 기타 특징이다. 15일 이내 회수해야 하는 제품과 30일 이내 회수해야 하는 제품으로 옳은 것은? 기출 유형 4회(18점)

【보기】
㉠ 아이오도프로피닐부틸카바메이트(IPBC)를 0.02% 사용하였고, pH 11인 세안용 클렌징폼
㉡ 세균이 43 cfu/g(mL), 진균이 115 cfu/g(mL) 검출된 물휴지
㉢ 아데노신을 사용하여 자료제출을 면제받았고, 피부의 주름개선에 도움을 주는 기능성화장품으로 수거검사 결과 아데노신 함량이 0.037%인 페이셜크림
㉣ 무화과나무(Ficus carica)잎엡솔루트 함량이 0.015%인 향수

	15일 이내 회수	30일 이내 회수
①	㉠	㉡
②	㉠	㉢
③	㉡	㉢
④	㉢	㉣
⑤	㉣	㉡

> ㉠, ㉡ 유통화장품 안전관리 기준에 위반되므로 30일 이내 회수이다.
> ㉢ 기능성화장품의 기능성을 나타나게 하는 주원료 함량이 기준치에 부적합한 경우 30일 이내 회수이다.
> ㉣ 무화과나무잎엡솔루트는 사용할 수 없는 원료이므로 15일 이내 회수이다.

89 <보기>는 「화장품 안전기준 등에 관한 규정」 [별표 2] 사용상의 제한이 필요한 원료에 대한 설명이다. 설명하고 있는 원료명을 한글로 기입하시오.

3회 기출 유형(12점)

【보기】
- 분자식 : $(C_5H_4ONS)_2Zn$
- 분자량 : 317.7
- 성상 : 황색을 띤 회백색 가루
- 사용목적 : 보존제로 씻어내는 제품에 0.5% 이내 사용. 비듬 및 가려움을 덜어주고 씻어내는 제품(샴푸, 린스)에 사용

90 다음은 기능성화장품으로 2차 포장이 없는 제품에 들어가는 이다. <전 성분>을 통해 기능성화장품의 종류를 유추하고, 화장품법 시행규칙 제19조에 따라 추가 기재해야 하는 사항으로 ( ) 안에 해당 법령에 기재된 용어를 순서대로 기입하시오.

3회 기출 유형(12점)

【보기】
(㉠)의 예방 및 (㉡)를 위한 (㉢)이 아님

〈전 성분〉
정제수, 다이소듐라우레스설포석시네이트, 라우라미도프로필베타인, 폴리쿼터늄-7, 소듐클로라이드, 글리세린, 판테놀, 징크피리치온, 엘-멘톨, 나이아신, 징크설페이트, 부틸렌글라이콜, 시트릭애씨드, 다이소듐이디티에이, 다이포타슘글리시리제이트, 향료

정답 87 ⑤ 88 ⑤ 89 징크피리치온 90 질병, 치료, 의약품

91 화장품에 사용되는 수성원료 중 분자 내에 하이드록시기(-OH)를 2개 이상 가지고 있는 유기화합물을 폴리올이라고 한다. 하이드록시기를 3개 가지고 있는 폴리올 원료 하나를 <보기>에서 골라 그대로 기입하시오. 3회 기출 유형(8점)

【보기】

레티놀, 소듐하이드록사이드, 솔비톨, 세틸알코올, 스테아릭애씨드, 신나믹애씨드, 에틸트라이실록세인, 글리세린, 올레익애씨드, 잔탄검, 젤라틴, 트라이에탄올아민, 쿠마린, 글루코오스, 토포페콜, 에탄올, 비타민 C, 스쿠알란, 알지닌

92 다음은 화장품법 시행규칙 제18조에 따른 안전관리상 어린이가 개봉하기 어려운 안전용기·포장이 필요한 대상이다. 3회 기출 유형(8점)

【안전용기 · 포장이 필요한 대상】

- (㉠)을/를 함유하는 네일 에나멜 리무버 및 네일 폴리시 리무버
- 개별포장당 (㉡)을/를 5퍼센트 이상 함유하는 액체상태의 제품

(㉠)과 (㉡)에 들어갈 말로 옳은 것을 <보기>에서 골라 순서대로 기입하시오.

【보기】

과산화수소, 레티노익애씨드, 리모넨, 에탄올, 살리실릭애씨드, 솔비톨, 스테아릭애씨드, 신남알, 아세톤, 아세틱애씨드, 알부틴, 메탄올, 이소프로필알코올, 레조시놀, 토코페롤, 메틸 살리실레이트, 클로로포름

93 <보기>는 화장품법 시행규칙 제2조 기능성화장품의 범위에 대한 내용이다. ( ) 안에 들어갈 해당 법령에 기재된 용어를 순서대로 기입하시오. 3회 기출 유형(12점)

【보기】

- 여드름성 피부를 완화하는 데 도움을 주는 화장품. 다만, (㉠) 제품류로 한정한다.
- (㉡) (으)로 인한 붉은 선을 엷게 하는 데 도움을 주는 화장품

94 다음은 「화장품 사용 시의 주의사항 및 알레르기 유발성분 표시에 관한 규정」 [별표 1] 화장품의 함유 성분별 사용 시의 주의사항 표시 문구 중 하나이다. ( ) 안에 공통으로 들어갈 해당 규정에 기재된 성분명을 한글로 기입하시오. 3회 기출 유형(8점)

【보기】

- 성분 : ( ) 및 ( ) 생성물질 함유제품
- 표시 문구 : 눈에 접촉을 피하고 눈에 들어갔을 때는 즉시 씻어낼 것

95 다음은 알파-하이드록시애씨드가 함유된 피부 각질관리용 맞춤형화장품 사용 시 주의사항이다. 3회 기출 유형(12점)

【주의사항】

- 햇빛에 대한 피부의 감수성을 증가시킬 수 있으므로 자외선 차단제를 함께 사용하여 주십시오. (씻어내는 제품 및 두발용 제품은 제외한다)
- 피부 자극 등이 있을 수 있으니 일부에 시험 사용하여 피부 이상을 확인하여 주십시오.
- 고농도의 AHA 성분이 들어 있어 부작용이 발생할 우려가 있으므로 전문의 등에게 상담하여 주십시오.

( ) 안에 들어갈 말을 순서대로 기입하시오. (단, ㉠은 숫자로 기입, ㉡, ㉢은 순서 관련 없이 <성분 목록>에서 골라 그대로 기입)

【보기】

- AHA 성분이 10%를 초과하여 함유되어 있거나 산도가 (㉠) 미만인 경우 〈주의사항〉 내용을 모두 설명해야 한다.
- 다음 〈성분 목록〉에서 AHA에 해당하는 성분은 (㉡), (㉢)이다.

【성분 목록】

글라이콜릭애씨드, 살라실릭애씨드, 락틱애씨드, 스테아릭애씨드, 라우릭애씨드, 미리스틱애씨드, 팔미틱애씨드, 올레익애씨드, 아스코빅애씨드, 히알루로닉애씨드, 소르빅애씨드

정답 91 글리세린 92 ㉠ 아세톤, ㉡ 메틸 살리실레이트 93 ㉠ 인체세정용 ㉡ 튼살 94 과산화수소 95 3.5, 글라이콜릭애씨드, 락틱애씨드

CHAPTER

03

화장품의 유통 및 안전관리 등에 관한 사항

Customized Cosmetics Preparation Manager

작업장 및 작업자의 위생관리

[식약처 동영상 강의]

▶ 작업장의 청소 기준
- 청소 방법 및 주기
- 청소 도구 및 소독제의 구분 관리
- 작업실별 청소, 소독 방법 및 주기
- 작업장 위생관리 점검 시기 및 방법
- 소독제의 취급 사용 관리
- 청소 상태 평가 방법
- 청소 및 소독 시 유의사항
- 작업장 내 금지사항

▶ 작업장의 방충 · 방서관리 기준
- 방충 관리
- 방서 관리
- 방충 · 방서 시설 점검 및 관리
- 소독제 투약 시 주의사항

▶ 방충 대책의 구체적인 예
① 벽, 천장, 창문, 파이프 구멍에 틈이 없도록 한다.
② 개방할 수 있는 창문을 만들지 않는다.
③ 창문은 차광하고 야간에 빛이 밖으로 새어나가지 않게 한다.
④ 배기구, 흡기구에 필터를 단다.
⑤ 폐수구에 트랩을 단다.
⑥ 문 하부에는 스커트를 설치한다.
⑦ 골판지, 나무 부스러기를 방치하지 않는다.(벌레의 집이 된다)
⑧ 실내압을 외부(실외)보다 높게 한다.(공기조화장치)
⑨ 청소와 정리정돈을 잘한다.
⑩ 해충, 곤충의 조사와 구제를 실시한다.

01 개요

1 우수화장품 제조 및 품질관리기준(CGMP)의 목적

① 이 고시는「화장품법」제5조제2항 및 같은법 시행규칙 제12조제2항에 따라 우수화장품 제조 및 품질관리 기준에 관한 세부사항을 정하고, 이를 이행하도록 권장함으로써 우수한 화장품을 제조 · 공급하여 소비자보호 및 국민 보건 향상에 기여함을 목적으로 한다.

② CGMP는 품질이 보장된 우수한 화장품을 제조 · 공급하기 위한 제조 및 품질관리에 관한 기준으로서 직원, 시설 · 장비 및 원자재, 반제품, 완제품 등의 취급과 실시방법을 정한 것이다.

2 CGMP 3대 요소 기출(21-3회)

① 인위적인 과오의 최소화

② 미생물오염 및 교차오염으로 인한 품질저하 방지

③ 고도의 품질관리체계 확립

02 작업장의 위생기준

1 작업소의 위생

① 곤충, 해충이나 쥐를 막을 수 있는 대책을 마련하고 정기적으로 점검 · 확인하여야 한다.

② 제조, 관리 및 보관 구역 내의 바닥, 벽, 천장 및 창문은 항상 청결하게 유지되어야 한다.

③ 제조시설이나 설비의 세척에 사용되는 세제 또는 소독제는 효능이 입증된 것을 사용하고 잔류하거나 적용하는 표면에 이상을 초래하지 아니하여야 한다.

④ 제조시설이나 설비는 적절한 방법으로 청소하여야 하며, 필요한 경우 위생관리 프로그램을 운영하여야 한다.

2 곤충, 해충이나 쥐를 막을 수 있는 대책

(1) 기본 원칙

① 벌레가 좋아하는 것을 제거한다.

② 빛이 밖으로 새어나가지 않게 한다.

③ 조사한다.

④ 구제한다.

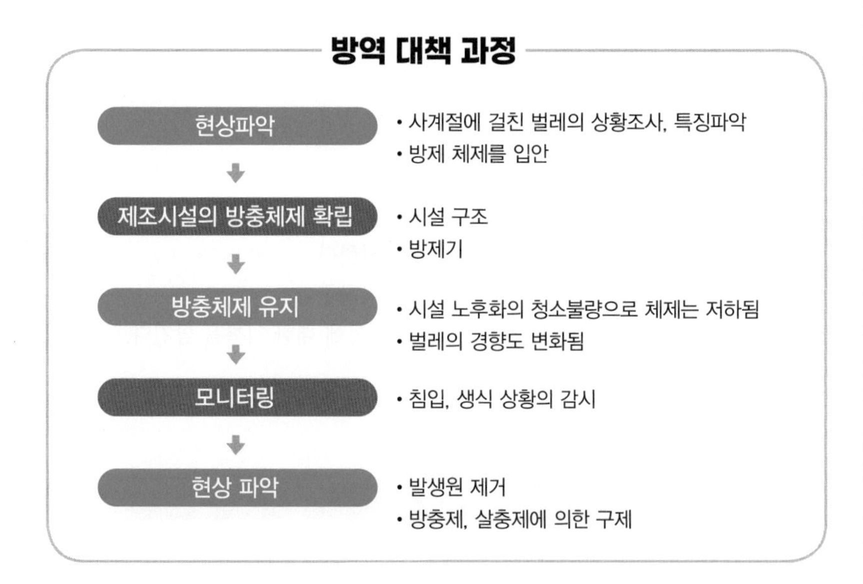

3 청소 방법과 위생 처리에 대한 사항

① 공조시스템에 사용된 필터는 규정에 의해 청소되거나 교체되어야 한다.

② 물질 또는 제품 필터들은 규정에 의해 청소되거나 교체되어야 한다.

③ 물 또는 제품의 모든 유출과 고인 곳 그리고 파손된 용기는 지체 없이 청소 또는 제거되어야 한다.

④ 제조 공정 또는 포장과 관련되는 지역에서의 청소와 관련된 활동이 기류에 의한 오염을 유발해 제품 품질에 위해를 끼칠 것 같은 경우에는 작업 동안에 해서는 안 된다.

⑤ 진공청소기 등 청소에 사용되는 용구는 정돈된 방법으로 깨끗하고, 건조된 지정된 장소에 보관되어야 한다.

⑥ 오물이 묻은 걸레는 사용 후에 버리거나 세탁해야 한다.

⑦ 오물이 묻은 유니폼은 세탁될 때까지 적당한 컨테이너에 보관되어야 한다.

⑧ 제조 공정과 포장에 사용한 설비 및 도구들은 세척해야 한다.

⑨ 제조 공정과 포장 지역에서 재료의 운송을 위해 사용된 기구는 필요할 때 청소되고 위생 처리되어야 하며, 작업은 적절하게 기록되어야 한다.

⑩ 제조 공장을 깨끗하고 정돈된 상태로 유지하기 위해 필요할 때 청소가 수행되어야 한다.

▶ 적절한 때에 도구들은 계획과 절차에 따라 위생 처리되어야 하고 기록되어야 한다.

▶ 적절한 방법으로 보관되어야 하고, 청결을 보증하기 위해 사용 전 검사되어야 한다. (청소완료 표시서)

▶ 직무를 수행하는 모든 사람은 충분한 교육을 받아야 한다.

▶ 천장, 머리 위의 파이프, 기타 작업 지역은 필요할 때 모니터링 하여 청소되어야 한다.

⑪ 제품 또는 원료가 노출되는 제조 공정, 포장 또는 보관 구역에서의 공사 또는 유지관리 보수 활동은 제품 오염을 방지하기 위해 적합하게 처리되어야 한다.

⑫ 제조 공장의 한 부분에서 다른 부분으로 먼지, 이물 등을 묻혀가는 것을 방지하기 위해 주의하여야 한다.

4 청소 및 세척

▶ 청소 : 주위의 청소와 정리정돈을 포함한 시설 · 설비의 청정화 작업

▶ 세척 : 설비의 내부 세척화 작업

① 절차서를 작성한다.
- "책임"을 명확하게 한다.
- 사용기구를 정해 놓는다.
- 구체적인 절차를 정해 놓는다.
- 심한 오염에 대한 대처 방법을 기재해 놓는다.

② 판정기준 : 구체적인 육안판정기준을 제시한다.

③ 세제를 사용한다면 세제명을 정해 놓고 기록한다.

④ 사용한 기구, 세제, 날짜, 시간, 담당자명 등에 대한 기록을 남긴다.

⑤ "청소결과"를 표시한다.

03 작업장 내 직원의 위생

기출(20-1회)

1 직원의 위생

▶ CGMP 고시 제6조

① 적절한 위생관리 기준 및 절차를 마련하고 제조소 내의 모든 직원은 이를 준수해야 한다.

② 작업소 및 보관소 내의 모든 직원은 화장품의 오염을 방지하기 위해 규정된 작업복을 착용해야 하고 음식물 등을 반입해서는 안 된다.

③ 피부에 외상이 있거나 질병에 걸린 직원은 건강이 양호해지거나 화장품의 품질에 영향을 주지 않는다는 의사의 소견이 있기 전까지는 화장품과 직접적으로 접촉되지 않도록 격리되어야 한다.

④ 제조구역별 접근권한이 없는 작업원 및 방문객은 가급적 제조, 관리 및 보관구역 내에 들어가지 않도록 하고, 불가피한 경우 사전에 직원 위생에 대한 교육 및 복장 규정에 따르도록 하고 감독하여야 한다.

① 적절한 위생관리 기준 및 절차를 마련하고 제조소 내의 모든 직원이 위생관리 기준 및 절차를 준수할 수 있도록 교육훈련 해야 한다.

② 신규 직원에 대하여 위생교육을 실시하며, 기존 직원에 대해서도 정기적으로 교육을 실시한다.

▶ 직원의 위생관리 기준 및 절차에는 직원의 작업 시 복장, 직원 건강상태 확인, 직원에 의한 제품의 오염방지에 관한 사항, 직원의 손 씻는 방법, 직원의 작업 중 주의사항, 방문객 및 교육훈련을 받지 않은 직원의 위생관리 등이 포함되어야 한다.

③ 직원은 작업 중의 위생관리상 문제가 되지 않도록 청정도에 맞는 적절한 작업복, 모자와 신발을 착용하고 필요할 경우는 마스크, 장갑을 착용한다.

▶ 작업복 등은 목적과 오염도에 따라 세탁을 하고 필요에 따라 소독한다.

▶ 작업 전에 복장점검을 하고 적절하지 않을 경우는 시정한다.

④ 직원은 별도의 지역에 의약품을 포함한 개인적인 물품을 보관해야 하며, 음식, 음료수 및 흡연구역 등은 제조 및 보관 지역과 분리된 지역에서만 섭취하거나 흡연하여야 한다.

⑤ 제품 품질과 안전성에 악영향을 미칠지도 모르는 건강 조건을 가진 직원은 원료, 포장, 제품 또는 제품 표면에 직접 접촉하지 말아야 한다.

▶ 명백한 질병 또는 노출된 피부에 상처가 있는 직원은 증상이 회복되거나 의사가 제품 품질에 영향을 끼치지 않을 것이라고 진단할 때까지 제품과 직접적인 접촉을 하여서는 안 된다.

⑥ 방문객 또는 안전 위생의 교육훈련을 받지 않은 직원이 화장품 제조, 관리, 보관을 실시하고 있는 구역으로 출입하는 일은 피해야 한다.

▶ 방문객과 훈련 받지 않은 직원이 제조, 관리 보관구역으로 들어가면 반드시 동행한다.

⑦ 영업상의 이유, 신입 사원 교육 등을 위하여 안전 위생의 교육훈련을 받지 않은 사람들이 제조, 관리, 보관구역으로 출입하는 경우에는 안전 위생의 교육훈련 자료를 미리 작성해 두고 출입 전에 "교육훈련"을 실시한다.

▶ 교육훈련의 내용 : 직원용 안전 대책, 작업 위생 규칙, 작업복 등의 착용, 손 씻는 절차 등

2 혼합·소분 시 위생관리 규정

① 보건위생상 위해가 없도록 맞춤형화장품 혼합 · 소분에 필요한 장소, 시설 및 기구를 정기 점검하여 작업에 지장이 없도록 위생적으로 관리 · 유지할 것

② 혼합 · 소분 시 오염방지를 위하여 다음의 안전관리기준을 준수할 것

- 혼합 · 소분 전에 손을 소독 또는 세정하거나 일회용 장갑을 착용할 것
- 혼합 · 소분에 사용되는 장비 또는 기기 등은 사용 전 · 후 세척할 것
- 혼합 · 소분된 제품을 담을 용기의 오염 여부를 사전에 확인할 것

04 작업자 위생 유지를 위한 세제의 종류와 사용법

1 세정제별 작용 기능

종류	작용 기능
알코올, 페놀, 알데하이드, 아이소프로판올, 포르말린	단백질 응고 또는 변경에 의한 세포 기능 장해
할로겐 화합물, 과산화수소, 과망간산칼륨, 아이오딘, 오존	산화에 의한 세포 기능 장해
옥시시안화수소	원형질 중의 단백질과 결합하여 세포기능 장해
계면활성제, 클로르헥사이딘	세포벽과 세포막 파괴에 의한 세포 기능 장해
양성 비누, 붕산, 머큐로크로뮴 등	효소계 저해에 의한 세포 기능 장해

2 세제의 구성 요건

① 사용이 편리하고 유용해야 함

② 중성에서 약알칼리성 사이의 다목적 세제는 범용 제품으로 물과 상용성이 있는 모든 표면에 적용

③ 연마 세제는 기계적으로 저항성이 있는 물질에 한정적으로 사용

④ 다목적 세제와 연마 세제는 가정에서는 손으로 직접 사용하지만 작업장에서는 바닥연마기, 고압장치, 기포발생기와 같은 보조 장치나 기구 이용

⑤ 표면은 헹굼이나 재세척 없이도 건조 후 깨끗하고 잔유물이 남지 않아야 함

⑥ 연마세제는 희석하지 않고 아주 소량의 물을 사용하여 직접 표면에 사용하며 잘 헹구어 줌

▶ 세제의 요구 조건
- 안전성이 높을 것
- 세정력이 우수할 것
- 헹굼이 용이할 것
- 사용 및 계량이 편리할 것
- 기구 및 장치의 재질에 부식성이 없을 것
- 가격이 저렴할 것
- 표면을 보호할 것
- 세정 후 표면에 잔류물이 없는 건조 상태일 것
- 법적으로 인가받은 제품일 것

3 세척제의 종류

구분	pH	오염제거물질		특성
무기산과 약산성 세척제	0.2~5.5	무기염, 수용성 금속 Complex	• 강산 : 염산, 황산, 인산 • 약산(희석한 유기산) : 초산, 구연산	• 산성에 녹는 물질, 금속 산화물 제거에 효과적 • 독성, 환경 및 취급 문제 있을 수 있음
중성 세척제	5.5~8.5	기름때 작은 입자	약한 계면 활성제 용액(알코올과 같은 수용성 용매를 포함할 수 있음)	• 용해나 유화에 의한 제거 • 낮은 독성, 부식성
약알칼리, 알칼리 세척제	8.5~12.5	기름, 지방, 입자	수산화암모늄, 탄산나트륨, 인산나트륨, 붕산액	• 알칼리는 비누화, 가수 분해를 촉진
부식성 알칼리 세척제	12.5~14	찌든 기름	수산화나트륨, 수산화칼륨, 규산나트륨	• 오염물의 가수 분해 시 효과 • 독성 주의, 부식성

기출(21-4회)

4 세제의 사용법 예시

시설기구	청소 주기	세제	청소 방법
원료창고	수시	상수	• 작업 종료 후 비 또는 진공청소기로 청소하고 물걸레로 닦음
	1회/월	상수	• 진공청소기 등으로 바닥, 벽, 창, 선반, 원료통 주위의 먼지를 청소하고 물걸레로 닦음
칭량실	작업 후	상수, 70% 에탄올	• 원료통, 작업대, 저울 등을 70% 에탄올을 묻힌 걸레 등으로 닦음 • 바닥은 진공청소기로 청소하고 물걸레로 닦음
	1회/월	중성세제, 70% 에탄올	• 바닥, 벽, 문, 원료통, 저울, 작업대 등을 진공청소기, 걸레 등으로 청소하고, 걸레에 전용 세제 또는 70% 에탄올을 묻혀 찌든 때를 제거한 후 깨끗한 걸레로 닦음
제조실 · 충전실 · 반제품 보관실 · 미생물 실험실	수시(최소 1회/월)		• 작업 종료 후 바닥 작업대와 테이블 등을 진공청소기로 청소하고 물걸레로 깨끗이 닦음 • 작업 전 작업대와 테이블, 저울을 70% 에탄올로 소독 • 클린 벤치는 작업 전, 작업 후 70% 에탄올로 소독
	1회/월		• 바닥, 벽, 문, 작업대와 테이블 등을 진공청소기로 청소하고, 상수에 중성 세제를 섞어 바닥에 뿌린 후 걸레로 세척 • 작업대와 테이블을 70% 에탄올로 소독

※ 점검방법 : 육안

5 세제의 주요 구성 성분과 특성

주요 성분	특성	대표 성분
계면활성제	• 비이온, 음이온, 양성 계면활성제 • 세정제의 주요 성분 • 다양한 세정 기작으로 이물 제거	알킬벤젠설포네이트, 알칸설포네이트, 알파올레핀설포네이트, 알킬설페이트, 비누, 알킬에톡시레이트, 지방산알칸올아미드, 알킬베테인/알킬설포베테인
살균제	• 미생물 살균 • 양이온 계면활성제 등	4급암모늄 화합물, 양성계면활성제, 알코올류, 산화물, 알데히드류, 페놀유도체
금속이온봉쇄제	• 세정 효과를 증가 • 입자 오염에 효과적	소듐트리포스페이트, 소듐사이트레이트, 소듐글루코네이트
유기폴리머	• 세정효과를 강화 • 세정제 잔류성 강화	셀룰로오스 유도체, 폴리올
용제	• 계면활성제의 세정효과 증대	알코올, 글리콜, 벤질알코올
연마제	• 기계적 작용에 의한 세정효과 증대	칼슘카보네이트, 클레이, 석영
표백성분	• 살균 작용 및 색상 개선	활성염소 또는 활성염소 생성 물질

6 손 세제의 구성 및 사용방법

(1) 손 세제의 구성

① 손에 대한 오염물질과 청결에 대한 요구 정도는 직업, 장소에 따라 다양하다.

② 손 세정제품으로는 고형 타입의 비누와 액상타입의 핸드 워시, 물을 사용하지 않고 세정감을 주는 핸드 새니타이저가 있다.

(2) 손 세제의 사용방법

시기	손 씻기 및 소독 방법	세척 및 소독제
• 작업장 입실 전 • 작업 중 손이 오염되었을 때 • 화장실 이용 후	• 수도꼭지를 틀어 흐르는 물에 손을 세척 • 비누를 이용하여 손을 세척 • 흐르는 물에 손을 깨끗이 헹굼 • 종이 타월 또는 드라이어를 이용하여 손 건조 • 건조 후 소독제 도포	• 상수 • 비누 • 종이 타월 • 소독제(70% 에탄올 등)

7 인체용 세제의 사용 시기 및 종류

(1) 인체용 세제의 사용 시기

① 작업 전에 손 세정을 실시하고 작업장 입실 전 분무식 소독기를 사용하여 손 소독 후 작업을 한다.

② 운동 등에 의한 오염, 땀, 먼지 등의 제거를 위하여 입실 전 수세 설비가 비치된 장소에서 손 세정 후 입실한다.

③ 화장실을 이용하는 작업원은 화장실 퇴실 시 손 세정하고 작업실에 입실한다.

(2) 인체용 세제의 종류

① 비누의 고형이라는 제형상의 문제를 개선한 액체, 젤 등의 인체 세제가 있다.

② 액체세제는 사용 편리성, 빠른 거품 형성과 풍부한 거품, 사용 후 촉촉함 등으로 사용률이 증가하고 있다.

분류	특성	개요
외관	투명 타입	다양한 색상 부여
	불투명 타입	펄 타입, 백탁 타입
처방	비누 베이스	알칼리성 액체비누가 주세정 성분인 타입
	계면활성제 베이스	계면활성제가 주세정 성분인 약산성, 중성 타입
	혼합 베이스	액체비누와 계면활성제를 조합한 중성 타입
성상		액상, 젤상, 크림상, 페이스트상, 거품(무스)상

05 작업자 소독을 위한 소독제의 종류와 사용법

1 소독제의 사용법

① 깨끗한 흐르는 물에 손을 적신 후, 비누를 충분히 적용한다.

② 뜨거운 물을 사용하면 피부염 발생 위험이 증가하므로 미지근한 물을 사용한다.

③ 손의 모든 표면에 비누액이 접촉하도록 15초 이상 문지르고, 손가락 끝과 엄지손가락 및 손가락 사이사이를 주의 깊게 문지른다.

④ 물로 헹군 후 손이 재오염되지 않도록 일회용 타월로 건조시킨다.

⑤ 수도꼭지를 잠글 때는 사용한 타월을 이용하여 잠근다.

⑥ 타월은 반복 사용하지 않으며 여러 사람이 공용하지 않는다.

⑦ 손이 마른 상태에서 손 소독제를 모든 표면을 다 덮을 수 있도록 충분히 적용한다.

⑧ 손의 모든 표면에 소독제가 접촉되도록 한다. 특히 손가락 끝과 엄지손가락 및 손가락 사이사이를 주의 깊게 문지른다.

⑨ 손의 모든 표면이 마를 때까지 문지른다.

2 소독제의 선택

① 소독제란 병원 미생물을 사멸시키기 위해 인체의 피부, 점막의 표면이나 기구, 환경의 소독을 목적으로 사용하는 화학 물질을 총칭한다.

② 소독제를 선택할 때에는 소독제의 조건을 고려한다.

③ 소독제의 조건

- 사용 기간 동안 활성을 유지할 것
- 경제적일 것
- 사용 농도에서 독성이 없을 것
- 제품이나 설비와 반응하지 않을 것
- 불쾌한 냄새가 남지 않을 것
- 광범위한 항균 스펙트럼을 보유할 것
- 5분 이내의 짧은 처리에도 효과를 구현할 것
- 소독 전에 존재하던 미생물을 최소한 99.9% 이상 사멸할 것
- 쉽게 이용할 수 있을 것

④ 소독제 선택 시 고려할 사항 기출(21-4회)

• 대상 미생물의 종류와 수 • 항균 스펙트럼의 범위 • 미생물 사멸에 필요한 작용 시간, 작용의 지속성 • 물에 대한 용해성 및 사용 방법의 간편성 • 적용 방법(분무, 침적, 걸레질 등) • 부식성 및 소독제의 향취 • 적용 장치의 종류, 설치 장소 및 사용하는 표면 상태	• 내성균의 출현 빈도 • pH, 온도, 사용하는 물리적 환경 요인의 약제에 미치는 영향 • 잔류성 및 잔류하여 제품에 혼입될 가능성 • 종업원의 안전성 고려 • 법 규제 및 소요 비용

⑤ 소독제의 효과에 영향을 주는 요인

• 사용 약제의 종류나 사용 농도, 액성(pH) 등 • 균에 대한 접촉 시간(작용 시간) 및 접촉 온도 • 실내 온도 및 습도 • 다른 약제와의 병용 효과 및 화학 반응 • 단백질 등의 유기물이나 금속 이온의 존재 • 흡착성, 분해성	• 미생물의 종류, 상태, 균 수 • 미생물의 성상, 약제에 대한 저항성, 약제 자화성 등의 유무 • 미생물의 분포, 부착, 부유 상태 • 작업자의 숙련도

⑥ 작업자 소독을 위한 소독제 성분 기출(21-3회)
알코올, 클로르헥시딘디글루코네이트, 아이오다인과 아이오도퍼, 클로록시레놀, 헥사클로로펜, 4급 암모늄 화합물, 트리클로산, 일반 비누 등

06 작업장 소독을 위한 소독제

1 물리적 소독 방법 기출(21-4회)

유형	설명	사용 농도/시간	장점	단점
스팀	100℃ 물	30분(장치의 가장 먼 곳까지 온도가 유지되어야 한다)	• 제품과의 우수한 적합성 • 용이한 사용성 • 효과적임 • 바이오 필름 파괴 가능	• 보일러나 파이프에 잔류물 남음 • 체류 시간이 긺 • 고에너지 소비 • 소독 시간 긺 • 습기 다량 발생
온수	80~100℃ (70~80℃)	30분 (2시간)	• 제품과의 우수한 적합성 • 용이한 사용성 • 효과적임 • 긴 파이프에 사용 가능 • 부식성 없음 • 출구 모니터링이 간단	• 많은 양이 필요함 • 체류 시간이 긺 • 습기 다량 발생 • 고에너지 소비
직열	전기 가열 테이프	다른 방법과 같이 사용	다루기 어려운 설비나 파이프에 효과적	일반적인 사용 방법이 아님

2 화학적 소독제 기출(21-4회)

유형	종류	사용 농도/시간	장점	단점
염소 유도체	차아염소산나트륨, 차아염소산칼슘, 차아염소산리튬, 염소가스	200ppm, 30분	• 우수한 효과 • 사용 용이 • 찬물에 용해되어 단독으로 사용 가능	• 향취, pH 증가 시 효과 떨어짐 • 금속 표면과의 반응성으로 부식됨 • 빛과 온도에 예민 • 피부 보호 필요
양이온 계면활성제	4급 암모늄 화합물	200ppm (제조사 추천 농도)	• 세정 작용 • 우수한 효과 • 부식성 없음 • 물에 용해되어 단독 사용 가능 • 무향 • 높은 안정성	• 포자에 효과 없음 • 중성 · 약알칼리에서 가장 효과적 • 경수, 음이온 세정제에 의해 불활성화됨
아이오도포	인산(H_3PO_4)을 함유한 비이온 계면활성제에 아이오딘을 첨가	12.5~25 ppm, 10분	• 우수한 소독 효과 • 잔류 효과 있음 • 사용 농도에서는 독성 없음	• 포자에 효과 없음 • 얼룩 남음 • 사용 후 세척 필요
알코올	아이소프로필알코올, 에탄올	• 아이소프로필알코올 : 60~70%, 15분 • 에탄올 : 60~95%, 15분	• 세척 불필요 • 사용 용이 • 빠른 건조 • 단독 사용	• 세균 포자에 효과 없음 • 화재, 폭발 위험 • 피부 보호 필요
페놀	페놀, 염소화페놀	1 : 200 용액	• 세정 작용 • 우수한 효과 • 탈취 작용	• 조제하여 사용 • 세척 필요 • 고가 • 용액 상태로 불안정 (2~3시간 이내 사용) • 피부 보호 필요
솔(Pine)	비누나 계면활성제와 혼합한 솔유	제조사 지시에 따름	• 세정 작용 • 우수한 효과 • 탈취 작용 • 기름때 제거 효과	• 조제하여 사용 • 냄새가 어떤 제품에는 부적합할 수 있음
인산	인산 용액	제조사 지시에 따름	• 효과 좋음 • 스테인리스에 좋음 • 저렴한 가격 • 낮은 온도에서 사용 • 접촉 시간 짧음	• 산성 조건하에서 사용이 좋음 • 피부 보호 필요
과산화수소	안정화된 용액으로 구입	35% 용액의 1.5%, 30분	• 유기물에 효과적	• 고농도 시 폭발성 • 반응성 있음 • 피부 보호 필요

3 청소 및 소독 방법

(1) 칭량실

① 수시 및 작업 종료 후 작업대, 바닥, 원료용기, 칭량기기, 벽 등 이물질이나 먼지 등을 부직포, 걸레 등을 이용하여 청소를 한다.

② 해당 작업원 이외의 출입을 통제한다.

(2) 제조실

① 작업 종료 후 혹은 일과 종료 후 바닥, 벽, 작업대, 창틀 등에 묻은 이물질, 내용물 및 원료 잔류물 등을 위생수선, 걸레 등을 이용하여 제거한다.

② 일반용수와 세제를 바닥에 흘린 후 세척솔 등을 이용하여 닦아낸다.

③ 일반용수를 이용하여 세제 성분이 잔존하지 않도록 깨끗이 세척한 후 물끌개, 걸레 등을 이용하여 물기를 제거한다.

④ 작업실 내에 설치되어 있는 배수로 및 배수구는 월 1회 락스 소독 후 내용물 잔류 물, 기타 이물 등을 완전히 제거하여 깨끗이 청소한다.

⑤ 청소 후에는 작업실 내의 물기를 완전히 제거하고 배수구 뚜껑을 꼭 닫는다.

⑥ 소독 시에는 제조기계, 기구류 등을 완전히 밀봉/밀폐하여 먼지, 이물, 소독액제가 오염되지 않도록 한다.

(3) 반제품 보관소

① 저장 반제품의 품질 저하를 방지하기 위하여 실내온도를 18~28℃로 유지하고 수시로 점검하며 이상 발생 시 해당 부서장에게 보고하고 품질관리부로 통보하여 조치를 받는다.

② 반제품 보관소는 수시 및 일과 종료 후 바닥, 저장용기 외부표면 등을 위생수건 등을 이용하여 청소를 실시하고 주기적으로 대청소를 실시하여 항상 위생적으로 유지되도록 한다.

③ 해당 작업원 이외의 출입을 통제하여야 한다.

④ 대청소를 제외하고는 물청소를 금지하며, 부득이하게 물청소를 했을 경우 즉시 물기를 완전히 제거하여 유지되도록 한다.

⑤ 내용물 저장통은 항상 완전히 밀봉하여 환경균, 먼지 등에 오염되지 않도록 한다.

(4) 세척실

① 저장통, 충전기계 등의 세척 후 수시로 바닥에 잔존하는 이물을 완전히 제거하고 세척수로 바닥을 세척한다.

② 배수로에 내용물 및 세제 잔유물 등이 잔존하지 않도록 관리한다.

③ 청소, 배수 후에는 바닥의 물기를 완전히 제거하고 배수로 이물 제거 및 청소를 실시한다.

④ 알코올 70% 소독액을 이용하여 배수로 및 세척실 내부를 소독한다.

(5) 충전실 · 포장실

① 바닥, 작업대 등은 수시 및 정기적으로 청소를 실시하여 공정 중 혹은 공정 간의 오염을 방지한다.

② 작업 중 자재, 내용물 저장통, 완제품 등의 이동 시는 먼지, 이물 등을 제거하여 설비 혹은 생산 중인 제품에 오염이 발생되지 않도록 한다.

(6) 원료 보관소

① 입고 장소 및 각 저장통은 작업 후 걸레로 쓸어내고, 오염물 유출 시 물걸레로 제거한다.

② 바닥, 벽면, 보관용 적재대, 원료저장통 주위를 청소하고 물걸레로 오염물을 제거한다.

③ 필요 시 연성세제 또는 락스를 이용하여 오염물을 제거한다.

④ 위험물 창고는 작업 후 비로 쓸어내고, 필요 시 물걸레로 오염물을 제거한다.

(7) 원자재 · 완제품 보관소

작업 후 걸레로 청소한 후 바닥, 벽 등의 먼지를 제거한다.

(8) 화장실

① 바닥에 잔존하는 이물을 완전히 제거하고 소독제로 바닥을 세척한다.
② 배수로에 내용물 및 세제 잔유물 등이 잔존하지 않도록 관리한다.
③ 손 세정제 및 핸드타월이 부족하지 않도록 관리한다.
④ 청소, 배수 후에는 바닥의 물기를 완전히 제거한다.

▶ **청소 및 소독 시 유의사항**
- 작업실별로 청소 방법 및 주기를 달리한다.
- 모든 작업장은 작업 종료 후 청소를 하며, 모든 작업장 및 보관소는 월 1회 이상 전체 소독을 실시한다.
- 소독 시 눈에 보이지 않는 곳, 하기 힘든 곳 등에 유의하여 세밀하게 진행하며, 물청소 후에는 물기를 제거한다.
- 청소도구는 사용 후 세척하여 건조 또는 필요 시 소독하여 오염원이 되지 않도록 한다.

07 작업자 위생 관리를 위한 복장 청결상태 판단

1 작업복의 기준

① 청정도에 맞는 적절한 작업복, 모자와 신발을 착용하고 필요할 경우는 마스크, 장갑을 착용한다.
- 작업복은 목적과 오염도에 따라 세탁 및 소독을 한다.
- 작업 전에 복장점검 실시 및 적절하지 않을 경우는 시정한다.

② 땀의 흡수 및 방출이 용이하고 가벼워야 한다.
③ 보온성이 적당하여 작업에 불편이 없어야 한다.
④ 내구성이 우수하여야 한다.
⑤ 작업환경에 적합하고 청결해야 한다.
⑥ 작업 시 섬유질의 발생이 적고 먼지의 부착성이 적어야 하며 세탁이 용이해야 한다.
⑦ 착용 시 내의가 노출되지 않아야 하며 내의는 단추 및 모털이 있는 의류는 착용하지 않아야 한다.

구분	복장기준	작업장
제조, 칭량	• 방진복, 위생모, 안전화 • 필요 시 마스크 및 보호안경	제조실, 칭량실
생산	• 방진복, 위생모, 작업화 • 필요 시 마스크	충진
	지급된 작업복, 위생모, 작업화	포장
품질관리	상의 흰색 가운, 하의 평상복, 슬리퍼	실험실
관리자	상의 및 하의는 평상복, 슬리퍼	사무실
견학, 방문자	각 출입 작업소의 규정에 따라 착용	-

2 작업모의 기준

① 가볍고 착용감이 좋아야 한다.
② 착용이 용이하고 착용 후 머리카락 형태가 원형을 유지해야 한다.
③ 착용 시 머리카락을 전체적으로 감싸줄 수 있어야 한다.
④ 공기 유통이 원활하고, 분진 기타 이물 등이 나오지 않도록 한다.

3 작업화의 기준

① 가볍고 땀의 흡수 및 방출이 용이해야 한다.
② 제조실 근무자는 등산화 형식의 안전화 및 신발 바닥이 우레탄 코팅이 되어 있는 것을 사용한다.

4 작업복의 착용 방법

① 작업실 상주자는 작업실 입실 전 탈의실에서 작업복을 착용 후 입실한다.
② 작업실 상주자는 제조소 이외의 구역으로 외출, 이동 시 탈의실에서 작업복을 탈의 후 외출한다.
③ 임시 작업자 및 외부 방문객이 작업실로 입실 시 탈의실에서 해당 작업복을 착용 후 입실한다.
④ 입실자는 작업장 전용 실내화(작업화)를 착용한다.
⑤ 작업장 내 출입할 모든 작업자는 작업현장에 들어가기 전에 개인 사물함에 의복을 보관 후 깨끗한 사물함에서 작업복을 착용한다.
⑥ 작업장 내로 출입한 작업자는 비치된 위생 모자를 머리카락이 밖으로 나오지 않도록 위생모자를 착용한다.
⑦ 위생 모자를 쓴 후 2급지 작업실의 상부 작업자는 반드시 방진복을 착용하고 작업장에 입실한다.
⑧ 제조실 작업자는 에어 샤워실에 들어가 양팔을 천천히 몸을 1~2회 회전시켜 청정한 공기로 에어샤워를 한다.

08 공기 조화 장치 기출(21-4회)

1 공기 조절의 목적

① 실내 공기는 기류를 발생시켜 먼지, 미립자, 미생물 등이 날아올라 제품에 부착시킬 가능성이 있다. 이에 공기조절 시설을 설치하여 작업장 환경을 일정 수준 이상으로 유지해야 한다.
② CGMP(우수화장품 제조 및 품질관리기준) 지정을 받기 위해서는 청정도 기준에 제시된 청정도 등급 이상으로 설정하여야 하며, 청정등급을 설정한 구역(작업소, 실험실, 보관소 등)은 설정 등급의 유지 여부를 정기적으로 모니터링 하여 설정 등급을 벗어나지 않도록 관리한다.

▶ **공기 조절** : 공기의 온도, 습도, 공중미립자, 풍량, 풍향, 기류의 전부 또는 일부를 자동적으로 제어하는 일

2 공기 조절의 방식

① 여름과 겨울의 온도차가 크고, 외부 환경이 제품과 작업자에게 영향을 미친다면 온 · 습도를 일정하게 유지하는 에어컨 기능을 갖춘 공기 조절기를 설치한다.
② 공기의 온 · 습도, 공중미립자, 풍량, 풍향, 기류를 덕트를 사용해서 제어하는 "센트럴 방식"이 가장 화장품에 적합한 공기 조절이다. 흡기구와 배기구를 천장이나 벽에 설치하고 굵은 덕트로 온 · 습도를 관리한 공기를 순환 또는 외기를 흐르게 한다. 이 방법은 많은 설비 투자와 유지비용을 수반한다.
③ 환기만 하는 방식과 센트럴 방식을 겹친 "팬 코일+에어컨 방식"은 비용적으로 바람직한 방식이다. 온 · 습도 제어를 실내에서 급배기 순환하는 패키지 에어컨에게 맡기고 공중미립자와 풍향 관리를 팬 코일로 하는 방식이다. 패키지 에어컨의 기류를 제어하는 것은 어려우므로 센트럴 방식보다 공기류의 관리 성능은 떨어지지만, 화장품 제조에는 적합하다.

▶ **공기 조절의 4대 요소**

번호	4대 요소	대응설비
1	청정도	공기정화기
2	실내온도	열교환기
3	습도	가습기
4	기류	송풍기

▶ 화장품 제조에 사용하는 에어필터의 종류

종류	특징
P/F	• Pre Filter • 세척 후 3~4회 재사용 • Medium Filter 전처리용 • Media 재료 : Glass Fiber, 부직포 • 압력손실 : 9mmAq 이하 • 필터입자 : 5㎛
M/F	• Medium Filter • Media 재료 : Glass Fiber • HEPA Filer 전처리용 • B/D 공기정화, 산업공장 등에 사용 • 압력손실 : 16mmAq 이하 • 필터입자 : 0.5㎛
H/F	• HEPA (High Efficiency Particulate) Filter • 0.3㎛의 분진 99.97% 제거 • Media : Glass Fiber • 반도체공장, 병원, 의약품, 식품산업에 사용 • 압력손실 : 24mmAq 이하 • 필터입자 : 0.3㎛

3 공기조화장치

① 공기조화장치는 청정 등급 유지에 필수적이고 중요하므로 그 성능이 유지되고 있는지 주기적으로 점검 · 기록한다.

② 화장품 제조에는 중성능 필터의 설치를 권장하며, 고도의 환경 관리가 필요하면 고성능 필터(HEPA 필터)의 설치가 바람직하다.

4 차압(差壓)

① 공기 조절기를 설치하면 작업장 실압을 관리하고 외부와의 차압을 일정하게 유지하도록 한다.

② 청정 등급의 경우 각 등급 간의 공기의 품질이 다르므로 등급이 낮은 작업실의 공기가 높은 등급으로 흐르지 못하도록 어느 정도의 공기압차가 있어야 한다. 즉, 높은 청정 등급의 공기압은 낮은 청정 등급의 공기압 보다 높아야 한다.

③ 일반적으로는 '4급지 < 3급지 < 2급지' 순으로 실압을 높이고 외부의 먼지가 작업장으로 유입되지 않도록 설계한다.

④ 다만, 작업실이 분진 발생, 악취 등 주변을 오염시킬 우려가 있을 경우에는 해당 작업실을 음압으로 관리할 수 있으며, 이 경우 적절한 오염방지대책을 마련하여야 한다.

⑤ 실압 차이가 있는 방 사이에는 차압 댐퍼나 풍량 가변 장치와 같은 기구를 설치하여 차압을 조정한다. 이들 기구는 옆방과의 사이에 있는 문을 개폐했을 때의 차압 조정 역할도 하고 있다.

⑥ 온도는 1~30℃, 습도는 80% 이하로 관리한다. 제품 특성상 온습도에 민감한 제품의 경우에는 해당 온습도를 유지할 수 있도록 관리하는 체계를 갖추도록 한다.

⑦ 온습도의 설정을 정할 때에는 결로에 신경을 써야 한다. 따뜻한 방에 차가운 것을 반입하면 방 온도와 습도에 의하여 반입한 것의 표면에 결로가 쉽게 발생한다. 결로는 곰팡이 발생으로 이어지므로 피해야 한다.

Customized Cosmetics Preparation Manager

Section 02 설비 및 기구 관리

[식약처 동영상 강의]

01 설비·기구의 위생 기준

1 건물

① 건물은 다음과 같이 위치, 설계, 건축 및 이용되어야 한다.
- 제품이 보호되도록 할 것
- 청소가 용이하도록 하고 필요한 경우 위생관리 및 유지관리가 가능하도록 할 것
- 제품, 원료 및 포장재 등의 혼동이 없도록 할 것

② 건물은 제품의 제형, 현재 상황 및 청소 등을 고려하여 설계하여야 한다.

③ 시설은 이물, 미생물 또는 다른 외부 문제로부터 원료 · 자재, 벌크제품 및 완제품을 보호하기 위해서 위치, 설계, 유지하여야 한다. 이것은 다음에 의해 가능하다.
- 수령, 저장, 혼합과 충전, 포장과 출하, 관리, 실험실 작업 및 설비와 기구들의 청소 · 위생처리와 같은 작업들의 분리(위치, 벽, 칸막이 설치, 공기 흐름 등으로 분리)
- 청소 및 위생 처리를 위한 물의 저장과 배송을 위한 시설 · 설비 시스템들의 설계와 배치
- 해충 방지와 관리를 위한 적절한 프로그램들의 규정
- 효과적인 유지 관리 규정

④ 일반 건물
- 제조 공장의 출입구는 해충, 곤충의 침입에 대비하여 보호되어야 하며 정기적으로 모니터링 되어야 하고, 모니터링 결과에 따라 적절한 조치를 취하여야 한다.
- 배수관은 냄새의 제거와 적절한 배수를 확보하기 위해 건설되고 유지되어야 한다.
- 바닥은 먼지 발생을 최소화하고 흘린 물질의 고임이 최소화되도록 하고, 청소가 용이하도록 설계 및 건설되어야 한다.
- 화장품 제조에 적합한 물이 공급되어야 한다.
- 강제적 기계상의 환기 시스템(공기조화장치)은 제품 또는 사람의 안전에 해로운 오염물질의 이동을 최소화시키도록 설계되어야 한다.
- 필터들은 점검 기준에 따라 정기(수시)로 점검하고 교체 기준에 따라 교체되어야 하고 점검 및 교체에 대해서는 기록되어야 한다.
- 관리와 안전을 위해 모든 공정, 포장 및 보관지역에 적절한 조명을 설치한다.

▶ 공정서, 화장품 원료규격 가이드라인 정제수 기준 등에 적합하여야 하고, 정기적인 검사를 통하여 적합한 물이 사용되는지 확인하여야 한다.

▶ 보관지역의 온도와 습기는 물질과 제품의 손상을 방지하기 위해서 모니터링 해야 한다.

- 심한 온도 변화 또는 큰 상대 습도의 변화에 대한 제품의 노출을 피하기 위하여 원료, 자재, 반제품, 완제품을 깨끗하고 정돈된 곳에서 보관한다.
- 물질과 기구는 관리를 용이하게 하기 위해 깨끗하고 정돈된 방법으로 설계된 영역에 보관하여야 한다.

2 시설

(1) 작업소의 위생 기준

기출(20-1회, 21-4회)

▶ 구획과 구분
- 구분 : 선, 그물망, 줄 등으로 충분한 간격을 두어 착오나 혼동이 일어나지 않도록 되어 있는 상태
- 구획 : 동일 건물 내에서 벽, 칸막이, 에어커튼 등으로 교차오염 및 외부오염물질의 혼입이 방지될 수 있도록 되어 있는 상태

① 제조하는 화장품의 종류 · 제형에 따라 적절히 구획 · 구분되어 있어 교차오염 우려가 없을 것

② 바닥, 벽, 천장은 가능한 청소하기 쉽게 매끄러운 표면을 지니고 소독제 등의 부식성에 저항력이 있을 것

③ 환기가 잘 되고 청결할 것

④ 외부와 연결된 창문은 가능한 열리지 않도록 할 것

⑤ 작업소 내의 외관 표면은 가능한 매끄럽게 설계하고, 청소, 소독제의 부식성에 저항력이 있을 것

⑥ 수세실과 화장실은 접근이 쉬워야 하나 생산구역과 분리되어 있을 것

⑦ 작업소 전체에 적절한 조명을 설치하고, 조명이 파손될 경우를 대비한 제품을 보호할 수 있는 처리절차를 마련할 것

⑧ 제품의 오염을 방지하고 적절한 온도 및 습도를 유지할 수 있는 공기조화시설 등 적절한 환기시설을 갖출 것

⑨ 각 제조구역별 청소 및 위생관리 절차에 따라 효능이 입증된 세척제 및 소독제를 사용할 것

⑩ 제품의 품질에 영향을 주지 않는 소모품을 사용할 것

(2) 제조 및 품질관리에 필요한 설비 등의 위생 기준

기출(21-3회)

자동화시스템을 도입한 경우 달리 정할 수 있다(×)

① 사용 목적에 적합하고, 청소가 가능하며, 필요한 경우 위생 · 유지관리가 가능하여야 한다. 자동화시스템을 도입한 경우도 또한 같다.

② 사용하지 않는 연결 호스와 부속품은 청소 등 위생관리를 하며, 건조한 상태로 유지하고 먼지, 얼룩 또는 다른 오염으로부터 보호할 것

③ 설비 등은 제품의 오염을 방지하고 배수가 용이하도록 설계, 설치하며, 제품 및 청소 소독제와 화학반응을 일으키지 않을 것

④ 설비 등의 위치는 원자재나 직원의 이동으로 인하여 제품의 품질에 영향을 주지 않도록 할 것

⑤ 용기는 먼지나 수분으로부터 내용물을 보호할 수 있을 것

⑥ 제품과 설비가 오염되지 않도록 배관 및 배수관을 설치하며, 배수관은 역류되지 않아야 하고, 청결을 유지할 것

⑦ 천정 주위의 대들보, 파이프, 덕트 등은 가급적 노출되지 않도록 설계하고, 파이프는 받침대 등으로 고정하고 벽에 닿지 않게 하여 청소가 용이하도록 설계할 것

⑧ 시설 및 기구에 사용되는 소모품은 제품의 품질에 영향을 주지 않도록 할 것

[시행규칙 제6조] 화장품 제조업자가 갖추어야 하는 시설
① 제조 작업을 하는 다음의 시설을 갖춘 작업소
- 쥐 · 해충 및 먼지 등을 막을 수 있는 시설
- 작업대 등 제조에 필요한 시설 및 기구
- 가루가 날리는 작업실은 가루를 제거하는 시설

② 원료 · 자재 및 제품을 보관하는 보관소
③ 원료 · 자재 및 제품의 품질검사를 위하여 필요한 시험실
④ 품질검사에 필요한 시설 및 기구

(3) 구역별 시설기준

① 보관 구역

- 통로는 적절하게 설계되어야 한다.
- 통로는 사람과 물건이 이동하는 구역으로서 사람과 물건의 이동에 불편함을 초래하거나, 교차오염의 위험이 없어야 된다.
- 손상된 팔레트는 수거하여 수선 또는 폐기한다.
- 매일 바닥의 폐기물을 치워야 한다.
- 동물이나 해충이 침입하기 쉬운 환경은 개선되어야 한다.
- 용기(저장조 등)들은 닫아서 깨끗하고 정돈된 방법으로 보관한다.

② 원료 취급 구역

- 원료보관소와 칭량실은 구획되어 있어야 한다.
- 엎지르거나 흘리는 것을 방지하고 즉각적으로 치우는 시스템과 절차들이 시행되어야 한다.
- 모든 드럼의 윗부분은 필요한 경우 이송 전에 또는 칭량 구역에서 개봉 전에 검사하고 깨끗하게 하여야 한다.
- 바닥은 깨끗하고 부스러기가 없는 상태로 유지되어야 한다.
- 원료 용기들은 실제로 칭량하는 원료인 경우를 제외하고는 적합하게 뚜껑을 덮어 놓아야 한다.
- 원료의 포장이 훼손된 경우에는 봉인하거나 즉시 별도 저장조에 보관한 후에 품질상의 처분 결정을 위해 격리해 둔다.

③ 제조 구역

- 모든 호스는 필요 시 청소 또는 위생 처리를 한다.
- 모든 도구와 이동 가능한 기구는 청소 및 위생 처리 후 정해진 지역에 정돈 방법에 따라 보관한다.
- 제조구역에서 흘린 것은 신속히 청소한다.
- 탱크의 바깥 면들은 정기적으로 청소되어야 한다.
- 모든 배관이 사용될 수 있도록 설계되어야 하며, 우수한 정비 상태로 유지되어야 한다.
- 표면은 청소하기 용이한 재료질로 설계되어야 한다.
- 페인트를 칠한 지역은 우수한 정비 상태로 유지되어야 한다. 벗겨진 칠은 보수되어야 한다.

▶ 청소 후에 호스는 완전히 비워져야 하고 건조되어야 한다.
▶ 호스는 정해진 지역에 바닥에 닿지 않도록 정리하여 보관한다.

▶ 폐기물 : 여과지, 개스킷, 폐기 가능한 도구들, 플라스틱 봉지 등

- 폐기물*은 주기적으로 버려야 하며, 장기간 모아놓거나 쌓아 두어서는 안 된다.
- 사용하지 않는 설비는 깨끗한 상태로 보관되어야 하고 오염으로부터 보호되어야 한다.

④ 포장 구역

- 포장 구역은 제품의 교차 오염을 방지할 수 있도록 설계되어야 한다.
- 포장 구역은 설비의 팔레트, 포장 작업의 다른 재료들의 폐기물, 사용되지 않는 장치, 질서를 무너뜨리는 다른 재료가 있어서는 안 된다.
- 구역 설계는 사용하지 않는 부품, 제품 또는 폐기물의 제거를 쉽게 할 수 있어야 한다.
- 폐기물 저장통은 필요하다면 청소 및 위생 처리 되어야 한다.
- 사용하지 않는 기구는 깨끗하게 보관되어야 한나.

▶ **청정도 기준** ★★★ **기출**(20-1회, 20-2회, 21-4회)

청정도 등급	대상시설	해당 작업실	청정공기 순환	구조 조건	관리 기준	작업 복장
1	청정도 엄격관리	Clean bench	20회/hr 이상 또는 차압 관리	Pre-filter, Med-filter, HEPA-filter, Clean bench/booth, 온도 조절	낙하균 :10개/hr 또는 부유균 : 20개/m^3	작업복 작업모 작업화
2	화장품 내용물이 노출되는 작업실	제조실, 성형실, 충전실, 내용물보관소, 원료 칭량실, 미생물시험실	10회/hr 이상 또는 차압 관리	Pre-filter, Med-filter, 필요시 HEPA-filter, 분진발생실 주변 양압, 제진 시설	낙하균: 30개/hr 또는 부유균: 200개/m^3	
3	화장품 내용물이 노출 안 되는 곳	포장실	차압 관리	Pre-filter 온도조절	갱의, 포장재의 외부 청소 후 반입	
4	일반 작업실 (내용물 완전폐색)	포장재보관소, 완제품보관소, 관리품보관소, 원료보관소 갱의실, 일반시험실	환기장치	환기 (온도조절)	—	—

※ 이미 포장(1차포장)된 완제품을 업체의 필요에 따라 세트포장하기 위한 경우에는 완제품보관소의 등급 이상으로 관리하면 무방하다.
※ 갱의실의 경우 해당 작업실과 같은 등급으로 설정되는 것이 원칙이나, 현재 에어샤워 등 시설을 사용한 업체가 많은 상황 등을 감안하여 설정된 것으로 업체의 개별 특성에 맞게 적절한 관리 방식을 설정하여 관리할 필요가 있다.

▶ **세척 대상 물질 및 설비**

세척 대상 물질	세척 대상 설비
• 화학 물질(원료, 혼합물), 미립자, 미생물 • 동일 제품, 이종 제품 • 쉽게 분해되는 물질, 안정된 물질 • 세척이 쉬운 물질, 세척이 곤란한 물질 • 불용 물질, 가용 물질 • 검출이 곤란한 물질, 쉽게 검출할 수 있는 물질	• 설비, 배관, 용기, 호스, 부속품 • 단단한 표면(용기 내부), 부드러운 표면(호스) • 큰 설비, 작은 설비 • 세척이 곤란한 설비, 용이한 설비

02 설비·기구의 위생 상태 판정

1 설비·기구의 위생

① 정해진 내규에 따라 청소 및 소독을 실시한다.
② 사용한 내용물과 이물은 완전히 제거한다.
③ 유출구, 밸브, 노즐, 배관 등에 대한 청소 및 습기를 완전히 제거하여 미생물의 서식원을 제거한다.
④ 시설 및 기구에 대한 청소 식별 표시*를 한다.
⑤ 장기간 사용 중지 후 설비를 사용할 때는 사용 전 청소 및 소독을 한다.
⑥ 시설 및 기구 위생에 있어서는 일정한 프로세스가 필요하다.

▶ **청소 식별 표시**
'청소', '대기 중', '청소 완료'

2 설비 세척의 원칙

① 위험성이 없는 용제(물이 최적)로 세척한다.
② 가능한 한 세제를 사용하지 않는다.
③ 증기 세척은 좋은 방법이다.
④ 브러시 등으로 문질러 지우는 것을 고려한다.
⑤ 분해할 수 있는 설비는 분해해서 세척한다.
⑥ 세척 후는 반드시 "판정"한다.
⑦ 판정 후의 설비는 건조 · 밀폐해서 보존한다.
⑧ 세척의 유효기간을 설정한다.

기출(20-2회, 21-3회)

▶ **세제를 사용한 설비 세척을 권장하지 않는 이유**
- 세제는 설비 내벽에 남기 쉬우므로
- 잔존한 세척제는 제품에 악영향을 미치므로
- 세제가 잔존하고 있지 않는 것을 설명하기에는 고도의 화학 분석이 필요하므로

▶ **판정 방법**

구분	설명
육안판정	• 육안판정의 장소는 미리 정해 놓고 판정결과를 기록서에 기재한다. • 판정 장소는 말이 아니라 그림으로 제시해 놓는 것이 바람직하다.
닦아내기 판정	• 흰 천이나 검은 천으로 설비 내부의 표면을 닦아내고 천 표면의 잔류물 유무로 세척 결과를 판정한다. • 흰 천을 사용할지 검은 천을 사용할 지는 전회 제조물 종류로 정하면 된다. 천은 무진포가 바람직하다. • 천의 크기나 닦아내기 판정 방법은 대상 설비에 따라 다르므로 각 회사에서 결정할 수 밖에 없다.
린스 정량법	• 상대적으로 복잡한 방법이지만, 수치로서 결과를 확인할 수 있다. • 잔존하는 불용물을 정량할 수 없으므로 신뢰도는 떨어진다. • 호스나 틈새기의 세척판정에는 적합하므로 반드시 절차를 준비해 두고 필요할 때에 실시한다. • 린스액의 최적정량방법은 HPLC법이나 잔존물의 유무를 판정하는 것이면 박층크로마토그래피(TLC)에 의한 간편 정량으로 될 것이다. 최근, TOC(총유기탄소) 측정법이 발달해서 많은 기종이 발매되어 있다. TOC측정기로 린스액 중의 총유기탄소를 측정해서 세척 판정하는 것도 좋다. UV로 확인하는 방법도 있다. • 세척 후에는 세척 완료 여부를 확인할 수 있는 표시를 한다.

계속

▶ **세척 육안 판정 자격자 선임**
- 생산 책임자가 작업자의 교육 훈련 이력과 경험 연수를 토대로 선임
- 새로 판정 자격자를 선임할 때는 전임자가 경험으로 얻은 노하우 전수

▶ 설비 세척의 판단은 생산책임자의 중요 책무이다.

▶ **HPLC법**
액체크로마토그래피
(High Performance Liquid Chromatography)

▶ 화장품 제조 설비의 종류와 세척방법

- 세척 방법에 제1선택지, 제2선택지, 심한 더러움 시의 대안을 마련하고 세척대책이 되는 설비의 상태에 맞게 세척방법을 선택한다.
- 유화기 등의 일반적인 제조설비에는 "물+브러시" 세척이 제1선택지이다.
- 지워지기 어려운 잔류물에는 에탄올 등의 유기용제의 사용이 필요하다.
- 제조 품목이 바뀔 때는 반드시 분해할 부분을 설비마다 정해 놓는다.
- 호스와 여과천 등은 서로 상이한 제품 간에서 공용하지 말고 제품마다 전용품을 준비한다.

▶ 판정 방법

구분	설명
표면 균 측정법	㉠ 면봉 시험법 • 포일로 싼 면봉과 멸균액을 고압 멸균기에 멸균(121℃, 20분) • 검증하고자 하는 설비 선택 • 면봉으로 일정 크기의 면적 표면을 문지름(보통 24~30cm^2) • 검체 채취 후 검체가 묻어 있는 면봉을 적절한 희석액(멸균된 생리 식염수 또는 완충 용액)에 담가 채취된 미생물 희석 • 미생물이 희석된 (라)의 희석액 1 mL를 취해 한천 평판 배지에 도말하거나 배지를 부어 미생물 배양 조건에 맞춰 배양 • 배양 후 검출된 집락 수를 세어 희석 배율을 곱해 면봉 1개당 검출되는 미생물 수를 계산 (CFU/면봉) ㉡ 콘택트 플레이트법 • 콘택트 플레이트에 직접 또는 부착된 라벨에 표면 균, 채취 날짜, 검체 채취 위치, 검체 채취자에 대한 정보 기록 • 한 손으로 콘택트 플레이트 뚜껑을 열고 다른 손으로 표면 균을 채취하고 사 하는 위치에 배지기 고르게 접촉하도록 가볍게 눌렀다가 떼어낸 후 뚜껑을 덮음 • 검체 채취가 완료된 콘택트 플레이트를 테이프로 봉하여 열리지 않도록 하여 오염 방지 • 검체 채취가 완료된 표면을 70% 에탄올로 소독과 함께 배지의 잔류물 남지 않도록 함 • 미생물 배양 조건에 맞추어 배양 • 배양 후 CFU 수 측정

▶ 제조위생관리기준서

- 작업소 및 설비의 청결 유지와 작업원의 위생관리를 통하여 화장품의 미생물 및 이물질 오염을 방지하여 우수한 화장품을 생산 및 공급하기 위해 작성하는 문서
- 개인위생, 작업장 위생, 작업 전후의 위생, 작업 중 위생관리를 함으로써 품질의 안전을 도모
- 위생상의 위해 방지와 소비자의 보건 증진에 기여함을 목적으로 함

3 제조위생관리기준서에 포함되어야 할 사항

① 작업원의 건강관리 및 건강상태의 파악 · 조치방법
② 작업원의 수세, 소독방법 등 위생에 관한 사항
③ 작업복장의 규격, 세탁방법 및 착용규정
④ 작업실 등의 청소(필요한 경우 소독 포함) 방법 및 청소주기
⑤ 청소상태의 평가 방법
⑥ 제조시설의 세척 및 평가 기출(21-3회)
- 책임자 지정
- 세척 및 소독 계획
- 세척방법과 세척에 사용되는 약품 및 기구
- 제조시설의 분해 및 조립 방법
- 이전 작업 표시 제거 방법
- 청소상태 유지 방법
- 작업 전 청소상태 확인 방법

⑦ 곤충, 해충이나 쥐를 막는 방법 및 점검주기
⑧ 그 밖에 필요한 사항

03 설비·기구의 구성 재질 및 위생처리

1 제조 설비 기출(21-3회, 21-4회)

(1) 탱크

① 구성 요건

- 가열과 냉각을 하도록 또는 압력과 진공 조작을 할 수 있도록 만들어질 수도 있으며 고정시키거나 움직일 수 있게 설계될 수도 있다.
- 적절한 커버를 갖춰야 하며, 청소와 유지관리를 용이해야 한다.
- 온도 · 압력 범위가 조작 전반과 모든 공정 단계의 제품에 적합해야 한다.
- 제품에 영향을 미쳐서는 안 되며, 세제 및 소독제와 반응해서는 안 된다.
- 제품(포뮬레이션 또는 원료 또는 생산공정 중간생산물)과의 반응으로 부식되거나 분해를 초래하는 반응이 있어서는 안 된다.
- 제품, 또는 제품제조과정, 설비 세척, 또는 유지관리에 사용되는 다른 물질이 스며들어서는 안 된다.
- 용접, 나사, 나사못, 용구 등을 포함하는 설비 부품들 사이에 전기화학 반응을 최소화하도록 고안되어야 한다.

② 구성 재질

- 현재 대부분 원료와 포뮬레이션에 대해 스테인리스스틸은 탱크의 제품에 접촉하는 표면물질로 일반적으로 선호된다.
- 유형번호 스테인리스 #304와 더 부식에 강한 스테인리스 #316이 가장 광범위하게 사용된다.
- 미생물학적으로 민감하지 않은 물질 또는 제품에는 유리로 안을 댄 강화유리섬유 폴리에스터와 플라스틱으로 안을 댄 탱크를 사용할 수 있다.
- 퍼옥사이드 같은 어떠한 민감한 물질/제품은 탱크 제작자 또는 물질 공급자와 함께 탱크의 구성 물질과 생산하고자 하는 내용물이 서로 적용 가능한지에 대해 상의해야 한다.

③ 특성

- 기계로 만들고 광을 낸 표면이 바람직하다.
- 주형 물질 또는 거친 표면은 제품이 뭉치게 되어 깨끗하게 청소하기가 어려워 미생물 또는 교차오염문제를 일으킬 수 있다.
- 주형 물질은 화장품에 추천되지 않는다. 모든 용접, 결합은 가능한 한 매끄럽고 평면이어야 한다.
- 외부표면의 코팅은 제품에 대해 저항력이 있어야 한다.

④ 세척과 위생처리

- 세척하기 쉽게 고안되어야 한다. 제품에 접촉하는 모든 표면은 검사와 기계적인 세척을 하기 위해 접근할 수 있는 것이 바람직하다.
- 세척을 위해 부속품 해체가 용이해야 한다.

▶ **탱크의 정의**
공정 단계 및 완성된 포뮬레이션 과정에서 공정 중인 또는 보관용 원료를 저장하기를 위해 사용되는 용기이다.

▶ **포뮬레이션(formulation)**
제형, 성분 배합물

- 최초 사용 전에 모든 설비는 세척되어야 하고 사용 목적에 따라 소독되어야 한다.
- 반응할 수 있는 제품의 경우 표면을 비활성으로 만들기 위해 사용하기 전에 전체 또는 일부 표면을 패시배이션(Passivation)을 한다.
- Clean-in-place 시스템(스프레이 볼/스팀세척기) : 제품과 접촉되는 표면에 쉽게 접근할 수 없을 때 사용된다. 그러나 설비의 악화 또는 손상이 확인되고 처리되는 동안에는 모든 장비를 해체하여 청소해야 한다.
- 가는 관을 연결하여 사용하는 것은 물리적/미생물 또는 교차오염 문제를 일으킬 수 있으며 청소하기가 어렵다.
- 내용물이 빠지도록 설계되어야 한다.
- 위생 밸브와 연결부위는 비위생적인 틈을 방지하기 위해 추천되며 세척/위생처리를 용이하게 하며 여러 가지 상태에서 사용을 할 수 있게 한다.
- 모든 밸브들은 청소하기 어려운 부분이나, 정체부위가 발생하지 않도록 설치해야 한다.

▶ **패시배이션(Passivation)**
일종의 코팅(보호막) 역할을 말한다.

⑤ **위치**

- 작업, 관찰, 유지관리가 쉽고 탱크와 주변 청소가 용이하고 위생적 조건들을 보증하고 제품 오염의 가능성을 최소화하는 위치에 설치하여야 한다.
- 구조적 부품(다리, 받침대 등)은 물리적 오염의 가능성을 최소화하고 청소가 쉽도록 설계되어야 한다.

(2) 펌프

① **구성 요건**

- 다양한 점도의 액체를 한 지점에서 다른 지점으로 이동하기 위해 사용되며, 제품을 혼합(재순환 및 또는 균질화)하기 위해 사용되기도 한다.
- 뚜렷한 용도를 위해 다양한 설계를 갖는다. 널리 사용되는 두 가지 형태는 원심력을 이용하는 것과 Positive displacement(양극적인 이동)이다.
- 테스팅의 수치는 특히 매우 민감한 에멀젼에서 중요한데, 펌프의 기계적인 작동이 에멀젼의 분해를 가속화시켜서 불안전한 제품을 만들어내기 때문이다.

▶ **펌프의 선택 조건**
속도, 물질의 점성, 수송단계 필요조건, 청소/위생관리(세척/위생관리)의 용이성에 따라 선택한다.

▶ **펌프의 종류**
- 터보형 : 원심식, 사류식, 축류식, 용적형(왕복식, 회전식)
- 특수형

② **특성**

- 펌핑이 모터의 기계적인 동작에 의해 펌핑된 물질에 가하게 된다.
- 펌프의 에너지는 펌프된 물질에 따라 그 물질의 물리적 성질의 변화를 일으킬 수 있다.
- 펌프 종류의 최종 선택은 펌핑 테스트를 통해 물성에 끼치는 영향을 완전히 해석하여 확증한 후에 선택한다.
- 내용물의 자유로운 배수를 위해 전형적인 PD Lobe 펌프를 설치해야 한다. 즉, Lobe 입구와 배출구는 서로 180°로 되어야 하며 바닥과 수직으로 설치해야 한다.
- 수평적인 설치 시에는 축적지역이 생기므로 미생물 오염을 방지하기 위해서 펌프의 분해와 일상적인 청소/위생(세척/위생처리) 절차가 필요하게 된다.

③ **구성 재질**

- 하우징과 날개차(임펠러)는 제품에 직접 닿으므로 다른 재질로 만들어져야 한다.
- 펌프는 젖게 되는 개스킷, 패킹, 윤활제가 있다. 모든 젖은 부품들은 모든 온도 범위에서 제품과의 적합성에 대해 평가되어야 한다.

④ **세척과 위생처리**

- 일상적인 예정된 청소와 유지관리를 위하여 허용된 작업 범위에 대해 라벨을 확인해야 한다.
- 효과적인 청소(세척)와 위생을 위해 각각의 펌프 디자인을 검증해야 하고 철저한 예방적인 유지관리 절차를 준수해야 한다.

⑤ **안전 설계** : 펌핑 시 발생하는 압력을 고려해야 하고, 적합한 위생적인 압력 해소 장치가 설치되어야 한다.

(3) 혼합과 교반장치

① **특성**

- 장치 설계는 기계적으로 회전된 날의 간단한 형태로부터 정교한 제분기(mill)와 균질화기(Homogenizer, 호모게나이저)까지 있다.
- 혼합기는 제품에 영향을 미칠수 있으므로 안정적으로 생산할 수 있는 믹서의 선택이 중요하다.
- 배플(baffles)과 호모게나이저로 이루어진 조합믹서는 희망하는 최종 제품 및 공정의 효율성을 제공하기 위해 다양한 속도의 모터와 함께 사용될 수 있다.

▶ 혼합 또는 교반 장치는 제품의 균일성을 얻기 위해 또 희망하는 물리적 성상을 얻기 위해 사용된다.

▶ **믹서 선택의 일반적인 방법**
실제 생산 크기의 뱃치 생산 전에 시험적인 정률증가 기준을 사용하는 뱃치들을 제조하는 것이다. 그렇게 생산된 제품의 안정성과 품질에 따라 믹서의 적합성을 판단한다.

chapter 03

② **구성 재질**

- 전기화학적인 반응을 피하기 위해서 믹서의 재질이 믹서를 설치할 모든 젖은 부분 및 탱크와의 공존이 가능한지를 확인해야 한다.
- 대부분의 믹서는 봉인(sealing, 씰링)과 개스킷에 의해서 제품과의 접촉으로부터 분리되어 있는 내부 패킹과 윤활제를 사용한다.
- 봉인과 개스킷과 제품과의 공존 시의 적용 가능성은 확인되어야 하고, 또 과도한 악화를 야기하지 않기 위해서 온도, pH 그리고 압력과 같은 작동 조건의 영향에 대해서도 확인해야 한다.
- 정기적으로 계획된 유지관리와 점검은 봉인, 개스킷 그리고 패킹이 유지되는지 그리고 윤활제가 새서 제품을 오염시키지 않는지 확인하기 위해 수행되어야 한다.

← 제품과의 접촉을 고려하여 부품의 품질에 영향을 미치지 않는 패킹과 윤활제를 사용한다.(×)

③ **세척과 위생처리**

- 다양한 작업으로 인해 혼합기와 구성 설비의 빈번한 청소가 요구될 경우, 쉽게 제거될 수 있는 혼합기를 선택하면 철저한 청소를 할 수 있다.
- 베어링, 조절장치의 받침, 주요 경로, 고정나사 등을 세척하기 위해 고려해야 한다.

④ **위치** : 필요에 따라 혼합기는 수리 및 세척을 위해 이동하기 쉽게 설치되어야 한다.

⑤ **안전 설계**

- 혼합기를 작동시키는 사람은 회전하는 샤프트와 잠재적인 위험 요소를 생각하여 안전한 작동 연습을 적절하게 훈련 받아야 한다.
- 이동 가능한 혼합기는 사용할 때 적절하게 고정되어야 한다.

(4) 호스

▶ **호스**
생산 작업에 필요한 유연성을 제공하기 위해 한 위치에서 다른 위치로 제품의 전달을 위해 광범위하게 사용된다.

① **구성 재질**

- 호스 부속품과 호스는 작동의 전반적인 범위의 온도와 압력에 적합하여야 하고 제품에 적합한 제재로 건조되어야 한다.
- 호스 구조는 위생적인 측면이 고려되어야 한다.
- 호스의 일반 건조 제재
  - 강화된 식품등급의 고무 또는 네오프렌
  - TYGON 또는 강화된 TYGON
  - 폴리에칠렌 또는 폴리프로필렌
  - 나일론

② **세척과 위생처리**

- 호스와 부속품의 안쪽과 바깥쪽 표면은 모두 제품과 직접 접하기 때문에 청소의 용이성을 위해 설계되어야 한다.
- 투명한 재질은 청결과 잔금 또는 깨짐 같은 문제에 대한 호스의 검사를 용이하게 한다.
- 짧은 길이의 경우는 청소, 건조 그리고 취급하기 쉽고 제품이 축적되지 않게 하기 때문에 선호된다.
- 세척제(스팀, 세제, 소독제, 용매 등)들이 호스와 부속품 제재에 적합한지 검토되어야 한다.
- 부속품이 해체와 청소가 용이하도록 설계 되는 것이 바람직하다.
- 가는 부속품의 사용은 가는 관이 미생물 또는 교차오염 문제를 일으킬 수 있으며 청소하기 어렵기 때문에 최소화되어야 한다.
- 일상적인 호스세척 절차의 문서화는 확립되어야 한다.

③ **위치**

- 사용하지 않을 때 호스는 세척되고, 건조되어 오염을 최소화하기 위해 비위생적인 표면과의 접촉을 막을 수 있는 캐비닛, 선반, 벽걸이 또는 다른 방법으로 지정된 위치에 보관되어야 한다.
- 깨끗한 호스는 과도한 액체를 빼내고 적절한 것으로 끝을 (예를 들면, 적절하게 알맞은 위생 뚜껑을 덮거나, 플라스틱 또는 비닐로 배출구를 싸는 것) 덮어서 보관한다.

④ **안전 설계** : 호스 설계와 선택은 적용시의 사용 압력/온도범위를 고려해야 한다.

(5) 필터 · 스트레이너 · 체

① 특성

- 필터, 스트레이너, 체는 화장품 원료와 완제품에서 원하는 입자크기, 덩어리 모양을 깨뜨리기 위해, 불순물을 제거하기 위해, 그리고 현탁액에서 초과물질을 제거하기 위해 사용될 수 있다.
- 기구 선택은 화장품 제조 시 요구사항과 시작 제품의 흐름 특성에 달려있다.
- 기구는 비중 여과, 왕복 운동하는 체, 선회 운동하는 체, 판과 틀 압축기, 백 또는 카트리지 필터 그리고 원심분리기들을 포함한다.
- 제품 검체는 기능성의 보존, 안정성 또는 소비자 안전 및 여과물의 적합성을 확인하기 위해 주의깊게 분석되어야 한다.
- 설비는 여과공정 시 여과된 제품의 검체 채취가 쉽도록 설계되어야 한다.

▶ 필터, 여과기, 체, 스트레이너 모두 여과를 위한 장치로, 체와 스트레이너는 비교적 굵은 입자를 걸러낸다.

② 구성 재질

- 화장품 산업에서 선호되는 반응하지 않는 재질은 스테인리스 스틸과 반응성이 없는 섬유이다.
- 대부분 원료와 처방에 대해 스테인리스 316L은 제조를 위해 선호된다.
- 체, 가방, 카트리지, 필터 보조물 등의 여과 매체는 효율성, 청소 및 처분의 용이성, 제품의 적합성에 전체 시스템의 성능에 의해 선택해야 한다.

③ 안전 설계 : 모든 여과조건 하에서 생기는 최고 압력들을 고려해야 한다.

(6) 이송 파이프

① 특성

- 파이프 시스템은 제품 점도, 유속 등이 고려되어야 하며, 교차오염의 가능성을 최소화하고 역류를 방지하도록 설계되어야 한다.
- 파이프 시스템에는 플랜지(이음새)를 붙이거나 용접된 유형의 위생처리 파이프 시스템이 있다.

▶ 파이프 시스템은 제품을 한 위치에서 다른 위치로 운반한다. 파이프 시스템에서 밸브와 부속품은 흐름을 전환, 조작, 조절과 정지하기 위해 사용된다.

▶ **파이프 시스템의 기본 구조**
- 펌프
- 필터
- 파이프
- 부속품(엘보우, T's, 리듀서)
- 밸브
- 이덕터 또는 배출기

② 구성 재질

- 주요 구성 : 유리, 스테인리스 스틸 #304 또는 #316, 구리, 알루미늄 등
- 전기화학반응이 일어날 수 있으므로 다른 제재의 사용을 최소화하기 위해 파이프 시스템을 설치할 때 주의해야 한다.
- 파이프 이음을 위해 개스킷, 파이프 도료, 용접 등이 사용된다.
- 스테인리스 스틸 #304와 #316에 추가해서 유리, 플라스틱, 표면이 코팅된 폴리머가 제품에 접촉하는 표면에 사용된다.

③ 세척과 위생처리

- 청소와 정규 검사를 위해 쉽게 해체될 수 있는 파이프 시스템이 다양한 사용조건을 위해 고려되어야 한다.
- 파이프 시스템은 정상적으로 가동하는 동안 가득 차도록, 그리고 가동하지 않을 때는 배출하도록 고안되어야 한다.
- 오염시킬 수 있는 막힌 관(Dead Legs, 데드렉)이 없도록 한다.
- 파이프 시스템은 축소와 확장을 최소화하도록 고안되어야 한다.

- 오염의 최소화시키기 위해 설계 시 밸브와 부속품은 최소 숫자로 설계되어야 한다.
- 메인 파이프에서 두 번째 라인으로 흘러가도록 밸브를 사용할 때 밸브는 막힌 관을 방지하기 위해 주 흐름에 가능한 한 가깝게 위치하도록 한다.

└→ 멀리(×)

④ **안전 설계**
- 파이프 시스템 설계는 생성되는 최고의 압력을 고려해야 한다.
- 사용 전에 정수압 시험을 한다.

▶ **칭량 장치**
원료, 재료 및 완제품의 중량을 측정하기 위해 사용된다.

(7) 칭량 장치

① **특성**
- 무게가 계량되기 위해 적절한 칭량 장치가 선택되어야 한다.
- 칭량 장치의 오차 허용도는 칭량에서 허락된 오차 허용도보다 커서는 안 된다.
- 칭량장치는 정확성과 정밀성의 유지관리를 확인하기 위해 조사되어야 하고 일상적으로 검정되어야 한다.
- 기계식, 광선타입, 진자타입, 전자식, 로드 셀과 같은 몇몇 작동 원리를 갖는 칭량 장치의 유형이 있다.

② **구성 재질**
- 계량적 눈금의 노출된 부분들은 칭량 작업에 간섭하지 않는다면 보호적인 피복제로 칠해질 수 있다.
- 계량적 눈금 레버 시스템은 동봉물을 깨끗한 공기와 동봉하고 제거함으로써 부식과 먼지로부터 효과적으로 보호될 수 있다.

③ **청소와 위생처리** : 칭량장치의 기능을 손상시키지 않기 위해서 세척 시 적절한 주의가 필요하다.

④ **위치**
- 제재의 칭량이 쉽게 이루어질 수 있고 교차 오염의 가능성이 최소화된 위치에 설치되어야 한다.
- 칭량장치는 민감한 기구이기 때문에 불필요하게 남용되어서는 안 된다.
- 부식성의 환경 또는 과도한 먼지로부터 적절하게 보호되지 않을 경우 기능 저하의 원인이 될 수 있다.

▶ **게이지와 미터**
온도, 압력, 흐름, pH, 점도, 속도, 부피 그리고 다른 화장품의 특성을 측정 및 또는 기록하기 위해 사용되는 기구이다.

(8) 게이지(gauge)와 미터(meter)

① **구성 재질**
- 제품과 직접 접하는 게이지와 미터의 기능에 영향을 주지 않아야 한다.
- 대부분의 제조자들은 기구들과 제품과 원료의 직접 접하지 않도록 분리 장치를 제공한다.

② **세척과 위생처리**
- 게이지와 미터가 일반적으로 청소를 위해 해체되지 않을지라도, 설계 시 제품과 접하는 부분의 청소가 쉽게 만들어져야 한다.

- 설계 고려 대상은 설비의 작업부분과 제품이 접촉하는 것을 최소화하여 설비가 제대로 움직이지 않게 하는 것과 미생물 생장을 돕는 원인일 수 있는 제품 오염을 방지하는 수단이 포함되어야 하는 것이다.

③ **위치**

- 인라인 게이지와 미터는 읽기 쉽고 보호할 수 있는 위치이어야 한다.
- 위치는 유지관리와 정규 표준화에 적절해야 한다.

④ **안전 설계** : 전기 구성품들은 설비 지역에 있을 수 있는 폭발 위험물로부터 안전한 곳에 보관되어야 한다.

⑤ **예방적 정비**

- 공정 설비의 지속적이고 적절한 안전한 기능을 확보하기 위해 예방적 유지관리 프로그램이 시행되어야 한다.
- 일정한 예방적 유지관리 간격은 설비 유형과 사용에 따라 결정된 유지관리의 빈도로 공표되어야 한다.

2 포장재 설비

(1) 제품 충전기

① **구성 재질**

- 조작 중 온도 및 압력이 제품에 영향을 끼치지 않아야 한다.
- 제품에 나쁜 영향을 끼치지 않아야 한다.
- 제품에 의해서나 어떠한 청소 또는 위생처리작업에 의해 부식되거나, 분해되거나 스며들게 해서는 안된다.
- 용접, 볼트, 나사, 부속품 등의 설비구성 요소 사이에 전기 화학적 반응을 피하도록 구축되어야 한다.
- 가장 널리 사용되는 제품과 접촉되는 표면물질은 300시리즈 스테인리스 스틸이다. Type #304와 더 부식에 강한 Type #316 스테인리스스틸이 가장 널리 사용된다.

② **청소 및 위생처리**

- 청소, 위생 처리 및 정기적인 감사가 용이하도록 설계되어야 한다.
- 조작중에 제품이 뭉치는 것을 최소화하도록 설계되어야 하며 설비에서 물질이 완전히 빠져나가도록 해야 한다.
- 제품이 고여서 설비의 오염이 생기는 사각지대가 없도록 해야 한다.
- 고온세척 또는 화학적 위생처리 조작을 할 때 구성 물질과 다른 설계 조건에 있어 문제가 일어나지 않아야 한다.
- 청소를 위한 충전기의 해체가 용이해야 한다.

▶ **제품 충전기**
제품을 1차 용기에 넣기 위해 사용된다.

(2) 기타 설비

뚜껑덮는장치 · 봉인장치 · 플러거 · 펌프 주입기, 용기공급장치, 용기세척기, 컨베이어벨트, 버킷 컨베이어, 축적 장치 등

▶ **제조 설비 · 기구 세척 및 소독 관리 표준서**

구분		내용
제조 탱크, 저장 탱크 (일반 제품)	세척 도구	스펀지, 수세미, 솔, 스팀 세척기
	세제 및 소독액	일반 주방 세제(0.5%), 70% 에탄올
	세척 및 소독 주기	• 제품 변경 시 또는 작업 완료 후 • 설비 미사용 72시간 경과 후, 밀폐되지 않은 상태로 방치 시 • 오염 발생 혹은 시스템 문제 발생 시
	세척 방법	• 제조 탱크, 저장 탱크를 스팀 세척기로 깨끗이 세척 • 상수를 탱크의 80%까지 채우고 80℃로 가온 • 페달 25rpm, 호모 2,000rpm으로 10분간 교반 후 배출 • 탱크 벽과 뚜껑을 스펀지와 세척제로 닦아 잔류하는 반제품이 없도록 제거 후 상수로 1차 세척 • 정제수로 2차 세척한 후 UV로 처리한 깨끗한 수건이나 부직포 등을 이용하여 물기를 완전히 제거 • 잔류하는 제품이 있는지 확인하고, 필요에 따라 위의 방법을 반복
	소독 방법	• 세척된 탱크의 내부 표면 전체에 70% 에탄올이 접촉되도록 고르게 스프레이 • 탱크의 뚜껑을 닫고 30분간 정체해 둠 • 정제수로 헹군 후 필터 된 공기로 완전히 건조 • 뚜껑은 70% 에탄올을 적신 스펀지로 닦아 소독한 후 자연 건조하여 설비에 물이나 소독제가 잔류하지 않도록 함 • 사용하기 전까지 뚜껑을 닫아서 보관
	점검 방법	• 점검 책임자는 육안으로 세척 상태를 점검하고, 그 결과를 점검표에 기록 • 품질 관리 담당자는 매 분기별로 세척 및 소독 후 마지막 헹굼수를 채취하여 미생물 유무 시험
믹서, 펌프, 주 필터, 카트리지 필터	세척 도구	스펀지, 수세미, 솔, 스팀 세척기
	세제 및 소독액	일반 주방 세제(0.5%), 70% 에탄올
	세척 및 소독 주기	• 제품 변경 또는 작업 완료 후 • 설비 미사용 72시간 경과 후, 밀폐되지 않은 상태로 방치 시 • 오염 발생 혹은 시스템 문제 발생 시
	세척 방법	• 믹서, 필터 하우징은 장비 매뉴얼에 따라 분해 • 제품이 잔류하지 않을 때까지 호모지나이저, 믹서, 펌프, 필터, 카트리지 필터를 온수로 세척 • 스펀지와 세척제를 이용하여 닦아낸 다음 상수와 정제수를 이용하여 헹굼 • 필터를 통과한 깨끗한 공기로 건조 • 잔류하는 제품이 있는지 확인하고, 필요에 따라 위의 방법 반복
	소독 방법	• 세척이 완료된 설비 및 기구를 70% 에탄올에 10분간 침적 • 70% 에탄올에서 꺼내어 필터를 통과한 깨끗한 공기로 건조하거나 UV로 처리한 수건이나 부직포 등을 이용하여 닦아냄 • 세척된 설비는 다시 조립하고, 비닐 등을 씌워 2차 오염이 발생하지 않도록 보관
	점검 방법	• 점검 책임자는 육안으로 세척 상태를 점검하고, 그 결과를 점검표에 기록 • 품질 관리 담당자는 매 분기별로 세척 및 소독 후 마지막 헹굼수를 채취하여 미생물 유무 시험

04 설비·기구의 폐기 기준

1 설비·기구의 유지관리 기준

기출(21-3회, 21-4회)

① 설비는 정기적으로 점검하여 화장품의 제조 및 품질관리에 지장이 없도록 유지 · 관리 · 기록하여야 한다.

② 결함 발생 및 정비 중인 설비는 적절한 방법으로 표시하고, 고장 등 사용이 불가할 경우 표시하여야 한다.

③ 세척한 설비는 다음 사용 시까지 오염되지 않도록 관리해야 한다.

④ 모든 제조 관련 설비는 승인된 자만이 접근 · 사용해야 한다.

⑤ 품질에 영향을 줄 수 있는 검사 · 측정 · 시험장비 및 자동화장치는 계획을 수립하여 정기적으로 교정 및 성능점검을 하고 기록해야 한다.

⑥ 유지관리 작업이 제품의 품질에 영향을 주지 않도록 한다.

⑦ 설비 유지관리 원칙은 다음과 같다.

- 예방적 실시가 원칙이다.
- 설비마다 절차서를 작성한다.
- 계획을 가지고 실행한다. (연간계획이 일반적)
- 책임 내용을 명확하게 한다.
- 유지하는 '기준'은 절차서에 포함한다.
- 점검체크 시트를 사용하면 편리하다.
- 점검항목 : 외관검사(더러움, 녹, 이상소음, 이취 등), 작동점검(스위치, 연동성 등), 기능측정(회전수, 전압, 투과율, 감도 등), 청소(외부표면, 내부), 부품교환, 개선(제품 품질에 영향을 미치지 않는 일이 확인되면 적극적으로 개선한다.)

2 유지관리 구분

(1) 예방적 활동

주요 설비(제조탱크, 충전 설비, 타정기 등) 및 시험장비에 대하여 실시하며, 정기적으로 교체하여야 하는 부속품들에 대하여 연간 계획을 세워서 시정 실시(고장 후 수리하는 일)를 하지 않는 것이 원칙이다.

(2) 유지보수

① 고장 발생 시의 긴급점검이나 수리를 말한다. 작업 중, 설비의 갱신 · 변경으로 기능이 변화해도 좋으나, 기능의 변화와 점검 작업 그 자체가 제품품질에 영향을 미쳐서는 안 된다.

② 설비 불량으로 사용할 수 없을 때는 그 설비를 제거하거나 확실하게 사용불능 표시를 해야 한다.

(3) 정기 검정 · 교정

① 제품의 품질에 영향을 줄 수 있는 계측기(생산설비 및 시험설비)에 대해 정기적으로 계획을 수립 · 실시하여야 한다. 또한, 사용 전 검 · 교정 여부를 확인하여 제조 및 시험의 정확성을 확보한다.

② 설비 개선은 적극적으로 실시하고, 보다 좋은 설비로 제조하도록 한다. 설비 점검은 체크시트를 작성하여 실시하는 것이 좋다.

3 설비·기구의 유지 및 보수

(1) 설비 관리

설비 관리는 조사, 분석, 설계, 설치, 운전, 보전, 그리고 폐기에 이르는 설비 생애(life cycle)의 전 단계에 걸쳐 설비의 생산성을 높이는 활동이다.

(2) 설비 생애

① 신규 설비 검토 단계
② 설계, 제작, 설치, 검수 단계
③ 사용과 유지 · 관리 단계(일상 점검, 정기 점검)
④ 고장 발생과 수리 단계
⑤ 폐기, 매각 단계

(3) 설비 보전

생산 설비 등을 최적의 상태로 효율적으로 유지하기 위해 일상 점검 및 정기 점검을 통한 설비 진단과 고장 부위 정비 또는 유지, 보수, 관리, 운용하는 활동이다.

(4) 설비 유지 · 보수

설비 보전과 같은 개념이나 보통은 설비 보전 활동 중 기본적인 점검, 정비, 그리고 보수(부품 교체와 부분 수리)를 통해 설비가 제대로 동작하도록 유지시키는 활동에 국한한다.

(5) 설비 유지 · 보수의 필요성

설비 유지 · 보수는 예방 정비 및 기기의 수명 예측 등을 통하여 설비가 항상 정상 상태로 가동되고 안전운전을 유지할 수 있도록 하는 데 목적이 있다.

(6) 설비의 특성 파악

정비 계획을 수립하기 위해서는 제조 공정, 생산 설비와 제조 공정도에 대한 이해가 필요하다.

(7) 정비 계획에 따른 점검 · 정비

① 설비 대장의 점검 · 정비 주기와 연간 정비 계획표 수립
② 정비 업무 계획표에 따라 점검과 정비 실시
③ 설비 점검은 설비별 점검 기준서를 기초로 하여 실시
④ 점검 기준서 포함 사항 : 설비구조 도면, 명칭, 기능, 취급 방법, 기계요소 및 내구 수명, 작업 내용, 설비 기본 정보(설비 번호, 설비명, 설치 연월, 설치 장소), 설비 사진 또는 도면(일련번호와 함께 점검과 정비 대상인 기계요소의 번호, 명칭, 기능을 기재), 점검 부위명, 점검 기준, 점검 방법, 점검 주기, 조치 방법, 담당자명
⑤ 설비의 일상 점검은 일간 또는 주간 주기로 실시, 결과를 설비 점검표에 기록
⑥ 설비의 정기 점검은 연간 정비 계획서에 따라 정기 정비와 같이 실시, 설비 점검표에 점검 결과를 기재하고 기록 보관
⑦ 설비 결함
  • 고장의 원인이 되는 설비 손상, 설비 효율이나 생산 효율을 저해하는 요인

- 설비 효율 저해 요인에는 고장 로스, 작업 준비 · 조정 로스, 일시 정체 로스, 속도 로스, 불량 · 수정 로스, 초기 수율 로스가 있음
- 수시로 점검과 정비를 통해 설비 결함의 발생 빈도를 감소시켜야 함

⑧ 부품 교체 : 부품 교체 주기표, 유지 · 보수 계획서, 그리고 장기 보전 계획표에 정해진 기간에 실시하고 예비품 관리대장에 기록

4 설비·기구의 이력 관리 및 폐기

① 사용 조건과 설비 관리의 적절성에 따라 내구연한이 단축 또는 연장

② 설비 이력 관리를 통한 설비 가동률과 고장률 파악

③ 점검 · 정비 주기의 단축 또는 연장 여부 결정

④ 부품의 교체 시기, 설비의 정밀 진단과 폐기 시점 결정

⑤ 설비 가동 일지에는 설비 번호, 설비명, 설치 장소, 설치 연월과 같은 기본 항목 이외에 생산일 및 시간, 조업시간, 정지 시간, 부하 시간, 가동 시간, 가동률 기록

⑥ 내구연한 종료 설비의 폐기

⑦ 설비 이력카드 양식의 구성

기출(21-3회)

구분	작업장
설비 상세 명세 구성 항목	설비 번호, 설비명, 설치 장소, 제작 번호, 제작사, 제조 연월, 구입처, 설치 연월, 설비 사진과 주요 기계요소 명칭, 일련번호와 주요 부속품 및 장치명
유지 · 보수 이력 구성 항목	유지 · 보수 일시, 유지 · 보수 항목, 유지 · 보수 내용, 조치 사항, 조치 결과, 작업자
부품 교체 이력 구성 항목	부품 교체 일시, 부품명, 교체 방법, 수량, 이전 교체일, 구입처, 작업자

▶ **저울의 영점 조정**
장기간 사용 시 저울 내부의 스프링 장력의 변화 등으로 초기 설정값인 '0'점이 맞지 않으므로 다시 설정하는 것을 말한다.

5 저울의 검사, 측정 및 관리

① 검사, 측정 및 시험 장비의 정밀도를 유지 · 보존

② 전자저울은 매일 영점을 조정하고 주기별로 점검 실시

③ 전자저울의 점검 주기 및 방법 기출(21-3회)

점검 항목	점검 주기	점검 시기	점검 방법	판정 기준	이상 시 조치사항
영점(zero point)	매일	가동 전	zero point setting	"0" setting 확인	수리의뢰 및 필요 조치
수평	매일	가동 전	육안 확인	수평 상태를 확인	자가 조절 후 수리의뢰 및 필요 조치
점검	1개월	-	표준 분동으로 실시	• 직선성 : ±0.5 % 이내 • 정밀성 : ±0.5 % 이내 • 편심오차 : ±0.1 % 이내	수리의뢰 및 필요 조치

chapter 03

▶ **작업장의 낙하균 측정법**

① 원리

- koch법이라고도 하며, 실내외를 불문하고, 대상 작업장에서 오염된 부유 미생물을 직접 평판배지 위에 일정시간 자연 낙하시켜 측정하는 방법
- 한천평판 배지를 일정시간 노출시켜 배양접시에 낙하된 미생물을 배양하여 증식된 집락수를 측정하고 단위시간 당의 생균수로서 산출하는 방법
- 특별한 기기의 사용 없이 언제, 어디서라도 실시할 수 있는 간단하고 편리한 방법이지만 공기 중의 전체 미생물을 측정할 수 없다는 단점이 있음

② 배지

- 세균용 : 대두카제인 소화한천배지
- 진균용 : 사부로포도당 한천배지 또는 포테이토덱스트로즈한천배지에 배지 100ml당 클로람페니콜 50mg을 넣음

③ 기구

배양접시(내경 9cm), 배양접시에 멸균된 배지(세균용, 진균용)를 각각 부어 굳혀 낙하균 측정용 배지를 준비

④ 낙하균 측정할 장소의 측정 위치 선정 및 노출 시간 결성

㉠ 측정 위치

- 일반적으로 작은 방을 측정하는 경우에는 약 5개소 측정
- 비교적 큰방일 경우에는 측정소 증가
- 방 이외의 격벽구획이 명확하지 않은 장소(복도, 통로 등)에서는 공기의 진입, 유통, 정체 등의 상태를 고려하여 전체 환경을 대표한다고 생각되는 장소 선택
- 측정하려는 방의 크기와 구조에 더 유의하여야 하나, 5개소 이하로 측정하면 올바른 평가를 얻기가 어려우며 측정위치도 벽에서 30cm 떨어진 곳이 좋음
- 측정높이는 바닥에서 측정하는 것이 원칙이지만 부득이 한 경우 바닥으로부터 20~30cm 높은 위치에서 측정하는 경우 있음

㉡ 노출 시간

- 노출시간은 공중 부유 미생물수의 많고 적음에 따라 결정되며, 노출 시간이 1시간 이상이 되면 배지의 성능이 떨어지므로 예비시험으로 적당한 노출시간을 결정하는 것이 좋음
- 청정도가 높은 시설(㉮ 무균실 또는 준무균실) : 30분 이상 노출
- 청정도가 낮고, 오염도가 높은 시설(㉮ 원료 보관실, 복도, 포장실, 창고) : 측정시간 단축

⑤ 낙하균 측정

- 선정된 측정 위치마다 세균용 배지와 진균용 배지를 1개씩 놓고 배양접시의 뚜껑을 열어 배지에 낙하균이 떨어지도록 함 **기출**(21-3회)
- 위치별로 정해진 노출시간이 지나면, 배양접시의 뚜껑을 닫아 배양기에서 배양, 일반적으로 세균용 배지는 30~35℃, 48시간 이상, 진균용 배지는 20~25℃, 5일 이상 배양, 배양 중에 확산균의 증식에 의해 균수를 측정할 수 없는 경우가 있으므로 매일 관찰하고 균수의 변동 기록
- 배양 종료 후 세균 및 진균의 평판 마다 집락수를 측정하고, 사용한 배양접시 수로 나누어 평균 집락수를 구하고 단위시간 당 집락수를 산출하여 균수로 함

Customized Cosmetics Preparation Manager

내용물 및 원료 관리

[식약처 동영상 강의]

01 내용물 및 원료의 입고 기준

1 원료 입고 기준

① 원료담당자는 원료가 입고되면 입고원료의 발주서 및 거래명세표를 참고하여 원료명, 규격, 수량, 납품처 등이 일치하는지 확인한다.

② 원료 용기 및 봉합의 파손 여부, 물에 젖었거나 침적된 흔적 여부, 해충이나 쥐 등의 침해를 받은 흔적 여부, 표시된 사항의 이상 여부 및 청결 여부 등을 확인한다.

③ 용기에 표시된 양을 거래명세표와 대조하고 필요 시 칭량하며, 무게를 확인한다.

④ 확인 후 이상이 없으면 용기 및 외포장을 청소한 후 원료 대기 보관소로 이동한다.

⑤ 원료담당자는 입고 정보를 전산에 등록한 후 업체의 시험성적서를 지참하여 품질부서에 검사를 의뢰한다.

⑥ 품질보증팀 담당자는 시험을 실시하고 원료 시험기록서를 작성하여 품질보증팀장의 승인을 득하고, 적합일 경우에는 해당 원료에 적합 라벨을 부착하고 전산에 적부 여부를 등록한다.

⑦ 시험 결과 부적합일 경우에는 해당 원료에 부적합 라벨을 부착하고, 해당부서에 기준일탈조치표를 작성하여 통보한다.

▶ 원료의 샘플링은 조도 540룩스 이상의 별도 공간에서 실시한다.

⑧ 구매부서는 부적합원료에 대한 기준일탈조치를 하고, 관련 내용을 기록하여 품질보증팀에 회신한다.

2 원자재 입고 기준

① 제조업자는 원자재 공급자에 대한 관리감독을 적절히 수행하여 입고관리가 철저히 이루어지도록 하여야 한다.

② 원자재의 입고 시 구매 요구서, 원자재 공급업체 성적서 및 현품이 서로 일치하여야 한다. 필요한 경우 운송 관련 자료를 추가적으로 확인할 수 있다.

기출(21-3회, 21-4회)

③ 원자재 용기에 제조번호가 없는 경우에는 관리번호를 부여하여 보관하여야 한다.

④ 원자재 입고절차 중 육안확인 시 물품에 결함이 있을 경우 입고를 보류하고 격리보관 및 폐기하거나 원자재 공급업자에게 반송하여야 한다.

← 입고 후 부적합 상태로 표시하여 격리 보관(×)

⑤ 입고된 원자재는 '적합', '부적합', '검사 중' 등으로 상태를 표시하여야 한다. 다만, 동일 수준의 보증이 가능한 다른 시스템이 있다면 대체할 수 있다.

기출(20-1회, 21-3회, 21-4회)

⑥ **원자재 용기 및 시험기록서**의 필수적인 기재 사항은 다음과 같다.
- 원자재 공급자가 정한 제품명
- 원자재 공급자명
- 수령 일자 ← 원자재 수량(×)
- 공급자가 부여한 제조번호 또는 관리번호

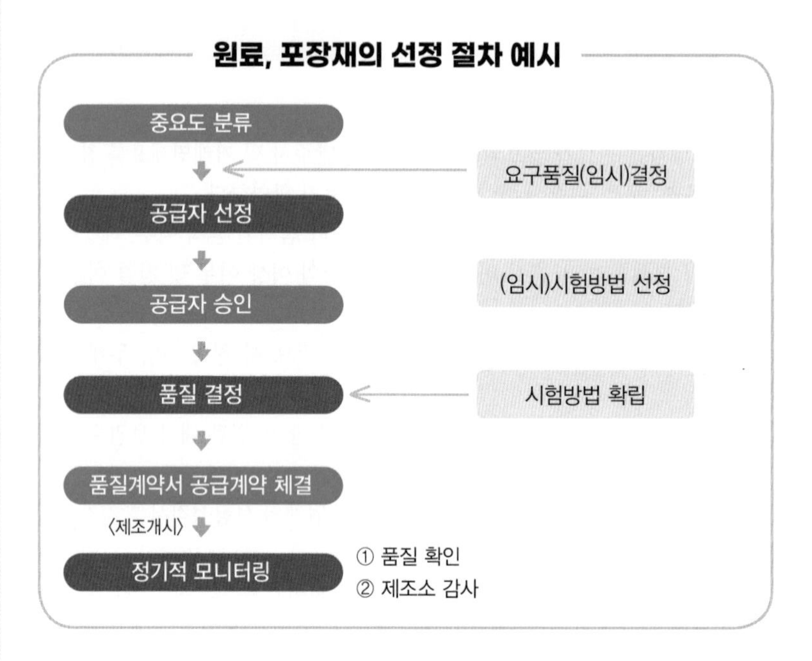

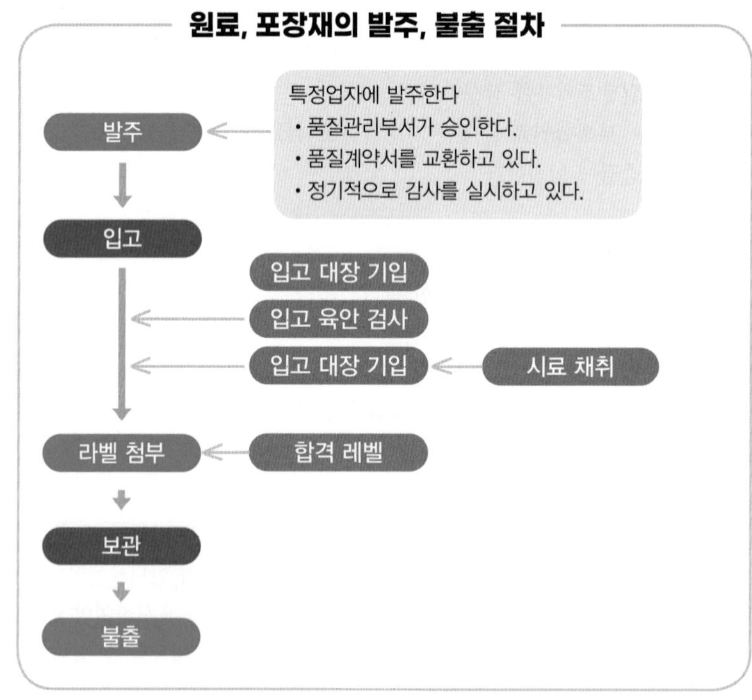

3 원료 및 포장재 확인 시 포함되어야 할 정보

① 인도문서와 포장에 표시된 품목 · 제품명
② 만약 공급자가 명명한 제품명과 다르다면 제조 절차에 따른 품목 · 제품명, 해당 코드번호
③ CAS 번호(적용 가능한 경우)
④ 적절한 경우, 수령 일자와 수령확인번호
⑤ 공급자명
⑥ 공급자가 부여한 뱃치 정보, 만약 다르다면 수령 시 주어진 뱃치 정보
⑦ 기록된 양

4 화장품 원료의 적합 판정 여부

① 원자재 입고 시 구매 요구서, 시험 성적서(COA) 및 현품(입고 원료)이 서로 일치하는지 확인한다.
② 화장품 원료 입고 시 포장의 훼손 여부를 확인하고, 훼손 시에는 원료 거래처에 반송한다.
③ 원료 용기의 봉함 파손, 침수 흔적, 부착 라벨 여부, 곤충이나 쥐의 침해 흔적 유무 등을 확인하고, 에어건으로 먼지를 제거하고 걸레로 이물질을 제거한 후에 반입한다.
④ 입고된 화장품 원료에는 '검체 채취 전'이라는 라벨을 붙인 후 품질 관리부에 연락하여 원료의 적합 여부를 의뢰한 후 '시험 중'이라는 라벨을 붙인다.

▶ **시험방법 약어 설명**
- AAS : 원자흡광도법
- ICP : 유도결합플라즈마분광기를 이용하는 방법
- ICP-MS : 유도결합플라즈마-질량분석기를 이용한 방법

02 유통화장품의 안전관리 기준 ★★★

기출(20-1회, 20-2회)

기출(21-3회)

▶ 시험방법 : [별표 4]에 따라 시험하되, 기타 과학적 · 합리적으로 타당성이 인정되는 경우 자사 기준으로 시험할 수 있다.

▶ [별표 4] 유통화장품 안전관리 시험방법 : 570페이지 '부록 4' 참고할 것

1 검출 허용한도 물질 및 기준

화장품을 제조하면서 다음 물질을 인위적으로 첨가하지 않았으나, 제조 또는 보관 과정 중 포장재로부터 이행되는 등 비의도적으로 유래된 사실이 객관적인 자료로 확인되고 기술적으로 완전한 제거가 불가능한 경우 해당 물질의 검출 허용 한도는 다음과 같다.

대상물질		허용한도	시험방법
중금속	납	• 점토를 원료로 사용한 분말제품 : 50㎍/g 이하 • 그 밖의 제품 : 20㎍/g 이하	디티존법, AAS, ICP, ICP-MS
	비소	• 10㎍/g 이하	비색법, AAS, ICP, ICP-MS
	안티몬	• 10㎍/g 이하	• AAS • ICP • ICP-MS
	카드뮴	• 5㎍/g 이하	
	니켈	• 눈 화장품 제품 : 35㎍/g 이하 • 색조 화장용 제품 : 30㎍/g 이하 • 그 밖의 제품 : 10㎍/g 이하	
	수은	• 1㎍/g 이하	• 수은분해장치를 이용한 방법 • 수은분석기를 이용한 방법

대상물질		허용한도	시험방법
유기물질	디옥산	• < 100㎍/g	기체크로마토그래프법의 절대검량선법
	메탄올	• 0.2 (v/v)% 이하 (단, 물휴지는 0.002 (v/v)% 이하)	• 푹신아황산법 • 기체크로마토그래프법 • 기체크로마토그래프-질량분석기법
	포름알데하이드	• 2,000㎍/g 이하 (단, 물휴지는 20㎍/g 이하)	액체크로마토그래프법의 절대검량선법
	프탈레이트류*	• 총 합으로서 100㎍/g 이하	• 기체크로마토그래프-수소염이온화검출기를 이용한 방법 • 기체크로마토그래프-질량분석기를 이용한 방법
미생물	총호기성생균수	• 영유아용 및 눈화장용 제품류 : 500개/g (mL) 이하 • 물휴지 : 세균 및 진균 각각 100개/g (mL) 이하 • 기타 화장품 : 1,000개/g (mL) 이하	
	대장균, 녹농균, 황색포도상구균	• 불검출	

*프탈레이트류 : 디부틸프탈레이트, 부틸벤질프탈레이트 및 디에칠헥실프탈레이트에 한함 **기출(20-2회)**

(1) 납

① 무기납 및 그 화합물은 인체 발암 가능물질(IARC, Group 2B : Possibly Carcinogenic to Humans)이며, 자극성 · 부식성 · 피부감작성 · 광독성 · 급성독성 등은 낮으나 오랫동안 미량으로 장기간 노출되었을 때 신경발달독성, 고혈압 등의 전신 독성이 나타날 수 있어 화장품에 "납 및 그 화합물"은 사용할 수 없는 원료로 지정하고 있다.

② 크림, 팩 등 기초화장용 제품류, 무기물질 및 무기색소가 많이 함유된 색조화장용 제품류 및 눈화장용 제품류, 샴푸, 린스, 헤어스프레이 등 두발용 제품류, 점토(황토, 머드 포함)를 원료로 사용한 제품 등 다양한 화장품의 불순물로 존재할 수 있다.

(2) 비소

① 비소는 인체에 축적될 수 있고 배설이 잘되지 않으며 피부 및 신경계를 비롯한 다른 장기에 독성을 일으킬 수 있고 적은 양의 비소라도 지속적으로 노출 시 발암원의 가능성이 있으므로 화장품에 "비소 및 그 화합물"은 사용할 수 없는 원료로 지정하고 있다.

② 토양, 암석 등에 존재하는 비소는 화장품에 범용되고 있는 안료(산화티탄, 산화아연, 황화아연, 황산바륨 등) 등의 분체원료에 불순물로 존재할 수 있기 때문에 크림, 팩 등 기초화장용 제품류, 색조화장용 제품류, 눈 화장용 제품류, 두발용 제품류 및 점토를 원료로 사용한 제품 등에서 관리가 필요하다.

(3) 안티몬

① 안티몬은 어느 곳에나 미량으로 존재하고 있으며, “안티몬 및 그 화합물”은 화장품에 사용할 수 없는 원료로 관리하고 있으나, 원료의 불순물로 존재할 가능성이 있다.

② 직업상 만성적으로 안티몬에 노출 시 땀샘이나 피지선 주변에 발생하는 구진 및 농포에 의한 피부염이 유발될 수 있으며, 안티몬의 국소 적용 시 약간의 피부 흡수가 있을 수 있고 장기간 반복 적용 시 미량 흡수되어 심혈관 독성 등 전신 작용을 나타낼 가능성이 있다.

② 아이섀도 · 아이라이너 등 눈 화장용 제품류, 페이스파우더 · 크림 등 천연 무기 파우더를 주로 사용하는 색조 화장용 제품류 등에 원료의 불순물이나 제조 과정 중 혼입되어 불순물로 미량 존재할 수 있다.

(4) 카드뮴

① 카드뮴은 인체 발암성 물질*이며, 직접 접촉 시 자극성은 있으나 부식성, 피부감작성, 급성 독성 등은 낮다. 장기간 화장품 사용을 통해 미량으로 장기간 노출 되었을 경우 다양한 신경발달독성, 신세뇨관 이상 등의 전신 독성이 나타날 수 있으므로 “카드뮴 및 그 화합물”의 경우 화장품에 사용할 수 없는 원료로 관리하고 있다.

② 카드뮴은 환경 중 어느 곳에나 미량으로 존재하고 있고, 색조화장용 제품류, 눈 화장용 제품류, 두발용 제품류 등에 원료의 불순물이나 제조과정 중 혼입되어 불순물로 미량 존재할 수 있다.

▶ **인체 발암성 물질**
IARC, Group 1 :
Carcinogenic to humans

(5) 수은

① 수은은 환경오염물질로 환경 중 어느 곳에서나 미량으로 존재하고 있으며, “수은 및 그 화합물”의 경우 화장품에 사용할 수 없는 원료로 관리하고 있으나 제조과정이나 원료로부터 오염되는 경우가 있고 일부에서는 미백효과를 노리고 고의로 수은을 함유한 제품을 제조 · 유통한 경우가 적발되기도 한다.

② 화장품에 존재하는 것은 주로 무기 수은으로 무기 수은은 직접 접촉하면 단기적으로 자극성, 부식성이 있고 장기간 노출 시 국소적으로 피부염 및 알러지를 유발할 수 있다. 무기 수은은 소량이지만 피부에 흡수될 수 있어 수은이 미량 함유된 화장품의 장기 · 반복 사용은 인체에 유해하므로 이에 대한 관리가 필요하다.

(6) 디옥산

① 디옥산은 화장품에 사용할 수 없는 원료이나, 화장품 원료 중 성분명이 PEG, 폴리에칠렌, 폴리에칠렌글라이콜, 폴리옥시칠렌, -eth- 또는 -옥시놀-을 포함(세정제 · 기포제 · 유화제 또는 용제 등으로 사용)하거나, 제조과정 중 지방산에 ethylene oxide 첨가 과정(ethoxylation) 중에 부산물로 생성되어 화장품에 잔류할 수 있다.

② 영 · 유아용 제품류, 목욕용 제품류, 두발용 제품류, 마스카라 등 눈 화장용 제품류, 기초화장용 제품류, 면도용 제품류 등에 디옥산이 생성될 수 있는 계면활성제가 사용되고 있으므로 이들 제품류에 디옥산의 관리가 필요하다.

(7) 메탄올

기출(21-3회)

① 화장품 중 메탄올(에탄올 및 이소프로필알콜의 변성제로서만 알콜 중 5%까지 사용)은 사용할 수 없는 원료이나, 에탄올을 화장품 원료로 사용한 제품의 경우 에탄올에 미량의 메탄올이 불순물로 포함될 수 있기 때문에 메탄올 관리가 필요하다.

② 헤어로션 · 헤어토닉 · 헤어스프레이(분사제를 제거한 원액) 등 두발용 제품류, 향수 · 콜롱 등 방향용 제품류, 화장수 등 기초화장용 제품류 등 에탄올 함량이 높아 메탄올이 생성될 가능성이 있는 제품 등을 대상으로 한다.

(8) 포름알데하이드

① 화장품 중 "포름알데하이드 및 p-포름알데하이드"는 사용할 수 없는 원료이나 화장품에 사용되는 일부 살균 · 보존제(디아졸리디닐우레아, 디엠디엠하이단토인, 2-브로모-2-나이트로프로판-1,3-디올, 벤질헤미포름알, 소듐하이드록시메칠아미노아세테이트, 이미다졸리디닐우레아, 쿼터늄-15 등)가 수용성 상태에서 분해되어 일부 생성될 수 있다.

② 특히, 최종제품에 유리 포름알데하이드가 0.05%(500 ppm) 이상 검출 될 경우 이 성분에 민감한 사람은 피부자극성을 나타낼 수 있으므로 「화장품 사용 시의 주의사항 표시에 관한 규정」(식약처 고시)에 따라, 포름알데하이드 0.05% 이상 검출된 제품은 "포름알데하이드를 함유하고 있으므로 이 성분에 과민한 사람은 신중히 사용할 것"으로 화장품 포장의 "사용 시의 주의사항"에 기재 · 표시하여야 한다.

③ 영 · 유아용 제품류, 목욕용 제품류, 인체 세정용 제품류, 샴푸 등 두발용 제품류 등이나 살균 · 보존제(디아졸리디닐우레아, 디엠디엠하이단토인, 2-브로모-2-나이트로프로판-1,3-디올, 벤질헤미포름알, 소듐하이드록시메칠아미노아세테이트, 이미다졸리디닐우레아, 쿼터늄-15 등)를 사용하는 화장품에서 포름알데하이드가 검출될 가능성이 있다.

(9) 프탈레이트류(디부틸프탈레이트, 부틸벤질프탈레이트 및 디에칠헥실프탈레이트에 한함)

① 화장품 중 "프탈레이트류(디부틸프탈레이트, 디에칠헥실프탈레이트, 부틸벤질프탈레이트에 한함)"는 EC(유럽집행위원회, EU Commission) 화장품 중 유해물질의 CMR(Carcinogenic, Mutagenic, Reproductive toxicity) 등급 중 생식독성 2등급(인체 생식능력저하, 인체 발생독성물질로 고려되고 있는 물질)에 해당되고, 화장품에 사용할 수 없는 원료에 해당되나, 화장품 원료나 최종 제품이 생산 또는 보관 과정에서 플라스틱제품(용기, 펌프, 고무패킹 등)과의 접촉에 의해 용출되어 비의도적으로 검출될 수 있다.

② 국내 · 외 모니터링 자료에 따르면 화장품 중 유기용매 함량이 높고 플라스틱 용기 또는 도구를 사용하는 손발톱용 제품류, 향수 등 방향용 제품류, 데오도런트 등 체취 방지용 제품류, 두발용 제품류 등에 프탈레이트류가 주로 검출된다.

2 내용량 기준

① 제품 3개를 가지고 시험할 때 그 평균 내용량이 표기량에 대하여 97% 이상

② 기준치를 벗어날 경우 : 6개를 더 취하여 시험할 때 9개의 평균 내용량이 97% 이상

③ 그 밖의 특수한 제품 : 대한민국약전(식품의약품안전처 고시)을 따를 것

기출(20-1회, 21-3회)

▶ 화장 비누의 경우 건조중량을 내용량으로 한다.

3 pH 기준

기출(20-1회, 21-3회)

다음 제품 중 액, 로션, 크림 및 이와 유사한 제형의 액상제품은 pH 기준이 3.0~9.0 이어야 한다.

① 영 · 유아용 제품류(영 · 유아용 샴푸, 린스, 인체 세정용 제품, 목욕용 제품 제외)

② 눈 화장용 제품류, 색조 화장용 제품류

③ 두발용 제품류(샴푸, 린스 제외)

④ 면도용 제품류(셰이빙 크림, 셰이빙 폼 제외)

⑤ 기초화장용 제품류(클렌징 워터, 클렌징 오일, 클렌징 로션, 클렌징 크림 등 메이크업 리무버 제품 제외)

기출(21-4회)

▶ 예외 : 물을 포함하지 않는 제품, 사용한 후 곧바로 물로 씻어 내는 제품

▶ **pH 시험법**
검체 약 2g 또는 2mL를 취하여 100mL 비이커에 넣고 물 30mL를 넣어 수욕상에서 가온하여 지방분을 녹이고 흔들어 섞은 다음 냉장고에서 지방분을 응결시켜 여과한다. 이때 지방층과 물층이 분리되지 않을 때는 그대로 사용한다. 여액을 가지고 「기능성화장품 기준 및 시험방법」 일반시험법 1. 원료의 pH측정법"에 따라 시험한다. (다만, 성상에 따라 투명한 액상인 경우에는 그대로 측정한다.)

▶ **화장품 유형별 pH**

1. 화장수(스킨) : 사용목적에 따라 산성화장수 및 알칼리성화장수가 있다.

① 산성화장수 : 다가의 금속염(양이온형) 또는 유기산(음이온형)을 사용한 것으로 수렴작용이나 미생물억제작용이 있다. 단순 피부 조정을 위한 제품의 pH는 5~6 사이이다.

② 알칼리성화장수 : NMF 관련성분(Natural Moisturizing Factor, 자연보습인자)를 함유한 것이 많다. 피부각질층 중에 존재하는 피롤리돈카본산, 아미노산, 다당류 등의 나트륨염을 사용함으로서 각질층에 피부유연 효과를 나타낸다. 또한, 물 · 알코올에 알칼리성 계면활성제를 첨가하여 피부를 서서히 세정하는 세정용 화장수도 있다.

2. 샴푸 : 일반적으로는 알킬황산염, 폴리옥시에칠렌알킬황산염, 알파올레인설폰산염 등의 음이온 계면활성제를 주 원료로 한 pH 5~7의 약한 산성제품이 많다.

① 산성샴푸 중 일부는 n-아실-L-글루타민산염이나 사르코신염 등 아미노산을 결합한 성분을 함유하여 촉감이 좋고, 자극이 적으며, 감작성 등 독성이 약해 안전성 측면에서 우수한 제품이 있다.

② 기타 베타인계양쪽성계면활성제나 양이온계면활성제를 사용한 것도 있다. 산성샴푸를 제외하고는 피막형성효과가 있기 때문에 산화형 염모제나 헤어 브리치 후에 사용하는데 적당하다.

③ 최근에는 산성타입으로 린스효과를 첨가한 샴푸가 있고, 양쪽성계면활성제와 양이온계면활성제, 음이온계면활성제와 폴리실록산계화합물을 조합시킨 것이 있다.

3. 린스
양쪽성계면활성제나 양이온계면활성제 등을 함유한 산성액으로 pH 3~5의 것이 많다.

4 기능성 화장품

기능성을 나타나게 하는 주원료의 함량이 화장품법에 따라 심사 또는 보고한 기준에 적합하여야 한다.

5 유리알칼리 : 0.1% 이하 (화장 비누에 한함)

기출(20-1회)

6 퍼머넌트웨이브용 및 헤어스트레이트너 제품의 기준

기출(21-3회, 21-4회)

▶ 이 제품은 실온에서 사용하는 것으로서 치오글라이콜릭애씨드 또는 그 염류를 주성분으로 하는 제1제 및 산화제를 함유하는 제2제로 구성된다.

1. 치오글라이콜릭애씨드 또는 그 염류를 주성분으로 하는 냉2욕식 퍼머넌트웨이브용 제품

가. 제1제 : 이 제품은 치오글라이콜릭애씨드 또는 그 염류를 주성분으로 하고, 불휘발성 무기알칼리의 총량이 치오글라이콜릭애씨드의 대응량 이하인 액제이다. (단, 산성에서 끓인 후의 환원성물질의 함량이 7.0%를 초과하는 경우에는 초과분에 대하여 디치오디글라이콜릭애씨드 또는 그 염류를 디치오디글라이콜릭애씨드로서 같은 양 이상 배합하여야 한다. 이 제품에는 품질을 유지하거나 유용성을 높이기 위하여 적당한 알칼리제, 침투제, 습윤제, 착색제, 유화제, 향료 등을 첨가할 수 있다.)

기출(20-1회)

1) pH : 4.5~9.6
2) 알칼리 : 0.1N 염산의 소비량은 검체 1mL에 대하여 7.0mL 이하
3) 산성에서 끓인 후의 환원성 물질(치오글라이콜릭애씨드) : 산성에서 끓인 후의 환원성 물질의 함량(치오글라이콜릭애씨드로서)이 2.0~11.0%
4) 산성에서 끓인 후의 환원성 물질 이외의 환원성 물질(아황산염, 황화물 등) : 검체 1mL 중의 산성에서 끓인 후의 환원성 물질이외의 환원성 물질에 대한 0.1N 요오드액의 소비량이 0.6mL 이하
5) 환원후의 환원성 물질(디치오디글라이콜릭애씨드) : 환원 후의 환원성 물질의 함량은 4.0%이하
6) 중금속 : 20μg/g 이하
7) 비소 : 5μg/g 이하
8) 철 : 2μg/g 이하

나. 제2제

기출(20-2회)

1) 브롬산나트륨 함유제제 : 브롬산나트륨에 그 품질을 유지하거나 유용성을 높이기 위하여 적당한 용해제, 침투제, 습윤제, 착색제, 유화제, 향료 등을 첨가한 것이다.
   가) 용해상태 : 명확한 불용성 이물이 없을 것
   나) pH : 4.0~10.5
   다) 중금속 : 20μg/g 이하
   라) 산화력* : 1인 1회 분량의 산화력이 3.5 이상

▶ **산화력**
제2제인 산화제의 산화능력을 알아보는 것으로서, 시액 대비 0.1N 치오황산나트륨의 소비량으로 제품 1인 1회 분량의 브롬산나트륨 g수(소비량×0.278) 또는 과산화수소의 g수(소비량×0.0017007)를 나타낸 것으로, 이것을 산화력으로 한다.

2) 과산화수소수 함유제제 : 과산화수소수 또는 과산화수소수에 그 품질을 유지하거나 유용성을 높이기 위하여 적당한 침투제, 안정제, 습윤제, 착색제, 유화제, 향료 등을 첨가한 것이다.
   가) pH : 2.5~4.5
   나) 중금속 : 20μg/g 이하
   다) 산화력 : 1인 1회 분량의 산화력이 0.8~3.0

2. 시스테인, 시스테인염류 또는 아세틸시스테인을 주성분으로 하는 냉2욕식 퍼머넌트웨이브용 제품

가. 제1제 : 이 제품은 시스테인, 시스테인염류 또는 아세틸시스테인을 주성분으로 하고 불휘발성 무기알칼리를 함유하지 않은 액제이다. 이 제품에는 품질을 유지하거나 유용성을 높이기 위하여 적당한 알칼리제, 침투제, 습윤제, 착색제, 유화제, 향료 등을 첨가할 수 있다.

1) pH : 8.0~9.5
2) 알칼리 : 0.1N 염산의 소비량은 검체 1mL에 대하여 12mL 이하
3) 시스테인 : 3.0~7.5%
4) 환원 후의 환원성물질(시스틴) : 0.65% 이하
5) 중금속 : 20㎍/g 이하
6) 비소 : 5㎍/g 이하
7) 철 : 2㎍/g 이하

▶ 이 제품은 실온에서 사용하는 것으로서 시스테인, 시스테인염류 또는 아세틸시스테인을 주성분으로 하는 제1제 및 산화제를 함유하는 제2제로 구성된다.

나. 제2제 기준 : 1. 치오글라이콜릭애씨드 또는 그 염류를 주성분으로 하는 냉2욕식 퍼머넌트웨이브용 제품 나. 제2제의 기준에 따른다.

3. 치오글라이콜릭애씨드 또는 그 염류를 주성분으로 하는 냉2욕식 헤어스트레이트너용 제품

기출(20-2회)

가. 제1제 : 이 제품은 치오글라이콜릭애씨드 또는 그 염류를 주성분으로 하고 불휘발성 무기알칼리의 총량이 치오글라이콜릭애씨드의 대응량 이하인 제제이다. (단, 산성에서 끓인 후의 환원성물질의 함량이 7.0%를 초과하는 경우, 초과분에 대해 디치오디글라이콜릭애씨드 또는 그 염류를 디치오디글라이콜릭애씨드로 같은 양 이상 배합하여야 한다. 이 제품에는 품질을 유지하거나 유용성을 높이기 위하여 적당한 알칼리제, 침투제, 착색제, 습윤제, 유화제, 증점제, 향료 등을 첨가할 수 있다.)

1) pH : 4.5~9.6
2) 알칼리 : 0.1N 염산의 소비량은 검체 1mL에 대하여 7.0mL 이하
3) 산성에서 끓인 후의 환원성물질(치오글라이콜릭애씨드) : 2.0~11.0%
4) 산성에서 끓인 후의 환원성물질 이외의 환원성물질(아황산, 황화물 등) : 검체 1mL 중의 산성에서 끓인 후의 환원성물질 이외의 환원성물질에 대한 0.1N 요오드액의 소비량은 0.6mL 이하
5) 환원 후의 환원성물질(디치오디글리콜릭애씨드) : 4.0% 이하
6) 중금속 : 20㎍/g 이하
7) 비소 : 5㎍/g 이하
8) 철 : 2㎍/g 이하

▶ 이 제품은 실온에서 사용하는 것으로서 치오글라이콜릭애씨드 또는 그 염류를 주성분으로 하는 제1제 및 산화제를 함유하는 제2제로 구성된다.

나. 제2제 기준 : 1. 치오글라이콜릭애씨드 또는 그 염류를 주성분으로 하는 냉2욕식 퍼머넌트웨이브용 제품 나. 제2제의 기준에 따른다.

4. 치오글라이콜릭애씨드 또는 그 염류를 주성분으로 하는 가온2욕식 퍼머넌트웨이브용 제품

▶ 이 제품은 사용할 때 약 60℃ 이하로 가온 조작하여 사용하는 것으로서 치오글라이콜릭애씨드 또는 그 염류를 주성분으로 하는 제1제 및 산화제를 함유하는 제2제로 구성된다.

가. 제1제 : 이 제품은 치오글라이콜릭애씨드 또는 그 염류를 주성분으로 하고 불휘발성 무기알칼리의 총량이 치오글라이콜릭애씨드의 대응량 이하인 액제이다. 이 제품에는 품질을 유지하거나 유용성을 높이기 위하여 적당한 알칼리제, 침투제, 습윤제, 착색제, 유화제, 향료 등을 첨가할 수 있다.

1) pH : 4.5~9.3
2) 알칼리 : 0.1N 염산의 소비량은 검체 1mL에 대하여 5mL 이하
3) 산성에서 끓인 후의 환원성물질(치오글라이콜릭애씨드) : 1.0~5.0%
4) 산성에서 끓인 후의 환원성물질 이외의 환원성물질(아황산, 황화물 등) : 검체 1mL 중의 산성에서 끓인 후의 환원성물질 이외의 환원성물질에 대한 0.1N 요오드액의 소비량은 0.6mL 이하
5) 환원 후의 환원성물질(디치오디글라이콜릭애씨드) : 4.0% 이하
6) 중금속 : 20㎍/g 이하
7) 비소 : 5㎍/g 이하
8) 철 : 2㎍/g 이하

나. 제2제 기준 : 1. 치오글라이콜릭애씨드 또는 그 염류를 주성분으로 하는 냉2욕식 퍼머넌트웨이브용 제품 나. 제2제의 기준에 따른다.

5. 시스테인, 시스테인염류 또는 아세틸시스테인을 주성분으로 하는 가온 2욕식 퍼머넌트웨이브용 제품

▶ 이 제품은 사용 시 약 60℃ 이하로 가온 조작하여 사용하는 것으로서 시스테인, 시스테인염류, 또는 아세틸시스테인을 주성분으로 하는 제1제 및 산화제를 함유하는 제2제로 구성된다.

기출(20-2회)

가. 제1제 : 이 제품은 시스테인, 시스테인염류, 또는 아세틸시스테인을 주성분으로 하고 불휘발성 무기알칼리를 함유하지 않는 액제로서, 이 제품에는 품질을 유지하거나 유용성을 높이기 위해서 적당한 알칼리제, 침투제, 습윤제, 착색제, 유화제, 향료 등을 첨가할 수 있다.

1) pH : 4.0~9.5
2) 알칼리 : 0.1N 염산의 소비량은 검체 1mL에 대하여 9mL 이하
3) 시스테인 : 1.5~5.5%
4) 환원 후의 환원성물질(시스틴) : 0.65% 이하
5) 중금속 : 20㎍/g 이하
6) 비소 : 5㎍/g 이하
7) 철 : 2㎍/g 이하

나. 제2제 기준 : 1. 치오글라이콜릭애씨드 또는 그 염류를 주성분으로 하는 냉2욕식 퍼머넌트웨이브용 제품 나. 제2제의 기준에 따른다.

6. 치오글라이콜릭애씨드 또는 그 염류를 주성분으로 하는 가온2욕식 헤어스트레이트너 제품

> ▶ 이 제품은 시험할 때 약 60℃ 이하로 가온 조작하여 사용하는 것으로서 치오글라이콜릭애씨드 또는 그 염류를 주성분으로 하는 제1제 및 산화제를 함유하는 제2제로 구성된다.

가. 제1제 : 이 제품은 치오글라이콜릭애씨드 또는 그 염류를 주성분으로 하고 불휘발성 알칼리의 총량이 치오글라이콜릭애씨드의 대응량 이하인 제제이다. 이 제품에는 품질을 유지하거나 유용성을 높이기 위하여 적당한 알칼리제, 침투제, 습윤제, 유화제, 점증제, 향료 등을 첨가할 수 있다.

1) pH : 4.5~9.3
2) 알칼리 : 0.1N 염산의 소비량은 검체 1mL에 대하여 5.0mL 이하
3) 산성에서 끓인 후의 환원성물질(치오글라이콜릭애씨드) : 1.0~5.0%
4) 산성에서 끓인 후의 환원성물질 이외의 환원성물질(아황산염, 황화물 등) : 검체 1mL 중의 산성에서 끓인 후의 환원성물질 이외의 환원성물질에 대한 0.1N 요오드액의 소비량은 0.6mL 이하
5) 환원 후의 환원성물질(디치오디글라이콜릭애씨드) : 4.0% 이하
6) 중금속 : 20μg/g 이하
7) 비소 : 5μg/g 이하
8) 철 : 2μg/g 이하

나. 제2제 기준 : 1. 치오글라이콜릭애씨드 또는 그 염류를 주성분으로 하는 냉2욕식 퍼머넌트웨이브용 제품 나. 제2제의 기준에 따른다.

7. 치오글라이콜릭애씨드 또는 그 염류를 주성분으로 하는 고온정발용 열기구를 사용하는 가온2욕식 헤어스트레이트너 제품

> ▶ 이 제품은 시험할 때 약 60℃ 이하로 가온하여 제1제를 처리한 후 물로 충분히 세척하여 수분을 제거하고 고온정발용 열기구(180℃ 이하)를 사용하는 것으로서 치오글라이콜릭애씨드 또는 그 염류를 주성분으로 하는 제1제 및 산화제를 함유하는 제2제로 구성된다.

가. 제1제 : 이 제품은 치오글라이콜릭애씨드 또는 그 염류를 주성분으로 하고 불휘발성 알칼리의 총량이 치오글라이콜릭애씨드의 대응량 이하인 제제이다. 이 제품에는 품질을 유지하거나 유용성을 높이기 위하여 적당한 알칼리제, 침투제, 습윤제, 유화제, 점증제, 향료 등을 첨가할 수 있다.

1) pH : 4.5~9.3
2) 알칼리 : 0.1N 염산의 소비량은 검체 1mL에 대하여 5.0mL 이하
3) 산성에서 끓인 후의 환원성물질(치오글라이콜릭애씨드) : 1.0~5.0%
4) 산성에서 끓인 후의 환원성물질 이외의 환원성물질(아황산염, 황화물 등) : 검체 1mL 중의 산성에서 끓인 후의 환원성물질 이외의 환원성물질에 대한 0.1N 요오드액의 소비량은 0.6mL 이하
5) 환원 후의 환원성물질(디치오디글라이콜릭애씨드) : 4.0% 이하
6) 중금속 : 20μg/g 이하
7) 비소 : 5μg/g 이하
8) 철 : 2μg/g 이하

나. 제2제 기준 : 1. 치오글라이콜릭애씨드 또는 그 염류를 주성분으로 하는 냉2욕식 퍼머넌트웨이브용 제품 나. 제2제의 기준에 따른다.

▶ 이 제품은 실온에서 사용하는 것으로서 치오글라이콜릭애씨드 또는 그 염류를 주성분으로 하고 불휘발성 무기알칼리의 총량이 치오글라이콜릭애씨드의 대응량 이하인 액제이다. 이 제품에는 품질을 유지하거나 유용성을 높이기 위하여 적당한 알칼리제, 침투제, 습윤제, 착색제, 유화제, 향료 등을 첨가할 수 있다.

▶ 이 제품은 치오글라이콜릭애씨드 또는 그 염류를 주성분으로 하는 제1제의 1과 제1제의 1중의 치오글라이콜릭애씨드 또는 그 염류의 대응량 이하의 과산화수소를 함유한 제1제의 2, 과산화수소를 산화제로 함유하는 제2제로 구성되며, 사용시 제1제의 1 및 제1제의 2를 혼합하면 약 40℃로 발열되어 사용하는 것이다.

8. 치오글라이콜릭애씨드 또는 그 염류를 주성분으로 하는 냉1욕식 퍼머넌트웨이브용 제품

1) pH : 9.4~9.6
2) 알칼리 : 0.1N 염산의 소비량은 검체 1mL에 대하여 3.5~4.6mL
3) 산성에서 끓인 후의 환원성 물질(치오글라이콜릭애씨드) : 3.0~3.3%
4) 산성에서 끓인 후의 환원성물질 이외의 환원성물질(아황산염, 황화물 등) : 검체 1mL 중인 산성에서 끓인 후의 환원성물질 이외의 환원성 물질에 대한 0.1N 요오드액의 소비량은 0.6mL 이하
5) 환원 후의 환원성물질(디치오디글라이콜릭애씨드) : 0.5% 이하
6) 중금속 : 20㎍/g 이하
7) 비소 : 5㎍/g 이하
8) 철 : 2㎍/g 이하

9. 치오글라이콜릭애씨드 또는 그 염류를 주성분으로 하는 제1제 사용시 조제하는 발열2욕식 퍼머넌트웨이브용 제품

가. 제1제의 1 : 이 제품은 치오글라이콜릭애씨드 또는 그 염류를 주성분으로 하는 액제로서 이 제품에는 품질을 유지하거나 유용성을 높이기 위하여 적당한 알칼리제, 침투제, 습윤제, 착색제, 유화제, 향료 등을 첨가할 수 있다.

1) pH : 4.5~9.5
2) 알칼리 : 0.1N 염산의 소비량은 검체 1mL에 대하여 10mL 이하
3) 산성에서 끓인 후의 환원성물질(치오글라이콜릭애씨드) : 8.0~19.0%
4) 산성에서 끓인 후의 환원성물질 이외의 환원성물질(아황산염, 황화물 등) : 검체 1mL 중의 산성에서 끓인 후의 환원성물질 이외의 환원성물질에 대한 0.1N 요오드액의 소비량은 0.8mL 이하
5) 환원 후의 환원성물질(디치오디글라이콜릭애씨드) : 0.5% 이하
6) 중금속 : 20㎍/g 이하
7) 비소 : 5㎍/g 이하
8) 철 : 2㎍/g 이하

나. 제1제의 2 : 이 제품은 제1제의 1중에 함유된 치오글라이콜릭애씨드 또는 그 염류의 대응량 이하의 과산화수소를 함유한 액제로서 이 제품에는 품질을 유지하거나 유용성을 높이기 위하여 적당한 침투제, pH조정제, 안정제, 습윤제, 착색제, 유화제, 향료 등을 첨가할 수 있다.

1) pH : 2.5~4.5
2) 중금속 : 20㎍/g 이하
3) 과산화수소 : 2.7~3.0%

다. 제1제의 1 및 제1제의 2의 혼합물 : 이 제품은 제1제의 1 및 제1제의 2를 용량비 3 : 1로 혼합한 액제로서 치오글라이콜릭애씨드 또는 그 염류를 주성분으로 하고 불휘발성 무기알칼리의 총량이 치오글라이콜릭애씨드의 대응

량 이하인 것이다.

1) pH : 4.5~9.4
2) 알칼리 : 0.1N 염산의 소비량은 검체 1mL에 대하여 7mL 이하
3) 산성에서 끓인 후의 환원성물질(치오글라이콜릭애씨드) : 2.0~11.0%
4) 산성에서 끓인 후의 환원성물질 이외의 환원성물질(아황산염, 황화물 등) : 산성에서 끓인 후의 환원성물질 이외의 환원성물질에 대한 0.1N 요오드액의 소비량은 0.6mL 이하
5) 환원 후의 환원성물질(디치오디글라이콜릭애씨드) : 3.2~4.0%
6) 온도상승 : 온도의 차는 14~20℃

라. 제2제 : 1. 치오글라이콜릭애씨드 또는 그 염류를 주성분으로 하는 냉2욕식 퍼머넌트웨이브용 제품 나. 제2제의 기준에 따른다.

▶ **퍼머넌트웨이브용 및 헤어스트레이트너 제품에 대한 보충 설명**

① 국내에서 판매되는 퍼머넌트웨이브용 및 헤어스트레이트너 제품은 기준에 따라 주성분의 종류, 그 함량 및 시험방법이 정해져 있으며 9개로 나뉘고 대부분 2제식으로 구성된다. pH, 알칼리도, 주성분 분량을 고려하여 퍼머액량, 처리온도 및 처리시간을 적절하게 조정하는 것이 필요하다.
㉠ 치오글리콜산염 및 시스테인의 웨이브 효과는 알칼리성에서는 강하고 산성에서는 약하다. 알칼리성이 강하게 되면 모발의 손상이 크게 되고 피부에 대한 자극도 크기 때문에 최근 산성 퍼머도 개발되고 있다.
㉡ 제1제 : 환원제로서 치오글리콜산 또는 시스테인이 주성분으로 사용되며, 제1제는 강한 알칼리성을 띄는 것이 있으므로 사용할 때 주의가 필요하다. 오남용의 경우 자극성피부염 또는 모발손상의 원인이 될 수 있다.
㉢ 제2제 : 산화제로서 주성분으로 과산화수소와 브롬산염계가 사용되며, 과산화수소는 반응이 빨라 시간을 단축할 수 있으나 오남용의 경우 자극성피부염 또는 모발손상의 원인이 될 수 있고, 브롬산염계의 산화제로서 주로 브롬산나트륨을 사용하고 있다.

② 작용기전
㉠ 모발 중의 디설파이드결합(SS결합)의 환원반응에 의한 결합분리와 산화반응에 의한 재결합
㉡ 모발에 치올류를 함유한 제1제를 적용하여 SS결합을 환원반응으로 분리(모발연화)시킨 다음 산화제를 함유한 제2제를 적용하여 산화반응으로 결합시켜 고정한다.

chapter 03

03 입고된 원료 및 내용물 관리기준

1 보관관리

① 원자재, 반제품 및 벌크 제품은 품질에 나쁜 영향을 미치지 않는 조건에서 보관하여야 하며 보관기한을 설정해야 한다.

② 원자재, 반제품 및 벌크 제품은 바닥과 벽에 닿지 않도록 보관하고, 선입선출에 의하여 출고할 수 있도록 보관해야 한다.

▶ 서로 혼동을 일으킬 우려가 없는 시스템에 의하여 보관되는 경우에는 구획된 장소에 보관할 필요가 없다.

③ 원자재, 시험 중인 제품 및 부적합품은 각각 구획된 장소에서 보관해야 한다.

기출(21-3회)

④ 설정된 보관기한이 지나면 사용의 적절성을 결정하기 위해 재평가 시스템을 확립하여야 하며, 동 시스템을 통해 보관기한이 경과한 경우 사용하지 않도록 규정해야 한다.

⑤ 한 번에 입고된 원료와 포장재는 제조단위별로 각각 구분하여 관리하여야 한다.

기출(20-1회)

2 적절한 보관을 위해 고려할 사항

① 보관 조건은 각각의 원료와 포장재에 적합하여야 하고, 과도한 열기, 추위, 햇빛 또는 습기에 노출되어 변질되는 것을 방지할 수 있어야 한다.

② 물질의 특징 및 특성에 맞도록 보관, 취급되어야 한다.

③ 특수한 보관 조건은 적절하게 준수, 모니터링 되어야 한다.

④ 원료와 포장재의 용기는 밀폐되어, 청소와 검사가 용이하도록 충분한 간격으로, 바닥과 떨어진 곳에 보관되어야 한다.

기출(21-3회)

⑤ 원료와 포장재가 재포장될 경우, 원래의 용기와 동일하게 표시되어야 한다.

⑥ 원료 및 포장재의 관리는 허가되지 않거나, 불합격 판정을 받거나, 아니면 의심스러운 물질의 허가되지 않은 사용을 방지할 수 있어야 한다.(물리적 격리나 수동 컴퓨터 위치 제어 등의 방법)

기출(20-1회)

3 재고의 회전을 보증하기 위한 방법

① 특별한 경우를 제외하고, 가장 오래된 재고가 제일 먼저 불출되도록 선입선출 한다.

② 재고의 신뢰성을 보증하고, 모든 중대한 모순을 조사하기 위해 주기적인 재고조사가 시행되어야 한다.

③ 원료 및 포장재는 정기적으로 재고조사를 실시한다.

④ 장기 재고품의 처분 및 선입선출 규칙의 확인이 목적이다.

⑤ 중대한 위반품이 발견되었을 때에는 일탈처리를 한다.

4 원료, 포장재의 보관 환경

① 출입제한 : 원료 및 포장재 보관소의 출입제한

② 오염방지 : 시설대응 및 동선관리가 필요

③ 방충방서 대책

④ 온도, 습도 : 필요시 설정

5 원료와 포장재의 관리에 필요한 사항

① 중요도 분류
② 공급자 결정
③ 발주, 입고, 식별 · 표시, 합격 · 불합격, 판정, 보관, 불출
④ 보관 환경 설정
⑤ 사용기한 설정
⑥ 정기적 재고관리
⑦ 재평가 및 재보관

04 보관중인 원료 및 내용물 출고기준

① 원자재는 시험결과 적합판정된 것만을 선입선출방식으로 출고해야 하고 이를 확인할 수 있는 체계가 확립되어 있어야 한다.
② 나중에 입고된 물품이 사용(유효)기한이 짧은 경우 먼저 입고된 물품보다 먼저 출고할 수 있다.
③ 선입선출을 하지 못하는 특별한 사유가 있을 경우, 적절하게 문서화된 절차에 따라 나중에 입고된 물품을 먼저 출고할 수 있다.
④ 불출된 원료와 포장재만이 사용되고 있음을 확인하기 위한 적절한 시스템이 확립되어야 한다.
⑤ 오직 승인된 자만이 원료 및 포장재의 불출 절차를 수행할 수 있다.
⑥ 뱃치에서 취한 검체가 모든 합격 기준에 부합할 때 뱃치가 불출될 수 있다.
⑦ 원료와 포장재는 불출되기 전까지 사용을 금지하는 격리를 위해 특별한 절차가 이행되어야 한다.
⑧ 모든 보관소에서는 선입선출의 절차가 사용되어야 한다.

05 내용물 및 원료의 폐기 기준

1 원료 및 내용물의 폐기 기준

기출(20-2회, 21-3회, 21-4회)

① 품질에 문제가 있거나 회수 · 반품된 제품의 폐기 또는 재작업 여부는 품질보증 책임자에 의해 승인되어야 한다.
② 재작업은 그 대상이 다음 각 호를 모두 만족한 경우에 할 수 있다.
- 변질 · 변패 또는 병원미생물에 오염되지 아니한 경우
- 제조일로부터 1년이 경과하지 않았거나 사용기한이 1년 이상 남아있는 경우

③ 재입고 할 수 없는 제품의 폐기처리규정을 작성하여야 하며 폐기 대상은 따로 보관하고 규정에 따라 신속하게 폐기하여야 한다.

2 기준일탈 제품의 처리

기출(21-3회)

① 원료와 포장재, 벌크제품과 완제품이 적합판정기준을 만족시키지 못할 경우 '기준일탈 제품'으로 지칭한다.

→새로운 절차(×)

② 기준일탈 제품이 발생했을 때는 미리 정한 절차를 따라 확실한 처리를 하고 실시한 내용을 모두 문서에 남긴다.

③ 기준일탈이 된 완제품 또는 벌크제품은 재작업 할 수 있다.

④ 기준일탈 제품은 폐기하는 것이 가장 바람직하지만, 폐기하면 큰 손해가 발생하므로 재작업을 고려하게 된다.

⑤ 부적합 제품의 재작업을 쉽게 허락할 수는 없다. 먼저 권한 소유자에 의한 원인 조사가 필요하다. 권한 소유자는 부적합 제품의 제조 책임자라고 할 수 있다. 그 다음 재작업을 해도 제품 품질에 악영향을 미치지 않는 것을 예측해야 한다.

▶ **기준일탈 제품**
원료와 포장재, 벌크제품과 완제품이 적합판정기준을 만족시키지 못할 경우 지칭하는 용어

기출(20-1회, 21-4회)

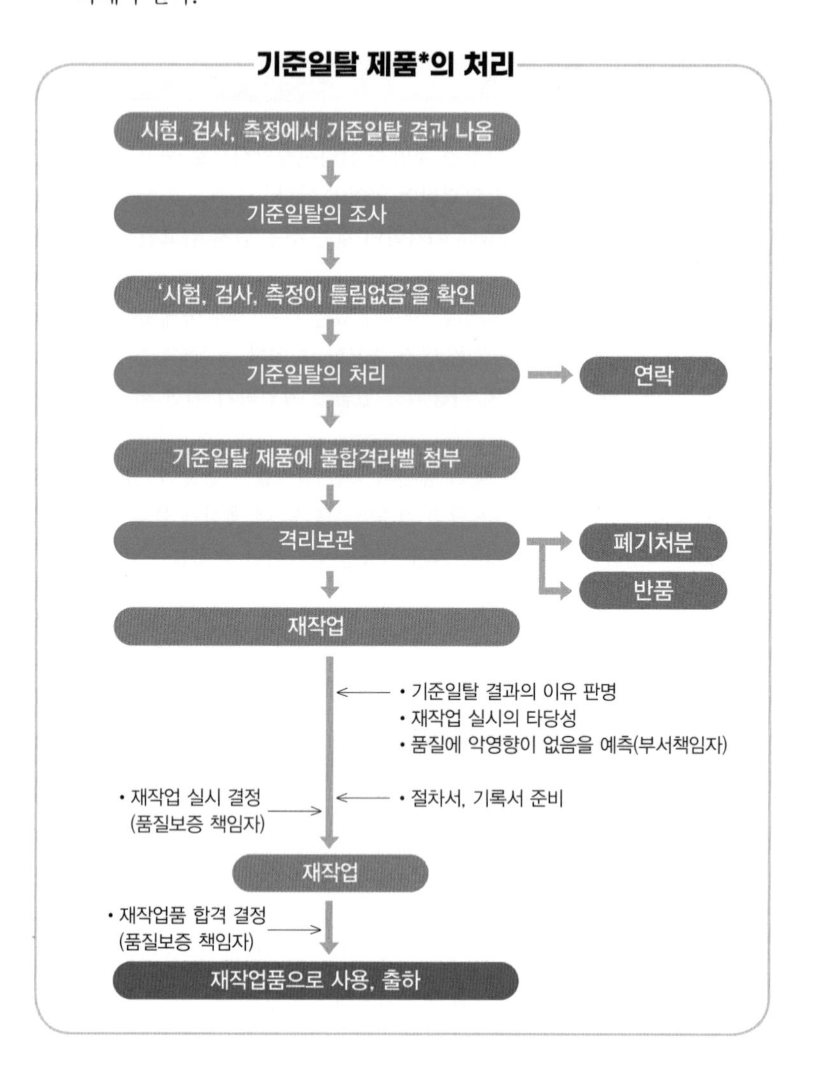

▶ **벌크의 재보관**
- 남은 벌크는 재보관하고 재사용할 수 있다.
- 절차
  - 밀폐한다.
  - 원래 보관 환경에서 보관한다.
  - 다음 제조 시 우선적으로 사용한다.
- 변질 및 오염의 우려가 있으므로 재보관은 신중하게 한다.
  - 변질되기 쉬운 벌크는 재사용하지 않는다.
  - 여러 번 재보관하는 벌크는 조금씩 나누어서 보관한다.

3 재작업

① 재작업이란 뱃치 전체 또는 일부에 추가 처리(한 공정 이상의 작업을 추가하는 일)를 하여 부적합품을 적합품으로 다시 가공하는 일이다.

기출(21-3회)

② 품질보증 책임자가 규격에 부적합이 된 원인 조사를 지시한다.

③ 재작업 전의 품질이나 재작업 공정의 적절함 등을 고려하여 제품 품질에 악영향을 미치지 않는 것을 재작업 실시 전에 예측한다.

④ 제조 책임자가 제안을 하고, 품질보증 책임자가 결정한다.

← 제조 책임자와 품질보증 책임자가 동시에 결정(×)

⑤ 품질보증 책임자가 재작업 실시 여부를 결정하며, 재작업의 결과에 대해서도 책임을 진다.

⑥ 재작업은 해당 재작업의 절차를 상세하게 작성한 절차서를 준비해서 실시한다.

⑦ 재작업 실시 시에는 발생한 모든 일들을 재작업 제조기록서에 기록한다.

← 품질관리 기록서(×)

⑧ 재작업 한 최종 제품 또는 벌크제품의 제조기록, 시험기록을 충분히 남긴다.

⑨ 품질이 확인되고 품질보증 책임자의 승인을 얻을 수 있을 때까지 재작업품은 다음 공정에 사용할 수 없고 출하할 수 없다.

⑩ 통상적인 제품 시험 시보다 많은 시험을 실시한다.

⑪ 제품 분석뿐만 아니라 제품 안정성 시험을 실시하는 것이 바람직하다.

⑫ 제품 품질에 대한 좋지 않은 경시 안정성에 대한 악영향으로서 나타날 일이 많기 때문이다.

⑬ 재입고할 수 없는 제품의 폐기처리규정을 작성하여야 하며, 폐기 대상은 따로 보관하고 규정에 따라 신속 폐기해야 한다.

⑭ 원료와 포장재, 벌크제품과 완제품이 적합판정기준을 만족시키지 못할 경우 "기준일탈 제품"으로 지칭한다.

06 일탈관리

1 용어 정의

① **일탈** : 규정된 제조 또는 품질관리활동 등의 기준(예 기준서, 표준작업지침(Standard Operating Procedures) 등)을 벗어나 이루어진 행위

② **기준일탈** : 어떤 원인에 의해서든 시험결과가 정한 기준값 범위를 벗어난 경우, 기준일탈은 엄격한 절차를 마련하여 이에 따라 조사하고 문서화 해야 한다.

2 중대한 일탈

(1) 생산 공정상의 일탈

① 제품표준서, 제조작업절차서 및 포장작업절차서의 기재내용과 다른 방법으로 작업이 실시되었을 경우

② 공정관리기준에서 두드러지게 벗어나 품질 결함이 예상될 경우

③ 관리 규정에 의한 관리 항목(생산 시의 관리 대상 파라미터의 설정치 등)에 있어서 두드러지게 설정치를 벗어났을 경우

④ 생산 작업 중에 설비 · 기기의 고장, 정전 등의 이상이 발생하였을 경우

chapter 03

⑤ 벌크제품과 제품의 이동 · 보관에 있어서 보관 상태에 이상이 발생하고 품질에 영향을 미친다고 판단될 경우

(2) 품질검사에 있어서의 일탈
절차서 등의 기재된 방법과 다른 시험방법을 사용했을 경우

(3) 유틸리티에 관한 일탈
작업 환경이 생산 환경 관리에 관련된 문서에 제시하는 기준치를 벗어났을 경우

3 중대하지 않은 일탈

(1) 생산 공정상의 일탈
① 관리 규정에 의한 관리 항목(생산 시의 관리대상요소의 설정치 등)에 있어서 설정된 기준치로부터 벗어난 정도가 10% 이하이고 품질에 영향을 미치지 않는 것이 확인되어 있을 경우
② 관리 규정에 의한 관리 항목(생산 시의 관리대상요소의 설정치 등)보다도 상위 설정(범위를 좁힌)의 관리 기준에 의거하여 작업이 이루어진 경우
③ 제조 공정에 있어서의 원료 투입에 있어서 동일 온도 설정 하에서의 투입 순서에서 벗어났을 경우
④ 생산에 관한 시간제한을 벗어날 경우 : 필요에 따라 제품 품질을 보증하기 위하여 각 생산 공정 완료에는 시간 설정이 되어 있어야 하나, 그러한 설정된 시간제한에서의 일탈에 대하여 정당한 이유에 의거한 설명이 가능할 경우
⑤ 합격 판정된 원료, 포장재의 사용 : 사용해도 된다고 합격 판정된 원료, 포장재에 대해서는 선입선출방식으로 사용해야 하나, 이 요건에서의 일탈이 일시적이고 타당하다고 인정될 경우
⑥ 출하배송 절차 : 합격 판정된 오래된 제품 재고부터 차례대로 선입선출 되어야 하나, 이 요건에서의 일탈이 일시적이고 타당하다고 인정될 경우

(2) 품질검사에 있어서의 일탈 예
검정기한을 초과한 설비의 사용에 있어서 설비보증이 표준품 등에서 확인할 수 있는 경우

4 일탈의 조치

① 일탈의 정의, 순위 매기기, 제품의 처리 방법 등을 절차서에 정해둔다.
② 제품의 처리법 결정부터 재발방지대책의 실행까지는 발생 부서의 책임자가 책임을 지고 실행한다.
③ 품질관리부서에 의한 내용의 조사 · 승인이나 진척 상황의 확인이 필요하다. 필요하면 절차서 등의 문서 개정을 한다.
④ 제품 처리와 병행하여 실시하는 일탈 원인을 조사한다.

5 일탈 처리의 흐름

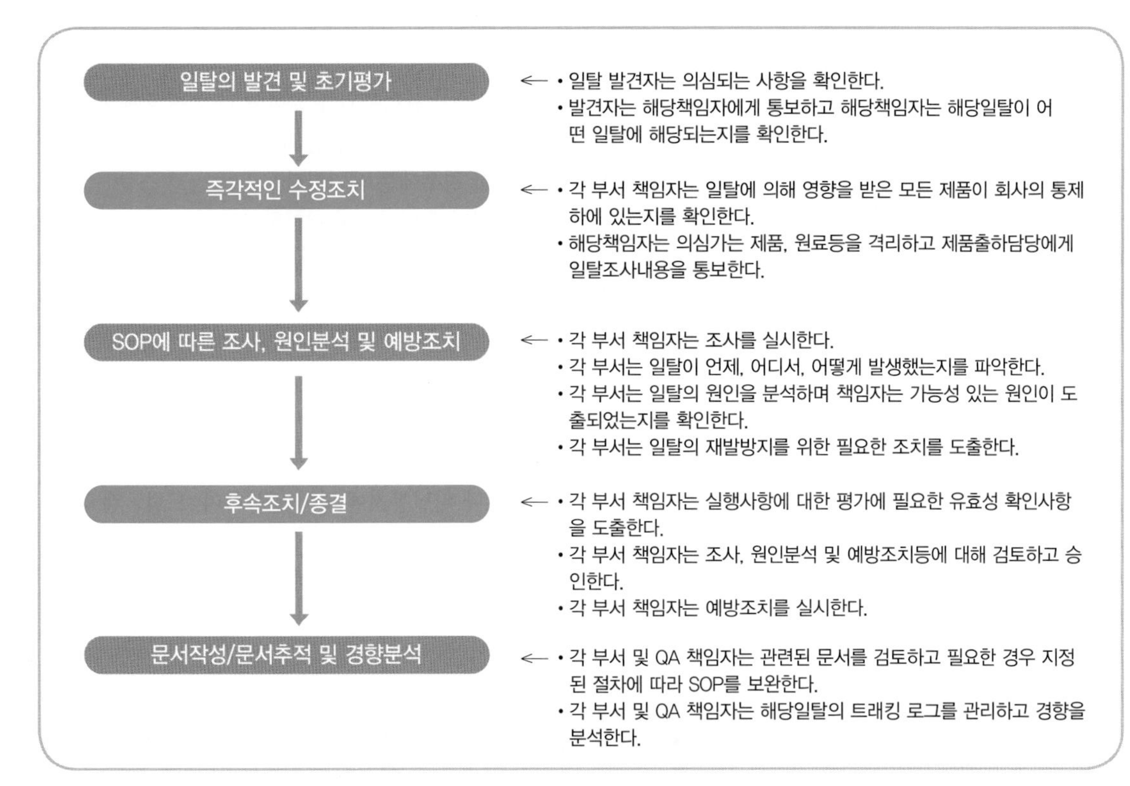

07 내용물 및 원료의 사용기한 확인 · 판정

1 사용기한 확인 시 주의사항

① 원료의 허용 가능한 보관기한을 결정하기 위한 문서화된 시스템을 확립해야 한다.

② 보관기한이 규정되어 있지 않은 원료는 품질부문에서 적절한 보관기한을 정할 수 있다.

③ 이러한 시스템은 물질의 정해진 보관기한이 지나면, 해당 물질을 재평가하여 사용 적합성을 결정하는 단계들을 포함해야 한다.

④ 원칙적으로 원료공급처의 사용기한을 준수하여 보관기한을 설정하여야 하며, 사용기한 내에서 자체적인 재시험 기간과 최대 보관기한을 설정 · 준수해야 한다.

⑤ 원료의 사용기한은 사용 시 확인이 가능하도록 라벨에 표시되어야 한다.

⑥ 원료와 포장재, 반제품 및 벌크 제품, 완제품, 부적합품 및 반품 등에 도난, 분실, 변질 등의 문제가 발생하지 않도록 작업자 외에 보관소의 출입을 제한하고, 관리하여야 한다.

기출(21-3회)

▶ **사용기한**
- 화장품이 제조된 날부터 적절한 보관 상태에서 제품이 고유의 특성을 간직한 채 소비자가 안정적으로 사용할 수 있는 최소한의 기한
- 사용기한 또는 개봉 후 사용기간은 화장품의 1차 포장에 표시해야 한다.

▶ **원료의 재평가** 기출(21-4회)
재평가 방법을 확립해 두면 보관기한이 지난 원료를 재평가해서 사용할 수 있다.

▶ 원료의 최대보관기한을 설정하는 것이 바람직하다.

2 유효기간 설정과 관리방법

① 원료 거래처의 원료 스펙과 품질 관리부에서 협의하여 원료의 유효기간을 설정한다.

② 유효 기간이 지난 원료는 품질 관리부와 협의하여 다음 사항에 따른다.

- 원료에 문제가 없다고 할 경우 유효기간을 재설정한다.
- 원료에 문제가 있다고 할 경우에는 폐기한다.
- 폐기 원료는 폐기물 처리법에 의거하여 폐기한다.
- 원료 거래처에서 교환해 줄 경우 반송하여 새로운 원료를 받아 관리한다.

③ 개봉 후 변질 우려가 있는 경우는 보관 조건 및 개봉 후 시간을 명확하게 준수한다.

④ 올바른 원료 보관 관리를 위하여 한번 사용된 원료는 오염 우려가 있으므로 다시 원료 용기에 넣지 말고, 원료 개봉 시에는 원료가 산화되지 않도록 최소한의 공기만 들어갈 수 있도록 관리하며, 포대의 경우 개봉 후 남은 경우 포장 용기를 집게로 막거나 비닐봉지에 넣어 밀봉하며, 드럼 · 캔 등은 뚜껑을 잘 닫아서 관리한다.

⑤ 취급 시 혼동이 되는 원료는 명확히 구분하여 관리한다.

⑥ 원료는 오염되지 않도록 수시로 청결을 유지하도록 관리한다.

08 내용물 및 원료의 변질 상태 확인 및 폐기 절차

1 내용물 및 원료의 변질

(1) 원료 및 내용물의 품질 특성을 고려한 변질 상태 판단

① 시험용 검체는 오염되거나 변질되지 아니하도록 채취하고, 채취한 후에는 원상태에 준하는 포장을 해야 하며, 검체가 채취되었음을 표시하여야 한다.

기출(21-3회, 21-4회)

② 시험용 검체의 용기에 기재해야 할 사항

- 명칭 또는 확인코드
- 제조번호
- 검체채취 일자

③ 개봉마다 변질 및 오염이 발생할 가능성이 있으므로 여러 번 재보관과 재사용을 반복하는 것은 피한다.

④ 관능검사로 변질 상태를 확인하며 필요할 경우 이화학적 검사를 실시한다.

2 폐기 관련 규정

① 식품의약품안전처장은 영업자 · 판매자 또는 그 밖에 화장품을 업무상 취급하는 자에게 판매 · 보관 · 진열 · 제조 또는 수입한 화장품이나 그 원료 · 재료 등이 국민보건에 위해를 끼칠 우려가 있는 경우에는 해당 물품의 회수 · 폐기 등의 조치를 명하여야 한다.

② 회수명령을 받은 영업자 · 판매자 또는 그 밖에 화장품을 업무상 취급하는 자는 미리 식품의약품안전처장에게 회수계획을 보고하여야 한다.

③ 식품의약품안전처장은 다음의 경우 관계 공무원으로 하여금 해당 물품을 폐기하게 하거나 그 밖에 필요한 처분을 하게 할 수 있다.
- 회수 · 폐기명령을 받은 자가 그 명령을 이행하지 아니한 경우
- 그 밖에 국민보건을 위하여 긴급한 조치가 필요한 경우

▶ **표준품**

- 정의 : 일정한 순도 또는 생물학적 작용을 갖게 제조된 물질로서 원료 및 제품 등의 생물학적 또는 이화학적 실험을 할 때 사용되는 상용 표준품의 역가를 정하기 위해 표준이 되는 물질
- 사용기간 : 따로 지정된 사용기간이 있을 때에는 이에 따르고, 그렇지 않은 경우에는 3년으로 하며, 개봉 후 1년으로 한다.

▶ **시약**

- 정의 : 화학적 방법에 의한 물질의 검출이나 정량을 위한 반응에 사용되는 화학약품
- 사용기간 : 따로 지정된 사용기간이 있을 때에는 이에 따르고, 그렇지 않은 경우에는 3년으로 하며, 개봉 후 1년으로 한다.

▶ **조제용 시액**

- 정의 : 분석 또는 화학적 실험을 위해 사용하기 위해 실험자가 직접 제조한 것
- 사용기간 : 조제 후 6개월

Section

Customized Cosmetics Preparation Manager

04 포장재의 관리

[식약처 동영상 강의]

01 포장재의 입고기준

기출(21-3회)

1 포장재의 입고기준

① 화장품의 제조와 포장에 사용되는 모든 포장재는 해당 물질의 검증, 확인, 보관, 취급 및 사용을 보장할 수 있도록 절차를 수립, 외부로부터 공급된 포장재의 규정된 완제품 품질 합격 판정 기준을 충족시켜야 한다.

② 포장재 관리에 필요한 사항은 중요도 분류, 공급자 결정, 발주/입고/식별 · 표시/합격 · 불합격 판정/보관/불출, 보관환경 설정, 사용기한 설정, 정기적 재고관리, 재평가, 재보관 등이다.

③ 모든 포장재는 화장품 제조(판매)업자가 정한 기준에 따라서 품질을 입증할 수 있는 검증자료를 공급자로부터 공급받아야 한다. ←품질관리자로부터(×)

④ 이러한 보증의 검증은 주기적으로 관리되어야 하며, 모든 포장재는 사용 전에 관리되어야 한다.

⑤ 입고된 포장재는 검사 중, 적합, 부적합에 따라 각각의 구분된 공간에 별도로 보관되어야 한다.

⑥ 필요한 경우 부적합된 포장재를 보관하는 공간은 잠금장치를 추가한다.

⑦ 다만 자동화창고와 같이 확실하게 구분하여 혼동을 방지할 수 있는 경우에는 해당 시스템을 통해 관리할 수 있다.

⑧ 외부로부터 반입되는 모든 포장재는 관리를 위해 표시해야 하며 필요한 경우 포장 외부를 깨끗이 청소한다.

⑨ 한 번에 입고된 포장재는 제조단위별로 각각 구분하여 관리한다.

⑩ 적합판정이 내려지면, 포장재는 생산 장소로 이송한다.

⑪ 품질이 부적합 되지 않도록 하기 위해 수취와 이송 중 관리 등 사전 관리가 필요하다.

⑫ 확인, 검체채취, 규정 기준에 대한 검사 및 시험, 그에 따른 승인된 자에 의한 불출 전까지는 어떠한 물질도 사용되어서는 안 된다는 것을 명시하는 원료수령에 대한 절차서를 수립해야 한다.

⑬ 구매요구서, 인도문서, 인도물이 서로 일치해야 하며, 포장재 선적용기에 대해 확실한 표기오류, 용기손상, 봉인파손, 오염 등에 대해 육안으로 검사한다.

⑭ 제품을 정확히 식별하고 혼동 위험을 없애기 위해 라벨링 해야 한다.

⑮ 포장재의 용기는 물질과 뱃치 정보를 확인할 수 있는 표시를 부착해야 한다.

⑯ 제품의 품질에 영향을 줄 수 있는 결함을 보이는 포장재는 결정이 완료될 때까지 보류상태로 있어야 한다.

⑰ 포장재의 확인 시, 인도문서와 포장에 표시된 품목제품명, (만약 공급자가 명명한 제품명과 다르다면) 제조 절차에 따른 품목제품명/해당 코드번호, CAS번호(적용가능한 경우), 수령일자와 수령확인번호, 공급자명, 공급자가 부여한 뱃치 정보, 만약 다르다면 수령 시 주어진 뱃치 정보, 기록된 양 등을 검토한다.

2 포장재의 입고관리

① 시험성적서 확인 : 포장재 규격서에 따른 용기 종류 및 재질을 파악 · 점검
② 관능 검사 : 재질, 용량, 치수, 외관, 인쇄내용, 이물질오염 등 위생상태 점검
③ 유통기한 확인

02 입고된 포장재 관리기준

① 포장재의 보관은 품질에 나쁜 영향을 미치지 않는 조건에서 보관한다.
② 보관 기한을 설정한다.
③ 포장재는 바닥과 벽에 닿지 않도록 보관한다.
④ 선입 선출에 의하여 출고할 수 있도록 보관한다.
⑤ 시험 중인 제품 및 부적합품은 각각 구획된 장소에 보관한다.
⑥ 설정된 보관 기간이 지난 포장재에 대한 재평가 시스템을 확립한다.
⑦ 재평가 시스템을 통해 보관 기간이 경과한 경우 사용하지 않도록 한다.
⑧ 보관 조건은 각각의 포장재의 세부 요건에 따라 적절한 방식으로 정의한다.
⑨ 포장재를 재보관할 경우 원래와 동일하게 라벨링한다.
⑩ 포장재 보관 조건을 확인한다.

- 보관 조건은 각각의 포장재에 적합하여야 한다.
- 물질의 특징 및 특성에 맞도록 보관하고, 과도한 열기, 추위, 햇빛 또는 습기에 노출 되어 변질되는 것을 방지한다.
- 특수한 보관 조건에 보관하여야 할 경우에는 보관 조건에 맞게 적절히 보관되고 있는지 주기적으로 모니터링한다.
- 포장재의 용기는 밀폐되어 보관되어야 하며, 청소와 검사가 용이하도록 충분한 간격으로 바닥과 떨어진 곳에 보관한다.
- 포장재의 관리를 위해 허가되지 않았거나 불합격 판정을 받았거나, 아니면 의심스러운 경우 등과 같이 잘못된 포장재가 사용되지 않도록 하는 방지 시스템을 갖춘다.
- 재고의 회전을 보증하기 위한 방법을 확립한다.
- 특별한 경우를 제외하고, 가장 오래된 재고가 제일 먼저 불출되도록 선입 선출 체계를 갖춘다.
- 고의 신뢰성을 보증하고, 모든 중대한 모순을 조사하기 위해 주기적으로 재고를 조사한다.
- 장기 재고품의 처분 및 선입 선출 규칙을 따르기 위해 정기적으로 재고를 조사한다.
- 규정에 대한 위반이 발견되었을 때는 일탈 처리한다.

⑪ 포장재 보관 기간을 정한다.

- 허용 가능한 보관 기간을 결정하기 위한 문서화된 시스템을 확립한다.
- 보관 기간이 규정되어 있지 않은 포장재는 품질 부문에서 적절한 보관 기간을 정한다.
- 이러한 시스템은 포장재의 정해진 보관 기간이 지나면 해당 포장재를 재평가하여 사용 적합성을 결정하는 단계들을 포함한다.
- 원칙적으로는 포장재 공급처의 사용 기한을 준수하여 보관 기간을 설정한다.
- 부재료의 재평가 방법을 확립해 두면 보관 기간이 지난 부재료를 재평가해 사용할 수 있으므로 사용 기한 내에서 자체적인 재시험 기간과 최대 보관기간을 설정하고, 이를 준수한다.

03 보관중인 포장재 출고기준

기출(21-3회)

1 포장재 출고기준

① 불출된 원료와 포장재만 사용되고 있음을 확인하기 위한 적절한 시스템을 확립한다.

② 오직 승인된 자만이 포장재의 불출 절차를 수행한다.

③ 배치에서 취한 검체가 모든 합격 기준에 부합할 때만 해당 배치를 불출한다.

④ 불출되기 전까지 사용을 금지하는, 격리를 위한 특별한 절차를 이행한다.

⑤ 포장재는 시험 결과 적합 판정된 것만 선입 선출 방식으로 출고하고, 이를 확인할 수 있는 체계를 확립한다.

⑥ 포장재 공급 담당자는 생산 계획에 따라 자재를 공급하되, 적합 라벨이 부착되었는지 여부를 확인하고 선입선출의 원칙에 따라 공급한다.

⑦ 공급되는 부자재는 WMS(창고관리시스템)을 통해 공급기록을 관리한다.

2 포장재 출고 시 유의사항

① 포장 재료 출고의 경우 포장 단위의 묶음 단위를 풀어 적격 여부와 매수를 확인한다.

② 그 외 포장재는 포장 단위로 출고한다.

③ 낱개 출고는 계수 및 계량하여 출고한다.

④ 출고 자재가 선입 선출 순서로 출고되는지 확인한다.

⑤ 시험 번호순으로 출고되는지 확인한다.

⑥ 문안 변경이나 규격 변경 자재인지 확인한다.

⑦ 포장재 수령 시 포장재 출고 의뢰서와 포장재명, 포장재 코드 번호, 규격, 수량, '적합' 라벨 부착 여부, 시험 번호, 포장 상태 등을 확인한다.

04 포장재의 폐기 외 기타

1 포장재의 사용기한 확인 및 판정

① 포장재의 허용 가능한 사용 기한을 결정하기 위한 문서화된 시스템을 확립해야 한다.

② 사용 기한이 규정되어 있지 않은 원료와 포장재는 품질부문에서 적절한 사용 기한을 정할 수 있다.

③ 이러한 시스템은 물질의 정해진 사용 기한이 지나면, 해당 물질을 재평가하여 사용 적합성을 결정하는 단계들을 포함해야 한다. 이 경우에도 최대 사용 기한을 설정하는 것이 바람직하다.

2 포장재의 변질 상태 확인

(1) 변질 상태 확인 방법

① 포장재의 소재별 특성을 이해하고 변질 상태를 예측 및 확인할 수 있어야 한다.

② 관능검사를 통해 변질 여부를 확인한다.

③ 필요시 이화학적 검사를 실시한다.

④ 포장재의 샘플링을 통한 엄격한 관리가 필요하다.

(2) 포장재의 변질 예방

① 유리, 플라스틱, 금속, 종이 등 소재별 특성을 이해한다.

② 보관 방법, 보관 조건, 보관 환경, 보관 기간 등에 대해 숙지한다.

③ 온도, 습도 등 물리적 환경의 적합도를 숙지한다.

④ 벌레 및 쥐에 대비할 수 있는 장소에 보관한다.

⑤ 포장재 보관 창고 출입자 관리를 철저히 하여 오염을 방지한다.

3 포장재의 폐기기준 및 폐기절차

(1) 폐기 기준

① 기준일탈 제품 발생 시 미리 정한 절차에 따라 처리하고 실시한 내용은 모두 문서에 남긴다.

② 기준일탈 제품은 폐기하는 것이 가장 바람직하지만, 폐기하면 큰 손해가 발생하므로 재작업을 고려한다.

③ 재작업을 하기 전에 권한 소유자에 의한 원인 조사가 필요하다.

④ 재작업을 해도 제품 품질에 악영향을 미치지 않는 것이 예측되면 품질보증 책임자의 승인에 따라 재작업 처리 여부를 결정한다.

(2) 폐기 절차

① 폐기가 결정되면 기준일탈 포장재에 부적합 라벨을 부착한 후 격리 보관한다.

② 폐기물 수거함에 분리수거 카드를 부착한다.

③ 폐기물 보관소로 운반하여 분리수거를 한다.

④ 이 모든 과정을 폐기물 대장에 기록해 인계해야 한다.

▶ **포장재의 폐기기준**
- 기준 일탈의 발생
- 기준 일탈의 조사
- 기준 일탈의 처리
- 폐기 처분

▶ 포장재의 폐기절차
- 기준 일탈 포장재에 부적합 라벨 부착
- 격리 보관
- 폐기물 수거함에 분리수거 카드 부착
- 폐기물 보관소로 운반하여 분리수거 확인
- 폐기물 대장 기록
- 인계

▶ **화장품 포장재의 소재별 분류 및 특징**

1. 유리

㉠ 주로 유리병의 형태로 이용

㉡ 특징

장점	단점
• 투명감이 좋고 광택이 있으며 착색이 가능하다. • 유지, 유화제 등 화장품 원료에 대해 내성이 크고, 수분, 향료, 에탄올, 기체 등이 투과되지 않는다. • 세정, 건조, 멸균의 조건에서도 잘 견딘다.	• 깨지기 쉽고 충격에 약하며 중량이 크고 운반, 운송에 불리하다. • 유리에서 알칼리가 용출되어 내용물을 변색, 침전, 분리시키거나 pH를 변화시키는 등 영향을 미칠 수 있다.

2. 플라스틱 **기출**(21-3회)

㉠ 플라스틱은 거의 모든 화장품 용기에 이용

㉡ 열가소성 수지(PET, PP, PS, PE, ABS 등)와 열경화성 수지(페놀, 멜라민, 에폭시수지 등)로 구분

㉢ 플라스틱 내 첨가제(염료, 안료, 분산제, 안정제 등)가 내용물과 반응하거나 내용물에 용출되어 변질, 변취의 원인이 되기도 하므로, 화장품 내용물 원료에 대한 플라스틱 용기의 내성을 사전에 파악해 두어야 한다.

㉣ 특징

장점	단점
• 가공이 용이하고, 자유로운 착색이 가능하며, 투명성이 좋다. • 가볍고 튼튼하다. • 전기절연성, 내수성(물을 흡수하지 않음), 단열성이 우수하다.	• 열에 약하고 변형되기 쉽다. • 표면에 흠집이 잘 생기고 오염되기 쉽다. • 강도가 금속에 비해 약하다. • 가스나 수증기 등의 투과성이 있으며, 용제에 약하다.

3. 금속

㉠ 철, 스테인리스강, 놋쇠, 알루미늄, 주석 등

㉡ 화장품 용기의 튜브, 뚜껑, 에어로졸 용기, 립스틱 케이스 등에 사용

㉢ 특징

장점	단점
• 기계적 강도가 크고, 얇아도 충분한 강도가 있다. • 충격에 강하고, 가스 등을 투과시키지 않는다. • 도금, 도장 등의 표면가공이 쉽다.	• 녹에 대해 주의해야 한다. • 불투명하고 무거우며 가격이 높다.

4. 종이

㉠ 주로 포장상자, 완충제, 종이드럼, 포장지, 라벨 등에 이용

㉡ 상자에는 통상의 접는 상자 외에 풀로 붙이는 상자, 선물세트 등의 상자가 있다.

㉢ 포장지나 라벨의 경우 종이소재에 필름을 붙이는 코팅을 하며 광택을 증가시키는 것도 있다.

Customized Cosmetics Preparation Manager

Section 05

내용물 및 원료의 품질성적서 구비

[식약처 동영상 강의]

01 원료 품질성적서

1 원료 품질 검사성적서 인정 기준

① 제조업체의 원료에 대한 자가품질검사 또는 공인검사기관 성적서
② 제조판매업체의 원료에 대한 자가품질검사 또는 공인검사기관 성적서
③ 원료업체의 원료에 대한 공인검사기관 성적서
④ 원료업체의 원료에 대한 자가품질검사 시험성적서 중 대한화장품협회의 '원료공급자의 검사결과 신뢰 기준 자율규약' 기준에 적합한 것

▶ CGMP(우수화장품 제조 및 품질관리기준) 4대 기준서
- 제품표준서
- 제조관리기준서
- 품질관리기준서
- 제조위생관리기준서

2 원료공급자의 검사결과 신뢰 기준 자율규약

① 목적 : 화장품 제조업자가 화장품 원료의 시험 · 검사 시 원료 공급자의 시험결과로 시험 · 검사 또는 검정을 갈음할 수 있는 기준을 제시
② 적용 : 화장품 제조업자가 화장품 원료를 시험 · 검사하는 업무에 적용
③ 원료 시험 · 검사 : 화장품 원료의 시험 · 검사 시 화장품 제조업자는 입고된 원료에 대하여 원료의 특성 등을 고려하여 적정한 시험항목과 시험주기 등을 설정하여 시험 · 검사하여야 하며, 화장품 원료의 시험 · 검사에서 원료 공급자의 시험 · 검사 결과가 신뢰할 수 있을 경우 일부 시험항목에 대하여 해당 성적서로 시험검사 또는 검정을 갈음할 수 있음

3 원료품질성적서에 포함되어야 할 사항

① 원료명, 제조자명 및 공급자명
② 수령일자
③ 제조번호 또는 관리번호
④ 제조연월일
⑤ 보관방법 : 원료 보관 시 주의사항(예: 온도, 직사광선 등)
⑥ 사용기한 : 제조일로부터 원료를 사용할 수 있는 기간
⑦ 시험항목 : 원료에 따라 원료의 특성을 잘 나타낼 수 있는 항목
(예: 성상, pH, 비중, 굴절률, 중금속, 비소, 미생물 등)
⑧ 시험기준 : 시험항목에 따른 시성치(물리화학적 성질 등)의 범위(시험규격)
⑨ 시험방법 : 시험항목에 따른 시성치를 시험하는 방법
⑩ 시험결과 : 시험항목에 따른 시성치에 대해 시험방법을 통해 얻은 결과
⑪ 판정 및 판정일자

▶ MSDS (Material Safety Data Sheet)
화학 물질에 대한 정보와 응급 시 알아야 할 사항, 응급사항 시 대응 방법, 유해 상황 예방책, 기타 중요한 정보 확인

▶ COA (Certificate of Analysis)
물리 화학적 물성과 외관 모양, 중금속, 미생물에 관한 정보를 파악하고, 원료 규격서 범위에 일치하는가를 판단

02 제품표준서

▶ **제품표준서**
화장품 제조에 필요한 내용을 표준화함으로써 작업상에 착오가 없도록 하여 항상 동일한 수준의 제품을 생산하도록 유지하고 생산 단계별로 적합성을 보장하는 목적으로 기록한 문서

1 책임과 권한

(1) 생산팀(제조관리부서)

① 생산팀은 제조 작업에 공정별 상세작업내용, 공정흐름도, 작업장 주의사항, 제조에 필요한 시설현황을 작성 및 검토할 책임이 있다.

② 생산팀장은 작업원 교육을 통해 제품에 대한 제조 공정을 충분히 숙지하고 작업에 임하도록 한다.

(2) 품질보증팀(품질관리부서)

① 제품에 대한 기본정보, 제조 BOM, 시험규격 및 생산팀에서 작성된 자료를 기초로 제품표준서를 작성하고 관리할 책임이 있다.

② 품질 개선이나 기다 변경 또는 법규의 개정, 기디 제품표준서의 보완이 필요할 경우 제품표준서의 개정 및 보완 내용을 기록하고, 이력을 유지하도록 한다.

2 제품표준서의 제·개정

① 제품표준서는 신제품의 개발 시 품질보증부서에서 자료를 수집하고, 작성하여 제정한다.

② 제정 시 품질보증부서장의 승인 후 그 효력을 발생한다.

③ 변경사항 발생 시 품질보증부서는 해당부서와 협의하여 즉시 개정하여 개정 전 제조 또는 시험방법으로 품질관리가 시행되지 않도록 한다.

3 제품표준서의 비치 및 관리

제품표준서 원본은 품질보증부서에서 비치 관리하며, 관련부서는 제품표준서 필요부분의 사본을 비치 관리한다.

4 제품표준서에 포함되어야 할 사항

① 제품명, 작성연월일
② 효능 · 효과(기능성 화장품의 경우) 및 사용상의 주의사항
③ 원료명, 분량 및 제조단위당 기준량
④ 공정별 상세 작업내용 및 제조공정흐름도
⑤ 공정별 이론 생산량 및 수율관리기준
⑥ 작업 중 주의사항
⑦ 원자재 · 반제품 · 완제품의 기준 및 시험방법
⑧ 제조 및 품질관리에 필요한 시설 및 기기
⑨ 보관 조건
⑩ 사용기한 또는 개봉 후 사용기간
⑪ 변경 이력

⑫ 다음 사항이 포함된 제조지시서
- 제품표준서의 번호
- 제품명
- 제조번호, 제조연월일 또는 사용기한(또는 개봉 후 사용기간)
- 제조단위
- 사용된 원료명, 분량, 시험번호 및 제조단위당 실 사용량
- 제조설비명
- 공정별 상세 작업내용 및 주의사항
- 제조지시자 및 지시연월일
- 그 밖에 필요한 사항

▶ 제조지시서
- 제조공정 중의 혼돈이나 착오를 방지하고 작업이 올바르게 이루어지도록 하기 위하여 제조단위(뱃치)별로 작성 및 발행
- 제조 작업자가 제조를 시작하는데 있어서 필요한 정보를 기재
- 제조 시 작업원의 주관적인 판단이 필요하지 않도록 작업 내용을 상세하게 공정별로 구분하여 작성
- 일단 발행하면 내용을 변경해서는 안 되며, 부득이하게 재발행할 때에는 이전에 발행된 제조지시 기록서는 폐기
- 제조지시서와 제조기록서를 통합하여 제조지시 및 기록서로 운영 가능

03 제조관리기준서

1 목적

원료의 입고부터 완제품 출고에 이르기까지 각 공정에서의 관리방법을 명확히 하여 우수 화장품 제조 및 품질관리를 위함이다.

2 적용범위

제조공정에 따른 원료칭량부터 최종 완제품의 포장 및 창고 입고까지를 적용대상으로 하며, 공정 전반에 걸친 품질에 관한 중요사항을 표준화된 방법으로 수행하는 것을 원칙으로 한다.

3 업무내용

(1) 제조공정관리

① 작업소의 출입제한

화장품을 제조하는 작업소의 환경을 보호 · 유지하고, 화장품의 오염을 방지하기 위하여 다음과 같이 작업소 출입을 제한한다.

작업원	• 작업소의 출입은 반드시 출입 규정에 따라 갱의실을 거쳐 출입한다. • 작업원은 갱의실에서 규정된 작업복과 작업모, 작업화를 착용한 후 출입한다. • 작업소 내의 각 작업장의 출입은 해당 작업원 및 품질보증팀원과 작업과 관련되어 사전에 허가를 득한 사람 이외에는 출입할 수 없다.
외부인사	• 외부인사는 사전승인 없이 공장건물 및 생산작업장에 출입할 수 없다. • 공장 출입 시 반드시 관계자의 승인 및 안내 하에 이뤄져야 한다.

② 공정검사의 방법
- 제조공정 검사는 반제품 검사 담당자가 반제품 검사 절차에 따라 제조 전 점검사항의 기록 여부 및 제조기록서를 통해 실시한다.
- 충전 · 포장공정 검사는 공정검사 담당자가 공정검사 절차에 따라 포장지시기록서 및 라인검사를 통해 실시한다.

▶ 제조공정관리에 관한 사항
- 작업소의 출입제한
- 공정검사의 방법
- 사용하려는 원자재의 적합판정 여부를 확인하는 방법
- 재작업 방법 및 기록서로 운영 가능

chapter 03

③ 사용하려는 원자재의 적합판정 여부를 확인하는 방법

- 원자재보관소 담당자는 원자재 입고 시 대기보관소에 원자재를 보관하고, 적합판정 된 원자재만을 지정된 장소로 이동한다.
- 원자재 공급 시에는 적합 라벨을 확인하고 공급한다.

④ 재작업 방법

- 기준일탈 또는 일탈로 인해 재작업 시 반드시 해당 규정에 따라 처리한다.
- 기준일탈 또는 일탈처리 결과 재작업이 결정되면 해당 부서는 재작업 계획을 수립하여 품질보증팀장의 승인을 받아 재작업을 실시한다.
- 재작업 전 반드시 작업자에게 교육을 실시하여 충분히 작업 내용을 숙지시킨 후에 실시한다.
- 재작업이 완료된 제품에는 반드시 재작업이 완료되었다는 식별표시를 하고, 품질부서에 검사의뢰를 한다.

(2) 시설 및 기구 관리

① 시설 및 주요설비의 정기적인 점검방법

공무부서 또는 생산부서에 책임자를 두어 정기점검을 실시 및 기록하고 유지관리, 수리, 이동 등 전반에 걸친 사항을 설비이력카드에 작성하여 보관 · 관리하도록 한다.

② 작업 중인 시설 및 기기의 표시방법

- 현재 작업중인 제품명을 설비에 표시하여 작업중인 사항을 명시한다.
- 설비가 가동되지 않을 경우 : '작업대기' 표시
- 설비를 세척 중인 경우 : '세척중' 표시

⑤ 장비의 교정 및 성능점검 방법

설비 책임자는 계측장비의 연간교정계획을 수립하여 장비 교정 및 성능점검을 실시한다.

(3) 원자재 관리

기출(21-4회)

▶ **원자재 관리에 관한 사항**
- 입고 시 품명, 규격, 수량 및 포장의 훼손 여부에 대한 확인방법과 훼손되었을 경우 그 처리방법
- 보관 장소 및 보관방법
- 시험결과 부적합품에 대한 처리방법
- 취급 시의 혼동 및 오염 방지대책
- 출고 시 선입선출 및 칭량된 용기의 표시사항
- 재고관리

① 원료의 입고

- 원료담당자는 원료가 입고되면 입고원료의 발주서 및 거래명세표를 참고하여 원료명, 규격, 수량, 납품처 등이 일치하는지 확인한다.
- 원료 용기 및 봉합의 파손 여부, 물에 젖었거나 침적된 흔적 여부, 해충이나 쥐 등의 침해를 받은 흔적 여부, 표시된 사항의 이상 여부 등을 확인한다.
- 용기에 표시된 양을 거래명세표와 대조하고 필요 시 칭량하여 그 무게를 확인한다.
- 확인 후 이상이 없으면 용기 및 외포장을 청소한 후 원료대기보관소로 이동한다.
- 원료담당자는 입고 정보를 전산에 등록한 후 업체의 시험성적서를 지참하여 품질부서에 검사를 의뢰한다.
- 품질보증팀 담당자는 시험을 실시하고 원료 시험기록서를 작성하여 품질보증팀장의 승인을 득하고, 적합일 경우에는 해당 원료에 적합 라벨을 부착하고 전산에 적합/부적합 여부를 등록한다.

- 시험결과 부적합일 경우에는 해당 원료에 부적합 라벨을 부착하고, 해당 부서에 기준일탈조치표를 작성하여 통보한다.
- 구매부서는 부적합 원료에 대한 기준일탈조치를 하고, 관련 내용을 기록하여 품질보증팀에 회신한다.

② 보관 방법

- 원료보관창고는 관련 법규에 따라 시설을 갖추어야 하며, 관련 규정에 적합한 보관조건에서 보관되어야 한다.
- 바닥 및 내벽과 10cm 이상, 외벽과 30cm 이상 간격을 두고 적재한다.
- 제습, 방서 · 방충 시설을 갖추어야 한다.
- 지정된 보관소에 원료를 보관하여 누구나 명확히 구분할 수 있게 혼동될 염려가 없도록 보관하여야 한다.
- 원료의 출고 시에는 반드시 선입선출이 되어야 하며, 출고 전 적합 라벨의 부착 여부 및 원 포장에 표시된 원료명과 적합 라벨에 표시된 원료명의 일치 여부를 확인한다.
- 원료창고 담당자는 매월 정기적으로 원료의 입출고 내역 및 재고조사를 통하여 재고관리를 해야 한다.

▶ 원자재의 보관장소
- 원료대기 보관소 : 원료 입고 후 시험결과 판정 전까지 보관한다.
- 부적합 원료 보관소 : 부적합 판정된 원료를 반품 · 폐기 등의 조치를 하기 전까지 보관한다.
- 적합 원료 보관소 : 시험 결과 적합으로 판정된 원료를 보관한다.
- 저온 원료 창고 : 저온(10℃ 이하)에서 보관하여야 하는 원료를 보관한다.

③ 원료의 유효기간 관리 : 원료관리 규정에 따른다.

(4) 포장재 관리

기출(21-3회)

① 포장재의 입고

자재 담당자	• 포장재가 입고되면 자재 담당자는 입고된 자재 발주서와 거래명세표를 참고하여 포장재명, 규격, 수량, 납품처, 해충이나 쥐 등의 침해를 받은 흔적, 청결 여부 등을 확인한다. • 확인 후 이상이 없으면 업체의 포장재 성적서를 지참하여 품질보증팀에 검사의뢰를 한다.
품질 보증팀	• 품질보증팀은 포장재 입고검사 절차에 따라 검체를 채취하고, 외관검사 및 기능검사를 실시한다. • 시험결과를 포장재 검사 기록서에 기록하여 품질보증팀장의 승인을 득한 후 입고된 포장재에 적합 라벨을 부착하고, 부적합 시에는 부적합 라벨을 부착한 후 기준일탈조치서를 작성하여 해당 부서에 통보한다.
구매부서	• 구매부서는 부적합 포장재에 대한 기준일탈조치를 하고, 관련 내용을 기록하여 품질보증팀에 회신한다.

② 보관 방법

- 누구나 명확히 구분할 수 있게 혼동될 염려가 없도록 구분하여 보관한다.
- 바닥 및 내벽과 10cm 이상, 외벽과 30cm 이상 간격을 두고 보관한다.
- 보관 장소는 항상 청결하여야 하며, 정리 · 정돈이 되어 있어야 하고 출고 시에는 선입선출을 원칙으로 한다.
- 방서 · 방충 시설을 갖추고, 직사광선, 습기, 발열체를 피하여 보관한다.

▶ 포장재의 보관장소
- 포장재 보관소 : 적합 판정된 포장재만을 지정된 장소에 보관한다.
- 부적합 보관소 : 부적합 판정된 자재는 선별, 반품, 폐기 등의 조치가 이루어지기 전까지 보관한다.

③ 포장재의 출고

- 포장재 공급 담당자는 생산계획에 따라 자재를 공급하되, 적합 라벨이 부착되었는지 여부를 확인하고 선입선출의 원칙에 따라 공급한다.
- 공급되는 부자재는 WMS 시스템을 통해 공급기록을 관리한다.

④ 충전 · 포장 시 발생된 불량자재의 처리 : 품질부서에서 적합으로 판정된 포장재라도 생산 중 이상이 발견되거나 작업 중 파손 또는 부적합 포장재에 대해서는 다음과 같이 처리한다.

- 생산팀에서는 생산 중 발생한 불량 포장재를 정상품과 구분하여 물류팀에 반납한다.
  품질보증팀(×)
- 물류팀 담당자는 부적합 포장재를 부적합 자재 보관소에 이동하여 보관한다.
  포장재 보관소(×)
- 물류팀 담당자는 부적합 포장재를 추후 반품 또는 폐기 조치 후 해당업체에 시정 조치 요구를 한다.

(5) 반제품 관리에 관한 사항

① 반제품의 입고

- 제조담당자는 제조 완료 후 품질보증팀으로부터 적합 판정을 통보받으면 지정된 저장통에 반제품을 배출한다.
- 반제품은 품질이 변하지 않도록 적당한 용기에 넣어 지정된 장소에서 보관해야 하며, 용기에 다음 사항을 표시해야 한다.
  - 명칭 또는 확인코드, 제조번호, 제조일자, 필요 시 보관조건

② 보관 장소

- 지정된 장소(벌크 보관실)에 해당 반제품을 보관한다.
- 품질보증부서로부터 보류 또는 부적합 판정을 받은 반제품의 경우 부적합품 대기소에 보관하여 적합 제품과 명확히 구분이 되어야 한다.

③ 보관 방법

- 이물질 혹은 미생물 오염으로부터 보호되어 보관되어야 한다.
- 최대 보관기간은 6개월이며, 보관기간이 1개월 이상 경과되었을 때에는 반드시 사용 전 품질보증부서에 검사 의뢰하여 적합 판정된 반제품만 사용되어야 한다.

(6) 완제품 관리에 관한 사항

▶ **완제품 관리에 관한 사항**
- 입 · 출하 시 승인판정의 확인방법
- 보관 장소 및 보관방법
- 출하 시의 선입선출방법

① 완제품의 입고

- 생산팀 담당자는 정상적인 작업 공정을 통해 작업된 제품에 제품명, 제조일자, 제조번호 등을 표시하여 제품 창고로 입고시킨다.
- 생산팀 담당자는 당일 입고된 제품에 대한 기록을 작성하여 물류담당자에게 전달하여 이상 유무를 확인할 수 있도록 한다.
- 물류 담당자는 창고에 입고된 제품 정보와 기록이 동일한지 확인하고 그렇지 않을 경우에는 팀장에게 보고 후 후속조치를 한다.

② 보관 장소
- 완제품보관소 : 지정된 장소에 해당 제품을 보관한다.
- 부적합 완제품보관소 : 반품 또는 품질검사 결과 부적합 판정이 된 제품을 보관한다.

③ 보관 방법
- 선입선출 : 제품별, 제조번호별, 입고 순서대로 지정된 장소에 제품을 보관한다.
- 통풍을 위해 창고바닥 및 벽면으로부터 10cm 이상 간격을 유지한다.
- 적재 시 상부의 적재중량으로 인한 변형이 되지 않도록 유의하여 보관한다.
- 방서 · 방충 시설을 갖추어 해충이나 쥐 등에 의해 피해를 입지 않도록 한다.

④ 완제품의 출하

출하 절차	물류 담당자는 제품출하계획서를 작성하여 품질보증팀에 공유한다. 출하 시에는 거래명세표를 첨부하여 선입선출에 의거하여 출하한다.
출하 검사	품질부서 담당자는 사전에 완료된 제품검사기록을 확인하고, 출하 전 제품명, 제조번호, 외관 등의 이상 유무를 확인 후 품질보증팀장의 승인을 득한 후 물류담당자에게 통보한다.

⑤ 기록 관리
완제품을 출하할 때는 거래처별로 제품명, 규격(포장단위), 제조번호, 출하량 등을 기록하여 보관 · 관리한다.

⑥ 반품 처리
- 제품이 거래처로부터 반품된 경우에는 회수처리규정에 따라 처리한다.
- 운반할 때는 품질 저하가 발생하지 않도록 적절한 조치를 취해야 한다.
- 제품 재고를 파악하고 해당부서에 통보하여 생산계획 등에 반영하도록 한다.

(7) 위탁제조에 관한 사항
① 수탁자의 작업수행능력을 평가하고 위수탁 계약서를 작성한다.
② 수탁자에게 위탁생산에 필요한 검사규격, 시험방법, 공정관리 사항 등의 정보를 제공하고 작업 표준서를 작성하여 상호간에 합의하여 이를 적용 · 준수한다.
③ 위탁제조 계획을 통보하고 필요원료, 포장재 및 벌크제품을 공급한다.
④ 수탁자는 위탁자가 제공한 요구사항에 준해 생산 및 검사를 실시한다.
⑤ 납품된 제품은 완제품 관리 절차에 따라 관리한다.
⑥ 계약 조건의 변경 사항이 발생했을 시에는 위탁자와 수탁자 간의 협의에 의하여 변경하고 이를 기록 · 관리하여야 한다.

04 품질관리기준서

1 목적
품질관리 업무를 수행함에 있어 시험관리를 위한 기준을 설정하고, 이를 준수함으로써 우수한 품질관리를 위한 문서를 말한다.

2 적용 범위

시험의뢰에서부터 시험 결과의 판정, 통보, 부적합품 처리 조치 업무에 적용한다.

3 업무절차

(1) 시험의뢰 및 시험

① 원료 및 자재 보관 담당자는 원료 및 자재에 대하여 품질부서에 시험 의뢰를 한다.

② 반제품 제조 담당자는 제조된 반제품, 생산공정 담당자는 생산된 완제품에 대하여 품질부서에 시험 의뢰를 한다.

③ 품질부서 담당자는 의뢰된 품목에 대하여 검체를 채취하여 품질검사를 실시한다.

(2) 시험지시 및 기록서의 작성

① 제품명(원자재명), 제조번호, 제조일 또는 입고일

② 시험지시번호, 지시자 및 지시연월일

③ 시험항목 및 기준

④ 시험일, 검사자, 시험결과, 판정결과

(3) 시험결과의 판정

① 검사 담당자는 시험성적서를 작성한 후 품질보증팀장에게 보고한다.

② 품질보증팀장은 시험결과를 시험기준과 대조하여 확인 후 적/부 판정을 최종 승인한다.

(4) 시험 적/부 판정 적용범위

① 적합 판정 : 시험 결과가 모든 기준에 적합할 경우 '적합'으로 한다.

② 부적합 판정 : 시험 결과가 기준에 벗어나는 것으로 완제품의 품질에 직접적인 관련이 있다고 판단되는 시험항목인 경우는 '부적합'으로 한다.

(5) 시험결과의 전달

① 품질부서는 원자재, 반제품, 완제품의 시험결과를 의뢰부서에 통보하고, 적합 또는 부적합 라벨을 부착하여 식별 표시를 한다.

② 라벨의 기재 사항 : 제품명, 제조번호 또는 제조일자, 판정결과, 판정일

(6) 부적합 판정에 대한 사후관리

'부적합' 판정된 품목은 지정된 보관 장소에 보관하고 원료 및 자재는 즉시 반품 또는 폐기조치하며, 반제품 및 완제품의 경우 기준 내로 환원이 불가능하다고 판정될 때는 폐기하도록 조치한다.

(7) 품질관리기준서에 포함되어야 할 사항

① 다음 사항이 포함된 시험지시서

기출(21-4회)

- 제품명, 제조번호 또는 관리번호, 제조연월일
- 시험지시번호, 지시자 및 지시연월일
- 시험항목 및 시험기준

② 시험검체 채취방법 및 채취 시의 주의사항과 채취 시의 오염방지대책
③ 시험시설 및 시험기구의 점검(장비의 교정 및 성능점검 방법)
④ 안정성 시험
⑤ 완제품 등 보관용 검체의 관리
⑥ 표준품 및 시약의 관리
⑦ 위탁시험 또는 위탁 제조하는 경우 검체의 송부방법 및 시험결과의 판정방법
⑧ 그 밖에 필요한 사항

▶ **시험성적서 작성 방법**

① 시험성적서에 뱃치별로 원료, 포장재, 벌크제품, 완제품에 대한 시험의 모든 기록이 있어야 하며 그 결과를 판정할 수 있어야 한다.
② 시험의뢰서, 검체채취 기록, 시험근거자료, 계산 결과 등 그 뱃치의 제품 시험에 관계된 기록이 모두 기재되어 있거나 또는 기재되어 있는 문서와의 관계를 알 수 있어야 한다.
③ 시험성적서상의 모든 항목이 별도로 있는 것이 아니라 하나의 시험성적서에 기록되고 기재되어야 하며, 시험성적서에는 모든 시험이 적절하게 이루어졌는지 시험기록을 검토한 후 적합, 부적합, 보류를 판정하여야 한다.

▶ **시험관리** **기출**(21-3회)

① 품질관리를 위한 시험업무에 대해 문서화된 절차를 수립하고 유지하여야 한다.
② 원자재, 반제품 및 완제품에 대한 적합 기준을 마련하고 제조번호별로 시험기록을 작성 · 유지하여야 한다.
③ 시험결과 적합 또는 부적합인지 분명히 기록하여야 한다.
④ 원자재, 반제품 및 완제품은 적합판정이 된 것만을 사용하거나 출고하여야 한다. (→유지관리 기준(×))
⑤ 정해진 보관 기간이 경과된 원자재 및 반제품은 재평가하여 품질기준에 적합한 경우 제조에 사용할 수 있다.
⑥ 모든 시험이 적절하게 이루어졌는지 시험기록은 검토한 후 적합, 부적합, 보류를 판정하여야 한다.
⑦ 기준일탈이 된 경우는 규정에 따라 책임자에게 보고한 후 조사하여야 한다. 조사결과는 책임자에 의해 일탈, 부적합, 보류를 명확히 판정하여야 한다.
⑧ 표준품과 주요시약의 용기에 기재해야 할 사항
명칭, 개봉일, 보관조건, 사용기한, 역가, 제조자의 성명 또는 서명(직접 제조한 경우에 한함)

기준일탈 조사 절차

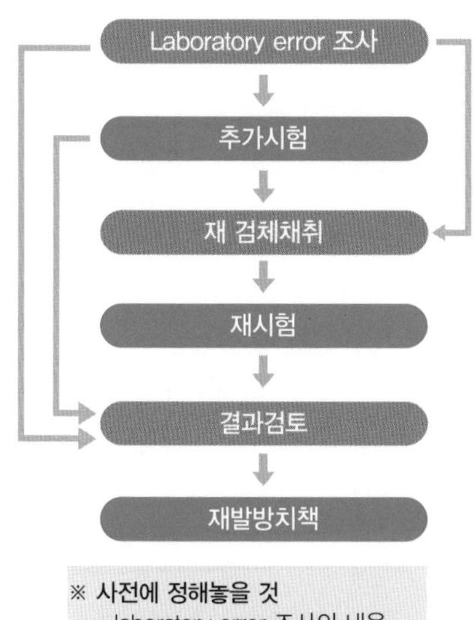

※ **사전에 정해놓을 것**
- laboratory error 조사의 내용
- 추가시험의 내용과 실행자
- 재시험의 방법과 회수
- 결과검토의 책임자

▶ Laboratory error 조사
- 분석절차 실수(담당자 실수)
- 분석기기의 문제(고장 등)
- 조제액의 문제
- 절차서의 문제

▶ 추가시험
- 1회 실시, 오리지널 검체로 실시
- 최초의 담당자와 다른 담당자가 중복실시
- 재 검체채취
- 절차서에 따라 실시

▶ 재시험
- 절차서에 따라 실시
- 최초의 담당자와 다른 담당자가 중복실시

▶ 결과검토
- 품질관리책임자가 실시하고, 결과를 승인

▶ 기타
- 실수를 발견하지 못해도 재시험을 실시하는 경우가 있음 (어떻게 해도 기준일탈결과를 납득할 수 없을 때)

chapter 03

04 제조위생관리기준서

1 목적

작업소 및 설비의 청결 유지와 작업원의 위생관리를 통하여 화장품의 미생물 및 이물질 오염을 방지하여 우수한 화장품을 생산 및 공급하기 위함이다.

2 적용범위

작업소, 설비 및 작업원에 대한 위생관리에 적용한다.

3 책임과 권한

제조 위생관리의 주관부서는 생산팀이며, 책임과 권한은 다음과 같다.

(1) 생산팀장

① 제조 위생관리 책임자로서 제조, 충전, 포장 시의 제조 위생관리 업무를 주관한다.
② 작업소 청소 및 소독
③ 설비 청소 및 소독
④ 작업원 건강상태의 파악 및 조치
⑤ 작업원의 수세, 소독방법 등의 관리

(2) 품질보증팀

① 작업소 및 설비의 청소상태 확인
② 각종 기록사항에 대한 점검

(3) 관리팀

① 신입사원 건강진단서 확인 및 관리
② 정기적인 건강진단 및 관리
③ 방서 · 방충 관리

▶ 「우수화장품 제조 및 품질관리기준」 기타 규정

1. 용어 ★★★

용어	정의
제조	원료 물질의 칭량부터 혼합, 충전(1차포장), 2차포장 및 표시 등의 일련의 작업
품질보증	제품이 적합 판정 기준에 충족될 것이라는 신뢰를 제공하는데 필수적인 모든 계획되고 체계적인 활동
일탈	제조 또는 품질관리 활동 등의 미리 정하여진 기준을 벗어나 이루어진 행위
기준일탈	규정된 합격 판정 기준에 일치하지 않는 검사, 측정 또는 시험결과
재작업	적합 판정기준을 벗어난 완제품, 벌크제품 또는 반제품을 재처리하여 품질이 적합한 범위에 들어오도록 하는 작업
원료	벌크 제품의 제조에 투입하거나 포함되는 물질
원자재	화장품 원료 및 자재
반제품	제조공정 단계에 있는 것으로서 필요한 제조공정을 더 거쳐야 벌크 제품이 되는 것
벌크 제품	충전(1차포장) 이전의 제조 단계까지 끝낸 제품
완제품	출하를 위해 제품의 포장 및 첨부문서에 표시공정 등을 포함한 모든 제조공정이 완료된 화장품
포장재	화장품의 포장에 사용되는 모든 재료를 말하며 운송을 위해 사용되는 외부 포장재는 제외한 것이다. 제품과 직접적으로 접촉하는지 여부에 따라 1차 또는 2차 포장재라고 말한다.
관리	적합 판정 기준을 충족시키는 검증
유지관리	적절한 작업 환경에서 건물과 설비가 유지되도록 정기적 · 비정기적인 지원 및 검증 작업
변경관리	모든 제조, 관리 및 보관된 제품이 규정된 적합판정기준에 일치하도록 보장하기 위하여 우수화장품 제조 및 품질관리기준이 적용되는 모든 활동을 내부 조직의 책임하에 계획하여 변경하는 것
공정관리	제조공정 중 적합판정기준의 충족을 보증하기 위하여 공정을 모니터링하거나 조정하는 모든 작업
위생관리	대상물의 표면에 있는 바람직하지 못한 미생물 등 오염물을 감소시키기 위해 시행되는 작업
불만	제품이 규정된 적합판정기준을 충족시키지 못한다고 주장하는 외부 정보
회수	판매한 제품 가운데 품질 결함이나 안전성 문제 등으로 나타난 제조번호의 제품(필요시 여타 제조번호 포함)을 제조소로 거두어들이는 활동
오염	제품에서 화학적, 물리적, 미생물학적 문제 또는 이들이 조합되어 나타내는 바람직하지 않은 문제의 발생
청소	화학적인 방법, 기계적인 방법, 온도, 적용시간과 이러한 복합된 요인에 의해 청정도를 유지하고 일반적으로 표면에서 눈에 보이는 먼지를 분리, 제거하여 외관을 유지하는 모든 작업
주요 설비	제조 및 품질 관련 문서에 명기된 설비로 제품의 품질에 영향을 미치는 필수적인 설비
교정	규정된 조건 하에서 측정기기나 측정 시스템에 의해 표시되는 값과 표준기기의 참값을 비교하여 이들의 오차가 허용범위 내에 있음을 확인하고, 허용범위를 벗어나는 경우 허용범위 내에 들도록 조정하는 것 기출(21-4회)
제조단위 또는 뱃치	하나의 공정이나 일련의 공정으로 제조되어 균질성을 갖는 화장품의 일정한 분량
제조번호 또는 뱃치번호	일정한 제조단위분에 대하여 제조관리 및 출하에 관한 모든 사항을 확인할 수 있도록 표시된 번호로서 숫자 · 문자 · 기호 또는 이들의 특정적인 조합
수탁자	직원, 회사 또는 조직을 대신하여 작업을 수행하는 사람, 회사 또는 외부 조직
감사	제조 및 품질과 관련한 결과가 계획된 사항과 일치하는지의 여부와 제조 및 품질관리가 효과적으로 실행되고 목적 달성에 적합한지 여부를 결정하기 위한 체계적이고 독립적인 조사
내부감사	제조 및 품질과 관련한 결과가 계획된 사항과 일치하는지의 여부와 제조 및 품질관리가 효과적으로 실행되고 목적 달성에 적합한지 여부를 결정하기 위한 회사 내 자격이 있는 직원에 의해 행해지는 체계적이고 독립적인 조사
적합 판정 기준	시험 결과의 적합 판정을 위한 수적인 제한, 범위 또는 기타 적절한 측정법
소모품	청소, 위생 처리 또는 유지 작업 동안에 사용되는 물품(세척제, 윤활제 등)
제조소	화장품을 제조하기 위한 장소

용어	정의
건물	제품, 원료 및 포장재의 수령, 보관, 제조, 관리 및 출하를 위해 사용되는 물리적 장소, 건축물 및 보조 건축물
출하	주문 준비와 관련된 일련의 작업과 운송 수단에 적재하는 활동으로 제조소 외로 제품을 운반하는 것

2. 위탁계약

① 화장품 제조 및 품질관리에 있어 공정 또는 시험의 일부를 위탁하고자 할 때에는 문서화된 절차를 수립 · 유지하여야 한다.
② 제조 업무를 위탁하고자 하는 자는 식품의약품안전처장으로부터 우수화장품 제조 및 품질관리기준 적합판정을 받은 업소에 위탁 제조하는 것을 권장한다.
③ 위탁업체는 수탁업체의 계약 수행능력을 평가하고 그 업체가 계약을 수행하는데 필요한 시설 등을 갖추고 있는지 확인해야 한다.
④ 위탁업체는 수탁업체와 문서로 계약을 체결해야 하며 정확한 작업이 이루어질 수 있도록 수탁업체에 관련 정보를 전달해야 한다.
⑤ 위탁업체는 수탁업체에 대해 계약에서 규정한 감사를 실시해야 하며 수탁업체는 이를 수용하여야 한다.
⑥ 수탁업체에서 생성한 위 · 수탁 관련 자료는 유지되어 위탁업체에서 이용 가능해야 한다.

3. 위탁업체와 수탁업체의 역할

① 위탁업체의 역할
- 제품의 품질을 보증한다.
- 제조 공정을 확립한다. : 원료, 포장재의 결정을 포함한다.
- 수탁업체를 평가한다.
- 수탁업체에게 기술이전을 한다.
- 수탁업체에게 필요한 정보를 제공한다.
- 수탁업체가 수행한 제조공정 또는 시험을 평가하고 감사한다.

② 수탁업체의 역할
- 제조공정 또는 시험을 보증한다.
- 제조공정 또는 시험에 필요한 인적자원을 확보한다.
- CGMP에 준하는 적절한 관리를 한다.
- 제조공정 또는 시험의 결과를 제공해야 한다 .
- 위탁업체의 평가 및 감사를 받아들인다.

4. 판정 및 감독

(1) 평가 및 판정

① 우수화장품 제조 및 품질관리기준 적합판정을 받고자 하는 업소는 신청서에 다음 서류를 첨부하여 식품의약품안전처장에게 제출하여야 한다.
- 우수화장품 제조 및 품질관리기준에 따라 3회 이상 적용 · 운영한 자체평가표
- 화장품 제조 및 품질관리기준 운영조직
- 제조소의 시설내역
- 제조관리현황
- 품질관리현황

② 식품의약품안전처장은 제출된 자료를 평가하고 실태조사를 실시하여 우수화장품 제조 및 품질관리기준 적합 판정한 경우에는 우수화장품 제조 및 품질관리기준 적합업소 증명서를 발급하여야 한다. 다만, 일부 공정만을 행하는 업소는 해당 공정을 증명서 내에 기재하여야 한다.

(2) 우대조치

① 국제규격인증업체(CGMP, ISO9000) 또는 품질보증 능력이 있다고 인정되는 업체에서 제공된 원료 · 자재는 제공된 적합성에 대한 기록의 증거를 고려하여 검사의 방법과 시험항목을 조정할 수 있다.
② 식품의약품안전처장은 우수화장품 제조 및 품질관리기준 적합판정을 받은 업소는 정기 수거검정 및 정기 감시 대상에서 제외할 수 있다.

③ 우수화장품 제조 및 품질관리기준 적합판정을 받은 업소는 로고를 해당 제조업소와 그 업소에서 제조한 화장품에 표시하거나 그 사실을 광고할 수 있다.

(3) 사후관리

① 식품의약품안전처장은 우수화장품 제조 및 품질관리기준 적합판정을 받은 업소에 대해 우수화장품 제조 및 품질관리기준 실시상황평가표에 따라 3년에 1회 이상 실태조사를 실시하여야 한다.

② 식품의약품안전처장은 사후관리 결과 부적합 업소에 대하여 일정한 기간을 정하여 시정하도록 지시하거나, 우수화장품 제조 및 품질관리기준 적합업소 판정을 취소할 수 있다.

③ 식품의약품안전처장은 제조 및 품질관리에 문제가 있다고 판단되는 업소에 대하여 수시로 우수화장품 제조 및 품질관리기준 운영 실태조사를 할 수 있다.

5. 완제품 관리

(1) 완제품의 보관 및 출고

① 완제품은 적절한 조건하의 정해진 장소에서 보관하여야 하며, 주기적으로 재고 점검을 수행해야 한다.

② 완제품은 시험결과 적합으로 판정되고 품질보증부서 책임자가 출고 승인한 것만을 출고하여야 한다.

③ 출고는 선입선출방식으로 하되, 타당한 사유가 있는 경우에는 그러지 아니할 수 있다.

④ 출고할 제품은 원자재, 부적합품 및 반품된 제품과 구획된 장소에서 보관하여야 한다. 다만 서로 혼동을 일으킬 우려가 없는 시스템에 의하여 보관되는 경우에는 그러하지 아니할 수 있다.

(2) 완제품 관리 항목

① 보관	② 검체채취
③ 보관용 검체	④ 제품 시험
⑤ 합격 · 출하 판정	⑥ 출하
⑦ 재고 관리	⑧ 반품

(3) 제품의 검체 채취 **기출**(21-4회)

① 제품의 검체 채취란 제품 시험용 및 보관용 검체를 채취하는 일이며, 제품 규격에 따라 충분한 수량이어야 한다.

② 제품 검체 채취는 품질관리부서가 실시하는 것이 일반적이다. 원재료 입고 시의 검체 채취는 다른 부서에 위탁하는 것도 가능하나 제품 검체 채취는 품질관리부서 검체 채취 담당자가 실시한다. 불가피한 사정이 있으면 타 부서에 의뢰할 수는 있다.

③ 검체 채취자에게는 검체 채취 절차 및 검체 채취 시의 주의사항을 교육 · 훈련시켜야 한다.

(4) 보관용 검체 보관 **기출**(21-4회)

① 제품 사용 중에 발생할지도 모르는 "재검토작업"에 대비하기 위해 보관용 검체를 보관한다.

② 재검토작업은 품질 상에 문제가 발생하여 재시험이 필요할 때 또는 발생한 불만에 대처하기 위해 필요하다.

③ 완제품 보관 검체의 주요 사항

- 제품을 사용기한 중에 재검토(재시험 등)할 때를 대비한다.
- 제품을 그대로 보관한다.
- 각 뱃치를 대표하는 검체를 보관한다.
- 일반적으로는 각 뱃치별로 제품 시험을 2번 실시할 수 있는 양을 보관한다.
- 제품이 가장 안정한 조건에서 보관한다.
- 사용기한 경과 후 1년간 또는 개봉 후 사용기간을 기재하는 경우에는 제조일로부터 3년간 보관한다.

출제예상문제

01 우수화장품 제조기준 및 품질관리 기준에서 화장품 제조 시설의 위생에 대한 설명으로 옳지 않은 것은?

① 제조하는 화장품의 종류 · 제형에 따라 적절히 구획 · 구분되어 있어 교차오염 우려가 없어야 한다.
② 바닥, 벽, 천장은 가능한 한 청소하기 쉽게 매끄러운 표면을 지니고 소독제 등의 부식성에 저항력이 있어야 한다.
③ 환기가 잘 되고 청결해야 한다.
④ 외부와 연결된 창문은 가능한 한 잘 열리는 구조여야 한다.
⑤ 작업소 내의 외관 표면은 가능한 매끄럽게 설계하고, 청소, 소독제의 부식성에 저항력이 있어야 한다.

> ④ 외부와 연결된 창문은 가능한 한 잘 열리지 않아야 한다.

02 화장품 제조 시설의 위생에 대한 설명으로 옳은 것은?

① 바닥, 벽, 천장은 오염이 잘되지 않도록 굴곡진 표면이어야 한다.
② 작업소 내의 외관 표면은 가능한 굴곡지게 설계한다.
③ 적절한 온도를 유지하기 위해 공기의 유통이 없도록 해야 한다.
④ 제조하는 화장품의 종류 · 제형에 따라 적절히 구획 · 구분되어 있어 교차오염 우려가 없어야 한다.
⑤ 수세실과 화장실은 접근이 어렵도록 생산구역과 분리되어 가능한 멀리 떨어져 있어야 한다.

> ① 바닥, 벽, 천장은 가능한 청소하기 쉽게 매끄러운 표면을 지니고 소독제 등의 부식성에 저항력이 있어야 한다.
> ② 작업소 내의 외관 표면은 가능한 매끄럽게 설계하고, 청소, 소독제의 부식성에 저항력이 있어야 한다.
> ③ 작업실은 환기가 잘 되어야 한다.
> ⑤ 수세실과 화장실은 접근이 쉬워야 하나 생산구역과 분리되어 있어야 한다.

03 곤충, 해충이나 쥐를 막을 수 있는 대책으로 옳지 않은 것은?

① 벽, 천장, 창문, 파이프 구멍에 틈이 없도록 한다.
② 개방할 수 있는 창문을 만들지 않는다.
③ 창문은 차광하고 야간에 빛이 밖으로 새어나가지 않게 한다.
④ 배기구, 흡기구에 필터를 단다.
⑤ 실내압을 실외보다 낮게 유지해 오염된 외부공기가 실내로 유입되는 것을 방지한다.

> ⑤ 실내압을 실외보다 높게 한다.

04 화장품 제조실의 청소 및 소독 방법에 대한 설명으로 옳지 않은 것은?

① 작업 종료 후 혹은 일과 종료 후 바닥, 벽, 작업대, 창틀 등에 묻은 이물질, 내용물 및 원료 잔류물 등을 위생수건, 걸레 등을 이용하여 제거한다.
② 일반용수와 세제를 바닥에 흘린 후 세척솔 등을 이용하여 닦아낸다.
③ 일반용수를 이용하여 세제 성분이 잔존하지 않도록 깨끗이 세척한 후 물끌개, 걸레 등을 이용하여 물기를 제거한다.
④ 작업실 내에 설치되어 있는 배수로 및 배수구는 월 1회 락스 소독 후 내용물 잔류물, 기타 이물 등을 완전히 제거하여 깨끗이 청소한다.
⑤ 청소 후에는 작업실 내의 물기를 완전히 제거하고 배수구 뚜껑은 약간 열어둔다.

> ⑤ 청소 후에는 작업실 내의 물기를 완전히 제거하고 배수구 뚜껑을 꼭 닫는다.

정답 01 ④ 02 ④ 03 ⑤ 04 ⑤

05 우수화장품 제조 및 품질관리 기준에 따른 구역별 시설기준에 대한 설명으로 옳지 않은 것은?

① 원료보관소와 칭량실은 구획되어 있어야 한다.
② 보관구역의 통로는 사람과 물건이 이동하는 구역으로서 사람과 물건의 이동에 불편함을 초래하거나, 교차오염의 위험이 없어야 된다.
③ 수세실과 화장실은 접근이 쉬워야 하므로 생산구역과 분리되지 않도록 한다.
④ 포장 구역은 제품의 교차 오염을 방지할 수 있도록 설계되어야 한다.
⑤ 포장 구역은 설비의 팔레트, 포장 작업의 다른 재료들의 폐기물, 사용되지 않는 장치, 질서를 무너뜨리는 다른 재료가 있어서는 안 된다.

③ 수세실과 화장실은 접근이 쉬워야 하나 생산구역과 분리되어 있어야 한다.

06 <보기>에서 「우수화장품 제조 및 품질관리기준(CGMP) 해설서」에 따른 우수화장품 제조 및 품질관리기준의 3대 요소를 모두 고른 것은?

3회 기출 유형(8점)

【보기】
㉠ 고도의 품질관리체계 확립
㉡ 주기적인 내부감사 활동 활성화
㉢ 인위적인 과오의 최소화
㉣ 미생물오염 및 교차오염으로 인한 품질저하 방지
㉤ 계획적이고 체계적인 품질보증

① ㉠, ㉡, ㉢
② ㉠, ㉡, ㉤
③ ㉠, ㉢, ㉣
④ ㉡, ㉣, ㉤
⑤ ㉢, ㉣, ㉥

CGMP 3대 요소
- 인위적인 과오의 최소화
- 미생물오염 및 교차오염으로 인한 품질저하 방지
- 고도의 품질관리체계 확립

07 맞춤형화장품판매장 조제구역의 위생관리를 위해 「우수화장품 제조 및 품질관리기준(CGMP)에 따른 제조구역 기준을 적용하여 인테리어를 변경하고자 한다. 이에 대한 설계로 옳지 않은 것은?

3회 기출 유형(8점)

① 청정한 공기를 공급하기 위해 중성능 필터가 장착된 공기조화장치를 매장 전체에 설치했다.
② 조제구역과 보관구역을 철저히 분리하여 설계하고, 손 세척 설비는 조제 구역에 배치하여 수시로 손을 씻을 수 있게 했다.
③ 상담데스크와 조제구역 사이에는 통유리를 설치하여 제품을 조제하는 모습을 고객이 지켜볼 수 있도록 설계했다.
④ 원료 보관실 내에 냉장고를 설치하여 냉장보관이 필요한 추출물 등의 원료들은 따로 보관하도록 설계했다.
⑤ 공간이 협소하여 포장재와 원료를 따로 보관할 공간이 나오지 않아 바닥선으로 구분하여 원료와 포장재를 보관했다.

⑤ 원료와 포장재는 제조소와 교차 오염을 피하기 위해 구분 · 구획하여 보관한다.

08 「우수화장품 제조 및 품질관리기준(CGMP)」에 따른 시설 및 관리에 대한 설명으로 옳지 않은 것은?

3회 기출 유형(8점)

① 작업소의 제조구역별 청소 및 위생관리 절차에 따라 효능이 입증된 세척제와 소독제를 사용해야 한다.
② 제품의 오염을 방지하고 적절한 온도와 습도를 유지할 수 있도록 공기조화시설 등 적절한 환기시설을 갖추어야 한다.
③ 설비 유지관리는 예방적 활동, 유지보수, 정기검교정으로 나눌 수 있다.
④ 정해진 보관기간이 경과된 원자재 및 반제품은 재평가하여 유지관리 기준에 적합한 경우 제조에 사용할 수 있다.
⑤ 결함 발생 및 정비 중인 설비는 적절한 방법으로 표시하고, 고장 등 사용이 불가할 경우에도 이를 표시해야 한다.

④ 정해진 보관 기간이 경과된 원자재 및 반제품은 재평가하여 품질기준에 적합한 경우 제조에 사용할 수 있다.

정답 05 ③ 06 ③ 07 ⑤ 08 ④

09 <보기>에서 「우수화장품 제조 및 품질관리기준(CGMP) 해설서」에 따른 설비 세척의 원칙을 모두 고른 것은?

3회 기출 유형(12점)

【보기】

㉠ 세척하여 건조 · 밀폐하여 잘 보관한 설비는 오염의 우려가 없다.
㉡ 가능하면 다양한 세제를 사용하여 세척하는 것이 효과적이다.
㉢ 고압 증기로 세척하는 것은 좋은 방법이다.
㉣ 설비를 불필요하게 분해하는 것은 오염 우려가 있으므로 조립된 상태 그대로 세척한다.
㉤ 브러시 등으로 문질러 지우는 것을 고려한다.
㉥ 세척 후에는 반드시 세척이 잘 되었는지 육안, 닦아내기, 린스 정량 등의 방법으로 판정해야 한다.
㉦ 작업의 효율을 위해 세척 소요시간을 설정한다.
㉧ 세척을 마친 다음에는 세척의 유효기간을 설정한다.

① ㉠, ㉡, ㉣, ㉦ ② ㉠, ㉣, ㉤, ㉧
③ ㉡, ㉢, ㉥, ㉦ ④ ㉢, ㉣, ㉥, ㉧
⑤ ㉢, ㉤, ㉥, ㉧

설비 세척의 원칙
- 위험성이 없는 용제(물이 최적)로 세척한다.
- 가능한 한 세제를 사용하지 않는다.
- 고압 증기로 세척하는 것은 좋은 방법이다.
- 브러시 등으로 문질러 지우는 것을 고려한다.
- 분해할 수 있는 설비는 분해해서 세척한다.
- 세척 후는 반드시 "판정"한다.
- 판정 후의 설비는 건조 · 밀폐해서 보존한다.
- 세척의 유효기간을 설정한다.

10 우수화장품 제조기준 및 품질관리 기준에서 작업장 내에서의 직원 위생에 관한 설명으로 옳지 않은 것은?

① 적절한 위생관리 기준 및 절차를 마련하고 제조소 내의 모든 직원이 위생관리 기준 및 절차를 준수할 수 있도록 교육훈련 해야 한다.
② 직원은 작업 중의 위생관리상 문제가 되지 않도록 청정도에 맞는 적절한 작업복, 모자와 신발을 착용해야 하지만, 작업 효율성을 위해 작업 전 복장점검을 생략할 수 있다.
③ 제품 품질과 안전성에 악영향을 미칠지도 모르는 건강 조건을 가진 직원은 원료, 포장, 제품 또는 제품 표면에 직접 접촉하지 말아야 한다.
④ 방문객 또는 안전 위생의 교육훈련을 받지 않은 직원이 화장품 제조, 관리, 보관을 실시하고 있는 구역으로 출입하는 일은 피해야 한다.
⑤ 명백한 질병 또는 노출된 피부에 상처가 있는 직원은 증상이 회복되거나 의사가 제품 품질에 영향을 끼치지 않을 것이라고 진단할 때까지 제품과 직접적인 접촉을 하여서는 안 된다.

② 직원은 작업 전에 복장점검을 하고 적절하지 않을 경우는 시정한다.

11 작업장 내 직원 위생에 대한 설명으로 옳은 것은?

① 교육훈련을 받지 않아도 작업복을 착용하면 제조, 관리, 보관구역에 출입할 수 있다.
② 직원은 작업복 등을 착용하지만 작업의 효율을 위하여 복장점검을 생략할 수 있다.
③ 방문객은 필요한 보호 설비를 갖추면 보관구역을 출입할 때 기록서를 기록할 필요가 없다.
④ 기존 직원에 대해서는 위생교육을 실시하지 않는다.
⑤ 제품 품질과 안전성에 악영향을 미칠지도 모르는 건강 조건을 가진 직원은 원료, 포장, 제품 또는 제품 표면에 직접 접촉하지 말아야 한다.

① 방문객 또는 안전 위생의 교육훈련을 받지 않은 직원이 화장품 제조, 관리, 보관을 실시하고 있는 구역으로 출입하는 일은 피해야 한다.
② 작업 전에 복장점검을 하고 적절하지 않을 경우는 시정한다.
③ 방문객이 제조, 관리, 보관구역으로 들어간 것을 반드시 기록서에 기록한다
④ 신규 직원에 대하여 위생교육을 실시하며, 기존 직원에 대해서도 정기적으로 교육을 실시한다.

12 화장품 제조소 내 직원의 위생에 대한 설명으로 옳지 않은 것은?

① 작업복 등은 목적과 오염도에 따라 세탁을 하고 필요에 따라 소독한다.
② 직원은 별도의 지역에 의약품을 포함한 개인적인 물품을 보관해야 한다.
③ 음식, 음료수, 흡연은 제조소 내 지정된 지역에서만 섭취하거나 흡연하여야 한다.
④ 제품 품질과 안전성에 악영향을 미칠지도 모르는 건강 조건을 가진 직원은 원료, 포장, 제품 또는 제품 표면에 직접 접촉하지 말아야 한다.
⑤ 방문객과 훈련 받지 않은 직원이 제조, 관리 보관구역으로 들어가면 반드시 동행한다.

정답 09 ⑤ 10 ② 11 ⑤ 12 ③

③ 음식, 음료수 및 흡연구역 등은 제조 및 보관 지역과 분리된 지역에서만 섭취하거나 흡연하여야 한다.

13 「우수화장품 제조 및 품질관리 기준(CGMP) 해설서」 제10조에 따른 설비·기구의 유지관리에 대한 설명으로 옳은 것은? 3회 기출 유형(8점)

① 설비 · 기구는 제품의 품질에 영향을 주지 않으며 지속적으로 사용할 수 있다.
② 전자저울의 정밀성에 대한 판정은 표준분동을 사용하여 점검하며 측정값이 ±0.1%를 초과하면 불합격 처리한다.
③ 설비 · 기구의 유지관리는 예방적 실시가 원칙이며, 모든 설비에 적용되는 공통 절차서를 작성하여 비치한다.
④ 설비 · 기구는 사용 목적에 적합하고, 청소와 위생 유지관리가 가능하여야 한다. 다만, 자동화시스템을 도입하는 경우에는 예외로 한다.
⑤ 설비 이력 카드에는 설비명, 설치 장소, 구입처, 설치일자, 부품 구입처, 부품교체 작업자 등을 기록해야 한다.

① 설비 · 기구는 제품의 품질에 영향을 줄 수 있다.
② 전자저울의 정밀성에 대한 판정은 측정값이 ±0.5%를 초과하면 불합격 처리한다.
③ 공통 절차서를 작성하는 것이 아니라 설비 · 기구마다 절차서를 작성해야 한다.
④ 자동화시스템을 도입한 경우도 위생 · 유지관리가 가능하여야 한다.

14 작업자 소독을 위한 소독제의 성분으로 옳은 것은? 3회 기출 유형(8점)

① 트리클로산, 클로로데콘, 차아염소산칼슘
② 크로르헥시딘디글루코네이트, 피로카테콜, 리도카인
③ 클로르헥시딘디글루코네이트, 트리클로산, 아이오다인과 아이오도퍼
④ 차아염소산칼슘, 크로르데콘, 리도카인
⑤ 아이오다인과 아이오도퍼, 피로카테콜, 클로르데콘

작업자 소독을 위한 소독제 성분
알코올, 클로르헥시딘디글루코네이트, 아이오다인과 아이오도퍼, 클로록시레놀, 헥사클로로펜, 4급 암모늄 화합물, 트리클로산, 일반 비누

15 제조설비의 세척과 위생처리에 대한 설명으로 옳지 않은 것은?

① 탱크는 제품에 접촉하는 모든 표면은 검사와 기계적인 세척을 하기 위해 접근할 수 있는 것이 바람직하다.
② 펌프는 일상적인 예정된 청소와 유지관리를 위하여 허용된 작업 범위에 대해 라벨을 확인해야 한다.
③ 혼합과 교반 장치는 다양한 작업으로 인해 혼합기와 구성 설비의 빈번한 청소가 요구될 경우, 쉽게 제거될 수 있는 혼합기를 선택하면 철저한 청소를 할 수 있다.
④ 이송 파이프는 메인 파이프에서 두 번째 라인으로 흘러가도록 밸브를 사용할 때 밸브는 데드렉을 방지하기 위해 주 흐름에 가능한 한 멀리 위치해야 한다.
⑤ 게이지와 미터는 설계 시 제품과 접하는 부분의 청소가 쉽도록 만들어져야 한다.

이송 파이프는 메인 파이프에서 두 번째 라인으로 흘러가도록 밸브를 사용할 때 밸브는 데드렉을 방지하기 위해 주 흐름에 가능한 한 가깝게 위치해야 한다.

16 <보기>는 「우수화장품 제조 및 품질관리기준(CGMP)」 제20조 시험관리 및 제21조 검체의 채취 및 보관에 대한 내용이다. ( ) 안에 들어갈 해당 법령에 기재된 용어로 옳은 것은? 3회 기출 유형(8점)

【보기】
- 기준일탈이 된 경우는 규정에 따라 책임자에게 보고한 후 조사하여야 한다. 조사 결과는 책임자에 의해 일탈, 부적합, (㉠)을/를 명확히 판정하여야 한다.
- 시험용 검체 용기에는 명칭 또는 (㉡), 제조번호, 검체채취 일자를 기재하여야 한다.

	㉠	㉡
①	보류 중,	고유번호
②	보류 중,	확인코드
③	보류,	고유번호
④	보류,	시험번호
⑤	보류,	확인코드

- 기준일탈이 된 경우는 규정에 따라 책임자에게 보고한 후 조사하여야 한다. 조사 결과는 책임자에 의해 일탈, 부적합, 보류를 명확히 판정하여야 한다.
- 시험용 검체 용기에는 명칭 또는 확인코드, 제조번호, 검체채취 일자를 기재하여야 한다.

정답 13 ⑤ 14 ③ 15 ④ 16 ⑤

17 <보기>에서 「우수화장품 제조 및 품질관리기준(CGMP) 해설서」 제10조에 따른 설비별 관리 방안으로 옳은 설명을 모두 고른 것은? 3회 기출 유형(12점)

【보기】

㉠ 탱크는 제품과의 반응으로 인한 부식을 고려하여 교체가 가능한 소재를 사용한다.
㉡ 필터, 여과기, 체의 구성 재질은 내용물과 반응하지 않는 재질인 스테인리스 스틸과 비반응성 섬유이다.
㉢ 교반 장치는 제품과의 접촉을 고려하여 부품의 품질에 영향을 미치지 않는 패킹과 윤활제를 사용한다.
㉣ 칭량 장치는 계량적 눈금의 노출된 부분들이 칭량 작업에 간섭하지 않는다면 보호적인 피복제로 칠해질 수 있다.
㉤ 제품 충전기는 청소를 위해 용이한 해체가 권장되며, 청소나 위생처리작업에 의해 부식되거나 분해되거나 다른 물질이 스며들게 해서는 안 된다.
㉥ 호스는 가느다란 부속품을 사용하면 가는 관은 미생물 또는 교차오염 문제를 일으킬 수 있으므로 청소하기 어렵기 때문에 최소화되어야 한다.
㉦ 이송 파이프는 메인 파이프에서 두 번째 라인으로 흘러가도록 밸브를 사용할 때 데드렉(Dead Leg)을 방지하기 위해 밸브를 주 흐름에 가능한 한 멀리 위치해야 한다.

① ㉠, ㉡, ㉢, ㉥
② ㉠, ㉡, ㉤, ㉦
③ ㉠, ㉢, ㉣, ㉦
④ ㉡, ㉣, ㉤, ㉥
⑤ ㉡, ㉣, ㉤, ㉦

> ㉠ 탱크는 제품과의 반응으로 인한 부식되거나 분해를 초래하는 반응이 있어서는 안 된다.
> ㉢ 교반 장치는 봉인(seal)과 개스킷에 의해서 제품과의 접촉으로부터 분리되어 있는 내부 패킹과 윤활제를 사용한다.
> ㉦ 이송 파이프는 메인 파이프에서 두 번째 라인으로 흘러가도록 밸브를 사용할 때 데드렉(Dead Leg)을 방지하기 위해 밸브를 주 흐름에 가능한 한 가깝게 위치해야 한다.

18 제조설비의 구성 재질에 대한 설명으로 옳지 않은 것은?

① 탱크 - 제품, 또는 제품제조과정, 설비 세척, 또는 유지관리에 사용되는 다른 물질이 스며들어서는 안 된다.
② 펌프 - 펌프는 많이 움직이는 젖은 부품들로 구성되고 종종 하우징(Housing)과 날개차(impeller)는 닳는 특성 때문에 다른 재질로 만들어져야 한다.
③ 칭량 장치 - 계량적 눈금의 노출된 부분들은 칭량 작업에 간섭하지 않는다면 보호적인 피복제로 칠해질 수 있다.
④ 게이지와 미터 - 제품과 직접 접하는 게이지와 미터의 적절한 기능에 영향을 주지 않아야 한다.
⑤ 제품 충전기 - 충전기의 표면은 매끈한 표면보다는 주형 물질(Cast material) 또는 거친 표면을 사용하는 것이 좋다.

> ⑤ 제품 충전기 - 규격화되고 매끈한 표면이 바람직하다. 주형 물질(Cast material) 또는 거친 표면은 제품이 뭉치게 되어(미생물 막에 좋은 환경임) 깨끗하게 청소하기가 어려워 미생물 또는 교차오염문제를 일으킬 수 있다.

19 화장품 제조 및 품질관리에 필요한 설비에 대한 설명으로 옳지 않은 것은?

① 사용하지 않는 연결 호스와 부속품은 청소 등 위생관리를 하며, 건조한 상태로 유지하고 먼지, 얼룩 또는 다른 오염으로부터 보호할 것
② 설비 등의 위치는 원자재나 직원의 이동으로 인하여 제품의 품질에 영향을 주지 않도록 할 것
③ 제품과 설비가 오염되지 않도록 배관 및 배수관을 설치하며, 배수관은 역류되지 않아야 하고, 청결을 유지할 것
④ 개방적인 분위기를 위해 천정 주위의 대들보, 파이프, 덕트 등은 노출되도록 설계할 것
⑤ 시설 및 기구에 사용되는 소모품은 제품의 품질에 영향을 주지 않도록 할 것

> ④ 천정 주위의 대들보, 파이프, 덕트 등은 가급적 노출되지 않도록 설계하고, 파이프는 받침대 등으로 고정하고 벽에 닿지 않게 하여 청소가 용이하도록 설계할 것

20 우수화장품 품질관리기준에 따라 재검토를 대비해 완제품 검체·보관 시에 대한 설명으로 옳지 않은 것은?

① 제품을 그대로 보관한다.
② 각 뱃치를 대표하는 검체를 보관한다.
③ 일반적으로는 각 뱃치별로 제품 시험을 3번 실시할 수 있는 양을 보관한다.
④ 제품이 가장 안정한 조건에서 보관한다.
⑤ 사용기한 경과 후 1년간 또는 개봉 후 사용기간을 기재하는 경우에는 제조일로부터 3년간 보관한다.

> ③ 일반적으로는 각 뱃치별로 제품 시험을 2번 실시할 수 있는 양을 보관한다.

정답 17 ④ 18 ⑤ 19 ④ 20 ③

21 완제품 보관 검체에 대한 설명으로 옳지 않은 것은?

① 제품을 사용기한 중에 재검토할 때에 대비한다.
② 각 뱃치를 대표하는 검체를 보관한다.
③ 일반적으로는 각 뱃치별로 제품 시험을 2번 실시할 수 있는 양을 보관한다.
④ 제품이 가장 안정한 조건에서 보관한다.
⑤ 사용기한 경과 후 1년간 또는 개봉 후 사용기간을 기재하는 경우에는 제조일로부터 5년간 보관한다.

> 사용기한 경과 후 1년간 또는 개봉 후 사용기간을 기재하는 경우에는 제조일로부터 3년간 보관한다.

22 완제품의 보관 및 관리에 대한 설명으로 옳지 않은 것은?

① 제품별, 제조번호별, 입고 순서대로 지정된 장소에 제품을 보관한다.
② 반품 또는 품질검사 결과 부적합 판정이 된 제품은 완제품보관소에 같이 보관한다.
③ 창고바닥 및 벽면으로부터 10cm 이상 간격을 유지하여 보관함으로써 통풍이 되도록 한다.
④ 적재 시 상부의 적재중량으로 인한 변형이 되지 않도록 유의하여 보관한다.
⑤ 완제품을 출하할 때에는 거래처별로 제품명, 규격(포장단위), 제조번호, 출하량 등을 기록하여 보관 관리한다.

> 완제품은 지정된 완제품보관소에 보관하고, 반품 또는 품질검사 결과 부적합 판정이 된 제품은 부적합 완제품보관소에 보관한다.

23 화장품을 제조할 때 화장품의 원료와 포장재 보관 방법으로 옳지 않은 것은?

① 보관 조건은 각각의 원료와 포장재에 적합하여야 하고, 과도한 열기, 추위, 햇빛 또는 습기에 노출되어 변질되는 것을 방지할 수 있어야 한다.
② 물질의 특징 및 특성에 맞도록 보관, 취급되어야 한다.
③ 원료와 포장재의 용기는 밀폐되어, 청소와 검사가 용이하도록 충분한 간격으로, 바닥과 떨어진 곳에 보관되어야 한다.
④ 원료와 포장재가 재포장될 경우 원래의 용기와 동일하게 표시하지 않도록 주의한다.
⑤ 원료 및 포장재의 관리는 허가되지 않거나, 불합격 판정을 받거나, 아니면 의심스러운 물질의 허가되지 않은 사용을 방지할 수 있어야 한다.

> ④ 원료와 포장재가 재포장될 경우 원래의 용기와 동일하게 표시되어야 한다.

24 우수화장품 제조 및 품질관리 기준에 따른 원자재 등의 보관관리에 대한 설명으로 옳지 않은 것은?

① 원자재, 반제품 및 벌크 제품은 품질에 나쁜 영향을 미치지 아니하는 조건에서 보관하여야 하며 보관기한을 설정하여야 한다.
② 원자재, 반제품 및 벌크 제품은 바닥과 벽에 닿게 보관하여 낙하의 위험이 없도록 한다.
③ 원자재, 시험 중인 제품 및 부적합품은 각각 구획된 장소에서 보관하여야 한다.
④ 설정된 보관기한이 지나면 사용의 적절성을 결정하기 위해 재평가시스템을 확립하여야 한다.
⑤ 원자재, 반제품 및 벌크 제품은 선입선출에 의하여 출고할 수 있도록 보관하여야 한다.

> ② 원자재, 반제품 및 벌크 제품은 바닥과 벽에 닿지 아니하도록 보관한다.

25 우수화장품 제조 및 품질 관리기준에서 원자재 용기 및 시험기록서의 필수 기재 사항이 아닌 것은?

① 원자재 공급자가 정한 제품명
② 원자재 공급자명
③ 수령일자
④ 공급자가 부여한 제조번호 또는 관리번호
⑤ 원자재 제조일자

> 원자재 용기 및 시험기록서의 필수적인 기재 사항
> • 원자재 공급자가 정한 제품명
> • 원자재 공급자명
> • 수령일자
> • 공급자가 부여한 제조번호 또는 관리번호

chapter 03

정답 21 ⑤ 22 ② 23 ④ 24 ② 25 ⑤

26 화장품의 원료와 포장재 보관 방법에 대한 설명으로 옳은 것은?

① 물질의 특징 및 특성에 맞도록 보관 · 취급하면 비용이 상승하므로 모두 동일하게 보관 · 취급한다.
② 원료와 포장재가 재포장될 경우 원래의 용기와 다르게 표시되어야 한다.
③ 보관 조건은 각각의 원료와 포장재에 적합하여야 하고, 과도한 열기, 추위, 햇빛 또는 습기에 노출되어 변질되는 것을 방지할 수 있어야 한다.
④ 원료와 포장재의 용기는 바닥과 떨어지지 않도록 보관되어야 한다.
⑤ 특수한 보관 조건은 적절하게 관리되지 않을 수 있으므로 일괄적으로 보관한다.

> ① 물질의 특징 및 특성에 맞도록 보관, 취급되어야 한다.
> ② 원료와 포장재가 재포장될 경우 원래의 용기와 동일하게 표시되어야 한다.
> ④ 원료와 포장재의 용기는 밀폐되어, 청소와 검사가 용이하도록 충분한 간격으로, 바닥과 떨어진 곳에 보관되어야 한다.
> ⑤ 특수한 보관 조건은 적절하게 준수, 모니터링 되어야 한다.

27 원료 및 포장재를 보관할 때 오염을 막기 위한 방법으로 옳은 것은?

① 원료 및 포장재는 자주 주문하여 사용하므로 재고조사는 할 필요가 없다.
② 모든 원료와 포장재는 냉장고를 설치하여 15도 이하인 환경에서 보관한다.
③ 원료와 포장재는 제조소와 교차 오염을 피하기 위해 구분 · 구획하여 보관한다.
④ 원료는 선입선출 규정을 정하여 진행하나 포장재는 규정을 지키지 않아도 된다.
⑤ 원료 보관 중 사용기한이 경과한 경우 일반적으로 1년 연장하여 사용이 가능하다.

> ① 원료 및 포장재는 정기적으로 재고조사를 실시한다.
> ② 보관 조건은 각각의 원료와 포장재에 적합하여야 한다.
> ④ 원료와 포장재 모두 선입선출 규정을 지킨다.
> ⑤ 원료의 사용기한을 준수한다.

28 <보기>는 「우수화장품 제조 및 품질관리기준(CGMP)」 제11조 입고관리 및 제13조 보관관리에 대한 내용이다. ( ) 안에 들어갈 해당 법령에 기재된 용어로 옳은 것은?

3회 기출 유형(8점)

【보기】
- 원자재의 입고 시 (㉠), 원자재 공급업체 성적서 및 현품이 서로 일치하여야 한다. 필요한 경우 운송 관련 자료를 추가적으로 확인할 수 있다.
- 설정된 보관기한이 지나면 사용의 적절성을 결정하기 위해 (㉡)을 확립하여야 하며, 동 시스템을 통해 보관기한이 경과한 경우 사용하지 않도록 규정하여야 한다.

	㉠	㉡
①	구매요구서,	재확인 시스템
②	구매요구서,	재시험 시스템
③	구매요구서,	재평가 시스템
④	발주요청서,	재시험 시스템
⑤	발주요청서,	재평가 시스템

> ㉠과 ㉡에 들어갈 용어는 구매요구서와 재평가시스템이다.

29 「우수화장품 제조 및 품질관리기준(CGMP)」 제2조에서 설명하는 용어의 정의로 옳은 것은?

3회 기출 유형(8점)

① "제조단위" 또는 "뱃치"란 하나의 공정이나 일련의 공정으로 제조되어 균질성을 갖는 화장품의 일정한 분량을 말한다.
② "위탁자"란 직원, 회사 또는 조직을 대신하여 작업을 수행하는 사람, 회사 또는 외부 조직을 말한다.
③ "품질보증"이란 적합 판정 기준을 충족시키는 검증을 말한다.
④ "위생관리"란 대상물의 내부에 있는 바람직하지 못한 미생물 등의 오염물을 감소시키기 위해 시행되는 작업을 말한다.
⑤ "일탈"이란 제품에서 화학적, 물리적, 미생물학적 문제 또는 이들이 조합되어 나타내는 바람직하지 않은 문제의 발생을 말한다.

> ② "수탁자"는 직원, 회사 또는 조직을 대신하여 작업을 수행하는 사람, 회사 또는 외부 조직을 말한다.
> ③ "품질보증"이란 제품이 적합 판정 기준에 충족될 것이라는 신뢰를 제공하는데 필수적인 모든 계획되고 체계적인 활동을 말한다.
> ④ "위생관리"란 대상물의 표면에 있는 바람직하지 못한 미생물 등 오염물을 감소시키기 위해 시행되는 작업을 말한다.
> ⑤ "오염"이란 제품에서 화학적, 물리적, 미생물학적 문제 또는 이들이 조합되어 나타내는 바람직하지 않은 문제의 발생을 말한다.

정답 26 ③ 27 ③ 28 ③ 29 ①

30 「우수화장품 제조 및 품질관리기준(CGMP) 해설서」 제11조에 따른 포장재 관리의 안내 사항으로 옳은 것은? 3회 기출 유형(8점)

① 화장품제조업자는 품질을 입증할 수 있는 검증 자료를 품질관리자로부터 공급받아야 한다.
② 품질 보증의 검증은 주기적으로 관리하여야 하며, 포장재는 사용 전에 관리하여야 한다.
③ 포장재 입고 절차 중 육안 확인 시 물품에 결함이 있을 경우, 입고 후 부적합 상태로 표시하여 격리 보관하였다가 원자재 공급자에게 반송하여야 한다.
④ 입고된 포장재는 "적합", "부적합", "검사 중" 등으로 상태를 표시한 후 제조단위별로 같은 공간에 보관한다.
⑤ 원자재공급자는 품질 검사의 보증을 위한 시험용 포장재 샘플을 품질 검사 부서로 송부하여야 한다.

① 화장품제조업자는 품질을 입증할 수 있는 검증 자료를 공급자로부터 공급받아야 한다.
③ 원자재 입고 절차 중 육안 확인 시 물품에 결함이 있을 경우, 입고를 보류하고 격리보관 및 폐기하거나 원자재 공급업자에게 반송하여야 한다.
④ 입고된 포장재는 "적합", "부적합", "검사 중" 등의 상태에 따라 구분된 공간에 별도로 관리되어야 한다.
⑤ 포장재가 입고되면 자재 담당자가 품질보증팀에 시험을 의뢰하고, 품질보증팀에서 검체를 채취해 시험을 하게 된다.

31 화장품법 및 「우수화장품 제조 및 품질관리기준(CGMP)」에 따른 포장재에 대한 설명으로 옳지 않은 것은? 3회 기출 유형(8점)

① 포장재는 화장품의 포장에 사용되는 모든 재료를 말하며 운송을 위해 사용되는 외부 박스는 제외한다.
② 안전용기는 만 5세 미만의 어린이가 개봉하기 어렵게 설계·고안된 용기를 말한다.
③ 1차 포장은 화장품의 내용물을 직접 담는 용기를 말하는 것으로 유리, 플라스틱, 금속 등으로 이루어져 있다.
④ 2차 포장은 1차 포장을 수용하는 1개 또는 그 이상의 포장을 말하는 것으로 첨부문서, 라벨 등을 모두 포함한다.
⑤ 페놀, 멜라닌, 에폭시수지 등의 플라스틱 포장재는 열가소성 수지이다.

⑤ 페놀, 멜라닌, 에폭시수지 등의 플라스틱 포장재는 열경화성 수지이다.

32 <보기>에서 완제품 검체 보관에 관한 설명으로 옳은 것을 모두 고른 것은?

【보기】
㉠ 모든 검체는 냉장고에 보관한다.
㉡ 제품이 가장 안정한 조건에서 보관한다.
㉢ 2개 중 대표하는 한 뱃치의 검체를 보관한다.
㉣ 각 뱃치별로 시험을 2번 실시할 수 있는 양을 보관한다.
㉤ 사용기한 경과 후 1년간 또는 개봉 후 사용기간을 기재하는 경우에는 제조일로부터 1년간 보관한다.

① ㉠, ㉡ ② ㉠, ㉢
③ ㉡, ㉣ ④ ㉢, ㉣
⑤ ㉣, ㉤

완제품 보관 검체
- 제품을 그대로 보관한다.
- 각 뱃치를 대표하는 검체를 보관한다.
- 일반적으로는 각 뱃치별로 제품 시험을 2번 실시할 수 있는 양을 보관한다.
- 제품이 가장 안정한 조건에서 보관한다.
- 사용기한 경과 후 1년간 또는 개봉 후 사용기간을 기재하는 경우에는 제조일로부터 3년간 보관한다.

33 우수화장품 제조 및 품질 관리기준에 따른 반제품 용기에 표시해야 할 사항에 해당되지 않는 것은?

① 명칭 또는 확인코드
② 제조번호
③ 완료된 공정명
④ 보관조건
⑤ 제조지시자 및 지시연월일

반제품은 품질이 변하지 아니하도록 적당한 용기에 넣어 지정된 장소에서 보관해야 하며 용기에 다음 사항을 표시해야 한다.
- 명칭 또는 확인코드
- 제조번호
- 완료된 공정명
- 필요한 경우에는 보관조건

정답 30 ② 31 ⑤ 32 ③ 33 ⑤

34 제품표준서에 포함되어야 할 사항에 해당되지 않는 것은?

① 제품명
② 원료명, 분량 및 제조단위당 기준량
③ 작업 중 주의사항
④ 변경이력
⑤ 제품표준서의 번호 등이 포함된 제조관리기준서

제품표준서에는 제조관리기준서가 아닌 제조지시서가 포함되어야 한다.

35 「우수화장품 제조 및 품질관리기준(CGMP)」에 따른 포장재 관리에 대한 설명으로 옳은 것은?

3회 기출 유형(8점)

① 화장품의 포장재는 유리, 플라스틱, 금속, 종이 등이 있으며, 변질의 우려가 없으므로 온도와 습도를 적절하게 유지하여 보관을 잘 한다면 유효기간을 별도로 정하지 않고 재고 소진 시까지 사용해도 된다.
② 믿을 수 있는 포장재 제조회사에서 공급받는 포장재는 입고 시 별도로 검사하지 않고 제품 포장 중 불량이 나오면 반품 처리하도록 한다.
③ 포장재 제조업체에서 제조번호를 부여하지 않은 경우에는 입고일자를 기준으로 하여 자체 관리번호를 부여하여 관리한다.
④ 포장재는 보관소 안쪽부터 제조단위별로 적재하고, 출고 시에는 작업 동선을 짧게 하기 위해 포장재 보관소 입구 쪽에 적재된 것부터 사용한다.
⑤ 포장재 공급업자를 미리 선정하여 거래하는 것보다는 필요할 때마다 가장 좋은 가격을 제시하는 공급업자에게 구매하는 것이 좋다.

① 화장품 포장재는 보관기간, 유효기간 경과 시 업소 자체 규정에 따라 폐기한다.
② 모든 포장재는 입고 시 검사를 거쳐야 하며, 입고된 포장재는 '적합', '부적합', '검사 중' 등으로 상태를 표시하여 불량품이 제품의 포장에 사용되는 것을 막아야 한다.
④ 포장재는 가장 오래된 재고가 제일 먼저 불출되도록 선입선출 체계를 갖춘다.
⑤ 포장재 공급업자를 미리 선정하여 거래하는 것이 좋다.

36 <보기>에서 「우수화장품 제조 및 품질관리기준(CGMP) 해설서」에 따른 포장재의 관리에 대한 옳은 설명을 모두 고른 것은?

3회 기출 유형(12점)

【보기】

㉠ 품질보증팀은 부적합 포장재에 대해 기준일탈 조치를 하고 관련 내용을 기록하여 구매부서에 회신한다.
㉡ 포장재는 바닥 및 내벽의 10cm 이상, 외벽의 30cm 이상 간격을 두고 보관한다.
㉢ 생산팀은 충전 · 포장 시 발생한 불량 포장재를 정상품과 구분하여 품질보증팀에 반납한다.
㉣ WMS(창고관리시스템)을 통해 공급되는 부자재의 공급기록을 관리한다.
㉤ 물류팀 담당자는 부적합 포장재를 포장재 보관소에 이동하여 보관한다.

① ㉠, ㉢
② ㉠, ㉣
③ ㉡, ㉣
④ ㉡, ㉤
⑤ ㉢, ㉥

㉠ 품질보증팀은 부적합 포장재에 대해 부적합 라벨을 부착한 후 기준일탈조치서를 작성하여 해당 부서에 통보한다. 구매부서는 부적합 포장재에 대해 기준일탈 조치를 하고 관련 내용을 기록하여 품질보증팀에 회신한다.
㉢ 생산팀에서 생산 중 발생한 불량 포장재를 정상품과 구분하여 물류팀에 반납한다.
㉤ 물류팀 담당자는 부적합 포장재를 부적합 자재 보관소에 이동하여 보관한다.

37 「우수화장품 제조 및 품질관리기준(CGMP) 해설서」 제11조에 따른 원자재 입고관리에 대한 설명으로 옳지 않은 것은?

3회 기출 유형(12점)

① 입고된 원자재는 동일 수준의 보증이 가능한 시스템이 있다면 "적합", "부적합", "검사중" 등의 상태의 표시를 다른 것으로 대체할 수 있다.
② 원자재 입고 시 구매 요구서, 원자재 공급업체 성적서 및 현품이 서로 일치하여야 하며, 필요한 경우 운송 관련 자료를 추가적으로 확인할 수 있다.
③ 원자재 용기에 제조번호가 없는 경우에는 제조업자가 관리번호를 부여하여 보관하여야 한다.
④ 원료의 허용 가능한 보관기한을 결정하기 위한 문서화된 시스템을 확립해야 하며, 보관기한이 규정되어 있지 않은 원료는 품질부문에서 적절한 보관기한을 정할 수 있다.
⑤ 원자재 용기 및 시험기록서의 필수적인 기재사항은 원자재 공급자가 정한 제품명, 원자재 공급자명, 원자재수량, 공급자가 부여한 제조번호 또는 관리번호이다.

정답 34 ⑤ 35 ③ 36 ③ 37 ⑤

⑤ 원자재 용기 및 시험기록서의 필수적인 기재사항은 원자재 공급자가 정한 제품명, 원자재 공급자명, 수령일자, 공급자가 부여한 제조번호 또는 관리번호이다.

38 제조 위생관리 기준서 중 제조시설의 세척 및 평가에 포함되어야 할 내용이 아닌 것은?

① 책임자 지정
② 세척 및 소독 계획
③ 세척 방법과 세척에 사용되는 약품 및 기구
④ 제조시설의 분해 및 조립 방법
⑤ 작업 후 청소상태 확인방법

⑤ 작업 전 청소상태 확인방법

39 다음은 제조관리기준서에 포함되어야 할 사항이다. 어떤 관리에 관한 사항에 해당하는가?

【보기】
- 입 · 출하 시 승인판정의 확인방법
- 보관장소 및 보관방법
- 출하 시의 선입선출방법

① 제조공정 관리에 관한 사항
② 시설 및 기구 관리에 관한 사항
③ 원자재 관리에 관한 사항
④ 완제품 관리에 관한 사항
⑤ 위탁제조에 관한 사항

[보기]는 완제품 관리에 관한 사항이다.

40 제조지시서의 작성에 대한 설명으로 옳지 않은 것은?

① 제조지시서는 작업소 및 설비의 청결유지와 작업원의 위생관리를 통하여 화장품의 미생물 및 이물질 오염을 방지하여 우수한 화장품을 생산 및 공급하기 위하여 제조단위(뱃치)별로 작성, 발행되어야 한다.
② 제조지시서는 일단 발행하면 내용을 변경해서는 안 되며, 부득이하게 재발행할 때에는 이전에 발행되어진 제조지시기록서는 폐기한다.
③ 제조기록서는 별도로 작성하지 않고 제조지시서와 제조기록서를 통합하여 제조지시 및 기록서로 운영하여도 무방하다.
④ 제조지시서는 제조 시 작업원의 주관적인 판단이 필요하지 않도록 작업 내용을 상세하게 공정별로 구분하여 작성하여야 한다.
⑤ 제조지시서에 제조 작업자가 제조를 시작하는데 있어서 필요한 정보를 기재한다.

① 제조지시서는 제조공정 중의 혼돈이나 착오를 방지하고 작업이 올바르게 이루어지도록 하기 위하여 제조단위(뱃치)별로 작성, 발행되어야 한다.

41 다음 중 원료 및 포장재 확인 시 포함되어야 할 정보가 아닌 것은?

① 인도문서와 포장에 표시된 품목 · 제품명
② CAS번호
③ 수령자 성명
④ 기록된 양
⑤ 수령 일자와 수령확인번호

원료 및 포장재 확인 시 포함되어야 할 정보
- 인도문서와 포장에 표시된 품목 · 제품명
- 만약 공급자가 명명한 제품명과 다르다면 제조 절차에 따른 품목 · 제품명, 해당 코드번호
- CAS번호(적용 가능한 경우)
- 적절한 경우, 수령 일자와 수령확인번호
- 공급자명
- 공급자가 부여한 뱃치 정보, 만약 다르다면 수령 시 주어진 뱃치 정보
- 기록된 양

42 청정도 기준에 따른 청정도 1등급에 대한 설명으로 옳은 것은?

① 대상시설 – 화장품 내용물이 노출되는 작업실
② 해당 작업실 – 포장실
③ 청정공기 순환 – 10회/hr 이상 또는 차압 관리
④ 관리 기준 – 낙하균 : 30개/hr 또는 부유균 : 200개/m^3
⑤ 작업 복장 – 작업복, 작업모, 작업화

① 대상시설 – 청정도 엄격관리
② 해당 작업실 – Clean bench
③ 청정공기 순환 – 20회/hr 이상 또는 차압 관리
④ 관리 기준 – 낙하균 : 10개/hr 또는 부유균 : 20개/m^3

정답 38 ⑤ 39 ④ 40 ① 41 ③ 42 ⑤

43 다음 중 청정도의 관리 기준과 해당 작업실의 연결이 옳은 것은?

① 낙하균 10개/hr 또는 부유균 20개/m^3 - 충전실
② 낙하균 10개/hr 또는 부유균 20개/m^3 - 미생물시험실
③ 낙하균 10개/hr 또는 부유균 20개/m^3 - 제조실
④ 낙하균 30개/hr 또는 부유균 200개/m^3 - Clean bench
⑤ 낙하균 30개/hr 또는 부유균 200개/m^3 - 내용물 보관소

우수화장품 제조 및 품질관리기준

청정도 등급	해당 작업실	관리 기준
1	Clean bench	낙하균 10개/hr 또는 부유균 20개/m^3
2	제조실, 성형실, 충전실, 내용물보관소, 원료 칭량실	낙하균 30개/hr 또는 부유균 200개/m^3
3	포장실	갱의, 포장재의 외부 청소 후 반입

44 <보기>는 작업장 위생관리를 확인하기 위한 낙하균 측정법에 대한 설명이다. ( ) 안에 들어갈 숫자로 옳은 것은? 3회 기출 유형(12점)

【보기】
선정된 측정 위치마다 세균용 배지와 진균용 배지를 1개씩 놓고 배양접시의 뚜껑을 열어 배지에 낙하균이 떨어지도록 한다. 위치별로 정해진 노출시간이 지나면, 배양접시의 뚜껑을 닫아 배양기에서 배양한다. 일반적으로 세균용 배지는 (㉠)℃, (㉡)시간 이상, 진균용 배지는 (㉢)℃에서 (㉣)일 이상 배양한다. 배양 중 확산균의 증식에 의해 균수를 측정할 수 없는 경우가 있으므로 매일 관찰하고 균수의 변동을 기록한다. 배양 종료 후 세균 및 진균의 평판 마다 집락수를 측정하고, 사용한 배양접시 수로 나누어 평균 집락수를 구하고 단위시간 당 집락수를 산출하여 균수로 한다.

	㉠	㉡	㉢	㉣
①	30~35,	24,	20~25,	3
②	30~35,	48,	20~25,	5
③	20~25,	24,	30~35,	3
④	20~25,	48,	30~35,	5
⑤	20~25,	24,	30~35,	5

45 우수화장품 제조 및 품질관리기준에서 화장품 내용물이 노출되는 작업실의 관리기준으로 옳은 것은?

① 낙하균 10개/hr 또는 부유균 10개/m^3
② 낙하균 20개/hr 또는 부유균 20개/m^3
③ 낙하균 20개/hr 또는 부유균 30개/m^3
④ 낙하균 30개/hr 또는 부유균 30개/m^3
⑤ 낙하균 30개/hr 또는 부유균 200개/m^3

화장품 내용물이 노출되는 작업실의 관리기준은 낙하균 30개/hr 또는 부유균 200개/m^3 이다.

46 유통화장품의 안전관리 기준상 pH 기준이 3.0~9.0이어야 하는 제품을 <보기>에서 모두 고른 것은?

【보기】
㉠ 영 · 유아용 로션 ㉡ 마스카라
㉢ 립글로스 ㉣ 셰이빙 크림
㉤ 클렌징 워터 ㉥ 린스

① ㉠, ㉡, ㉢ ② ㉠, ㉤, ㉥
③ ㉡, ㉢, ㉣ ④ ㉡, ㉣, ㉥
⑤ ㉢, ㉣, ㉤

다음 제품 중 액, 로션, 크림 및 이와 유사한 제형의 액상제품은 pH 기준이 3.0~9.0 이어야 한다.
- 영 · 유아용 제품류(영 · 유아용 샴푸, 린스, 인체 세정용 제품, 목욕용 제품 제외)
- 눈 화장용 제품류, 색조 화장용 제품류
- 두발용 제품류(샴푸, 린스 제외)
- 면도용 제품류(셰이빙 크림, 셰이빙 폼 제외)
- 기초화장용 제품류(클렌징 워터, 클렌징 오일, 클렌징 로션, 클렌징 크림 등 메이크업 리무버 제품 제외)

47 <보기>에서 pH 기준이 3.0~9.0이어야 하는 제품을 모두 고른 것은?

【보기】
㉠ 영 · 유아용 샴푸 ㉡ 클렌징 오일
㉢ 바디로션 ㉣ 세이빙 크림
㉤ 헤어젤 ㉥ 염모제

① ㉠, ㉢ ② ㉠, ㉥
③ ㉡, ㉣ ④ ㉢, ㉤
⑤ ㉣, ㉥

정답 43 ⑤ 44 ② 45 ⑤ 46 ① 47 ④

48 다음 중 유통화장품 안전관리 기준이 정해져 있지 않은 것은?

① 디옥산　② 메탄올
③ 코발트　④ 카드뮴
⑤ 포름알데하이드

코발트는 유통화장품 안전관리 기준이 정해져 있지 않다.

49 <보기>에서 유통화장품 안전관리 기준에 대한 설명으로 옳은 것을 모두 고른 것은?

【보기】

㉠ 곧바로 물로 씻어내는 종류의 화장품의 pH는 3.0~9.0 이어야 한다.
㉡ 수은의 검출 기준치는 1.0㎍/g을 초과해서는 안 된다.
㉢ 미생물 실험은 세균과 진균 시험결과가 모두 포함되어야 한다.
㉣ 내용량 시험은 최소 3개의 샘플이 필요하다.
㉤ 내용량 시험 중 3개의 검체로 실험한 결과 기준치를 벗어날 경우 6개를 더 취하여 실험한 후 9개의 평균 내용량이 95% 이상이면 적합으로 판정할 수 있다.

① ㉠, ㉡, ㉢　② ㉠, ㉡, ㉣
③ ㉡, ㉢, ㉣　④ ㉡, ㉢, ㉤
⑤ ㉢, ㉣, ㉤

㉠ 곧바로 물로 씻어 내는 종류의 화장품 3.0~9.0의 pH 기준이 적용되지 않는다.
㉤ 내용량 시험 중 3개의 검체로 실험한 결과 기준치를 벗어날 경우 6개를 더 취하여 실험한 후 9개의 평균 내용량이 97% 이상이면 적합으로 판정할 수 있다.

50 유통화장품 안전관리 시험방법 [별표 4]에서 비의도 유래물질 검출 허용한도 시험방법 중 <보기>의 기법을 사용하는 물질은?

【보기】

• 비색법
• 원자흡광도법
• 유도결합플라즈마분광기를 이용하는 방법
• 유도결합플라즈마-질량분석기를 이용한 방법

① 납　② 비소
③ 수은　④ 카드뮴
⑤ 니켈

비색법, 원자흡광도법, 유도결합플라즈마분광기를 이용하는 방법, 유도결합플라즈마-질량분석기를 이용한 방법을 사용하는 물질은 비소이다.

51 유통화장품의 안전관리 기준에서 비의도 유래 물질의 검출 허용한도가 옳지 않은 것은?

① 비소 - 10μg/g 이하
② 안티몬 - 10μg/g 이하
③ 카드뮴 - 5μg/g 이하
④ 수은 - 1μg/g 이하
⑤ 포름알데하이드 - 20μg/g 이하

⑤ 포름알데하이드 - 2,000μg/g 이하

52 유통화장품 안전관리 기준에 따른 비의도적으로 유래된 물질의 검출 허용한도로 옳은 것은?

① 비소 : 30μg/g 이하
② 안티몬 : 15μg/g 이하
③ 카드뮴 : 15μg/g 이하
④ 수은 : 1μg/g 이하
⑤ 포름알데하이드 : 3,000μg/g 이하

① 비소 : 10μg/g 이하
② 안티몬 : 10μg/g 이하
③ 카드뮴 : 5μg/g 이하
⑤ 포름알데하이드 : 2,000μg/g 이하

53 유통화장품의 안전관리기준상 비의도적으로 유래된 총호기성생균수 검출 허용한도가 옳은 것으로 순서대로 묶인 것은?

【보기】

• 영유아용 및 눈화장용 제품류 : (㉠)개/g(mL) 이하
• 물휴지 : 세균 및 진균 각각 (㉡)개/g(mL) 이하
• 기타 화장품 : (㉢)개/g(mL) 이하

① 200 − 50 − 500
② 300 − 80 − 750
③ 500 − 100 − 1,000
④ 600 − 120 − 1,500
⑤ 700 − 150 − 2,000

정답 48 ③ 49 ③ 50 ② 51 ⑤ 52 ④ 53 ③

54 유통화장품의 안전관리 기준 중 미생물 한도로 옳은 것은?

① 대장균, 녹농균, 황색포도상구균은 20개/g(ml) 이하
② 물휴지의 경우 세균 및 진균수는 각각 30개/g(ml) 이하
③ 눈화장용 제품의 경우 총호기성생균수는 500개/g(ml) 이하
④ 영유아용 제품류의 경우 총호기성생균수는 300개/g(ml) 이하
⑤ 영유아용 제품류 및 눈화장용 제품을 제외한 기타 화장품의 경우 총호기성생균수는 2,000개/g(ml) 이하

미생물한도
• 총호기성생균수는 영 · 유아용 제품류 및 눈화장용 제품류의 경우 500개/g(mL) 이하
• 물휴지의 경우 세균 및 진균수는 각각 100개/g(mL) 이하
• 기타 화장품의 경우 1,000개/g(mL) 이하
• 대장균, 녹농균, 황색포도상구균은 불검출

55 치오글라이콜릭애씨드 또는 염류를 주성분으로 하는 냉2욕식 퍼머넌트웨이브용 제품의 제1제의 기준으로 옳은 것은?

① pH : 4.5~9.6
② 알칼리 : 1N 염산의 소비량은 검체 1mL에 대하여 7.0mL 이하
③ 중금속 : 30μg/g 이하
④ 비소 : 10μg/g 이하
⑤ 철 : 5μg/g 이하

치오글라이콜릭애씨드 또는 염류를 주성분으로 하는 냉2욕식 퍼머넌트웨이브용 제품의 제1제
• pH : 4.5 ~ 9.6
• 알칼리 : 0.1N 염산의 소비량은 검체 1mL에 대해 7.0mL 이하
• 산성에서 끓인 후의 환원성 물질(치오글라이콜릭애씨드) : 산성에서 끓인 후의 환원성 물질의 함량(치오글라이콜릭애씨드로서)이 2.0 ~ 11.0%
• 산성에서 끓인 후의 환원성 물질이외의 환원성 물질(아황산염, 황화물 등) : 검체 1mL 중의 산성에서 끓인 후의 환원성 물질이외의 환원성 물질에 대한 0.1N 요오드액의 소비량이 0.6mL 이하
• 환원 후의 환원성 물질(디치오디글라이콜릭애씨드) : 환원 후의 환원성 물질의 함량은 4.0%이하
• 중금속 : 20μg/g 이하
• 비소 : 5μg/g 이하
• 철 : 2μg/g 이하

56 유통화장품 안전관리 시험방법에서 납, 비소, 안티몬, 카드뮴을 동시에 분석할 수 있는 기법은?

① 디티존법
② 환원기화법
③ 흡광광도법(AS)
④ 고속액체크로마토그래프법(HPLC)
⑤ 유도결합플라즈마 - 질량분석기법(ICP-MS)

화장품 안전기준 등에 관한 규정 [별표 4] 유통화장품 안전관리 시험방법
네 가지 원소를 동시에 분석할 수 있는 기법은 유도결합플라즈마 - 질량분석기법(ICP-MS)이다.
• 납 : 디티존법, 원자흡광광도법, 유도결합플라즈마분광기, 유도결합플라즈마-질량분석기
• 비소 : 비색법, 원자흡광광도법, 유도결합플라즈마분광기, 유도결합플라즈마-실량분석기
• 안티몬 : 유도결합플라즈마-질량분석기(ICP-MS), 유도결합플라즈마분광기(ICP), 원자흡광분광기(AAS)
• 카드뮴 : 유도결합플라즈마-질량분석기(ICP-MS), 유도결합플라즈마분광기(ICP), 원자흡광분광기(AAS)

57 유통화장품의 안전관리 기준에서 화장비누의 기준으로 옳은 것은?

① 제품 3개를 가지고 시험할 때 중량 기준으로 평균 내용량이 표기량에 대하여 100% 이상이어야 한다.
② 제품 3개를 가지고 시험할 때 건조중량 기준으로 평균 내용량이 표기량에 대하여 97% 이상이어야 한다.
③ 제품 3개를 가지고 시험할 때 건조중량 기준으로 평균 내용량이 표기량에 대하여 95% 이상이어야 한다.
④ 제품 6개를 가지고 시험할 때 중량 기준으로 평균 내용량이 표기량에 대하여 97% 이상이어야 한다.
⑤ 제품 9개를 가지고 시험할 때 중량 기준으로 평균 내용량이 표기량에 대하여 95% 이상이어야 한다.

내용량의 기준
1. 제품 3개를 가지고 시험할 때 그 평균 내용량이 표기량에 대하여 97% 이상 (다만, 화장 비누의 경우 건조중량을 내용량으로 한다)
2. 제1호의 기준치를 벗어날 경우 : 6개를 더 취하여 시험할 때 9개의 평균 내용량이 제1호의 기준치 이상

정답 54 ③ 55 ① 56 ⑤ 57 ②

58 유통화장품 안전관리 기준상 물휴지에서 비의도적으로 유래된 메탄올과 포름알데하이드의 검출 허용한도로 옳은 것은?

	메탄올	포름알데하이드
①	0.002 (v/v)% 이하	20㎍/g 이하
②	0.003 (v/v)% 이하	30㎍/g 이하
③	0.004 (v/v)% 이하	40㎍/g 이하
④	0.005 (v/v)% 이하	50㎍/g 이하
⑤	0.006 (v/v)% 이하	60㎍/g 이하

- 메탄올 : 0.002 (v/v)% 이하
- 포름알데하이드 : 20㎍/g 이하

59 치오글라이콜릭애씨드 또는 염류를 주성분으로 하는 냉2욕식 퍼머넌트웨이브용 제품의 제2제 중 브롬산나트륨 함유제제의 기준에 해당하지 않는 것은?

① 용해상태 : 명확한 불용성 이물이 없을 것
② pH : 4.0~10.5
③ 중금속 : 20μg/g 이하
④ 산화력 : 1인 1회 분량의 산화력이 3.5 이상
⑤ 철 : 2μg/g 이하

⑤는 치오글라이콜릭애씨드 또는 염류를 주성분으로 하는 냉2욕식 퍼머넌트웨이브용 제품의 제1제의 기준에 속한다.

60 유통화장품의 안전관리 기준에 대한 설명으로 옳지 않은 것은?

① 별표 1의 사용할 수 없는 원료가 검출되었으나 검출허용한도가 설정되지 아니한 경우에는 위해평가 후 위해 여부를 결정하여야 한다.
② 제조 또는 보관 과정 중 포장재로부터 이행되는 등 비의도적으로 유래된 사실이 객관적인 자료로 확인되는 경우 대장균의 검출허용한도는 15개/g이다.
③ 시험방법은 별표 4에 따라 시험하되, 기타 과학적 · 합리적으로 타당성이 인정되는 경우 자사 기준으로 시험할 수 있다.
④ 포름알데하이드의 허용한도는 2000μg/g 이하이다.
⑤ 니켈의 허용한도는 눈 화장용 제품은 35μg/g 이하, 색조 화장용 제품은 30μg/g이하, 그 밖의 제품은 10μg/g 이하이다.

화장품을 제조하면서 인위적으로 첨가하지 않았으나, 제조 또는 보관 과정 중 포장재로부터 이행되는 등 비의도적으로 유래된 사실이 객관적인 자료로 확인되고 기술적으로 완전한 제거가 불가능한 경우 허용 한도 내에서 검출이 허용되지만, 대장균, 녹농균, 황색포도상구균은 검출되면 안 된다.

61 맞춤형화장품 혼합을 위해 책임판매업자로부터 <보기>와 같은 성적서를 전달받았다. <보기> 중 법적인 문제가 있어 책임판매업자에게 다시 한 번 확인해야 할 항목을 모두 고른 것은?

【보기】
㉠ 카드뮴 : 3μg/g
㉡ 수은 : 5μg/g
㉢ 니켈(색조 화장용 제품) : 20μg/g 이하
㉣ 안티몬 : 20μg/g

① ㉠, ㉡　　② ㉠, ㉢
③ ㉡, ㉢　　④ ㉡, ㉣
⑤ ㉢, ㉣

검출 허용한도
㉠ 카드뮴 : 5μg/g 이하
㉡ 수은 : 1μg/g 이하
㉢ 니켈(색조 화장용 제품) : 30μg/g 이하
㉣ 안티몬 : 10μg/g 이하

62 <보기>와 같은 성적서에서 다시 확인해야 할 항목은?

【보기】
㉠ 디옥산 : 50μg/g
㉡ 6가 크롬 : 30μg/g
㉢ 황색포도상구균 : 30개/g
㉣ 카드뮴 : 3μg/g

① ㉠, ㉡　　② ㉠, ㉢
③ ㉡, ㉢　　④ ㉡, ㉣
⑤ ㉢, ㉣

검출 허용한도
㉠ 디옥산 - 100μg/g 이하
㉡ 6가 크롬 - 배합 금지 물질
㉢ 황색포도상구균 - 불검출
㉣ 카드뮴 - 5μg/g 이하

정답 58 ① 59 ⑤ 60 ② 61 ④ 62 ③

chapter 03

63 유통화장품 안전관리 시험방법에서 유리알칼리 시험법 중 에탄올법에 대한 설명으로 옳지 않은 것은?

① 플라스크에 에탄올 200mL을 넣고 환류 냉각기를 연결한다.
② 이산화탄소를 제거하기 위하여 서서히 가열하여 5분 동안 끓인다.
③ 냉각기에서 분리시키고 약 70℃로 냉각시킨 후 페놀프탈레인 지시약 4방울을 넣어 지시약이 분홍색이 될 때까지 0.1N 수산화칼륨 · 에탄올액으로 중화시킨다.
④ 중화된 에탄올이 들어있는 플라스크에 검체 약 5.0g을 정밀하게 달아 넣고 환류 냉각기에 연결 후 완선히 용해될 때까지 서서히 끓인다.
⑤ 약 70℃로 냉각시키고 에탄올을 중화시켰을 때 나타난 것과 동일한 정도의 분홍색이 나타날 때까지 0.1N 수산화칼륨 · 에탄올용액으로 적정한다.

⑤ 약 70℃로 냉각시키고 에탄올을 중화시켰을 때 나타난 것과 동일한 정도의 분홍색이 나타날 때까지 0.1N 염산 · 에탄올용액으로 적정한다.

64 다음 <보기>에서 유통화장품 안전관리 기준에 대한 설명으로 옳은 것은?

【보기】
㉠ 물휴지의 경우 세균 및 진균수는 각각 500개/g(mL) 이하이다.
㉡ 비소의 검출 기준치는 10μg/g 이하이다.
㉢ 대장균, 녹농균, 황색포도상구균은 검출되어서는 안 된다.
㉣ 기능성화장품은 기능성을 나타나게 하는 주원료의 함량이 심사 또는 보고한 기준에 적합하여야 한다.
㉤ 치오글라이콜릭애씨드 또는 그 염류를 주성분으로 하는 냉1욕식 퍼머넌트웨이브용 제품의 pH 기준은 4.5~9.3이다.

① ㉠, ㉡, ㉢　② ㉠, ㉡, ㉣
③ ㉠, ㉢, ㉤　④ ㉡, ㉢, ㉣
⑤ ㉢, ㉣, ㉤

㉠ 물휴지의 경우 세균 및 진균수는 각각 100개/g(mL) 이하이다.
㉤ 치오글라이콜릭애씨드 또는 그 염류를 주성분으로 하는 냉1욕식 퍼머넌트웨이브용 제품의 pH 기준은 9.4~9.6이다.

65 유통화장품 안전관리 시험방법 [별표 4]에서 중금속 납을 분석할 수 있는 기법에 해당되지 않는 것은?

① 디티존법
② 원자흡광광도법
③ 유도결합플라즈마분광기
④ 유도결합플라즈마-질량분석기
⑤ 비색법

납을 분석할 수 있는 기법은 디티존법, 원자흡광광도법, 유도결합플라즈마분광기, 유도결합플라즈마-질량분석기가 있다.

66 <보기>의 검출허용한도에 대한 설명에 해당하는 성분은?

【보기】
점토를 원료로 사용한 분말제품은 50μg/g 이하,
그 밖의 제품은 20μg/g 이하

① 납　② 비소
③ 안티몬　④ 카드뮴
⑤ 수은

검출허용한도가 점토를 원료로 사용한 분말제품은 50μg/g 이하, 그 밖의 제품은 20μg/g 이하인 성분은 납이다.

67 다음은 화장품 안전기준 등에 관한 규정 [별표 4] 유통화장품 안전관리 시험방법에서 어떤 물질의 표준액 조제 방법에 대해 설명하고 있다. 어떤 물질인가?

【보기】
염화제이수은을 데시케이타(실리카 겔)에서 6시간 건조하여 그 13.5mg을 정밀하게 달아 묽은 질산 10mL 및 물을 넣어 녹여 정확하게 1L로 한다. 이 용액 10mL를 정확하게 취하여 묽은 질산 10mL 및 물을 넣어 정확하게 1L로 하여 표준액으로 한다. 이 표준액 1mL는 수은(Hg) 0.1μg을 함유한다.

① 납　② 수은
③ 안티몬　④ 카드뮴
⑤ 디옥산

[보기]는 수은의 표준액 조제 방법이다.(화장품 안전기준 등에 관한 규정 [별표 4] 유통화장품 안전관리 시험방법)

정답 63 ⑤ 64 ④ 65 ⑤ 66 ① 67 ②

68 다음 중 「화장품 안전기준 등에 관한 규정」의 유통화장품 안전관리 기준에서 비의도적 유래물질로 검출 허용한도가 정해져 있지 않은 것은?

① 비소 ② 안티몬
③ 벤젠 ④ 수은
⑤ 프탈레이트류

유통화장품 안전관리 기준에는 납, 니켈, 비소, 수은, 안티몬, 카드뮴, 디옥산, 메탄올, 포름알데하이드, 프탈레이트류 등의 검출 허용한도가 정해져 있다.

69 다음은 유통화장품 안전관리 시험방법 중 납의 유도결합플라즈마분광기를 이용하는 방법에 관한 내용이다. ( ) 안에 들어갈 말로 옳게 짝지어진 것은?

【보기】

〈표준액의 조제〉
납 표준원액(1000µg/mL)에 0.5% (㉠)을(를) 넣어 농도가 다른 3가지 이상의 검량선용 표준액을 만든다. 이 표준액의 농도는 액 1mL당 납 (㉡)µg 범위 내로 한다.

① 질산, 0.01~0.2 ② 질산, 0.1~0.2
③ 염산, 0.01~0.2 ④ 염산, 0.1~0.2
⑤ 황산, 0.1~0.2

표준액의 조제 : 납 표준원액(1000µg/mL)에 0.5% 질산을 넣어 농도가 다른 3가지 이상의 검량선용 표준액을 만든다. 이 표준액의 농도는 액 1mL당 납 0.01~0.2µg 범위내로 한다.

70 「화장품 안전기준 등에 관한 규정」에 따라 퍼머넌트웨이브용 제품을 구성하는 제1제와 제2제 각각의 주성분으로 옳은 것은? 3회 기출 유형(8점)

	제1제	제2제
①	시스테인,	트리클로산
②	치오글라이콜릭애씨드,	브롬산나트륨
③	시스테인,	과망간산나트륨
④	치오글라이콜릭애씨드,	트리클로산
⑤	에디드로닉애씨드,	브롬산나트륨

- 제1제 : 치오글라이콜릭애씨드, 시스테인, 아세틸시스테인
- 제2제 : 브롬산나트륨, 과산화수소

71 <보기>는 「화장품 안전기준 등에 관한 규정」에 따른 내용량 기준이다. ( ) 안에 들어갈 말로 옳은 것은? 3회 기출 유형(8점)

【보기】

- 제품 3개를 가지고 시험할 때 그 평균 내용량이 표기량에 대하여 (㉠)% 이상 (다만, 화장비누의 경우 건조중량을 내용량으로 한다.)
- 상기 기준치를 벗어날 경우 (㉡)개를 더 취하여 시험할 때 총 시험 제품의 평균 내용량이 상기 기준치 이상

	㉠	㉡
①	95,	3
②	95,	6
③	97,	3
④	97,	6
⑤	100,	3

- 제품 3개를 가지고 시험할 때 그 평균 내용량이 표기량에 대하여 97% 이상(다만, 화장비누의 경우 건조중량을 내용량으로 한다.)
- 상기 기준치를 벗어날 경우 6개를 더 취하여 시험할 때 총 시험 제품의 평균 내용량이 상기 기준치 이상

72 포장재의 입고기준에 관한 설명으로 옳지 않은 것은?

① 포장재 공급자에 대한 관리 감독을 수행하여 입고 관리가 철저히 이루어지도록 한다.
② 제품을 정확히 식별하고 혼동의 위험을 없애기 위해 제품 정보를 확인할 수 있는 표시를 부착하였는지 확인한다.
③ 포장재 입고 절차 중 육안으로 물품에 결함이 있음을 확인하였을 경우 입고를 보류하고 격리 보관하거나 포장재 공급업자에게 반송한다.
④ 제조 및 포장 업무를 원활하게 진행하기 위하여 포장재는 제조실에 같이 보관한다.
⑤ 입고된 포장재는 '적합', '부적합', '검사 중' 등으로 상태를 표시하여 불량품이 제품의 포장에 사용되는 것을 막는다.

④ 포장재는 제조소와 교차 오염을 피하기 위해 구분 · 구획하여 보관해야 한다.

정답 68 ③ 69 ① 70 ② 71 ④ 72 ④

73 '러블리베이비' 맞춤형화장품판매장은 화장품책임판매업자로부터 '베이비 샴푸' 내용물을 공급받고 있다. 이번에 공급된 '베이비 샴푸'는 총 5개 뱃치로 각각의 시험성적서가 함께 제공되었다. 매장에서 근무하는 맞춤형화장품조제관리사 A는 각각의 시험성적서를 확인하여 시험결과가 적합하지 않은 하나의 뱃치를 부적합으로 처리하였다. 이때 화장품책임판매업소에 근무하는 B가 부적합 사유를 물었다. A가 대답한 내용이 포함된 것은? 3회 기출 유형(12점)

① (뱃치번호 2021001-1)
니켈 : 3g/g, 메탄올 : 0.1 (v/v)%, 안티몬 : 10g/g
② (뱃치번호 2021001-2)
디옥산 : 45g/g, 프탈레이트류 : 80g/g, 카드뮴 : 1.0g/g
③ (뱃치번호 2021001-3)
안티몬 : 5g/g, 포름알데하이드 : 20g/g, 메탄올 : 0.3 (v/v)%
④ (뱃치번호 2021001-4)
pH : 10.5, 납 : 10 g/g, 수은 : 0.5g/g
⑤ (뱃치번호 2021001-5)
포름알데하이드 : 200g/g, 비소 : 5g/g, 프탈레이트류 : 20g/g

③ 메탄올이 0.2 (v/v)%를 초과하였으므로 부적합하다.

74 다음은 A 회사의 품질담당자가 자사 유통 제품의 점검을 위해 외부 시험기관에 미생물 한도 시험을 의뢰한 결과이다. 3회 기출 유형(12점)

【보기】

구분	제품	결과
㉠	물휴지	• 세균수 51개/g(mL) • 진균수 65개/g(mL)
㉡	유아용 로션	• 총호기성생균수 370개/g(mL)
㉢	에센스	• 총호기성생균수 630개/g(mL)
㉣	아이섀도	• 총호기성생균수 510개/g(mL)
㉤	스킨	• 총호기성생균수 1050개/g(mL)
㉥	샴푸	• 총호기성생균수 100개/g(mL) • 대장균 200개/g(mL)
㉦	아이크림	• 총호기성생균수 600개/g(mL)

「화장품의 안전기준 등에 관한 규정」 제6조에 따라 유통 가능한 제품을 모두 고른 것은?

① ㉠, ㉡, ㉢, ㉦
② ㉠, ㉡, ㉣, ㉦
③ ㉡, ㉢, ㉣, ㉤
④ ㉢, ㉣, ㉤, ㉥
⑤ ㉢, ㉤, ㉥, ㉦

아이섀도와 스킨의 총호기성생균수는 각각 500개/g(mL), 1,000개/g(mL) 이하로 검출되어야 하며, 대장균은 검출되어서는 안 된다. 아이크림은 기초화장용제품이므로 총호기성생균수 1,000개/g(mL) 이하까지 허용된다.

75 <보기>에서 「화장품의 안전기준 등에 관한 규정」에 따라 맞춤형화장품조제관리사가 고객에게 판매할 수 있는 제품을 모두 고른 것은? 3회 기출 유형(12점)

【보기】

㉠ 납 함량이 15㎍/g인 로션
㉡ 디옥산 함량이 10㎍/g인 로션
㉢ 니켈 함량이 15㎍/g인 바디로션과 니켈 함량이 3㎍/g인 바디로션을 동량 혼합한 바디로션
㉣ 안티몬 함량이 10㎍/g인 크림과 안티몬 함량이 20㎍/g인 크림을 동량 혼합한 크림
㉤ 카드뮴 함량이 4㎍/g인 머드팩과 니켈 함량이 10㎍/g인 머드팩을 2 : 1로 혼합한 머드팩
㉥ 납 함량이 5㎍/g, 비소 함량이 2㎍/g, 수은 함량이 1.5㎍/g인 선크림

① ㉠, ㉡, ㉤
② ㉠, ㉤, ㉥
③ ㉡, ㉢, ㉣
④ ㉢, ㉣, ㉤
⑤ ㉢, ㉣, ㉥

㉠ 로션의 납 허용한도는 20㎍/g이므로 판매 가능하다.
㉡ 디옥산의 허용한도는 100㎍/g 미만이므로 판매 가능하다.
㉢ 니켈 함량이 17㎍/g인 바디로션과 5㎍/g인 바디로션을 같은 양으로 혼합한 바디로션의 니켈 함량은 11㎍/g이다. 바디로션의 니켈 허용한도는 10㎍/g 이하이므로 판매 불가능한 제품이다.
㉣ 안티몬 함량이 10㎍/g인 크림과 20㎍/g인 크림을 같은 양으로 혼합한 크림의 안티몬 함량은 15㎍/g이다. 안티몬의 허용한도는 10㎍/g 이하이므로 판매 불가능한 제품이다.
㉤ 카드뮴 함량이 4㎍/g인 머드팩과 니켈 함량이 10㎍/g인 머드팩을 2 : 1로 혼합하면 카드뮴 함량은 약 2.6㎍/g, 니켈의 함량은 약 3.3㎍/g이다. 카드뮴의 허용한도는 5㎍/g 이하이고, 니켈의 허용한도는 10㎍/g 이하이므로 판매 가능한 제품이다.
㉥ 수은의 허용한도는 1㎍/g 이하이므로 판매 불가능한 제품이다.

정답 73 ③ 74 ① 75 ①

76 다음은 맞춤형화장품조제관리사가 화장품책임판매업자에게 주문한 제품을 확인하고 제품과 함께 전달받은 ㉠~㉤의 제품시험성적서이다. 성적서 결과 사용이 부적합하여 화장품책임판매업자에게 반품해야 할 제품을 모두 고른 것은? 3회 기출 유형(12점)

【보기】

㉠ 통통 맞춤형 황토팩

항목	시험 결과
납	16㎍/g
비소	5㎍/g
니켈	15㎍/g
수은	0.3㎍/g
메탄올	100㎍/g

㉡ 보습 황토 페이스파우더

항목	시험 결과
납	35㎍/g
비소	7㎍/g
니켈	5㎍/g
수은	1㎍/g
안티몬	5㎍/g

㉢ 통통 맞춤형 마스카라

항목	시험 결과
납	15㎍/g
비소	9㎍/g
니켈	25㎍/g
수은	1㎍/g
메탄올	200㎍/g

㉣ 촉촉 폼 클렌저

항목	시험 결과
pH	10.2
납	15㎍/g
비소	10㎍/g
니켈	5㎍/g
수은	0.8㎍/g

㉤ 뽀송 베이비 물티슈

항목	시험 결과
납	15㎍/g
비소	10㎍/g
니켈	5㎍/g
수은	0.3㎍/g
메탄올	30㎍/g

① ㉠, ㉡
② ㉠, ㉤
③ ㉡, ㉢
④ ㉢, ㉣
⑤ ㉣, ㉤

> ㉠ 니켈은 10㎍/g 이하이어야 하므로 부적합하다.
> ㉡ 보습 황토 페이스파우더는 점토를 원료로 사용한 분말제품이므로 납 50㎍/g 이하까지 허용된다.
> ㉢ 마스카라는 눈 화장용 제품이므로 니켈이 35㎍/g까지 허용된다. 메탄올의 허용기준은 0.2(v/v)% 이하이다. 0.2(v/v)% = 2,000㎍/g이고 200㎍/g 검출되었으므로 허용기준 내에 있다.
> ㉣ 폼 클렌저는 pH 기준이 적용되지 않는다.
> ㉤ 물티슈의 메탄올 허용기준은 0.002(v/v)% 이하이다. 0.002(v/v)% = 20㎍/g이고, 30㎍/g 검출되어 허용기준을 초과하였으므로 부적합하다.

77 「화장품 안전기준 등에 관한 규정」 제6조 유통화장품 안전관리기준에 대한 내용으로 옳은 것은?

3회 기출 유형(8점)

① 유통화장품 안전관리 기준에 기재된 해당물질의 검출 허용 한도는 인위적 배합이 가능한 한곗값을 명시한 것이다.
② [별표 4] 유통화장품 안전관리 시험방법 이외에 과학적 · 합리적으로 타당성이 인정되는 경우 자사의 시험 방법으로 시험해도 무관하다.
③ 시스테인을 주성분으로 하는 냉2욕식 퍼머넌트웨이브용 제품의 pH 기준은 4.0~10.5이다.
④ 퍼머넌트웨이브용 제품의 제1제 비소 함량기준은 10㎍/g 이하이다.
⑤ 내용량은 표기량에 대해 95% 이상이어야 하고, 화장 비누의 경우 총 중량을 내용량으로 한다.

> ① 유통화장품 안전관리 기준에 기재된 해당물질의 검출 허용 한도는 화장품을 제조하면서 인위적으로 첨가하지 않았으나, 제조 또는 보관 과정 중 포장재로부터 이행되는 등 비의도적으로 유래된 사실이 객관적인 자료로 확인되고 기술적으로 완전한 제거가 불가능한 경우의 검출 허용 한도를 나타낸다.
> ③ 시스테인을 주성분으로 하는 냉2욕식 퍼머넌트웨이브용 제품의 pH 기준은 8.0~9.5이다.
> ④ 퍼머넌트웨이브용 제품의 제1제 비소 함량기준은 5㎍/g 이하이다.
> ⑤ 내용량은 표기량에 대하여 97% 이상이어야 하고, 화장 비누의 경우, 건조중량을 내용량으로 한다.

78 입고된 원료 및 내용물 관리기준에 대한 설명으로 옳지 않은 것은?

① 원자재, 반제품 및 벌크 제품은 품질에 나쁜 영향을 미치지 않는 조건에서 보관하여야 하며 보관기한을 설정하여야 한다.
② 원자재, 반제품 및 벌크 제품은 바닥과 벽에 닿지 않도록 보관하고, 선입선출에 의하여 출고할 수 있도록 보관하여야 한다.
③ 원자재, 시험 중인 제품 및 부적합품은 각각 구획된 장소에서 보관하여야 한다.
④ 설정된 보관기한이 지나면 사용의 적절성을 결정하기 위해 재평가시스템을 확립하여야 한다.
⑤ 가장 오래된 재고가 가장 나중에 불출되도록 관리한다.

> 특별한 경우를 제외하고, 가장 오래된 재고가 제일 먼저 불출되도록 선입선출 한다.

정답 76 ② 77 ② 78 ⑤

chapter 03

79 <보기>는 시중에 유통 중인 제품들을 수거하여 검사한 결과이다. 「화장품 안전기준 등에 관한 규정」 제6조에 따라 유통 가능한 제품을 모두 고른 것은? 3회 기출 유형(12점)

【보기】

㉠ 기능성화장품 품목 보고를 한 주름개선 크림의 레티놀 함량을 측정한 결과 1,000 IU/g를 나타내었다.
㉡ 기능성화장품 품목 보고를 한 미백크림의 알부틴 함량을 측정한 결과 1%를 나타내었다.
㉢ 기능성화장품 미백 크림의 주성분인 나이아신아마이드의 함량을 측정한 결과 표기량에 대하여 95%를 나타내었다.
㉣ 로션에서 포름알데하이드를 측정한 결과 50㎍/g 검출되었다.
㉤ 비타민 C를 함유한 앰플에서 디에칠헥실프탈레이트가 50㎍/g 검출되었다.
㉥ 냉2욕식 퍼머넌트웨이브용 제품의 제1제 주성분인 시스테인은 분석 결과 2.0% 함유되었다.

① ㉠, ㉡, ㉢ ② ㉠, ㉡, ㉣
③ ㉡, ㉣, ㉥ ④ ㉢, ㉣, ㉤
⑤ ㉢, ㉤, ㉥

㉠ 레티놀 함량이 2,500 IU/g이 아니므로 주름 개선 기능성화장품 보고를 할 수 없다.
㉡ 알부틴 함량이 2~5%가 아니므로 미백 기능성화장품 보고를 할 수 없다.
㉢ 미백 기능성화장품인 나이아신아마이드 로션제 · 액제 · 크림제 · 침적 마스크는 함량이 표기량에 대하여 90% 이상이면 된다.
㉣ 포름알데하이드는 2,000㎍/g까지 허용
㉤ 프탈레이트류는 100㎍/g까지 허용
㉥ 냉2욕식 퍼머넌트웨이브용 제품의 제1제 주성분인 시스테인의 함량 기준은 3.0~7.5%이다.
참고) 레티놀의 1 IU = 0.3㎍ (0.3 mcg)
IU = Internation Unit

80 미생물 한도 시험방법 중 검체의 전처리에 대한 설명으로 옳지 않은 것은?

① 크림제는 균질화시킨 후 추가적으로 40℃에서 30분 동안 가온한 후 멸균한 유리구슬(5mm : 5~7개, 3mm : 10~15개)을 넣어 균질화시킨다.
② 분산제는 멸균한 폴리소르베이트 80 등을 사용할 수 있으며, 미생물의 생육에 대하여 영향이 없는 것 또는 영향이 없는 농도이어야 한다.
③ 검액 조제 시 총 호기성 생균수 시험법의 배지성능 및 시험법 적합성 시험을 통하여 검증된 배지나 희석액 및 중화제를 사용할 수 있다.
④ 지용성 용매는 멸균한 미네랄 오일 등을 사용할 수 있으며, 미생물의 생육에 대하여 영향이 없는 것이어야 한다.
⑤ 첨가량은 대상 검체 특성에 맞게 설정해야 하며, 미생물의 생육에 대해 영향이 없어야 한다.

파우더 및 고형제는 균질화시킨 후 추가적으로 40℃에서 30분 동안 가온한 후 멸균한 유리구슬(5mm : 5~7개, 3mm : 10~15개)을 넣어 균질화시킨다.

81 설비 세척의 원칙에 대한 설명으로 옳지 않은 것은?

① 위험성이 없는 용제로 세척한다.
② 가능한 한 세제를 사용하지 않는다.
③ 가급적 증기 세척은 하지 않는다.
④ 브러시 등으로 문질러 지우는 것을 고려한다.
⑤ 분해할 수 있는 설비는 분해해서 세척한다.

설비 세척에 있어 증기 세척은 좋은 방법이다.

82 우수화장품 제조 및 품질관리 기준에 따르면 제조과정 중의 일탈에 대해 조사를 한 후 필요한 조치를 마련해야 한다. 다음 중 중대한 일탈에 해당하지 않는 것은?

① 벌크제품과 제품의 이동 · 보관에 있어서 보관 상태에 이상이 발생하고 품질에 영향을 미친다고 판단될 경우
② 관리 규정에 의한 관리 항목(생산 시의 관리 대상 파라미터의 설정치 등)보다도 상위 설정(범위를 좁힌)의 관리 기준에 의거하여 작업이 이루어진 경우
③ 생산 작업 중에 설비 · 기기의 고장, 정전 등의 이상이 발생하였을 경우
④ 작업 환경이 생산 환경 관리에 관련된 문서에 제시하는 기준치를 벗어났을 경우
⑤ 절차서 등의 기재된 방법과 다른 시험방법을 사용했을 경우

②는 중대하지 않은 일탈에 해당한다.

정답 79 ④ 80 ① 81 ③ 82 ②

83 우수화장품 제조 및 품질관리 기준에 따른 제품의 입고·보관·출하 단계에서 ㉠과 ㉡에 들어갈 말로 옳은 것은?

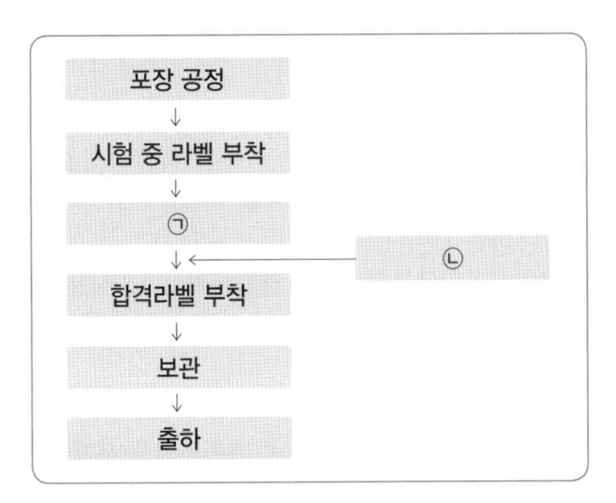

㉠	㉡
① 임시 보관	출하
② 제품 성적서 수령	제품시험 합격
③ 제품 시험	반품
④ 보관용 검체 체취	합격 · 출하 판정
⑤ 임시 보관	제품시험 합격

㉠에는 임시 보관, ㉡에는 제품시험 합격이 적당하다.

84 제품의 입고·보관·출하 흐름에서 ㉠과 ㉡에 들어갈 말은?

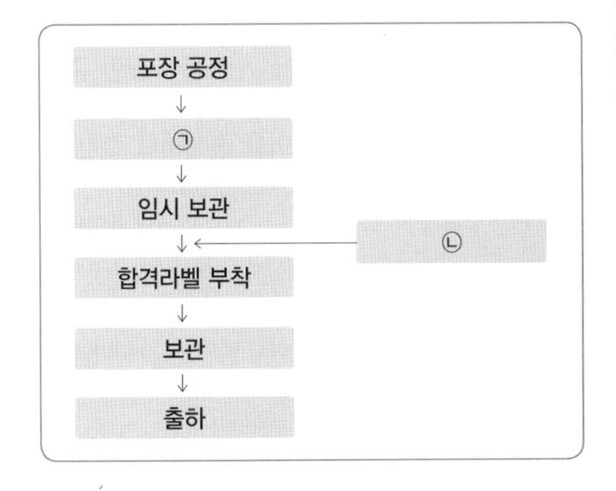

㉠	㉡
① 시험 중 라벨 부착	제품시험 합격
② 시험 중 라벨 부착	출하
③ 제품시험 합격	수입통관보고서 발행
④ 제조기록서 발행	제품시험 합격
⑤ 뱃치기록서 완결	제품시험 합격

85 우수화장품 제조 및 품질관리기준에서 원료, 포장재의 선정 절차 순서 중 ( ) 안에 들어갈 말로 옳은 것은?

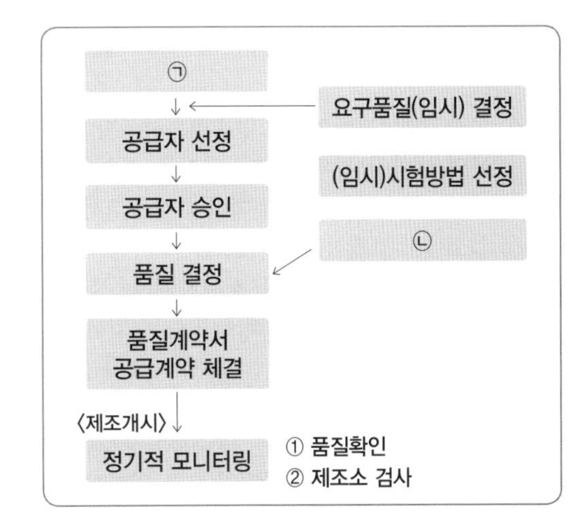

① 검증자료 공급, 시험방법 확립
② 중요도 분류, 시험방법 확립
③ 중요도 분류, 시험기록 확인
④ 품질계약서 교환, 육안검사
⑤ 안전성정보 교환, 육안검사

86 「우수화장품 제조 및 품질관리기준(CGMP)」 제13조에 따라 '원료 및 내용물의 보관관리 절차서'를 작성하고자 할 때 절차서에 포함될 내용으로 옳지 않은 것은?

3회 기출 유형(12점)

① 원료의 보관기한은 원칙적으로 원료공급처의 사용기한을 준수하여 보관기한을 설정하여야 하며, 사용기한 내에서 자체적인 재시험 기간과 최대 보관기한을 설정 · 준수해야 한다.
② 한 번에 입고된 원료는 품목별로 관리하여야 한다.
③ 나중에 입고된 물품이 사용기한이 짧은 경우, 먼저 입고된 물품보다 먼저 출고할 수 있다.
④ 벌크 제품은 내용물의 특성에 맞도록 보관 조건을 설정하여 보관한다.
⑤ 원료를 재포장한 경우 원래의 용기와 동일하게 표시한다.

정답 83 ⑤ 84 ① 85 ② 86 ②

② 한 번에 입고된 원료와 포장재는 제조단위별로 각각 구분하여 관리하여야 한다.

87 화장품법 시행규칙, 「우수화장품 제조 및 품질관리기준(CGMP) 해설서」, 「맞춤형화장품판매업 가이드라인」에 따른 맞춤형화장품 혼합·소분에 사용하는 내용물 또는 원료에 대한 설명으로 옳은 것은?

3회 기출 유형(8점)

① 화장품책임판매업자의 맞춤형화장품판매업자가 동일 법인인 경우, 맞춤형화장품 혼합 · 소분을 위한 내용물 및 원료에 대한 품질성적서를 판매업소에서 보관하지 않아도 된다.
② 화장품책임판매업자가 소비자에게 그대로 유통 · 판매할 목적으로 제조 또는 수입한 화장품은 맞춤형화장품 혼합 · 소분에 사용되는 내용물의 범위에 해당하지 않는다.
③ CGMP 제조업소에서는 맞춤형화장품판매업자에게 공급할 원료의 정해진 보관 기간이 경과된 경우, 재평가하여 보관 기간을 연장하여 사용해서는 안 된다.
④ 맞춤형화장품 혼합에 사용되는 원료를 냉장고에 별도로 보관하는 경우, 원료의 사용기한과 상관없이 맞춤형화장품 혼합에 사용할 수 있다.
⑤ 맞춤형화장품 혼합 · 소분을 위한 내용물은 변질 여부를 확인하기 위하여 pH 값이 2~10 사이에 해당하는지 확인해야 한다.

① 화장품책임판매업자와 맞춤형화장품판매업자가 동일 법인인 경우에도 내용물 및 원료에 대한 품질성적서를 판매업소에서 보관해야 한다.
③ 보관 기간이 경과된 경우, 재평가하여 품질기준에 적합한 경우 사용할 수 있다.
④ 원료를 냉장고에 보관하더라도 원료의 사용기한 내에서 사용해야 한다.
⑤ 맞춤형화장품에 사용될 원료나 내용물에 대해서는 혼합 · 소분 전에 화장품책임판매업자 등의 품질성적서를 통하여 품질이 적절함을 확인하면 된다.

88 「우수화장품 제조 및 품질관리기준(CGMP) 해설서」에 따른 원료 및 내용물의 재작업에 대한 설명으로 옳은 것은?

3회 기출 유형(8점)

① 재작업을 실시할 때는 발생한 모든 일을 품질관리 기록서에 기록한다.
② 재작업은 부적합한 벌크 제품의 뱃치 전체 또는 일부에 추가 처리(한 공정 이상의 작업을 추가하는 일)를 하여 부적합품을 적합품으로 다시 가공하는 것이다.
③ 제조일로부터 2년이 경과하지 않고, 사용기한이 1년 이상 남아 있는 경우를 모두 만족할 때 재작업을 진행할 수 있다.
④ 재작업 실시는 중요한 문제이므로 실시 결정은 제조책임자와 품질보증 책임자가 동시에 결정해야 한다.
⑤ 기준일탈 원료가 발생했을 때는 새로운 절차에 따라 확실한 처리를 하고 실시한 내용을 모두 문서에 남긴다.

① 재작업을 실시할 때는 발생한 모든 일을 재작업 제조기록서에 기록한다.
③ 변질 · 변패 또는 병원미생물에 오염되지 아니한 경우, 제조일로부터 1년이 경과하지 않았거나 사용기한이 1년 이상 남아있는 경우를 모두 만족할 때 재작업을 진행할 수 있다.
④ 제조 책임자가 제안을 하고, 재작업 실시 결정은 품질보증 책임자가 결정한다.
⑤ 기준일탈 제품이 발생했을 때는 미리 정한 절차를 따라 확실한 처리를 하고 실시한 내용을 모두 문서에 남긴다.

89 <보기>는 「화장품 안전기준 등에 관한 규정」 제6조의 pH 기준에 대한 설명이다. ( ) 안에 들어갈 해당 규정에 기재된 용어를 순서대로 기입하시오. (단, ㉠과 ㉡은 숫자로 기입, ㉢은 한글로 기입)

3회 기출 유형(8점)

【보기】

기초화장품 제품류 중 액, 로션, 크림 및 이와 유사한 제형의 액상제품은 pH 기준이 (㉠)~ (㉡) 이어야 한다. 다만, (㉢)을/를 포함하지 않는 제품과 사용한 후 곧바로 물로 씻어 내는 제품은 제외한다.

정답 87 ② 88 ② 89 ㉠ 3.0 ㉡ 9.0 ㉢ 물

90 화장품의 포장재는 그 사용 목적에 따라 재질, 형태 등이 매우 다양하기 때문에 포장재 제조에 이용되는 소재의 종류도 다양하다. <보기>에서 설명하는 포장재의 종류로 옳은 것은? 3회 기출 유형(8점)

【보기】

- 딱딱하고 광택이 있다.
- 일반적으로 투명하며, 내약품성과 투명성이 우수하다.
- 스킨, 로션, 크림, 샴푸 등의 용기로 주로 사용된다.

① PET ② LDPE
③ HDPE ④ PS
⑤ ABS 수지

〈보기〉에서 설명하는 포장재는 PET이다.

정답 90 ①

Customized Cosmetics Preparation Manager

CHAPTER

04

맞춤형화장품의 특성·내용 및 관리 등에 관한 사항

Section 01

Customized Cosmetics Preparation Manager

맞춤형화장품의 개요

[식약처 동영상 강의]

01 맞춤형화장품의 정의

1 맞춤형화장품의 정의

① 제조 또는 수입된 화장품의 내용물에 다른 화장품의 내용물이나 식품의약품안전처장이 정하는 원료를 추가하여 혼합한 화장품

② 제조 또는 수입된 화장품의 내용물을 소분한 화장품 (다만, 고형 비누 등 총리령으로 정하는 화장품의 내용물을 단순 소분한 화장품은 제외한다)

▶ 고형 비누 등 총리령으로 정하는 화장품이란 화장 비누(고체 형태의 세안용 비누)를 말한다.

02 맞춤형화장품 주요 규정

1 맞춤형화장품 판매업 신고

(1) 영업 신고

① 맞춤형화장품판매업을 하려는 자는 소재지 관할 지방식품의약품안전청에 신고

② 제출서류

- 맞춤형화장품판매업 신고서
- 맞춤형화장품조제관리사의 자격증 사본

③ 제출처 : 소재지 관할 지방식품의약품안전청장

④ 등기사항증명서 확인 : 행정정보의 공동이용을 통해 확인(법인인 경우)

⑤ 신고대장 작성 및 신고필증 발급 : 신고 요건을 갖춘 경우 맞춤형화장품판매업 신고대장에 다음 사항을 적고, 맞춤형화장품판매업 신고필증 발급

▶ 신고대장 작성 사항
- 신고 번호 및 신고 연월일
- 맞춤형화장품판매업자의 성명 및 생년월일(법인인 경우 대표자의 성명 및 생년월일)
- 맞춤형화장품판매업자의 상호 및 소재지
- 맞춤형화장품판매업소의 상호 및 소재지
- 맞춤형화장품조제관리사의 성명, 생년월일 및 자격증 번호

▶ 기타 구비서류
- 사업자등록증 및 법인등기부등본(법인에 포함)
- 건축물관리대장
- 임대차계약서(임대의 경우에 한함)
- 혼합 · 소분의 장소 · 시설 등을 확인할 수 있는 세부 평면도 및 상세 사진

(2) 변경 신고

① 변경신고 사항
- 맞춤형화장품판매업자의 변경
- 맞춤형화장품판매업소의 상호 또는 소재지 변경
- 맞춤형화장품조제관리사의 변경

② 제출서류

구분	제출서류
공통	• 맞춤형화장품판매업 변경신고서 • 맞춤형화장품판매업 신고필증(기 신고한 신고필증)
판매업자 변경	• 사업자등록증 및 법인등기부등본(법인에 한함) • 양도 · 양수 또는 합병의 경우에는 이를 증빙할 수 있는 서류 • 상속의 경우에는 가족관계증명서
판매업소 상호 변경	• 사업자등록증 및 법인등기부등본(법인에 한함)
판매업소 소재지 변경	• 사업자등록증 및 법인등기부등본(법인에 한함) • 건축물관리대장 • 임대차계약서(임대의 경우에 한함) • 혼합 · 소분 장소 · 시설 등을 확인할 수 있는 세부 평면도 및 상세 사진
조제관리사 변경	• 맞춤형화장품조제관리사 자격증 사본

③ 제출처 : 소재지 관할 지방식품의약품안전청장

④ 신고대장 작성 및 신고필증 발급 : 변경신고가 그 요건을 갖춘 때에는 맞춤형화장품판매업 신고대장과 맞춤형화장품판매업 신고필증의 뒷면에 각각의 변경사항을 적어야 한다. 이 경우 맞춤형화장품판매업 신고필증은 신고인에게 다시 내주어야 한다.

(3) 폐업 신고 : 폐업 또는 휴업, 휴업 후 영업을 재개하려는 경우

▶ 맞춤형화장품판매업자의 상호, 소재지 변경은 변경신고 대상이 아니다.

2 맞춤형화장품조제관리사의 결격사유

① 「정신건강증진 및 정신질환자 복지서비스 지원에 관한 법률」 제3조제1호에 따른 정신질환자(전문의가 맞춤형화장품조제관리사로서 적합하다고 인정하는 사람은 제외)

② 피성년후견인

③ 「마약류 관리에 관한 법률」 제2조제1호에 따른 마약류의 중독자

④ 화장품법 또는 「보건범죄 단속에 관한 특별조치법」을 위반하여 금고 이상의 형을 선고받고 그 집행이 끝나지 아니하거나 그 집행을 받지 아니하기로 확정되지 아니한 자

⑤ 제3조의8에 따라 맞춤형화장품조제관리사의 자격이 취소된 날부터 3년이 지나지 아니한 자

▶ 제3조의8에 따른 자격 취소
- 거짓이나 그 밖의 부정한 방법으로 맞춤형화장품조제관리사의 자격을 취득한 경우
- ①~④ 중 어느 하나에 해당하는 경우
- 제3조의6제1항을 위반하여 다른 사람에게 자기의 성명을 사용하여 맞춤형화장품조제관리사 업무를 하게 하거나 맞춤형화장품조제관리사자격증을 양도 또는 대여한 경우

▶ 제3조의6제1항
- 맞춤형화장품조제관리사는 다른 사람에게 자기의 성명을 사용하여 맞춤형화장품조제관리사 업무를 하게 하거나 자기의 맞춤형화장품조제관리사자격증을 양도 또는 대여하여서는 안 된다.

▶ **맞춤형화장품조제관리사 자격시험**

㉠ 맞춤형화장품조제관리사가 되려는 사람은 화장품과 원료 등에 대하여 식품의약품안전처장이 실시하는 자격시험에 합격하여야 한다.

㉡ 식품의약품안전처장은 맞춤형화장품조제관리사가 거짓이나 그 밖의 부정한 방법으로 시험에 합격한 경우에는 자격을 취소하여야 하며, 자격이 취소된 사람은 취소된 날부터 3년간 자격시험에 응시할 수 없다.

㉢ 자격시험에 합격하여 자격증을 발급받으려는 사람은 맞춤형화장품조제관리사 자격증 발급 신청서를 식품의약품안전처장에게 제출해야 한다.

㉣ 식품의약품안전처장은 자격증 발급 신청이 그 요건을 갖춘 경우에는 맞춤형화장품조제관리사 자격증을 발급해야 한다.

㉤ 자격증을 잃어버리거나 못 쓰게 된 경우에는 맞춤형화장품조제관리사 자격증 재발급 신청서에 다음의 구분에 따른 서류를 첨부하여 식품의약품안전처장에게 제출해야 한다.

기출(21-3회)

- 자격증을 잃어버린 경우 : 분실 사유서 ←신분증(×)
- 자격증을 못 쓰게 된 경우 : 자격증 원본

▶ **자격증 대여 금지**

- 맞춤형화장품조제관리사는 다른 사람에게 자기의 성명을 사용하여 맞춤형화장품조제관리사 업무를 하게 하거나 자기의 맞춤형화장품조제관리사자격증을 양도 또는 대여하여서는 안 된다.
- 누구든지 다른 사람의 맞춤형화장품조제관리사자격증을 양수하거나 대여받아 이를 사용하여서는 안 된다.

▶ **자격증 발급 신청 시 첨부서류**

- 정신질환자가 아님을 증명하는 최근 6개월 이내의 의사의 진단서 또는 전문의가 맞춤형화장품조제관리사로서 적합하다고 인정하는 사람임을 증명하는 최근 6개월 이내의 전문의의 진단서
- 마약류의 중독자에 해당되지 않음을 증명하는 최근 6개월 이내의 의사의 진단서

▶ **시험운영기관의 지정**

식품의약품안전처장은 시험운영기관을 지정하거나 시험운영기관에 자격시험의 관리 및 자격증 발급 등의 업무를 위탁한 경우에는 그 내용을 식품의약품안전처 인터넷 홈페이지에 게재해야 한다.

▶ 맞춤형화장품조제관리사가 아닌 자는 맞춤형화장품조제관리사 또는 이와 유사한 명칭을 사용하지 못한다.

3 소분 판매 금지

맞춤형화장품조제관리사를 통해 판매하는 맞춤형화장품판매업자 외에는 화장품의 용기에 담은 내용물을 나누어 판매해서는 안 된다.

4 행정처분 기준 기출(20-2회)

위반 내용	1차 위반	2차 위반	3차 위반	4차 위반
가. 화장품제조업 또는 화장품책임판매업의 다음의 변경 사항 등록을 하지 않은 경우				
1) 화장품제조업자 · 화장품책임판매업자(법인인 경우 대표자)의 변경 또는 그 상호(법인인 경우 법인의 명칭)의 변경	시정명령	제조 또는 판매업무정지 5일	제조 또는 판매업무정지 15일	제조 또는 판매업무정지 1개월
2) 제조소의 소재지 변경	제조업무정지 1개월	제조업무정지 3개월	제조업무정지 6개월	등록취소

위반 내용	1차 위반	2차 위반	3차 위반	4차 위반
3) 화장품책임판매업소의 소재지 변경	판매업무정지 1개월	판매업무정지 3개월	판매업무정지 6개월	등록취소
4) 책임판매관리자의 변경	시정명령	판매업무정지 7일	판매업무정지 15일	판매업무정지 1개월
5) 제조 유형 변경	제조업무정지 1개월	제조업무정지 2개월	제조업무정지 3개월	제조업무정지 6개월
6) 영 제2조2호가목부터 다목까지의 화장품책임판매업을 등록한 자의 책임판매 유형 변경	경고	판매업무정지 15일	판매업무정지 1개월	판매업무정지 3개월
7) 영 제2조제2호라목의 화장품책임판매업을 등록한 자의 책임판매 유형 변경	수입대행업무정지 1개월	수입대행업무정지 2개월	수입대행업무정지 3개월	수입대행업무정지 6개월
나. 법 제3조제2항에 따른 시설을 갖추지 않은 경우				
1) 제6조제1항에 따른 제조 또는 품질검사에 필요한 시설 및 기구의 전부가 없는 경우	제조업무정지 3개월	제조업무정지 6개월	등록취소	
2) 제6조제1항에 따른 작업소, 보관소 또는 시험실 중 어느 하나가 없는 경우	개수명령	제조업무정지 1개월	제조업무정지 2개월	제조업무정지 4개월
3) 제6조제1항에 따른 해당 품목의 제조 또는 품질검사에 필요한 시설 및 기구 중 일부가 없는 경우	개수명령	해당 품목 제조업무정지 1개월	해당 품목 제조업무정지 2개월	해당 품목 제조업무정지 4개월
4) 제6조제1항제1호에 따른 화장품을 제조하기 위한 작업소의 기준을 위반한 경우				
가) 제6조제1항제1호가목을 위반한 경우	시정명령	제조업무 정지 1개월	제조업무 정지 2개월	제조업무 정지 4개월
나) 제6조제1항제1호나목 또는 다목을 위반한 경우	개수명령	해당 품목 제조업무정지 1개월	해당 품목 제조업무정지 2개월	해당 품목 제조업무정지 4개월
다. 법 제3조의2제1항 후단에 따른 맞춤형화장품판매업의 변경신고를 하지 않은 경우				
1) 맞춤형화장품판매업자의 변경신고를 하지 않은 경우	시정명령	판매업무정지 5일	판매업무정지 15일	판매업무정지 1개월
2) 맞춤형화장품판매업소 상호의 변경신고를 하지 않은 경우	시정명령	판매업무정지 5일	판매업무정지 15일	판매업무정지 1개월
3) 맞춤형화장품판매업소 소재지의 변경신고를 하지 않은 경우	판매업무정지 1개월	판매업무정지 2개월	판매업무정지 3개월	판매업무정지 4개월
4) 맞춤형화장품조제관리사의 변경신고를 하지 않은 경우	시정명령	판매업무정지 5일	판매업무정지 15일	판매업무정지 1개월
라. 법 제3조의3 각 호의 어느 하나에 해당하는 경우	등록취소			
마. 국민보건에 위해를 끼쳤거나 끼칠 우려가 있는 화장품을 제조 · 수입한 경우	제조 또는 판매업무 정지 1개월	제조 또는 판매업무 정지 3개월	제조 또는 판매업무 정지 6개월	등록취소
바. 법 제4조제1항을 위반하여 심사를 받지 않거나 보고서를 제출하지 않은 기능성화장품을 판매한 경우				
1) 심사를 받지 않거나 거짓으로 보고하고 기능성화장품을 판매한 경우	판매업무정지 6개월	판매업무정지 12개월	등록취소	
2) 보고하지 않은 기능성화장품을 판매한 경우	판매업무정지 3개월	판매업무정지 6개월	판매업무정지 9개월	판매업무정지 12개월

위반 내용	1차 위반	2차 위반	3차 위반	4차 위반
사. 법 제4조의2제1항에 따른 제품별 안전성 자료를 작성 또는 보관하지 않은 경우	판매 또는 해당 품목판매업무정지 1개월	판매 또는 해당 품목판매업무 정지 3개월	판매 또는 해당 품목판매업무 정지 6개월	판매 또는 해당 품목판매업무 정지 12개월
아. 법 제5조를 위반하여 영업자의 준수사항을 이행하지 않은 경우				
1) 제11조제1항제1호의 준수사항을 이행하지 않은 경우	시정명령	제조 또는 해당 품목 제조업무정지 15일	제조 또는 해당품목 제조업무정지 1개월	제조 또는 해당품목 제조업무정지 3개월
2) 제11조제1항제2호의 준수사항을 이행하지 않은 경우				
가) 제조관리기준서, 제품표준서, 제조관리기록서 및 품질관리기록서를 갖추어 두지 않거나 이를 거짓으로 작성한 경우	제조 또는 해당 품목 제조업무정지 1개월	제조 또는 해당 품목 제조업무정지 3개월	제조 또는 해당 품목 제조업무정지 6개월	제조 또는 해당 품목 제조업무정지 9개월
나) 작성된 제조관리기준서의 내용을 준수하지 않은 경우	제조 또는 해당 품목 제조업무정지 15일	제조 또는 해당 품목 제조업무정지 1개월	제조 또는 해당 품목 제조업무정지 6개월	제조 또는 해당 품목 제조업무정지 9개월
3) 제11조제1항제3호부터 제5호까지의 준수사항을 이행하지 않은 경우	제조 또는 해당 품목 제조업무정지 15일	제조 또는 해당 품목 제조업무정지 1개월	제조 또는 해당 품목 제조업무정지 3개월	제조 또는 해당 품목 제조업무정지 6개월
4) 제11조제1항제6호부터 제8호까지의 준수사항을 이행하지 않은 경우	제조 또는 해당 품목 제조업무정지 15일	제조 또는 해당 품목 제조업무정지 1개월	제조 또는 해당 품목 제조업무정지 3개월	제조 또는 해당 품목 제조업무정지 6개월
5) 제12조제1호의 준수사항을 이행하지 않은 경우				
가) 별표 1에 따라 책임판매관리자를 두지 않은 경우	판매 또는 해당 품목 판매업무정지 1개월	제조 또는 해당 품목 제조업무정지 3개월	제조 또는 해당 품목 제조업무정지 6개월	판매 또는 해당 품목 판매업무정지 12개월
나) 별표 1에 따른 품질관리 업무 절차서를 작성하지 않거나 거짓으로 작성한 경우	제조 또는 해당 품목 제조업무정지 3개월	판매 또는 해당 품목 판매업무정지 6개월	판매 또는 해당 품목 판매업무정지 12개월	등록취소
다) 별표 1에 따라 작성된 품질관리 업무 절차서의 내용을 준수하지 않은 경우	판매 또는 해당 품목 판매업무정지 1개월	제조 또는 해당 품목 제조업무정지 3개월	제조 또는 해당 품목 제조업무정지 6개월	판매 또는 해당 품목 판매업무정지 12개월
라) 그 밖에 별표 1에 따른 품질관리기준을 준수하지 않은 경우	시정명령	판매 또는 해당 품목 판매업무정지 7일	판매 또는 해당 품목 판매업무정지 15일	판매 또는 해당 품목 판매업무정지 1개월
6) 제12조제2호의 준수사항을 이행하지 않은 경우				
가) 별표 2에 따라 책임판매관리자를 두지 않은 경우	판매 또는 해당 품목 판매업무정지 1개월	제조 또는 해당 품목 제조업무정지 3개월	제조 또는 해당 품목 제조업무정지 6개월	판매 또는 해당 품목 판매업무정지 12개월
나) 별표 2에 따른 안전관리 정보를 검토하지 않거나 안전확보 조치를 하지 않은 경우	판매 또는 해당 품목 판매업무정지 1개월	판매 또는 해당 품목 판매업무정지 3개월	판매 또는 해당 품목 판매업무정지 6개월	판매 또는 해당 품목 판매업무정지 12개월
다) 그 밖에 별표 2에 따른 책임판매 후 안전관리 기준을 준수하지 않은 경우	경고	판매 또는 해당 품목 판매업무정지 1개월	판매 또는 해당 품목 판매업무정지 3개월	판매 또는 해당 품목 판매업무정지 6개월
7) 그 밖에 제12조제3호부터 제11호까지의 규정에 따른 준수사항을 이행하지 않은 경우	시정명령	판매 또는 해당 품목 판매업무정지 1개월	판매 또는 해당 품목 판매업무정지 3개월	판매 또는 해당 품목 판매업무정지 6개월

위반 내용	1차 위반	2차 위반	3차 위반	4차 위반
8) 제12조의2제1호 및 제2호의 준수사항을 이행하지 않은 경우	판매 또는 해당 품목 판매업무정지 15일	판매 또는 해당 품목 판매업무정지 1개월	판매 또는 해당 품목 판매업무정지 3개월	판매 또는 해당 품목 판매업무정지 6개월
9) 제12조의2제3호의 준수사항을 이행하지 않은 경우	시정명령	판매 또는 해당 품목 판매업무정지 1개월	판매 또는 해당 품목 판매업무정지 3개월	판매 또는 해당 품목 판매업무정지 6개월
10) 제12조의2제4호의 준수사항을 이행하지 않은 경우	시정명령	판매 또는 해당 품목 판매업무정지 7일	판매 또는 해당 품목 판매업무정지 15일	판매 또는 해당 품목 판매업무정지 1개월
11) 제12조의2제5호의 준수사항을 이행하지 않은 경우	시정명령	판매 또는 해당 품목 판매업무정지 1개월	판매 또는 해당 품목 판매업무정지 3개월	판매 또는 해당 품목 판매업무정지 6개월
자. 법 제5조의2제1항을 위반하여 회수 대상 화장품을 회수하지 않거나 회수하는 데에 필요한 조치를 하지 않은 경우	판매 또는 제조업무 정지 1개월	판매 또는 제조업무 정지 3개월	판매 또는 제조업무 정지 6개월	등록취소
차. 법 제5조의2제2항을 위반하여 회수계획을 보고하지 않거나 거짓으로 보고한 경우	판매 또는 제조업무 정지 1개월	판매 또는 제조업무 정지 3개월	판매 또는 제조업무 정지 6개월	등록취소
카. 제9조에 따른 화장품의 안전용기 · 포장에 관한 기준을 위반한 경우	해당 품목 판매업무정지 3개월	해당 품목 판매업무정지 6개월	해당 품목 판매업무정지 12개월	
타. 법 제10조 및 이 규칙 제19조에 따른 화장품의 1차 포장 또는 2차 포장의 기재 · 표시사항을 위반한 경우				
1) 법 제10조제1항 및 제2항의 기재사항(가격은 제외)의 전부를 기재하지 않은 경우	해당 품목 판매업무정지 3개월	해당 품목 판매업무정지 6개월	해당 품목 판매업무정지 12개월	
2) 법 제10조제1항 및 제2항의 기재사항(가격은 제외)을 거짓으로 기재한 경우	해당 품목 판매업무정지 1개월	해당 품목 판매업무 정지 3개월	해당 품목 판매업무정지 6개월	해당 품목 판매업무정지 12개월
3) 법 제10조제1항 및 제2항의 기재사항(가격은 제외)의 일부를 기재하지 않은 경우	해당 품목 판매업무정지 15일	해당 품목 판매업무 정지 1개월	해당 품목 판매업무정지 3개월	해당 품목 판매업무정지 6개월
파. 법 제10조, 이 규칙 제19조제6항 및 별표 4에 따른 화장품 포장의 표시기준 및 표시방법을 위반한 경우	해당 품목 판매업무정지 15일	해당 품목 판매업무 정지 1개월	해당 품목 판매업무정지 3개월	해당 품목 판매업무정지 6개월
하. 법 제12조 및 이 규칙 제21조에 따른 화장품 포장의 기재 · 표시상의 주의사항을 위반한 경우	해당 품목 판매업무정지 15일	해당 품목 판매업무 정지 1개월	해당 품목 판매업무정지 3개월	해당 품목 판매업무정지 6개월
거. 법 제13조를 위반하여 화장품을 표시 · 광고한 경우				
1) 별표 5 제2호가목 · 나목 및 카목에 따른 화장품의 표시 · 광고 시 준수사항을 위반한 경우	해당 품목 판매업무 정지 3개월(표시위반) 또는 해당 품목 광고업무정지 3개월(광고위반)	해당 품목 판매업무정지 6개월(표시위반) 또는 해당 품목 광고업무정지 6개월(광고위반)	해당 품목 판매업무정지 9개월(표시위반) 또는 해당 품목 광고업무정지 9개월(광고위반)	
2) 별표 5 제2호다목부터 차목까지의 규정에 따른 화장품의 표시 · 광고 시 준수사항을 위반한 경우	해당 품목 판매업무정지 2개월(표시위반) 또는 해당 품목 광고업무정지 2개월(광고위반)	해당 품목 판매업무정지 4개월(표시위반) 또는 해당 품목 광고업무정지 4개월(광고위반)	해당 품목 판매업무정지6개월(표시위반) 또는 해당 품목 광고업무정지 6개월(광고위반)	해당 품목 판매업무정지 12개월(표시위반) 또는 해당 품목 광고업무정지 12개월(광고위반)
너. 법 제14조제4항에 따른 중지명령을 위반하여 화장품을 표시 · 광고를 한 경우	해당 품목 판매업무 정지 3개월	해당 품목 판매업무 정지 6개월	해당 품목 판매업무 정지 12개월	
더. 법 제15조를 위반하여 다음의 화장품을 판매하거나 판매의 목적으로 제조 · 수입 · 보관 또는 진열한 경우				

위반 내용	1차 위반	2차 위반	3차 위반	4차 위반
1) 전부 또는 일부가 변패(變敗)되거나 이물질이 혼입 또는 부착된 화장품	해당 품목 제조 또는 판매업무 정지 1개월	해당 품목 제조 또는 판매 업무 정지 3개월	해당 품목 제조 또는 판매업무 정지 6개월	해당 품목 제조 또는 판매업무 정지 12개월
2) 병원미생물에 오염된 화장품	해당 품목 제조 또는 판매업무 정지 3개월	해당품목제조 또는 판매업무 정지 6개월	해당품목제조 또는 판매업무 정지 9개월	해당 품목제조 또는 판매업무 정지 12개월
3) 법 제8조제1항에 따라 식품의약품안전처장이 고시한 화장품의 제조 등에 사용할 수 없는 원료를 사용한 화장품	제조 또는 판매업무 정지 3개월	제조 또는 판매업무 정지 6개월	제조 또는 판매업무 정지 12개월	등록취소
4) 법 제8조제2항에 따라 사용상의 제한이 필요한 원료에 대하여 식품의약품안전처장이 고시한 사용기준을 위반한 화장품	해당 품목 제조 또는 판매업무 정지 3개월	해당 품목 제조 또는 판매업무 정지 6개월	해당 품목 제조 또는 판매업무 정지 9개월	해당 품목 제조 또는 판매업무 정지 12개월
5) 법 제8조제8항에 따라 식품의약품안전처장이 고시한 유통화장품 안전관리기준에 적합하지 않은 화장품				
가) 실제 내용량이 표시된 내용량의 97퍼센트 미만인 화장품				
(1) 실제 내용량이 표시된 내용량의 90퍼센트 이상 97퍼센트 미만인 화장품	시정명령	해당 품목 제조 또는 판매업무 정지 15일	해당 품목 제조 또는 판매업무 정지 1개월	해당 품목 제조 또는 판매업무 정지 2개월
(2) 실제 내용량이 표시된 내용량의 80퍼센트 이상 90퍼센트 미만인 화장품	해당 품목 제조 또는 판매업무정지 1개월	해당 품목 제조 또는 판매업무 정지 2개월	해당 품목 제조 또는 판매업무 정지 3개월	해당 품목 제조 또는 판매업무 정지 4개월
(3) 실제 내용량이 표시된 내용량의 80퍼센트 미만인 화장품	해당 품목 제조 또는 판매업무 정지 2개월	해당 품목 제조 또는 판매업무 정지 3개월	해당 품목 제조 또는 판매업무 정지 4개월	해당 품목 제조 또는 판매업무 정지 6개월
나) 기능성화장품에서 기능성을 나타나게 하는 주원료의 함량이 기준치보다 부족한 경우				
(1) 주원료의 함량이 기준치보다 10퍼센트 미만 부족한 경우	해당 품목 제조 또는 판매업무정지 15일	해당 품목 제조 또는 판매업무정지 1개월	해당 품목 제조 또는 판매업무정지 3개월	해당 품목 제조 또는 판매업무정지 6개월
(2) 주원료의 함량이 기준치보다 10퍼센트 이상 부족한 경우	해당 품목 제조 또는 판매업무정지 1개월	해당 품목 제조 또는 판매업무정지 3개월	해당 품목 제조 또는 판매업무정지 6개월	해당 품목 제조 또는 판매업무정지 12개월
다) 그 밖의 기준에 적합하지 않은 화장품	해당 품목 제조 또는 판매업무 정지 1개월	해당 품목 제조 또는 판매업무 정지 3개월	해당 품목 제조 또는 판매업무 정지 6개월	해당 품목 제조 또는 판매업무 정지 12개월
6) 사용기한 또는 개봉 후 사용기간(병행 표기된 제조연월일을 포함한다)을 위조·변조한 화장품	해당 품목 제조 또는 판매업무 정지 3개월	해당 품목 제조 또는 판매업무 정지 6개월	해당 품목 제조 또는 판매업무 정지 12개월	
7) 그 밖에 법 제15조 각 호에 해당하는 화장품	해당 품목 제조 또는 판매업무 정지 1개월	해당 품목 제조 또는 판매업무 정지 3개월	해당 품목 제조 또는 판매업무 정지 6개월	해당 품목 제조 또는 판매업무 정지 12개월
러. 법 제18조제1항·제2항에 따른 검사·질문·수거 등을 거부하거나 방해한 경우	해당 품목 제조 또는 판매업무 정지 1개월	해당 품목 제조 또는 판매업무 정지 3개월	해당 품목 제조 또는 판매업무 정지 6개월	등록취소
머. 법 제19조, 제20조, 제22조, 제23조제1항·제2항 또는 제23조의2에 따른 시정명령·검사명령·개수명령·회수명령·폐기명령 또는 공표명령 등을 이행하지 않은 경우	해당 품목 제조 또는 판매업무 정지 1개월	해당 품목 제조 또는 판매업무 정지 3개월	해당 품목 제조 또는 판매업무 정지 6개월	등록취소

위반 내용	1차 위반	2차 위반	3차 위반	4차 위반
버. 법 제23조제3항에 따른 회수계획을 보고하지 않거나 거짓으로 보고한 경우	해당 품목 제조 또는 판매업무 정지 1개월	해당 품목 제조 또는 판매업무 정지 3개월	해당 품목 제조 또는 판매업무 정지 6개월	등록취소
서. 업무정지기간 중에 업무를 한 경우로서				
1) 업무정지기간 중에 헤당 업무를 한 경우(광고 업무에 한정하여 정지를 명한 경우는 제외한다)	등록취소			
2) 광고의 업무정지기간 중에 광고 업무를 한 경우	시정명령	판매업무정지 3개월		

5 벌칙 기출(20-2회)

(1) 3년 이하의 징역 또는 3천만원 이하의 벌금 (징역형과 벌금형을 함께 부과 가능)

① 영업 등록을 하지 않은 자
② 맞춤형화장품판매업 신고를 하지 않은 자
③ 맞춤형화장품판매업을 신고한 자가 맞춤형화장품조제관리사를 두지 않은 자
④ 기능성화장품 심사를 받지 않았거나 보고서를 제출하지 않은 자
⑤ 거짓이나 그 밖의 부정한 방법으로 기능성화장품의 심사ㆍ변경심사를 받거나 보고서를 제출한 자
⑥ 거짓이나 부정한 방법으로 천연화장품 및 유기농화장품 인증을 받은 자
⑦ 인증을 받지 않은 화장품에 천연화장품 및 유기농화장품 인증표시를 한 자
⑧ 화장품법 제15조 영업금지 규정을 위반한 자
⑨ 다음 화장품을 판매한자(판매 목적으로 보관ㆍ진열한 자)
- 등록을 하지 아니한 자가 제조한 화장품 또는 제조ㆍ수입하여 유통ㆍ판매한 화장품
- 화장품의 포장 및 기재ㆍ표시 사항을 훼손(맞춤형화장품 판매를 위하여 필요한 경우는 제외) 또는 위조ㆍ변조한 것

(2) 1년 이하의 징역 또는 1천만원 이하의 벌금

① 영유아 또는 어린이가 사용할 수 있는 화장품임을 표시ㆍ광고하려는 화장품책임판매업자가 제품별 안전성 자료를 작성 및 보관하지 않은 자
② 제9조 안전용기ㆍ포장 규정을 위반한 자
③ 제13조 부당한 표시ㆍ광고 행위를 한 자
④ 제10조(화장품의 기재사항), 제11조(화장품의 가격표시), 제12조(기재ㆍ표시상의 주의) 규정을 위반한 화장품을 판매한 자
⑤ 의약품으로 잘못 인식할 우려가 있게 기재ㆍ표시된 화장품을 판매한 자
⑥ 판매의 목적이 아닌 제품의 홍보ㆍ판매촉진 등을 위하여 미리 소비자가 시험ㆍ사용하도록 제조 또는 수입된 화장품을 판매한 자
⑦ 화장품의 용기에 담은 내용물을 나누어 판매한 자
⑧ 표시ㆍ광고 행위의 중지를 명령을 따르지 않은 자

(3) 200만원 이하의 벌금

① 제5조(영업자의 의무) 제1항부터 제3항까지의 규정에 따른 준수사항을 위반한 자
② 위해화장품의 회수 명령을 위반한 자
③ 회수계획을 미리 보고하지 않은 자
④ 제10조 제1항ㆍ제2항(화장품의 기재사항) 규정을 위반한 자(가격은 제외)
⑤ 천연화장품 및 유기농화장품 인증의 유효기간이 경과한 화장품에 대하여 인증표시를 한 자

⑥ 제18조(보고와 검사), 제19조(시정명령), 제20조(검사명령), 제22조(개수명령) 및 제23조(회수 · 폐기명령)에 따른 명령을 위반하거나 관계 공무원의 검사 · 수거 또는 처분을 거부 · 방해하거나 기피한 자

(4) 과태료

① 하나의 위반행위가 둘 이상의 과태료 부과기준에 해당하는 경우 금액이 큰 과태료 부과기준을 적용한다.

② 식품의약품안전처장은 해당 위반행위의 정도, 위반횟수, 위반행위의 동기와 그 결과 등을 고려하여 과태료 금액의 2분의 1의 범위에서 금액을 늘리거나 줄일 수 있다. 다만, 늘리는 경우에도 법 제40조제1항에 따른 과태료 금액의 상한을 초과할 수 없다.

③ 과태료는 식품의약품안전처장이 부과 · 징수한다.

④ 과태료 세부기준

위반행위	과태료
• 맞춤형화장품조제관리사가 아닌 자는 맞춤형화장품조제관리사 또는 이와 유사한 명칭을 사용한 경우 • 기능성화장품 변경심사를 받지 않은 경우 • 제18조(보고와 검사)에 따른 명령을 위반하여 보고를 하지 않은 경우 • 동물실험을 실시한 화장품 또는 동물실험을 실시한 화장품 원료를 사용하여 제조(위탁제조 포함) 또는 수입한 화장품을 유통 · 판매한 경우	100만원
• 화장품책임판매업자가 화장품의 생산실적 또는 수입실적 또는 화장품 원료의 목록 등을 보고하지 않은 경우 • 맞춤형화장품판매업자가 맞춤형화장품 원료의 목록을 보고하지 않은 경우 • 책임판매관리자 및 맞춤형화장품조제관리사가 화장품의 안전성 확보 및 품질관리에 관한 교육을 받지 않은 경우 • 폐업 또는 휴업 신고를 하지 않은 경우 • 화장품의 판매 가격을 표시하지 않은 경우	50만원

6 청문

식품의약품안전처장이 청문을 실시해야 하는 처분

① 천연화장품 및 유기농화장품 인증 취소

② 천연화장품 및 유기농화장품 인증기관 지정의 취소 또는 업무의 전부에 대한 정지 명령

③ 등록 취소, 영업소 폐쇄

④ 품목의 제조 · 수입 및 판매(수입대행형 거래를 목적으로 하는 알선 · 수여 포함) 금지 또는 업무의 전부에 대한 정지 명령

7 과징금

(1) 과징금 부과(주체 : 식품의약품안전처장)

① 영업자에게 업무정지처분을 해야 할 경우 업무정지처분을 갈음하여 10억원 이하의 과징금을 부과할 수 있다.

② 과징금을 부과하려면 위반행위의 종류와 과징금의 금액 등을 적은 서면으로 통지하여야 한다.

③ 과징금을 부과하기 위하여 필요한 경우 오른쪽 사항을 적은 문서로 관할 세무관서의 장에게 과세 정보 제공을 요청할 수 있다.

• 납세자의 인적 사항
• 과세 정보의 사용 목적
• 과징금 부과기준이 되는 매출금액

(2) 과징금 징수

① 과징금 미납부 시 식품의약품안전처장은 과징금부과처분을 취소하고 업무정지처분을 하거나 국세 체납처분의 예에 따라 징수

② 폐업 등으로 업무정지처분을 할 수 없을 때에는 국세 체납처분의 예에 따라 징수

③ 체납된 과징금의 징수를 위하여 다음 자료 또는 정보를 요청할 수 있다.

- 건축물대장 등본 : 국토교통부장관
- 토지대장 등본 : 국토교통부장관
- 자동차등록원부 등본 : 특별시장 · 광역시장 · 특별자치시장 · 도지사 또는 특별자치도지사

(3) 과징금 미납자에 대한 처분

독촉장 발부	• 발부기한 : 납부기한이 지난 후 15일 이내 • 납부기한 : 독촉장을 발부하는 날부터 10일 이내
업무정지처분	• 과징금을 납부하지 않은 자가 독촉장을 받고도 납부기한까지 과징금을 내지 않으면 과징금부과처분을 취소하고 업무정지처분을 하여야 한다. • 과징금 부과처분을 취소하고 업무정지처분을 하려면 처분대상자에게 서면으로 그 내용을 통지하되, 서면에는 처분이 변경된 사유와 업무정지처분의 기간 등 업무정지처분에 필요한 사항을 적어야 한다.

(4) 과징금 부과대상

① 내용량 시험이 부적합한 경우로서 인체에 유해성이 없다고 인정된 경우

② 화장품제조업자 또는 화장품책임판매업자가 자진회수계획을 통보하고 그에 따라 회수한 결과 국민보건에 나쁜 영향을 끼치지 아니한 것으로 확인된 경우

③ 1차 포장만의 공정을 하는 화장품제조업자가 해당 품목의 제조 또는 품질 검사에 필요한 시설 및 기구 중 일부가 없거나 「화장품법 시행규칙」 제6조제1항에 따른 화장품을 제조하기 위한 작업소의 기준을 위반한 경우

④ 화장품제조업자 또는 화장품책임판매업자가 「화장품법 시행규칙」 제5조제1항에 따른 변경등록(단, 화장품제조업자의 소재지 변경은 제외)을 하지 아니한 경우

⑤ 「화장품법」 제8조제2항, 제8항에 따라 식품의약품안전처장이 고시한 사용기준 및 유통화장품 안전관리 기준을 위반한 화장품 중 부적합 정도 등이 경미한 경우

⑥ 화장품책임판매업자가 「화장품법」 제4조를 위반하여 안전성 및 유효성에 관한 심사를 받지 않거나 그에 관한 보고서를 식약처장에게 제출하지 않고 기능성화장품을 제조 또는 수입하였으나 유통 · 판매에는 이르지 않은 경우

⑦ 「화장품법」 제10조부터 제12조까지에 따른 기재 · 표시를 위반한 경우

⑧ 화장품제조업자 또는 화장품책임판매업자가「화장품법」제15조제4호를 위반하여 이물질이 혼입 또는 부착 된 화장품을 판매하거나 판매의 목적으로 제조 · 수입 · 보관 또는 진열하였으나 인체에 유해성이 없다고 인정되는 경우

⑨ 기능성화장품에서 기능성을 나타나게 하는 주원료의 함량이 심사 또는 보고한 기준치에 대해 5% 미만으로 부족한 경우

Customized Cosmetics Preparation Manager

Section 02

맞춤형화장품의 안전성, 유효성 및 안정성

[식약처 동영상 강의]

01 화장품 안전성정보관리 규정

1 목적

화장품의 취급 · 사용 시 인지되는 안전성 관련 정보를 체계적이고 효율적으로 수집 · 검토 · 평가하여 적절한 안전대책을 강구함으로써 국민 보건상의 위해를 방지함을 목적으로 한다.

2 용어 정의

기출(20-1회, 21-3회)

① **유해사례** : 화장품의 사용 중 발생한 바람직하지 않고 의도되지 아니한 징후, 증상 또는 질병을 말하며, 당해 화장품과 반드시 인과관계를 가져야 하는 것은 아니다.

② **중대한 유해사례** : 유해사례 중 다음의 어느 하나에 해당하는 경우를 말한다.

- 사망을 초래하거나 생명을 위협하는 경우
- 입원 또는 입원기간의 연장이 필요한 경우
- 지속적 또는 중대한 불구나 기능저하를 초래하는 경우
- 선천적 기형 또는 이상을 초래하는 경우
- 기타 의학적으로 중요한 상황

③ **실마리 정보** : 유해사례와 화장품 간의 인과관계 가능성이 있다고 보고된 정보로서 그 인과관계가 알려지지 아니하거나 입증자료가 불충분한 것을 말한다.

기출(21-3회)

④ **안전성 정보** : 화장품과 관련하여 국민보건에 직접 영향을 미칠 수 있는 안전성 · 유효성에 관한 새로운 자료, 유해사례 정보 등을 말한다.

3 안전성 정보의 보고 기출(21-3회)

① 의사 · 약사 · 간호사 · 판매자 · 소비자 또는 관련단체 등의 장은 화장품의 사용 중 발생하였거나 알게 된 유해사례 등 안전성 정보에 대하여 식품의약품안전처장 또는 화장품 책임판매업자에게 보고할 수 있다.

② 보고 방법

식품의약품안전처 홈페이지를 통해 보고하거나 전화 · 우편 · 팩스 · 정보통신망 등의 방법으로 할 수 있다.

【화장품 유해사례 등 안전성정보 발생】

4 안전성 정보의 관리체계

화장품 안전성 정보의 보고 · 수집 · 평가 · 전파 등 관리체계는 별표와 같다.

기출(21-3회)

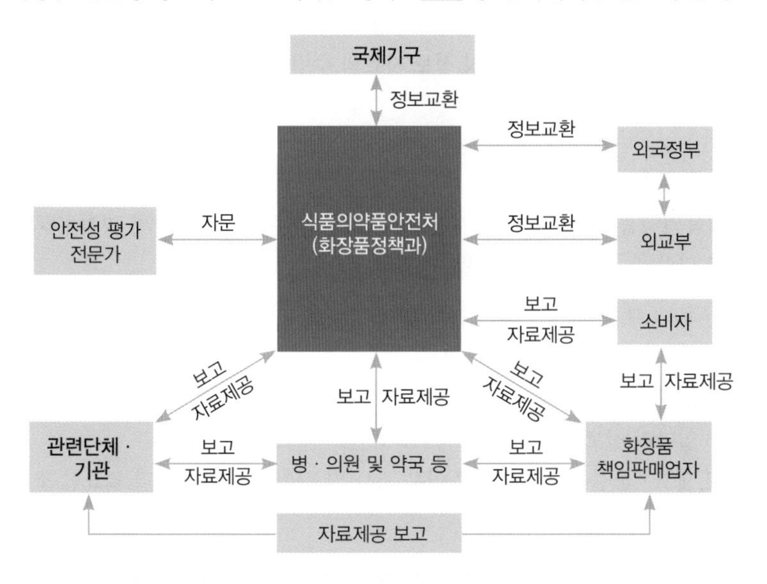

5 안전성 정보의 신속보고

기출(21-3회)

① 화장품 책임판매업자는 다음의 화장품 안전성 정보를 알게 된 때에는 보고서를 그 정보를 알게 된 날로부터 15일 이내에 식품의약품안전처장에게 신속히 보고하여야 한다.

> • 중대한 유해사례 또는 이와 관련하여 식품의약품안전처장이 보고를 지시한 경우
> • 판매중지나 회수에 준하는 외국정부의 조치 또는 이와 관련하여 식품의약품안전처장이 보고를 지시한 경우

② 안전성 정보의 신속보고는 식품의약품안전처 홈페이지를 통해 보고하거나 우편 · 팩스 · 정보통신망 등의 방법으로 할 수 있다.

6 안전성 정보의 정기보고

▶ **정기보고** : 매년 1월, 7월 말까지

기출(21-3회)

① 화장품 책임판매업자는 신속보고 되지 않은 화장품의 안전성 정보를 매 반기 종료 후 1월 이내에 식품의약품안전처장에게 보고하여야 한다.

② 안전성 정보의 정기보고는 식품의약품안전처 홈페이지를 통해 보고하거나 전자파일과 함께 우편 · 팩스 · 정보통신망 등의 방법으로 할 수 있다.

> • 자료의 보완 : 식품의약품안전처장은 유해사례 등 안전성 정보의 보고가 이 규정에 적합하지 않거나 추가 자료가 필요하다고 판단하는 경우 일정 기한을 정하여 자료의 보완을 요구할 수 있다.

7 안전성 정보의 검토 및 평가

식품의약품안전처장은 다음에 따라 화장품 안전성 정보를 검토 및 평가하며 필요한 경우 정책자문위원회 등 전문가의 자문을 받을 수 있다.

chapter 04

① 정보의 신뢰성 및 인과관계의 평가 등
② 국내 · 외 사용현황 등 조사 · 비교 (화장품에 사용할 수 없는 원료 사용 여부 등)
③ 외국의 조치 및 근거 확인(필요한 경우에 한함)
④ 관련 유해사례 등 안전성 정보 자료의 수집 · 조사
⑤ 종합 검토

8 후속조치

식품의약품안전처장 또는 지방식품의약품안전청장은 검토 및 평가 결과에 따라 다음 중 필요한 조치를 할 수 있다.

① 품목 제조 · 수입 · 판매 금지 및 수거 · 폐기 등의 명령
② 사용상의 주의사항 등 추가
③ 조사연구 등의 지시
④ 실마리 정보로 관리
⑤ 제조 · 품질관리의 적정성 여부 조사 및 시험 · 검사 등 기타 필요한 조치

02 기능성화장품의 심사

1 개요 (화장품법 제4조)

① 기능성화장품으로 인정받아 판매 등을 하려는 화장품제조업자, 화장품책임판매업자 또는 총리령으로 정하는 대학 · 연구소 등은 품목별로 안전성 및 유효성에 관하여 식품의약품안전처장의 심사를 받거나 식품의약품안전처장에게 보고서를 제출하여야 한다.
② 제출한 보고서나 심사받은 사항을 변경할 때에도 또한 같다.
③ 심사 또는 보고서 제출의 대상과 절차 등에 관하여 필요한 사항은 총리령으로 정한다.

2 보고서 제출 (화장품법 시행규칙 제10조)

(1) 심사 제외 품목 보고서 제출

기능성화장품으로 인정받아 판매 등을 하려는 화장품제조업자, 화장품책임판매업자 또는 연구기관등은 품목별로 별지 제10호서식의 기능성화장품 심사 제외 품목 보고서를 식품의약품안전평가원장에게 제출해야 한다.

(2) 보고대장 작성

보고서를 받은 식품의약품안전평가원장은 요건을 확인한 후 다음 사항을 기능성화장품의 보고대장에 적어야 한다.

① 보고번호 및 보고연월일
② 화장품제조업자, 화장품책임판매업자 또는 연구기관등의 상호(법인인 경우 법인의 명칭) 및 소재지
③ 제품명
④ 효능 · 효과

(3) 보고서 제출 대상

심사를 받지 않고 식품의약품안전평가원장에게 보고서를 제출해야 하는 대상은 다음과 같다.

① 1호 보고 대상

「기능성화장품 심사에 관한 기준」 [별표 4]
자료제출이 생략되는 기능성화장품의 종류 참고

효능 · 효과가 나타나게 하는 성분의 종류 · 함량, 효능 · 효과, 용법 · 용량,
기준 및 시험방법이 식품의약품안전처장이 고시한 품목과 같은 기능성화장품

「기능성화장품 기준 및 시험방법」(KFCC)에 고시된 품목

▶ **식품의약품안전처장이 고시한 품목**

각 품목에 대한 상세 내용은 「기능성화장품 기준 및 시험방법」 별표 참조할 것

구분	원료	고시 함량	제제
미백	나이아신아마이드	98% 이상	로션제 · 액제 · 크림제 · 침적 마스크 ※ 닥나무추출물은 기준 및 시험방법이 고시되어 있지 않으므로 보고 대상이 아님. 기준 및 시험방법에 관한 자료 제출
	아스코빌글루코사이드	98% 이상	
	아스코빌테트라이소팔미테이트	95% 이상	
	알부틴	98% 이상	
	알파-비사보롤	97% 이상	
	에칠아스코빌에텔	95% 이상	
	유용성감초추출물	글라브리딘 35% 이상	
주름개선	레티놀	90% 이상	로션제 · 크림제 · 침적 마스크 ※ 액제는 기준 및 시험방법에 관한 자료 제출
	레티닐팔미테이트	90% 이상	
	아데노신	99% 이상	로션제 · 액제 · 크림제 · 침적 마스크
	아데노신액(2%)	1.9~2.1%	
미백 및 주름개선	나이아신아마이드 · 아데노신	–	로션제 · 액제 · 크림제 · 침적 마스크
	아스코빌글루코사이드 · 아데노신	–	액제
	알부틴 · 레티놀	–	크림제
	알부틴 · 아데노신	–	로션제 · 액제 · 크림제 · 침적 마스크
	알파-비사보롤 · 아데노신	–	로션제 · 액제 · 크림제
	에칠아스코빌에텔 · 아데노신	–	크림제
	유용성감초추출물 · 아데노신	–	로션제 · 액제 · 크림제
체모 제거	치오글리콜산 80%	78~82%	크림제
염모제	2제형 산화염모제		분말제 · 로션제 · 액제 · 크림제 · 에어로졸제
	2제형 산화염모제의 제1제		
	산화염모제, 탈색 · 탈염제의 산화제		
	1제형 탈색제		
	2제형 탈색제		제1제 : 가루 · 크림 제2제 : 크림 · 로션 · 액제
	과황산나트륨 · 과황산칼륨 분말제		
	과황산나트륨 · 과황산암모늄 · 과황산칼륨 분말제		
	과황산암모늄 분말제		
	과황산암모늄 · 과황산칼륨 분말제		
	p-페닐렌디아민 · 과붕산나트륨사수화물 분말제		
	황산 p-페닐렌디아민 · 황산 m-페닐렌디아민 · 황산 m-아미노페놀 · 황산 o-아미노페놀 · 과붕산나트륨일수화물 분말제		

※ 제제의 원료 함량 기준 : 표시량의 90% 이상(치오글리콜산 크림제는 90~110%)

※ 자외선 차단, 탈모, 여드름 기능성화장품은 고시된 품목이 없으므로 1호 보고를 할 수 없다.

▶ **자외선차단 기능성화장품 성분의 고시 함량**

- 드로메트리졸(95~104%)
- 디갈로일트리올리에이트(98% 이상)
- 디에칠아미노하이드록시벤조일헥실 벤조에이트(99% 이상)
- 디소듐페닐디벤즈이미다졸테트라설포네이트(96% 이상)
- 메칠렌비스-벤조트리아졸릴테트라메칠부틸페놀액(50%)(48~52%)
- 멘틸안트라닐레이트(98% 이상)
- 벤조페논-4(95% 이상)
- 부틸메톡시디벤조일메탄(97~104%)
- 시녹세이트(95~105%)
- 에칠헥실디메칠파바(95% 이상)
- 에칠헥실살리실레이트(98% 이상)
- 이소아밀 p-메톡시신나메이트(98% 이상)
- 테레프탈릴리덴디캠퍼설포닉애씨드액(33%)(32.6~35.1%)
- 페닐벤즈이미다졸설포닉애씨드(98% 이상)
- 드로메트리졸트리실록산(98% 이상)
- 디메치코디에칠벤잘말로네이트(94~104%)
- 디에칠헥실부타미도트리아존(97% 이상)
- 메칠렌비스-벤조트리아졸릴테트라메칠부틸페놀(98.5% 이상)
- 4-메칠벤질리덴캠퍼(99.5% 이상)
- 벤조페논-3(90% 이상)
- 벤조페논-8(97% 이상)
- 비스-에칠헥실옥시페놀메톡시페닐트리아진(98% 이상)
- 옥토크릴렌(98% 이상)
- 에칠헥실메톡시신나메이트(95% 이상)
- 에칠헥실트리아존(98.0% 이상)
- 징크옥사이드(99.5% 이상)
- 티타늄디옥사이드(90.0% 이상)
- 호모살레이트(98% 이상)

② 2호 보고 대상

이미 심사를 받은 기능성화장품과 다음의 사항이 모두 같은 품목. 다만, 제2조제1호부터 제3호까지 및 같은 조 제8호부터 제11호까지의 기능성화장품은 이미 심사를 받은 품목이 대조군(효능 · 효과가 나타나게 하는 성분을 제외한 것)과의 비교실험을 통하여 효능이 입증된 경우만 해당한다.

- 효능 · 효과가 나타나게 하는 원료의 종류 · 규격 및 함량(액체상태인 경우 농도를 말한다)
- 효능 · 효과(제2조제4호 및 제5호의 기능성화장품의 경우 자외선 차단지수의 측정값이 마이너스 20퍼센트 이하의 범위에 있는 경우에는 같은 효능 · 효과로 본다) **기출(21-3회)**
- 기준(산성도(pH)에 관한 기준은 제외) 및 시험방법
- 용법 · 용량
- 제형

▶ **이미 심사를 받은 기능성화장품**
화장품제조업자(화장품제조업자가 제품을 설계 · 개발 · 생산하는 방식으로 제조한 경우만 해당)가 같거나 화장품책임판매업자가 같은 경우 또는 기능성화장품으로 심사받은 연구기관 등이 같은 기능성화장품만 해당

▶ 제2조 제1호부터 제11호까지의 세부 내용은 85페이지 참조할 것

▶ 제2조제1호부터 제3호까지 및 같은 조 제6호부터 제11호까지의 기능성화장품의 경우에는 액제, 로션제 및 크림제를 같은 제형으로 본다.

② 3호 보고 대상

이미 심사를 받은 기능성화장품 및 식품의약품안전처장이 고시한 기능성화장품과 비교하여 다음 사항이 모두 같은 품목(이미 심사를 받은 제2조제4호 및 제5호의 기능성화장품으로서 그 효능 · 효과를 나타나게 하는 성분 · 함량과 식품의약품안전처장이 고시한 제2조제1호부터 제3호까지의 기능성화장품으로서 그 효능 · 효과를 나타나게 하는 성분 · 함량이 서로 혼합된 품목만 해당)

- 효능 · 효과를 나타나게 하는 원료의 종류 · 규격 및 함량
- 효능 · 효과(제2조제4호 및 제5호에 따른 효능 · 효과의 경우 자외선차단지수의 측정값이 마이너스 20퍼센트 이하의 범위에 있는 경우에는 같은 효능 · 효과로 본다)
- 기준(산성도(pH)에 관한 기준은 제외) 및 시험방법
- 용법 · 용량
- 제형

3호 보고 대상

이미 심사받은 기능성 화장품 (자외선)

미백 고시품목
또는
주름개선 고시품목
또는
미백 · 주름개선 고시품목

액제, 로션제, 크림제

3 심사

(1) 개요

① 심사를 받으려는 자는 총리령으로 정하는 바에 따라 심사에 필요한 자료를 식품의약품안전처장에게 제출하여야 한다.

② 심사를 받은 사항을 변경하려는 경우 다음 서류를 식품의약품안전평가원장에게 제출하여야 한다.

- 기능성화장품 변경심사 의뢰서
- 먼저 발급받은 기능성화장품심사결과통지서
- 변경사유를 증명할 수 있는 서류

③ 기능성화장품 심사를 받은 자 간에 심사를 받은 기능성화장품에 대한 권리를 양도 · 양수하려는 경우에는 '변경사유를 증명할 수 있는 서류'를 갈음하여 양도 · 양수계약서를 제출할 수 있다.

▶ 기능성화장품을 양도 · 양수하는 경우 변경심사 대상으로 규정되었으며, 처리기한은 15일로 단축되었다.

(2) 심사 기준

① 기능성화장품의 원료와 분량은 효능 · 효과 등에 관한 자료에 따라 합리적이고 타당하여야 하며, 각 성분의 배합의의가 인정되어야 할 것

② 기능성화장품의 효능 · 효과는 각각의 기능에 적합할 것

③ 기능성화장품의 용법 · 용량은 오용될 여지가 없는 명확한 표현으로 적을 것

(3) 결과통지서 발급

식품의약품안전평가원장은 규정에 따라 심사를 한 후 심사대장에 다음 사항을 적고, 기능성화장품 심사 · 변경심사 결과통지서를 발급하여야 한다.

① 심사번호 및 심사연월일 또는 변경심사 연월일

② 기능성화장품 심사를 받은 화장품제조업자, 화장품책임판매업자 또는 연구기관등의 상호(법인인 경우 법인의 명칭) 및 소재지

③ 제품명 및 효능 · 효과

▶ **심사 관련 벌칙**

- 기능성화장품 심사를 받지 않거나 보고서를 제출하지 않은 자 : 3년 이하의 징역 또는 3천만원 이하의 벌금
- 변경심사를 받지 않은 자 : 100만원 이하의 과태료

(4) 첨부자료의 범위 · 요건 · 작성요령과 제출이 면제되는 범위 및 심사기준 등에 관한 세부 사항은 식품의약품안전처장이 정하여 고시한다.

03 기능성화장품 심사에 관한 규정

1 심사자료

(1) 제출자료의 범위

① 안전성, 유효성 또는 기능을 입증하는 자료 **기출**(20-1회)

㉠ 기원 및 개발경위에 관한 자료

㉡ 안전성에 관한 자료

- 단회투여독성시험자료
- 1차피부자극시험자료
- 안점막자극 또는 기타점막자극시험자료
- 피부감작성시험자료

▶ **기능성화장품 심사에 관한 규정의 목적**
기능성화장품을 심사받기 위한 제출자료의 범위, 요건, 작성요령, 제출이 면제되는 범위 및 심사기준 등에 관한 세부 사항을 정함으로써 기능성화장품의 심사업무에 적정을 기함을 목적으로 한다.

▶ '안전성에 관한 자료'는 과학적인 타당성이 인정되는 경우에는 구체적인 근거자료를 첨부하여 일부 자료를 생략할 수 있다.

기출(20-2회)

- 광독성 및 광감작성 시험자료(자외선에서 흡수가 없음을 입증하는 흡광도 시험자료를 제출하는 경우에는 면제)
- 인체첩포시험자료
- 인체누적첩포 시험자료(인체적용시험자료에서 피부이상반응 발생 등 안전성 문제가 우려된다고 판단되는 경우에 한함)

㉢ 유효성 또는 기능에 관한 자료 기출(20-1회)
효력시험자료, 인체적용시험자료, 염모효력시험자료

㉣ 자외선차단지수(SPF), 내수성자외선차단지수(SPF, 내수성 또는 지속내수성) 및 자외선A차단등급(PA) 설정의 근거자료

▶ 다음 화장품에 한함
- 강한 햇볕을 방지하여 피부를 곱게 태워주는 기능을 가진 화장품
- 자외선을 차단 또는 산란시켜 자외선으로부터 피부를 보호하는 기능을 가진 화장품

② **기준 및 시험방법에 관한 자료**(검체 포함)

(2) 제출자료의 요건

① **안전성, 유효성 또는 기능을 입증하는 자료**

㉠ 기원 및 개발경위에 관한 자료 : 당해 기능성화장품에 대한 판단에 도움을 줄 수 있도록 명료하게 기재된 자료

㉡ 안전성에 관한 자료

일반사항	「비임상시험관리기준」(식품의약품안전처 고시)에 따라 시험한 자료 (다만, 인체첩포시험 및 인체누적첩포시험은 국내·외 대학 또는 전문 연구기관에서 실시하여야 하며, 관련분야 전문의사, 연구소 또는 병원 기타 관련기관에서 5년 이상 해당 시험 경력자의 지도 및 감독 하에 수행·평가되어야 함)
시험방법	독성시험법에 따르는 것을 원칙으로 하며 기타 독성시험법에 대해서는「의약품등의 독성시험기준」(식품의약품안전처 고시)을 따를 것 (다만, 시험방법 및 평가기준 등이 과학적·합리적으로 타당성이 인정되거나 경제협력개발기구 또는 식품의약품안전처가 인정하는 동물대체시험법인 경우 규정된 시험법을 적용하지 아니할 수 있음)

기출(20-2회)

㉢ 유효성 또는 기능에 관한 자료

효력시험에 관한 자료	심사대상 효능을 뒷받침하는 성분의 효력에 대한 비임상시험자료로서 효과발현의 작용기전이 포함되어야 하며, 다음 중 어느 하나에 해당할 것 (가) 국내·외 대학 또는 전문 연구기관에서 시험한 것으로서 당해 기관의 장이 발급한 자료(시험시설 개요, 주요설비, 연구인력의 구성, 시험자의 연구경력 사항이 포함될 것) (나) 당해 기능성화장품이 개발국 정부에 제출되어 평가된 모든 효력시험자료로서 개발국 정부(허가 또는 등록기관)가 제출받았거나 승인하였음을 확인한 것 또는 이를 증명한 자료 (다) 과학논문인용색인에 등재된 전문학회지에 게재된 자료

▶ • 감작성 : 외부 자극에 의한 면역계 반응성
• 광독성 : 빛에 의한 독성 반응성
• 광감작성 : 빛에 의한 면역계 반응성
• 인체 첩포시험 : 접촉 피부염의 원인을 파악하기 위해 원인 추정 물질을 몸에 붙여 반응을 조사하는 시험

▶ 염모효력시험자료는 모발의 색상을 변화(탈염·탈색 포함)시키는 기능을 가진 화장품에 한함

기출(21-3회)
▶ SPF(자외선차단지수)
• 자외선차단제를 바르지 않고 일광화상을 입기 전까지 자외선에 노출될 수 있는 시간을 나타낸다.
• 자외선차단제를 바르지 않고 햇빛에서 10분 후에 일광화상을 입은 사람은 SPF 30의 자외선차단제를 발랐을 경우 300분 후에 일광화상을 입을 것으로 예측할 수 있다.

▶ 유효성에 관한 심사는 제품별 기능과 관련된 효능·효과에 한하여 실시한다.

인체적용 시험자료	• 사람에게 적용 시 효능 · 효과 등 기능을 입증할 수 있는 자료로서 위 (가) 또는 (나)에 해당할 것 • 인체적용시험의 실시기준 및 자료의 작성방법 등은 「화장품 표시 · 광고 실증에 관한 규정」을 준용할 것
염모효력 시험자료	인체모발을 대상으로 효능 · 효과에서 표시한 색상을 입증하는 자료

㉣ 자외선차단지수(SPF), 내수성자외선차단지수(SPF), 자외선A차단등급(PA) 설정의 근거자료

② **기준 및 시험방법에 관한 자료**

품질관리에 적정을 기할 수 있는 시험항목과 각 시험항목에 대한 시험방법의 밸리데이션, 기준치 설정의 근거가 되는 자료. 이 경우 시험방법은 공정서, 국제표준화기구(ISO) 등의 공인된 방법에 의해 검증되어야 한다.

(3) 제출자료의 면제

① **안전성에 관한 자료가 면제되는 경우**

「기능성화장품 기준 및 시험방법」, 국제화장품원료집(ICID), 「식품의 기준 및 규격」에서 정하는 원료로 제조되거나 제조되어 수입된 기능성화장품의 경우

▶ 유효성 또는 기능 입증자료 중 인체적용시험자료에서 피부이상반응 발생 등 안전성 문제가 우려된다고 식품의약품안전처장이 인정하는 경우 면제되지 않음

② **효력시험자료가 면제되는 경우**

유효성 또는 기능에 관한 자료 중 인체적용시험자료를 제출하는 경우

▶ 효력시험자료의 제출을 면제받은 성분에 대해서는 효능 · 효과를 기재 · 표시할 수 없다.

③ **기원 및 개발경위에 관한 자료, 안전성에 관한 자료, 유효성 또는 기능에 관한 자료가 면제되는 경우**

[별표 4] '자료 제출이 생략되는 기능성화장품의 종류'에서 성분 · 함량을 고시한 품목인 경우

▶ **설정 근거자료 [별표 3]**

- 자외선차단지수(SPF) : 자외선 차단효과 측정방법 및 기준 · 일본(JCIA) · 미국(FDA) · 유럽(Cosmetics Europe) · 호주/뉴질랜드(AS/NZS) 또는 국제표준화기구(ISO 24444) 등의 자외선차단지수 측정방법에 의한 자료
- 내수성자외선차단지수(SPF) : 자외선 차단효과 측정방법 및 기준 · 미국(FDA) · 유럽(Cosmetics Europe) · 호주/뉴질랜드(AS/NZS) 또는 국제표준화기구(ISO 16217) 등의 내수성자외선차단지수 측정방법에 의한 자료
- 자외선A차단등급(PA) : 자외선 차단효과 측정방법 및 기준 · 일본(ICIA) 또는 국제표준화기구(ISO 24442) 등의 자외선A 차단효과 측정방법에 의한 자료

기출(20-1회)

▶ **이미 심사를 받은 기능성화장품**
화장품책임판매업자가 같거나 화장품제조업자(화장품제조업자가 제품을 설계 · 개발 · 생산하는 방식으로 제조한 경우만 해당)가 같은 기능성화장품만 해당

④ 안전성, 유효성 또는 기능을 입증하는 자료가 면제되는 경우

㉠ 이미 심사를 받은 기능성화장품*과 그 효능 · 효과를 나타내게 하는 원료의 종류, 규격 및 분량(액상인 경우 농도), 용법 · 용량이 동일하고, 다음에 해당하는 경우

- 효능 · 효과를 나타나게 하는 성분을 제외한 대조군과의 비교실험으로서 효능을 입증한 경우
- 착색제, 착향제, 현탁화제, 유화제, 용해보조제, 안정제, 등장제, pH 조절제, 점도조절제, 용제만 다른 품목의 경우 (다만, 피부장벽의 기능을 회복하여 가려움 등의 개선에 도움을 주는 화장품 및 튼살로 인한 붉은 선을 엷게 하는 데 도움을 주는 화장품은 착향제, 보존제만 다른 경우에 한한다.)

㉡ 자외선을 차단 또는 산란시켜 자외선으로부터 피부를 보호하는 기능을 가진 제품의 경우 이미 심사를 받은 기능성화장품*과 그 효능 · 효과를 나타내게 하는 원료의 종류, 규격 및 분량(액상의 경우 농도), 용법 · 용량 및 제형이 동일한 경우 (다만, 내수성 제품은 이미 심사를 받은 기능성화장품*과 착향제, 보존제를 제외한 모든 원료의 종류, 규격 및 분량, 용법 · 용량 및 제형이 동일한 경우)

㉢ 2제형 산화염모제에 해당하나 제1제를 두 가지로 분리하여 제1제 두 가지를 각각 2제와 섞어 순차적으로 사용하거나, 또는 제1제를 먼저 혼합한 후 제2제를 섞는 것으로 용법 · 용량을 신청하는 품목

기출(20-2회)

⑤ 자외선차단지수(SPF) 10 이하 제품의 경우에는 자외선차단지수, 내수성자외선차단지수 및 자외선A차단등급(PA) 설정의 근거자료의 자료 제출을 면제한다.

⑥ 기준 및 시험방법에 관한 자료 : 기준 및 시험방법을 고시한 품목에 해당하는 경우 자료 제출이 면제된다.

(4) 자료의 작성

① 제출 자료는 요건에 적합하여야 하며 품목별로 각각 기재된 순서에 따라 목록과 자료별 색인번호 및 쪽을 표시하여야 한다.

▶ 제출 자료가 면제 또는 생략되는 경우에는 그 사유를 구체적으로 기재하여야 한다.

② 식품의약품안전평가원장이 정한 전용프로그램으로 작성된 전자적 기록매체(CD · 디스켓 등)와 함께 제출해야 한다.

③ 외국의 자료는 원칙적으로 한글요약문(주요사항 발췌) 및 원문을 제출하여야 하며, 필요한 경우에 한하여 전체 번역문(화장품 전문지식을 갖춘 번역자 및 확인자 날인)을 제출하게 할 수 있다.

(5) 자료의 보완

식품의약품안전평가원장은 제출된 자료가 자료의 제출범위 및 요건에 적합하지 않거나 심사기준을 벗어나는 경우 그 내용을 구체적으로 명시하여 자료제출자에게 보완을 요구할 수 있다.

2 심사기준

(1) 제품명

제품명은 이미 심사를 받은 기능성화장품의 명칭과 동일하지 않아야 한다. 다만, 수입품목의 경우 서로 다른 화장품책임판매업자가 제조소(원)가 같은 동일 품목을 수입하는 경우에는 화장품책임판매업자명을 병기하여 구분하여야 한다.

(2) 원료 및 분량

① 기능성화장품의 원료 및 분량은 효능 · 효과 등에 관한 자료에 따라 합리적이고 타당하여야 하고, 각 성분의 배합의의가 인정되어야 하며, 다음에 적합하여야 한다.

㉠ 기능성화장품의 원료 성분 및 그 분량은 제제의 특성을 고려하여 각 성분마다 배합목적, 성분명, 규격, 분량(중량, 용량)을 기재하여야 한다.
(다만, 「화장품 안전기준 등에 관한 규정」에 사용한도가 지정되어 있지 않은 착색제, 착향제, 현탁화제, 유화제, 용해보조제, 안정제, 등장제, pH 조절제, 점도 조절제, 용제 등의 경우에는 적량으로 기재할 수 있고, 착색제 중 식품의약품안전처장이 지정하는 색소(황색4호 제외)를 배합하는 경우에는 성분명을 "식약처장지정색소"라고 기재할 수 있다.)

㉡ 원료 및 분량은 "100밀리리터중" 또는 "100그람중"으로 그 분량을 기재함을 원칙으로 하며, 분사제는 "100그람중"(원액과 분사제의 양 구분표기)의 함량으로 기재한다.

㉢ 각 원료의 성분명과 규격은 다음 각 호에 적합하여야 한다.

- 성분명은 제6조제1항의 규정에 해당하는 원료집에서 정하는 명칭(국제화장품원료집의 경우 INCI 명칭)을, 별첨규격의 경우 일반명 또는 그 성분의 본질을 대표하는 표준화된 명칭을 각각 한글로 기재한다.
- 규격은 다음과 같이 기재하고, 그 근거자료를 첨부하여야 한다.

구분	기재 방법
효능 · 효과를 나타나게 하는 성분	• 「기능성화장품 기준 및 시험방법」에서 정하는 규격기준의 원료인 경우 그 규격으로 기재 • 그 이외에는 "별첨규격" 또는 "별규"로 기재 • [별표 2]의 작성요령에 따라 작성
기타 성분	• 제6조제1항의 규정에 해당하는 원료집에서 정하는 원료인 경우 그 수재 원료집의 명칭(예 ICID)으로 기재 • 「화장품 색소 종류와 기준 및 시험방법」에서 정하는 원료인 경우 "화장품색소고시"로 기재 • 그 이외에는 "별첨규격" 또는 "별규"로 기재 • [별표 2]의 작성요령에 따라 작성

(3) 제형

「기능성화장품 기준 및 시험방법」 통칙에서 정하고 있는 제형으로 표기한다. 다만, 이를 정하고 있지 않은 경우 제형을 간결하게 표현할 수 있다.

▶ **화장품 제형의 종류**
로션제, 액제, 크림제, 침적마스크제, 겔제, 에어로졸제, 분말제

chapter 04

▶ 「화장품법」 제2조제2호
㉮ 피부의 미백에 도움을 주는 제품
㉯ 피부의 주름개선에 도움을 주는 제품
㉰ 피부를 곱게 태워주거나 자외선으로부터 피부를 보호하는 데에 도움을 주는 제품
㉱ 모발의 색상 변화 · 제거 또는 영양공급에 도움을 주는 제품
㉲ 피부나 모발의 기능 약화로 인한 건조함, 갈라짐, 빠짐, 각질화 등을 방지하거나 개선하는 데에 도움을 주는 제품

▶ 부록2 552페이지 참조
[별표 3] 자외선 차단효과 측정방법 및 기준

(4) 효능 및 효과

① 기능성화장품의 효능 · 효과는 「화장품법」 제2조제2호* 각 목에 적합하여야 한다.

② 자외선으로부터 피부를 보호하는데 도움을 주는 제품에 자외선차단지수(SPF), 내수성 · 지속내수성 또는 자외선A차단등급(PA)을 표시하는 때에는 다음 기준에 따라 표시한다.

- 자외선차단지수(SPF)는 측정결과에 근거하여 평균값(소수점이하 절사)으로부터 -20% 이하 범위 내 정수 (예 SPF 평균값이 '23'일 경우 19~23 범위 정수)로 표시하되, SPF 50 이상은 "SPF50+"로 표시한다.
- 내수성 · 지속내수성은 측정결과에 근거하여 [별표 3] 자외선 차단효과 측정방법 및 기준에 따른 '내수성비 신뢰구간'이 50% 이상일 때, "내수성" 또는 "지속내수성"으로 표시한다.
- 자외선A차단등급(PA)은 측정결과에 근거하여 [별표 3] 자외선 차단효과 측정방법 및 기준에 따라 표시한다.

(5) 용법 · 용량

기능성화장품의 용법 · 용량은 오용될 여지가 없는 명확하게 기재하여야 한다.

(6) 사용 시의 주의사항

「화장품법 시행규칙」 [별표 3] 화장품 유형과 사용 시의 주의사항의 2. 사용 시의 주의사항 및 「화장품 사용 시의 주의사항 표시에 관한 규정」을 기재하되, 별도의 주의사항이 필요한 경우에는 근거자료를 첨부하여 추가로 기재할 수 있다.

▶ 314페이지 참조

(7) 기준 및 시험방법

기준 및 시험방법에 관한 자료는 [별표 2] 기준 및 시험방법 작성요령에 적합하여야 한다.

3 독성시험법 (별표 1)

기출(20-2회)

(1) 단회투여독성시험

① 실험 동물 : 랫드 또는 마우스

② 동물 수 : 1군당 5마리 이상

③ 투여경로 : 경구 또는 비경구 투여

④ 용량 단계

- 독성을 파악하기에 적절한 용량단계를 설정한다.
- 만약 2,000 mg/kg 이상의 용량에서 시험물질과 관련된 사망이 나타나지 않는다면 용량단계를 설정할 필요는 없다.

⑤ 투여 횟수 : 1회

⑥ 관찰

- 독성증상의 종류, 정도, 발현, 추이 및 가역성을 관찰하고 기록한다.
- 관찰기간은 일반적으로 14일로 한다.
- 관찰기간 중 사망례 및 관찰기간 종료 시 생존례는 전부 부검하고, 기관과 조직에 대하여도 필요에 따라 병리조직학적 검사를 행한다.

(2) 1차피부자극시험

① Draize 방법을 원칙으로 한다.

기출(20-2회)

② 시험 동물 : 백색 토끼 또는 기니픽

③ 동물 수 : 3마리 이상

④ 피부 : 털을 제거한 건강한 피부

⑤ 투여농도 및 용량

- 피부 1차 자극성을 평가하기에 적정한 농도와 용량을 설정한다.
- 단일농도 투여 시에는 0.5ml(액체) 또는 0.5g(고체)를 투여량으로 한다.

⑥ 투여 방법 : 24시간 개방 또는 폐쇄첩포

⑦ 관찰 : 투여 후 24, 48, 72시간의 투여 부위의 육안관찰을 행한다.

⑧ 시험결과의 평가 : 피부 1차 자극성을 적절하게 평가 시 얻어지는 채점법으로 결정한다.

(3) 안점막자극 또는 기타점막자극시험

① Draize 방법을 원칙으로 한다.

② 시험동물 : 백색 토끼

③ 동물 수 : 세척군 및 비세척군당 3마리 이상

④ 투여 농도 및 용량

- 안점막자극성을 평가하기에 적정한 농도를 설정
- 투여 용량 : 0.1ml(액체) 또는 0.1g(고체)

⑤ 투여 방법

- 한쪽 눈의 하안검을 안구로부터 당겨서 결막낭 내에 투여하고 상하안검을 약 1초간 서로 맞춘다.
- 다른 쪽 눈을 미처치 그대로 두어 무처치 대조안으로 한다.

⑥ 관찰 : 약물 투여 후 1, 24, 48, 72시간 후에 눈을 관찰

⑦ 기타 대표적인 시험방법은 다음과 같은 방법이 있다.

- LVET(Low Volume Eye Irritation Test) 법
- Oral Mucosal Irritation test 법
- Rabbit/Rat Vaginal Mucosal Irritation test 법
- Rabbit Penile mucosal Irritation test 법

(4) 피부감작성시험

① 일반적으로 Maximization Test를 사용하지만 적절하다고 판단되는 다른 시험법을 사용할 수 있다.

② 시험동물 : 기니픽

③ 동물 수 : 원칙적으로 1군당 5마리 이상

④ 시험군 : 시험물질감작군, 양성대조감작군, 대조군을 둔다.

⑤ 시험실시요령

- Adjuvant를 사용하는 시험법 및 adjuvant 사용하지 않는 시험법이 있으나 제1단계로서 Adjuvant를 사용하는 사용법 가운데 1가지를 선택해서 행한다.

chapter 04

- 만약 양성소견이 얻어진 경우에는 제2단계로서 Adjuvant를 사용하지 않는 시험방법을 추가해서 실시하는 것이 바람직하다.

⑥ 시험결과의 평가 : 동물의 피부반응을 시험법에 의거한 판정기준에 따라 평가한다.

⑦ 대표적인 시험방법은 다음과 같은 방법이 있다.

㉠ Adjuvant를 사용하는 시험법

- Adjuvant and Patch Test
- Freund's Complete Adjuvant Test
- Maximization Test
- Optimization Test
- Split Adjuvant Test

㉡ Adjuvant를 사용하지 않는 시험법

- Buehler Test
- Draize Test
- Open Epicutaneous Test

(5) 광독성시험

① 일반적으로 기니픽을 사용하는 시험법을 사용한다.

② 시험동물 : 각 시험법에 정한 바에 따른다.

③ 동물 수 : 원칙적으로 1군당 5마리이상

④ 시험군 : 원칙적으로 시험물질투여군 및 적절한 대조군을 둔다.

⑤ 광원 : UV-A 영역의 램프 단독, 혹은 UV-A와 UV-B 영역의 각 램프를 겸용해서 사용한다.

⑥ 시험실시요령 : 자항의 시험방법 중에서 적절하다고 판단되는 방법을 사용한다.

⑦ 시험결과의 평가 : 동물의 피부반응을 각각의 시험법에 의거한 판정기준에 따라 평가한다.

⑧ 대표적인 방법으로 다음과 같은 방법이 있다.

- Ison법
- Ljunggren법
- Morikawa법
- Sams법
- Stott법

(6) 광감작성시험

① 일반적으로 기니픽을 사용하는 시험법을 사용한다.

② 시험동물 : 각 시험법에 정한 바에 따른다.

③ 동물 수 : 원칙적으로 1군당 5마리이상

④ 시험군 : 원칙적으로 시험물질투여군 및 적절한 대조군을 둔다.

⑤ 광원 : UV-A 영역의 램프 단독, 혹은 UV-A와 UV-B 영역의 각 램프를 겸용해서 사용한다.

⑥ 시험실시요령

- 자항의 시험방법 중에서 적절하다고 판단되는 방법을 사용한다.
- 시험물질의 감작유도를 증가시키기 위해 adjuvant를 사용할 수 있다.

⑦ 시험결과의 평가 : 동물의 피부반응을 각각의 시험법에 의거한 판정기준에 따라 평가한다.

⑧ 대표적인 방법으로 다음과 같은 방법이 있다.

- Adjuvant and Strip 법
- Harber 법
- Horio 법
- Jordan 법
- Kochever 법
- Maurer 법
- Morikawa 법
- Vinson법

(7) 인체사용시험

① 인체 첩포 시험 : 피부과 전문의 또는 연구소 및 병원, 기타 관련기관에서 5년 이상 해당시험 경력을 가진 자의 지도하에 수행되어야 한다.

㉠ 대상 : 30명 이상

㉡ 투여 농도 및 용량

- 원료에 따라서 사용 시 농도를 고려해서 여러 단계의 농도와 용량을 설정하여 실시
- 완제품의 경우는 제품 자체를 사용하여도 된다.

㉢ 첩부 부위 : 사람의 상등부(정중선의 부분은 제외) 또는 전완부 등 인체사용시험을 평가하기에 적정한 부위를 폐쇄첩포한다.

㉣ 관찰 : 원칙적으로 첩포 24시간 후에 patch를 제거하고 제거에 의한 일과성의 홍반의 소실을 기다려 관찰 · 판정한다.

㉤ 시험결과 및 평가 : 홍반, 부종 등의 정도를 피부과 전문의 또는 이와 동등한 자가 판정하고 평가한다.

② 인체 누적첩포시험 : 대표적인 방법으로 다음과 같은 방법이 있다.

- Shelanski and Shelanski 법
- Draize 법 (Jordan modification)
- Kilgman의 Maximization 법

(8) 유전독성시험

① 박테리아를 이용한 복귀돌연변이시험

㉠ 시험균주 : 아래 2 균주를 사용한다.

- Salmonella typhimurium TA98(또는 TA1537), TA100(또는 TA1535)
- 상기 균주 외의 균주를 사용할 경우 사유를 명기한다.

㉡ 용량단계 : 5단계 이상을 설정하며 매 용량마다 2매 이상의 플레이트를 사용한다.

㉢ 최고 용량

- 비독성 시험물질은 원칙적으로 5mg/plate 또는 5㎕/plate 농도
- 세포독성 시험물질은 복귀돌연변이체의 수 감소, 기본 성장균층의 무형성 또는 감소를 나타내는 세포독성 농도

㉣ S9 mix를 첨가한 대사활성화법을 병행하여 수행한다.

㉤ 대조군 : 대사활성계의 유무에 관계없이 동시에 실시한 균주-특이적 양성 및 음성 대조물질을 포함한다.

㉥ 결과의 판정 : 대사활성계 존재 유무에 관계없이 최소 1개 균주에서 평판당 복귀된 집락 수에 있어서 1개 이상의 농도에서 재현성 있는 증가를 나

타낼 때 양성으로 판정한다.

② 포유류 배양세포를 이용한 체외 염색체이상시험

㉠ 시험세포주 : 사람 또는 포유동물의 초대 또는 계대배양세포를 사용한다.

㉡ 용량 단계 : 3단계 이상을 설정한다.

㉢ 최고 용량

- 비독성 시험물질은 5㎕/ml, 5mg/ml 또는 10mM 상당의 농도
- 세포독성 시험물질은 집약적 세포 단층의 정도, 세포 수 또는 유사분열 지표에서의 50% 이상의 감소를 나타내는 농도

㉣ S9 mix를 첨가한 대사활성화법을 병행하여 수행한다.

㉤ 염색체 표본은 시험물질 처리 후 적절한 시기에 제작한다.

㉥ 염색체이상의 검색은 농도당 100개의 분열중기상에 대하여 염색체의 구조이상 및 수적 이상을 가진 세포의 출현빈도를 구한다.

㉦ 대조군

- 대사활성계의 유무에 관계없이 적합한 양성과 음성대조군들을 포함한다.
- 양성대조군은 알려진 염색체이상 유발 물질을 사용해야 한다.

㉧ 결과의 판정 : 염색체이상을 가진 분열중기상의 수가 통계학적으로 유의성 있게 용량 의존적으로 증가하거나, 하나 이상의 용량단계에서 재현성 있게 양성반응을 나타낼 경우를 양성으로 한다.

③ 설치류 조혈세포를 이용한 체내 소핵 시험

㉠ 시험동물

- 마우스나 랫드를 사용한다.
- 일반적으로 1군당 성숙한 수컷 5마리를 사용하며 물질의 특성에 따라 암컷을 사용할 수 있다.

㉡ 용량 단계 : 3단계 이상으로 한다

㉢ 최고 용량

- 더 높은 처리용량이 치사를 예상하게 하는 독성의 징후를 나타내는 용량
- 골수 혹은 말초혈액에서 전체 적혈구 가운데 미성숙 적혈구의 비율 감소를 나타내는 용량 시험물질의 특성에 따라 선정한다.

㉣ 투여경로 : 복강투여 또는 기타 적용경로로 한다.

㉤ 투여 횟수 : 1회 투여를 원칙으로 하며 필요에 따라 24시간 간격으로 2회 이상 연속 투여한다.

㉥ 대조군은 병행실시한 양성과 음성 대조군을 포함한다.

㉦ 시험물질 투여 후 적절한 시기에 골수도말표본을 만든다. 개체당 1,000개의 다염성적혈구에서 소핵의 출현빈도를 계수한다. 동시에 전적혈구에 대한 다염성적혈구의 출현빈도를 구한다.

㉧ 결과의 판정 : 소핵을 가진 다염성적혈구의 수가 통계학적으로 유의성 있게 용량 의존적으로 증가하거나, 하나 이상의 용량단계에서 재현성 있게 양성반응을 나타낼 경우를 양성으로 한다.

04 기타 관련 규정

1 영유아 또는 어린이 사용 화장품의 관리 (화장품법 제4조의2)

① 화장품책임판매업자는 영유아 또는 어린이가 사용할 수 있는 화장품임을 표시 · 광고하려는 경우에는 제품별로 안전과 품질을 입증할 수 있는 다음의 자료(제품별 안전성 자료)를 작성 및 보관하여야 한다.

- 제품 및 제조방법에 대한 설명 자료
- 화장품의 안전성 평가 자료
- 제품의 효능 · 효과에 대한 증명 자료

② 식품의약품안전처장은 화장품에 대하여 제품별 안전성 자료, 소비자 사용실태, 사용 후 이상사례 등에 대하여 주기적으로 실태조사를 실시하고, 위해요소의 저감화를 위한 계획을 수립하여야 한다.

③ 실태조사

- 식품의약품안전처장은 실태조사를 5년마다 실시한다.
- 식품의약품안전처장은 실태조사를 위해 필요하다고 인정하는 경우에는 관계 행정기관, 공공기관, 법인 · 단체 또는 전문가 등에게 필요한 의견 또는 자료의 제출 등을 요청할 수 있다.
- 식품의약품안전처장은 실태조사의 효율적 실시를 위해 필요하다고 인정하는 경우에는 화장품 관련 연구기관 또는 법인 · 단체 등에 실태조사를 의뢰하여 실시할 수 있다.

2 제품별 안전성 자료를 작성·보관해야 하는 표시·광고의 범위

① **표시의 경우** : 화장품의 1차 포장 또는 2차 포장에 영유아 또는 어린이가 사용할 수 있는 화장품임을 특정하여 표시하는 경우(화장품의 명칭에 영유아 또는 어린이에 관한 표현이 표시되는 경우를 포함)

② **광고의 경우** : 별표 5 제1호가목부터 바목까지(어린이 사용 화장품의 경우에는 바목을 제외한다)의 규정에 따른 매체 · 수단 또는 해당 매체 · 수단과 유사하다고 식품의약품안전처장이 정하여 고시하는 매체 · 수단에 영유아 또는 어린이가 사용할 수 있는 화장품임을 특정하여 광고하는 경우

3 제품별 안전성 자료의 보관기간 기출(20-2회)

① **화장품의 1차 포장에 사용기한을 표시하는 경우** : 영유아 또는 어린이가 사용할 수 있는 화장품임을 표시 · 광고한 날부터 마지막으로 제조 · 수입된 제품의 사용기한 만료일 이후 1년까지의 기간 (이 경우 제조는 화장품의 제조번호에 따른 제조일자를 기준으로 하며, 수입은 통관일자를 기준으로 한다.)

② **화장품의 1차 포장에 개봉 후 사용기간을 표시하는 경우** : 영유아 또는 어린이가 사용할 수 있는 화장품임을 표시 · 광고한 날부터 마지막으로 제조 · 수입된 제품의 제조연월일 이후 3년까지의 기간 (이 경우 제조는 화장품의 제조번호에 따른 제조일자를 기준으로 하며, 수입은 통관일자를 기준으로 한다.)

▶ **제품별 안전성 자료의 보관방법 및 절차**
- 영유아 또는 어린이 사용 화장품책임판매업자는 인쇄본 또는 전자매체를 이용하여 제품별 안전성 자료를 안전하게 보관하여야 한다. 이 경우 화장품책임판매업자는 자료의 훼손 또는 소실에 대비하기 위해 사본, 백업자료 등을 생성 · 유지할 수 있다.
- 보관된 문서는 화장품법 시행규칙 제10조의3제2항에 따른 기간 동안 보관한 이후 책임판매관리자의 책임 하에 폐기할 수 있다.

▶ **실태조사에 포함되어야 할 사항**
- 제품별 안전성 자료의 작성 및 보관 현황
- 소비자의 사용실태
- 사용 후 이상사례의 현황 및 조치 결과
- 영유아 또는 어린이 사용 화장품에 대한 표시 · 광고의 현황 및 추세
- 영유아 또는 어린이 사용 화장품의 유통 현황 및 추세

▶ **영유아와 어린이용 화장품의 광고 차이**
- 영유아 제품 : 방문 또는 실연(實演)광고를 하기 위해 안전성 자료를 작성 · 보관해야 함
- 어린이 제품 : 안전성 자료 없이 방문 또는 실연광고 가능

▶ 별표 5 제1호가목부터 바목
가. 신문 · 방송 또는 잡지
나. 전단 · 팸플릿 · 견본 또는 입장권
다. 인터넷 또는 컴퓨터통신
라. 포스터 · 간판 · 네온사인 · 애드벌룬 또는 전광판
마. 비디오물 · 음반 · 서적 · 간행물 · 영화 또는 연극
바. 방문광고 또는 실연광고

4 지정·고시된 원료의 사용기준의 안전성 검토 (시행규칙 제17조의2)

① 지정 · 고시된 원료의 사용기준의 안전성 검토 주기는 5년으로 한다.

② 식품의약품안전처장은 지정 · 고시된 원료의 사용기준의 안전성을 검토할 때에는 사전에 안전성 검토 대상을 선정하여 실시해야 한다.

5 화장품책임판매업자의 준수사항 (시행규칙 제11조)

① 제품과 관련하여 국민보건에 직접 영향을 미칠 수 있는 안전성 · 유효성에 관한 새로운 자료, 정보사항(화장품 부작용 사례 포함) 등을 알게 되었을 때에는 식품의약품안전처장이 정하여 고시하는 바에 따라 보고하고, 필요한 안전대책을 마련할 것

기출(20-1회)

② 다음에 해당하는 성분을 0.5% 이상 함유하는 제품의 경우에는 해당 품목의 안정성시험 자료를 최종 제조된 제품의 사용기한이 만료되는 날부터 1년간 보존할 것

- 레티놀(비타민A) 및 그 유도체
- 아스코빅애시드(비타민C) 및 그 유도체
- 토코페롤(비타민E)
- 과산화화합물
- 효소

6 안정성 시험

(1) 목적

제품의 안정성시험 및 경시변화 시험에 필요한 세부사항에 대하여 규정함으로써 신제품 또는 기존제품의 품질 유지 및 향상

(2) 시험의 종류

① **경시변화 시험**

규정된 보관 조건 내에서 제품의 경시적 변화를 계획된 시기와 방법에 따라 측정하는 시험

② **항온안정성 시험**

규정된 보관 온도 내에서 벌크(혹은 제품)의 변화를 계획된 시기와 방법에 따라 측정하는 시험

③ **장기보존 시험**

화장품의 저장조건 하에서 사용기간을 설정하기 위하여 장기간에 걸쳐 화장품의 물리 · 화학 · 생물학적 이상 유무를 확인하는 시험

④ **가속시험**

장기보존시험의 저장조건을 벗어난 단기간의 가속조건이 물리 · 화학적, 미생물학적 안정성 및 용기 적합성에 미치는 영향을 평가하기 위한 시험

⑤ **가혹시험**

㉠ 의미

- 가혹조건에서 화장품의 분해과정 및 분해산물 등을 확인하기 위한 시험

• 일반적으로 개별 화장품의 취약성, 예상되는 운반, 보관, 진열 및 사용 과정에서 뜻하지 않게 일어나는 가능성 있는 가혹한 조건에서 품질변화를 검토하기 위해 수행

ⓛ 온도 편차 및 극한 조건

• 운반 및 보관과정에서 극한 온도 및 압력에 제품이 노출될 수 있으므로 극한 조건으로 동결-해동 시험을 고려해야 하는 제품의 경우 수행
• 일정한 온도 조건에서의 보관보다는 온도 사이클링 또는 '동결-해동' 시험을 통해 문제점을 보다 신속하게 파악 가능
• 동결-해동 시험 시 현탁(결정 형성 또는 흐릿해지는 경향) 발생 여부, 유제와 크림제의 안정성 결여, 포장 문제(예 표시 · 기재 사항 분실이나 구겨짐, 파손 또는 찌그러짐), 알루미늄 튜브 내부 래커의 부식여부 등을 관찰한다.
• 시험 예 : 저온 시험, 동결-해동 시험, 고온 시험

ⓒ 기계 · 물리적 시험

• 본 시험에서 진동 시험은 분말 또는 과립 제품의 혼합상태가 깨지거나 또는 분리 발생 여부를 판단하기 위해 수행한다.
• 기계 · 물리적 충격시험, 진동시험을 통한 분말제품의 분리도 시험 등, 유통, 보관, 사용조건에서 제품특성상 필요한 시험을 말한다.
• 기계적 충격 시험은 운반 과정에서 화장품 또는 포장이 손상될 가능성을 조사하는 데 사용한다.

ⓔ 광안정성

• 제품이 빛의 노출 상태로 포장된 화장품은 광안정성 시험을 실시한다.
• 시험 조건은 화장품이 빛에 노출될 수 있는 조건을 반영한다.

기출(21-4회)

▶ 안정성의 종류
• 광안정성 : 다양한 광 조건에서 화장품 성분이 일정한 상태로 유지되는 성질
• 열 안정성 : 다양한 온도 변화 조건에서 화장품 성분이 일정한 상태로 유지되는 성질
• 미생물 안정성 : 미생물 증식으로 인한 오염으로부터 화장품 성분이 일정한 상태로 유지되는 성질
• 산화 안정성 : 산소 및 기타 화학 물질과의 산화 반응이 유발되지 않고 화장품 성분이 일정한 상태로 유지되는 성질

⑥ 개봉 후 안정성시험

기출(21-3회)

화장품 사용 시에 일어날 수 있는 오염 등을 고려한 사용기한을 설정하기 위하여 장기간에 걸쳐 물리 · 화학적, 미생물학적 안정성 및 용기 적합성을 확인하는 시험

(3) 책임과 권한

품질보증팀장	• 안정성 시험이 실시되도록 관리 감독 • 안정성 시험 계획 및 시험결과에 대해 검토 및 승인 • 시험 담당자 선임
시험담당자	• 안정성 시험 계획 수립 및 수행 • 안정성 시험 결과 분석 및 기록 관리

(4) 업무내용

① 시험담당자는 안정성시험 및 경시변화시험에 대하여 시험 계획을 작성한다. 기출(20-2회)
② 대상 제품에 제품명, 시험개시일, 보관조건 등의 사항이 포함된 라벨을 부착한다.
③ 계획에 따라 시험을 실시하고, 시험결과를 기록한다.

④ 시험 분류별 시험기준 기출(20-2회)

구분	시험부서	검체	시험방법		시험 주기	시험 항목
			보관조건	시험기간		
경시변화시험	품질보증팀	신제품 (벌크)	실온상태 유지	12개월	6, 12개월	성상, 향취, 색상
항온안정성시험	연구소	신제품 (벌크)	각 해당 온도 항온도(4, 37, 45, 50℃)	1개월	제조 후 7일 동안, 15일후, 30일후	성상, 향취, 색상
장기보존시험	품질보증팀	완제품	실온상태 유지	해당 제품의 유통기한	생산후 6, 12, 18, 24, 30, 36개월	전 항목

(5) 이상 발생 시 조치사항

시험 결과 부적합이 발생하면 시험결과를 기록하여 품질보증팀장의 결재를 득한 후 원인 분석 및 대책을 수립한다.
(품질보증팀장은 부적합 사항이 소비자에 끼칠 영향을 검토하여 후속조치 한다.)

(6) 시험의 조건

① 장기보존시험 조건

구분		내용
로트의 선정		• 시중에 유통할 제품과 동일한 처방, 제형 및 포장용기를 사용한다. • 3로트 이상에 대하여 시험하는 것을 원칙으로 한다. (다만, 안정성에 영향을 미치지 않는 것으로 판단되는 경우에는 예외로 할 수 있다.)
보존조건		• 제품의 유통조건을 고려하여 적절한 온도, 습도, 시험기간 및 측정시기를 설정하여 시험한다. • 예를 들어 실온보관 화장품의 경우 온도 25±2℃/상대습도 60±5% 또는 30±2℃/상대습도 66±5%로, 냉장보관 화장품의 경우 5±3℃로 실험할 수 있다.
시험기간		6개월 이상 시험하는 것을 원칙으로 하나, 화장품 특성에 따라 따로 정할 수 있다.
측정시기		시험개시 때와 첫 1년간은 3개월마다, 그 후 2년까지는 6개월마다, 2년 이후부터 1년에 1회 시험한다.
시험 항목	일반 화장품	• 화장품 종류 및 구성성분이 매우 다양하므로 제품유형 및 제형에 따라 적절한 안정성시험항목을 설정한다. • 시험항목 및 기준은 과학적 근거 및 경험 등을 바탕으로 선정한다.
	기능성 화장품	기준 및 시험방법에 설정한 전 항목을 원칙으로 하며, 전 항목을 실시하지 않을 경우에는 이에 대한 과학적 근거를 제시하여야 한다.

② 가속시험 조건

구분	내용
로트의 선정	장기보존시험 기준에 따른다.
보존조건	• 유통경로나 제형특성에 따라 적절한 시험조건을 설정하여야 하며, 일반적으로 장기보존시험의 지정저장온도보다 15℃ 이상 높은 온도에서 시험한다. • 예를 들어, 실온보관 화장품의 경우에는 온도 40±2℃/상대습도 75±5%로, 냉장보관 화장품의 경우에는 25±2℃/상대습도 60±5%로 한다.
시험기간	6개월 이상 시험하는 것을 원칙으로 하나 필요시 조정할 수 있다.
측정시기	시험개시 때를 포함하여 최소 3번을 측정한다.
시험항목	장기보존시험과 동일

③ 가혹시험 조건

로트의 선정 및 시험기간	검체의 특성 및 시험조건에 따라 적절히 정한다.
시험조건	• 광선, 온도, 습도 3가지 조건을 검체의 특성을 고려하여 결정한다. • 예 온도순환(-15 ~ 45℃), 냉동-해동 또는 저온-고온의 가혹 조건을 고려하여 결정한다.
시험항목	장기보존시험조건에 따르며, 품질관리상 중요한 항목 및 분해산물의 생성 유무를 확인한다.

④ 개봉 후 안정성시험

로트의 선정		장기보존시험조건에 따른다.
보존조건		• 제품의 사용 조건을 고려하여, 적절한 온도, 시험기간 및 측정시기를 설정하여 시험한다. • 계절별로 각각의 연평균 온도, 습도 등의 조건을 설정할 수 있다.
시험기간		6개월 이상 시험하는 것을 원칙으로 하나, 특성에 따라 조정할 있다.
측정시기		시험개시 때와 첫 1년간은 3개월마다, 그 후 2년까지는 6개월마다, 2년 이후부터 1년에 1회 시험한다.
시험항목	일반 화장품	• 화장품 종류 및 구성성분이 매우 다양하므로 제품유형 및 제형에 따라 적절한 안정성시험항목을 설정한다. • 시험항목 및 기준은 과학적 근거 및 경험 등을 바탕으로 선정한다.
	기능성 화장품	기준 및 시험방법에 설정한 전 항목을 원칙으로 하며, 전 항목을 실시하지 않을 경우에는 이에 대한 과학적 근거를 제시하여야 한다.

(7) 시험항목 선정의 예

화장품의 안정성이 떨어지는 것은 제품의 종류, 제형 및 구성성분과 처방구성 등에 따라 차이가 있으며 온도, 습도, 일광, 미생물, 포장재료 및 유통조건 등 외부 요인에 따라서도 각양각색이다. 시험방법도 제품들의 내 · 외부적 요인에 따라 다르고, 통일된 시험항목을 선정하기는 어렵다.

화장품의 안정성 시험항목은 적절한 보관, 운반, 사용 조건에서 화장품의 물리 · 화학적 안정성, 미생물학적 안정성, 용기 적합성을 보증할 수 있도록 설정해야 한다. 이미 평가된 자료 및 경험을 바탕으로 하여 과학적이고 합리적인 항목과 기준을 설정해야 한다. 일반적으로 사용되는 안정성시험항목은 다음과 같다.

① 장기보존시험 및 가속시험

구분	설명
일반시험	균등성, 향취 및 색상, 사용감, 액상, 유화형, 내온성 시험을 수행한다.
물리적 시험	비중, 융점, 경도, pH, 유화상태, 점도 등
화학적 시험	시험물가용성성분, 에테르불용 및 에탄올가용성성분, 에테르 및 에탄올 가용성 불검화물, 에테르 및 에탄올 가용성 검화물, 에테르 가용 및 에탄올 불용성 불검화물, 에테르 가용 및 에탄올 불용성 검화물, 증발잔류물, 에탄올 등
미생물학적 시험	정상적으로 제품 사용 시 미생물 증식을 억제하는 능력이 있음을 증명하는 미생물학적 시험 및 필요 시 기타 특이적 시험을 통해 미생물에 대한 안정성을 평가한다.
용기적합성 시험	제품과 용기 사이의 상호작용 (용기의 제품 흡수, 부식, 화학적 반응 등)에 대한 적합성을 평가한다.

② 가혹시험

본 시험의 시험항목은 보존 기간 중 제품의 안전성이나 기능성에 영향을 확인할 수 있는 품질관리상 중요한 항목 및 분해산물의 생성 유무를 확인한다.

③ 개봉 후 안정성시험

개봉 전 시험항목과 미생물한도시험, 살균보존제, 유효성성분시험을 수행한다. 다만, 개봉할 수 없는 용기로 되어 있는 제품(스프레이 등), 일회용 제품 등은 개봉 후 안정성 시험을 수행할 필요가 없다.

(8) 품목 유형별 시험 항목

유형	시험 항목
화장수	성상(결빙, 침전), 향취, 색상, pH, 점도 · 경도, 굴절률, 이물질 등
로션, 에센스, 크림, 폼, 팩, 파운데이션	성상(결빙, 응고, 분리, 겔화), 색상, 향취, pH, 점도 · 경도 등

(9) 안정성 변화

① 화학적 변화 : 변색, 퇴색, 변취, 악취, 오염, 결정석출, pH 변화, 활성성분의 역가변화

② 물리적 변화 : 분리, 응집, 침전, 겔화, 휘발, 고화, 연화, 균열, 발한, 점도의 변화

05 동물대체시험법 가이드라인

기출(20-2회)

1 화장품 피부감작성 동물대체시험법 : 국소림프절시험법(LLNA: FCM)

(화장품법 제4조의2)

① T-세포의 활성화와 증식을 평가하는 방법

② 기존 방사성 동위원소를 사용하는 국소림프절 시험법을 대체하기 위한 방법으로 피부감작성 반응 중 유도기(induction phase)에 나타나는 반응을 측정하는 시험법

③ 림프절 단일세포의 증식수준을 티미딘 유사체인 5-Bromo-2-deoxyuridine (BrdU)를 이용하여 유세포 분석기로 측정하여 감작능을 평가

④ 기니픽 시험(TG 406) 대비 사용되는 동물의 수를 줄일 수 있으며, 면역보조제 사용이 불필요하여 동물의 고통을 줄일 수 있는 장점이 있다.

⑤ LLNA(TG 429)와 달리 방사성 동위원소를 사용하지 않고 피부감작성을 확인할 수 있기 때문에 작업 시 방사성 노출이나 방사성 폐기물 처리 문제가 없다.

2 화장품 피부감작성 동물대체시험법

(In chemico 아미노산 유도체 결합성을 이용한 시험법)

① 피부감작 독성발현경로에서 분자 수준의 초기현상인 피부 단백질의 반응

성을 평가하는 방법으로 기준에 따라 피부감작물질과 비감작물질을 구별하는 화학적 시험법

② UN GHS 기준에 따라 피부감작물질과 비감작물질을 구별하는 화학적 시험법

③ 시험물질을 시스테인 유도체와 라이신 유도체를 25±1℃에서 24±1시간 동안 반응시킨 후 HLPC 분석을 통해 소실율을 계산

④ 단백질과 공유결합을 하여 반응하는 물질에만 적용 가능하므로 금속화합물의 평가에 적용할 수 없다.

⑤ 대사 시스템을 포함하지 않으므로 피부감작성을 나타내기 위하여 효소에 의한 활성 단계를 거쳐야 하는 화학물질들은 이 시험법으로 측정할 수 없다.

⑥ 일부 비생물학적 변형을 거쳐 피부감작성을 나타내는 화학물질들은 정확하게 측정할 수 있다.

3 화장품 피부감작성 동물대체시험법(ARE-Nrf2 루시퍼라아제 LuSens 시험법)

① 피부감작성 독성발현경로(Adverse Outcome Pathway, AOP)의 두 번째 핵심 단계인 각질세포의 활성화에 대한 생체외 시험

② 랫드 NQO1(NADPH: quinone oxidoreductase) 유전자의 항산화 반응요소(Antioxidant Response Element, ARE)에 의해 전사(transcription) 조절을 받는 루시퍼라아제(Luciferase) 유전자를 안정적으로 삽입한 인체 각질세포주를 사용

③ 다양한 유기 작용기, 반응기전, 피부감작능, 물리화학적 성질을 가지는 시험물질에 적용할 수 있다.

④ 가용성이거나 시험물질처리 배지에서 안정하게 현탁(즉, 시험물질이 용매로부터 침전되거나 층이 분리되지 않는 콜로이드 또는 현탁액)되는 시험물질에 적용된다.

⑤ 고농도의 식물에스트로겐과 같이 루시퍼라아제 리포터 유전자를 과활성시키는 유사한 화합물에 의한 루시퍼라아제 발현 결과는 신중하게 분석되어야 한다.

4 화장품 피부감작성 동물대체시험법(인체 세포주 활성화 방법, h-CLAT)

① 피부감작성 독성발현경로의 세 번째 단계인 수지상세포의 활성화를 특정 세포 표면 표지자의 발현으로 평가하는 방법

② 다양한 유기 작용기, 반응기전, 피부감작능(체내 시험결과), 물리화학적 성질을 가지는 시험물질에 적용할 수 있는 시험법

③ 인체 세포주 활성화를 이용한 피부감작성 시험법은 시험물질에 24시간 동안 노출된 인체 단핵구 백혈병 세포주(THP-1 세포)의 세포 표면 표지자(CD86과 CD54) 발현 수준을 정량화하는 체외 분석법

5 In Chemico 펩타이드 반응을 이용한 피부감작성 시험법

UN GHS 기준에 따라 피부감작물질과 비감작물질을 구별하는 데 사용되는 in chemico 시험법(펩타이드 반응성 시험법, Direct Peptide Reactivity Assay, DPRA)을 설명한다.

▶ 피부감작물질은 피부에 접촉하여 알레르기 반응을 일으키는 물질을 말한다.

6 화장품 피부부식성 동물대체시험법(인체피부모델을 이용한 피부부식 시험법)

① 피부 표피의 형태학적, 생화학적 및 생리학적 특성과 매우 유사하게 3차원으로 재구성한 인체피부모델을 사용하여 비가역적인 피부 손상인 피부 부식을 평가하는 생체외(in vitro) 피부부식 시험법

② 인체피부모델에 시험물질을 국소적으로 적용하여 일정 시간 노출시킨 뒤 세포생존율을 정하여 피부 부식성을 평가하는 시험법

③ 비형질전환 인체유래표피 각질세포로 구성된 3차원 인체피부모델에 국소적으로 적용된다.

7 화장품 피부부식성 동물대체시험법(경피성 전기저항 시험법)

① 랫드 피부의 경피 전기저항 값을 측정하여 비가역적인 피부손상(피부괴사)인 부식성을 평가하는 생체외(in vitro) 시험법인 경피성 전기저항 시험법

② 생후 28~30일 된 랫드의 피부디스크를 채취하여 표피층 표면에 시험물질을 24시간 적용하여 경피성 전기저항(TER)을 측정한 후, 예측모델을 이용하여 피부 부식성과 비부식성을 구별

③ 액체, 반고체, 고체, 왁스를 포함하는 다양한 화학물질에 적용

8 화장품 피부부식성 동물대체시험법(장벽막을 이용한 피부부식 시험법)

① 부식성 화학물질에 반응하도록 제작된 인공막을 활용하여 피부부식성을 평가하는 생체외(in vitro) 시험법인 장벽막을 이용한 피부부식 시험법

② 합성 고분자 생체장벽과 화학물질 검출 시스템으로 구성되며, 시험물질을 장벽막 표면에 적용 후 부식성 시험물질에 화학물질 검출 시스템 장벽막의 손상 정도를 확인한다.

9 화장품 안자극 동물대체시험법(Vitrigel을 이용한 안자극 시험법)

① 시험물질에 의한 인체각막상피 모델의 장벽 기능 손상에 근거하여 UN GHS에 따른 안자극 또는 심한 안손상에 대한 분류 및 표시가 필요하지 않은 시험물질을 식별하는 생체외 시험법

② 콜라겐 vitrigel 멤브레인 챔버 안에 설치된 인체각막상피 모델을 이용하여 각막 상피의 장벽 기능 손상을 평가하고 이를 바탕으로 안 자극 또는 안 손상에 대한 분류 및 표시가 필요 없는 화학물질을 확인하는 생체 외 시험법

③ 인체각막상피 모델에 시험물질 처리 후 3분 동안 상피전기저항 변화를 측정한다.

④ 시험물질에 의한 hCE 모델의 장벽 기능 손상은 지연 시간, 강도 및 plateau 레벨의 세 가지 지표를 사용하여 평가한다.

⑤ 시험물질의 안 자극성은 시험물질에 3분 동안 노출시킨 후의 hCE 모델의 장벽 손상 정도를 종말점으로 하여 상피전기저항값의 변화를 분석함으로써 예측한다.

10 화장품 안자극 동물대체시험법(단시간 노출법, STE)

① 시험물질이 토끼 각막 세포주인 SIRC 세포에 미치는 세포독성을 근거로 하여 '심한 안손상을 유발하는 물질' 또는 '안자극 또는 심한 안 손상으로 분류되지 않는 물질'을 식별하는데 사용되는 체내(in vitro) 안자극 시험방법이다.

② 시험물질을 생리식염수, 5% 디메틸 설폭사이드가 함유된 생리식염수 또는 미네랄 오일에 용해하거나 현탁시켜 5%, 0.05% 시험용액을 조제한 후, SIRC 세포에 그 시험용액을 5분간 노출시키고 MTT assay를 통해 용매대조군 대비 시험물질 처리군의 상대적인 세포생존율을 측정하여 안자극성을 평가한다.

▶ STE : Short Time Exposure (단시간 노출법)

▶ SIRC : Statens Seruminstitut Rabbit Cornea(스태튼스 세럼 기관 토끼 각막)

11 소각막을 이용한 안점막자극시험법(BCOP 시험법)

① 갓 도축된 소에서 분리된 눈의 각막을 사용한다.

② 심한 안손상을 유발하는 화학물질과 안자극 또는 심한 안손상을 유발하지 않은 화학물질을 정확하게 판별할 수 있는 방법

③ UN GHS의 비자극(No Category) 화학물질 판별을 위한 BCOP 시험법 적용

▶ BCOP : Bovine Corneal Opacity and Permeability test

▶ SIRC : Statens Seruminstitut Rabbit Cornea(스태튼스 세럼 기관 토끼 각막)

12 화장품 광독성 동물대체시험법(활성산소종을 이용한 광독성 시험법)

① 인공 태양광이 조사된 시험물질에서 생성된 활성산소종을 측정하여 시험물질의 광반응성을 평가하는 시험법(활성산소종을 이용한 광반응성 시험법)

② 분자 내 발색단의 들뜸을 유도하는 특정 파장의 광독성 반응에서 들뜸 에너지가 산소 분자에 전달되어 생성되는 과산화물 음이온 일중항산소 등의 활성산소종을 측정함으로써 시험물질의 잠재적 광독성을 예측하는 시험법

13 광독성시험법(생체외 3T3 NRU 광독성시험법)

① 기니피그를 이용한 광독성시험법을 세포생존율을 측정하는 세포 시험으로 대체한 시험법

② 광조사에 의해 Balb/c 3T3 세포의 생존율 변화를 neutral red로 측정하여 화학물질에 의해 유도되는 광독성을 평가하는 생체외 광독성 시험

③ 세포독성을 나타내지 않는 수준의 광에 노출되었을 때와 노출되지 않았을 때의 시험물질에 의한 세포독성을 비교하는 방법

④ 세포독성은 시험물질 처리 24시간 후에 neutral red의 세포내 축적 정도를 측정하여 평가하며, 광을 조사한 조건과 조사하지 않은 조건에서 얻어진 IC50 값을 비교하여 광독성의 가능성을 예측한다.

▶ Neutral red : 비확산방법으로 세포막을 통과하여 라이소좀 안에 축적되는 양이온성 염색시약

14 단회투여독성시험법(고정용량방법)

① 동물사망을 종료시점으로 하던 단회투여 독성시험법을 투여용량에 따른 명확한 독성반응으로 평가하는 시험법

② 시험 종료 시점을 동물 사망 여부로 평가하는 기존 방법 대신 고정용량 중 한 용량으로 투여 시 나타나는 명확한 독성 징후를 판단하여 시험물질의 GHS 카테고리를 예측하는 방법

▶ GHS : Global Harmonized System of classification and labelling of chemicals (화학물질에 대한 분류 및 표시의 국제조화 시스템)

15 단회투여독성시험법(급성독성클래스 방법)

① 동물사망을 종료시점으로 하던 단회투여 독성시험법을 미리 정한 용량에서의 사망동물수로 평가하는 시험법

16 화장품 단회투여독성 동물대체시험법(독성등급법)

① 동물 3마리를 사용하여 단계적 절차에 따라 시험을 수행하는 단회투여독성시험법으로 시험물질의 GHS 카테고리를 판정하는 방법
② 고정용량을 단계별로 동물에 투여하여 동물의 사망 여부에 따라 시험을 종료하거나 다음 단계의 방법을 결정한다.

17 생체외 피부흡수시험

① 시험물질이 피부를 통과하여 용액저장소로 이동한 양을 측정하는 방법
② 인체 피부 또는 다른 종의 피부를 사용할 수 있고 시험물질에 대하여 반복측정이 가능하다.
③ 실험동물을 사용하지 않고 노출 조건에 대한 연구가 가능하다.
④ 사용할 수 있는 시험물질의 범위가 넓고, 윤리적 이유로 생체내 시험으로 평가할 수 없는 피부 손상과 피부흡수에 대해 연구할 수 있는 장점이 있다.

18 인체피부모델을 이용한 피부자극시험법

① 인체 피부 표피의 생화학적, 생리학적 특성을 매우 유사하게 모방한 인체피부모델 시험계를 기반으로 하고 있다.
② 시험물질은 비형질전환 인체유래 표피 각질세포로 구성된 3차원 인체피부모델에 국소적으로 적용된다.
③ 피부자극
- 시험물질을 최대 4 시간 동안 적용하였을 때 피부에 나타나는 가역적 손상. 피부 자극은 영향을 받은 피부조직에서 나타나는 국소반응이며 자극을 받은 직후에 나타난다.
- 피부자극은 피부조직의 선천성 면역체계(비특이적)와 연계된 국소염증반응에 의해 일어난다.
- 염증반응과 자극의 주요 임상증상인 홍반, 부종, 가려움, 통증을 포함하는 가역적인 반응이 주된 특징이다.

④ 시험원리
- 홍반과 부종이 주요 특징인 화학물질에 의한 피부자극은 화학물질이 각질층을 투과하여 시작되는 연쇄반응의 결과로 각질세포와 다른 피부세포의 기초가 되는 부분을 손상시킬 수 있다.
- 손상을 입은 세포는 염증을 일으키는 매개물질들은 분비하거나 염증의 연쇄반응을 일으키는데 이 반응은 진피층의 세포(특히 혈관의 기질 세포와 내피세포)에 작용한다.
- 기출(20-2회) 내피세포의 확장과 투과성의 증가가 홍반과 부종을 일으킨다.
- 시험계 내에 혈관생성능력이 없는 인체피부모델 기반의 시험법은 세포/조직 손상 등의 연쇄반응의 시작을 세포생존율로 판독한다.

⑲ 인체각막유사 상피모델을 이용한 안자극시험법

① 토끼를 이용하여 안자극성을 평가하는 시험법을 3D로 제작한 인체각막모델로 대체한 시험법

② 안 자극 또는 심한 안 손상에 대한 분류 및 표시가 필요하지 않은 시험물질을 식별하는 생체 외(in vitro) 시험법을 설명한다.

③ 인체 각막 상피와 조직학적, 형태학적, 생화학적, 생리학적 특성을 매우 유사하게 모사한 인체각막유사상피 모델(RhCE)을 이용한다.

▶ 동물대체시험법에 대한 상세자료는 링크 자료를 참고하세요.

chapter 04

Customized Cosmetics Preparation Manager

Section 03

피부 및 모발의 생리구조

[식약처 동영상 강의]

01 피부의 생리구조

1 표피의 구조 및 기능

(1) 각질층

① 표피를 구성하는 세포층 중 가장 바깥층으로 외부물질의 침입을 막는 피부 장벽의 역할을 함

② 각화가 완전히 된 세포들로 구성

③ 비듬이나 때처럼 박리현상을 일으키는 층

④ 천연보습인자*가 있어 10~20%의 수분을 함유

⑤ 세포간지질*에 의해 각질층 사이가 단단하게 결합

⑥ 콜레스테롤, 지방산 존재 기출(20-1회)

⑦ pH 4.5 ~ 5.5 정도의 약산성 기출(21-3회)

> ▶ 세포간지질
> - 각질층 세포 사이에 존재하는 지질 성분(층판소체에서 생산)
> - 구성 : 세라마이드(54%), 포화지방산(21%), 콜레스테롤(16%), 콜레스테릴 에스테르(8%)

(2) 투명층

① 손바닥과 발바닥 등 비교적 피부층이 두터운 부위에 주로 분포

② 수분 침투 방지

③ 엘라이딘(반유동성 물질로 빛을 차단하고 수분 침투를 방지)이라는 단백질을 함유하고 있어 피부를 윤기있게 해 줌

(3) 과립층

① 2~5개 층의 평평한 케라티노사이트층으로 구성

② 각질화 과정이 처음 시작하며, 지방세포를 생성

③ 레인방어막 : 피부의 수분 증발을 방지하는 층

④ 각화유리질과립과 층판소체*(라멜라바디)가 존재

> ▶ 레인방어막의 역할
> - 외부로부터 이물질이 침입하는 것을 방어
> - 체내에 필요한 물질이 체외로 빠져나가는 것을 방지
> - 피부가 건조해지는 것을 방지
> - 피부염 유발을 억제

▶ 천연보습인자
- 각질층의 건조를 방지하는 수용성 흡습물질
- 결핍 시 피부가 건조해져 각질층이 두터워지며 피부 노화의 원인이 됨
- 구성 : 아미노산, 피롤리돈 카르복산, 젖산염, 요소, 암모니아, 칼슘, 칼륨, 나트륨, 요소 등
- 자연보습인자를 구성하는 수용성의 아미노산은 필라그린이 각질층세포의 하층으로부터 표층으로 이동함에 따라서 각질층 내의 단백분해효소에 의해 분해된 것이다. 필라그린은 각질층 상층에 이르는 과정에서 아미노펩티데이스, 카복시펩티데이스 등의 활동에 의해서 최종적으로 아미노산으로 분해된다.

▶ 층판소체(라멜라바디)
- 세라마이드, 콜레스테롤, 자유지방산은 과립층에서 생성되어 골지체를 거쳐 층판소체로 이동하는데, 이때 전구체의 형태로 변환되어 층판소체로 이동한다.
- 층판소체 내에 있는 이들 전구체는 여러 효소와 작용하여 과립층과 각질층의 경계부위에서 세포외 유출 과정을 통해 세라마이드, 콜레스테롤, 자유지방산으로 배출되어 세포간지질의 구성성분이 된다.

▶ 세라마이드
- 세포간지질의 구성성분 중 가장 많은 비중을 차지 기출(20-1회)
- 세포 내 수분 손실 억제
- 이물질이나 세균들이 피부 속으로 침입해 오는 것을 막아주는 방패 역할
- 피부 보호기능에서 가장 중요한 위치 차지
- 주성분 : 케라틴 단백질, 지질, 천연보습인자

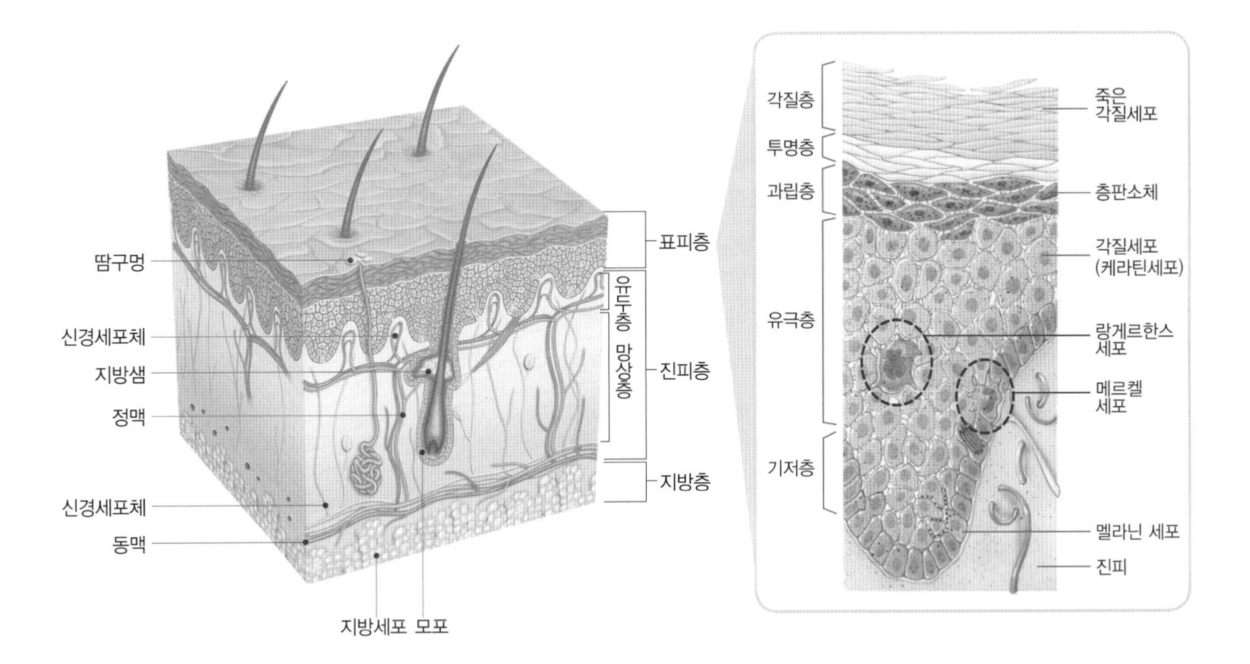

(4) 유극층

① 표피 중 가장 두꺼운 층으로 5~10개의 핵을 가지고 있는 살아 있는 유핵 세포이며 돌기를 가지고 있어 가시층이라고도 한다.

② 세포 표면에 가시 모양의 돌기가 세포 사이를 연결

③ 면역 기능을 담당하는 랑게르한스 세포가 존재하여 림프구를 전달하여 유해 세균으로부터 우리 몸을 보호

④ 케라틴의 성장과 분열에 관여

(5) 기저층

① 털의 기질부(모기질)로 표피의 가장 아래층으로, 진피의 유두층으로부터 영양분을 공급받으며 새로운 세포가 형성되는 층

② 원주형의 세포가 단층으로 이어져 있으며, 각질형성세포와 색소형성세포가 존재

▶ 피부장벽이 파괴되면 초기에 표피 상층 세포의 층판과립이 즉각 방출되고, 이어서 콜레스테롤과 지방산의 합성이 촉진된다. 세라마이드의 합성과 표피의 DNA 합성은 이후에 일어나며 피부장벽이 회복될 뿐만 아니라 표피가 두꺼워진다.

2 표피를 구성하는 세포

(1) 각질형성세포 (케라티노사이트)

① 각화 주기* : 약 28일

② 기저층에서 형성되어 각질층으로 이동

③ 표피를 구성하는 세포의 90% 이상 차지

④ 각질형성세포*의 10%는 줄기 세포로 존재

▶ **각화 과정**
- 기저층에서 각질형성세포가 생성되어 끊임없이 분열하면서 새로운 세포가 되어 유극층과 과립층으로 분화
- 과립층에 도달하면서 세포 내 소기관들이 사라지기 시작
- 각질층에서 탈락

▶ 각질형성세포가 유극층, 과립층, 기저층으로 분화하면서 죽은 각질세포로 분화하여 최종적으로 피부장벽 구조를 형성한다.

▶ **각질의 각화 주기**
- 기저층에서 각질층까지 이동하는 데 14일 소요
- 각질층에서 피부를 보호하다 탈락되는 데 14일 소요
- 노화가 진행될수록 주기가 늦어질 수 있다.
- 각질은 손바닥, 발바닥이 가장 두껍고 얼굴이 가장 얇다.

▶ **표피의 분화 4단계**
① 세포의 분열 과정
② 유극세포에서의 합성, 정비 과정
③ 과립세포에서의 자기분해 과정
④ 각질세포에서의 재구축 과정

(2) 멜라닌 형성 세포 (멜라노사이트)

① 대부분 기저층에 위치하고 자외선으로부터 피부를 보호
② 세포질 내에는 골지체, 리보솜, 형질내세망, 중간세사 등의 세포 소기관이 존재
③ 멜라닌의 크기와 양에 따라 피부색 결정
④ 인종이나 성별에 관계없이 멜라닌 세포의 수는 동일
⑤ 표피를 구성하는 세포의 약 4~10% 차지

▶ **멜라닌의 생성 및 이동**
- 멜라닌은 멜라노사이트 내의 멜라노좀이라 불리는 타원형의 특수한 소기관에서 생성된다.
- 멜라닌은 티로신이라는 무색의 아미노산에서 시작하여 티로시나아제 효소에 의해 색이 점점 진해지다가 유멜라닌과 페오멜라닌으로 생성된다.
- 티로시나아제는 멜라닌의 생성을 조절하는 산화 효소로 구리를 포함한다.
- 미세관(튜불린) 의존형 운동단백질인 키네신과 디네인, 액틴 의존성 운동단백질인 미오신 등에 의해 멜라노사이트의 수지상 돌기를 통해 케라티노사이트로 이동한다.
- 프로테아제 활성 수용체 2(PAR-2)는 멜라닌의 이동을 돕는다.

(3) 랑게르한스 세포 (긴수뇨 세포)

① 유극층에 방추형의 별 모양의 세포 돌기를 가진 수지상 세포로 표피 세포 중 약 2~8%를 차지하며, 16일의 주기를 가짐
② 피부의 면역 기능 담당
③ 외부로부터 침입한 이물질을 림프구로 전달
④ 피부에 맞지 않는 화장품이 피부에 흡수되면 랑게르한스세포가 관여하여 알러지반응을 일으킨다.

(4) 메르켈 세포 (머켈 세포)

기출(21-4회)
▶ **표피와 진피의 구성 조직**
- 표피 : 상피조직(중층편평상피)
- 진피 : 섬유성 결합조직

① 감각 신경 세포로 기저층에 위치
② 신경세포와 연결되어 촉각 감지
③ 신경의 자극을 뇌로 전달하는 역할
④ 털이 있는 피부는 물론 손바닥, 발바닥, 입술, 코 부위, 생식기 등에도 존재

3 진피의 구조와 기능

(1) 유두층

▶ 주성분 : 교원섬유(콜라겐) 조직과 탄력섬유(엘라스틴) 및 뮤코다당류로 구성

① 표피의 경계 부위에 유두 모양의 돌기를 형성하고 있는 진피의 상단 부분
② 다량의 수분을 함유하고 있으며, 혈관을 통해 기저층에 영양분 공급
③ 모세혈관, 림프관, 신경 등이 존재 기출(20-2회)

(2) 망상층

① 진피의 4/5를 차지하며 유두층의 아래에 위치
② 피하조직과 연결되는 층
③ 옆으로 길고 섬세한 섬유가 그물모양으로 구성
④ 혈관, 신경관, 림프관, 한선, 유선, 모발, 입모근 등의 부속기관이 분포

4 진피를 구성하는 세포

종류		특징
섬유아 세포 (기출(20-1회))	콜라겐 (교원섬유)	• 피부의 결합조직을 구성하는 주요 성분이며, 진피의 90% 차지 • 섬유 단백질인 교원질로 구성 • 나이가 들면 섬유 조직이 늘어나 피부에 주름을 생성하여 노화 촉진 • 피부 및 연골, 힘줄 등을 구성하는 요소로 2/3를 차지 • 세포와 세포를 연결하는 접착제와 생리 기능에 도움
	엘라스틴 (탄력섬유)	• 탄력이 강한 섬유 단백질로 교원섬유에 비해 길이가 짧고 가늘다. • 신축성이 좋아 1.5배까지 늘어나 피부에 탄력을 준다. • 황색을 띠며 각종 화학 약품에 저항성이 강하다. • 진피의 약 2~5% 차지 • 30~40세에 탄력 섬유가 감소되고 주름이 생성
	기질 (뮤코 다당류 글리코스아미노글리칸)	• 진피의 결합 섬유 사이를 채우는 물질로 히알루론산, 콘드로이친 황산 등으로 구성 • 물에 녹아 끈적끈적한 액체 상태로 존재
비만세포		• 히스타민을 분비해 모세 혈관 확장을 유도

기출(20-2회)

▶ **라이실 산화효소**
구리를 함유하는 효소로 콜라겐과 엘라스틴의 가교결합에 관여하여 신체의 결합조직을 강화 및 유연화시킨다.

5 피하조직

① 진피와 근육 사이에 위치하며, 피부의 가장 아래층에 해당
② 포도송이 모양으로 지방 조직이 대부분을 차지
③ 열 손실을 막아 체온을 보호 · 유지
④ 피하 지방은 수분을 많이 함유하여 체형이 뚱뚱할수록 피부가 촉촉하다.
⑤ 외부의 압력이나 충격을 흡수하고 신체 내부의 손상을 막아 신경이나 혈관 등 내부 기관을 보호한다.
⑥ 손바닥, 발바닥, 구륜근, 안륜근, 귀, 귀두 등에는 지방 조직이 거의 없다.
⑦ 남성에 비해 여성이 피하 지방층이 더 두꺼우며, 성인보다 소아가 더 발달되어 있다.

기출(20-1회)

▶ **셀룰라이트**
• 피하지방이 축적되어 뭉친 현상으로 오렌지 껍질 모양의 피부 변화
• 여성의 허벅지, 엉덩이, 복부에 주로 발생
• 원인 : 혈액과 림프순환의 장애로 대사과정에서 노폐물, 독소 등이 배설되지 못하고 피부조직에 축적

02 피부 부속기관

1 한선(땀샘)

① 진피와 피하지방 조직의 경계부위에 위치
② 체온조절 기능
③ 분비물 배출 및 땀 분비
④ 종류

구조	설명
에크린선 (소한선)	• 분포 : 입술과 생식기를 제외한 전신 (특히 손바닥, 발바닥, 겨드랑이에 많이 분포) • 기능 : 체온 유지 및 노폐물 배출
아포크린선 (대한선)	• 분포 : 겨드랑이, 눈꺼풀, 유두, 배꼽 주변 • 기능 : 모낭에 연결되어 피지선에 땀을 분비, 산성막의 생성에 관여 • 여성이 남성보다 발달(흑인 > 백인 > 동양인) • 출생 시 몸 전체에 형성되어 생후 5개월경에 퇴화되다가 사춘기부터 분비량이 증가

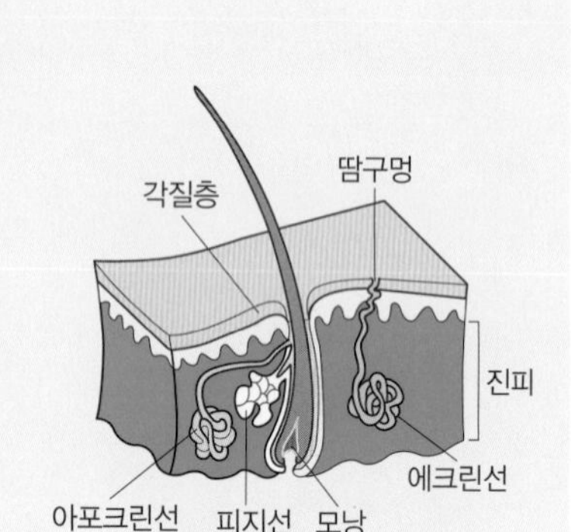

기출(21-4회)

▶ **피지의 기능**
- 피부의 항상성 유지
- 피부보호 기능
- 유독물질 배출작용
- 살균작용 등

2 피지선

① 진피의 망상층에 위치
② 손바닥과 발바닥을 제외한 전신에 분포
③ 안드로겐이 피지의 생성 촉진, 에스트로겐이 피지의 분비 억제
④ 피지의 1일 분비량 : 약 1~2g

03 모발의 생리구조

기출(21-4회)

▶ **케라틴**
- 시스틴, 글루탐산, 알기닌 등의 아미노산으로 이루어져 있으며, 이 중 시스틴은 황을 함유하는 함황아미노산으로 함유량이 10~14%로 가장 높아 태우면 노린내가 나는 원인이 된다.
- 피부 최외각 표면을 구성하는 거친 섬유성 단백질

1 모발의 특징

① 모발의 구성 : 단백질인 케라틴*이 주성분이며, 멜라닌, 지질, 수분 등으로 이뤄짐
② 성장 속도 : 하루에 0.2~0.5mm 성장
③ 수명 : 3~6년
④ 건강한 모발의 pH : 4.5~5.5

2 모발의 결합구조

① 폴리펩티드결합(주쇄결합) : 세로 방향의 결합으로 모발의 결합 중 가장 강한 결합
② 측쇄결합 : 가로 방향의 결합

종류	특징
시스틴결합	• 두 개의 황(S) 원자 사이에서 형성되는 공유결합 • 물, 알코올, 약산성이나 소금류에는 강하지만 알칼리에는 약하다.
수소결합	수분에 의해 일시적으로 변형되며, 드라이어의 열을 가하면 다시 재결합되어 형태가 만들어지는 결합
염결합	산성의 아미노산과 알칼리성 아미노산이 서로 붙어서 구성되는 결합

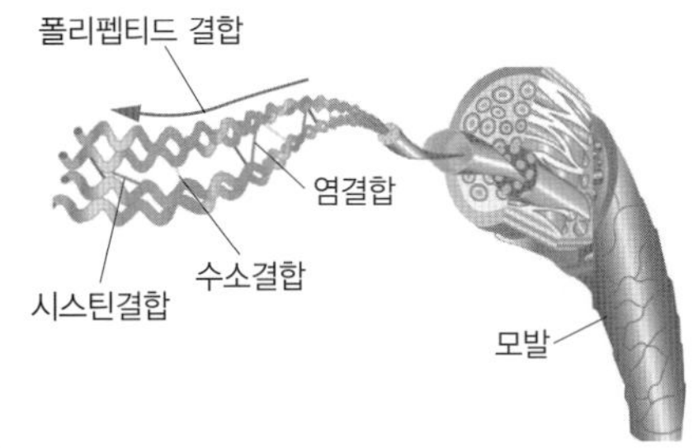

3 멜라닌

피부와 모발의 색을 결정하는 색소

유멜라닌	• 갈색-검정색 중합체 • 모발 색상 : 검정, 갈색, 회색, 금색 • 입자가 크고 동양인에게 많음
페오멜라닌	• 적색-갈색 중합체 • 모발 색상 : 빨강, 노랑 • 분사형 입자

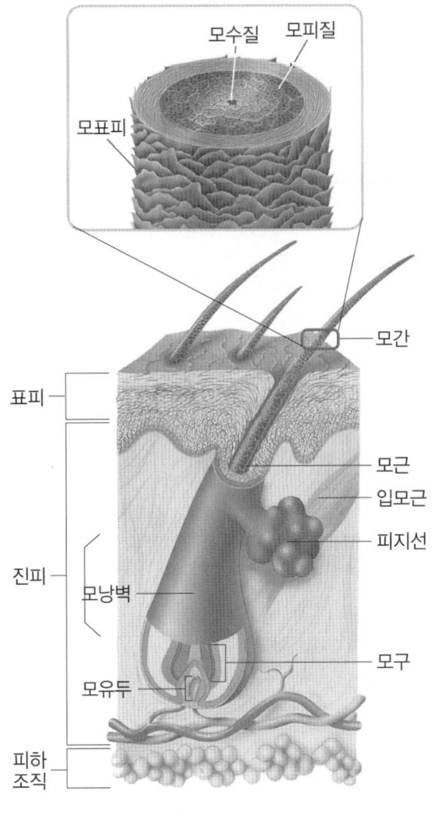

4 모발의 구조

(1) 모근부

① 모구부

- 모근부의 아랫부분으로 구근 모양을 모구라 부르며 두발을 생장시키는 데 있어 중요한 부분
- 모구부의 아랫부분은 오목하게 진피의 결합조직에 묻혀 있고, 이 움푹 패인 부분에는 진피세포층에서 나온 모유두가 들어있다.

② 모유두

- 모근의 최하층에 위치
- 세포가 빈틈없이 짜여있고 모세혈관이 엉켜 있으며 이로부터 두발을 성장시키는 영양분과 산소를 운반
- 이 영양분을 받아 분열하고 있는 세포는 모모세포로 이는 모유두와 접하고 있는 부분을 둘러싸고 있듯이 존재하고 있다.
- 여기서 분열된 세포가 각화하면서 위쪽으로 두발을 만들면서 두피 밖으로 밀려나온다.

③ 내모근초와 외모근초

- 내모근초 : 내측의 두발 주머니로서 외피에 접하고 있는 표피의 각질층인 초표피와 과립층의 헉슬리층, 유극층의 헨레층으로 구성

기출(21-4회)

▶ 모발은 피부 내부에 위치한 모근과 주로 피부 외부에 위치한 모간으로 구분된다.

chapter 04

- 외모근초 : 표피층의 가장 안쪽인 기저층에 접하고 있다.
- 내모근초와 외모근초는 모구부에서 발생한 두발을 각화가 완전히 종결될 때까지 보호하고, 표피까지 운송하는 역할을 하고 있다.
- 내모근초와 외모근초도 모구부 부근에서 세포분열에 의해 만들어지고 두발의 육성과 함께 모유두와 분리된 휴지기 상태가 되면 외모근초는 입모근 근처(모구의 1/3 지점)까지 위로 밀려 올라간다.
- 내모근초는 두발을 표피까지 운송하여 역할을 다한 후 비듬이 되어 두피에서 떨어진다.

④ 모모세포 기출(21-4회)

- 모유두 조직 내에 있으면서 두발을 만들어 내는 세포
- 모낭 밑에 있는 모유두에 흐르는 모세 혈관으로부터 영양분을 흡수하고 분열·증식하여 두발을 형성
- 모유두에 접하고 있는 부분으로서 이미 두발을 구성하는 역할이 결정된다.
- 모유두의 정점 부분에서는 모수질이 된 세포가 분열하고, 그 아래 부분으로부터는 모피질이 된 세포가 가장 아래 외측으로는 모표피가 된 세포가 분열하여 위로 밀리고 있다.
- 휴지기 단계에서 모모세포가 활동을 시작하면 새로운 모발로 대체된다.

▶ **두발의 색**
두발의 색을 결정하는 멜라닌 색소는 모피질을 만드는 모모세포로부터 별도의 색소 세포인 멜라노사이트에 의해 생성된다. 이 멜라노사이트에서 멜라닌 색소를 분비하는데, 이 색소의 양과 특성에 따라서 두발의 색이 결정된다.

(2) 모간부

① 모표피

- 모간의 가장 바깥부분으로 비늘 형태로 겹쳐져 있으며 두발 내부의 모피질을 감싸고 있는 화학적 저항성이 강한 층
- 판상으로 둘러싸인 형태의 세포로 두께 약 0.5~1.0μm, 길이 80~100μm
- 일반적으로 두발의 모표피는 5~15층
- 색깔이 없는 투명층이며, 전체 두발의 10~15% 차지
- 두꺼울수록 두발은 단단하고 저항성이 높다.
- 물리적 자극으로 모표피의 손상, 박리, 탈락 등이 발생되면 모피질이 손상됨
- 모표피층 구성

구분	특징
에피큐티클 (epicuticle)	• 가장 바깥층이며 두께 100å 정도의 얇은 막 • 수증기는 통하지만 물은 통과하지 못하는 구조로 딱딱하고 부서지기 쉽기 때문에 물리적인 자극에 약하다. • 아미노산 중 시스틴의 함유량이 많으며, 각질 용해성 또는 단백질 용해성의 약품(친유성, 알칼리 용액)에 대한 저항성이 가장 강하다.
엑소큐티클 (exocuticle)	• 연한 케라틴 층으로 시스틴이 많이 포함 • 퍼머넌트 웨이브와 같이 시스틴 결합을 절단하는 약품의 작용을 받기 쉬운 층

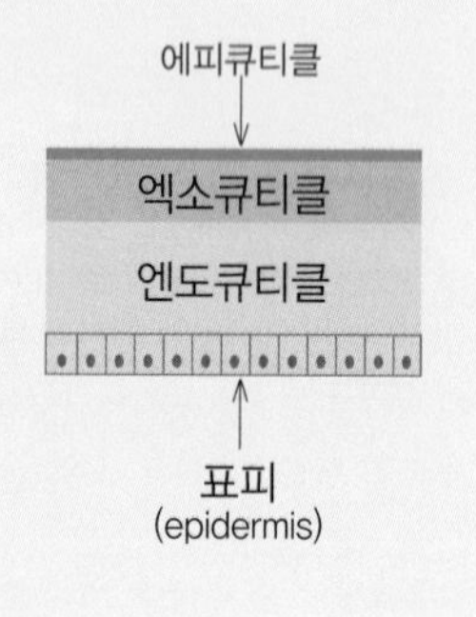

구분	특징
엔도큐티클 (endocuticle)	• 가장 안쪽에 있는 층으로 시스틴 함유량이 적으며, 친수성이며 알칼리에 약하다. • 내측면은 양면접착 테이프와 같은 세포막복합체로 인접한 모표피를 밀착시키고 있다.

② 모피질

- 모표피의 안쪽 부분으로 멜라닌 색소를 가장 많이 함유
- 피질세포(케라틴 단백질)와 세포 간 결합물질(말단결합 · 펩티드)로 구성
- 각화된 케라틴 피질세포가 두발의 길이 방향(섬유질)으로 비교적 규칙적으로 나열된 세포집단으로 두발의 대부분(85~90%)을 차지
- 친수성이고 염모제 등 화학약품에 의해 손상받기 쉽다.
- 피질세포 사이에 간층물질로 채워져 있는 구조
- 물과 쉽게 친화하는 친수성으로 펌, 염색 시 모피질을 활용한다.

기출(20-1회)

③ 모수질

- 모발의 중심부로 멜라닌 색소 함유
- 죽은 세포들이 두발의 길이 방향으로 불연속적으로 다각형의 세포들의 형상으로 존재
- 수질세포는 핵의 잔사인 둥근 점들을 간혹 포함하고 있으나 기능은 잘 알려져 있지 않다.
- 굵은 두발은 수질이 있으나 가는 두발은 수질이 없는 것도 있다.
- 두발에서는 수 % 정도이며 모축에 따라 연속 또는 불연속으로 존재한다.
- 틈이 있어 탈수화의 과정에서 수축하여 두발에 따라 크기가 작은 공동을 남긴다.
- 모수질이 많은 두발은 웨이브 펌이 잘되고, 모수질이 적은 두발은 웨이브 형성이 잘 안 되는 경향이 있다.

▶ 공동은 한랭지 서식의 동물에는 털의 약 50%를 차지하여 보온(공기를 함유)의 역할을 한다.

기출(21-4회)

5 모발의 생장주기

구분	특징
성장기	• 모근세포의 세포분열 및 증식작용으로 모발의 성장이 왕성한 단계 • 전체 모발의 88% 차지 • 기간 : 3~5년
퇴행기	• 모발의 성장이 느려지는 단계 • 전체 모발의 1% 차지 • 기간 : 약 1개월
휴지기	• 모발의 성장이 멈추고 가벼운 물리적 자극에 의해 쉽게 탈모가 되는 단계 • 전체 모발의 14~15% 차지 • 기간 : 2~3개월

기출(21-4회)

▶ **탈염, 탈색 원리 및 손상 방지**
- 암모니아 : 모표피를 손상시켜 염료와 과산화수소가 속으로 잘 스며들게 함
- 과산화수소 : 머리카락 속의 멜라닌 색소를 파괴하여 두발 원래의 색을 지워줌
- 염모제 : 머리카락의 본연의 보호하는 층을 뚫고 들어가 멜라닌 색소를 파괴하고 다른 염료의 색상을 넣는 과정을 거침. 염색약을 두발에 잘 도포한 후에 충분한 시간을 두는 것은 멜라닌 색소의 파괴와 그 안의 염료가 자리를 잡을 수 있는 충분한 시간을 주기 위해서임

기출(20-2회)

▶ **5-알파-환원효소**
남성호르몬인 테스토스테론을 남성형 탈모의 주원인인 '디하이드로테스토스테론'으로 전환시키는 과정에 관여하는 효소

▶ **모경지수**
- 모발 단면의 최소직경에 대한 최대직경의 비율
- 1에 가까우면 원형에 가깝고, 0에 가까우면 타원형에서 편평형에 가깝다.
- 동양인 : 0.75~0.85로 직모인 원형에 가깝다.
- 흑인 : 0.50~0.60으로 곱슬모인 편평형에 가깝다.
- 서양인 : 0.62~0.72

6 탈모

(1) 탈모의 증상과 종류

① 남성형 탈모증
- 집단으로 머리털이 빠져 대머리가 됨
- 안면과 두피의 경계선이 점점 뒤로 물러나고 이마가 넓어지며 정수리 쪽의 굵은 머리가 점점 빠져서 대머리가 됨
- 원인 : 남성 호르몬의 일종인 디하이드로테스토스테론(DHT, Dihydrotestosterone)

② 여성 탈모증
- 전체적으로 머리숱이 적어지고 가늘어지며 특히 정수리 부분이 많이 빠져 두피가 훤히 들여다 보임
- 여성의 경우 신장 옆에 위치한 부신에서 남성호르몬이 분비되며 난소에서도 모발에 영향을 미치는 호르몬을 분비하는데, 부신이나 난소의 비정상 과다 분비나 남성호르몬 작용이 있는 약물 복용이 탈모의 원인이 되기도 함
- 원인 : 유전과 남성호르몬에 대한 모낭 세포의 반응이 주 원인이다.

③ 원형 탈모증
- 대부분 스트레스로 인해 나타나며, 하나 혹은 여러 개의 원형 모양의 탈모가 나타남
- 일종의 일과성 탈모 질환으로 활발히 성장하는 모낭에 염증을 유발
- 원인 : 유전적 소인, 알레르기, 자가 면역성 소인과 정신적인 스트레스를 포함하는 복합 요인에 의해 발생

(2) 탈모의 원인

① 유전 : 탈모를 일으키는 유전자는 상염색체성 유전을 하는 것으로 알려져 있으며, 대머리 유전인자가 많을수록 대머리가 될 가능성이 높아지며 어머니 쪽의 유전자가 더 영향을 받음

② 호르몬 : 모발과 관계있는 호르몬은 뇌하수체, 갑상선, 부신피질, 난소나 고환에서 분비되는 호르몬인데, 그 중에서도 남성호르몬에 의해 발생하는 남성형 탈모증이 탈모의 대부분을 차지

③ 스트레스 : 스트레스가 쌓이면 자율신경 부조화로 모발의 발육이 저해

④ 식생활 습관
- 동물성 지방의 과다섭취는 혈중 콜레스테롤을 증가시켜 모근의 영양공급을 악화시킴
- 무리한 다이어트로 인해 단백질, 미네랄 등이 결핍될 경우 탈모 촉진

⑤ 모발 공해 : 파마, 드라이, 염색, 대기오염 등으로 인하여 열과 알칼리에 약한 모발 성분이 손상

⑥ 기타 : 지루성 피부염, 건선, 아토피와 같은 피부질환 또는 항암제 치료, 방사선 요법, 염증성 질환 등에 의해 탈모가 나타날 수 있음

7 비듬

① 증상

- 두피에서 탈락된 세포가 벗겨져 나온 쌀겨 모양의 표피 탈락물
- 대표적인 증상은 가려움증이고, 증상이 심해지면 뺨, 코, 이마에 각질을 동반한 구진성 발진이 나타남
- 바깥귀길의 심한 가려움증을 동반한 비늘이 발생하는 등 지루성 피부염의 증상도 나타남

② 원인

- 두피 피지선의 과다 분비, 호르몬의 불균형, 두피 세포의 과다 증식 등
- '말라쎄지아'라는 진균류가 방출하는 분비물이 표피층을 자극하여 비듬이 발생하기도 함
- 스트레스, 과도한 다이어트 등

04 피부 모발의 상태 분석

1 피부 분석 방법

① 문진

- 고객과의 질문을 통해 피부 상태를 판별하는 방법
- 가족관계, 인종, 나이, 병력, 직업, 라이프 스타일 등에 대한 질문을 통해 피부 유형 분석

② 촉진 : 고객의 피부를 만져보거나 눌러 봄으로써 피부 상태를 판별하는 방법

- 피부결 상태 : 피부의 거침 정도를 알아보기 위해 쓰다듬어 볼 수 있다.
- 피지 분비량 : 손에 묻어나는 기름기의 양을 측정하기 위해 만져본다.
- 피부 두께 : 아프지 않게 가볍게 집어 본다.
- 예민도 : 턱이나 이마 부위에 스파츌라로 가볍게 십자를 그어 측정한다.

③ 견진 : 육안이나 피부 분석용 피부미용기기를 이용하여 피부 상태를 판별하는 방법

- 안색 : 안면의 얼굴색과 부분적인 색의 분포도를 살펴본다.
- 각질상태 : 하얗게 들떠 있는 부분이 있는지 살펴본다.
- 건조한 상태 : 거칠어 보이는지 등을 살펴본다.
- 피부결 : 곱거나 거친 상태를 살펴본다.
- 모공의 크기 : 모공의 크기를 살펴본다.
- 피지 분비 상태 : 번들거림 정도 등을 살펴본다.
- 주름의 부위 및 상태 : 이마, 미간, 눈가, 입가, 미간, 팔자 주름 등을 살펴본다.
- 색소 침착 상태 : 색소 침착 부위와 상태를 살펴본다.
- 모세혈관 상태 : 모세 혈관의 상태 유무를 살펴본다.
- 트러블 상태 : 트러블의 부위 및 상태가 어느 정도인지 살펴본다.

기출(20-2회)

▶ **피부 분석법의 종류**

㉠ 피부 보습도 분석

각질 수분 함량 측정	• 전기전도도 측정 • 수분손실량 측정 • 전반사흡수율 측정 • 근적외선 흡수 측정
TEWL	• 피부 표면에서 증발되는 수분량을 나타냄 • 건조 피부 또는 손상된 피부는 정상인에 비해 높은 값을 나타냄

※ 전반사흡수율 : Fourier Transform Infrared

※ TEWL : transepidermal water loss, 경피수분손실량

㉡ 피부 주름 분석
- Replica 분석법
- 피부 표면 형태 측정

㉢ 피부 탄력 분석
- 탄력 측정기를 이용한 측정법

㉣ 피부 색소 침착 분석
- 피부 색소 측정기를 이용한 측정
- UV광을 이용한 측정

▶ **모발 분석법**
- 모발의 상태 분석
- 모발의 굵기, 손상 정도, 탈염, 탈색 등 분석

▶ **탈모, 두피 분석법**
- 탈모 상태 분석 : 남성형 탈모, 여성 탈모, 원형 탈모, 스트레스성 탈모 등
- 두피 상태 분석 : 두피의 홍반, 지루성 두피 상태 등에 대한 분석

2 피부 분석용 미용기기의 종류

종류	특징
우드램프	특수 인공 자외선 A를 피부에 투과하여 수분, 피지, 면포, 각질 등의 피부 상태를 다양한 색깔로 관찰하고 분석
확대경	피부의 표면을 확대하여 관찰할 수 있어서 모공, 잔주름, 여드름, 기미 등의 피부 상태 및 비듬, 염증, 각질 등의 두피 상태를 판별
pH 측정기	피부 표면의 산/알칼리 정도를 측정
유분 측정기	피부의 피지를 측정
수분 측정기	피부의 수분 양을 측정
스킨 스코프	피부와 모발을 측정하는 기기로 실물의 800배 정도 확대하여 분석할 수 있는 기기로 피부의 주름 상태, 모공 크기, 피지량, 색소 침착, 각질, 피부결 등을 정확하게 관찰

3 피부 유형별 특징

유형	특징
정상피부	① 유 · 수분의 균형이 잘 잡혀있다. ② 피부결이 부드럽고 탄력이 좋다. ③ 모공이 작고 주름이 형성되지 않는다. ④ 세안 후 피부가 당기지 않는다.
지성피부	① 정상피부보다 피지 분비량이 많아 피부 번들거림이 심하며 피부결이 곱지 못하다. ② 모공이 크고 여드름 및 뾰루지가 잘 나고 블랙헤드가 생성되기 쉽다. ③ 남성피부에 많고 정상피부보다 두꺼우며 표면이 귤껍질같이 보이기 쉽다. ④ 화장이 쉽게 지워진다. ⑤ 원인 : 남성호르몬인 안드로겐이나 여성호르몬인 프로게스테론의 기능이 활발해져서 생긴다. ⑥ 관리 : 피지제거 및 세정을 주목적으로 한다.
건성피부	① 피지와 땀의 분비 저하로 유 · 수분의 균형이 정상적이지 못하다. ② 피부가 손상되기 쉬우며 주름 발생이 쉽다. ③ 모공이 작고 피부가 얇으며, 외관으로 피부결이 섬세해 보인다. ④ 탄력이 좋지 못해 잔주름이 많고 세안 후 이마, 볼 부위가 당긴다. ⑤ 화장이 잘 들뜬다.
민감성 피부	① 어떤 물질에 대해 큰 반응을 일으킨다. ② 모공이 거의 보이지 않는다. ③ 바람을 맞으면 얼굴이 빨개지며, 여드름, 알레르기 등의 피부 트러블이 자주 발생한다. ④ 얼굴이 자주 건조해진다.
복합성 피부	① 유분은 많은데 세안 후 볼 부분이 당긴다. ② 피지가 많이 분비되면 피부 트러블이 가끔 생긴다. ③ 피부의 윤기가 적고, 모공이 넓고 거칠다. ④ 코 주위에 블랙 헤드가 많다. ⑤ 피부가 칙칙해 보이고 화장이 잘 지워진다.

유형	특징
노화 피부	① 피부 두께가 감소하여 주름이 나타나며, 피부가 건조하고 탄력이 떨어진다. ② 피부 기능이 떨어지며, 피지 분비가 원활하지 못하다. ③ 색소침착 불균형이 나타난다.

▶ **자연노화에 따른 피부의 변화** 기출(20-2회)
- 피부(표피, 진피)의 두께 감소
- 각질층이 두꺼워지고 피부 장벽 기능이 약화
- 표피 진피 경계부가 편평해져 표피와 진피가 접촉하는 면적 감소
- 멜라닌세포와 랑게르한스세포의 수와 기능이 감소
- 진피 내의 세포 및 혈관이 감소
- 글리코스아미노글리칸(GAG)의 합성이 감소

4 자외선

① 자외선의 구분

유형	파장 범위	특징
UV A	장파장 (320~400nm)	① 진피의 상부까지 침투 ② 즉시 색소 침착 유발 ③ 피부 탄력 감소 및 주름 형성 ④ 콜라겐 및 엘라스틴 파괴 · 변형 → 광노화 현상
UV B	중파장 (290~320nm)	① 표피의 기저층 또는 진피의 상부까지 침투 ② 홍반 발생 능력이 자외선 A의 1,000배 ③ 과다하게 노출될 경우 일광화상을 일으킬 수 있음
UV C	단파장 (200~290nm)	① 오존층에서 거의 흡수되어 피부에는 거의 도달하지 않지만 오존층 파괴로 인해 영향을 미침 ② 단파장이며 가장 강한 자외선 ③ 살균작용

② 자외선이 미치는 영향

긍정적인 효과	부정적인 효과
• 신진대사 촉진 • 살균 및 소독기능 • 노폐물 제거 • 비타민 D 합성	• 일광화상 • 홍반반응 • 색소침착 • 광노화, 피부암 등

▶ 참고) 태양광은 파장의 길이에 따라 크게 적외선, 가시광선, 자외선 등으로 구분되며, 적외선의 파장이 가장 길고, 자외선의 파장이 가장 짧다.

Section 04

Customized Cosmetics Preparation Manager

관능평가 및 제품 상담

[식약처 동영상 강의]

01 관능평가 방법과 절차

1 개요

① 관능분석은 시각, 후각, 미각, 촉각, 청각 등의 감각으로 감지되는 제품이나 재료에 대해 이러한 특성에 대한 반응을 유도, 측정, 분석, 해석하는데 사용되는 과학분야이다. 이 정의는 정량적, 정성적 접근법을 포함하며 소비자나 훈련된 관능 평가사에 의해 평가되는 관능적 특성과 제품이나 재료에 관해 제기되는 주 · 객관적인 관능적 질문 사이에 아무런 차이를 두지 않는다.

② 관능검사에 참여하는 사람들의 집단을 패널이라 하며, 평가를 하는 각 개인을 관능검사 요원 혹은 패널요원이라 한다.

기출(21-3회)

▶ **관능평가에 사용되는 표준품**
- 제품 표준견본 : 완제품의 개별포장에 관한 표준
- 벌크제품 표준견본 : 성상, 냄새, 사용감 등에 관한 표준
- 라벨 부착 위치견본 : 완제품의 라벨 부착 위치에 관한 표준
- 충진 위치견본 : 내용물을 제품용기에 충진할 때의 액면 위치에 관한 표준
- 색소원료 표준견본 : 색소의 색조에 관한 표준
- 원료 표준견본 : 원료의 색상, 성상, 냄새 등에 관한 표준
- 향료 표준견본 : 향, 색상, 성상 등에 관한 표준
- 용기 · 포장재 표준견본 : 용기 · 포장재의 검사에 관한 표준
- 용기 · 포장재 한도견본 : 용기 · 포장재 외관검사에 사용하는 합격품 한도를 나타내는 표준

2 관능검사의 종류

(1) 차이 식별 검사

관능검사 중 많이 사용되는 검사법으로 일반적으로 훈련된 패널요원에 의하여 시료 간의 관능적 차이를 분석하는 검사법

① **종합적 차이 검사** : 시료들 간에 관능적인 특성에 차이가 있는지 없는지 조사하기 위한 방법

종류	특징
단순차이 검사	2개의 시료를 제시하여 차이가 있는지 없는지를 식별하게 하는 검사
일이점 검사	3개의 시료 중 기준시료를 먼저 평가한 다음 2개의 시료를 제공하여 기준시료와 다른 것을 식별하게 하는 검사
삼점 검사	2개의 같은 시료와 1개의 다른 시료, 총 3개의 시료를 제공하여 다른 시료 하나를 식별하게 하는 검사

② **특성 차이 검사** : 2개의 시료 혹은 둘 이상의 시료에서 여러 관능적 특성 중 주어진 특성에 대하여 시료 간에 차이가 있는지, 있다면 어느 정도 차이가 있는지 평가하는 방법

▶ **관능평가의 종류**
- 기호형 : 좋고 싫음을 주관적으로 판단하는 방법
- 분석형 : 표준품과 비교하여 합격품, 불량품을 객관적으로 평가하는 방법

(2) 묘사 분석

시료의 관능적 특성을 묘사하고, 그 특성들의 강도를 측정하는 방법

종류	특징
향미 프로필	시료의 맛과 냄새에 기초하여 향미가 재현될 수 있도록 묘사하는 방법으로 냄새, 맛, 후미 순으로 분석하며 감지되는 향미 특성의 종류와 강도, 각 특성의 출현 순서, 후미의 종류와 강도, 전체적인 인상 등을 평가 및 묘사하는 방법
텍스처 프로필	시료의 기계적 특성, 기하학적 특성, 수분 및 지방 함량에 의한 특성의 강도를 평가하여 시료의 텍스처 특성을 재현하는 방법
정량적 묘사분석	향미, 텍스처, 전체적인 맛과 냄새의 강도 등 시료에서 느껴지는 관능적 특성을 보다 정확하게 종합적으로 평가하는 방법으로, 모든 관능적 특성을 나열한 뒤 각 특성의 강도를 출현 순서에 따라 반복 측정하여 평가하는 방법
스펙트럼 묘사분석	시료에서 검사 가능한 모든 관능적 특성 또는 소수의 특정한 관능적 특성을 사전에 개발된 절대 척도와 비교하여 평가하는 방법
시간-강도 묘사분석	시료의 몇 가지 중요한 관능적 특성의 강도를 시간의 연속성 하에서 검사하는 방법

(3) 기호도 검사

소비자의 선호도를 평가하는 방법으로서 새로운 제품의 개발과 개선을 위해 주로 이용되는 관능 검사법

① 검사 종류

종류	특징
정성적 검사	인터뷰나 소그룹을 통해서 소비자들로 하여금 제품의 관능적 특성에 대해 이야기하게 하면서 제품에 대한 반응을 알아보는 검사 방법
정량적 검사	기호도, 선호도, 관능적 특성에 대하여 최소 50명에서 수백 명의 대규모 그룹을 상대로 조사하는 것으로 제품의 넓은 범위의 특성에 대한 소비자의 전반적인 기호도 및 선호도를 조사할 때 사용하는 방법

② 검사의 특징

- 관능적 특성 대신 기호도를 측정한다는 것을 제외하고는 특성차이검사와 유사함
- 시료를 제시하고 종합적 기호 또는 세부 특성에 따른 기호를 평가
- 주로 7점 혹은 9점 항목척도를 사용

chapter 04

3 관능평가 방법

(1) 자가 평가

① **소비자에 의한 사용시험** : 사용시험은 소비자들이 관찰하거나 느낄 수 있는 변수들에 기초하여 제품 효능과 화장품 특성에 대한 소비자의 인식을 평가하는 것이다. 이 시험은 충분한 수의 사람들을 대상으로 실시되어야 한다. 시험은 두 가지 유형이 있다.

- **맹검(盲檢) 사용시험** : 소비자의 판단에 영향을 미칠 수 있고 제품의 효능에 대한 인식을 바꿀 수 있는 상품명, 디자인, 표시사항 등의 정보를 제공하지 않는 제품 사용시험
- **비맹검 사용시험** : 제품의 상품명, 표기사항 등의 정보를 제공하고 제품에 대한 인식 및 효능 등이 일치하는지를 조사하는 시험

② **훈련된 전문가 패널에 의한 관능평가**

- 관능평가는 미리 정해진 기준에 따라 제품의 프로파일을 작성할 수 있게 한다.
- 명확히 규정된 시험계획서에 따라 정확한 관능기준을 가지고 교육을 받은 전문가 패널의 도움을 얻어 실시해야 한다.

(2) 전문가에 의한 평가

① 의사의 감독 하에서 실시하는 시험

- 이 시험은 의사의 관리 하에서 화장품의 효능에 대하여 실시한다.
- 변수들은 임상관찰 결과 또는 평점에 의해 평가된다.
- 초기값이나 미처리 대조군, 위약 또는 표준품과 비교하여 정량화될 수 있다.

② 그 외 전문가의 관리 하에 실시되는 시험

- 이 시험은 적절한 자격을 갖춘 관련 전문가(준의료진, 미용사 또는 기타 직업적 전문가 등)에 의해 수행될 수 있다.
- 이들은 이미 확립된 기준과 비교하여 촉각, 시각 등에 의한 감각에 의해 제품의 효능을 평가한다.
- 전문가에 의한 평가는 화장품에 대한 기대 효능을 평가하게 위해 지원자에 의한 자가평가를 함께 수행할 수 있다.

(3) 기기를 이용한 시험

정해진 시험계획서에 따라 피험자에게 제품을 사용하게 한 다음 기기를 이용하여 주어진 변수들을 정확하게 측정하는 하는 방법이다.

① **기기 시험** : 이 시험은 기기 사용에 대해 교육을 받은 숙련된 기술자가 실시한다. 측정은 통제된 실험실 환경에서 피험자를 대상으로 실시한다. (예 피부의 보습, 거칠기, 탄력의 측정이나 자외선차단지수 등의 측정)

② **전문가 평가가 수반되는 기기측정** : 적절한 자격을 갖춘 전문가의 관리 하에서 실시하고, 관능시험 시 정확한 기준을 적용한다. (예 피부주름의 측정, 비색검사 등)

4 화장품의 관능평가 절차

(1) 성상 및 색상의 판별 절차

① 유화제품(크림, 유액 등) : 표준견본과 대조하여 평가하고자 하는 내용물 표면의 매끄러움과 내용물의 점성, 내용물의 색이 유백색인지 육안으로 확인

② 색조제품(파운데이션, 아이섀도, 립스틱 등) : 표준견본과 내용물을 슬라이드 글라스에 각각 소량씩 묻힌 후 슬라이드 글라스로 눌러서 대조되는 색상을 육안으로 확인하거나 손등 혹은 실제 사용 부위(얼굴, 입술)에 발라서 색상 확인

(2) 향취 평가 절차

비커에 내용물을 일정량 담고 코를 비커에 대고 향취를 맡거나 손등에 내용물을 바르고 향취를 맡는다.

(3) 사용감 평가 절차

① 사용감이란 원자재나 제품을 사용할 때 피부에서 느끼는 감각으로 매끄럽게 발리거나 바른 후 가볍거나 무거운 느낌, 밀착감, 청량감 등을 말한다.

② 내용물을 손등에 문질러 느껴지는 사용감(무거움, 가벼움, 촉촉함, 산뜻함 등)을 확인

5 관능적 요소별 물리·화학적 평가법

기출(20-2회)

관능적 요소		물리 · 화학적 평가법
촉감적 요소	부드러움, 촉촉함, 피부 스며듬, 발림성	표면마찰 측정, 점탄성 측정
	피부 탄력성, 피부 부드러워짐	유연성 측정
시각적 요소	투명감, 윤기	변색분광측정계 글로스미터
	화장 지속력, 도포의 균일성	비디오 마이크로스코프 분광측색계
	번들거림	광택계

02 제품 상담 및 제품 안내

1 제품 상담 및 제품 안내 시 주의사항

① 맞춤형화장품 조제관리사는 고객의 피부상태(색소침착도, 피부보습도, 주름 상태, 피지분비 상태, 모공의 크기 상태, 각질 상태, 트러블 상태 등)을 분석하여 어떤 성분을 함유한 제품을 사용하는 것이 좋은지 안내할 수 있어야 한다.

② 향료 알레르기가 있는 고객에게 제품에 알레르기를 유발할 수 있는 성분이 포함되어 있어 사용 시 주의를 요한다는 주의사항을 전달해야 한다.

③ 판매자는 맞춤형화장품 혼합, 판매 시 문서 등을 통해 소비자에게 아래사항을 안내할 의무가 있다.

- 혼합, 판매에 사용된 원료 성분, 배합목적 및 배합한도
- 혼합, 판매된 제품의 사용기한 및 맞춤형화장품 사용 시의 주의사항
- 사용 시 이상이 있을 때 원칙적으로 판매장에게 책임이 있음을 고지해야 함

Section 05

Customized Cosmetics Preparation Manager

혼합 및 소분

[식약처 동영상 강의]

01 원료 및 제형의 물리적 특성

1 가용화

① 물에 소량의 오일 성분이 계면활성제에 의해 투명하게 용해되어 있는 상태

② 종류 : 화장수, 에센스, 향수, 헤어토닉, 헤어리퀴드 등

▶ 가용화 : 물에 대한 용해도가 아주 낮은 물질을 계면활성제의 일종인 가용화제가 물에 용해될 때 일정 농도 이상에서 생성되는 마이셀(미셀)을 이용하여 용해도 이상으로 용해시키는 기술

2 유화

① 물에 오일 성분이 계면활성제에 의해 우윳빛으로 섞여있는 상태

② 종류

- O/W 에멀전 : 물에 오일이 분산되어 있는 형태(로션, 크림, 에센스 등)
- W/O 에멀전 : 오일에 물이 분산되어 있는 형태(영양크림, 선크림 등)
- W/O/W 에멀전 : 분산되어 있는 입자 자체가 에멀전을 형성하고 있는 상태

O/W형

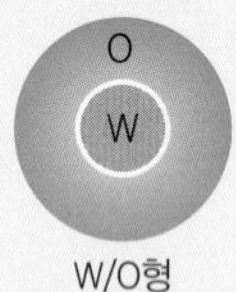

W/O형

W
O
W

W/O/W형

▶ W/O 타입은 O/W 타입보다 더 기름기가 있어 건성피부용 크림이나 유액 등을 제조할 때 사용된다.

3 분산

① 물 또는 오일에 미세한 고체입자가 계면활성제에 의해 균일하게 혼합되어 있는 상태

② 종류 : 립스틱, 마스카라, 아이섀도, 아이라이너, 파운데이션 등

02 화장품 배합한도 및 금지원료

다음의 원료를 제외한 원료는 맞춤형화장품에 사용할 수 있다.

① [별표 1]의 화장품에 사용할 수 없는 원료

② [별표 2]의 화장품에 사용상의 제한이 필요한 원료

③ 식품의약품안전처장이 고시한 기능성화장품의 효능 · 효과를 나타내는 원료

▶ 부록 [별표 1] 사용할 수 없는 원료 참조 – 532페이지

▶ [별표 2] 사용상의 제한이 필요한 원료 – 제2과목 113페이지 참조

▶ 최근에 지정된 사용할 수 없는 원료
- 니트로메탄
- 아트라놀
- 클로로아트라놀 기출(21-4회)
- 메칠렌글라이콜
- 클로로아세타마이드
- 페닐파라벤
- 페닐살리실레이트
- 하이드록시아이소헥실 3-사이클로헥센 카보스알데히드(HICC)

03 원료 및 내용물의 유효성

→ 기능성화장품의 종류(85페이지) 참조
기능성화장품의 심사에 관한 규정(275페이지) 참조

04 혼합 시 제형의 안정성을 감소시키는 요인

1 원료 투입 순서

화장품 원료 및 내용물 혼합 시 투입에 대한 다음의 사항을 이해해야 함

① 원료 투입 순서가 달라지면 용해 상태 불량, 침전, 부유물 등이 발생할 수 있으며, 제품의 물성 및 안정성에 심각한 영향을 미치는 경우도 있다.

② 휘발성 원료의 경우 유화 공정 시 혼합 직전에 투입하고, 고온에서 안정성이 떨어지는 원료의 경우 냉각 공정 중에 별도 투입하여야 한다(알코올, 향료, 첨가제 등).

③ W/O 형태의 유화 제품 제조 시 수상의 투입 속도를 빠르게 할 경우 제품의 제조가 어렵거나 안정성이 극히 나빠질 가능성이 있다.

2 가용화 공정

제조 온도가 설정된 온도보다 지나치게 높을 경우 가용화제의 친수성과 친유성의 정도를 나타내는 HLB(Hydrophilic-lipophilic balance)가 바뀌면서 운점(cloud point) 이상의 온도에서는 가용화가 깨져 제품의 안정성에 문제가 생길 수 있다.

3 유화 공정

① 제조 온도가 설정된 온도보다 지나치게 높을 경우 유화제의 HLB가 바뀌면서 전상 온도(PIT, Phase Inversion Temperature) 이상의 온도에서는 상이 서로 바뀌어 유화 안정성에 문제가 생길 수 있다.

② 유화 입자의 크기가 달라지면서 외관 성상 또는 점도가 달라지거나 원료의 산패로 인해 제품의 냄새, 색상 등이 달라질 수 있다.

4 회전속도

① 믹서의 회전속도가 느린 경우 원료 용해 시 용해 시간이 길어지고, 폴리머 분산 시 수화가 어려워져서 덩어리가 생겨 메인 믹서로 이송 시 필터를 막아 이송을 어렵게 할 수 있다.

② 유화 입자가 커지면서 외관 성상 또는 점도가 달라지거나 안정성에 영향을 미칠 수 있다.

5 진공세기

유화 제품의 제조 시에는 미세한 기포가 다량 발생하게 되는데, 이를 제거하지 않으면 제품의 점도, 비중, 안정성 등에 영향을 미칠 수 있다.

05 기능성화장품의 원료 및 내용물의 규격

1 기준 및 시험방법 작성요령(별표 2)

(1) 작성 개요

① 기준 및 시험방법의 기재형식, 용어, 단위, 기호 등은 원칙적으로 「기능성화장품 기준 및 시험방법」에 따른다.

▶ 제제(製劑) : 성분은 변하지 않으면서 사용에 편리한 형태로 미리 만드는 것을 말한다.

② 기준 및 시험방법에 기재할 항목은 원칙적으로 다음과 같으며, 원료 및 제형에 따라 불필요한 항목은 생략할 수 있다.

번호	기재항목	원료	제제*
1	명칭	○	×
2	구조식 또는 시성식	△	×
3	분자식 및 분자량	○	×
4	기원	△	△
5	함량기준	○	○
6	성상	○	○
7	확인시험	○	○
8	시성치	△	△
9	순도시험	○	○
10	건조감량, 강열감량 또는 수분	○	○
11	강열잔분, 회분 또는 산불용성회분	△	△
12	기능성시험	△	△
13	기타 시험	△	△
14	정량법(제제는 함량시험)	○	○
15	표준품 및 시약 · 시액	△	△

※ 주) ○ 원칙적으로 기재, △ 필요에 따라 기재, × 원칙적으로는 기재할 필요가 없음

③ **시험방법의 기재** : 기준 및 시험방법에는 「기능성화장품 기준 및 시험방법」의 통칙, 일반시험법, 표준품, 시약 · 시액 등에 따르는 것을 원칙으로 하고 아래 "시험방법 기재의 생략" 경우 이외의 시험방법은 상세하게 기재한다.

④ **시험방법 기재의 생략** : 식품의약품안전처 고시(예 「기능성화장품 기준 및 시험방법」, 「화장품 안전기준 등에 관한 규정」 등), 「의약품의 품목허가 · 신고 · 심사규정」 별표 1의2의 공정서 및 의약품집에 수재된 시험방법의 전부 또는 그 일부의 기재를 생략할 수 있다. (다만, 식품의약품안전처 고시 및 공정서는 최신판을 말하며 최신판에서 삭제된 품목은 그 직전판까지를 인정한다.)

⑤ 「기능성화장품 기준 및 시험방법」(식품의약품안전처 고시) 및 공정서에 수재되지 아니한 시약 · 시액, 기구, 기기, 표준품, 상용표준품 또는 정량용원료를 사용하는 경우 시약 · 시액은 순도, 농도 및 그 제조방법을, 기구는 그 형태 등을 표시하고 그 사용법을 기재하며, 표준품, 상용표준품 또는 정량용원료(이하 "표준품"이라 한다)는 규격 등을 기재한다.

(2) 원료성분의 기준 및 시험방법 작성요령

① **명칭** : 원칙적으로 일반명칭을 기재하며 원료성분 및 그 분량난의 명칭과 일치되도록 하고 될 수 있는 대로 영명, 화학명, 별명 등도 기재한다.

② **구조식 또는 시성식** : 「기능성화장품 기준 및 시험방법」의 구조식 또는 시성식의 표기방법에 따른다.

③ **분자식 및 분자량** : 「기능성화장품 기준 및 시험방법」의 분자식 및 분자량의 표기방법에 따른다.

④ **기원** : 합성성분으로 화학구조가 결정되어 있는 것은 기원을 기재할 필요가 없으며, 천연추출물, 효소 등은 그 원료성분의 기원을 기재한다. 다만, 고분자화합물 등 그 구조가 유사한 2가지 이상의 화합물을 함유하고 있어 분리 · 정제가 곤란하거나 그 조작이 불필요한 것은 그 비율을 기재한다.

⑤ **함량기준**

- 원칙적으로 함량은 백분율(%)로 표시하고 ( ) 안에 분자식을 기재한다. 다만, 함량을 백분율(%)로 표시하기가 부적당한 것은 역가 또는 질소 함량 그 외의 적당한 방법으로 표시하며, 함량을 표시할 수 없는 것은 그 화학적 순물질의 함량으로 표시할 수 있다.
- 불안정한 원료성분인 경우는 그 분해물의 안전성에 관한 정보에 따라 기준치의 폭을 설정한다.
- 함량기준 설정이 불가능한 이유가 명백한 때에는 생략할 수 있다. 다만, 그 이유를 구체적으로 기재한다.

⑥ **성상** : 색, 형상, 냄새, 맛, 용해성 등을 구체적으로 기재한다.

⑦ **확인시험**

- 원료성분을 확인할 수 있는 화학적시험방법을 기재한다. 다만, 자외부, 가시부 및 적외부흡수스펙트럼측정법 또는 크로마토그래프법으로도 기재할 수 있다.
- 확인시험 이외의 시험항목으로도 원료성분의 확인이 가능한 경우에는 이를 확인시험으로 설정할 수 있다. 예를 들면 정량법으로 특이성이 높은 크로마토그래프법을 사용하는 경우에는 중복되는 내용을 기재하지 않고 이를 인용할 수 있다.

⑧ **시성치**

- 원료성분의 본질 및 순도를 나타내기 위하여 필요한 항목을 설정한다.
- 시성치란 검화가, 굴절률, 비선광도, 비점, 비중, 산가, 수산기가, 알코올수, 에스텔가, 요오드가, 융점, 응고점, 점도, pH, 흡광도 등 물리 · 화학적 방법으로 측정되는 정수를 말한다.
- 시성치의 측정은 「기능성화장품 기준 및 시험방법」(식품의약품안전처 고시) Ⅵ. 일반시험법에 따르고, 그 이외의 경우에는 시험방법을 기재한다.

▶ 일반 이물 : 제조공정으로부터 혼입, 잔류, 생성 또는 첨가될 수 있는 불순물을 말한다.

⑨ **순도 시험**

- 색, 냄새, 용해상태, 액성, 산, 알칼리, 염화물, 황산염, 중금속, 비소, 황산에 대한 정색물, 동, 석, 수은, 아연, 알루미늄, 철, 알칼리토류금속, 일반 이물*, 유연물질 및 분해생성물, 잔류용매 중 필요한 항목을 설정한다.
- 용해상태는 그 원료 성분의 순도를 파악할 수 있는 경우에 설정한다.

⑩ **건조감량, 강열감량 또는 수분** : 「기능성화장품 기준 및 시험방법」 Ⅵ. 일반시험법의 각 해당 시험법에 따라 설정한다.

⑪ **강열잔분** : 「기능성화장품 기준 및 시험방법」(식품의약품안전처 고시) Ⅵ. 일반시험법의 Ⅵ-1. 원료 3. 강열잔분시험법에 따라 설정한다.

⑫ **기능성 시험** : 필요한 경우 원료에 대한 기능성 시험방법 등을 설정한다.

⑬ **기타 시험** : 위의 시험항목 이외에 품실평가 및 안전성 · 유효성 확보와 식섭 관련이 되는 시험항목이 있는 경우에 설정한다.

⑭ **정량법** : 그 물질의 함량, 함유단위 등을 물리적 또는 화학적 방법에 의하여 측정하는 시험법으로 정확도, 정밀도 및 특이성이 높은 시험법을 설정한다.(다만, 순도시험항에서 혼재물의 한도가 규제되어 있는 경우에는 특이성이 낮은 시험법이라도 인정한다.)

⑮ **표준품 및 시약 · 시액**

- 「기능성화장품 기준 및 시험방법」(식품의약품안전처 고시)에 수재되지 아니한 표준품은 사용목적에 맞는 규격을 설정하며, 「기능성화장품 기준 및 시험방법」(식품의약품안전처 고시) 또는 「의약품의 품목허가 · 신고 · 심사규정」(식품의약품안전처 고시) 별표1의2의 공정서 및 의약품집에 수재되지 아니한 시약 · 시액은 그 조제법을 기재한다.
- 표준품은 필요에 따라 정제법(해당 원료성분 이외의 물질로 구입하기 어려운 경우에는 제조방법을 포함한다.)을 기재한다.
- 정량용 표준품은 원칙적으로 순도시험에 따라 불순물을 규제한 절대량을 측정할 수 있는 시험방법으로 함량을 측정한다.
- 표준품의 함량은 99.0%이상으로 한다. (다만 99.0% 이상인 것을 얻을 수 없는 경우에는 정량법에 따라 환산하여 보정한다.)

(3) 제제의 기재항목 작성요령

① **제형** : 형상 및 제형 등에 대해서 기재한다.

② **확인 시험** : 원칙적으로 모든 주성분에 대하여 주로 화학적시험을 중심으로 하여 기재하며, 자외부 · 가시부 · 적외부흡수스펙트럼측정법, 크로마토그래프법 등을 기재할 수 있다. 다만, 확인시험 설정이 불가능한 이유가 명백할 때에는 생략할 수 있으며 이 경우 그 이유를 구체적으로 기재한다.

③ **시성치** : 원료성분의 시성치 항목 중 제제의 품질평가, 안정성 및 안전성 · 유효성과 직접 관련이 있는 항목을 설정한다.(예 pH)

④ **순도 시험** : 제제 중에 혼재할 가능성이 있는 유연물질(원료, 중간체, 부생성물, 분해생성물), 시약, 촉매, 무기염, 용매 등 필요한 항목을 설정한다. 제제화 과정 또는 보존 중에 변화가 예상되는 경우에는 필요에 따라 설정한다.

⑤ **기능성 시험** : 필요한 경우 자외선차단제 함량시험 대체시험법, 미백측정법, 주름개선효과 측정법, 염모력시험법 등을 설정한다.

⑥ **함량 시험**

- 다른 배합 성분의 영향을 받지 않는 특이성이 있고 정확도 및 정밀도가 높은 시험 방법을 설정한다.
- 정량하고자 하는 성분이 2성분 이상일 때에는 중요한 것부터 순서대로 기재한다.

(4) 기준

① **함량 기준** : 원료성분 및 제제의 함량 또는 역가의 기준은 표시량 또는 표시역가에 대하여 다음 각 사항에 해당하는 함량을 함유한다. (다만, 제조국 또는 원개발국에서 허가된 기준이 있거나 타당한 근거가 있는 경우에는 따로 설정할 수 있다.)

- 원료성분 : 95.0% 이상
- 제제 : 90.0% 이상 (다만, 화장품법 시행규칙 제2조제7호의 화장품 중 치오글리콜산은 90.0~110.0%로 한다.)
- 기타 주성분의 함량시험이 불가능하거나 필요하지 않아 함량기준을 설정할 수 없는 경우에는 기능성시험으로 대체할 수 있다.

② **기타시험 기준** : 품질관리에 필요한 기준은 다음과 같다. 다만, 근거가 있는 경우에는 따로 설정할 수 있다. 근거자료가 없어 자가시험성적으로 기준을 설정할 경우 3롯트당 3회 이상 시험한 시험성적의 평균값(이하"실측치"라 한다.)에 대하여 기준을 정할 수 있다.

- pH : 원칙적으로 실측치에 대하여 ±1.0으로 한다.
- 염모력시험 : 효능 · 효과에 기재된 색상으로 한다.

chapter 04

06 혼합·소분에 필요한 도구·기기

1 화장품의 주요 원료 및 제조 공정 설비의 종류

가용화 제품 (화장수, 미스트 등)	• 주요 원료 : 보습제, 중화제, 점증제, 수렴제, 산화방지제, 금속이온봉쇄제, 알코올, 가용화제(계면활성제), 보존제, 첨가제, 향료, 색소, 정제수 • 공정 설비 : 용해 탱크, 아지 믹서, 여과 장치 등
유화 제품 (크림, 유액, 에센스 등)	• 주요 원료 : 고급 지방산, 유지, 왁스 에스테르, 고급 알코올, 탄화수소, 유화제(계면활성제), 방부제, 합성 에스테르, 실리콘 오일, 산화방지제, 보습제, 점증제, 중화제, 금속이온 봉쇄제, 첨가제, 향료, 색소, 정제수 • 공정 설비 : 용해 탱크, 열교환기, 호모 믹서, 디스퍼 믹서, 진공 유화 장치, 온도 기록계, 압력계, 냉각기, 여과 장치 등
파우더 혼합 분산 제품 (페이스파우더, 팩트, 아이섀도우 등)	• 주요 원료 : 체질 안료, 백색 안료, 착색 안료 등 • 공정 설비 : 리본 믹서, 헨셀 믹서, 아토마이저, 3단 롤 밀(3 roll mill) 등

2 화장품 혼합·소분에 필요한 도구 및 기기

① 계량에 필요한 도구 및 기기 : 스테인리스 시약스푼, 스테인리스 스패츌러, 일회용 플라스틱 스포이드, 전자저울

② 혼합, 교반에 필요한 도구 및 기기 : 스테인리스 나이프, 교반봉 혹은 실리콘 주걱(헤라), 마그네틱바, 유리비커, 호모믹서, 디스퍼, 아지믹서

③ 기타 : 유리온도계, 메스실린더

▶ **디스퍼**
- 스킨과 같이 점도가 낮은 가용화 제품을 제조할 때 사용
- 오일에 고체 성분을 용해시켜 혼합할 때 사용
- 카보머와 같은 수용성 폴리머를 정제수에 분산시킬 때 사용

▶ **호모믹서**
- 터빈형의 회전날개를 원통으로 둘러싼 구조
- 크림이나 로션 타입의 제조에 주로 사용

▶ **마그네틱바**
흰색 알약 모양의 자석을 이용

07 혼합·소분에 필요한 기구 기출(20-1회, 21-4회)

구분	종류	특징
소분	냉각통	내용물 및 특정성분을 냉각할 때 사용
	디스펜서	내용물을 자동으로 소분해주는 기기
	디지털발란스	내용물 및 원료 소분 시 무게를 측정할 때 사용
	비커	유리와 플라스틱 비커 사용 내용물 및 원료를 혼합 및 소분 시 사용
	스파츌라	내용물 및 특정성분의 소분 시 무게를 측정하고 덜어낼 때 사용
	헤라	실리콘 재질의 주걱으로 내용물 및 특정성분을 비커에서 깨끗하게 덜어낼 때 사용

구분	종류	특징
특성 분석	pH 미터	원료 및 내용물의 pH(산도)를 측정
	경도계	액체 및 반고형제품의 유동성을 측정할 때 사용
	광학현미경	유화된 내용물의 유화입자의 크기를 관찰할 때 사용
	점도계	내용물 및 특정성분의 점도 측정 시 사용
혼합 교반	스틱성형기	립스틱 및 선스틱 등 스틱 타입 내용물을 성형할 때 사용
	오버헤드스터러	• 아지믹서, 프로펠러믹서, 분산기, 디스퍼라고도 함 • 봉의 끝부분에 다양한 모양의 회전날개가 붙어 있음 • 내용물에 내용물을 또는 내용물에 특정 성분을 혼합 및 분산 시 사용하며 점증제를 물에 분산 시 사용
	온도계	내용물 및 특정성분 온도를 측정할 때 사용
	핫플레이트	랩히터(lab heater)라고도 하며, 내용물 및 특정성분 온도를 올릴 때 사용
	호모믹서	• 호모게나이저 또는 균질화기라고도 함 • 내용물에 내용물을 또는 내용물에 특정 성분을 혼합 및 분산 시 사용 • 회전 날개의 고속 회전으로 오버헤드스터러보다 강한 에너지를 줌(일반적으로 유화할 때 사용)

▶ **pH 미터의 구조**
pH 미터는 보통 유리전극, 기준전극 및 온도보정용 감온부가 달려있는 검출부 및 검출된 pH값을 나타내는 지시부로 되어 있다. 지시부는 일반적으로 제로점 조절꼭지가 있고 또한 온도보정용 감온부가 없는 것에는 온도보정꼭지가 있다.

▶ **점도측정법** 기출(20-1회, 21-4회)
- 액체가 일정방향으로 운동할 때 그 흐름에 평행한 평면의 양측에 내부 마찰력이 일어난다. 이 성질을 점성이라고 한다. 점성은 면의 넓이 및 그 면에 대하여 수직방향의 속도구배에 비례한다. 그 비례정수를 절대점도라 하고 일정온도에 대하여 그 액체의 고유한 정수이다. 그 단위로서는 '포아스(poise)' 또는 '센티포아스(centi-poise)'를 쓴다.
- 절대점도를 같은 온도의 그 액체의 밀도로 나눈 값을 운동점도라고 말하고 그 단위로는 스톡스 또는 센티스톡스를 쓴다.

08 맞춤형화장품판매업 준수사항에 맞는 혼합·소분 활동

1 혼합·소분 안전관리기준

① 맞춤형화장품 혼합 · 소분 시 맞춤형화장품 혼합 · 소분의 목적으로 개발되지 않은 다음의 화장품의 내용물을 사용하지 말 것

- 화장품책임판매업자가 소비자에게 유통 · 판매할 목적으로 제조 또는 수입한 화장품
- 판매의 목적이 아닌 제품의 홍보 · 판매촉진 등을 위하여 미리 소비자가 시험 · 사용하도록 제조 또는 수입된 화장품

② 맞춤형화장품판매업자는 맞춤형화장품 조제에 사용하는 내용물 또는 원료의 혼합 · 소분의 범위에 대해 사전에 검토하여 최종 제품의 품질 및 안전성을 확보할 것 (다만, 화장품책임판매업자가 혼합 또는 소분의 범위를 미리 정하고 있는 경우에는 그 범위 내에서 혼합 또는 소분 할 것)

기출(20-2회)

③ 혼합 · 소분에 사용되는 내용물 또는 원료가 「화장품법」제8조의 화장품 안전기준 등에 적합한 것인지 여부를 확인하고 사용할 것

④ 혼합 · 소분 전에 내용물 또는 원료의 사용기한 또는 개봉 후 사용기간을 확인하고, 사용기한 또는 개봉 후 사용기간이 지난 것은 사용하지 말 것

⑤ 혼합 · 소분에 사용되는 내용물 또는 원료의 사용기한(또는 개봉 후 사용기간)을 초과하여 맞춤형화장품의 사용기한(또는 개봉 후 사용기간)을 정하지 말 것

⑥ 맞춤형화장품 조제에 사용하고 남은 내용물 또는 원료는 밀폐가 되는 용기에 담는 등 비의도적인 오염을 방지할 것

⑦ 소비자의 피부 유형이나 선호도 등을 확인하지 않고 맞춤형화장품을 미리 혼합 · 소분하여 보관하지 말 것

⑧ 최종 혼합 · 소분된 맞춤형화장품은 「화장품법」 제8조 및 「화장품 안전기준 등에 관한 규정」 제6조에 따른 유통화장품의 안전관리 기준을 준수할 것. 특히, 판매장에서 제공되는 맞춤형화장품에 대한 미생물 오염관리를 철저히 할 것 (예 주기적 미생물 샘플링 검사)

⑨ 맞춤형화장품 판매내역서를 작성 · 보관할 것(전자문서로 된 판매내역 포함)
- 제조번호(맞춤형화장품의 경우 식별번호를 제조번호로 함)
- 사용기한 또는 개봉 후 사용기간
- 판매일자 및 판매량

⑩ 원료 및 내용물의 입고, 사용, 폐기 내역 등에 대하여 기록 · 관리할 것

⑪ 맞춤형화장품 판매 시 다음 사항을 소비자에게 설명할 것
- 혼합 · 소분에 사용되는 내용물 또는 원료의 특성
- 맞춤형화장품 사용 시의 주의사항

⑫ 맞춤형화장품 사용과 관련된 부작용 발생사례에 대해서는 식품의약품안전처장이 정하여 고시하는 바에 따라 보고할 것

⑬ 맞춤형화장품의 원료목록 및 생산실적 등을 기록 · 보관하여 관리 할 것

⑭ 고객 개인 정보의 보호
- 맞춤형화장품판매장에서 수집된 고객의 개인정보는 개인정보보호법령에 따라 적법하게 관리할 것
- 맞춤형화장품판매장에서 판매내역서 작성 등 판매관리 등의 목적으로 고객 개인의 정보를 수집할 경우 개인정보보호법에 따라 개인 정보 수집 및 이용목적, 수집 항목 등에 관한 사항을 안내하고 동의를 받아야 한다.
- 수집된 고객의 개인정보는 개인정보보호법에 따라 분실, 도난, 유출, 위조, 변조 또는 훼손되지 않도록 취급하여야 한다. 아울러 이를 당해 정보주체의 동의 없이 타 기관 또는 제3자에게 정보를 공개해서는 안 된다.

2 맞춤형화장품의 부작용 사례 보고

(「화장품 안전성 정보관리 규정」에 따른 절차 준용)

맞춤형화장품 사용과 관련된 중대한 유해사례 등 부작용 발생 시 그 정보를 알게 된 날로부터 15일 이내 식품의약품안전처 홈페이지를 통해 보고하거나 우편 · 팩스 · 정보통신망 등의 방법으로 보고해야 한다.

기출(20-2회)

▶ 혼합 · 소분을 통해 조제된 맞춤형화장품은 소비자에게 제공되는 제품으로 "유통 화장품"에 해당된다.

▶ 식별번호는 맞춤형화장품의 혼합 · 소분에 사용되는 내용물 또는 원료의 제조번호와 혼합 · 소분기록을 추적할 수 있도록 맞춤형화장품판매업자가 숫자 · 문자 · 기호 또는 이들의 특징적인 조합으로 부여한 번호를 말한다.

기출(21-4회)

▶ 소비자 피부진단 데이터 등을 활용하여 연구 · 개발 등의 목적으로 사용하고자 하는 경우 소비자에게 별도의 사전 안내를 하고 동의를 받아야 한다.

기출(21-3회)

① 중대한 유해사례 또는 이와 관련하여 식품의약품안전처장이 보고를 지시한 경우 : 「화장품 안전성 정보관리 규정(식약처 고시)」별지 제1호 서식
② 판매중지나 회수에 준하는 외국 정부의 조치 또는 이와 관련하여 식품의약품안전처장이 보고를 지시한 경우 : 「화장품 안전성 정보관리 규정」 별지 제2호 서식

3 맞춤형화장품판매업소 시설기준

① 맞춤형화장품의 혼합 · 소분 공간은 다른 공간과 구분 또는 구획할 것
② 맞춤형화장품 간 혼입이나 미생물 오염 등을 방지할 수 있는 시설 또는 설비 등을 확보할 것
③ 맞춤형화장품의 품질유지 등을 위하여 시설 또는 설비 등에 대해 주기적으로 점검 · 관리 할 것

4 맞춤형화장품판매업소의 위생관리 기출(21-3회)

① 작업자 위생관리
- 혼합 · 소분 시 위생복 및 마스크(필요 시) 착용
- 피부 외상 및 증상이 있는 직원은 건강 회복 전까지 혼합 · 소분 행위 금지
- 혼합 전후 손 소독 및 세척

② 맞춤형화장품 혼합 · 소분 장소의 위생관리
- 맞춤형화장품 혼합 · 소분 장소와 판매 장소는 구분 · 구획하여 관리
- 적절한 환기시설 구비
- 작업대, 바닥, 벽, 천장 및 창문 청결 유지
- 혼합 전후 작업자의 손 세척 및 장비 세척을 위한 세척시설 구비
- 방충 · 방서 대책 마련 및 정기적 점검 · 확인

③ 맞춤형화장품 혼합 · 소분 장비 및 도구의 위생관리
- 사용 전후 세척 등을 통해 오염 방지
- 작업 장비 및 도구 세척 시에 사용되는 세제 · 세척제는 잔류하거나 표면 이상을 초래하지 않는 것을 사용
- 세척한 작업 장비 및 도구는 잘 건조하여 다음 사용 시까지 오염 방지
- 자외선 살균기 이용 시 주의할 점
  - 충분한 자외선 노출을 위해 적당한 간격을 두고 장비 및 도구가 서로 겹치지 않게 한 층으로 보관할 것
  - 살균기 내 자외선 램프의 청결 상태를 확인 후 사용할 것

④ 맞춤형화장품 혼합 · 소분 장소, 장비도구 등 위생 환경 모니터링
- 맞춤형화장품 혼합 · 소분 장소가 위생적으로 유지될 수 있도록 맞춤형화장품판매업자는 주기를 정하여 판매장 등의 특성에 맞도록 위생관리 할 것
- 맞춤형화장품판매업소에서는 작업자 위생, 작업환경위생, 장비 · 도구 관리 등 맞춤형화장품판매업소에 대한 위생 환경 모니터링 후 그 결과를 기록하고 판매업소의 위생 환경 상태를 관리 할 것

▶ 구분 : 선, 그물망, 줄 등으로 충분한 간격을 두어 착오나 혼동이 일어나지 않게 되어 있는 상태
▶ 구획 : 동일 건물 내에서 벽, 칸막이, 에어커튼 등으로 교차오염 및 외부오염물질의 혼입이 방지될 수 있게 되어 있는 상태
※ 맞춤형화장품조제관리사가 아닌 기계를 사용하여 맞춤형화장품을 혼합하거나 소분할 때는 구분 · 구획된 것으로 본다.

5 맞춤형화장품의 내용물 및 원료의 관리(입고 및 보관)

① 입고 시 품질관리 여부를 확인하고 품질성적서를 구비할 것

② 원료 등은 품질에 영향을 미치지 않는 장소에 보관할 것

③ 원료 등의 사용기한을 확인한 후 관련 기록을 보관하고, 사용기한이 지난 내용물 및 원료는 폐기할 것

6 맞춤형화장품판매업 FAQ(식품의약품 안전처)

(1) 정의 및 개요

Q1. 맞춤형화장품판매업 가이드라인에서는 혼합 · 소분에 사용되는 내용물(벌크제품) 이란?

「우수화장품 제조 및 품질관리기준」(식약처 고시)에서는 벌크제품이란 충전(1차포장) 이전의 제조 단계까지 끝낸 제품이라고 정의하고 있음

맞춤형화장품에 사용되는 내용물은 최종 소비자에게 제공하기 위한 포장을 제외한 모든 제조 공정을 마친 상태를 의미하며, 제조번호별 품질검사 및 제품의 정보를 알 수 있는 표시기재 사항 등을 모두 갖추어야 함

Q2. 시중 유통 중인 화장품을 구입하여 맞춤형화장품의 혼합 · 소분에 사용할 수 있는지?

맞춤형화장품에 사용되는 내용물은 맞춤형화장품의 혼합 · 소분에 사용할 목적으로 화장품책임판매업자로부터 직접 제공받은 것이어야 하며, 시중 유통 중인 제품을 임의로 구입하여 맞춤형화장품 혼합 · 소분의 용도로 사용할 수 없음

Q3. 기초화장용제품이 아닌 인체세정용제품 등 화장품 품목 중 맞춤형화장품으로 판매할 수 없는 품목이 있는지?

맞춤형화장품으로 판매될 수 있는 화장품 유형에는 제한이 없으며, 맞춤형화장품판매업자가 관련 법령을 준수할 경우, 화장품에 해당하는 모든 품목은 맞춤형화장품으로 판매할 수 있음

(2) 판매행위

Q1. 소비자가 매장 방문 없이 온라인, 전화 등을 통하여 맞춤형화장품을 주문하고 이를 맞춤형화장품판매장에서 혼합 · 소분하여 판매하는 것은 가능한가?

맞춤형화장품판매업을 위해서는「맞춤형화장품판매업 가이드라인」에 따른 혼합 · 소분에 필요한 적절한 시설을 갖추어 맞춤형화장품판매업으로 신고해야 함

한편, 신고된 판매장에서 소비자에게 맞춤형화장품을 판매하는 형태(예 온라인, 오프라인 판매)에 대해서는 화장품 법령에서 별도로 제한은 없음

다만, 소비자 개개인의 피부진단, 선호도 등을 파악하여 맞춤형으로 제품을 만들고, 개인에 특화된 안전정보를 제공하는 동 제도의 취지를 볼 때 소비자 대면을 통한 서비스도 가능하도록 판매하는 것이 바람직함

Q2. 기능성화장품으로 심사 또는 보고한 맞춤형화장품을 판매장에서 조제할 때, 고시된 기능성원료를 맞춤형화장품조제관리사가 내용물에 직접 혼합하는 것이 가능한지?

「화장품 안전기준 등에 관한 규정」(식약처 고시) 제5조에 따라 맞춤형화장품에는 식약처장이 고시한 기능성화장품의 효능 · 효과를 나타내는 원료의 혼합이 원칙적으로 금지되어 있음

다만, 맞춤형화장품판매업자에게 내용물 등을 공급하는 화장품책임판매업자가 사전에 해당 원료를 포함하여 기능성화장품 심사를 받거나 보고서를 제출한 경우에는 맞춤형화장품조제관리사가 기 심사 받거나 보고서를 제출한 조합 · 함량의 범위 내에서 해당 원료를 혼합할 수 있음

Q3. 맞춤형화장품판매업소에서 소비자가 본인이 사용하고자 하는 제품을 직접 혼합 또는 소분하는 것이 가능한가?

맞춤형화장품판매업은 화장품과 원료 등에 대한 전문지식을 갖춘 조제관리사가 소비자의 피부톤이나 상태 등을 확인하고 소비자에게 적합한 제품을 추천 · 판매하는 영업임. 따라서 맞춤형화장품조제관리사가 아닌 자가 판매장에서 혼합 · 소분하는 것은 허용되지 않음

Q4. 이 · 미용사가 「공중위생관리법」상 업무수행(머리카락 염색)을 위하여 염모제를 혼합하는 행위도 맞춤형화장품판매행위에 해당하는지?

맞춤형화장품판매업이란 제조 또는 수입된 화장품의 내용물에 다른 화장품의 내용물이나 식품의약품안전처장이 정하여 고시하는 원료를 추가하거나 제조 또는 수입된 화장품의 내용물을 소분(小分)한 화장품을 판매하는 영업임

이 · 미용사가 머리카락 염색을 위하여 염모제를 혼합하거나 퍼머넌트웨이브를 위하여 관련 액제를 혼합하는 행위, 네일아티스트 등이 네일아트 서비스를 위하여 매니큐어 액을 혼합하는 행위 등은 맞춤형화장품의 혼합 · 판매행위에 해당하지 않음

다만, 이 · 미용 전문가가 고객에게 직접 염색 · 퍼머넌트웨이브 또는 네일아트 서비스를 해주기 위해서가 아니라, 소비자에게 판매할 목적으로 제품을 혼합 · 소분하는 행위는 맞춤형화장품의 적용 대상이 될 수 있음

(3) 의무와 책임

Q1. 소비자가 맞춤형화장품을 사용한 후 부작용이 발생하였음을 알게 된 경우 맞춤형화장품판매업자가 부작용 보고를 해야 하는가?

맞춤형화장품판매업자가 맞춤형화장품 사용과 관련된 부작용 발생사례를 알게 된 경우에는 그 정보를 알게 된 날로부터 15일 이내에 식품의약품안전처장에게 보고하여야 함(화장품 안전성 정보관리 규정 준용)

Q2. 맞춤형화장품에 사용될 원료나 내용물에 대한 품질관리를 맞춤형화장품판매업자가 해야 하는지?

「화장품법 시행규칙」제12조의2제2호가목에서는 맞춤형화장품판매업자가 혼합 · 소분 전에 혼합 · 소분에 사용되는 내용물과 원료에 대한 품질성적서를 확인하도록 규정하고 있음

맞춤형화장품판매업자는 내용물과 원료에 대한 품질관리를 직접 실시할 수 있으며, 직접 품질관리를 실시하기 어려운 경우에는 내용물과 원료를 제공하는 화장품책임판매업자 등의 품질성적서를 통하여 품질이 적절함을 확인하여야 함

Q3. 맞춤형화장품으로 혼합 · 소분된 제품에 대한 품질관리를 맞춤형화장품판매업자가 해야 하는지?

맞춤형화장품판매업자는 맞춤형화장품 조제에 사용되는 내용물 · 원료의 안전기준 등 적합 여부 및 혼합 · 소분 범위에 대한 안전성을 사전에 확인하여야 하며, 소비자에게 판매되는 제품에 대하여 「화장품 안전기준 등에 관한 규정」제6조에 따른 유통화장품 안전관리 기준에 적합하게 관리하여야 하는 등 맞춤형화장품의 안전 및 품질관리에 대한 책임이 있음

Q4. 맞춤형화장품에 혼합할 내용물이나 원료는 화장품책임판매업자로부터만 구입할 수 있는지?

현행 화장품 법령상 화장품의 내용물은 화장품책임판매업자만 판매할 수 있으므로 맞춤형화장품에 사용될 내용물은 화장품책임판매업자로부터 구입하여야 함

맞춤형화장품 혼합에 사용될 원료는 화장품 법령상 공급처의 제한은 없으며, 다만 맞춤형화장품판매업자는 원료에 대한 품질관리 등을 철저히 하여 맞춤형화장품에 조제에 사용해야 할 것임

Q5. 맞춤형화장품에 혼합할 내용물이나 원료의 수입은 화장품책임판매업자만 할 수 있는지?

현행 화장품 법령상 화장품의 내용물은 화장품책임판매업자만 수입할 수 있으므로 맞춤형화장품에 사용될 내용물을 수입하는 경우 수입 단계에서부터 화장품책임판매업자가 공급하여야 함

맞춤형화장품 혼합에 사용되는 원료는 화장품 법령상 수입자의 제한은 없으며, 맞춤형화장품판매업자가 원료를 수입하여 사용하는 경우 품질관리 등을 철저히 하여 맞춤형화장품 조제에 사용해야 할 것임

Q6. 둘 이상의 화장품책임판매업자로부터 내용물 또는 원료를 공급받아 하나의 맞춤형화장품을 조제할 수 있는지?

맞춤형화장품으로 소비자에게 판매하기 전에 둘 이상의 화장품책임판매업자로부터 제공받은 내용물 및 원료를 혼합하여 품질 등을 미리 확인 및 검증한 경우 가능할 것으로 판단됨

최종 혼합 · 소분되어 소비자에게 판매되는 맞춤형화장품은 일반화장품과 같이 「화장품 안전기준 등에 관한 규정(고시)」제6조에 따른 유통화장품의 안전관리 기준에 적합해야 함

Q7. 맞춤형화장품 사용과 관련된 부작용 사례 보고 및 회수조치 의무는 누구에게 있는지?

맞춤형화장품판매업자는 맞춤형화장품 사용과 관련된 부작용 발생사례에 대하여 지체 없이 식품의약품안전처장에게 보고하여야 하며, 보고의 방법 및 절차 등은 「화장품 안전성 정보관리 규정」을 준용함

「화장품법 시행규칙」제14조의2에 따른 회수대상화장품에 해당하는 경우 맞춤형화장품판매업자는 해당 화장품에 대하여 즉시 판매중지하고, 「화장품법 시행규칙」제14조의3 및 제28조에 따라 필요한 회수 및 공표 등의 조치를 하여야 하며, 맞춤형화장품의 특성상 회수대상 맞춤형화장품을 구입한 소비자를 확인할 수 있는 경우 유선 연락 등을 통하여 적극적으로 회수조치를 취하는 것이 바람직함

Q8. 맞춤형화장품이 「화장품 안전기준 등에 관한 규정」의 유통화장품안전관리기준에 부적합한 경우(예 비의도적 성분이 기준치 초과하여 검출) 책임은 누구에게 있는지?

맞춤형화장품판매업자는 맞춤형화장품에 대하여 「화장품 안전기준 등에 관한 규정(고시)」제6조에 따른 유통화장품의 안전관리 기준에 적합하도록 관리하여야 할 책임이 있으므로, 부적합 제품에 대한 책임은 맞춤형화장품판매업자에게 있음

(4) 표시 · 광고

Q1. 맞춤형화장품판매장에서 혼합에 사용되는 원료의 효능 · 효과 등을 광고하는 경우 일반화장품과 동일하게 화장품이 아닌 '원료의 특성에 한정된 광고'임을 명확히 한다면 광고가 가능한지?

일반화장품과 마찬가지로 원료의 효능 · 효과에 대한 표현의 경우 과대 광고 여부는 보통의 주의력을 가진 일반 소비자가 당해 광고를 받아들이는 전체적 인상을 기준으로 판단하여야 하는 바, 특정 원료가 함유되었다는 사실이 그 원료의 효능 · 효과가 최종 완제품에서도 동일하게 나타남을 의미하는 것은 아니므로 표시 · 광고 시 소비자 오인 소지가 없도록 주의하여야 함

Q2. 맞춤형화장품이 아닌 화장품에 '맞춤형' 관련 표현(예 Customized 등)을 사용할 수 있는지?

「화장품법」제13조에 따라 소비자가 오인할 우려가 있는 표시 또는 광고를 하지 않도록 규정하고 있음, 따라서 '맞춤형' 관련 표현(예 Customized 등)이 소비자로 하여금 해당 제품이 「화장품법」제2조3의2에 따른 '맞춤형화장품'이라는 오인을 하게 할 우려가 없다면 사용할 수 있을 것으로 판단됨

Q3. 맞춤형화장품에 천연 또는 유기농 표시 · 광고가 가능한지?

천연화장품 및 유기농화장품의 기준에 관한 규정(식약처 고시)에 적합한 화장품은 천연 또는 유기농 표시 · 광고를 할 수 있음

다만, 맞춤형화장품에 천연화장품 또는 유기농화장품 인증마크를 표시하기 위해서는 「화장품법」제14조의2에 따른 인증기관으로부터 인증을 받아야 함

Q4. 맞춤형화장품판매업자가 천연화장품 · 유기농화장품 인증을 받을 수 있는지?

현재 「화장품법」제14조의2제2항에서 천연화장품 · 유기농화장품 인증신청을 할 수 있는 자로 화장품제조업자, 화장품책임판매업자 또는 총리령으로 정하는 대학 · 연구소 등만 규정하고 있어 맞춤형화장품판매업자는 천연화장품 · 유기농화장품 인증신청이 불가능함

Q5. 맞춤형화장품에 기능성화장품 표시 · 광고가 가능한지?

맞춤형화장품판매업자에게 내용물 등을 공급하는 화장품책임판매업자가 사전에 「화장품법」제4조에 따라 사전에 해당 원료를 포함하여 기능성화장품 심사를 받거나 보고서를 제출한 경우에는 기 심사(또는 보고) 받은 조합 · 함량 범위 내에서 조제된 맞춤형화장품에 대하여 기능성화장품으로 표시 · 광고할 수 있음

Q6. 맞춤형화장품판매업자가 기능성화장품 심사 신청을 할 수 있는지?

현재 「화장품법」제4조에서 기능성화장품 심사 신청 또는 보고서 제출은 화장품제조업자, 화장품책임판매업자 또는 총리령으로 정하는 대학 · 연구소 등만 할 수 있도록 규정하고 있어 맞춤형화장품판매업자는 기능성화장품 심사 신청 또는 보고서 제출이 불가능함

Q7. 화장품책임판매업자가 사전에 맞춤형화장품을 기능성화장품으로 심사받거나 보고하고 맞춤형화장품판매장에서 맞춤형화장품을 조제 후 소비자에게 판매할 때, 제품명이 심사받거나 보고한 내용과 달라질 수 있는데 가능한지?

기능성화장품의 기재 · 표시 사항은 심사받거나 보고한 내용과 동일하게 기재 · 표시하는 것이 원칙임. 따라서 사전에 기능성화장품으로 심사를 받거나 보고하여 맞춤형화장품의 판매 시 제품명이 달라지는 경우 해당 제품명으로 변경심사를 받거나 보고를 취하하고 재보고 해야 함

Q8. 맞춤형화장품 포장에 기재하여야 하는 영업자의 상호 및 주소에는 맞춤형화장품판매업자의 정보만 기재하면 되는지?

맞춤형화장품에 표기하여야 하는 영업자의 상호 및 주소는 "화장품제조업자", "화장품책임판매업자", "맞춤형화장품판매업자"를 각각 구분하여 기재하여야 함. 다만, 화장품제조업자, 화장품책임판매업자 또는 맞춤형화장품판매업자가 다른 영업을 함께 영위하고 있는 경우에는 한꺼번에 기재 · 표시할 수 있음

(5) 맞춤형화장품조제관리사

Q1. 맞춤형화장품조제관리사는 판매장에서 상근하는 직원이어야 하는지?

「화장품법」제3조의2제2항에 따라 맞춤형화장품판매업자는 판매장마다 맞춤형화장품조제관리사를 고용해야 하며, 맞춤형화장품조제관리사는 맞춤형화장품의 혼합 · 소분 업무와 품질 · 안전관리를 담당하여야 하므로 판매장에 상근하여야 할 것으로 판단됨

Q2. 맞춤형화장품판매장에 맞춤형화장품조제관리사를 두 명 이상 고용하는 경우 모두 신고를 하여야 하는지?

맞춤형화장품판매장에 2명 이상의 조제관리사를 고용하는 경우에는 「화장품법 시행규칙」제8조의2에 따른 맞춤형화장품판매업 신고 시 조제관리사를 추가 신고할 수 있으며, 신고된 조제관리사가 변경되는 경우 변경신고 대상에 해당됨

Q3. 맞춤형화장품조제관리사의 적절한 교육 및 통제하에 조제관리사 자격이 없는 일반 매장 직원이 맞춤형화장품 혼합 및 소분을 할 수 있는지?

「화장품법」제3조의2에서 맞춤형화장품의 혼합 · 소분 업무에 종사하는 자를 맞춤형화장품조제관리사로 규정하고 있으므로 맞춤형화장품조제관리사의 교육 및 통제하에 있다고 하더라도 일반 매장 직원은 맞춤형화장품의 혼합 · 소분 업무를 담당할 수 없음

Q4. 맞춤형화장품조제관리사가 2개 이상의 판매장에서 근무할 수 있는지?

맞춤형화장품의 혼합 · 소분 업무는 조제관리사만이 담당할 수 있으므로 판매장 영업을 위해서는 조제관리사가 2군데 이상의 판매장에서 근무하는 것은 현실적으로 불가능하다고 봄

다만, 특정 요일에 영업을 하지 않는 경우 또는 매장에 추가 조제관리사로 고용되어 특정 요일 · 시간에만 근무를 하는 경우 등 조제관리사가 2개 이상의 다른 판매장에서 근무할 수 있다는 증빙을 갖춘 경우 개별 검토가 가능할 수 있을 것으로 판단됨

Q5. 맞춤형화장품판매장에 고용되지 않은 조제관리사도 보수교육을 받아야 하는지?

「화장품법」제5조제5항에 따른 조제관리사 보수교육의 대상은 동법 제3조의2제2항에 따라 맞춤형화장품판매업자에게 고용되어 맞춤형화장품의 혼합 · 소분 업무에 종사하고 있는 자로 한정된다고 할 것임

▶ 자격증의 유효기간은 없고, 자격증 유지를 위한 수수료나 교육은 없다. 다만, 맞춤형화장품 판매장에 근무하고 있는 맞춤형화장품 조제관리사의 경우에는 화장품의 안전성 확보 및 품질관리에 관한 교육을 매년 받아야 한다.

Q6. 맞춤형화장품조제관리사로 맞춤형화장품판매장에 고용된 경우 자격시험에 합격한 해에도 보수교육을 받아야 하는지?

현재 「화장품법」제5조제5항에서 맞춤형화장품조제관리사는 화장품의 안전성 확보 및 품질관리에 관한 교육을 매년 받아야 한다고 규정하고 있으므로 조제관리사 자격시험에 합격한 해에도 보수교육을 받는 것이 원칙임

(6) 기타

Q1. 맞춤형화장품에 제조번호는 어떻게 부여해야 하는지?

맞춤형화장품의 제조번호는 혼합 또는 소분에 사용되는 내용물 및 원료의 종류와 혼합 · 소분 기록을 추적할 수 있도록 부여하는 것으로, 맞춤형화장품판매업자는 원활한 관리를 위해 일정한 규칙에 따라 번호 부여를 하는 것이 바람직함

Q2. 화장품책임판매업과 동일한 소재지에 맞춤형화장품판매업 신고가 가능한지?

화장품책임판매업자와 맞춤형화장품판매업자가 동일한 경우 동일한 소재지에서 두 업종 운영이 가능할 것으로 판단됨. 이 경우 맞춤형화장품의 혼합 · 소분 장소는 별도로 구획되는 등 혼합 · 소분 과정에서 오염 등이 발생하지 않도록 철저히 관리하여야 할 것임

Q3. 맞춤형화장품판매업과 화장품책임판매업 또는 화장품제조업을 동일 상호를 사용할 수 있는지?

「화장품법 시행규칙」제8조의2에 따라 맞춤형화장품판매업소별로 신고하여야 하므로 맞춤형화장품판매업자가 2개 이상의 판매업소를 운영하는 경우라면 판매장별로 상호에 지역 등을 추가하는 방법으로 서로 다르게 신고하여야 하며, 이에 따라 화장품책임판매업 또는 화장품제조업과 다른 상호로 신고할 수밖에 없음

만약, 맞춤형화장품판매업자가 단 1개의 판매업소(판매장)를 운영하는 경우라면 동일한 법인 · 사업자가 등록한 화장품책임판매업 또는 화장품 제조업에 한하여 동일한 상호 사용이 가능할 것으로 판단됨

Q4. 소비자가 포장용기를 가져와서 맞춤형화장품을 구매하는 것이 가능한지?

화장품의 포장용기는 내용물과 직접 접촉하는 것으로 제품의 품질에 영향을 줄 수 있으므로, 맞춤형화장품판매업자는「화장품법 시행규칙」제12조의2에서 정하고 있는 바와 같이 혼합 · 소분 전에 혼합 · 소분된 제품을 담을 포장용기의 오염여부를 철저히 확인하고 맞춤형화장품을 제공하여야 함

Q5. 화장품책임판매관리자가 맞춤형화장품조제관리사를 겸직할 수 있는지? 겸직할 수 있다면 기준이 어떻게 되는지?

맞춤형화장품조제관리사는 판매장에서 맞춤형화장품의 혼합 · 소분 업무를 담당하는 자이고, 업무의 특성상 고객의 방문시간이나 방문량 등을 예측할 수 없으므로 조제관리사와 화장품책임판매관리자의 겸직은 바람직하지 않을 것으로 판단됨

다만, 책임판매관리자로서의 근무시간과 조제관리사로서의 근무시간이 명확히 구분되어 이를 증명할 수 있는 경우라면 개별 검토가 가능할 수 있을 것으로 판단됨

Section

Customized Cosmetics Preparation Manager

06 충진·포장 및 재고관리

[식약처 동영상 강의]

01 제품에 맞는 충진 방법

1 충진의 정의

충진(충전)은 빈 곳에 집어넣어서 채운다는 의미로 화장품의 경우 일정한 규격의 용기에 내용물을 넣어서 채우는 작업을 말하며 1차 포장 작업에 포함된다.

2 충진기의 종류

구분	특징
피스톤 방식 충진기	용량이 큰 액상타입의 샴푸, 린스, 컨디셔너 같은 제품의 충진에 사용
파우치 충진기	견본품 등의 1회용 파우치 포장 제품의 충진에 사용
파우더 충진기	페이스파우더 등의 파우더류 제품의 충진에 사용
카톤 충진기	박스에 테이프를 붙이는 테이핑(tapping)기
액체 충진기	스킨로션, 토너, 앰플 등의 액상타입 제품의 충진에 사용
튜브 충진기	폼클렌징, 선크림 등의 튜브용기 제품의 충진에 사용

3 내용물의 중량 계산

기출(20-1회)

비중 0.8인 액상 화장품을 300ml 충진할 때 내용물의 중량(g) 구하는 방법

(충진율 : 100% 기준)

중량 = 비중 × 부피 = 0.8 × 300 = 240g

02 제품에 적합한 포장 방법

1 포장작업 (우수화장품 제조 및 품질관리기준)

① 포장작업에 관한 문서화된 절차를 수립하고 유지하여야 한다.

② 포장작업은 다음 사항을 포함하고 있는 포장지시서에 의해 수행되어야 한다.

- 제품명
- 포장 설비명
- 포장재 리스트
- 상세한 포장공정
- 포장생산수량

③ 포장작업을 시작하기 전에 포장작업 관련 문서의 완비여부, 포장설비의 청결 및 작동여부 등을 점검하여야 한다.

2 제품의 포장방법에 관한 기준

(제품의 포장재질·포장방법에 관한 기준 등에 관한 규칙) 기출(21-4회)

종류	기재항목	기준	
		포장공간비율	포장횟수
단위제품	인체 및 두발 세정용 제품류	15% 이하	2차 이내
	그 밖의 화장품류(방향제 포함)	10% 이하(향수 제외)	
종합제품	화장품류	25% 이하	

① 단위제품이란 1회 이상 포장한 최소 판매단위의 제품을 말하고, 종합제품이란 같은 종류 또는 다른 종류의 최소 판매단위의 제품을 2개 이상 함께 포장한 제품을 말한다.

② 제품의 특성상 1개씩 낱개로 포장한 후 여러 개를 함께 포장하는 단위제품의 경우 낱개의 제품포장은 포장공간비율 및 포장횟수의 적용대상인 포장으로 보지 않는다.

③ 종합제품의 경우 종합제품을 구성하는 각각의 단위제품은 제품별 포장공간비율 및 포장횟수기준에 적합하여야 하며, 단위제품의 포장공간비율 및 포장횟수는 종합제품의 포장공간비율 및 포장횟수에 산입하지 않는다.

④ 종합제품으로서 복합합성수지재질 · 폴리비닐클로라이드재질 또는 합성섬유재질로 제조된 받침접시 또는 포장용 완충재를 사용한 제품의 포장공간비율은 20% 이하로 한다.

⑤ 단위제품인 화장품의 내용물 보호 및 훼손 방지를 위해 2차 포장 외부에 덧붙인 필름(투명 필름류만 해당)은 포장횟수의 적용대상인 포장으로 보지 않는다.

▶ 종합제품에 포함되지 않는 구성품
- 주 제품을 위한 전용 계량 도구나 그 구성품
- 소량(30g 또는 30ml 이하)의 비매품(증정품)
- 설명서, 규격서, 메모카드와 같은 참조용 물품

3 포장용기의 재사용

포장용기를 재사용할 수 있는 제품의 생산량이 해당 제품 총생산량에서 차지하는 비율이 다음의 비율 이상이 되도록 노력해야 한다.

① 화장품 중 색조화장품(화장 · 분장)류 : 100분의 10

② 두발용 화장품 중 샴푸 · 린스류 : 100분의 25

기출(21-4회)

▶ 포장제품의 재포장 금지

다음 각 호의 어느 하나에 해당하는 자는 포장되어 생산된 제품을 재포장하여 제조 · 수입 · 판매해서는 안 된다. 다만, 재포장이 불가피한 경우로서 환경부장관이 고시하는 사유에 해당하는 경우는 제외한다.
- 제품을 제조 또는 수입하는 자
- 대규모점포 또는 면적이 33제곱미터 이상인 매장에서 포장된 제품을 판매하는 자

4 화장품 용기의 종류

① 세구 용기 : 병 입구의 외경이 몸체에 비해 작은 용기(액상의 내용물)

② 광구 용기 : 병 입구의 외경이 몸체 외경과 비슷한 용기(핸드크림, 영양크림 등)

③ 튜브 용기 : 비비크림, 파운데이션, 헤어트리트먼트 등

④ 에어로졸 용기 : 내용물을 압축가스나 액화가스의 압력에 의해 분출되도록 한 용기(헤어 스프레이 등)

⑤ 원통형 용기 : 마스카라, 아이라이너 등

⑥ 파우더 용기 : 페이스 파우더, 베이비 파우더 등

5 안전용기·포장 대상 품목 및 기준 ★★★

① 안전용기 · 포장을 사용하여야 하는 품목은 다음과 같다.
- 아세톤을 함유하는 네일 에나멜 리무버 및 네일 폴리시 리무버
- 어린이용 오일 등 개별포장 당 탄화수소류를 10% 이상 함유하고 운동점도가 21센티스톡스(40℃ 기준) 이하인 비에멀젼 타입의 액체상태의 제품
- 개별포장당 메틸살리실레이트를 5% 이상 함유하는 액체상태의 제품

② 안전용기 · 포장은 성인이 개봉하기는 어렵지 않으나 만 5세 미만의 어린이가 개봉하기는 어렵게 된 것이어야 한다.

기출(20-2회)

▶ 일회용 제품, 용기 입구 부분이 펌프 또는 방아쇠로 작동되는 분무용기 제품, 압축 분무용기 제품(에어로졸 제품 등)은 제외한다. 기출(21-4회)

▶ 국내에서 판매되지 않고 수출만을 목적으로 하는 제품은 안전용기 · 포장에 관한 규정을 적용하지 않고 수입국의 규정에 따를 수 있다.

6 포장재의 종류 기출(21-3회, 21-4회)

구분	특징	구분	특징
저밀도 폴리에틸렌(LDPE)	반투명, 광택, 유연성 우수	소다 석회 유리	투명 유리
고밀도 폴리에틸렌(HDPE)	광택이 없음, 수분 투과가 적음	칼리 납 유리	굴절률이 매우 높음
폴리프로필렌	반투명, 광택, 내약품성 우수, 내충격성 우수, 잘 부러지지 않음	유백색 유리	유백색 색상 용기로 주로 사용
폴리스티렌	딱딱함, 투명, 광택, 치수 안정성 우수, 내약품성이 나쁨	알루미늄	가공성 우수
AS 수지	투명, 광택, 내충격성, 내유성 우수	황동	금과 비슷한 색상
ABS 수지	내충격성 양호, 금속 느낌을 주기 위한 소재로 사용	스테인리스 스틸	부식이 잘 되지 않음, 금속성 광택 우수
PVC	투명, 성형 가공성 우수	철	녹슬기 쉬우나 저렴함
PET	딱딱함, 투명성 우수, 광택, 내약품성 우수		

7 포장재 소재의 주요 용도

소재	주요 용도	소재	주요 용도
종이	라벨, 낱개 케이스, 장식재, 부품	폴리프로필렌(PP)	원터치 캡
플라스틱	병, 마개, 용기, 튜브, 장식재	폴리스티렌(PS)	콤팩트, 스틱 용기, 캡 등
목재	빗	AS 수지	콤팩트, 스틱 용기 등
실, 끈	포장재, 장식재	ABS 수지	금속 느낌을 주기 위한 도금 소재로 사용
금속	용기, 마개, 부품, 장식재	PVC	리필 용기, 샴푸 용기, 린스 용기 등
고무	마개, 화장용품	PET	스킨, 로션, 크림, 샴푸, 린스 등의 용기
돌	장식재	소다 석회 유리	스킨, 로션, 크림 용기
유리, 세라믹	병, 마개, 장식재	칼리 납 유리	고급 용기, 향수 용기 등

소재	주요 용도	소재	주요 용도
천, 가죽, 모	포장재, 장식재, 브러시, 퍼프	유백색 유리	크림, 로션 등의 용기
해면	스펀지, 유분 제거제	알루미늄	립스틱, 콤팩트, 마스카라, 스프레이 등
뿔	장식재, 빗, 보호용구	황동	코팅용 소재로 사용
저밀도 폴리에틸렌(LDPE)	병, 튜브, 마개, 패킹 등	스테인리스 스틸	부식되면 안 되는 용기, 광택 용기
고밀도 폴리에틸렌(HDPE)	화장수, 유화 제품, 린스 등의 용기, 튜브	철	스프레이 용기 등

8 화장품 용기 시험법(단체표준에 의한 시험방법)

시험 방법	적용 범위	비고
내용물 감량	화장품 용기에 충전된 내용물의 건조감량을 측정	마스카라, 아이라이너 또는 내용물 일부가 쉽게 휘발되는 제품에 적용
내용물에 의한 용기 마찰	내용물에 따른 인쇄문자, 핫스탬핑, 증착 또는 코팅막의 용기 표면과의 마찰을 측정	내용물에 의한 인쇄문자 및 코팅막 등의 변형, 박리, 용출을 확인
용기의 내열성 및 내한성	내용물이 충전된 용기 또는 용기를 구성하는 각종 소재의 내한성 및 내열성 측정	혹서기, 혹한기 또는 수출 시 유통환경 변화에 따른 제품 변질 방지를 위함
유리병의 내부압력	유리 소재의 화장품 용기의 내압 강도를 측정	화려한 디자인 및 독특한 형상의 유리병은 내부 압력에 취약
펌프 누름 강도	펌프 용기의 화장품을 펌핑 시 펌프 버튼의 누름 강도 측정	펌프 제품의 사용 편리성을 확인
크로스컷트	화장품 용기 소재인 유리, 금속, 플라스틱의 유기 또는 무기 코팅막 또는 도금층의 밀착성 측정	규정된 점착테이프를 압착한 후 떼어내어 코팅층의 박리 여부를 확인
낙하	플라스틱 용기, 조립 용기, 접착 용기에 대한 낙하에 따른 파손, 분리 및 작용 여부를 측정	다양한 형태의 조립 포장재료가 부착된 화장품 용기에 적용
감압누설	액상 내용물을 담는 용기의 마개, 펌프, 패킹 등의 밀폐성 측정	스킨, 로션, 오일과 같은 액상 제품의 용기에 적용
내용물에 의한 용기의 변형	용기와 내용물의 장기간 접촉에 따른 용기의 팽창, 수축, 변질, 탈색, 연화, 발포, 균열, 용해 등을 측정	내용물에 침적된 용기 재료의 물성 저하 또는 변화 상태, 내용물 간의 색상 전이 등을 확인
유리병 표면 알칼리 용출량	유리병 내부에 존재하는 알칼리를 황산과 중화반응 원리를 이용하여 측정	고온다습 환경에서 장기 방치 시 발생하는 표면의 알칼리화 변화량 확인
유리병의 열 충격	화장품용 유리병의 급격한 온도 변화에 따른 내구력을 측정	유리병 제조 시 열처리 과정에서 발생하는 불량 방지
접착력	화장품 용기에 표시된 인쇄문자, 코팅막, 라미네이팅의 밀착성을 측정	용기 표면의 인쇄문자, 코팅막 및 필름을 접착테이프로 박리 여부 확인
라벨 접착력	화장품 포장의 라벨, 스티커 또는 수지 지지체의 접착력 측정	시험편이 붙어있는 접착판을 인장 시험기로 시험

참고자료 - 포장재 재질에 따른 화장품 용기의 예

출처 : 한국직업능력개발원. (2016). NCS 화장품 제조 학습모듈 06 포장

03 용기 기재사항

1 1차 포장 또는 2차 포장 기재사항

① 화장품의 명칭
② 영업자의 상호 및 주소
③ 해당 화장품 제조에 사용된 모든 성분
④ 내용물의 용량 또는 중량
⑤ 제조번호
⑥ 사용기한 또는 개봉 후 사용기간(개봉 후 사용기간 기재 시 제조연월일을 병행 표기)
⑦ 가격(판매자가 소비자에게 판매하려는 가격)
⑧ 기능성화장품의 경우 "기능성화장품"이라는 글자 또는 기능성화장품을 나타내는 도안으로서 식품의약품안전처장이 정하는 도안
⑨ 사용 시 주의사항
⑩ 그 밖에 총리령으로 정하는 사항

㉠ 식품의약품안전처장이 정하는 바코드
㉡ 기능성화장품의 경우 심사받거나 보고한 효능 · 효과, 용법 · 용량
㉢ 성분명을 제품 명칭의 일부로 사용한 경우 그 성분명과 함량(방향용 제품 제외)
㉣ 인체 세포 · 조직 배양액이 들어있는 경우 그 함량
㉤ 화장품에 천연 또는 유기농으로 표시 · 광고하려는 경우에는 원료의 함량
㉥ 수입화장품인 경우에는 제조국의 명칭(원산지를 표시한 경우 생략 가능), 제조회사명 및 그 소재지
㉦ 다음에 해당하는 기능성화장품의 경우 "질병의 예방 및 치료를 위한 의약품이 아님"이라는 문구 기출(21-4회)
- 탈모 증상의 완화에 도움을 주는 화장품
- 여드름성 피부를 완화하는 데 도움을 주는 화장품
- 피부장벽의 기능을 회복하여 가려움 등의 개선에 도움을 주는 화장품
- 튼살로 인한 붉은 선을 엷게 하는 데 도움을 주는 화장품

㉧ 사용기준이 지정 · 고시된 원료 중 보존제의 함량
- 만 3세 이하의 영 · 유아용 제품류인 경우
- 화장품에 어린이용 제품(만 13세 이하(영 · 유아용 제품류 제외)임을 특정하여 표시 · 광고하려는 경우)

⑪ 기타 표시사항(화장품법 외의 법률)
- 분리배출 표시(자원의 절약과 재활용촉진에 관한 법률)
- 소비자피해보상 문구 및 소비자상담실 전화번호(소비자기본법)
- 원산지(대외무역법) - 국내 유통 제품은 예외

2 예외

다음의 경우 화장품 명칭, 상호, 가격, 제조번호, 사용기한 또는 개봉 후 사용기간만 기재 · 표시 가능(개봉 후 사용기간을 기재할 경우에는 제조연월일 병행 표기)

① 내용량이 10mL 이하 또는 10g 이하인 화장품의 포장
② 판매의 목적이 아닌 제품의 선택 등을 위하여 미리 소비자가 시험 · 사용하도록 제조 또는 수입된 화장품의 포장(가격 대신 견본품이나 비매품 등으로 표시)

▶ 내용량이 소량인 화장품의 포장 등 총리령으로 정하는 포장에는 화장품의 명칭, 화장품책임판매업자 및 맞춤형화장품판매업자의 상호, 가격, 제조번호와 사용기한 또는 개봉 후 사용기간(개봉 후 사용기간을 기재할 경우에는 제조연월일을 병행 표기하여야 한다.)만을 기재 · 표시할 수 있다.

▶ 화장품의 효능 · 효과, 사용방법은 필수 기재사항이 아니다.

▶ ㉠과 ㉥은 맞춤형화장품에 표기하지 않는다.

기출(20-2회, 21-4회)

▶ **분리배출 표시** 기출(21-4회)
- 내용물의 용량이 30mL 또는 30g 초과 포장재
- 포장재의 표면적이 50cm² 이상인 포장재
- 외포장된 상태로 수입되는 화장품의 경우 용기등의 기재사항과 함께 분리배출 표시를 할 수 있다.
- 분리배출표시의 기준일은 제품의 제조일로 적용한다.
- 표시 대상 제품 · 포장재의 표면 한 곳 이상에 인쇄 또는 각인을 하거나 라벨을 부착
- 표시재질을 제외한 분리배출 표시 도안의 최소 크기는 가로, 세로 각각 8mm 이상
- 분리배출 표시의 위치는 제품 · 포장재의 정면, 측면 또는 바코드(bar code) 상하좌우로 한다. 다만, 포장재의 형태 · 구조상 정면, 측면 또는 바코드 상하좌우 표시가 불가능한 경우에는 밑면 또는 뚜껑 등에 표시할 수 있다.

기출(21-4회)

3 기재·표시상의 주의

① 1차 포장 필수 기재사항 ★★★
- 화장품의 명칭
- 영업자의 상호
- 제조번호
- 사용기한 또는 개봉 후 사용기간

② 시각장애인을 위한 점자 표시 병행 가능 항목
- 제품의 명칭
- 영업자의 상호

③ 화장품 포장의 기재 · 표시 및 화장품의 가격표시상의 준수사항
- 다른 문자 또는 문장보다 쉽게 볼 수 있는 곳에 표시할 것
- 읽기 쉽고 이해하기 쉽도록 한글로 정확히 기재 · 표시할 것
- 한자 또는 외국어를 함께 표기 가능
- 수출용 제품의 경우 수출 대상국의 언어로 표기 가능
- 화장품의 성분을 표시하는 경우 표준화된 일반명을 사용할 것

기출(20-1회, 20-2회)

▶ 소비자가 1차 포장을 제거하고 사용하는 고형비누 등 총리령으로 정하는 화장품의 경우에는 1차 포장 기재 · 표시사항 의무가 제외된다.
"고형비누 등 총리령으로 정하는 화장품"이란 화장 비누(고체 형태의 세안용 비누)를 말한다.

4 기재·표시 생략 가능한 성분

① 제조과정 중에 제거되어 최종 제품에는 남아 있지 않은 성분

② 안정화제, 보존제 등 원료 자체에 들어 있는 부수 성분으로서 그 효과가 나타나게 하는 양보다 적은 양이 들어 있는 성분

③ 내용량이 10mL 초과 50mL 이하 또는 중량이 10g 초과 50g 이하 화장품인 경우 다음 성분을 제외한 성분
- 타르색소, 금박, 과일산(AHA)
- 샴푸와 린스에 들어 있는 인산염의 종류
- 기능성화장품의 경우 그 효능 · 효과가 나타나게 하는 원료
- 식품의약품안전처장이 배합 한도를 고시한 화장품의 원료

기출(20-1회)

▶ 성분의 기재 · 표시를 생략하려는 경우에는 다음의 어느 하나에 해당하는 방법으로 생략된 성분을 확인할 수 있도록 하여야 한다.
- 소비자가 모든 성분을 즉시 확인할 수 있도록 포장에 전화번호나 홈페이지 주소를 적을 것
- 모든 성분이 적힌 책자 등의 인쇄물을 판매업소에 늘 갖추어 둘 것

5 화장품 가격의 표시(화장품 가격표시제실시요령)

① 제품의 포장에 일반소비자에게 판매되는 실제 거래가격을 일반 소비자가 알기 쉽도록 표시

② 세부적인 표시방법은 식품의약품안전처장이 정하여 고시

③ 판매가격의 표시는 유통단계에서 쉽게 훼손되거나 지워지지 않으며 분리되지 않도록 스티커 또는 꼬리표를 표시

④ 판매가격이 변경되었을 경우에는 기존의 가격표시가 보이지 않도록 변경 표시 (판매자가 판매가격을 변경하기 위해 특정기간에 소비자에게 알리고, 소비자가 판매가격을 기존가격과 오인 · 혼동할 우려가 없도록 명확히 구분하여 표시하는 경우는 제외)

⑤ 판매가격은 개별 제품에 스티커 등을 부착 (개별 제품으로 구성된 종합제품으로서 분리하여 판매하지 않는 경우에는 그 종합제품에 일괄하여 표시 가능)

⑥ 업태, 취급제품의 종류 및 내부 진열상태 등에 따라 개별 제품에 가격을 표시하는 것이 곤란한 경우에는 소비자가 가장 쉽게 알아볼 수 있도록 제품명, 가격이 포함된 정보를 제시하는 방법으로 판매가격을 별도로 표시 가능. 이

▶ **화장품 가격표시제의 목적**
화장품을 판매하는 자에게 당해 품목의 실제거래 가격을 표시하도록 함으로써 소비자의 보호와 공정한 거래를 도모함을 목적으로 한다.

▶ **용어 정의**
- 표시의무자 : 화장품을 일반 소비자에게 판매하는 자
- 판매가격 : 화장품을 일반 소비자에게 판매하는 실제 가격

경우 화장품 개별 제품에는 판매가격을 표시하지 않을 수 있다.

⑦ 판매가격의 표시는 『판매가 ○○원』 등으로 소비자가 알아보기 쉽도록 선명하게 표시하여야 한다.

⑧ 가격관리 기본지침

㉠ 특별시장, 광역시장, 도지사 또는 제주특별자치도지사(시 · 도지사)는 매년 식품의약품안전처장이 시달하는 가격관리 기본지침에 따라 화장품 가격표시제도 실시현황을 지도 · 감독하여야 한다.
㉡ 기본 지침에 포함되는 사항
- 가격표시 사후 관리 및 감독에 관한 사항
- 가격표시 정착을 위한 교육 및 홍보에 관한 사항
- 기타 가격표시제 실시에 관하여 필요한 사항

㉢ 시 · 도지사는 기본지침에 따라 그 관할구역 안의 실정에 맞는 세부시행지침을 수립하여 시행하여야 한다.

▶ 표시의무자의 지정
- 일반소비자에게 소매 점포에서 판매하는 경우 소매업자(직매장 포함)
- 방문판매업 · 후원방문판매업,통신판매업의 경우 : 판매업자
- 다단계판매업의 경우 : 판매자

6 화장품 포장의 표시기준 및 표시방법(별표4) ★★★

① 화장품의 명칭 : 다른 제품과 구별할 수 있도록 표시된 것으로서 같은 화장품책임판매업자의 여러 제품에서 공통으로 사용하는 명칭 포함

② 화장품제조업자 및 화장품판매업자의 상호 및 주소
- 화장품제조업자 또는 화장품책임판매업자의 주소는 등록필증에 적힌 소재지 또는 반품 · 교환 업무를 대표하는 소재지 기재 · 표시
- "화장품제조업자", "화장품책임판매업자" 또는 "맞춤형화장품판매업자"는 각각 구분하여 기재 · 표시해야 한다. 다만, 화장품제조업자, 화장품책임판매업자 또는 맞춤형화장품판매업자가 다른 영업을 함께 영위하고 있는 경우에는 한꺼번에 기재 가능
- 공정별로 2개 이상의 제조소에서 생산된 화장품의 경우 일부 공정을 수탁한 화장품제조업자의 상호 및 주소의 기재 · 표시 생략 가능
- 수입화장품의 경우 추가로 기재 · 표시하는 제조국의 명칭, 제조회사명 및 그 소재지를 국내 "화장품제조업자"와 구분하여 기재 · 표시

③ 화장품 제조에 사용된 성분
- 글자 크기는 5포인트 이상으로 한다.
- 화장품 제조에 사용된 함량이 많은 것부터 기재 · 표시한다.
- 혼합원료는 혼합된 개별 성분의 명칭을 기재 · 표시한다.
- 색조 화장용 제품류, 눈 화장용 제품류, 두발염색용 제품류 또는 손발톱용 제품류에서 호수별로 착색제가 다르게 사용된 경우 '± 또는 +/-'의 표시 다음에 사용된 모든 착색제 성분을 함께 기재 · 표시할 수 있다.
- 착향제는 "향료"로 표시할 수 있다. (다만, 착향제의 구성 성분 중 식품의약품안전처장이 정하여 고시한 알레르기 유발성분이 있는 경우에는 향료로 표시할 수 없고, 해당 성분의 명칭을 기재 · 표시해야 한다.)
- 산성도(pH) 조절 목적으로 사용되는 성분은 그 성분을 표시하는 대신 중화반응에 따른 생성물로 기재 · 표시할 수 있고, 비누화반응을 거치는 성분은 비누화반응에 따른 생성물로 기재 · 표시할 수 있다.

기출(20-1회, 20-2회)

▶ 1% 이하로 사용된 성분, 착향제 또는 착색제는 순서에 상관없이 기재 · 표시할 수 있다.

기출(20-1회)

기출(20-2회)

기출(20-2회)

▶ 화장 비누(고체 형태의 세안용 비누)의 경우에는 수분을 포함한 중량과 건조중량을 함께 기재 · 표시해야 한다.

- 성분을 기재 · 표시할 경우 화장품제조업자 또는 화장품책임판매업자의 정당한 이익을 현저히 침해할 우려가 있을 때에는 화장품제조업자 또는 화장품책임판매업자는 식품의약품안전처장에게 그 근거자료를 제출해야 하고, 식품의약품안전처장이 정당한 이익을 침해할 우려가 있다고 인정하는 경우에는 "기타 성분"으로 기재 · 표시할 수 있다.

④ **내용물의 용량 또는 중량** : 화장품의 1차 포장 또는 2차 포장의 무게가 포함되지 않은 용량 또는 중량을 기재 · 표시해야 한다.

⑤ **제조번호** : 사용기한(또는 개봉 후 사용기간)과 쉽게 구별되도록 기재 · 표시해야 하며, 개봉 후 사용기간을 표시하는 경우에는 병행 표기해야 하는 제조연월일도 각각 구별이 가능하도록 기재 · 표시해야 한다.

⑥ **사용기한 또는 개봉 후 사용기간**

- 사용기한은 "사용기한" 또는 "까지" 등의 문자와 "연월일"을 소비자가 알기 쉽도록 기재 · 표시해야 한다. 다만, "연월"로 표시하는 경우 사용기한을 넘지 않는 범위에서 기재 · 표시해야 한다.
- 개봉 후 사용기간은 "개봉 후 사용기간"이라는 문자와 "○○월" 또는 "○○개월"을 조합하여 기재 · 표시하거나, 개봉 후 사용기간을 나타내는 심벌과 기간을 기재 · 표시할 수 있다.

(예시: 심벌과 기간 표시) 개봉 후 사용기간이 12개월 이내인 제품

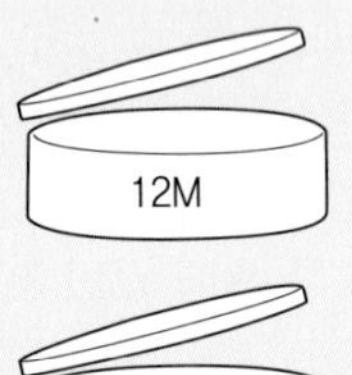

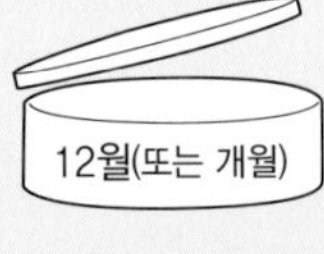

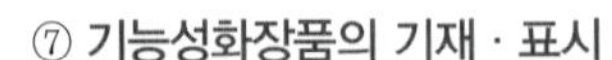

⑦ **기능성화장품의 기재 · 표시**

- "질병의 예방 및 치료를 위한 의약품이 아님"이라는 문구는 "기능성화장품" 글자 바로 아래에 "기능성화장품" 글자와 동일한 글자 크기 이상으로 기재 · 표시
- 기능성화장품을 나타내는 도안
  - 도안의 크기는 용도 및 포장재의 크기에 따라 동일 배율로 조정하며 도안은 알아보기 쉽도록 인쇄 또는 각인 등의 방법으로 표시해야 한다.

표시기준(로고모형)

7 표시·광고

(1) 부당한 표시 · 광고 행위 등의 금지사항

① 의약품으로 잘못 인식할 우려가 있는 표시 또는 광고

② 기능성화장품이 아닌 화장품을 기능성화장품으로 잘못 인식할 우려가 있거나 기능성화장품의 안전성 · 유효성에 관한 심사결과와 다른 내용의 표시 또는 광고

③ 천연화장품 또는 유기농화장품이 아닌 화장품을 천연화장품 또는 유기농화장품으로 잘못 인식할 우려가 있는 표시 또는 광고

④ 그 밖에 사실과 다르게 소비자를 속이거나 소비자가 잘못 인식하도록 할 우려가 있는 표시 또는 광고

(2) 화장품 표시 · 광고의 범위 및 준수사항

① **화장품 광고의 매체 또는 수단**

- 신문 · 방송 또는 잡지
- 전단 · 팸플릿 · 견본 또는 입장권
- 인터넷 또는 컴퓨터통신
- 포스터 · 간판 · 네온사인 · 애드벌룬 또는 전광판
- 비디오물 · 음반 · 서적 · 간행물 · 영화 또는 연극
- 방문광고 또는 실연에 의한 광고
- 자기 상품 외의 다른 상품의 포장

② **화장품 표시 · 광고 시 준수사항** ★★★

- 의약품으로 잘못 인식할 우려가 있는 내용, 제품의 명칭 및 효능 · 효과 등에 대한 표시 · 광고를 하지 말 것
- 기능성화장품, 천연화장품 또는 유기농화장품이 아님에도 불구하고 제품의 명칭, 제조방법, 효능 · 효과 등에 관하여 기능성화장품, 천연화장품 또는 유기농화장품으로 잘못 인식할 우려가 있는 표시 · 광고를 하지 말 것
- 의사 · 치과의사 · 한의사 · 약사 · 의료기관 · 연구기관 또는 그 밖의 자(할랄화장품, 천연화장품 또는 유기농화장품 등을 인증 · 보증하는 기관으로서 식품의약품안전처장이 정하는 기관 제외)가 이를 지정 · 공인 · 추천 · 지도 · 연구 · 개발 또는 사용하고 있다는 내용이나 이를 암시하는 등의 표시 · 광고를 하지 말 것
- 외국제품을 국내제품으로 또는 국내제품을 외국제품으로 잘못 인식할 우려가 있는 표시 · 광고를 하지 말 것
- 외국과의 기술제휴를 하지 않고 외국과의 기술제휴 등을 표현하는 표시 · 광고를 하지 말 것
- 경쟁상품과 비교하는 표시 · 광고는 비교 대상 및 기준을 분명히 밝히고 객관적으로 확인될 수 있는 사항만을 표시 · 광고할 것
- "최고" 또는 "최상" 등의 절대적 표현의 표시 · 광고를 하지 말 것
- 사실과 다르거나 부분적으로 사실이라고 하더라도 전체적으로 보아 소비자가 잘못 인식할 우려가 있는 표시 · 광고 또는 소비자를 속이거나 소비자가 속을 우려가 있는 표시 · 광고를 하지 말 것
- 품질 · 효능 등에 관하여 객관적으로 확인될 수 없거나 확인되지 않았는데도 불구하고 이를 광고하거나 화장품의 범위를 벗어나는 표시 · 광고를 하지 말 것
- 저속하거나 혐오감을 주는 표현 · 도안 · 사진 등을 이용하는 표시 · 광고를 하지 말 것
- 국제적 멸종위기종의 가공품이 함유된 화장품임을 표현하거나 암시하는 표시 · 광고를 하지 말 것
- 사실 유무와 관계없이 다른 제품을 비방하거나 비방한다고 의심이 되는 표시 · 광고를 하지 말 것

기출(20-2회)

기출(21-4회)

▶ 표시 · 광고할 수 있는 인증 · 보증의 종류(화장품 표시 · 광고를 위한 인증 · 보증기관의 신뢰성 인정에 관한 규정)

- 할랄(Halal) · 코셔(Kosher) · 비건(Vegan) 및 천연 · 유기농 등 국제적으로 통용되거나 그 밖에 신뢰성을 확인할 수 있는 기관에서 받은 화장품 인증 · 보증
- 우수화장품 제조 및 품질관리기준(GMP), ISO 22716 등 제조 및 품질관리 기준과 관련하여 국제적으로 통용되거나 그 밖에 신뢰성을 확인할 수 있는 기관에서 받은 화장품 인증 · 보증
- 중앙행정기관 · 특별지방행정기관 및 그 부속기관, 지방자치단체 또는 공공기관 및 기타 법령에 따라 권한을 받은 기관에서 받은 인증 · 보증
- 국제기구, 외국 정부 또는 외국의 법령에 따라 인증 · 보증을 할 수 있는 권한을 받은 기관에서 받은 인증 · 보증

▶ 화장품 배합금지 원료를 사용하지 않았다는 표현은 사용하지 못한다.
예 포름알데히드 무첨가

(3) 표시 · 광고 내용의 실증

기출(20-2회)

① 영업자 및 판매자는 표시 · 광고 중 사실과 관련한 사항에 대하여는 실증할 수 있어야 한다.

② 식품의약품안전처장은실증이 필요하다고 인정하는 경우에는 그 내용을 구체적으로 명시하여 관련 자료의 제출을 요청할 수 있다.

③ 실증자료의 제출을 요청받은 자는 요청받은 날부터 15일 이내에 식품의약품안전처장에게 제출하여야 한다.

④ 실증자료의 제출을 요청받고도 제출기간 내에 제출하지 않고 계속하여 표시 · 광고를 하는 때에는 실증자료를 제출할 때까지 그 표시 · 광고 행위의 중지를 명하여야 한다.

⑤ 실증자료를 제출한 경우에는 다른 기관이 요구하는 자료제출을 거부할 수 있다.

⑥ 식품의약품안전처장은 제출받은 실증자료에 대하여 다른 법률에 따라 다른 기관의 자료요청이 있는 경우에는 특별한 사유가 없는 한 이에 응하여야 한다.

(4) 표시 · 광고 실증의 대상

소비자를 속이거나 소비자가 잘못 인식하게 할 우려가 있어 식품의약품안전처장이 실증이 필요하다고 인정하는 포장 · 표시 · 광고

(5) 실증자료의 범위 및 요건

① **시험결과** : 인체 적용시험 자료, 인체 외 시험 자료 또는 같은 수준 이상의 조사자료일 것

② **조사결과** : 표본설정, 질문사항, 질문방법이 그 조사의 목적이나 통계상의 방법과 일치할 것

③ **실증방법** : 실증에 사용되는 시험 또는 조사의 방법은 학술적으로 널리 알려져 있거나 관련 산업 분야에서 일반적으로 인정된 방법 등으로서 과학적이고 객관적인 방법일 것

(6) 실증자료 제출 시 기재 사항

① 실증방법

② 시험 · 조사기관의 명칭, 대표자의 성명, 주소 및 전화번호

③ 실증 내용 및 결과

④ 실증자료 중 영업상 비밀에 해당되어 공개를 원하지 아니하는 경우에는 그 내용 및 사유

8 화장품 표시·광고 실증에 관한 규정

(1) 목적

표시 · 광고 실증에 필요한 사항을 규정하여 소비자를 허위 · 과장광고로부터 보호하고 화장품책임판매업자 · 화장품제조업자 · 맞춤형화장품판매업자 · 판매자가 화장품의 표시 · 광고를 적정하게 할 수 있도록 유도함을 목적으로 한다.

기출(20-2회)

(2) 용어 정의

① **실증자료** : 표시 · 광고에서 주장한 내용 중에서 사실과 관련한 사항이 진실임을 증명하기 위하여 작성된 자료

② **실증방법** : 표시 · 광고에서 주장한 내용 중 사실과 관련한 사항이 진실임을 증명하기 위해 사용되는 방법

③ **인체 적용시험** : 화장품의 표시 · 광고 내용을 증명할 목적으로 해당 화장품의 효과 및 안전성을 확인하기 위하여 사람을 대상으로 실시하는 시험 또는 연구

④ **인체 외 시험** : 실험실의 배양접시, 인체로부터 분리한 모발 및 피부, 인공피부 등 인위적 환경에서 시험물질과 대조물질 처리 후 결과를 측정하는 것

기출(20-1회)

⑤ **시험기관** : 시험을 실시하는데 필요한 사람, 건물, 시설 및 운영단위

기출(20-2회)

⑥ **시험계** : 시험에 이용되는 미생물과 생물학적 매체 또는 이들의 구성성분으로 이루어지는 것

(3) 실증자료

① 합리적인 근거로 인정될 수 있는 실증자료는 다음 중 어느 하나에 해당하여야 한다.

㉠ 시험결과 : 인체 적용시험 자료, 인체 외 시험 자료, 같은 수준이상의 조사 자료

→ (예시) 같은 수준이상의 조사자료 : 해당 표시 · 광고와 관련된 시험결과 등이 포함된 논문, 학술문헌 등

㉡ 조사결과

→ (예시) 표본설정, 질문사항, 질문방법이 그 조사의 목적이나 통계상의 방법과 일치하는 소비자 조사결과, 전문가집단 설문조사 등

㉢ 아래에서 정하는 표시 · 광고의 경우에는 아래의 실증자료를 합리적인 근거로 인정한다.

표시 · 광고 표현	특징
• 여드름성 피부에 사용에 적합 • 항균(인체세정용 제품에 한함) • 일시적 셀룰라이트 감소 • 붓기, 다크서클 완화 • 피부 혈행 개선	인체 적용시험 자료 제출
피부노화 완화	인체 적용시험 자료 또는 인체 외 시험 자료 제출
콜라겐 증가, 감소 또는 활성화 효소 증가, 감소 또는 활성화	기능성화장품에서 해당 기능을 실증한 자료 제출

② 실증자료는 객관적이고 과학적인 절차와 방법에 따라 작성된 것이어야 한다. 이 요건 충족 여부는 제4조 및 제5조에 따라 판단한다.

기출(20-2회)

③ 실증자료의 내용은 광고에서 주장하는 내용과 직접적인 관계가 있어야 한다.

→ (예시) 실증자료에서 입증한 내용이 표시 · 광고에서 주장하는 내용과 관련이 없는 경우

- 효능이나 성능에 대한 표시 · 광고에 대하여 일반 소비자를 대상으로 한 설문조사나, 그 제품을 소비한 경험이 있는 일부 소비자를 대상으로 한 조사결과를 제출한 경우
- 해당 제품의 '여드름 개선' 효과를 표방하는 표시 · 광고에 대하여 해당 제품에 여드름 개선 효과가 있음을 입증하는 자료를 제출하지 아니하고 '여드름 피부개선용 화장료 조성물' 특허자료 등을 제출하는 경우

기출(21-4회)

→ (예시) 실증자료에서 입증한 내용이 표시 · 광고에서 주장하는 내용과 부분적으로만 상관이 있는 경우

- 제품에 특정 성분이 들어 있지 않다는 "무(無) OO" 광고 내용과 관련하여 제품에 특정 성분이 함유되어 있지 않다는 시험자료를 제출하지 아니하고 제조과정에 특정 성분을 첨가하지 않았다는 제조관리기록서나 원료에 관한 시험자료를 제출한 경우

(4) 시험 결과의 요건

① **공통사항**

㉠ 광고 내용과 관련이 있고 과학적이고 객관적인 방법에 의한 자료로서 신뢰성과 재현성이 확보되어야 한다.

㉡ 국내외 대학 또는 화장품 관련 전문 연구기관(제조 및 영업부서 등 다른 부서와 독립적인 업무를 수행하는 기업 부설 연구소 포함)에서 시험한 것으로서 기관의 장이 발급한 자료이어야 한다.

→ (예시) 대학병원 피부과, oo대학교 부설 화장품 연구소, 인체시험 전문기관 등

㉢ 기기와 설비에 대한 문서화된 유지관리 절차를 포함하여 표준화된 시험절차에 따라 시험한 자료이어야 한다.

㉣ 시험기관에서 마련한 절차에 따라 시험을 실시했다는 것을 증명하기 위해 문서화된 신뢰성보증업무를 수행한 자료이어야 한다.

㉤ 외국의 자료는 한글요약문(주요사항 발췌) 및 원문을 제출할 수 있어야 한다.

② **인체 적용시험 자료**

㉠ 인체 적용시험은 다음의 기준에 따라 실시하여야 한다.

- 관련분야 전문의 또는 병원, 국내외 대학, 화장품 관련 전문 연구기관에서 5년 이상 화장품 인체 적용시험 분야의 시험경력을 가진 자의 지도 및 감독 하에 수행 · 평가되어야 한다.
- 인체 적용시험은 헬싱키 선언에 근거한 윤리적 원칙에 따라 수행되어야 한다.
- 인체 적용시험은 과학적으로 타당하여야 하며, 시험 자료는 명확하고 상세히 기술되어야 한다.
- 인체 적용시험은 피험자에 대한 의학적 처치나 결정은 의사 또는 한의사의 책임 하에 이루어져야 한다.
- 인체 적용시험은 모든 피험자로부터 자발적인 시험 참가 동의(문서로 된 동의서 서식)를 받은 후 실시되어야 한다.

- 피험자에게 동의를 얻기 위한 동의서 서식은 시험에 관한 모든 정보(시험의 목적, 피험자에게 예상되는 위험이나 불편, 피험자가 피해를 입었을 경우 주어질 보상이나 치료방법, 피험자가 시험에 참여함으로써 받게 될 금전적 보상이 있는 경우 예상금액 등)를 포함하여야 한다.
- 인체 적용시험용 화장품은 안전성이 충분히 확보되어야 한다.
- 인체 적용시험은 피험자의 인체 적용시험 참여 이유가 타당한지 검토 · 평가하는 등 피험자의 권리 · 안전 · 복지를 보호할 수 있도록 실시되어야 한다.

기출(20-2회)

- 인체 적용시험은 피험자의 선정 · 탈락기준을 정하고 그 기준에 따라 피험자를 선정하고 시험을 진행해야 한다.

㉡ 인체 적용시험의 최종시험결과보고서는 다음의 사항을 포함하여야 한다.

기출(20-2회)

- 시험의 종류(시험 제목)
- 코드 또는 명칭에 의한 시험물질의 식별
- 화학물질명 등에 의한 대조물질의 식별(대조물질이 있는 경우에 한함)
- 시험의뢰자 및 시험기관 관련 정보
  - 시험의뢰자의 명칭과 주소
  - 관련된 모든 시험시설 및 시험지점의 명칭과 소재지, 연락처
  - 시험책임자 및 시험자의 성명
- 날짜 : 시험개시 및 종료일
- 신뢰성보증확인서 : 시험점검의 종류, 점검날짜, 점검시험단계, 점검결과 등이 기록된 것
- 피험자
  - 선정 및 제외 기준
  - 피험자 수 및 이에 대한 근거
- 시험방법
  - 시험 및 대조물질 적용방법(대조물질이 있는 경우에 한함)
  - 적용량 또는 농도, 적용 횟수, 시간 및 범위, 사용제한
  - 사용장비 및 시약
  - 시험의 순서, 모든 방법, 검사 및 관찰, 사용된 통계학적 방법
  - 평가방법과 시험목적 사이 연관성, 새로운 방법일 경우 이 연관성 확인할 수 있는 근거자료
- 시험결과
  - 시험결과의 요약
  - 시험계획서에 제시된 관련 정보 및 자료
  - 통계학적 유의성 결정 및 계산과정을 포함한 결과
  - 결과의 평가와 고찰, 결론

③ **인체 외 시험 자료**

㉠ 인체 외 시험은 과학적으로 검증된 방법이거나 밸리데이션을 거쳐 수립된 표준작업지침에 따라 수행되어야 한다.

→ (예시) 표준화된 방법에 따라 일관되게 실시할 목적으로 절차 · 수행방법등을 상세하게 기술한 문서에 따라 시험을 수행한 경우 합리적인 실증자료로 볼 수 있음

㉡ 최종시험결과보고서는 다음 사항을 포함하여야 한다.

- 시험의 종류(시험 제목)
- 코드 또는 명칭에 의한 시험물질의 식별
- 화학물질명 등에 의한 대조물질의 식별
- 시험의뢰자 및 시험기관 관련 정보
  - 시험의뢰자의 명칭과 주소
  - 관련된 모든 시험, 시설 및 시험지점의 명칭과 소재지, 연락처
  - 시험책임자의 성명
  - 시험자의 성명, 위임받은 시험의 단계
  - 최종보고서의 작성에 기여한 외부전문가의 성명
- 날짜 : 시험개시 및 종료일
- 신뢰성보증확인서 : 시험점검의 종류, 점검날짜, 점검시험단계, 점검결과가 기록된 것
- 시험재료와 시험방법
  - 시험계 선정사유
  - 시험계의 특성 (예 종류, 계통, 공급원, 수량, 그 밖의 필요한 정보)
  - 처리방법과 그 선택이유
  - 처리용량 또는 농도, 처리횟수, 처리 또는 적용기간
  - 시험의 순서, 모든 방법, 검사 및 관찰, 사용된 통계학적방법을 포함하여 시험계획과 관련된 상세한 정보
  - 사용 장비 및 시약
- 시험결과
  - 시험결과의 요약
  - 시험계획서에 제시된 관련 정보 및 자료
  - 통계학적 유의성 결정 및 계산과정을 포함한 결과
  - 결과의 평가와 고찰, 결론

(5) 조사 결과의 요건

① 조사기관은 사업자와 독립적이어야 하며, 조사 능력을 갖추어야 한다.

② 조사절차와 방법 등은 다음 조건을 충족하여야 한다.

- 조사 목적이 적정하며, 조사 목적에 적합한 표본의 대표성이 있어야 한다.
- 기초자료의 결과는 정확하게 보고되어야 한다.
- 질문사항은 표본설정, 질문사항, 질문방법이 그 조사의 목적이나 통계상 방법과 일치하여야 한다.
- 조사는 공정하게 이루어져야 하고, 피조사자는 조사목적을 모르는 가운데 진행되어야 한다.

9 화장품 표시·광고를 위한 인증·보증기관의 신뢰성 인정에 관한 규정

(1) 목적

화장품에 대한 인증 · 보증의 표시 · 광고 허용을 위하여 해당 표시 · 광고 인증 · 보증기관의 신뢰성 인정에 필요한 사항을 규정함으로써 표시 · 광고 업무의 효율성을 도모함을 목적으로 한다.

(2) 표시 · 광고할 수 있는 인증 · 보증의 종류

기출(21-3회)

① 화장품법 제2조제1호에 따른 화장품에 관한 것으로서 표시 · 광고할 수 있는 인증 · 보증(지정 · 공인 · 추천 · 상훈 등의 유사한 표현이나 이를 암시하는 내용을 포함한다)의 종류는 다음과 같다.

㉠ 할랄(Halal) · 코셔(Kosher) · 비건(Vegan) 및 천연 · 유기농 등 국제적으로 통용되거나 그 밖에 신뢰성을 확인할 수 있는 기관에서 받은 화장품 인증 · 보증

㉡ 우수화장품 제조 및 품질관리기준(GMP), ISO 22716 등 제조 및 품질관리기준과 관련하여 국제적으로 통용되거나 그 밖에 신뢰성을 확인할 수 있는 기관에서 받은 화장품 인증 · 보증

㉢ 중앙행정기관 · 특별지방행정기관 및 그 부속기관, 지방자치단체 또는 공공기관 및 기타 법령에 따라 권한을 받은 기관에서 받은 인증 · 보증

㉣ 국제기구, 외국 정부 또는 외국의 법령에 따라 인증 · 보증을 할 수 있는 권한을 받은 기관에서 받은 인증 · 보증

② 위 ①에도 불구하고 이 고시에서 정하는 절차에 따라 신뢰성을 인정받은 인증 · 보증기관에서 받은 인증 · 보증은 화장품에 관한 표시 · 광고에 사용할 수 있다.

(3) 인증 · 보증기관의 신뢰성 인정 기준

① 위 ㉠~㉣에 해당하는 인증 · 보증은 이 고시에 따른 신뢰성을 인정받지 않고 화장품의 표시 · 광고에 사용할 수 있다. 다만, 국내 법령에 따라 기준이 있는 경우에는 그 인증 · 보증의 기준이 국내 기준보다는 동등 이상이어야 한다.

② 위 ㉣의 경우로서 해당 국가에서 우리나라의 인증 · 보증기관을 인정하지 아니하는 경우에는 신뢰성을 인정하지 않을 수 있다.

기출(20-2회, 21-4회)

화장품 표시·광고의 표현 범위 및 기준

구분	금지표현	비고
질병의 진단 · 치료 · 경감 · 처치 또는 예방, 의학적 효능 · 효과 관련	• 아토피 • 모낭충 • 심신피로 회복 • 건선 • 노인소양증 • 살균 소독 • 항염 진통 • 해독 • 이뇨 • 항암 • 항진균 항바이러스 • 근육 이완 • 통증 경감 • 기저귀 발진 • 찰과상, 화상 치료 · 회복 • 면역 강화, 항알레르기 • 관절, 림프선 등 피부 이외 신체 특정부위에 사용하여 의학적 효능, 효과 표방	
	• 여드름	단, 기능성화장품의 심사(보고)된 '효능효과' 표현 또는 [별표2] 1.에 해당하는 표현은 제외
	• 기미, 주근깨(과색소침착증)	단, [별표2] 1.에 해당하는 표현은 제외
	• 항균	단, [별표2] 1.에 해당하는 표현은 제외하되, 이 경우에도 액체비누에 대해 트리클로산 또는 트리클로카반 함유로 인해 항균 효과가 '더 뛰어나다', '더 좋다' 등의 비교 표시 · 광고는 금지
피부 관련 표현	• 임신선, 튼살	단, 기능성화장품의 심사(보고)된 '효능 · 효과' 표현은 제외
	• 피부 독소를 제거한다(디톡스, detox) • 상처로 인한 반흔을 제거 또는 완화한다.	
	• 가려움을 완화한다.	단, 보습을 통해 피부건조에 기인한 가려움의 일시적 완화에 도움을 준다는 표현은 제외
	• ○○○의 흔적을 없애준다. 예 여드름, 흉터의 흔적을 제거	단, 색조 화장용 제품류 등으로서) '가려준다'는 표현은 제외
	• 홍조, 홍반을 개선, 제거한다.	
	• 뾰루지를 개선한다.	
	• 피부의 상처나 질병으로 인한 손상을 치료하거나 회복 또는 복구한다.	일부 단어만 사용하는 경우도 포함. 단, [별표2] 1.에 해당하는 표현은 제외
	• 피부노화 • 셀룰라이트 • 붓기 다크서클 • 피부구성 물질(예 효소, 콜라겐 등)을 증가, 감소 또는 활성화시킨다.	단, [별표2] 1.에 해당하는 표현은 제외
모발 관련 표현	• 발모 · 육모 · 양모 • 탈모방지, 탈모치료 • 모발 등의 성장을 촉진 또는 억제한다. • 모발의 두께를 증가시킨다. • 속눈썹, 눈썹이 자란다.	단, 기능성화장품의 심사(보고)된 '효능 · 효과' 표현은 제외

구분	금지표현	비고
생리활성 관련	• 혈액순환 • 피부재생, 세포 재생 • 호르몬 분비촉진 등 내분비 작용 • 유익균의 균형보호 • 질내 산도 유지, 질염 예방 • 땀 발생을 억제한다. • 세포 성장을 촉진한다. • 세포 활력(증가), 세포 또는 유전자(DNA) 활성화	
신체 개선 표현	• 다이어트, 체중감량 • 피하지방 분해 • 체형변화 • 몸매개선, 신체 일부를 날씬하게 한다. • 가슴에 탄력을 주거나 확대시킨다. • 얼굴 크기가 작아진다.	
	• 얼굴 윤곽개선, V라인	단, (색조 화장용 제품류 등으로서) '연출한다'는 의미의 표현을 함께 나타내는 경우 제외
원료 관련 표현	• 원료 관련 설명시 의약품 오인 우려 표현 사용(논문 등을 통한 간접적으로 의약품오인 정보제공을 포함)	
기타 표현	• 메디슨(medicine), 드럭(drug), 코스메슈티컬 등을 사용한 의약품 오인 우려 표현	

■ 화장품법 제13조 제1항 제2호, 제3호 관련

구분	금지표현	비고
기능성 관련 표현	• 기능성 화장품 심사(보고)하지 아니한 제품에 미백, 화이트닝(whitening), 주름(링클, wrinkle) 개선, 자외선(UV)차단 등 기능성 관련 표현 • 기능성화장품 심사(보고) 결과와 다른 내용의 표시 · 광고 또는 기능성화장품 안전성 · 유효성에 관한 심사를 받은 범위를 벗어나는 표시 · 광고	
원료 관련 표현	• 기능성화장품으로 심사(보고)하지 아니한 제품에 '식약처 미백 고시성분 ○○ 함유'등의 표현 • 기능성 효능 · 효과 성분이 아닌 다른 성분으로 기능성을 표방하는 표현 • 원료 관련 설명시 기능성 오인 우려 표현 사용(주름 개선 효과가 있는 ○○ 원료) • 원료 관련 설명시 완제품에 대한 효능 · 효과로 오인될 수 있는 표현	
천연 · 유기농 화장품 관련 표현	• 식품의약품안전처장이 정한 천연화장품, 유기농화장품 기준에 적합하지 않은 제품에 '천연(Natural)화장품', '유기농(organic) 화장품' 관련 표현	단, 제품에 천연, 유기농 표현을 사용하려면 「천연화장품 및 유기농화장품의 기준에 관한 규정」(식약처 고시)에 적합 필요(이 경우 적합함을 입증하는 자료 구비 의무)

■ 화장품법 제13조 제1항 제4호 관련

구분	금지표현	비고
특정인 또는 기관의 지정, 공인 관련	• ○○ 아토피 협회 인증 화장품 • ○○ 의료기관의 첨단기술의 정수가 탄생시킨 화장품 • ○○ 대학교 출신 의사가 공동 개발한 화장품 • ○○ 의사가 개발한 화장품 • ○○ 병원에서 추천하는 안전한 화장품	
화장품의 범위를 벗어나는 광고	• 배합금지 원료를 무사용 표현 (무첨가, free 포함) 예 無(무) 스테로이드, 無(무) 벤조피렌 등 • 부작용이 전혀 없다. • 먹을 수 있다. • 일시적 악화(명현현상)가 있을 수 있다. • 지방볼륨생성 • 보톡스, 레이저, 카복시 등 시술 관련 표현	
	• 체내 노폐물 제기	단, 피부 · 모공 노폐물 제기 관련 표현 제외
	• 필러(filler)	단, (색조 화장용 제품류 등으로서) '채워준다', '연출한다'는 의미의 표현을 함께 나타내는 경우 제외
줄기세포 관련 표현	• 특정인의 '인체 세포 · 조직 배양액'기원 표현 • 줄기세포가 들어 있는 것으로 오인할 수 있는 표현 (다만, 식물줄기세포 함유 화장품의 경우에는 제외) 예 줄기세포 화장품, stem cell, ○억 세포 등	화장품 안전기준 등에 관한 규정 [별표 3]에 적합한 원료를 사용한 경우에만 불특정인의 '인체 세포 · 조직 배양액' 표현 가능
저속하거나 혐오감을 줄 수 있는 표현	• 성생활에 도움을 줄 수 있음을 암시하는 표현 – 여성크림, 성 윤활작용 – 쾌감을 증대시킨다. – 질 보습, 질 수축 작용 • 저속하거나 혐오감을 주는 표시 및 광고 – 성기 사진 등의 여과 없는 게시 – 남녀의 성행위를 묘사하는 표시 또는 광고	
기타 표현	• 동 제품은 식품의약품안전처 허가, 인증을 받은 제품임	단, 기능성화장품으로 심사(보고) 관련 표현, 천연 · 유기농화장품 인증 표현 제외
	• 원료 관련 설명시 완제품에 대한 효능 · 효과로 오인될 수 있는 표현	

[별표 2] 화장품 표시.광고 주요 실증대상

구분	실증 대상	비고
1. 「화장품 표시 · 광고 실증에 관한 규정」(식약처 고시) 별표 등에 따른 표현	• 여드름성 피부에 사용에 적합 • 항균(인체세정용 제품에 한함) • 일시적 셀룰라이트 감소 • 붓기 · 다크서클 완화 • 피부 혈행 개선 • 피부장벽 손상의 개선에 도움 • 피부 피지분비 조절 • 미세먼지 차단, 미세먼지흡착 방지	인체적용시험 자료로 입증

1.「화장품 표시 · 광고 실증에 관한 규정」(식약처 고시) 별표 등에 따른 표현	• 모발의 손상을 개선한다.	인체적용시험자료, 인체 외 시험자료로 입증
	• 피부노화 완화, 안티에이징, 피부노화 징후 감소	인체적용시험자료, 인체외시험자료로 입증 – 다만, 자외선차단 주름개선 등 기능성 효능효과를 통한 피부노화 완화 표현의 경우 기능성화장품 심사(보고) 자료를 근거자료로 활용 가능
	• 콜라겐 증가, 감소 또는 활성화 • 효소 증가, 감소 또는 활성화	주름 완화 또는 개선 기능성화장품으로서 이미 심사받은 자료에 포함되어 있거나 해당 기능을 별도로 실증한 자료로 입증
	• 기미, 주근깨 완화에 도움	미백 기능성화장품 심사(보고) 자료로 입증
	• 빠지는 모발을 감소시킨다.	탈모 증상 완화에 도움을 주는 기능성화장품으로서 이미 심사받은 자료에 근거가 포함되어 있거나 해당 기능을 별도로 실증한 자료로 입증
2. 효능 · 효과 · 품질에 관한 내용	• 화장품의 효능 · 효과에 관한 내용 예 수분감 30% 개선효과 피부결 20% 개선 2주 경과 후 피부톤 개선	인체적용시험 자료 또는 인체 외 시험자료로 입증
	• 시험 · 검사와 관련된 표현 예 피부과 테스트 완료 ○○시험검사기관의 ○○ 효과 입증	인체적용시험 자료 또는 인체 외 시험자료로 입증
	• 제품에 특정성분이 들어 있지 않다는 '무(無) ○○' 표현*	시험분석자료로 입증 – 단, 특정성분이 타 물질로의 변환 가능성이 없으면서 시험으로 해당 성분함유 여부에 대한 입증이 불가능한 특별한 사정이 있는 경우에는 예외적으로 제조관리기록서나 원료시험성적서 등 활용
	• 타 제품과 비교하는 내용의 표시 · 광고 예 "○○보다 지속력이 5배 높음"	인체적용시험 자료 또는 인체 외 시험자료로 입증
3. ISO 천연 · 유기농 지수 표시 · 광고에 관한 내용	• ISO 천연 · 유기농 지수2) 표시 · 광고 예 – 천연지수 00% (ISO 16128 계산적용) – 천연유래지수 00% (ISO 16128 계산적용) – 유기농지수 00% (ISO 16128 계산적용) – 유기농유래지수 00% (ISO 16128 계산적용)	• 해당 완제품 관련 실증자료로 입증 – 이 경우 ISO 16128(가이드라인)에 따른 계산이라는 것과 소비자 오인을 방지하기 위한 문구도 함께 안내 필요(주의사항 참고)

*금지표현(배합금지 원료를 사용하지 않았다는 표현)을 제외한 경우에 한함

화장품 바코드 표시 및 관리요령

(1) 목적

국내 제조 및 수입되는 화장품에 대하여 표준바코드를 표시하게 함으로써 화장품 유통현대화의 기반을 조성하여 유통비용을 절감하고 거래의 투명성을 확보함을 목적으로 한다.

(2) 용어 정의

① 화장품코드 : 개개의 화장품을 식별하기 위하여 고유하게 설정된 번호로써 국가식별코드, 화장품제조업자 등의 식별코드, 품목코드 및 검증번호(Check Digit)를 포함한 12 또는 13자리의 숫자

② 바코드 : 화장품 코드를 포함한 숫자나 문자 등의 데이터를 일정한 약속에 의해 컴퓨터에 자동 입력시키기 위한 다음의 하나에 여백 및 광학적문자판독 폰트의 글자로 구성되어 정보를 표현하는 수단으로서, 스캐너가 읽을 수 있도록 인쇄된 심벌(마크)

- 여러 종류의 폭을 갖는 백과 흑의 평형 막대의 조합
- 일정한 배열로 이루어져 있는 사각형 모듈 집합으로 구성된 데이터 매트릭스

(3) 표시대상

① 화장품바코드 표시대상품목은 국내에서 제조되거나 수입되어 국내에 유통되는 모든 화장품(기능성화장품 포함)을 대상으로 한다.

② 내용량이 15mL이하(또는 15g이하)인 제품의 용기 또는 포장이나 견본품, 시공품 등 비매품에 대하여는 화장품바코드 표시를 생략할 수 있다.

(4) 표시의무자

화장품바코드 표시는 국내에서 화장품을 유통 · 판매하고자 하는 화장품책임판매업자가 한다. **기출**(20-2회)

(5) 바코드의 종류 및 구성체계

① 화장품바코드는 국제표준바코드인 GS1 체계 중 EAN-13, ITF-14, GS1-128, UPC-A 또는 GS1 DataMatrix 중 하나를 사용하여야 한다. 다만, 화장품 판매업소를 통하지 않고 소비자의 가정을 직접 방문하여 판매하는 등 폐쇄된 유통경로를 이용하는 경우에는 자체적으로 마련한 바코드를 사용할 수 있다.

② 화장품바코드 구성체계 등은 별표 1과 같다.

③ 화장품코드를 설정함에 있어 바코드 오독방지와 신뢰성 향상을 위해 각 바코드 마지막 자리의 검증번호는 계산법에 따라 지정된다.

(6) 바코드표시

① 화장품책임판매업자 등은 화장품 품목별 · 포장단위별로 개개의 용기 또는 포장에 제5조의 규정에 의한 바코드 심벌을 표시하여야 한다.

② 바코드를 표시함에 있어 바코드의 인쇄크기, 색상 및 위치는 별표 3과 같다. 다만, 용기포장의 디자인에 따라 판독이 가능하도록 바코드의 인쇄크기와 색상을 자율적으로 정할 수 있다.

③ 화장품바코드 표시는 유통단계에서 쉽게 훼손되거나 지워지지 않도록 하여야 한다.

[별표 1] 화장품 바코드의 구성체계(제5조제2항 관련)

바코드명	EAN-13	ITF-14	GS1-128	UPC-A	GS1 DataMatrix
번호체계	GTIN-13	GTIN-14	GS1 응용식별자*	GTIN-12	GS1 응용식별자*
최대사용가능 자리수	숫자 13자리	숫자 14자리	48자리수 이하 (숫자, 문자 포함)	숫자 12자리	2,335자리수 이하 (숫자, 문자 포함)

* GS1 응용식별자(Application Identifier): 바코드에 부가정보 입력 시 정보의 종류와 형식을 지정해 주는 일종의 구분자로, GS1 국제기준에 따라 사전 정의된 2~4자리 숫자(일반적으로 괄호 안에 표시)

1. **GTIN-13 번호체계 및 GTIN-14 번호체계**

【GTIN-13 번호체계】

【GTIN-14 번호체계】

- 업체식별코드 자릿수가 4자리인 경우 품목코드 자릿수는 5자리
- 업체식별코드 자릿수가 5자리인 경우 품목코드 자릿수는 4자리
- 업체식별코드 자릿수가 6자리인 경우 품목코드 자릿수는 3자리

2. **GS1-128 및 GS1 DataMatrix 바코드 체계**

GTIN-13과 GTIN-14 기본번호체계에 GS1 응용식별자를 활용하여 부가정보를 추가한다.
- GS1 응용식별자는 GS1 국제표준규격을 준수하여 적용해야 함
- GS1 DataMatrix는 ECC(Error Checking and Correction) 200버전을 나타내며 GS1 국제표준규격을 준수해야 함

1) GS1-128 바코드

*GS1-128 바코드에 GS1 응용식별자 체계에 따라 3개 데이터 입력 예
1) 화장품코드 : 8801234123457
2) 사용기한 : 2022년 12월 25일
3) 제조번호 : GS1-128

2) GS1 DataMatrix 바코드

*GS1 DataMatrix 바코드에 GS1 응용식별자 체계에 따라 3개 데이터 입력 예
1) 화장품코드 8801234123457
2) 사용기한 2022년 12월 25일
3) 제조번호 GS1-128

[별표 3] 화장품바코드의 인쇄크기, 색상 및 위치(제6조제2항 관련)

구분	EAN-13	ITF-14	GS1-128	UPC-A	GS1 DataMatrix
인쇄크기	• 3.73㎝×2.6㎝ • 0.3배~2.0배	• 15.24㎝×4.14㎝ • 0.5배~1.2배	• 가로: 데이터량에 따라 유동적임 • 세로: 2㎝~3.8㎝	• 3.73㎝×2.59㎝ • 0.3배~2.0배	• 밀도(X-dimension) 0.25㎜ 이상 권고
인쇄색상	• 막대 상호간 명암 대조율 75% 이상				
인쇄위치	• 판독이 용이한 위치	• 박스 최소 2면 (인접면) 이상	• 박스 최소 2면 (인접면) 이상	• 판독이 용이한 위치	• 판독이 용이한 위치 • 곡면 30°이내

04 재고관리

1 원료 및 내용물의 재고 파악

① 원료 규격서를 보고 원료의 특성을 이해한다.
② 생산 계획에 따라 제조 작업에 필요한 원료의 종류와 소요량을 정확하게 파악한다.
③ 제조 지시서를 보고 원료의 재고량 및 구입량을 파악한다.
④ 재고의 신뢰성을 보증하고, 중대한 모순을 조사하기 위해 주기적인 재고조사를 실시한다.
기출(20-1회) ⑤ 특별한 경우를 제외하고, 가장 오래된 재고가 제일 먼저 불출되도록 선입선출 한다.
⑥ 선입 선출에 따라 원료의 적정 재고를 유지 · 관리한다.

2 적정 재고를 유지하기 위한 발주

① 생산 계획서에 의거하여 제품에서 각각의 원료량을 산출하여 적정한 재고를 관리한다.
② 화장품의 원료는 70% 이상 외국에서 수입되므로 거래처 관리에 신경을 쓰고, 원료의 수급 기간을 고려하여 최소 발주량을 산정해 발주한다.
③ 원료의 재고량과 구입량을 정확히 파악, 검토하여 발주한다.
④ 원료의 재고량과 구입량을 정확히 파악하여 부족한 원료나 신규 원료에 대해 발주한다.
⑤ 기존 원료의 경우 재고량 확인 후 부족 시 거래처에서 원료를 구입한다.
⑥ 신규 원료의 경우 원료 거래처 파악 후에 원료를 구입한다.
⑦ 혼합 소분 계획서(제조지시서)에 의거하여 제품 각각의 원료 사용량에 따라 재고를 관리한다.
⑧ 원료의 수급 기간을 고려하여 최소 발주량을 선정해 원료 발주 공문(구매요청서)으로 발주한다.
↑ 최대 발주량(×)

3 표준작업절차서 작성(Standard Operating Procedures)

기출(21-4회)

① 표준작업절차서는 작업을 실시할 때마다 보는 문서로 작업 내용에 정통하는 사람이 작성하고 작업하는 사람이 사용한다.
② 절차서는 다음의 사항을 만족하여야 한다.
㉠ 명료하고, 이해하기 쉽게 작성되어야 한다.
㉡ 사용 전 승인된 자에 의해 승인되고, 서명과 날짜가 기재되어야 한다.
㉢ 작성되고, 업데이트되고, 철회되고, 배포되고, 분류되어야 한다.
㉣ 폐기된 문서가 사용되지 않음을 확인할 수 있는 근거가 있어야 한다.
㉤ 유효기간이 만료된 경우, 작업 구역으로부터 회수하여 폐기되어야 한다.
㉥ 관련 직원이 쉽게 이용할 수 있어야 한다.

※ 참고자료 : 맞춤형화장품조제관리사 교수 학습 가이드, 식품의약품안전처

▶ 수기로 기록하여야 하는 자료의 경우는 다음 사항을 만족하여야 한다.
- 기입할 내용을 표시할 것
- 지워지지 않는 검정색 잉크로 읽기 쉽게 작성할 것
- 서명 및 년, 월, 일순으로 날짜를 기입할 것
- 필요한 경우 수정할 것. 단, 원래의 기재사항을 확인할 수 있도록 남겨두어야 하고, 가능하다면 수정의 이유를 기록해 둘 것

출 제 예 상 문 제

01 다음 중 맞춤형화장품조제관리사의 업무로 옳지 않은 것은?

① 맞춤형화장품조제관리사는 화장품의 안전성 확보 및 품질관리에 관한 교육을 매년 받아야 한다.
② 맞춤형화장품조제관리사는 화장품의 용기에 담은 내용물을 나누어 판매할 수 있다.
③ 맞춤형화장품조제관리사는 화장품의 내용물에 다른 화장품의 내용물 또는 원료를 혼합하여 판매할 수 있다.
④ 책임판매업자가 기능성화장품으로 보고한 원료를 혼합하여 조제한 맞춤형화장품을 고객에게 판매할 수 있다.
⑤ 맞춤형화장품조제관리사는 맞춤형화장품 판매내역서를 작성 · 보관해야 한다.

> ⑤ 맞춤형화장품 판매내역서 작성 · 보관은 맞춤형화장품판매업자의 업무에 해당한다.

02 다음 중 1차 위반 시 행정 처분기준이 등록취소인 경우는?

① 제조소의 소재지 변경 사항 등록을 하지 않은 경우
② 화장품법 제3조의3 결격사유에 해당하는 경우
③ 제6조제1항에 따른 제조 또는 품질검사에 필요한 시설 및 기구의 전부가 없는 경우
④ 국민보건에 위해를 끼쳤거나 끼칠 우려가 있는 화장품을 제조 · 수입한 경우
⑤ 심사를 받지 않거나 거짓으로 보고하고 기능성화장품을 판매한 경우

> ① 4차 이상 위반 시 등록취소
> ③ 3차 위반 시 등록취소
> ④ 4차 위반 시 등록취소
> ⑤ 3차 위반 시 등록취소

03 맞춤형화장품판매업자의 변경신고를 하지 않은 경우 1차 행정처분 기준은?

① 시정명령
② 판매업무정지 5일
③ 판매업무정지 15일
④ 판매업무정지 20일
⑤ 판매업무정지 1개월

> • 1차 위반 : 시정명령
> • 2차 위반 : 판매업무정지 5일
> • 3차 위반 : 판매업무정지 15일
> • 4차 이상 위반 : 판매업무정지 1개월

04 맞춤형화장품판매업소 소재지의 변경신고를 하지 않은 경우 3차 행정처분 기준은?

① 판매업무정지 1개월
② 판매업무정지 2개월
③ 판매업무정지 3개월
④ 판매업무정지 4개월
⑤ 판매업무정지 5개월

> • 1차 위반 : 판매업무정지 1개월
> • 2차 위반 : 판매업무정지 2개월
> • 3차 위반 : 판매업무정지 3개월
> • 4차 이상 위반 : 판매업무정지 4개월

05 다음 중 화장품법에 따른 과태료 부과기준이 다른 하나는?

① 폐업 또는 휴업 신고를 하지 않은 경우
② 화장품의 판매 가격을 표시하지 않은 경우
③ 화장품의 생산실적 또는 수입실적 또는 화장품 원료의 목록 등을 보고하지 않은 경우
④ 맞춤형화장품조제관리사가 화장품의 안전성 확보 및 품질관리에 관한 교육을 받지 않은 경우
⑤ 동물실험을 실시한 화장품 원료를 사용하여 제조 또는 수입한 화장품을 유통 · 판매한 경우

> ①~④는 50만원의 과태료에 해당하고, ⑤는 100만원의 과태료에 해당한다.

정답 01 ⑤ 02 ② 03 ① 04 ③ 05 ⑤

06 맞춤형화장품판매업 신고를 하지 않은 자에 대한 벌칙 기준은?

① 1년 이하의 징역 또는 1천만원 이하의 벌금
② 2년 이하의 징역 또는 2천만원 이하의 벌금
③ 3년 이하의 징역 또는 3천만원 이하의 벌금
④ 4년 이하의 징역 또는 4천만원 이하의 벌금
⑤ 200만원 이하의 벌금

맞춤형화장품판매업 신고를 하지 않은 자에 대해서는 3년 이하의 징역 또는 3천만원 이하의 벌금에 처한다.

07 기능성화장품에서 기능성을 나타나게 하는 주원료의 함량이 기준치보다 10% 이상 부족한 경우 3차 위반 시 행정 처분 기준은?

① 해당 품목 제조 또는 판매업무 정지 1개월
② 해당 품목 제조 또는 판매업무 정지 3개월
③ 해당 품목 제조 또는 판매업무 정지 5개월
④ 해당 품목 제조 또는 판매업무 정지 6개월
⑤ 해당 품목 제조 또는 판매업무 정지 12개월

- 1차 위반 : 해당 품목 제조 또는 판매업무 정지 1개월
- 2차 위반 : 해당 품목 제조 또는 판매업무 정지 3개월
- 3차 위반 : 제조 또는 판매업무 정지 6개월
- 4차 이상 위반 : 해당 품목 제조 또는 판매업무 정지 12개월

08 다음 중 과태료 처분 대상이 아닌 것은?

① 화장품의 안전성 확보 및 품질관리에 관한 교육을 받지 않은 경우
② 화장품의 판매 가격을 표시하지 않은 경우
③ 화장품의 생산실적 또는 수입실적 또는 화장품 원료의 목록 등을 보고하지 않은 경우
④ 폐업 또는 휴업 신고를 하지 않은 경우
⑤ 맞춤형화장품판매업자가 맞춤형화장품의 혼합·소분 업무에 종사하는 자를 두지 않은 경우

맞춤형화장품판매업자가 맞춤형화장품의 혼합·소분 업무에 종사하는 자를 두지 않은 경우에는 3년 이하의 징역 또는 3천만원 이하의 벌금에 처한다.

09 화장품에 사용되는 원료 중 사용상의 제한이 필요한 원료는?

① 아보카도오일
② 아세틸글루타민
③ 암모늄라우릴설페이트
④ 에틸트라이실록세인
⑤ 클로로부탄올

① 아보카도오일 – 피부컨디셔닝제(수분차단제)
② 아세틸글루타민 – 피부컨디셔닝제
③ 암모늄라우릴설페이트 – 계면활성제, 세정제
④ 에틸트라이실록세인 – 피부컨디셔닝제(기타), 용제, 점도감소제
⑤ 클로로부탄올 – 보존제 성분(사용한도 0.5%)

10 다음 중 사용상의 제한이 필요한 원료는?

① 1,2-헥산다이올
② 다이메티콘
③ 미네랄오일
④ 소듐라우릴설페이트
⑤ 비타민E

비타민E는 사용상의 제한이 필요한 원료로 사용한도는 20%이다.

11 화장품 원료의 기능과 성분명이 바르게 연결된 것은?

기능	성분명
① 자외선 차단	- 시녹세이트, 옥토크릴렌
② 주름 개선	- 알부틴, 레티닐팔미테이트
③ 미백	- 에칠아스코빌에텔, 징크옥사이드
④ 보존제	- 벤조익애씨드, 나이아신아마이드
⑤ 수용성 점도조절	- 소듐폴리아크릴레이트, 폴리에틸렌

② 알부틴(미백), 레티닐팔미테이트(주름 개선)
③ 에칠아스코빌에텔(미백), 징크옥사이드(자외선 차단)
④ 벤조익애씨드(향료, pH 조절제, 살균보존제), 나이아신아마이드(미백)
⑤ 소듐폴리아크릴레이트(흡수제, 유화안정제, 피막형성제, 모발고정제, 피부유연화제, 점도조절제, 점증제-수용성), 폴리에틸렌(연마제, 점착제, 결합제, 벌킹제(증량제), 유화안정제, 피막형성제, 점도증가제(비수성))

정답 06 ③ 07 ④ 08 ⑤ 09 ⑤ 10 ⑤ 11 ①

12 다음 중 화장품 제조에 사용할 수 없는 원료는?

① 다이세틸포스페이트
② 신갈나무잎추출물
③ 만니톨
④ 페닐살리실레이트
⑤ 소듐올레아놀레이트

① 다이세틸포스페이트 : 계면활성제(유화제)
② 신갈나무잎추출물 : 피부컨디셔닝제
③ 만니톨 : 결합제, 감미제, 보습제, 피부컨디셔닝제
⑤ 소듐올레아놀레이트 : 피부컨디셔닝제

13 화장품 제조에 사용할 수 없는 원료를 모두 고른 것은?

【보기】
㉠ p-페닐렌디아민
㉡ 클로로아세타마이드
㉢ 페닐파라벤
㉣ 황산 m-아미노페놀
㉤ 벤조일퍼옥사이드

① ㉠, ㉡, ㉢
② ㉠, ㉡, ㉣
③ ㉡, ㉢, ㉤
④ ㉡, ㉣, ㉤
⑤ ㉢, ㉣, ㉤

p-페닐렌디아민과 황산 m-아미노페놀은 산화형 염모제에 2.0% 사용 가능하다.

14 <보기>에서 설명하는 물질에 해당하는 것은?

【보기】
- 사용할 수 없는 원료에 해당한다.
- 비의도로 함유되는 경우 눈 화장용 제품에는 35μg/g 이하, 색조 화장용 제품에는 30μg/g 이하, 그 밖의 제품에는 10μg/g 이하로 사용할 수 있다.
- 검출시험 범위에서 충분한 정량한계, 검량선의 직선성 및 회수율이 확보되는 경우 유도결합플라즈마-질량분석기(ICP-MS) 대신 유도결합플라즈마분광기(ICP) 또는 원자흡광분광기(AAS)를 사용하여 측정할 수 있다.

① 페놀
② 니켈
③ 콜타르
④ 요오드
⑤ 카드뮴

〈보기〉는 니켈에 대한 설명이다.

15 사용제한 원료의 종류와 사용한도가 옳게 연결된 것은?

① 사용 후 씻어내는 제품류에 사용하는 트리클로산 - 3%
② 헤어스트레이트너 제품에 사용하는 칼슘하이드록사이드 - 10%
③ 사용 후 씻어내지 않는 제품에 사용하는 징크페놀설포네이트 - 0.2%
④ 사용 후 씻어내는 두발용 제품에 사용하는 베헨트리모늄 클로라이드 - 5.0%
⑤ 속눈썹 및 눈썹 착색용도의 제품에 사용하는 실버나이트레이트 - 3%

① 0.3%, ② 7%, ③ 2%, ⑤ 4%

16 화장품 안전성 정보관리 규정에 따른 안전성 정보의 보고에 관한 설명으로 옳지 않은 것은?

① 유해사례란 화장품의 사용 중 발생한 바람직하지 않고 의도되지 아니한 징후, 증상 또는 질병을 말하며, 당해 화장품과 반드시 인과관계를 가져야 하는 것은 아니다.
② 안전성 정보란 화장품과 관련하여 국민보건에 직접 영향을 미칠 수 있는 안전성 · 유효성에 관한 새로운 자료, 유해사례 정보 등을 말한다.
③ 화장품책임판매업자는 중대한 유해사례 또는 이와 관련하여 식품의약품안전처장이 보고를 지시한 경우 그 정보를 알게 된 날로부터 15일 이내에 식품의약품안전처장에게 신속히 보고하여야 한다.
④ 안전성 정보의 신속보고는 식품의약품안전처 홈페이지를 통해 보고하거나 우편 · 팩스 · 정보통신망 등의 방법으로 할 수 있다.
⑤ 화장품책임판매업자는 안전성 정보의 정기보고를 매 분기마다 식품의약품안전처 홈페이지를 통해 보고하거나 전자파일과 함께 우편 · 팩스 · 정보통신망 등의 방법으로 하여야 한다.

안전성 정보의 정기보고는 매 반기 종료 후 1월 이내에 식품의약품안전처장에게 보고하여야 한다.

정답 12 ④ 13 ③ 14 ② 15 ④ 16 ⑤

17 화장품 안전성정보관리 규정에 따른 중대한 유해사례에 해당되지 않는 것은?

① 사망을 초래하거나 생명을 위협하는 경우
② 지속적 또는 중대한 불구나 기능저하를 초래하는 경우
③ 화장품에 기재 표시된 사용방법을 준수하지 않고 사용하여 의도되지 않은 결과가 발생한 경우
④ 선천적 기형 또는 이상을 초래하는 경우
⑤ 입원 또는 입원기간의 연장이 필요한 경우

중대한 유해사례 : 유해사례 중 다음의 어느 하나에 해당하는 경우를 말한다.
- 사망을 초래하거나 생명을 위협하는 경우
- 입원 또는 입원기간의 연장이 필요한 경우
- 지속적 또는 중대한 불구나 기능저하를 초래하는 경우
- 선천적 기형 또는 이상을 초래하는 경우
- 기타 의학적으로 중요한 상황

18 「화장품 안전성 정보관리 규정」의 내용으로 옳은 것은?

3회 기출 유형(8점)

① "안전성 정보의 신속보고"란 그 정보를 알게 된 날로부터 15일 이내에 식품의약품안전처장에게 신속히 보고하는 것을 말한다.
② "안전성 정보의 정기보고"란 매 분기 종료 후 1월 이내에 식품의약품안전처장에게 보고하는 것을 말한다.
③ "실마리 정보(Signal)"란 유해사례와 화장품 간의 인과관계 가능성이 있다고 보고된 정보로서 그 인과관계가 잘 알려져 있거나 입증자료가 충분한 것을 말한다.
④ 상시근로자수가 3인 이하로서 직접 제조한 화장비누만을 판매하는 화장품책임판매업자는 해당 안전성 정보를 보고하지 아니할 수 있다.
⑤ 입원 또는 입원기간의 연장이 필요한 경우는 중대한 유해사례에 해당하지 않는다.

② "안전성 정보의 정기보고"란 매 반기 종료 후 1월 이내에 식품의약품안전처장에게 보고하는 것을 말한다.
③ "실마리 정보(Signal)"란 유해사례와 화장품 간의 인과관계 가능성이 있다고 보고된 정보로서 그 인과관계가 알려지지 아니하거나 입증자료가 불충분한 것을 말한다.
④ 상시근로자수가 2인 이하로서 직접 제조한 화장비누만을 판매하는 화장품책임판매업자는 해당 안전성 정보를 보고하지 아니할 수 있다.
⑤ 입원 또는 입원기간의 연장이 필요한 경우는 중대한 유해사례에 해당한다.

19 기능성화장품의 심사에서 안전성에 관한 자료를 모두 고른 것은?

【보기】
㉠ 다회 투여 독성시험 자료
㉡ 2차 피부 자극시험 자료
㉢ 안 점막 자극 또는 그 밖의 점막 자극시험 자료
㉣ 피부 감작성시험 자료
㉤ 동물 첩포시험 자료

① ㉠, ㉡
② ㉠, ㉤
③ ㉡, ㉢
④ ㉢, ㉣
⑤ ㉣, ㉤

안전성에 관한 자료
- 단회 투여 독성시험 자료
- 1차 피부 자극시험 자료
- 안(眼)점막 자극 또는 그 밖의 점막 자극시험 자료
- 피부 감작성시험(感作性試驗) 자료
- 광독성(光毒性) 및 광감작성 시험 자료
- 인체 첩포시험(貼布試驗) 자료

20 기능성화장품 심사자료 중 유효성 또는 기능에 관한 자료에 해당되는 것은?

① 1차 피부자극성시험 자료
② 인체첩포시험자료
③ 인체적용시험 자료
④ 피부감작성시험 자료
⑤ 기준 및 시험방법에 관한 자료

유효성 또는 기능에 관한 자료
효력시험자료, 인체적용시험자료, 염모효력시험자료

21 기능성화장품의 심사를 위하여 제출하여야 하는 자료 중 안전성에 관한 자료에 해당하지 않는 것은?

① 단회투여독성시험자료
② 1차피부자극시험자료
③ 안점막자극 또는 기타점막자극시험자료
④ 염모효력시험자료
⑤ 피부감작성시험자료

염모효력시험자료는 유효성 또는 기능에 관한 자료에 해당한다.

정답 17 ③ 18 ① 19 ④ 20 ③ 21 ④

22 화장품으로 인한 자극이나 알러지 등의 부작용이 발생할 가능성을 확인하기 위한 인체시험법은?

① 생식독성시험 ② 세포독성시험
③ 첩포시험 ④ 광독성시험
⑤ 변이원성시험

① 생식독성시험 : 생식 능력 및 후세대에 미치는 영향 등 생식과정 전반에 미치는 영향에 관한 시험
② 세포독성시험 : 세포에 독성이 없는 시료의 농도를 확인하는 시험
④ 광독성시험 : 화학물질을 인체의 전신 또는 국소에 적용한 후 빛에 노출되어 유도되거나 증가되는 독성반응을 확인하는 시험
⑤ 변이원성시험 : 검체에 의한 유전적 변이유발 여부를 검색하는 시험

23 <보기>는 어떤 독성시험법에 대한 설명인가?

【보기】

- 일반적으로 Maximization Test을 사용하지만 적절하다고 판단되는 다른 시험법을 사용할 수 있다.
- 시험동물 : 기니픽
- 시험실시요령

Adjuvant는 사용하는 시험법 및 adjuvant 사용하지 않는 시험법이 있으나 제1단계로서 Adjuvant를 사용하는 사용법 가운데 1가지를 선택해서 행하고, 만약 양성소견이 얻어진 경우에는 제2단계로서 Adjuvant를 사용하지 않는 시험방법을 추가해서 실시하는 것이 바람직하다.

① 단회투여독성시험
② 안점막자극 또는 기타점막자극시험
③ 인체사용시험
④ 피부감작성시험
⑤ 광독성시험

〈보기〉는 피부감작성시험에 대한 설명이다.

24 기능성화장품 심사에 관한 규정에 따른 원료성분의 기재항목 작성요령으로 옳지 않은 것은?

① 명칭 - 원칙적으로 일반명칭을 기재하며 원료성분 및 그 분량난의 명칭과 일치되도록 하고 될 수 있는 대로 영명, 화학명, 별명 등도 기재한다.
② 정량법 - 정량법은 그 물질의 함량, 함유단위 등을 물리적 또는 화학적 방법에 의하여 측정하는 시험법으로 정확도, 정밀도 및 특이성이 낮은 시험법을 설정한다.
③ 분자식 및 분자량 - 「기능성화장품 기준 및 시험방법」(식품의약품안전처 고시)의 분자식 및 분자량의 표기방법에 따른다.
④ 기원 - 합성성분으로 화학구조가 결정되어 있는 것은 기원을 기재할 필요가 없으며, 천연추출물, 효소 등은 그 원료성분의 기원을 기재한다.
⑤ 성상 - 색, 형상, 냄새, 맛, 용해성 등을 구체적으로 기재한다.

정량법은 그 물질의 함량, 함유단위 등을 물리적 또는 화학적 방법에 의하여 측정하는 시험법으로 정확도, 정밀도 및 특이성이 높은 시험법을 설정한다. 다만, 순도시험항에서 혼재물의 한도가 규제되어 있는 경우에는 특이성이 낮은 시험법이라도 인정한다.

25 「기능성화장품 심사에 관한 규정」의 심사기준에 대한 설명으로 옳지 않은 것은?

① 제품명은 이미 심사를 받은 기능성화장품의 명칭과 동일하지 않아야 한다.
② 기능성화장품의 원료 성분 및 그 분량은 제제의 특성을 고려하여 각 성분마다 배합목적, 성분명, 규격, 분량(중량, 용량)을 기재하여야 한다.
③ 사용한도가 지정되어 있지 않은 착색제, 착향제, 현탁화제, 유화제, 용해보조제, 안정제, 등장제, pH 조절제, 점도 조절제, 용제 등의 경우에는 적량으로 기재할 수 있다.
④ 착색제 중 황색4호를 포함한 식품의약품안전처장이 지정하는 색소를 배합하는 경우에는 성분명을 "식약처장지정색소"라고 기재할 수 있다.
⑤ 원료 및 그 분량은 "100밀리리터중" 또는 "100그람중"으로 그 분량을 기재함을 원칙으로 하며, 분사제는 "100그람중"(원액과 분사제의 양 구분표기)의 함량으로 기재한다.

④ 착색제 중 식품의약품안전처장이 지정하는 색소(황색4호 제외)를 배합하는 경우에는 성분명을 "식약처장지정색소"라고 기재할 수 있다.

정답 22 ③ 23 ④ 24 ② 25 ④

chapter 04

26 제품별 안전성 자료의 보관기간에 관한 규정이다. ( ) 안에 들어갈 말로 옳은 것은?

【보기】

화장품의 1차 포장에 사용기한을 표시하는 경우 제품별 안전성 자료의 보관기간은 영유아 또는 어린이가 사용할 수 있는 화장품임을 표시 · 광고한 날부터 마지막으로 제조 · 수입된 제품의 사용기한 만료일 이후 ( )까지의 기간이다.

① 6개월 ② 1년 ③ 2년
④ 3년 ⑤ 4년

제품별 안전성 자료의 보관기간은 다음에 따른다.
화장품의 1차 포장에 사용기한을 표시하는 경우 : 영유아 또는 어린이가 사용할 수 있는 화장품임을 표시 · 광고한 날부터 마지막으로 제조 · 수입된 제품의 사용기한 만료일 이후 1년까지의 기간

27 자외선 차단제에 대한 <보기>의 설명 중 옳은 것을 모두 짝지은 것은?

【보기】

㉠ 자외선 차단제는 물리적 차단제와 화학적 차단제가 있다.
㉡ 물리적 차단제에는 벤조페논, 옥시벤존, 옥틸디메틸파바 등이 있다.
㉢ 화학적 차단제는 피부에 유해한 자외선을 흡수하여 피부 침투를 차단하는 방법이다.
㉣ 물리적 차단제는 자외선이 피부에 흡수되지 못하도록 피부 표면에서 빛을 반사 또는 산란시키는 방법이다.
㉤ SPF는 수치가 낮을수록 자외선 차단지수가 높다.

① ㉠, ㉡, ㉢ ② ㉠, ㉢, ㉣
③ ㉠, ㉡, ㉣ ④ ㉡, ㉢, ㉣
⑤ ㉢, ㉣, ㉤

㉡ 벤조페논, 옥시벤존, 옥틸디메틸파바 등은 화학적 차단제에 해당한다.
㉤ SPF는 수치가 높을수록 자외선 차단지수가 높다.

28 자외선 차단지수에 대한 설명으로 옳은 것은?

① 자외선 감수성이 높은 사람일수록 MED가 크다.
② 홍반 발생에 주요한 자외선은 UVB 영역이다.
③ UVA와 UVB 차단 기준이 동일하다.
④ 자외선 차단제를 사용하면 MED가 낮아진다.
⑤ MED는 피부 타입 분류에 사용되지 않는다.

① 자외선에 의한 감수성이 높은 사람일수록 적은 자외선량으로도 피부가 붉어지기 때문에 MED가 적다.
③ UVA와 UVB는 차단 기준이 다르다.
④ 자외선 차단제를 사용하면 MED가 높아진다.
⑤ MED는 피부 타입을 분류하는 데 사용될 수 있다.

29 일반적으로 개별 화장품의 취약성, 예상되는 운반, 보관, 진열 및 사용 과정에서 뜻하지 않게 일어나는 가능성 있는 가혹한 조건에서 품질변화를 검토하기 위해 수행하는 안정성시험은?

① 가속시험 ② 가혹시험
③ 경시변화시험 ④ 항온 안정성 시험
⑤ 장기 보존 시험

개별 화장품의 취약성, 예상되는 운반, 보관, 진열 및 사용 과정에서 뜻하지 않게 일어나는 가능성 있는 가혹한 조건에서 품질변화를 검토하기 위해 수행하는 안정성시험은 가혹시험이다.

30 화장품 안정성시험에서 개봉 후 안정성시험을 수행할 필요가 없는 제품은?

① 마사지 크림 ② 헤어 스프레이
③ 바디 클렌저 ④ 아이섀도
⑤ 샴푸

개봉할 수 없는 용기로 되어 있는 제품(스프레이 등), 일회용 제품 등은 개봉 후 안정성시험을 수행할 필요가 없다.

31 화장품 내용물의 안정성 변화와 관련된 현상들 중 화학적 변화에 해당하는 것을 모두 고른 것은?

【보기】

㉠ 침전 ㉡ 변색 ㉢ 변취
㉣ 분리 ㉤ pH 변화

① ㉠, ㉡, ㉢ ② ㉠, ㉢, ㉣
③ ㉡, ㉢, ㉣ ④ ㉡, ㉢, ㉤
⑤ ㉢, ㉣, ㉤

- 화학적 변화 : 변색, 퇴색, 변취, 악취, 오염, 결정석출, pH 변화, 활성성분의 역가변화
- 물리적 변화 : 분리, 응집, 침전, 겔화, 휘발, 고화, 연화, 균열, 발한, 점도의 변화

정답 26 ② 27 ② 28 ② 29 ② 30 ② 31 ④

32 화장품 내용물의 안정성 변화 중 물리적 변화에 해당하는 것을 모두 고른 것은?

【보기】

㉠ 침전　　㉡ 변색
㉢ 응집　　㉣ 분리
㉤ 변취

① ㉠, ㉡, ㉢　　② ㉠, ㉢, ㉣
③ ㉡, ㉢, ㉤　　④ ㉡, ㉣, ㉤
⑤ ㉢, ㉣, ㉤

33 <보기>에서 각질층에 주로 존재하는 성분이나 기관을 모두 고른 것은?

【보기】

㉠ 엘라이딘　　㉡ 지방산
㉢ 피지선　　㉣ 케라틴
㉤ 콜레스테롤

① ㉠, ㉡, ㉢　　② ㉠, ㉢, ㉣
③ ㉡, ㉢, ㉣　　④ ㉡, ㉣, ㉤
⑤ ㉢, ㉣, ㉤

엘라이딘은 투명층에, 피지선은 진피의 망상층에 존재한다.

34 피부 표피의 구조에서 <보기>에서 설명하는 것은?

【보기】

- 표피 중 가장 두꺼운 층으로 5~10개의 핵을 가지고 있는 살아 있는 유핵 세포이며 돌기를 가지고 있어 가시층이라고도 한다.
- 면역 기능을 담당하는 랑게르한스 세포가 존재한다.
- 케라틴의 성장과 분열에 관여한다.

① 각질층　　② 투명층
③ 과립층　　④ 유극층
⑤ 기저층

〈보기〉는 유극층에 관한 설명이다.

35 교원섬유(collagen)와 탄력섬유(elastin)로 구성되어 있어 강한 탄력성을 지니고 있는 곳은?

① 표피　　② 진피
③ 피하조직　　④ 근육
⑤ 각질

진피는 교원섬유인 콜라겐과 탄력섬유인 엘라스틴으로 구성되어 있어 강한 탄력을 지니고 있다.

36 레인방어막의 역할이 아닌 것은?

① 외부로부터 침입하는 각종 물질을 방어한다.
② 체액이 외부로 새어 나가는 것을 방지한다.
③ 피부의 색소를 만든다.
④ 피부염 유발을 억제한다.
⑤ 피부가 건조해지는 것을 방지한다.

과립층에 존재하는 레인방어막은 외부로부터 이물질을 침입하는 것을 방어하는 역할을 하는 동시에 체내에 필요한 물질이 체외로 빠져나가는 것을 막고 피부가 건조해지거나 피부염이 유발하는 것을 억제하는 역할을 한다.

37 다음은 모발의 구조와 성질을 설명한 내용이다. 맞지 않는 것은?

① 두발은 주요 부분을 구성하고 있는 모표피, 모피질, 모수질 등으로 이루어졌으며, 주로 탄력성이 풍부한 단백질로 이루어져 있다.
② 케라틴은 다른 단백질에 비하여 유황의 함유량이 많은데, 황(S)은 시스틴(cystine)에 함유되어 있다.
③ 시스틴 결합은 알칼리에는 강한 저항력을 갖고 있으나 물, 알코올, 약산성이나 소금류에 대해서 약하다.
④ 케라틴의 폴리펩타이드는 쇠사슬 구조로서, 두발의 장축방향(長軸方向)으로 배열되어 있다.
⑤ 모유두는 모낭 끝에 있는 작은 돌기 조직으로 모발에 영양을 공급하는 부분을 말한다.

시스틴 결합은 물, 알코올, 약산성이나 소금류에는 강하지만 알칼리에는 약하다.

정답 32 ② 33 ④ 34 ④ 35 ② 36 ③ 37 ③

38 진피에 함유되어 있는 성분으로 우수한 보습능력을 지니어 피부관리 제품에도 많이 함유되어 있는 것은?

① 알코올(alcohol)
② 콜라겐(collagen)
③ 판테놀(panthenol)
④ 글리세린(glycerine)
⑤ 멜라닌(melanin)

콜라겐은 진피의 약 70% 이상을 차지하고 있으며, 진피에 콜라겐이 감싸져서 탄력과 수분을 유지하게 된다. 화장품에 콜라겐을 배합하면 보습성이 아주 좋아지고 사용감이 향상된다.

39 케라토히알린(keratohyaline) 과립은 피부 표피의 어느 층에 주로 존재하는가?

① 과립층 ② 유극층
③ 기저층 ④ 투명층
⑤ 각질층

과립층에는 케라틴의 전구물질인 케라토히알린 과립이 형성되어 빛을 굴절시키는 작용을 하며, 수분이 빠져나가는 것을 막는다.

40 피부에 대한 설명으로 옳은 것은?

【보기】
㉠ 피부는 피하조직, 진피, 표피로 나뉜다.
㉡ 랑게르한스세포는 진피층에 존재한다.
㉢ 섬유아세포는 콜라겐을 생성한다.
㉣ 피하조직은 체온 유지에 중요하다.
㉤ 피지선은 손바닥, 발바닥 등 피부 전신에 분포한다.

① ㉠, ㉡, ㉢ ② ㉠, ㉡, ㉣
③ ㉠, ㉢, ㉣ ④ ㉡, ㉢, ㉤
⑤ ㉡, ㉣, ㉤

㉡ 랑게르한스세포는 표피의 유극층에 존재한다.
㉤ 피지선은 손바닥, 발바닥을 제외한 전신에 분포한다.

41 피부 표피의 구조에서 <보기>에서 설명하는 것은?

【보기】
• 털의 기질부(모기질)로 표피의 가장 아래층으로 진피의 유두층으로부터 영양분을 공급받는 층이다.
• 새로운 세포가 형성되는 층이다.
• 원주형의 세포가 단층으로 이어져 있으며, 각질형성세포와 색소형성세포가 존재한다.

① 각질층 ② 투명층
③ 과립층 ④ 유극층
⑤ 기저층

〈보기〉는 기저층에 관한 설명이다.

42 다음 중 UV-A(장파장 자외선)의 파장 범위는?

① 320~400nm ② 290~320nm
③ 200~290nm ④ 100~200nm
⑤ 0~100nm

자외선의 파장 범위
• UV-A(장파장) : 320~400nm
• UV-B(중파장) : 290~320nm
• UV-C(단파장) : 200~290nm

43 맞춤형화장품판매업소에서의 올바른 보관 방법은?

【보기】
㉠ 적절한 조건하의 정해진 장소에서 보관해야 한다.
㉡ 내용물은 반드시 냉장보관 해야 한다.
㉢ 선입선출이 쉽도록 내용물을 보관해야 한다.
㉣ 원료는 고객편의를 위해 상담실에 보관해야 한다.
㉤ 내용물은 사용 후 마개를 잘 막아 놓아야 한다.

① ㉠, ㉡, ㉢ ② ㉠, ㉢, ㉤
③ ㉠, ㉣, ㉤ ④ ㉡, ㉢, ㉣
⑤ ㉢, ㉣, ㉤

맞춤형화장품판매업소에서 내용물 · 원료는 적절한 조건하의 정해진 장소에서 보관하고, 선입선출이 용이하도록 보관하며, 사용 후에는 오염을 막기 위해 마개를 잘 막아 놓아야 한다.

정답 38 ② 39 ① 40 ③ 41 ⑤ 42 ① 43 ②

44 <보기>에서 맞춤형화장품조제관리사의 업무에 관한 설명 중 옳은 것은?

【보기】

㉠ 맞춤형화장품 원료목록을 품목별로 식품의약품안전처에 보고하였다.
㉡ 화장품의 안전성 확보 및 품질관리에 관한 교육을 매년 수료하였다.
㉢ 맞춤형화장품조제관리사 자격증을 취득한 후 맞춤형화장품판매업소에서 맞춤형화장품 소분 업무를 담당하였다.
㉣ 책임판매업자가 기능성화장품으로 보고하고 생산한 아데노신 크림 내용물을 매장으로 공급받아 맞춤형화장품용 용기에 고객이 원하는 양만큼 덜어 포장해서 판매하였다.
㉤ 주름이 많은 고객에게 맞춤형화장품용으로 생산된 에센스 내용물에 아데노신을 고시 함량보다 2배 혼합해서 효능이 2배 강화된 기능성화장품이라고 설명한 후 판매하였다.

① ㉠, ㉡, ㉢　② ㉠, ㉢, ㉤
③ ㉠, ㉣, ㉤　④ ㉡, ㉢, ㉣
⑤ ㉢, ㉣, ㉤

㉠ 원료목록 보고는 화장품책임판매업자의 업무에 해당한다.
㉤ 기능성 원료는 고시함량 내에서 배합해야 한다.

45 피부색과 피부 색소 형성에 대한 설명으로 옳지 않은 것은?

3회 기출 유형(8점)

① 신체 피부색을 결정하는 멜라닌 색소의 종류에는 유멜라닌과 페오멜라닌이 있다.
② 멜라닌은 티로시나아제에 의해 분해되어 티로신이 된다.
③ 신체 피부의 색은 멜라닌 색소 외에도 카로티노이드 색소와 헤모글로빈이 영향을 준다.
④ 인종에 따라 멜라닌형성세포의 양적인 차이는 없으나, 멜라닌 생성능 및 합성된 멜라닌 세부 종류에 차이가 있다.
⑤ 멜라닌형성세포는 대부분 표피의 기저층에 위치한다.

② 티로시나아제 효소가 티로신을 산화시키고, 산화된 티로신이 멜라닌을 만든다.

46 <보기>는 표피의 각질층에 대한 내용이다. 옳은 설명을 모두 고른 것은?

3회 기출 유형(8점)

【보기】

㉠ 각질층의 pH는 5.6~6.5 정도이다.
㉡ 각질층은 외부물질의 침입을 막는 피부장벽의 역할을 한다.
㉢ 피부장벽의 파괴와 회복 과정에서 표피가 얇아진다.
㉣ 각질층은 자연보습인자 및 피지에 의해 수분을 유지한다.
㉤ 각질층을 구성하는 세포간지질의 주성분은 세라마이드, 포화지방산, 콜레스테롤이다.

① ㉠, ㉡, ㉢　② ㉠, ㉢, ㉣
③ ㉠, ㉣, ㉤　④ ㉡, ㉢, ㉤
⑤ ㉡, ㉣, ㉤

㉠ 각질층의 pH는 4.5~5.5 정도의 약산성이다.
㉢ 피부장벽의 파괴와 회복 과정에서 표피가 두꺼워진다.

47 (　) 안에 공통으로 들어갈 내용으로 옳은 것은?

3회 기출 유형(12점)

【보기】

- 태양광선은 파장에 따라 피부에 다양한 효과를 줄 수 있다. 이 중 (　)의 태양광선 파장은 진피 하부까지 침투하며 이러한 기전을 통해 광노화의 원인이 될 수 있다.
- 최소지속형즉시흑화량이란 (　) 파장의 광선을 사람의 피부에 조사한 후 희미한 흑화가 인식되는 최소 자외선 조사량을 말한다.

① 520nm~630nm
② 400nm~520nm
③ 320nm~400nm
④ 290nm~320nm
⑤ 200nm~290nm

공통으로 들어갈 파장 범위는 자외선 A에 해당하는 320~400nm이다.

정답 44 ④ 45 ② 46 ⑤ 47 ③

48 <피부의 생리조절>의 설명과 「기능성화장품 심사에 관한 규정」 [별표 4] 자료제출이 생략되는 기능성화장품 종류에 제시된 <기능성화장품의 원료 및 허용함량>의 연결이 옳은 것은?

3회 기출 유형(12점)

【피부의 생리조절】

㉠ 각질형성세포는 자외선에 의해 멜라닌형성세포를 자극하는 물질을 분비한다.
㉡ 피부가 자외선을 받으면 멜라닌형성세포는 멜라닌을 형성한다.
㉢ 모발의 색상은 모구에 존재하는 멜라닌형성세포의 활성에 의해 결정된다.

【기능성화장품의 원료 및 허용함량】

ⓐ 시녹세이트 : 최대 10% 함량
ⓑ 이소아밀p-메톡시신나메이트 : 최대 10% 함량
ⓒ 알부틴 : 5~10% 함량
ⓓ 2-메칠-5-히드록시에칠아미노페놀 : 최대 2.5% 함량
ⓔ 폴리에톡실레이티드레틴아마이드 : 0.5~2% 함량

	피부의 생리조절	기능성화장품의 원료 및 허용함량
①	㉠	ⓐ
②	㉠	ⓑ
③	㉡	ⓒ
④	㉡	ⓓ
⑤	㉢	ⓔ

ⓐ 시녹세이트 : 최대 5%
ⓒ 알부틴 : 2~5%
ⓓ 2-메칠-5-히드록시에칠아미노페놀 : 최대 0.5%
ⓔ 폴리에톡실레이티드레틴아마이드 : 0.05~0.2% 함량

49 <보기>에 들어갈 말을 한글로 기입하시오.

3회 기출 유형(12점)

【보기】

자연보습인자를 구성하는 수용성 아미노산은(　)이/가 각질층 하층에서 표층으로 이동하면서 각질층 내의 단백질분해효소인 아미노펩티데이스(Aminopeptidase), 카복시펩티데이스(Carboxypeptidase) 등에 의해 분해된 산물이다.

50 시각, 후각, 미각, 촉각, 청각 등의 감각으로 감지되는 제품이나 재료에 대해 이러한 특성에 대한 반응을 유도, 측정, 분석, 해석하는데 사용되는 평가방법을 무엇이라 하는가?

① 환경영향평가　② 관능평가
③ 자율평가　④ 감정평가
⑤ 적합성평가

시각, 후각, 미각, 촉각, 청각 등의 감각으로 감지되는 제품이나 재료에 대해 이러한 특성에 대한 반응을 유도, 측정, 분석, 해석하는데 사용되는 평가방법을 관능평가라 한다.

51 맞춤형화장품 조제 및 판매 시의 규정에 관한 설명으로 옳은 것은?

① 인체세정용제품은 맞춤형화장품으로 조제 및 판매를 할 수 없다.
② 맞춤형화장품판매업소에서 고객이 본인이 사용하고자 하는 제품을 직접 혼합 또는 소분할 수 있다.
③ 미용사가 머리카락 염색을 위하여 염모제를 혼합하거나 퍼머넌트웨이브를 위하여 관련 액제를 혼합하기 위해서는 맞춤형화장품조제관리사 자격증을 소지해야 한다.
④ 소비자가 맞춤형화장품을 사용한 후 부작용이 발생하였음을 알게 된 경우 해당 제품을 조제 및 판매한 맞춤형화장품조제관리사는 그 정보를 알게 된 날로부터 15일 이내에 식품의약품안전처장에게 보고하여야 한다.
⑤ 둘 이상의 화장품책임판매업자로부터 내용물 또는 원료를 공급받아 하나의 맞춤형화장품을 조제할 수 있다.

① 화장품에 해당하는 모든 품목은 맞춤형화장품으로 판매할 수 있다.
② 맞춤형화장품판매업은 화장품과 원료 등에 대한 전문 지식을 갖춘 조제관리사가 소비자의 피부톤이나 상태 등을 확인하고 소비자에게 적합한 제품을 추천 · 판매하는 영업이므로 맞춤형화장품조제관리사가 아닌 자가 판매장에서 혼합 · 소분하는 것은 허용되지 않는다.
③ 미용사가 고객에게 직접 염색 또는 퍼머넌트웨이브를 해주기 위해 관련 액제를 혼합하는 행위는 맞춤형화장품의 혼합 · 판매행위에 해당하지 않는다.
④ 부작용을 알게 된 경우 식품의약품안전처장에게 보고해야 할 사람은 맞춤형화장품판매업자이다.

정답 48 ② 49 필라그린 50 ② 51 ⑤

52 맞춤형화장품 조제관리사인 미영은 매장을 방문한 고객과 다음과 같은 <대화>를 나누었다. 미영이 고객에게 혼합하여 추천할 제품으로 다음 <보기> 중 옳은 것을 모두 고르면?

【대화】

고객 : 요즘 피부가 많이 건조해지고 피부색도 어두워진 것 같아요
미영 : 아. 그러신가요? 그럼 고객님 피부 상태를 측정해 보도록 할까요?
고객 : 그럴까요? 지난번 방문 시와 비교해 주시면 좋겠네요.
미영 : 네. 이쪽에 앉으시면 저희 측정기로 측정을 해 드리겠습니다.

(피부측정 후)

미영 : 고객님은 색소 침착도가 15% 가량 높아졌고, 피부 보습도도 20% 가량 떨어져 있네요.
고객 : 음. 걱정이네요. 그럼 어떤 제품을 쓰는 것이 좋을지 추천 부탁드려요.

【보기】

㉠ 레티놀 함유 제품
㉡ 히알루론산 함유 제품
㉢ 에칠헥실살리실레이트 함유 제품
㉣ 카테콜 함유 제품
㉤ 아스코빌글루코사이드 함유 제품

① ㉠, ㉢
② ㉠, ㉤
③ ㉡, ㉣
④ ㉡, ㉤
⑤ ㉢, ㉣

㉠ 레티놀 : 주름개선제
㉡ 히알루론산 : 보습제
㉢ 에칠헥실살리실레이트 : 자외선 차단제
㉣ 카테콜 : 산화염모제
㉤ 아스코빌글루코사이드 : 미백제

53 다음 중 맞춤형화장품 조제 시 사용 가능한 물질은?

① 아트라놀
② 클로로아트라놀
③ 메칠렌글라이콜
④ 메칠레소르신
⑤ 소듐피씨에이

①, ②, ③, ④ 모두 사용할 수 없는 원료에 해당되며, 소듐피씨에이는 피부 보습제로 맞춤형화장품 조제 시 사용 가능하다.

54 피부분석 방법 중 촉진법에 해당하는 것을 <보기>에서 모두 고른 것은?

【보기】

㉠ 병력
㉡ 피부결 상태
㉢ 피지 분비량
㉣ 피부 두께
㉤ 모공의 크기

① ㉠, ㉡, ㉢
② ㉠, ㉡, ㉣
③ ㉠, ㉢, ㉤
④ ㉡, ㉢, ㉣
⑤ ㉡, ㉣, ㉤

병력은 문진법, 모공의 크기는 견진법에 해당한다.

55 다음 중 내용물과 원료를 혼합할 때 사용되는 기구는?

① 비중계
② pH 측정기
③ 균질기(homogenizer)
④ 점도계
⑤ 레오메터

내용물과 원료를 혼합할 때는 균질기를 사용한다.

56 아래에서 설명하는 유화기로 가장 적합한 것은?

【보기】

- 크림이나 로션 타입의 제조에 주로 사용된다.
- 터빈형의 회전날개를 원통으로 둘러싼 구조이다.
- 균일하고 미세한 유화입자가 만들어진다.

① 디스퍼
② 호모믹서
③ 프로펠러믹서
④ 호모지나이저
⑤ 점도계

57 비중이 0.8인 액상 제형의 맞춤형화장품을 조제하고 해당 맞춤형화장품 200ml를 충전할 때 내용물의 중량(g)은? (단, 100% 충전율 기준)

① 140
② 160
③ 200
④ 250
⑤ 275

중량 = 체적(부피)×비중 = 200×0.8 = 160g

정답 52 ④ 53 ⑤ 54 ④ 55 ③ 56 ② 57 ②

58 다음 중 혼합·소분에 관한 안전관리기준으로 옳지 않은 것은?

① 맞춤형화장품 혼합 · 소분 시 판매의 목적이 아닌 제품의 홍보 · 판매촉진 등을 위하여 미리 소비자가 시험 · 사용하도록 제조 또는 수입된 화장품의 내용물을 사용하지 말아야 한다.
② 혼합 · 소분에 사용되는 내용물 또는 원료가 「화장품법」 제8조의 화장품 안전기준 등에 적합한 것인지 여부를 확인하고 사용하여야 한다.
③ 혼합 · 소분 전에 내용물 또는 원료의 사용기한 또는 개봉 후 사용기간을 확인하고, 사용기한 또는 개봉 후 사용기간이 지난 것은 사용하지 말아야 한다.
④ 맞춤형화상품 조제에 사용하고 남은 내용물 또는 원료는 밀폐가 되는 용기에 담는 등 비의도적인 오염을 방지해야 한다.
⑤ 소비자들이 많이 선호하는 유형의 맞춤형화장품은 미리 혼합 · 소분하여 적절한 온도를 유지하여 보관해 둔다.

⑤ 소비자의 피부 유형이나 선호도 등을 확인하지 않고 맞춤형화장품을 미리 혼합 · 소분하여 보관하지 말아야 한다.

59 화장품 표시·광고 시 준수사항으로 옳지 않은 것은?

① 의약품으로 잘못 인식할 우려가 있는 내용, 제품의 명칭 및 효능 · 효과 등에 대한 표시 · 광고를 하지 말 것
② 소비자를 속이거나 소비자가 속을 우려가 있는 표시 · 광고를 하지 말 것
③ 유기농화장품이 아님에도 불구하고 제품의 명칭, 제조방법, 효능 · 효과 등에 관하여 유기농화장품으로 잘못 인식할 우려가 있는 표시 · 광고를 하지 말 것
④ 외국과의 기술제휴를 하더라도 외국과의 기술제휴 등을 표현하는 표시 · 광고를 하지 말 것
⑤ 저속하거나 혐오감을 주는 표현 · 도안 · 사진 등을 이용하는 표시 · 광고를 하지 말 것

④ 외국과의 기술제휴를 하지 않고 외국과의 기술제휴 등을 표현하는 표시 · 광고를 하지 말 것

60 <보기>의 기능성화장품의 기준 및 시험방법에 기재할 항목 중 '원칙적으로 기재'해야 하는 항목을 모두 고른 것은?

【보기】

㉠ 명칭　　㉡ 기원
㉢ 함량기준　　㉣ 시성치
㉤ 순도시험

① ㉠, ㉡, ㉢　　② ㉠, ㉡, ㉣
③ ㉠, ㉢, ㉤　　④ ㉡, ㉢, ㉤
⑤ ㉡, ㉣, ㉤

기원과 시성치는 필요에 따라 기재하는 항목에 해당한다.

61 맞춤형화장품의 표시·광고에 대한 설명으로 옳은 것은?

① 맞춤형화장품에는 천연화장품 또는 유기농화장품 표시 · 광고를 할 수 없다.
② 맞춤형화장품판매업자가 천연화장품 또는 유기농화장품 인증을 받을 수 있다.
③ 맞춤형화장품에는 기능성화장품 표시 · 광고를 할 수 없다.
④ 맞춤형화장품판매업자가 기능성화장품 심사 신청을 할 수 있다.
⑤ 사전에 기능성화장품으로 심사를 받거나 보고하여 맞춤형화장품의 판매 시 제품명이 달라지는 경우 해당 제품명으로 변경심사를 받거나 보고를 취하하고 재보고해야 한다.

① 천연화장품 및 유기농화장품의 기준에 관한 규정에 적합한 화장품은 인증을 받은 후 표시 · 광고를 할 수 있다.
② 천연화장품 또는 유기농화장품 인증 신청은 화장품제조업자, 화장품책임판매업자 또는 총리령으로 정하는 대학 · 연구소 등만 가능하다.
③ 맞춤형화장품판매업자에게 내용물 등을 공급하는 화장품책임판매업자가 사전에 해당 원료를 포함하여 기능성화장품 심사를 받거나 보고서를 제출한 경우에는 기 심사(또는 보고) 받은 조합 · 함량 범위 내에서 조제된 맞춤형화장품에 대하여 기능성화장품으로 표시 · 광고할 수 있다.
④ 기능성화장품 심사 신청 또는 보고서 제출은 화장품제조업자, 화장품책임판매업자 또는 총리령으로 정하는 대학 · 연구소 등만 할 수 있다.

정답 58 ⑤ 59 ④ 60 ③ 61 ⑤

62 화장품 가격표시 방법에 대한 설명 중 옳지 않은 것은?

① 유통단계에서 쉽게 훼손되거나 지워지지 않으며 분리되지 않도록 스티커 또는 꼬리표를 이용하여 권장소비자가격을 표시하여야 한다.
② 화장품 판매자는 업태, 취급제품의 종류 및 내부 진열상태 등에 따라 개별 제품에 가격을 표시하는 것이 곤란한 경우에는 소비자가 가장 쉽게 알아볼 수 있도록 제품명, 가격이 포함된 정보를 제시하는 방법으로 판매가격을 별도로 표시할 수 있다.
③ 판매가격의 표시는 유통단계에서 쉽게 훼손되거나 지워지지 않으며 분리되지 않도록 스티커 또는 꼬리표를 표시하여야 한다.
④ 판매가격은 개별 제품에 스티커 등을 부착하여야 한다.
⑤ 판매가격의 표시는『판매가 ㅇㅇ원』등으로 소비자가 알아보기 쉽도록 선명하게 표시해야 한다.

유통단계에서 쉽게 훼손되거나 지워지지 않으며 분리되지 않도록 스티커 또는 꼬리표를 이용하여 판매가격을 표시하여야 한다.

63 화장품법에 따른 맞춤형화장품에 대한 설명으로 옳은 것은?

3회 기출 유형(8점)

① 제품의 홍보를 위하여 제조된 화장품 내용물에 원료를 혼합한 제품
② 벌크 내용물에 기능성원료를 고객이 정한 함량으로 혼합하여 기능성화장품으로 판매하는 제품
③ 화장품책임판매업자로부터 제공받은 벌크 액상비누를 단순 소분한 제품
④ 인체 안전성 · 유효성이 검증된 화장품 원료인 A와 B를 1 : 1로 혼합한 제품
⑤ 맞춤형화장품판매업자가 직접 수입한 화장품의 내용물과 국내에서 제조된 화장품 내용물을 혼합한 제품

① 제품의 홍보를 위하여 제조된 화장품 내용물은 맞춤형화장품 혼합 · 소분의 대상이 아니다.
② 화장품책임판매업자가 보고서를 제출하였거나 심사 받은 조합 및 함량의 범위 내에서 혼합할 수 있다.
④ 원료와 원료의 혼합은 화장품 제조에 해당한다.
⑤ 맞춤형화장품판매업자는 화장품의 내용물을 직접 수입할 수 없으며, 화장품책임판매업자가 수입한 내용물을 공급 받아 혼합 · 소분에 사용할 수 있다.

64 피부에 대한 설명으로 옳은 것을 모두 고른 것은?

【보기】
㉠ 피부의 구조는 표피, 진피, 피하조직으로 나뉜다.
㉡ 멜라닌세포는 피부의 면역기능을 담당하며, 진피층에 존재한다.
㉢ 표피 중 가장 두꺼운 층은 기저층이다.
㉣ 머켈 세포는 신경의 자극을 뇌로 전달하는 역할을 하며, 기저층에 위치한다.
㉤ 피하조직은 열 손실을 막아 체온을 보호 · 유지한다.

① ㉠, ㉡, ㉢
② ㉠, ㉡, ㉣
③ ㉠, ㉣, ㉤
④ ㉡, ㉢, ㉤
⑤ ㉡, ㉣, ㉤

㉡ 멜라닌세포는 기저층에 위치하고 자외선으로부터 피부를 보호한다.
㉢ 표피 중 가장 두꺼운 층은 유극층이다.

65 <보기>에서 맞춤형화장품조제관리사에 대한 설명으로 옳은 내용을 모두 고른 것은?

【보기】
㉠ 맞춤형화장품조제관리사는 어느 곳에서나 화장품의 내용물을 소분하여 판매할 수 있다.
㉡ 맞춤형화장품판매업자는 총리령으로 정하는 바에 따라 맞춤형화장품조제관리사를 두어야 한다.
㉢ 맞춤형화장품조제관리사는 총리령으로 정하는 바에 따라 화장품의 안전성 확보 및 품질관리에 관한 교육을 매년 받아야 한다.
㉣ 맞춤형화장품조제관리사의 자격 기준은 고등교육법 제2조 각 호에 따른 학교에서 학사 이상의 학위를 받은 사람으로 이공계학과 또는 화장품과학 · 한의학 · 한약을 전공한 사람이다.

① ㉠, ㉡
② ㉠, ㉢
③ ㉡, ㉢
④ ㉡, ㉣
⑤ ㉢, ㉣

㉠ 맞춤형화장품조제관리사는 맞춤형화장품판매업을 신고한 곳에서만 혼합 또는 소분 행위가 가능하다.
㉣ 맞춤형화장품조제관리사 국가시험은 응시자격의 제한이 없다.

정답 62 ① 63 ③ 64 ③ 65 ③

66 맞춤형화장품을 조제하여 판매하는 과정에서 옳은 것은?

① SPF 50+의 화장품에 보습제 원료를 1 : 1로 혼합하여 SPF 25로 표시하였다.
② 보습효과를 증가시키기 위해 소듐피씨에이를 혼합해서 판매했다.
③ 씻어내는 유형의 샴푸를 씻지 않고 오래 방치할수록 효과가 좋다고 설명했다.
④ 보존제 성분을 추가하여 사용기한을 늘려 표시하였다.
⑤ 맞춤형화장품 조제 후 석출물이 생겼으나 사용해도 괜찮다고 설명했다.

소듐피씨에이는 보습제로 맞춤형화장품에 사용할 수 있다.

67 맞춤형화장품 조제 및 판매 시의 준수사항에 관한 설명으로 옳은 것은?

① 책임판매관리자는 맞춤형화장품조제관리사 자격증이 없어도 맞춤형화장품을 조제할 수 있다.
② 식품의약품안전처장이 고시한 기능성화장품의 효능 · 효과를 나타내는 원료는 기능성화장품 심사를 받지 않고 맞춤형화장품의 혼합에 사용 가능하다.
③ 기능성 화장품 심사는 브랜드별로 안전성 및 유효성에 관한 심사를 받아야 한다.
④ 맞춤형화장품 조제 시 제조 또는 수입된 화장품의 내용물에 다른 화장품의 내용물이나 식품의약품안전처장이 정하는 원료를 추가할 수 있다.
⑤ 맞춤형화장품 조제에 사용되고 남은 내용물 또는 원료는 즉시 폐기해야 한다.

① 맞춤형화장품을 조제 및 판매하기 위해서는 맞춤형화장품조제관리사 자격증이 있어야 한다.
② 식품의약품안전처장이 고시한 기능성화장품의 효능 · 효과를 나타내는 원료는 맞춤형화장품의 혼합에 사용할 수 없다.(원료를 공급하는 화장품책임판매업자가 해당 원료를 포함하여 기능성화장품에 대한 심사를 받거나 보고서를 제출한 경우는 제외)
③ 기능성 화장품 심사는 품목별로 안전성 및 유효성에 관한 심사를 받아야 한다.
⑤ 맞춤형화장품 조제에 사용하고 남은 내용물 또는 원료는 밀폐가 되는 용기에 담는 등 비의도적인 오염을 방지해야 한다.

68 맞춤형화장품 내용물에 대한 설명 중 옳은 것은?

【보기】
㉠ 유중수형이 수중유형보다 내수성이 우수하다.
㉡ 지성 피부에는 수중유형 크림보다 유중수형 크림이 더 적합하다.
㉢ 색조 화장용 제품의 니켈 허용한도는 35μg/g 이하이다.
㉣ 로션의 pH는 3~9가 되어야 한다.
㉤ 녹농균과 황색포도상구균이 검출되면 안 된다.

① ㉠, ㉡, ㉢
② ㉠, ㉢, ㉣
③ ㉠, ㉣, ㉤
④ ㉡, ㉢, ㉣
⑤ ㉢, ㉣, ㉤

㉠ 수중유형의 제형은 내수성이 떨어지는 단점이 있고 유중수형 제형은 내수성은 우수하나 사용감이 수중유형보다 덜한 단점이 있다.
㉡ 지성 피부에는 유중수형보다 수중유형의 크림이 더 적합하다.
㉢ 색조 화장용 제품의 니켈 허용한도는 30 μg/g 이하이다.

69 <보기> 맞춤형화장품조제관리사가 맞춤형화장품을 조제하기 위해 알아야 할 내용으로 옳은 것을 모두 고른 것은?

【보기】
㉠ 맞춤형화장품조제관리사가 천연화장품 또는 유기농화장품 인증을 받을 수 있다.
㉡ 지성 피부에는 유중수형 크림보다 수중유형 크림이 더 적합하다.
㉢ 맞춤형화장품 조제에 사용하고 남은 내용물 또는 원료는 재사용해서는 안 된다.
㉣ 유통화장품 안전기준에 따라 조제된 크림의 pH는 3 이상 9 이하가 되어야 한다.
㉤ 맞춤형화장품으로 판매할 수 있는 화장품 유형에는 제한이 없다.

① ㉠, ㉡, ㉢
② ㉠, ㉡, ㉣
③ ㉠, ㉣, ㉤
④ ㉡, ㉢, ㉤
⑤ ㉡, ㉣, ㉤

㉠ 천연화장품 또는 유기농화장품 인증 신청은 화장품제조업자, 화장품책임판매업자 또는 총리령으로 정하는 대학 · 연구소 등만 가능하다.
㉢ 맞춤형화장품 조제에 사용하고 남은 내용물 또는 원료는 밀폐가 되는 용기에 담는 등 비의도적인 오염을 방지한다.

정답 66 ② 67 ④ 68 ③ 69 ⑤

70 다음 중 맞춤형화장품의 혼합·소분에 대한 설명으로 옳은 것은?

① 맞춤형화장품조제관리사는 시중에 유통 중인 화장품을 구입하여 맞춤형화장품의 혼합 · 소분에 사용할 수 있다.
② 인체세정용 제품은 맞춤형화장품으로 판매할 수 없다.
③ 맞춤형화장품조제관리사는 화장품에 해당하는 모든 품목을 맞춤형화장품으로 판매할 수 있다.
④ 맞춤형화장품판매업소에서 소비자가 본인이 사용하고자 하는 제품을 직접 혼합 또는 소분할 수 있다.
⑤ 맞춤형화장품조제관리사 자격증을 소지하지 않은 미용사가 고객의 머리카락 염색을 위하여 염모제를 혼합하는 행위를 할 수 없다.

> ① 맞춤형화장품에 사용되는 내용물은 맞춤형화장품의 혼합 · 소분에 사용할 목적으로 화장품책임판매업자로부터 직접 제공받은 것이어야 하며, 시중에 유통 중인 제품을 임의로 구입하여 맞춤형화장품 혼합 · 소분의 용도로 사용할 수 없다.
> ② 맞춤형화장품으로 판매될 수 있는 화장품 유형에는 제한이 없으며, 맞춤형화장품판매업자가 관련 법령을 준수할 경우 화장품에 해당하는 모든 품목은 맞춤형화장품으로 판매할 수 있다.
> ④ 맞춤형화장품조제관리사가 아닌 자는 판매장에서 혼합 · 소분할 수 없다.
> ⑤ 미용사가 소비자에게 판매할 목적으로 제품을 혼합 · 소분하는 행위는 할 수 없지만, 고객의 머리카락 염색을 위해 혼합 · 소분하는 것은 가능하다.

71 다음 중 맞춤형화장품 조제 시 사용 가능한 물질은?

① 1,3-부타디엔
② 하이드록시아이소헥실 3-사이클로헥센 카보스알데히드(HICC)
③ 인태반유래 물질
④ 2-에칠헥사노익애씨드
⑤ 세틸에틸헥사노에이트

> ①~④ 모두 화장품에 사용할 수 없는 원료에 해당하며, 세틸에틸헥사노에이트는 피부컨디셔닝제로 사용된다.

72 맞춤형화장품 조제관리사인 소영은 매장을 방문한 고객과 다음과 같은 <대화>를 나누었다. 소영이가 고객에게 혼합하여 추천할 제품으로 다음 <보기> 중 옳은 것을 모두 고르면?

【대화】

고객 : 최근에 야외활동을 많이 해서 그런지 얼굴 피부가 검어지고 칙칙해졌어요. 건조하기도 하구요.
소영 : 아, 그러신가요? 그럼 고객님 피부 상태를 측정해 보도록 할까요?
고객 : 그럴까요? 지난번 방문 시와 비교해 주시면 좋겠네요.
소영 : 네. 이쪽에 앉으시면 저희 측정기로 측정을 해 드리겠습니다.

(피부측정 후)

소영 : 고객님은 1달 전 측정 시보다 얼굴에 색소 침착도가 20% 가량 높아져있고, 피부 보습도도 25% 가량 많이 낮아져 있군요.
고객 : 음. 걱정이네요. 그럼 어떤 제품을 쓰는 것이 좋을지 추천 부탁드려요.

【보기】

㉠ 티타늄디옥사이드(Titanium Dioxide) 함유 제품
㉡ 나이아신아마이드(Niacinamide) 함유 제품
㉢ 카페인(Caffeine) 함유 제품
㉣ 소듐하이알루로네이트(Sodium Hyaluronate) 함유 제품
㉤ 아데노신(Adenosine) 함유 제품

① ㉠, ㉢ ② ㉠, ㉤ ③ ㉡, ㉣
④ ㉡, ㉤ ⑤ ㉢, ㉣

> ㉠ 티타늄디옥사이드 – 자외선 차단제
> ㉡ 나이아신아마이드 – 미백제
> ㉢ 카페인 – 피부컨디셔닝제
> ㉣ 소듐하이알루로네이트 – 보습제
> ㉤ 아데노신 – 주름개선제

73 다음 중 맞춤형화장품의 영업 및 운영에 관한 설명으로 옳은 것은?

① 맞춤형화장품조제관리사의 적절한 교육 및 통제하에 조제관리사 자격이 없는 일반 매장 직원이 맞춤형화장품 혼합 및 소분을 할 수 있다.
② 맞춤형화장품판매장에 고용되지 않은 맞춤형화장품조제관리사도 보수교육 대상이다.
③ 맞춤형화장품에 혼합할 내용물이나 원료를 맞춤형화장품판매업자가 직접 수입할 수 있다.

정답 70 ③ 71 ⑤ 72 ③ 73 ④

④ 맞춤형화장품에 사용되는 내용물은 최종 소비자에게 제공하기 위한 포장을 제외한 모든 제조 공정을 마친 상태를 의미하며, 제조번호별 품질검사 및 제품의 정보를 알 수 있는 표시기재 사항 등을 모두 갖추어야 한다.
⑤ 화장품책임판매업자와 맞춤형화장품판매업자가 동일한 경우 동일한 소재지에서 두 업종을 운영할 수 없다.

① 조제관리사 자격이 없는 일반 매장 직원은 맞춤형화장품조제관리사의 적절한 교육 및 통제 하에 있다 하더라도 맞춤형화장품 혼합 및 소분 업무를 할 수 없다.
② 맞춤형화장품판매장에 고용되어 있는 맞춤형화장품조제관리사만 보수교육 대상이다.
③ 화장품의 내용물은 화장품책임판매업자만 수입할 수 있으므로 맞춤형화장품에 사용될 내용물을 수입하는 경우 수입 단계에서부터 화장품책임판매업자가 공급하여야 한다. 맞춤형화장품 혼합에 사용되는 원료는 화장품 법령상 수입자의 제한은 없으며, 맞춤형화장품판매업자가 원료를 수입하여 사용하는 경우 품질관리 등을 철저히 하여 맞춤형화장품 조제에 사용해야 한다.
⑤ 맞춤형화장품의 혼합 · 소분 장소가 별도로 구획되는 등 혼합 · 소분 과정에서 오염 등이 발생하지 않도록 관리를 하면 화장품책임판매업자와 맞춤형화장품판매업자가 동일한 경우 동일한 소재지에서 두 업종 운영이 가능하다.

74 다음은 맞춤형화장품의 최종 성분 비율이다. 아래 <대화>에서 (   ) 안에 들어갈 말을 쓰시오.

【보기】

- 정제수 73.0%
- 글리세린 3.4%
- 귤껍질추출물 8.0%
- 제주이질풀추출물 5%
- 베타글루칸 1.5%
- 비파나무잎추출물 1.3%
- 부틸렌글라이콜 5.0%
- 글리세레스-26 0.3%
- 벤조페논-4 0.8%
- 향료 0.4%
- 벤제토늄클로라이드 0.1%
- 하이드록시에틸셀룰로오스 1.2%

【대화】

고객 : 어떤 성분의 보존제가 사용되었나요?
맞춤형화장품조제관리사 : 보존제는 (㉠)을(를) 사용하였습니다. 사용한도는 (㉡)입니다.

75 <보기>에서 화장품을 혼합·소분하여 맞춤형화장품을 조제·판매하는 과정에 대한 설명으로 옳은 것을 모두 고른 것은?

【보기】

㉠ 맞춤형화장품조제관리사가 일반화장품을 판매하였다.
㉡ 메틸살리실레이트가 8% 함유된 액체상태의 맞춤형화장품을 일반용기에 포장하여 판매하였다.
㉢ 맞춤형화장품조제관리사가 200ml의 향수를 소분하여 50ml 향수를 조제하였다.
㉣ 맞춤형화장품조제관리사가 맞춤형화장품을 조제할 때 미생물에 의한 오염을 방지하기 위해 페녹시에탄올을 추가하였다.
㉤ 화장품책임판매업자가 기능성화장품에 대한 심사를 받거나 보고서를 제출한 경우 식품의약품안전처장이 고시한 기능성화장품의 효능 · 효과를 나타내는 원료를 내용물에 추가하여 맞춤형화장품을 조제할 수 있다.

① ㉠, ㉡, ㉢　② ㉠, ㉢, ㉣
③ ㉠, ㉢, ㉤　④ ㉡, ㉢, ㉣
⑤ ㉢, ㉣, ㉤

㉡ 메틸살리실레이트를 5% 이상 함유하는 액체상태의 제품은 안전용기 · 포장 대상 품목이다.
㉣ 페녹시에탄올은 사용상의 제한이 필요한 원료이므로 맞춤형화장품에 사용할 수 없다.

76 맞춤형화장품 조제관리사인 선미는 매장을 방문한 고객과 다음과 같은 <대화>를 나누었다. 선미가 고객에게 혼합하여 추천할 제품으로 다음 <보기> 중 옳은 것을 모두 고르면?

【대화】

고객 : 요즘 피부가 간지럽고 많이 당기는 느낌이에요. 건조하기도 하구요.
선미 : 아. 그러신가요? 그럼 고객님 피부 상태를 측정해 보도록 할까요?
고객 : 그럴까요? 지난번 방문 시와 비교해 주시면 좋겠네요.
선미 : 네. 이쪽에 앉으시면 저희 측정기로 측정을 해 드리겠습니다.

(피부측정 후)

선미 : 고객님은 피부 수분도가 15% 가량 떨어져 있고, 피부 보습도도 20% 가량 떨어져 있네요.
고객 : 음. 걱정이네요. 그럼 어떤 제품을 쓰는 것이 좋을지 추천 부탁드려요.

정답 **74** ㉠ 벤제토늄클로라이드, ㉡ 0.1% **75** ③ **76** ③

【보기】

㉠ 에칠헥실디메칠파바 함유 제품
㉡ 베타인 함유 제품
㉢ 에칠헥실트리아존 함유 제품
㉣ 하이알루로닉애씨드 함유 제품
㉤ 아데노신 함유 제품

① ㉠, ㉢ ② ㉠, ㉤ ③ ㉡, ㉣
④ ㉡, ㉤ ⑤ ㉢, ㉣

㉠ 에칠헥실디메칠파바 : 자외선 차단제
㉡ 베타인 : 보습제
㉢ 에칠헥실트리아존 : 자외선 차단제
㉣ 하이알루로닉애씨드 : 피부컨디셔닝제(기타), 점도증가제(수성)
㉤ 아데노신 : 주름개선제

77 맞춤형화장품 조제관리사인 선희는 매장을 방문한 고객과 다음과 같은 <대화>를 나누었다. 선희가 고객에게 혼합하여 추천할 제품으로 다음 <보기> 중 옳은 것을 모두 고르면?

【대화】

고객 : 요새 얼굴이 푸석거리고 거칠어진 것 같아요.
선희 : 아. 그러신가요? 그럼 고객님 피부 상태를 측정해 보도록 할까요?
고객 : 그럴까요? 지난번 방문 시와 비교해 주시면 좋겠네요.
선희 : 네. 이쪽에 앉으시면 저희 측정기로 측정을 해드리겠습니다. 그럼 피부측정을 시작할게요.

(피부측정 후)

선희 : 고객님은 지난번 방문 때보다 피부보습도가 25% 가량 감소하셨고 눈가 주름도 지난번보다 많이 보이네요.
고객 : 그럼 어떤 제품을 쓰는 것이 좋을지 추천 부탁드려요.

【보기】

㉠ 아데노신 함유 제품
㉡ 징크옥사이드 함유 제품
㉢ 알파-비사보롤 함유 제품
㉣ 나이아신아마이드 함유 제품
㉤ 소듐하이알루로네이트 함유 제품

① ㉠, ㉡ ② ㉠, ㉤ ③ ㉡, ㉤
④ ㉢, ㉣ ⑤ ㉣, ㉤

고객의 피부 상태는 지난 번 방문 때보다 피부보습도가 감소하고 눈가 주름이 많아졌으므로 보습제와 주름개선 기능성화장품을 추천하면 된다.
㉠ 아데노신 – 주름개선(기능성화장품)
㉡ 징크옥사이드 – 피부보호제, 자외선차단제
㉢ 알파–비사보롤 – 피부미백
㉣ 나이아신아마이드 – 피부미백
㉤ 소듐하이알루로네이트 – 피부 컨디셔닝제, 보습제

78 <보기>에서 맞춤형화장품을 조제·판매하는 과정에 대한 설명으로 옳은 것을 모두 고른 것은?

【보기】

㉠ 맞춤형화장품판매업으로 신고한 매장에서 아세톤을 함유하는 네일 폴리시 리무버를 일반 용기에 충전 · 포장하여 고객에게 판매하였다.
㉡ 맞춤형화장품판매업으로 신고한 매장에서 맞춤형화장품조제관리사가 300ml의 클렌징 오일을 소분하여 50ml 클렌징 오일을 조제하였다.
㉢ 맞춤형화장품판매업으로 신고한 매장에서 맞춤형화장품조제관리사가 벤질알코올을 1% 추가하여 맞춤형화장품을 고객에게 판매하였다.
㉣ 맞춤형화장품판매업으로 신고한 매장에서 맞춤형화장품조제관리사가 고객에게 맞춤형화장품이 아닌 일반화장품을 판매하였다.
㉤ 원료를 공급하는 화장품책임판매업자가 해당 원료에 대해 기능성화장품에 대한 심사를 받거나 보고서를 제출한 경우 식품의약품안전처장이 고시한 기능성화장품의 효능 · 효과를 나타내는 원료를 내용물에 추가하여 맞춤형화장품을 조제할 수 있다.

① ㉠, ㉡, ㉣ ② ㉠, ㉢, ㉣
③ ㉠, ㉢, ㉤ ④ ㉡, ㉢, ㉤
⑤ ㉡, ㉣, ㉤

㉠ 아세톤을 함유하는 네일 에나멜 리무버 및 네일 폴리시 리무버는 안전용기 · 포장 대상 품목이다.
㉢ 사용상의 제한이 필요한 보존제 성분은 맞춤형화장품에 혼합할 수 없다.

정답 77 ② 78 ⑤

79 <보기>는 모발 시술을 한 고객 A, B와 전문가 C의 대화이다. ( ) 안에 들어갈 용어를 순서대로 한글로 기입하시오. 4회 기출 유형(18점)

【보기】

A : 어제 미용실에 가서 웨이브 펌을 했는데요. 하는 만큼 웨이브가 잘 나오지 않았어요. 펌을 할 때마다 자주 그런 것 같은데, 이유가 무엇인지 알 수 있을까요?

C : 모발 구조상 일반적으로 (㉠)의 비율이 높은 모발일 경우 모발 내 (㉠)의 비율이 낮아서 만족할 만한 웨이브가 나오지 않은 것으로 보입니다.

B : 저는 지난주에 탈색을 했는데 모발 색이 잘 빠지지 않았어요. 왜 그런 걸까요?

C : B님은 (㉡)이/가 탈색제 내 포함된 성분인 암모니아에 의한 손상을 덜 받아서 그런 것 같아요. 탈염□탈색 시에는 암모니아가 (㉡)을/를 손상시켜 과산화수소가 모발 속으로 잘 스며들 수 있게 하는데요. 과산화수소가 잘 스며들지 않으면 멜라닌 색소가 덜 파괴되기 때문에 모발 본연의 색이 잘 지워지지 않습니다.

80 화장품 표시·광고 시 준수사항으로 옳지 않은 것은?

① 배타성을 띤 "최고" 또는 "최상" 등의 절대적 표현의 표시 · 광고를 하지 말 것
② 의사 · 치과의사 · 한의사 · 약사 · 의료기관 등이 광고 대상을 지정 · 공인 · 추천 · 지도 · 연구 · 개발 또는 사용하고 있다는 내용이나 이를 암시하는 등의 표시 · 광고를 하지 말 것
③ 국제적 멸종위기종의 가공품이 함유된 화장품임을 표현하거나 암시하는 표시 · 광고를 하지 말 것
④ 경쟁상품과 비교하는 표시 · 광고는 비교 대상 및 기준을 분명히 밝히고 객관적으로 확인될 수 있는 사항에 대해서는 표시 · 광고하지 말 것
⑤ 사실 유무와 관계없이 다른 제품을 비방하거나 비방한다고 의심이 되는 표시 · 광고를 하지 말 것

시행규칙 [별표 5] 화장품 표시 · 광고의 범위 및 준수사항
④ 경쟁상품과 비교하는 표시 · 광고는 비교 대상 및 기준을 분명히 밝히고 객관적으로 확인될 수 있는 사항만을 표시 · 광고할 것

81 화장품법 시행규칙에 따르면 성분명을 제품 명칭의 일부로 사용한 경우 그 성분명과 함량을 화장품 포장에 기재·표시해야 한다. 다음 제품 중 성분명과 함량을 화장품 포장에 기재·표시하지 않아도 되는 것은?

① 녹차 버블 폼클렌징
② 페로몬향 향수
③ 어성초 샴푸
④ 유자 에센스
⑤ 모이스쳐 석류 크림

방향용 제품은 성분명을 제품 명칭의 일부로 사용하더라도 성분명과 함량을 화장품 포장에 기재 · 표시하지 않아도 된다.

82 <보기>의 화장품 표시·광고 실증에 관한 규정에 대한 설명 중 옳은 것을 모두 고른 것은?

【보기】

㉠ 실증자료를 요청 받은 날부터 10일 이내에 식품의약품안전처장에게 제출해야 한다.
㉡ 인체적용시험자료는 관련분야 전문의 또는 병원, 국내외 대학, 화장품 관련 전문 연구기관에서 5년 이상 화장품 인체적용시험 분야의 시험경력을 가진 자의 지도 및 감독하에 수행 · 평가되어야 한다.
㉢ 실증 자료를 제출할 때는 실증방법, 시험 · 조사기관의 명칭 및 대표자의 성명 · 주소 · 전화번호 등을 제출해야 한다.
㉣ 조사기관은 해당 책임판매업자의 제조 및 영업부서 등 다른 부서와 독립적인 업무를 수행하는 기관을 말한다.(기업부설연구소 포함)
㉤ 시험결과는 인체 적용시험 자료, 인체 외 시험 자료 또는 같은 수준 이상의 조사자료를 말한다.

① ㉠, ㉡, ㉢
② ㉠, ㉢, ㉣
③ ㉡, ㉢, ㉣
④ ㉡, ㉢, ㉤
⑤ ㉢, ㉣, ㉤

㉠ 요청 받은 날로부터 15일 이내에 실증자료를 식품의약품안전처장에게 제출해야 한다.(화장품법 제14조)
㉡ 화장품 표시 · 광고 실증에 관한 규정
㉢ 화장품법 시행규칙 제23조 제3항
㉣ 국내외 대학 또는 화장품 관련 전문 연구기관(제조 및 영업부서 등 다른 부서와 독립적인 업무를 수행하는 기업 부설 연구소 포함)에서 시험한 것으로서 기관의 장이 발급한 자료이어야 한다.(화장품 표시 · 광고 실증에 관한 규정 제4조)
㉤ 화장품법 시행규칙 제23조 제2항, 화장품 표시 · 광고 실증에 관한 규정 제3조

정답 79 모수질, 모표피 80 ④ 81 ② 82 ④

83 화장품 표시·광고 실증에 관한 규정에 따른 시험 결과의 요건으로 옳지 않은 것은?

① 광고 내용과 관련이 있고 과학적이고 객관적인 방법에 의한 자료로서 신뢰성과 재현성이 확보되어야 한다.

② 국내외 대학 또는 화장품 관련 전문 연구기관에서 시험한 것으로서 기관의 장이 발급한 자료이어야 한다.

③ 기기와 설비에 대한 문서화된 유지관리 절차를 포함하여 표준화된 시험절차에 따라 시험한 자료이어야 한다.

④ 시험기관에서 마련한 절차에 따라 시험을 실시했다는 것을 증명하기 위해 문서화된 신뢰성보증업무를 수행한 자료이어야 한다.

⑤ 외국의 자료는 한글 요약문과 전체 번역본을 제출해야 한다.

> ⑤ 외국의 자료는 한글요약문(주요사항 발췌) 및 원문을 제출할 수 있어야 한다.

84 화장품책임판매업자는 영유아 또는 어린이가 사용할 수 있는 화장품임을 표시·광고하려는 경우에는 제품별 안전성 자료를 작성 및 보관하여야 한다. <보기>에서 제품별 안전성 자료를 모두 고른 것은?

【보기】

㉠ 제품 및 제조방법에 대한 설명 자료
㉡ 화장품의 안전성 평가 자료
㉢ 제품의 효능 · 효과에 대한 증명 자료
㉣ 제품의 위해분석 시험 자료
㉤ 제품의 개발 경위에 관한 자료

① ㉠, ㉡, ㉢　② ㉠, ㉡, ㉣
③ ㉠, ㉡, ㉤　④ ㉡, ㉣, ㉤
⑤ ㉢, ㉣, ㉤

> 제품별 안전성 자료(화장품법 제4조의2)
> • 제품 및 제조방법에 대한 설명 자료
> • 화장품의 안전성 평가 자료
> • 제품의 효능 · 효과에 대한 증명 자료

85 화장품 전성분에 대한 설명으로 옳은 것은?

① pH 조절 목적으로 사용되는 성분은 그 성분을 표시하는 대신 중화반응의 생성물로 표시할 수 있다.

② 제조과정 중에 제거되어 최종 제품에는 남아 있지 않은 성분이어도 표시하여야 한다.

③ 색조 화장용 제품류, 눈 화장용 제품류, 두발염색용 제품류 또는 손발톱용 제품류에서 호수별로 착색제가 다르게 사용된 경우 '± 또는 +/-'의 표시 다음에 사용된 모든 착색제 성분을 각각 기재 · 표시해야 한다.

④ 3% 이하로 사용된 성분, 착향제 또는 착색제는 순서에 상관없이 기재 · 표시할 수 있다.

⑤ 내용량이 30ml 이하 또는 중량이 30g 이하 화장품인 경우 성분 기재 · 표시가 생략 가능하다.

> 화장품법 시행규칙 [별표 4] 화장품 포장의 표시기준 및 표시방법
> ② 화장품법 시행규칙 제19조 2항 기재 · 표시를 생략할 수 있는 성분
> 1. 제조과정 중에 제거되어 최종 제품에는 남아있지 않은 성분
> 2. 안정화제, 보존제 등 원료 자체에 들어 있는 부수 성분으로서 그 효과가 나타나게 하는 양보다 적은 양이 들어 있는 성분
> 3. 내용량이 10밀리리터 초과 50밀리리터 이하 또는 중량이 10그램 초과 50그램 이하 화장품의 포장인 경우에는 다음 각 목의 성분을 제외한 성분(타르색소, 금박 등)
> ③ 색조 화장용 제품류, 눈 화장용 제품류, 두발염색용 제품류 또는 손발톱용 제품류에서 호수별로 착색제가 다르게 사용된 경우 '± 또는 +/-'의 표시 다음에 사용된 모든 착색제 성분을 함께 기재 · 표시할 수 있다.
> ④ 1% 이하로 사용된 성분, 착향제 또는 착색제는 순서에 상관없이 기재 · 표시할 수 있다.
> ⑤ 내용량이 10ml 초과 50ml 이하 또는 중량이 10g 초과 50g 이하 화장품인 경우 성분 기재 · 표시가 생략 가능하며, 이 경우 소비자가 모든 성분을 즉시 확인할 수 있도록 포장에 전화번호나 홈페이지 주소를 적거나 모든 성분이 적힌 책자 등의 인쇄물을 판매업소에 늘 갖추어 두어야 한다.

86 영유아 또는 어린이가 사용하는 것으로 표시·광고하는 화장품에 대한 설명으로 옳은 것은?

① 영유아는 만 3세 이하, 어린이는 만 4세 이상부터 만 12세 이하까지를 말한다.

② 영유아 또는 어린이가 사용하는 것으로 표시 · 광고하는 화장품은 안정성 자료를 작성 · 보관하여야 한다.

③ 영유아 또는 어린이가 사용하는 것으로 표시 · 광고하는 화장품은 사용한 보존제와 타르색소

정답 83 ⑤ 84 ① 85 ① 86 ⑤

함량을 표시하여야 한다.
④ 식품의약품안전처장은 영유아 또는 어린이 사용 화장품에 대한 표시 · 광고의 현황 등에 대한 실태조사를 2년마다 실시하여야 한다.
⑤ 화장품의 1차 포장에 사용기한을 표시하는 경우 제품별 안전성 자료의 보관기간은 마지막으로 제조 · 수입된 제품의 사용기한 만료일 이후 1년까지이다.

① 어린이는 만 4세 이상부터 만 13세 이하까지를 말한다.
② 영유아 또는 어린이가 사용하는 것으로 표시 · 광고하는 화장품은 안전성 자료를 작성 · 보관하여야 한다.
③ 영유아 또는 어린이가 사용하는 것으로 표시 · 광고하는 화장품의 경우에는 사용한 보존제의 함량을 표시하여야 한다.
④ 실태조사는 5년마다 실시하여야 한다.

87 영유아 또는 어린이가 사용하는 것으로 표시·광고하는 화장품에 대한 설명으로 옳지 않은 것은?

① 영유아는 만 3세 이하를, 어린이는 만 4세 이상부터 만 13세 이하까지를 말한다.
② 화장품책임판매업자는 영유아 또는 어린이가 사용할 수 있는 화장품임을 표시 · 광고하려는 경우에는 제품별로 안전과 품질을 입증할 수 있는 제품별 안전성 자료를 작성 및 보관하여야 한다.
③ 식품의약품안전처장은 영유아 또는 어린이 사용 화장품에 대하여 제품별 안전성 자료, 소비자 사용실태, 사용 후 이상사례 등에 대하여 5년마다 실태조사를 실시해야 한다.
④ 영유아 또는 어린이가 사용하는 것으로 표시 · 광고하는 화장품의 경우에는 사용한 보존제의 함량을 표시하여야 한다.
⑤ 화장품책임판매업자는 화장품의 1차 포장에 개봉 후 사용기간을 표시하는 경우 영유아 또는 어린이가 사용할 수 있는 화장품임을 표시 · 광고한 날부터 마지막으로 제조 · 수입된 제품의 제조연월일 이후 1년까지 제품별 안전성 자료를 보관하여야 한다.

화장품책임판매업자는 화장품의 1차 포장에 개봉 후 사용기간을 표시하는 경우 영유아 또는 어린이가 사용할 수 있는 화장품임을 표시 · 광고한 날부터 마지막으로 제조 · 수입된 제품의 제조연월일 이후 3년까지 제품별 안전성 자료를 보관하여야 한다.

88 재고관리에 대한 설명 중 옳은 것은?

① 분말 원료는 통풍이 잘되는 장소에 뚜껑을 열어서 보관한다.
② 사용상의 제한이 필요한 원료는 건물 밖에 보관한다.
③ 내용물은 먼저 입고된 것을 우선 사용하고, 원료는 최근에 입고된 것을 먼저 사용한다.
④ 원료는 먼저 입고된 것을 우선 사용하고 사용기한이 지난 원료를 사용하지 않도록 별도로 관리하고 기록한다.
⑤ 원료는 변질의 우려를 막기 위해 최근 입고된 것을 먼저 사용한다.

모든 물품은 원칙적으로 선입선출 방법으로 출고 한다. 다만, 나중에 입고된 물품이 사용(유효)기한이 짧은 경우 먼저 입고된 물품보다 먼저 출고할 수 있다.

89 화장품법 제8조, 「화장품 안전기준 등에 관한 규정」에 따른 화장품의 원료에 대한 설명으로 옳지 않은 것은?

3회 기출 유형(8점)

① 「화장품 안전기준 등에 관한 규정」 [별표 2]의 원료는 사용한도, 사용제품의 용도 등에 따른 제한이 있을 수 있다.
② 화장품은 평생 사용하는 제품으로 작용이 경미하며, 사용하는 원료는 안전함을 기본으로 하고 있다.
③ 식품의약품안전처장은 국민보건상 위해가 제기되는 화장품 원료의 위해요소를 신속히 평가하여 그 위해 여부를 결정하여야 한다.
④ 식품의약품안전처장은 위해평가 결과를 근거로 해당 화장품 원료를 제조에 사용할 수 없는 원료로 지정하거나 그 사용기준을 지정하여야 한다.
⑤ 식품의약품안전처장은 지정 · 고시된 원료의 사용기준의 안전성을 수시로 검토하여야 하고, 그 결과에 따라 지정 · 고시된 원료의 사용기준을 변경할 수 있다.

⑤ 식품의약품안전처장은 지정 · 고시된 원료의 사용기준의 안전성을 정기적으로 검토하여야 하고, 그 결과에 따라 지정 · 고시된 원료의 사용기준을 변경할 수 있다.

정답 87 ⑤ 88 ④ 89 ⑤

90 <보기>는 맞춤형화장품판매업소에서 근무하는 맞춤형화장품조제관리사 A와 매장에 방문한 고객 B의 대화이다. 두 사람의 대화 내용 중 A가 B에게 설명한 내용으로 옳은 것은? 3회 기출 유형(12점)

【보기】

A : 안녕하세요, 고객님. 저희 매장은 고객님의 피부상태를 측정하여 현장에서 바로 조제해 드리는 맞춤형화장품판매업소입니다. 우선 피부 상태부터 확인해 보겠습니다.

B : 네. 저도 맞춤형화장품에 대한 이야기를 듣고 제 피부에 맞는 제품을 사용하고자 방문하게 되었습니다.

A : 고객님, 측정 결과 고객님 연령대에 비해 수분도가 많이 낮게 나왔습니다. 마침 제안해 드릴 보습크림이 있는데 전성분 자료부터 먼저 보시죠.

> – 맞춤형화장품으로 조제할 제품의 전성분 –
> 정제수, 사이클로헥사실록세인, 부틸렌글라이콜, 메타인, 프로필렌글라이콜, 글리세릴스테아레이트, 스테아릭애씨드, 세테아릴알코올, 피이지-40 스테아레이트, 솔비탄스테아레이트, 카프릴릭/카프릭트리글리세라이드, 트리에탄올아민, 부틸파라벤, 잔탄검, 카보머, 적색2호(CI 16185), 향료

B : 마침 보습크림을 사려고 했는데 잘됐네요. 기존에 사용중인 보습크림을 가져왔는데, 성분 분석 좀 해주시겠어요?

> – 고객이 가져온 보습크림의 전성분 –
> 정제수, 사이클로헥사실록세인, 부틸렌글라이콜, 메타인, 스쿠알란, 프로필렌글라이콜, 글리세릴스테아레이트, 토코페롤, 스테아릭애씨드, 세테아릴알코올, 피이지-40 스테아레이트, 솔비탄스테아레이트, 카프릴릭/카프릭트리글리세라이드, 트리에탄올아민, 만수국꽃 추출물, 페녹시에탄올, 잔탄검, 카보머, 소합향나무발삼오일, 향료

A : 고객님 기존 제품과 비교했을 때 이번에 제안해 드린 제품에는 스쿠알란, 토코페롤, 만수국꽃추출물, 페녹시에탄올, 소합향나무발삼오일이 빠져있고, 프로필렌글라이콜과 부틸파라벤, 적색 2호(CI 16185) 이 세 가지 성분이 추가되어 있습니다.

B : 기존에 사용하던 제품도 잘 맞았는데 빠진 성분을 더 넣어주실 수 있는 거죠?

A : ㉠ 스쿠알란, 토코페롤은 더 넣어드릴 수 있지만, ㉡ 만수국꽃 추출물은 알레르기 유발성분이어서 넣어드릴 수 없습니다.

B : 아 그래요? 오래 사용할 수 있게 페녹시에탄올은 넣어주실 수 있죠?

A : ㉢ 페녹시에탄올도 보존제이기 때문에 추가로 넣을 수는 없습니다. 하지만 제안해드린 제품에 보존제인 부틸파라벤이 이미 들어가 있으니 걱정하지 않으셔도 됩니다. 그리고 ㉣ 소합향나무발삼오일은 최대로 사용할 수 있는 함량이 제한되어 있어 0.5%까지만 넣어드릴 수 있습니다.

B : 만들어주시는 제품을 유치원에 다니는 제 아이도 같이 사용할 수 있죠?

A : 네, ㉤ 보습크림이라 온가족이 사용하셔도 됩니다.

① ㉠ ② ㉡ ③ ㉢
④ ㉣ ⑤ ㉤

> ① ㉠ 토코페롤은 사용상의 제한이 필요한 원료이므로 사용할 수 없다.
> ② ㉡ 만수국꽃 추출물은 사용상의 제한이 필요한 원료이므로 사용할 수 없다.
> ④ ㉣ 소합향나무발삼오일은 0.6%까지 사용 가능하다.
> ⑤ ㉤ 부틸파라벤 함유 제품은 만 3세 이하 영유아의 기저귀가 닿는 부위에는 사용할 수 없으므로 온가족이 사용할 수 있다는 설명은 잘못되었다.

91 화장품법 시행규칙 제10조에 따르면 효능 · 효과가 나타나게 하는 성분의 종류 · 함량, 효능 · 효과, 용법 · 용량, 기준 및 시험방법이 식품의약품안전처장이 고시한 품목과 같은 기능성화장품은 심사를 받지 않고 식품의약품안전평가원장에게 보고서를 제출하여야 한다. <보기>에서 식품의약품안전처장이 고시한 품목에 해당되는 것을 모두 고른 것은?

【보기】

㉠ 나이아신아마이드 크림제
㉡ 닥나무추출물 로션제
㉢ 유용성감초추출물 로션제
㉣ 에칠아스코빌에텔 로션제
㉤ 치오글리콜산 로션제

① ㉠, ㉡, ㉢ ② ㉠, ㉢, ㉣
③ ㉠, ㉡, ㉣ ④ ㉡, ㉢, ㉣
⑤ ㉢, ㉣, ㉤

> ㉡ 닥나무추출물은 고시된 품목이 없다.
> ㉤ 치오글리콜산은 크림제가 고시되어 있다.

정답 90 ③ 91 ②

chapter 04

92 「맞춤형화장품판매업자의 준수사항에 관한 규정」, 「맞춤형화장품판매업 가이드라인」에 따른 맞춤형화장품 혼합·소분의 안전관리 기준으로 옳지 않은 것은? 3회 기출 유형(8점)

① 맞춤형화장품 판매내역서의 제조번호란 식별번호를 말한다.
② 맞춤형화장품 조제에 사용하고 남은 원료는 오염의 가능성이 높아 폐기한다.
③ 혼합 · 소분으로 조제된 맞춤형화장품은 소비자에게 유통되는 화장품으로, 유통화장품 안전관리 기준을 따라야 한다.
④ 소비자의 피부 상태나 선호도 등을 확인하지 않고, 맞춤형화장품을 미리 혼합 · 소분하여 보관하거나 판매하지 않아야 한다.
⑤ 혼합 · 소분 전 사용되는 원료의 품질관리가 선행되어야 하나, 책임판매업자에게서 원료를 제공받는 경우 책임판매업자의 품질검사성적서로 대체 가능하다.

맞춤형화장품 조제에 사용하고 남은 내용물 또는 원료는 밀폐가 되는 용기에 담는 등 비의도적인 오염을 방지해야 한다.

93 맞춤형화장품의 혼합·소분, 판매행위로 옳은 것은? 3회 기출 유형(8점)

① 맞춤형화장품조제관리사가 시중에 유통 중인 화장품을 구입하여 맞춤형화장품을 혼합 · 소분한 경우
② 매장에서 맞춤형화장품을 구입한 고객이 동일한 제품을 온라인을 통해 재구입하는 경우
③ 네일 아티스트 등이 매니큐어 액을 혼합하여 네일 아트 서비스를 하는 경우
④ 맞춤형화장품판매업소에서 본인이 사용하고자 하는 제품을 소비자가 혼합하는 경우
⑤ 이 · 미용사가 머리카락 염색을 위하여 염모제를 혼합하거나 퍼머넌트웨이브를 위하여 관련 액제를 혼합하는 경우

① 시중에 유통 중인 화장품을 구입하여 맞춤형화장품 혼합 · 소분 행위를 할 수 없다.
③, ⑤ 맞춤형화장품 혼합 행위에 해당하지 않는다.
④ 소비자가 직접 맞춤형화장품을 혼합 · 소분할 수 없다.

94 화장품법 시행규칙 제12조의2에 따른 맞춤형화장품판매업자 준수사항으로 옳은 것은? 3회 기출 유형(8점)

① 제조번호별로 품질검사를 철저히 한 후 유통시켜야 한다.
② 혼합 전에 혼합에 사용되는 내용물 또는 원료에 대하여 시험에 의한 품질검사를 해야 한다.
③ 맞춤형화장품 판매 시 혼합 · 소분에 사용된 원료의 함량, 내용, 특성과 사용 시 주의사항을 소비자에게 설명해야 한다.
④ 맞춤형화장품 판매장 시설 · 기구를 정기적으로 점검하여 보건위생상 위해가 없도록 관리해야 한다.
⑤ 맞춤형화장품 사용과 관련된 부작용 발생사례에 대해서는 매 반기 종료 후 1개월 이내에 식품의약품안전처장에게 보고하여야 한다.

① 화장품책임판매업자의 준수사항에 해당한다.
② 혼합 전에 혼합 · 소분에 사용되는 내용물 또는 원료에 대한 품질성적서를 확인해야 한다.
③ 맞춤형화장품 판매 시 사용된 원료의 함량은 설명하지 않아도 된다.
⑤ 맞춤형화장품 사용과 관련된 부작용 발생사례에 대해서는 지체 없이 식품의약품안전처장에게 보고해야 한다.

95 <보기>는 「화장품 안전성시험 가이드라인」에서 정의한 시험 방법 중 하나이다. ( ) 안에 들어갈 옳은 말을 모두 고른 것은? 3회 기출 유형(8점)

【보기】
(㉠)은 화장품 사용 시에 일어날 수 있는 오염 등을 고려한 사용기한을 설정하기 위하여 장기간에 걸쳐 물리 · 화학적, 미생물학적 안정성, (㉡)을 확인하는 시험이다.

	㉠	㉡
①	가속시험	용기적합성
②	가속시험	광안정성
③	가혹시험	광안정성
④	개봉 후 안정성시험	용기적합성
⑤	개봉 후 안정성시험	광안정성

개봉 후 안정성시험은 화장품 사용 시에 일어날 수 있는 오염 등을 고려한 사용기한을 설정하기 위하여 장기간에 걸쳐 물리 · 화학적, 미생물학적 안정성, 용기적합성을 확인하는 시험이다.

정답 92 ② 93 ② 94 ④ 95 ④

96 <보기>에서 맞춤형화장품판매업에 대한 옳은 설명을 모두 고른 것은?

3회 기출 유형(8점)

【보기】

㉠ 맞춤형화장품조제관리사가 혼합한 제품을 맞춤형화장품판매업자가 천연화장품 · 유기농화장품으로 인증받고자 하는 경우
㉡ 둘 이상의 다른 화장품책임판매업자로부터 내용물 또는 원료를 공급받아 조제한 맞춤형화장품을 판매하는 경우
㉢ 원료사로부터 공급받은 원료와 홈쇼핑에서 구입한 화장품을 혼합하여 맞춤형화장품조제관리사가 조제한 맞춤형화장품을 판매하는 경우
㉣ 맞춤형화장품판매업자가 회수대상 맞춤형화장품을 구입한 소비자에게 유선 연락하여 회수조치를 하는 경우
㉤ 맞춤형화장품판매업자가 직접 원료를 수입하여 품질관리를 통해 맞춤형화장품 조제에 사용하는 경우

① ㉠, ㉡, ㉢ ② ㉠, ㉡, ㉣
③ ㉠, ㉢, ㉤ ④ ㉡, ㉣, ㉤
⑤ ㉢, ㉣, ㉤

㉠ 맞춤형화장품판매업자는 천연화장품 · 유기농화장품 인증신청이 불가능하다.
㉢ 홈쇼핑에서 구입한 화장품을 혼합하는 것은 안 된다.

97 <보기>에서 맞춤형화장품판매업에 대한 옳은 설명을 모두 고른 것은?

3회 기출 유형(8점)

【보기】

㉠ 맞춤형화장품판매업의 변경신고가 필요한 경우는 맞춤형화장품판매업소의 상호가 변경된 경우로 소재지 변경은 변경신고 대상이 아니다.
㉡ 맞춤형화장품판매업을 폐업 · 휴업 · 휴업 후 영업을 재개하려는 경우 신고해야 한다.
㉢ 화장품책임판매업자가 수입한 화장품을 소분하여 판매하려는 경우 맞춤형화장품판매업 허가를 받아야 한다.
㉣ 맞춤형화장품판매업자가 판매업소를 신고한 이후 추가할 판매업소에 대해서는 동일한 상호의 추가 주소지를 신고해야 한다.
㉤ 맞춤형화장품판매업을 신청하려는 경우 맞춤형화장품조제관리사 자격증 사본을 제출해야 한다.

① ㉠, ㉡ ② ㉠, ㉣
③ ㉡, ㉤ ④ ㉢, ㉣
⑤ ㉢, ㉤

㉠ 맞춤형화장품판매업소의 상호 또는 소재지를 변경하는 경우 모두 변경신고가 필요하다.
㉢ 맞춤형화장품판매업은 신고 대상이다.
㉣ 맞춤형화장품판매업소별로 신고해야 하므로 기존 업소와 다른 상호로 신고해야 한다.

98 <보기>는 맞춤형화장품판매업소에서 근무하는 맞춤형화장품조제관리사 A와 B의 대화이다. 두 사람의 대화 내용 중 옳지 않은 것은?

3회 기출 유형(8점)

【보기】

A : 요즘 맞춤형화장품에 대한 소비자의 관심이 높아져서 그런지 우리 매장에 손님들이 작년과 비교해서 50% 정도 늘어난 것 같아. ㉠ 손님이 고민과 요구사항을 상담하고 화장품을 제안해주니 사용 후 만족도가 높은 것 같아. 일하면서 보람을 느껴.
B : 기능성화장품 중에 탈모 증상을 완화시켜 주는 제품이 있는데 가끔 탈모 효과가 있는 제품을 찾으시는 분들도 많아. ㉡ 발모 효과는 의약품으로 먹거나 바를 때 기대할 수 있는 효능이라고 설명을 해드려도 우리 매장이 효능 좋은 제품을 만들지 못해서 그러는 거 아니냐고 말씀하시는 경우가 있어서 속상할 때도 많지.
A : 아니야. 우리가 잘 하고 있는 거야. ㉢ 맞춤형화장품조제관리사 자격시험을 공부할 때 화장품을 의약품으로 잘못 인식할 수 있는 광고를 할 경우 화장품법 위반으로 행정처분을 받는다고 배웠으니 주의해서 안내해야지.
B : 그래. 앞으로 우리 고객에게 좋은 제품을 조제해 드리고 제품에 대한 정보를 제대로 안내하는 조제관리사가 되자. 아참. 어제 맞춤형화장품조제관리사 자격증을 잃어버렸는데, 어떻게 해야 하지?
A : ㉣ 국가자격증을 분실했을 때는 재발급 신청을 할 수 있는데, ㉤ 맞춤형화장품조제관리사 자격증 재발급 신청서와 본인임을 확인할 수 있는 신분증을 식품의약품안전처장에게 제출하면 되니까 참고해.
B : 그래, 고마워. 재발급 받으면 앞으로는 잘 관리하도록 할게.

① ㉠ ② ㉡
③ ㉢ ④ ㉣
⑤ ㉤

㉤ 자격증을 재발급 받기 위해서는 자격증 재발급 신청서와 분실 사유서를 제출해야 한다.

정답 96 ④ 97 ③ 98 ⑤

99 「맞춤형화장품판매업 가이드라인」 및 「우수화장품 제조 및 품질관리기준」에서 맞춤형화장품의 품질·안전 확보를 위한 사항으로 옳은 것은?

3회 기출 유형(8점)

① 맞춤형화장품의 혼합 · 소분 공간은 밀폐되어야 한다.
② 소비자 피부진단 데이터 등을 활용하여 연구, 개발 등 목적으로 사용하고자 하는 경우, 소비자 사전 안내 및 동의는 생략 가능하다.
③ 피부 외상 및 증상이 있는 직원은 의사의 동의 이후 혼합 · 소분 행위를 할 수 있다.
④ 소비자에게 위생적 조제과정을 보여주기 위해 맞춤형화장품의 판매 공간에서 혼합 · 소분을 진행한다.
⑤ 육안을 통해 맞춤형화장품 품질유지를 위한 시설 · 설비의 세척 상태를 확인한다.

①, ④ 맞춤형화장품 혼합 · 소분 장소와 판매 장소는 구분 · 구획하여 관리하여야 한다.
② 소비자 피부진단 데이터 등을 활용하여 연구, 개발 등 목적으로 사용하고자 하는 경우, 소비자에게 별도의 사전 안내 및 동의를 받아야 한다.
③ 피부 외상 및 증상이 있는 직원은 건강 회복 전까지 혼합 · 소분 행위가 금지된다.

100 화장품법, 화장품법 시행규칙에 따른 화장품 포장의 기재·표시 준수사항으로 옳은 것은?

3회 기출 유형(8점)

① 전성분을 표시하는 글자 크기는 4포인트 이상이어야 한다.
② 수입한 화장품의 경우 해외 제조회사 정보를 제조국의 언어로 기재하여야 한다.
③ 수출용 제품의 경우에는 한글과 수출 대상국의 언어를 함께 기재하여야 한다.
④ 맞춤형화장품의 1차 포장에는 제조번호(식별번호)를 표시하여야 한다.
⑤ 화장품 가격은 화장품조제조업자가 표시하여야 한다.

① 전성분을 표시하는 글자 크기는 5포인트 이상이어야 한다.
② 수입한 화장품의 경우 해외 제조회사 정보는 한글로 기재하면 된다.
③ 한글로 읽기 쉽도록 기재 · 표시해야 하며, 수출용 제품 등의 경우에는 그 수출 대상국의 언어로 적을 수 있다.
⑤ 화장품 가격은 화장품을 일반 소비자에게 판매하는 자가 표시하여야 한다.

101 화장품법 제6조, 화장품법 시행규칙 제12조의2에 따른 맞춤형화장품판매업의 준수사항으로 옳은 설명을 <보기>에서 모두 고른 것은?

3회 기출 유형(8점)

【보기】

㉠ 내용물 및 원료를 공급하는 화장품책임판매업자가 혼합 또는 소분의 범위를 검토하여 정하고 있는 그 범위 내에서 혼합 또는 소분해야 한다.
㉡ 맞춤형화장품 사용과 관련된 중대한 유해사례 및 부작용이 발생하는 경우 그 정보를 알게 된 날로부터 30일 이내 식품의약품안전처 홈페이지를 통해 보고하거나 우편 · 팩스 · 정보통신망 등의 방법으로 보고해야 한다.
㉢ 장기간 휴업 후 다시 영업을 재개하려는 경우 영업 시작 10일 전에 신고해야 한다.
㉣ 혼합 · 소분 시 일회용 장갑을 착용하는 경우 손을 소독하거나 세정하지 않아도 된다.
㉤ 혼합 · 소분 시 내용물 및 원료의 사용기한 또는 개봉 후 사용기간이 지난 것은 사용하지 않는다.

① ㉠, ㉡, ㉢
② ㉠, ㉢, ㉣
③ ㉠, ㉣, ㉤
④ ㉡, ㉢, ㉤
⑤ ㉡, ㉣, ㉤

㉡ 맞춤형화장품 사용과 관련된 중대한 유해사례 등 부작용 발생 시 그 정보를 알 게 된 날로부터 15일 이내 식품의약품안전처 홈페이지를 통해 보고하거나 우편 · 팩스 · 정보통신망 등의 방법으로 보고해야 한다.
㉢ 장기간 휴업 후 다시 영업을 재개하려는 경우 식품의약품안전처장에게 신고를 해야 하지만, 신고기한이 정해져 있지는 않다.

102 <보기>는 「화장품 표시·광고를 위한 인증·보증기관의 신뢰성 인정에 관한 규정」에 따라 표시·광고를 할 수 있는 인증·보증의 종류이다. ( ) 안에 들어갈 해당 규정에 기재된 용어를 한글로 기입하시오.

【보기】

( ) · 코셔(Kosher) · 비건(Vegan) 및 천연 · 유기농 등 국제적으로 통용되거나 그 밖에 신뢰성을 확인할 수 있는 기관에서 받은 화장품 인증 · 보증

정답 99 ⑤ 100 ④ 101 ③ 102 할랄

103 다음은 맞춤형화장품조제관리사가 맞춤형화 장품을 조제하기 위해서 화장품책임판매업자에게 제공받은 화장품의 내용물(벌크제품)의 규격서이다. 이에 대한 해석으로 옳은 것은? 3회 기출 유형(12점)

【맞춤형화장품 내용물(벌크제품) 규격서】

제품명	베이비 썬로션 내용물(맞춤형화장품 조제용)	
시험 항목	시험 기준	시험 방법
성상	유백색의 로션상	표준품과 비교
비중	0.995~1.005	기능성화장품 기준 및 시험방법
점도	150cps~400cps (25℃, 30RPM, 100#3)	기능성화장품 기준 및 시험방법
pH	5.7±1.0	기능성화장품 기준 및 시험방법
미생물	100 cfu/g 이하 (병원성균 불검출)	미생물시험 가이드라인
기능성 주성분의 함량	티타늄디옥사이드 표시량의 90% 이상	기능성화장품 기준 및 시험방법
사용법	본품 적당량을 얼굴 등 피부에 펴 바른다.	–
효능 · 효과	직사광선으로부터 피부를 보호한다. (SPF 35)	–
사용기간	제조일로부터 30개월	–
보관조건	실온 보관	–
전성분의 명칭 및 주성분의 함량	정제수, 글리세린, 부틸렌글라이콜, 1,2–헥산다이올, 봉선화꽃추출물, 오렌지껍질오일, 티타늄디옥사이드(20% w/w), 향료, CI 19140, 페녹시에탄올	–

① 성상은 투명하지 않고 흐름성이 없으며, 점도가 높게 나타난다.
② 내용물 100g 중 주성분인 티타늄디옥사이드는 16g 이상이 되어야 한다.
③ 맞춤형화장품으로 '베이비 썬로션'을 판매하려면 페녹시에탄올의 함량 정보를 추가로 요청해야 한다.
④ 실온은 10~30℃이므로 겨울철 창고의 온도가 2~9℃인 경우 히터를 틀어 온도를 높여야 한다.
⑤ pH를 측정하여 결과값이 4.5~7.5 사이의 값이면 규격에 적합하다.

① 로션은 흐름성이 있으며 점도가 낮게 나타난다.
② 표시량의 90% 이상이므로 내용물 100g 중 티타늄디옥사이드는 18g 이상이 되어야 한다.
④ 1~30℃를 실온이라고 한다.
⑤ pH를 측정하여 결괏값이 4.7~6.7 사이의 값이면 규격에 적합하다.

104 <보기>에서 맞춤형화장품 관능평가에 사용되는 표준품을 모두 고른 것은? 3회 기출 유형(12점)

【보기】

ㄱ 제품 표준견본 ㄴ 보존서 표준견본
ㄷ 색소원료 한도견본 ㄹ 향료 표준견본
ㅁ 기능성주성분 표준견본 ㅂ 충진 위치견본
ㅅ 물성 한도견본 ㅇ 용기 · 포장재 한도견본
ㅈ 원료 한도견본

① ㄱ, ㄷ, ㅁ, ㅅ ② ㄱ, ㄷ, ㅂ, ㅈ
③ ㄱ, ㄹ, ㅂ, ㅇ ④ ㄴ, ㄹ, ㅁ, ㅈ
⑤ ㄴ, ㄹ, ㅅ, ㅇ

105 다음은 ㉠과 ㉡에 대한 설명이다. 3회 기출 유형(8점)

구분	특징
㉠	• 체온유지 및 수분 조절 • 피부 탄력성 부여 및 외부 충격으로부터 보호 • 과도한 양의 에너지 저장
㉡	• 진피층에 존재 • 콜라겐 및 엘라스틴 단백질 생산

㉠과 ㉡에 적절한 세포를 <보기>에서 골라 순서대로 기입하시오.

【보기】

각질형성세포, 신경세포, 멜라닌형성세포, 기저세포, 랑게르한스세포, 비만세포, 섬유아세포, 대식세포, 지방세포

정답 103 ③ 104 ③ 105 지방세포, 섬유아세포

chapter 04

106 다음 표는 맞춤형화장품을 조제하기 위해 화장품책임판매업자로부터 제공받은 화장품의 내용물 A와 B를 정리한 것이다. A는 고시원료를 사용하여 기능성화장품으로 보고된 제품이고 B는 기능성화장품으로 심사를 받은 제품이다. 이 둘을 혼합하여 맞춤형화장품 C를 만들 때 A, B, C에 대한 설명으로 옳은 것은? 3회 기출 유형(12점)

【보기】

구분	A	B
주성분	알부틴 5%	아데노신 0.08%
보존제	부틸파라벤	페녹시에탄올
함유성분	카민	코치닐추출물

① A와 B의 비율을 1 : 1로 혼합하여 C를 조제한 경우, C의 주의사항 문구에 인체적용시험자료에서 구진과 경미한 가려움이 보고된 사례가 있음을 기재해야 하는 이유는 A 때문이다.
② A와 B의 비율을 3 : 1로 혼합하여 C를 조제한 경우, B에 사용할 수 있는 페녹시에탄올의 함량은 최대 4.0%이다.
③ A와 B의 비율을 1 : 1로 혼합하여 C를 조제한 경우, 미백 및 주름개선에 도움을 주는 기능성화장품으로 별도의 기능성화장품 심사나 보고 없이 판매할 수 있다.
④ 화장품책임판매업자가 A와 B의 혼합 비율을 1 : 1로 제한한 경우, 맞춤형화장품 조제 시 정제수 외에는 추가로 넣을 수 없다.
⑤ A와 B의 비율을 1 : 1로 혼합하여 C를 조제한 경우, C의 주의사항 문구에는 코치닐추출물 성분 함유 시 기재해야 하는 '만 3세 이하의 어린이에게 사용하지 말 것'이라는 문구를 추가해야 한다.

① 알부틴 2% 이상 함유 제품에는 "알부틴은 「인체적용시험자료」에서 구진과 경미한 가려움이 보고된 예가 있음" 이라는 문구를 기재해야 하므로 옳은 문장이다.
② 페녹시에탄올의 사용한도는 1%이므로 B에 1%를 초과해서 사용할 수 없다.
③ A와 B를 혼합하여 C를 조제하여 미백 및 주름개선에 도움을 주는 기능성화장품으로 판매하고자 할 경우에는 다시 심사를 받거나 보고서를 제출해야 한다.
④ 화장품책임판매업자로부터 공급받은 내용물에 다른 원료를 추가하는 것은 가능하다.
⑤ 코치닐추출물 함유 제품의 주의사항 문구는 "코치닐추출물 성분에 과민하거나 알레르기가 있는 사람은 신중히 사용할 것"이다.

107 <대화>는 맞춤형화장품조제관리사가 B가 매장을 방문한 고객 A에게 기능성화장품인 맞춤형화장품 에센스를 추천하는 내용이다. B가 추천하는 맞춤형화장품 에센스에 포함될 수 있는 기능성화장품의 효능·효과를 나타내는 원료와 「기능성화장품 심사에 관한 규정」 [별표 4]에 따른 최대 함량(%)의 옳은 연결을 <보기>에서 모두 고른 것은?
3회 기출 유형(12점)

【대화】

A : 최근 들어 피부가 어둡고 색소침착도 생기는 것 같고, 세안 후에는 피부가 너무 건조하고 당겨요. 스트레스를 받아서 그런지 머리카락도 많이 빠지는 것 같아서 고민이에요. 이제 야외활동도 많이 해야 하는데, 저에게 맞는 맞춤형화장품을 조제해 주세요.
B : 피부 측정 결과를 보니 미백 관리가 필요하신 것 같아요. 예방을 위해서 자외선 차단도 조금 더 신경을 쓰셔야 할 것 같아요. 저희 맞춤형 에센스는 식품의약품안전처에 이중 기능성화장품으로 보고가 완료되었으니 이 에센스를 추천해 드릴게요.

【보기】

구분	원료명	최대 함량(%)
㉠	히드록시벤조모르포린	1.0
㉡	레조시놀	2.0
㉢	닥나무추출물	2.0
㉣	디갈로일트리올리에이트	5.0
㉤	유용성감초추출물	0.5
㉥	나이아신아마이드	1.0
㉦	폴리실리콘-15	10.0
㉧	페닐벤즈이미다졸설포닉애씨드	4.0
㉨	폴리에톡실레이티드레틴아마이드	0.2

① ㉠, ㉡, ㉢, ㉥　② ㉠, ㉣, ㉤, ㉧
③ ㉡, ㉣, ㉧, ㉨　④ ㉡, ㉤, ㉥, ㉨
⑤ ㉢, ㉣, ㉦, ㉧

맞춤형화장품조제관리사가 B는 미백과 자외선 차단 기능성화장품을 추천하고 있으므로 미백 및 자외선 차단 기능성화장품을 고르면 된다. ㉤ 유용성감초추출물(미백, 0.05%)과 ㉥ 나이아신아마이드(미백, 2~5%)는 최대 함량이 옳지 않다.

정답 106 ① 107 ⑤

108 맞춤형화장품조제관리사인 B는 고객 A와의 <대화>를 통해 향료를 포함한 에센스를 조제하려고 한다.

3회 기출 유형(18점)

【대화】

A : 저는 향에 민감한 편이라 알레르기 성분이 없는 화장품을 써야 해요. 좋은 향으로 추천해 주셔서 에센스 하나 조제해 주세요.

B : 이 향은 어떠세요? 은은하게 오래 유지되기도 하고 상큼한 느낌이라 고객분들이 좋아하세요. 0.1%, 0.25%, 0.5% 부향한 샘플을 보시고 선택해 주세요.

A : 네, 좋네요. 이 향을 0.25% 넣은 에센스 250g을 조제해 주세요.

각 향료의 조성이 다음과 같을 때 <보기>의 ( ) 안에 들어갈 말로 옳은 것은? (18점)

<바다향>

성분명	함량(%)
아밀신나밀알코올	0.50
티피네올	0.60
벤질벤조에이트	0.50
벤질글라이콜	5.00
쿠마린	0.30
4-메톡시신남알데하이드	0.60
아니스알코올	0.60

<숲향>

성분명	함량(%)
아이소프로필렌실살리실레이트	2.00
더피네올	0.60
메틸벤질알코올	0.50
메틸벤질아세테이트	1.00
벤질글라이콜	0.30
페닐아세트알데하이드	0.60

【보기】

맞춤형화장품조제관리사는 착향제로서 알레르기 성분이 들어있지 않은 (㉠)을 넣어 에센스를 조제하였다. 만약 알레르기 성분이 들어간 향을 사용하였다면, 「화장품 사용 시의 주의사항 및 알레르기 유발성분 표시에 관한 규정」[별표 2]에 따라 전성분 표기를 해야 하는 알레르기 유발 성분은 (㉡)이다.

	㉠	㉡
①	바다향	아이소프로필렌질살리실레이트, 메틸벤질아세테이트, 페닐아세트알데하이드
②	바다향	아밀신나밀알코올, 메틸벤질아세테이트, 메틸벤질알코올
③	숲향	아이소프로필벤질살리실레이트, 아니스알코올, 쿠마린
④	숲향	아밀신나밀알코올, 아니스알코올, 벤질벤조에이트
⑤	숲향	아밀신나밀알코올, 벤질벤조에이트, 4-메톡시신남알데하이드

㉠ 알레르기 성분이 들어있지 않은 것은 숲향이다.
㉡ [별표 2]의 알레르기 유발성분에 해당하는 것은 아밀신나밀알코올, 벤질벤조에이트, 쿠마린, 아니스알코올이다.

109 <대화>는 맞춤형화장품조제관리사가 고객과 상담을 진행한 내용이며, <보기>는 화장품책임판매업자로부터 공급받은 벌크제품의 처방이다. <대화>를 바탕으로 벌크제품 A 40%와 벌크제품 B 60%의 혼합 비율로 맞춤형화장품을 조제·판매하려고 할 때 화장품법에 따른 전성분 표시 순서로 옳은 것은? (A : 고객, B : 맞춤형화장품조제관리사)

3회 기출 유형(18점)

【대화】

A : 최근에 피부가 너무 건조하고 당기는데다 많이 예민해졌어요. 시중 제품을 여러 개 사용해봤는데 만족스럽지 않아서요. 저에게 맞는 제품을 추천해주실 수 있나요?

B : 먼저 피부측정을 해볼까요?

(측정 후)

B : 피부 측정 결과 피부가 수분과 유분이 모두 부족한 건성이시네요. 피부가 예민해진 것도 피부장벽이 약해졌기 때문인 것 같고요. 보습력이 좋은 제품과 유분감 및 장벽보호 기능이 있는 제품을 혼합하여 고객님 피부의 유 · 수분 밸런스에 도움이 되는 맞춤형화장품 제품을 조제해 드릴게요.

A : 너무 좋아요. 그런데 조제하기 전에 전성분을 확인할 수 있을까요?

B : 네. 당연하죠.

정답 108 ④ 109 ②

【보기】

〈벌크제품 A〉

한글 전성분명	함량(%)
정제수	55.0
글리세린	17.0
부틸렌글라이콜	12.0
알로에베라잎추출물	10.0
녹차추출물	4.0
1,2-헥산다이올	1.7
소듐하이알루로네이트	0.2
알린토인	0.1
합계	100.0

〈벌크제품 B〉

한글 전성분명	함량(%)
정제수	58.0
올리브오일	25.2
부틸렌글라이콜	8.0
폴리그릴세릴-10다이소스테아레이트	3.3
시어버터	2.4
1,2-헥산다이올	2.0
세테아릴알코올	0.9
토코페롤아세테이트	0.2
합계	100.0

① 정제수, 부틸렌글라이콜, 올리브오일, 글리세린, 알로에베라잎추출물, 폴리그릴세릴-10다이소스테아레이트, 1,2-헥산다이올, 녹차추출물, 시어버터, 세테아릴알코올, 토코페롤아세테이트, 소듐하이알루로네이트, 알란토인

② 정제수, 올리브오일, 부틸렌글라이콜, 글리세린, 알로에베라잎추출물, 폴리그릴세릴-10다이소스테아레이트, 1,2-헥산다이올, 녹차추출물, 시어버터, 세테아릴알코올, 토코페롤아세테이트, 소듐하이알루로네이트, 알란토인

③ 정제수, 올리브오일, 부틸렌글라이콜, 글리세린, 알로에베라잎추출물, 1,2-헥산다이올, 폴리그릴세릴-10다이소스테아레이트, 녹차추출물, 시어버터, 세테아릴알코올, 토코페롤아세테이트, 소듐하이알루로네이트, 알란토인

④ 정제수, 부틸렌글라이콜, 올리브오일, 글리세린, 알로에베라잎추출물, 1,2-헥산다이올, 폴리그릴세릴-10다이소스테아레이트, 녹차추출물, 시어버터, 세테아릴알코올, 토코페롤아세테이트, 소듐하이알루로네이트, 알란토인

⑤ 정제수, 올리브오일, 부틸렌글라이콜, 글리세린, 알로에베라잎추출물, 폴리그릴세릴-10다이소스테아레이트, 1,2-헥산다이올, 시어버터, 녹차추출물, 세테아릴알코올, 토코페롤아세테이트, 소듐하이알루로네이트, 알란토인

벌크제품 A 40%와 벌크제품 B 60%의 비율로 혼합했을 경우의 함량은 다음과 같다.
정제수(56.8%), 올리브오일(15.12%), 부틸렌글라이콜(9.6%), 글리세린(6.8%), 알로에베라잎추출물(4%), 폴리그릴세릴-10다이소 스테아레이트(1.98%), 1,2-헥산다이올(1.88%), 녹차추출물(1.6%), 시어버터(1.44%), 세테아릴알코올(0.54%), 토코페롤아세테이트(0.12%), 소듐하이알루로네이트(0.08%), 알린토인(0.04%)

110 다음은 로션에 대한 제품 정보와 그림이다. 화장품법 제10조 및 화장품법 시행규칙 제19조에 따라 해당 제품에 들어간 원료의 함량을 기재해야 하는 원료명을 <제품 정보>에서 모두 골라 한글 그대로 기입하시오.

3회 기출 유형(12점)

<제품 정보>

원료명	함량(%)
세틸알코올	1.0
비즈왁스	0.5
스쿠알란	6.0
알로에베라추출물	10.0
카복시데실트라이실록세인	4.5
세틸피리디늄클로라이드	0.05
착향제	적량
글리세린	5.5
카보머	6.0
이디티에이	적량
다이메티콘	2.5
정제수	60.0
합계	100.0

성분명을 제품 명칭의 일부로 사용한 경우 그 성분명과 함량을 기재·표시해야 하며, 영유아 제품의 경우 보존제의 함량을 기재·표시해야 한다.

정답 **110** 알로에베라추출물, 세틸피리디늄클로라이드

111 <대화>는 맞춤형화장품조제관리사 B가 고객 A에게 적합한 제품을 추천하는 내용이다. ( ) 안에 들어갈 말을 순서대로 기입하시오. (단, ㉠은 숫자로 기입, ㉡, ㉢은 순서 관련 없이 한글로 기입)

3회 기출 유형(18점)

【대화】

A : 안녕하세요? 봄이 오면 야외 운동을 하려고 하거든요. 그런데 저는 맑은 날 자외선차단제를 바르지 않고 오전 10시 즈음에 나가면 10분만에 태양광선에 의해 피부가 붉게 변하는 것이 걱정이에요. 마스크를 쓰고 있지만 자외선이 걱정이라서 야외 운동을 할 때 적합한 SPF의 자외선 차단 기능성 화장품을 추천받고 싶어요.

B : 피부는 좋아 보이시는데 봄철 자외선이 걱정이시군요. 우선 제품을 추천하기 전 피부 상태를 측정해 보겠습니다.

(피부 상태 측정 후)

B : 고객님은 지난번에 측정했을 때와 마찬가지로 보통의 한국인 피부에 비해 피부가 흰 편이시고 피부 민감도도 높으신 편이세요. 겨울철 실내 생활로 인해 피부가 상당히 건조해진 것 같아요.

A : 맞아요.

B : 야외 운동시간은 어느 정도 계획하고 계신가요?

A : 하루에 4시간 정도 계획하고 있어요. 말씀해 주신 대로 제 피부가 많이 민감해서 자외선 차단제를 사용할 때 항상 고민입니다.

B : 자외선 차단제로 인한 자극이 우려되므로 적합한 SPF 수치의 제품이 필요한데, 고객님 피부 상태와 야외활동 시간을 고려할 때 최소 SPF (㉠) 이상의 제품을 추천합니다. 「화장품 안전기준 등에 관한 규정」 [별표 2] 자외선 차단성분 중 무기 자외선 차단제 성분인 (㉡), (㉢)을/를 함유한 제품이 민감한 고객님 피부에 적합할 것으로 생각됩니다.

A : 좋은 제품 추천해 주셔서 감사합니다.

고객 A는 자외선차단제를 바르지 않고 10분만에 태양광선에 의해 피부가 붉게 변하는데, 4시간(240분) 동안 피부를 보호해야 하므로 SPF 24 이상의 자외선차단제를 발라야 한다.
무기 자외선 차단제에 해당하는 성분은 징크옥사이드와 티타늄디옥사이드이다.

112 <보기>에서 맞춤형화장품을 조제할 때 사용하는 장비 및 도구에 대한 옳은 설명을 모두 고른 것은?

4회 기출 유형(18점)

【보기】

㉠ 핫플레이트 : 내용물이나 특정 성분의 온도를 높일 때 사용한다. 내용물의 멸균에 사용한다.
㉡ 스파츌라 : 내용물 및 특정 성분의 소분 시 무게를 측정하고자 덜어낼 때 사용한다.
㉢ 경도계 : 반고형 내용물의 유동성 또는 단단한 정도를 측정한다.
㉣ 광학현미경 : 유화입자 크기를 측정하고 원료 및 내용물의 규격검사에서는 굴절률을 측정하는 데 사용한다.
㉤ 고압유화장치(마이크로 플루이다이저) : 터빈형의 회전날개가 원통으로 둘러싸인 형태로 내용물에 내용물이나 특정 성분을 혼합 · 분산할 때 사용한다.
㉥ 오버헤드스터러 : 아지믹서, 프로펠러믹서, 분산기라고도 한다. 봉의 끝부분에 다양한 모양의 회전날개를 붙여 특정 성분을 혼합 · 분산할 때 사용한다. 오버헤드스터러보다 강한 에너지를 주어 고속 회전하는 기기로 호모믹서가 있다.

① ㉠, ㉡, ㉥ ② ㉡, ㉣, ㉦
③ ㉠, ㉢, ㉣, ㉥ ④ ㉡, ㉢, ㉣, ㉥
⑤ ㉢, ㉣, ㉤, ㉥

㉠ 핫플레이트는 내용물의 멸균에 사용되지는 않는다.
㉤은 호모믹서에 대한 설명이다.

정답 111 '24', 징크옥사이드, 티타늄디옥사이드 112 ④

chapter 04

113 <보기>는 「기능성화장품 기준 및 시험방법」 [별표 2]에 따른 닥나무추출물의 시험방법이다. ( ) 안에 들어갈 물질에 대한 설명으로 옳지 않은 것은?

3회 기출 유형(8점)

【보기】

이 원료는 닥나무 Broussonetia kazinoki 및 동속식물(뽕나무과 Moraceae)의 줄기 또는 뿌리를 에탄올 및 에칠 아세테이트로 추출하여 얻은 가루 또는 그 가루의 2w/v% 부틸렌글리콜 용액이다. 이 원료에 대하여 기능성 시험을 할 때 (㉠) 억제율은 48.5~84.1% 이다.

① 효력 시험을 위한 재료로 사용된다.
② 온도에 따라 활성이 변화하는 특징을 가진다.
③ 비극성 물질로서 물에 녹지 않고 침전한다.
④ 균류에서 추출하여 시험에 사용한다.
⑤ 멜라노사이트 내의 티로신이 산화되는 것을 억제해 준다.

㉠에 들어갈 물질은 타이로시네이즈(티로시나아제)이다. 타이로시네이즈가 멜라노사이트 내의 티로신을 산화시키며, 산화된 티로신은 멜라닌을 만든다.

114 <보기>는 「화장품 안전성 정보관리 규정」에 따른 안전성 정보에 대한 설명이다. ( ) 안에 들어갈 해당 규정에 기재된 용어를 순서대로 기입하시오.

3회 기출 유형(8점)

【보기】

- 화장품 안전성 정보의 보고 · 수집 · 평가 · (㉠) 등 관리체계는 [별표]와 같다.
- "안전성 정보"란 화장품과 관련하여 국민보건에 직접 영향을 미칠 수 있는 안전성 · (㉡)에 관한 새로운 자료, 유해사례 정보 등을 말한다.

115 <보기>는 화장품법 시행규칙에 따른 기능성화장품의 보고서 제출대상에 대한 설명이다. ( ) 안에 들어갈 해당 법령에 기재된 숫자를 기입하시오.

3회 기출 유형(8점)

【보기】

강한 햇볕을 방지하여 피부를 곱게 태워주는 기능을 가진 화장품 또는 자외선을 차단 또는 산란시켜 자외선으로부터 피부를 보호하는 기능을 가진 기능성화장품의 경우 자외선 차단지수의 측정값이 마이너스 ( )% 이하의 범위에 있는 경우에는 같은 효능 · 효과로 보며 기능성화장품의 심사를 받지 아니하고 식품의약품안전평가원장에게 보고서를 제출하여 제품을 생산 · 판매할 수 있다.

116 <보기>는 기초화장품 광고 문구이다. 밑줄 친 부분 중에서 화장품 표시·광고 관리 가이드라인에 따른 금지표현과 실증대상의 개수로 옳은 것은?

4회 기출 유형(12점)

【보기】

- 이 제품은 <u>세포 성장을 촉진</u>하는 <u>디톡스</u> 크림입니다.
- <u>항알레르기의 효과</u>가 있어 피부에 바를 경우 <u>붓기 완화</u>에 도움을 주는 제품이예요.
- 無 3종 파라벤, 에틸파라벤, 메칠파라벤, 메틸파라벤, 프로필파라벤 제품으로 <u>A 병원에서 강력 추천</u>하는 크림이예요.
- <u>식품의약품안전처의 허가</u>를 받은 <u>부작용이 전혀 없는</u> 고급스러운 <u>코스메슈티컬</u> 제품이예요.

금지표현(개)	실증대상(개)
① 5	3
② 6	3
③ 6	2
④ 7	2
⑤ 7	1

붓기 완화에 도움을 준다는 표현은 실증 대상에 해당되며, 나머지는 모두 금지표현에 해당된다.

정답 113 ⑤ 114 전파, 유효성 115 '20' 116 ⑤

117 <보기>는 A회사에서 제조한 '알로에 핸드크림'에 대한 제품표준서의 일부이다. 원료 성분에 대한 설명으로 옳은 것은? 4회 기출 유형(12점)

【보기】

제품 보증서 ASCO001

A 회사		원료 성분 및 분량	
제품명		알로에 핸드크림	
No	원료	성분명	비율(%)
1	Water	정제수	76.95
2	Phyto Glycerin	글리세린	6.00
3	Cos HD	1,2-헥산다이올	2.00
4	Collagen BP	정제수(69.6%) 하이드롤라이즈드콜라겐(10.0%) 부틸렌글라이콜(20.0%) 페녹시에탄올(0.4%)	0.90
5	CA C1618	세테아릴알코올	4.00
6	SA GS105	글리세릴스테아레이트	1.00
7	ST21	스테아레스-21	2.00
8	Aloe vera Extract	알로에베라잎추출물(98.0%) 1,2-헥산다이올(2.0%)	1.00
9	Olive Oil T	올리브오일(99.5%) 토코페롤(0.5%)	6.00
10	Pt. Beauty Perfume	향료 (향료 중 리날룰 6.0% 함유)	0.15
합계			100.00

① 리날룰은 전성분 표시에서 생략이 가능하다.
② 원료의 보존제로 사용된 페녹시에탄올은 그 효과가 발휘되는 것보다 적은 양으로 포함되어 있으므로 전성분 표시에서 생략이 가능하다.
③ 토코페롤은 오일 산화방지제로서 사용한도는 10% 이하이다.
④ 1차 또는 2차 포장에 함량을 표기해야 하는 성분의 함량은 980 ppm이다.
⑤ 1,2-헥산다이올은 보존제로서 사용한도는 5%이다.

정답 117 ②

① 전체 성분 중 리날룰은 0.009% 포함되어 있다. 0.001%를 초과 함유하므로 생략하면 안 된다.
③ 토코페롤의 사용한도는 20% 이하이다.
④ 성분명을 제품 명칭의 일부로 사용한 경우 함량을 표기해야 한다. 알로에베라잎추출물이 0.98% 함유되어 있는데, ppm으로 환산하면 9,800 ppm 이다.
⑤ 1,2-헥산다이올은 사용한도가 정해져 있지 않다.

Customized Cosmetics Preparation Manager

CHAPTER

05

실전모의고사

실전모의고사 제1회

해설

[선다형] 다음 문제를 읽고 답안을 선택하시오.

[제1과목 | 화장품 관련 법령 및 제도 등에 관한 사항]

01 맞춤형화장품판매업 매장에서 일반 직원이 맞춤형화장품을 조제·판매하다가 적발되었을 경우 맞춤형화장품판매업자에 대한 벌칙으로 옳은 것은?

① 1년 이하의 징역 또는 1천만원 이하의 벌금
② 3년 이하의 징역 또는 3천만원 이하의 벌금
③ 5년 이하의 징역 또는 5천만원 이하의 벌금
④ 200만원 이하의 벌금
⑤ 100만원 이하의 과태료

01 맞춤형화장품제조관리사를 두지 않은 경우 3년 이하의 징역 또는 3천만원 이하의 벌금에 해당된다.

02 다음 문서는 화장품책임판매업자로부터 내용물과 원료를 공급받아 맞춤형화장품 조제를 위해 확인된 서류를 바탕으로 작성되었다.

【문서】

〈내용물〉

내용물명	품질 성적서	제조일자	사용 기한	보존제
맞춤형화장품 건성용 Base	확보	20.3.15	3년	메틸파라벤
맞춤형화장품 지성용 Base	확보	20.3.15	3년	벤잘코늄 클로라이드

〈원료〉

원료명	품질 성적서	제조일자	사용 기한	보존제
아스코빌글루코사이드	확보	20.4.20	3년	없음
레티놀	확보	20.5.5	3년	없음
라벤더오일	확보	20.6.5	3년	없음
하이알루로닉애씨드	확보	20.5.25	3년	없음
베이비파우더향	확보	20.4.25	2년	없음
라벤더향	확보	20.6.25	2년	없음

〈기능성화장품 보고 여부〉

내용물명	기능성 주성분	기능성 보고 여부
맞춤형화장품 건성용 Base	아스코빌글루코사이드	보고완료
	레티놀	보고완료
맞춤형화장품 지성용 Base	아스코빌글루코사이드	보고완료
	레티놀	보고완료

02 ① 피부 색소침착 개선을 위해서는 아스코빌글루코사이드를 추가해야 한다.
② 피부 보습도가 20% 떨어져 건성용 베이스를 사용했으므로 보존제는 메틸파라벤이 들어가 있다.
③ 베이비파우더향의 사용기한이 2년이므로 맞춤형화장품의 사용기한도 2년을 넘을 수 없다.
④ 0.0001% 포함되어 있으므로 화장품법에 따라 "향료"로 표시할 수 있다.

정답 01 ② 02 ⑤

맞춤형화장품조제관리사인 B는 고객 A와 〈보기〉와 같은 대화를 나누면서 적합한 맞춤형화장품을 추천하고자 한다.

【보기】

A : 3개월 전에 구입했던 에센스가 다 떨어졌는데, 다시 구입하려고 합니다.
B : 피부 상태를 다시 측정해 보겠습니다.

〈피부측정 결과〉

구분	20.8.10	20.11.10	증감률
피부 보습도	60%	40%	20% ↓
색소 침착도	10%	20%	10% ↑
주름 발생도	13%	15%	2% ↑
피부 탄력도	15%	16%	1% ↑

B : 고객님 피부에 적합한 ○○ 내용물에 피부 보습에 효과적인 □□ 성분을 넣고, 색소침착에 효과적인 △△ 성분을 넣어 조제하는 것이 좋을 것 같네요. 향은 지난번처럼 라벤더향으로 할까요?
A : 아니요. 이번에는 베이비파우더향을 넣어 주세요.
B : 알겠습니다. 베이비파우더향을 추가하겠습니다.

B는 <보기>의 대화를 바탕으로 맞춤형화장품을 조제하였다. 화장품법에 따라 B가 A에게 할 수 있는 설명으로 옳은 것은?

① 피부 색소침착 개선을 위해 레티놀을 추가해 드리겠습니다.
② 벤잘코늄클로라이드 성분이 들어 있어 사용 시 주의사항에 "눈에 접촉을 피하고 눈에 들어갔을 때는 즉시 씻어낼 것"으로 표기했습니다.
③ 현재 조제된 맞춤형화장품의 사용기한은 내용물 기준으로 3년을 넘어갈 수 없으므로 2023년 3월 13일까지입니다.
④ 현재 조제된 맞춤형화장품의 베이비파우더향에 알레르기 유발성분인 유제놀이 0.0001% 포함되어 있어 화장품법에 따라 전성분에 기재하였습니다.
⑤ 현재 조제된 맞춤형화장품은 화장품책임판매업자가 식품의약품안전처에 주름개선 기능성화장품 보고를 완료한 제품입니다.

03 맞춤형화장품판매업자 A가 <보기>의 내용으로 화장품법을 위반했을 경우 받게 되는 행정처분으로 옳은 것은?

【보기】

서울에서 맞춤형화장품판매업을 하던 A는 대전으로 사업장을 이전하였다. 대전에서 매장을 운영한 지 3개월이 지난 시점에서 대전지방식품의약품안전청의 맞춤형화장품판매업소 실태 조사에 적발되어 1차 주소지 변경 미신고 행정처분을 받았다.

① 판매업무정지 1개월 ② 판매업무정지 2개월
③ 판매업무정지 3개월 ④ 판매업무정지 4개월
⑤ 등록취소

03 맞춤형화장품판매업소 소재지의 변경신고를 하지 않은 경우
- 1차 위반 : 판매업무정지 1개월
- 2차 위반 : 판매업무정지 2개월
- 3차 위반 : 판매업무정지 3개월
- 4차 위반 : 판매업무정지 4개월

정답 03 ①

04 화장품법 시행규칙 제19조에 따른 화장품 포장의 표시 기준·방법으로 옳은 것은?

① 화장품 제조에 사용된 성분을 표시하는 글자의 크기는 10포인트 이상으로 한다.

② 제조 과정 중 제거되어 최종 제품에 남아 있지 않은 성분도 표시한다.

③ 내용량이 60g 또는 60mL 이하인 제품은 전성분 표시 대상에서 제외할 수 있다.

④ 혼합원료는 개개의 성분으로 표시하고, 2% 이하로 사용된 성분, 착향제 및 착색제에 대해서는 순서에 상관없이 기재할 수 있다.

⑤ pH 조절 목적으로 사용되는 성분은 그 성분을 표시하는 대신 중화반응의 생성물로 표시할 수 있다.

05 다음 그림은 A코스메틱에서 출시한 주름개선 기능성 크림 광고이다. 화장품법에 따른 부당한 표시 및 광고 행위 등의 금지사항에 해당하는 문구를 모두 고른 것은?

【광고】

A코스메틱에서 출시한

주름개선 기능성 크림

㉠ 노화방지 최고 제품으로 진피까지 전달

㉡ 피부에 탄력을 주어 피부의 주름 개선에 도움

㉢ 홍길동 피부과 의사가 자문위원으로 제품 개발

㉣ 폴리에톡실레이티드레틴아마이드 0.2% 함유

㉤ 포름알데하이드 사용하지 않음

① ㉠, ㉡, ㉣　　② ㉠, ㉢, ㉤　　③ ㉠, ㉣, ㉤

④ ㉡, ㉢, ㉣　　⑤ ㉡, ㉢, ㉤

해설

04 ① 화장품 제조에 사용된 성분을 표시하는 글자의 크기는 5포인트 이상으로 한다.

② 제조 과정 중에 제거되어 최종 제품에 남아 있지 않은 성분은 생략 가능하다.

③ 내용량이 10mL 초과 50mL 이하 또는 중량이 10g 초과 50g 이하 화장품인 경우에는 전성분 표시 대상에서 제외할 수 있다.

④ 1% 이하로 사용된 성분, 착향제 및 착색제에 대해서는 순서에 상관없이 기재할 수 있다.

05 ㉠ "최고" 또는 "최상" 등의 절대적 표현의 표시 · 광고를 할 수 없다. (○)

㉡ 기능성화장품 심사(보고)한 제품에 대해서는 기능성 관련 표현의 표시 · 광고를 할 수 있다. (×)

㉢ 특정인 또는 기관의 지정, 공인 관련 표현은 사용하지 못한다. (○)

㉣ 폴리에톡실레이티드레틴아마이드는 주름 개선 기능성 원료로서 0.05~0.2% 함유 가능하므로 적당한 표현의 표시 · 광고이다. (×)

㉤ 배합금지 원료를 사용하지 않았다는 표현은 사용하지 못한다. 포름알데하이드는 배합금지 원료에 해당한다. (○)

정답 04 ⑤ 05 ②

06 맞춤형화장품판매업자 A는 경영상 문제로 서울에 소재한 영업장을 폐업하게 되었다. A가 한 행동으로 옳지 않은 것은?

① A는 컴퓨터에 저장된 고객들의 개인정보파일을 복원이 불가능한 방법으로 영구 삭제하였다.
② 맞춤형화장품판매업 신고필증을 첨부한 폐업신고서를 서울지방식품의약품안전청장에게 제출하였다.
③ 개인정보보관기한이 1년 이상 남아 있는 것들도 모두 파기하였다.
④ A는 서울지방식품의약품안전청장에게 폐업신고서를 제출하면서 세무서에 제출해야 하는 폐업신고서도 함께 제출하였다.
⑤ A는 고객카드를 다른 서류들과 분리하여 배출하였다.

07 다음 그림은 B코스메틱에서 출시한 '알로에 베라 쿨링 미스트'로 2차 포장이 없는 제품이다. 화장품법 시행규칙 제19조의 화장품 포장에 기재·표시해야 하는 항목에 따라 그림에 기재되지 않은 항목을 아래 <보기>에서 모두 고른 것은?

【포장 앞면】

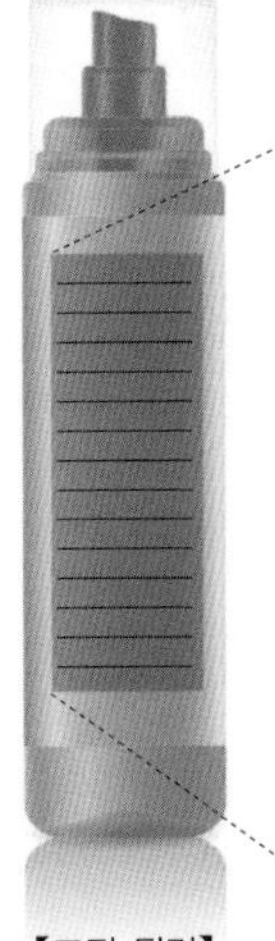
【포장 뒷면】

전 성분
정제수, 다이프로필렌글라이콜, 변성알코올, 멘톨, 사이클로헥사실록세인, 알로에베라잎가루, 카보머, 유자추출물, 녹차추출물, 하이드로제네이티드폴리데센, 진탄검, 트라이데세스-6, 부틸렌글라이콜, 다이소듐이디티에이

사용시 주의사항
1) 부작용이 있는 경우 전문의 등과 즉시 상담할 것
2) 상처가 있는 부위에는 사용하지 말 것
3) 어린이의 손이 닿지 않는 곳에 보관할 것

제조업자 : B 코스메틱 / 경기도 파주시 탄현면 산단로 75
제조번호 : F30201
제조년월일 : 2020년 5월20일
가격 : 5,000원
플라스틱 PVC

【보기】
㉠ 화장품의 효능 · 효과
㉡ 식품의약품안전처장이 정하는 바코드
㉢ 화장품의 사용법
㉣ 성분명을 제품 명칭의 일부로 사용한 경우 그 성분명과 함량
㉤ 개봉 후 사용기간

① ㉠, ㉡, ㉢ ② ㉠, ㉢, ㉤ ③ ㉠, ㉣, ㉤
④ ㉡, ㉢, ㉣ ⑤ ㉡, ㉣, ㉤

해설

06 ⑤ 개인정보가 담긴 고객카드는 분리 배출이 아닌 복원이 불가능한 방법으로 영구 삭제해야 한다.

07 ㉡ 화장품의 용량이 15mL 이상이므로 바코드를 기재해야 한다.
㉣ 성분명을 제품 명칭의 일부로 사용한 경우 그 성분명과 함량을 기재해야 한다. 알로에베라 성분을 제품 명칭으로 사용하였으므로 알로에베라의 함량이 기재되어야 한다.

 06 ⑤ 07 ⑤

[제2과목 | 화장품의 제조 및 품질관리와 원료의 사용기준 등에 관한 사항]

08 화장품법 시행규칙 제14조의2에 따른 위해성 평가 등급의 종류가 나머지와 다른 것은?

① 맞춤형화장품조제관리사를 두지 않고 판매한 맞춤형화장품
② 식품의약품안전처장이 화장품에 사용할 수 없는 원료로 고시한 성분인 '항생물질'을 함유한 화장품
③ 화장품제조업 등록을 하지 않은 자가 제조한 화장품
④ 전부 또는 일부가 변패되었거나 병원미생물에 오염된 화장품
⑤ 화장품의 사용기한 또는 개봉 후 사용기간(병행 표기된 제조연월일을 포함)을 위조 · 변조한 화장품

08 ② : 가 등급
① ③ ④ ⑤ : 다 등급

09 「천연화장품 및 유기농화장품의 기준에 관한 규정」 [별표 5] 제조공정에서 천연화장품 원료 제조 과정 중 허용된 물리적·화학적·생물학적 공정으로 옳지 않은 것은?

① 알킬화 ② 에스텔화
③ 비누화 ④ 설폰화
⑤ 오존분해

09 알킬화, 에스텔화, 비누화, 오존분해는 화학적 · 생물학적 공정에 해당되며, 설폰화는 금지되는 공정에 해당한다.

10 바디크림 품질 검사를 하였을 때 「화장품 안전기준 등에 관한 규정」에 따라 2,000㎍/g 이하로 관리되어야 하는 물질로 옳은 것은?

① 디옥산 ② 스타이렌
③ 프탈레이트 ④ 폴리에틸렌
⑤ 포름알데하이드

10 포름알데하이드의 허용한도는 2,000㎍/g 이하(단, 물휴지는 20㎍/g 이하)이다.

11 자료제출이 생략되는 기능성화장품의 종류 중 피부를 곱게 태워주거나 자외선으로부터 피부를 보호하는 데 도움을 주는 제품의 성분과 최대함량(%)의 연결이 옳은 것은?

	자외선차단성분	최대함량	자외선차단성분	최대함량
①	드로메트리졸	2	에칠헥실메톡시신나메이트	7.5
②	부틸메톡시디벤조일메탄	6	옥토크릴렌	8
③	벤조페논-4	6	드로메트리졸	1
④	4-메칠벤질리덴캠퍼	4	부틸메톡시디벤조일메탄	5
⑤	옥토크릴렌	10	4-메칠벤질리덴캠퍼	5

11

	자외선 차단성분	최대 함량	자외선 차단성분	최대 함량
①	드로메트리졸	1	에칠헥실메톡시신나메이트	7.5
②	부틸메톡시디벤조일메탄	5	옥토크릴렌	10
③	벤조페논-4	5	드로메트리졸	1
⑤	옥토크릴렌	10	4-메칠벤질리덴캠퍼	4

정답 08 ② 09 ④ 10 ⑤ 11 ④

12 「화장품 안전기준 등에 관한 규정」 [별표 2]의 보존제 성분 중 영유아용 바디로션에 사용 가능한 보존제를 <보기>에서 모두 고른 것은?

【보기】

㉠ 벤질알코올	㉡ 2, 4-디클로로벤질알코올
㉢ 아이오도프로피닐부틸카바메이트	㉣ 살리실릭애씨드
㉤ 페녹시에탄올	㉥ 포믹애씨드

① ㉠, ㉡, ㉢　② ㉠, ㉡, ㉥　③ ㉡, ㉢, ㉣
④ ㉢, ㉣, ㉤　⑤ ㉢, ㉣, ㉥

13 「기능성화장품 심사에 관한 규정」 [별표 4] 자료제출이 생략되는 기능성화장품의 종류에 명시된 '여드름성 피부를 완화하는 데 도움을 주는 화장품' 또는 실증자료를 구비한 경우 '여드름성 피부에 사용하기 적합한 화장품'으로 표시·광고하고자 하는 제품에 대한 설명으로 옳은 것은?

① 기능성화장품의 경우 액제, 로션제, 크림제, 마스크시트 제품 형태로도 제형이 가능하다.
② 씻어내지 않는 여드름성 피부 완화 기능성화장품은 살리실릭애씨드를 0.5% 함유한다.
③ 기능성화장품 적당량을 취해 피부에 흡수시켜 여드름균의 성장억제를 유도한다.
④ 기능성화장품을 지속적으로 사용하면 여드름성 피부의 치료적 개선 효능 · 효과가 있다.
⑤ 기능성화장품이 아니더라도 실증자료를 갖출 시 '여드름성 피부에 사용 적합'이라는 표현이 가능하다.

14 <보기>의 성분 중 수용성보다 지용성이 더 강한 성분을 모두 고른 것은?

【보기】
- 비타민 원료 : 아스코빅애씨드, 토코페롤
- 알코올 원료 : 글리세린, 세틸알코올
- 산 원료 : 스테아릭애씨드, 시트릭 애씨드

① 아스코빅애씨드, 글리세린, 스테아릭애씨드
② 아스코빅애씨드, 글리세린, 시트릭애씨드
③ 토코페롤, 글리세린, 시트릭애씨드
④ 토코페롤, 세틸알코올, 스테아릭애씨드
⑤ 토코페롤, 세틸알코올, 시트릭애씨드

해설

12 ㉠, ㉡, ㉤, ㉥은 영유아용 제품에 사용 가능하다.

13 ① 기능성화장품의 경우 액제, 로션제, 크림제에 한한다.
② 살리실릭애씨드는 여드름성 피부 완화 기능성화장품에 사용될 경우 사용 후 씻어내는 제품에만 사용할 수 있다.
③ ④ 질병을 진단 · 치료 · 경감 · 처치 또는 예방, 의학적 효능 · 효과 관련 표현은 사용할 수 없다.

14
- 아스코빅애씨드 : 수용성 비타민, 토코페롤 : 지용성 비타민
- 글리세린 : 수용성, 세틸알코올 : 지용성
- 스테아릭애씨드 : 지용성, 시트릭 애씨드 : 수용성

정답 12 ② 13 ⑤ 14 ④

15 <보기>는 맞춤형화장품판매업소에서 직원 A, B와 고객 C가 나누는 대화이다. A, B, C의 행동으로 옳은 것은?

【보기】

A는 2020년 7월1일에 입사하여 2020년 11월6일에 맞춤형화장품조제관리사 자격시험에 합격하였으며 맞춤형화장품 조제업무를 담당하고 있다.
B는 2020년 10월1일에 입사하여 2021년 3월에 치러질 맞춤형화장품 조제관리사 자격시험을 준비하고 있으며 매장 홍보와 A의 업무를 지원하고 있다.
고객 C는 매달 매장 방문하여 자신에게 적합하게 조제된 화장품을 구매하여 사용하고 있다.

A : 어서오세요 고객님. 지난 번에 조제해 드린 제품은 어떠셨나요?
C : 예. 지난번에는 보습 효과가 있는 성분을 사용해서 그런지 촉촉함이 오래 유지되어 만족하고 있습니다.
A : 다행이네요. 오늘도 피부 상태 먼저 확인해 볼까요?
– (피부 수분 측정 후)
피부 건조가 많이 개선되었네요. 이번에도 지난번과 동일하게 조제해 드릴까요?
C : 네. 그렇게 해주세요.
A : 잠시만 기다려 주세요. B님, C고객님의 제품 조제 부탁드립니다.
B : 네, 알겠습니다.

① A는 고객의 피부 상태를 맞춤형화장품조제관리사인 본인이 직접 확인하고, 업무를 지원하는 B에게 세부 매뉴얼을 주어 조제하도록 하였다.
② A는 본인이 지난번에 조제한 맞춤형화장품을 이번 C의 방문 때 서비스로 제공하였다.
③ B는 A가 조제했던 제품과 동일하게 조제하여 C에게 판매하였다.
④ C는 조제된 제품에 기재된 제품명, 사용기한 또는 개봉 후 사용기간 등을 확인하였다.
⑤ C는 200mL 용기에 담긴 제품을 50mL 용기에 나누어 달라고 요청하였고, B가 50mL짜리 용기 4개에 나누어 제공하였다.

16 「화장품 안전기준 등에 관한 규정」 제6조에 따른 퍼머넌트웨이브용 제품에 사용 가능한 원료를 <보기>에서 모두 고른 것은?

【보기】

㉠ 퀴닌	㉡ 과산화수소
㉢ 2–메칠레조시놀	㉣ 브롬산나트륨
㉤ 니트로–p–페닐렌디아민	

① ㉠, ㉣ ② ㉠, ㉤ ③ ㉡, ㉢
④ ㉡, ㉣ ⑤ ㉢, ㉤

해설

15 ①, ③ B는 맞춤형화장품 조제 업무를 할 수 없다.
② 맞춤형화장품은 현장에서 바로 조제해야 한다.
⑤ B는 소분 업무도 할 수 없다.

16 퍼머넌트웨이브용 제품에 사용 가능한 원료는 과산화수소와 브롬산나트륨이다.

정답 15 ④ 16 ④

17 다음은 화장품책임판매업자가 피부 및 모발에 도움을 주는 기능성화장품을 사용 목적에 따라 기획한 것이다. 「기능성화장품 심사에 관한 규정」 [별표 4] 자료제출이 생략되는 기능성화장품의 종류에 따른 성분만을 사용하여 제품을 만들 때 사용 목적과 기획 내용의 옳은 연결을 모두 고른 것은?

구분	사용 목적	기획 내용
㉠	홍조 완화	알부틴이 2% 함유된 에센스
㉡	자외선 차단	에칠헥실살리실레이트가 6.0% 함유된 크림
㉢	주름개선	레티닐팔미테이트가 10,000IU/g 함유된 로션
㉣	미백	알파-비사보롤이 0.5% 함유된 에센스
㉤	염모	피크라민산나트륨이 0.5% 함유된 크림

① ㉠, ㉡, ㉢　② ㉠, ㉡, ㉤　③ ㉠, ㉣, ㉤
④ ㉡, ㉢, ㉣　⑤ ㉢, ㉣, ㉤

17 ㉠ 알부틴은 미백 기능성화장품으로 사용된다.
㉡ 에칠헥실살리실레이트의 최대함량은 5%이다.

18 다음은 맞춤형화장품에 혼합할 착향제의 구성성분 및 함량이다.

착향제 구성성분	함량(%)	착향제 구성성분	함량(%)
에탄올	50	파네솔	1.2
민트오일	32	1,2-헥산다이올	0.8
쿠마린	11	벤질알코올	0.2
제라니올	4.8	총 계	100.0

보습에센스 맞춤형화장품에 0.1%를 혼합하려고 한다. 이때 「화장품 사용 시의 주의사항 및 알레르기 유발성분 표시에 관한 규정」 [별표 2]에 따라 제품에 표시해야 할 알레르기 유발성분을 모두 고른 것은?

① 민트오일, 쿠마린, 벤질알코올
② 민트오일, 리모넨, 1,2-헥산다이올
③ 쿠마린, 제라니올, 파네솔
④ 쿠마린, 제라니올, 1,2-헥산다이올
⑤ 제라니올, 파네솔, 벤질알코올

18 보기의 착향제 구성성분 중 알레르기 유발성분은 쿠마린, 제라니올, 파네솔, 벤질알코올이다. 보습에센스는 사용 후 씻어내지 않는 제품이므로 0.001% 초과 함유하는 성분을 고르면 된다. 쿠마린, 제라니올, 파네솔은 0.001%를 초과하고 벤질알코올은 초과하지 않는다.

계산법) 전체 화장품 중 착향제가 0.1%이며 백분율 100%로 표기하면 착향제의 1%는 전체 화장품의 0.001%가 된다.
그러므로 0.001%를 초과하려면 보기의 함량이 1%보다 큰 구성성분인 에탄올에서 파네솔까지이다.

19 <보기>는 맞춤형화장품조제관리자 A와 고객 B의 대화이다. (　) 안에 들어갈 화장품의 유형으로 옳지 않은 것은?

【보기】

A : 고객님. 어떤 제품을 조제해 드릴까요?
B : 개봉 후 짧은 기간 내에 사용할 수 있도록 10mL 용기 10개로 나눠 담아 주시고, 화장품은 (　)를 소분해 주세요.
A : 알겠습니다.

① 흑채　② 제모왁스　③ 손소독제
④ 데오도런트　⑤ 외음부 세정제

19 손소독제 등 인체에 직접 적용하는 외용소독제는 의약외품에 속한다.

정답 17 ⑤ 18 ③ 19 ③

20 맞춤형화장품 A 크림을 사용한 소비자들이 연속으로 다음과 같은 위해사례가 발생하였고, 맞춤형화장품판매업자가 위해사례를 감안하여 회수를 결정하였다. 위해사례에 따른 맞춤형화장품판매업자의 올바른 조치를 다음 <보기>에서 모두 고른 것은?

【증상】

- 다양한 크기의 원형 또는 불규칙한 모양의 경계가 뚜렷한 백색의 반점이나 탈색반이 생겼다.
- 모발의 탈색이 특징적으로 나타난다.
- 처음에는 작게 시작해서 점차 크기가 커지면서 점점 확산되기도 한다.

【보기】

㉠ 화장품 사용에 따른 위해사례로 식품의약품안전처장에게 보고하였다.
㉡ 동일한 맞춤형화장품에 대해 즉시 판매를 중단하였다.
㉢ 회수 대상 화장품이라는 사실을 안 날부터 5일 이내에 지방식품의약품안전청장에게 회수계획서를 제출하였다.
㉣ 회수계획서에는 조제기록서 사본, 판매량 및 판매일, 구매자 연락처를 기재하였다.
㉤ 회수를 시작한 날부터 2개월 이내에 화장품을 회수하였다.
㉥ 회수 통보 사실을 입증할 수 있는 자료는 회수종료일부터 1년간 보관하였다.

① ㉠, ㉡, ㉢ ② ㉠, ㉢, ㉥ ③ ㉠, ㉤, ㉥
④ ㉡, ㉢, ㉤ ⑤ ㉢, ㉣, ㉥

20 ㉣ 회수계획서 첨부서류 : 해당 품목의 제조 · 수입기록서 사본, 판매처별 판매량 · 판매일 등의 기록, 회수 사유를 적은 서류
㉤ 다 등급의 회수종료일은 30일이다.
㉥ 회수 통보 사실을 입증할 수 있는 자료는 회수종료일부터 2년간 보관해야 한다.

21 <보기>는 계면활성제에 대한 설명이다. ( ) 안에 들어갈 말로 옳은 것은?

【보기】

- (㉠) : 다른 계면활성제에 비해 피부 안전성이 좋아서 주로 저자극 샴푸나 어린이용 샴푸 등에 사용된다.
- (㉡) : 계면활성제의 농도를 증가시키면 계면활성제 분자의 소수기가 물과의 접촉을 피하기 위하여 형성하는 구조이다.

	㉠	㉡
①	양이온성 계면활성제	리포솜
②	음이온성 계면활성제	미셀
③	음이온성 계면활성제	액정
④	양쪽성 계면활성제	리포솜
⑤	양쪽성 계면활성제	미셀

21
- 다른 계면활성제에 비해 피부 안전성이 좋아서 주로 저자극 샴푸나 어린이용 샴푸 등에 사용되는 계면활성제는 양쪽성 계면활성제이다.
- 계면활성제가 일정 농도 이상에서 모인 집합체를 미셀이라고 하며, 계면활성제의 농도가 임계 미셀 농도 이상이고, 온도가 임계 미셀 온도 이상에서 형성된다.

정답 20 ① 21 ⑤

22 「화장품 사용 시의 주의사항 및 알레르기 유발성분 표시에 관한 규정」[별표 2] 착향제의 구성성분 중 알레르기 유발성분에는 일정 농도를 초과하여 함유된 경우 해당 성분을 제품에 표시하도록 되어 있다. 여기에 해당하지 않는 신나밀 계열 물질로 옳은 것은?

① 신남알
② 헥실신남알
③ 신나밀알코올
④ 아밀신나밀알코올
⑤ 브로모신남알

23 화장품법 제10조에 따라 제품의 1차 포장에 반드시 기재해야 하는 필수사항으로 옳지 않은 것은?

① 화장품의 명칭
② 영업자의 상호
③ 제조번호
④ 내용량
⑤ 사용기한 또는 개봉 후 사용기간

24 화장품 안전기준 등에 관한 규정에 따라 화장품 원료로 사용할 수 없는 알코올류는?

① 벤질알코올
② 2,2,2-트리브로모에탄올
③ 클로로부탄올
④ 이소프로필메칠페놀
⑤ 2,4-디클로로벤질알코올

25 <보기>는 「기능성화장품 기준 및 시험방법」[별표 1] 통칙의 화장품 용기에 대한 정의이다. ( ) 안에 들어갈 말로 옳은 것은?

【보기】
- (㉠) : 일상의 취급 또는 보통 보존상태에서 외부로부터 고형의 이물이 들어가는 것을 방지하고 고형의 내용물이 손실되지 않도록 보호할 수 있는 용기
- (㉡) : 일상의 취급 또는 보통 보존상태에서 액상 또는 고형의 이물 또는 수분이 침입하지 않고 내용물을 손실, 풍화, 조해 또는 증발로부터 보호할 수 있는 용기

㉠ ㉡
① 밀폐용기, 밀봉용기
② 기밀용기, 밀폐용기
③ 밀봉용기, 차광용기
④ 차광용기, 기밀용기
⑤ 밀폐용기, 기밀용기

22 브로모신남알은 알레르기 유발물질에 해당하지 않는다.

23 1차 포장 필수 기재사항
- 화장품의 명칭
- 영업자의 상호
- 제조번호
- 사용기한 또는 개봉 후 사용기간

24 2,2,2-트리브로모에탄올은 사용할 수 없는 원료에 해당한다.

25
- 밀폐용기 : 일상의 취급 또는 보통 보존상태에서 외부로부터 고형의 이물이 들어가는 것을 방지하고 고형의 내용물이 손실되지 않도록 보호할 수 있는 용기
- 기밀용기 : 일상의 취급 또는 보통 보존상태에서 액상 또는 고형의 이물 또는 수분이 침입하지 않고 내용물을 손실, 풍화, 조해 또는 증발로부터 보호할 수 있는 용기

정답 22 ⑤ 23 ④ 24 ② 25 ⑤

26 <보기>에서 자외선을 흡수하는 특성을 갖는 성분으로 식품의약품안전처장이 고시한 「기능성화장품 심사에 관한 규정」 [별표 4]에 해당하는 성분을 모두 고른 것은?

【보기】

㉠ 호모살레이트 ㉡ 징크옥사이드
㉢ 에칠헥실메톡시신나메이트 ㉣ 살리실릭애씨드
㉤ 티타늄디옥사이드

① ㉠, ㉡ ② ㉠, ㉢ ③ ㉡, ㉢
④ ㉢, ㉣ ⑤ ㉣, ㉤

27 <보기>에서 화장품법 및 화장품법 시행규칙에 따른 천연화장품 또는 유기농화장품에 대한 옳은 설명을 모두 고른 것은?

【보기】

㉠ 천연화장품이란 동식물 및 그 유래 원료 등을 함유한 화장품으로서 식품의약품안전처장이 정하는 기준에 맞는 화장품을 말한다.
㉡ 인증기관은 인증신청, 인증심사 및 인증사업자에 관한 자료를 화장품법 제14조의3제1항에 따른 인증의 유효기간이 끝난 후 3년 동안 보관해야 한다.
㉢ 천연화장품 및 유기농화장품의 인증 유효기간은 인증을 받은 날부터 3년이다.
㉣ 인증의 유효기간을 연장받으려는 자는 유효기간 만료 60일 전에 연장신청을 하여야 한다.
㉤ 화장품법 제14조의2제1항에 따라 인증을 받은 화장품에 대해서는 화장품법 시행규칙 [별표5의2]의 인증표시를 할 수 있다.
㉥ 천연화장품 및 유기농화장품에는 사용하는 성분 중 보존제에 한하여 합성원료를 사용할 수 있다.

① ㉠, ㉡, ㉤ ② ㉠, ㉢, ㉤ ③ ㉡, ㉣, ㉥
④ ㉢, ㉣, ㉤ ⑤ ㉢, ㉣, ㉥

[제3과목 | 화장품의 유통 및 안전관리 등에 관한 사항]

28 「화장품 안전기준 등에 관한 규정」 제6조 유통화장품의 안전관리 기준에 따르면 프탈레이트류는 총합으로서 100㎍/g 이하의 검출허용한도를 설정하고 있다. 다음 중 프탈레이트류를 모두 고른 것은?

① 디이소펜틸프탈레이트, 디부틸프탈레이트, 부틸벤질프탈레이트
② 디부틸프탈레이트, 부틸벤질프탈레이트 및 디에칠헥실프탈레이트
③ 부틸벤질프탈레이트, 디에칠헥실프탈레이트, 디노말옥틸프탈레이트

해설

26 징크옥사이드, 티타늄디옥사이드는 자외선 산란제에 해당되고, 호모살레이트, 에칠헥실메톡시신나메이트는 자외선 흡수제이다. 살리실릭애씨드는 여드름 완화제, 보존제 등으로 사용된다.

27 ㉡ 인증기관은 인증신청, 인증심사 및 인증사업자에 관한 자료를 화장품법 제14조의3제1항에 따른 인증의 유효기간이 끝난 후 2년 동안 보관해야 한다.
㉣ 인증의 유효기간을 연장받으려는 자는 유효기간 만료 90일 전에 연장신청을 하여야 한다.
㉥ 허용 합성원료에는 보존제, 변성제, 천연 유래와 석유화학 부분을 모두 포함하고 있는 원료 등이 있다.

28 프탈레이트류 : 디부틸프탈레이트, 부틸벤질프탈레이트 및 디에칠헥실프탈레이트

정답 26 ② 27 ② 28 ②

④ 디에칠헥실프탈레이트, 디노말옥틸프탈레이트, 디아이소노닐프탈레이트
⑤ 디노말옥틸프탈레이트, 디아이소노닐프탈레이트, 디이소펜틸프탈레이트

29 <보기>는 「화장품 안전기준 등에 관한 규정」 [별표 4] 유통화장품 안전관리 시험방법 중 미생물 시험에 관한 내용이다. <보기>에서 설명하는 시험법으로 옳은 것은?

【보기】

시판배지는 배치마다 시험하며, 조제한 배지는 조제한 배치마다 시험한다. 검체의 유 · 무하에서 총 호기성 생균수시험법에 따라 제조된 검액 · 대조액에 [표 1] 시험균주를 각각 100cfu 이하가 되도록 접종하여 규정된 총 호기성생균수시험법에 따라 배양할 때 검액에서 회수한 균수가 대조액에서 회수한 균수의 1/2 이상이어야 한다. 검체 중 보존제 등의 항균활성으로 인해 증식이 저해되는 경우(검액에서 회수한 균수가 대조액에서 회수한 균수의 1/2 미만인 경우)에는 결과의 유효성을 확보하기 위하여 총 호기성 생균수 시험법을 변경해야 한다. 항균활성을 중화하기 위하여 희석 및 중화제 [표 2]를 사용할 수 있다. 또한, 시험에 사용된 배지 및 희석액 또는 시험 조작상의 무균상태를 확인하기 위하여 완충식염펩톤수(pH 7.0)를 대조로 하여 총호기성 생균수시험을 실시할 때 미생물의 성장이 나타나서는 안 된다.

① 대장균시험
② 세균 및 진균수 측정시험
③ 녹농균시험
④ 황색포도상구균시험
⑤ 배지성능 및 시험법 적합성시험

29 〈보기〉는 총 호기성 생균수 시험법 중 배지성능 및 시험법 적합성시험에 대한 설명이다.

30 <보기>는 「기능성화장품 기준 및 시험방법」 [별표 1] 통칙 중 화장품 제형에 대한 설명이다. ( ) 안에 들어갈 옳은 말을 모두 고른 것은?

【보기】

- 액제란 화장품에 사용되는 성분을 (㉠) 용제 등에 녹여서 액상으로 만든 것을 말한다.
- 크림제란 (㉡)를 넣어 유성성분과 수성성분을 균질화하여 반고형상으로 만든 것을 말한다.
- 에어로졸제란 원액을 같은 용기 또는 다른 용기에 충전한 (㉢)의 압력을 이용하여 안개모양, 포말상 등으로 분출하도록 만든 것을 말한다.

	㉠	㉡	㉢
①	분사제	용제	보습제
②	액제	유화제	분사제
③	유화제	보습제	금속이온봉쇄제
④	보습제	금속이온봉쇄제	자외선차단제
⑤	금속이온봉쇄제	자외선차단제	분사제

30
- 액제 : 화장품에 사용되는 성분을 액제 용제 등에 녹여서 액상으로 만든 것
- 크림제 : 유화제를 넣어 유성성분과 수성성분을 균질화하여 반고형상으로 만든 것
- 에어로졸제 : 원액을 같은 용기 또는 다른 용기에 충전한 분사제의 압력을 이용하여 안개모양, 포말상 등으로 분출하도록 만든 것

정답 29 ⑤ 30 ②

해설

31 화장품법 시행규칙 [별표 4] 화장품 포장의 표시기준 및 표시방법에 따른 화장품 성분 표기 방식으로 옳은 것은?

① 글자의 크기는 6포인트 이상으로 한다.
② 화장비누의 중량표시는 수분을 포함한 중량과 건조중량을 함께 기재 · 표시해야 한다.
③ 화장품 제조업자와 화장품 제조판매업자는 각각 구분하여 기재 · 표시한다.
④ 화장품 제조에 사용된 성분은 반드시 함량이 많은 것부터 기재 · 표시한다.
⑤ 비누화반응을 거치는 성분은 비누화반응에 따른 생성물로 기재 · 표시하면 안 된다.

31 ① 글자의 크기는 5포인트 이상으로 한다.
③ "화장품제조업자", "화장품책임판매업자" 또는 "맞춤형화장품판매업자"는 각각 구분하여 기재 · 표시해야 한다.
④ 화장품 제조에 사용된 함량이 많은 것부터 기재 · 표시한다. 다만, 1퍼센트 이하로 사용된 성분, 착향제 또는 착색제는 순서에 상관없이 기재 · 표시할 수 있다.
⑤ 비누화반응을 거치는 성분은 비누화반응에 따른 생성물로 기재 · 표시할 수 있다.

32 「우수화장품 제조 및 품질관리기준(CGMP)」 제2조에서 설명하는 용어의 정의로 옳은 것은?

① "일탈"이란 규정된 합격 판정 기준에 일치하지 않는 검사, 측정 또는 시험결과를 말한다.
② "유지관리"란 모든 제조, 관리 및 보관된 제품이 규정된 적합판정기준에 일치하도록 보장하기 위하여 우수화장품 제조 및 품질관리기준이 적용되는 모든 활동을 내부 조직의 책임하에 계획하여 변경하는 것을 말한다.
③ "제조"란 원료 물질의 칭량부터 혼합, 표시 등의 충전(1차포장) 이전의 제조 단계까지의 일련의 작업을 말한다.
④ "공정관리"란 제조공정 중 적합판정기준의 충족을 보증하기 위하여 공정을 모니터링하거나 조정하는 모든 작업을 말한다.
⑤ "회수"란 판매한 제품 가운데 품질 결함이나 품질 안정성 문제 등으로 나타난 제조번호의 제품을 판매소로 거두어들이는 활동을 말한다.

32 ① 기준일탈 : 규정된 합격 판정 기준에 일치하지 않는 검사, 측정 또는 시험결과
② 변경관리 : 모든 제조, 관리 및 보관된 제품이 규정된 적합판정기준에 일치하도록 보장하기 위하여 우수화장품 제조 및 품질관리기준이 적용되는 모든 활동을 내부 조직의 책임하에 계획하여 변경하는 것
③ 제조 : 원료 물질의 칭량부터 혼합, 충전(1차포장), 2차포장 및 표시 등의 일련의 작업
⑤ 회수 : 판매한 제품 가운데 품질 결함이나 안전성 문제 등으로 나타난 제조번호의 제품(필요시 여타 제조번호 포함)을 제조소로 거두어들이는 활동

33 「인체적용제품의 위해성평가 등에 관한 규정」 제13조 독성시험의 실시에 관한 내용으로 옳은 것은?

① 식품의약품안전처장은 위해성평가에 필요한 자료를 확보하기 위하여 독성의 정도를 동물실험 등을 통하여 과학적으로 평가하는 독성시험을 실시할 수 있다.
② 독성시험은 「의약품등 독성시험기준」 또는 세계보건기구에서 정하고 있는 독성시험방법에 따라 실시한다.
③ 독성시험 임상동물의 특성, 노출경로 등을 고려하여 독성시험항목 및 방법 등을 선정한다.
④ 독성시험 절차는 「화장품 임상시험관리기준」에 따라 수행한다.
⑤ 독성시험결과에 대한 조직병리 전문가 등의 검증을 수행한다.

33 ② 독성시험은 「의약품등 독성시험기준」 또는 경제협력개발기구(OECD)에서 정하고 있는 독성시험방법에 따라 실시한다.
③ 독성시험 대상물질의 특성, 노출경로 등을 고려하여 독성시험항목 및 방법 등을 선정한다.
④ 독성시험 절차는 「비임상시험관리기준」에 따라 수행한다.
⑤ 독성시험결과에 대한 독성병리 전문가 등의 검증을 수행한다.

31 ② 32 ④ 33 ①

34 「기능성화장품 기준 및 시험방법」의 내용으로 옳은 것은?

① 덱스판테놀, 비오틴, 엘-멘톨, 레조시놀은 탈모증상 완화에 도움을 주는 기능성화장품의 주성분으로 사용할 수 있다.
② 레티놀 로션제, 아스코빌글루코사이드 크림제, 아데노신 침적 마스크는 피부의 주름에 도움을 주는 기능성화장품이다.
③ 치오글리콜산 80%는 특이한 냄새가 있는 무색 투명한 유동성 액제로 체모를 제거하는 데 도움을 주는 기능성화장품이다.
④ 나이아신아마이드 크림제, 알부틴 로션제, 아데노신 액제, 알파-비사보롤 침적 마스크는 미백에 도움을 주는 기능성화장품이다.
⑤ 벤조페논, 벤조익애씨드, 옥토크릴렌은 자외선으로부터의 피부 보호에 도움을 주는 기능성화장품의 주성분으로 사용할 수 있다.

35 「화장품의 안전기준 등에 관한 규정」 제6조 유통화장품 안전관리 기준에 따른 물질의 검출 허용한도로 옳은 것은?

① 비소 : 1㎍/g 이하
② 수은 : 10㎍/g 이하
③ 디옥산 : 10㎍/g 이하
④ 포름알데하이드 : 200㎍/g 이하
⑤ 메탄올 : 물휴지의 경우 0.002 (v/v)% 이하

36 식품의약품안전평가원이 발간한 「화장품 피부감작성 동물대체시험법 가이드라인」의 설명 중 일부이다. <보기>의 설명에 모두 해당하는 동물대체시험법으로 옳은 것은?

【보기】
- T-세포의 활성화와 증식을 평가하는 방법이다.
- 단일세포의 증식수준을 티미딘 유사체를 이용하여 유세포 분석기로 측정하여 평가하는 방법이다.
- 기존 방사성 동위원소를 사용하는 국소림프절 시험법을 대체하기 위한 방법으로 피부감작성 반응 중 유도기에 나타나는 반응을 측정하는 시험법이다.
- 기니픽 시험(TG 406) 대비 사용되는 동물의 수를 줄일 수 있으며, 면역보조제 사용이 불필요하여 동물의 고통을 줄일 수 있는 장점이 있다.

① 화장품 단회투여독성 동물대체시험법 : 용량고저법
② 화장품 광독성 동물대체시험법 : in vitro 3T3 NRU 시험법
③ 화장품 피부감작성 동물대체시험법 : 국소림프절시험법(LLNA: BrdU-FCM)
④ 화장품 피부감작성 동물대체시험법: ARE-Nrf2 루시퍼라아제 LuSens 시험법
⑤ 화장품 피부감작성 동물대체시험법(인체 세포주 활성화 방법, h-CLAT)

해설

34 ① 레조시놀은 모발의 색상을 변화시키는 기능을 하는 성분이다.
② 아스코빌글루코사이드는 피부 미백에 도움을 주는 성분이다.
④ 아데노신은 피부의 주름개선에 도움을 주는 성분이다.
⑤ 벤조익애씨드는 향료, pH 조절제, 살균보존제로 사용된다.

35 ① 비소 : 10㎍/g 이하
② 수은 : 1㎍/g 이하
③ 디옥산 : 100㎍/g 이하
④ 포름알데하이드 : 2,000㎍/g 이하

36 〈보기〉는 화장품 피부감작성 동물대체시험법 : 국소림프절시험법(LLNA: BrdU-FCM)에 대한 설명이다.

정답 34 ③ 35 ⑤ 36 ③

37 화장품에 사용하는 원료 중 디옥산이 검출될 가능성이 있는 원료에 해당하는 것은?

① 다이글리세린 ② 폴리비닐알코올
③ 폴리소르베이트 60 ④ 카프릴릴글라이콜
⑤ 솔비탄스테아레이트

38 「기능성화장품 심사에 관한 기준」 [별표 1]에 따른 독성시험법 중 광독성시험에 사용되는 시험방법이 아닌 것은?

① Maximizaion법 ② Ison법 ③ Morikawa법
④ Stott법 ⑤ Sams법

39 「화장품 안전기준 등에 관한 규정 해설서」 [별표 3]의 인체 세포·조직 배양액 안전기준 중 배양시설 및 환경의 관리에 관한 사항으로 옳은 것은?

① 압력은 22Pa이다.
② 온도범위는 18.8~27.7℃이다.
③ 습도범위는 50 ± 10%이다.
④ 시간당 공기 교환 수준은 30~40을 유지한다.
⑤ 청정등급은 1A(Class 10,000) 이상으로 한다.

40 <보기>는 「우수화장품 제조 및 품질관리기준(CGMP) 해설서」에 따른 제품의 품질유지 및 향상을 위한 안정성시험 및 경시변화시험에 대한 옳은 설명을 모두 고른 것은?

【보기】

㉠ 경시변화시험은 규정된 보관 온도조건 내에서 벌크(혹은 제품)의 변화를 계획된 시기와 방법에 따라 측정하는 시험이다.
㉡ 제조관리자는 안정성 시험이 실시되도록 관리 감독하며, 안정성 시험계획 및 시험결과에 대해 검토하고 이를 승인한다.
㉢ 신제품(벌크제품)에 대한 항온 안정성시험은 시험주기가 제조 후, 7일 동안, 15일 후, 30일 후이다.
㉣ 장기보존시험은 연구소가 시험부서이며, 2년간 매 6개월을 주기로 시험을 진행한다.
㉤ 항온 안정성시험의 시험온도는 4, 37, 45, 50℃로 4가지이다.
㉥ 시험대상 제품명, 시험개시일, 보관조건 등의 사항이 포함된 라벨은 시험담당자가 부착한다.

① ㉠, ㉡, ㉢ ② ㉠, ㉢, ㉣ ③ ㉡, ㉣, ㉥
④ ㉡, ㉤, ㉥ ⑤ ㉢, ㉤, ㉥

해설

37 폴리소르베이트 60은 스킨케어, 메이크업베이스, 파운데이션, 샴푸, 퍼머넌트 웨이브 등의 제품에 사용되며, 디옥산이 검출될 가능성이 있는 성분이다.

38 광독성시험에 사용되는 시험방법은 다음과 같다.
Ison법, Ljunggren법, Morikawa법, Sams법, Stott법

39 ① 압력은 12Pa이다.
③ 습도범위는 55 ± 20%이다.
④ 시간당 공기 교환 수준은 20~30을 유지한다.
⑤ 청정등급은 1B(Class 10,000) 이상으로 한다.

40 ㉠ 경시변화시험은 규정된 보관 조건 내에서 제품의 경시적 변화를 계획된 시기와 방법에 따라 측정하는 시험이다.
㉡ 안정성 시험이 실시되도록 관리 감독하며, 안정성 시험 계획 및 시험결과에 대해 검토하고 승인하는 사람은 품질보증팀장이다.
㉣ 장기보존시험은 품질보증팀이 시험부서이며, 시험 주기는 3제품의 유통기한까지 생산 후 매 6개월을 주기로 시험을 진행한다.

정답 37 ③ 38 ① 39 ② 40 ⑤

41 <보기>에서 「우수화장품 제조 및 품질관리기준(CGMP) 해설서」 제9조 작업소의 위생설비 세척의 잘못된 사례를 모두 고른 것은?

【보기】

㉠ 위험성이 없는 용제로 세척한다.
㉡ 가능한 한 세제를 사용하지 않는다.
㉢ 증기 세척은 좋은 방법이다.
㉣ 브러시 등으로 문질러 지우는 것을 지양한다.
㉤ 분해할 수 있는 설비일지라도 불량률을 줄이기 위해 분해하지 않고 세척한다.
㉥ 세척 후는 반드시 판정한다.
㉦ 판정 후의 설비는 건조 후 밀폐하지 않고 보존한다.
㉧ 세척의 유효기간을 설정한다.

① ㉠, ㉢, ㉦ ② ㉠, ㉣, ㉧ ③ ㉡, ㉢, ㉥
④ ㉡, ㉤, ㉧ ⑤ ㉣, ㉤, ㉦

42 <보기>에서 「우수화장품 제조 및 품질관리기준(CGMP) 해설서」 제8조에 따른 청정도와 시설에 대한 관리기준을 모두 고른 것은?

【보기】

㉠ 청정도 1등급 : 작업실(클린벤치) – 청정공기순환(20회/hr) 이상 – 관리기준(낙하균 10개/hr)
㉡ 청정도 1등급 : 작업실(클린벤치) – 청정공기순환(20회/hr) 이상 – 관리기준(부유균 20개/㎥)
㉢ 청정도 2등급 : 작업실(제조실) – 청정공기순환(10회/hr) 이상 – 관리기준(낙하균 20개/hr)
㉣ 청정도 3등급 : 작업실(내용물보관실) – 청정공기순환(차압관리) – 관리기준(갱의)
㉤ 청정도 4등급 : 작업실(완제품보관소) – 청정공기순환(환기) – 관리기준(없음)

① ㉠, ㉡, ㉢ ② ㉠, ㉡, ㉤ ③ ㉠, ㉣, ㉤
④ ㉡, ㉢, ㉣ ⑤ ㉢, ㉣, ㉤

43 「우수화장품 제조 및 품질관리기준(CGMP)」 제22조 폐기처리 중 재작업에 대한 설명으로 옳은 것은?

① 기준일탈 제품은 재작업하여 적합품으로 다시 가공하는 것이 바람직하다.
② 재작업 실시 시에는 같은 제품에 대해서 제조기록서가 중복되므로 다시 기록할 필요가 없다.
③ 품질에 문제가 있는 제품의 폐기 또는 재작업 여부는 제조부서 책임자에 의해 승인되어야 한다.

해설

41 ㉣ 브러시 등으로 문질러 지우는 것을 고려한다.
㉤ 분해할 수 있는 설비는 분해해서 세척한다.
㉦ 판정 후의 설비는 건조 후 밀폐해서 보존한다.

42 ㉢ 청정도 2등급 : 작업실(제조실) – 청정공기순환(10회/hr) 이상 – 관리기준(낙하균 30개/hr)
㉣ 청정도 3등급 : 작업실(포장실) – 청정공기순환(차압관리) – 관리기준(갱의)

43 ① 기준일탈 제품은 폐기하는 것이 가장 바람직하지만, 폐기를 하게 되면 큰 손해가 발생하므로 재작업을 고려하게 된다.
② 재작업 실시 시에는 발생한 모든 일들을 재작업 제조기록서에 기록한다.
③ 품질에 문제가 있거나 회수 · 반품된 제품의 폐기 또는 재작업 여부는 품질 보증 책임자에 의해 승인되어야 한다.
④ 제조일로부터 1년이 경과하지 않았거나 사용기한이 1년 이상 남아있는 경우 재작업을 할 수 있다.

정답 41 ⑤ 42 ② 43 ⑤

④ 변질 · 변패 또는 병원미생물에 의한 오염이 아니고 제조일로부터 2년이 경과하지 않은 경우에는 재작업을 할 수 있다.
⑤ 재작업이란 적합 판정기준을 벗어난 완제품, 벌크제품 또는 반제품을 재처리하여 품질이 적합한 범위에 들어오도록 하는 작업을 말한다.

44 화장품법 시행규칙 제18조에 따른 안전용기·포장에 관한 내용으로 옳은 것은?

① 에탄올을 함유하는 네일 에나멜 리무버 및 네일 폴리시 리무버
② 일회용 제품, 용기 입구 부분이 비펌프로 작동되는 분무용기 제품, 압축 분무용 제품
③ 개별 포장당 메틸살리실레이트를 5% 이상 함유하는 액체 상테의 제품
④ 성인용 제품 중 개별포장 당 탄화수소류를 15% 이상 함유하고 운동점도가 32센티스톡스(cs) 이상인 에멀젼 타입의 액체 상태의 제품
⑤ 안전용기 개봉 난이도의 구체적인 기준 및 시험방법은 식품의약품안전처장이 정하여 정하여 고시하는 바에 따른다.

45 <보기>는 화장품법 시행규칙 제10조의3에 따라 개봉 후 사용기간을 표시하는 경우에 있어서의 제품별 안전성 자료의 보관기간에 대한 설명이다. ( ) 안에 들어갈 내용으로 옳은 것은?

【보기】

영유아 또는 어린이가 사용할 수 있는 화장품임을 표시 · 광고한 날부터 마지막으로 제조 · 수입된 제품의 제조연월일 이후 (㉠)년까지의 기간. 이 경우 제조는 화장품의 (㉡)에 따른 제조일자를 기준으로 하며, 수입은 통관일자를 기준으로 한다.

	㉠	㉡
①	1	관리번호
②	1	출고번호
③	2	출고번호
④	3	관리번호
⑤	3	제조번호

해설

44 ① 아세톤을 함유하는 네일 에나멜 리무버 및 네일 폴리시 리무버
② 일회용 제품, 용기 입구 부분이 펌프 또는 방아쇠로 작동되는 분무용기 제품, 압축 분무용기 제품(에어로졸 제품 등)은 제외한다.
④ 어린이용 오일 등 개별포장 당 탄화수소류를 10퍼센트 이상 함유하고 운동점도가 21센티스톡스(섭씨 40도 기준) 이하인 비에멀젼 타입의 액체상태의 세품
⑤ 개봉하기 어려운 정도의 구체적인 기준 및 시험방법은 산업통상자원부장관이 정하여 고시하는 바에 따른다.

정답 44 ③ 45 ⑤

46 <보기>는 「화장품 안전기준 등에 관한 규정 [별표 4] 유통화장품 안전관리 시험방법 중 퍼머넌트웨이브용 및 헤어스트레이트너 제품의 시험 방법이다. ( ) 안에 들어갈 지시약으로 옳은 것은?

【보기】

1. 치오글라이콜릭애씨드 또는 그 염류를 주성분으로 하는 냉2욕식 퍼머넌트웨이브용 제품
   가. 제1제 시험방법
   ① pH : 검체를 가지고 「기능성화장품 기준 및 시험방법」(식품의약품안전처 고시) Ⅵ. 일반시험법 Ⅵ-1. 원료의 "47. pH측정법"에 따라 시험한다.
   ② 알칼리 : 검체 10mL를 정확하게 취하여 100mL 용량플라스크에 넣고 물을 넣어 100mL로 하여 검액으로 한다. 이 액 20mL를 정확하게 취하여 250mL 삼각플라스크에 넣고 0.1N염산으로 적정한다 (지시약 : (㉠) 2방울).
   ③ 산성에서 끓인 후의 환원성 물질(치오글라이콜릭애씨드) : ②항의 검액 20mL를 취하여 삼각플라스크에 물 50mL 및 30% 황산 5mL를 넣어 가만히 가열하여 5분간 끓인다. 식힌 다음 0.1N 요오드액으로 적정한다. (지시약 : (㉡) 3mL) 이때의 소비량을 A mL로 한다.

	㉠	㉡
①	메칠레드시액	전분시액
②	브롬티몰블루시액	메칠레드시액
③	수산화나트륨시액	시안화칼륨시액
④	시안화칼륨시액	수산화나트륨시액
⑤	요오드화칼륨시액	전분시액

47 「맞춤형화장품판매업 가이드라인」에서 맞춤형화장품 판매업자의 준수사항으로 옳은 것은?

① 맞춤형화장품으로 혼합 · 소분하여 판매할 때 제조번호 또는 식별번호를 부여해야 한다.
② 소비자의 피부상태를 예상하여 맞춤형화장품을 미리 혼합 · 소분하여 보관, 판매할 수 있다.
③ 맞춤형화장품 사용과 관련된 부작용 발생 사례에 대해서는 지체 없이 소비자원 담당자에게 보고한다.
④ 원료와 원료의 혼합 시 손을 소독 또는 세정하거나 일회용 장갑을 착용한다.
⑤ 혼합 · 소분 전 용기의 위생상태의 확인은 공급사에게 책임이 있으나 필요한 경우 세척하여 사용할 수 있다.

47 ② 소비자의 피부 유형이나 선호도 등을 확인하지 않고 맞춤형화장품을 미리 혼합 · 소분하여 보관하지 말아야 한다.
③ 맞춤형화장품 사용과 관련된 부작용 발생사례에 대해서는 식품의약품안전처장이 정하여 고시하는 바에 따라 보고해야 한다.
④ 원료와 원료의 혼합은 맞춤형화장품 판매업의 업무 범위에 해당하지 않는다.
⑤ 맞춤형화장품판매업자는 혼합 · 소분에 사용되는 장비 또는 기구 등은 사용 전에 그 위생 상태를 점검하고, 사용 후에는 오염이 없도록 세척해야 한다.

정답 46 ① 47 ①

48 <보기>는 「화장품 안전기준 등에 관한 규정」 [별표 4] 유통화장품 안전관리 시험방법 중 미생물 시험에 관한 내용이다. ( ) 안에 들어갈 옳은 내용을 모두 고른 것은?

【보기】

- 세균수 시험 : 검체당 최소 2개의 평판을 준비하고 (㉠)℃에서 적어도 (㉡)시간 배양하는데 이때 최대 균집락수를 갖는 평판을 사용하되 평판당 300개 이하의 균집락을 최대치로 하여 총 세균수를 측정한다.
- 진균수 시험 : '세균수 시험'에 따라 시험을 실시하되 배지는 진균수시험용 배지를 사용하여 배양온도 (㉢)℃에서 적어도 (㉣)일간 배양한 후 100개 이하의 균집락이 나타나는 평판을 세어 총 진균수를 측정한다.

	㉠	㉡	㉢	㉣
①	20~25,	36,	20~25,	5
②	20~25,	36,	30~35,	3
③	20~25,	48,	30~35,	3
④	30~35,	36,	30~35,	5
⑤	30~35,	48,	20~25,	5

49 「화장품 안전기준 등에 관한 규정 해설서」 [별표 3] 인체 세포·조직 배양액 안전기준 중 인체첩포시험자료에 대한 옳은 설명을 모두 고른 것은?

【보기】

㉠ 대상 : 10명 이상
㉡ 투여 농도 및 용량 : 원료에 따라서 사용 시 농도를 고려해서 여러 단계의 농도와 용량을 설정하여 실시하는데, 완제품의 경우는 제품자체를 희석하여 사용한다.
㉢ 첩포 부위 : 사람의 상등부 또는 전완부 등 인체사용시험을 평가하기에 적정한 부위를 폐쇄첩포한다.
㉣ 관찰 : 원칙적으로 첩포 48시간 후에 patch를 제거하고 제거에 의한 일과성의 홍반의 소실을 기다려 관찰 · 판정한다.
㉤ 시험결과 및 평가 : 홍반, 부종의 정도를 피부과 전문의 또는 이와 동등한 자가 판정하고 평가한다.

① ㉠, ㉡　② ㉠, ㉢　③ ㉡, ㉣
④ ㉢, ㉤　⑤ ㉣, ㉤

49 ㉠ 대상 : 30명 이상
㉡ 투여 농도 및 용량 : 원료에 따라서 사용 시 농도를 고려해서 여러 단계의 농도와 용량을 설정하여 실시하는데, 완제품의 경우는 제품자체를 사용하여도 된다.
㉣ 관찰 : 원칙적으로 첩포 24시간 후에 patch를 제거하고 제거에 의한 일과성의 홍반의 소실을 기다려 관찰 · 판정한다.

50 「화장품 안전기준 등에 관한 규정」 제6조 유통화장품 안전관리 기준 중 시스테인, 시스테인염류 또는 아세틸시스테인을 주성분으로 하는 가온 2욕식 퍼머넌트웨이브용 제품 제1제의 기준으로 옳은 것은?

① pH는 5.5~9.5이어야 한다.
② 시스테인의 함량은 1.5~5.5%이어야 한다.
③ 환원 후의 환원성 물질(시스틴)의 함량이 6.5% 이하여야 한다.
④ 알칼리는 0.1N 염산의 소비량은 검체 1 mL에 대하여 5 mL 이하여야 한다.

50 ① pH : 4.0~9.5
③ 환원 후의 환원성 물질(시스틴)의 함량이 0.65% 이하에 적합해야 한다.
④ 알칼리 측정 시 0.1N 염산의 소비량은 검체 1mL에 대하여 9mL 이하여야 한다.
⑤ 이 제품에는 품질을 유지하거나 유용성을 높이기 위해서 적당한 알칼리제, 침투제, 습윤제, 착색제, 유화제, 향료 등을 첨가할 수 있다.

48 ⑤ 49 ④ 50 ②

⑤ 이 제품에는 품질을 유지하거나 유용성을 높이기 위해서 적당한 유연제, 보습제, 산화방지제를 첨가할 수 있다.

51 <보기> 중 「기능성화장품 심사에 관한 규정」 [별표 4]에 따른 자료 제출이 생략되는 기능성화장품 성분을 모두 고른 것은?

【보기】

정제수, 글리세린, 호호바오일, 다이메티콘, 스쿠알란, 파이지-10다이메티콘, 아크릴레이트, 헥토라이트, 낫토검, 카보머, 소듐폴리아크릴레이트, 레시틴, 폴리에톡실레이티드레틴아마이드, 유용성감초추출물, 마그네슘설페이트, 세라마이드, 다이소듐이디티에이, 페녹시에탄올, 시트랄

① 소듐폴리아크릴레이트, 시트랄
② 페녹시에탄올, 폴리에톡실레이티드레틴아마이드
③ 아크릴레이트, 폴리에톡실레이티드레틴아마이드
④ 유용성감초추출물, 마그네슘설페이트
⑤ 유용성감초추출물, 폴리에톡실레이티드레틴아마이드

52 다음은 맞춤형화장품 A, B, C의 성분 분석결과이다. 「화장품 안전기준 등에 관한 규정」 제6조의 검출 허용 한도에 따른 부적합 제품과 그 이유로 옳은 것은?

〈맞춤형화장품 A〉

항목	결과
납	10㎍/g
안티몬	10㎍/g
카드뮴	20㎍/g
메탄올	0.4%
프탈레이트류	50㎍/g
총호기성생균수	500개/g 또는 mL

〈맞춤형화장품 B〉

항목	결과
메탄올	0.2%
납	15㎍/g
디옥산	200㎍/g
카드뮴	5㎍/g
프탈레이트류	200㎍/g
물휴지 진균수	100개/g 또는 mL

〈맞춤형화장품 C〉

항목	결과
안티몬	5㎍/g
납	20㎍/g
디옥산	불검출
카드뮴	35㎍/g
프탈레이트류	200㎍/g
물휴지 세균수	100개/g 또는 mL

① A – 안티몬의 허용한도 초과
② A – 프탈레이트류의 허용한도 초과
③ B – 디옥산의 허용한도 초과
④ C – 납의 허용한도 초과
⑤ C – 미생물한도 허용한도 초과

해설

51
• 유용성감초추출물 – 피부 미백
• 폴리에톡실레이티드레틴아마이드 – 피부 주름 개선

52
• A – 카드뮴, 메탄올의 허용한도 초과
• B – 디옥산, 프탈레이트류의 허용한도 초과
• C – 카드뮴, 프탈레이트류의 허용한도 초과

정답 51 ⑤ 52 ③

[제4과목 | 맞춤형화장품의 특성 · 내용 및 관리 등에 관한 사항]

53 <보기>에서 「화장품 표시·광고 실증에 관한 규정」에 대한 옳은 설명을 모두 고른 것은?

【보기】

㉠ 소비자를 허위 · 과장광고로부터 보호하고 화장품의 표시 · 광고를 적정하게 할 수 있도록 유도함을 목적으로 한다.
㉡ '시험기관'은 시험을 실시하는 데 필요한 사람, 건물, 시설 및 운영단위를 말한다.
㉢ '여드름 개선' 효과를 표방하는 표시 · 광고에 대하여 해당 제품이 여드름 개선 효과가 있음을 입증하는 자료 대신 '여드름 피부개선용 화장품 조성물' 특허자료 등을 제출할 수 있다.
㉣ 광고 실증을 위한 시험 결과의 요건은 광고 내용과 관련이 있고 국내 화장품 관련 전문 연구기관 기업 부설 연구소 연구책임자가 발급한 자료이어야 한다.

① ㉠, ㉡ ② ㉠, ㉢ ③ ㉠, ㉣
④ ㉡, ㉢ ⑤ ㉡, ㉣

54 <보기>는 화장품법 제2조의 내용이다. ㉠~㉤에 대한 설명으로 옳은 것은?

【보기】

화장품법 제2조(정의)
2. "㉠기능성화장품"이란 화장품 중에서 다음 각 목의 어느 하나에 해당되는 것으로서 총리령으로 정하는 화장품을 말한다.
가. 피부의 ㉡미백에 도움을 주는 제품
나. 피부의 ㉢주름개선에 도움을 주는 제품
다. 피부를 곱게 태워주거나 ㉣자외선으로부터 피부를 보호하는 데에 도움을 주는 제품
라. ㉤모발의 색상 변화 · 제거 또는 영양공급에 도움을 주는 제품
마. 피부나 모발의 기능 약화로 인한 건조함, 갈라짐, 빠짐, 각질화 등을 방지하거나 개선하는 데에 도움을 주는 제품

① ㉠ : 전체 기능성화장품의 범위는 화장품법 시행규칙 제2조에서 확인할 수 있다.
② ㉡ : 미백에 도움을 주는 기능성 고시 원료에는 아스코빅애씨드가 있다.
③ ㉢ : 주름개선에 도움을 주는 기능성 고시원료에는 레티노익애씨드가 있다.
④ ㉣ : 자외선은 가시광선보다 파장이 길다.
⑤ ㉤ : 모발의 색상은 케라틴 색소의 종류와 합성 정도에 따라 달라진다.

53 ㉢ '여드름 개선' 효과를 표방하는 표시 · 광고에 대하여 해당 제품에 여드름 개선 효과가 있음을 입증하는 자료를 제출해야 한다.
㉣ 국내외 대학 또는 화장품 관련 전문 연구기관(제조 및 영업부서 등 다른 부서와 독립적인 업무를 수행하는 기업 부설 연구소 포함)에서 시험한 것으로서 기관의 장이 발급한 자료이어야 한다.

54 ② 아스코빅애씨드는 미백에 도움을 주는 기능성 고시 원료에 해당되지 않는다.
③ 레티노익애씨드는 주름개선에 도움을 주는 기능성 고시 원료에 해당되지 않는다.
④ 태양광은 파장의 길이에 따라 크게 적외선, 가시광선, 자외선 등으로 구분되며, 적외선의 파장이 가장 길고, 자외선의 파장이 가장 짧다.
⑤ 모발의 색상은 주로 멜라닌 색소의 종류와 합성 정도에 따라 달라진다.

정답 53 ① 54 ①

55 화장품법 제13조 및 제14조, 「화장품 표시·광고 관리 가이드라인」에 따라 화장품 표시·광고를 할 경우 허용될 수 있는 문구로 옳은 것은?

① 트리클로산 또는 트리클로카반 함유로 인해 소독 효과가 뛰어남
② 주름개선 기능성화장품의 주름개선 기능을 실증한 콜라겐 증가 효과
③ 탈모완화 기능을 실증하고, 모발 등의 성장을 촉진하는 효과
④ 세포 활력증가 및 세포 또는 유전자 활성화
⑤ A 아토피협회가 공식 인증한 화장품

56 「화장품 표시·광고 실증에 관한 규정」에 따라 인체 적용시험의 최종시험결과보고서에 포함되어야 하는 사항으로 옳지 않은 것은?

① 피험자들의 연령 및 성별 분포
② 화학물질명 등에 의한 대조물질의 식별
③ 코드 또는 명칭에 의한 시험물질의 식별
④ 신뢰성보증확인서
⑤ 날짜(시험개시 및 종료일)

57 화장품책임판매업자는 화장품법 제15조의2에 따라 원칙적으로 동물실험을 실시한 화장품 원료를 사용하여 제조·수입한 화장품을 유통·판매하면 안 된다. 다만, 예외적으로 유통·판매가 허용되는 사항을 <보기>에서 모두 고른 것은?

【보기】

㉠ 보존제, 색소, 알레르기 유발물질 등의 사용기준을 지정하기 위하여 화장품 원료 등에 대한 위해평가가 필요한 경우
㉡ 화장품 수출을 위하여 수출 상대국의 법령에 따라 동물실험이 필요한 경우
㉢ 동물대체시험법이 존재하나 원료의 안전성 확인을 위하여 동물실험이 필요한 경우
㉣ 수입하려는 상대국의 법령에 따라 제품 개발에 동물실험이 필요한 경우
㉤ 다른 법령에 따라 동물실험을 실시하여 개발된 원료를 화장품의 제조 등에 사용하는 경우

① ㉠, ㉡, ㉢　② ㉠, ㉡, ㉣　③ ㉠, ㉢, ㉤
④ ㉡, ㉣, ㉤　⑤ ㉢, ㉣, ㉤

58 다음 중 유극층에 존재하면서 면역 기능을 담당하고 케라틴의 성장과 분열에도 관여하는 세포는?

① 과립세포　② 기저세포　③ 멜라닌형성세포
④ 각질(화)세포　⑤ 랑게르한스세포

해설

55 ① 액체 비누에 대해 트리클로산 또는 트리클로카반 함유로 인해 항균 효과가 '더 뛰어나다', '더 좋다' 등의 비교 표시 · 광고는 금지된다.
③ 탈모방지, 탈모치료, 모발 성장 촉진 등의 표현은 금지된다. 단, 기능성화장품의 심사(보고)된 효능 · 효과에 대한 표현만 가능하다('빠지는 모발을 감소시킨다'는 표현은 가능).
④ 세포 재생, 세포 성장 촉진 등의 표현은 금지된다.
⑤ 특정인 또는 기관의 지정, 공인 관련 표현은 금지된다.

56 인체 적용시험의 최종시험결과보고서 중 피험자에 대한 사항은 다음과 같다.
- 선정 및 제외 기준
- 피험자 수 및 이에 대한 근거

57 예외적으로 허용되는 경우
- 보존제, 색소, 자외선차단제 등 특별히 사용상의 제한이 필요한 원료에 대하여 그 사용기준을 지정하거나 국민보건상 위해 우려가 제기되는 화장품 원료 등에 대한 위해평가를 하기 위하여 필요한 경우
- 동물대체시험법(동물을 사용하지 않는 실험방법 및 부득이하게 동물을 사용하더라도 그 사용되는 동물의 개체 수를 감소하거나 고통을 경감시킬 수 있는 실험방법으로서 식품의약품안전처장이 인정하는 것을 말한다)이 존재하지 아니하여 동물실험이 필요한 경우
- 화장품 수출을 위하여 수출 상대국의 법령에 따라 동물실험이 필요한 경우
- 수입하려는 상대국의 법령에 따라 제품 개발에 동물실험이 필요한 경우
- 다른 법령에 따라 동물실험을 실시하여 개발된 원료를 화장품의 제조 등에 사용하는 경우
- 그 밖에 동물실험을 대체할 수 있는 실험을 실시하기 곤란한 경우로서 식품의약품안전처장이 정하는 경우

58 유극층에는 면역 기능을 담당하는 랑게르한스 세포가 존재하여 림프구를 전달하여 유해 세균으로부터 우리 몸을 보호하는 기능을 하며, 케라틴의 성장과 분열에도 관여한다.

정답 55 ② 56 ① 57 ④ 58 ⑤

해설

59 화장품의 관능적 요소를 객관적으로 평가하는 물리화학적 방법으로 옳지 않은 것은?

관능적 요소	물리화학적 평가법
① 가볍게 발림	점탄성 측정
② 탄력이 있음	유연성 측정
③ 화장 지속력이 좋음	광택계로 측정
④ 투명감이 있음	변색분광측정계로 측정
⑤ 균일하게 도포 가능	비디오 마이크로스코프

60 <보기>는 화학물질에 의한 피부자극에 대한 설명이다. ( ) 안에 들어갈 단어로 옳은 것은?

【보기】

화학물질에 의한 피부자극은 화학물질이 각질층을 투과하여 시작되는 연쇄반응의 결과로 각질세포와 다른 피부세포의 기초가 되는 부분을 손상시킬 수 있다. 손상을 입은 세포는 염증을 일으키는 매개물질들을 분비하거나 염증의 연쇄반응을 일으키는데 이 반응은 진피층의 세포에 작용한다. 내피세포의 확장과 투과성의 증가가 (㉠)과 (㉡)을/를 일으킨다.

① 종양, 괴사　② 통증, 발열　③ 홍반, 부종
④ 자가면역, 적응　⑤ 색소침착, 신경퇴행

61 <보기>는 피부의 진피구조에 대한 설명이다. ( ) 안에 들어갈 단어로 옳은 것은?

【보기】

피부조직의 내구성 및 탄력성에 중요하게 기여하는 대표적인 거대분자는 콜라겐과 엘라스틴이다. 이들 거대분자들은 폴리펩타이드 간의 가교결합을 통해 구조단백질로 기능한다. 이때 폴리펩타이드 간의 가교결합에 관여하는 효소는 ( )이다.

① 스핑고미엘린 분해효소　② 세라마이드 분해효소
③ 아데닐산 고리화효소　④ 라이실 산화효소
⑤ 타이로신 수산화효소

62 화장품 성분 중 「화장품 안전기준 등에 관한 규정」에서 정한 염모제 성분이 아닌 것은?

① 톨루엔-2,5-디아민　② 피크라민산
③ m-페닐렌디아민　④ 테트라브로모-o-크레솔
⑤ 황산 5-아미노-o-크레솔

59 화장 지속력은 비디오 마이크로스코프로 측정한다.

60 내피세포의 확장과 투과성의 증가는 홍반과 부종을 일으킨다.

61 콜라겐과 엘라스틴의 가교결합에 관여하는 효소는 라이실 산화효소이다.

62 테트라브로모-o-크레졸은 보존제로 사용된다.

정답 59 ③ 60 ③ 61 ④ 62 ④

63 「화장품 안전기준 등에 관한 규정」[별표 3]에 따라 인체 세포·조직 배양액 품질관리 기준서를 작성하고 이에 따라 품질검사를 하려고 한다. <보기>에서 검사해야 하는 항목을 모두 고른 것은?

【보기】

㉠ 성상 ㉡ 공여자 식별번호
㉢ 사용된 배지의 조성 ㉣ 마이코플라스마 부정시험
㉤ 순도시험(기원 세포 및 조직 부재시험 등)

① ㉠, ㉡, ㉢ ② ㉠, ㉡, ㉣ ③ ㉠, ㉣, ㉤
④ ㉡, ㉢, ㉤ ⑤ ㉢, ㉣, ㉤

64 <보기>에서 피부에 관한 옳은 설명을 모두 고른 것은?

【보기】

㉠ 각질형성세포는 기저층에서 형성되어 각질층으로 이동 후 탈락된다.
㉡ 멜라닌형성세포는 기저층에 존재하여 각질형성세포와 함께 이동하며 주기적으로 탈락된다.
㉢ 피부의 피하지방층은 외부의 충격을 완화하여 체온조절 역할을 한다.
㉣ 피부에는 모세혈관이 존재하며 표피부터 진피까지 광범위하게 분포된다.
㉤ 피부에 존재하는 비만세포는 분화되어 지방세포가 된다.

① ㉠, ㉡ ② ㉠, ㉢ ③ ㉡, ㉤
④ ㉢, ㉣ ⑤ ㉣, ㉤

65 <보기>에서 화장품법에 따른 맞춤형화장품조제관리사에 대한 옳은 설명을 모두 고른 것은?

【보기】

㉠ 맞춤형화장품의 혼합 · 소분 업무는 맞춤형화장품조제관리사만 할 수 있다.
㉡ 맞춤형화장품조제관리사 자격을 가진 자만 맞춤형화장품판매업 신고를 할 수 있다.
㉢ 맞춤형화장품조제관리사가 되려는 사람은 식품의약품안전처장이 실시하는 시험에 합격해야 한다.
㉣ 맞춤형화장품판매업자는 맞춤형화장품판매업소별로 맞춤형화장품조제관리사를 두어야 한다.
㉤ 맞춤형화장품조제관리사는 자격 유지를 위하여 매년 지정된 교육기관에서 정기적으로 교육을 받아야 한다.

① ㉠, ㉡, ㉢ ② ㉠, ㉡, ㉤ ③ ㉠, ㉢, ㉣
④ ㉡, ㉣, ㉤ ⑤ ㉢, ㉣, ㉤

해설

63 인체 세포 · 조직 배양액의 시험검사
인체 세포 · 조직 배양액의 품질을 확보하기 위하여 다음의 항목을 포함한 인체 세포 · 조직 배양액 품질관리 기준서를 작성하고 이에 따라 품질검사를 하여야 한다.
① 성상
② 무균시험
③ 마이코플라스마 부정시험
④ 외래성 바이러스 부정시험
⑤ 확인시험
⑥ 순도시험
- 기원 세포 및 조직 부재시험
- '항생제', '혈청' 등 [별표 1]의 '사용할 수 없는 원료' 부재시험 등 (배양액 제조에 해당 원료를 사용한 경우에 한한다.)

64 ㉡ 기저층에 위치하는 멜라닌형성세포가 생성한 멜라닌이 각질형성세포와 함께 이동하며 주기적으로 탈락된다.
㉣ 표피에는 모세혈관이 존재하지 않는다.
㉤ 비만세포는 알레르기 염증반응에 관여하며 분화되어 지방세포가 되지 않는다.

65 ㉡ 맞춤형화장품판매업자는 자격증 취득 의무가 없으나, 맞춤형화장품판매업을 운영하기 위해서는 자격증을 취득한 맞춤형화장품 조제관리사를 반드시 채용해야 한다.
㉤ 자격증 유지를 위한 교육은 없다. 다만, 맞춤형화장품 판매장에 근무하고 있는 맞춤형화장품 조제관리사의 경우에는 화장품의 안전성 확보 및 품질관리에 관한 교육을 매년 받아야 한다.

정답 63 ③ 64 ② 65 ③

해설

66 「화장품 안전기준 등에 관한 규정」에 따라 맞춤형화장품에 사용할 수 있는 원료로 옳은 것은?

① 살리실릭애씨드 ② 소듐나이트라이트
③ 에칠헥실디메칠파바 ④ 벤조익애씨드
⑤ 소듐바이가보네이트

67 화장품법 시행규칙에 따라 50mL 또는 50g을 초과하는 화장품의 포장에 반드시 기재·표시하여야 하는 사항에 해당하지 않는 것은?

① 인체 세포 · 조직 배양액이 들어있는 경우 그 함량
② 기능성화장품의 경우 심사받거나 보고한 효능 · 효과, 용법 · 용량
③ 화장품에 천연 또는 유기농으로 표시 · 광고하려는 경우 원료의 함량
④ 성분명을 제품 명칭의 일부로 사용한 경우 그 성분명과 함량(방향용 제품은 제외)
⑤ 화장품법 제8조제2항에 따라 사용기준이 지정 · 고시된 원료 중 보존제의 함량

68 각질층의 수분함량 및 보습 평가방법이 아닌 것은?

① 피부의 전기전도도 측정
② 피부 표면의 정전기 측정
③ 피부의 수분손실량 측정
④ 피부의 전반사흡수율(Fourier Transform Infrared) 측정
⑤ 피부의 근적외선 흡수 측정

69 피부의 구조 및 생리의 항상성 유지를 위한 과정에서 구리이온을 필요로 하는 것은?

① 라멜라바디의 세포외수송 ② 멜라노좀의 세포외수송
③ 엠엠피-1 ④ 타이로시나아제
⑤ 트랜스글루타미나제

70 남성형 탈모와 관련하여 테스토스테론을 디하이드로테스토스테론으로 전환시키는 과정에 관여하는 효소로 옳은 것은?

① 도파 산화효소 ② 저산소증 유도인자
③ 헴 산소첨가효소 ④ 5-알파-환원효소
⑤ 타이로시나아제

66 ①, ②, ③, ④ 모두 사용상의 제한이 필요한 원료에 해당되므로 맞춤형화장품에 사용할 수 없다.

67 사용기준이 지정 · 고시된 원료 중 보존제의 함량을 기재 · 표시해야 하는 대상은 다음과 같다.
- 만 3세 이하의 영 · 유아용 제품류인 경우
- 화장품에 어린이용 제품(만 13세 이하(영 · 유아용 제품류 제외)임을 특정하여 표시 · 광고하려는 경우)

68 피부 수분을 측정하는 방법에는 전기전도도법, TEWL(transepidermal water loss), 수분손실량 측정, 전반사흡수율, 근적외선 흡수 측정 등이 사용된다.

69 타이로시나아제는 멜라닌의 생성을 조절하는 산화효소로 구리를 포함한다.

70 테스토스테론을 디하이드로테스토스테론으로 전환시키는 과정에 관여하는 효소는 5-알파-환원효소이다.

정답 66 ⑤ 67 ⑤ 68 ② 69 ④ 70 ④

71 다음 그림은 3개층으로 구성된 인간의 피부구조를 나타낸 것이다. <보기>에서 그림에 대한 옳은 설명을 모두 고른 것은?

【보기】

㉠ 손바닥의 A에는 투명층이 있다.
㉡ A에 존재하는 멜라닌 중 갈색과 검은색을 띠는 멜라닌은 유멜라닌이다.
㉢ B는 유두층과 망상층으로 이루어져 있으며, 콜라겐, 알라스틴, 히알루론산 등으로 구성되어 있다.
㉣ 대부분의 천연보습인자(NMF)는 B에 존재한다.
㉤ C는 B에 존재하는 기저층의 세포분열을 돕는다.

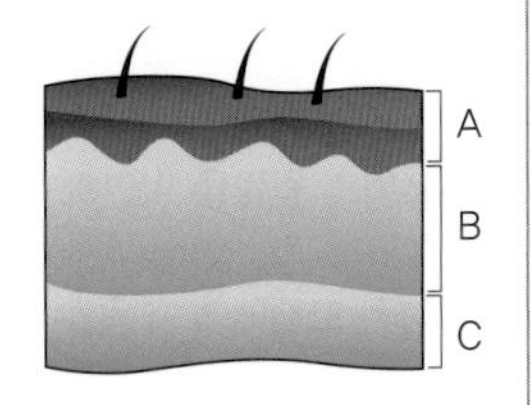

① ㉠, ㉡, ㉢　② ㉠, ㉡, ㉤　③ ㉠, ㉣, ㉤
④ ㉡, ㉢, ㉣　⑤ ㉢, ㉣, ㉤

72 <보기>에서 자연 노화에 따른 피부 변화에 대한 옳은 설명을 모두 고른 것은?

【보기】

㉠ 피부가 두꺼워지고 탄력이 저하된다.
㉡ 글리코스아미노글리칸(GAG)의 합성이 감소된다.
㉢ 각질층이 두꺼워지고 피부 장벽 기능이 강화된다.
㉣ 표피–진피 경계부가 편평해져서 표피와 진피가 접촉하는 면적이 줄어든다.
㉤ 랑게르한스세포의 수가 감소하여 관련 면역 기능이 저하된다.

① ㉠, ㉡, ㉢　② ㉠, ㉡, ㉤　③ ㉠, ㉢, ㉣
④ ㉡, ㉣, ㉤　⑤ ㉢, ㉣, ㉤

73 <보기>는 화장품법 시행규칙 및 「인체적용제품의 위해성평가 등에 관한 규정」에 대한 내용이다. 옳은 설명을 모두 고른 것은?

【보기】

㉠ 임산부는 모든 위해성평가 임상시험에 참가할 수 없다.
㉡ 기능성화장품의 경우 진단 · 처치 등에 관한 표현은 금지된다.
㉢ 튼살로 인한 붉은 선을 엷게 하는 데 도움을 주는 화장품은 기능성화장품이다.
㉣ 독성이란 인체의 건강을 해치거나 해칠 우려가 있는 화학적 · 생물학적 · 물리적 요인을 말한다.
㉤ 위해성평가란 인체적용제품에 존재하는 위해요소가 다양한 매체의 경로를 통하여 인체에 미치는 영향을 종합적으로 평가하는 것을 말한다.

① ㉠, ㉡　② ㉠, ㉤　③ ㉡, ㉢
④ ㉢, ㉣　⑤ ㉣, ㉤

해설

71 A : 표피, B : 진피, C : 피하지방
㉠ 손바닥의 표피에는 투명층이 있다. (○)
㉡ 멜라닌은 표피에 존재하며, 갈색과 검은색을 띠는 멜라닌은 유멜라닌이다. (○)
㉢ 진피는 유두층과 망상층으로 이루어져 있으며, 콜라겐, 알라스틴, 히알루론산 등으로 구성되어 있다. (○)
㉣ 천연보습인자(NMF)는 표피의 각질층에 존재한다. (×)
㉤ 기저층은 표피인 A에 존재한다. (×)

72 ㉠ 피부 두께가 감소한다.
㉢ 각질층이 두꺼워지고 피부 장벽 기능이 약화된다.

73 ㉠ 특정집단에 노출 가능성이 클 경우 어린이 및 임산부 등 민감집단 및 고위험집단을 대상으로 위해성평가를 실시할 수 있다.
㉡ 기능성화장품으로 심사받은 화장품에 한하여 그 범위 내에서 표시 광고가 가능하며, 아토피, 튼살, 여드름 등의 질병의 진단, 치료, 처치, 경감 등 의학적 효능 효과와 관련되는 표현은 금지된다.
㉣ 인체적용제품의 위해성평가 등에 관한 규정에서 독성이란 인체적용제품에 존재하는 위해요소가 인체에 유해한 영향을 미치는 고유의 성질을 말하며, 인체의 건강을 해치거나 해칠 우려가 있는 화학적 · 생물학적 · 물리적 요인은 위해요소라고 한다.
㉤ 인체적용제품에 존재하는 위해요소가 다양한 매체의 경로를 통하여 인체에 미치는 영향을 종합적으로 평가하는 것을 통합위해성평가라고 한다.

정답 71 ① 72 ④ 73 ③

chapter 05

해설

74 맞춤형화장품은 혼합·소분을 통해 조제된 후, 소비자에게 제공되는 제품으로 유통 화장품에 해당한다. <보기>에서 「화장품 안전기준 등에 관한 규정」에 따라 맞춤형화장품조제관리사가 바르게 행한 것을 모두 고른 것은?

【보기】

㉠ 품질성적서에서 머드팩의 수은에 대한 값이 0.8㎍/g의 함량을 확인하고 혼합을 진행하였다.
㉡ 혼합한 셰이빙폼 제품의 pH를 측정하였더니 9.5여서 고객에게 제품을 판매하지 않았다.
㉢ 품질성적서에서 포름알데하이드가 60㎍/g인 액체 30g과 포름알데하이드가 18㎍/g인 물휴지 70g을 혼합하여 판매하였다.
㉣ 품질성적서에서 비소 함량이 10㎍/g 크림 내용물과 비소 함량이 1㎍/g인 크림 내용물을 동량 혼합하여 판매하였다.
㉤ 납 함량이 20㎍/g인 페이스파우더 내용물과 납 함량이 10㎍/g인 페이스파우더 내용물을 동량 혼합하여 고객에게 판매하였다.

① ㉠, ㉡, ㉢ ② ㉠, ㉢, ㉤ ③ ㉠, ㉣, ㉤
④ ㉡, ㉢, ㉣ ⑤ ㉡, ㉣, ㉤

75 계면활성제의 구분과 종류의 연결로 옳은 것은?

구분	종류
① 음이온성 계면활성제	코카미도프로필베타인
② 양이온성 계면활성제	벤잘코늄클로라이드
③ 양쪽성 계면활성제	소듐라우레스설페이트
④ 비이온성 계면활성제	스테아트라이모늄 클로라이드
⑤ 천연 계면활성제	소르비탄 모노스테아레이트

76 진피의 생리구조에 대한 설명으로 옳지 않은 것은?

① 표피의 경계 부위에 유두 모양의 돌기를 형성하고 있는 진피의 상단 부분을 유두층이라 한다.
② 망상층은 진피의 4/5를 차지하고 유두층의 아래에 위치하고 있으며, 옆으로 길고 섬세한 섬유가 그물모양으로 구성되어 있다.
③ 엘라스틴은 탄력이 강한 섬유 단백질로 교원섬유에 비해 굵고 길이가 길다.
④ 원섬유로 되어 있는 세망섬유는 표피 바로 아래에 위치하고 기저판에 단단히 붙어 있으며, 진피 쪽으로 수직으로 뻗어 있다.
⑤ 기질은 진피의 결합 섬유 사이를 채우는 물질로 히알루론산, 황산 등으로 구성되어 있고 끈적끈적한 액체 상태로 존재한다.

74 ㉠ 수은 함량이 1㎍/g 이하이므로 혼합 가능하다.
㉡ 셰이빙폼은 pH 기준이 적용되지 않으므로 판매 가능하다.
㉢ 프롬알데하이드 60㎍/g인 액체 30g과 18㎍/g인 물휴지 70g을 혼합하면 프롬알데하이드는 총 30.6㎍/g으로 물휴지의 기준치인 20㎍/g을 초과하므로 혼합하여 판매할 수 없다.
㉣ 총 비소 함량이 10㎍/g 이하이므로 판매 가능하다.
㉤ 페이스파우더의 납 허용한도는 20㎍/g 이하이므로 판매 가능하다.

75 ① 코카미도프로필베타인는 양이온성 계면활성제이다.
③ 소듐라우레스설페이트는 음이온성 계면활성제이다.
④ 스테아트라이모늄 클로라이드는 양이온성 계면활성제이다.
⑤ 소르비탄 모노스테아레이트는 비이온성 계면활성제이다.

76 엘라스틴은 탄력이 강한 섬유 단백질로 교원섬유에 비해 길이가 짧고 가늘다.

정답 74 ③ 75 ② 76 ③

77 표피의 과립층에서 피부장벽을 형성하는 세라마이드, 콜레스테롤 및 지방산 등의 성분들은 전구체의 형태로 변환된 후 과립층과 각질층의 경계부위에서 세포외 유출 과정을 통해 배출되는데, 이 역할을 하는 것으로 옳은 것은?

① 엑소좀 ② 엔도좀 ③ 골지체
④ 소포체 ⑤ 라멜라바디

78 다음 중 표면장력(N/m, 20℃)이 물과 가장 가까운 원료로 옳은 것은?

① 벤젠 ② 헥산 ③ 글리세린
④ 다이메티콘 ⑤ 올레익애씨드

79 멜라닌 색소가 멜라닌형성세포에서 각질형성세포로 이동하는 데 직접 관여하는 요소가 아닌 것은?

① 튜불린(Tubulin) ② 지질다당질(lipopolysaccharide)
③ 액틴(Actin) ④ 키네신(Kinesin)
⑤ PAR-2 (Protease-activated Receptor-2)

80 고객 A와 맞춤형화장품조제관리사 B의 <대화>를 읽고, A가 사용한 화장품에 대한 옳은 설명을 <보기>에서 옳은 것으로만 짝지어진 것은?

【대화】

A : 주름개선 기능이 있는 화장품을 3개월 사용했어요. 그런데 주름개선 효과도 보지 못하고 오히려 건조하고 뾰루지가 나며, 붉어지는 것 같아요. 저에게 맞는 제품을 쓰고 있는지 확인해 주시겠어요?
B : 예 제가 확인해드릴게요.

[전성분] 정제수, 글리세린, 알부틴, 프로판다이올, 모과추출물, 엠디엠하이단토인, 소듐하이알루로네이트, 스쿠알란, 글리세릴스테아레이트, 하이드록시페닐글라이신아마이드, 페녹시에탄올, 석류추출물, 스테아릭애씨드, 시트랄, 참깨오일

【보기】

㉠ 주름개선 기능성 고시 성분이 포함되어 있지 않습니다.
㉡ 소듐하이알루로네이트나 페녹시에탄올과 같은 보습 성분이 들어 있는데 소량인 것 같습니다.
㉢ 알부틴 2% 이상이 포함된 제품은 가려움증이 보고된 사례가 있습니다.
㉣ 향료 중에는 알레르기 유발 성분이 있습니다.
㉤ 참깨오일은 착향제 중 알레르기 유발성분 25종에 포함됩니다.

① ㉠, ㉡, ㉢ ② ㉠, ㉢, ㉣ ③ ㉠, ㉣, ㉤
④ ㉡, ㉢, ㉤ ⑤ ㉡, ㉣, ㉤

해설

77 세라마이드, 콜레스테롤, 자유지방산은 과립층에서 생성되어 골지체를 거쳐 층판소체로 이동하는데, 이 때 전구체의 형태로 변환되어 층판소체로 이동한다. 층판소체 내에 있는 이들 전구체는 여러 효소와 작용하여 과립층과 각질층의 경계부위에서 세포외 유출 과정을 통해 세라마이드, 콜레스테롤, 자유지방산으로 배출되어 세포간지질의 구성성분이 된다.

78 물 : 72.8
① 벤젠 : 28.88
② 헥산 : 18.43
③ 글리세린 : 64
④ 다이메티콘 : 21.3
⑤ 올레익애씨드 : 31.92

79 멜라닌은 미세관(튜불린) 의존형 운동단백질인 키네신과 디네인, 액틴 의존성 운동단백질인 미오신 등에 의해 멜라노사이트의 수지상 돌기를 통해 케라티노사이트로 이동한다. 이 과정에서 프로테아제 활성 수용체 2(PAR- 2)는 멜라닌의 이동을 돕는 역할을 한다.
반면, 지질다당질은 멜라닌의 생성에 관여하는 물질이다.

80 ㉠ 주름개선 기능성 고시 성분이 포함되어 있지 않다. (○)
㉡ 페녹시에탄올은 보습제가 아니라 보존제로 사용된다. (×)
㉢ 알부틴은 「인체적용시험자료」에서 구진과 경미한 가려움이 보고된 예가 있다. (○)
㉣ 알레르기 유발 성분인 시트랄이 포함되어 있다. (○)
㉤ 참깨오일은 알레르기 유발성분이 아니다. (×)

정답 77 ⑤ 78 ③ 79 ② 80 ②

[단답형] 지문과 문제를 읽고 답안을 작성하시오.

해설

[제1과목 | 화장품 관련 법령 및 제도 등에 관한 사항]

81 <보기>는 화장품법 시행규칙 제10조의2에 따른 영유아 및 어린이의 연령 기준이다. ( ) 안에 들어갈 숫자를 순서대로 기입하시오.

【보기】

1. 영유아 : 만 (㉠)세 이하
2. 어린이 : 만 (㉡)세 이상부터 (㉢)세 이하까지

82 다음 표는 「화장품 안전기준 등에 관한 규정」 [별표 2]의 사용상의 제한이 필요한 원료 중 일부이다. ( ) 안에 들어갈 숫자를 순서대로 기입하시오.

원료명	베헨트리모늄클로라이드
사용한도	(단일성분 또는 세트리모늄 클로라이드, 스테아트리모늄클로라이드와 혼합사용의 합으로서) • 사용 후 씻어내는 두발용 제품류 및 두발 염색용제품류에 (㉠)% • 사용 후 씻어내지 않는 두발용 제품류 및 두발 염색용 제품류에 3.0%
비고	세트리모늄 클로라이드 또는 스테아트리모늄 클로라이드와 혼합 사용하는 경우 세트리모늄 클로라이드 및 스테아트리모늄 클로라이드의 합은 '사용 후 씻어내지 않는 두발용 제품류'에 (㉡)% 이하, '사용 후 씻어내는 두발용 제품류 및 두발 염색용 제품류'에 2.5% 이하여야 함)

83 그림은 맞춤형화장품 매장에서 CCTV를 설치·운영하기 위해 설치한 안내판이다. 개인정보보호법 제25조제4항에 따라 안내판에 포함되어야 하는 사항 중 누락된 항목을 쓰시오.

CCTV 설치 안내
• 설치 목적 : 범죄예방 • 장소 : 서울시 종로구 종로5가 100번지 • 시간 : 24시간 • 관리책임자 : 홍길동 • 연락처 : 02-700-1000

81 1. 영유아 : 만 3세 이하
2. 어린이 : 만 4세 이상부터 13세 이하까지

83 CCTV 안내판에 포함되어야 할 사항
- 설치 목적 및 장소
- 촬영 범위 및 시간
- 관리책임자 성명 및 연락처

정답

81 ㉠ 3, ㉡ 4, ㉢ 13

82 ㉠ 5.0, ㉡ 1.0

83 촬영 범위

[제2과목 | 화장품의 제조 및 품질관리와 원료의 사용기준 등에 관한 사항]

84 <보기>는 「기능성화장품의 심사에 관한 규정」의 일부이다. ( ) 안에 들어갈 용어와 숫자를 순서대로 쓰시오.

【보기】

안전성에 관한 자료 중 광독성 및 광감작성 시험자료는 자외선에서 흡수가 없음을 입증하는 (㉠) 시험 자료를 제출하는 경우에는 제출이 면제되며, 자외선 차단지수(SPF) (㉡) 이하 제품의 경우에는 제4조제1호라목의 "자외선차단지수(SPF), 내수성자외선차단지수 및 자외선A차단등급 설정의 근거자료" 제출이 면제된다.

85 <보기>는 화장품제조업소 직원 A와 화장품책임판매업소 직원 B의 대화이다. ( ) 안에 공통으로 들어갈 숫자를 쓰시오. (단, 처분기준은 1차 위반인 경우로 한다)

【보기】

A : 우리 회사는 10년 전에 이천에 공장을 짓고 화장품제조업을 등록하고 3년 전에 대전으로 이전했는데 아직까지 화장품제조업 변경 등록을 신청하지 않았어.

B : 우리 회사는 해외에서 화장품을 수입해서 판매하는데 작년에 책임판매관리자가 퇴사를 해서 아직까지 책임판매관리자가 없는 상태에서 화장품을 수입해 판매하고 있어.

각 업체에서 화장품법령을 위반하여 받게 될 행정처분은 다음과 같다.

- A의 화장품제조업소 : 제조업무정지 ( )개월
- B의 화장품책임판매업소 : 판매 또는 해당품목 판매업무정지 ( )개월

86 <보기>는 화장품법 제2조의 일부이다. ( ) 안에 들어갈 해당 법령에 기재된 용어를 순서대로 기입하시오.

【보기】

- "화장품"이란 인체를 청결 · 미화하여 매력을 더하고 용모를 밝게 변화시키거나 피부 · (㉠)의 건강을 유지 또는 증진하기 위하여 인체에 바르고 문지르거나 뿌리는 등 이와 유사한 방법으로 사용되는 물품으로서 인체에 대한 작용이 경미한 것을 말한다. 다만, 「약사법」 제2조제4호의 의약품에 해당하는 물품은 제외한다.
- (㉡)(이)란 화장품의 용기 · 포장에 기재하는 문자 · 숫자 · 도형 또는 그림 등을 말한다.

85 행정처분은 다음과 같다.
- A의 화장품제조업소 : 소재지 변경을 하지 않았으므로 제조업무정지 1개월
- B의 화장품책임판매업소 : 책임판매관리자를 두지 않은 경우 판매 또는 해당품목 판매업무정지 1개월

정답

84 ㉠ 흡광도, ㉡ 10

85 1

86 ㉠ 모발, ㉡ 표시

87 ( ) 안에 들어갈 말을 <보기>에서 골라 쓰시오.

허브 식물의 잎이나 꽃을 수증기 증류법으로 증류하면 물과 함께 휘발성 오일 성분이 증류되어 나오는데, 이러한 오일 성분은 주로 ( ) 계열 혼합물이다.

【보기】

모노테르펜, 아미노산, 펩타이드, 사포닌, 글리세라이드, 탄닌, 알킬로이드, 폴리페놀, 세라마이드, 지방산, 폴라보노이드

88 <보기>는 화장품법 시행규칙 제12조의2에 따른 맞춤형화장품판매업자의 준수사항이다. ( ) 안에 들어갈 용어를 순서대로 쓰시오.

【보기】

- 혼합 · 소분 전에 혼합 · 소분된 제품을 담을 포장용기의 (㉠) 여부를 확인할 것
- 제조번호, 사용기한 또는 개봉 후 사용기간, 판매일자 및 판매량이 포함된 맞춤형화장품 (㉡)을/를 작성 · 보관할 것

89 <보기>는 「기능성화장품 기준 및 시험방법」의 내용이다. ( ) 안에 들어갈 말을 쓰시오.

【보기】

치오글라이콜릭애씨드는 ( )에 도움을 주는 기능성화장품 성분이다.

90 <보기>는 「화장품 표시·광고 실증에 관한 규정」 중 인체 적용시험에 대한 내용이다. ( ) 안에 들어갈 용어를 쓰시오.

【보기】

- 인체 적용시험은 과학적으로 타당하여야 하며, 시험 자료는 명확하고 상세히 기술되어야 한다.
- 인체 적용시험용 화장품은 ( )이/가 충분히 확보되어야 한다.

91 <보기>는 맞춤형화장품판매업에서 사용할 수 있는 원료에 대한 설명이다. ( ) 안에 들어갈 용어를 쓰시오.

【보기】

맞춤형화장품에 사용할 수 없는 원료는 「화장품 안전기준 등에 관한 규정」에 따라 화장품에 사용할 수 없는 원료로 지정된 원료, 사용상의 제한이 필요한 원료, 식품의약품안전처장이 고시한 ( )의 효능 · 효과를 나타내는 원료를 제외하고는 사용할 수 있다.

해설

87 허브 식물의 잎이나 꽃을 수증기 증류법으로 증류했을 때 물과 함께 증류되어 나오는 휘발성 오일 성분은 주로 모노테르펜 계열 혼합물이다.

89 기능성화장품 기준 및 시험방법에는 "체모를 제거하는 기능을 가진 제품"이라고 되어 있지만, 〈보기〉의 문맥상 '체모 제거'가 적당하다.

정답

87 모노테르펜

88 ㉠ 오염, ㉡ 판매내역서

89 체모 제거

90 안전성

91 기능성화장품

92 <보기>는 「화장품 바코드 표시 및 관리요령」 제4조에 따른 화장품바코드 표시 의무자에 대한 내용이다. ( ) 안에 들어갈 용어를 쓰시오.

【보기】

화장품 바코드 표시는 국내에서 화장품을 유통 · 판매하고자 하는 ( ) 이/가 한다.

93 <보기>는 화장품법 시행규칙 [별표 4] 화장품 포장의 표시기준 및 표시방법 및 「화장품 사용 시의 주의사항 및 알레르기 유발성분 표시에 관한 규정」의 내용이다. ( ) 안에 들어갈 숫자를 순서대로 쓰시오.

【보기】

- 화장품 제조에 사용된 성분 중 착향제는 "원료"로 표시할 수 있다. 다만, 착향제의 구성성분 중 식품의약품안전처장이 정하여 고시한 알레르기 유발성분이 있는 경우에는 향료로 표시할 수 없고 해당 성분의 명칭을 기재 · 표시해야 한다.
- 다만, 사용 후 씻어내는 제품에는 (㉠)% 초과, 사용 후 씻어내지 않는 제품에는 (㉡)% 초과 함유하는 경우에 한한다.

94 <보기>는 맞춤형화장품판매업자가 준수해야 할 안전관리기준에 대한 설명이다. ( ) 안에 공통으로 들어갈 말을 쓰시오.

【보기】

최종 혼합 · 소분된 맞춤형화장품은 「화장품법」 제8조 및 「화장품 안전기준 등에 관한 규정」 제6조에 따른 유통화장품의 안전관리 기준을 준수해야 한다. 특히, 주기적 ( ) 샘플링 검사를 통해 판매장에서 제공되는 맞춤형 화장품에 대한 ( ) 오염관리를 철저히 해야 한다.

95 피부의 촉각을 담당하는 세포를 <보기>에서 골라 쓰시오.

【보기】

B 세포, T 세포, 내피세포, 외피세포, 각질형성세포, 섬유아세포, 랑게르한스세포, 메르켈세포, 멜라닌형성세포

95 피부의 촉각을 담당하는 세포는 메르켈 세포로 기저층에 위치하며, 신경의 자극을 뇌로 전달하는 역할을 한다.

정답

- 92 화장품책임판매업자
- 93 ㉠ 0.01, ㉡ 0.001
- 94 미생물
- 95 메르켈세포

96 <보기>는 화장품법 제9조 및 화장품법 시행규칙 제18조에 따른 안전용기·포장을 사용해야 하는 품목에 대한 설명이다. ( ) 안에 들어갈 숫자를 쓰시오.

【보기】

어린이용 오일 등 개별포장 당 탄화수소류를 ( )% 이상 함유하고 운동점도가 21센티스톡스(섭씨 40도 기준) 이하인 비에멀젼 타입의 액체 상태의 제품

97 <보기>는 피부의 pH 상태에 대한 설명이다. ( ) 안에 들어갈 말을 한글로 기입하시오.

【보기】

피부의 pH는 피부 ( )의 pH를 말한다.

98 <보기>는 자외선의 작용에 대한 설명이다. ( ) 안에 들어갈 말을 한글로 쓰시오.

【보기】

- 햇볕에 적당하게 노출되면 인체에 유익하다. 자외선 B에 노출되면 뼈 건강에 도움이 되는 비타민인 (㉠)을/를 합성한다.
- 이 물질의 전구물질은 세포간지질을 구성하는 주요 지질분자인 (㉡)이다.

99 <보기>는 「맞춤형화장품판매업 가이드라인」의 내용이다. ( ) 안에 들어갈 용어를 순서대로 쓰시오.

【보기】

- 맞춤형화장품판매업자는 맞춤형화장품 조제에 사용하는 내용물 및 원료의 혼합 · 소분의 범위에 대해 사전에 검토하여 최종 제품의 (㉠) 및 (㉡)을/를 확보할 것
- 다만, 화장품책임판매업자가 혼합 또는 소분의 (㉢)을/를 미리 정하고 있는 경우에는 그 (㉢) 내에서 혼합 또는 소분 할 것

98 세포간지질은 세라마이드, 지방산, 콜레스테롤로 구성되어 있다. 이 중에서 비타민 D의 전구물질은 콜레스테롤이다.

정답

96 10
97 표면
98 ㉠ 비타민 디, ㉡ 콜레스테롤
99 ㉠ 품질, ㉡ 안전성, ㉢ 범위

100 <보기>는 바디로션 제품의 총호기성 생균수 계수 실험에 대한 설명이다. 다음 [결과 해석]에서 ( ) 안에 들어갈 말을 순서대로 쓰시오(단, ㉠은 숫자로 쓰고, ㉡은 적합, 부적합 중에서 골라 쓴다)

【보기】

[실험 조건]
1) 총호기성생균수 계수를 위해 평판도말법을 사용한다.
2) 10배 희석 검액 0.1mL씩 2반복 시행한다.

[실험 결과]

구분	각 배지에서 검출된 개수		
	평판 1	평판 2	평균
세균용 배지	66	58	62
진균용 배지	28	24	26

【결과 해석】

총호기성생균수 계수 실험에서 검체에 존재하는 총호기성생균수는 (㉠)개/mL이고, 이 결과는 유통화장품 안전관리 기준에 (㉡)하다.

해설

100 세균수 : $\dfrac{\dfrac{66+58}{2}\times 10}{0.1} = 6,200$

진균수 : $\dfrac{\dfrac{28+24}{2}\times 10}{0.1} = 2,600$

총호기성생균수 : 6,200 + 2,600 = 8,800
기타 화장품의 미생물 한도기준은 1,000개/g (mL) 이하이므로 '부적합'하다.

정답 **100** ㉠ 8,800, ㉡ 부적합

실전모의고사 제2회

해설

[선다형] 다음 문제를 읽고 답안을 선택하시오.

[제1과목 | 화장품 관련 법령 및 제도 등에 관한 사항]

01 화장품법상 화장품의 정의와 관련한 내용이 아닌 것은?

① 인체에 대한 약리적인 효과를 주기 위해 사용하는 물품
② 인체를 청결 · 미화하여 매력을 더하고 용모를 밝게 변화시키기 위해 사용하는 물품
③ 피부 혹은 모발의 건강을 유지 또는 증진하기 위한 물품
④ 인체에 사용되는 물품으로 인체에 대한 작용이 경미한 것
⑤ 인체에 바르고 문지르거나 뿌리는 등의 방법으로 사용되는 물품

02 <보기>에서 화장품법 시행령 제2조(영업의 세부 종류와 범위)에 따른 화장품제조업의 범위에 해당하는 것을 모두 고른 것은?

【보기】
㉠ 화장품을 직접 제조하는 영업
㉡ 화장품 제조를 위탁받아 제조하는 영업
㉢ 화장품의 1차 포장을 하는 영업
㉣ 화장품의 2차 포장을 하는 영업
㉤ 화장품제조업자에게 위탁하여 제조된 화장품을 유통 · 판매하는 영업

① ㉠, ㉡, ㉢　② ㉠, ㉡, ㉣
③ ㉡, ㉢, ㉣　④ ㉡, ㉢, ㉤
⑤ ㉢, ㉣, ㉤

03 <보기>는 화장품법 제6조 폐업 등의 신고에 관한 내용이다. (　　)에 들어갈 말로 적합한 것은?

【보기】
영업자가 폐업 또는 휴업하려는 경우 총리령으로 정하는 바에 따라 식품의약품안전처장에게 신고하여야 한다. 다만, 휴업기간이 (　　) 미만이거나 그 기간 동안 휴업하였다가 그 업을 재개하는 경우에는 그러하지 아니하다.

① 1개월　② 2개월　③ 3개월
④ 5개월　⑤ 6개월

01 "화장품"이란 인체를 청결 · 미화하여 매력을 더하고 용모를 밝게 변화시키거나 피부 · 모발의 건강을 유지 또는 증진하기 위하여 인체에 바르고 문지르거나 뿌리는 등 이와 유사한 방법으로 사용되는 물품으로서 인체에 내한 삭용이 경미한 것을 말한다. 다만, 「약사법」 제2조제4호의 의약품에 해당하는 물품은 제외한다.

02 화장품제조업의 범위
- 화장품을 직접 제조하는 영업
- 화장품 제조를 위탁받아 제조하는 영업
- 화장품의 포장(1차 포장만 해당)을 하는 영업

03 휴업기간이 1개월 미만이거나 그 기간 동안 휴업하였다가 그 업을 재개하는 경우에는 신고를 할 필요가 없다.

정답 01 ① 02 ① 03 ①

04 <보기>에서 맞춤형화장품판매업자가 변경신고를 해야 하는 경우에 해당하는 것을 모두 고른 것은?

【보기】

㉠ 맞춤형화장품조제관리사의 주소를 변경하는 경우
㉡ 맞춤형화장품판매업자를 변경하는 경우
㉢ 맞춤형화장품판매업소의 전화번호를 변경하는 경우
㉣ 맞춤형화장품판매업소의 상호 또는 소재지를 변경하는 경우
㉤ 맞춤형화장품조제관리사를 변경하는 경우

① ㉠, ㉡, ㉢
② ㉠, ㉡, ㉣
③ ㉠, ㉡, ㉤
④ ㉡, ㉣, ㉤
⑤ ㉢, ㉣, ㉤

05 화장품법상 다음 중 화장품제조업 등록을 할 수 있는 사람은?

① 정신질환자
② 피성년후견인
③ 마약중독자
④ 당뇨병 환자
⑤ 파산선고를 받고 복권되지 않은 자

06 다음 중 개인정보보호법에 따른 개인정보 보호원칙이 아닌 것은?

① 개인정보처리자는 개인정보의 처리 목적을 명확하게 하여야 하고 그 목적에 필요한 범위에서 최소한의 개인정보만을 적법하고 정당하게 수집하여야 한다.
② 개인정보처리자는 개인정보의 처리 목적에 필요한 범위에서 적합하게 개인정보를 처리하여야 한다.
③ 개인정보처리자는 개인정보의 처리 방법 및 종류 등에 따라 정보주체의 권리가 침해받을 가능성과 그 위험 정도를 고려하여 개인정보를 안전하게 관리하여야 한다.
④ 개인정보처리자는 정보주체의 사생활 침해를 최소화하는 방법으로 개인정보를 처리하여야 한다.
⑤ 개인정보처리자는 개인정보 처리방침 등 개인정보의 처리에 관한 사항을 비공개로 해야 한다.

07 개인정보보호법에 따라 (   )에 들어갈 말로 옳은 것은?

【보기】

(   )(이)란 개인정보의 일부를 삭제하거나 일부 또는 전부를 대체하는 등의 방법으로 추가 정보가 없이는 특정 개인을 알아볼 수 없도록 처리하는 것을 말한다.

① 개인정보파일
② 가명처리
③ 영상정보처리
④ 개인정보침해
⑤ 열람청구

해설

04 맞춤형화장품판매업자가 변경신고를 해야 하는 경우는 다음과 같다.
- 맞춤형화장품판매업자를 변경하는 경우
- 맞춤형화장품판매업소의 상호 또는 소재지를 변경하는 경우
- 맞춤형화장품조제관리사를 변경하는 경우

05 당뇨병 환자는 화장품제조업 등록이 가능하다.

06 개인정보 보호 원칙 – 개인정보보호법 제3조
⑤ 개인정보처리자는 개인정보 처리방침 등 개인정보의 처리에 관한 사항을 공개하여야 하며, 열람청구권 등 정보주체의 권리를 보장하여야 한다.

07 개인정보법 제2조
"가명처리"란 개인정보의 일부를 삭제하거나 일부 또는 전부를 대체하는 등의 방법으로 추가 정보가 없이는 특정 개인을 알아볼 수 없도록 처리하는 것을 말한다.

정답 04 ④ 05 ④ 06 ⑤ 07 ②

[제2과목 | 화장품의 제조 및 품질관리와 원료의 사용기준 등에 관한 사항]

해설

08 「화장품의 색소 종류와 기준 및 시험방법」 [별표 1]에 지정되어 있는 화장품 색소 성분이 아닌 것은?

① 라이코펜 ② 카본블루 ③ 베타카로틴
④ 리보플라빈 ⑤ 비트루트레드

09 화장품 성분 중 무기 안료의 특성은?

① 내광성, 내열성이 우수하다.
② 선명도와 착색력이 뛰어나다.
③ 유기 용매에 잘 녹는다.
④ 유기 안료에 비해 색의 종류가 다양하다.
⑤ 빛, 산, 알칼리에 약하다.

10 고압가스를 사용하는 에어로졸 제품 사용 시 주의사항으로 옳지 않은 것은?

① 같은 부위에 연속해서 3초 이상 분사하지 말 것
② 가능하면 인체에서 20cm 이상 떨어져서 사용할 것
③ 눈 주위에 분사할 경우에는 눈을 반드시 감고 분사할 것
④ 분사가스는 직접 흡입하지 않도록 주의할 것
⑤ 자외선 차단제의 경우 얼굴에 직접 분사하지 말고 손에 덜어 얼굴에 바를 것

11 사용 후 씻어내는 화장품에서 향료의 구성성분 중 알레르기 유발 성분을 표시해야 하는 농도 기준은?

① 1.0%를 초과하는 경우 ② 0.1%를 초과하는 경우
③ 0.01%를 초과하는 경우 ④ 0.001%를 초과하는 경우
⑤ 0.0001%를 초과하는 경우

12 다음 <보기>에서 우수화장품 제조관리기준을 준수하는 제조업자에게 지원 가능한 사항을 모두 고르시오.

【보기】
㉠ 우수화장품 제조관리기준 적용에 관한 전문적 기술과 교육
㉡ 우수화장품 제조관리기준 적용을 위한 자문
㉢ 우수화장품 제조관리기준 적용을 위한 시설 · 설비 등 지원
㉣ 우수화장품 제조관리기준 적용을 위한 시설 · 설비 등 개수 · 보수

① ㉠, ㉡ ② ㉠, ㉡, ㉢ ③ ㉠, ㉡, ㉣
④ ㉠, ㉢, ㉣ ⑤ ㉡, ㉢, ㉣

08 라이코펜, 카본블랙, 베타카로틴, 리보플라빈, 비트루트레드 등이 화장품 색소 성분으로 지정되어 있다.

09 ②, ③, ④, ⑤는 유기 안료의 특성에 해당한다.

10 고압가스를 사용하는 에어로졸 제품은 눈 주위 또는 점막 등에 분사하지 말아야 한다.

11 사용 후 씻어내는 제품에는 0.01% 초과, 사용 후 씻어내지 않는 제품에는 0.001% 초과 함유하는 경우에 한한다.

12 우수화장품 제조관리기준을 준수하는 제조업자에게 지원 가능한 사항은 ㉠, ㉡, ㉣이다.

정답 08 ② 09 ① 10 ③ 11 ③ 12 ③

해설

13 다음 중 화장품 종류와 사용 시 주의사항의 연결이 옳지 않은 것은?

① 눈 화장용 제품류 - 눈에 들어갔을 때에는 즉시 씻어낼 것
② 퍼머넌트 웨이브 제품 및 헤어스트레이트너 제품 - 섭씨 15도 이하의 어두운 장소에 보존하고, 색이 변하거나 침전된 경우에는 사용하지 말 것
③ 손 · 발의 피부연화 제품 - 눈, 코 또는 입 등에 닿지 않도록 주의하여 사용할 것
④ 고압가스를 사용하지 않는 분무형 자외선 차단제 - 가능하면 인체에서 20cm 이상 떨어져서 사용할 것
⑤ 체취 방지용 제품 - 털을 제거한 직후에는 사용하지 말 것

14 화장품에 사용되는 보존제와 그 사용 한도로 옳은 것은?

① 글루타랄 0.2%
② 벤제토늄클로라이드 0.5%
③ 벤질알코올 1.0%
④ 클로로부탄올 0.2%
⑤ 엠디엠하이단토인 1.0%

15 화장품책임판매업자는 특정 성분을 0.5퍼센트 이상 함유하는 제품의 경우 해당 품목의 안정성시험 자료를 1년간 보존해야 한다. 이 성분에 해당하지 않는 것은?

① 비타민A ② 비타민B ③ 비타민C
④ 비타민E ⑤ 효소

16 자료제출이 생략되는 기능성화장품의 기능·주성분·최대 함량이 옳게 연결된 것은?

① 피부를 곱게 태워주거나 자외선으로부터 피부를 보호함 - 에칠헥실트리아존 - 10%
② 피부의 주름 개선에 도움을 줌 - 아데노신 - 0.4%
③ 체모를 제거함 - 시녹세이트 - 5%
④ 여드름성 피부를 완화하는 데 도움을 줌 - 살리실릭애씨드 - 0.5%
⑤ 피부의 미백에 도움을 줌 - 유용성감초추출물 - 0.5%

13 고압가스를 사용하지 않는 분무형 자외선 차단제 – 얼굴에 직접 분사하지 말고 손에 덜어 얼굴에 바를 것

14 사용상의 제한이 필요한 원료
– 화장품 안전기준 등에 관한 규정 [별표2]
① 글루타랄 0.1%
② 벤제토늄클로라이드 0.1%
④ 클로로부탄올 0.5%
⑤ 엠디엠하이단토인 0.2%

15 레티놀(비타민A) 및 그 유도체, 아스코빅애시드(비타민C) 및 그 유도체, 토코페롤(비타민E), 과산화화합물, 효소 성분을 0.5% 이상 함유하는 제품의 경우 해당 품목의 안정성시험 자료를 1년간 보존해야 한다.

16 ① 피부를 곱게 태워주거나 자외선으로부터 피부를 보호함 – 에칠헥실트리아존 – 5%
② 피부의 주름 개선에 도움을 줌 – 아데노신 – 0.04%
③ 체모를 제거함 – 치오글리콜산 80% – 4.5%
⑤ 피부의 미백에 도움을 줌 – 유용성감초추출물 – 0.05%

정답 13 ④ 14 ③ 15 ② 16 ④

17 다음 중 보습제가 갖추어야 할 조건이 아닌 것은?

① 다른 성분과의 혼용성이 좋을 것
② 휘발성이 있을 것
③ 적절한 보습능력이 있을 것
④ 응고점이 낮을 것
⑤ 피부 친화성이 좋을 것

18 다음은 어느 화장품의 전성분 표시 내용이다. 밑줄 친 성분 중 알레르기 유발성분에 해당하는 성분을 모두 고르시오.

【보기】

정제수, ㉠ 프로판다이올, 글리세린, ㉡ 메틸프로판다이올, ㉢ 부틸렌글리콜, 유자추출물, 향료, ㉣ 파네솔, 모과추출물, ㉤ 참나무이끼추출물, 1,2-헥산다이올, 글리세릴카프릴레이트, 적색산화철

① ㉠, ㉡　　② ㉡, ㉢　　③ ㉢, ㉣
④ ㉣, ㉤　　⑤ ㉤, ㉥

19 맞춤형화장품 조제관리사인 소영은 매장을 방문한 고객과 다음과 같은 <대화>를 나누었다. 소영이가 고객에게 혼합하여 추천할 제품으로 다음 <보기> 중 옳은 것을 모두 고르면?

【대화】

고객 : 최근에 야외활동을 많이 해서 그런지 얼굴 피부가 검어지고 칙칙해졌어요. 건조하기도 하구요.
소영 : 아. 그러신가요? 그럼 고객님 피부 상태를 측정해 보도록 할까요?
고객 : 그럴까요? 지난번 방문 시와 비교해 주시면 좋겠네요.
소영 : 네. 이쪽에 앉으시면 저희 측정기로 측정을 해드리겠습니다.

(피부측정 후)

소영 : 고객님은 1달 전 측정 시보다 얼굴에 색소 침착도가 20% 가량 높아져있고, 피부 보습도도 25% 가량 많이 낮아져 있군요.
고객 : 음. 걱정이네요. 그럼 어떤 제품을 쓰는 것이 좋을지 추천 부탁드려요.

【보기】

㉠ 티타늄디옥사이드(Titanium Dioxide) 함유 제품
㉡ 나이아신아마이드(Niacinamide) 함유 제품
㉢ 카페인(Caffeine) 함유 제품
㉣ 소듐하이알루로네이트(Sodium Hyaluronate) 함유 제품
㉤ 아데노신(Adenosine) 함유 제품

① ㉠, ㉢　　② ㉠, ㉤　　③ ㉡, ㉣
④ ㉡, ㉤　　⑤ ㉢, ㉣

해설

17 보습제는 휘발성이 없어야 한다.

18 파네솔과 참나무이끼추출물이 알레르기 유발성분에 해당한다.

19 ㉠ 티타늄디옥사이드 – 자외선 차단제
㉡ 나이아신아마이드 – 미백제
㉢ 카페인 – 피부컨디셔닝제
㉣ 소듐하이알루로네이트 – 보습제
㉤ 아데노신 – 주름개선제

정답 17 ② 18 ④ 19 ③

20 <보기>에서 탈모 증상의 완화에 도움을 주는 기능성화장품을 모두 고른 것은?

【보기】

㉠ 덱스판테놀 ㉡ 알부틴 ㉢ l-멘톨
㉣ 알파-비사보롤 ㉤ 징크피리치온 ㉥ 아데노신

① ㉠, ㉡, ㉢ ② ㉠, ㉢, ㉤ ③ ㉠, ㉣, ㉥
④ ㉡, ㉢, ㉣ ⑤ ㉡, ㉤, ㉥

21 ( ) 안에 들어갈 말로 옳은 것은?

【보기】

(   )(이)라 함은 레이크 제조 시 순색소를 확산시키는 목적으로 사용되는 물질을 말하며 알루미나, 브랭크휙스, 크레이, 이산화티탄, 산화아연, 탤크, 로진, 벤조산알루미늄, 탄산칼슘 등의 단일 또는 혼합물을 사용한다.

① 기질 ② 타르색소
③ 순색소 ④ 희석제
⑤ 레이크

22 화장품에 사용되는 원료 기능과 성분명이 바르게 연결된 것은?

기능	성분명
① 자외선 차단	– 옥토크릴렌
② 피부 미백	– 징크옥사이드
③ 주름 개선	– 에칠아스코빌에텔
④ 모발 색상 변화	– 레티놀
⑤ 체모 제거	– 피크라민산

23 다음 중 맞춤형화장품의 혼합·소분에 대한 설명으로 옳은 것은?

① 맞춤형화장품조제관리사는 시중에 유통 중인 화장품을 구입하여 맞춤형화장품의 혼합 · 소분에 사용할 수 있다.
② 인체세정용 제품은 맞춤형화장품으로 판매할 수 없다.
③ 맞춤형화장품조제관리사는 화장품에 해당하는 모든 품목을 맞춤형화장품으로 판매할 수 있다.
④ 맞춤형화장품판매업소에서 소비자가 본인이 사용하고자 하는 제품을 직접 혼합 또는 소분할 수 있다.
⑤ 맞춤형화장품조제관리사 자격증을 소지하지 않은 미용사가 고객의 머리카락 염색을 위하여 염모제를 혼합하는 행위를 할 수 없다.

해설

20 탈모 증상의 완화에 도움을 주는 기능성화장품
덱스판테놀, 비오틴, 엘-멘톨, 징크피리치온

21 화장품의 색소 종류와 기준 및 시험방법
1. 색소 : 화장품이나 피부에 색을 띠게 하는 것을 주요 목적으로 하는 성분
2. 타르색소 : 제1호의 색소 중 콜타르, 그 중간생성물에서 유래되었거나 유기합성하여 얻은 색소 및 그 레이크, 염, 희석제와의 혼합물
3. 순색소 : 중간체, 희석제, 기질 등을 포함하지 아니한 순수한 색소
4. 레이크 : 타르색소를 기질에 흡착, 공침 또는 단순한 혼합이 아닌 화학적 결합에 의하여 확산시킨 색소
5. 기질 : 레이크 제조 시 순색소를 확산시키는 목적으로 사용되는 물질을 말하며 알루미나, 브랭크휙스, 크레이, 이산화티탄, 산화아연, 탤크, 로진, 벤조산알루미늄, 탄산칼슘 등의 단일 또는 혼합물을 사용한다.

22 ② 자외선 차단 – 징크옥사이드
③ 피부 미백 – 에칠아스코빌에텔
④ 주름 개선 – 레티놀
⑤ 모발 색상 변화 – 피크라민산

23 ① 맞춤형화장품에 사용되는 내용물은 맞춤형화장품의 혼합 · 소분에 사용할 목적으로 화장품책임판매업자로부터 직접 제공받은 것이어야 하며, 시중에 유통 중인 제품을 임의로 구입하여 맞춤형화장품 혼합 · 소분의 용도로 사용할 수 없다.
② 맞춤형화장품으로 판매될 수 있는 화장품 유형에는 제한이 없으며, 맞춤형화장품판매업자가 관련 법령을 준수할 경우 화장품에 해당하는 모든 품목은 맞춤형화장품으로 판매할 수 있다.
④ 맞춤형화장품조제관리사가 아닌 자는 판매장에서 혼합 · 소분할 수 없다.
⑤ 미용사가 소비자에게 판매할 목적으로 제품을 혼합 · 소분하는 행위는 할 수 없지만, 고객의 머리카락 염색을 위해 혼합 · 소분하는 것은 가능하다.

정답 20 ② 21 ① 22 ① 23 ③

24 피부미백제의 원료성분과 사용한도에 대한 내용으로 옳지 않은 것은?

① 닥나무추출물 2%
② 유용성감초추출물 0.5%
③ 알파-비사보롤 0.5%
④ 아스코빌글루코사이드 2%
⑤ 아스코빌테트라이소팔미테이트 2%

25 인체적용제품의 위해성평가 등에 관한 규정에 관한 내용으로 옳지 않은 것은?

① "위해성평가"란 인체적용제품에 존재하는 위해요소가 인체의 건강을 해치거나 해칠 우려가 있는지 여부와 그 정도를 과학적으로 평가하는 것을 말한다.
② 화장품의 위해성평가에 필요한 자료를 확보하기 위하여 동물실험 등을 통해 독성시험을 실시하는 것은 '동물실험에 관한 법률'에 의해 윤리성 및 안전성의 문제로 금지되어 있다.
③ 화학적 위해요소에 대한 위해성은 물질의 특성에 따라 위해지수, 안전역 등으로 표현하고 국내 · 외 위해성평가 결과 등을 종합적으로 비교 · 분석하여 최종 판단한다.
④ 미생물적 위해요소에 대한 위해성은 미생물 생육 예측 모델 결과값, 용량-반응 모델 결과값 등을 이용하여 인체 건강에 미치는 유해영향 발생 가능성 등을 최종 판단한다.
⑤ 식품의약품안전처장은 인체의 건강을 해칠 우려가 있다고 인정되는 인체적용제품에 해당하는 경우에는 위해성평가의 대상으로 선정할 수 있다.

26 다음 중 회수 대상 화장품이 아닌 것은?

① 디메칠니트로소아민이 함유된 화장품
② 맞춤형화장품조제관리사를 두지 않고 판매한 맞춤형화장품
③ 맞춤형화장품 판매를 위하여 화장품의 포장 및 기재 · 표시 사항을 훼손한 화장품
④ 화장품의 기재사항, 가격표시, 기재 · 표시상의 주의사항에 위반되는 화장품 또는 의약품으로 잘못 인식할 우려가 있게 기재 · 표시된 화장품
⑤ 사용기한을 위조한 화장품

해설

24 ② 유용성감초추출물 0.05%

25 ② 식품의약품안전처장은 위해성평가에 필요한 자료를 확보하기 위하여 독성의 정도를 동물실험 등을 통하여 과학적으로 평가하는 독성시험을 실시할 수 있다.

26 ① 디메칠니트로소아민은 사용할 수 없는 원료이므로 회수 대상 화장품이다.
③ 맞춤형화장품 판매를 위하여 화장품의 포장 및 기재 · 표시 사항을 훼손한 경우는 회수 대상 화장품이 아니다.

정답 24 ② 25 ② 26 ③

27 다음 중 위해성 등급의 정도가 다른 것은?

① 안전용기 · 포장 기준에 위반되는 화장품
② 병원미생물에 오염된 화장품
③ 미등록자가 제조한 화장품 또는 제조 · 수입하여 유통 · 판매한 화장품
④ 화장품제조업자 또는 화장품책임판매업자 스스로 국민보건에 위해를 끼칠 우려가 있어 회수가 필요하다고 판단한 화장품
⑤ 미신고자가 판매한 맞춤형화장품

[제3과목 | 화장품의 유통 및 안전관리 등에 관한 사항]

28 우수화장품 제조기준 및 품질관리 기준에서 작업장 내에서의 직원 위생에 관한 설명으로 옳지 않은 것은?

① 적절한 위생관리 기준 및 절차를 마련하고 제조소 내의 모든 직원이 위생관리 기준 및 절차를 준수할 수 있도록 교육훈련 해야 한다.
② 직원은 작업 중의 위생관리상 문제가 되지 않도록 청정도에 맞는 적절한 작업복, 모자와 신발을 착용해야 하지만, 작업 효율성을 위해 작업 전 복장점검을 생략할 수 있다.
③ 제품 품질과 안전성에 악영향을 미칠지도 모르는 건강 조건을 가진 직원은 원료, 포장, 제품 또는 제품 표면에 직접 접촉하지 말아야 한다.
④ 방문객 또는 안전 위생의 교육훈련을 받지 않은 직원이 화장품 제조, 관리, 보관을 실시하고 있는 구역으로 출입하는 일은 피해야 한다.
⑤ 명백한 질병 또는 노출된 피부에 상처가 있는 직원은 증상이 회복되거나 의사가 제품 품질에 영향을 끼치지 않을 것이라고 진단할 때까지 제품과 직접적인 접촉을 하여서는 안 된다.

29 우수화장품 품질관리기준에 따라 재검토를 대비해 완제품 검체 보관 시에 대한 설명으로 옳지 않은 것은?

① 제품을 그대로 보관한다.
② 각 뱃치를 대표하는 검체를 보관한다.
③ 일반적으로는 각 뱃치별로 제품 시험을 3번 실시할 수 있는 양을 보관한다.
④ 제품이 가장 안정한 조건에서 보관한다.
⑤ 사용기한 경과 후 1년간 또는 개봉 후 사용기간을 기재하는 경우에는 제조일로부터 3년간 보관한다.

해설

27 안전용기 · 포장 기준에 위반되는 화장품은 나 등급이며, 나머지는 모두 다 등급에 해당한다.

28 ② 직원은 작업 전에 복장점검을 하고 적절하지 않을 경우는 시정한다.

29 ③ 일반적으로는 각 뱃치별로 제품 시험을 2번 실시할 수 있는 양을 보관한다.

정답 27 ① 28 ② 29 ③

30 우수화장품 제조기준 및 품질관리 기준에서 화장품 제조 시설의 위생에 대한 설명으로 옳지 않은 것은?

① 제조하는 화장품의 종류 · 제형에 따라 적절히 구획 · 구분되어 있어 교차오염 우려가 없어야 한다.
② 바닥, 벽, 천장은 가능한 한 청소하기 쉽게 매끄러운 표면을 지니고 소독제 등의 부식성에 저항력이 있어야 한다.
③ 환기가 잘 되고 청결해야 한다.
④ 외부와 연결된 창문은 가능한 한 잘 열리는 구조여야 한다.
⑤ 작업소 내의 외관 표면은 가능한 매끄럽게 설계하고, 청소, 소독제의 부식성에 저항력이 있어야 한다.

31 화장품을 제조할 때 화장품의 원료와 포장재 보관 방법으로 옳지 않은 것은?

① 보관 조건은 각각의 원료와 포장재에 적합하여야 하고, 과도한 열기, 추위, 햇빛 또는 습기에 노출되어 변질되는 것을 방지할 수 있어야 한다.
② 물질의 특징 및 특성에 맞도록 보관, 취급되어야 한다.
③ 원료와 포장재의 용기는 밀폐되어, 청소와 검사가 용이하도록 충분한 간격으로, 바닥과 떨어진 곳에 보관되어야 한다.
④ 원료와 포장재가 재포장될 경우 원래의 용기와 동일하게 표시하지 않도록 주의한다.
⑤ 원료 및 포장재의 관리는 허가되지 않거나, 불합격 판정을 받거나, 아니면 의심스러운 물질의 허가되지 않은 사용을 방지할 수 있어야 한다.

32 유통화장품 안전관리 시험방법 [별표 4]에서 비의도 유래물질 검출 허용한도 시험방법 중 <보기>의 기법을 사용하는 물질은?

【보기】
- 비색법
- 원자흡광도법
- 유도결합플라즈마분광기를 이용하는 방법
- 유도결합플라즈마-질량분석기를 이용한 방법

① 납 ② 비소
③ 수은 ④ 카드뮴
⑤ 니켈

해설

30 ④ 외부와 연결된 창문은 가능한 한 잘 열리지 않아야 한다.

31 ④ 원료와 포장재가 재포장될 경우 원래의 용기와 동일하게 표시되어야 한다.

32 비색법, 원자흡광도법, 유도결합플라즈마분광기를 이용하는 방법, 유도결합플라즈마-질량분석기를 이용한 방법을 사용하는 물질은 비소이다.

정답 30 ④ 31 ④ 32 ②

33 유통화장품의 안전관리 기준상 pH 기준이 3.0~9.0이어야 하는 제품을 <보기>에서 모두 고른 것은?

【보기】

㉠ 영 · 유아용 로션　　㉡ 마스카라
㉢ 립글로스　　㉣ 셰이빙 크림
㉤ 클렌징 워터　　㉥ 린스

① ㉠, ㉡, ㉢　② ㉠, ㉤, ㉥　③ ㉡, ㉢, ㉣
④ ㉡, ㉣, ㉥　⑤ ㉢, ㉣, ㉤

34 유통화장품의 안전관리 기준에서 비의도 유래 물질의 검출 허용 한도가 옳지 않은 것은?

① 비소 - 10μg/g 이하
② 안티몬 - 10μg/g 이하
③ 카드뮴 - 5μg/g 이하
④ 수은 - 1μg/g 이하
⑤ 포름알데하이드 - 20μg/g 이하

35 포장재의 입고기준에 관한 설명으로 옳지 않은 것은?

① 포장재 공급자에 대한 관리 감독을 수행하여 입고 관리가 철저히 이루어지도록 한다.
② 제품을 정확히 식별하고 혼동의 위험을 없애기 위해 제품 정보를 확인할 수 있는 표시를 부착하였는지 확인한다.
③ 포장재 입고 절차 중 육안으로 물품에 결함이 있음을 확인하였을 경우 입고를 보류하고 격리 보관하거나 포장재 공급업자에게 반송한다.
④ 제조 및 포장 업무를 원활하게 진행하기 위하여 포장재는 제조실에 같이 보관한다.
⑤ 입고된 포장재는 '적합', '부적합', '검사 중' 등으로 상태를 표시하여 불량품이 제품의 포장에 사용되는 것을 막는다.

36 화장품법 제14조의2에 따르면 식품의약품안전처장은 천연화장품 및 유기농화장품의 품질제고를 유도하고 소비자에게 보다 정확한 제품정보가 제공될 수 있도록 식품의약품안전처장이 정하는 기준에 적합한 천연화장품 및 유기농화장품에 대하여 인증할 수 있다. 인증의 유효기간은 인증을 받은 날부터 몇 년인가?

① 1년　② 2년　③ 3년
④ 4년　⑤ 5년

해설

33 다음 제품 중 액, 로션, 크림 및 이와 유사한 제형의 액상제품은 pH 기준이 3.0~9.0 이어야 한다.
- 영 · 유아용 제품류(영 · 유아용 샴푸, 린스, 인체 세정용 제품, 목욕용 제품 제외)
- 눈 화장용 제품류, 색조 화장용 제품류
- 두발용 제품류(샴푸, 린스 제외)
- 면도용 제품류(셰이빙 크림, 셰이빙 폼 제외)
- 기초화장용 제품류(클렌징 워터, 클렌징 오일, 클렌징 로션, 클렌징 크림 등 메이크업 리무버 제품 제외)

34 ⑤ 포름알데하이드 – 2,000μg/g 이하

35 ④ 포장재는 제조소와 교차 오염을 피하기 위해 구분 · 구획하여 보관해야 한다.

36 인증의 유효기간은 인증을 받은 날부터 3년으로 한다.

정답 33 ① 34 ⑤ 35 ④ 36 ③

37 입고된 원료 및 내용물 관리기준에 대한 설명으로 옳지 않은 것은?

① 원자재, 반제품 및 벌크 제품은 품질에 나쁜 영향을 미치지 않는 조건에서 보관하여야 하며 보관기한을 설정하여야 한다.
② 원자재, 반제품 및 벌크 제품은 바닥과 벽에 닿지 않도록 보관하고, 선입선출에 의하여 출고할 수 있도록 보관하여야 한다.
③ 원자재, 시험 중인 제품 및 부적합품은 각각 구획된 장소에서 보관하여야 한다.
④ 설정된 보관기한이 지나면 사용의 적절성을 결정하기 위해 재평가시스템을 확립하여야 한다.
⑤ 가장 오래된 재고가 가장 나중에 불출되도록 관리한다.

38 다음 중 화장품법에 따른 과태료 부과기준이 다른 하나는?

① 폐업 또는 휴업 신고를 하지 않은 경우
② 화장품의 판매 가격을 표시하지 않은 경우
③ 화장품의 생산실적 또는 수입실적 또는 화장품 원료의 목록 등을 보고하지 않은 경우
④ 맞춤형화장품조제관리사가 화장품의 안전성 확보 및 품질관리에 관한 교육을 받지 않은 경우
⑤ 동물실험을 실시한 화장품 원료를 사용하여 제조 또는 수입한 화장품을 유통 · 판매한 경우

39 영유아 또는 어린이가 사용하는 것으로 표시·광고하는 화장품에 대한 설명으로 옳지 않은 것은?

① 영유아는 만 3세 이하를, 어린이는 만 4세 이상부터 만 13세 이하까지를 말한다.
② 화장품책임판매업자는 영유아 또는 어린이가 사용할 수 있는 화장품임을 표시 · 광고하려는 경우에는 제품별로 안전과 품질을 입증할 수 있는 제품별 안전성 자료를 작성 및 보관하여야 한다.
③ 식품의약품안전처장은 영유아 또는 어린이 사용 화장품에 대하여 제품별 안전성 자료, 소비자 사용실태, 사용 후 이상사례 등에 대하여 5년마다 실태조사를 실시해야 한다.
④ 영유아 또는 어린이가 사용하는 것으로 표시 · 광고하는 화장품의 경우에는 사용한 보존제의 함량을 표시하여야 한다.
⑤ 화장품책임판매업자는 화장품의 1차 포장에 개봉 후 사용기간을 표시하는 경우 영유아 또는 어린이가 사용할 수 있는 화장품임을 표시 · 광고한 날부터 마지막으로 제조 · 수입된 제품의 제조연월일 이후 1년까지 제품별 안전성 자료를 보관하여야 한다.

해설

37 특별한 경우를 제외하고, 가장 오래된 재고가 제일 먼저 불출되도록 선입선출 한다.

38 ①~④는 50만원의 과태료에 해당하고, ⑤는 100만원의 과태료에 해당한다.

39 화장품책임판매업자는 화장품의 1차 포장에 개봉 후 사용기간을 표시하는 경우 영유아 또는 어린이가 사용할 수 있는 화장품임을 표시 · 광고한 날부터 마지막으로 제조 · 수입된 제품의 제조연월일 이후 3년까지 제품별 안전성 자료를 보관하여야 한다.

정답 37 ⑤ 38 ⑤ 39 ⑤

40 기능성화장품의 심사를 위하여 제출하여야 하는 자료 중 안전성에 관한 자료에 해당하지 않는 것은?

① 단회투여독성시험자료
② 1차피부자극시험자료
③ 안점막자극 또는 기타점막자극시험자료
④ 염모효력시험자료
⑤ 피부감작성시험자료

41 치오글라이콜릭애씨드 또는 염류를 주성분으로 하는 냉2욕식 퍼머넌트웨이브용 제품의 제2제 중 브롬산나트륨 함유제제의 기준에 해당하지 않는 것은?

① 용해상태 : 명확한 불용성 이물이 없을 것
② pH : 4.0~10.5
③ 중금속 : 20㎍/g 이하
④ 산화력 : 1인 1회 분량의 산화력이 3.5 이상
⑤ 철 : 2㎍/g 이하

42 유통화장품 안전관리 시험방법에서 유리알칼리 시험법 중 에탄올법에 대한 설명으로 옳지 않은 것은?

① 플라스크에 에탄올 200mL을 넣고 환류 냉각기를 연결한다.
② 이산화탄소를 제거하기 위하여 서서히 가열하여 5분 동안 끓인다.
③ 냉각기에서 분리시키고 약 70℃로 냉각시킨 후 페놀프탈레인 지시약 4방울을 넣어 지시약이 분홍색이 될 때까지 0.1N 수산화칼륨 · 에탄올액으로 중화시킨다.
④ 중화된 에탄올이 들어있는 플라스크에 검체 약 5.0g을 정밀하게 달아 넣고 환류 냉각기에 연결 후 완전히 용해될 때까지 서서히 끓인다.
⑤ 약 70℃로 냉각시키고 에탄올을 중화시켰을 때 나타난 것과 동일한 정도의 분홍색이 나타날 때까지 0.1N 수산화칼륨 · 에탄올용액으로 적정한다.

43 우수화장품 제조 및 품질 관리기준에 따른 반제품 용기에 표시해야 할 사항에 해당되지 않는 것은?

① 제조지시자 및 지시연월일
② 명칭 또는 확인코드
③ 제조번호
④ 완료된 공정명
⑤ 보관조건

40 염모효력시험자료는 유효성 또는 기능에 관한 자료에 해당한다.

41 ⑤는 치오글라이콜릭애씨드 또는 염류를 주성분으로 하는 냉2욕식 퍼머넌트웨이브용 제품의 제1제의 기준에 속한다.

42 ⑤ 약 70℃로 냉각시키고 에탄올을 중화시켰을 때 나타난 것과 동일한 정도의 분홍색이 나타날 때까지 0.1N 염산 · 에탄올용액으로 적정한다.

43 반제품은 품질이 변하지 아니하도록 적당한 용기에 넣어 지정된 장소에서 보관해야 하며 용기에 다음 사항을 표시해야 한다.
- 명칭 또는 확인코드
- 제조번호
- 완료된 공정명
- 필요한 경우에는 보관조건

정답 40 ④ 41 ⑤ 42 ⑤ 43 ①

44 <보기>에서 맞춤형화장품 조제관리사가 원료 혼합에 사용할 수 있는 것을 모두 고른 것은?

【보기】
㉠ 오포파낙스 ㉡ 에틸신나메이트
㉢ 페녹시에탄올 ㉣ 라우로일락틸릭애씨드
㉤ 클로로자이레놀 ㉥ 소듐라데이트

① ㉠, ㉡, ㉢ ② ㉠, ㉤, ㉥ ③ ㉡, ㉢, ㉣
④ ㉡, ㉣, ㉥ ⑤ ㉢, ㉣, ㉤

44 **화장품 안전기준 등에 관한 규정 제5조 (맞춤형화장품에 사용 가능한 원료)**
오포파낙스, 페녹시에탄올, 클로로자이레놀은 '화장품 안전기준 등에 관한 규정' [별표 2]의 화장품에 사용상의 제한이 필요한 원료에 해당하므로 맞춤형화장품에 사용할 수 없다.

45 유통화장품의 안전관리 기준에 대한 설명으로 옳지 않은 것은?

① 별표 1의 사용할 수 없는 원료가 검출되었으나 검출허용한도가 설정되지 아니한 경우에는 위해평가 후 위해 여부를 결정하여야 한다.
② 제조 또는 보관 과정 중 포장재로부터 이행되는 등 비의도적으로 유래된 사실이 객관적인 자료로 확인되는 경우 대장균의 검출허용한도는 15개/g이다.
③ 시험방법은 별표 4에 따라 시험하되, 기타 과학적 · 합리적으로 타당성이 인정되는 경우 자사 기준으로 시험할 수 있다.
④ 포름알데하이드의 허용한도는 2000μg/g 이하이다.
⑤ 니켈의 허용한도는 눈 화장용 제품은 35μg/g 이하, 색조 화장용 제품은 30μg/g이하, 그 밖의 제품은 10μg/g 이하이다.

45 화장품을 제조하면서 인위적으로 첨가하지 않았으나, 제조 또는 보관 과정 중 포장재로부터 이행되는 등 비의도적으로 유래된 사실이 객관적인 자료로 확인되고 기술적으로 완전한 제거가 불가능한 경우 허용 한도 내에서 검출이 허용되지만, 대장균, 녹농균, 황색포도상구균은 검출되면 안 된다.

46 우수화장품 제조 및 품질관리 기준에 따른 제품표준서 중 제조지시서에 포함되지 않아도 되는 것은?

① 제품표준서의 번호
② 사용된 원료명, 분량, 시험번호 및 제조단위당 실 사용량
③ 제조 설비명
④ 공정별 상세 작업내용 및 주의사항
⑤ 출고 시 선입선출 및 칭량된 용기의 표시사항

46 ⑤ 출고 시 선입선출 및 칭량된 용기의 표시사항은 제조관리기준서의 원자재 관리에 관한 사항에 포함되어야 하는 사항이다.

47 유통화장품 안전관리 시험방법 [별표 4]에서 중금속 납을 분석할 수 있는 기법에 해당되지 않는 것은?

① 디티존법
② 원자흡광광도법
③ 유도결합플라즈마분광기
④ 유도결합플라즈마-질량분석기
⑤ 비색법

47 납을 분석할 수 있는 기법
- 디티존법
- 원자흡광광도법
- 유도결합플라즈마분광기
- 유도결합플라즈마-질량분석기

정답 44 ④ 45 ② 46 ⑤ 47 ⑤

48 우수화장품 제조 및 품질관리 기준에 따른 제품의 입고·보관·출하 단계에서 ㉠과 ㉡에 들어갈 말로 옳은 것은?

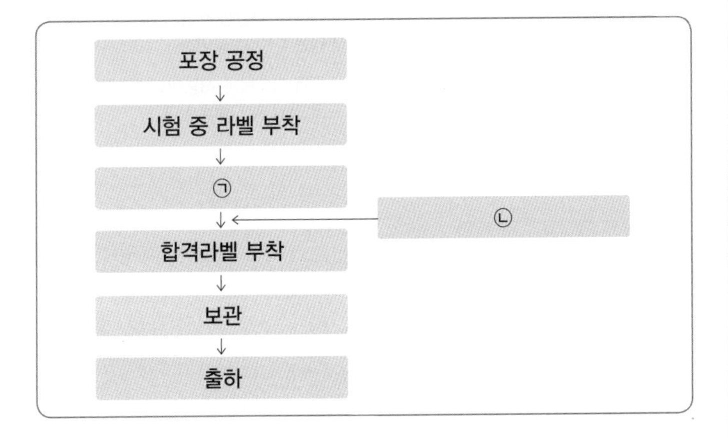

	㉠	㉡
①	임시 보관	출하
②	제품 성적서 수령	제품시험 합격
③	제품 시험	반품
④	보관용 검체 채취	합격 · 출하 판정
⑤	임시 보관	제품시험 합격

49 우수화장품 제조 및 품질관리기준에서 원료, 포장재의 선정 절차 순서 중 ㉠, ㉡에 들어갈 것으로 옳은 것은?

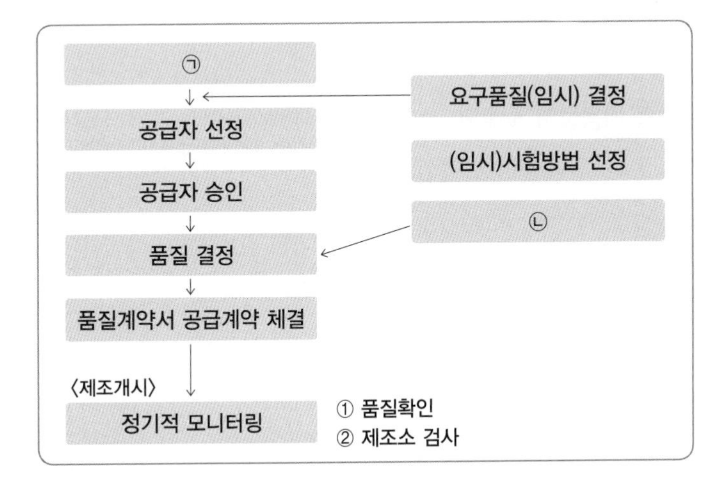

① 검증자료 공급, 시험방법 확립
② 중요도 분류, 시험방법 확립
③ 중요도 분류, 시험기록 확인
④ 품질계약서 교환, 육안검사
⑤ 안전성정보 교환, 육안검사

해설

48 ㉠에는 임시 보관, ㉡에는 제품시험 합격이 적당하다.

49 ㉠에는 중요도 분류, ㉡에는 시험방법 확립이 적당하다.

정답 48 ⑤ 49 ②

50 맞춤형화장품 혼합을 위해 책임판매업자로부터 <보기>와 같은 성적서를 전달받았다. <보기> 중 법적인 문제가 있어 책임판매업자에게 다시 한 번 확인해야 할 항목을 모두 고른 것은?

【보기】

㉠ 카드뮴 : 3㎍/g
㉡ 수은 : 5㎍/g
㉢ 니켈(색조 화장용 제품) : 20㎍/g 이하
㉣ 안티몬 : 20㎍/g

① ㉠, ㉡　② ㉠, ㉢　③ ㉡, ㉢
④ ㉡, ㉣　⑤ ㉢, ㉣

51 다음 <보기>에서 유통화장품 인전관리 기준에 대한 설명으로 옳은 것은?

【보기】

㉠ 물휴지의 경우 세균 및 진균수는 각각 500개/g(mL) 이하이다.
㉡ 비소의 검출 기준치는 10㎍/g 이하이다.
㉢ 대장균, 녹농균, 황색포도상구균은 검출되어서는 안 된다.
㉣ 기능성화장품은 기능성을 나타나게 하는 주원료의 함량이 심사 또는 보고한 기준에 적합하여야 한다.
㉤ 치오글라이콜릭애씨드 또는 그 염류를 주성분으로 하는 냉1욕식 퍼머넌트웨이브용 제품의 pH 기준은 4.5~9.3이다.

① ㉠, ㉡, ㉢　② ㉠, ㉡, ㉣　③ ㉠, ㉢, ㉤
④ ㉡, ㉢, ㉣　⑤ ㉢, ㉣, ㉤

52 우수화장품 제조 및 품질관리기준에서 화장품 내용물이 노출되는 작업실의 관리기준으로 옳은 것은?

① 낙하균 10개/hr 또는 부유균 10개/m^3
② 낙하균 20개/hr 또는 부유균 20개/m^3
③ 낙하균 20개/hr 또는 부유균 30개/m^3
④ 낙하균 30개/hr 또는 부유균 30개/m^3
⑤ 낙하균 30개/hr 또는 부유균 200개/m^3

해설

50 검출 허용한도
㉠ 카드뮴 : 5㎍/g 이하
㉡ 수은 : 1㎍/g 이하
㉢ 니켈(색조 화장용 제품) : 30㎍/g 이하
㉣ 안티몬 : 10㎍/g 이하

※ 수은과 카드뮴은 허용한도보다 많이 검출되었으므로 다시 확인해야 한다.

51 ㉠ 물휴지의 경우 세균 및 진균수는 각각 100개/g(mL) 이하이다.
㉤ 치오글라이콜릭애씨드 또는 그 염류를 주성분으로 하는 냉1욕식 퍼머넌트웨이브용 제품의 pH 기준은 9.4~9.6이다.

52 화장품 내용물이 노출되는 작업실의 관리기준은 낙하균 30개/hr 또는 부유균 200개/m^3이다.

정답 50 ④ 51 ④ 52 ⑤

[제4과목 | 맞춤형화장품의 특성 · 내용 및 관리 등에 관한 사항]

53 제품별 안전성 자료의 보관기간에 관한 규정이다. (　) 안에 들어갈 말로 옳은 것은?

【보기】

화장품의 1차 포장에 사용기한을 표시하는 경우 제품별 안전성 자료의 보관기간은 영유아 또는 어린이가 사용할 수 있는 화장품임을 표시 · 광고한 날부터 마지막으로 제조 · 수입된 제품의 사용기한 만료일 이후 (　)까지의 기간이다.

① 6개월　② 1년　③ 2년
④ 3년　⑤ 4년

54 화장품 안전성 정보관리 규정에 따른 안전성 정보의 보고에 관한 설명으로 옳지 않은 것은?

① 유해사례란 화장품의 사용 중 발생한 바람직하지 않고 의도되지 아니한 징후, 증상 또는 질병을 말하며, 당해 화장품과 반드시 인과관계를 가져야 하는 것은 아니다.
② 안전성 정보란 화장품과 관련하여 국민보건에 직접 영향을 미칠 수 있는 안전성 · 유효성에 관한 새로운 자료, 유해사례 정보 등을 말한다.
③ 화장품책임판매업자는 중대한 유해사례 또는 이와 관련하여 식품의약품안전처장이 보고를 지시한 경우 그 정보를 알게 된 날로부터 15일 이내에 식품의약품안전처장에게 신속히 보고하여야 한다.
④ 안전성 정보의 신속보고는 식품의약품안전처 홈페이지를 통해 보고하거나 우편 · 팩스 · 정보통신망 등의 방법으로 할 수 있다.
⑤ 화장품책임판매업자는 안전성 정보의 정기보고를 매 분기마다 식품의약품안전처 홈페이지를 통해 보고하거나 전자파일과 함께 우편 · 팩스 · 정보통신망 등의 방법으로 하여야 한다.

55 화장품에 사용되는 원료 중 사용상의 제한이 필요한 원료는?

① 아보카도오일
② 아세틸글루타민
③ 암모늄라우릴설페이트
④ 에틸트라이실록세인
⑤ 클로로부탄올

해설

53 제품별 안전성 자료의 보관기간
화장품의 1차 포장에 사용기한을 표시하는 경우 : 영유아 또는 어린이가 사용할 수 있는 화장품임을 표시 · 광고한 날부터 마지막으로 제조 · 수입된 제품의 사용기한 만료일 이후 1년까지의 기간

54 안전성 정보의 정기보고는 매 반기 종료 후 1월 이내에 식품의약품안전처장에게 보고하여야 한다.

55 ① 아보카도오일 – 피부컨디셔닝제(수분차단제)
② 아세틸글루타민 – 피부컨디셔닝제
③ 암모늄라우릴설페이트 – 계면활성제, 세정제
④ 에틸트라이실록세인 – 피부컨디셔닝제(기타), 용제, 점도감소제
⑤ 클로로부탄올 – 보존제 성분(사용한도 0.5%)

정답 53 ② 54 ⑤ .55 ⑤

56 자외선 차단제에 대한 <보기>의 설명 중 옳은 것을 모두 짝지은 것은?

【보기】

㉠ 자외선 차단제는 물리적 차단제와 화학적 차단제가 있다.
㉡ 물리적 차단제에는 벤조페논, 옥시벤존, 옥틸디메틸파바 등이 있다.
㉢ 화학적 차단제는 피부에 유해한 자외선을 흡수하여 피부 침투를 차단하는 방법이다.
㉣ 물리적 차단제는 자외선이 피부에 흡수되지 못하도록 피부 표면에서 빛을 반사 또는 산란시키는 방법이다.
㉤ SPF는 수치가 낮을수록 자외선 차단지수가 높다.

① ㉠, ㉡, ㉢　② ㉠, ㉢, ㉣
③ ㉠, ㉡, ㉣　④ ㉡, ㉢, ㉣
⑤ ㉢, ㉣, ㉤

57 시각, 후각, 미각, 촉각, 청각 등의 감각으로 감지되는 제품이나 재료에 대해 이러한 특성에 대한 반응을 유도, 측정, 분석, 해석하는데 사용되는 평가방법을 무엇이라 하는가?

① 환경영향평가　② 관능평가
③ 자율평가　④ 감정평가
⑤ 적합성평가

58 기능성화장품 심사에 관한 규정에 따른 원료성분의 기재항목 작성요령으로 옳지 않은 것은?

① 명칭 - 원칙적으로 일반명칭을 기재하며 원료성분 및 그 분량난의 명칭과 일치되도록 하고 될 수 있는 대로 영명, 화학명, 별명 등도 기재한다.
② 정량법 - 정량법은 그 물질의 함량, 함유단위 등을 물리적 또는 화학적 방법에 의하여 측정하는 시험법으로 정확도, 정밀도 및 특이성이 낮은 시험법을 설정한다.
③ 분자식 및 분자량 - 「기능성화장품 기준 및 시험방법」(식품의약품안전처 고시)의 분자식 및 분자량의 표기방법에 따른다.
④ 기원 - 합성성분으로 화학구조가 결정되어 있는 것은 기원을 기재할 필요가 없으며, 천연추출물, 효소 등은 그 원료성분의 기원을 기재한다.
⑤ 성상 - 색, 형상, 냄새, 맛, 용해성 등을 구체적으로 기재한다.

해설

56 ㉡ 벤조페논, 옥시벤존, 옥틸디메틸파바 등은 화학적 차단제에 해당한다.
㉤ SPF는 수치가 높을수록 자외선 차단지수가 높다.

57 시각, 후각, 미각, 촉각, 청각 등의 감각으로 감지되는 제품이나 재료에 대해 이러한 특성에 대한 반응을 유도, 측정, 분석, 해석하는데 사용되는 평가방법을 관능평가라 한다.

58 정량법은 그 물질의 함량, 함유단위 등을 물리적 또는 화학적 방법에 의하여 측정하는 시험법으로 정확도, 정밀도 및 특이성이 높은 시험법을 설정한다. 다만, 순도시험항에서 혼재물의 한도가 규제되어 있는 경우에는 특이성이 낮은 시험법이라도 인정한다.

정답 56 ② 57 ② 58 ②

59 다음 중 맞춤형화장품조제관리사의 업무로 옳지 않은 것은?

① 맞춤형화장품조제관리사는 화장품의 안전성 확보 및 품질관리에 관한 교육을 매년 받아야 한다.
② 맞춤형화장품조제관리사는 화장품의 용기에 담은 내용물을 나누어 판매할 수 있다.
③ 맞춤형화장품조제관리사는 화장품의 내용물에 다른 화장품의 내용물 또는 원료를 혼합하여 판매할 수 있다.
④ 책임판매업자가 기능성화장품으로 보고한 원료를 혼합하여 조제한 맞춤형화장품을 고객에게 판매할 수 있다.
⑤ 맞춤형화장품조제관리사는 맞춤형화장품 판매내역서를 작성 · 보관해야 한다.

60 다음 중 화장품 제조에 사용할 수 없는 원료는?

① 다이세틸포스페이트 ② 신갈나무잎추출물
③ 만니톨 ④ 페닐살리실레이트
⑤ 소듐올레아놀레이트

61 화장품 안전성정보관리 규정에 따른 중대한 유해사례에 해당되지 않는 것은?

① 사망을 초래하거나 생명을 위협하는 경우
② 지속적 또는 중대한 불구나 기능저하를 초래하는 경우
③ 화장품에 기재 표시된 사용방법을 준수하지 않고 사용하여 의도되지 않은 결과가 발생한 경우
④ 선천적 기형 또는 이상을 초래하는 경우
⑤ 입원 또는 입원기간의 연장이 필요한 경우

62 다음은 천연화장품 및 유기농화장품의 기준에 관한 규정 제3조 '사용할 수 없는 원료'에 관한 규정이다. ( ) 안에 들어갈 내용으로 옳은 것은?

【보기】

합성원료는 천연화장품 및 유기농화장품의 제조에 사용할 수 없다. 다만, 천연화장품 또는 유기농화장품의 품질 또는 안전을 위해 필요하나 따로 자연에서 대체하기 곤란한 허용 기타원료와 허용 합성원료는 (㉠)% 이내에서 사용할 수 있다. 이 경우에도 석유화학 부분은 (㉡)%를 초과할 수 없다.

① ㉠ 10, ㉡ 5 ② ㉠ 10, ㉡ 3
③ ㉠ 5, ㉡ 3 ④ ㉠ 5, ㉡ 2
⑤ ㉠ 3, ㉡ 2

해설

59 ⑤ 맞춤형화장품 판매내역서 작성 · 보관은 맞춤형화장품판매업자의 업무에 해당한다.

60 ① 다이세틸포스페이트 : 계면활성제(유화제)
② 신갈나무잎추출물 : 피부컨디셔닝제
③ 만니톨 : 결합제, 감미제, 보습제, 피부컨디셔닝제
⑤ 소듐올레아놀레이트 : 피부컨디셔닝제

61 중대한 유해사례 : 유해사례 중 다음의 어느 하나에 해당하는 경우를 말함
- 사망을 초래하거나 생명을 위협하는 경우
- 입원 또는 입원기간의 연장이 필요한 경우
- 지속적 또는 중대한 불구나 기능저하를 초래하는 경우
- 선천적 기형 또는 이상을 초래하는 경우
- 기타 의학적으로 중요한 상황

62 합성원료는 천연화장품 및 유기농화장품의 제조에 사용할 수 없다. 다만, 천연화장품 또는 유기농화장품의 품질 또는 안전을 위해 필요하나 따로 자연에서 대체하기 곤란한 허용 기타원료와 허용 합성원료는 5% 이내에서 사용할 수 있다. 이 경우에도 석유화학 부분은 2%를 초과할 수 없다.

정답 59 ⑤ 60 ④ 61 ③ 62 ④

63 비중이 0.8인 액상 제형의 맞춤형화장품을 조제하고 해당 맞춤형화장품 200ml를 충전할 때 내용물의 중량(g)은? (단, 100% 충전율 기준)

① 140 ② 160 ③ 200
④ 250 ⑤ 275

64 화장품 내용물의 안정성 변화와 관련된 현상들 중 화학적 변화에 해당하는 것을 모두 고른 것은?

【보기】
㉠ 침전 ㉡ 변색 ㉢ 변취
㉣ 분리 ㉤ pH 변화

① ㉠, ㉡, ㉢ ② ㉠, ㉢, ㉣
③ ㉡, ㉢, ㉣ ④ ㉡, ㉢, ㉤
⑤ ㉢, ㉣, ㉤

65 피부 표피의 구조에서 <보기>에서 설명하는 것은?

【보기】
- 표피 중 가장 두꺼운 층으로 5~10개의 핵을 가지고 있는 살아 있는 유핵 세포이며 돌기를 가지고 있어 가시층이라고도 한다.
- 면역 기능을 담당하는 랑게르한스 세포가 존재한다.
- 케라틴의 성장과 분열에 관여한다.

① 각질층 ② 투명층 ③ 과립층
④ 유극층 ⑤ 기저층

66 다음 중 화장품 시행규칙상 기능성화장품의 범위에 해당하지 않는 것은?

① 강한 햇볕을 방지하여 피부를 곱게 태워주는 기능을 가진 화장품
② 물리적으로 체모를 제거하는 기능을 가진 화장품
③ 탈모 증상의 완화에 도움을 주는 화장품
④ 여드름성 피부를 완화하는 데 도움을 주는 화장품
⑤ 튼살로 인한 붉은 선을 엷게 하는 데 도움을 주는 화장품

67 다음 중 천연화장품 조제에 허용된 합성 보존제는?

① 벤질알코올 ② 소듐아이오데이트
③ 트리클로산 ④ 헥세티딘
⑤ 클로로자이레놀

해설

63 200×0.8 = 160g

64 화학 · 물리적 변화
- 화학적 변화
  - 변색, 퇴색, 변취, 악취, pH변화
  - 활성성분의 역가변화
- 물리적 변화
  - 분리, 응집, 침전, 결정석출, 발한, 점도의 변화

65 〈보기〉는 유극층에 관한 설명이다.

66 체모를 제거하는 기능을 가진 화장품은 기능성화장품에 포함되지만, 물리적으로 체모를 제거하는 기능을 가진 화장품은 포함되지 않는다.

67 허용 합성원료 – 천연화장품 및 유기농화장품의 기준에 관한 규정 [별표 4]
합성 보존제 및 변성제 : 벤조익애씨드 및 그 염류, 벤질알코올, 살리실릭애씨드 및 그 염류, 소르빅애씨드 및 그 염류, 데하이드로아세틱애씨드 및 그 염류, 이소프로필알코올, 테트라소듐글루타메이트디아세테이트,데나토늄벤조에이트, 3급부틸알코올, 기타 변성제(프탈레이트류 제외)

정답 63 ② 64 ④ 65 ④ 66 ② 67 ①

68 맞춤형화장품 조제 및 판매 시의 규정에 관한 설명으로 옳은 것은?

① 인체세정용제품은 맞춤형화장품으로 조제 및 판매를 할 수 없다.
② 맞춤형화장품판매업소에서 고객이 본인이 사용하고자 하는 제품을 직접 혼합 또는 소분할 수 있다.
③ 미용사가 머리카락 염색을 위하여 염모제를 혼합하거나 퍼머넌트웨이브를 위하여 관련 액제를 혼합하기 위해서는 맞춤형화장품조제관리사 자격증을 소지해야 한다.
④ 소비자가 맞춤형화장품을 사용한 후 부작용이 발생하였음을 알게 된 경우 해당 제품을 조제 및 판매한 맞춤형화장품조제관리사는 그 정보를 알게 된 날로부터 15일 이내에 식품의약품안전처장에게 보고하여야 한다.
⑤ 둘 이상의 화장품책임판매업자로부터 내용물 또는 원료를 공급받아 하나의 맞춤형화장품을 조제할 수 있다.

69 맞춤형화장품 조제관리사인 미영은 매장을 방문한 고객과 다음과 같은 <대화>를 나누었다. 미영이 고객에게 혼합하여 추천할 제품으로 다음 <보기> 중 옳은 것을 모두 고르면?

【대화】

고객 : 요즘 피부가 많이 건조해지고 피부색도 어두워진 것 같아요
미영 : 아. 그러신가요? 그럼 고객님 피부 상태를 측정해 보도록 할까요?
고객 : 그럴까요? 지난번 방문 시와 비교해 주시면 좋겠네요.
미영 : 네. 이쪽에 앉으시면 저희 측정기로 측정을 해드리겠습니다.

(피부측정 후)

미영 : 고객님은 색소 침착도가 15% 가량 높아졌고, 피부 보습도도 20% 가량 떨어져 있네요.
고객 : 음. 걱정이네요. 그럼 어떤 제품을 쓰는 것이 좋을 지 추천 부탁 드려요.

【보기】

㉠ 레티놀 함유 제품
㉡ 히알루론산 함유 제품
㉢ 에칠헥실살리실레이트 함유 제품
㉣ 카테콜 함유 제품
㉤ 아스코빌글루코사이드 함유 제품

① ㉠, ㉢　② ㉠, ㉤　③ ㉡, ㉣
④ ㉡, ㉤　⑤ ㉢, ㉣

해설

68 ① 화장품에 해당하는 모든 품목은 맞춤형화장품으로 판매할 수 있다.
② 맞춤형화장품판매업은 화장품과 원료 등에 대한 전문 지식을 갖춘 조제관리사가 소비자의 피부톤이나 상태 등을 확인하고 소비자에게 적합한 제품을 추천 · 판매하는 영업이므로 맞춤형화장품 조제관리사가 아닌 자가 판매장에서 혼합 · 소분하는 것은 허용되지 않는다.
③ 미용사가 고객에게 직접 염색 또는 퍼머넌트웨이브를 해주기 위해 관련 액제를 혼합하는 행위는 맞춤형화장품의 혼합 · 판매행위에 해당하지 않는다.
④ 부작용을 알게 된 경우 식품의약품안전처장에게 보고해야 할 사람은 맞춤형화장품판매업자이다.

69 ㉠ 레티놀 : 주름개선제
㉡ 히알루론산 : 보습제
㉢ 에칠헥실살리실레이트 : 자외선 차단제
㉣ 카테콜 : 산화염모제
㉤ 아스코빌글루코사이드 : 미백제

정답 68 ⑤ 69 ④

70 기능성화장품 심사에 필요한 자료 중 안전성에 관한 자료에 해당되는 것은?

① 1차 피부자극성시험 자료
② 효력시험자료
③ 인체적용시험 자료
④ 염모효력시험자료
⑤ 기준 및 시험방법에 관한 자료

70 안전성에 관한 자료
단회투여독성시험자료, 1차피부자극시험자료, 안점막자극 또는 기타점막자극시험자료, 피부감작성시험자료, 광독성 및 광감작성 시험자료, 인체첩포시험자료, 인체누적첩포시험자료

71 다음 중 맞춤형화장품 조제 시 사용 가능한 물질은?

① 아트라놀
② 클로로아트라놀
③ 메칠렌글라이콜
④ 메칠레소르신
⑤ 소듐피씨에이

71 ①, ②, ③, ④ 모두 사용할 수 없는 원료에 해당되며, 소듐피씨에이는 피부 보습제로 맞춤형화장품 조제 시 사용 가능하다.

72 피부분석 방법 중 촉진법에 해당하는 것을 <보기>에서 모두 고른 것은?

【보기】
㉠ 병력
㉡ 피부결 상태
㉢ 피지 분비량
㉣ 피부 두께
㉤ 모공의 크기

① ㉠, ㉡, ㉢
② ㉠, ㉡, ㉣
③ ㉠, ㉢, ㉤
④ ㉡, ㉢, ㉣
⑤ ㉡, ㉣, ㉤

72 병력은 문진법, 모공의 크기는 견진법에 해당한다.

73 다음 중 혼합·소분에 관한 안전관리기준으로 옳지 않은 것은?

① 맞춤형화장품 혼합 · 소분 시 판매의 목적이 아닌 제품의 홍보 · 판매촉진 등을 위하여 미리 소비자가 시험 · 사용하도록 제조 또는 수입된 화장품의 내용물을 사용하지 말아야 한다.
② 혼합 · 소분에 사용되는 내용물 또는 원료가 「화장품법」 제8조의 화장품 안전기준 등에 적합한 것인지 여부를 확인하고 사용하여야 한다.
③ 혼합 · 소분 전에 내용물 또는 원료의 사용기한 또는 개봉 후 사용기간을 확인하고, 사용기한 또는 개봉 후 사용기간이 지난 것은 사용하지 말아야 한다.
④ 맞춤형화장품 조제에 사용하고 남은 내용물 또는 원료는 밀폐가 되는 용기에 담는 등 비의도적인 오염을 방지해야 한다.
⑤ 소비자들이 많이 선호하는 유형의 맞춤형화장품은 미리 혼합 · 소분하여 적절한 온도를 유지하여 보관해 둔다.

73 ⑤ 소비자의 피부 유형이나 선호도 등을 확인하지 않고 맞춤형화장품을 미리 혼합 · 소분하여 보관하지 말아야 한다.

정답 70 ① 71 ⑤ 72 ④ 73 ⑤

74 <보기>의 기능성화장품의 기준 및 시험방법에 기재할 항목 중 '원칙적으로 기재'해야 하는 항목을 모두 고른 것은?

【보기】

㉠ 명칭　　㉡ 기원　　㉢ 함량기준
㉣ 시성치　　㉤ 순도시험

① ㉠, ㉡, ㉢　② ㉠, ㉡, ㉣　③ ㉠, ㉢, ㉤
④ ㉡, ㉢, ㉤　⑤ ㉡, ㉣, ㉤

75 화장품 표시·광고 시 준수사항으로 옳지 않은 것은?

① 의약품으로 잘못 인식할 우려가 있는 내용, 제품의 명칭 및 효능 · 효과 등에 대한 표시 · 광고를 하지 말 것
② 소비자를 속이거나 소비자가 속을 우려가 있는 표시 · 광고를 하지 말 것
③ 유기농화장품이 아님에도 불구하고 제품의 명칭, 제조방법, 효능 · 효과 등에 관하여 유기농화장품으로 잘못 인식할 우려가 있는 표시 · 광고를 하지 말 것
④ 외국과의 기술제휴를 하더라도 외국과의 기술제휴 등을 표현하는 표시 · 광고를 하지 말 것
⑤ 저속하거나 혐오감을 주는 표현 · 도안 · 사진 등을 이용하는 표시 · 광고를 하지 말 것

76 피부의 구조에 대한 설명으로 옳은 것을 모두 고른 것은?

【보기】

㉠ 피부의 구조는 표피, 진피, 피하조직으로 나뉜다.
㉡ 멜라닌세포는 피부의 면역기능을 담당하며, 진피층에 존재한다.
㉢ 표피 중 가장 두꺼운 층은 기저층이다.
㉣ 머켈 세포는 신경의 자극을 뇌로 전달하는 역할을 하며, 기저층에 위치한다.
㉤ 피하조직은 열 손실을 막아 체온을 보호 · 유지한다.

① ㉠, ㉡, ㉢　② ㉠, ㉡, ㉣　③ ㉠, ㉣, ㉤
④ ㉡, ㉢, ㉤　⑤ ㉡, ㉣, ㉤

77 「기능성화장품 심사에 관한 기준」[별표 1]에 따른 독성시험법 중 광독성시험에 사용되는 시험방법이 아닌 것은?

① Maximizaion법　② Ison법
③ Morikawa법　④ Stott법
⑤ Sams법

74 기원과 시성치는 필요에 따라 기재하는 항목에 해당한다.

75 ④ 외국과의 기술제휴를 하지 않고 외국과의 기술제휴 등을 표현하는 표시 · 광고를 하지 말 것

76 ㉡ 멜라닌세포는 기저층에 위치하고 자외선으로부터 피부를 보호한다.
㉢ 표피 중 가장 두꺼운 층은 유극층이다.

77 광독성시험에 사용되는 시험방법
Ison법, Ljunggren법, Morikawa법, Sams법, Stott법

정답 74 ③ 75 ④ 76 ③ 77 ①

78 <보기> 맞춤형화장품조제관리사가 맞춤형화장품을 조제하기 위해 알아야 할 내용으로 옳은 것을 모두 고른 것은?

【보기】

㉠ 맞춤형화장품조제관리사가 천연화장품 또는 유기농화장품 인증을 받을 수 있다.
㉡ 지성 피부에는 유중수형 크림보다 수중유형 크림이 더 적합하다.
㉢ 맞춤형화장품 조제에 사용하고 남은 내용물 또는 원료는 재사용해서는 안 된다.
㉣ 유통화장품 안전기준에 따라 조제된 크림의 pH는 3 이상 9 이하가 되어야 한다.
㉤ 조제된 내용물에서 황색포도상구균이 검출되어서는 안 된다.

① ㉠, ㉡, ㉢　② ㉠, ㉡, ㉣　③ ㉠, ㉣, ㉤
④ ㉡, ㉢, ㉤　⑤ ㉡, ㉣, ㉤

79 <보기>에서 맞춤형화장품을 조제·판매하는 과정에 대한 설명으로 옳은 것을 모두 고른 것은?

【보기】

㉠ 맞춤형화장품판매업으로 신고한 매장에서 아세톤을 함유하는 네일 폴리시 리무버를 일반 용기에 충전 · 포장하여 고객에게 판매하였다.
㉡ 맞춤형화장품판매업으로 신고한 매장에서 맞춤형화장품조제관리사가 300ml의 클렌징 오일을 소분하여 50ml 클렌징 오일을 조제하였다.
㉢ 맞춤형화장품판매업으로 신고한 매장에서 맞춤형화장품조제관리사가 벤질알코올을 1% 추가하여 맞춤형화장품을 고객에게 판매하였다.
㉣ 맞춤형화장품판매업으로 신고한 매장에서 맞춤형화장품조제관리사가 고객에게 맞춤형화장품이 아닌 일반화장품을 판매하였다.
㉤ 원료를 공급하는 화장품책임판매업자가 해당 원료에 대해 기능성화장품에 대한 심사를 받거나 보고서를 제출한 경우 식품의약품안전처장이 고시한 기능성화장품의 효능 · 효과를 나타내는 원료를 내용물에 추가하여 맞춤형화장품을 조제할 수 있다.

① ㉠, ㉡, ㉣　② ㉠, ㉢, ㉣　③ ㉠, ㉢, ㉤
④ ㉡, ㉢, ㉤　⑤ ㉡, ㉣, ㉤

80 화장품 가격표시 방법에 대한 설명 중 옳지 않은 것은?

① 유통단계에서 쉽게 훼손되거나 지워지지 않으며 분리되지 않도록 스티커 또는 꼬리표를 이용하여 권장소비자가격을 표시하여야 한다.
② 화장품 판매자는 업태, 취급제품의 종류 및 내부 진열상태 등에 따라 개별 제품에 가격을 표시하는 것이 곤란한 경우에는 소비자가 가장 쉽게 알아볼 수 있도록 제품명, 가격이 포함된 정보를 제시하는 방법으로 판매가격을 별도로 표시할 수 있다.

해설

78 ㉠ 천연화장품 또는 유기농화장품 인증 신청은 화장품제조업자, 화장품책임판매업자 또는 총리령으로 정하는 대학 · 연구소 등만 가능하다.
㉢ 맞춤형화장품 조제에 사용하고 남은 내용물 또는 원료는 밀폐가 되는 용기에 담는 등 비의도적인 오염을 방지한다.

79 ㉠ 아세톤을 함유하는 네일 에나멜 리무버 및 네일 폴리시 리무버는 안전용기 · 포장 대상 품목이다.
㉢ 사용상의 제한이 필요한 보존제 성분은 맞춤형화장품에 혼합할 수 없다.

80 유통단계에서 쉽게 훼손되거나 지워지지 않으며 분리되지 않도록 스티커 또는 꼬리표를 이용하여 판매가격을 표시하여야 한다.

정답 78 ⑤ 79 ⑤ 80 ①

③ 판매가격의 표시는 유통단계에서 쉽게 훼손되거나 지워지지 않으며 분리되지 않도록 스티커 또는 꼬리표를 표시하여야 한다.
④ 판매가격은 개별 제품에 스티커 등을 부착하여야 한다.
⑤ 판매가격의 표시는 『판매가 ○○원』 등으로 소비자가 알아보기 쉽도록 선명하게 표시하여야 한다.

[단답형] 지문과 문제를 읽고 답안을 작성하시오.

[**제1과목** | **화장품 관련 법령 및 제도 등에 관한 사항**]

81 다음은 화장품법 제1조 화장품법의 목적에 관한 내용이다. ( ) 안에 들어갈 말을 쓰시오.

【보기】

이 법은 화장품의 제조 · 수입 · 판매 및 수출 등에 관한 사항을 규정함으로써 (㉠) 향상과 (㉡) 산업의 발전에 기여함을 목적으로 한다.

82 다음은 화장품법 시행규칙 제5조 화장품제조업 등의 변경등록에 관한 내용이다. ( ) 안에 들어갈 말을 쓰시오.

【보기】

화장품제조업자 또는 화장품책임판매업자는 변경등록을 하는 경우에는 변경 사유가 발생한 날부터 ( ) 이내에 화장품제조업 변경등록 신청서 또는 화장품책임판매업 변경등록 신청서를 지방식품의약품안전청장에게 제출하여야 한다.

83 화장품제조업을 등록하려는 자가 갖추어야 하는 시설은 다음 <보기>와 같다. ( ) 안에 들어갈 말을 쓰시오.

【보기】

1. 제조 작업을 하는 다음 각 목의 시설을 갖춘 (㉠)
   가. 쥐 · 해충 및 먼지 등을 막을 수 있는 시설
   나. 작업대 등 제조에 필요한 시설 및 기구
   다. 가루가 날리는 작업실은 가루를 제거하는 시설
2. 원료 · 자재 및 제품을 보관하는 (㉡)
3. 원료 · 자재 및 제품의 품질검사를 위하여 필요한 (㉢)
4. 품질검사에 필요한 시설 및 기구

정답

81 ㉠ 국민보건, ㉡ 화장품
82 30일
83 ㉠ 작업소, ㉡ 보관소, ㉢ 시험실

[제2과목 | 화장품의 제조 및 품질관리와 원료의 사용기준 등에 관한 사항]

84 원료의 입고에서부터 완제품 출고에 이르기까지 각 공정에서의 관리방법을 명확히 하여 우수 화장품 제조 및 품질관리를 위해 작성하는 것으로 제조공정관리에 관한 사항, 시설 및 기구 관리에 관한 사항, 원자재 관리에 관한 사항, 완제품 관리에 관한 사항, 위탁제조에 관한 사항이 포함되어야 하는 문서는 무엇인지 쓰시오.

85 다음은 우수화장품 제조 및 품질관리기준에 따른 입고관리에 관한 기준의 일부이다. ( ) 안에 들어갈 말을 쓰시오.

【보기】

- 원자재의 입고 시 구매 요구서, 원자재 공급업체 (㉠) 및 현품이 서로 일치하여야 한다. 필요한 경우 운송 관련 자료를 추가적으로 확인할 수 있다.
- 원자재 용기에 제조번호가 없는 경우에는 (㉡)을(를) 부여하여 보관하여야 한다.

86 다음은 손·발의 피부연화 제품 사용 시 주의사항이다. ( ) 안에 들어갈 성분을 쓰시오.

【보기】

- 눈, 코 또는 입 등에 닿지 않도록 주의하여 사용할 것
- ( )을 함유하고 있으므로 이 성분에 과민하거나 알레르기 병력이 있는 사람은 신중히 사용할 것

87 다음은 화장품의 색소 종류와 기준 및 시험방법 제2조 용어의 정의 중 일부이다. ( ) 안에 들어갈 물질을 쓰시오.

【보기】

( )(이)라 함은 레이크 제조 시 순색소를 확산시키는 목적으로 사용되는 물질을 말하며 알루미나, 브랭크휙스, 크레이, 이산화티탄, 산화아연, 탤크, 로진, 벤조산알루미늄, 탄산칼슘 등의 단일 또는 혼합물을 사용한다.

88 사용상의 제한이 필요한 원료 중 자외선 차단성분과 관련된 내용이다. ( ) 안에 들어갈 말을 적으시오.

【보기】

제품의 변색방지를 목적으로 그 사용농도가 ( )% 미만인 것은 자외선 차단 제품으로 인정하지 아니한다.

84 제조관리기준서

85 ㉠ 성적서, ㉡ 관리번호

86 프로필렌 글리콜

87 기질

88 0.5

[제4과목 | 맞춤형화장품의 특성 · 내용 및 관리 등에 관한 사항]

89 화장품 안전기준 등에 관한 규정에서 화장품을 제조하면서 인위적으로 첨가하지 않았으나, 제조 또는 보관 과정 중 포장재로부터 이행되는 등 비의도적으로 유래된 사실이 객관적인 자료로 확인되고 기술적으로 완전한 제거가 불가능한 경우 수은의 검출 허용한도는 몇 ㎍/g 이하인지 쓰시오.

90 다음은 화장품법 천연화장품 및 유기농화장품에 대한 인증에 관한 규정이다. ( ) 안에 들어갈 말을 쓰시오.

【보기】

식품의약품안전처장은 천연화장품 및 유기농화장품의 품질제고를 유도하고 소비자에게 보다 정확한 제품정보가 제공될 수 있도록 식품의약품안전처장이 정하는 기준에 적합한 천연화장품 및 유기농화장품에 대하여 인증할 수 있다. 인증의 유효기간은 인증을 받은 날부터 ( )년으로 한다.

91 위해화장품 공표 명령에 따라 공표를 한 영업자는 다음 <보기>의 사항이 포함된 공표 결과를 지체 없이 지방식품의약품안전청장에게 통보하여야 한다. ( ) 안에 들어갈 말을 쓰시오.

【보기】

- 공표일
- (   )
- 공표횟수
- 공표문 사본 또는 내용

92 화장품법 시행규칙 제19조에 따르면 내용량이 10밀리리터 초과 50밀리리터 이하 또는 중량이 10그램 초과 50그램 이하 화장품의 포장인 경우에는 다음 <보기>의 성분을 제외한 성분은 기재·표시를 생략할 수 있다. ( ) 안에 들어갈 말을 쓰시오.

【보기】

- 타르색소
- 금박
- 샴푸와 린스에 들어있는 ( )의 종류
- 과일산(AHA)
- 기능성화장품의 경우 그 효능 · 효과가 나타나게 하는 원료

정답

89 1

90 3

91 공표매체

92 인산염

93 다음 <보기>의 사항은 화장품의 1차 포장에 반드시 표시하여야 한다. (　) 안에 들어갈 말을 쓰시오.

【보기】
- 화장품의 명칭
- 영업자의 상호
- (　　　　)
- 사용기한 또는 개봉 후 사용기간

94 다음은 화장품 표시·광고 실증에 관한 규정이다. (　) 안에 들어갈 용어를 쓰시오.

【보기】
화장품의 표시 · 광고 내용을 증명할 목적으로 하는 시험 중 (　　)은(는) 화장품의 표시 · 광고 내용을 증명할 목적으로 해당 화장품의 효과 및 안전성을 확인하기 위하여 사람을 대상으로 실시하는 시험 또는 연구를 말한다.

95 인체적용제품의 위해성평가 등에 관한 규정에 따르면 식품의약품안전처장은 인체적용제품에 대하여 다음 <보기>의 순서에 따른 위해성평가 방법을 거쳐 위해성평가를 수행하여야 한다. (　) 안에 들어갈 말을 쓰시오.

【보기】
1. 위해요소의 인체 내 (㉠) 등을 확인하는 과정
2. 인체가 위해요소에 노출되었을 경우 유해한 영향이 나타나지 않는 것으로 판단되는 (㉡) 안전기준을 설정하는 과정
3. 인체가 위해요소에 노출되어 있는 정도를 산출하는 과정
4. 위해요소가 인체에 미치는 위해성을 종합적으로 판단하는 과정

96 화장품 안전성 정보관리 규정에 따르면 화장품책임판매업자는 다음 <보기>의 화장품 안전성 정보를 알게 된 때에는 15일 이내에 식품의약품안전처장에게 신속히 보고하여야 한다. (　) 안에 들어갈 말을 쓰시오.

【보기】
- 중대한 (㉠) 또는 이와 관련하여 식품의약품안전처장이 보고를 지시한 경우
- (㉡)나 회수에 준하는 외국정부의 조치 또는 이와 관련하여 식품의약품안전처장이 보고를 지시한 경우

93 제조번호
94 인체 적용시험
95 ㉠ 독성, ㉡ 인체노출
96 ㉠ 유해사례, ㉡ 판매중지

97 다음은 기능성화장품 기준 및 시험방법 중 통칙에서 용기에 관한 설명이다. ( ) 안에 들어갈 말을 쓰시오.

【보기】

( ) 용기란 일상의 취급 또는 보통 보존상태에서 액상 또는 고형의 이물 또는 수분이 침입하지 않고 내용물을 손실, 풍화, 조해 또는 증발로부터 보호할 수 있는 용기를 말한다.

98 다음은 피부의 구조에 대한 설명이다. ( ) 안에 들어갈 말을 쓰시오.

【보기】

표피는 각질층, 투명층, ( ), 유극층, 기저층 총 5개의 층으로 이루어져 있다.

99 <보기>는 진피의 구조에 대한 설명이다. <보기>에서 설명하는 용어를 쓰시오.

【보기】

- 표피의 경계 부위에 유두 모양의 돌기를 형성하고 있는 진피의 상단 부분이다.
- 다량의 수분을 함유하고 있으며, 혈관을 통해 기저층에 영양분을 공급한다.

100 <보기>는 모발의 구조에 대한 설명이다. <보기>에서 설명하는 용어를 쓰시오.

【보기】

모유두에 접해있는 모세혈관으로부터 영양분과 산소를 취하여 분열과 증식작용을 통해 머리카락을 만드는 세포이다.

정답

97 기밀

98 과립층

99 유두층

100 모모세포

최종점검 – 다양한 출제유형을 통해 마무리하자!

실전모의고사 제3회

해설

[선다형] 다음 문제를 읽고 답안을 선택하시오.

[제1과목 | 화장품 관련 법령 및 제도 등에 관한 사항]

01 화장품법에 따른 화장품의 정의를 모두 고른 것은?

【보기】

㉠ 인체를 청결 · 미화하여 매력을 더하고 용모를 밝게 변화시켜 주는 물품이다.
㉡ 피부 · 모발 · 구강의 건강을 유지 또는 증진하기 위하여 인체에 사용하는 물품이다.
㉢ 인체에 바르고 문지르거나 뿌리는 등 이와 유사한 방법으로 사용되는 물품이다.
㉣ 피부 · 모발 · 구강에 사용하여 인체에 대한 작용이 경미한 것을 말한다.
㉤ 약사법상의 의약품에 해당하는 물품은 제외한다.

① ㉠, ㉡, ㉢　② ㉠, ㉢, ㉤　③ ㉠, ㉣, ㉤
④ ㉡, ㉢, ㉣　⑤ ㉡, ㉢, ㉤

01 화장품의 정의 – 화장품법 제2조

"화장품"이란 인체를 청결 · 미화하여 매력을 더하고 용모를 밝게 변화시키거나 피부 · 모발의 건강을 유지 또는 증진하기 위하여 인체에 바르고 문지르거나 뿌리는 등 이와 유사한 방법으로 사용되는 물품으로서 인체에 대한 작용이 경미한 것을 말한다. 다만, 「약사법」 제2조제4호의 의약품에 해당하는 물품은 제외한다.

02 다음 중 판매 가능한 화장품은?

① 심사 또는 보고서를 제출하지 않은 기능성 화장품
② 화장품에 사용할 수 없는 원료를 사용한 화장품
③ 맞춤형화장품 조제관리사를 두지 않고 판매한 맞춤형화장품
④ 의약품으로 잘못 인식할 우려가 있게 기재 · 표시된 화장품
⑤ 제조 · 수입한 화장품의 포장 및 기재 · 표시사항을 훼손하고 새로 표시한 맞춤형화장품

02 판매 등의 금지 – 화장품법 제16조

화장품의 포장 및 기재 · 표시 사항을 훼손 또는 위조 · 변조한 화장품을 판매하거나 판매할 목적으로 보관 또는 진열하여서는 안 되지만, 맞춤형화장품 판매를 위해 필요한 경우는 가능하다.

① 심사를 받지 아니하거나 보고서를 제출하지 아니한 기능성화장품을 판매할 목적으로 제조 · 수입 · 보관 또는 진열하여서는 아니된다. (화장품법 제15조(영업의 금지))

03 화장품법에 따른 화장품과 그 유형을 바르게 연결한 것은?

① 염모제 – 두발용 제품류
② 바디 클렌저 – 세안용 제품류
③ 마스카라 – 색조 화장용 제품류
④ 데오도런트 – 체모 제거용 제품류
⑤ 손발의 피부연화 제품 – 기초화장용 제품류

03 화장품 유형과 사용 시의 주의사항 – 화장품법 시행규칙 [별표 3]

① 염모제 – 두발 염색용 제품류
② 바디 클렌저 – 인체 세정용 제품류
③ 마스카라 – 눈 화장용 제품류
④ 데오도런트 – 체취 방지용 제품류

정답 01 ② 02 ⑤ 03 ⑤

04 맞춤형화장품판매업 신고가 가능한 자는?

【보기】

㉠ 정신질환자
㉡ 피성년후견인 또는 파산선고를 받고 복권되지 아니한 자
㉢ 마약 중독자
㉣ 화장품법을 위반하여 금고 이상의 형을 선고받고 그 집행이 끝나지 아니한 자

① ㉠, ㉡ ② ㉠, ㉢ ③ ㉠, ㉣
④ ㉡, ㉢ ⑤ ㉢, ㉣

04 결격사유 – 화장품법 제3조의3
㉠, ㉢은 화장품제조업 결격사유에 해당한다.

05 개인정보처리자가 개인정보를 수집할 수 있는 경우를 모두 고른 것은?

【보기】

㉠ 정보주체의 동의를 받은 경우
㉡ 회사 업무 처리를 위해 불가피한 경우
㉢ 정보주체와의 계약 이행을 위해 불가피하게 필요한 경우
㉣ 공공기관이 법에서 정하는 소관 업무의 수행을 위하여 불가피한 경우
㉤ 일반적인 사유로 정보주체 또는 법정대리인이 의사표시를 할 수 없는 상태에 있는 경우

① ㉠, ㉡, ㉢ ② ㉠, ㉣, ㉤ ③ ㉡, ㉢, ㉤
④ ㉠, ㉢, ㉣ ⑤ ㉡, ㉣, ㉤

05 개인정보보호법 제15조

06 개인정보보호법상 개인정보 보호원칙이 아닌 것은?

① 개인정보처리자는 개인정보의 처리 목적에 필요한 범위에서 개인정보의 정확성, 완전성 및 최신성이 보장되도록 하여야 한다.
② 개인정보처리자는 정보주체의 사생활 침해를 최소화하는 방법으로 개인정보를 처리하여야 한다.
③ 개인정보처리자는 개인정보의 처리 방법 및 종류 등에 따라 정보주체의 권리가 침해받을 가능성과 그 위험 정도를 고려하여 개인정보를 안전하게 관리하여야 한다.
④ 개인정보처리자는 개인정보 처리방침 등 개인정보의 처리에 관한 사항을 공개하여야 하며, 열람청구권 등 정보주체의 권리를 보장하여야 한다.
⑤ 개인정보처리자는 개인정보를 익명으로 처리 가능한 경우라도 실명에 의하여 처리하여야 한다.

06 개인정보 보호 원칙 – 개인정보보호법 제3조
⑤ 개인정보를 익명 또는 가명으로 처리하여도 개인정보 수집목적을 달성할 수 있는 경우 익명처리가 가능한 경우에는 익명에 의하여, 익명처리로 목적을 달성할 수 없는 경우에는 가명에 의하여 처리될 수 있도록 하여야 한다.

정답 04 ② 05 ④ 06 ⑤

07 화장품이 갖추어야 할 품질요소를 모두 고른 것은?

【보기】

㉠ 안전성 ㉡ 안정성 ㉢ 생산성
㉣ 판매성 ㉤ 사용성

① ㉠, ㉡, ㉢ ② ㉡, ㉢, ㉣ ③ ㉠, ㉡, ㉤
④ ㉡, ㉢, ㉤ ⑤ ㉢, ㉣, ㉤

[제2과목 | 화장품의 제조 및 품질관리와 원료의 사용기준 등에 관한 사항]

08 화장품에 중대한 유해사례가 발생하면 식품의약품안전처에 유해 사실이 발견된 화장품에 대한 보고를 해야 한다. 이 경우 보고 주체와 보고 시기로 옳은 것은?

보고 주체	보고 시기
① 화장품책임판매업자	15일 이내
② 맞춤형화장품조제관리사	15일 이내
③ 화장품제조업자	15일 이내
④ 화장품책임판매업자	30일 이내
⑤ 맞춤형화장품조제관리사	30일 이내

09 화장품 성분에 대한 설명으로 옳은 것은?

① 계면활성제는 수분 증발을 억제하고 사용 감촉을 향상시키는 등의 목적으로 사용된다.
② 고분자 화합물은 제품의 점성을 높이거나, 사용감을 개선하거나, 피막을 형성하기 위한 목적으로 사용된다.
③ 유성 원료는 피부의 홍반, 그을림을 완화하는 데 도움을 주기 위해 사용된다.
④ 자외선차단제는 화장품에 색을 나타나게 하기 위해 사용된다.
⑤ 금속이온봉쇄제는 한 분자 내에 물과 친화성을 갖는 친수기와 오일과 친화성을 갖는 친유기를 동시에 갖는 물질이다.

10 ( ) 안에 들어갈 용어로 옳은 것은?

【보기】

식품의약품안전처장은 화장품에 사용할 수 없는 원료를 지정하여 고시하여야 한다. (㉠), (㉡), (㉢) 등과 같이 특별히 사용상의 제한이 필요한 원료에 대하여는 사용기준을 지정하여 고시하여야 하며, 사용기준이 지정 · 고시된 원료 외의 (㉠), (㉡), (㉢) 등은 사용할 수 없다.

	㉠	㉡	㉢
①	보존제	색소	자외선차단제

해설

07 화장품 내용물이 갖추어야 할 주요 품질요소
안전성, 안정성, 사용성, 유효성

08 안전성 정보의 신속보고
– 화장품 안전성정보관리 규정 제5조
화장품책임판매업자는 화장품 안전성 정보를 알게 된 때에는 그 정보를 알게 된 날로부터 15일 이내에 식품의약품안전처장에게 신속히 보고하여야 한다.

09 ① 수분 증발을 억제하고 사용 감촉을 향상시키는 등의 목적으로 사용되는 것은 유성 원료이다.
③ 피부의 홍반, 그을림을 완화하는 데 도움을 주기 위해 사용되는 것은 자외선차단제이다.
④ 화장품에 색을 나타나게 하기 위해 사용되는 것은 색소이다.
⑤ 한 분자 내에 물과 친화성을 갖는 친수기와 오일과 친화성을 갖는 친유기를 동시에 갖는 물질은 계면활성제이다.

10 화장품 안전기준 등 – 화장품법 제8조
식품의약품안전처장은 보존제, 색소, 자외선차단제 등과 같이 특별히 사용상의 제한이 필요한 원료에 대하여는 그 사용기준을 지정하여 고시하여야 하며, 사용기준이 지정 · 고시된 원료 외의 보존제, 색소, 자외선차단제 등은 사용할 수 없다.

정답 07 ③ 08 ① 09 ② 10 ①

② 색소 유연제 자외선차단제
③ 색소 유연제 계면활성제
④ 보존제 색소 유연제
⑤ 자외선차단제 보습제 유연제

11 화장품 전성분에 대한 설명으로 옳은 것은?

① pH 조절 목적으로 사용되는 성분은 그 성분을 표시하는 대신 중화반응의 생성물로 표시할 수 있다.
② 제조과정 중에 제거되어 최종 제품에는 남아 있지 않은 성분이어도 표시하여야 한다.
③ 색조 화장용 제품류, 눈 화장용 제품류, 두발염색용 제품류 또는 손발톱용 제품류에서 호수별로 착색제가 다르게 사용된 경우 '± 또는 +/-'의 표시 다음에 사용된 모든 착색제 성분을 각각 기재 · 표시해야 한다.
④ 3% 이하로 사용된 성분, 착향제 또는 착색제는 순서에 상관없이 기재 · 표시할 수 있다.
⑤ 내용량이 30ml 이하 또는 중량이 30g 이하 화장품인 경우 성분 기재 · 표시가 생략 가능하다.

12 사용 후 씻어내지 않는 화장품에서 착향제의 구성성분 중 알레르기 유발 성분을 표시해야 하는 농도 기준은?

① 0.1%를 초과하는 경우
② 0.01%를 초과하는 경우
③ 0.001%를 초과하는 경우
④ 0.0001%를 초과하는 경우
⑤ 0.00001%를 초과하는 경우

13 퍼머넌트 웨이브 제품 및 헤어스트레이트너 제품 사용 시 주의사항으로 옳은 것은?

① 개봉한 제품은 15일 이내에 사용할 것
② 섭씨 20도 이하의 밝은 장소에 보관할 것
③ 두피, 얼굴, 눈, 목, 손 등에 약액이 묻지 않도록 유의하고, 얼굴 등에 약액이 묻었을 때는 즉시 물티슈로 닦을 것
④ 머리카락의 손상 등을 피하기 위하여 용법 · 용량을 지킬 것
⑤ 제2단계 퍼머액 중 그 주성분이 과산화수소인 제품은 검은 머리카락이 흰색으로 변할 수 있으므로 유의하여 사용할 것

11 화장품 포장의 표시기준 및 표시방법
– 화장품법 시행규칙 [별표 4]

② 화장품법 시행규칙 제19조 2항 기재 · 표시를 생략할 수 있는 성분
1. 제조과정 중에 제거되어 최종 제품에는 남아 있지 않은 성분
2. 안정화제, 보존제 등 원료 자체에 들어 있는 부수 성분으로서 그 효과가 나타나게 하는 양보다 적은 양이 들어 있는 성분
3. 내용량이 10밀리리터 초과 50밀리리터 이하 또는 중량이 10그램 초과 50그램 이하 화장품의 포장인 경우에는 다음 각 목의 성분을 제외한 성분(타르색소, 금박 등)

③ 색조 화장용 제품류, 눈 화장용 제품류, 두발염색용 제품류 또는 손발톱용 제품류에서 호수별로 착색제가 다르게 사용된 경우 '± 또는 +/–'의 표시 다음에 사용된 모든 착색제 성분을 함께 기재 · 표시할 수 있다.
④ 1% 이하로 사용된 성분, 착향제 또는 착색제는 순서에 상관없이 기재 · 표시할 수 있다.
⑤ 내용량이 10ml 초과 50ml 이하 또는 중량이 10g 초과 50g 이하 화장품인 경우 성분 기재 · 표시가 생략 가능하며, 이 경우 소비자가 모든 성분을 즉시 확인할 수 있도록 포장에 전화번호나 홈페이지 주소를 적거나 모든 성분이 적힌 책자 등의 인쇄물을 판매업소에 늘 갖추어 두어야 한다.

12 착향제의 구성 성분 중 알레르기 유발성분
– 화장품 사용 시의 주의사항 및 알레르기 유발성분 표시에 관한 규정 [별표 2]

사용 후 씻어내는 제품에는 0.01% 초과, 사용 후 씻어내지 않는 제품에는 0.001% 초과 함유하는 경우에 한한다.

13 화장품 유형과 사용 시의 주의사항 중 퍼머넌트 웨이브 제품 및 헤어스트레이트너 제품
– 화장품법 시행규칙 [별표3]

① 개봉한 제품은 7일 이내에 사용할 것
② 섭씨 15도 이하의 어두운 장소에 보존하고, 색이 변하거나 침전된 경우에는 사용하지 말 것
③ 두피 · 얼굴 · 눈 · 목 · 손 등에 약액이 묻지 않도록 유의하고, 얼굴 등에 약액이 묻었을 때에는 즉시 물로 씻어낼 것
⑤ 제2단계 퍼머액 중 그 주성분이 과산화수소인 제품은 검은 머리카락이 갈색으로 변할 수 있으므로 유의하여 사용할 것

11 ① 12 ③ 13 ④

해설

14 화장품 원료에 대한 설명으로 옳은 것은?

① 고급알코올 : 탄소 수가 1~3개인 알코올이다.
② 고급지방산 : 탄소수가 3개 이하를 고급지방산이라 한다.
③ 왁스 : 상온에서 대부분이 액체 성질이다.
④ 점증제 : 에멀전의 안정성을 높이고 점도를 증가시키기 위해 사용된다.
⑤ 실리콘 : 철과 질소로 구성되어 있다.

14 ① 탄소 수가 6 이상인 알코올을 고급알코올이라 한다.
② 고급지방산은 탄소수에 대한 기준이 명확하지 않으며, 6개 이상, 10개 이상 또는 12개 이상을 기준으로 삼는다.
③ 왁스는 상온에서 고체 상태이다.
⑤ 실리콘은 규소와 산소로 구성되어 있다.

15 다음은 어느 화장품의 전성분 표시 내용이다. ㉠~㉤ 중 알레르기 유발성분에 해당하는 것은?

【보기】

정제수, ㉠ 프로판다이올, 글리세린, ㉡ 베틸프로판다이올, ㉢ 벤질알코올, 유자추출물, 향료, ㉣ 참깨추출물, 모과추출물, ㉤ 1,2-헥산다이올, 글리세릴카프릴레이트, 적색산화철

① ㉠ ② ㉡ ③ ㉢ ④ ㉣ ⑤ ㉤

15 벤질알코올은 알레르기 유발성분에 해당한다.

16 화장품에 사용되는 보존제와 그 사용 한도로 옳은 것은?

① 클로페네신 0.2%
② 살리실릭애씨드 1.0%
③ 페녹시에탄올 1.0%
④ 디엠디엠하이단토인 0.2%
⑤ 징크피리치온(씻어내는 제품에 한하여) 1.0%

16 사용상의 제한이 필요한 원료
– 화장품 안전기준 등에 관한 규정 [별표2]
① 클로페네신 0.3%
② 살리실릭애씨드 0.5%
④ 디엠디엠하이단토인 0.6%
⑤ 징크피리치온(씻어내는 제품에 한하여) 0.5%

17 화장품 사용 중 알게 된 유해사례 등의 안전성 정보 보고에 대한 설명으로 옳은 것은?

① 유해사례란 화장품의 사용 중 발생한 바람직하지 않고 의도되지 아니한 징후 · 증상 또는 질병을 말하며, 당해 화장품과 반드시 인과관계를 가져야 하는 것은 아니다.
② 사망을 초래하거나 생명을 위협하는 중대한 위해사례가 발생하여 신속보고를 하는 때에는 정보를 알게 된 날로부터 30일 이내에 하여야 한다.
③ 안전성 정보란 화장품과 관련하여 국민보건에 직접 영향을 미칠 수 있는 안전성에 관한 새로운 자료, 유해사례 정보 등을 말하는 것으로 유효성에 관한 자료는 포함되지 않는다.
④ 반기 내 발생한 부작용 사례나 알게 된 유해사례를 정기 보고할 때에는 매 반기 종료 후 20일 이내에 보고하여야 한다.
⑤ 안전성 정보의 보고는 식품의약품안전처 홈페이지를 통해서만 할 수 있다.

17 화장품 안전성 정보관리 규정
② 사망을 초래하거나 생명을 위협하는 중대한 위해사례가 발생하여 신속보고를 하는 때에는 정보를 알게 된 날로부터 15일 이내에 하여야 한다.
③ "안전성 정보"란 화장품과 관련하여 국민보건에 직접 영향을 미칠 수 있는 안전성 · 유효성에 관한 새로운 자료, 유해사례 정보 등을 말한다.
④ 반기 내 발생한 부작용 사례나 알게 된 유해사례를 정기 보고할 때에는 매 반기 종료 후 1월 이내에 보고하여야 한다.
⑤ 안전성 정보의 신속보고는 식품의약품안전처 홈페이지를 통해 보고하거나 우편 · 팩스 · 정보통신망 등의 방법으로 할 수 있다.

14 ④ 15 ③ 16 ③ 17 ①

18 맞춤형화장품판매업소에서의 올바른 보관 방법은?

【보기】

㉠ 적절한 조건하의 정해진 장소에서 보관해야 한다.
㉡ 내용물은 반드시 냉장보관 해야 한다.
㉢ 선입선출이 쉽도록 내용물을 보관해야 한다.
㉣ 원료는 고객편의를 위해 상담실에 보관해야 한다.
㉤ 내용물은 사용 후 마개를 잘 막아 놓아야 한다.

① ㉠, ㉡, ㉢　② ㉠, ㉢, ㉤　③ ㉠, ㉣, ㉤
④ ㉡, ㉢, ㉣　⑤ ㉢, ㉣, ㉤

19 기능성 화장품의 기능·주성분·최대 함량이 옳게 연결된 것은?

① 피부의 미백에 도움을 줌 - 닥나무 추출물 - 2%
② 피부의 주름 개선에 도움을 줌 - 레티노익산 - 3,500IU/g
③ 체모를 제거함 - 치오글리콜산 80% - 2%
④ 여드름성 피부를 완화하는 데 도움을 줌 - 살리실릭애씨드 - 0.5%
⑤ 피부를 곱게 태워주거나 자외선으로부터 피부를 보호함 - 티타늄디옥사이드 - 10%

20 <보기>에서 탈모 증상의 완화에 도움을 주는 기능성화장품 고시 원료를 모두 고른 것은?

【보기】

㉠ 비오틴　㉡ 덱스판테놀　㉢ 엘–멘톨
㉣ a–나프톨　㉤ 카테콜　㉥ o–아이노페놀

① ㉠, ㉡, ㉢　② ㉠, ㉢, ㉤　③ ㉠, ㉣, ㉥
④ ㉡, ㉢, ㉣　⑤ ㉡, ㉤, ㉥

21 (　) 안에 들어갈 말로 옳은 것은?

【보기】

(　　　)은/는 타르색소를 기질에 흡착, 공침 또는 단순한 혼합시킨 것이 아닌, 화학적 결합에 의해 확산시킨 색소를 말한다.

① 기질
② 레이크
③ 순색소
④ 희석제
⑤ 천연색소

해설

18 맞춤형화장품판매업소에서 내용물 · 원료는 적절한 조건하의 정해진 장소에서 보관하고, 선입선출이 용이하도록 보관하며, 사용 후에는 오염을 막기 위해 마개를 잘 막아 놓아야 한다.

19 기능성화장품의 종류 – **제6조제3항 관련**
② 피부의 주름 개선에 도움을 줌 – 레티놀 – 2,500IU/g
③ 체모를 제거함 – 치오글리콜산 80% – 4.5%
④ 여드름성 피부를 완화하는 데 도움을 줌 – 살리실릭애씨드 – 2%(살리실릭애씨드는 여드름성 피부 완화용 기능성화장품에 사용될 경우 최대 함량은 2%이고, 0.5%로 사용될 경우 자료 제출이 생략됨)
⑤ 피부를 곱게 태워주거나 자외선으로부터 피부를 보호함 – 티타늄디옥사이드 – 25%

20 탈모 증상의 완화에 도움을 주는 기능성화장품
덱스판테놀, 비오틴, 엘–멘톨, 징크피리치온

21 화장품의 색소 종류와 기준 및 시험방법
- 색소 : 화장품이나 피부에 색을 띄게 하는 것을 주요 목적으로 하는 성분
- 타르색소 : 제1호의 색소 중 콜타르, 그 중간생성물에서 유래되었거나 유기합성하여 얻은 색소 및 그 레이크, 염, 희석제와의 혼합물
- 순색소 : 중간체, 희석제, 기질 등을 포함하지 아니한 순수한 색소
- 레이크 : 타르색소를 기질에 흡착, 공침 또는 단순한 혼합이 아닌 화학적 결합에 의하여 확산시킨 색소
- 기질 : 레이크 제조 시 순색소를 확산시키는 목적으로 사용되는 물질을 말하며 알루미나, 브랭크휙스, 크레이, 이산화티탄, 산화아연, 탤크, 로진, 벤조산알루미늄, 탄산칼슘 등의 단일 또는 혼합물을 사용한다.

18 ② 19 ① 20 ① 21 ②

22 자외선차단제의 원료성분과 사용한도에 대한 내용으로 옳은 것은?

① 옥토크릴렌 - 10.0%
② 호모살레이트 - 5.0%
③ 티타늄디옥사이드 - 20.0%
④ 에칠헥실살리실레이트 - 10%
⑤ 에칠헥실메톡시신나메이트 15%

23 다음 <대화>의 고객 A에게 추천할 맞춤형화장품을 <보기>에서 모두 고른 것은?

【대화】

A : 요새 얼굴이 푸석거리고 거칠어진 것 같아요.
B : 아. 그러신가요? 그럼 고객님 피부 상태를 측정해 보도록 할까요?
A : 그럴까요? 지난번 방문 시와 비교해 주시면 좋겠네요.
B : 네. 이쪽에 앉으시면 저희 측정기로 측정을 해드리겠습니다. 그럼 피부측정을 시작할게요.

피부측정 후,

B : 고객님은 지난번 방문 때보다 피부보습도가 25% 가량 감소하셨고 눈가 주름도 지난번보다 많이 보이네요.
A : 그럼 어떤 제품을 쓰는 것이 좋을지 추천 부탁드려요.

【보기】

㉠ 아데노신 함유 제품
㉡ 징크옥사이드 함유 제품
㉢ 알파-비사보롤 함유 제품
㉣ 나이아신아마이드 함유 제품
㉤ 소듐하이알루로네이트 함유 제품

① ㉠, ㉡　② ㉠, ㉤　③ ㉡, ㉤
④ ㉢, ㉣　⑤ ㉣, ㉤

24 다음 중 위해성 등급의 정도가 다른 것은?

① 포름알데하이드가 2,000ppm 초과 검출된 화장품
② 전부 또는 일부가 변패된 화장품
③ 맞춤형화장품조제관리사를 두지 않고 판매한 맞춤형화장품
④ 이물이 혼입되었거나 부착된 화장품 중 보건위생상 위해를 발생할 우려가 있는 화장품
⑤ 사용기한 또는 개봉 후 사용기간(병행 표기된 제조연월일 포함)을 위조·변조한 화장품

해설

22 자료제출이 생략되는 기능성화장품의 종류 [별표4]
② 호모살레이트 10%
③ 티타늄디옥사이드 25%
④ 에칠헥실살리실레이트 5%
⑤ 에칠헥실메톡시신나메이트 7.5%

23 고객의 피부 상태는 지난 번 방문 때보다 피부보습도가 감소하고 눈가 주름이 많아졌으므로 보습제와 주름개선 기능성화장품을 추천하면 된다.
㉠ 아데노신 – 주름개선(기능성화장품)
㉡ 징크옥사이드 – 피부보호제, 자외선차단제
㉢ 알파-비사보롤 – 피부미백
㉣ 나이아신아마이드 – 피부미백
㉤ 소듐하이알루로네이트 – 피부 컨디셔닝제, 보습제

24 화장품에 사용할 수 없는 포름알데하이드가 검출된 화장품의 위해성 등급은 가 등급이며, 나머지는 모두 다 등급에 해당한다.

정답 22 ① 23 ② 24 ①

25 다음 중 식품의약품안전처에 회수명령대상 화장품인 것은?

① 펌프가 불량한 화장품
② 내용량이 표시량보다 20% 부족한 화장품
③ 안전용기가 아닌 용기에 포장된 아세톤 네일 에나멜 리무버
④ 기능성화장품으로 보고하지 않고 주름개선에 도움을 준다고 표시 · 광고한 화장품
⑤ 판매 가격을 표시하지 않은 화장품

26 <보기>에서 맞춤형화장품조제관리사의 업무에 관한 설명 중 옳은 것은?

【보기】

㉠ 맞춤형화장품 원료목록을 품목별로 식품의약품안전처에 보고하였다.
㉡ 화장품의 안전성 확보 및 품질관리에 관한 교육을 매년 수료하였다.
㉢ 맞춤형화장품조제관리사 자격증을 취득한 후 맞춤형화장품판매업소에서 맞춤형화장품 소분 업무를 담당하였다.
㉣ 책임판매업자가 기능성화장품으로 보고하고 생산한 아데노신 크림 내용물을 매장으로 공급받아 맞춤형화장품용 용기에 고객이 원하는 양만큼 덜어 포장해서 판매하였다.
㉤ 주름이 많은 고객에게 맞춤형화장품용으로 생산된 에센스 내용물에 아데노신을 고시 함량보다 2배 혼합해서 효능이 2배 강화된 기능성 화장품이라고 설명한 후 판매하였다.

① ㉠, ㉡, ㉢
② ㉠, ㉢, ㉤
③ ㉠, ㉣, ㉤
④ ㉡, ㉢, ㉣
⑤ ㉢, ㉣, ㉤

27 천연 유기농화장품의 원료성분 기준으로 옳은 것은?

① 합성원료는 최대 10%까지 사용할 수 있다.
② 천연화장품을 제조할 때 석유화학부분 유래의 원료는 사용할 수 없다.
③ 정제수는 천연원료에 포함되지 않는다.
④ 물, 미네랄은 유기농 함량 비율 계산에 포함하지 않는다.
⑤ 유기농화장품 제조 시설을 세척할 때 세척제를 사용할 수 없다.

25 회수 대상 화장품의 기준
아세톤을 함유하는 네일 에나멜 리무버는 안전용기 · 포장을 사용하여야 하는 품목에 해당되며, 안전용기 · 포장 기준에 위반되는 화장품은 회수명령 대상 화장품에 속한다.

26 ㉠ 원료목록 보고는 화장품책임판매업자의 업무에 해당한다.
㉤ 기능성 원료는 고시함량 내에서 배합해야 한다.

27 ① 합성원료는 천연화장품 및 유기농화장품의 제조에 사용할 수 없다. 다만, 천연화장품 또는 유기농화장품의 품질 또는 안전을 위해 필요하나 따로 자연에서 대체하기 곤란한 제1항 제4호의 원료는 5% 이내에서 사용할 수 있다.(천연화장품 및 유기농화장품의 기준에 관한 규정)
② 석유화학 부분은 전체 제품에서 2%를 초과할 수 없다.
③ 천연화장품을 생산할 때 사용되는 정제수는 천연원료에 포함된다.
⑤ 작업장과 제조설비의 세척제는 [별표 6]에 적합하여야 한다.

정답 25 ③ 26 ④ 27 ④

[제3과목 | 화장품의 유통 및 안전관리 등에 관한 사항]

28 <보기>에서 pH 기준이 3.0~9.0이어야 하는 제품을 모두 고른 것은?

【보기】
㉠ 영 · 유아용 샴푸　㉡ 클렌징 오일　㉢ 바디로션
㉣ 세이빙 크림　㉤ 헤어젤　㉥ 염모제

① ㉠, ㉢　② ㉠, ㉥　③ ㉡, ㉣
④ ㉢, ㉤　⑤ ㉣, ㉥

29 다음 중 유통화장품 안전관리 기준이 정해져 있지 않은 것은?

① 디옥산　② 메탄올　③ 코발트
④ 카드뮴　⑤ 포름알데하이드

30 현재의 과학기술 수준 또는 자료 등의 제한이 있거나 신속한 위해평가가 요구될 경우 화장품의 위해평가를 실시할 수 있는 방법에 대한 설명으로 옳은 것은?

① 위해요소의 인체 내 독성 등 확인과 인체노출 안전기준 설정을 위하여 국제기구 및 신뢰성 있는 국내 · 외 위해성평가기관 등에서 평가한 결과를 준용하거나 인용할 수 있다.
② 인체노출 안전기준의 설정이 어려울 경우 위해요소의 인체 내 독성 등 확인과 인체의 위해요소 노출 정도만으로 위해성을 예측할 수 있다.
③ 인체적용제품의 섭취, 사용 등에 따라 사망 등의 위해가 발생하였을 경우 위해요소의 인체 내 독성 등의 확인만으로 위해성을 예측할 수 있다.
④ 인체의 위해요소 노출 정도를 산출하기 위한 자료가 불충분하거나 없는 경우 활용 가능한 과학적 모델을 토대로 노출 정도를 산출할 수 있다.
⑤ 특정집단에 노출 가능성이 클 경우라도 어린이 및 임산부 등 민감집단 및 고위험집단을 대상으로 위해성평가를 실시하는 것은 안 된다.

31 화장품 제조 시설의 위생에 대한 설명으로 옳은 것은?

① 바닥, 벽, 천장은 오염이 잘되지 않도록 굴곡진 표면이어야 한다.
② 작업소 내의 외관 표면은 가능한 굴곡지게 설계한다.
③ 적절한 온도를 유지하기 위해 공기의 유통이 없도록 해야 한다.

28 다음 제품 중 액, 로션, 크림 및 이와 유사한 제형의 액상제품은 pH 기준이 3.0~9.0 이어야 한다.
- 영 · 유아용 제품류(영 · 유아용 샴푸, 린스, 인체 세정용 제품, 목욕용 제품 제외)
- 눈 화장용 제품류, 색조 화장용 제품류
- 두발용 제품류(샴푸, 린스 제외)
- 면도용 제품류(세이빙 크림, 세이빙 폼 제외)
- 기초화장용 제품류(클렌징 워터, 클렌징 오일, 클렌징 로션, 클렌징 크림 등 메이크업 리무버 제품 제외)

29 코발트는 유통화장품 안전관리 기준이 정해져 있지 않다.

30 특정집단에 노출 가능성이 클 경우 어린이 및 임산부 등 민감집단 및 고위험집단을 대상으로 위해성평가를 실시할 수 있다.

31 ① 바닥, 벽, 천장은 가능한 청소하기 쉽게 매끄러운 표면을 지니고 소독제 등의 부식성에 저항력이 있을 것
② 작업소 내의 외관 표면은 가능한 매끄럽게 설계하고, 청소, 소독제의 부식성에 저항력이 있어야 한다.
③ 작업실은 환기가 잘 되어야 한다.
⑤ 수세실과 화장실은 접근이 쉬워야 하나 생산구역과 분리되어 있어야 한다.

정답 28 ④　29 ③　30 ⑤　31 ④

④ 제조하는 화장품의 종류 · 제형에 따라 적절히 구획 · 구분되어 있어 교차오염 우려가 없어야 한다.
⑤ 수세실과 화장실은 접근이 어렵도록 생산구역과 분리되어 가능한 멀리 떨어져 있어야 한다.

32 작업장 내 직원 위생에 대한 설명으로 옳은 것은?

① 교육훈련을 받지 않아도 작업복을 착용하면 제조, 관리, 보관구역에 출입할 수 있다.
② 직원은 작업복 등을 착용하지만 작업의 효율을 위하여 복장점검을 생략할 수 있다.
③ 방문객은 필요한 보호 설비를 갖추면 보관구역을 출입할 때 기록서를 기록할 필요가 없다.
④ 기존 직원에 대해서는 위생교육을 실시하지 않는다.
⑤ 제품 품질과 안전성에 악영향을 미칠지도 모르는 건강 조건을 가진 직원은 원료, 포장, 제품 또는 제품 표면에 직접 접촉하지 말아야 한다.

32 ① 방문객 또는 안전 위생의 교육훈련을 받지 않은 직원이 화장품 제조, 관리, 보관을 실시하고 있는 구역으로 출입하는 일은 피해야 한다.
② 작업 전에 복장점검을 하고 적절하지 않을 경우는 시정한다.
③ 방문객이 제조, 관리, 보관구역으로 들어간 것을 반드시 기록서에 기록한다
④ 신규 직원에 대하여 위생교육을 실시하며, 기존 직원에 대해서도 정기적으로 교육을 실시한다.

33 <보기>에서 완제품 검체 보관에 관한 설명으로 옳은 것을 모두 고른 것은?

【보기】
㉠ 모든 검체는 냉장고에 보관한다.
㉡ 제품이 가장 안정한 조건에서 보관한다.
㉢ 2개 중 대표하는 한 뱃치의 검체를 보관한다.
㉣ 각 뱃치별로 시험을 2번 실시할 수 있는 양을 보관한다.
㉤ 사용기한 경과 후 1년간 또는 개봉 후 사용기간을 기재하는 경우에는 제조일로부터 1년간 보관한다.

① ㉠, ㉡ ② ㉠, ㉢ ③ ㉡, ㉣
④ ㉢, ㉣ ⑤ ㉣, ㉤

33 완제품 보관 검체
- 제품을 그대로 보관한다.
- 각 뱃치를 대표하는 검체를 보관한다.
- 일반적으로는 각 뱃치별로 제품 시험을 2번 실시할 수 있는 양을 보관한다.
- 제품이 가장 안정한 조건에서 보관한다.
- 사용기한 경과 후 1년간 또는 개봉 후 사용기간을 기재하는 경우에는 제조일로부터 3년간 보관한다.

34 화장품의 원료와 포장재 보관 방법에 대한 설명으로 옳은 것은?

① 물질의 특징 및 특성에 맞도록 보관·취급하면 비용이 상승하므로 모두 동일하게 보관· 취급한다.
② 원료와 포장재가 재포장될 경우 원래의 용기와 다르게 표시되어야 한다.
③ 보관 조건은 각각의 원료와 포장재에 적합하여야 하고, 과도한 열기, 추위, 햇빛 또는 습기에 노출되어 변질되는 것을 방지할 수 있어야 한다.
④ 원료와 포장재의 용기는 바닥과 떨어지지 않도록 보관되어야 한다.
⑤ 특수한 보관 조건은 적절하게 관리되지 않을 수 있으므로 일괄적으로 보관한다.

34 ① 물질의 특징 및 특성에 맞도록 보관, 취급되어야 한다.
② 원료와 포장재가 재포장될 경우 원래의 용기와 동일하게 표시되어야 한다.
④ 원료와 포장재의 용기는 밀폐되어, 청소와 검사가 용이하도록 충분한 간격으로, 바닥과 떨어진 곳에 보관되어야 한다.
⑤ 특수한 보관 조건은 적절하게 준수, 모니터링 되어야 한다.

정답 32 ⑤ 33 ③ 34 ③

35 원료 취급 구역의 시설에 대한 설명으로 옳지 않은 것은?

① 원료보관소와 칭량실은 구획되어 있어야 한다.

② 엎지르거나 흘리는 것을 방지하고 즉각적으로 치우는 시스템과 절차들이 시행되어야 한다.

③ 모든 드럼의 윗부분은 필요한 경우 이송 전에 또는 칭량 구역에서 개봉 전에 검사하고 깨끗하게 하여야 한다.

④ 칭량실에서는 원료의 정확한 칭량을 위해 원료 용기 뚜껑을 열어 두어야 한다.

⑤ 원료의 포장이 훼손된 경우에는 봉인하거나 즉시 별도 저장조에 보관한 후에 품질상의 처분 결정을 위해 격리해 둔다.

35 ④ 원료 용기들은 실제로 칭량하는 원료인 경우를 제외하고는 적합하게 뚜껑을 덮어 놓아야 한다.

36 원료 및 포장재를 보관할 때 오염을 막기 위한 방법으로 옳은 것은?

① 원료 및 포장재는 자주 주문하여 사용하므로 재고조사는 할 필요가 없다.

② 모든 원료와 포장재는 냉장고를 설치하여 15도 이하인 환경에서 보관한다.

③ 원료와 포장재는 제조소와 교차 오염을 피하기 위해 구분·구획하여 보관한다.

④ 원료는 선입선출 규정을 정하여 진행하나 포장재는 규정을 지키지 않아도 된다.

⑤ 원료 보관 중 사용기한이 경과한 경우 일반적으로 1년 연장하여 사용이 가능하다.

36 ① 원료 및 포장재는 정기적으로 재고조사를 실시한다.
② 보관 조건은 각각의 원료와 포장재에 적합하여야 한다.
④ 원료와 포장재 모두 선입선출 규정을 지킨다.
⑤ 원료의 사용기한을 준수한다.

37 영유아 또는 어린이가 사용하는 것으로 표시·광고하는 화장품에 대한 설명으로 옳은 것은?

① 영유아는 만 3세 이하, 어린이는 만 4세 이상부터 만 12세 이하까지를 말한다.

② 영유아 또는 어린이가 사용하는 것으로 표시 · 광고하는 화장품은 안정성 자료를 작성 · 보관하여야 한다.

③ 영유아 또는 어린이가 사용하는 것으로 표시 · 광고하는 화장품은 사용한 보존제와 타르색소 함량을 표시하여야 한다.

④ 식품의약품안전처장은 영유아 또는 어린이 사용 화장품에 대한 표시 · 광고의 현황 등에 대한 실태조사를 2년마다 실시하여야 한다.

⑤ 화장품의 1차 포장에 사용기한을 표시하는 경우 제품별 안전성 자료의 보관기간은 마지막으로 제조 · 수입된 제품의 사용기한 만료일 이후 1년까지이다.

37 ① 어린이는 만 4세 이상부터 만 13세 이하까지를 말한다.
② 영유아 또는 어린이가 사용하는 것으로 표시 · 광고하는 화장품은 안전성 자료를 작성 · 보관하여야 한다.
③ 영유아 또는 어린이가 사용하는 것으로 표시 · 광고하는 화장품의 경우에는 사용한 보존제의 함량을 표시하여야 한다.
④ 실태조사는 5년마다 실시하여야 한다.

정답 35 ④ 36 ③ 37 ⑤

38 기능성화장품의 심사에서 안전성에 관한 자료를 모두 고른 것은?

【보기】

㉠ 다회 투여 독성시험 자료
㉡ 2차 피부 자극시험 자료
㉢ 안 점막 자극 또는 그 밖의 점막 자극시험 자료
㉣ 피부 감작성시험 자료
㉤ 동물 첩포시험 자료

① ㉠, ㉡ ② ㉠, ㉤ ③ ㉡, ㉢
④ ㉢, ㉣ ⑤ ㉣, ㉤

39 치오글라이콜릭애씨드 또는 염류를 주성분으로 하는 냉2욕식 퍼머넌트웨이브용 제품의 제1제의 기준으로 옳은 것은?

① pH : 4.5~9.6
② 알칼리 : 1N 염산의 소비량은 검체 1mL에 대하여 7.0mL 이하
③ 중금속 : 30㎍/g 이하
④ 비소 : 10㎍/g 이하
⑤ 철 : 5㎍/g 이하

40 유통화장품의 안전관리 기준에서 화장비누의 기준으로 옳은 것은?

① 제품 3개를 가지고 시험할 때 중량 기준으로 평균 내용량이 표기량에 대하여 100% 이상이어야 한다.
② 제품 3개를 가지고 시험할 때 건조중량 기준으로 평균 내용량이 표기량에 대하여 97% 이상이어야 한다.
③ 제품 3개를 가지고 시험할 때 건조중량 기준으로 평균 내용량이 표기량에 대하여 95% 이상이어야 한다.
④ 제품 6개를 가지고 시험할 때 중량 기준으로 평균 내용량이 표기량에 대하여 97% 이상이어야 한다.
⑤ 제품 9개를 가지고 시험할 때 중량 기준으로 평균 내용량이 표기량에 대하여 95% 이상이어야 한다.

해설

38 안전성에 관한 자료
- 단회 투여 독성시험 자료
- 1차 피부 자극시험 자료
- 안(眼)점막 자극 또는 그 밖의 점막 자극시험 자료
- 피부 감작성시험(感作性試驗) 자료
- 광독성(光毒性) 및 광감작성 시험 자료
- 인체 첩포시험(貼布試驗) 자료

39 치오글라이콜릭애씨드 또는 염류를 주성분으로 하는 냉2욕식 퍼머넌트웨이브용 제품의 제1제
- pH : 4.5~9.6
- 알칼리 : 0.1N 염산의 소비량은 검체 1mL에 대하여 7.0mL이하
- 산성에서 끓인 후의 환원성 물질(치오글라이콜릭애씨드) : 산성에서 끓인 후의 환원성 물질의 함량(치오글라이콜릭애씨드로서)이 2.0 ~ 11.0%
- 산성에서 끓인 후의 환원성 물질이외의 환원성 물질(아황산염, 황화물 등) : 검체 1mL 중의 산성에서 끓인 후의 환원성 물질이외의 환원성 물질에 대한 0.1N 요오드액의 소비량이 0.6mL이하
- 환원후의 환원성 물질(디치오디글라이콜릭애씨드) : 환원후의 환원성 물질의 함량은 4.0%이하
- 중금속 : 20㎍/g 이하
- 비소 : 5㎍/g 이하
- 철 : 2㎍/g 이하

40 유통화장품 안전관리 기준
(화장품 안전기준 등에 관한 규정 제4장)
1. 제품 3개를 가지고 시험할 때 그 평균 내용량이 표기량에 대하여 97% 이상(다만, 화장 비누의 경우 건조중량을 내용량으로 한다)
2. 제1호의 기준치를 벗어날 경우 : 6개를 더 취하여 시험할 때 9개의 평균 내용량이 제1호의 기준치 이상

정답 38 ④ 39 ① 40 ②

41 다음 중 과태료 처분 대상이 아닌 것은?

① 화장품의 안전성 확보 및 품질관리에 관한 교육을 받지 않은 경우
② 화장품의 판매 가격을 표시하지 않은 경우
③ 화장품의 생산실적 또는 수입실적 또는 화장품 원료의 목록 등을 보고하지 않은 경우
④ 폐업 또는 휴업 신고를 하지 않은 경우
⑤ 맞춤형화장품판매업자가 맞춤형화장품의 혼합 · 소분 업무에 종사하는 자를 두지 않은 경우

42 다음 중 ( )에 들어갈 말로 적당한 것은?

【보기】
( )이란 화장품이 제조된 날로부터 적절한 보관 상태에서 제품이 고유의 특성을 간직한 채 소비자가 안정적으로 사용할 수 있는 최소한의 기한을 말한다.

① 사용기한 ② 보관기한 ③ 유통기한
④ 유효기한 ⑤ 개봉 후 사용기간

43 우수화장품 제조 및 품질 관리기준에서 원자재 용기 및 시험기록서의 필수 기재 사항이 아닌 것은?

① 원자재 공급자가 정한 제품명
② 원자재 공급자명
③ 수령일자
④ 공급자가 부여한 제조번호 또는 관리번호
⑤ 원자재 제조일자

44 <보기>에서 맞춤형화장품 조제관리사가 사용할 수 있는 원료에 해당하는 것을 모두 고른 것은?

【보기】
㉠ 우레아 ㉡ 알자닌 ㉢ 트리클로산
㉣ 파이틱애씨드 ㉤ 징크피리치온 ㉥ 에틸헥실글리세린

① ㉠, ㉡, ㉢ ② ㉠, ㉤, ㉥ ③ ㉡, ㉢, ㉣
④ ㉡, ㉣, ㉥ ⑤ ㉢, ㉣, ㉤

45 제조 위생관리 기준서 중 제조시설의 세척 및 평가에 포함되어야 할 내용이 아닌 것은?

① 책임자 지정
② 세척 및 소독 계획

해설

41 맞춤형화장품판매업자가 맞춤형화장품의 혼합 · 소분 업무에 종사하는 자를 두지 않은 경우에는 3년 이하의 징역 또는 3천만원 이하의 벌금에 처한다.

42 "사용기한"이란 화장품이 제조된 날부터 적절한 보관 상태에서 제품이 고유의 특성을 간직한 채 소비자가 안정적으로 사용할 수 있는 최소한의 기한을 말한다.

43 원자재 용기 및 시험기록서의 필수적인 기재 사항은 다음과 같다.
- 원자재 공급자가 정한 제품명
- 원자재 공급자명
- 수령일자
- 공급자가 부여한 제조번호 또는 관리번호

44 맞춤형화장품에 사용 가능한 원료
(화장품 안전기준 등에 관한 규정 제5조)
우레아, 트리클로산, 징크피리치온은 '화장품 안전기준 등에 관한 규정' [별표 2]의 화장품에 사용상의 제한이 필요한 원료에 해당하므로 맞춤형화장품에 사용할 수 없다.

45 제조시설의 세척 및 평가
- 책임자 지정
- 세척 및 소독 계획
- 세척방법과 세척에 사용되는 약품 및 기구
- 제조시설의 분해 및 조립 방법
- 이전 작업 표시 제거 방법
- 청소상태 유지 방법
- 작업 전 청소상태 확인 방법

41 ⑤ 42 ① 43 ⑤ 44 ④ 45 ⑤

③ 세척 방법과 세척에 사용되는 약품 및 기구
④ 제조시설의 분해 및 조립 방법
⑤ 작업 후 청소상태 확인방법

46 유통화장품의 안전관리 기준 중 미생물 한도로 옳은 것은?

① 대장균, 녹농균, 황색포도상구균은 20개/g(ml) 이하
② 물휴지의 경우 세균 및 진균수는 각각 30개/g(ml) 이하
③ 눈화장용 제품의 경우 총호기성생균수는 500개/g(ml) 이하
④ 영유아용 제품류의 경우 총호기성생균수는 300개/g(ml) 이하
⑤ 영유아용 제품류 및 눈화장용 제품을 제외한 기타 화장품의 경우 총호기성생균수는 2,000개/g(ml) 이하

47 유통화장품 안전관리 시험방법에서 납, 비소, 안티몬, 카드뮴을 동시에 분석할 수 있는 기법은?

① 디티존법
② 환원기화법
③ 흡광광도법(AS)
④ 고속액체크로마토그래프법(HPLC)
⑤ 유도결합플라즈마 - 질량분석기법(ICP-MS)

48 <보기>와 같은 성적서에서 다시 확인해야 할 항목은?

【보기】

㉠ 디옥산 : 50㎍/g　　㉡ 6가 크롬 : 30㎍/g
㉢ 황색포도상구균 : 30개/g　　㉣ 카드뮴 : 3㎍/g

① ㉠, ㉡　② ㉠, ㉢　③ ㉡, ㉢
④ ㉡, ㉣　⑤ ㉢, ㉣

49 다음 중 청정도의 관리 기준과 해당 작업실의 연결이 옳은 것은?

관리기준	해당 작업실
① 낙하균 10개/hr 또는 부유균 20개/m^3	- 충전실
② 낙하균 10개/hr 또는 부유균 20개/m^3	- 미생물시험실
③ 낙하균 10개/hr 또는 부유균 20개/m^3	- 제조실
④ 낙하균 30개/hr 또는 부유균 200개/m^3	- Clean bench
⑤ 낙하균 30개/hr 또는 부유균 200개/m^3	- 내용물 보관소

46 미생물한도
- 총호기성생균수는 영·유아용 제품류 및 눈화장용 제품류의 경우 500개/g(mL) 이하
- 물휴지의 경우 세균 및 진균수는 각각 100개/g(mL) 이하
- 기타 화장품의 경우 1,000개/g(mL) 이하
- 대장균, 녹농균, 황색포도상구균은 불검출

47 유통화장품 안전관리 시험방법
– 화장품 안전기준 등에 관한 규정 [별표 4]

4가지 원소를 동시에 분석할 수 있는 기법은 유도결합플라즈마 – 질량분석기법(ICP-MS)이다.
- 납 : 디티존법, 원자흡광광도법, 유도결합플라즈마분광기, 유도결합플라즈마-질량분석기
- 비소 : 비색법, 원자흡광광도법, 유도결합플라즈마분광기, 유도결합플라즈마-질량분석기
- 안티몬 : 유도결합플라즈마-질량분석기(ICP-MS), 유도결합플라즈마분광기(ICP), 원자흡광분광기(AAS)
- 카드뮴 : 유도결합플라즈마-질량분석기(ICP-MS), 유도결합플라즈마분광기(ICP), 원자흡광분광기(AAS)

48 검출 허용한도
㉠ 디옥산 – 100㎍/g 이하
㉡ 6가 크롬 – 배합 금지 물질
㉢ 황색포도상구균 – 불검출
㉣ 카드뮴 – 5㎍/g 이하

49 우수화장품 제조 및 품질관리기준

청정도 등급	해당 작업실	관리 기준
1	Clean bench	낙하균 10개/hr 또는 부유균 20개/m^3
2	제조실, 성형실, 충전실, 내용물보관소, 원료 칭량실 미생물시험실	낙하균 30개/hr 또는 부유균 200개/m^3
3	포장실	갱의, 포장재의 외부 청소 후 반입

정답 46 ③ 47 ⑤ 48 ③ 49 ⑤

해설

50 우수화장품 제조 및 품질관리기준에서 기준일탈 제품의 처리 순서 중 ( ) 안에 들어갈 말로 옳은 것은?

【보기】
[기준일탈 제품의 처리]
시험, 검사, 측정에서 기준일탈 결과 나옴 → (㉠) → "시험, 검사, 측정이 틀림없음"을 확인 → (㉡) → 기준일탈 제품에 불합격라벨 첨부 → (㉢) → 폐기처분, 재작업 또는 반품

① 기준일탈의 조사, 기준일탈의 처리, 격리보관
② 기준일탈의 조사, 격리보관, 기준일탈의 처리
③ 기준일탈의 처리, 기준일탈의 조사, 불합격라벨 첨부
④ 격리보관, 기준일탈의 조사, 불합격라벨 첨부
⑤ 격리보관, 기준일탈의 처리, 기준일탈의 조사

51 제품의 입고·보관·출하 흐름에서 ㉠과 ㉡에 들어갈 말은?

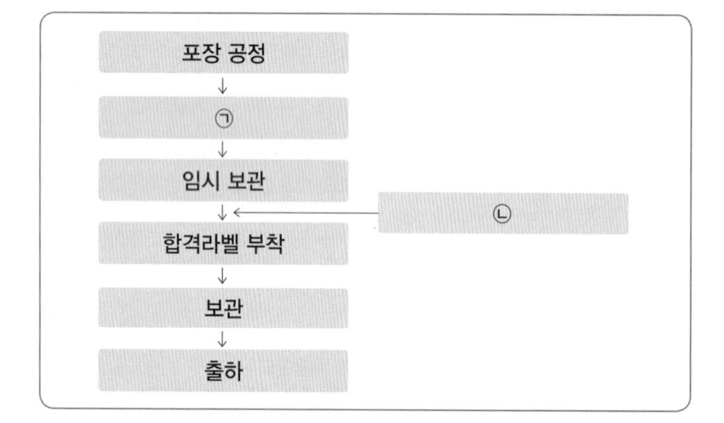

	㉠	㉡
①	시험 중 라벨 부착	제품시험 합격
②	시험 중 라벨 부착	출하
③	제품시험 합격	수입통관보고서 발행
④	제조기록서 발행	제품시험 합격
⑤	뱃치기록서 완결	제품시험 합격

50 기준일탈 제품의 처리

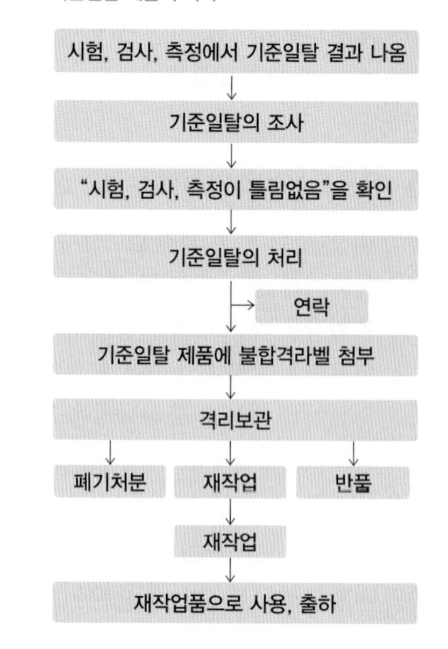

51 ㉠에는 시험 중 라벨 부착, ㉡에는 제품시험 합격이 적합하다.

정답 50 ① 51 ①

52 <보기>에서 유통화장품 안전관리 기준에 대한 설명으로 옳은 것을 모두 고른 것은?

【보기】

㉠ 곧바로 물로 씻어 내는 종류의 화장품의 pH는 3.0~9.0 이어야 한다.
㉡ 수은의 검출 기준치는 1.0μg/g을 초과해서는 안 된다.
㉢ 미생물 실험은 세균과 진균 시험결과가 모두 포함되어야 한다.
㉣ 내용량 시험은 최소 3개의 샘플이 필요하다.
㉤ 내용량 시험 중 3개의 검체로 실험한 결과 기준치를 벗어날 경우 6개를 더 취하여 실험한 후 9개의 평균 내용량이 95% 이상이면 적합으로 판정할 수 있다.

① ㉠, ㉡, ㉢ ② ㉠, ㉡, ㉣ ③ ㉡, ㉢, ㉣
④ ㉡, ㉢, ㉤ ⑤ ㉢, ㉣, ㉤

[제4과목 | 맞춤형화장품의 특성 · 내용 및 관리 등에 관한 사항]

53 <보기>의 성분을 0.5% 이상 함유하는 제품의 경우 안정성 시험 자료를 최종 제조된 제품의 사용기한이 만료되는 날부터 몇 년 동안 보존해야 하는가?

【보기】

㉠ 레티놀(비타민A) 및 그 유도체
㉡ 아스코빅애시드(비타민C) 및 그 유도체
㉢ 토코페롤(비타민E)
㉣ 과산화화합물
㉤ 효소

① 1년 ② 2년 ③ 3년
④ 4년 ⑤ 5년

54 화장품 원료의 기능과 성분명이 바르게 연결된 것은?

① 자외선 차단 – 시녹세이트, 옥토크릴렌
② 주름 개선 – 알부틴, 레티닐팔미테이트
③ 미백 – 에칠아스코빌에텔, 징크옥사이드
④ 보존제 – 벤조익애씨드, 나이아신아마이드
⑤ 수용성 점도조절 – 소듐폴리아크릴레이트, 폴리에틸렌

55 다음 중 사용상의 제한이 필요한 원료는?

① 1,2-헥산다이올 ② 다이메티콘
③ 미네랄오일 ④ 소듐라우릴설페이트
⑤ 비타민E

해설

52 ㉠ 곧바로 물로 씻어 내는 종류의 화장품 3.0~9.0의 pH 기준이 적용되지 않는다.
㉤ 내용량 시험 중 3개의 검체로 실험한 결과 기준치를 벗어날 경우 6개를 더 취하여 실험한 후 9개의 평균 내용량이 97% 이상이면 적합으로 판정할 수 있다.

53 화장품책임판매업자의 준수사항
– 화장품법 시행규칙 제11조
다음 각 목의 어느 하나에 해당하는 성분을 0.5퍼센트 이상 함유하는 제품의 경우에는 해당 품목의 안정성시험 자료를 최종 제조된 제품의 사용기한이 만료되는 날부터 1년간 보존할 것
- 레티놀(비타민A) 및 그 유도체
- 아스코빅애시드(비타민C) 및 그 유도체
- 토코페롤(비타민E)
- 과산화화합물
- 효소

54 ② 알부틴(미백), 레티닐팔미테이트(주름 개선)
③ 에칠아스코빌에텔(미백), 징크옥사이드(자외선 차단)
④ 벤조익애씨드(향료, pH 조절제, 살균보존제), 나이아신아마이드(미백)
⑤ 소듐폴리아크릴레이트(흡수제, 유화안정제, 피막형성제, 모발고정제, 피부유연화제, 점도조절제, 점증제-수용성)
폴리에틸렌(연마제, 점착제, 결합제, 벌킹제(증량제), 유화안정제, 피막형성제, 점도증가제(비수성)

55 비타민 E는 사용상의 제한이 필요한 원료로 사용한도는 20%이다.

정답 52 ③ 53 ① 54 ① 55 ⑤

56 다음 원료 중 화장품 제조에 사용할 수 없는 원료에 해당하는 것은?

① 아미노산
② 벤제페논-3
③ 진세노사이드
④ 페닐파라벤
⑤ 토코페롤

57 화장품 사용 시의 주의사항 중 공통사항에 해당하는 것은?

① 화장품 사용 전에 전문의와 상담할 것
② 눈 주위를 피하여 사용할 것
③ 어린이에게는 사용하지 말 것
④ 정해진 용법과 용량을 잘 지켜 사용할 것
⑤ 상처가 있는 부위 등에는 사용을 자제할 것

58 자외선 차단지수에 대한 설명으로 옳은 것은?

① 자외선 감수성이 높은 사람일수록 MED가 크다.
② 홍반 발생에 주요한 자외선은 UVB 영역이다.
③ UVA와 UVB 차단 기준이 동일하다.
④ 자외선 차단제를 사용하면 MED가 낮아진다.
⑤ MED는 피부 타입 분류에 사용되지 않는다.

59 화장품으로 인한 자극이나 알러지 등의 부작용이 발생할 가능성을 확인하기 위한 인체시험법은?

① 생식독성시험
② 세포독성시험
③ 첩포시험
④ 광독성시험
⑤ 변이원성시험

60 다음 중 내용물과 원료를 혼합할 때 사용되는 기구는?

① 비중계
② pH 측정기
③ 균질기(homogenizer)
④ 점도계
⑤ 레오메터

해설

56 페닐파라벤은 [별표 1] 사용할 수 없는 원료에 해당한다.

57 **화장품 유형과 사용 시의 주의사항(공통사항)**
– 화장품법 시행규칙 [별표 3]
- 화장품 사용 시 또는 사용 후 직사광선에 의하여 사용부위가 붉은 반점, 부어오름 또는 가려움증 등의 이상 증상이나 부작용이 있는 경우 전문의 등과 상담할 것
- 상처가 있는 부위 등에는 사용을 자제할 것

58 ① 자외선에 의한 감수성이 높은 사람일수록 적은 자외선량으로도 피부가 붉어지기 때문에 MED가 적다.
③ UVA와 UVB는 차단 기준이 다르다.
④ 자외선 차단제를 사용하면 MED가 높아진다.
⑤ MED는 피부 타입을 분류하는 데 사용될 수 있다.

59 ① 생식독성시험 : 생식 능력 및 후세대에 미치는 영향 등 생식과정 전반에 미치는 영향에 관한 시험
② 세포독성시험 : 세포에 독성이 없는 시료의 농도를 확인하는 시험
④ 광독성시험 : 화학물질을 인체의 전신 또는 국소에 적용한 후 빛에 노출되어 유도되거나 증가되는 독성반응을 확인하는 시험
⑤ 변이원성시험 : 검체에 의한 유전적 변이유발 여부를 검색하는 시험

60 내용물과 원료를 혼합할 때는 균질기를 사용한다.

정답 56 ④ 57 ⑤ 58 ② 59 ③ 60 ③

61 <보기>의 검출허용한도에 대한 설명에 해당하는 성분은?

【보기】

점토를 원료로 사용한 분말제품은 50㎍/g 이하, 그 밖의 제품은 20㎍/g 이하

① 납 ② 비소 ③ 안티몬
④ 카드뮴 ⑤ 수은

62 비중이 0.8인 액상 제형의 맞춤형화장품을 조제한 후 300ml를 충전할 때 내용물의 중량(g)은 얼마인가? (단, 100% 충전율 기준)

① 240 ② 260 ③ 300
④ 350 ⑤ 375

63 화장품 내용물의 안정성 변화 중 물리적 변화에 해당하는 것을 모두 고른 것은?

【보기】

㉠ 침전 ㉡ 변색 ㉢ 응집
㉣ 분리 ㉤ 변취

① ㉠, ㉡, ㉢ ② ㉠, ㉢, ㉣ ③ ㉡, ㉢, ㉤
④ ㉡, ㉣, ㉤ ⑤ ㉢, ㉣, ㉤

64 ( ) 안에 들어갈 함량으로 옳은 것은?

【보기】

- 천연화장품은 [별표7]에 따라 계산했을 때 중량 기준으로 천연 함량이 전체 제품에서 (㉠)% 이상으로 구성되어야 한다.
- 유기농화장품은 [별표 7]에 따라 계산했을 때 중량 기준으로 유기농 함량이 전체 제품에서 (㉡)% 이상이어야 하며, 유기농 함량을 포함한 천연 함량이 전체 제품에서 (㉢)% 이상으로 구성되어야 한다.

	㉠	㉡	㉢
①	95	10	95
②	97	10	95
③	97	10	97
④	90	15	95
⑤	95	15	95

해설

61 검출허용한도가 점토를 원료로 사용한 분말제품은 50㎍/g 이하, 그 밖의 제품은 20㎍/g 이하인 성분은 납이다.

62 $300 \times 0.8 = 240g$

63 화장품 내용물의 안정성 변화

화학적 변화	변색, 퇴색, 변취, 악취, pH변화, 활성성분의 역가변화
물리적 변화	분리, 응집, 침전, 결정석출, 발한, 점도 변화

64 천연화장품 및 유기농화장품의 기준에 관한 규정

- 천연화장품은 별표 7에 따라 계산했을 때 중량 기준으로 천연 함량이 전체 제품에서 95% 이상으로 구성되어야 한다.
- 유기농화장품은 별표 7에 따라 계산하였을 때 중량 기준으로 유기농 함량이 전체 제품에서 10% 이상이어야 하며, 유기농 함량을 포함한 천연 함량이 전체 제품에서 95% 이상으로 구성되어야 한다.

정답 61 ① 62 ① 63 ② 64 ①

65 <보기>에서 각질층에 주로 존재하는 성분이나 기관을 모두 고른 것은?

【보기】

㉠ 엘라이딘	㉡ 지방산	㉢ 피지선
㉣ 케라틴	㉤ 콜레스테롤	

① ㉠, ㉡, ㉢　② ㉠, ㉢, ㉣　③ ㉡, ㉢, ㉣
④ ㉡, ㉣, ㉤　⑤ ㉢, ㉣, ㉤

66 다음 중 화장품법상 기능성화장품이 아닌 것은?

① 피부의 미백에 도움을 주는 제품
② 피부의 주름 개선에 도움을 주는 제품
③ 피부를 곱게 태워 주거나 자외선으로부터 피부를 보호하는 데에 도움을 주는 제품
④ 피부나 모발의 기능 약화로 인한 건조함, 갈라짐, 빠짐, 각질화 등을 방지하거나 개선하는 데에 도움을 주는 제품
⑤ 일시적으로 모발의 색상을 변화시키는 제품

67 다음 중 천연화장품 조제에 허용된 합성 보존제는?

① 페녹시에탄올　② 징크피리치온
③ 소르빅애씨드 및 그 염류　④ 메칠이소치아졸리논
⑤ 벤잘코늄클로라이드

68 맞춤형화장품 조제 및 판매 시의 준수사항에 관한 설명으로 옳은 것은?

① 책임판매관리자는 맞춤형화장품조제관리사 자격증이 없어도 맞춤형화장품을 조제할 수 있다.
② 식품의약품안전처장이 고시한 기능성화장품의 효능 · 효과를 나타내는 원료는 기능성화장품 심사를 받지 않고 맞춤형화장품의 혼합에 사용 가능하다.
③ 기능성 화장품 심사는 브랜드별로 안전성 및 유효성에 관한 심사를 받아야 한다.
④ 맞춤형화장품 조제 시 제조 또는 수입된 화장품의 내용물에 다른 화장품의 내용물이나 식품의약품안전처장이 정하는 원료를 추가할 수 있다.
⑤ 맞춤형화장품 조제에 사용되고 남은 내용물 또는 원료는 즉시 폐기해야 한다.

해설

65 엘라이딘은 투명층에, 피지선은 진피의 망상층에 존재한다.

66 모발의 색상을 변화(탈염 · 탈색 포함)시키는 기능을 가진 화장품의 범위에 해당되지만, 일시적으로 모발의 색상을 변화시키는 제품은 제외한다.

67 허용 합성원료 – 합성 보존제 및 변성제
– 천연화장품 및 유기농화장품의 기준에 관한 규정 [별표 4]

벤조익애씨드 및 그 염류, 벤질알코올, 살리실릭애씨드 및 그 염류, 소르빅애씨드 및 그 염류, 데하이드로아세틱애씨드 및 그 염류, 이소프로필알코올, 테트라소듐글루타메이트디아세테이트, 데나토늄벤조에이트, 3급부틸알코올, 기타 변성제(프탈레이트류 제외)

68 ① 맞춤형화장품을 조제 및 판매하기 위해서는 맞춤형화장품조제관리사 자격증이 있어야 한다.
② 식품의약품안전처장이 고시한 기능성화장품의 효능 · 효과를 나타내는 원료는 맞춤형화장품의 혼합에 사용할 수 없다. (원료를 공급하는 화장품책임판매업자가 해당 원료를 포함하여 기능성화장품에 대한 심사를 받거나 보고서를 제출한 경우는 제외)
③ 기능성 화장품 심사는 품목별로 안전성 및 유효성에 관한 심사를 받아야 한다.
⑤ 맞춤형화장품 조제에 사용하고 남은 내용물 또는 원료는 밀폐가 되는 용기에 담는 등 비의도적인 오염을 방지해야 한다.

정답 65 ④ 66 ⑤ 67 ③ 68 ④

69 기능성화장품 심사자료 중 유효성 또는 기능에 관한 자료에 해당되는 것은?

① 1차 피부자극성시험 자료
② 인체첩포시험자료
③ 인체적용시험 자료
④ 피부감작성시험 자료
⑤ 기준 및 시험방법에 관한 자료

70 <보기>에서 맞춤형화장품조제관리사에 대한 설명으로 옳은 내용을 모두 고른 것은?

【보기】

㉠ 맞춤형화장품조제관리사는 어느 곳에서나 화장품의 내용물을 소분하여 판매할 수 있다.
㉡ 맞춤형화장품판매업자는 총리령으로 정하는 바에 따라 맞춤형화장품조제관리사를 두어야 한다.
㉢ 맞춤형화장품조제관리사는 총리령으로 정하는 바에 따라 화장품의 안전성 확보 및 품질관리에 관한 교육을 매년 받아야 한다.
㉣ 맞춤형화장품조제관리사의 자격 기준은 고등교 육법 제2조 각 호에 따른 학교에서 학사 이상의 학위를 받은 사람으로 이공계학과 또는 화장품 과학 · 한의학 · 한약을 전공한 사람이다.

① ㉠, ㉡ ② ㉠, ㉢ ③ ㉡, ㉢
④ ㉡, ㉣ ⑤ ㉢, ㉣

71 다음 중 맞춤형화장품 조제 시 사용 가능한 물질은?

① 1,3-부타디엔
② 하이드록시아이소헥실 3-사이클로헥센 카보스알데히드(HICC)
③ 인태반유래 물질
④ 2-에칠헥사노익애씨드
⑤ 세틸에틸헥사노에이트

72 재고관리에 대한 설명 중 옳은 것은?

① 분말 원료는 통풍이 잘되는 장소에 뚜껑을 열어서 보관한다.
② 사용상의 제한이 필요한 원료는 건물 밖에 보관한다.
③ 내용물은 먼저 입고된 것을 우선 사용하고, 원료는 최근에 입고된 것을 먼저 사용한다.
④ 원료는 먼저 입고된 것을 우선 사용하고 사용기한이 지난 원료를 사용하지 않도록 별도로 관리하고 기록한다.
⑤ 원료는 변질의 우려를 막기 위해 최근 입고된 것을 먼저 사용한다.

69 유효성 또는 기능에 관한 자료
- 효력시험자료
- 인체적용시험자료
- 염모효력시험자료

70 ㉠ 맞춤형화장품조제관리사는 맞춤형화장품판매업을 신고한 곳에서만 혼합 또는 소분 행위가 가능하다.
㉣ 맞춤형화장품조제관리사 국가시험은 응시자격의 제한이 없다.

71 ①~④ 모두 화장품에 사용할 수 없는 원료에 해당하며, 세틸에틸헥사노에이트는 피부컨디셔닝제로 사용된다.

72 모든 물품은 원칙적으로 선입선출 방법으로 출고 한다. 다만, 나중에 입고된 물품이 사용(유효)기한이 짧은 경우 먼저 입고된 물품보다 먼저 출고할 수 있다.

정답 69 ③ 70 ③ 71 ⑤ 72 ④

73 비타민의 종류와 성분이 바르게 연결된 것을 모두 고른 것은?

【보기】

㉠ 비타민 A – 레티놀
㉡ 비타민 B – 피리독신
㉢ 비타민 B – 아스코빅애씨드
㉣ 비타민 C – 판테놀
㉤ 비타민 C – 나이아신아마이드
㉥ 비타민 E – 토코페롤

① ㉠, ㉡, ㉢ ② ㉠, ㉡, ㉥ ③ ㉡, ㉢, ㉣
④ ㉡, ㉣, ㉤ ⑤ ㉢, ㉣, ㉥

74 맞춤형화장품을 조제하여 판매하는 과정에서 옳은 것은?

① SPF 50+의 화장품에 보습제 원료를 1 : 1로 혼합하여 SPF 25로 표시하였다.
② 보습효과를 증가시키기 위해 소듐피씨에이를 혼합해서 판매했다.
③ 씻어내는 유형의 샴푸를 씻지 않고 오래 방치할수록 효과가 좋다고 설명했다.
④ 보존제 성분을 추가하여 사용기한을 늘려 표시하였다.
⑤ 맞춤형화장품 조제 후 석출물이 생겼으나 사용해도 괜찮다고 설명했다.

75 화장품 표시·광고 시 준수사항 으로 옳지 않은 것은?

① 배타성을 띤 "최고" 또는 "최상" 등의 절대적 표현의 표시 · 광고를 하지 말 것
② 의사 · 치과의사 · 한의사 · 약사 · 의료기관 등이 광고 대상을 지정 · 공인 · 추천 · 지도 · 연구 · 개발 또는 사용하고 있다는 내용이나 이를 암시하는 등의 표시 · 광고를 하지 말 것
③ 국제적 멸종위기종의 가공품이 함유된 화장품임을 표현하거나 암시하는 표시 · 광고를 하지 말 것
④ 경쟁상품과 비교하는 표시 · 광고는 비교 대상 및 기준을 분명히 밝히고 객관적으로 확인될 수 있는 사항에 대해서는 표시 · 광고하지 말 것
⑤ 사실 유무와 관계없이 다른 제품을 비방하거나 비방한다고 의심이 되는 표시 · 광고를 하지 말 것

해설

73
- 비타민 A – 레티놀
- 비타민 B – 나이아신아마이드(B_3), 판테놀(B_5), 피리독신(B_6)
- 비타민 C – 아스코빅애씨드
- 비타민 E – 토코페롤

74 소듐피씨에이는 보습제로 맞춤형화장품에 사용될 수 있다.

75 화장품 표시 · 광고의 범위 및 준수사항
– 시행규칙 [별표 5]
④ 경쟁상품과 비교하는 표시 · 광고는 비교 대상 및 기준을 분명히 밝히고 객관적으로 확인될 수 있는 사항만을 표시 · 광고할 것

정답 73 ② 74 ② 75 ④

76 피부에 대한 설명으로 옳은 것은?

【보기】

㉠ 피부는 피하조직, 진피, 표피로 나뉜다.
㉡ 랑게르한스세포는 진피층에 존재한다.
㉢ 섬유아세포는 콜라겐을 생성한다.
㉣ 피하조직은 체온 유지에 중요하다.
㉤ 피지선은 손바닥, 발바닥 등 피부 전신에 분포한다.

① ㉠, ㉡, ㉢ ② ㉠, ㉡, ㉣ ③ ㉠, ㉢, ㉣
④ ㉡, ㉢, ㉤ ⑤ ㉡, ㉣, ㉤

76 ㉡ 랑게르한스세포는 표피의 유극층에 존재한다.
㉤ 피지선은 손바닥, 발바닥을 제외한 전신에 분포한다.

77 피부의 광노화에 가장 큰 영향을 미치는 빛의 파장대(nm)는?

① 300~400 ② 400~500 ③ 500~600
④ 600~700 ⑤ 700~800

77 광노화에 영향을 가장 큰 영향을 미치는 파장대는 300~400nm이다.

78 <보기>의 화장품 표시·광고 실증에 관한 규정에 대한 설명 중 옳은 것을 모두 고른 것은?

【보기】

㉠ 실증자료를 요청 받은 날부터 10일 이내에 식품의약품안전처장에게 제출해야 한다.
㉡ 인체적용시험자료는 관련분야 전문의 또는 병원, 국내외 대학, 화장품 관련 전문 연구기관에서 5년 이상 화장품 인체적용시험 분야의 시험경력을 가진 자의 지도 및 감독하에 수행 · 평가되어야 한다.
㉢ 실증 자료를 제출할 때는 실증방법, 시험 · 조사기관의 명칭 및 대표자의 성명 · 주소 · 전화번호 등을 제출해야 한다.
㉣ 조사기관은 해당 책임판매업자의 제조 및 영업부서 등 다른 부서와 독립적인 업무를 수행하는 기관을 말한다.(기업부설연구소 포함)
㉤ 시험결과는 인체 적용시험 자료, 인체 외 시험 자료 또는 같은 수준 이상의 조사자료를 말한다.

① ㉠, ㉡, ㉢ ② ㉠, ㉢, ㉣ ③ ㉡, ㉢, ㉣
④ ㉡, ㉢, ㉤ ⑤ ㉢, ㉣, ㉤

78 ㉠ 요청 받은 날로부터 15일 이내에 실증자료를 식품의약품안전처장에게 제출해야 한다.(화장품법 제14조)
㉡ 화장품 표시 · 광고 실증에 관한 규정
㉢ 화장품법 시행규칙 제23조 제3항
㉣ 국내외 대학 또는 화장품 관련 전문 연구기관(제조 및 영업부서 등 다른 부서와 독립적인 업무를 수행하는 기업 부설 연구소 포함)에서 시험한 것으로서 기관의 장이 발급한 자료이어야 한다.(화장품 표시 · 광고 실증에 관한 규정 제4조)
㉤ 화장품법 시행규칙 제23조 제2항, 화장품 표시 · 광고 실증에 관한 규정 제3조

79 맞춤형화장품 내용물에 대한 설명 중 옳은 것은?

【보기】

㉠ 유중수형이 수중유형보다 내수성이 우수하다.
㉡ 지성 피부에는 수중유형 크림보다 유중수형 크림이 더 적합하다.
㉢ 색조 화장용 제품의 니켈 허용한도는 35μg/g 이하이다.
㉣ 로션의 pH는 3~9가 되어야 한다.
㉤ 녹농균과 황색포도상구균이 검출되면 안 된다.

① ㉠, ㉡, ㉢ ② ㉠, ㉢, ㉣ ③ ㉠, ㉣, ㉤
④ ㉡, ㉢, ㉣ ⑤ ㉢, ㉣, ㉤

79 ㉠ 수중유형의 제형은 내수성이 떨어지는 단점이 있고 유중수형 제형은 내수성은 우수하나 사용감이 수중유형보다 덜한 단점이 있다.
㉡ 지성 피부에는 유중수형보다 수중유형의 크림이 더 적합하다.
㉢ 색조 화장용 제품의 니켈 허용한도는 30μg/g 이하이다.

정답 76 ③ 77 ① 78 ④ 79 ③

80 <보기>에서 화장품을 혼합·소분하여 맞춤형화장품을 조제·판매하는 과정에 대한 설명으로 옳은 것을 모두 고른 것은?

【보기】

㉠ 맞춤형화장품조제관리사가 일반화장품을 판매하였다.
㉡ 메틸살리실레이트가 8% 함유된 액체상태의 맞춤형 화장품을 일반용기에 포장하여 판매하였다.
㉢ 맞춤형화장품조제관리사가 200ml의 향수를 소분하여 50ml 향수를 조제하였다.
㉣ 맞춤형화장품조제관리사가 맞춤형화장품을 조제할 때 미생물에 의한 오염을 방지하기 위해 페녹시에탄올을 추가하였다.
㉤ 화장품책임판매업자가 기능성화장품에 대한 심사를 받거나 보고서를 제출한 경우 식품의약품안전처장이 고시한 기능성화장품의 효능 · 효과를 나타내는 원료를 내용물에 추가하여 맞춤형화장품을 조제할 수 있다.

① ㉠, ㉡, ㉢　　② ㉠, ㉢, ㉣　　③ ㉠, ㉢, ㉤
④ ㉡, ㉢, ㉣　　⑤ ㉢, ㉣, ㉤

[단답형] 지문과 문제를 읽고 답안을 작성하시오.

[제1과목 | 화장품 관련 법령 및 제도 등에 관한 사항]

81 화장품 안전기준 등에 관한 규정 [별표2]의 보존제 성분에 대한 설명이다. ( ) 안에 들어갈 말을 쓰시오.

【보기】

- ( )의 예 : 소듐, 포타슘, 칼슘, 마그네슘, 암모늄, 에탄올아민, 클로라이드, 브로마이드, 설페이트, 아세테이트, 베타인 등
- 에스텔류의 예 : 메칠, 에칠, 프로필, 이소프로필, 부틸, 이소부틸, 페닐

82 화장품책임판매업자가 영유아 또는 어린이가 사용할 수 있는 화장품임을 표시하려는 경우에는 제품별로 안전과 품질을 입증할 수 있는 <보기>의 자료를 작성·보관하여야 한다. ( ) 안에 들어갈 말을 쓰시오.

【보기】

- 제품 및 제조방법에 대한 설명 자료
- 화장품의 ( ) 자료
- 제품의 효능 · 효과에 대한 증명 자료

해설

80 ㉡ 메틸살리실레이트를 5% 이상 함유하는 액체상태의 제품은 안전용기 · 포장 대상 품목이다.
㉣ 페녹시에탄올은 사용상의 제한이 필요한 원료이므로 맞춤형화장품에 사용할 수 없다.

80 ③
81 염류
82 안전성 평가

83 화장품 원료 등의 위해평가 과정 중 ( )에 들어갈 말을 쓰시오.

【보기】

1. 위해요소의 인체 내 독성을 확인하는 위험성 확인과정
2. 위해요소의 인체노출 허용량을 산출하는 위험성 결정과정
3. 위해요소가 인체에 노출된 양을 산출하는 (㉠) 과정
4. 제1호부터 제3호까지의 결과를 종합하여 인체에 미치는 위해 영향을 판단하는 (㉡) 결정과정

[제2과목 | 화장품의 제조 및 품질관리와 원료의 사용기준 등에 관한 사항]

84 ( ) 안에 들어갈 말을 쓰시오.

【보기】

- (㉠)(이)란 (㉡)을/를 수용하는 1개 또는 그 이상의 포장과 보호재 및 표시의 목적으로 한 포장(첨부문서 등을 포함한다)을 말한다.
- 화장품제조업이란 화장품의 전부 또는 일부를 제조((㉠) 또는 표시만의 공정은 제외)하는 영업을 말한다.

85 ( ) 안에 공통으로 들어갈 말을 쓰시오.

【보기】

- ( ) 제품이란 충전 이전의 제조 단계까지 끝낸 제품을 말한다.
- 원자재, 반제품 및 ( ) 제품은 품질에 나쁜 영향을 미치지 않는 조건에서 보관하여야 하며 보관기한을 설정하여야 한다.
- 원자재, 반제품 및 ( ) 제품은 바닥과 벽에 닿지 않도록 보관하고 선입선출에 의하여 출고할 수 있도록 보관하여야 한다.

86 다음 설명에 해당하는 성분의 명칭을 쓰시오.

【보기】

- 이 성분을 0.5% 초과하여 함유하는 제품에 "햇빛에 대한 피부의 감수성을 증가시킬 수 있으므로 자외선차단제를 함께 사용할 것"이라고 표시해야 한다.(씻어내는 제품 및 두발용 제품을 제외)
- 이 성분을 0.5% 초과하여 함유하는 제품에 "일부에 시험 사용하여 피부 이상을 확인할 것"이라고 표시해야 한다.
- 이 성분을 10% 초과하여 함유한 제품에 "고농도의 이 성분이 들어 있어 부작용이 발생할 우려가 있으므로 전문의 등에게 상담할 것"이라고 표시해야 한다.

정답

83 ㉠ 노출평가, ㉡ 위해도
84 ㉠ 2차 포장, ㉡ 1차 포장
85 벌크
86 알파-하이드록시애시드 (α-hydroxyacid, AHA)

87 다음에서 설명하는 화장품 성분을 쓰시오.

【보기】

- 화장품이나 피부에 색을 띄게 하는 것을 주요 목적으로 하는 성분을 말한다.
- 콜타르, 그 중간생성물에서 유래되었거나 유기합성하여 얻은 색소 및 그 레이크, 염, 희석제와의 혼합물을 말한다.
- 내용량이 10ml 초과 50ml 이하 또는 중량이 10g 초과 50g 이하 화장품인 경우 반드시 표기해야 하는 성분이다.

88 (　) 안에 공통으로 들어갈 말을 쓰시오.

【보기】

유효성 또는 기능에 관한 자료 중 인체적용시험자료를 제출하는 경우 (　) 제출을 면제할 수 있다. 다만, 이 경우에는 (　)의 제출을 면제받은 성분에 대해서는 효능 · 효과를 기재 · 표시할 수 없다.

[제4과목 | 맞춤형화장품의 특성 · 내용 및 관리 등에 관한 사항]

89 화장품 안전기준 등에 관한 규정에서 유리알칼리(화장비누에 한함)는 몇 % 이하이어야 하는지 쓰시오.

90 (　) 안에 들어갈 말을 쓰시오.

【보기】

착향제는 "향료"로 표시할 수 있다. 다만, 착향제의 구성 성분 중 식품의약품안전처장이 정하여 고시한 (　) 유발성분이 있는 경우에는 향료로 표시할 수 없고, 해당 성분의 명칭을 기재 · 표시해야 한다.

91 (　) 안에 들어갈 말을 쓰시오.

【보기】

화장품 제조에 사용된 성분은 함량이 많은 것부터 기재 · 표시한다. 다만, (　)로 사용된 성분, 착향제 또는 착색제는 순서에 상관없이 기재 · 표시할 수 있다.

87 타르색소

88 효력시험자료

89 0.1%

90 알레르기

91 1% 이하

92 ( ) 안에 들어갈 말을 쓰시오.

【보기】

1차 포장에 반드시 표시하여야 할 사항
- 화장품의 명칭
- 영업자의 상호
- ( )
- 사용기한 또는 개봉 후 사용기간

93 ( ) 안에 들어갈 말을 쓰시오.

【보기】

화장품 표시 · 광고 실증에 관한 규정 중 ( )은(는) 실험실의 배양접시, 인체로부터 분리한 모발 및 피부, 인공피부 등 인위적 환경에서 시험물질과 대조물질 처리 후 결과를 측정하는 것을 말한다.

94 ( ) 안에 들어갈 말을 쓰시오.

【보기】

세포간지질은 피부장벽(보호막) 기능에 있어 중요한 역할을 담당하는 표피 각질층의 각질세포 사이에 존재하는 지질이다. 세포간지질의 구성성분 중 가장 많은 비중을 차지하는 물질은 ( )이다.

95 다음 <대화>는 맞춤형화장품조제관리사와 고객의 대화 내용이다. <보기>에서 적합한 원료를 골라 쓰시오.

【대화】

고객 : 제 피부의 멜라닌 색소가 점점 더 침착되고 있어요.
맞춤형화장품조제관리사 : 멜라닌 색소가 침착되는 것을 방지하는 맞춤형 화장품을 조제해 드릴게요.

【보기】

아데노신, 덱스판테놀, 알파-비사보롤, 레티닐팔미테이트, 에칠헥실메톡시신나메이트

95 멜라닌 색소가 침착되고 있으므로 피부의 미백에 도움을 주는 성분인 알파-비사보롤을 사용해야 한다.

정답

92 제조번호
93 인체 외 시험
94 세라마이드
95 알파-비사보롤

96 다음은 기능성화장품 기준 및 시험방법 중 통칙에서 용기에 관한 설명이다. (　) 안에 들어갈 말을 쓰시오.

【보기】

(　　) 용기란 광선의 투과를 방지하는 용기 또는 투과를 방지하는 포장을 한 용기를 말한다.

97 (　　) 안에 들어갈 말을 쓰시오.

【보기】

(　　)란 화장품 안전성 정보관리 규정 중 유해사례와 화장품 간의 인과관계 가능성이 있다고 보고된 정보로서 그 인과관계가 알려지지 아니하거나 입증자료가 불충분한 것을 말한다.

98 (　　) 안에 들어갈 말을 쓰시오.

【보기】

모발은 모소피, (　　), 모수질의 3개층으로 구성된다.

99 다음은 맞춤형화장품의 성분이다. 아래 대화에서 (　) 안에 적합한 내용을 쓰시오.

【성분】

정제수, 알로에추출물, 부틸렌글라이콜, 글리세린, 카보머, 벤제페논-4, 벤질알코올, 향료

【대화】

A : 제품에 사용된 보존제는 어떤 성분입니까?
B : 제품에 사용된 보존제는 (㉠)이며, 화장품법상 (㉡) 이하로 사용할 수 있습니다.

96 차광
97 실마리정보
98 모피질
99 ㉠ 벤질알코올, ㉡ 1%

100 ( ) 안에 들어갈 말을 쓰시오.

【보기】

- 멜라닌은 (㉠)라고 하는 세포에서 만들어진다.
- 멜라닌은 (㉠) 내 (㉡)이라 불리는 특수한 소기관에서 생성된다.

단답형 채점기준

- 모든 문항은 부분점수 없음
- 모든 용어는 국립국어원 표준어에 준하여 인정
- 문항에 법률, 규정, 기준 등이 명시되어 있는 경우에는 해당 법률, 규정, 기준상의 용어만 인정
- 한글이 답인 경우 영어 표기도 인정
- 스펠링 오류나 오자는 오답 처리
  ※ 〈보기〉에서 답을 그대로 골라서 기입하는 문항의 경우에도 동일한 기준 적용
- 약어는 정답으로 인정
- 정답은 1개의 단어인데, 답안에 2개 이상의 단어를 병기했을 시(한영병기 등), 단어 1개가 정답이더라도 다른 단어 1개가 틀리면 오답 처리(오자, 스펠링 오류 포함)
- 외국어 표기의 경우, 발음 가능한 표기는 모두 인정(자음 및 모음이 탈락된 채 표기 시 미인정)
- 성분명의 경우, OOO 성분, OOO를 함유한 제품, OOO를 포함한 제품 모두 인정
- 글씨를 알아보기 어려울 경우 채점위원 과반수 이상 의견으로 채점
- 괄호 안에 용어를 답안으로 기입하는 문제의 경우, 괄호 뒤에 연이어 제시되는 단어를 병기 시 정답으로 인정

[예시] **다음의 경우 양이온, 양이온 계면활성제 모두 인정**

다음 〈보기〉의 ( ) 안에 적합한 용어를 작성하시오.

〈보기〉

계면활성제의 종류 중 모발에 흡착하여 유연효과나 대전 방지 효과, 모발의 정전기 방지, 린스, 살균제, 손 소독제 등에 사용되는 것은 ( ) 계면활성제이다.

정답 100 ㉠ 멜라노사이트, ㉡ 멜라노좀

최종점검 – 다양한 출제유형을 통해 마무리하자!

실전모의고사 제4회

해설

[선다형] 다음 문제를 읽고 답안을 선택하시오.

[제1과목 | 화장품 관련 법령 및 제도 등에 관한 사항]

01 화장품법에서 규정하고 있는 용어에 관한 설명으로 틀린 것은?

① "안전용기 · 포장"이란 만 6세 미만의 어린이가 개봉하기 어렵게 설계 · 고안된 용기나 포장을 말한다.
② "표시"란 화장품의 용기 · 포장에 기재하는 문자 · 숫자 · 도형 또는 그림 등을 말한다.
③ "유기농화장품"이란 유기농 원료, 동식물 및 그 유래 원료 등을 함유한 화장품으로서 식품의약품안전처장이 정하는 기준에 맞는 화장품을 말한다.
④ "화장품책임판매업"이란 취급하는 화장품의 품질 및 안전 등을 관리하면서 이를 유통 · 판매하거나 수입대행형 거래를 목적으로 알선 · 수여(授與)하는 영업을 말한다.
⑤ "광고"란 라디오 · 텔레비전 · 신문 · 잡지 · 음성 · 음향 · 영상 · 인터넷 · 인쇄물 · 간판, 그 밖의 방법에 의하여 화장품에 대한 정보를 나타내거나 알리는 행위를 말한다.

01 "안전용기 · 포장"이란 만 5세 미만의 어린이가 개봉하기 어렵게 설계 · 고안된 용기나 포장을 말한다.

02 화장품책임판매업자는 영유아 또는 어린이가 사용할 수 있는 화장품임을 표시·광고하려는 경우에는 제품별 안전성 자료를 작성 및 보관하여야 한다. <보기>에서 제품별 안전성 자료를 모두 고른 것은?

【보기】
㉠ 제품 및 제조방법에 대한 설명 자료
㉡ 화장품의 안전성 평가 자료
㉢ 제품의 효능 · 효과에 대한 증명 자료
㉣ 제품의 위해분석 시험 자료
㉤ 제품의 개발 경위에 관한 자료

① ㉠, ㉡, ㉢　② ㉠, ㉡, ㉣　③ ㉠, ㉡, ㉤
④ ㉡, ㉣, ㉤　⑤ ㉢, ㉣, ㉤

02 제품별 안전성 자료 –화장품법 제4조의2
• 제품 및 제조방법에 대한 설명 자료
• 화장품의 안전성 평가 자료
• 제품의 효능 · 효과에 대한 증명 자료

정답 01 ① 02 ①

03 화장품법 시행규칙 제8조의2 맞춤형화장품판매업의 신고에 대한 설명이다. 옳지 않은 것은?

① 맞춤형화장품판매업을 하려는 자는 총리령으로 정하는 바에 따라 식품의약품안전처장에게 신고하여야 한다.
② 맞춤형화장품판매업을 신고하려는 자는 맞춤형화장품조제관리사 자격증을 취득하여야 한다.
③ 맞춤형화장품판매업 신고를 하려는 자는 맞춤형화장품판매업 신고서를 맞춤형화장품판매업소의 소재지를 관할하는 지방식품의약품안전청장에게 제출하여야 한다.
④ 신고서를 받은 지방식품의약품안전청장은 「전자정부법」에 따른 행정정보의 공동이용을 통하여 법인 등기사항증명서(법인인 경우만 해당한다)를 확인하여야 한다.
⑤ 지방식품의약품안전청장은 제1항에 따른 신고가 그 요건을 갖춘 경우에는 맞춤형화장품판매업 신고대장에 신고 번호 등을 적고, 별지 제6호의3서식의 맞춤형화장품판매업 신고필증을 발급해야 한다.

03 ② 맞춤형화장품판매업을 신고한 자는 맞춤형화장품의 혼합·소분 업무에 종사하는 자(맞춤형화장품조제관리사)를 두어야 한다.

04 화장품법상 영업자의 지위 승계에 대한 설명으로 옳지 않은 것은?

① 영업자가 사망하거나 그 영업을 양도한 경우에는 그 상속인 또는 영업을 양수한 자가 그 영업자의 의무 및 지위를 승계한다.
② 법인인 영업자가 합병한 경우에는 합병 후 존속하는 법인이나 합병에 따라 설립되는 법인이 그 영업자의 의무 및 지위를 승계한다.
③ 영업자의 지위를 승계한 경우에 종전의 영업자에 대한 행정제재처분의 효과는 그 처분 기간이 끝난 날부터 2년간 해당 영업자의 지위를 승계한 자에게 승계된다.
④ 행정제재처분의 절차가 진행 중일 때에는 해당 영업자의 지위를 승계한 자에 대하여 그 절차를 계속 진행할 수 있다.
⑤ 영업자의 지위를 승계한 자가 지위를 승계할 때에 그 처분 또는 위반 사실을 알지 못하였음을 증명하는 경우에는 행정제재처분의 절차를 계속 진행할 수 없다.

04 영업자의 지위를 승계한 경우에 종전의 영업자에 대한 행정제재처분의 효과는 그 처분 기간이 끝난 날부터 1년간 해당 영업자의 지위를 승계한 자에게 승계된다.

정답 03 ② 04 ③

05 화장품 관련 법령 및 제도에 관한 교육을 받아야 하는 영업자가 둘 이상의 장소에서 영업을 하는 경우에는 종업원 중에서 책임자로 지정하여 교육을 받게 할 수 있다. 책임자로 지정될 수 있는 사람을 모두 고른 것은?

【보기】

㉠ 제조시설관리자　　㉡ 맞춤형화장품조제관리사
㉢ 품질관리 업무에 종사하는 종업원　　㉣ 책임판매관리자

① ㉠, ㉡　② ㉡, ㉢　③ ㉠, ㉡, ㉢
④ ㉡, ㉢, ㉣　⑤ ㉠, ㉡, ㉢, ㉣

05 종업원 중에서 책임자로 지정하여 교육을 받을 수 있는 자
- 책임판매관리자 또는 맞춤형화장품조제관리사
- 품질관리 업무에 종사하는 종업원

06 개인정보보호법에 따른 개인정보처리자의 가명정보 처리에 대한 설명으로 옳지 않은 것은?

① 개인정보처리자는 통계작성, 과학적 연구, 공익적 기록보존 등을 위하여 정보주체의 동의 없이 가명정보를 처리할 수 없다.
② 개인정보처리자는 가명정보를 제3자에게 제공하는 경우에는 특정 개인을 알아보기 위하여 사용될 수 있는 정보를 포함해서는 안 된다.
③ 개인정보처리자는 가명정보를 처리하는 경우 해당 정보가 분실 · 도난 · 유출 · 위조 · 변조 또는 훼손되지 않도록 안전성 확보에 필요한 기술적 · 관리적 및 물리적 조치를 하여야 한다.
④ 개인정보처리자는 가명정보를 처리하고자 하는 경우 가명정보의 처리 목적, 제3자 제공 시 제공받는 자 등 가명정보의 처리 내용을 관리하기 위하여 관련 기록을 작성하여 보관하여야 한다.
⑤ 개인정보처리자는 가명정보를 처리하는 과정에서 특정 개인을 알아볼 수 있는 정보가 생성된 경우에는 즉시 해당 정보의 처리를 중지하고, 지체 없이 회수 · 파기하여야 한다.

06 ① 개인정보처리자는 통계작성, 과학적 연구, 공익적 기록보존 등을 위하여 정보주체의 동의 없이 가명정보를 처리할 수 있다.

07 개인정보처리자가 개인정보가 유출되었음을 알게 되었을 때 지체 없이 해당 정보주체에게 알려야 할 사실에 해당되지 않는 것은?

① 유출된 개인정보의 항목
② 유출된 시점과 그 경위
③ 유출로 인하여 발생할 수 있는 피해를 최소화하기 위하여 정보주체가 할 수 있는 방법 등에 관한 정보
④ 개인정보처리자의 대응조치 및 피해 구제절차
⑤ 개인정보 유출로 인한 피해보상 및 대책

07 개인정보처리자는 개인정보가 유출되었음을 알게 되었을 때에는 지체 없이 해당 정보주체에게 다음의 사실을 알려야 한다.
- 유출된 개인정보의 항목
- 유출된 시점과 그 경위
- 유출로 인하여 발생할 수 있는 피해를 최소화하기 위하여 정보주체가 할 수 있는 방법 등에 관한 정보
- 개인정보처리자의 대응조치 및 피해 구제절차
- 정보주체에게 피해가 발생한 경우 신고 등을 접수할 수 있는 담당부서 및 연락처

정답 05 ④ 06 ① 07 ⑤

[제2과목 | 화장품의 제조 및 품질관리와 원료의 사용기준 등에 관한 사항]

08 <보기>는 맞춤형화장품조제관리사 A와 고객 B의 대화이다. 고객의 이야기를 듣고 나서 맞춤형화장품조제관리사가 제시한 성분으로 옳은 것은?

【보기】

고객 : 최근 광고에서 효능이 좋다고 하는 프리미엄급 화장품을 백화점에서 구매했어요. 그런데 아쉽게도 끈적임도 있고, 퍼짐성이나 가볍게 발라지질 않아서 불편함을 겪고 있고, 심지어 광택도 너무 없습니다. 다만, 동물성 원료는 피했으면 좋겠네요. 제게 추천할 만한 성분이 들어갈 맞춤형화장품을 조제해주실 수 있을까요?
조제관리사 : 고객님의 요구를 반영해서 동물성 원료가 아닌 성분으로 맞춤형화장품을 조제해드리겠습니다.

① 라다넘오일 ② 비즈왁스 ③ 에뮤오일
④ 라놀린 ⑤ 밍크오일

09 천연보습인자(NMF)의 구성 성분 중 40%를 차지하는 중요 성분은?

① 요소 ② 젖산염 ③ 무기염
④ 아미노산 ⑤ 포름산염

10 화장품의 함유 성분별 사용 시의 주의사항 표시 문구 중 "포름알데하이드 성분에 과민한 사람은 신중히 사용할 것"이라는 문구를 표시해야 하는 제품은?

① 포름알데하이드 0.5% 이상 검출된 제품
② 포름알데하이드 0.05% 이상 검출된 제품
③ 포름알데하이드 0.005% 이상 검출된 제품
④ 포름알데하이드 0.8% 이상 검출된 제품
⑤ 포름알데하이드 0.08% 이상 검출된 제품

11 다음 중 천연 유래와 석유화학 부분을 모두 포함하고 있는 원료에 해당하는 것을 모두 고른 것은?

【보기】

㉠ 벤질알코올 ㉡ 디알킬카보네이트
㉢ 이소프로필알코올 ㉣ 알킬아미도프로필베타인
㉤ 알킬메칠글루카미드

① ㉠, ㉡, ㉢ ② ㉠, ㉡, ㉣ ③ ㉡, ㉢, ㉤
④ ㉡, ㉣, ㉤ ⑤ ㉢, ㉣, ㉤

08 식물성 원료는 라다넘오일이고, 나머지는 모두 동물성 원료에 해당한다.

09 천연보습인자의 구성 성분 중 아미노산이 40%로 가장 많이 차지하며, 젖산 12%, 요소 7% 등으로 이루어져 있다.

10 "포름알데하이드 성분에 과민한 사람은 신중히 사용할 것"이라는 문구는 포름알데하이드 0.05% 이상 검출된 제품에 표시해야 한다.

11 천연 유래와 석유화학 부분을 모두 포함하고 있는 원료
- 디알킬카보네이트
- 알킬아미도프로필베타인
- 알킬메칠글루카미드
- 알킬암포아세테이트/디아세테이트
- 알킬글루코사이드카르복실레이트
- 카르복시메칠 – 식물폴리머
- 식물성폴리머 – 하이드록시프로필트리모늄클로라이드
- 디알킬디모늄클로라이드
- 알킬디모늄하이드록시프로필하이드로라이즈드 식물성 단백질

정답 08 ① 09 ④ 10 ② 11 ④

12 다음 중 미네랄 유래 원료에 해당하는 것을 모두 고른 것은?

【보기】
㉠ 오리자놀 ㉡ 규조토 ㉢ 바륨설페이트
㉣ 실버옥사이드 ㉤ 잔탄검

① ㉠, ㉡, ㉢ ② ㉠, ㉡, ㉣ ③ ㉡, ㉢, ㉣
④ ㉡, ㉣, ㉤ ⑤ ㉢, ㉣, ㉤

12 미네랄 유래 원료에 해당하는 것은 규조토, 바륨설페이트, 실버옥사이드이다.

13 천연화장품 및 유기농화장품의 기준에 관한 규정에 따른 작업장과 제조설비의 세척제에 사용 가능한 원료를 모두 고른 것은?

【보기】
㉠ 락틱애씨드 ㉡ 식물성 비누
㉢ 솔벤트 ㉣ 포타슘하이드록사이드
㉤ 톨루엔

① ㉠, ㉡, ㉢ ② ㉠, ㉡, ㉣ ③ ㉡, ㉢, ㉤
④ ㉡, ㉣, ㉤ ⑤ ㉢, ㉣, ㉤

13 작업장과 제조설비의 세척제에 사용 가능한 원료
과산화수소, 과초산, 락틱애씨드, 알코올(이소프로판올 및 에탄올), 석회장석유, 소듐카보네이트, 소듐하이드록사이드, 시트릭애씨드, 식물성 비누, 아세틱애씨드, 열수와 증기, 정유, 포타슘하이드록사이드, 무기산과 알칼리, 계면활성제

14 화장품 사용 시의 주의사항 표시 문구가 "눈에 접촉을 피하고 눈에 들어갔을 때는 즉시 씻어낼 것"인 제품을 모두 고른 것은?

【보기】
㉠ 스테아린산아연 함유 제품
㉡ 과산화수소 및 과산화수소 생성물질 함유 제품
㉢ 카민 함유 제품
㉣ 벤잘코늄클로라이드, 벤잘코늄브로마이드 및 벤잘코늄사카리네이트 함유 제품
㉤ 실버나이트레이트 함유 제품

① ㉠, ㉡, ㉢ ② ㉠, ㉡, ㉣ ③ ㉡, ㉢, ㉤
④ ㉡, ㉣, ㉤ ⑤ ㉢, ㉣, ㉤

14 ㉠ 스테아린산아연 함유 제품 : 사용 시 흡입되지 않도록 주의할 것
㉢ 카민 함유 제품 : 카민 성분에 과민하거나 알레르기가 있는 사람은 신중히 사용할 것

15 염모제 사용 전 주의사항 내용으로 옳지 않은 것은?

① 눈썹, 속눈썹 등은 위험하므로 사용하지 말 것
② 면도 직후에는 염색하지 말 것
③ 염모 전후 1주간은 파마 · 웨이브(퍼머넨트웨이브)를 하지 말 것
④ 고농도의 AHA 성분이 들어 있어 부작용이 발생할 우려가 있으므로 전문의 등에게 상담할 것
⑤ 염색 전 2일 전(48시간 전)에는 매회 반드시 패취테스트를 실시할 것

15 ④는 알파-하이드록시애시드 함유 제품의 주의사항이다.

정답 12 ③ 13 ② 14 ④ 15 ④

16 다음 제품 중 프로필렌 글리콜(Propylene glycol)을 함유하고 있으므로 이 성분에 과민하거나 알레르기 병력이 있는 사람은 신중히 사용해야 하는 제품을 모두 고른 것은?

【보기】

㉠ 염모제
㉡ 손 · 발의 피부연화 제품
㉢ 모발용 샴푸
㉣ 외음부 세정제
㉤ 제모제

① ㉠, ㉡, ㉢ ② ㉠, ㉡, ㉣ ③ ㉡, ㉢, ㉤
④ ㉡, ㉣, ㉤ ⑤ ㉢, ㉣, ㉤

17 착향제 성분 중 알레르기 유발물질의 기재·표시에 대한 설명으로 옳지 않은 것은?

① 착향제의 구성 성분 중 식품의약품안전처장이 정하여 고시한 알레르기 유발성분이 있는 경우에는 향료로 표시 할 수 없고, 해당 성분의 명칭을 기재 · 표시해야 한다.
② 사용 후 씻어내는 제품에 0.01% 초과 시 해당 성분의 명칭을 기재 · 표시해야 한다.
③ 식물의 꽃 · 잎 · 줄기 등에서 추출한 에센셜오일이나 추출물이 착향의 목적으로 사용되었거나 또는 해당 성분이 착향제의 특성이 있는 경우에는 알레르기 유발성분을 표시 · 기재하여야 한다.
④ 내용량 10mL(g) 초과 50mL(g) 이하인 소용량 화장품의 경우 기재 · 표시 생략이 가능하나 해당 정보는 홈페이지 등에서 확인할 수 있도록 해야 한다.
⑤ 향료 중에 포함된 알레르기 유발물질은 '사용 시의 유의사항'에도 기재해야 한다.

18 천연화장품 및 유기농화장품의 원료 기준에 대한 설명으로 옳지 않은 것은?

① 천연화장품 및 유기농화장품의 제조에 사용되는 원료는 오염물질에 의해 오염되어서는 안 된다.
② 앱솔루트, 콘크리트, 레지노이드는 유기농화장품에만 허용된다.
③ 천연화장품은 별표 7에 따라 계산했을 때 중량 기준으로 천연 함량이 전체 제품에서 95% 이상으로 구성되어야 한다.
④ 유기농화장품은 별표 7에 따라 계산하였을 때 중량 기준으로 유기농 함량이 전체 제품에서 10% 이상이어야 한다.
⑤ 유기농 함량 비율은 유기농 원료 및 유기농유래 원료에서 유기농 부분에 해당되는 함량 비율로 계산한다.

해설

16 [보기]의 주의사항은 염모제, 탈염 · 탈색제, 손 · 발의 피부연화 제품, 외음부 세정제에 해당하는 내용이다.

17 ⑤ 향료 중에 포함된 알레르기 유발성분의 표시는 '전성분 표시제'의 표시대상 범위를 확대한 것으로, '사용 시의 주의사항'에 기재될 사항은 아니다.

18 ② 앱솔루트, 콘크리트, 레지노이드는 천연화장품에만 허용된다.

정답 16 ② 17 ⑤ 18 ②

19 다음은 어느 화장품의 전성분 표시 내용이다. 밑줄 친 성분 중 알레르기 유발성분에 해당하는 성분을 모두 고르시오.

【보기】

정제수, 글리세린, 1,2-헥산다이올, ㉠ 스쿠알란, ㉡ 쿠마린, ㉢ 유제놀, 석류추출물, ㉣ 두송열매추출물, ㉤ 엠디엠하이단토인, 알지닌, 알란토인

① ㉠, ㉡　　② ㉡, ㉢　　③ ㉢, ㉣
④ ㉣, ㉤　　⑤ ㉤, ㉥

20 다음 중 화장품의 함유 성분별 사용 시의 주의사항을 표시해야 하는 제품에 해당하는 것은?

① 스테아린산아연을 함유한 에센스
② 살리실릭애씨드 및 그 염류를 함유한 바디 클렌저
③ 알루미늄 및 그 염류를 함유한 데오도런트
④ 알부틴을 1% 함유한 미백크림
⑤ 포름알데하이드가 0.03% 검출된 버블 배스

21 사용상의 제한이 필요한 보존제 성분 중 점막에 사용되는 제품에는 사용을 금지한 성분은?

① p-클로로-m-크레졸
② 클로로자이레놀
③ 소듐아이오데이트
④ 메칠이소치아졸리논
⑤ 벤질헤미포름알

22 다음 알레르기 유발성분 표기 중 옳은 것을 모두 고른 것은?

【보기】

㉠ 정제수, 글리세린, 다이프로필렌글라이콜, 페녹시에탄올, 향료, 리모넨, 리날룰
㉡ 정제수, 글리세린, 다이프로필렌글라이콜, 페녹시에탄올, 향료(리모넨, 리날룰)
㉢ 정제수, 글리세린, 다이프로필렌글라이콜, 리모넨, 페녹시에탄올, 향료, 리날룰(함량 순으로 기재)
㉣ 정제수, 글리세린, 다이프로필렌글라이콜, 페녹시에탄올, 리모넨, 향료, 리날룰
㉤ 정제수, 글리세린, 다이프로필렌글라이콜, 페녹시에탄올, 향료, 리모넨, 리날룰(알레르기 유발성분)

① ㉠, ㉡, ㉢　　② ㉠, ㉢, ㉣　　③ ㉡, ㉢, ㉣
④ ㉡, ㉣, ㉤　　⑤ ㉢, ㉣, ㉤

해설

19 쿠마린과 유제놀이 알레르기 유발성분에 해당한다.

20 주의사항 표시 대상 제품
① 스테아린산아연 함유 제품(기초화장용 제품류 중 파우더 제품에 한함)
② 살리실릭애씨드 및 그 염류 함유 제품(샴푸 등 사용 후 바로 씻어내는 제품 제외)
③ 알루미늄 및 그 염류 함유 제품(체취방지용 제품류에 한함)
④ 알부틴 2% 이상 함유 제품
⑤ 포름알데하이드 0.05% 이상 검출된 제품

21 점막에 사용되는 제품에 사용이 금지된 성분은 p-클로로-m-크레졸이다.

22 ㉡, ㉤은 잘못된 표기 방법이다.

정답 19 ② 20 ③ 21 ① 22 ②

23 「화장품 안전기준 등에 관한 규정」 [별표 2]의 보존제 성분 중 아민류나 아마이드류를 함유하고 있는 제품에는 사용이 금지된 보존제는?

① 2, 4-디클로로벤질알코올
② 메칠이소치아졸리논
③ 벤제토늄클로라이드
④ 5-브로모-5-나이트로-1,3-디옥산
⑤ 2-브로모-2-나이트로프로판-1,3-디올(브로노폴)

24 다음 중 화장품 제조에 사용할 수 없는 원료는?

① 글라이콜
② 스테아릴글라이콜
③ 헥사코실글라이콜
④ 메칠렌글라이콜
⑤ 부틸렌글라이콜

25 <보기>에서 탈모 증상의 완화에 도움을 주는 기능성화장품 고시 원료를 모두 고른 것은?

【보기】
㉠ 카테콜 ㉡ 덱스판테놀 ㉢ 엘-멘톨
㉣ 징크피리치온 ㉤ 나이아신아마이드 ㉥ 아데노신

① ㉠, ㉡, ㉢
② ㉠, ㉢, ㉤
③ ㉠, ㉣, ㉥
④ ㉡, ㉢, ㉣
⑤ ㉡, ㉤, ㉥

26 천연화장품 및 유기농화장품의 제조에 사용할 수 있는 원료는 별표 2의 오염물질에 의해 오염되어서는 안 된다. 다음 중 오염물질에 해당하지 않는 것은?

① 중금속
② 방향족 탄화수소
③ 질산염
④ 니트로사민
⑤ 레지노이드

27 다음 중 위해평가 방법에 대한 설명으로 옳지 않은 것은?

① 위해요소에 노출됨에 따라 발생할 수 있는 독성의 정도와 영향의 종류 등을 파악한다.
② 동물 실험결과, 동물대체 실험결과 등의 불확실성 등을 보정하여 인체노출 허용량을 결정한다.
③ 화장품의 사용을 통하여 노출되는 위해요소의 양 또는 수준을 정량적 또는 정성적으로 산출한다.

해설

23 아민류나 아마이드류를 함유하고 있는 제품에는 사용이 금지된 보존제는 2-브로모-2-나이트로프로판-1,3-디올(브로노폴)이다.

24 ① 글라이콜 – 착향제, 보습제, 용제, 점도감소제
② 스테아릴글라이콜 – 유화안정제, 피부컨디셔닝제(유연제), 점도증가제(비수성)
③ 헥사코실글라이콜 – 피부컨디셔닝제(유연제), 점도증가제(비수성)
⑤ 부틸렌글라이콜 – 향료, 피부컨디셔닝제, 용제, 점도감소제

25 탈모 증상의 완화에 도움을 주는 기능성화장품
덱스판테놀, 비오틴, 엘-멘톨, 징크피리치온

26 오염물질 : 중금속, 방향족 탄화수소, 농약, 다이옥신 및 폴리염화비페닐, 방사능, 유전자변형 생물체, 곰팡이 독소, 의약 잔류물, 질산염, 니트로사민

27 ⑤ 화장품의 사용에 따른 사망 등의 위해가 발생하였을 경우 위험성 확인만으로 위해도를 예측할 수 있다.

정답 23 ⑤ 24 ④ 25 ④ 26 ⑤ 27 ⑤

④ 위해요소 및 이를 함유한 화장품의 사용에 따른 건강상 영향, 인체노출 허용량 또는 수준 및 화장품 이외의 환경 등에 의하여 노출되는 위해요소의 양을 고려하여 사람에게 미칠 수 있는 위해의 정도와 발생빈도 등을 정량적 또는 정성적으로 예측한다.
⑤ 화장품의 사용에 따른 사망 등의 위해가 발생하였을 경우, 인체의 위해요소 노출 정도만으로 위해성을 예측할 수 있다.

[제3과목 | 화장품의 유통 및 안전관리 등에 관한 사항]

28 청정도 기준에 따른 청정도 1등급에 대한 설명으로 옳은 것은?

① 대상시설 - 화장품 내용물이 노출되는 작업실
② 해당 작업실 - 포장실
③ 청정공기 순환 - 10회/hr 이상 또는 차압 관리
④ 관리 기준 - 낙하균 : 30개/hr 또는 부유균 : 200개/m^3
⑤ 작업 복장 - 작업복, 작업모, 작업화

28 ① 대상시설 – 청정도 엄격관리
② 해당 작업실 – Clean bench
③ 청정공기 순환 – 20회/hr 이상 또는 차압 관리
④ 관리 기준 – 낙하균 : 10개/hr 또는 부유균 : 20개/m^3

29 미생물 한도 시험방법 중 검체의 전처리에 대한 설명으로 옳지 않은 것은?

① 크림제는 균질화시킨 후 추가적으로 40℃에서 30분 동안 가온한 후 멸균한 유리구슬(5mm : 5~7개, 3mm : 10~15개)을 넣어 균질화시킨다.
② 분산제는 멸균한 폴리소르베이트 80 등을 사용할 수 있으며, 미생물의 생육에 대하여 영향이 없는 것 또는 영향이 없는 농도이어야 한다.
③ 검액 조제 시 총 호기성 생균수 시험법의 배지성능 및 시험법 적합성 시험을 통하여 검증된 배지나 희석액 및 중화제를 사용할 수 있다.
④ 지용성 용매는 멸균한 미네랄 오일 등을 사용할 수 있으며, 미생물의 생육에 대하여 영향이 없는 것이어야 한다.
⑤ 첨가량은 대상 검체 특성에 맞게 설정하여야 하며, 미생물의 생육에 대하여 영향이 없어야 한다.

29 파우더 및 고형제는 균질화시킨 후 추가적으로 40℃에서 30분 동안 가온한 후 멸균한 유리구슬(5mm : 5~7개, 3mm : 10~15개)을 넣어 균질화시킨다.

30 설비 세척의 원칙에 대한 설명으로 옳지 않은 것은?

① 위험성이 없는 용제로 세척한다.
② 가능한 한 세제를 사용하지 않는다.
③ 가급적 증기 세척은 하지 않는다.
④ 브러시 등으로 문질러 지우는 것을 고려한다.
⑤ 분해할 수 있는 설비는 분해해서 세척한다.

30 설비 세척에 있어 증기 세척은 좋은 방법이다.

정답 28 ⑤ 29 ① 30 ③

31 제조설비의 구성 재질에 대한 설명으로 옳지 않은 것은?

① 탱크 - 제품, 또는 제품제조과정, 설비 세척, 또는 유지관리에 사용되는 다른 물질이 스며들어서는 안 된다.
② 펌프 - 펌프는 많이 움직이는 젖은 부품들로 구성되고 종종 하우징(Housing)과 날개차(impeller)는 닳는 특성 때문에 다른 재질로 만들어져야 한다.
③ 칭량 장치 - 계량적 눈금의 노출된 부분들은 칭량 작업에 간섭하지 않는다면 보호적인 피복제로 칠해질 수 있다.
④ 게이지와 미터 - 제품과 직접 접하는 게이지와 미터의 적절한 기능에 영향을 주지 않아야 한다.
⑤ 제품 충전기 - 충전기의 표면은 매끈한 표면보다는 주형 물질(Cast material) 또는 거친 표면을 사용하는 것이 좋다.

32 완제품 보관 검체에 대한 설명으로 옳지 않은 것은?

① 제품을 사용기한 중에 재검토할 때에 대비한다.
② 각 뱃치를 대표하는 검체를 보관한다.
③ 일반적으로는 각 뱃치별로 제품 시험을 2번 실시할 수 있는 양을 보관한다.
④ 제품이 가장 안정한 조건에서 보관한다.
⑤ 사용기한 경과 후 1년간 또는 개봉 후 사용기간을 기재하는 경우에는 제조일로부터 5년간 보관한다.

33 제조설비의 세척과 위생처리에 대한 설명으로 옳지 않은 것은?

① 탱크는 제품에 접촉하는 모든 표면은 검사와 기계적인 세척을 하기 위해 접근할 수 있는 것이 바람직하다.
② 펌프는 일상적인 예정된 청소와 유지관리를 위하여 허용된 작업범위에 대해 라벨을 확인해야 한다.
③ 혼합과 교반 장치는 다양한 작업으로 인해 혼합기와 구성 설비의 빈번한 청소가 요구될 경우, 쉽게 제거될 수 있는 혼합기를 선택하면 철저한 청소를 할 수 있다.
④ 이송 파이프는 메인 파이프에서 두 번째 라인으로 흘러가도록 밸브를 사용할 때 밸브는 데드렉을 방지하기 위해 주 흐름에 가능한 한 멀리 위치해야 한다.
⑤ 게이지와 미터는 설계 시 제품과 접하는 부분의 청소가 쉽도록 만들어져야 한다.

해설

31 ⑤ 제품 충전기 – 규격화되고 매끈한 표면이 바람직하다. 주형 물질(Cast material) 또는 거친 표면은 제품이 뭉치게 되어(미생물 막에 좋은 환경임) 깨끗하게 청소하기가 어려워 미생물 또는 교차오염 문제를 일으킬 수 있다.

32 사용기한 경과 후 1년간 또는 개봉 후 사용기간을 기재하는 경우에는 제조일로부터 3년간 보관한다.

33 이송 파이프는 메인 파이프에서 두 번째 라인으로 흘러가도록 밸브를 사용할 때 밸브는 데드렉을 방지하기 위해 주 흐름에 가능한 한 가깝게 위치해야 한다.

정답 31 ⑤ 32 ⑤ 33 ④

해설

34 화장품 제조실의 청소 및 소독 방법에 대한 설명으로 옳지 않은 것은?

① 작업 종료 후 혹은 일과 종료 후 바닥, 벽, 작업대, 창틀 등에 묻은 이물질, 내용물 및 원료 잔류물 등을 위생수건, 걸레 등을 이용하여 제거한다.
② 일반용수와 세제를 바닥에 흘린 후 세척솔 등을 이용하여 닦아낸다.
③ 일반용수를 이용하여 세제 성분이 잔존하지 않도록 깨끗이 세척한 후 물끌개, 걸레 등을 이용하여 물기를 제거한다.
④ 작업실 내에 설치되어 있는 배수로 및 배수구는 월 1회 락스 소독 후 내용물 잔류물, 기타 이물 등을 완전히 제거하여 깨끗이 청소한다.
⑤ 청소 후에는 작업실 내의 물기를 완전히 제거하고 배수구 뚜껑은 약간 열어둔다.

34 ⑤ 청소 후에는 작업실 내의 물기를 완전히 제거하고 배수구 뚜껑을 꼭 닫는다.

35 완제품의 보관 및 관리에 대한 설명으로 옳지 않은 것은?

① 품질보증부서로부터 보류 또는 부적합 판정을 받은 반제품의 경우 부적합품 대기소에 보관하여 적합 제품과 명확히 구분이 되어야 한다.
② 최대 보관기간은 1년이며, 보관기간이 6개월 이상 경과되었을 때에는 반드시 사용 전 품질보증부서에 검사 의뢰하여 적합 판정된 반제품만 사용한다.
③ 창고바닥 및 벽면으로부터 10cm 이상 간격을 유지하여 보관함으로써 통풍이 되도록 한다.
④ 적재 시 상부의 적재중량으로 인한 변형이 되지 않도록 유의하여 보관한다.
⑤ 완제품을 출하할 때에는 거래처별로 제품명, 규격(포장단위), 제조번호, 출하량 등을 기록하여 보관 관리한다.

35 최대 보관기간은 6개월이며, 보관기간이 1개월 이상 경과되었을 때에는 반드시 사용 전 품질보증부서에 검사 의뢰하여 적합 판정된 반제품만 사용한다.

36 제품표준서에 포함되어야 할 사항에 해당되지 않는 것은?

① 제품명
② 원료명, 분량 및 제조단위당 기준량
③ 작업 중 주의사항
④ 변경이력
⑤ 제품표준서의 번호 등이 포함된 제조관리기준서

36 제품표준서에는 제조관리기준서가 아닌 제조지시서가 포함되어야 한다.

정답 34 ⑤ 35 ② 36 ⑤

37 품질관리기준서의 시험지시서에 포함되어야 할 사항이 아닌 것은?

① 제품명
② 제조번호
③ 시험지시번호
④ 시험항목 및 시험기준
⑤ 시험결과의 판정방법

38 제조지시서의 작성에 대한 설명으로 옳지 않은 것은?

① 제조지시서는 작업소 및 설비의 청결유지와 작업원의 위생관리를 통하여 화장품의 미생물 및 이물질 오염을 방지하여 우수한 화장품을 생산 및 공급하기 위하여 제조단위(뱃치)별로 작성, 발행되어야 한다.
② 제조지시서는 일단 발행하면 내용을 변경해서는 안 되며, 부득이하게 재발행할 때에는 이전에 발행되어진 제조지시기록서는 폐기한다.
③ 제조기록서는 별도로 작성하지 않고 제조지시서와 제조기록서를 통합하여 제조지시 및 기록서로 운영하여도 무방하다.
④ 제조지시서는 제조 시 작업원의 주관적인 판단이 필요하지 않도록 작업 내용을 상세하게 공정별로 구분하여 작성하여야 한다.
⑤ 제조지시서에 제조 작업자가 제조를 시작하는데 있어서 필요한 정보를 기재한다.

39 화장품 제조소 내 직원의 위생에 대한 설명으로 옳지 않은 것은?

① 작업복 등은 목적과 오염도에 따라 세탁을 하고 필요에 따라 소독한다.
② 직원은 별도의 지역에 의약품을 포함한 개인적인 물품을 보관해야 한다.
③ 음식, 음료수, 흡연은 제조소 내 지정된 지역에서만 섭취하거나 흡연하여야 한다.
④ 제품 품질과 안전성에 악영향을 미칠지도 모르는 건강 조건을 가진 직원은 원료, 포장, 제품 또는 제품 표면에 직접 접촉하지 말아야 한다.
⑤ 방문객과 훈련 받지 않은 직원이 제조, 관리 보관구역으로 들어가면 반드시 동행한다.

해설

37 시험지시서에 포함되어야 할 사항
- 제품명, 제조번호 또는 관리번호, 제조연월일
- 시험지시번호, 지시자 및 지시연월일
- 시험항목 및 시험기준

38 ① 제조지시서는 제조공정 중의 혼돈이나 착오를 방지하고 작업이 올바르게 이루어지도록 하기 위하여 제조단위(뱃치)별로 작성, 발행되어야 한다.

39 ③ 음식, 음료수 및 흡연구역 등은 제조 및 보관 지역과 분리된 지역에서만 섭취하거나 흡연하여야 한다.

정답 37 ⑤ 38 ① 39 ③

해설

40 화장품의 위해평가 시에는 화장품 유형별 사용방법을 고려한 노출 시나리오를 설정하여 노출평가를 해야 한다. 화장품 유해물질 등에 대한 노출 시나리오 작성 시 고려할 사항에 해당되지 않는 것은?

① 1일 사용횟수
② 1회 사용량
③ 소비자 유형
④ 제품 도포 시간
⑤ 피부흡수율

40 노출 시나리오 작성 시 고려사항
- 1일 사용횟수
- 1일 사용량 또는 1회 사용량
- 피부흡수율
- 소비자 유형(예, 어린이)
- 제품접촉 피부면적
- 적용방법(예 씻어내는 제품, 바르는 제품 등)

41 우수화장품 제조 및 품질관리 기준에 따른 원자재 등의 보관관리에 대한 설명으로 옳지 않은 것은?

① 원자재, 반제품 및 벌크 제품은 품질에 나쁜 영향을 미치지 아니하는 조건에서 보관하여야 하며 보관기한을 설정하여야 한다.
② 원자재, 반제품 및 벌크 제품은 바닥과 벽에 닿게 보관하여 낙하의 위험이 없도록 한다.
③ 원자재, 시험 중인 제품 및 부적합품은 각각 구획된 장소에서 보관하여야 한다.
④ 설정된 보관기한이 지나면 사용의 적절성을 결정하기 위해 재평가시스템을 확립하여야 한다.
⑤ 원자재, 반제품 및 벌크 제품은 선입선출에 의하여 출고할 수 있도록 보관하여야 한다.

41 ② 원자재, 반제품 및 벌크 제품은 바닥과 벽에 닿지 아니하도록 보관한다.

42 우수화장품 제조 및 품질관리 기준에 따른 포장지시서에 포함되어야 할 사항에 해당되지 않는 것은?

① 포장 설비명
② 포장재 리스트
③ 상세한 포장공정
④ 포장생산수량
⑤ 제조지시자 및 지시연월일

42 포장지시서에 포함되어야 할 사항
- 제품명
- 포장 설비명
- 포장재 리스트
- 상세한 포장공정
- 포장생산수량

43 우수화장품 제조 및 품질관리 기준에 따른 표준품과 주요시약의 용기에 기재해야 할 사항에 해당되지 않는 것은?

① 명칭
② 개봉일
③ 보관조건
④ 사용기한
⑤ 사용시 주의사항

43 표준품과 주요시약의 용기에 기재해야 할 사항
- 명칭
- 개봉일
- 보관조건
- 사용기한
- 역가, 제조자의 성명 또는 서명(직접 제조한 경우에 한함)

정답 40 ④ 41 ② 42 ⑤ 43 ⑤

44 다음은 제조관리기준서에 포함되어야 할 사항이다. 어떤 관리에 관한 사항에 해당하는가?

【보기】
- 입 · 출하 시 승인판정의 확인방법
- 보관장소 및 보관방법
- 출하 시의 선입선출방법

① 제조공정 관리에 관한 사항
② 시설 및 기구 관리에 관한 사항
③ 원자재 관리에 관한 사항
④ 완제품 관리에 관한 사항
⑤ 위탁제조에 관한 사항

45 우수화장품 제조 및 품질관리 기준 중 시험관리 규정에 대한 설명으로 옳지 않은 것은?

① 원자재, 반제품 및 완제품에 대한 적합 기준을 마련하고 제조번호별로 시험 기록을 작성 · 유지하여야 한다.
② 원자재, 반제품 및 완제품은 적합판정이 된 것만을 사용하거나 출고하여야 한다.
③ 정해진 보관 기간이 경과된 원자재 및 반제품은 즉시 폐기한다.
④ 모든 시험이 적절하게 이루어졌는지 시험기록을 검토한 후 적합, 부적합, 보류를 판정하여야 한다.
⑤ 기준일탈이 된 경우는 규정에 따라 책임자에게 보고한 후 조사하여야 하며, 조사결과는 책임자에 의해 일탈, 부적합, 보류를 명확히 판정하여야 한다.

46 곤충, 해충이나 쥐를 막을 수 있는 대책으로 옳지 않은 것은?

① 벽, 천장, 창문, 파이프 구멍에 틈이 없도록 한다.
② 개방할 수 있는 창문을 만들지 않는다.
③ 창문은 차광하고 야간에 빛이 밖으로 새어나가지 않게 한다.
④ 배기구, 흡기구에 필터를 단다.
⑤ 실내압을 실외보다 낮게 유지해 오염된 외부공기가 실내로 유입되는 것을 방지한다.

47 우수화장품 제조 및 품질관리 기준에 따른 구역별 시설기준에 대한 설명으로 옳지 않은 것은?

① 원료보관소와 칭량실은 구획되어 있어야 한다.
② 보관구역의 통로는 사람과 물건이 이동하는 구역으로서 사람과

해설

44 [보기]는 완제품 관리에 관한 사항이다.

45 ③ 정해진 보관 기간이 경과된 원자재 및 반제품은 재평가하여 품질기준에 적합한 경우 제조에 사용할 수 있다.

46 ⑤ 실내압을 실외보다 높게 한다.

47 ③ 수세실과 화장실은 접근이 쉬워야 하나 생산구역과 분리되어 있어야 한다.

정답 44 ④ 45 ③ 46 ⑤ 47 ③

물건의 이동에 불편함을 초래하거나, 교차오염의 위험이 없어야 된다.

③ 수세실과 화장실은 접근이 쉬워야 하므로 생산구역과 분리되지 않도록 한다.

④ 포장 구역은 제품의 교차 오염을 방지할 수 있도록 설계되어야 한다.

⑤ 포장 구역은 설비의 팔레트, 포장 작업의 다른 재료들의 폐기물, 사용되지 않는 장치, 질서를 무너뜨리는 다른 재료가 있어서는 안 된다.

48 화장품 제조 및 품질관리에 필요한 설비에 대한 설명으로 옳지 않은 것은?

① 사용하지 않는 연결 호스와 부속품은 청소 등 위생관리를 하며, 건조한 상태로 유지하고 먼지, 얼룩 또는 다른 오염으로부터 보호할 것

② 설비 등의 위치는 원자재나 직원의 이동으로 인하여 제품의 품질에 영향을 주지 않도록 할 것

③ 제품과 설비가 오염되지 않도록 배관 및 배수관을 설치하며, 배수관은 역류되지 않아야 하고, 청결을 유지할 것

④ 개방적인 분위기를 위해 천정 주위의 대들보, 파이프, 덕트 등은 노출되도록 설계할 것

⑤ 시설 및 기구에 사용되는 소모품은 제품의 품질에 영향을 주지 않도록 할 것

48 ④ 천정 주위의 대들보, 파이프, 덕트 등은 가급적 노출되지 않도록 설계하고, 파이프는 받침대 등으로 고정하고 벽에 닿지 않게 하여 청소가 용이하도록 설계할 것

49 우수화장품 제조 및 품질관리 기준에 따르면 제조과정 중의 일탈에 대해 조사를 한 후 필요한 조치를 마련해야 한다. 다음 중 중대한 일탈에 해당하지 않는 것은?

① 벌크제품과 제품의 이동 · 보관에 있어서 보관 상태에 이상이 발생하고 품질에 영향을 미친다고 판단될 경우

② 관리 규정에 의한 관리 항목(생산 시의 관리 대상 파라미터의 설정치 등) 보다도 상위 설정(범위를 좁힌)의 관리 기준에 의거하여 작업이 이루어진 경우

③ 생산 작업 중에 설비 · 기기의 고장, 정전 등의 이상이 발생하였을 경우

④ 작업 환경이 생산 환경 관리에 관련된 문서에 제시하는 기준치를 벗어났을 경우

⑤ 절차서 등의 기재된 방법과 다른 시험방법을 사용했을 경우

49 ②는 중대하지 않은 일탈에 해당한다.

정답 48 ④ 49 ②

50 유통화장품의 안전관리기준상 비의도적으로 유래된 총호기성생균수 검출 허용한도가 옳은 것으로 순서대로 묶인 것은?

【보기】

- 영유아용 및 눈화장용 제품류 : (㉠)개/g(mL) 이하
- 물휴지 : 세균 및 진균 각각 (㉡)개/g(mL) 이하
- 기타 화장품 : (㉢)개/g(mL) 이하

① 200 – 50 – 500 ② 300 – 80 – 750
③ 500 – 100 – 1,000 ④ 600 – 120 – 1,500
⑤ 700 – 150 – 2,000

51 다음 중 「화장품 안전기준 등에 관한 규정」의 유통화장품 안전관리 기준에서 비의도적 유래물질로 검출 허용한도가 정해져 있지 않은 것은?

① 비소 ② 안티몬
③ 벤젠 ④ 수은
⑤ 프탈레이트류

52 다음은 유통화장품 안전관리 시험방법 중 납의 유도결합플라즈마분광기를 이용하는 방법에 관한 내용이다. ( ) 안에 들어갈 말로 옳게 짝지어진 것은?

【보기】

〈표준액의 조제〉
납 표준원액(1000μg/mL)에 0.5% (㉠)을(를) 넣어 농도가 다른 3가지 이상의 검량선용 표준액을 만든다. 이 표준액의 농도는 액 1mL당 납 (㉡)μg 범위내로 한다.

① 질산, 0.01~0.2 ② 질산, 0.1~0.2
③ 염산, 0.01~0.2 ④ 염산, 0.1~0.2
⑤ 황산, 0.1~0.2

[제4과목 | 맞춤형화장품의 특성 · 내용 및 관리 등에 관한 사항]

53 천연화장품 및 유기농화장품 제조에 금지되는 공정으로 옳은 것은?

① 미네랄 원료 배합 ② 유기농유래 원료 배합
③ 동물성 원료 배합 ④ 유전자 변형 원료 배합
⑤ 합성 원료 배합

해설

50
- 영유아용 및 눈화장용 제품류 : 500개/g (mL) 이하
- 물휴지 : 세균 및 진균 각각 100개/g (mL) 이하
- 기타 화장품 : 1,000개/g (mL) 이하

51 유통화장품 안전관리 기준에는 납, 니켈, 비소, 수은, 안티몬, 카드뮴, 디옥산, 메탄올, 포름알데하이드, 프탈레이트류 등의 검출 허용한도가 정해져 있다.

52 표준액의 조제 : 납 표준원액(1000μg/mL)에 0.5% 질산을 넣어 농도가 다른 3가지 이상의 검량선용 표준액을 만든다. 이 표준액의 농도는 액 1mL당 납 0.01~0.2μg 범위내로 한다.

53 유전자 변형 원료 배합, 니트로스아민류 배합 및 생성, 일면 또는 다면의 외형 또는 내부구조를 가지도록 의도적으로 만들어진 불용성이거나 생체지속성인 1~100nm 크기의 물질 배합 등이 금지되는 공정에 해당한다.

 정답 50 ③ 51 ③ 52 ① 53 ④

54 화장품법 시행규칙에 따르면 성분명을 제품 명칭의 일부로 사용한 경우 그 성분명과 함량을 화장품 포장에 기재·표시해야 한다. 다음 제품 중 성분명과 함량을 화장품 포장에 기재·표시하지 않아도 되는 것은?

① 녹차 버블 폼클렌징
② 페로몬향 향수
③ 어성초 샴푸
④ 유자 에센스
⑤ 모이스쳐 석류 크림

55 유통화장품 안전관리 기준에 따른 비의도적으로 유래된 물질의 검출 허용한도로 옳은 것은?

① 비소 : 30μg/g 이하
② 안티몬 : 15μg/g 이하
③ 카드뮴 : 15μg/g 이하
④ 수은 : 1μg/g 이하
⑤ 포름알데하이드 : 3,000μg/g 이하

56 체모를 제거하는 기능을 가진 제품의 제형으로 옳지 않은 것은?

① 분말제
② 액제
③ 크림제
④ 로션제
⑤ 에어로졸제

57 「화장품 표시·광고 실증에 관한 규정」에 따라 인체 적용시험의 최종시험결과보고서에 포함되어야 하는 사항으로 옳지 않은 것은?

① 피험자들의 연령 및 성별 분포
② 화학물질명 등에 의한 대조물질의 식별
③ 코드 또는 명칭에 의한 시험물질의 식별
④ 신뢰성보증확인서
⑤ 날짜(시험개시 및 종료일)

58 유통화장품 안전관리 기준상 물휴지에서 비의도적으로 유래된 메탄올과 포름알데하이드의 검출 허용한도로 옳은 것은?

	메탄올	포름알데하이드
①	0.002 (v/v)% 이하	20μg/g 이하
②	0.003 (v/v)% 이하	30μg/g 이하
③	0.004 (v/v)% 이하	40μg/g 이하
④	0.005 (v/v)% 이하	50μg/g 이하
⑤	0.006 (v/v)% 이하	60μg/g 이하

해설

54 방향용 제품은 성분명을 제품 명칭의 일부로 사용하더라도 성분명과 함량을 화장품 포장에 기재·표시하지 않아도 된다.

55 ① 비소 : 10μg/g 이하
② 안티몬 : 10μg/g 이하
③ 카드뮴 : 5μg/g 이하
⑤ 포름알데하이드 : 2,000μg/g 이하

56 체모를 제거하는 기능을 가진 제품의 제형
액제, 크림제, 로션제, 에어로졸제

57 인체 적용시험의 최종시험결과보고서는 다음의 사항을 포함하여야 한다.
- 시험의 종류(시험 제목)
- 코드 또는 명칭에 의한 시험물질의 식별
- 화학물질명 등에 의한 대조물질의 식별(대조물질이 있는 경우에 한함)
- 시험의뢰자 및 시험기관 관련 정보
  - 시험의뢰자의 명칭과 주소
  - 관련된 모든 시험시설 및 시험지점의 명칭과 소재지, 연락처
  - 시험책임자 및 시험자의 성명
- 날짜 : 시험개시 및 종료일
- 신뢰성보증확인서 : 시험점검의 종류, 점검날짜, 점검시험단계, 점검결과 등이 기록된 것
- 피험자
  - 선정 및 제외 기준
  - 피험자 수 및 이에 대한 근거
- 시험방법 및 시험결과

58
- 메탄올 : 0.002 (v/v)% 이하
- 포름알데하이드 : 20μg/g 이하

정답 54 ② 55 ④ 56 ① 57 ① 58 ①

59 <보기>는 어떤 독성시험법에 대한 설명인가?

【보기】

- 일반적으로 Maximization Test을 사용하지만 적절하다고 판단되는 다른 시험법을 사용할 수 있다.
- 시험동물 : 기니픽
- 시험실시요령

Adjuvant는 사용하는 시험법 및 adjuvant 사용하지 않는 시험법이 있으나 제1단계로서 Adjuvant를 사용하는 사용법 가운데 1가지를 선택해서 행하고, 만약 양성소견이 얻어진 경우에는 제2단계로서 Adjuvant를 사용하지 않는 시험방법을 추가해서 실시하는 것이 바람직하다.

① 단회투여독성시험
② 안점막자극 또는 기타점막자극시험
③ 인체사용시험
④ 피부감작성시험
⑤ 광독성시험

60 맞춤형화장품의 표시·광고에 대한 설명으로 옳은 것은?

① 맞춤형화장품에는 천연화장품 또는 유기농화장품 표시 · 광고를 할 수 없다.
② 맞춤형화장품판매업자가 천연화장품 또는 유기농화장품 인증을 받을 수 있다.
③ 맞춤형화장품에는 기능성화장품 표시 · 광고를 할 수 없다.
④ 맞춤형화장품판매업자가 기능성화장품 심사 신청을 할 수 있다.
⑤ 사전에 기능성화장품으로 심사를 받거나 보고하여 맞춤형화장품의 판매 시 제품명이 달라지는 경우 해당 제품명으로 변경심사를 받거나 보고를 취하하고 재보고해야 한다.

61 다음은 화장품 안전기준 등에 관한 규정 [별표 4] 유통화장품 안전관리 시험방법에서 어떤 물질의 표준액 조제 방법에 대해 설명하고 있다. 어떤 물질인가?

【보기】

염화제이수은을 데시케이타(실리카 겔)에서 6시간 건조하여 그 13.5mg을 정밀하게 달아 묽은 질산 10mL 및 물을 넣어 녹여 정확하게 1L로 한다. 이 용액 10mL를 정확하게 취하여 묽은 질산 10mL 및 물을 넣어 정확하게 1L로 하여 표준액으로 한다. 이 표준액 1mL는 수은(Hg) 0.1㎍을 함유한다.

① 납 ② 수은 ③ 안티몬
④ 카드뮴 ⑤ 디옥산

해설

59 〈보기〉는 피부감작성시험에 대한 설명이다.

60 ① 천연화장품 및 유기농화장품의 기준에 관한 규정에 적합한 화장품은 인증을 받은 후 표시 · 광고를 할 수 있다.
② 천연화장품 또는 유기농화장품 인증 신청은 화장품제조업자, 화장품책임판매업자 또는 총리령으로 정하는 대학 · 연구소 등만 가능하다.
③ 맞춤형화장품판매업자에게 내용물 등을 공급하는 화장품책임판매업자가 사전에 해당 원료를 포함하여 기능성화장품 심사를 받거나 보고서를 제출한 경우에는 기 심사(또는 보고) 받은 조합 · 함량 범위 내에서 조제된 맞춤형화장품에 대하여 기능성화장품으로 표시 · 광고할 수 있다.
④ 기능성화장품 심사 신청 또는 보고서 제출은 화장품제조업자, 화장품책임판매업자 또는 총리령으로 정하는 대학 · 연구소 등만 할 수 있다.

61 [보기]는 수은의 표준액 조제 방법이다.(화장품 안전기준 등에 관한 규정 [별표 4] 유통화장품 안전관리 시험방법)

정답 59 ④ 60 ⑤ 61 ②

62 화장품 안정성시험에서 개봉 후 안정성시험을 수행할 필요가 없는 제품은?

① 마사지 크림 ② 헤어 스프레이 ③ 바디 클렌저
④ 아이섀도 ⑤ 샴푸

63 <보기>의 화장품 색소 중 화장 비누에만 사용할 수 있는 색소를 모두 고른 것은?

【보기】
㉠ 녹색 201호 ㉡ 피그먼트 적색 5호
㉢ 피그먼트 자색 23호 ㉣ 적색 102호
㉤ 피그먼트 녹색 7호

① ㉠, ㉡, ㉢ ② ㉠, ㉡, ㉣
③ ㉡, ㉢, ㉤ ④ ㉡, ㉣, ㉤
⑤ ㉢, ㉣, ㉤

64 다음 중 맞춤형화장품조제관리사의 업무로 옳지 않은 것은?

① 맞춤형화장품조제관리사는 화장품의 안전성 확보 및 품질관리에 관한 교육을 매년 받아야 한다.
② 맞춤형화장품조제관리사는 화장품의 용기에 담은 내용물을 나누어 판매할 수 있다.
③ 맞춤형화장품조제관리사는 화장품의 내용물에 다른 화장품의 내용물 또는 원료를 혼합하여 판매할 수 있다.
④ 맞춤형화장품조제관리사가 기능성화장품의 효능 · 효과를 나타내는 원료를 사용하기 위해 직접 기능성화장품에 대한 심사를 받을 수는 없다.
⑤ 맞춤형화장품조제관리사는 내용물의 변질을 막기 위해 벤질알코올 0.5%를 배합하였다.

65 피부 표피의 구조에서 <보기>에서 설명하는 것은?

【보기】
- 털의 기질부(모기질)로 표피의 가장 아래층으로 진피의 유두층으로부터 영양분을 공급받는 층이다.
- 새로운 세포가 형성되는 층이다.
- 원주형의 세포가 단층으로 이어져 있으며, 각질형성세포와 색소형성세포가 존재한다.

① 각질층 ② 투명층 ③ 과립층
④ 유극층 ⑤ 기저층

해설

62 개봉할 수 없는 용기로 되어 있는 제품(스프레이 등), 일회용 제품 등은 개봉 후 안정성시험을 수행할 필요가 없다.

63 화장 비누에만 사용할 수 있는 색소는 피그먼트 적색 5호, 피그먼트 자색 23호, 피그먼트 녹색 7호이다.

64 ⑤ 맞춤형화장품조제관리사는 사용상의 제한이 필요한 보존제를 내용물에 혼합할 수 없다.

65 〈보기〉는 기저층에 관한 설명이다.

정답 62 ② 63 ③ 64 ⑤ 65 ⑤

66 아래에서 설명하는 유화기로 가장 적합한 것은?

【보기】
- 크림이나 로션 타입의 제조에 주로 사용된다.
- 터빈형의 회전날개를 원통으로 둘러싼 구조이다.
- 균일하고 미세한 유화입자가 만들어진다.

① 디스퍼 ② 호모믹서 ③ 프로펠러믹서
④ 호모지나이저 ⑤ 점도계

67 다음 중 적용 후 바로 씻어내는 제품 및 염모용 화장품에만 사용할 수 있는 색소의 종류를 모두 고른 것은?

【보기】
㉠ 등색 204호 ㉡ 적색 106호 ㉢ 녹색 204호
㉣ 황색 407호 ㉤ 등색 206호

① ㉠, ㉡, ㉢ ② ㉠, ㉡, ㉣ ③ ㉡, ㉢, ㉤
④ ㉡, ㉣, ㉤ ⑤ ㉢, ㉣, ㉤

68 사용제한 원료의 종류와 사용한도가 옳게 연결된 것은?

① 사용 후 씻어내는 제품류에 사용하는 트리클로산 - 3%
② 헤어스트레이트너 제품에 사용하는 칼슘하이드록사이드 - 10%
③ 사용 후 씻어내지 않는 제품에 사용하는 징크페놀설포네이트 - 0.2%
④ 사용 후 씻어내는 두발용 제품에 사용하는 베헨트리모늄 클로라이드 - 5.0%
⑤ 속눈썹 및 눈썹 착색용도의 제품에 사용하는 실버나이트레이트 - 3%

69 화장품 제조에 사용할 수 없는 원료를 모두 고른 것은?

【보기】
㉠ p-페닐렌디아민 ㉡ 클로로아세타마이드
㉢ 페닐파라벤 ㉣ 황산 m-아미노페놀
㉤ 벤조일퍼옥사이드

① ㉠, ㉡, ㉢ ② ㉠, ㉡, ㉣ ③ ㉡, ㉢, ㉤
④ ㉡, ㉣, ㉤ ⑤ ㉢, ㉣, ㉤

해설

66 〈보기〉에서 설명하는 유화기는 호모믹서이다.

67 적용 후 바로 씻어내는 제품 및 염모용 화장품에만 사용할 수 있는 색소는 등색 204호, 적색 106호, 황색 407호이다.

68 ① 사용 후 씻어내는 제품류에 사용하는 트리클로산 – 0.3%
② 헤어스트레이트너 제품에 사용하는 칼슘하이드록사이드 – 7%
③ 사용 후 씻어내지 않는 제품에 사용하는 징크페놀설포네이트 – 2%
⑤ 속눈썹 및 눈썹 착색용도의 제품에 사용하는 실버나이트레이트 – 4%

69 p–페닐렌디아민과 황산 m–아미노페놀은 산화형 염모제에 2.0% 사용 가능하다.

정답 66 ② 67 ② 68 ④ 69 ③

해설

70 <보기>에서 설명하는 물질에 해당하는 것은?

【보기】

- 사용할 수 없는 원료에 해당한다.
- 비의도로 함유되는 경우 눈 화장용 제품에는 35μg/g 이하, 색조 화장용 제품에는 30μg/g 이하, 그 밖의 제품에는 10μg/g 이하로 사용할 수 있다.
- 검출시험 범위에서 충분한 정량한계, 검량선의 직선성 및 회수율이 확보되는 경우 유도결합플라즈마-질량분석기(ICP-MS) 대신 유도결합플라즈마분광기(ICP) 또는 원자흡광분광기(AAS)를 사용하여 측정할 수 있다.

① 페놀 ② 니켈 ③ 콜타르
④ 요오드 ⑤ 카드뮴

70 〈보기〉는 니켈에 대한 설명이다.

71 레인방어막의 역할이 아닌 것은?

① 외부로부터 침입하는 각종 물질을 방어한다.
② 체액이 외부로 새어 나가는 것을 방지한다.
③ 피부의 색소를 만든다.
④ 피부염 유발을 억제한다.
⑤ 피부가 건조해지는 것을 방지한다.

71 과립층에 존재하는 레인방어막은 외부로부터 이물질을 침입하는 것을 방어하는 역할을 하는 동시에 체내에 필요한 물질이 체외로 빠져나가는 것을 막고 피부가 건조해지거나 피부염이 유발하는 것을 억제하는 역할을 한다.

72 「기능성화장품 심사에 관한 규정」의 심사기준에 대한 설명으로 옳지 않은 것은?

① 제품명은 이미 심사를 받은 기능성화장품의 명칭과 동일하지 않아야 한다.
② 기능성화장품의 원료 성분 및 그 분량은 제제의 특성을 고려하여 각 성분마다 배합목적, 성분명, 규격, 분량(중량, 용량)을 기재하여야 한다.
③ 사용한도가 지정되어 있지 않은 착색제, 착향제, 현탁화제, 유화제, 용해보조제, 안정제, 등장제, pH 조절제, 점도 조절제, 용제 등의 경우에는 적량으로 기재할 수 있다.
④ 착색제 중 황색4호를 포함한 식품의약품안전처장이 지정하는 색소를 배합하는 경우에는 성분명을 "식약처장지정색소"라고 기재할 수 있다.
⑤ 원료 및 그 분량은 "100밀리리터중" 또는 "100그람중"으로 그 분량을 기재함을 원칙으로 하며, 분사제는 "100그람중"(원액과 분사제의 양 구분표기)의 함량으로 기재한다.

72 ④ 착색제 중 식품의약품안전처장이 지정하는 색소(황색4호 제외)를 배합하는 경우에는 성분명을 "식약처장지정색소"라고 기재할 수 있다.

정답 70 ② 71 ③ 72 ④

73 표피의 과립층에서 피부 장벽을 형성하는 세라마이드, 콜레스테롤 및 지방산 등의 성분들을 각질층으로 직접 전달해 주는 것은?

① 엑소좀
② 엔도좀
③ 골지체
④ 소포체
⑤ 라멜라바디

74 화장품 표시·광고 실증에 관한 규정에 따른 시험 결과의 요건으로 옳지 않은 것은?

① 광고 내용과 관련이 있고 과학적이고 객관적인 방법에 의한 자료로서 신뢰성과 재현성이 확보되어야 한다.
② 국내외 대학 또는 화장품 관련 전문 연구기관에서 시험한 것으로서 기관의 장이 발급한 자료이어야 한다.
③ 기기와 설비에 대한 문서화된 유지관리 절차를 포함하여 표준화된 시험절차에 따라 시험한 자료이어야 한다.
④ 시험기관에서 마련한 절차에 따라 시험을 실시했다는 것을 증명하기 위해 문서화된 신뢰성보증업무를 수행한 자료이어야 한다.
⑤ 외국의 자료는 한글 요약문과 전체 번역본을 제출해야 한다.

75 다음은 모발의 구조와 성질을 설명한 내용이다. 맞지 않는 것은?

① 두발은 주요 부분을 구성하고 있는 모표피, 모피질, 모수질 등으로 이루어졌으며, 주로 탄력성이 풍부한 단백질로 이루어져 있다.
② 케라틴은 다른 단백질에 비하여 유황의 함유량이 많은데, 황(S)은 시스틴(cystine)에 함유되어 있다.
③ 시스틴 결합은 알칼리에는 강한 저항력을 갖고 있으나 물, 알코올, 약산성이나 소금류에 대해서 약하다.
④ 케라틴의 폴리펩타이드는 쇠사슬 구조로서, 두발의 장축방향(長軸方向)으로 배열되어 있다.
⑤ 모유두는 모낭 끝에 있는 작은 돌기 조직으로 모발에 영양을 공급하는 부분을 말한다.

76 진피에 함유되어 있는 성분으로 우수한 보습능력을 지니어 피부관리 제품에도 많이 함유되어 있는 것은?

① 알코올(alcohol)
② 콜라겐(collagen)
③ 판테놀(panthenol)
④ 글리세린(glycerine)
⑤ 멜라닌(melanin)

해설

73 표피에서 피부장벽을 구축하는 핵심 구조인 라멜라바디(층판소체)는 세라마이드, 콜레스테롤 및 지방산 등의 성분들을 각질층으로 보내는 역할을 한다.

74 ⑤ 외국의 자료는 한글요약문(주요사항 발췌) 및 원문을 제출할 수 있어야 한다.

75 시스틴 결합은 물, 알코올, 약산성이나 소금류에는 강하지만 알칼리에는 약하다.

76 콜라겐은 진피의 약 70% 이상을 차지하고 있으며, 진피에 콜라겐이 감싸져서 탄력과 수분을 유지하게 된다. 화장품에 콜라겐을 배합하면 보습성이 아주 좋아지고 사용감이 향상된다.

정답 73 ⑤ 74 ⑤ 75 ③ 76 ②

77 <보기>는 어떤 미백 기능성화장품의 전성분표시를 「화장품법」 제10조에 따른 기준에 맞게 표시한 것이다. 해당 제품은 식품의약품안전처에 자료 제출이 생략되는 기능성화장품 미백 고시 성분과 사용상의 제한이 필요한 원료를 최대 사용 한도로 제조하였다. 이때, 유추 가능한 녹차추출물 함유 범위(%)는?

【보기】

정제수, 사이클로펜타실록세인, 글리세린, 닥나무추출물, 소듐하이알루로네이트, 녹차추출물, 다이메티콘, 다이메티콘/비닐다이메티콘크로스폴리머, 세틸피이지/피피지-10/1다이메티콘, 올리브오일, 호호바오일, 토코페릴아세테이트, 페녹시에탄올, 스쿠알란, 솔비탄세스퀴올리에이트, 알란토인

① 7~10　② 5~7　③ 3~5
④ 1~2　⑤ 0.5~1

78 다음 중 맞춤형화장품의 영업 및 운영에 관한 설명으로 옳은 것은?

① 맞춤형화장품조제관리사의 적절한 교육 및 통제 하에 조제관리사 자격이 없는 일반 매장 직원이 맞춤형화장품 혼합 및 소분을 할 수 있다.
② 맞춤형화장품판매장에 고용되지 않은 맞춤형화장품조제관리사도 보수교육 대상이다.
③ 맞춤형화장품에 혼합할 내용물이나 원료를 맞춤형화장품판매업자가 직접 수입할 수 있다.
④ 맞춤형화장품에 사용되는 내용물은 최종 소비자에게 제공하기 위한 포장을 제외한 모든 제조 공정을 마친 상태를 의미하며, 제조번호별 품질검사 및 제품의 정보를 알 수 있는 표시기재 사항 등을 모두 갖추어야 한다.
⑤ 화장품책임판매업자와 맞춤형화장품판매업자가 동일한 경우 동일한 소재지에서 두 업종을 운영할 수 없다.

79 <보기>의 기능성화장품의 기준 및 시험방법에 기재할 항목 중 '원칙적으로 기재'해야 하는 항목을 모두 고른 것은?

【보기】

㉠ 분자식 및 분자량　㉡ 기능성시험
㉢ 성상　㉣ 시성치
㉤ 정량법

① ㉠, ㉡, ㉢　② ㉠, ㉡, ㉣
③ ㉠, ㉢, ㉤　④ ㉡, ㉢, ㉤
⑤ ㉡, ㉣, ㉤

77 미백 기능성 성분으로 사용된 닥나무추출물의 사용한도는 2%이고, 보존제로 사용된 페녹시에탄올의 사용한도는 1%이다. 녹차추출물이 이 두 성분 사이에 위치하므로 1~2% 정도 사용되었다고 유추할 수 있다.

78 ① 조제관리사 자격이 없는 일반 매장 직원은 맞춤형화장품조제관리사의 적절한 교육 및 통제 하에 있다 하더라도 맞춤형화장품 혼합 및 소분 업무를 할 수 없다.
② 맞춤형화장품판매장에 고용되어 있는 맞춤형화장품조제관리사만 보수교육 대상이다.
③ 화장품의 내용물은 화장품책임판매업자만 수입할 수 있으므로 맞춤형화장품에 사용될 내용물을 수입하는 경우 수입 단계에서부터 화장품책임판매업자가 공급하여야 한다. 맞춤형화장품 혼합에 사용되는 원료는 화장품 법령상 수입자의 제한은 없으며, 맞춤형화장품판매업자가 원료를 수입하여 사용하는 경우 품질관리 등을 철저히 하여 맞춤형화장품 조제에 사용해야 한다.
⑤ 맞춤형화장품의 혼합·소분 장소가 별도로 구획되는 등 혼합·소분 과정에서 오염 등이 발생하지 않도록 관리를 하면 화장품책임판매업자와 맞춤형화장품판매업자가 동일한 경우 동일한 소재지에서 두 업종 운영이 가능하다.

79 기능성시험과 시성치는 필요에 따라 기재해야 하는 항목에 해당한다.

정답 77 ④ 78 ④ 79 ③

80 맞춤형화장품 조제관리사인 선미는 매장을 방문한 고객과 다음과 같은 <대화>를 나누었다. 선미가 고객에게 혼합하여 추천할 제품으로 다음 <보기> 중 옳은 것을 모두 고르면?

【대화】

고객 : 요즘 피부가 간지럽고 많이 당기는 느낌이에요. 건조하기도 하구요.
선미 : 아. 그러신가요? 그럼 고객님 피부 상태를 측정해 보도록 할까요?
고객 : 그럴까요? 지난번 방문 시와 비교해 주시면 좋겠네요.
선미 : 네. 이쪽에 앉으시면 저희 측정기로 측정을 해드리겠습니다.

(피부측정 후)

선미 : 고객님은 피부 수분도가 15% 가량 떨어져 있고, 피부 보습도도 20% 가량 떨어져 있네요.
고객 : 음. 걱정이네요. 그럼 어떤 제품을 쓰는 것이 좋을지 추천 부탁드려요.

【보기】

㉠ 티타늄디옥사이드 함유 제품 ㉡ 베타인 함유 제품
㉢ 에칠헥실트리아존 함유 제품 ㉣ 하이알루로닉애씨드 함유 제품
㉤ 아데노신 함유 제품

① ㉠, ㉢ ② ㉠, ㉤ ③ ㉡, ㉣
④ ㉡, ㉤ ⑤ ㉢, ㉣

[단답형] 지문과 문제를 읽고 답안을 작성하시오.

[제1과목 | 화장품 관련 법령 및 제도 등에 관한 사항]

81 다음은 화장품법상 화장품책임판매업 등록에 관한 규정이다. ( ) 안에 들어갈 말을 쓰시오.

【보기】

화장품책임판매업을 등록하려는 자는 총리령으로 정하는 화장품의 (㉠) 및 책임판매 후 (㉡)에 관한 기준을 갖추어야 하며, 이를 관리할 수 있는 책임판매관리자를 두어야 한다.

82 다음은 화장품법 시행규칙 [별표 1] 품질관리기준의 일부이다. ( ) 안에 들어갈 단어를 순서대로 쓰시오.

【보기】

"품질관리"란 화장품의 책임판매 시 필요한 제품의 품질을 확보하기 위해서 실시하는 것으로서, 화장품제조업자 및 (㉠)에 관계된 업무(시험 · 검사 등의 업무를 포함한다)에 대한 관리 · 감독 및 화장품의 (㉡)에 관한 관리, 그 밖에 제품의 품질의 관리에 필요한 업무를 말한다.

해설

80 ㉠ 티타늄디옥사이드 : 자외선 차단제
㉡ 베타인 : 보습제
㉢ 에칠헥실트리아존 : 자외선 차단제
㉣ 하이알루로닉애씨드: 피부컨디셔닝제(기타), 점도증가제(수성)
㉤ 아데노신 : 주름개선제

80 ③
81 ㉠ 품질관리, ㉡ 안전관리
82 ㉠ 제조, ㉡ 시장 출하

해설

83 다음은 화장품법 시행규칙 화장품제조업 등의 변경등록에 관한 규정이다. ( ) 안에 들어갈 말을 쓰시오.

【보기】

화장품제조업자 또는 화장품책임판매업자는 제1항에 따른 변경등록을 하는 경우에는 변경 사유가 발생한 날부터 (㉠)(행정구역 개편에 따른 소재지 변경의 경우에는 (㉡)) 이내에 별지 제5호서식의 화장품제조업 변경등록 신청서(전자문서로 된 신청서를 포함한다) 또는 별지 제6호서식의 화장품책임판매업 변경등록 신청서(전자문서로 된 신청서를 포함한다)에 화장품제조업 등록필증 또는 화장품책임판매업 등록필증과 해당 서류(전자문서를 포함한다)를 첨부하여 지방식품의약품안전청장에게 제출하여야 한다.

[제2과목 | 화장품의 제조 및 품질관리와 원료의 사용기준 등에 관한 사항]

84 다음은 우수화장품 제조 및 품질관리기준의 용어 정의 중 일부이다. ( ) 안에 들어갈 용어를 쓰시오.

【보기】

- (㉠) (이)란 제조 또는 품질관리 활동 등의 미리 정하여진 기준을 벗어나 이루어진 행위를 말한다.
- (㉡) (이)란 규정된 합격 판정 기준에 일치하지 않는 검사, 측정 또는 시험결과를 말한다.

85 다음에서 설명하는 화장품 원료를 쓰시오.

【보기】

- 양의 털을 가공할 때 나오는 지방을 정제하여 얻는다.
- 피부에 대한 친화성과 부착성, 포수성이 우수하여 크림이나 립스틱 등에 사용된다.
- 유화안정제, 헤어컨디셔닝제, 피부보호제, 피부컨디셔닝제(유연제), 계면활성제(유화제)로 사용된다.

86 「화장품 사용 시의 주의사항 및 알레르기 유발성분 표시에 관한 규정」 [별표 1] 화장품의 함유 성분별 사용 시의 주의사항 표시 문구에서 포름알데하이드 0.05% 이상 검출된 제품의 주의사항 표시 문구를 쓰시오.

83 ㉠ 30일, ㉡ 90일

84 ㉠ 일탈, ㉡ 기준일탈

85 라놀린

86 포름알데하이드 성분에 과민한 사람은 신중히 사용할 것

87 다음은 「천연화장품 및 유기농화장품의 기준에 관한 규정」 중 일부이다. ( ) 안에 들어갈 숫자를 쓰시오.

【보기】

합성원료는 천연화장품 및 유기농화장품의 제조에 사용할 수 없다. 다만, 천연화장품 또는 유기농화장품의 품질 또는 안전을 위해 필요하나 따로 자연에서 대체하기 곤란한 허용 기타원료와 허용 합성원료는 (㉠)% 이내에서 사용할 수 있다. 이 경우에도 석유화학 부분은 (㉡)%를 초과할 수 없다.

88 다음은 사용상의 제한이 필요한 원료 중 만수국꽃 추출물 또는 오일의 사용한도에 대한 설명이다. ( ) 안에 들어갈 말을 쓰시오.

【보기】

- 사용 후 씻어내는 제품에 (㉠)%
- 사용 후 씻어내지 않는 제품에 (㉡)%
- 원료 중 알파 테르티에닐(테르티오펜) 함량은 (㉢)% 이하

[제4과목 | 맞춤형화장품의 특성 · 내용 및 관리 등에 관한 사항]

89 천연화장품 및 유기농화장품의 기준에 따라 천연화장품 및 유기농화장품의 용기와 포장에 사용할 수 없는 물질 2가지를 쓰시오.

(　　　　　　　　　　)
(　　　　　　　　　　)

90 다음은 모발의 색에 관한 내용이다. ( ) 안에 들어갈 말을 쓰시오.

【보기】

체모에 (㉠)이(가) 많으면 머리 색은 진하고, (㉡)이(가) 많으면 붉은 색이 된다.

정답

87	㉠ 5, ㉡ 2
88	㉠ 0.1, ㉡ 0.01, ㉢ 0.35
89	폴리염화비닐, 폴리스티렌폼
90	㉠ 유멜라닌, ㉡ 페오멜라닌

91 다음에서 설명하는 물질을 쓰시오.

【보기】

- 모발을 구성하는 주성분이다.
- 시스틴, 글루탐산, 알기닌 등의 아미노산으로 이루어져 있으며, 이 중 시스틴은 황을 함유하는 함황아미노산으로 함유량이 10~14%로 가장 높아 태우면 노린내가 나는 원인이 된다.

92 다음은 화장품법 시행규칙의 일부이다. ( ) 안에 들어갈 말을 쓰시오.

【보기】

화장품법 제14조제3항에 따라 영업자 또는 판매자가 제출하여야 하는 실증자료의 범위 및 요건은 다음 각 호와 같다.

1. 시험결과 : 인체 적용시험 자료, 인체 외 시험 자료 또는 같은 수준 이상의 조사자료일 것
2. (㉠) : 표본설정, 질문사항, 질문방법이 그 조사의 목적이나 통계상의 방법과 일치할 것
3. (㉡) : 실증에 사용되는 시험 또는 조사의 방법은 학술적으로 널리 알려져 있거나 관련 산업 분야에서 일반적으로 인정된 방법 등으로서 과학적이고 객관적인 방법일 것

93 화장품 표시·광고 실증에 관한 규정에 따라 인체 적용시험은 <보기>의 기준에 따라 실시하여야 한다. ( ) 안에 들어갈 용어를 쓰시오.

【보기】

- 인체 적용시험은 (㉠)에 근거한 윤리적 원칙에 따라 수행되어야 한다.
- 인체 적용시험은 (㉡)으로 타당하여야 하며, 시험 자료는 명확하고 상세히 기술되어야 한다.

94 다음은 자외선 차단효과 측정방법 및 기준에 따른 자외선차단지수(SPF) 측정방법의 일부이다. ( ) 안에 들어갈 숫자를 쓰시오.

【보기】

자외선 조사가 끝난 후 ( )시간 범위 내의 일정시간에 피험자의 홍반상태를 판정한다.

정답

91 케라틴

92 ㉠ 조사결과, ㉡ 실증방법

93 ㉠ 헬싱키 선언, ㉡ 과학적 해설

94 16~24

95 다음은 유통화장품 안전관리 시험방법 중 pH 시험법에 관한 설명이다. ( ) 안에 들어갈 숫자를 쓰시오.

【보기】

검체 약 (㉠) g 또는 (㉠) mL를 취하여 (㉡) mL 비이커에 넣고 물 (㉢) mL를 넣어 수욕상에서 가온하여 지방분을 녹이고 흔들어 섞은 다음 냉장고에서 지방분을 응결시켜 여과한다.

96 다음은 화장품 표시·광고 실증에 관한 규정이다. ( ) 안에 들어갈 용어를 쓰시오.

【보기】

- (㉠) (이)라 함은 표시 · 광고에서 주장한 내용 중에서 사실과 관련한 사항이 진실임을 증명하기 위하여 작성된 자료를 말한다.
- (㉡) (이)라 함은 표시 · 광고에서 주장한 내용 중 사실과 관련한 사항이 진실임을 증명하기 위해 사용되는 방법을 말한다.

97 다음은 맞춤형화장품의 최종 성분 비율이다. 아래 <대화>에서 ( ) 안에 들어갈 말을 쓰시오.

【보기】

- 정제수 73.0%
- 귤껍질추출물 8.0%
- 베타글루칸 1.5%
- 부틸렌글라이콜 5.0%
- 하이드록시에틸셀룰로오스 1.2%
- 벤조페논-4 0.8%
- 글리세린 3.4%
- 제주이질풀추출물 5%
- 비파나무잎추출물 1.3%
- 벤제토늄클로라이드 0.1%
- 글리세레스-26 0.3%
- 향료 0.4%

【대화】

고객 : 어떤 성분의 보존제가 사용되었나요?
맞춤형화장품조제관리사 : 보존제는 (㉠)을(를) 사용하였습니다. 사용한도는 (㉡)입니다.

98 다음 <보기>에서 표피를 구성하는 세포를 모두 적으시오.

【보기】

케라티노사이트, 엘라스틴, 멜라노사이트, 콜라겐, 머켈세포, 비만세포

95 ㉠ 2, ㉡ 100, ㉢ 30
96 ㉠ 실증자료, ㉡ 실증방법
97 ㉠ 벤제토늄클로라이드, ㉡ 0.1%
98 케라티노사이트, 멜라노사이트, 머켈세포

99 다음은 맞춤형화장품의 최종 성분 비율이다. 아래 <대화>에서 ( ) 안에 들어갈 말을 쓰시오.

【보기】

- 정제수 73.0%
- 캐모마일꽃수 10.0%
- 부틸렌글라이콜 5.0%
- 카보머 0.3%
- 클로로부탄올 0.5%
- 향료 0.4%
- 글리세린 3.0%
- 동백나무잎추출물 5.5%
- 하이드록시에틸셀룰로오스 1.2%
- 시녹세이트 0.8%
- 다이소듐이디티에이 0.3%

【대화】

고객 : 어떤 성분의 자외선차단제가 사용되었나요?
맞춤형화장품조제관리사 : 자외선차단제는 (㉠)을(를) 사용하였습니다. 사용한도는 (㉡)입니다.

100 다음은 기능성화장품 기준 및 시험방법 [별표 10] 일반시험법 중 납시험법에 관한 내용이다. ( ) 안에 들어갈 말을 쓰시오.

【보기】

[실험 조건]
1) 총호기성생균수 계수를 위해 평판도말법을 사용한다.
2) 10배 희석 검액 0.1mL씩 2반복 시행한다.

[실험 결과]

구분	각 배지에서 검출된 개수		
	평판 1	평판 2	평균
세균용 배지	66	58	62
진균용 배지	28	24	26

다음 [결과 해석]에서 ( ) 안에 들어갈 말을 순서대로 쓰시오
(단, ㉠은 숫자로 쓰고, ㉡은 적합, 부적합 중에서 골라 쓴다)

[결과 해석]

총호기성생균수 계수 실험에서 검체에 존재하는 총호기성생균수는 (㉠)개/mL이고, 이 결과는 유통화장품 안전관리 기준에 (㉡)하다.

해설

100 세균수 : $\dfrac{\frac{66+58}{2}\times 10}{0.1} = 6{,}200$

진균수 : $\dfrac{\frac{28+24}{2}\times 10}{0.1} = 2{,}600$

총호기성생균수 : 6,200 + 2,600 = 8,800
기타 화장품의 미생물 한도기준은 1,000개/g(mL) 이하이므로 '부적합'하다.

정답
99 ㉠ 시녹세이트, ㉡ 5%
100 ㉠ 8800, ㉡ 부적합

최종점검 – 다양한 출제유형을 통해 마무리하자!

실전모의고사 제5회

해설

[선다형] 다음 문제를 읽고 답안을 선택하시오.

[제1과목 | 화장품 관련 법령 및 제도 등에 관한 사항]

01 화장품법상 화장품이 인체에 사용되는 목적 중 틀린 것은?

① 인체를 청결하게 한다. ② 인체를 미화한다.
③ 용모를 밝게 변화시킨다. ④ 인체의 용모를 치료한다.
⑤ 매력을 더한다.

02 <보기>에서 맞춤형화장품판매업의 범위에 해당하는 것을 모두 고른 것은?

【보기】
㉠ 제조 또는 수입된 화장품의 내용물에 다른 화장품의 내용물이나 식품의약품안전처장이 정하여 고시하는 원료를 추가하여 혼합한 화장품을 판매하는 영업
㉡ 제조 또는 수입된 화장품의 내용물을 소분한 화장품을 판매하는 영업
㉢ 화장품제조업자에게 위탁하여 제조된 화장품을 유통 · 판매하는 영업
㉣ 수입대행형 거래를 목적으로 화장품을 알선 · 수여하는 영업

① ㉠, ㉡ ② ㉠, ㉢ ③ ㉠, ㉣
④ ㉡, ㉢ ⑤ ㉢. ㉣

03 화장품법 시행규칙 제6조 화장품제조업을 등록하려는 자가 갖추어야 하는 시설에 해당하지 않는 것은?

① 원료 · 자재 및 제품을 보관하는 보관소
② 원료 · 자재 및 제품의 품질검사를 위하여 필요한 시험실
③ 품질검사에 필요한 시설 및 기구
④ 작업대 등 제조에 필요한 시설 및 기구를 갖춘 작업소
⑤ 원료、자재 및 제품을 안전하게 폐기하는 시설

04 화장품법상 맞춤형화장품판매업을 폐업하고자 하는 자가 필요로 하는 것은?

① 등록 ② 통고 ③ 신고
④ 허가 ⑤ 보고

01 "화장품"이란 인체를 청결 · 미화하여 매력을 더하고 용모를 밝게 변화시키거나 피부 · 모발의 건강을 유지 또는 증진하기 위하여 인체에 바르고 문지르거나 뿌리는 등 이와 유사한 방법으로 사용되는 물품으로서 인체에 대한 작용이 경미한 것을 말한다. 다만, 「약사법」 제2조제4호의 의약품에 해당하는 물품은 제외한다.

02 ㉢, ㉣은 화장품책임판매업의 범위에 해당한다.

03 화장품제조업을 등록하려는 자는 폐기시설은 갖추지 않아도 된다.

04 영업자가 폐업 또는 휴업하려는 경우에는 총리령으로 정하는 바에 따라 식품의약품안전처장에게 신고하여야 한다.

정답 01 ④ 02 ① 03 ⑤ 04 ③

05 화장품법상 폐업 등의 신고에 대한 설명이다. 잘못된 것은?

① 영업자는 폐업 또는 휴업하려는 경우 총리령으로 정하는 바에 따라 식품의약품안전처장에게 신고하여야 한다.
② 휴업기간이 1개월 미만이거나 그 기간 동안 휴업하였다가 그 업을 재개하는 경우에는 신고를 할 필요가 없다.
③ 식품의약품안전처장은 화장품제조업자 또는 화장품책임판매업자가 「부가가치세법」 제8조에 따라 관할 세무서장에게 폐업신고를 하거나 관할 세무서장이 사업자등록을 말소한 경우에는 등록을 취소할 수 있다.
④ 식품의약품안전처장은 등록을 취소하기 위하여 필요하면 관할 세무서장에게 화장품제조업자 또는 화장품책임판매업자의 폐업 여부에 대한 정보 제공을 요청할 수 있다.
⑤ 식품의약품안전처장은 폐업신고 또는 휴업신고를 받은 날부터 14일 이내에 신고수리 여부를 신고인에게 통지하여야 한다.

06 <보기>에서 개인정보보호법에 의한 개인정보처리자가 개인정보를 수집할 수 있는 경우를 모두 고른 것은?

【보기】
㉠ 정보주체의 동의를 받은 경우
㉡ 법률에 특별한 규정이 있거나 법령상 의무를 준수하기 위하여 불가피한 경우
㉢ 공공기관이 일반적인 사유로 소관 업무의 수행을 위하여
㉣ 개인정보처리자의 정당한 이익을 달성하기 위하여 필요한 경우로서 명백하게 정보주체의 권리보다 우선하는 경우
㉤ 긴급하게 이벤트 상품을 안내하기 위하여

① ㉠, ㉡, ㉢ ② ㉠, ㉡, ㉣ ③ ㉠, ㉣, ㉤
④ ㉡, ㉢, ㉤ ⑤ ㉡, ㉣, ㉤

07 개인정보보호법 제15조에 따라 개인정보처리자가 개인정보 수집에 대한 동의를 받을 때 정보주체에게 알려야 할 사항을 <보기>에서 모두 고른 것은?

【보기】
㉠ 개인정보의 수집 · 이용 목적
㉡ 개인정보 침해 방지를 위한 대책
㉢ 개인정보의 보유 및 이용 기간
㉣ 동의를 거부할 권리가 있다는 사실
㉤ 개인정보파일의 관리 방법

① ㉠, ㉡, ㉢ ② ㉠, ㉢, ㉣ ③ ㉠, ㉣, ㉤
④ ㉡, ㉢, ㉤ ⑤ ㉡, ㉣, ㉤

05 식품의약품안전처장은 폐업신고 또는 휴업신고를 받은 날부터 7일 이내에 신고수리 여부를 신고인에게 통지하여야 한다.

06 개인정보처리자는 다음의 경우 개인정보를 수집할 수 있으며 그 수집 목적의 범위에서 이용할 수 있다.
- 정보주체의 동의를 받은 경우
- 법률에 특별한 규정이 있거나 법령상 의무를 준수하기 위하여 불가피한 경우
- 공공기관이 법령 등에서 정하는 소관 업무의 수행을 위하여 불가피한 경우
- 정보주체와의 계약의 체결 및 이행을 위하여 불가피하게 필요한 경우
- 정보주체 또는 그 법정대리인이 의사표시를 할 수 없는 상태에 있거나 주소불명 등으로 사전 동의를 받을 수 없는 경우로서 명백히 정보주체 또는 제3자의 급박한 생명, 신체, 재산의 이익을 위하여 필요하다고 인정되는 경우
- 개인정보처리자의 정당한 이익을 달성하기 위하여 필요한 경우로서 명백하게 정보주체의 권리보다 우선하는 경우 (개인정보처리자의 정당한 이익과 상당한 관련이 있고 합리적인 범위를 초과하지 않는 경우에 한함)

07 개인정보처리자는 개인정보 수집에 대한 동의를 받을 때 다음 사항을 정보주체에게 알려야 한다.
- 개인정보의 수집 · 이용 목적
- 수집하려는 개인정보의 항목
- 개인정보의 보유 및 이용 기간
- 동의를 거부할 권리가 있다는 사실 및 동의 거부에 따른 불이익이 있는 경우에는 그 불이익의 내용

정답 05 ⑤ 06 ② 07 ②

[제2과목 | 화장품의 제조 및 품질관리와 원료의 사용기준 등에 관한 사항]

08 계면활성제에 대한 설명 중 잘못된 것은?

① 계면활성제는 계면을 활성화시키는 물질이다.
② 계면활성제는 친수성기와 친유성기를 모두 소유하고 있다.
③ 계면활성제는 표면장력을 높이고 기름을 유화시키는 등의 특징을 가지고 있다.
④ 계면활성제는 표면활성제라고도 한다.
⑤ 친유성기 계면활성제는 기름과의 친화성이 강한 막대꼬리 모양이다.

09 화장품 성분 중 「화장품 안전기준 등에 관한 규정」에서 정한 염모제 성분이 아닌 것은?

① 레조시놀
② 6-히드록시인돌
③ p-클로로-m-크레졸
④ 황산 m-아미노페놀
⑤ p-아미노페놀

10 화장품의 함유 성분별 사용 시의 주의사항 표시 문구 중 "눈에 접촉을 피하고 눈에 들어갔을 때는 즉시 씻어낼 것"이라는 문구를 표시해야 하는 제품이 아닌 것은?

① 과산화수소 및 과산화수소 생성물질 함유 제품
② 벤잘코늄클로라이드 함유 제품
③ 포름알데하이드 0.05% 이상 검출된 제품
④ 실버나이트레이트 함유 제품
⑤ 벤잘코늄사카리네이트 함유 제품

11 화장품 포장의 표시기준 및 표시방법 중 영업자의 상호 및 주소의 기재·표시에 관한 규정이다. 옳지 않은 것은?

① 영업자의 주소는 등록필증 또는 신고필증에 적힌 소재지 또는 반품 · 교환 업무를 대표하는 소재지를 기재 · 표시해야 한다.
② "화장품제조업자", "화장품책임판매업자" 또는 "맞춤형화장품판매업자"는 각각 구분하여 기재 · 표시해야 한다.
③ 화장품제조업자, 화장품책임판매업자 또는 맞춤형화장품판매업자가 다른 영업을 함께 영위하고 있는 경우에는 한꺼번에 기재 · 표시할 수 있다.
④ 공정별로 2개 이상의 제조소에서 생산된 화장품의 경우에는 일부 공정을 수탁한 화장품제조업자의 상호 및 주소도 빠짐없이 기재 · 표시한다.
⑤ 수입화장품의 경우에는 추가로 기재 · 표시하는 제조국의 명칭, 제조회사명 및 그 소재지를 국내 "화장품제조업자"와 구분하여 기재 · 표시해야 한다.

08 계면활성제는 표면장력을 감소시키는 역할을 한다.

09 p-클로로-m-크레졸은 보존제로 사용된다.

10 포름알데하이드 0.05% 이상 검출된 제품에는 "포름알데하이드 성분에 과민한 사람은 신중히 사용할 것"이라는 문구를 표시해야 한다.

11 ④ 공정별로 2개 이상의 제조소에서 생산된 화장품의 경우에는 일부 공정을 수탁한 화장품제조업자의 상호 및 주소의 기재 · 표시를 생략할 수 있다.

정답 08 ③ 09 ③ 10 ③ 11 ④

해설

12 화장품 표시·광고 시 준수사항으로 옳지 않은 것은?

① 의약품으로 잘못 인식할 우려가 있는 내용, 제품의 명칭 및 효능 · 효과 등에 대한 표시 · 광고를 하지 말 것
② 외국제품을 국내제품으로 또는 국내제품을 외국제품으로 잘못 인식할 우려가 있는 표시 · 광고를 하지 말 것
③ 외국과의 기술제휴를 하지 않고 외국과의 기술제휴 등을 표현하는 표시 · 광고를 하지 말 것
④ 국제적 멸종위기종의 가공품이 함유된 화장품임을 표현하거나 암시하는 표시 · 광고를 하지 말 것
⑤ 경쟁상품과 비교하는 표시 · 광고를 하지 말 것

12 ⑤ 경쟁상품과 비교하는 표시 · 광고는 비교 대상 및 기준을 분명히 밝히고 객관적으로 확인될 수 있는 사항만을 표시 · 광고하여야 한다.

13 <보기>에서 화장품 포장의 기재·표시 방법으로 옳은 것을 모두 고른 것은?

【보기】
㉠ 개봉 후 사용기간을 기재하면서, 제조연월일을 표시하지 않았다.
㉡ 화장품의 1차 포장 또는 2차 포장의 무게가 포함된 중량을 기재 · 표시하였다.
㉢ 마스크팩 포장에 용량 또는 중량 정보 없이 "마스크팩 10세트"로 기재 · 표시하였다.
㉣ 화장품 제조에 사용된 성분을 함량이 많은 것부터 9포인트 크기로 기재 · 표시하였다.
㉤ 판매자가 소비자에게 판매하려는 가격을 기재 · 표시하였다.
㉥ 제조과정 중에 제거되어 최종 제품에는 남아 있지 않은 성분은 기재 · 표시하지 않았다.

① ㉠, ㉡, ㉢ ② ㉠, ㉡, ㉤ ③ ㉡, ㉣, ㉥
④ ㉢, ㉣, ㉤ ⑤ ㉣, ㉤, ㉥

13 ㉠ 개봉 후 사용기간을 기재할 경우에는 제조연월일을 병행 표기해야 한다.
㉡ 화장품의 1차 포장 또는 2차 포장의 무게가 포함되지 않은 중량을 기재 · 표시해야 한다.
㉢ 마스크팩 포장에 용량 또는 중량 정보를 기재 · 표시해야 한다.

14 기초화장품 사용 방법에 대한 설명으로 옳지 않은 것은?

① 화장솜에 적당량의 세안제를 묻힌 후 포인트 메이크업을 가볍게 닦아낸 후 클렌징 로션 등을 이용하여 얼굴을 가볍게 러빙하여 클렌징한다.
② 화장수는 피부의 유 · 수분 밸런스를 조절하여 피부의 항상성을 유지시켜 주기 위해 사용한다.
③ 피부 타입에 맞는 화장수를 선택하여 적당량을 화장솜에 묻힌 후 피부 결 방향에 맞게 닦아낸다.
④ 크림은 피부를 촉촉하게 하고 외부의 자극으로부터 피부를 보호하기 위해 사용한다.
⑤ 사용 목적과 피부 타입에 맞는 크림을 스파출라로 적당량을 덜어 발라준다.

14 ② 화장수는 세안 후 피부를 유연하게 하고 각질층에 수분을 공급하여 메이크업 잔여물을 제거하여 피부를 청결하게 유지하기 위해 사용한다.

정답 12 ⑤ 13 ⑤ 14 ②

15 화장품에 사용되는 자외선 차단성분과 그 사용한도로 옳은 것은?

① 드로메트리졸 - 5%
② 디에칠헥실부타미도트리아존 - 5%
③ 벤조페논-3(옥시벤존) - 5%
④ 시녹세이트 - 3%
⑤ 징크옥사이드 - 2.5%

15 사용상의 제한이 필요한 원료
– 화장품 안전기준 등에 관한 규정 [별표2]
① 드로메트리졸 – 1%
② 디에칠헥실부타미도트리아존 – 10%
④ 시녹세이트 – 5%
⑤ 징크옥사이드 – 25%

16 「기능성화장품 심사에 관한 규정」 [별표 4] 자료제출이 생략되는 기능성화장품의 종류 중 피부를 곱게 태워주거나 자외선으로부터 피부를 보호하는 데 도움을 주는 제품의 성분과 최대함량(%)의 연결이 오른 것은?

성분명	최대함량(%)
① 시녹세이트	3
② 부틸메톡시디벤조일메탄	3
③ 벤조페논-8	3
④ o-아미노페놀	3
⑤ 아세틸헥사메칠인단	2

16 ① 시녹세이트, 5
② 부틸메톡시디벤조일메탄, 5
④ o–아미노페놀은모발의 색상을 변화시키는 기능을 가진 제품의 원료에 해당한다.
⑤ 아세틸헥사메칠인단은 [별표 2] 사용상의 제한이 필요한 원료에 해당한다.

17 <보기>의 설명에 해당하는 보존제 성분에 해당되는 것은?

【보기】
- 입술에 사용되는 제품, 에어로졸(스프레이에 한함) 제품, 바디로션 및 바디크림에는 사용금지
- 영유아용 제품류 또는 만 13세 이하 어린이가 사용할 수 있음을 특정하여 표시하는 제품에는 사용금지(목욕용제품, 샤워젤류 및 샴푸류는 제외)
- 사용 후 씻어내는 제품에 0.02%
- 사용 후 씻어내지 않는 제품에 0.01%

① 살리실릭애씨드 및 그 염류
② 아이오도프로피닐부틸카바메이트(아이피비씨)
③ 벤질알코올
④ 클로로자이레놀
⑤ 소듐아이오데이트

17 〈보기〉에 해당하는 보존제 성분은 아이오도프로피닐부틸카바메이트(아이피비씨)이다.

18 다음 중 착향제를 "향료"로 기재·표시할 수 있는 제품은?

① 참나무이끼추출물이 0.02% 함유된 화장비누
② 라벤더오일이 0.005% 함유된 바디로션
③ 나무이끼추출물이 0.005% 함유된 바디로션
④ 유제놀이 0.05% 함유된 샴푸
⑤ 파네솔이 0.05% 함유된 린스

18 라벤더오일은 알레르기 유발 착향제가 아니기 때문에 "향료"로 기재 · 표시할 수 있다.

정답 15 ③ 16 ③ 17 ② 18 ②

19 <보기>의 보존제 성분 중 에어로졸(스프레이에 한함) 제품에는 사용 금지되는 성분을 모두 고른 것은?

【보기】
㉠ 글루타랄(펜탄-1,5-디알)
㉡ 아이오도프로피닐부틸카바메이트(아이피비씨)
㉢ 클로로자이레놀
㉣ 엠디엠하이단토인
㉤ 클로로부탄올

① ㉠, ㉡, ㉢ ② ㉠, ㉡, ㉤ ③ ㉠, ㉣, ㉤
④ ㉡, ㉢, ㉤ ⑤ ㉢, ㉣, ㉤

20 <보기>에서 화장품의 원료로 사용할 수 있는 것을 모두 고른 것은?

【보기】
㉠ 천수국꽃 추출물 또는 오일
㉡ 6-히드록시인돌
㉢ p-클로로-m-크레졸
㉣ 만수국꽃 추출물 또는 오일
㉤ 메칠렌글라이콜

① ㉠, ㉡, ㉢ ② ㉠, ㉡, ㉤
③ ㉡, ㉢, ㉣ ④ ㉡, ㉢, ㉤
⑤ ㉢, ㉣, ㉤

21 화장품 안전성 정보관리 규정에 따른 안전성 정보의 검토 및 평가에 따라 필요한 후속조치에 해당하는 것을 <보기>에서 모두 고른 것은?

【보기】
㉠ 품목 제조 · 수입 · 판매 금지 및 수거 · 폐기 등의 명령
㉡ 사용상의 주의사항 등 추가
㉢ 조사연구 등의 지시
㉣ 실마리 정보로 관리
㉤ 제조 · 품질관리의 적정성 여부 조사 및 시험 · 검사 등 기타 필요한 조치

① ㉠
② ㉠, ㉡
③ ㉠, ㉡, ㉢
④ ㉠, ㉡, ㉢, ㉣
⑤ ㉠, ㉡, ㉢, ㉣, ㉤

해설

19 에어로졸(스프레이에 한함) 제품에는 사용금지되는 성분은 ㉠, ㉡, ㉤이다.

20 천수국꽃 추출물 또는 오일, 메칠렌글라이콜은 '사용할 수 없는 원료'에 해당한다.

21 식품의약품안전처장 또는 지방식품의약품안전청장이 검토 및 평가 결과에 따라 취할 수 있는 후속조치로는 ㉠, ㉡, ㉢, ㉣, ㉤ 모두 해당된다.

정답 19 ② 20 ③ 21 ⑤

22 <보기>의 보존제 성분 중 기능성화장품의 유효성분으로 사용하는 경우에 한하며 기타 제품에는 사용 금지되는 성분을 모두 고른 것은?

【보기】

㉠ 페릴알데하이드
㉡ 프로필리덴프탈라이드
㉢ 살리실릭애씨드 및 그 염류
㉣ 트리클로산
㉤ 트리클로카반(트리클로카바닐리드)

① ㉠, ㉡, ㉢
② ㉠, ㉡, ㉤
③ ㉠, ㉣, ㉤
④ ㉡, ㉢, ㉤
⑤ ㉢, ㉣, ㉤

23 자외선차단제의 원료성분과 사용한도가 잘못된 것은?

① 드로메트리졸 1%
② 시녹세이트 5%
③ 에칠헥실트리아존 5%
④ 호모살레이트 5%
⑤ 디에칠헥실부타미도트리아존 10%

24 천연화장품 및 유기농화장품의 기준에 따른 세척제에 사용 가능한 원료에 포함되지 않는 것은?

① 과산화수소
② 아세틱애씨드
③ 소듐하이드록사이드
④ 페닐파라벤
⑤ 포타슘하이드록사이드

25 천연화장품 및 유기농화장품의 기준에 관한 규정에 따른 유기농 함량 계산 방법에 대한 설명으로 옳지 않은 것은?

① 물, 미네랄 또는 미네랄유래 원료는 유기농 함량 비율 계산에 포함한다.
② 유기농 함량 비율은 유기농 원료 및 유기농유래 원료에서 유기농 부분에 해당되는 함량 비율로 계산한다.
③ 유기농 인증 원료의 경우 해당 원료의 유기농 함량으로 계산한다.
④ 유기농 원물만 사용하거나, 유기농 용매를 사용하여 유기농 원물을 추출한 경우 해당 원료의 유기농 함량 비율은 100%로 계산한다.
⑤ 수용성 및 비수용성 추출물 원료의 유기농 함량 비율 계산 시 물은 용매로 계산하지 않는다.

해설

22 기능성화장품의 유효성분으로 사용하는 경우에 한하며 기타 제품에는 사용 금지되는 성분은 ㉢, ㉣, ㉤이다.

23 ④ 호모살레이트 10%

24 페닐파라벤은 세척제에 사용 가능한 원료에 포함되지 않는다.

25 ① 물, 미네랄 또는 미네랄유래 원료는 유기농 함량 비율 계산에 포함하지 않는다.

정답 22 ⑤ 23 ④ 24 ④ 25 ①

해설

26 다음 중 위해성 등급의 정도가 다른 것은?

① 사용할 수 없는 원료를 사용한 화장품
② 병원미생물에 오염된 화장품
③ 판매의 목적이 아닌 제품의 홍보 · 판매촉진 등을 위하여 미리 소비자가 시험 · 사용하도록 제조 또는 수입된 화장품
④ 화장품의 포장 및 기재 · 표시 사항을 훼손(맞춤형화장품 판매를 위하여 필요한 경우는 제외) 또는 위조 · 변조한 것
⑤ 화장품의 기재사항, 가격표시, 기재 · 표시상의 주의사항에 위반되는 화장품

26 사용할 수 없는 원료를 사용한 화장품은 가 등급이며, 나머지는 모두 다 등급에 해당한다.

27 위해화장품의 공표명령에 대한 설명으로 옳지 않은 것은?

① 식품의약품안전처장은 영업자로부터 위해화장품의 회수계획을 보고받은 경우 해당 영업자에 대하여 그 사실의 공표를 명할 수 있다.
② 공표명령을 받은 영업자는 지체 없이 위해 발생사실 등을 1개 이상의 일반일간신문 및 해당 영업자의 인터넷 홈페이지에 게재하고, 식품의약품안전처의 인터넷 홈페이지에 게재를 요청하여야 한다.
③ 위해성 등급이 가 등급인 화장품의 경우 해당 일반 일간신문의 게재를 생략할 수 있다.
④ 공표문의 크기는 일반일간신문 게재용의 경우 3단 10센티미터 이상으로 한다.
⑤ 공표를 한 영업자는 공표 결과를 지체 없이 지방식품의약품안전청장에게 통보하여야 한다.

27 ③ 위해성 등급이 다 등급인 화장품의 경우 해당 일반 일간신문의 게재를 생략할 수 있다.

[제3과목 | 화장품의 유통 및 안전관리 등에 관한 사항]

28 자료 제출이 생략되는 기능성화장품의 종류에서 성분·함량을 고시한 품목인 경우 제출하지 않아도 되는 자료를 모두 고른 것은?

【보기】

㉠ 기준 및 시험방법에 관한 자료
㉡ 기원 및 개발경위에 관한 자료
㉢ 자외선차단지수, 내수성자외선차단지수 및 자외선A차단등급 설정의 근거자료
㉣ 안전성에 관한 자료
㉤ 유효성 또는 기능에 관한 자료

① ㉠, ㉡, ㉢ ② ㉠, ㉡, ㉣ ③ ㉠, ㉢, ㉤
④ ㉡, ㉢, ㉣ ⑤ ㉡, ㉣, ㉤

28 자료 제출이 생략되는 기능성화장품의 종류에서 성분 · 함량을 고시한 품목인 경우 기원 및 개발경위에 관한 자료, 안전성에 관한 자료, 유효성 또는 기능에 관한 자료가 면제된다.

 26 ① 27 ③ 28 ⑤

해설

29 유통화장품 안전관리 시험방법으로 옳게 짝지어진 것은?

① 납 - 비색법
② 비소 - 디티존법
③ 안티몬 - 푹신아황산법
④ 수은 - 기체크로마토그래프-질량분석기를 이용한 방법
⑤ 포름알데하이드 - 액체크로마토그래프법의 절대검량선법

29 ① 납 – 디티존법
② 비소 – 비색법
③ 메탄올 – 푹신아황산법
④ 수은 – 수은분해장치를 이용한 방법, 수은분석기를 이용한 방법

30 화장품 안전기준 등에 관한 규정 중 [별표4] 유통화장품 안전관리 시험방법의 내용 중 <보기>의 내용량 시험에 해당되는 제품은?

【보기】

내용물이 들어있는 용기에 뷰렛으로부터 물을 적가하여 용기를 가득 채웠을 때의 소비량을 정확하게 측정한 다음 용기의 내용물을 완전히 제거하고 물 또는 기타 적당한 유기용매로 용기의 내부를 깨끗이 씻어 말린 다음 뷰렛으로부터 물을 적가하여 용기를 가득 채워 소비량을 정확히 측정하고 전후의 용량차를 내용량으로 한다. 다만, 150mL 이상의 제품에 대하여는 메스실린더를 써서 측정한다.

① 용량으로 표시된 제품
② 질량으로 표시된 제품
③ 길이로 표시된 제품
④ 화장비누(수분 포함)
⑤ 화장비누(건조)

30 〈보기〉는 용량으로 표시된 제품의 내용량 시험 방법에 관한 설명이다.

31 반제품 보관소의 청소 및 소독 방법에 대한 설명으로 옳지 않은 것은?

① 저장 반제품의 품질 저하를 방지하기 위하여 실내온도를 18~28℃로 유지하고 수시로 점검하며 이상 발생 시 해당 부서장에게 보고하고 품질관리부로 통보하여 조치를 받는다.
② 반제품 보관소는 수시 및 일과 종료 후 바닥, 저장용기 외부표면 등을 위생수건 등을 이용하여 청소를 실시하고 주기적으로 대청소를 실시하여 항상 위생적으로 유지되도록 한다.
③ 해당 작업원 이외의 출입을 통제하여야 한다.
④ 보관소 바닥에 이물질이나 먼지가 생기지 않도록 수시로 물청소를 해준다.
⑤ 내용물 저장통은 항상 완전히 밀봉하여 환경균, 먼지 등에 오염되지 않도록 한다.

31 ④ 대청소를 제외하고는 물청소를 금지하며, 부득이하게 물청소를 했을 경우 즉시 물기를 완전히 제거하여 유지되도록 한다.

32 청정도 기준에 따른 청정도 등급이 다른 하나는?

① 제조실
② 성형실
③ 원료 칭량실
④ 미생물 실험실
⑤ 포장실

32 포장실은 3등급이며, 제조실, 성형실, 원료 칭량실, 미생물 실험실 모두 2등급에 속한다.

정답 29 ⑤ 30 ① 31 ④ 32 ⑤

chapter 05

33 제조설비의 구성 재질에 대한 설명으로 옳은 것은?

① 탱크 - 많이 움직이는 젖은 부품들로 구성되고 종종 하우징(Housing)과 날개차(impeller)는 닳는 특성 때문에 다른 재질로 만들어져야 한다.
② 펌프 - 용접, 나사, 나사못, 용구 등을 포함하는 설비 부품들 사이에 전기화학 반응을 최소화하도록 고안되어야 한다.
③ 호스 - 유리, 스테인리스 스틸 #304 또는 #316, 구리, 알루미늄 등으로 구성되어 있다.
④ 혼합과 교반 장치 - 봉인, 개스킷, 제품과의 공존 시의 적용 가능성이 확인되어야 하고, 또 과도한 악화를 야기하지 않기 위해서 온도, pH, 그리고 압력과 같은 작동 조건의 영향에 대해서도 확인해야 한다.
⑤ 이송 파이프 - 스테인리스 스틸(스테인리스 316L)과 비반응성 섬유를 선호한다.

33 ① 펌프 – 많이 움직이는 젖은 부품들로 구성되고 종종 하우징(Housing)과 날개차(impeller)는 닳는 특성 때문에 다른 재질로 만들어져야 한다.
② 탱크 – 용접, 나사, 나사못, 용구 등을 포함하는 설비 부품들 사이에 전기화학 반응을 최소화하도록 고안되어야 한다.
③ 이송 파이프 – 유리, 스테인리스 스틸 #304 또는 #316, 구리, 알루미늄 등으로 구성되어 있다.
⑤ 필터 · 여과기 · 체 – 스테인리스 스틸(스테인리스 316L)과 비반응성 섬유를 선호한다.

34 제조 및 품질관리에 필요한 설비에 대한 설명으로 옳지 않은 것은?

① 설비 등은 제품의 오염을 방지하고 배수가 용이하도록 설계되어야 한다.
② 설비 등의 위치는 원자재나 직원의 이동으로 인하여 제품의 품질에 영향을 주지 않아야 한다.
③ 용기는 먼지나 수분으로부터 내용물을 보호할 수 있어야 한다.
④ 제품과 설비가 오염되지 않도록 배관 및 배수관을 설치하며, 배수관은 역류되지 않아야 한다.
⑤ 천정 주위의 대들보, 파이프, 덕트 등은 쉽게 눈에 띄도록 가급적 노출되게 설계하고, 파이프는 받침대 등으로 고정하고 벽에 닿게 하여 청소가 용이하도록 설계해야 한다.

34 천정 주위의 대들보, 파이프, 덕트 등은 가급적 노출되지 않도록 설계하고, 파이프는 받침대 등으로 고정하고 벽에 닿지 않게 하여 청소가 용이하도록 설계해야 한다.

35 「화장품 안전기준 등에 관한 규정」 [별표 3] 인체세포·조직 배양액 안전기준에 따라 세포·조직 채취 및 검사기록서에 반드시 작성해야 하는 사항을 모두 고른 것은?

【보기】
㉠ 채취한 의료기관의 등급
㉡ 채취 연월일
㉢ 공여자의 연령 및 혈액형
㉣ 공여자의 적격성 평가 결과
㉤ 인체 유전 정보
㉥ 세포 또는 조직의 종류, 체취 방법, 채취량, 사용한 재료 등의 정보

① ㉠, ㉢, ㉣
② ㉠, ㉤, ㉥
③ ㉡, ㉢, ㉤
④ ㉡, ㉣, ㉥
⑤ ㉣, ㉤, ㉥

35 세포 또는 조직에 대한 품질 및 안전성 확보에 필요한 정보를 확인할 수 있도록 다음의 내용을 포함한 세포 · 조직 채취 및 검사기록서를 작성 · 보존하여야 한다.
• 채취한 의료기관 명칭
• 채취 연월일
• 공여자 식별 번호
• 공여자의 적격성 평가 결과
• 동의서
• 세포 또는 조직의 종류, 채취방법, 채취량, 사용한 재료 등의 정보

33 ④ 34 ⑤ 35 ④

36 원료 취급 구역의 시설에 대한 설명으로 옳지 않은 것은?

① 원료보관소와 칭량실은 구획되어 있어야 한다.
② 엎지르거나 흘리는 것을 방지하고 즉각적으로 치우는 시스템과 절차들이 시행되어야 한다.
③ 모든 드럼의 윗부분은 필요한 경우 이송 전에 또는 칭량 구역에서 개봉 전에 검사하고 깨끗하게 하여야 한다.
④ 칭량실에서는 원료의 정확한 칭량을 위해 원료 용기 뚜껑을 열어 두어야 한다.
⑤ 원료의 포장이 훼손된 경우에는 봉인하거나 즉시 별도 저장조에 보관한 후에 품질상의 처분 결정을 위해 격리해 둔다.

37 포장 구역의 시설에 대한 설명으로 옳지 않은 것은?

① 포장 구역은 제품의 교차 오염의 우려가 없으므로 엄격한 설계기준을 적용하지 않아도 된다.
② 포장 구역은 설비의 팔레트, 포장 작업의 다른 재료들의 폐기물, 사용되지 않는 장치, 질서를 무너뜨리는 다른 재료가 있어서는 안 된다.
③ 구역 설계는 사용하지 않는 부품, 제품 또는 폐기물의 제거를 쉽게 할 수 있어야 한다.
④ 폐기물 저장통은 필요하다면 청소 및 위생 처리 되어야 한다.
⑤ 사용하지 않는 기구는 깨끗하게 보관되어야 한다.

38 공기 조절의 4대 요소에 해당되지 않는 것은?

① 청정도　　② 실내온도
③ 습도　　④ 압력
⑤ 기류

39 공정관리 및 작업 시 주의사항으로 옳지 않은 것은?

① 모든 작업에 절차서를 작성하고 절차서에 따라 작업을 한다.
② 통상 발생하지 않는 작업에 대해서는 절차서를 작성하지 않는다.
③ 실행하지 않는 작업에는 "실행하지 않는" 것을 기재한 절차서가 필요하다.
④ "작업"은 마음대로 바꾸지 않는다.
⑤ 개선안이 제품 품질에 영향을 미치지 않을 것을 확인, 때로는 실험도 한다.

해설

36 ④ 원료 용기들은 실제로 칭량하는 원료인 경우를 제외하고는 적합하게 뚜껑을 덮어 놓아야 한다.

37 ① 포장 구역은 제품의 교차 오염을 방지할 수 있도록 설계되어야 한다.

38 공기 조절의 4대 요소는 청정도, 실내온도, 습도, 기류이다.

39 ② 통상 발생하지 않는 작업과 처리에도 절차서를 작성한다.

정답 36 ④ 37 ① 38 ④ 39 ②

chapter 05

40 다음은 우수화장품 제조 및 품질관리기준의 용어 정의 중 일부이다. (   ) 안에 들어갈 용어를 순서대로 옳게 짝지어진 것은?

【보기】
- (㉠) (이)란 벌크 제품의 제조에 투입하거나 포함되는 물질을 말한다.
- (㉡) (이)란 화장품 원료 및 자재를 말한다.
- (㉢) (이)란 제조공정 단계에 있는 것으로서 필요한 제조공정을 더 거쳐야 벌크 제품이 되는 것을 말한다.
- (㉣) (이)란 충전(1차포장) 이전의 제조 단계까지 끝낸 제품을 말한다.

① 원료, 원자재, 완제품, 벌크 제품
② 원료, 원자재, 반제품, 벌크 제품
③ 자재, 반제품, 원자재, 완제품
④ 자재, 원자재, 완제품, 벌크 제품
⑤ 자재, 원자재, 완제품, 완제품

41 치오글라이콜릭애씨드 또는 그 염류를 주성분으로 하는 냉2욕식 헤어스트레이트너용 제품 제1제의 기준으로 옳지 않은 것은?

① pH : 4.5~9.6
② 알칼리 : 0.1N 염산의 소비량은 검체 1mL에 대하여 7.0mL 이하
③ 산성에서 끓인 후의 환원성물질(치오글라이콜릭애씨드) : 2.0~11.0%
④ 환원 후의 환원성물질(디치오디글리콜릭애씨드) : 7.0% 이하
⑤ 철 : 2㎍/g 이하

42 우수화장품 제조 및 품질관리기준에 따른 원자재의 입고관리에 대한 설명으로 옳지 않은 것은?

① 제조업자는 원자재 공급자에 대한 관리감독을 적절히 수행하여 입고관리가 철저히 이루어지도록 하여야 한다.
② 원자재의 입고 시 구매 요구서, 원자재 공급업체 성적서 및 현품이 서로 일치하여야 한다.
③ 원자재 용기에 제조번호가 없는 경우에는 원자재 공급업자에게 반송하여야 한다.
④ 원자재 입고절차 중 육안확인 시 물품에 결함이 있을 경우 입고를 보류하고 격리보관 및 폐기하거나 원자재 공급업자에게 반송하여야 한다.
⑤ 입고된 원자재는 "적합", "부적합", "검사 중" 등으로 상태를 표시하여야 한다.

해설

40
- 원료 : 벌크 제품의 제조에 투입하거나 포함되는 물질
- 원자재 : 화장품 원료 및 자재
- 반제품 : 제조공정 단계에 있는 것으로서 필요한 제조공정을 더 거쳐야 벌크 제품이 되는 것
- 벌크제품 : 충전(1차포장) 이전의 제조 단계까지 끝낸 제품

41 ④ 환원 후의 환원성물질(디치오디글리콜릭애씨드) : 4.0% 이하

42 ③ 원자재 용기에 제조번호가 없는 경우에는 관리번호를 부여하여 보관하여야 한다.

정답 40 ② 41 ④ 42 ③

43 우수화장품 제조 및 품질관리기준에 따른 제품표준서에 포함되어야 할 사항이 아닌 것은?

① 제품명
② 작성연월일
③ 효능 · 효과(기능성 화장품의 경우) 및 사용상의 주의사항
④ 원료명, 분량 및 제조단위당 기준량
⑤ 출고 시 선입선출 및 칭량된 용기의 표시사항

44 다음 중 제조관리기준서의 원자재 관리에 관한 사항이 아닌 것은?

① 보관장소 및 보관방법
② 시험결과 부적합품에 대한 처리방법
③ 취급 시의 혼동 및 오염 방지대책
④ 원자재의 공급, 반제품, 벌크제품 또는 완제품의 운송 및 보관 방법
⑤ 출고 시 선입선출 및 칭량된 용기의 표시사항

45 「화장품 안전기준 등에 관한 규정 해설서」 [별표 3]의 인체 세포·조직 배양액 안전기준 중 배양시설 및 환경의 관리에 관한 사항으로 옳은 것은?

① 압력은 22Pa이다.
② 온도범위는 18.8~27.7℃이다.
③ 습도범위는 50±10%이다.
④ 시간당 공기 교환 수준은 30~40을 유지한다.
⑤ 청정등급은 1A(Class 10,000) 이상으로 한다.

46 식품의약품안전평가원이 발간한 「화장품 피부감작성 동물대체시험법 가이드라인」의 설명 중 일부이다. <보기>의 설명에 모두 해당하는 동물대체시험법으로 옳은 것은?

【보기】

- T-세포의 활성화와 증식을 평가하는 방법이다.
- 단일세포의 증식수준을 티미딘 유사체를 이용하여 유세포 분석기로 측정하여 평가하는 방법이다.
- 기존 방사성 동위원소를 사용하는 국소림프절 시험법을 대체하기 위한 방법으로 피부감작성 반응 중 유도기에 나타나는 반응을 측정하는 시험법이다.
- 기니픽 시험(TG 406) 대비 사용되는 동물의 수를 줄일 수 있으며, 면역보조제 사용이 불필요하여 동물의 고통을 줄일 수 있는 장점이 있다.

① 화장품 단회투여독성 동물대체시험법 : 용량고저법
② 화장품 광독성 동물대체시험법 : in vitro 3T3 NRU 시험법
③ 화장품 피부감작성 동물대체시험법 : 국소림프절시험법(LLNA: BrdU-FCM)

---

43 출고 시 선입선출 및 칭량된 용기의 표시사항은 제조관리기준서에 포함되어야 할 사항이다.

44 ④ 원자재의 공급, 반제품, 벌크제품 또는 완제품의 운송 및 보관 방법은 위탁제조에 관한 사항에 해당된다.

45 ① 압력은 12Pa이다.
③ 습도범위는 55±20%이다.
④ 시간당 공기 교환 수준은 20~30을 유지한다.
⑤ 청정등급은 1B(Class 10,000) 이상으로 한다.

46 ④ 시험결과 부적합품에 대한 처리방법은 원자재 관리에 관한 사항에 해당한다.

정답 43 ⑤ 44 ④ 45 ② 46 ③

④ 화장품 피부감작성 동물대체시험법 : ARE-Nrf2 루시퍼라아제 LuSens 시험법

⑤ 화장품 피부감작성 동물대체시험법(인체 세포주 활성화 방법, h-CLAT)

47 우수화장품 제조 및 품질관리 기준에 따르면 반제품은 품질이 변하지 않도록 적당한 용기에 넣어 지정된 장소에서 보관해야 하는데, 다음 중 반제품 용기에 표시해야 할 사항이 아닌 것은?

① 명칭 또는 확인코드
② 제조번호
③ 완료된 공정명
④ 보관조건
⑤ 제조자의 성명

47 제조자의 성명은 반제품 용기에 표시하지 않는다.

48 설비 및 기구의 오염물질 제거를 위한 설비 세척제와 설비 소독제에 대한 설명으로 옳은 것은?

① 온수 소독은 바이오 필름을 파괴할 수 있는 물리적 소독제이다.
② 차아염소산칼슘은 음이온 세정제에 의해 불활성화될 수 있다.
③ 직열 소독은 습기가 다량 발생하고 에너지가 많이 소비되는 물리적 소독제이다.
④ 규산나트륨, 수산화칼륨은 찌든 기름을 제거하는 데 사용할 수 있으며 오염물의 가수 분해 시 효과가 좋다.
⑤ 과산화수소는 낮은 온도에서도 사용이 가능하고 접촉 시간이 짧다는 장점이 있다.

48 ① 스팀 소독은 바이오 필름을 파괴할 수 있는 물리적 소독제이다.
② 음이온 세정제에 의해 불활성화될 수 있는 소독제는 양이온 계면활성제이다.
③ 습기가 다량 발생하고 에너지가 많이 소비되는 물리적 소독제는 스팀 소독과 온수 소독이다.
⑤ 인산은 낮은 온도에서도 사용이 가능하고 접촉 시간이 짧다는 장점이 있다.

49 우수화장품 제조 및 품질관리기준 적합업소에 대한 설명으로 옳지 않은 것은?

① 식품의약품안전처장은 우수화장품 제조 및 품질관리기준 적합판정을 받은 업소에 대해 3년에 1회 이상 실태조사를 실시하여야 한다.
② 우수화장품 제조 및 품질관리기준 적합판정을 받은 업소는 매년 정기 수거검정 및 정기 감시 대상에서 제외할 수 있다.
③ 우수화장품 제조 및 품질관리기준 적합판정을 받은 업소는 별표 3에 따른 로고를 해당 제조업소와 그 업소에서 제조한 화장품에 표시하거나 그 사실을 광고할 수 있다.
④ 식품의약품안전처장은 사후관리 결과 부적합 업소에 대하여 일정한 기간을 정하여 시정하도록 지시하거나, 우수화장품 제조 및 품질관리기준 적합업소 판정을 취소할 수 있다.
⑤ 식품의약품안전처장은 제조 및 품질관리에 문제가 있다고 판단되는 업소에 대하여 3개월 내에 우수화장품 제조 및 품질관리기준 적합업소 판정을 취소해야 한다.

49 ⑤ 식품의약품안전처장은 제조 및 품질관리에 문제가 있다고 판단되는 업소에 대하여 수시로 우수화장품 제조 및 품질관리기준 운영 실태조사를 할 수 있다.

정답 47 ⑤ 48 ④ 49 ⑤

50 다음 중 시험용 검체의 용기에 기재해야 할 사항으로 옳은 것을 모두 고른 것은?

【보기】
㉠ 보관조건 ㉡ 명칭 또는 확인코드
㉢ 유효기간 ㉣ 제조번호
㉤ 검체채취 일자

① ㉠, ㉡, ㉢ ② ㉠, ㉡, ㉣ ③ ㉡, ㉢, ㉣
④ ㉡, ㉣, ㉤ ⑤ ㉢, ㉣, ㉤

51 화장품 안전기준 등에 관한 규정 [별표 4] 유통화장품 안전관리 시험방법 중 일반화장품의 내용량 시험에 대한 설명으로 옳지 않은 것은?

① 질량으로 표시된 제품 - 내용물이 들어있는 용기의 외면을 깨끗이 닦고 무게를 정밀하게 단 다음 내용물을 완전히 제거하고 물 또는 적당한 유기용매로 용기의 내부를 깨끗이 씻어 말린 다음 용기만의 무게를 정밀히 달아 전후의 무게차를 내용량으로 한다.
② 길이로 표시된 제품 - 길이를 측정하고 연필류는 연필심지에 대하여 그 지름과 길이를 측정한다.
③ 용량으로 표시된 제품 - 150mL 이상의 제품에 대하여는 뷰렛으로부터 물을 적가하여 용기를 가득 채워 소비량을 정확히 측정한다.
④ 수분 포함 화장비누 - 상온에서 저울로 측정(g)하여 실중량은 전체 무게에서 포장 무게를 뺀 값으로 한다.
⑤ 건조 화장비누 - 검체를 작은 조각으로 자른 후 약 10g을 0.01g까지 측정하여 접시에 옮긴다.

52 「천연화장품 및 유기농화장품의 기준에 관한 규정」 [별표 1]에서 규정하는 미네랄 유래 원료를 <보기>에서 모두 고른 것은?

【보기】
㉠ 벤토나이트 ㉡ 미네랄오일
㉢ 카올린 ㉣ 피토스테롤
㉤ 비스머스옥시클로라이드 ㉥ 글리세릴폴리메타크릴레이트
㉦ 징크피리치온

① ㉠, ㉡, ㉣
② ㉠, ㉢, ㉤
③ ㉡, ㉢, ㉥
④ ㉢, ㉥, ㉦
⑤ ㉣, ㉤, ㉦

해설

50 시험용 검체의 용기에 기재해야 할 사항
- 명칭 또는 확인코드
- 제조번호
- 검체채취 일자

51 용량으로 표시된 제품은 150mL 이상의 제품에 대하여는 메스실린더를 써서 측정한다.

52 미네랄 유래 원료에 해당하는 것은 벤토나이트, 카올린, 비스머스옥시클로라이드이다.

정답 50 ④ 51 ③ 52 ②

53 다음은 안전성 정보의 신속보고와 정기보고에 관한 내용이다. ( ) 안에 들어갈 말로 옳게 짝지어진 것은?

【보기】

- 화장품책임판매업자는 중대한 유해사례를 알게 된 때에는 그 정보를 알게 된 날로부터 (㉠) 이내에 식품의약품안전처장에게 신속히 보고하여야 한다.
- 화장품책임판매업자는 신속보고 되지 아니한 화장품의 안전성 정보를 작성한 후 매 반기 종료 후 (㉠) 이내에 식품의약품안전처장에게 보고하여야 한다.

	㉠	㉡
①	10일	1월
②	15일	1월
③	20일	1월
④	10일	3월
⑤	15일	3월

53 • 화장품책임판매업자는 중대한 유해사례를 알게 된 때에는 그 정보를 알게 된 날로부터 15일 이내에 식품의약품안전처장에게 신속히 보고하여야 한다.
• 화장품책임판매업자는 신속보고 되지 아니한 화장품의 안전성 정보를 작성한 후 매 반기 종료 후 1월 이내에 식품의약품안전처장에게 보고하여야 한다.

54 다음 <보기>에서 설명하는 원료의 원료명과 기능을 옳게 연결한 것은?

【보기】

- 성상 : 이 원료는 특이한 냄새가 있는 무색 투명한 유동성 액제이다.
- 정량법 : 이 원료 약 2.0g을 정밀하게 달아 물을 넣어 50.0mL로 한다. 이 액 10.0mL를 취하여 250mL 삼각플라스크에 넣고 물 75mL를 넣은 다음 0.05mol/L 요오드액으로 적정한다(지시약 : 전분시액). 같은 방법으로 공시험을 하여 보정한다.

	원료명	기능
①	치오글리콜산 80%	– 체모 제거
②	치오글리콜산 80%	– 모발 색상 변화
③	살리실릭애씨드	– 여드름성 피부 완화
④	살리실릭애씨드	– 피부 미백
⑤	아데노신	– 피부 주름 개선

54 〈보기〉에서 설명하는 원료는 체모를 제거하는 기능을 가진 치오글리신 80%이다.

55 다음 중 화장품 제조에 사용할 수 없는 원료는?

① 스피룰리나아미노산 ② 아이소데실라우레이트
③ 피리독신살리실레이트 ④ 클로로아세타마이드
⑤ 꿀풀꽃추출물

55 ① 스피룰리나아미노산 – 헤어컨디셔닝제, 피부컨디셔닝제(보습제)
② 아이소데실라우레이트 – 피부컨디셔닝제(유연제)
③ 피리독신살리실레이트 – 여드름완화제, 산화방지제, 수렴제, 각질제거제, 피부컨디셔닝제(기타)
⑤ 꿀풀꽃추출물 – 피부컨디셔닝제(기타)

정답 53 ② 54 ① 55 ④

56 다음 중 맞춤형화장품판매업자와 맞춤형화장품조제관리사의 업무에 대한 설명으로 옳은 것은?

① 소비자가 맞춤형화장품을 사용한 후 부작용이 발생하였음을 알게 된 경우 맞춤형화장품판매업자가 부작용 보고를 해야 한다.
② 맞춤형화장품 판매내역서 작성 · 보관은 맞춤형화장품조제관리사가 해야 한다.
③ 맞춤형화장품으로 혼합 · 소분된 제품에 대한 품질관리는 맞춤형화장품조제관리사의 업무에 해당한다.
④ 맞춤형화장품에 비의도적 성분이 기준치를 초과하여 검출되었을 경우에는 맞춤형화장품조제관리사에게 책임이 있다.
⑤ 맞춤형화장품에 혼합할 내용물이나 원료를 맞춤형화장품판매업자가 직접 수입하여 사용할 수 있다.

57 <보기>에서 기능성화장품 심사에 관한 규정 [별표 1]의 독성시험법에 해당되는 것을 모두 고른 것은?

【보기】
㉠ 단회투여독성시험　㉡ 안점막자극 또는 기타점막자극시험
㉢ 생약시험법　㉣ 피부감작성시험
㉤ 의존성시험

① ㉠, ㉡, ㉢　② ㉠, ㉡, ㉣　③ ㉡, ㉢, ㉣
④ ㉡, ㉣, ㉤　⑤ ㉢, ㉣, ㉤

58 <보기>의 사용한도에 해당하는 원료는?

【보기】
- 헤어스트레이트너 제품에 7%
- 제모제에서 pH조정 목적으로 사용될 경우 최종 제품의 pH는 12.7이하

① 오포파낙스　② 폴리아크릴아마이드류
③ 칼슘하이드록사이드　④ 트리클로카반
⑤ 페릴알데하이드

59 사용제한 원료의 종류와 사용한도가 옳게 연결된 것은?

① 손발톱용 제품류에 사용하는 톨루엔 - 35%
② 자외선차단제로 크림에 사용하는 징크옥사이드 - 10%
③ 사용 후 씻어내는 인체세정용 제품류에 사용하는 트리클로산 - 0.2%
④ 데오드란트에 배합한 아이오도프로피닐부틸카바메이트 - 0.0015%
⑤ 보존제로 샴푸에 사용하는 살리실릭애씨드 및 그 염류 - 0.5%

해설

56 ② 맞춤형화장품 판매내역서 작성 · 보관은 맞춤형화장품판매업자의 업무에 해당한다.
③ 맞춤형화장품으로 혼합 · 소분된 제품에 대한 품질관리는 맞춤형화장품판매업자의 업무에 해당한다.
④ 맞춤형화장품에 비의도적 성분이 기준치를 초과하여 검출되었을 경우에는 맞춤형화장품판매업자에게 책임이 있다.
⑤ 맞춤형화장품에 혼합할 내용물이나 원료의 수입은 화장품책임판매업자만 할 수 있다.

57 기능성화장품 심사에 관한 규정 [별표 1]의 독성시험법에 해당되는 시험은 ㉠, ㉡, ㉣이다.

58 〈보기〉는 칼슘하이드록사이드의 사용한도에 대한 설명이다.

59 ① 손발톱용 제품류에 사용하는 톨루엔 – 25%
② 자외선차단제로 크림에 사용하는 징크옥사이드 – 25%
③ 사용 후 씻어내는 인체세정용 제품류에 사용하는 트리클로산 – 0.3%
④ 데오드란트에 배합한 아이오도프로피닐부틸카바메이트 – 0.0075%

정답 56 ① 57 ② 58 ③ 59 ⑤

60 기능성화장품 심사에 관한 규정에 따른 제출자료의 요건에 관한 설명으로 옳지 않은 것은?

① 안전성에 관한 자료 중 인체첩포시험 및 인체누적첩포시험은 국내 · 외 대학 또는 전문 연구기관에서 실시하여야 하며, 관련분야 전문의사, 연구소 또는 병원 기타 관련기관에서 5년 이상 해당 시험 경력을 가진 자의 지도 및 감독 하에 수행 · 평가되어야 한다.
② 안전성에 관한 자료의 시험방법은 독성시험법에 따르는 것을 원칙으로 한다.
③ 효력시험에 관한 자료는 심사대상 효능을 뒷받침하는 성분의 효력에 대한 비임상시험자료로서 효과발현의 작용기전이 포함되어야 한다.
④ 인체적용시험자료는 사람에게 적용 시 효능 · 효과 등 기능을 입증할 수 있는 자료를 말한다.
⑤ 자외선차단지수(SPF) 설정 근거자료는 자외선 차단효과 측정방법 및 기준 또는 일본(JCIA) 등의 자외선A 차단효과 측정방법에 의한 자료가 해당된다.

60 ⑤ 자외선차단지수(SPF) 설정 근거자료는 자외선 차단효과 측정방법 및 기준 · 일본(JCIA) · 미국(FDA) · 유럽(Cosmetics Europe) 또는 호주/뉴질랜드(AS/NZS) 등의 자외선차단지수 측정방법에 의한 자료가 해당된다.

61 자외선 차단효과 측정방법 및 기준에 따른 자외선차단지수(SPF) 측정방법에 대한 설명으로 옳지 않은 것은?

① 피험자는 [부표 1]의 피험자 선정기준에 따라 제품 당 10명 이상을 선정한다.
② 시험부위는 피부손상, 과도한 털, 또는 색조에 특별히 차이가 있는 부분을 피하여 선택하여야 하고, 깨끗하고 마른 상태이어야 한다.
③ 피험자의 등에 시험부위를 구획한 후 피험자가 편안한 자세를 취하도록 하여 자외선을 조사한다.
④ 조사가 끝난 후 16~24시간 범위 내의 일정시간에 피험자의 홍반상태를 판정한다.
⑤ 자외선차단화장품의 자외선차단지수(SPF)는 자외선차단지수 계산 방법에 따라 얻어진 자외선차단지수(SPF) 값의 소수점 첫째자리까지 표시한다.

61 ⑤ 자외선차단화장품의 자외선차단지수(SPF)는 자외선차단지수 계산 방법에 따라 얻어진 자외선차단지수(SPF) 값의 소수점이하는 버리고 정수로 표시한다(예 : SPF30).

62 화장품 안정성 시험에 대한 설명 중 옳지 않은 것은?

① 화장품 안정성 시험은 화장품의 저장방법 및 사용기한을 설정하기 위하여 경시변화에 따른 품질의 안정성을 평가하는 시험이다.
② 화장품의 안정성시험은 적절한 보관, 운반, 사용 조건에서 화장품의 물리적, 화학적, 미생물학적 안정성 및 내용물과 용기 사이의 적합성을 보증할 수 있는 조건에서 시험을 실시한다.

62 보존 기간 중 제품의 안전성이나 기능성에 영향을 확인할 수 있는 품질관리상 중요한 항목 및 분해산물의 생성유무를 확인하는 시험은 가혹시험이다.

정답 60 ⑤ 61 ⑤ 62 ⑤

③ 화장품의 저장조건에서 사용기한을 설정하기 위하여 장기간에 걸쳐 물리·화학적, 미생물학적 안정성 및 용기 적합성을 확인하는 시험을 장기보존시험이라 한다.
④ 가속시험은 3로트 이상에 대하여 시험하는 것을 원칙으로 한다.
⑤ 가속시험은 보존 기간 중 제품의 안전성이나 기능성에 영향을 확인할 수 있는 품질관리상 중요한 항목 및 분해산물의 생성유무를 확인한다.

63 <보기>의 화장품의 색소 중 적용 후 바로 씻어내는 제품 및 염모용 화장품에만 사용할 수 있는 색소를 모두 고른 것은?

【보기】
㉠ 적색 201호 ㉡ 등색 204호 ㉢ 자색 401호
㉣ 적색 506호 ㉤ 흑색 401호

① ㉠, ㉡, ㉢ ② ㉠, ㉡, ㉣ ③ ㉡, ㉢, ㉣
④ ㉡, ㉣, ㉤ ⑤ ㉢, ㉣, ㉤

64 향수류의 머스크케톤 사용한도는 몇 %인가? (단, 향료원액을 8% 초과하여 함유하는 제품에 한한다)

① 1.0 ② 1.2 ③ 1.4
④ 1.6 ⑤ 1.8

65 모발의 색은 흑색, 적색, 갈색, 금발색, 백색 등 여러 가지 색이 있다. 다음 중 주로 검은 모발의 색을 나타나게 하는 멜라닌은?

① 유멜라닌 ② 티로신 ③ 페오멜라닌
④ 멜라노사이트 ⑤ 멜라토닌

66 <보기>에서 천연화장품 조제에 허용된 합성 보존제 및 변성제를 모두 고른 것은?

【보기】
㉠ 벤조익애씨드 및 그 염류 ㉡ 이소프로필알코올
㉢ 벤질헤미포름알 ㉣ 트리클로산
㉤ 테트라소듐글루타메이트디아세테이트

① ㉠, ㉡, ㉢ ② ㉠, ㉡, ㉤ ③ ㉠, ㉢, ㉣
④ ㉡, ㉢, ㉣ ⑤ ㉢, ㉣, ㉤

63 적용 후 바로 씻어내는 제품 및 염모용 화장품에만 사용할 수 있는 색소는 ㉡, ㉣, ㉤이다.

64
- 향료원액을 8% 초과하여 함유하는 제품 : 1.4%
- 향료원액을 8% 이하로 함유하는 제품 : 0.56%

65 유멜라닌은 검정, 갈색, 회색, 금색의 모발 색을 띠게 하며, 페오멜라닌은 빨강, 노랑의 모발 색을 띠게 한다.

66 합성 보존제 및 변성제
벤조익애씨드 및 그 염류, 벤질알코올, 살리실릭애씨드 및 그 염류, 소르빅애씨드 및 그 염류, 데하이드로아세틱애씨드 및 그 염류, 이소프로필알코올, 테트라소듐글루타메이트디아세테이트, 데나토늄벤조에이트, 3급부틸알코올, 기타 변성제(프탈레이트류 제외)

정답 63 ④ 64 ③ 65 ① 66 ②

해설

67 모발의 구조에 대한 설명으로 옳은 것은? (8점)

① 모발은 피부 내부에 위치한 모간과 주로 피부 외부에 위치한 모근으로 구분된다.
② 엑소큐티클은 모표피의 최외각에 존재하는 큐티클층이다.
③ 모발의 생성 주기는 성장기 - 휴지기 - 퇴행기로 단계를 구분할 수 있다.
④ 모모세포는 모유두에 접하고 있는 부분으로 분열 및 증식하여 모발을 생성한다.
⑤ 모발의 퇴행기 단계에 모모세포가 활동을 시작하면 새로운 모발로 대체된다.

67 ① 모발은 피부 내부에 위치한 모근과 주로 피부 외부에 위치한 모간으로 구분된다.
② 모표피의 최외각에 존재하는 에피큐티클층이다.
③ 모발의 생성 주기는 성장기 – 퇴행기 – 휴지기로 단계를 구분할 수 있다.
⑤ 모발의 휴지기 단계에 모모세포가 활동을 시작하면 새로운 모발로 대체된다.

68 화장품법 시행규칙상 사용기준이 지정·고시된 원료 중 보존제의 함량을 화장품의 포장에 기재·표시하여야 하는 경우에 해당되는 것을 모두 고른 것은?

【보기】
㉠ 만 3세 이하의 영 · 유아용 제품류인 경우
㉡ 만 4세 이상부터 만 13세 이하까지의 어린이가 사용할 수 있는 제품임을 특정하여 표시 · 광고하려는 경우
㉢ 천연화장품 및 유기농화장품으로 인증받은 경우
㉣ 기능성화장품 중 피부장벽의 기능을 회복하여 가려움 등의 개선에 도움을 주는 화장품인 경우

① ㉠　　② ㉠, ㉡　　③ ㉠, ㉡, ㉢
④ ㉡, ㉢, ㉣　　⑤ ㉠, ㉡, ㉢, ㉣

68 사용기준이 지정 · 고시된 원료 중 보존제의 함량을 기재 · 표시하여야 하는 경우
- 만 3세 이하의 영 · 유아용 제품류인 경우
- 만 4세 이상부터 만 13세 이하까지의 어린이가 사용할 수 있는 제품임을 특정하여 표시 · 광고하려는 경우

69 다음 중 맞춤형화장품의 포장에 기재·표시해야 하는 사항이 아닌 것은?

① 식품의약품안전처장이 정하는 바코드
② 기능성화장품의 경우 심사받거나 보고한 효능 · 효과, 용법 · 용량
③ 성분명을 제품 명칭의 일부로 사용한 경우 그 성분명과 함량
④ 인체 세포 · 조직 배양액이 들어있는 경우 그 함량
⑤ 화장품에 천연 또는 유기농으로 표시 · 광고하려는 경우에는 원료의 함량

69 맞춤형화장품의 포장에 바코드는 기재 · 표시하지 않는다.

70 다음 기능성화장품 중 "질병의 예방 및 치료를 위한 의약품이 아님"이라는 문구를 포장에 기재·표시해야 하는 제품이 아닌 것은?

① 탈모 증상의 완화에 도움을 주는 화장품
② 여드름성 피부를 완화하는 데 도움을 주는 화장품
③ 체모를 제거하는 기능을 가진 화장품
④ 피부장벽의 기능을 회복하여 가려움 등의 개선에 도움을 주는

70 체모를 제거하는 기능을 가진 화장품에는 "질병의 예방 및 치료를 위한 의약품이 아님"이라는 문구를 기재 · 표시하지 않는다.

정답 67 ④ 68 ② 69 ① 70 ③

화장품

⑤ 튼살로 인한 붉은 선을 엷게 하는 데 도움을 주는 화장품

71 맞춤형화장품 표시·광고 규정에 관한 설명으로 옳은 것은?

① 맞춤형화장품을 「화장품법」 제14조의2에 따른 인증기관으로부터 인증을 받은 후 천연 또는 유기농 표시 · 광고를 할 수 있다.
② 천연화장품 인증기준에 맞는 맞춤형화장품은 맞춤형화장품판매업자가 천연화장품 인증을 받을 수 있다.
③ 맞춤형화장품에는 기능성 원료를 사용할 수 없으므로 기능성화장품 표시 · 광고를 할 수 없다.
④ 화장품책임판매업자가 사전에 맞춤형화장품을 기능성화장품으로 심사받거나 보고하고 맞춤형화장품판매장에서 맞춤형화장품을 조제 후 소비자에게 판매할 때, 제품명이 심사받거나 보고한 내용과 달라도 된다.
⑤ 맞춤형화장품 포장에 기재하여야 하는 영업자의 상호 및 주소에는 맞춤형화장품판매업자의 정보만 기재하면 된다.

71 ② 천연화장품 · 유기농화장품 인증신청을 할 수 있는 자로 화장품제조업자, 화장품책임판매업자 또는 총리령으로 정하는 대학 · 연구소 등만 규정하고 있어 맞춤형화장품판매업자는 천연화장품 · 유기농화장품 인증신청이 불가능하다.
③ 맞춤형화장품판매업자에게 내용물 등을 공급하는 화장품책임판매업자가 「화장품법」 제4조에 따라 사전에 해당 원료를 포함하여 기능성화장품 심사를 받거나 보고서를 제출한 경우에는 기 심사(또는 보고) 받은 조합 · 함량 범위 내에서 조제된 맞춤형화장품에 대하여 기능성화장품으로 표시 · 광고할 수 있다.
④ 사전에 기능성화장품으로 심사를 받거나 보고하여 맞춤형화장품의 판매 시 제품명이 달라지는 경우 해당 제품명으로 변경심사를 받거나 보고를 취하하고 재보고 해야 한다.
⑤ 맞춤형화장품에 표기하여야 하는 영업자의 상호 및 주소는 화장품제조업자, 화장품책임판매업자, 맞춤형화장품판매업자를 각각 구분하여 기재하여야 한다.

72 맞춤형화장품 관련 의무·책임에 관한 설명으로 옳지 않은 것은?

① 맞춤형화장품판매업자가 맞춤형화장품 사용과 관련된 부작용 발생 사례를 알게 된 경우에는 그 정보를 알게 된 날로부터 15일 이내에 식품의약품안전처장에게 보고하여야 한다.
② 맞춤형화장품판매업자는 맞춤형화장품 혼합 · 소분 전에 혼합 · 소분에 사용되는 내용물과 원료에 대한 품질성적서를 확인하여야 한다.
③ 맞춤형화장품판매업자는 맞춤형화장품 조제에 사용되는 내용물 · 원료의 안전기준 등 적합 여부 및 혼합 · 소분 범위에 대한 안전성을 사전에 확인하여야 한다.
④ 맞춤형화장품에 혼합할 내용물이나 원료는 화장품책임판매업자로부터만 구입할 수 있다.
⑤ 맞춤형화장품이 「화장품 안전기준 등에 관한 규정」의 유통화장품 안전관리기준에 부적합한 경우 부적합 제품에 대한 책임은 맞춤형화장품판매업자에게 있다.

72 ④ 화장품법령상 화장품의 내용물은 화장품책임판매업자만 판매할 수 있으므로 맞춤형화장품에 사용될 내용물은 화장품책임판매업자로부터 구입하여야 하지만, 원료는 공급처의 제한이 없으며, 맞춤형화장품판매업자는 원료에 대한 품질관리 등을 철저히 하여 맞춤형화장품에 조제에 사용해야 한다.

73 다음 중 일반적으로 건강한 모발의 상태는?

① 단백질 10~20%, 수분 10~15%, pH 2.5~4.5
② 단백질 20~30%, 수분 40~50%, pH 3.5~4.5
③ 단백질 30~40%, 수분 70~80%, pH 4.5~5.5
④ 단백질 50~60%, 수분 25~40%, pH 7.5~8.5
⑤ 단백질 70~80%, 수분 10~15%, pH 4.5~5.5

73 건강한 모발의 상태는 단백질 70~80%, 수분 10~15%, pH 4.5~5.5이다.

71 ① 72 ④ 73 ⑤

74 천연화장품 및 유기농화장품의 인증에 관한 설명으로 옳지 않은 것은?

① 천연화장품 또는 유기농화장품으로 인증을 받으려는 화장품제조업자, 화장품책임판매업자 또는 연구기관등은 인증기관에 식품의약품안전처장이 정하여 고시하는 서류를 갖추어 인증을 신청해야 한다.
② 인증기관은 천연화장품 및 유기농화장품의 인증 신청을 받은 경우 인증기준에 적합한지 여부를 심사를 한 후 그 결과를 신청인에게 통지해야 한다.
③ 인증사업자가 인증의 유효기간을 연장받으려는 경우에는 유효기간 만료 90일 전까지 그 인증을 한 인증기관에 식품의약품안전처장이 정하여 고시하는 서류를 갖추어 제출해야 한다.
④ 인증기관의 장은 심사 결과 적합한 경우에는 천연화장품 또는 유기농화장품 인증서를 발급하고 인증기관의 인증등록 대장에 기재하여야 한다.
⑤ 인증기관의 장은 인증서의 재발급 신청을 받은 때에는 30일 이내에 인증서를 재발급하고, 인증 등록대장에 재발급의 사유를 적어야 한다.

75 다음은 미생물 한도 시험법 중 검체의 전처리에 관한 내용이다. 어떤 제형에 대한 설명인가?

【보기】

검체 1 mL(g)에 변형레틴액체배지 또는 검증된 배지나 희석액 9mL를 넣어 10배 희석액을 만들고 희석이 더 필요할 때에는 같은 희석액으로 조제한다.

① 크림제 ② 오일제 ③ 파우더
④ 로션제 ⑤ 고형제

76 화장품법 시행규칙에 따라 맞춤형화장품판매업자가 작성해야 하는 맞춤형화장품 판매내역서에 포함되어야 할 사항이 아닌 것은?

① 제품명 ② 제조번호(식별번호) ③ 사용기한
④ 판매일자 ⑤ 판매량

77 다음 중 표피층에 존재하는 세포가 아닌 것은?

① 각질형성 세포 ② 멜라닌 세포 ③ 랑게르한스 세포
④ 비만세포 ⑤ 머켈세포

해설

74 ⑤ 인증기관의 장은 인증서의 재발급 신청을 받은 때에는 7일 이내에 인증서를 재발급하고, 인증 등록대장에 재발급의 사유를 적어야 한다.

75 <보기>는 액제 · 로션제 검체의 전처리에 대한 설명이다.

76 맞춤형화장품 판매내역서에 포함되어야 할 사항 : 제조번호, 사용기한 또는 개봉 후 사용기간, 판매일자 및 판매량

77 비만세포는 히스타민을 분비해 모세 혈관 확장을 유도하는 세포로 진피에 존재한다.

정답 74 ⑤ 75 ④ 76 ① 77 ④

78 일반적으로 개별 화장품의 취약성, 예상되는 운반, 보관, 진열 및 사용 과정에서 뜻하지 않게 일어나는 가능성 있는 가혹한 조건에서 품질변화를 검토하기 위해 수행하는 안정성시험은?

① 가혹시험
② 가속시험
③ 경시변화시험
④ 항온 안정성 시험
⑤ 장기 보존 시험

79 <보기>에서 2021년 9월 5일을 기준으로 자재를 앞으로 사용할 수 있는 기간이 짧은 순으로 나열한 것은?

【보기】

자재	제조일	사용 조건	최초 사용(개봉)일
㉠	20.04.03	제조일로부터 18개월	20.09.14
㉡	19.01.03	제조일로부터 36개월	19.03.02
㉢	20.12.03	제조일로부터 12개월	21.02.01
㉣	21.03.03	제조일로부터 12개월 개봉 후 3개월	21.07.18

① ㉠ - ㉡ - ㉣ - ㉢
② ㉠ - ㉢ - ㉣ - ㉡
③ ㉠ - ㉣ - ㉢ - ㉡
④ ㉣ - ㉠ - ㉡ - ㉢
⑤ ㉣ - ㉠ - ㉢ - ㉡

80 화장품 표시·광고 실증에 관한 규정에 따른 실증자료가 나머지 넷과 다른 하나를 고르시오.

① 여드름성 피부 사용에 적합
② 피부노화 완화
③ 일시적 셀룰라이트 감소
④ 콜라겐 증가
⑤ 피부 혈행 개선

해설

78 개별 화장품의 취약성, 예상되는 운반, 보관, 진열 및 사용 과정에서 뜻하지 않게 일어나는 가능성 있는 가혹한 조건에서 품질변화를 검토하기 위해 수행하는 안정성시험은 가혹시험이다.

79 ㉠ – 2021년 10월 2일
㉣ – 2021년 10월 17일
㉢ – 2021년 12월 2일
㉡ – 2022년 1월 2일

80 표시 · 광고 표현이 '콜라겐 증가'일 경우 해당 기능을 실증한 자료를 제출해야 하며, ①, ②, ③, ⑤의 경우 인체 적용시험 자료를 제출해야 한다.

정답 78 ① 79 ③ 80 ④

[단답형] 지문과 문제를 읽고 답안을 작성하시오.

[제1과목 | 화장품 관련 법령 및 제도 등에 관한 사항]

81 다음은 화장품 포장의 표시기준 및 표시방법에 관한 내용이다. ( ) 안에 들어갈 말을 쓰시오.

【보기】

(㉠) 조절 목적으로 사용되는 성분은 그 성분을 표시하는 대신 중화반응에 따른 생성물로 기재 · 표시할 수 있고, (㉡)을 거치는 성분은 (㉡)에 따른 생성물로 기재 · 표시할 수 있다.

82 다음은 천연화장품 및 유기농화장품의 기준에 관한 규정에 따른 천연 함량 계산 방법이다. ( ) 안에 들어갈 말을 쓰시오.

【보기】

천연 함량 비율(%) = (㉠) 비율 + (㉡) 원료 비율 + 천연유래 원료 비율

83 개인정보보호법 제2조에서 정의한 다음 용어를 적으시오.

【보기】

- (㉠) (이)란 개인정보의 수집, 생성, 연계, 연동, 기록, 저장, 보유, 가공, 편집, 검색, 출력, 정정(訂正), 복구, 이용, 제공, 공개, 파기(破棄), 그 밖에 이와 유사한 행위를 말한다.
- (㉡) (이)란 개인정보의 일부를 삭제하거나 일부 또는 전부를 대체하는 등의 방법으로 추가 정보가 없이는 특정 개인을 알아볼 수 없도록 처리하는 것을 말한다.

[제2과목 | 화장품의 제조 및 품질관리와 원료의 사용기준 등에 관한 사항]

84 다음은 우수화장품 제조 및 품질관리기준의 용어 정의 중 일부이다. ( ) 안에 들어갈 용어를 쓰시오.

【보기】

- (㉠) (이)란 적절한 작업 환경에서 건물과 설비가 유지되도록 정기적 · 비정기적인 지원 및 검증 작업을 말한다.
- (㉡) (이)란 생산공정 중 적합판정기준의 충족을 보증하기 위하여 공정을 모니터링하거나 조정하는 모든 작업을 말한다.
- (㉢) (이)란 모든 제조, 포장, 관리 및 보관된 제품이 규정된 적합판정기준에 일치하도록 보장하기 위하여 GMP 적용되는 모든 활동을 내부 조직의 책임하에 계획하여 변경하는 것을 말한다.

정답

81 ㉠ 산성도(pH), ㉡ 비누화반응

82 ㉠ 물, ㉡ 천연

83 ㉠ 처리, ㉡ 가명처리

84 ㉠ 유지관리, ㉡ 공정관리, ㉢ 변경관리

85 다음은 우수화장품 제조 및 품질관리 기준 중 시험관리에 관한 규정이다. ( ) 안에 들어갈 말을 쓰시오.

【보기】
- 원자재, 반제품 및 완제품에 대한 적합 기준을 마련하고 (㉠)별로 시험 기록을 작성 · 유지하여야 한다.
- 정해진 보관 기간이 경과된 원자재 및 반제품은 (㉡)하여 품질기준에 적합한 경우 제조에 사용할 수 있다.

86 「화장품 사용 시의 주의사항 및 알레르기 유발성분 표시에 관한 규정」 [별표 1] 화장품의 함유 성분별 사용 시의 주의사항 표시 문구에서 스테아린산아연 함유 제품(기초화장용 제품류 중 파우더 제품에 한함)의 주의사항 표시 문구를 쓰시오.

87 다음은 「우수화장품 제조 및 품질관리기준」 제20조(시험관리)에서 표준품과 주요시약의 용기에 기재하여야 할 사항이다. ( ) 안에 들어갈 말을 쓰시오.

【보기】
- 명칭
- (㉠)
- 보관조건
- (㉡)
- 역가, 제조자의 성명 또는 서명(직접 제조한 경우에 한함)

88 다음은 사용상의 제한이 필요한 원료 중 과산화수소 및 과산화수소 생성물질의 사용한도에 대한 설명이다. ( ) 안에 들어갈 말을 쓰시오.

【보기】
- (㉠) 제품류에 과산화수소로서 3%
- (㉡) 제품에 과산화수소로서 2%

정답

85 ㉠ 제조번호, ㉡ 재평가

86 사용 시 흡입되지 않도록 주의할 것

87 ㉠ 개봉일, ㉡ 사용기한

88 ㉠ 두발용, ㉡ 손톱경화용

[제4과목 | 맞춤형화장품의 특성 · 내용 및 관리 등에 관한 사항]

89 표피를 구성하는 세포 중 <보기>에서 설명하는 세포의 이름을 쓰시오.

【보기】

- 감각 신경 세포로 기저층에 위치한다.
- 신경세포와 연결되어 촉각을 감지한다.
- 신경의 자극을 뇌로 전달하는 역할을 한다.
- 털이 있는 피부는 물론 손바닥, 발바닥, 입술, 코 부위, 생식 기 등에도 존재한다.

90 피부가 추위를 감지하면 근육을 수축시켜 털을 세우게 한다. 어떤 근육이 털을 세우게 하는지 쓰시오.

91 다음은 맞춤형화장품의 최종 성분 비율이다. 아래 <대화>에서 (　) 안에 들어갈 말을 쓰시오.

【보기】

- 정제수 73.0%
- 캐모마일꽃수 10.0%
- 부틸렌글라이콜 5.0%
- 카보머 0.3%
- 클로로부탄올 0.5%
- 향료 0.4%
- 글리세린 3.0%
- 동백나무잎추출물 5.5%
- 하이드록시에틸셀룰로오스 1.2%
- 시녹세이트 0.8%
- 다이소듐이디티에이 0.3%

【대화】

고객 : 어떤 성분의 보존제가 사용되었나요?
맞춤형화장품조제관리사 : 보존제는 (㉠)을(를) 사용하였습니다. 사용 한도는 (㉡)입니다.

92 자외선A차단등급 분류표에서 자외선A차단지수가 8이상 16미만인 경우의 자외선A차단등급을 쓰시오.

89 머켈 세포
90 입모근
91 ㉠ 클로로부탄올, ㉡ 0.5%
92 PA+++

93 다음은 화장품법 제4조 기능성화장품의 심사 규정의 일부이다. ( ) 안에 들어갈 말을 쓰시오.

【보기】

기능성화장품으로 인정받아 판매 등을 하려는 화장품제조업자, 화장품책임판매업자(제3조제1항에 따라 화장품책임판매업을 등록한 자를 말한다. 이하 같다) 또는 총리령으로 정하는 대학 · 연구소 등은 품목별로 (㉠) 및 (㉡)에 관하여 식품의약품안전처장의 심사를 받거나 식품의약품안전처장에게 보고서를 제출하여야 한다.

94 <보기>는 「기능성화장품 기준 및 시험방법」 [별표 9]의 일부로서 '탈모 증상의 완화에 도움을 주는 기능성화장품'의 원료 규격의 신설을 주요 내용으로 고시한 일부 원료에 대한 설명이다. 설명에 해당하는 원료명을 한글로 쓰시오.

【보기】

- 분자식(분자량) : $C_{10}H_{20}O$ (156.27)
- 정량할 때 98.0~101.0%를 함유한다.
- 무색의 결정으로 특이하고 상쾌한 냄새가 있고 맛은 처음에는 쏘는 듯하고 나중에는 시원하다.
- 확인시험
  1) 이 원료는 같은 양의 캠퍼(camphor), 포수클로랄(chloral hydrate) 또는 치몰(thymol)과 같이 섞을 때 액화한다.
  2) 이 원료 1 g에 황산 20 mL를 넣고 흔들어 섞을 때 액은 혼탁하고 황적색을 나타내나 3시간 방치할 때, 냄새가 없는 맑은 기름층이 분리된다.

95 「화장품 안전기준 등에 관한 규정」의 유통화장품 안전관리 기준에서 미생물한도 중 불검출 되어야 할 세균 3가지를 쓰시오.

96 다음은 화장품법 시행규칙 위해화장품의 회수계획 및 회수절차에 관한 규정이다. ( ) 안에 들어갈 말을 쓰시오.

【보기】

위해화장품 회수의무자가 회수계획서를 제출하는 경우에는 다음의 구분에 따른 범위에서 회수 기간을 기재해야 한다.
- 위해성 등급이 가등급인 화장품 : 회수를 시작한 날부터 (㉠) 이내
- 위해성 등급이 나등급 또는 다등급인 화장품 : 회수를 시작한 날부터 (㉡) 이내

97 다음은 기능성화장품 기준 및 시험방법 중 통칙에서 화장품 제형에 관한 설명이다. ( ) 안에 들어갈 말을 쓰시오.

【보기】

( )란 원액을 같은 용기 또는 다른 용기에 충전한 분사제(액화기체, 압축기체 등)의 압력을 이용하여 안개모양, 포말상 등으로 분출하도록 만든 것을 말한다.

93 ㉠ 안전성, ㉡ 유효성

94 엘-멘톨

95 대장균, 녹농균, 황색포도상구균

96 ㉠ 15일 ㉡ 30일

97 에어로졸제

98 다음의 <보기>는 맞춤형화장품의 전성분 항목이다. 소비자에게 사용된 성분에 대해 설명하기 위하여 다음 화장품 전성분 표기 중 사용상의 제한이 필요한 보존제에 해당하는 성분을 다음 <보기>에서 하나를 골라 작성하시오.

【보기】

정제수, 글리세린, 다이프로필렌글라이콜, 토코페릴아세테이트, 다이메티콘/비닐다이메티콘크로스폴리머, C12-14파레스-3, 벤질알코올, 향료

99 다음 <대화>는 맞춤형화장품조제관리사 B와 고객 A와의 상담 내용이다. 상담 내용에 따라 고객의 피부에 적합한 제품을 조제할 때 사용에 적합한 원료를 <보기>에서 골라 쓰시오.

【대화】

A : 제 피부 상태 개선에 도움을 줄 수 있는 제품을 찾고 있어요.
B : 고객님 피부 상태는 어떠하신가요?
A : 제 피부는 민감합니다. 유기계 자외선차단제품을 사용했을 때는 피부 자극이 일어났고요. 피부에 멜라닌 색소도 점점 더 침착되고 있어요.
B : 예 알겠습니다. 여름철 자외선에 의해 멜라닌 색소가 증가할 수 있습니다. 멜라닌 색소가 침착되는 것을 방지하는 기능성화장품 중에서 고객님 피부에 맞는 맞춤형화장품을 조제해 드리겠습니다. 잠시만 기다려주세요.

【보기】

- 다이프로필렌글라이콜
- 알파-비사보롤
- 아미노산
- 레티닐팔미테이트
- 에칠헥실메톡시신나메이트

100 다음은 기능성화장품 기준 및 시험방법 [별표 10] 일반시험법 중 점도측정법에 관한 내용이다. (　) 안에 들어갈 말을 쓰시오.

【보기】

- 액체가 일정방향으로 운동할 때 그 흐름에 평행한 평면의 양측에 내부 마찰력이 일어난다. 이 성질을 (㉠) (이)라고 한다. (㉠) 은(는) 면의 넓이 및 그 면에 대하여 수직방향의 속도구배에 비례한다. 그 비례정수를 (㉡) (이)라 하고 일정온도에 대하여 그 액체의 고유한 정수이다. 그 단위로서는 포아스 또는 센티포아스를 쓴다.

(㉡)을(를) 같은 온도의 그 액체의 밀도로 나눈 값을 (㉢) (이)라고 말하고 그 단위로는 스톡스 또는 센티스톡스를 쓴다.

98 벤질알코올
99 알파-비사보롤
100 ㉠ 점성, ㉡ 절대점도, ㉢ 운동점도

Appendix

- 부록 1 : [별표 1] 사용할 수 없는 원료
- 부록 2 : [별표 3] 자외선 차단효과 측정방법 및 기준
- 부록 3 : [별표 3] 인체 세포 · 조직 배양액 안전기준
- 부록 4 : [별표 4] 유통화장품 안전관리 시험방법
- 부록 5 : 미생물 한도 시험법 가이드라인

부록 1

화장품 안전기준 등에 관한 규정 [별표 1]

사용할 수 없는 원료

001 갈라민트리에치오다이드
002 갈란타민
003 중추신경계에 작용하는 교감신경흥분성아민
004 구아네티딘 및 그 염류
005 구아이페네신
006 글루코코르티코이드
007 글루테티미드 및 그 염류
008 글리사이클아미드
009 금염
010 무기 나이트라이트(소듐나이트라이트 제외)
011 나파졸린 및 그 염류
012 나프탈렌
013 1,7-나프탈렌디올
014 2,3-나프탈렌디올
015 2,7-나프탈렌디올 및 그 염류(다만, 2,7-나프탈렌디올은 염모제에서 용법 · 용량에 따른 혼합물의 염모성분으로서 1.0 % 이하 제외)
016 2-나프톨
017 1-나프톨 및 그 염류(다만, 1-나프톨은 산화염모제에서 용법 · 용량에 따른 혼합물의 염모성분으로서 2.0 % 이하는 제외)
018 3-(1-나프틸)-4-히드록시코우마린
019 1-(1-나프틸메칠)퀴놀리늄클로라이드
020 N-2-나프틸아닐린
021 1,2-나프틸아민 및 그 염류
022 날로르핀, 그 염류 및 에텔
023 납 및 그 화합물
024 네오디뮴 및 그 염류
025 네오스티그민 및 그 염류(예 네오스티그민브로마이드)
026 노닐페놀[1] ; 4-노닐페놀, 가지형[2]
027 노르아드레날린 및 그 염류
028 노스카핀 및 그 염류
029 니그로신 스피릿 솔루블(솔벤트 블랙 5) 및 그 염류
030 니켈
031 니켈 디하이드록사이드
032 니켈 디옥사이드
033 니켈 모노옥사이드
034 니켈 설파이드
035 니켈 설페이트
036 니켈 카보네이트
037 니코틴 및 그 염류
038 2-니트로나프탈렌
039 니트로메탄
040 니트로벤젠
041 4-니트로비페닐
042 4-니트로소페놀
043 3-니트로-4-아미노페녹시에탄올 및 그 염류
044 니트로스아민류(예 2,2′-(니트로소이미노)비스에탄올, 니트로소디프로필아민, 디메칠니트로소아민)
045 니트로스틸벤, 그 동족체 및 유도체
046 2-니트로아니솔
047 5-니트로아세나프텐
048 니트로크레졸 및 그 알칼리 금속염
049 2-니트로톨루엔
050 5-니트로-o-톨루이딘 및 5-니트로-o-톨루이딘 하이드로클로라이드
051 6-니트로-o-톨루이딘
052 3-[(2-니트로-4-(트리플루오로메칠)페닐)아미노]프로판-1,2-디올(에이치시 황색 No. 6) 및 그 염류
053 4-[(4-니트로페닐)아조]아닐린(디스퍼스오렌지 3) 및 그 염류
054 2-니트로-p-페닐렌디아민 및 그 염류
(예 니트로-p-페닐렌디아민 설페이트)
다만, 니트로-p-페닐렌디아민은 산화염모제에서 용법 · 용량에 따른 혼합물의 염모성분으로서 3.0 % 이하는 제외

055 4-니트로-m-페닐렌디아민 및 그 염류
(예 p-니트로-m-페닐렌디아민 설페이트)
056 니트로펜
057 니트로퓨란계 화합물
(예 니트로푸란토인, 푸라졸리돈)
058 2-니트로프로판
059 6-니트로-2,5-피리딘디아민 및 그 염류
060 2-니트로-N-하이드록시에칠-p-아니시딘 및 그 염류
061 니트록솔린 및 그 염류
062 다미노지드
063 다이노캡(ISO)
064 다이우론
065 다투라(*Datura*)속 및 그 생약제제
066 데카메칠렌비스(트리메칠암모늄)염
(예 데카메토늄브디옥산로마이드)
067 데쿠알리니움 클로라이드
068 덱스트로메토르판 및 그 염류
069 덱스트로프로폭시펜
070 도데카클로로펜타사이클로[5.2.1.02,6.03,9.05,8]데칸
071 도딘
072 돼지폐추출물
073 두타스테리드, 그 염류 및 유도체
074 1,5-디-(베타-하이드록시에칠)아미노-2-니트로-4-클로로벤젠 및 그 염류
(예 에이치씨 황색 No. 10)
(다만, 비산화염모제에서 용법 · 용량에 따른 혼합물의 염모성분으로서 0.1 % 이하는 제외)
075 5,5′-디-이소프로필-2,2′-디메칠비페닐-4,4′디일 디히포아이오다이트
076 디기탈리스(*Digitalis*)속 및 그 생약제제
077 디노셉, 그 염류 및 에스텔류
078 디노터브, 그 염류 및 에스텔류
079 디니켈트리옥사이드
080 디니트로톨루엔, 테크니컬등급
081 2,3-디니트로톨루엔
082 2,5-디니트로톨루엔
083 2,6-디니트로톨루엔
084 3,4-디니트로톨루엔
085 3,5-디니트로톨루엔
086 디니트로페놀이성체
087 5-[(2,4-디니트로페닐)아미노]-2-(페닐아미노)-벤젠설포닉애씨드 및 그 염류
088 디메바미드 및 그 염류
089 7,11-디메칠-4,6,10-도데카트리엔-3-온
090 2,6-디메칠-1,3-디옥산-4-일아세테이트(디메톡산, o-아세톡시-2,4-디메칠-m-디옥산)
091 4,6-디메칠-8-tert-부틸쿠마린
092 [3,3′-디메칠[1,1′-비페닐]-4,4′-디일]디암모늄비스(하이드로젠설페이트)
093 디메칠설파모일클로라이드
094 디메칠설페이트
095 디메칠설폭사이드
096 디메칠시트라코네이트
097 N,N-디메칠아닐리늄테트라키스(펜타플루오로페닐)보레이트
098 N,N-디메칠아닐린
099 1-디메칠아미노메칠-1-메칠프로필벤조에이트(아밀로카인) 및 그 염류
100 9-(디메칠아미노)-벤조[a]페녹사진-7-이움 및 그 염류
101 5-((4-(디메칠아미노)페닐)아조)-1,4-디메칠- 1H-1,2,4-트리아졸리움 및 그 염류
102 디메칠아민
103 N,N-디메칠아세타마이드
104 3,7-디메칠-2-옥텐-1-올(6,7-디하이드로제라니올)
105 6,10-디메칠-3,5,9-운데카트리엔-2-온(슈도이오논)
106 디메칠카바모일클로라이드
107 N,N-디메칠-p-페닐렌디아민 및 그 염류
108 1,3-디메칠펜틸아민 및 그 염류
109 디메칠포름아미드
110 N,N-디메칠-2,6-피리딘디아민 및 그 염산염
111 N,N′-디메칠-N-하이드록시에칠-3-니트로-p-페닐렌디아민 및 그 염류
112 2-(2-((2,4-디메톡시페닐)아미노)에테닐]-1,3,3-트리메칠-3H-인돌리움 및 그 염류
113 디바나듐펜타옥사이드
114 디벤즈[a,h]안트라센
115 2,2-디브로모-2-니트로에탄올

116 1,2-디브로모-2,4-디시아노부탄(메칠디브로모글루타로나이트릴)
117 디브로모살리실아닐리드
118 2,6-디브로모-4-시아노페닐 옥타노에이트
119 1,2-디브로모에탄
120 1,2-디브로모-3-클로로프로판
121 5-(a,b-디브로모펜에칠)-5-메칠히단토인
122 2,3-디브로모프로판-1-올
123 3,5-디브로모-4-하이드록시벤조니트닐 및 그 염류(브로목시닐 및 그 염류)
124 디브롬화프로파미딘 및 그 염류(이소치아네이트포함)
125 디설피람
126 디소듐[5-[[4′-[[2,6-디하이드록시-3-[(2-하이드록시-5-설포페닐)아조]페닐]아조] [1,1'비페닐]-4-일]아조]살리실레이토(4-)]쿠프레이트(2-)(다이렉트브라운 95)
127 디소듐 3,3′-[[1,1′-비페닐]-4,4′-디일비스(아조)]-비스(4-아미노나프탈렌-1-설포네이트)(콩고레드)
128 디소듐 4-아미노-3-[[4′-[(2,4-디아미노페닐)아조][1,1′-비페닐]-4-일]아조]-5-하이드록시-6-(페닐아조)나프탈렌-2,7-디설포네이트(다이렉트블랙 38)
129 디소듐 4-(3-에톡시카르보닐-4-(5-(3-에톡시카르보닐-5-하이드록시-1-(4-설포네이토페닐)피라졸-4-일)펜타-2,4-디에닐리덴)-4,5-디하이드로-5-옥소피라졸-1-일)벤젠설포네이트 및 트리소듐 4-(3-에톡시카르보닐-4-(5-(3-에톡시카르보닐-5-옥시도-1(4-설포네이토페닐)피라졸-4-일) 펜타-2,4-디에닐리덴)-4,5-디하이드로-5-옥소피라졸-1-일)벤젠설포네이트
130 디스퍼스레드 15
131 디스퍼스옐로우 3
132 디아놀아세글루메이트
133 o-디아니시딘계 아조 염료류
134 o-디아니시딘의 염(3,3′-디메톡시벤지딘의 염)
135 3,7-디아미노-2,8-디메칠-5-페닐-페나지니움 및 그 염류
136 3,5-디아미노-2,6-디메톡시피리딘 및 그 염류
(예 2,6-디메톡시-3,5-피리딘디아민 하이드로클로라이드)
(다만, 2,6-디메톡시-3,5-피리딘디아민 하이드로클로라이드는 산화염모제에서 용법 · 용량에 따른 혼합물의 염모성분으로서 0.25 % 이하는 제외)
137 2,4-디아미노디페닐아민
138 4,4'-디아미노디페닐아민 및 그 염류
(예 4,4'-디아미노디페닐아민 설페이트)
139 2,4-디아미노-5-메칠페네톨 및 그 염산염
140 2,4-디아미노-5-메칠페녹시에탄올 및 그 염류
141 4,5-디아미노-1-메칠피라졸 및 그 염산염
142 1,4-디아미노-2-메톡시-9,10-안트라센디온(디스퍼스레드 11) 및 그 염류
143 3,4-디아미노벤조익애씨드
144 디아미노톨루엔, [4-메칠-m-페닐렌 디아민] 및 [2-메칠-m-페닐렌 디아민]의 혼합물
145 2,4-디아미노페녹시에탄올 및 그 염류
다만, 2,4-디아미노페녹시에탄올 하이드로클로라이드는 산화염모제에서 용법 · 용량에 따른 혼합물의 염모성분으로서 0.5 % 이하는 제외
146 3-[[(4-[[디아미노(페닐아조)페닐]아조]-1-나프탈레닐]아조]-N,N,N-트리메칠-벤젠아미니움 및 그 염류
147 3-[[(4-[[디아미노(페닐아조)페닐]아조]-2-메칠페닐]아조]-N,N,N-트리메칠-벤젠아미니움 및 그 염류
148 2,4-디아미노페닐에탄올 및 그 염류
149 O,O′-디아세틸-N-알릴-N-노르몰핀
150 디아조메탄
151 디알레이트
152 디에칠-4-니트로페닐포스페이트
153 O,O′-디에칠-O-4-니트로페닐포스포로치오에이트(파라치온-ISO)
154 디에칠렌글라이콜
(다만, 비의도적 잔류물로서 0.1% 이하인 경우는 제외)
155 디에칠말리에이트
156 디에칠설페이트
157 2-디에칠아미노에칠-3-히드록시-4-페닐벤조에이트 및 그 염류
158 4-디에칠아미노-o-톨루이딘 및 그 염류
159 N-[4-[[4-(디에칠아미노)페닐][4-(에칠아미노)-1-나프탈렌일]메칠렌]-2,5-사이클로헥사디엔-1-일리

딘]-N-에칠-에탄아미늄 및 그 염류
160 N-(4-[(4-(디에칠아미노)페닐)페닐메칠렌]-2,5-사이클로헥사디엔-1-일리덴)-N-에칠 에탄아미니움 및 그 염류
161 N,N-디에칠-m-아미노페놀
162 3-디에칠아미노프로필신나메이트
163 디에칠카르바모일 클로라이드
164 N,N-디에칠-p-페닐렌디아민 및 그 염류
165 디엔오시(DNOC, 4,6-디니트로-o-크레졸)
166 디엘드린
167 디옥산
168 디옥세테드린 및 그 염류
169 5-(2,4-디옥소-1,2,3,4-테트라하이드로피리미딘)-3-플루오로-2-하이드록시메칠테트라하이드로퓨란
170 디치오-2,2′-비스피리딘-디옥사이드 1,1′(트리하이드레이티드마그네슘설페이트 부가)(피리치온디설파이드+마그네슘설페이트)
171 디코우마롤
172 2,3-디클로로-2-메칠부탄
173 1,4-디클로로벤젠(p-디클로로벤젠)
174 3,3′-디클로로벤지딘
175 3,3′-디클로로벤지딘디하이드로젠비스(설페이트)
176 3,3′-디클로로벤지딘디하이드로클로라이드
177 3,3′-디클로로벤지딘설페이트
178 1,4-디클로로부트-2-엔
179 2,2′-[(3,3′-디클로로[1,1′-비페닐]-4,4′-디일)비스(아조)]비스[3-옥소-N-페닐부탄아마이드](피그먼트옐로우 12) 및 그 염류
180 디클로로살리실아닐리드
181 디클로로에칠렌(아세틸렌클로라이드)
(예 비닐리덴클로라이드)
182 디클로로에탄(에칠렌클로라이드)
183 디클로로-m-크시레놀
184 a,a-디클로로톨루엔
185 디클로로펜
186 1,3-디클로로프로판-2-올
187 2,3-디클로로프로펜
188 디페녹시레이트 히드로클로라이드
189 1,3-디페닐구아니딘
190 디페닐아민
191 디페닐에텔 ; 옥타브로모 유도체
192 5,5-디페닐-4-이미다졸리돈
193 디펜클록사진
194 2,3-디하이드로-2,2-디메칠-6-[(4-(페닐아조)-1-나프텔레닐)아조]-1H-피리미딘(솔벤트블랙 3) 및 그 염류
195 3,4-디히드로-2-메톡시-2-메칠-4-페닐-2H,5H,피라노(3,2-c)-(1)벤조피란-5-온(시클로코우마롤)
196 2,3-디하이드로-2H-1,4-벤족사진-6-올 및 그 염류
(예 히드록시벤조모르포린)
(다만, 히드록시벤조모르포린은 산화염모제에서 용법 · 용량에 따른 혼합물의 염모성분으로서 1.0 % 이하는 제외)
197 2,3-디하이드로-1H-인돌-5,6-디올 (디하이드록시인돌린) 및 그 하이드로브로마이드염 (디하이드록시인돌린 하이드로브롬마이드)
(다만, 비산화염모제에서 용법 · 용량에 따른 혼합물의 염모성분으로서 2.0 % 이하는 제외)
198 (S)-2,3-디하이드로-1H-인돌-카르복실릭 애씨드
199 디히드로타키스테롤
200 2,6-디하이드록시-3,4-디메칠피리딘 및 그 염류
201 2,4-디하이드록시-3-메칠벤즈알데하이드
202 4,4′-디히드록시-3,3′-(3-메칠치오프로필아이덴)디코우마린
203 2,6-디하이드록시-4-메칠피리딘 및 그 염류
204 1,4-디하이드록시-5,8-비스[(2-하이드록시에칠)아미노]안트라퀴논(디스퍼스블루 7) 및 그 염류
205 4-[4-(1,3-디하이드록시프로프-2-일)페닐아미노-1,8-디하이드록시-5-니트로안트라퀴논
206 2,2′-디히드록시-3,3′5,5′,6,6′-헥사클로로디페닐메탄(헥사클로로펜)
207 디하이드로쿠마린
208 N,N′-디헥사데실-N,N′-비스(2-하이드록시에칠)프로판디아마이드 ; 비스하이드록시에칠비스세틸말론아마이드
209 *Laurus nobilis* L.의 씨로부터 나온 오일
210 *Rauwolfia serpentina* 알칼로이드 및 그 염류
211 라카익애씨드(CI 내츄럴레드 25) 및 그 염류
212 레졸시놀 디글리시딜 에텔
213 로다민 B 및 그 염류

214 로벨리아(Lobelia)속 및 그 생약제제
215 로벨린 및 그 염류
216 리누론
217 리도카인
218 과산화물가가 20mmol/L을 초과하는 d-리모넨
219 과산화물가가 20mmol/L을 초과하는 dℓ-리모넨
220 과산화물가가 20mmol/L을 초과하는 ℓ-리모넨
221 라이서자이드(*Lysergide*) 및 그 염류
222 마약류관리에 관한 법률 제2조에 따른 마약류
223 마이클로부타닐(2-(4-클로로페닐)-2-(1H-1,2,4-트리아졸-1-일메칠)헥사네니트릴)
224 마취제(천연 및 합성)
225 만노무스틴 및 그 염류
226 말라카이트그린 및 그 염류
227 말로노니트릴
228 1-메칠-3-니트로-1-니트로소구아니딘
229 1-메칠-3-니트로-4-(베타-하이드록시에칠)아미노벤젠 및 그 염류
(예 하이드록시에칠-2-니트로-p-톨루이딘)
(다만, 하이드록시에칠-2-니트로-p-톨루이딘은 염모제에서 용법 · 용량에 따른 혼합물의 염모성분으로서 1.0 % 이하는 제외)
230 N-메칠-3-니트로-p-페닐렌디아민 및 그 염류
231 N-메칠-1,4-디아미노안트라퀴논, 에피클로히드린 및 모노에탄올아민의 반응생성물(에이치시 청색 No. 4) 및 그 염류
232 3,4-메칠렌디옥시페놀 및 그 염류
233 메칠레소르신
234 메칠렌글라이콜
235 4,4′-메칠렌디아닐린
236 3,4-메칠렌디옥시아닐린 및 그 염류
237 4,4′-메칠렌디-o-톨루이딘
238 4,4′-메칠렌비스(2-에칠아닐린)
239 (메칠렌비스(4,1-페닐렌아조(1-(3-(디메칠아미노)프로필)-1,2-디하이드로-6-하이드록시-4-메칠-2-옥소피리딘-5,3-디일)))-1,1′-디피리디늄디클로라이드 디하이드로클로라이드
240 4,4′-메칠렌비스[2-(4-하이드록시벤질)-3,6-디메칠페놀]과 6-디아조-5,6-디하이드로-5-옥소-나프탈렌설포네이트(1:2)의 반응생성물과 4,4′-메칠렌비스[2-(4-하이드록시벤질)-3,6-디메칠페놀]과 6-디아조-5,6-디하이드로-5-옥소-나프탈렌설포네이트(1:3) 반응생성물과의 혼합물
241 메칠렌클로라이드
242 3-(N-메칠-N-(4-메칠아미노-3-니트로페닐)아미노)프로판-1,2-디올 및 그 염류
243 메칠메타크릴레이트모노머
244 메칠 트랜스-2-부테노에이트
245 2-[3-(메칠아미노)-4-니트로페녹시]에탄올 및 그 염류 (예 3-메칠아미노-4-니트로페녹시에탄올)
(다만, 비산화염모제에서 용법 · 용량에 따른 혼합물의 염모성분으로서 0.15 % 이하는 제외)
246 N-메칠아세타마이드
247 (메칠-ONN-아조시)메칠아세테이트
248 2-메칠아지리딘(프로필렌이민)
249 메칠옥시란
250 메칠유게놀(다만, 식물추출물에 의하여 자연적으로 함유되어 다음 농도 이하인 경우에는 제외. 향료원액을 8% 초과하여 함유하는 제품 0.01%, 향료원액을 8% 이하로 함유하는 제품 0.004%, 방향용 크림 0.002%, 사용 후 씻어내는 제품 0.001%, 기타 0.0002%)
251 N,N′-((메칠이미노)디에칠렌))비스(에칠디메칠암모늄) 염류(예 아자메토늄브로마이드)
252 메칠이소시아네이트
253 6-메칠쿠마린(6-MC)
254 7-메칠쿠마린
255 메칠크레속심
256 1-메칠-2,4,5-트리하이드록시벤젠 및 그 염류
257 메칠페니데이트 및 그 염류
258 3-메칠-1-페닐-5-피라졸론 및 그 염류 (예 페닐메칠피라졸론)
(다만, 페닐메칠피라졸론은 산화염모제에서 용법 · 용량에 따른 혼합물의 염모성분으로서 0.25 % 이하는 제외)
259 메칠페닐렌디아민류, 그 N-치환 유도체류 및 그 염류 (예 2,6-디하이드록시에칠아미노톨루엔)
(다만, 염모제에서 염모성분으로 사용하는 것은 제외)
260 2-메칠-m-페닐렌 디이소시아네이트
261 4-메칠-m-페닐렌 디이소시아네이트
262 4,4′-[(4-메칠-1,3-페닐렌)비스(아조)]비스[6-메칠-1,3-벤젠디아민](베이직브라운 4) 및 그 염류
263 4-메칠-6-(페닐아조)-1,3-벤젠디아민 및 그 염류

264 N-메칠포름아마이드
265 5-메칠-2,3-헥산디온
266 2-메칠헵틸아민 및 그 염류
267 메카밀아민
268 메타닐옐로우
269 메탄올(에탄올 및 이소프로필알콜의 변성제로서만 알콜 중 5%까지 사용)
270 메테토헵타진 및 그 염류
271 메토카바몰
272 메토트렉세이트
273 2-메톡시-4-니트로페놀(4-니트로구아이아콜) 및 그 염류
274 2-[(2-메톡시-4-니트로페닐)아미노]에탄올 및 그 염류(예 2-하이드록시에칠아미노-5-니트로아니솔) (다만, 비산화염모제에서 용법 · 용량에 따른 혼합물의 염모성분으로서 0.2 % 이하는 제외)
275 1-메톡시-2,4-디아미노벤젠(2,4-디아미노아니솔 또는 4-메톡시-m-페닐렌디아민 또는 CI76050) 및 그 염류
276 1-메톡시-2,5-디아미노벤젠(2,5-디아미노아니솔) 및 그 염류
277 2-메톡시메칠-p-아미노페놀 및 그 염산염
278 6-메톡시-N2-메칠-2,3-피리딘디아민 하이드로클로라이드 및 디하이드로클로라이드염(다만, 염모제에서 용법 · 용량에 따른 혼합물의 염모성분으로 산으로서 0.68% 이하, 디하이드로클로라이드염으로서 1.0 % 이하는 제외)
279 2-(4-메톡시벤질-N-(2-피리딜)아미노)에칠디메칠아민말리에이트
280 메톡시아세틱애씨드
281 2-메톡시에칠아세테이트(메톡시에탄올아세테이트)
282 N-(2-메톡시에칠)-p-페닐렌디아민 및 그 염산염
283 2-메톡시에탄올(에칠렌글리콜 모노메칠에텔, EGMME)
284 2-(2-메톡시에톡시)에탄올(메톡시디글리콜)
285 7-메톡시쿠마린
286 4-메톡시톨루엔-2,5-디아민 및 그 염산염
287 6-메톡시-m-톨루이딘(p-크레시딘)
288 2-[[(4-메톡시페닐)메칠하이드라조노]메칠]-1,3,3-트리메칠-3H-인돌리움 및 그 염류
289 4-메톡시페놀(히드로퀴논모노메칠에텔 또는 p-히드록시아니솔)
290 4-(4-메톡시페닐)-3-부텐-2-온(4-아니실리덴아세톤)
291 1-(4-메톡시페닐)-1-펜텐-3-온(a-메칠아니살아세톤)
292 2-메톡시프로판올
293 2-메톡시프로필아세테이트
294 6-메톡시-2,3-피리딘디아민 및 그 염산염
295 메트알데히드
296 메트암페프라몬 및 그 염류
297 메트포르민 및 그 염류
298 메트헵타진 및 그 염류
299 메티라폰
300 메티프릴온 및 그 염류
301 메페네신 및 그 에스텔
302 메페클로라진 및 그 염류
303 메프로바메이트
304 2급 아민함량이 0.5%를 초과하는 모노알킬아민, 모노알칸올아민 및 그 염류
305 모노크로토포스
306 모누론
307 모르포린 및 그 염류
308 모스켄(1,1,3,3,5-펜타메칠-4,6-디니트로인단)
309 모페부타존
310 목향(*Saussurea lappa* Clarke = *Saussurea costus* (Falc.) Lipsch. = *Aucklandia lappa* Decne) 뿌리오일
311 몰리네이트
312 몰포린-4-카르보닐클로라이드
313 무화과나무(*Ficus carica*)잎엡솔루트(피그잎엡솔루트)
314 미네랄 울
315 미세플라스틱(세정, 각질제거 등의 제품*에 남아있는 5mm 크기 이하의 고체플라스틱)

*화장품법 시행규칙 [별표3]
1. 화장품의 유형
가. 영 · 유아용 제품류
1) 영 · 유아용 샴푸, 린스
4) 영 · 유아용 인체 세정용 제품
5) 영 · 유아용 목욕용 제품
나. 목욕용 제품류
다. 인체 세정용 제품류
아. 두발용 제품류
1) 헤어 컨디셔너
8) 샴푸, 린스
11) 그 밖의 두발용 제품류(사용 후 씻어내는 제품에 한함)
차. 2) 남성용 탤컴(사용 후 씻어내는 제품에 한함)
4) 세이빙 크림
5) 세이빙 폼
6) 그 밖의 면도용 제품류(사용 후 씻어내는 제품에 한함)
카. 6) 팩, 마스크(사용 후 씻어내는 제품에 한함)
9) 손 · 발의 피부연화 제품(사용 후 씻어내는 제품에 한함)
10) 클렌징 워터, 클렌징 오일, 클렌징 로션, 클렌징 크림 등 메이크업 리무버
11) 그 밖의 기초화장용 제품류(사용 후 씻어내는 제품에 한함)

316 바륨염(바륨설페이트 및 색소레이크희석제로 사용한 바륨염은 제외)
317 바비츄레이트
318 2,2′-바이옥시란
319 발녹트아미드
320 발린아미드
321 방사성물질
322 백신, 독소 또는 혈청
323 베낙티진
324 베노밀
325 베라트룸(*Veratrum*)속 및 그 제제
326 베라트린, 그 염류 및 생약제제
327 베르베나오일(*Lippia citriodora Kunth.*)
328 베릴륨 및 그 화합물
329 베메그리드 및 그 염류
330 베록시카인 및 그 염류
331 베이직바이올렛 1(메칠바이올렛)
332 베이직바이올렛 3(크리스탈바이올렛)
333 1-(베타-우레이도에칠)아미노-4-니트로벤젠 및 그 염류(㉠ 4-니트로페닐 아미노에칠우레아)
(다만, 4-니트로페닐 아미노에칠우레아는 산화염모제에서 용법 · 용량에 따른 혼합물의 염모성분으로서 0.25 % 이하, 비산화염모제에서 용법 · 용량에 따른 혼합물의 염모성분으로서 0.5 % 이하는 제외)
334 1-(베타-하이드록시)아미노-2-니트로-4-N-에칠-N-(베타-하이드록시에칠)아미노벤젠 및 그 염류(㉠ 에이치시 청색 No. 13)
335 벤드로플루메치아자이드 및 그 유도체
336 벤젠
337 1,2-벤젠디카르복실릭애씨드 디펜틸에스터(가지형과 직선형) ; n-펜틸-이소펜틸 프탈레이트 ; 디-n-펜틸프탈레이트 ; 디이소펜틸프탈레이트
338 1,2,4-벤젠트리아세테이트 및 그 염류
339 7-(벤조일아미노)-4-하이드록시-3-[[4-[(4-설포페닐)아조]페닐]아조]-2-나프탈렌설포닉애씨드 및 그 염류
340 벤조일퍼옥사이드
341 벤조[a]피렌
342 벤조[e]피렌
343 벤조[j]플루오란텐
344 벤조[k]플루오란텐
345 벤즈[e]아세페난트릴렌
346 벤즈아제핀류와 벤조디아제핀류
347 벤즈아트로핀 및 그 염류
348 벤즈[a]안트라센
349 벤즈이미다졸-2(3H)-온
350 벤지딘
351 벤지딘계 아조 색소류
352 벤지딘디하이드로클로라이드
353 벤지딘설페이트
354 벤지딘아세테이트
355 벤지로늄브로마이드
356 벤질 2,4-디브로모부타노에이트
357 3(또는 5)-((4-(벤질메칠아미노)페닐)아조)-1,2-(또는 1,4)-디메칠-1H-1,2,4-트리아졸리움 및 그 염류
358 벤질바이올렛([4-[[4-(디메칠아미노)페닐][4-[에칠(3-설포네이토벤질)아미노]페닐]메칠렌]사이클로헥사-2,5-디엔-1-일리덴](에칠)(3-설포네이토벤질)암모늄염 및 소듐염)
359 벤질시아나이드
360 4-벤질옥시페놀(히드로퀴논모노벤질에텔)

361 2-부타논 옥심
362 부타닐리카인 및 그 염류
363 1,3-부타디엔
364 부토피프린 및 그 염류
365 부톡시디글리세롤
366 부톡시에탄올
367 5-(3-부티릴-2,4,6-트리메칠페닐)-2-[1-(에톡시이미노)프로필]-3-하이드록시사이클로헥스-2-엔-1-온
368 부틸글리시딜에텔
369 4-tert-부틸-3-메톡시-2,6-디니트로톨루엔(머스크암브레트)
370 1-부틸-3-(N-크로토노일설파닐일)우레아
371 5-tert-부틸-1,2,3-트리메칠-4,6-디니트로벤젠(머스크티베텐)
372 4-tert-부틸페놀
373 2-(4-tert-부틸페닐)에탄올
374 4-tert-부틸피로카테콜
375 부펙사막
376 붕산
377 브레티륨토실레이트
378 (R)-5-브로모-3-(1-메칠-2-피롤리디닐메칠)-1H-인돌
379 브로모메탄
380 브로모에칠렌
381 브로모에탄
382 1-브로모-3,4,5-트리플루오로벤젠

383 1-브로모프로판 ; n-프로필 브로마이드
384 2-브로모프로판
385 브로목시닐헵타노에이트
386 브롬
387 브롬이소발
388 브루신(에탄올의 변성제는 제외)
389 비나프아크릴(2-sec-부틸-4,6-디니트로페닐-3-메칠크로토네이트)
390 9-비닐카르바졸
391 비닐클로라이드모노머
392 1-비닐-2-피롤리돈
393 비마토프로스트, 그 염류 및 유도체
394 비소 및 그 화합물
395 1,1-비스(디메칠아미노메칠)프로필벤조에이트(아미드리카인, 알리핀) 및 그 염류
396 4,4′-비스(디메칠아미노)벤조페논
397 3,7-비스(디메칠아미노)-페노치아진-5-이움 및 그 염류
398 3,7-비스(디에칠아미노)-페녹사진-5-이움 및 그 염류
399 N-(4-[비스[4-(디에칠아미노)페닐]메칠렌]-2,5-사이클로헥사디엔-1-일리덴)-N-에칠-에탄아미니움 및 그 염류
400 비스(2-메톡시에칠)에텔(디메톡시디글리콜)
401 비스(2-메톡시에칠)프탈레이트
402 1,2-비스(2-메톡시에톡시)에탄 ; 트리에칠렌글리콜 디메칠 에텔(TEGDME) ; 트리글라임
403 1,3-비스(비닐설포닐아세타아미도)-프로판
404 비스(사이클로펜타디에닐)-비스(2,6-디플루오로-3-(피롤-1-일)-페닐)티타늄
405 4-[[비스-(4-플루오로페닐)메칠실릴]메칠]-4H-1,2,4-트리아졸과 1-[[비스-(4-플루오로페닐)메칠실릴]메칠]-1 H-1,2,4-트리아졸의 혼합물
406 비스(클로로메칠)에텔(옥시비스[클로로메탄])
407 N,N-비스(2-클로로에칠)메칠아민-N-옥사이드 및 그 염류
408 비스(2-클로로에칠)에텔
409 비스페놀 A(4,4′-이소프로필리덴디페놀)
410 N′N′-비스(2-히드록시에칠)-N-메칠-2-니트로-p-페닐렌디아민(HC 블루 No.1) 및 그 염류
411 4,6-비스(2-하이드록시에톡시)-m-페닐렌디아민 및 그 염류
412 2,6-비스(2-히드록시에톡시)-3,5-피리딘디아민 및 그 염산염
413 비에타미베린
414 비치오놀
415 비타민 L1, L2
416 [1,1′-비페닐-4,4′-디일]디암모니움설페이트
417 비페닐-2-일아민
418 비페닐-4-일아민 및 그 염류
419 4,4′-비-o-톨루이딘
420 4,4′-비-o-톨루이딘디하이드로클로라이드

421 4,4′-비-o-톨루이딘설페이트
422 빈클로졸린
423 사이클라멘알코올
424 N-사이클로펜틸-m-아미노페놀
425 사이클로헥시미드
426 N-사이클로헥실-N-메톡시-2,5-디메칠-3-퓨라마이드
427 트랜스-4-사이클로헥실-L-프롤린 모노하이드로클로라이드
428 사프롤(천연에센스에 자연적으로 함유되어 그 양이 최종제품에서 100ppm을 넘지 않는 경우는 제외)
429 a-산토닌((3S, 5aR, 9bS)-3, 3a,4,5,5a,9b-헥사히드로-3,5a,9-트리메칠나프토(1,2-b))푸란-2,8-디온
430 석면
431 석유
432 석유 정제과정에서 얻어지는 부산물(증류물, 가스오일류, 나프타, 윤활그리스, 슬랙왁스, 탄화수소류, 알칸류, 백색 페트롤라툼을 제외한 페트롤라툼, 연료오일, 잔류물). 다만, 정제과정이 완전히 알려져 있고 발암물질을 함유하지 않음을 보여줄 수 있으면 예외로 한다.
433 부타디엔 0.1%를 초과하여 함유하는 석유정제물(가스류, 탄화수소류, 알칸류, 증류물, 라피네이트)
434 디메칠설폭사이드(DMSO)로 추출한 성분을 3% 초과하여 함유하고 있는 석유 유래물질
435 벤조[a]피렌 0.005%를 초과하여 함유하고 있는 석유화학 유래물질, 석탄 및 목타르 유래물질
436 석탄추출 젯트기용 연료 및 디젤연료
437 설티암
438 설팔레이트
439 3,3′-(설포닐비스(2-니트로-4,1-페닐렌)이미노)비스(6-(페닐아미노))벤젠설포닉애씨드 및 그 염류
440 설폰아미드 및 그 유도체(톨루엔설폰아미드/포름알데하이드수지, 톨루엔설폰아미드/에폭시수지는 제외)
441 설핀피라존
442 과산화물가가 10mmol/L을 초과하는 *Cedrus atlantica*의 오일 및 추출물
443 세파엘린 및 그 염류
444 센노사이드
445 셀렌 및 그 화합물(셀레늄아스파테이트는 제외)
446 소듐헥사시클로네이트
447 *Solanum nigrum* L. 및 그 생약제제
448 *Schoenocaulon officinale* Lind.(씨 및 그 생약제제)
449 솔벤트레드1(CI 12150)
450 솔벤트블루 35
451 솔벤트오렌지 7
452 수은 및 그 화합물
453 스트로판투스(*Strophantus*)속 및 그 생약제제
454 스트로판틴, 그 비당질 및 그 각각의 유도체
455 스트론튬화합물
456 스트리크노스(*Strychnos*)속 그 생약제제
457 스트리키닌 및 그 염류
458 스파르테인 및 그 염류
459 스피로노락톤
460 시마진
461 4-시아노-2,6-디요도페닐 옥타노에이트
462 스칼렛레드(솔벤트레드 24)
463 시클라바메이트
464 시클로메놀 및 그 염류
465 시클로포스파미드 및 그 염류
466 2-a-시클로헥실벤질(N,N,N',N'테트라에칠)트리메칠렌디아민(페네타민)
467 신코카인 및 그 염류
468 신코펜 및 그 염류(유도체 포함)
469 썩시노니트릴
470 *Anamirta cocculus* L.(과실)
471 o-아니시딘
472 아닐린, 그 염류 및 그 할로겐화 유도체 및 설폰화 유도체
473 아다팔렌
474 *Adonis vernalis* L. 및 그 제제
475 *Areca catechu* 및 그 생약제제
476 아레콜린
477 아리스톨로키아(*Aristolochia*)속 및 그 생약제제
478 아리스토로킥 애씨드 및 그 염류
479 1-아미노-2-니트로-4-(2',3'-디하이드록시프로필)아미노-5-클로로벤젠과 1,4-비스-(2',3'-디하이드록시프로필)아미노-2-니트로-5-클로로벤젠 및 그 염류(예 에이치시 적색 No. 10과 에이치시 적색 No.

11)

(다만, 산화염모제에서 용법 · 용량에 따른 혼합물의 염모성분으로서 1.0 % 이하, 비산화염모제에서 용법 · 용량에 따른 혼합물의 염모성분으로서 2.0 % 이하는 제외)

480 2-아미노-3-니트로페놀 및 그 염류

481 p-아미노-o-니트로페놀(4-아미노-2-니트로페놀)

482 4-아미노-3-니트로페놀 및 그 염류
(다만, 4-아미노-3-니트로페놀은 산화염모제에서 용법 · 용량에 따른 혼합물의 염모성분으로서 1.5 % 이하, 비산화염모제에서 용법 · 용량에 따른 혼합물의 염모성분으로서 1.0 % 이하는 제외)

483 2,2′-[(4-아미노-3-니트로페닐)이미노]바이세타놀 하이드로클로라이드 및 그 염류(㉵ 에이치시 적색 No. 13)
(다만, 하이드로클로라이드염으로서 산화염모제에서 용법 · 용량에 따른 혼합물의 염모성분으로서 1.5 % 이하, 비산화염모제에서 용법 · 용량에 따른 혼합물의 염모성분으로서 1.0 % 이하는 제외)

484 (8-[(4-아미노-2-니트로페닐)아조]-7-하이드록시-2-나프틸)트리메칠암모늄 및 그 염류(베이직브라운 17의 불순물로 있는 베이직레드 118 제외)

485 1-아미노-4-[[4-[(디메칠아미노)메칠]페닐]아미노]안트라퀴논 및 그 염류

486 6-아미노-2-((2,4-디메칠페닐)-1H-벤즈[de]이소퀴놀린-1,3-(2 H)-디온(솔벤트옐로우 44) 및 그 염류

487 5-아미노-2,6-디메톡시-3-하이드록시피리딘 및 그 염류

488 3-아미노-2,4-디클로로페놀 및 그 염류
(다만, 3-아미노-2,4-디클로로페놀 및 그 염산염은 염모제에서 용법 · 용량에 따른 혼합물의 염모성분으로 염산염으로서 1.5 % 이하는 제외)

489 2-아미노메칠-p-아미노페놀 및 그 염산염

490 2-[(4-아미노-2-메칠-5-니트로페닐)아미노]에탄올 및 그 염류(㉵ 에이치시 자색 No. 1)
(다만, 산화염모제에서 용법 · 용량에 따른 혼합물의 염모성분으로서 0.25 % 이하, 비산화염모제에서 용법 · 용량에 따른 혼합물의 염모성분으로서 0.28 % 이하는 제외)

491 2-[(3-아미노-4-메톡시페닐)아미노]에탄올 및 그 염류(㉵ 2-아미노-4-하이드록시에칠아미노아니솔)
(다만, 산화염모제에서 용법 · 용량에 따른 혼합물의 염모성분으로서 1.5 % 이하는 제외)

492 4-아미노벤젠설포닉애씨드 및 그 염류

493 4-아미노벤조익애씨드 및 아미노기(-NH_2)를 가진 그 에스텔

494 2-아미노-1,2-비스(4-메톡시페닐)에탄올 및 그 염류

495 4-아미노살리실릭애씨드 및 그 염류

496 4-아미노아조벤젠

497 1-(2-아미노에칠)아미노-4-(2-하이드록시에칠)옥시-2-니트로벤젠 및 그 염류 (㉵ 에이치시 등색 No. 2)
(다만, 비산화염모제에서 용법 · 용량에 따른 혼합물의 염모성분으로서 1.0 % 이하는 제외)

498 아미노카프로익애씨드 및 그 염류

499 4-아미노-m-크레솔 및 그 염류
(다만, 4-아미노-m-크레솔은 산화염모제에서 용법 · 용량에 따른 혼합물의 염모성분으로서 1.5 % 이하는 제외)

500 6-아미노-o-크레솔 및 그 염류

501 2-아미노-6-클로로-4-니트로페놀 및 그 염류
(다만, 2-아미노-6-클로로-4-니트로페놀은 염모제에서 용법 · 용량에 따른 혼합물의 염모성분으로서 2.0 % 이하는 제외)

502 1-[(3-아미노프로필)아미노]-4-(메칠아미노)안트라퀴논 및 그 염류

503 4-아미노-3-플루오로페놀

504 5-[(4-[(7-아미노-1-하이드록시-3-설포-2-나프틸)아조]-2,5-디에톡시페닐)아조]-2-[(3-포스포노페닐)아조]벤조익애씨드 및 5-[(4-[(7-아미노-1-하이드록시-3-설포-2-나프틸)아조]-2,5-디에톡시페닐)아조]-3-[(3-포스포노페닐)아조벤조익애씨드

505 3(또는 5)-[[4-[(7-아미노-1-하이드록시-3-설포네이토-2-나프틸)아조]-1-나프틸]아조]살리실릭애씨드 및 그 염류

506 Ammi majus 및 그 생약제제

507 아미트롤

508 아미트리프틸린 및 그 염류

509 아밀나이트라이트

510 아밀 4-디메칠아미노벤조익애씨드(펜틸디메칠파바, 파디메이트A)

511 과산화물가가 10mmol/L을 초과하는 *Abies balsamea* 잎의 오일 및 추출물

512 과산화물가가 10mmol/L을 초과하는 *Abies sibirica* 잎의 오일 및 추출물
513 과산화물가가 10mmol/L을 초과하는 *Abies alba* 열매의 오일 및 추출물
514 과산화물가가 10mmol/L을 초과하는 *Abies alba* 잎의 오일 및 추출물
515 과산화물가가 10mmol/L을 초과하는 *Abies pectinata* 잎의 오일 및 추출물
516 아세노코우마롤
517 아세타마이드
518 아세토나이트릴
519 아세토페논, 포름알데하이드, 사이클로헥실아민, 메탄올 및 초산의 반응물
520 (2-아세톡시에칠)트리메칠암모늄히드록사이드(아세틸콜린 및 그 염류)
521 N-[2-(3-아세틸-5-니트로치오펜-2-일아조)-5-디에칠아미노페닐]아세타마이드
522 3-[(4-(아세틸아미노)페닐)아조]4-4하이드록시-7-[[[[5-하이드록시-6-(페닐아조)-7-설포-2-나프탈레닐]아미노]카보닐]아미노]-2-나프탈렌설포닉애씨드 및 그 염류
523 5-(아세틸아미노)-4-하이드록시-3-((2-메칠페닐)아조)-2,7-나프탈렌디설포닉애씨드 및 그 염류
524 아자시클로놀 및 그 염류
525 아자페니딘
526 아조벤젠
527 아지리딘
528 아코니툼(*Aconitum*)속 및 그 생약제제
529 아코니틴 및 그 염류
530 아크릴로니트릴
531 아크릴아마이드
(다만, 폴리아크릴아마이드류에서 유래되었으며, 사용 후 씻어내지 않는 바디화장품에 0.1ppm, 기타 제품에 0.5ppm 이하인 경우에는 제외)
532 아트라놀
533 *Atropa belladonna* L. 및 그 제제
534 아트로핀, 그 염류 및 유도체
535 아포몰핀 및 그 염류
536 *Apocynum cannabinum* L. 및 그 제제
537 안드로겐효과를 가진 물질
538 안트라센오일
539 스테로이드 구조를 갖는 안티안드로겐
540 안티몬 및 그 화합물
541 알드린
542 알라클로르
543 알로클아미드 및 그 염류
544 알릴글리시딜에텔
545 2-(4-알릴-2-메톡시페녹시)-N,N-디에칠아세트아미드 및 그 염류
546 4-알릴-2,6-비스(2,3-에폭시프로필)페놀, 4-알릴-6-[3-[6-[3-(4-알릴-2,6-비스(2,3-에폭시프로필)페녹시)-2-하이드록시프로필]-4-알릴-2-(2,3-에폭시프로필)페녹시]-2-하이드록시프로필]-4-알릴-2-(2,3-에폭시프로필)페녹시]-2-하이드록시프로필-2-(2,3-에폭시프로필)페놀, 4-알릴-6-[3-(4-알릴-2,6-비스(2,3-에폭시프로필)페녹시)-2-하이드록시프로필]-2-(2,3-에폭시프로필)페놀, 4-알릴-6-[3-[6-[3-(4-알릴-2,6-비스(2,3-에폭시프로필)페녹시)-2-하이드록시프로필]-4-알릴-2-(2,3-에폭시프로필)페녹시]-2-하이드록시프로필]-2-(2,3-에폭시프로필)페놀의 혼합물
547 알릴이소치오시아네이트
548 에스텔의 유리알릴알코올농도가 0.1%를 초과하는 알릴에스텔류
549 알릴클로라이드(3-클로로프로펜)
550 2급 알칸올아민 및 그 염류
551 알칼리 설파이드류 및 알칼리토 설파이드류
552 2-알칼리펜타시아노니트로실페레이트
553 알킨알코올 그 에스텔, 에텔 및 염류
554 o-알킬디치오카르보닉애씨드의 염
555 2급 알킬아민 및 그 염류
556 2-{4-(2-암모니오프로필아미노)-6-[4-하이드록시-3-(5-메칠-2-메톡시-4-설파모일페닐아조)-2-설포네이토나프트-7-일아미노]-1,3,5-트리아진-2-일아미노}-2-아미노프로필포메이트
557 애씨드오렌지24(CI 20170)
558 애씨드레드73(CI 27290)
559 애씨드블랙 131 및 그 염류
560 에르고칼시페롤 및 콜레칼시페롤(비타민D_2와 D_3)

561 에리오나이트
562 에메틴, 그 염류 및 유도체
563 에스트로겐
564 에제린 또는 피조스티그민 및 그 염류
565 에이치시 녹색 No. 1
566 에이치시 적색 No. 8 및 그 염류
567 에이치시 청색 No. 11
568 에치씨옐로우 No. 10
569 에이치시 황색 No. 11
570 에이치시 등색 No. 3
571 에치온아미드
572 에칠렌글리콜 디메칠 에텔(EGDME)
573 2,2′-[(1,2′-에칠렌디일)비스[5-((4-에톡시페닐)아조]벤젠설포닉애씨드) 및 그 염류
574 에칠렌옥사이드
575 3-에칠-2-메칠-2-(3-메칠부틸)-1,3-옥사졸리딘
576 1-에칠-1-메칠몰포리늄 브로마이드
577 1-에칠-1-메칠피롤리디늄 브로마이드
578 에칠비스(4-히드록시-2-옥소-1-벤조피란-3-일)아세테이트 및 그 산의 염류
579 4-에칠아미노-3-니트로벤조익애씨드 (N-에칠-3-니트로 파바) 및 그 염류
580 에칠아크릴레이트
581 3′-에칠-5′,6′,7′,8′-테트라히드로-5′,6′,8′,8′,-테트라메칠-2′-아세토나프탈렌(아세틸에칠테트라메칠테트라린, AETT)
582 에칠페나세미드(페네투라이드)
583 2-[[4-[에칠(2-하이드록시에칠)아미노]페닐]아조]-6-메톡시-3-메칠-벤조치아졸리움 및 그 염류
584 2-에칠헥사노익애씨드
585 2-에칠헥실[[[3,5-비스(1,1-디메칠에칠)-4-하이드록시페닐]-메칠]치오]아세테이트
586 O,O′-(에테닐메칠실릴렌디[(4-메칠펜탄-2-온)옥심]
587 에토헵타진 및 그 염류
588 7-에톡시-4-메칠쿠마린
589 4′-에톡시-2-벤즈이미다졸아닐라이드
590 2-에톡시에탄올(에칠렌글리콜 모노에칠에텔, EGMEE)
591 에톡시에탄올아세테이트
592 5-에톡시-3-트리클로로메칠-1,2,4-치아디아졸
593 4-에톡시페놀(히드로퀴논모노에칠에텔)
594 4-에톡시-m-페닐렌디아민 및 그 염류 (예 4-에톡시-m-페닐렌디아민 설페이트)
595 에페드린 및 그 염류
596 1,2-에폭시부탄
597 (에폭시에칠)벤젠
598 1,2-에폭시-3-페녹시프로판
599 R-2,3-에폭시-1-프로판올
600 2,3-에폭시프로판-1-올
601 2,3-에폭시프로필-o-톨일에텔
602 에피네프린
603 옥사디아질
604 (옥사릴비스이미노에칠렌)비스((o-클로로벤질)디에칠암모늄)염류, (예 암베노뮴클로라이드)
605 옥산아미드 및 그 유도체
606 옥스페네리딘 및 그 염류
607 4,4′-옥시디아닐린(p-아미노페닐 에텔) 및 그 염류
608 (s)-옥시란메탄올 4-메칠벤젠설포네이트
609 옥시염화비스머스 이외의 비스머스화합물
610 옥시퀴놀린(히드록시-8-퀴놀린 또는 퀴놀린-8-올) 및 그 황산염
611 옥타목신 및 그 염류
612 옥타밀아민 및 그 염류
613 옥토드린 및 그 염류
614 올레안드린
615 와파린 및 그 염류
616 요도메탄
617 요오드
618 요힘빈 및 그 염류
619 우레탄(에칠카바메이트)
620 우로카닌산, 우로카닌산에칠
621 *Urginea scilla* Stern. 및 그 생약제제
622 우스닉산 및 그 염류(구리염 포함)
623 2,2′-이미노비스-에탄올, 에피클로로히드린 및 2-니트로-1,4-벤젠디아민의 반응생성물(에이치시 청색 No. 5) 및 그 염류
624 (마이크로-((7,7′-이미노비스(4-하이드록시-3-((2-하이드록시-5-(N-메칠설파모일)페닐)아조)나프탈렌-2-설포네이토))(6-)))디쿠프레이트 및 그 염류
625 4,4′-(4-이미노사이클로헥사-2,5-디에닐리덴메칠렌)디아닐린 하이드로클로라이드
626 이미다졸리딘-2-치온

Appendix

627 과산화물가가 10mmol/L을 초과하는 이소디프렌
628 이소메트헵텐 및 그 염류
629 이소부틸나이트라이트
630 4,4′-이소부틸에칠리덴디페놀
631 이소소르비드디나이트레이트
632 이소카르복사지드
633 이소프레나린
634 이소프렌(2-메칠-1,3-부타디엔)
635 6-이소프로필-2-데카하이드로나프탈렌올 (6-이소프로필-2-데카롤)
636 3-(4-이소프로필페닐)-1,1-디메칠우레아 (이소프로투론)
637 (2-이소프로필펜트-4-에노일)우레아 (아프로날리드)
638 이속사풀루톨
639 이속시닐 및 그 염류
640 이부프로펜피코놀, 그 염류 및 유도체
641 *Ipecacuanha*(*Cephaelis ipecacuaha* Brot. 및 관련된 종) (뿌리, 가루 및 생약제제)
642 이프로디온
643 인체 세포 · 조직 및 그 배양액 (다만, 배양액 중 별표 3의 인체 세포 · 조직 배양액 안전기준에 적합한 경우는 제외)
644 인태반(Human Placenta) 유래 물질
645 인프로쿠온
646 임페라토린(9-(3-메칠부트-2-에니록시)푸로(3,2-g)크로멘-7온)
647 자이람
648 자일렌(다만, 화장품 원료의 제조공정에서 용매로 사용되었으나 완전히 제거할 수 없는 잔류용매로서 화장품법 시행규칙 [별표 3] 자. 손발톱용 제품류 중 1), 2), 3), 5)에 해당하는 제품 중 0.01%이하, 기타 제품 중 0.002% 이하인 경우 제외)
649 자일로메타졸린 및 그 염류
650 자일리딘, 그 이성체, 염류, 할로겐화 유도체 및 설폰화 유도체
651 족사졸아민
652 *Juniperus sabina* L.(잎, 정유 및 생약제제)
653 지르코늄 및 그 산의 염류
654 천수국꽃 추출물 또는 오일
655 *Chenopodium ambrosioides*(정유)
656 치람
657 4,4′-치오디아닐린 및 그 염류
658 치오아세타마이드
659 치오우레아 및 그 유도체
660 치오테파
661 치오판네이트-메칠
662 카드뮴 및 그 화합물
663 카라미펜 및 그 염류
664 카르벤다짐
665 4,4′-카르본이미돌일비스[N,N-디메칠아닐린] 및 그 염류
666 카리소프로돌
667 카바독스
668 카바릴
669 N-(3-카바모일-3,3-디페닐프로필)-N,N-디이소프로필메칠암모늄염(예 이소프로파미드아이오다이드)
670 카바졸의 니트로유도체
671 7,7′-(카보닐디이미노)비스(4-하이드록시-3-[[2-설포-4-[(4-설포페닐)아조]페닐]아조-2-나프탈렌설포닉애씨드 및 그 염류
672 카본디설파이드
673 카본모노옥사이드(일산화탄소)
674 카본블랙 (다만, 불순물 중 벤조피렌과 디벤즈(a,h)안트라센이 각각 5ppb 이하이고 총 다환방향족탄화수소류(PAHs)가 0.5ppm 이하인 경우에는 제외)
675 카본테트라클로라이드
676 카부트아미드
677 카브로말
678 카탈라아제
679 카테콜(피로카테콜) (다만, 산화염모제에서 용법 · 용량에 따른 혼합물의 염모성분으로서 1.5 % 이하는 제외)
680 칸타리스, *Cantharis vesicatoria*
681 캡타폴
682 캡토디암
683 케토코나졸
684 *Coniummaculatum* L.(과실, 가루, 생약제제)

685 코니인
686 코발트디클로라이드(코발트클로라이드)
687 코발트벤젠설포네이트
688 코발트설페이트
689 코우메타롤
690 콘발라톡신
691 콜린염 및 에스텔(예 콜린클로라이드)
692 콜키신, 그 염류 및 유도체
693 콜키코시드 및 그 유도체
694 *Colchicum autumnale* L. 및 그 생약제제
695 콜타르 및 정제콜타르
696 쿠라레와 쿠라린
697 합성 쿠라리잔트(Curarizants)
698 과산화물가가 10mmol/L을 초과하는 *Cupressus sempervirens* 잎의 오일 및 추출물
699 크로톤알데히드(부테날)
700 *Croton tiglium*(오일)
701 3-(4-클로로페닐)-1,1-디메칠우로늄 트리클로로아세테이트 ; 모누론-TCA
702 크롬 ; 크로믹애씨드 및 그 염류
703 크리센
704 크산티놀(7-{2-히드록시-3-[N-(2-히드록시에칠)-N-메칠아미노]프로필}테오필린)
705 *Claviceps purpurea* Tul., 그 알칼로이드 및 생약제제
706 1-클로로-4-니트로벤젠
707 2-[(4-클로로-2-니트로페닐)아미노]에탄올(에이치시 황색 No. 12) 및 그 염류
708 2-[(4-클로로-2-니트로페닐)아조)-N-(2-메톡시페닐)-3-옥소부탄올아마이드(피그먼트옐로우 73) 및 그 염류
709 2-클로로-5-니트로-N-하이드록시에칠-p-페닐렌디아민 및 그 염류
710 클로로데콘
711 2,2′-((3-클로로-4-((2,6-디클로로-4-니트로페닐)아조)페닐)이미노)비스에탄올(디스퍼스브라운 1) 및 그 염류
712 5-클로로-1,3-디하이드로-2H-인돌-2-온
713 [6-[[3-클로로-4-(메칠아미노)페닐]이미노]-4-메칠-3-옥소사이클로헥사-1,4-디엔-1-일]우레아(에이치시 적색 No. 9) 및 그 염류
714 클로로메칠 메칠에텔
715 2-클로로-6-메칠피리미딘-4-일디메칠아민(크리미딘-ISO)
716 클로로메탄
717 p-클로로벤조트리클로라이드
718 N-5-클로로벤족사졸-2-일아세트아미드
719 4-클로로-2-아미노페놀
720 클로로아세타마이드
721 클로로아세트알데히드
722 클로로아트라놀
723 6-(2-클로로에칠)-6-(2-메톡시에톡시)-2,5,7,10-테트라옥사-6-실라운데칸
724 2-클로로-6-에칠아미노-4-니트로페놀 및 그 염류(다만, 산화염모제에서 용법 · 용량에 따른 혼합물의 염모성분으로서 1.5 % 이하, 비산화염모제에서 용법 · 용량에 따른 혼합물의 염모성분으로서 3 % 이하는 제외)
725 클로로에탄
726 1-클로로-2,3-에폭시프로판
727 R-1-클로로-2,3-에폭시프로판
728 클로로탈로닐
729 클로로톨루론 ; 3-(3-클로로-p-톨일)-1,1-디메칠우레아
730 a-클로로톨루엔
731 N′-(4-클로로-o-톨일)-N,N-디메칠포름아미딘 모노하이드로클로라이드
732 1-(4-클로로페닐)-4,4-디메칠-3-(1,2,4-트리아졸-1-일메칠)펜타-3-올
733 (3-클로로페닐)-(4-메톡시-3-니트로페닐)메타논
734 (2RS,3RS)-3-(2-클로로페닐)-2-(4-플루오로페닐)-[1H-1,2,4-트리아졸-1-일)메칠]옥시란(에폭시코나졸)
735 2-(2-(4-클로로페닐)-2-페닐아세틸)인단 1,3-디온(클로로파시논-ISO)
736 클로로포름
737 클로로프렌(2-클로로부타-1,3-디엔)
738 클로로플루오로카본 추진제(완전하게 할로겐화 된 클로로플루오로알칸)
739 2-클로로-N-(히드록시메칠)아세트아미드
740 N-[(6-[(2-클로로-4-하이드록시페닐)이미노]-4-메

Appendix

톡시-3-옥소-1,4-사이클로헥사디엔-1-일]아세타마이드(에이치시 황색 No. 8) 및 그 염류

741 클로르단

742 클로르디메폼

743 클로르메자논

744 클로르메틴 및 그 염류

745 클로르족사존

746 클로르탈리돈

747 클로르프로티센 및 그 염류

748 클로르프로파미드

749 클로린

750 클로졸리네이트

751 클로페노탄 ; DDT(ISO)

752 클로펜아미드

753 키노메치오네이트

754 타크로리무스(tacrolimus), 그 염류 및 유도체

755 탈륨 및 그 화합물

756 탈리도마이드 및 그 염류

757 대한민국약전(식품의약품안전처 고시) '탤크'항 중 석면기준에 적합하지 않은 탤크

758 과산화물가가 10mmol/L을 초과하는 테르펜 및 테르페노이드(다만, 리모넨류는 제외)

759 과산화물가가 10mmol/L을 초과하는 신핀 테르펜 및 테르페노이드(sinpine terpenes and terpenoids)

760 과산화물가가 10mmol/L을 초과하는 테르펜 알코올류의 아세테이트

761 과산화물가가 10mmol/L을 초과하는 테르펜하이드로카본

762 과산화물가가 10mmol/L을 초과하는 α-테르피넨

763 과산화물가가 10mmol/L을 초과하는 γ-테르피넨

764 과산화물가가 10mmol/L을 초과하는 테르피놀렌

765 Thevetia neriifolia juss, 배당체 추출물

766 N,N,N',N'-테트라글리시딜-4,4'-디아미노-3,3'-디에칠디페닐메탄

767 N,N,N',N-테트라메칠-4,4'-메칠렌디아닐린

768 테트라베나진 및 그 염류

769 테트라브로모살리실아닐리드

770 테트라소듐 3,3'-[[1,1'-비페닐]-4,4'-디일비스(아조)]비스[5-아미노-4-하이드록시나프탈렌-2,7-디설포네이트](다이렉트블루 6)

771 1,4,5,8-테트라아미노안트라퀴논(디스퍼스블루1)

772 테트라에칠피로포스페이트 ; TEPP(ISO)

773 테트라카보닐니켈

774 테트라카인 및 그 염류

775 테트라코나졸((+/-)-2-(2,4-디클로로페닐)-3-(1H-1,2,4-트리아졸-1-일)프로필-1,1,2,2-테트라플루오로에칠에텔)

776 2,3,7,8-테트라클로로디벤조-p-디옥신

777 테트라클로로살리실아닐리드

778 5,6,12,13-테트라클로로안트라(2,1,9-def:6,5,10-d'e'f')디이소퀴놀린-1,3,8,10(2H,9H)-테트론

779 테트라클로로에칠렌

780 테트라키스-하이드록시메칠포스포늄 클로라이드, 우레아 및 증류된 수소화 C16-18 탈로우 알킬아민의 반응생성물 (UVCB 축합물)

781 테트라하이드로-6-니트로퀴노살린 및 그 염류

782 테트라히드로졸린(테트리졸린) 및 그 염류

783 테트라하이드로치오피란-3-카르복스알데하이드

784 (+/-)-테트라하이드로풀푸릴-(R)-2-[4-(6-클로로퀴노살린-2-일옥시)페닐옥시]프로피오네이트

785 테트릴암모늄브로마이드

786 테파졸린 및 그 염류

787 텔루륨 및 그 화합물

788 토목향(*Inula helenium*)오일

789 톡사펜

790 톨루엔-3,4-디아민

791 톨루이디늄클로라이드

792 톨루이딘, 그 이성체, 염류, 할로겐화 유도체 및 설폰화 유도체

793 o-톨루이딘계 색소류

794 톨루이딘설페이트(1:1)

795 m-톨리덴 디이소시아네이트

796 4-o-톨릴아조-o-톨루이딘

797 톨복산

798 톨부트아미드

799 [(톨일옥시)메칠]옥시란(크레실 글리시딜 에텔)

800 [(m-톨일옥시)메칠]옥시란

801 [(p-톨일옥시)메칠]옥시란

802 과산화물가가 10mmol/L을 초과하는 피누스(Pinus)속을 스팀증류하여 얻은 투르펜틴

803 과산화물가가 10mmol/L을 초과하는 투르펜틴검(피누스(Pinus)속)
804 과산화물가가 10mmol/L을 초과하는 투르펜틴 오일 및 정제오일
805 투아미노헵탄, 이성체 및 그 염류
806 과산화물가가 10mmol/L을 초과하는 *Thuja Occidentalis* 나무줄기의 오일
807 과산화물가가 10mmol/L을 초과하는 *Thuja Occidentalis* 잎의 오일 및 추출물
808 트라닐시프로민 및 그 염류
809 트레타민
810 트레티노인(레티노익애씨드 및 그 염류)
811 트리니켈디설파이드
812 트리데모르프
813 3,5,5-트리메칠사이클로헥스-2-에논
814 2,4,5-트리메칠아닐린[1] ; 2,4,5-트리메칠아닐린 하이드로클로라이드[2]
815 3,6,10-트리메칠-3,5,9-운데카트리엔-2-온(메칠이소슈도이오논)
816 2,2,6-트리메칠-4-피페리딜벤조에이트(유카인) 및 그 염류
817 3,4,5-트리메톡시펜에칠아민 및 그 염류
818 트리부틸포스페이트
819 3,4′,5-트리브로모살리실아닐리드(트리브롬살란)
820 2,2,2-트리브로모에탄올(트리브로모에칠알코올)
821 트리소듐 비스(7-아세트아미도-2-(4-니트로-2-옥시도페닐아조)-3-설포네이토-1-나프톨라토)크로메이트(1-)
822 트리소듐[4′-(8-아세틸아미노-3,6-디설포네이토-2-나프틸아조)-4″-(6-벤조일아미노-3-설포네이토-2-나프틸아조)-비페닐-1,3′,3″,1‴-테트라올라토-O,O′,O″,O‴]코퍼(II)
823 1,3,5-트리스(3-아미노메칠페닐)-1,3,5-(1H,3H,5H)-트리아진-2,4,6-트리온 및 3,5-비스(3-아미노메칠페닐)-1-폴리[3,5-비스(3-아미노메칠페닐)-2,4,6-트리옥소-1,3,5-(1H,3H,5H)-트리아진-1-일]-1,3,5-(1H,3H,5H)-트리아진-2,4,6-트리온 올리고머의 혼합물
824 1,3,5-트리스-[(2S 및 2R)-2,3-에폭시프로필]-1,3,5-트리아진-2,4,6-(1H,3H,5H)-트리온
825 1,3,5-트리스(옥시라닐메칠)-1,3,5-트리아진-2,4,6(1H,3H,5H)-트리온
826 트리스(2-클로로에칠)포스페이트
827 N1-(트리스(하이드록시메칠))-메칠-4-니트로-1,2-페닐렌디아민(에이치시 황색 No. 3) 및 그 염류
828 1,3,5-트리스(2-히드록시에칠)헥사히드로1,3,5-트리아신
829 1,2,4-트리아졸
830 트리암테렌 및 그 염류
831 트리옥시메칠렌(1,3,5-트리옥산)
832 트리클로로니트로메탄(클로로피크린)
833 N-(트리클로로메칠치오)프탈이미드
834 N-[(트리클로로메칠)치오]-4-사이클로헥센-1,2-디카르복시미드(캡탄)
835 2,3,4-트리클로로부트-1-엔
836 트리클로로아세틱애씨드
837 트리클로로에칠렌
838 1,1,2-트리클로로에탄
839 2,2,2-트리클로로에탄-1,1-디올
840 a,a,a-트리클로로톨루엔
841 2,4,6-트리클로로페놀
842 1,2,3-트리클로로프로판
843 트리클로르메틴 및 그 염류
844 트리톨일포스페이트
845 트리파라놀
846 트리플루오로요도메탄
847 트리플루페리돌
848 1,3,5-트리하이드록시벤젠(플로로글루시놀) 및 그 염류
849 티로트리신
850 티로프로픽애씨드 및 그 염류
851 티아마졸
852 티우람디설파이드
853 티우람모노설파이드
854 파라메타손
855 파르에톡시카인 및 그 염류
856 2급 아민함량이 5%를 초과하는 패티애씨드디알킬아마이드류 및 디알칸올아마이드류
857 페나글리코돌
858 페나디아졸

859 페나리몰
860 페나세미드
861 p-페네티딘(4-에톡시아닐린)
862 페노졸론
863 페노티아진 및 그 화합물
864 페놀
865 페놀프탈레인((3,3-비스(4-하이드록시페닐)프탈리드)
866 페니라미돌
867 o-페닐렌디아민 및 그 염류
868 페닐부타존
869 4-페닐부트-3-엔-2-온
870 페닐살리실레이트
871 1-페닐아조-2-나프톨(솔벤트옐로우 14)
872 4-(페닐아조)-m-페닐렌디아민 및 그 염류
873 4-페닐아조페닐렌-1-3-디아민시트레이트히드로클로라이드(크리소이딘시트레이트히드로클로라이드)
874 (R)-a-페닐에칠암모늄(-)-(1R,2S)-(1,2-에폭시프로필)포스포네이트 모노하이드레이트
875 2-페닐인단-1,3-디온(페닌디온)
876 페닐파라벤
877 트랜스-4-페닐-L-프롤린
878 페루발삼(*Myroxylon pereirae*의 수지)
(다만, 추출물(extracts) 또는 증류물(distillates)로서 0.4% 이하인 경우는 제외)
879 페몰린 및 그 염류
880 페트리클로랄
881 펜메트라진 및 그 유도체 및 그 염류
882 펜치온
883 N,N′-펜타메칠렌비스(트리메칠암모늄)염류
(예 펜타메토늄브로마이드)
884 펜타에리트리틸테트라나이트레이트
885 펜타클로로에탄
886 펜타클로로페놀 및 그 알칼리 염류
887 펜틴 아세테이트
888 펜틴 하이드록사이드
889 2-펜틸리덴사이클로헥사논
890 펜프로바메이트
891 펜프로코우몬
892 펜프로피모르프
893 펠레티에린 및 그 염류
894 포름아마이드
895 포름알데하이드 및 p-포름알데하이드
896 포스파미돈
897 포스포러스 및 메탈포스피드류
898 포타슘브로메이트
899 폴딘메틸설페이드
900 푸로쿠마린류(예 트리옥시살렌, 8-메톡시소랄렌, 5-메톡시소랄렌)
(천연에센스에 자연적으로 함유된 경우는 제외. 다만, 자외선차단제품 및 인공선탠제품에서는 1ppm 이하이어야 한다.)
901 푸르푸릴트리메칠암모늄염
(예 푸르트레토늄아이오다이드)
902 풀루아지포프-부틸
903 풀미옥사진
904 퓨란
905 프라모카인 및 그 염류
906 프레그난디올
907 프로게스토젠
908 프로그레놀론아세테이트
909 프로베네시드
910 프로카인아미드, 그 염류 및 유도체
911 프로파지트
912 프로파진
913 프로파틸나이트레이트
914 4,4′-[1,3-프로판디일비스(옥시)]비스벤젠-1,3-디아민 및 그 테트라하이드로클로라이드염
(예 1,3-비스-(2,4-디아미노페녹시)프로판, 염산 1,3-비스-(2,4-디아미노페녹시)프로판 하이드로클로라이드)
(다만, 산화염모제에서 용법 · 용량에 따른 혼합물의 염모성분으로서 산으로서 1.2 % 이하는 제외)
915 1,3-프로판설톤
916 프로판-1,2,3-트리일트리나이트레이트
917 프로피오락톤
918 프로피자미드
919 프로피페나존
920 Prunus laurocerasus L.
921 프시로시빈

922 프탈레이트류(디부틸프탈레이트, 디에틸헥실프탈레이트, 부틸벤질프탈레이트에 한함)
923 플루실라졸
924 플루아니손
925 플루오레손
926 플루오로우라실
927 플루지포프-p-부틸
928 피그먼트레드 53(레이크레드 C)
929 피그먼트레드 53:1(레이크레드 CBa)
930 피그먼트오렌지 5(파마넨트오렌지)
931 피나스테리드, 그 염류 및 유도체
932 과산화물가가 10mmol/L을 초과하는 *Pinus nigra* 잎과 잔가지의 오일 및 추출물
933 과산화물가가 10mmol/L을 초과하는 *Pinus mugo* 잎과 잔가지의 오일 및 추출물
934 과산화물가가 10mmol/L을 초과하는 *Pinus mugo pumilio* 잎과 잔가지의 오일 및 추출물
935 과산화물가가 10mmol/L을 초과하는 *Pinus cembra* 아세틸레이티드 잎 및 잔가지의 추출물
936 과산화물가가 10mmol/L을 초과하는 *Pinus cembra* 잎과 잔가지의 오일 및 추출물
937 과산화물가가 10mmol/L을 초과하는 *Pinus species* 잎과 잔가지의 오일 및 추출물
938 과산화물가가 10mmol/L을 초과하는 *Pinus sylvestris* 잎과 잔가지의 오일 및 추출물
939 과산화물가가 10mmol/L을 초과하는 *Pinus palustris* 잎과 잔가지의 오일 및 추출물
940 과산화물가가 10mmol/L을 초과하는 *Pinus pumila* 잎과 잔가지의 오일 및 추출물
941 과산화물가가 10mmol/L을 초과하는 *Pinus pinaste* 잎과 잔가지의 오일 및 추출물
942 *Pyrethrum album* L. 및 그 생약제제
943 피로갈롤(다만, 염모제에서 용법 · 용량에 따른 혼합물의 염모성분으로서 2 % 이하는 제외)
944 *Pilocarpus jaborandi* Holmes 및 그 생약제제
945 피로카르핀 및 그 염류
946 6-(1-피롤리디닐)-2,4-피리미딘디아민-3-옥사이드(피롤리디닐 디아미노 피리미딘 옥사이드)
947 피리치온소듐(INNM)
948 피리치온알루미늄캄실레이트
949 피메크로리무스(pimecrolimus), 그 염류 및 그 유도체
950 피메트로진
951 과산화물가가 10mmol/L을 초과하는 *Picea mariana* 잎의 오일 및 추출물
952 *Physostigma venenosum* Balf.
953 피이지-3,2',2'-디-p-페닐렌디아민
954 피크로톡신
955 피크릭애씨드
956 피토나디온(비타민 K_1)
957 피톨라카(*Phytolacca*)속 및 그 제제
958 피파제테이트 및 그 염류
959 6-(피페리디닐)-2,4-피리미딘디아민-3-옥사이드(미녹시딜), 그 염류 및 유도체
960 a-피페리딘-2-일벤질아세테이트 좌회전성의 트레오포름(레보파세토페란) 및 그 염류
961 피프라드롤 및 그 염류
962 피프로쿠라륨 및 그 염류
963 형광증백제
964 히드라스틴, 히드라스티닌 및 그 염류
965 (4-하이드라지노페닐)-N-메칠메탄설폰아마이드 하이드로클로라이드
966 히드라지드 및 그 염류
967 히드라진, 그 유도체 및 그 염류
968 하이드로아비에틸 알코올
969 히드로겐시아나이드 및 그 염류
970 히드로퀴논
971 히드로플루오릭애씨드, 그 노르말 염, 그 착화합물 및 히드로플루오라이드
972 N-[3-하이드록시-2-(2-메칠아크릴로일아미노메톡시)프로폭시메칠]-2-메칠아크릴아마이드, N-[2,3-비스-(2-메칠아크릴로일아미노메톡시)프로폭시메칠-2-메칠아크릴아미드, 메타크릴아마이드 및 2-메칠-N-(2-메칠아크릴로일아미노메톡시메칠)-아크릴아마이드
973 4-히드록시-3-메톡시신나밀알코올의벤조에이트(천연에센스에 자연적으로 함유된 경우는 제외)
974 (6-(4-하이드록시)-3-(2-메톡시페닐아조)-2-설포네이토-7-나프틸아미노)-1,3,5-트리아진-2,4-디일)비스[(아미노이-1-메칠에칠)암모늄]포메이트

975 1-하이드록시-3-니트로-4-(3-하이드록시프로필아미노)벤젠 및 그 염류 (예 4-하이드록시프로필아미노-3-니트로페놀)
(다만, 염모제에서 용법 · 용량에 따른 혼합물의 염모성분으로서 2.6 % 이하는 제외)

976 1-하이드록시-2-베타-하이드록시에칠아미노-4,6-디니트로벤젠 및 그 염류(예 2-하이드록시에칠피크라믹 애씨드)
(다만, 2-하이드록시에칠피크라믹애씨드는 산화염모제에서 용법 · 용량에 따른 혼합물의 염모성분으로서 1.5 % 이하, 비산화염모제에서 용법 · 용량에 따른 혼합물의 염모성분으로서 2.0 % 이하는 제외)

977 5-하이드록시-1,4-벤조디옥산 및 그 염류

978 하이드록시아이소헥실 3-사이클로헥센 카보스알데히드(HICC)

979 N1-(2-하이드록시에칠)-4-니트로-o-페닐렌디아민(에이치시 황색 No. 5) 및 그 염류

980 하이드록시에칠-2,6-디니트로-p-아니시딘 및 그 염류

981 3-[[4-[(2-하이드록시에칠)메칠아미노]-2-니트로페닐]아미노]-1,2-프로판디올 및 그 염류

982 하이드록시에칠-3,4-메칠렌디옥시아닐린; 2-(1,3-벤진디옥솔-5-일아미노)에탄올 하이드로클로라이드 및 그 염류 (예 하이드록시에칠-3,4-메칠렌디옥시아닐린 하이드로클로라이드)
(다만, 산화염모제에서 용법 · 용량에 따른 혼합물의 염모성분으로서 1.5 % 이하는 제외)

983 3-[[4-[(2-하이드록시에칠)아미노]-2-니트로페닐]아미노]-1,2-프로판디올 및 그 염류

984 4-(2-하이드록시에칠)아미노-3-니트로페놀 및 그 염류 (예 3-니트로-p-하이드록시에칠아미노페놀)
(다만, 3-니트로-p-하이드록시에칠아미노페놀은 산화염모제에서 용법 · 용량에 따른 혼합물의 염모성분으로서 3.0 % 이하, 비산화염모제에서 용법 · 용량에 따른 혼합물의 염모성분으로서 1.85 % 이하는 제외)

985 2,2′-[[4-[(2-하이드록시에칠)아미노]-3-니트로페닐]이미노]바이세타놀 및 그 염류
(예 에이치시 청색 No. 2)
(다만, 비산화염모제에서 용법 · 용량에 따른 혼합물의 염모성분으로서 2.8 % 이하는 제외)

986 1-[(2-하이드록시에칠)아미노]-4-(메칠아미노-9,10-안트라센디온 및 그 염류

987 하이드록시에칠아미노메칠-p-아미노페놀 및 그 염류

988 5-[(2-하이드록시에칠)아미노]-o-크레졸 및 그 염류(예 2-메칠-5-하이드록시에칠아미노페놀)
(다만, 2-메칠-5-하이드록시에칠아미노페놀은 염모제에서 용법 · 용량에 따른 혼합물의 염모성분으로서 0.5 % 이하는 제외)

989 (4-(4-히드록시-3-요오도페녹시)-3,5-디요오도페닐)아세틱애씨드 및 그 염류

990 6-하이드록시-1-(3-이소프로폭시프로필)-4-메칠-2-옥소-5-[4-(페닐아조)페닐아조]-1,2-디하이드로-3-피리딘카보니트릴

991 4-히드록시인돌

992 2-[2-하이드록시-3-(2-클로로페닐)카르바모일-1-나프틸아조]-7-[2-하이드록시-3-(3-메칠페닐)카르바모일-1-나프틸아조]플루오렌-9-온

993 4-(7-하이드록시-2,4,4-트리메칠-2-크로마닐)레솔시놀-4-일-트리스(6-디아조-5,6-디하이드로-5-옥소나프탈렌-1-설포네이트) 및 4-(7-하이드록시-2,4,4-트리메칠-2-크로마닐)레솔시놀비스(6-디아조-5,6-디하이드로-5-옥소나프탈렌-1-설포네이트)의 2:1 혼합물

994 11-a-히드록시프레근-4-엔-3,20-디온 및 그 에스텔

995 1-(3-하이드록시프로필아미노)-2-니트로-4-비스(2-하이드록시에칠)아미노)벤젠 및 그 염류(예 에이치시 자색 No. 2) (다만, 비산화염모제에서 용법 · 용량에 따른 혼합물의 염모성분으로서 2.0 % 이하는 제외)

996 히드록시프로필 비스(N-히드록시에칠-p-페닐렌디아민) 및 그 염류 (다만, 산화염모제에서 용법 · 용량에 따른 혼합물의 염모성분으로 테트라하이드로클로라이드염으로서 0.4 % 이하는 제외)

997 하이드록시피리디논 및 그 염류

998 3-하이드록시-4-[(2-하이드록시나프틸)아조]- 7-니트로나프탈렌-1-설포닉애씨드 및 그 염류

999 할로카르반

1000 할로페리돌

1001 항생물질

1002 항히스타민제(예 독실아민, 디페닐피랄린, 디펜히드라민, 메타피릴렌, 브롬페니라민, 사이클리진, 클로르페녹사민, 트리펠렌아민, 히드록사진 등)

1003 N,N′-헥사메칠렌비스(트리메칠암모늄)염류 (예 헥사메토늄브로마이드)

1004 헥사메칠포스포릭-트리아마이드

1005 헥사에칠테트라포스페이트

1006 헥사클로로벤젠

1007 (1R,4S,5R,8S)-1,2,3,4,10,10-헥사클로로-6,7-에폭시-1,4,4a,5,6,7,8,8a-옥타히드로-,1,4;5,8-디메타노나프탈렌(엔드린-ISO)

1008 1,2,3,4,5,6-헥사클로로사이클로헥산류 (예 린단)

1009 헥사클로로에탄

1010 (1R,4S,5R,8S)-1,2,3,4,10,10-헥사클로로-1,4,4a,5,8,8a-헥사히드로-1,4;5,8-디메타노나프탈렌(이소드린-ISO)

1011 헥사프로피메이트

1012 (1R,2S)-헥사히드로-1,2-디메칠-3,6-에폭시프탈릭안하이드라이드(칸타리딘)

1013 헥사하이드로사이클로펜타(C) 피롤-1-(1H)-암모늄 N-에톡시카르보닐-N-(p-톨릴설포닐)아자나이드

1014 헥사하이드로쿠마린

1015 헥산

1016 헥산-2-온

1017 1,7-헵탄디카르복실산(아젤라산), 그 염류 및 유도체

1018 트랜스-2-헥세날디메칠아세탈

1019 트랜스-2-헥세날디에칠아세탈

1020 헨나(Lawsonia Inermis)엽가루
(다만, 염모제에서 염모성분으로 사용하는 것은 제외)

1021 트랜스-2-헵테날

1022 헵타클로로에폭사이드

1023 헵타클로르

1024 3-헵틸-2-(3-헵틸-4-메칠-치오졸린-2-일렌)-4-메칠-치아졸리늄다이드

1025 황산 4,5-디아미노-1-((4-클로르페닐)메칠)-1H-피라졸

1026 황산 5-아미노-4-플루오르-2-메칠페놀

1027 *Hyoscyamus niger* L.(잎, 씨, 가루 및 생약제제)

1028 히요시아민, 그 염류 및 유도체

1029 히요신, 그 염류 및 유도체

1030 영국 및 북아일랜드산 소 유래 성분

1031 BSE(Bovine Spongiform Encephalopathy) 감염조직 및 이를 함유하는 성분

1032 광우병 발병이 보고된 지역의 다음의 특정위험물질(specified risk material) 유래성분(소 · 양 · 염소 등 반추동물의 18개 부위)
- 뇌(brain)
- 두개골(skull)
- 척수(spinal cord)
- 뇌척수액(cerebrospinal fluid)
- 송과체(pineal gland)
- 하수체(pituitary gland)
- 경막(dura mater)
- 눈(eye)
- 삼차신경절(trigeminal ganglia)
- 배측근신경절(dorsal root ganglia)
- 척주(vertebral column)
- 림프절(lymph nodes)
- 편도(tonsil)
- 흉선(thymus)
- 십이지장에서 직장까지의 장관(intestines from the duodenum to the rectum)
- 비장(spleen)
- 태반(placenta)
- 부신(adrenal gland)

1033 화학물질의 등록 및 평가 등에 관한 법률」 제2조제9호 및 제27조에 따라 지정하고 있는 금지물질

기능성화장품 심사에 관한 규정 [별표 3]

부록 2 자외선 차단효과 측정방법 및 기준

01 통칙

1. 이 기준은 「화장품법」 제4조의 규정에 의하여 피부를 곱게 태워주거나 자외선으로부터 피부를 보호하는데 도움을 주는 기능성화장품의 자외선차단지수와 자외선A차단효과의 측정방법 및 기준을 정한 것이다.

2. **자외선의 분류** 자외선은 200~290nm의 파장을 가진 자외선C(이하 UVC라 한다)와 290~320nm의 파장을 가진 자외선B(이하 UVB라 한다) 및 320~400nm의 파장을 가진 자외선A(이하 UVA라 한다)로 나눈다.

3. **용어의 정의** 이 기준에서 사용하는 용어의 정의는 다음과 같다.
   가. "**자외선차단지수**(Sun Protection Factor, SPF)"라 함은 UVB를 차단하는 제품의 차단효과를 나타내는 지수로서 자외선차단제품을 도포하여 얻은 최소홍반량을 자외선차단제품을 도포하지 않고 얻은 최소홍반량으로 나눈 값이다.
   나. "**최소홍반량** (Minimum Erythema Dose, MED)"이라 함은 UVB를 사람의 피부에 조사한 후 16~24시간의 범위내에, 조사영역의 전 영역에 홍반을 나타낼 수 있는 최소한의 자외선 조사량을 말한다.
   다. "**최소지속형즉시흑화량** (Minimal Persistent Pigment darkening Dose, MPPD)"이라 함은 UVA를 사람의 피부에 조사한 후 2~24시간의 범위내에, 조사영역의 전 영역에 희미한 흑화가 인식되는 최소 자외선 조사량을 말한다.
   라. "**자외선A차단지수** (Protection Factor of UVA, PFA)"라 함은 UVA를 차단하는 제품의 차단효과를 나타내는 지수로 자외선A차단제품을 도포하여 얻은 최소지속형즉시흑화량을 자외선A차단제품을 도포하지 않고 얻은 최소지속형즉시흑화량으로 나눈 값이다.
   마. **자외선A 차단등급** (Protection grade of UVA)"이라 함은 UVA 차단효과의 정도를 나타내며 약칭은 피에이(PA)라 한다.

02 자외선차단지수(SPF) 측정방법

4. **피험자 선정** 피험자는 [부표 1]의 피험자 선정기준에 따라 제품 당 10명 이상을 선정한다.

5. **시험부위** 시험은 피험자의 등에 한다. 시험부위는 피부손상, 과도한 털, 또는 색조에 특별히 차이가 있는 부분을 피하여 선택하여야 하고, 깨끗하고 마른 상태이어야 한다.

6. **시험 전 최소홍반량 측정** 피험자의 피부유형은 [부표 1]의 설문을 통하여 조사하고, 이를 바탕으로 예상되는 최소홍반량을 결정한다. 피험자의 등에 시험부위를 구획한 후 피험자가 편안한 자세를 취하도록 하여 자외선을 조사한다. 자외선을 조사하는 동안에 피험자가 움직이지 않도록 한다. 조사가 끝난 후 16~24시간 범위내의 일정시간에 피험자의 홍반상태를 판정한다. 홍반은 충분히 밝은 광원 하에서 두 명이상의 숙련된 사람이 판정한다. 전

면에 홍반이 나타난 부위에 조사한 UVB의 광량 중 최소량을 최소홍반량으로 한다.

7. **제품 무도포 및 도포부위의 최소홍반량 측정** 피험자의 등에 무도포 부위, 표준시료 도포부위와 제품 도포부위를 구획한다. 손가락에 고무재질의 골무를 끼고 표준시료와 제품을 해당량만큼 도포한다. 상온에서 15분간 방치하여 건조한 다음 제품 무도포부위의 최소홍반량 측정과 동일하게 측정한다. 홍반 판정은 제품 무도포부위의 최소홍반량 측정과 같은 날에 동일인이 판정한다.

8. **광원 선정** 광원은 다음 사항을 충족하는 인공광원을 사용하며, 아래의 조건이 항상 만족되도록 유지, 점검한다.
   가. 태양광과 유사한 연속적인 방사스펙트럼을 갖고, 특정피크를 나타내지 않는 제논 아크 램프(Xenon arc lamp)를 장착한 인공태양광조사기(solar simulator) 또는 이와 유사한 광원을 사용한다.
   나. 이때 290㎚ 이하의 파장은 적절한 필터를 이용하여 제거한다.
   다. 광원은 시험시간동안 일정한 광량을 유지해야 한다.

9. **표준시료** 낮은 자외선차단지수(SPF20 미만)의 표준시료는 [부표 2]의 표준시료를 사용하고, 그 자외선차단지수는 4.47±1.28이다. 높은 자외선차단지수(SPF20 이상)의 표준시료는 [부표 3]의 표준시료를 사용하고, 그 자외선 차단지수는 15.5±3.0이다

10. **제품 도포량** 도포량은 2.0mg/cm^2 으로 한다.

11. **제품 도포면적 및 조사부위의 구획** 제품 도포면적을 24cm^2 이상으로 하여 0.5cm^2 이상의 면적을 갖는 5개 이상의 조사부위를 구획한다. 구획방법의 예는 아래 그림과 같다.

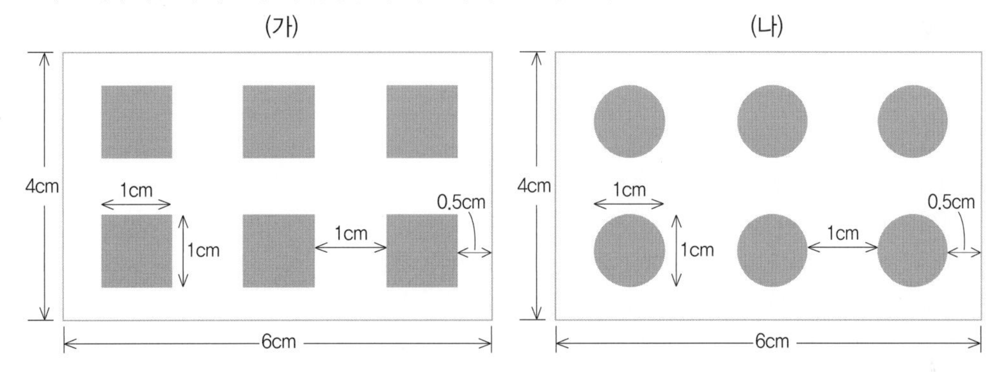

12. **광량증가** 각 조사부위의 광량은 최소홍반이 예상되는 부위가 중간(예 3 또는 4위치)이 되도록 조절하고 그에 따라 등비적(예상 자외선차단지수(SPF)가 20미만인 경우 25% 이하, 20이상 30미만인 경우 15%이하, 30이상인 경우 10% 이하) 간격으로 광량을 증가시킨다. 예를 들어, 예상 자외선차단지수(SPF)가 25인 제품의 경우 최소 홍반이 예상되는 광량이 X라면 순차적으로 15%씩 광량을 증가시켜 0.76X, 0.87X, 1.00X, 1.15X, 1.32X, 1.52X가 되도록 광량을 증가시킨다.

13. **자외선차단지수 계산** 자외선차단지수(SPF)는 제품 무도포부위의 최소홍반량(MEDu)과 제품 도포부위의 최소홍반량(MEDp)를 구하고 다음 계산식에 따라 각 피험자의 자외선차단지수(SPFi)를 계산하여 그 산술평균값으로 한다. 자외선차단지수의 95% 신뢰구간은 자외선차단지수(SPF)의 ± 20% 이내이어야 한다. 다만 이 조건에 적합하지 않으면 표본수를 늘리거나 시험조건을 재설정하여 다시 시험한다.

Appendix

- 각 피험자의 자외선차단지수(SPFi) = $\dfrac{\text{제품 도포부위의 최소홍반량(MEDp)}}{\text{제품 무도포부위의 최소홍반량(MEDu)}}$
- 자외선차단지수(SPF) = $\dfrac{\Sigma \text{SPF}i}{n}$ (n : 표본수)
- 95% 신뢰구간 = (SPF−C) ~ (SPF+C)
- C = t값$\times\dfrac{S}{\sqrt{n}}$ (S : 표준편차, t 값 : 자유도)

t 값

n	10	11	12	13	14	15	16	17	18	19	20
t 값	2.262	2.228	2.201	2.179	2.160	2.145	2.131	2.120	2.110	2.101	2.093

14. **자외선차단지수 표시방법** 자외선차단화장품의 자외선차단지수(SPF)는 자외선차단지수 계산 방법에 따라 얻어진 자외선차단지수(SPF) 값의 소수점이하는 버리고 정수로 표시한다(예: SPF30).

03 내수성 자외선차단지수 (SPF) 측정방법

1 시험조건

가. 시험은 시험에 영향을 줄 수 있는 직사광선을 차단할 수 있는 실내에서 이루어져야 한다.
나. 욕조가 있는 실내와 물의 온도를 기록하여야 한다.
다. 실내 습도를 기록하여야 한다.
라. 물은 다음 사항을 만족하여야 한다.
  1) 수도법 수질기준에 적합하여야 한다.
  2) 물의 온도는 23~32℃ 이어야 한다.
마. 욕조는 다음 사항을 만족하는 크기이어야 한다.
  1) 피험자의 시험부위가 완전히 물에 잠길 수 있어야 한다.
  2) 피험자의 등이 욕조 벽에 닿지 않으며 편하게 앉을 수 있어야 한다.
  3) 물의 순환이나 공기의 분출 시 직접 피험자의 등에 닿지 않아야 한다.
  4) 피험자의 적당한 움직임에 방해를 주지 않아야 한다.
바. 물의 순환 또는 공기 분출 : 물의 순환이나 공기 분출을 통하여 전단력을 부여하여야 한다.

2 시험방법 : 시험 예시 – [부표 4]

내수성 시험방법에 따른 자외선차단지수 및 내수성 자외선차단지수는 동일 실험실에서 동일 피험자를 대상으로 동일 기기를 사용하여 동일한 시험조건에서 측정되어야 한다.

가. [별표 3] 자외선 차단효과 측정방법 및 기준의 제2장 자외선차단지수(SPF) 측정방법에 따라 시험한다. 다만, 제품 도포 후 건조 및 침수방법은 아래와 같다.
나. 제품 도포 후 건조 : 제품을 도포한 후 제품에 기재된 건조시간만큼 자연 상태에서 건조한다. 따로, 건조 시간이 제품에 명기되어 있지 않는 경우에는 최소 15 분 이상 자연 상태에서 건조한다.
다. 침수방법은 다음과 같이 실시한다. 다만, 입수할 때 제품의 도포부위가 물에 완전히 잠기도록 하고, 피험자의 등이 욕조 벽에 닿지 않으며 편하게 앉을 수 있어야 한다. 또한, 물의 순환이나 공기의 분출 시 직접 피험자의 등에 닿지 않아야 한다.

1) 내수성 제품

㉮ 20 분간 입수한다.

㉯ 20 분간 물 밖에 나와 쉰다. 이 때 자연 건조되도록 하고 제품의 도포부위에 타월사용은 금지한다.

㉰ 20 분간 입수한다.

㉱ 물 밖에 나와 완전히 마를 때까지 15 분 이상 자연 건조한다.

2) 지속내수성 제품

㉮ 20 분간 입수한다.

㉯ 20 분간 물 밖에 나와 쉰다. 이 때 자연 건조되도록 하고 제품의 도포부위에 타월사용은 금지한다.

㉰ 20 분간 입수한다.

㉱ 20 분간 물 밖에 나와 쉰다. 이 때 자연 건조되도록 하고 제품의 도포부위에 타월사용은 금지한다.

㉲ 20 분간 입수한다.

㉳ 20 분간 물 밖에 나와 쉰다. 이 때 자연 건조되도록 하고 제품의 도포부위에 타월사용은 금지한다.

㉴ 20 분간 입수한다.

㉵ 물 밖에 나와 완전히 마를 때까지 15 분 이상 자연 건조한다.

라. 이후 [별표 3] 자외선 차단효과 측정방법 및 기준의 제2장 자외선차단지수(SPF) 측정방법에 따라 최소홍반량 측정시험을 실시한다.

마. 계산

1) 제2장 자외선차단지수 (SPF) 측정방법의 자외선차단지수 계산에 따라 자외선차단지수 및 내수성 자외선차단지수를 구한다.

2) 피험자 내수성 비(%)

$$\text{피험자 내수성 비}(\%) = \frac{SPF_{내} - 1}{SPF - 1} \times 100$$

• $SPF_{내}$: 각 피험자의 내수성 자외선차단지수
• SPF : 각 피험자의 자외선차단지수

3) 평균 내수성비 : 평균 내수성비는 피험자 개개의 내수성비의 평균이다.

4) 내수성비 신뢰구간 : 평균 내수성비 신뢰구간은 편 방향 95% 신뢰 구간으로 표시하며 계산은 다음과 같다.

$$\text{내수성비 신뢰구간}(\%) = \text{평균 내수성비}(\%) - (t\ 값 \times \frac{S}{\sqrt{n}})$$

(S: 표준편차, n : 피시험자 수, t 값 : 자유도)

t 값

n	10	11	12	13	14	15	16	17	18	19	20
t 값	1.833	1.812	1.796	1.782	1.771	1.761	1.753	1.746	1.740	1.734	1.729

바. 시험의 적합성 및 판정

1) 시험의 적합성 : 자외선차단지수의 95% 신뢰구간은 자외선차단지수(SPF)의 ± 20% 이내이어야 한다. 다만 이 조건에 적합하지 않으면 표본수를 늘리거나 시험조건을 재설정하여 다시 시험한다.

2) 판정 : 내수성비 신뢰구간이 50% 이상일 때 내수성을 표방할 수 있다.

3 내수성자외선차단지수 표시방법

내수성, 지속 내수성

04 자외선A차단지수 측정방법

1. **피험자 선정** 피험자는 [부표 5]의 피험자 선정기준에 따라 제품 당 10명 이상을 선정한다.

2. **시험부위** 시험은 피험자의 등에 한다. 시험부위는 피부손상, 과도한 털, 또는 색조에 특별히 차이가 있는 부분을 피하여 선택하여야 하고, 깨끗하고 마른 상태이어야 한다.

3. **시험 전 최소지속형즉시흑화량 측정** 피험자의 피부유형은 [부표 1]의 설문을 통하여 조사하고, 피험자의 등에 시험부위를 구획한 후 피험자가 편안한 자세를 취하도록 하여 자외선을 조사한다. 자외선을 조사하는 동안에 피험자가 움직이지 않도록 한다. 조사가 끝난 후 2~24시간 범위내의 일정 시간에 피험자의 흑화상태를 판정한다. 충분히 밝은 광원 하에서 두 명이상의 숙련된 사람이 판정한다. 전면에 흑화가 나타난 부위에 조사한 자외선A의 광량중 최소량을 최소지속형즉시흑화량으로 한다.

4. **제품 무도포 및 도포부위의 최소지속형즉시흑화량 측정** 피험자 등에 표준시료 도포부위와 제품 도포부위를 구획한다. 손가락에 고무재질의 골무를 끼고 표준시료 및 제품을 해당 량만큼 도포한다. 상온에서 15분간 방치하여 건조한 다음 제품 무도포부위의 최소지속형즉시흑화량(MPPD) 측정과 동일하게 측정한다. 판정은 제품 무도포부위의 최소지속형즉시흑화량 측정과 같은 날에 동일인이 판정한다.

5. **광원의 선정** 광원은 다음 사항을 충족하는 인공광원을 사용하며, 다음 조건이 항상 만족되도록 유지 · 점검한다.
   가. UVA 범위에서 자외선은 태양광과 유사한 연속적인 스펙트럼을 가져야 한다. 또, UVA I(340~400 nm)와 UVA II(320~340 nm)의 비율은 태양광의 비율(자외선A II/ 총 자외선A = 8~20 %)과 유사해야 한다.
   나. 과도한 썬번(sun burn)을 피하기 위하여 파장 320 nm 이하의 자외선은 적절한 필터를 이용하여 제거한다.

6. **표준시료의 선정** [부표 6] 자외선A차단지수의 낮은 표준시료(S1)는 제품의 자외선A차단지수가 12미만일 것으로 예상될 때만 사용하고, 그 자외선A차단지수는 4.4±0.6이다. [부표 7] 자외선A차단지수의 높은 표준시료(S2)는 제품의 자외선A차단지수에 대한 모든 예상 수치에서 사용할 수 있으며, 그 자외선A차단지수는 12.7±2.0이다.

7. **제품 도포량** 도포량은 $2mg/cm^2$ 으로 한다.

8. **제품 도포면적 및 조사부위의 구획** 제품 도포면적을 $24cm^2$ 이상으로 하여 $0.5cm^2$ 이상의 면적을 갖는 5개 이상의 조사부위를 구획한다. 구획방법은 자외선차단지수 측정방법과 같다.

9. **광량증가** 각 조사부위의 광량은 최소지속형즉시흑화가 예상되는 부위가 중간(예: 3 또는 4위치)이 되도록 조절하고 그에 따라 등비적 간격으로 광량을 증가시킨다. 증가 비율은 최대 25 %로 한다. 예를 들어, 최소지속형즉시흑화가 예상되는 광량이 X라면 순차적으로 25 %씩 광량을 증가시켜 0.64X, 0.80X, 1.00X, 1.25X, 1.56X, 1.95X가 되도록 광량을 증가시킨다.

10. **자외선A차단지수 계산** 자외선A차단지수(PFA)는 제품 무도포부위의 최소지속형즉시흑화량(MPPDu)과 제품 도포부위의 최소지속형즉시흑화량(MPPDp)을 구하고, 다음 계산식에 따라 각 피험자의 자외선A차단지수(PFAi)를 계산하여 그 산술평균값으로 한다. 이 때 자외선A차단지수의 95% 신뢰구간은 자외선A차단지수(PFA) 값의 ±17% 이내이어야 한다. 다만, 이 조건에 적합하지 않으면 표본수를 늘리거나 시험조건을 재설정하여 다시 시험한다.

• 각 피험자의 자외선차단지수(SFAi) = $\frac{\text{제품 도포부위의 최소지속형즉시흑화량}(MEDp)}{\text{제품 무도포부위의 최소지속형즉시흑화량}(MEDu)}$

• 자외선A차단지수(SFA) = $\frac{\Sigma SFAi}{n}$ (n : 표본수)

• 95% 신뢰구간 = (SPF−C) ~ (SPF+C)

• C = t값×$\frac{S}{\sqrt{n}}$ (S : 표준편차, t 값 : 자유도)

11. **자외선A차단등급 표시방법** 자외선차단화장품의 자외선A차단지수는 자외선A차단지수 계산 방법에 따라 얻어진 자외선A차단지수(PFA) 값의 소수점이하는 버리고 정수로 표시한다. 그 값이 2이상이면 다음 표와 같이 자외선A차단등급을 표시한다. 표시기재는 자외선차단지수와 병행하여 표시할 수 있다. (예 SPF30, PA+)

[자외선A차단등급 분류]

자외선A차단지수 (PFA)	자외선A차단등급 (PA)	자외선A차단효과
2이상 4미만	PA^{+}	낮음
4이상 8미만	PA^{++}	보통
8이상 16미만	PA^{+++}	높음
16이상	PA^{++++}	매우 높음

05 부표 1. 자외선차단지수 측정방법의 피험자 선정기준

피부질환이 없는 18세 이상 60세 이하의 신체 건강한 남녀로서 다음 피험자 선정을 위한 설문지 양식을 통하여 질문을 하고 아래 Fitzpatrick의 피부유형 분류 기준표에 따라 피부유형 I, II, III 형에 해당되는 사람을 선정한다. 다만, 자외선 조사에 의한 이상반응이나, 화장품에 의한 알러지 반응을 보인 적이 있는 사람, 광감수성과 관련 있는 약물(항염증제, 혈압강하제 등)을 복용하는 사람은 제외한다.

[자외선A차단등급 분류]

유형	설명	MED(mJ/cm^2)
I	항상 쉽게(매우 심하게) 붉어지고, 거의 검게 되지 않는다.	2~30
II	쉽게(심하게) 붉어지고, 약간 검게 된다.	25~35
III	보통으로 붉어지고, 중간 정도로 검게 된다.	30~50
IV	그다지 붉어지지 않고, 쉽게 검게 된다.	45~60
V	거의 붉게 되지 않고, 매우 검게 된다.	60~80
VI	전혀 붉게 되지 않고 매우 검게 된다.	85~200

[피험자 선정을 위한 설문지]

이름 : 나이 : 성별 : 남 여

1) 최근 1년간 병원에 간 일이 있습니까? 예, 아니오

예에 답한 사람은 병원에 간 이유 혹은 병명을 다음에 쓰고, 아래의 모든 질문에 답해주세요.

아니요에 답한 사람은 3) 이후의 질문에 답해 주세요.

2) 의사로부터 생활의 제한을 받는 일이 있습니까? 예, 아니오

있다면, 그 이유를 적어 주시기 바랍니다.

3) 지금까지 태양광선(일광)에 의해 심한 증상이 나타난 적이 있습니까? 예, 아니오

있다면, 언제, 어디서, 어떤 증상이 나왔는지 적어주시기 바랍니다.

4) 민감피부입니까? 예, 아니오

예의 경우는 그렇게 생각하는 이유를 적어 주시기 바랍니다.

5) 피부질환 치료를 위한 피부외용제를 사용하고 있습니까? 예, 아니오

있다면, 약의 이름과 어떤 부위에 사용하고 있는지 적어 주시기 바랍니다.

6) 피부질환 치료를 위한 내복약을 사용한 적이 있습니까? 예, 아니오

있다면, 복용 이유를 적어주시기 바랍니다.

7) 여성만 답해주세요. 임신 중 혹은 수유 중입니까? 예, 아니오

8) 태양에 노출되지 않고 겨울철을 지낸 후에, 자외선차단제를 바르지 않고 30~45분 정도 태양에 처음 노출된 후의 피부 상태에 대하여 답해주세요.

I. 항상 쉽게(매우 심하게) 붉어지고, 거의 검게 되지 않는다.

II. 쉽게(심하게) 붉어지고, 약간 검게 된다.

III. 보통으로 붉어지고, 중간 정도로 검게 된다.

IV. 그다지 붉어지지 않고, 쉽게 검게 된다.

V. 거의 붉게 되지 않고, 매우 검게 된다.

VI. 전혀 붉게 되지 않고 매우 검게 된다.

06 부표 2. 낮은 자외선차단지수의 표준시료 제조방법

1 처방 - 8% 호모살레이트

	성분	분량(%)
A	라놀린(Lanoline)	5.00
	호모살레이트(Homosalate)	8.00
	백색페트롤라툼(White Petrolatum)	2.50
	스테아릭애씨드(Stearic acid)	4.00
	프로필파라벤(Propylparaben)	0.05
B	메칠파라벤(Methylparaben)	0.10
	디소듐이디티에이(Disodium EDTA)	0.05
	프로필렌글라이콜(Propylene glycol)	5.00
	트리에탄올아민(Triethanolamine)	1.00
	정제수(Purified water)	74.30

2 제조방법

A와 B의 각 성분의 무게를 달아 A와 B를 각각 따로 77~82℃로 가열하면서 각각의 성분이 완전히 녹을 때까지 교반한다. A를 천천히 B에 넣으면서 유화가 형성될 때까지 계속하여 교반한다. 계속 교반하면서 상온(15~30℃)까지 냉각한다. 총량이 100g이 되도록 정제수로 채운 후 잘 섞는다.

3 저장방법 및 사용기한

20℃ 이하에서 보관하고 제조 후 1년 이내에 사용한다.

07 부표 3. 높은 자외선차단지수의 표준시료 제조방법

1 처방

	성분	분량(%)
A	세테아릴알코올 · 피이지-40캐스터오일 · 소듐세테아릴설페이트(Cetearyl Alcohol (and) PEG-40 Caster Oil (and) Sodium Cetearyl Sulfate)	3.15
	데실올리에이트(Decyl oleate)	15.00
	에칠헥실메톡시신나메이트 (Ethylhexyl Methoxycinnamate)	3.00
	부틸메톡시디벤조일메탄 (Butyl methoxydibenzoylmethane)	0.50
	프로필파라벤(Propylparaben)	0.10
B	정제수 (Purified water)	53.57
	페닐벤즈이미다졸설포닉애씨드 (Phenylbenzimidazole Sulfonic Acid)	2.78
	45% 소듐하이드록사이드액 (Sodium hydroxide (45% solution))	0.90
	메칠파라벤 (Methylparaben)	0.30
	디소듐이디티에이 (Disodium EDTA)	0.10

	성분	분량(%)
C	정제수 (Purified water) 카보머 934P (Carbomer 934P) 45% 소듐하이드록사이드액 (Sodium hydroxide (45% solution))	20.00 0.30 0.30

2 제조방법

A의 각 성분의 무게를 달아 정제수에 넣고 75~80℃까지 가열한다. B의 각 성분의 무게를 달아 정제수에 넣어 80℃까지 가열하고, 가능하면 맑은 액이 될 때까지 끓인 후 75~80℃까지 식힌다. C의 각 성분의 무게를 달아 정제수에 카보머 934P를 분산시킨 후 45% 소듐하이드록사이드액으로 중화한다. B를 교반하면서 A를 넣고 이 혼합액을 교반하면서 C를 넣고 3분간 균질화시킨다. 소듐하이드록사이드 또는 젖산을 가지고 pH를 7.8~8.0으로 조정하고 상온까지 냉각한다. 총량이 100g이 되도록 정제수로 채운 후 잘 섞는다.

3 저장방법 및 사용기한

20℃ 이하에서 보관하고 제조 후 1년 이내에 사용한다.

08 부표 4. 내수성 자외선차단지수(SPF) 시험방법 예시

1 1일 째

가. 무도포 부위의 최소홍반량 (MEDu)을 결정한다.
나. 제품을 자외선차단지수 측정부위에 도포한다.
다. 상온에서 15분 이상 방치하여 건조한다.
라. [별표 3] 자외선차단효과 측정방법 및 기준의 제2장 자외선차단지수(SPF) 측정방법에 따라 무도포 및 제품 도포 부위에 광을 조사한다.

2 2일 째

가. 무도포 및 제품 도포 부위의 최소홍반량을 결정한다.
나. 제2장 자외선차단지수(SPF) 측정방법에 따라 자외선차단지수를 구한다.
다. 제품을 내수성 자외선차단지수 측정부위에 도포한다.
라. 상온에서 15분 이상 방치하여 건조한다.
마. [별표 3] 자외선차단효과 측정방법 및 기준의 제3장 내수성 자외선차단지수(SPF) 측정방법 2. 시험방법에 따라 입수와 건조를 반복한 후 건조한다.
바. [별표 3] 자외선차단효과 측정방법 및 기준의 제2장 자외선차단지수(SPF) 측정방법에 따라 제품 도포 부위에 광을 조사한다.

3 3일 째

가. 제품 도포 부위의 최소홍반량을 결정한다.
나. 2일 째 결정된 무도포 부위의 최소홍반량을 이용하여 [별표 3] 자외선차단효과 측정방법 및 기준의 제2장 자외선차단지수(SPF) 측정방법 중 자외선차단지수 계산에 따라 내수성 자외선차단지수를 구한다.

09 부표 5. 자외선A차단지수 측정방법의 피험자 선정기준

[부표 1]의 피험자 선정기준에 따른다. 다만, [부표1]의 Fitzpatrick의 피부유형 분류기준표의 유형 II, III, IV 에 해당되는 사람을 선정한다.

10 부표 6. 자외선A차단지수의 낮은 표준시료(S1) 제조방법

1 처방

	성분	분량(%)
A	정제수 (Purified water)	57.13
	디프로필렌글라이콜 (Dipropylene glycol)	5.00
	포타슘하이드록사이드 (Potassium Hydroxide)	0.12
	트리소듐이디티에이 (Trisodium EDTA)	0.05
	페녹시에탄올 (Phenoxyethanol)	0.30
B	스테아릭애씨드 (Stearic acid)	3.00
	글리세릴스테아레이트SE (Glyceryl Monostearate, selfemulsifying)	3.00
	세테아릴알코올 (Cetearyl Alcohol)	5.00
	페트롤라튬 (Petrolatum)	3.00
	트리에칠헥사노인 (Triethylhexanoin)	15.00
	에칠헥실메톡시신나메이트 (Ethylhexyl Methoxycinnamate)	3.00
	부틸메톡시디벤조일메탄 (Butylmethoxydibenzoylmethane)	5.00
	에칠파라벤 (Ethylparaben)	0.20
	메칠파라벤 (Methylparaben)	0.20

2 제조방법

A의 각 성분의 무게를 달아 정제수에 넣어 70℃로 가열하여 녹인다. B의 각 성분들의 무게를 달아 70℃로 가열하여 완전히 녹인다. A에 B를 넣어 혼합물을 유화하고, 호모게나이저(homogenizer) 등을 가지고 유화된 입자의 크기를 조절한다. 유화된 액을 냉각하여 표준시료로 한다.

3 저장방법 및 사용기한

차광용기에 담아 20℃이하에서 보관하고 제조 후 12개월 이내에 사용한다.

11 부표 7. 자외선A차단지수의 높은 표준시료(S2) 제조방법

1 처방

	성분	분량(%)
A	정제수 (Purified water)	62.445
	프로필렌글라이콜 (Propylene glycol)	1.000
	잔탄검 (Xanthan gum)	0.600
	카보머 (Carbomer)	0.150
	디소듐이디티에이 (Disodium EDTA)	0.080
B	옥토크릴렌 (Octocrylene)	3.000
	부틸메톡시디벤조일메탄 (Butylmethoxydibenzoylmethane)	5.000
	에칠헥실메톡시신나메이트 (Ethylhexyl Methoxycinnamate)	3.000
	비스에칠헥실옥시페놀메톡시페닐트리아진 (Bis-ethylhexyloxyphenol-methoxyphenyltriazine)	2.000
	세틸알코올 (Cetylcohol)	1.000
	스테아레스-21 (Steareth-21)	2.500
	스테아레스-2 (Steareth-2)	3.000
	다이카프릴릴카보네이트 (Dicaprylyl carbonate)	6.500
	데실코코에이트(Decylcocoate)	6.500
	페녹시에탄올 (Phenoxyethanol), 메칠파라벤 (Methyl -paraben), 에칠파라벤 (Ethylparaben), 부틸파라벤 (Butylparaben), 프로필파라벤 (Propylparaben)	1.000
C	사이클로펜타실록산 (Cyclopentasiloxane)	2.000
	트리이에탄올아민 (Triethanolamine)	0.225

2 제조방법

A의 각 성분의 무게를 달아 정제수에 넣어 75℃로 가열하여 녹인다. B의 각 성분들의 무게를 달아 75℃로 가열하여 완전히 녹인다. A에 B를 넣어 혼합물을 유화하고, 40℃까지 식힌다. 유화를 계속하면서 A와 B의 혼합물에 C의 재료들을 첨가한다. 총량이 100g이 되도록 정제수로 채운 후 잘 섞는다.

3 저장방법 및 사용기한

차광용기에 담아 20℃이하에서 보관하고 제조 후 13개월 이내에 사용한다.

화장품 안전기준 등에 관한 규정 [별표 3]

부록 3 인체 세포 · 조직 배양액 안전기준

1 용어의 정의

① **인체 세포 · 조직 배양액** : 인체에서 유래된 세포 또는 조직을 배양한 후 세포와 조직을 제거하고 남은 액

② **공여자** : 배양액에 사용되는 세포 또는 조직을 제공하는 사람

③ **공여자 적격성검사** : 공여자에 대하여 문진, 검사 등에 의한 진단을 실시하여 해당 공여자가 세포배양액에 사용되는 세포 또는 조직을 제공하는 것에 대해 적격성이 있는지를 판정하는 것

④ **윈도우 피리어드**(window period) : 감염 초기에 세균, 진균, 바이러스 및 그 항원 · 항체 · 유전자 등을 검출할 수 없는 기간

⑤ **청정등급** : 부유입자 및 미생물이 유입되거나 잔류하는 것을 통제하여 일정 수준 이하로 유지되도록 관리하는 구역의 관리수준을 정한 등급

2 일반사항

① 누구든지 세포나 조직을 주고받으면서 금전 또는 재산상의 이익을 취할 수 없다.

② 누구든지 공여자에 관한 정보를 제공하거나 광고 등을 통해 특정인의 세포 또는 조직을 사용하였다는 내용의 광고를 할 수 없다.

③ 인체 세포 · 조직 배양액을 제조하는데 필요한 세포 · 조직은 채취 혹은 보존에 필요한 위생상의 관리가 가능한 의료기관에서 채취된 것만을 사용한다.

④ 세포 · 조직을 채취하는 의료기관 및 인체 세포 · 조직 배양액을 제조하는 자는 업무수행에 필요한 문서화된 절차를 수립하고 유지하여야 하며 그에 따른 기록을 보존하여야 한다.

⑤ 화장품 제조판매업자는 세포 · 조직의 채취, 검사, 배양액 제조 등을 실시한 기관에 대하여 안전하고 품질이 균일한 인체 세포 · 조직 배양액이 제조될 수 있도록 관리 · 감독을 철저히 하여야 한다.

3 공여자의 적격성검사

① 공여자는 건강한 성인으로서 다음과 같은 감염증이나 질병으로 진단되지 않아야 한다.
- B형간염바이러스(HBV), C형간염바이러스(HCV), 인체면역결핍바이러스(HIV), 인체T림프영양성바이러스(HTLV), 파보바이러스B19, 사이토메가로바이러스(CMV), 엡스타인-바 바이러스(EBV) 감염증
- 전염성 해면상뇌증 및 전염성 해면상뇌증으로 의심되는 경우
- 매독트레포네마, 클라미디아, 임균, 결핵균 등의 세균에 의한 감염증
- 패혈증 및 패혈증으로 의심되는 경우
- 세포 · 조직의 영향을 미칠 수 있는 선천성 또는 만성질환

② 의료기관에서는 윈도우 피리어드를 감안한 관찰기간 설정 등 공여자 적격성검사에 필요한 기준서를 작성하고 이에 따라야 한다.

Appendix

4 세포·조직의 채취 및 검사

① 세포 · 조직을 채취하는 장소는 외부 오염으로부터 위생적으로 관리될 수 있어야 한다.

② 보관되었던 세포 · 조직의 균질성 검사방법은 현 시점에서 가장 적절한 최신의 방법을 사용해야 하며, 그와 관련한 절차를 수립하고 유지하여야 한다.

③ 세포 또는 조직에 대한 품질 및 안전성 확보에 필요한 정보를 확인할 수 있도록 다음의 내용을 포함한 세포 · 조직 채취 및 검사기록서를 작성 · 보존하여야 한다. 기출(21-4회)

- 채취한 의료기관 명칭
- 채취 연월일
- 공여자 식별 번호
- 공여자의 적격성 평가 결과
- 동의서
- 세포 또는 조직의 종류, 채취방법, 채취량, 사용한 재료 등의 정보

> ▶ **세포 · 조직 채취 및 검사기록서**
> - 세포(조직)의 종류 : 세포(조직)의 기원, 출처, 확인
> - 공여자의 선택 기준 : 공여자와 관련되는 특성, 공여자 제외기준, 공여자의 혈청학적 · 진단학적 자료를 포함한 임상력 등에 관한 자료
> - 세포(조직) 채취과정 : 채취방법, 채취량, 사용한 재료 등

5 배양시설 및 환경의 관리

① 인체 세포 · 조직 배양액을 제조하는 배양시설은 청정등급 1B(Class 10,000) 이상의 구역에 설치하여야 한다.

② 제조 시설 및 기구는 정기적으로 점검하여 관리되어야 하고, 작업에 지장이 없도록 배치되어야 한다.

③ 제조공정 중 오염을 방지하는 등 위생관리를 위한 제조위생관리 기준서를 작성하고 이에 따라야 한다.

> ▶ **인체 세포 · 조직 배양액 제조 배양시설** (청정등급 1B(Class 10,000) 이상) 기출(20-2회)
>
> ① Filter required : HEPA
> ② Temperature range : 74±8℉ (18.8~27.7℃)
> ③ Humidity range : 55±20%
> ④ Pressure (inches of water) : 0.05 (= 1.27mmH_2O, 12Pa)
> ⑤ Air changes per hour : 20~30
>
> ▶ **제조위생관리 기준서**
>
> ① 작업원의 건강관리 및 건강상태의 파악 · 조치방법
> ② 작업원의 수세, 소독방법 등 위생에 관한 사항
> ③ 작업복장의 규격, 세탁방법 및 착용규정
> ④ 작업실 등의 청소(필요한 경우 소독을 포함한다) 방법 및 청소주기
> ⑤ 청소상태의 평가방법
> ⑥ 제조시설의 세척 및 평가
> - 책임자 지정
> - 세척 및 소독 계획
> - 세척방법과 세척에 사용되는 약품 및 기구
> - 제조시설의 분해 및 조립 방법
> - 이전 작업 표시 제거방법
> - 청소상태 유지방법
> - 작업 전 청소상태 확인방법
>
> ⑦ 곤충, 해충이나 쥐를 막는 방법 및 점검주기
> ⑧ 그 밖에 필요한 사항

6 인체 세포·조직 배양액의 제조

① 인체 세포 · 조직 배양액을 제조할 때에는 세균, 진균, 바이러스 등을 비활성화 또는 제거하는 처리를 하여야 한다.

② 배양액 제조에 사용하는 세포 · 조직에 대한 품질 및 안전성 확보를 위해 필요한 정보를 확인할 수 있도록 다음의 내용을 포함한 '인체 세포 · 조직 배양액'의 기록서를 작성 · 보존하여야 한다.

- 채취(보관을 포함한다)한 기관명칭
- 채취 연월일
- 검사 등의 결과
- 세포 또는 조직의 처리 취급 과정
- 공여자 식별 번호
- 사람에게 감염성 및 병원성을 나타낼 가능성이 있는 바이러스 존재 유무 확인 결과

③ 배지, 첨가성분, 시약 등 인체 세포 · 조직 배양액 제조에 사용된 모든 원료의 기준규격을 설정한 인체 세포 · 조직 배양액 원료규격 기준서를 작성하고, 인체에 대한 안전성이 확보된 물질 여부를 확인 하여야 하며, 이에 대한 근거자료를 보존하여야 한다.

④ 제조기록서는 다음의 사항이 포함되도록 작성하고 보존하여야 한다.

- 제조번호, 제조연월일, 제조량
- 사용한 원료의 목록, 양 및 규격
- 사용된 배지의 조성, 배양조건, 배양기간, 수율
- 각 단계별 처리 및 취급과정

⑤ 채취한 세포 및 조직을 일정기간 보존할 필요가 있는 경우에는 타당한 근거자료에 따라 균일한 품질을 유지하도록 보관 조건 및 기간을 설정해야 하며, 보관되었던 세포 및 조직에 대해서는 세균, 진균, 바이러스, 마이코플라즈마 등에 대하여 적절한 부정시험을 행한 후 인체 세포 · 조직 배양액 제조에 사용해야 한다.

⑥ 인체 세포 · 조직 배양액 제조과정에 대한 작업조건, 기간 등에 대한 제조관리 기준서를 포함한 표준지침서를 작성하고 이에 따라야 한다.

7 인체 세포·조직 배양액의 안전성 평가

① 인체 세포 · 조직 배양액의 안전성 확보를 위하여 다음의 안전성시험 자료를 작성 · 보존하여야 한다.

- 단회투여독성시험자료
- 반복투여독성시험자료
- 1차피부자극시험자료
- 안점막자극 또는 기타점막자극시험자료
- 피부감작성시험자료
- 광독성 및 광감작성 시험자료(자외선에서 흡수가 없음을 입증하는 흡광도 시험자료를 제출하는 경우에는 제외함)
- 인체 세포 · 조직 배양액의 구성성분에 관한 자료
- 유전독성시험자료
- 인체첩포시험자료

Appendix

▶ **반복투여독성시험자료**

① **시험동물**은 2종 이상을 사용하여야 하며, 그 중 1종은 설치류로서 1군에 암 · 수 각각 10마리 이상으로, 하고 1종은 토끼를 제외한 비설치류로 하고 암 · 수 각각 3마리 이상으로 한다. 다만, 중간도살 및 회복성시험을 수행하는 경우 필요한 수를 추가한다.

② **시험방법**

1. 투여경로는 원칙적으로 임상적용경로로 한다.
2. 투여기간은 임상시험기간 및 의약품으로서의 임상사용 예상기간에 따라 정하며, 시험물질투여는 1일 1회 주 7회 투여함을 원칙으로 한다. 3개월 이상의 반복투여독성시험을 수행하는 경우는 용량설정과 초기독성검사를 위하여 이에 앞서 보다 단기의 반복투여독성시험을 수행한다.
3. 용량단계는 적어도 3단계의 시험물질 투여군으로 하고, 최대내성용량 및 무해용량 등을 포함하여 용량반응관계가 나타날 수 있도록 설정한다. 대조군은 음성대조군과 필요에 따라 비투여대조군, 양성대조군을 둔다.
4. 독성변화의 회복성과 지연성 독성을 검토하기 위해 회복군을 두어 시험하는 것이 바람직하다.

③ **시험기간**

1. 임상 1상 및 임상 2상 시험을 위한 반복투여독성시험의 최소 투여기간은 다음 표와 같다.

임상시험기간	최소 투여기간	
	설치류	비설치류
단회투여	2-4주[주4]	2-4주[주4]
~2주	2-4주[주4]	2-4주[주4]
~1개월	1개월	1개월
~3개월	3개월	3개월
~6개월	6개월	6개월
6개월 이상	6개월	만성[주5]

2. 임상 3상 시험 및 신약허가를 위한 반복투여독성시험의 최소 투여기간은 다음 표와 같다.

임상시험기간 또는 임상사용예상기간	최소 투여기간	
	설치류	비설치류
~2주	1개월	1개월
~1개월	3개월	3개월
~3개월	6개월	3개월
3개월 이상	6개월	만성[주5]
임상사용 예상기간에 상관없이 특히 필요하다고 인정되는 경우[주6]	6개월	만성[주5]

④ **반복투여독성시험의 시험결과**에는 다음 각 호의 사항이 포함되어야 한다.

1. 일반증상, 체중, 사료섭취량, 물섭취량

   모든 시험동물에 대하여 일반증상을 매일 관찰하고, 정기적으로 체중 및 사료섭취량을 측정하며, 필요한 경우 물섭취량을 측정한다. 측정빈도는 다음 각목과 같이 정한다.

   • 체중은 투여 개시 전과 투여 개시 후 3개월까지는 적어도 매주 1회, 그 후에는 4주에 1회 이상 측정한다.
   • 사료섭취량은 투여 개시 전과 투여 개시 후 3개월까지는 적어도 매주 1 회, 그 후에는 4주에 1회 이상 측정한다. 다만, 시험물질을 사료에 혼합하여 투여할 경우 매주 1회 측정하며, 설치류의 경우 개별 또는 군별로 측정한다.
   • 물 섭취량은 필요에 따라 측정하며 측정 시 횟수는 사료섭취량 측정방법에 준한다.

2. 혈액검사

   가. 설치류는 부검(중간도살군도 포함)시에 채혈한다. 비설치류는 투여 개시 전과 부검 시에, 1개월을 초과하는 시험에서는 투여기간 중에 적어도 1회 채혈하여 검사한다. 검사는 원칙적으로 모든 시험동물에 대하여 행할 수 있으나, 실시상의 이유로 각 군의 일부 동물에 한하여 행할 수도 있다.

   나. 혈액검사는 혈액학적검사 및 혈액생화학적 검사 항목 중 가능한 한 많은 항목에 대하여 실시하고 그 검사항목은 다음과 같다.

   • 혈액학적 검사 : 적혈구수, 백혈구수, 혈소판수, 혈색소량, 헤마토크리트치, 백혈구백분율, 혈액응고시간, 망상적혈구수 등
   • 혈액생화학적 검사 : 혈청(혈장)단백, 알부민, A/G비, 혈당, 콜레스테롤, 트리글리세라이드, 빌리루빈, 요소질소, 크레아티닌, 트란스아미나제(AST, ALT), 알칼리포스파타제, 염소, 칼슘, 칼륨, 무기인 등

3. 뇨검사

가. 설치류는 각 군마다 일정수의 동물을 선정하여 투여기간 중 1회 이상, 비설치류는 각 군 전부에 대하여 투여 개시 전과 투여기간 중 1회 이상 뇨검사를 실시한다.

나. 뇨검사 항목 : 뇨량, pH, 비중, 단백, 당, 케톤체, 빌리루빈, 잠혈, 침사 등

4. 안과학적 검사

가. 설치류에 경우 투여기간 중 적어도 1회, 각 군마다 일정수의 동물을 선정하여 안과학적 검사를 실시하며, 비설치류의 경우 투여 전 및 투여기간 중 적어도 1회 각 군 모두에 대하여 실시한다.

나. 검사는 육안 및 검안경으로 실시하고 전안부, 중간투광체 및 안저의 각각에 대하여 실시한다.

5. 기타 기능검사

필요에 따라 심전도, 시각, 청각, 신기능 등의 검사를 실시한다.

6. 병리조직학적 검사

가. 생존 및 사망한 모든 동물의 장기무게를 측정한다. 원칙적으로 무게를 측정하여야 할 장기는 심장, 간장, 폐, 비장, 신장, 부신, 전립샘(선), 고환, 난소, 뇌 및 뇌하수체이고, 폐, 침샘(타액선), 가슴샘(흉선), 갑상샘(선), 정낭, 자궁에 대하여도 측정할 수 있다.

나. 설치류는 고용량군 및 대조군에 대하여, 비설치류는 모든 시험동물군에 대하여 병리조직학적 검사를 실시한다. 다만, 설치류에서 육안소견 상 용량에 따른 변화가 인정되거나 고용량군에서 관찰소견 상 필요하다고 인정되는 경우 기타 용량군의 해당 장기 · 조직에 대하여 병리조직학적 검사를 실시하되, 육안소견 등의 판단에 의해 적절히 삭감 또는 추가할 수도 있다. 원칙적으로 병리조직학적 검사를 하여야 할 장기조직은 다음과 같다. 피부, 젖샘(유선), 림프절, 침샘(타액선), 골 및 골수(흉골, 대퇴골), 가슴샘(흉선), 기관, 폐 및 기관지, 심장, 갑상샘(선) 및 부갑상샘(선), 혀, 식도, 위, 소장, 대장, 간장 및 담낭, 췌장, 비장, 신장, 부신, 방광, 정낭, 전립샘(선), 고환, 부고환, 난소, 자궁, 질, 뇌, 뇌하수체, 척수, 안구 및 그 부속기, 기타 육안적 병변이 관찰된 장기 · 조직 등

7. 확실중독량 및 무독성량

8. 투여기간 중 빈사동물이 발생할 경우 더 많은 소견을 얻기 위하여 도살하도록 한다. 먼저 충분한 임상적 관찰을 수행한 후 가능하다면 혈액검사를 위한 채혈을 행하고 부검을 수행한다. 기관 · 조직의 육안적 관찰, 병리조직학적 검사를 실시하는 것 외에 필요에 따라서 장기무게를 측정하고 그 시점에서의 독성변화정도를 관찰한다.

9. 투여기간 중 사망 사례가 발생할 경우 즉시 부검하는 것을 원칙으로 한다. 장기 · 조직의 육안적 관찰 외에 필요에 따라 장기무게의 측정, 병리조직학적 검사를 실시함으로써 사망원인과 그 시점에서의 독성변화정도를 관찰한다.

⑤ 독성동태시험

반복투여독성시험 중 독성동태시험은 다음 각 호와 같이 적용할 수 있다

1. 반복투여독성시험에서 투여방법 및 동물종은 가능한 한 시험물질의 효능 및 약물동태학적 원리에 근거하여 선택되어야 하나, 동물 및 사람에서의 약물동태학 자료가 대체적으로 입수가능하지 않은 시점인 초기 연구에서는 어려움이 있을 수 있다.
2. 반복투여독성시험 계획에 적절히 독성동태시험이 포함되도록 한다. 즉, 적절한 용량군에서 투여와 투여사이의 기간 또는 보통 14일간 수행되는 첫 단계의 반복투여독성시험기간 중에 적당 횟수의 생체시료를 채취하여 최고혈장농도(Cmax), 최고혈장농도에 도달하는 시간(Tmax), 특정시간에서의 혈장농도(Ctime) 및 혈중농도-시간반응곡선하면적(AUC)등을 산출할 수 있다.
3. 다음 단계의 반복투여독성시험 계획은 첫 단계에서 실시한 반복투여독성시험결과 및 독성동태시험결과에 의해 제안된 투여계획에 따라 수정될 수 있다. 진행된 독성시험결과를 해석하는데 문제가 있을 경우에는 생체시료의 채취횟수를 적절히 변경할 수 있다.

② 안전성시험자료는 「비임상시험관리기준」(식품의약품안전처 고시)에 따라 시험한 자료이어야 한다. 다만, 인체첩포시험은 국내 · 외 대학 또는 전문 연구기관에서 실시하여야 하며, 관련분야 전문의사, 연구소 또는 병원 기타 관련기관에서 5년 이상 해당시험에 경력을 가진 자의 지도 감독 하에 수행 · 평가되어야 한다.

→ 대학 또는 연구기관 등 국내외 전문기관에서 시험하고 기관의 장이 발급, 내용이 타당한 자료이어야 한다. 자료에는 연구기관 시설 개요, 주요 설비, 연구인력의 구성, 시험자의 연구이력 등이 포함되어야 한다.

③ 안전성시험자료는 인체 세포 · 조직 배양액 제조자가 자체적으로 구성한 안전성평가위원회의(독성전문가 등 외부 전문가 위촉) 심의를 거쳐 적정성을 평가하고 그 평가결과를 기록 · 보존하여야 한다. 안전성평가위원회는 ①항의 안전성시험 자료 평가 결과에 따라 기타 필요한 안전성 시험자료(발암성시험자료 등)를 작성 · 보존토록 권고할 수 있다.

8 인체 세포·조직 배양액의 시험검사

① 인체 세포 · 조직 배양액의 품질을 확보하기 위하여 다음의 항목을 포함한 인체 세포 · 조직 배양액 품질관리 기준서를 작성하고 이에 따라 품질검사를 하여야 한다.

- 성상 • 무균시험 • 마이코플라스마 부정시험 • 외래성 바이러스 부정시험 • 확인시험
- 순도시험 - 기원 세포 및 조직 부재시험
  - '항생제', '혈청' 등 [별표 1]의 '사용할 수 없는 원료' 부재시험 등 (배양액 제조에 해당 원료를 사용한 경우에 한한다.)

② 품질관리에 필요한 각 항목별 기준 및 시험방법은 과학적으로 그 타당성이 인정되어야 한다.

③ 인체 세포 · 조직 배양액의 품질관리를 위한 시험검사는 매 제조번호마다 실시하고, 그 시험성적서를 보존하여야 한다.

▶ 세포 · 조직 배양액 품질관리 기준서

(1) 성상

사용할 때 식별사항 및 취급할 때 참고사항에 대하여 다음 사항을 기재한다. (다만, 색, 형상은 품질의 적부판정의 기준으로 하며, 그 이외에 적부판정의 기준으로 필요한 항목은 시성치 및 순도시험항에 설정하여 기재한다.)

가. 색, 형상, 냄새, 맛 등을 기재한다. 다만, 냄새 및 맛이 시험자의 건강에 영향을 줄 수 있는 경우에는 기재하지 않는다.

나. 용해도는 최소한 물, 에탄올, 에텔에 대하여 기재한다. 또한, pH에 따른 영향도 기재하며, 시험에 사용하는 용매에 대하여도 설정한다.

다. 액성, 안정성(흡습성, 광안정성 등) 등을 기재한다.

(2) 무균시험

무균시험법은 증식되는 미생물(세균 및 진균)의 유 · 무를 시험하는 방법이다. 따로 규정이 없는 한 멤브레인필터법 또는 직접법에 따라 시험한다. 이 시험에 사용하는 물, 시약, 시액, 기구, 기재 등 필요한 것은 모두 멸균한 것을 쓰며 시험 환경은 무균시험을 실시하는 데에 적합하여야 한다. 조작은 무균상태에서 철저하게 무균이 되도록 주의하면서 수행한다. 오염을 피하기 위하여 취하는 예방적 처치는 이 시험에서 검출되어야 할 그 어떤 미생물에도 영향을 주지 않아야 한다. 시험할 때에는 작업영역에 대한 적절한 시료채취와 적절한 제어로 시험실시 상태에 문제가 없음을 확인한다.

(3) 마이코플라스마 부정시험

마이코플라스마부정시험법은 검체 중 따로 규정이 없는 한 아래 시험에 의하여 검출 가능한 마이코플라스마의 존재 여부를 시험하는 방법이다.

1. **배지** : 따로 규정이 없는 한 마이코플라스마부정시험용 한천배지(평판배지) 및 마이코플라스마부정시험용 액체배지 I 및 II를 사용한다.
2. **검체의 수량** : 생바이러스 백신의 경우에는 여과 전에, 불활화바이러스 백신의 경우에는 불활화 전에 검체를 채취한다. 검체 채취량은 6 mL로 한다. 검체 채취 후 24 시간 이내에 시험할 때에는 검체를 2~8 ℃에, 24 시간 이후에 시험할 때에는 검체를 -60 ℃ 이하로 보관한다.
3. **배양** : 직접도말배양법 및 증균배양법에 따르거나 또는 멤브레인필터법에 따른다.

직접도말 배양법	평판배지 1개 당 검체 0.2 mL를 접종하며 1 검체 당 평판배지 10개 이상을 사용한다. 검체를 접종한 후 표면을 건조하여 35~37 ℃에서 반은 호기조건(5~10% 탄산가스를 함유하는 공기), 나머지 반은 혐기조건(5~10% 탄산가스를 함유하는 질소)에서 14일 이상 배양한다. 양성대조로 적절한 종의 마이코플라스마 100 CFU 이하를 접종하여 같은 조건에서 배양한다.
증균 배양법	10mL가 든 마이코플라스마부정시험용 액체배지 I 및 II를 각각 10개 이상 준비하여, 배지 1개 당 검체 0.2mL를 접종한다. 검체 접종 후 35~37℃의 호기 및 혐기 조건에서 14일 이상 배양하고, 배양 5~7일째에 1회와 최종 배양일에 새로운 액체배지에 배양액을 0.2mL 접종하고 같은 온도에서 14일 이상 배양한다. 접종을 마친 남은 액체배지도 다시 14일 이상 배양을 계속한다. 검체를 넣지 않은 대조군과 비교하여 색깔 변화가 인정될 때에는 그 배지를 생리식염수로 연속 10배 희석하여 각 희석액에 대하여 평판배지 2개 이상을 준비하여 각 평판배지 당 희석액을 0.1 mL씩 접종하고, 직접도말배양법에 따라 배양한다. 양성대조로 적절한 종의 마이코플라스마 100 CFU 이하를 접종하여 같은 조건에서 배양한다.

멤브레인 필터법	공경 0.1μm의 멤브레인필터로 검체를 여과한 후 멤브레인필터를 우심근 침출액 10mL씩으로 3회 씻는다. 멤브레인필터 장치로부터 빼낸 후 절반으로 절단하든가 또는 미리 검체를 2등분하여 각각에 대하여 동일 여과 조작으로 얻어진 2개의 멤브레인필터를 각각 100mL 마이코플라스마부정시험용 액체배지 I 및 II에 넣어서 배양한다. 이후의 배양법, 접종 등은 증균배양법에 따른다.

4. 관찰

액체배지의 배양기간 중에는 배지의 색깔 변화를 관찰한다. 각각의 평판배지를 14일 이상 배양하여 7일째 및 최종 배양일에 집락 형성 유 · 무를 관찰한다. 의심스러운 집락이 인정될 때에는 디에네스(Dienes)염색액으로 염색하여 검경한다.

5. 마이코플라스마 발육저지활성시험 및 제거

마이코플라스마부정시험을 실시하기 전에 검체가 마이코플라스마 발육저지활성을 가졌는지 여부를 시험한다. 시험용 균주로는 *Acholeplasma laidlawii*를 사용한다. 다만, 검체의 마이코플라스마 발육저지활성에 대해 *A. laidlawii* 보다 감수성이 높은 마이코플라스마주가 알려져 있는 경우에는 그 균주를 사용한다. 시험용 균주로서 *A. laidlawii* 또는 기타의 포도당 분해 마이코플라스마를 사용하는 경우에는 마이코플라스마부정시험용 액체배지 I, 아르기닌 분해 마이코플라스마를 사용하는 경우에는 마이코플라스마부정시험용 액체배지 II에 증균배양법에 정해진 양의 검체를 넣고, 시험용 마이코플라스마를 약 100 CFU를 넣어 35~37℃에서 7일간 배양한 후 배지의 색깔 변화를 관찰한다.

발육이 보이지 않는 경우에는 검체를 넣지 않은 대조배지와 비교하여 발육이 지연된 경우, 마이코플라스마 발육저지활성이 있는 것으로 본다. 이 경우에는 마이코플라스마 발육에 영향을 미치지 않는 적당한 불활화제를 넣거나, 검체의 접종량을 변화시키지 않고 배지의 양을 증량하여 마이코플라스마 발육저지활성이 발현되지 않도록 한다. 마이코플라스마 발육저지활성이 강한 검체에 대해서는 멤브레인필터법을 적용할 수 있다. 이러한 제거법을 이용하여 상기의 시험을 2번 행하고, 그 제거법이 유효 또는 적절한가를 확인한다. 이 시험은 동일 제법 및 동일 분주량으로 만들어진 제제의 경우에는 제조번호마다 행할 필요는 없다.

6. 판정 : 이상의 시험 결과 마이코플라스마의 증식이 인정되지 않을 때, 이 시험에 적합한 것으로 한다.

(4) 외래성 바이러스 부정시험

「생물의약품 외래성 바이러스 부정시험 가이드라인」(바이오생약심사부, '10.12.)을 참고할 수 있다.

1) 동물 접종시험(In vivo tests, Animal Safety test)
- 성숙마우스 접종시험
- 젖먹이마이스 접종시험
- 기니픽 접종시험
- 토끼 접종시험
- 부화란 접종시험
- 동물 항체생성시험

2) 세포배양 접종시험 (In vitro tests)

(5) 확인시험

확인을 위해서는 하나 이상의 시험(물리화학적, 생물학적 또는 면역화학적)을 수행해야 한다. 확인시험은 본질적으로 정성적인 시험이 될 수 있다.

가. 물리화학적 성질
- 분광학적 성질(자외부흡수스펙트럼 등)
- 전기영동적 성질(폴리아크릴아미드겔 전기영동 등)
- 등전점(설탕밀도구배 등전점전기영동 및 겔등전점전기영동 등)
- 분자량(SDS-겔전기영동, 겔여과크로마토그래프법 및 초원심분리법 등)
- 액체크로마토그래프법 패턴
- 고차구조(선광분산, 원이색성 등)

나. 면역화학적 성질 : 면역화학적분석 및 면역전기영동 등

다. 생물학적 성질 : 생물학적 활성, 함량 및 순도(비활성 등) 등, 효소의 경우에는 효소화학적 성질

(6) 순도시험(기원 세포 및 조직 부재시험 등)

인체 세포 · 조직 배양액의 절대 순도를 결정하기는 어려우며, 시험방법에 따라 그 결과가 달라진다. 결과적으로, 순도는 항상 여러 시험방법을 조합하여 측정한다. 시험방법의 선택과 이의 최적화는 불순물을 제거하는 데에 초점을 맞추어야 한다.

9 기록보존

화장품 제조판매업자는 이 안전기준과 관련한 모든 기준, 기록 및 성적서에 관한 서류를 받아 완제품의 제조연월일로부터 3년이 경과한 날까지 보존하여야 한다.

화장품 안전기준 등에 관한 규정 [별표 4]

부록 4 유통화장품 안전관리 시험방법 (제6조 관련)

01 일반화장품

1 납

다음 시험법중 적당한 방법에 따라 시험한다.

가) 디티존법

① 검액의 조제 : 다음 제1법 또는 제2법에 따른다.

- 제1법 : 검체 1.0g을 자제도가니에 취하고(검체에 수분이 함유되어 있을 경우에는 수욕상에서 증발건조한다) 약 500℃에서 2~3시간 회화한다. 회분에 묽은염산 및 묽은질산 각 10mL씩을 넣고 수욕상에서 30분간 가온한 다음 상징액을 유리여과기(G4)로 여과하고 잔류물을 묽은염산 및 물 적당량으로 씻어 씻은 액을 여액에 합하여 전량을 50mL로 한다.
- 제2법 : 검체 1.0g을 취하여 300mL 분해플라스크에 넣고 황산 5mL 및 질산 10mL를 넣고 흰 연기가 발생할 때까지 조용히 가열한다. 식힌 다음 질산 5mL씩을 추가하고 흰 연기가 발생할 때까지 가열하여 내용물이 무색~엷은 황색이 될 때까지 이 조작을 반복하여 분해가 끝나면 포화수산암모늄용액 5mL를 넣고 다시 가열하여 질산을 제거한다. 분해물을 50mL 용량플라스크에 옮기고 물 적당량으로 분해플라스크를 씻어 넣고 물을 넣어 전체량을 50mL로 한다.

② 시험조작 : 위의 검액으로 「기능성화장품 기준 및 시험방법」(식품의약품안전처 고시) Ⅵ. 일반시험법 Ⅵ-1. 원료의 "7. 납시험법"에 따라 시험한다. 비교액에는 납표준액 2.0mL를 넣는다.

나) 원자흡광광도법

① 검액의 조제 : 검체 약 0.5g을 정밀하게 달아 석영 또는 테트라플루오로메탄제의 극초단파분해용 용기의 기벽에 닿지 않도록 조심하여 넣는다. 검체를 분해하기 위하여 질산 7mL, 염산 2mL 및 황산 1mL을 넣고 뚜껑을 닫은 다음 용기를 극초단파분해 장치에 장착하고 다음 조작조건에 따라 무색~엷은 황색이 될 때까지 분해한다. 상온으로 식힌 다음 조심하여 뚜껑을 열고 분해물을 25mL 용량플라스크에 옮기고 물 적당량으로 용기 및 뚜껑을 씻어 넣고 물을 넣어 전체량을 25mL로 하여 검액으로 한다. 침전물이 있을 경우 여과하여 사용한다. 따로 질산 7mL, 염산 2mL 및 황산 1mL를 가지고 검액과 동일하게 조작하여 공시험액으로 한다. (다만, 필요에 따라 검체를 분해하기 위하여 사용되는 산의 종류 및 양과 극초단파분해 조건을 바꿀 수 있다.)

[조작 조건]
- 최대파워 : 1000W
- 최고온도 : 200℃
- 분해시간 : 약 35분

위 검액 및 공시험액 또는 디티존법의 검액의 조제와 같은 방법으로 만든 검액 및 공시험액 각 25mL를 취하여 각각에 구연산암모늄용액(1→4) 10mL 및 브롬치몰블루시액 2방울을 넣어 액의 색이 황색에서 녹색이 될 때까지 암모니아시액을 넣는다. 여기에 황산암모늄용액(2→5) 10mL 및 물을 넣어 100mL로 하고 디에칠디치오카르바민산나트륨용액(1→20) 10mL를 넣어 섞고 몇 분간 방치한 다음 메칠이소부틸케톤 20.0mL를 넣어 세게 흔들어 섞어 조용히 둔다. 메칠이소부틸케톤층을 여취하고 필요하면 여과하여 검액으로 한다.

② 표준액의 조제 : 따로 납표준액(10μg/mL) 0.5mL, 1.0mL 및 2.0mL를 각각 취하여 구연산암모늄용액(1→4) 10mL 및 브롬치몰블루시액 2방울을 넣고 이하 위의 검액과 같이 조작하여 검량선용 표준액으로 한다.

③ 조작 : 각각의 표준액을 다음의 조작조건에 따라 원자흡광광도기에 주입하여 얻은 납의 검량선을 가지고 검액 중 납의 양을 측정한다.

[조작 조건]
• 사용가스 : 가연성가스 – 아세칠렌 또는 수소
지연성가스 – 공기
• 램프 : 납중공음극램프
• 파장 : 283.3nm

다) 유도결합플라즈마분광기를 이용하는 방법

① 검액의 조제 : 검체 약 0.2g을 정밀하게 달아 석영 또는 테트라플루오로메탄제의 극초단파분해용 용기의 기벽에 닿지 않도록 조심하여 넣는다. 검체를 분해하기 위하여 질산 7mL, 염산 2mL 및 황산 1mL을 넣고 뚜껑을 닫은 다음 용기를 극초단파분해 장치에 장착하고 다음 조작조건에 따라 무색~엷은 황색이 될 때까지 분해한다. 상온으로 식힌 다음 조심하여 뚜껑을 열고 분해물을 50mL 용량플라스크에 옮기고 물 적당량으로 용기 및 뚜껑을 씻어 넣고 물을 넣어 전체량을 50mL로 하여 검액으로 한다. 침전물이 있을 경우 여과하여 사용한다. 따로 질산 7mL, 염산 2mL 및 황산 1mL를 가지고 검액과 동일하게 조작하여 공시험액으로 한다. (다만, 필요에 따라 검체를 분해하기 위하여 사용되는 산의 종류 및 양과 극초단파분해 조건을 바꿀 수 있다.)

[조작 조건]
• 최대파워 : 1000W
• 최고온도 : 200℃
• 분해시간 : 약 35분

② 표준액의 조제 : 납 표준원액(1000μg/mL)에 0.5% 질산을 넣어 농도가 다른 3가지 이상의 검량선용 표준액을 만든다. 이 표준액의 농도는 액 1mL당 납 0.01~0.2μg 범위내로 한다.

③ 시험조작 : 각각의 표준액을 다음의 조작조건에 따라 유도결합플라즈마분광기(ICP spectrometer)에 주입하여 얻은 납의 검량선을 가지고 검액 중 납의 양을 측정한다.

[조작 조건]
• 파장 : 220.353nm(방해성분이 함유된 경우 납의 다른 특성파장을 선택할 수 있다)
• 플라즈마가스 : 아르곤(99.99 v/v% 이상)

라) 유도결합플라즈마-질량분석기를 이용한 방법

① 검액의 조제 : 검체 약 0.2g을 정밀하게 달아 테플론제의 극초단파분해용 용기의 기벽에 닿지 않도록 조심하여 넣는다. 검체를 분해하기 위하여 질산 7mL, 불화수소산 2mL를 넣고 뚜껑을 닫은 다음 용기를 극초단파분해 장치에 장착하고 다음 조작 조건 1에 따라 무색~엷은 황색이 될 때까지 분해한다. 상온으로 식힌 다음 조심하여 뚜껑을 열어 희석시킨 붕산 (5→100) 20mL를 넣고 뚜껑을 닫은 다음 용기를 극초단파분해 장치에 장착하고 다음 조작 조건 2에 따라 불소를 불활성화 시킨다. (다만, 기기의 검액 도입부 등에 석영대신 테플론재질을 사용하는 경우에 한해 불소 불활성화 조작은 생략할 수 있다. 상온으로 식힌 다음 조심하여 뚜껑을 열고 분해물을 100mL

용량플라스크에 옮기고 증류수 적당량으로 용기 및 뚜껑을 씻어 넣고 증류수를 넣어 100mL로 한다. 침전물이 있을 경우 여과하여 사용한다. 이를 증류수로 5배 희석하여 검액으로 한다. 따로 질산 7mL, 불화수소산 2mL를 가지고 검액과 동일하게 조작하여 공시험액으로 한다. 다만, 필요하면 검체를 분해하기 위하여 사용되는 산의 종류 및 양과 극초단파분해 조건을 바꿀 수 있다.)

[조작 조건 1]	[조작 조건 2]
• 최대파워 : 1000W	• 최대파워 : 1000W
• 최고온도 : 200℃	• 최고온도 : 180℃
• 분해시간 : 약 20분	• 분해시간 : 약 10분

② 표준액의 조제 : 납 표준원액(1000 μg/mL)에 희석시킨 질산(2→100)을 넣어 농도가 다른 3가지 이상의 검량선용 표준액을 만든다. 이 표준액의 농도는 액 1mL당 납 1~20μg 범위를 포함하게 한다.

③ 시험조작 : 각각의 표준액을 다음의 조작조건에 따라 유도결합플라즈마-질량분석기(ICP-MS)에 주입하여 얻은 납의 검량선을 가지고 검액 중 납의 양을 측정한다.

[조작 조건]
• 원자량 : 206, 207, 208(간섭현상이 없는 범위에서 선택하여 검출)
• 플라즈마기체 : 아르곤(99.99 v/v% 이상)

2 니켈

① 검액의 조제 : 검체 약 0.2 g을 정밀하게 달아 테플론제의 극초단파분해용 용기의 기벽에 닿지 않도록 조심하여 넣는다. 검체를 분해하기 위하여 질산 7mL, 불화수소산 2mL를 넣고 뚜껑을 닫은 다음 용기를 극초단파분해 장치에 장착하고 조작조건 1에 따라 무색 ~ 엷은 황색이 될 때까지 분해한다. 상온으로 식힌 다음 조심하여 뚜껑을 열어 희석시킨 붕산 (5→100) 20mL를 넣고 뚜껑을 닫은 다음 용기를 극초단파분해 장치에 장착하고 조작조건 2에 따라 불소를 불활성화 시킨다. (다만, 기기의 검액 도입부 등에 석영대신 테플론재질을 사용하는 경우에 한해 불소 불활성화 조작은 생략할 수 있다.) 상온으로 식힌 다음 조심하여 뚜껑을 열고 분해물을 100mL 용량플라스크에 옮기고 물 적당량으로 용기 및 뚜껑을 씻어 넣고 물을 넣어 100mL로 한다. 침전물이 있을 경우 여과하여 사용한다. 이 액을 물로 5배 희석하여 검액으로 한다. 따로 질산 7mL, 불화수소산 2mL를 가지고 검액과 동일하게 조작하여 공시험액으로 한다. (다만, 필요하면 검체를 분해하기 위하여 사용되는 산의 종류 및 양과 극초단파분해 조건을 바꿀 수 있다.)

[조작 조건 1]	[조작 조건 2]
• 최대파워 : 1000W	• 최대파워 : 1000W
• 최고온도 : 200℃	• 최고온도 : 180℃
• 분해시간 : 약 20분	• 분해시간 : 약 10분

② 표준액의 조제 : 니켈 표준원액(1000 μg/mL)에 희석시킨 질산(2→100)을 넣어 농도가 다른 3가지 이상의 검량선용 표준액을 만든다. 표준액의 농도는 1mL당 니켈 1~20μg 범위를 포함하게 한다.

③ 조작 : 각각의 표준액을 다음의 조작조건에 따라 유도결합플라즈마-질량분석기(ICP-MS)에 주입하여 얻은 니켈의 검량선을 가지고 검액 중 니켈의 양을 측정한다.

[조작 조건]
• 원자량 : 60(간섭현상이 없는 범위에서 선택하여 검출)
• 플라즈마기체 : 아르곤(99.99 v/v% 이상)

④ 검출시험 범위에서 충분한 정량한계, 검량선의 직선성 및 회수율이 확보되는 경우 유도결합플라즈마-질량분석기(ICP-MS) 대신 유도결합플라즈마분광기(ICP) 또는 원자흡광분광기(AAS)를 사용하여 측정할 수 있다.

3 비소

다음 시험법중 적당한 방법에 따라 시험한다.

가) 비색법

검체 1.0g을 달아 「기능성화장품 기준 및 시험방법」(식품의약품안전처 고시) Ⅵ. 일반시험법 Ⅵ-1. 원료의 "15. 비소시험법" 중 제3법에 따라 검액을 만들고 장치 A를 쓰는 방법에 따라 시험한다.

나) 원자흡광광도법

① 검액의 조제 : 검체 약 0.2g을 정밀하게 달아 석영 또는 테트라플루오로메탄제의 극초단파분해용 용기의 기벽에 닿지 않도록 조심하여 넣는다. 검체를 분해하기 위하여 질산 7mL, 염산 2mL 및 황산 1mL을 넣고 뚜껑을 닫은 다음 용기를 극초단파 분해 장치에 장착하고 다음 조작조건에 따라 무색~엷은 황색이 될 때까지 분해한다. 상온으로 식힌 다음 조심하여 뚜껑을 열고 분해물을 50mL 용량플라스크에 옮기고 물 적당량으로 용기 및 뚜껑을 씻어 넣고 물을 넣어 전체량을 50mL로 하여 검액으로 한다. 침전물이 있을 경우 여과하여 사용한다. 따로 질산 7mL, 염산 2mL 및 황산 1mL를 가지고 검액과 동일하게 조작하여 공시험액으로 한다. (다만, 필요에 따라 검체를 분해하기 위하여 사용되는 산의 종류 및 양과 극초단파의 분해조건을 바꿀 수 있다.)

[조작 조건]
- 최대파워 : 1000W
- 최고온도 : 200℃
- 분해시간 : 약 35분

② 표준액의 조제 : 비소 표준원액(1000μg/mL)에 0.5% 질산을 넣어 농도가 다른 3가지 이상의 검량선용 표준액을 만든다. 이 표준액의 농도는 액 1mL당 비소 0.01~0.2μg 범위내로 한다.

③ 시험조작 : 각각의 표준액을 다음의 조작조건에 따라 수소화물발생장치 및 가열흡수셀을 사용하여 원자흡광광도기에 주입하고 여기서 얻은 비소의 검량선을 가지고 검액 중 비소의 양을 측정한다.

[조작 조건]
- 사용가스 : 가연성가스 – 아세칠렌 또는 수소
  지연성가스 – 공기
- 램프 : 비소중공음극램프 또는 무전극방전램프
- 파장 : 193.7 nm

다) 유도결합플라즈마분광기를 이용한 방법

① 검액 및 표준액의 조제 : 원자흡광광도법의 표준액 및 검액의 조제와 같은 방법으로 만든 액을 검액 및 표준액으로 한다.

② 시험조작 : 각각의 표준액을 다음의 조작조건에 따라 유도결합플라즈마분광기(ICP spectrometer)에 주입하여 얻은 비소의 검량선을 가지고 검액 중 비소의 양을 측정한다.

[조작 조건]
- 파장 : 193.759nm(방해성분이 함유된 경우 비소의 다른 특성파장을 선택할 수 있다)
- 플라즈마가스 : 아르곤(99.99 v/v% 이상)

라) 유도결합플라즈마-질량분석기를 이용한 방법

① 검액의 조제 : 검체 약 0.2g을 정밀하게 달아 테플론제의 극초단파분해용 용기의 기벽에 닿지 않도록 조심하여 넣는다. 검체를 분해하기 위하여 질산 7mL, 불화수소산 2mL를 넣고 뚜껑을 닫은 다음 용기를 극초단파 분해 장치에 장착하고 다음 조작 조건 1에 따라 무색~엷은 황색이 될 때까지 분해한다. 상온으로 식힌 다음 조심하여 뚜껑을 열어 희석시킨 붕산(5→100) 20mL를 넣고 뚜껑을 닫은 다음 용기를 극초단파분해 장치에 장착하고 다음 조작 조건 2에 따라 불소를 불활성화 시킨다. (다만, 기기의 검액 도입부 등에 석영대신 테플론재질을 사용하는 경우에 한해 불소 불활성화 조작은 생략할 수 있다.) 최종 분해물을 100mL 용량플라스크에 옮기고 증류수 적당량으로 용기 및 뚜껑을 씻어 넣고 증류수을 넣어 100mL로 한다. 침전물이 있을 경우 여과하여 사용한다. 이를 증류수로 5배 희석하여 검액으로 한다. 따로 질산 7mL, 불화수소산 2mL를 가지고 검액과 동일하게 조작하여 공시험액으로 한다. (다만, 필요하면 검체를 분해하기 위하여 사용되는 산의 종류 및 양과 극초단파분해 조건을 바꿀 수 있다.)

[조작 조건 1]	[조작 조건 2]
• 최대파워 : 1000W	• 최대파워 : 1000W
• 최고온도 : 200℃	• 최고온도 : 180℃
• 분해시간 : 약 20분	• 분해시간 : 약 10분

② 표준액의 조제 : 비소 표준원액(1000μg/mL)에 희석시킨 질산(2→100)을 넣어 농도가 다른 3가지 이상의 검량선용 표준액을 만든다. 이 표준액의 농도는 액 1mL당 비소 1~4ng 범위를 포함하게 한다.

③ 시험조작 : 각각의 표준액을 다음의 조작조건에 따라 유도결합플라즈마-질량분석기(ICP-MS)에 주입하여 얻은 비소의 검량선을 가지고 검액 중 비소의 양을 측정한다.

[조작 조건]
- 원자량 : 75($^{40}Ar^{35}Cl^{+}$의 간섭을 방지하기 위한 장치를 사용할 수 있음)
- 플라즈마기체 : 아르곤(99.99 v/v% 이상)

4 수은

가) 수은분해장치를 이용한 방법

① 검액의 조제 : 검체 1.0g을 정밀히 달아 우측 그림과 같은 수은분해장치의 플라스크에 넣고 유리구 수개를 넣어 장치에 연결하고 냉각기에 찬물을 통과시키면서 적가깔대기를 통하여 질산 10mL를 넣는다. 다음에 적가깔대기의 콕크를 잠그고 반응콕크를 열어주면서 서서히 가열한다. 아질산가스의 발생이 거의 없어지고 엷은 황색으로 되었을 때 가열을 중지하고 식힌다. 이때 냉각기와 흡수관의 접촉을 열어놓고 흡수관의 희석시킨 황산(1→100)이 장치 안에 역류되지 않도록 한다. 식힌 다음 황산 5mL를 넣고 다시 서서히 가열한다. 이때 반응콕크를 잠가주면서 가열하여 산의 농도를 농축시키면 분해가 촉진된다. 분해가 잘 되지 않으면 질산 및 황산을 같은 방법으로 반복하여 넣으면서 가열한다. 액이 무색 또는 엷은 황색이 될 때까지 가열하고 식힌다. 이때 냉각기와 흡수관의 접촉을 열어놓고 흡수관의 희석시킨 황산(1→100)이 장치안에 역류되지 않도록 한다. 식힌 다음 과망간산칼륨가루 소량을 넣고 가열한다. 가열하는 동안 과망간산칼륨의 색이 탈색되지 않을 때까지 소량씩 넣어 가열한다. 다시 식힌 다음 적가깔대기를 통하여 과산화수

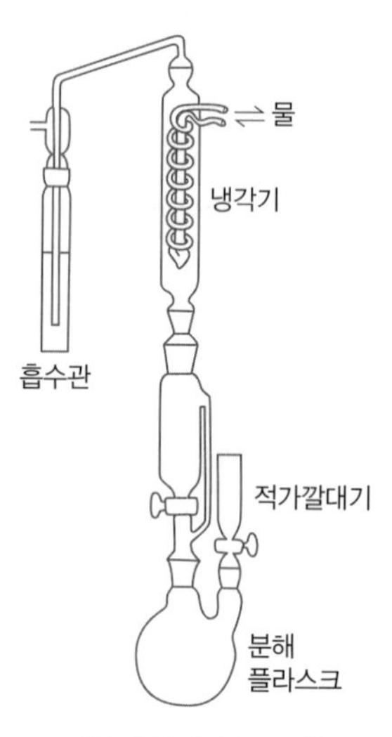

【수은분해장치의 예】

소시액을 넣으면서 탈색시키고 10% 요소용액 10mL를 넣고 적가깔대기의 콕크를 잠근다. 이때 장치안이 급히 냉각되므로 흡수관 안의 희석시킨 황산(1→100)이 장치 안으로 역류한다. 역류가 끝난 다음 천천히 가열하면서 아질산가스를 완전히 날려 보내고 식혀서 100mL 용량플라스크에 옮기고 뜨거운 희석시킨 황산(1→100)소량으로 장치의 내부를 잘 씻어 씻은 액을 100mL 메스플라스크에 합하고 식힌 다음 물을 넣어 정확히 100mL로 하여 검액으로 한다.

② 공시험액의 조제 : 검체는 사용하지 않고 검액의 조제와 같은 방법으로 조작하여 공시험액으로 한다.

③ 표준액의 조제 : 염화제이수은을 데시케이타(실리카 겔)에서 6시간 건조하여 그 13.5mg을 정밀하게 달아 묽은 질산 10mL 및 물을 넣어 녹여 정확하게 1L로 한다. 이 용액 10mL를 정확하게 취하여 묽은 질산 10mL 및 물을 넣어 정확하게 1L로 하여 표준액으로 한다. 쓸 때 조제한다. 이 표준액 1mL는 수은(Hg) 0.1㎍을 함유한다.

④ 조작법(환원기화법) : 검액 및 공시험액을 시험용 유리병에 옮기고 5% 과망간산칼륨용액 수적을 넣어 주면서 탈색이 되면 추가하여 1분간 방치한 다음 1.5% 염산히드록실아민용액으로 탈색시킨다. 따로 수은표준액 10mL를 정확하게 취하여 물을 넣어 100mL로 하여 시험용 유리병에 옮기고 5% 과망간산칼륨용액 수적을 넣어 흔들어 주면서 탈색이 되면 추가하여 1분간 방치한 다음 50% 황산 2mL 및 3.5% 질산 2mL를 넣고 1.5% 염산히드록실아민용액으로 탈색시킨다. 위의 전처리가 끝난 표준액, 검액 및 공시험액에 1% 염화제일석 0.5N 황산용액 10mL씩을 넣어 아래 그림과 같은 원자흡광광도계의 순환펌프에 연결하여 수은증기를 건조관 및 흡수셀(cell)안에 순환시켜 파장 253.7nm에서 기록계의 지시가 급속히 상승하여 일정한 값을 나타낼 때의 흡광도를 측정할 때 검액의 흡광도는 표준액의 흡광도보다 적어야 한다.

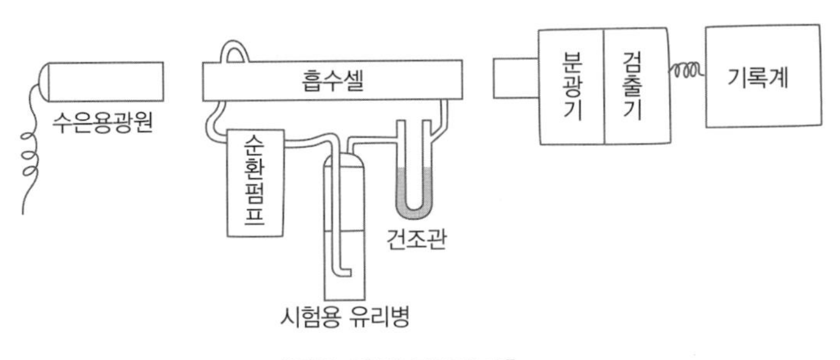

【환원기화법 장치의 예】

나) 수은분석기를 이용한 방법

① 검액의 조제 : 검체 약 50mg을 정밀하게 달아 검액으로 한다.

② 표준액의 조제 : 수은표준액을 0.001% L-시스테인 용액*으로 적당하게 희석하여 0.1, 1, 10㎍/mL로 하여 표준액으로 한다.

③ 조작법 : 검액 및 표준액을 가지고 수은분석기로 측정한다. 따로 공시험을 하며 필요하면 첨가제를 넣을 수 있다.

※ 0.001% L-시스테인 용액 : L-시스테인 10mg을 달아 질산 2mL를 넣은 다음 물을 넣어 1000mL로 한다. 이 액을 냉암소에 보관한다.

5 안티몬

① 검액의 조제 : 검체 약 0.2g을 정밀하게 달아 테플론제의 극초단파분해용 용기의 기벽에 닿지 않도록 조심하여 넣는다. 검체를 분해하기 위하여 질산 7mL, 불화수소산 2mL를 넣고 뚜껑을 닫은 다음 용기를 극초단파분해 장치에 장착하고 조작조건 1에 따라 무색 ~ 엷은 황색이 될 때까지 분해한다. 상온으로 식힌 다음 조심하여 뚜껑을 열어 희석시킨 붕산 (5→100) 20mL를 넣고 뚜껑을 닫은 다음 용기를 극초단파분해 장치에 장착하고 조작조건 2에 따라 불소를 불활성화 시킨다. (다만, 기기의 검액 도입부 등에 석영대신 테플론재질을 사용하는 경우에 한해 불소 불

활성화 조작은 생략할 수 있다.) 상온으로 식힌 다음 조심하여 뚜껑을 열고 분해물을 100mL 용량플라스크에 옮기고 물 적당량으로 용기 및 뚜껑을 씻어 넣고 물을 넣어 100mL로 한다. 침전물이 있을 경우 여과하여 사용한다. 이 액을 물로 5배 희석하여 검액으로 한다. 따로 질산 7mL, 불화수소산 2mL를 가지고 검액과 동일하게 조작하여 공시험액으로 한다. (다만, 필요하면 검체를 분해하기 위하여 사용되는 산의 종류 및 양과 극초단파분해 조건을 바꿀 수 있다.)

[조작 조건 1]	[조작 조건 2]
• 최대파워 : 1000W	• 최대파워 : 1000W
• 최고온도 : 200℃	• 최고온도 : 180℃
• 분해시간 : 약 20분	• 분해시간 : 약 10분

② 표준액의 조제 : 안티몬 표준원액(1000 μg/mL)에 희석시킨 질산 (2→100)을 넣어 농도가 다른 3가지 이상의 검량선용 표준액을 만든다. 표준액의 농도는 1mL당 안티몬 1～20ng 범위를 포함하게 한다.

③ 조작 : 각각의 표준액을 다음의 조작조건에 따라 유도결합플라즈마-질량분석기(ICP-MS)에 주입하여 얻은 안티몬의 검량선을 가지고 검액 중 안티몬의 양을 측정한다.

[조작 조건]
• 원자량 : 121, 123 (간섭현상이 없는 범위에서 선택하여 검출)
• 플라즈마기체 : 아르곤 (99.99 v/v% 이상)

④ 검출시험 범위에서 충분한 정량한계, 검량선의 직선성 및 회수율이 확보되는 경우 유도결합플라즈마-질량분석기(ICP-MS) 대신 유도결합플라즈마분광기(ICP) 또는 원자흡광분광기(AAS)를 사용하여 측정할 수 있다.

6 카드뮴

① 검액의 조제 : 검체 약 0.2g을 정밀하게 달아 테플론제의 극초단파분해용 용기의 기벽에 닿지 않도록 조심하여 넣는다. 검체를 분해하기 위하여 질산 7mL, 불화수소산 2mL를 넣고 뚜껑을 닫은 다음 용기를 극초단파분해 장치에 장착하고 조작조건 1에 따라 무색 ～ 엷은 황색이 될 때까지 분해한다. 상온으로 식힌 다음 조심하여 뚜껑을 열어 희석시킨 붕산 (5→100) 20mL를 넣고 뚜껑을 닫은 다음 용기를 극초단파분해 장치에 장착하고 조작조건 2에 따라 불소를 불활성화 시킨다. (다만, 기기의 검액 도입부 등에 석영대신 테플론재질을 사용하는 경우에 한해 불소 불활성화 조작은 생략할 수 있다.) 상온으로 식힌 다음 조심하여 뚜껑을 열고 분해물을 100mL 용량플라스크에 옮기고 물 적당량으로 용기 및 뚜껑을 씻어 넣고 물을 넣어 100mL로 한다. 침전물이 있을 경우 여과하여 사용한다. 이 액을 물로 5배 희석하여 검액으로 한다. 따로 질산 7mL, 불화수소산 2mL를 가지고 검액과 동일하게 조작하여 공시험액으로 한다. (다만, 필요하면 검체를 분해하기 위하여 사용되는 산의 종류 및 양과 극초단파분해 조건을 바꿀 수 있다.)

[조작 조건 1]	[조작 조건 2]
• 최대파워 : 1000W	• 최대파워 : 1000W
• 최고온도 : 200℃	• 최고온도 : 180℃
• 분해시간 : 약 20분	• 분해시간 : 약 10분

② 표준액의 조제 : 카드뮴 표준원액(1000μg/mL)에 희석시킨 질산 (2→100)을 넣어 농도가 다른 3가지 이상의 검량선용 표준액을 만든다. 표준액의 농도는 1mL당 카드뮴 1～20ng 범위를 포함하게 한다.

③ 조작 : 각각의 표준액을 다음의 조작조건에 따라 유도결합플라즈마-질량분석기(ICP-MS)에 주입하여 얻은 카드뮴의 검량선을 가지고 검액 중 카드뮴의 양을 측정한다.

[조작 조건]
• 원자량 : 110, 111, 112(간섭현상이 없는 범위에서 선택하여 검출)
• 플라즈마기체 : 아르곤(99.99 v/v% 이상)

④ 검출시험 범위에서 충분한 정량한계, 검량선의 직선성 및 회수율이 확보되는 경우 유도결합플라즈마-질량분석기(ICP-MS) 대신 유도결합플라즈마분광기(ICP) 또는 원자흡광분광기(AAS)를 사용하여 측정할 수 있다.

7 디옥산

① 검체 약 1.0g을 정밀하게 달아 20% 황산나트륨용액 1.0mL를 넣고 잘 흔들어 섞어 검액으로 한다.
② 따로 1,4-디옥산 표준품을 물로 희석하여 0.0125, 0.025, 0.05, 0.1, 0.2, 0.4, 0.8mg/mL의 액으로 한 다음, 각 액 50μL씩을 취하여 각각에 폴리에틸렌글리콜 400 1.0g 및 20% 황산나트륨용액 1.0mL를 넣고 잘 흔들어 섞은 액을 표준액으로 한다.
③ 검액 및 표준액을 가지고 다음 조건으로 기체크로마토그래프법의 절대검량선법에 따라 시험한다. 필요하면 표준액의 검량선 범위 내에서 검체 채취량 또는 희석배수를 조정할 수 있다.

[조작 조건]
• 검출기 : 질량분석기
  – 인터페이스온도 : 240 ℃
  – 이온소스온도 : 230 ℃
  – 스캔범위 : 40 ~ 200 amu
  – 질량분석기모드 : 선택이온모드 (88, 58, 43)
• 헤드스페이스
  – 주입량(루프) : 1 mL
  – 바이알 평형온도 : 95 ℃
  – 루프온도 : 110 ℃
  – 주입라인온도 : 120 ℃
  – 바이알 퍼지압력 : 20 psi
  – 바이알 평형시간 : 30 분
  – 바이알 퍼지시간 : 0.5 분
  – 루프 채움시간 : 0.3 분
  – 루프 평형시간 : 0.05 분
  – 주입시간 : 1 분
• 칼럼 : 안지름 약 0.32mm, 길이 약 60m인 관에 기체크로마토그래프용 폴리에칠렌왁스를 실란처리한 500 μm의 기체크로마토그래프용 규조토에 피복한 것을 충전한다.
• 칼럼온도 : 처음 2 분간 50℃로 유지하고 160℃까지 1분에 10℃ 씩 상승시킨다.
• 운반기체 : 헬륨
• 유량 : 1,4–디옥산의 유지시간이 약 10분이 되도록 조정한다.
• 스플리트비 : 약 1:10

8 메탄올

이하 메탄올 시험법에 사용하는 에탄올은 메탄올이 함유되지 않은 것을 확인하고 사용한다.

가) 푹신아황산법

검체 10mL를 취해 포화염화나트륨용액 10mL를 넣어 충분히 흔들어 섞고, 대한민국약전 알코올수측정법에 따라 증류하여 유액 12mL를 얻는다. 이 유액이 백탁이 될 때까지 탄산칼륨을 넣어 분리한 알코올분에 정제수를 넣어 50mL로 하여 검액으로 한다.

따로 0.1 % 메탄올 1.0mL에 에탄올 0.25mL를 넣고 정제수를 가해 5.0mL로 하여 표준액으로 한다.

표준액 및 검액 5mL를 가지고 「기능성화장품 기준 및 시험방법」(식품의약품안전처 고시) IX. 일반시험법 IX-1. 원료 "9. 메탄올 및 아세톤시험법" 중 메탄올항에 따라 시험한다.

나) 기체크로마토그래프법

1) 물휴지 외 제품

① 증류법 : 검체 약 10mL를 정확하게 취해 증류플라스크에 넣고 물 10mL, 염화나트륨 2 g, 실리콘유 1 방울 및 에탄올 10mL를 넣어 초음파로 균질화한 후 증류하여 유액 15mL를 얻는다. 이 액에 에탄올을 넣어 50mL로 한 후 여과하여 검액으로 한다. 따로 메탄올 1.0mL를 정확하게 취해 에탄올을 넣어 정확하게 500mL로 하고 이 액 1.25mL, 2.5mL, 5mL, 10mL, 20mL를 정확하게 취해 에탄올을 넣어 50mL로 하여 각각의 표준액으로 한다.

② 희석법 : 검체 약 10mL를 정확하게 취해 에탄올 10mL를 넣어 초음파로 균질화 하고 에탄올을 넣어 50mL로 한 후 여과하여 검액으로 한다. 따로 메탄올 1.0mL를 정확하게 취하여 에탄올을 넣어 정확하게 500mL로 하고 이 액 1.25mL, 2.5mL, 5mL, 10mL, 20mL를 정확하게 취해 에탄올을 넣어 50mL로 하여 각각의 표준액으로 한다.

③ 기체크로마토그래프 분석 : 검체에 따라 증류법 또는 희석법을 선택하여 전처리한 후 각각의 표준액과 검액을 가지고 아래 조작조건에 따라 시험한다.

[조작 조건]

- 검출기 : 수소염이온화검출기(FID)
- 칼럼 : 안지름 약 0.32 mm, 길이 약 60 m인 용융실리카 모세관 내부에 기체크로마토그래프용 폴리에칠렌글리콜 왁스를 0.5 ㎛의 두께로 코팅한다.
- 칼럼 온도 : 50℃에서 5분 동안 유지한 다음 150℃까지 매분 10℃씩 상승시킨 후 150℃에서 2분 동안 유지한다.
- 검출기 온도 : 240℃
- 시료주입부 온도 : 200℃
- 운반기체 및 유량 : 질소 1.0 mL/분

2) 물휴지

검체 적당량을 압착하여 용액을 분리하고 이 액 약 3mL를 정확하게 취해 검액으로 한다. 따로 메탄올 표준품 0.5mL를 정확하게 취해 물을 넣어 정확하게 500mL로 한다. 이 액 0.3mL, 0.5mL, 1mL, 2mL, 4mL를 정확하게 취하여 물을 넣어 100mL로 하여 각각의 표준액으로 한다. 각각의 표준액과 검액을 가지고 기체크로마토그래프-헤드스페이스법으로 다음 조작조건에 따라 시험한다.

[조작 조건]

- 기체크로마토그래프는 '1) 물휴지 외 제품' 조작조건과 동일하게 조작한다. (다만, 스플리트비는 1:10으로 한다.)
- 헤드스페이스 장치
  - 바이알 용량 : 20 mL
  - 주입량(루프) : 1 mL
  - 바이알 평형 온도 : 70℃
  - 루프 온도 : 80℃
  - 주입라인 온도 : 90℃
  - 바이알 평형 시간 : 10분
  - 바이알 퍼지 시간 : 0.5분
  - 루프 채움 시간 : 0.5분
  - 루프 평형 시간 : 0.1분
  - 주입 시간 : 0.5분

다) 기체크로마토그래프-질량분석기법

① 검체(물휴지는 검체 적당량을 압착하여 용액을 분리하여 사용) 약 1mL을 정확하게 취하여 물을 넣어 정확하게 100mL로 하여 검액으로 한다. 따로 메탄올 표준품 약 0.1mL를 정확하게 취해 물을 넣어 정확하게 100mL로 하여 표준원액 (1000 μL/L)으로 한다. 이 액 0.3mL, 0.5mL, 1mL, 2mL, 4mL를 정확하게 취하여 물을 넣어 정확하게 100mL로 하여 각각의 표준액으로 한다.

② 각각의 표준액과 검액 약 3mL를 정확하게 취해 헤드스페이스용 바이알에 넣고 기체크로마토그래프-헤드스페이스법으로 다음 조작조건에 따라 시험한다. 필요하면 표준액의 검량선 범위 내에서 검체 채취량 또는 희석배수는 조정할 수 있다.

[조작 조건]
- 검출기 : 질량분석기
  - 인터페이스 온도 : 230℃
  - 이온소스 온도 : 230℃
  - 스캔범위 : 30~200 amu
  - 질량분석기모드 : 선택이온모드 (31, 32)
- 헤드스페이스 장치
  - 주입량(루프) : 1 mL
  - 바이알 평형 온도 : 90℃
  - 루프 온도 : 130℃
  - 주입라인 온도 : 120℃
  - 바이알 퍼지압력 : 20 psi
  - 바이알 평형 시간 : 30분
  - 바이알 퍼지 시간 : 0.5분
  - 루프 채움 시간 : 0.3분
  - 루프 평형 시간 : 0.05분
  - 주입 시간 : 1분
- 칼럼 : 안지름 약 0.32mm, 길이 약 60m인 용융실리카 모세관 내부에 기체크로마토그래프용 폴리에칠렌글리콜 왁스를 0.5μm의 두께로 코팅한다.
- 칼럼 온도 : 50℃에서 10분 동안 유지한 다음 230℃까지 매분 15℃씩 상승시킨 다음 230℃에서 3분간 유지한다.
- 운반 기체 및 유량 : 헬륨, 1.5 mL/분
- 분리비(split ratio) : 약 1:10

9 포름알데하이드

③ 검체 약 1.0 g을 정밀하게 달아 초산 · 초산나트륨완충액[주1)]을 넣어 20mL로 하고 1시간 진탕 추출한 다음 여과한다.

④ 여액 1mL를 정확하게 취하여 물을 넣어 200mL로 하고, 이 액 100mL를 취하여 초산 · 초산나트륨완충액 4mL를 넣은 다음 균질하게 섞고 6 mol/L 염산 또는 6 mol/L 수산화나트륨용액을 넣어 pH를 5.0으로 조정한다.

⑤ 이 액에 2,4-디니트로페닐히드라진시액 [주2)] 6.0mL를 넣고 40℃에서 1시간 진탕한 다음, 디클로로메탄 20mL로 3회 추출하고 디클로로메탄 층을 무수황산나트륨 5.0 g을 놓은 탈지면을 써서 여과한다.

- 주1) 초산 · 초산나트륨완충액 : 5 mol/L 초산나트륨액 60mL에 5 mol/L 초산 40mL를 넣어 균질하게 섞은 다음, 6 mol/L 염산 또는 6 mol/L 수산화나트륨용액을 넣어 pH를 5.0으로 조정한다.
- 주2) 2,4-디니트로페닐하이드라진시액 : 2,4-디니트로페닐하이드라진 약 0.3g을 정밀하게 달아 아세토니트릴을 넣어 녹여 100 mL로 한다.

⑥ 이 여액을 감압에서 가온하여 증발 건고한 다음 잔류물에 아세토니트릴 5.0mL를 넣어 녹인 액을 검액으로 한다.

⑦ 따로 포름알데하이드 표준품을 물로 희석하여 0.05, 0.1, 0.2, 0.5, 1, 2 μg/mL의 액을 만든 다음, 각 액 100mL를 취하여 검액과 같은 방법으로 전처리하여 표준액으로 한다.

⑧ 검액 및 표준액 각 10 μL씩을 가지고 다음 조건으로 액체크로마토그래프법의 절대검량선법에 따라 시험한다.
⑨ 필요하면 표준액의 검량선 범위 내에서 검체 채취량 또는 검체 희석배수를 조정할 수 있다.

[조작 조건]
- 검출기 : 자외부흡광광도계 (측정파장 355 nm)
- 칼럼 : 안지름 약 4.6 mm, 길이 약 25 cm인 스테인레스강관에 5 ㎛의 액체크로마토그래프용옥타데실실릴화한 실리카겔을 충전한다.
- 이동상 : 0.01 mol/L염산 · 아세토니트릴혼합액 (40 : 60)
- 유량 : 1.5 mL/분

10 프탈레이트류(디부틸프탈레이트, 부틸벤질프탈레이트 및 디에칠헥실프탈레이트)

다음 시험법 중 적당한 방법에 따라 시험한다.

가) 기체크로마토그래프-수소염이온화검출기를 이용한 방법

검체 약 1.0g을 정밀하게 달아 헥산 · 아세톤 혼합액(8:2)을 넣어 정확하게 10mL로 하고 초음파로 충분히 분산시킨 다음 원심 분리한다. 그 상등액 5.0mL를 정확하게 취하여 내부표준액 주) 4.0mL를 넣고 헥산 · 아세톤 혼합액(8:2)을 넣어 10.0mL로 하여 검액으로 한다. 따로 디부틸프탈레이트, 부틸벤질프탈레이트, 디에칠헥실프탈레이트 표준품을 정밀하게 달아 헥산 · 아세톤 혼합액(8:2)을 넣어 녹여 희석하고 그 일정량을 취하여 내부표준액 4.0mL를 넣고 헥산 · 아세톤 혼합액(8:2)을 넣어 10.0mL로 하여 0.1, 0.5, 1.0, 5.0, 10.0, 25.0 μg/mL로 하여 표준액으로 한다. 검액 및 표준액 각 1μL씩을 가지고 다음 조건으로 기체크로마토그래프법 내부표준법에 따라 시험한다. 필요한 경우 표준액의 검량선 범위 내에서 검체 채취량 또는 희석배수를 조정할 수 있다.

주) 내부표준액 : 벤질벤조에이트 표준품 약 10 mg을 정밀하게 달아 헥산 · 아세톤 혼합액 (8:2)을 넣어 정확하게 1000mL로 한다.

[조작 조건]
- 검출기 : 수소염이온화검출기(FID)
- 칼럼 : 안지름 약 0.25mm, 길이 약 30m인 용융실리카관의 내관에 14% 시아노프로필페닐-86% 메틸폴리실록산으로 0.25μm 두께로 피복한다.
- 칼럼온도 : 150℃에서 2분 동안 유지한 다음 260℃까지 매분 10℃씩 상승시킨 다음 15분 동안 이 온도를 유지한다.
- 검체도입부온도: 250℃
- 검출기온도: 280℃
- 운반기체 : 질소
- 유량 : 1mL/분
- 스플리트비 : 약 1:10

나) 기체크로마토그래프-질량분석기를 이용한 방법

검체 약 1.0g을 정밀하게 달아 헥산 · 아세톤 혼합액(8:2)을 넣어 정확하게 10mL로 하고 초음파로 충분히 분산시킨 다음 원심 분리한다. 그 상등액 5.0mL를 정확하게 취하여 내부표준액 주) 1.0mL를 넣고 헥산 · 아세톤 혼합액(8:2)을 넣어 10.0mL로 하여 검액으로 한다. 따로 디부틸프탈레이트, 부틸벤질프탈레이트, 디에칠헥실프탈레이트 표준품을 정밀하게 달아 헥산 · 아세톤 혼합액(8:2)을 넣어 녹여 희석하고 그 일정량을 취하여 내부표준액 1.0mL를 넣고 헥산 · 아세톤 혼합액(8:2)을 넣어 10.0mL로 하여 0.1, 0.25, 0.5, 1.0, 2.5, 5.0μg/mL로 하여 표준액으로 한다. 검액 및 표준액 각 1 μL씩을 가지고 다음 조건으로 기체크로마토그래프법 내부표준법에 따라 시험한다. 필요한 경우 표준액의 검량선 범위 내에서 검체 채취량 또는 희석배수를 조정할 수 있다.

주) 내부표준액 : 플루오란센-d10 표준품 약 10 mg을 정밀하게 달아 헥산 · 아세톤 혼합액 (8:2)을 넣어 정확하게 1000mL로 한다.

[조작 조건]
- 검출기 : 질량분석기
  - 인터페이스온도 : 300℃
  - 이온소스온도 : 230℃
  - 스캔범위 : 40~300 amu
  - 질량분석기모드 : 선택이온모드

성분명	선택이온
디부틸프탈레이트	149, 205, 223
부틸벤질프탈레이트	91, 149, 206
디에칠헥실프탈레이트	149, 167, 279
내부표준물질(플루오란센-d10)	92, 106, 212

- 칼럼 : 안지름 약 0.25mm, 길이 약 30m인 용융실리카관의 내관에 5% 페닐-95% 디메틸폴리실록산으로 0.25 μm 두께로 피복한다.
- 칼럼온도 : 110℃에서 0.5분 동안 유지한 다음 300℃까지 매분 20℃씩 상승시킨 다음 3분 동안 이 온도를 유지한다.
- 검체도입부온도 : 280 ℃
- 운반기체 : 헬륨
- 유량 : 1mL/분
- 스플리트비 : 스플릿리스

11 미생물 한도

일반적으로 다음의 시험법을 사용한다. (다만, 본 시험법 외에도 미생물 검출을 위한 자동화 장비와 미생물 동정기기 및 키트 등을 사용할 수도 있다.)

가) 검체의 전처리

검체조작은 무균조건하에서 실시하여야 하며, 검체는 충분하게 무작위로 선별하여 그 내용물을 혼합하고 검체 제형에 따라 다음의 각 방법으로 검체를 희석, 용해, 부유 또는 현탁시킨다. (아래의 어느 방법도 만족할 수 없을 때에는 적절한 다른 방법을 확립한다.)

① **액제 · 로션제** : 검체 1mL(g)에 변형레틴액체배지 또는 검증된 배지나 희석액 9mL를 넣어 10배 희석액을 만들고 희석이 더 필요할 때에는 같은 희석액으로 조제한다.

② **크림제 · 오일제** : 검체 1mL(g)에 적당한 분산제 1mL를 넣어 균질화 시키고 변형레틴액체배지 또는 검증된 배지나 희석액 8mL를 넣어 10배 희석액을 만들고 희석이 더 필요할 때에는 같은 희석액으로 조제한다. 분산제만으로 균질화가 되지 않는 경우 검체에 적당량의 지용성 용매를 첨가하여 용해한 뒤 적당한 분산제 1mL를 넣어 균질화 시킨다.

③ **파우더 및 고형제** : 검체 1g에 적당한 분산제를 1mL를 넣고 충분히 균질화 시킨 후 변형레틴액체배지 또는 검증된 배지 및 희석액 8mL를 넣어 10배 희석액을 만들고 희석이 더 필요할 때에는 같은 희석액으로 조제한다. 분산제만으로 균질화가 되지 않을 경우 적당량의 지용성 용매를 첨가한 상태에서 멸균된 마쇄기를 이용하여 검체를 잘게 부수어 반죽 형태로 만든 뒤 적당한 분산제 1mL를 넣어 균질화 시킨다. 추가적으로 40℃에서 30분 동안 가온한 후 멸균한 유리구슬(5 mm : 5~7개, 3 mm : 10~15개)을 넣어 균질화 시킨다.

※ 주1) 분산제는 멸균한 폴리소르베이트 80 등을 사용할 수 있으며, 미생물의 생육에 대하여 영향이 없는 것 또는 영향이 없는 농도이어야 한다.

※ 주2) 검액 조제시 총 호기성 생균수 시험법의 배지성능 및 시험법 적합성 시험을 통하여 검증된 배지나 희석액 및 중화제를 사용할 수 있다.

※ 주3) 지용성 용매는 멸균한 미네랄 오일 등을 사용할 수 있으며, 미생물의 생육에 대하여 영향이 없는 것이어야 한다. 첨가량은 대상 검체 특성에 맞게 설정하여야 하며, 미생물의 생육에 대하여 영향이 없어야 한다.

나) 총 호기성 생균수 시험법

총 호기성 생균수 시험법은 화장품 중 총 호기성 생균(세균 및 진균)수를 측정하는 시험방법이다.

① 검액의 조제 : 앞의 '가)' 항에 따라 검액을 조제한다.

② 배지 : 총 호기성 세균수시험은 변형레틴한천배지 또는 대두카제인소화한천배지를 사용하고 진균수시험은 항생물질 첨가 포테이토 덱스트로즈 한천배지 또는 항생물질 첨가 사브로포도당한천배지를 사용한다. 위의 배지 이외에 배지성능 및 시험법 적합성 시험을 통하여 검증된 다른 미생물 검출용 배지도 사용할 수 있고, 세균의 혼입이 없다고 예상된 때나 세균의 혼입이 있어도 눈으로 판별이 가능하면 항생물질을 첨가하지 않을 수 있다.

변형레틴액체배지 (Modified letheen broth)	
육제펩톤	20.0 g
카제인의 판크레아틴 소화물	5.0 g
효모엑스	2.0 g
육엑스	5.0 g
염화나트륨	5.0 g
폴리소르베이트 80	5.0 g
레시틴	0.7 g
아황산수소나트륨	0.1 g
정제수	1000mL

이상을 달아 정제수에 녹여 1L로 하고 멸균 후의 pH가 7.2±0.2가 되도록 조정하고 121℃에서 15분간 고압멸균한다.

변형레틴액체배지 (Modified letheen broth)	
프로테오즈 펩톤	10.0 g
카제인의 판크레아틱소화물	10.0 g
효모엑스	2.0 g
육엑스	3.0 g
염화나트륨	5.0 g
포도당	1.0 g
폴리소르베이트 80	7.0 g
레시틴	1.0 g
아황산수소나트륨	0.1 g
한천	20.0 g
정제수	1000mL

이상을 달아 정제수에 녹여 1L로 하고 멸균 후의 pH가 7.2±0.2가 되도록 조정하고 121℃에서 15분간 고압멸균 한다.

대두카제인소화한천배지 (Tryptic soy agar)	
카제인제 펩톤	15.0 g
대두제 펩톤	5.0 g
염화나트륨	5.0 g
한천	15.0 g
정제수	1000mL

이상을 달아 정제수에 녹여 1 L로 하고 멸균 후의 pH가 7.2±0.2가 되도록 조정하고 121℃에서 15분간 고압멸균 한다.

항생물질첨가 포테이토덱스트로즈한천배지 (Potato dextrose agar)	
감자침출물	200.0 g
포도당	20.0 g
한천	15.0 g
정제수	1000mL

이상을 달아 정제수에 녹여 1L로 하고 121℃에서 15분간 고압멸균 한다. 사용하기 전에 1L당 40mg의 염산테트라사이클린을 멸균배지에 첨가하고 10% 주석산용액을 넣어 pH를 5.6±0.2 로 조정하거나, 세균 혼입의 문제가 있는 경우 3.5±0.1로 조정할 수 있다. 200.0 g의 감자침출물 대신 4.0 g의 감자추출물이 사용될 수 있다.

항생물질첨가사부로포도당한천배지 (Sabouraud dextrose agar)	
육제 또는 카제인제 펩톤	10.0 g
포도당	40.0 g
한천	15.0 g
정제수	1000mL

이상을 달아 정제수에 녹여 1 L로 하고 121℃에서 15분간 고압멸균한 다음의 pH가 5.6±0.2이 되도록 조정한다. 쓸 때 배지 1000mL당 벤질페니실린칼륨 0.10g과 테트라사이클린 0.10g을 멸균용액으로서 넣거나 배지 1000mL당 클로람페니콜 50mg을 넣는다.

③ 조작 기출(20-2회)

세균수 시험	㉮ 한천평판 도말법 : 직경 9~10cm 페트리 접시내에 미리 굳힌 세균시험용 배지 표면에 전처리 검액 0.1mL이상 도말한다. ㉯ 한천평판 희석법 : 검액 1mL를 같은 크기의 페트리접시에 넣고 그 위에 멸균 후 45℃로 식힌 15mL의 세균시험용 배지를 넣어 잘 혼합한다. 검체당 최소 2개의 평판을 준비하고 30~35℃에서 적어도 48시간 배양하는데 이때 최대 균집락수를 갖는 평판을 사용하되 평판당 300개 이하의 균집락을 최대치로 하여 총 세균수를 측정한다.
진균수 시험	'세균수 시험'에 따라 시험을 실시하되 배지는 진균수시험용 배지를 사용하여 배양온도 20~25℃에서 적어도 5일간 배양한 후 100 개 이하의 균집락이 나타나는 평판을 세어 총 진균수를 측정한다.

④ 배지성능 및 시험법 적합성시험 기출(20-2회)

시판배지는 배치마다 시험하며, 조제한 배지는 조제한 배치마다 시험한다. 검체의 유 · 무하에서 총 호기성 생균수시험법에 따라 제조된 검액 · 대조액에 [표 1] 시험균주를 각각 100cfu 이하가 되도록 접종하여 규정된 총호기성생균수시험법에 따라 배양할 때 검액에서 회수한 균수가 대조액에서 회수한 균수의 1/2 이상이어야 한다. 검체 중 보존제 등의 항균활성으로 인해 증식이 저해되는 경우(검액에서 회수한 균수가 대조액에서 회수한 균수의 1/2 미만인 경우)에는 결과의 유효성을 확보하기 위하여 총 호기성 생균수 시험법을 변경해야 한다. 항균활성을 중화하기 위하여 희석 및 중화제 [표 2]를 사용할 수 있다. 또한, 시험에 사용된 배지 및 희석액 또는 시험 조작상의 무균상태를 확인하기 위하여 완충식염펩톤수(pH 7.0)를 대조로 하여 총호기성 생균수시험을 실시할 때 미생물의 성장이 나타나서는 안 된다.

[표 1] 총호기성생균수 배지성능시험용 균주 및 배양조건

	시험균주	배양
Escherichia coli	ATCC 8739, NCIMB 8545, CIP53.126, NBRC 3972 또는 KCTC 2571	호기배양, 30~35℃, 48시간
Bacillus subtilis	ATCC 6633, NCIMB 8054, CIP 52.62, NBRC 3134 또는 KCTC 1021	
Staphylococcus aureus	ATCC 6538, NCIMB 9518, CIP 4.83, NRRC 13276 또는 KCTC 3881	
Candida albicans	ATCC 10231, NCPF 3179, IP48.72, NBRC1594 또는 KCTC 7965	호기배양, 20~25℃, 5일

[표 2] 항균활성에 대한 중화제

화장품 중 미생물 발육저지물질	배양
페놀 화합물 : 파라벤, 페녹시에탄올, 페닐에탄올 등 아닐리드	레시틴, 폴리소르베이트 80, 비이온성 계면활성제, 지방알코올의 에틸렌 옥사이드축합물(condensate)
4급 암모늄 화합물, 양이온성 계면활성제	레시틴, 사포닌, 폴리소르베이트 80, 도데실 황산나트륨, 지방 알코올의에틸렌 옥사이드 축합물
알데하이드, 포름알데히드 - 유리 제제	글리신, 히스티딘
산화(oxidizing) 화합물	치오황산나트륨
이소치아졸리논, 이미다졸	레시틴, 사포닌, 아민, 황산염, 메르캅탄, 아황산수소나트륨, 치오글리콜산나트륨
비구아니드	레시틴, 사포닌, 폴리소르베이트 80
금속염(Cu, Zn, Hg), 유기 - 수은 화합물	아황산수소나트륨, 치오글리콜산, L - 시스테인 - SH 화합물(sulfhydryl compounds),

다) 특정세균시험법

① 대장균 시험

1) 검액의 조제 및 조작 : 검체 1g 또는 1mL을 유당액체배지를 사용하여 10mL로 하여 30~35℃에서 24~72시간 배양한다. 배양액을 가볍게 흔든 다음 백금이 등으로 취하여 맥콘키한천배지위에 도말하고 30~35℃에서 18~24 시간 배양한다. 주위에 적색의 침강선띠를 갖는 적갈색의 그람음성균의 집락이 검출되지 않으면 대장균 음성으로 판정한다. 위의 특정을 나타내는 집락이 검출되는 경우에는 에오신메칠렌블루한천배지에서 각각의 집락을 도말하고 30~35℃에서 18~24시간 배양한다. 에오신메칠렌블루한천배지에서 금속 광택을 나타내는 집락 또는 투과광선하에서 흑청색을 나타내는 집락이 검출되면 백금이등으로 취하여 발효시험관이 든 유당액체배지에 넣어 44.3~44.7℃의 항온수조 중에서 22~26 시간 배양한다. 가스발생이 나타나는 경우에는 대장균 양성으로 의심하고 동정시험으로 확인한다.

2) 배지

유당액체배지	
육엑스	3.0 g
젤라틴의 판크레아틴 소화물	5.0 g
유당	5.0 g
정제수	1000 mL

이상을 달아 정제수에 녹여 1L로 하고 121℃에서 15~20분간 고압증기멸균한다. 멸균 후의 pH가 6.9~7.1이 되도록 하고 가능한 한 빨리 식힌다.

맥콘키한천배지	
젤라틴의 판크레아틴 소화물	17.0 g
카제인의 판크레아틴 소화물	1.5 g
육제 펩톤	1.5 g
유당	10.0 g
데옥시콜레이트나트륨	1.5 g
염화나트륨	5.0 g
한천	13.5 g
뉴트럴렛	0.03 g
염화메칠로자닐린	1.0 mg
정제수	1000 mL

이상을 달아 정제수 1 L에 녹여 1분간 끓인 다음 121℃에서 15~20분간 고압증기 멸균한다. 멸균 후의 pH가 6.9~7.3이 되도록 한다.

에오신메칠렌블루한천배지(EMB한천배지)	
젤라틴의 판크레아틴 소화물	10.0 g
인산일수소칼륨	2.0 g
유당	10.0 g
한천	15.0 g
에오신	0.4 g
메칠렌블루	0.065 g
정제수	1000 mL

젤이상을 달아 정제수 1 L에 녹여 121℃에서 15~20 분간 고압증기 멸균한다. 멸균 후의 pH가 6.9~7.3 이 되도록 한다.

② 녹농균시험

1) 검액의 조제 및 조작 : 검체 1 g 또는 1mL를 달아 카제인대두소화액체배지를 사용하여 10mL로 하고 30~35℃에서 24~48시간 증균 배양한다. 증식이 나타나는 경우는 백금이 등으로 세트리미드한천배지 또는 엔에이씨한천배지에 도말하여 30~35℃에서 24~48시간 배양한다. 미생물의 증식이 관찰되지 않는 경우 녹농균 음성으로 판정한다. 그람음성간균으로 녹색 형광물질을 나타내는 집락을 확인하는 경우에는 증균배양액을 녹농균 한천배지 P 및 F에 도말하여 30~35℃에서 24~72시간 배양한다. 그람음성간균으로 플루오레세인 검출용 녹농균 한천배지 F의 집락을 자외선하에서 관찰하여 황색의 집락이 나타나고, 피오시아닌 검출용 녹농균 한천배지 P의 집락을 자외선하에서 관찰하여 청색의 집락이 검출되면 옥시다제시험을 실시한다. 옥시다제반응 양성인 경우 5~10초 이내에 보라색이 나타나고 10초 후에도 색의 변화가 없는 경우 녹농균 음성으로 판정한다. 옥시다제반응 양성인 경우에는 녹농균 양성으로 의심하고 동정시험으로 확인한다.

2) 배지

카제인대두소화액체배지	
카제인 판크레아틴 소화물	17.0 g
대두파파인소화물	3.0 g
염화나트륨	5.0 g
인산일수소칼륨	2.5 g
포도당일수화물	2.5 g

이상을 달아 정제수에 녹여 1 L로 하고 멸균후의 pH가 7.3±0.2가 되도록 조정하고 121℃에서 15분간 고압멸균 한다.

세트리미드한천배지(Cetrimide agar)	
젤라틴제 펩톤	20.0 g
염화마그네슘	3.0 g
황산칼륨	10.0 g
세트리미드	0.3 g
글리세린	10.0mL
한천	13.6 g
정제수	1000 mL

이상을 달아 정제수에 녹이고 글리세린을 넣어 1 L로 한다. 121℃에서 15분간 고압증기멸균하고 pH가 7.2±0.2가 되도록 조정한다.

엔에이씨한천배지(NAC agar)	
펩톤	20.0 g
인산수소이칼륨	0.3 g
황산마그네슘	0.2 g
세트리미드	0.2 g
날리딕산	15 mg
한천	15.0 g
정제수	1000mL

최종 pH는 7.4±0.2이며 멸균하지 않고 가온하여 녹인다.

플루오레세인 검출용 녹농균 한천배지 F (Pseudomonas agar F for detection of fluorescein)	
카제인제 펩톤	10.0 g
육제 펩톤	10.0 g
인산일수소칼륨	1.5 g
황산마그네슘	1.5 g
글리세린	10.0mL
한천	15.0 g
정제수	1000mL

이상을 달아 정제수에 녹이고 글리세린을 넣어 1 L로 한다. 121℃에서 15분간 고압증기멸균하고 pH가 7.2±0.2가 되도록 조정한다.

피오시아닌 검출용 녹농균 한천배지 P (Pseudomonas agar P for detection of pyocyanin)	
젤라틴의 판크레아틴 소화물	20.0 g
염화마그네슘	1.4 g
황산칼륨	10.0 g
글리세린	10.0mL
한천	15.0 g
정제수	1000mL

이상을 달아 정제수에 녹이고 글리세린을 넣어 1 L로 한다. 121℃에서 15분간 고압증기멸균하고 pH가 7.2±0.2가 되도록 조정한다.

③ 황색포도상구균 시험

1) 검액의 조제 및 조작 : 검체 1 g 또는 1mL를 달아 카제인대두소화액체배지를 사용하여 10mL로 하고 30~35℃에서 24~48시간 증균 배양한다. 증균배양액을 보겔존슨한천배지 또는 베어드파카한천배지에 이식하여 30~35℃에서 24시간 배양하여 균의 집락이 검정색이고 집락주위에 황색투명대가 형성되며 그람염색법에 따라 염색하여 검경한 결과 그람 양성균으로 나타나면 응고효소시험을 실시한다. 응고효소시험 음성인 경우 황색포도상구균 음성으로 판정하고, 양성인 경우에는 황색포도상구균 양성으로 의심하고 동정시험으로 확인한다.

2) 배지

보겔존슨한천배지(Vogel-Johnson agar)	
카제인의 판크레아틴 소화물	10.0 g
효모엑스	5.0 g
만니톨	10.0 g
인산일수소칼륨	5.0 g
염화리튬	5.0 g
글리신	10.0 g
페놀렛	25.0 mg
한천	16.0 g
정제수	1000mL

이상을 달아 1분동안 가열하여 자주 흔들어 준다. 121°C에서 15분간 고압멸균하고 45~50°C로 냉각시킨다. 멸균 후 pH가 7.2±0.2가 되도록 조정하고 멸균한 1 %(w/v) 텔루린산칼륨 20mL를 넣는다.

베어드파카한천배지(Baird-Parker agar)	
카제인제 펩톤	10.0 g
육엑스	5.0 g
효모엑스	1.0 g
염화리튬	5.0 g
글리신	12.0 g
피루브산나트륨	10.0 g
한천	20.0 g
정제수	950mL

이상을 섞어 때때로 세게 흔들며 섞으면서 가열하고 1분간 끓인다. 121°C에서 15 분간 고압멸균하고 45~50°C로 냉각시킨다. 멸균한 다음의 pH가 7.2±0.2가 되도록 조정한다. 여기에 멸균한 아텔루산칼륨 용액 1 %(w/v) 10mL와 난황유탁액 50mL를 넣고 가만히 섞은 다음 페트리접시에 붓는다. 난황유탁액은 난황 약 30 %, 생리식염액 약 70 %의 비율로 섞어 만든다.

라) 배지성능 및 시험법 적합성시험

검체의 유 · 무 하에서 각각 규정된 특정세균시험법에 따라 제조된 검액 · 대조액에 [표 3]에 기재된 시험균주 100cfu를 개별적으로 접종하여 시험할 때 접종균 각각에 대하여 양성으로 나타나야 한다. 증식이 저해되는 경우 항균활성을 중화하기 위하여 희석 및 중화제(2)-라)항의 [표 2]를 사용할 수 있다.

[표 3] 특정세균 배지성능시험용 균주

Escherichia coli (대장균)	ATCC 8739, NCIMB 8545, CIP53.126, NBRC 3972 또는 KCTC 2571
Pseudomonas aeruginosa (녹농균)	ATCC 9027, NCIMB 8626, CIP 82.118, NBRC 13275 또는 KCTC 2513
Staphylococcus aureus (황색포도상구균)	ATCC 6538, NCIMB 9518, CIP 4.83, NRRC 13276 또는 KCTC 3881

12 내용량

가) 용량으로 표시된 제품

내용물이 들어있는 용기에 뷰렛으로부터 물을 적가하여 용기를 가득 채웠을 때의 소비량을 정확하게 측정한 다음 용기의 내용물을 완전히 제거하고 물 또는 기타 적당한 유기용매로 용기의 내부를 깨끗이 씻어 말린 다음 뷰렛으로부터 물을 적가하여 용기를 가득 채워 소비량을 정확히 측정하고 전후의 용량차를 내용량으로 한다. 다만, 150mL이상의 제품에 대하여는 메스실린더를 써서 측정한다.

나) 질량으로 표시된 제품

내용물이 들어있는 용기의 외면을 깨끗이 닦고 무게를 정밀하게 단 다음 내용물을 완전히 제거하고 물 또는 적당한 유기용매로 용기의 내부를 깨끗이 씻어 말린 다음 용기만의 무게를 정밀히 달아 전후의 무게차를 내용량으로 한다.

다) 길이로 표시된 제품

길이를 측정하고 연필류는 연필심지에 대하여 그 지름과 길이를 측정한다.

라) 화장비누

① 수분 포함 : 상온에서 저울로 측정(g)하여 실중량은 전체 무게에서 포장 무게를 뺀 값으로 하고, 소수점 이하 1자리까지 반올림하여 정수자리까지 구한다.

② 건조 : 검체를 작은 조각으로 자른 후 약 10 g을 0.01 g까지 측정하여 접시에 옮긴다. 이 검체를 103±2℃ 오븐에서 1시간 건조 후 꺼내어 냉각시키고 다시 오븐에 넣고 1시간 후 접시를 꺼내어 데시케이터로 옮긴다. 실온까지 충분히 냉각시킨 후 질량을 측정하고 2회의 측정에 있어서 무게의 차이가 0.01 g 이내가 될 때까지 1시간 동안의 가열, 냉각 및 측정 조작을 반복한 후 마지막 측정 결과를 기록한다.

[계산식]

내용량(g) = 건조 전 무게(g)×[100 − 건조감량(%)] / 100

$$건조감량(\%) = \frac{m_1 - m_2}{m_1 - m_0} \times 100$$

- m_0 : 접시의 무게(g)
- m_1 : 가열 전 접시와 검체의 무게(g)
- m_2 : 가열 후 접시와 검체의 무게(g)

마) 그 밖의 특수한 제품은 「대한민국약전」(식품의약품안전처 고시)으로 정한 바에 따른다.

13 pH 시험법

검체 약 2 g 또는 2mL를 취하여 100mL 비이커에 넣고 물 30mL를 넣어 수욕상에서 가온하여 지방분을 녹이고 흔들어 섞은 다음 냉장고에서 지방분을 응결시켜 여과한다. 이때 지방층과 물층이 분리되지 않을 때는 그대로 사용한다. 여액을 가지고 「기능성화장품 기준 및 시험방법」(식품의약품안전처 고시) Ⅸ. 일반시험법 Ⅸ-1. 원료의 "47. pH측정법"에 따라 시험한다. (다만, 성상에 따라 투명한 액상인 경우에는 그대로 측정한다.)

14 유리알칼리 시험법

가) 에탄올법 (나트륨 비누)

플라스크에 에탄올 200mL을 넣고 환류 냉각기를 연결한다. 이산화탄소를 제거하기 위하여 서서히 가열하여 5분 동안 끓인다. 냉각기에서 분리시키고 약 70℃로 냉각시킨 후 페놀프탈레인 지시약 4방울을 넣어 지시약이 분홍색이 될 때까지 0.1N 수산화칼륨 · 에탄올액으로 중화시킨다. 중화된 에탄올이 들어있는 플라스크에 검체 약 5.0 g을 정밀하게 달아 넣고 환류 냉각기에 연결 후 완전히 용해될 때까지 서서히 끓인다. 약 70℃로 냉각시키고 에탄올을 중화시켰을 때 나타난 것과 동일한 정도의 분홍색이 나타날 때까지 0.1N 염산 · 에탄올용액으로 적정한다.

※ 에탄올 ρ20 = 0.792 g/mL

※ 지시약 : 95% 에탄올 용액(v/v) 100mL에 페놀프탈레인 1 g을 용해시킨다.

[계산식]

$$\text{유리알칼리 함량(\%)} = 0.04 \times V \times T \times \frac{100}{m}$$

- m : 시료의 질량(g)
- V : 사용된 0.1N 염산 · 에탄올 용액의 부피(mL)
- T : 사용된 0.1N 염산 · 에탄올 용액의 노르말 농도

나) 염화바륨법 (모든 연성 칼륨 비누 또는 나트륨과 칼륨이 혼합된 비누)

연성 비누 약 4.0 g을 정밀하게 달아 플라스크에 넣은 후 60% 에탄올 용액 200mL를 넣고 환류 하에서 10분 동안 끓인다. 중화된 염화바륨 용액 15mL를 끓는 용액에 조금씩 넣고 충분히 섞는다. 흐르는 물로 실온까지 냉각시키고 지시약 1mL를 넣은 다음 즉시 0.1N 염산 표준용액으로 녹색이 될 때까지 적정한다.

※ 지시약 : 페놀프탈레인 1 g과 치몰블루 0.5 g을 가열한 95% 에탄올 용액(v/v) 100mL에 녹이고 거른 다음 사용한다.

※ 60% 에탄올 용액 : 이산화탄소가 제거된 증류수 75mL와 이산화탄소가 제거된 95% 에탄올 용액(v/v)(수산화칼륨으로 증류) 125mL를 혼합하고 지시약 1mL를 사용하여 0.1N 수산화나트륨 용액 또는 수산화칼륨 용액으로 보라색이 되도록 중화시킨다. 10분 동안 환류하면서 가열한 후 실온에서 냉각시키고 0.1N 염산 표준 용액으로 보라색이 사라질 때까지 중화시킨다.

※ 염화바륨 용액 : 염화바륨(2수화물) 10 g을 이산화탄소를 제거한 증류수 90mL에 용해시키고, 지시약을 사용하여 0.1N 수산화칼륨 용액으로 보라색이 나타날 때까지 중화시킨다.

[계산식]

$$\text{유리알칼리 함량(\%)} = 0.056 \times V \times T \times \frac{100}{m}$$

- m : 시료의 질량(g)
- V : 사용된 0.1N 염산 · 에탄올 용액의 부피(mL)
- T : 사용된 0.1N 염산 · 에탄올 용액의 노르말 농도

02 퍼머넌트웨이브용 및 헤어스트레이트너제품 시험방법

1 치오글라이콜릭애씨드 또는 그 염류를 주성분으로 하는 냉2욕식 퍼머넌트웨이브용 제품

가. 제1제 시험방법

① pH : 검체를 가지고 「기능성화장품 기준 및 시험방법」(식품의약품안전처 고시) Ⅵ. 일반시험법 Ⅵ-1. 원료의 "47. pH측정법"에 따라 시험한다.

② 알칼리 : 검체 10mL를 정확하게 취하여 100mL 용량플라스크에 넣고 물을 넣어 100mL로 하여 검액으로 한다. 이 액 20mL를 정확하게 취하여 250mL 삼각플라스크에 넣고 0.1N염산으로 적정한다. (지시약 : 메칠레드시액 2방울). 기출(20-2회)

③ 산성에서 끓인 후의 환원성 물질(치오글라이콜릭애씨드) : ②항의 검액 20mL를 취하여 삼각플라스크에 물 50mL 및 30% 황산 5mL를 넣어 가만히 가열하여 5분간 끓인다. 식힌 다음 0.1N 요오드액으로 적정한다. (지시약 : 전분시액 3mL) 이때의 소비량을 A mL로 한다.

산성에서 끓인 후의 환원성 물질(치오글라이콜릭애씨드로서)의 함량(%) = 0.4606×A

④ 산성에서 끓인 후의 환원성 물질이외의 환원성 물질(아황산염, 황화물 등) : 250mL 유리마개 삼각플라스크에 물 50mL 및 30% 황산 5mL를 넣고 0.1N 요오드액 25mL를 정확하게 넣는다. 여기에 ②항의 검액 20mL를 넣고 마개를 하여 흔들어 섞고 실온에서 15분간 방치한 다음 0.1N 치오황산나트륨액으로 적정한다 (지시약 : 전분시액 3mL). 이 때의 소비량을 BmL로 한다. 따로 250mL 유리마개 삼각플라스크에 물 70mL 및 30 % 황산 5mL를 넣고 0.1N 요오드액 25mL를 정확하게 넣는다. 마개를 하여 흔들어 섞고 이하 검액과 같은 방법으로 조작하여 공시험한다. 이 때의 소비량을 CmL로 한다.

검체 1mL 중의 산성에서 끓인 후의 환원성 물질이외의 환원성 물질에 대한

0.1N 요오드액의 소비량 (mL) = $\frac{(C-B)-A}{2}$

⑤ 환원후의 환원성 물질(디치오디글라이콜릭애씨드) : ②항의 검액 20mL를 정확하게 취하여 1N 염산 30mL 및 아연가루 1.5g을 넣고 기포가 끓어 오르지 않도록 교반기로 2분간 저어 섞은 다음 여과지(4A)를 써서 흡인여과한다. 잔류물을 물 소량씩으로 3회 씻고 씻은 액을 여액에 합한다. 이 액을 가만히 가열하여 5분간 끓인다. 식힌 다음 0.1N 요오드액으로 적정한다.(지시약 : 전분시액 3mL) 이때의 소비량을 DmL로 한다.
또는 검체 약 10g을 정밀하게 달아 라우릴황산나트륨용액(1→10) 50mL 및 물 20mL를 넣고 수욕상에서 약 80℃가 될 때까지 가온한다. 식힌 다음 전체량을 100mL로 하고 이것을 검액으로 하여 이하 위와 같은 방법으로 조작하여 시험한다.

환원 후의 환원성 물질의 함량 (%) = $\frac{4.556\times(D-A)}{\text{검체의 채취량(mL 또는 g)}}$

⑥ 중금속 : 검체 2.0mL를 취하여 「기능성화장품 기준 및 시험방법」(식품의약품안전처 고시) Ⅵ. 일반시험법 Ⅵ-1. 원료의 "43. 중금속시험법" 중 제2법에 따라 조작하여 시험한다. (다만, 비교액에는 납표준액 4.0mL를 넣는다.)

⑦ 비소 : 검체 20mL를 취하여 300mL 분해플라스크에 넣고 질산 20mL를 넣어 반응이 멈출 때까지 조심하면서 가열한다. 식힌 다음 황산 5mL를 넣어 다시 가열한다. 여기에 질산 2mL씩을 조심하면서 넣고 액이 무색 또는 엷은 황색의 맑은 액이 될 때까지 가열을 계속한다. 식힌 다음 과염소산 1mL를 넣고 황산의 흰 연기가 날 때까지 가열하고 방냉한다. 여기에 포화수산암모늄용액 20mL를 넣고 다시 흰 연기가 날 때까지 가열한다. 식힌 다음 물을 넣어 100mL로 하여 검액으로 한다. 검액 2.0mL를 취하여 「기능성화장품 기준 및 시험방법」(식품의약품안전처 고시) Ⅵ. 일반시험법 Ⅵ-1. 원료의 "15. 비소시험법" 중 장치 B를 쓰는 방법에 따라 시험한다.

⑧ 철 : ⑦항의 검액 50mL를 취하여 식히면서 조심하여 강암모니아수를 넣어 pH를 9.5~10.0이 되도록 조절하여 검액으로 한다. 따로 물 20mL를 써서 검액과 같은 방법으로 조작하여 공시험액을 만들고, 이 액 50mL를 취하여 철표준액 2.0mL를 넣고 이것을 식히면서 조심하여 강암모니아수를 넣어 pH를 9.5~10.0이 되도록 조절한 것을 비교액으로 한다. 검액 및 비교액을 각각 네슬러관에 넣고 각 관에 치오글라이콜릭애씨드 1.0mL를 넣고 물을 넣어 100mL로 한 다음 비색할 때 검액이 나타내는 색은 비교액이 나타내는 색보다 진하여서는 안 된다.

나. 제2제 시험방법

1) 브롬산나트륨 함유제제

① 용해상태 : 가루 또는 고형의 경우에만 시험하며, 1인 1회 분량의 검체를 취하여 비색관에 넣고 물 또는 미온탕 200mL를 넣어 녹이고, 이를 백색을 바탕으로 하여 관찰한다.

② pH : 1인 1회 분량의 검체를 가지고 「기능성화장품 기준 및 시험방법」(식품의약품안전처 고시) Ⅵ. 일반시험법 Ⅵ-1. 원료의 "47. pH측정법"에 따라 시험한다.

③ 중금속 : 1인 1회분의 검체에 물을 넣어 정확히 100mL로 한다. 이 액 2.0mL에 물 10mL를 넣은 다음 염산 1mL를 넣고 수욕상에서 증발건고한다. 이것을 500℃ 이하에서 회화하고 물 10mL 및 묽은초산 2mL를 넣어 녹이고 물을 넣어 50mL로 하여 검액으로 한다. 이 검액을 가지고 「기능성화장품 기준 및 시험방법」(식품의약품안전처 고시) Ⅵ. 일반시험법 Ⅵ-1. 원료의 "43. 중금속시험법" 중 제4법에 따라 시험한다. 비교액에는 납표준액 4.0mL를 넣는다.

④ 산화력 : 1인 1회 분량의 약 1/10량의 검체를 정밀하게 달아 물 또는 미온탕에 녹여 200mL 용량플라스크에 넣고 물을 넣어 200mL로 한다. 이 용액 20mL를 취하여 유리마개삼각플라스크에 넣고 묽은황산 10mL를 넣어 곧 마개를 하여 가볍게 1~2회 흔들어 섞는다. 이 액에 요오드화칼륨시액 10mL를 조심스럽게 넣고 마개를 하여 5분간 어두운 곳에 방치한 다음 0.1N 치오황산나트륨액으로 적정한다.(지시약 : 전분시액 3mL) 이때의 소비량을 EmL로 한다.

1인 1회 분량의 산화력 = 0.278×E

2) 과산화수소수 함유제제

① pH : 검체를 가지고 「기능성화장품 기준 및 시험방법」(식품의약품안전처 고시) Ⅵ. 일반시험법 Ⅵ-1. 원료의 "47. pH측정법"에 따라 시험한다.

② 중금속 : 1. 치오글라이콜릭애씨드 또는 그 염류를 주성분으로 하는 냉2욕식 퍼머넌트웨이브용 제품 나. 제2제 시험방법 1) 브롬산나트륨 함유제제 ③ 중금속 항에 따라 시험한다.

③ 산화력 : 검체 1.0mL를 취하여 유리마개 삼각플라스크에 넣고 물 10mL 및 30% 황산 5mL를 넣어 곧 마개를 하여 가볍게 1 ~ 2회 흔들어 섞는다. 이 액에 요오드화칼륨시액 5mL를 조심스럽게 넣고 마개를 하여 30분간 어두운 곳에 방치한 다음 0.1N 치오황산나트륨액으로 적정한다(지시약 : 전분시액 3mL). 이때의 소비량을 FmL로 한다.

1인 1회 분량의 산화력 = 0.0017007×F×1인 1회 분량 (mL)

2 시스테인, 시스테인염류 또는 아세틸시스테인을 주성분으로 하는 냉2욕식 퍼머넌트웨이브용 제품

가. 제1제 시험방법

① pH : 검체를 가지고 「기능성화장품 기준 및 시험방법」(식품의약품안전처 고시) Ⅵ. 일반시험법 Ⅵ-1. 원료의 "47. pH측정법"에 따라 시험한다.

② 알칼리 : 1. 치오글라이콜릭애씨드 또는 그 염류를 주성분으로 하는 냉2욕식 퍼머넌트웨이브용 제품 가. 제1제 시험방법 ② 알칼리 항에 따라 시험한다.

③ 시스테인 : 검체 10mL를 적당한 환류기에 정확하게 취하여 물 40mL 및 5N 염산 20mL를 넣고 2시간동안 가열 환류시킨다. 식힌 다음 이것을 용량플라스크에 취하고 물을 넣어 정확하게 100mL로 한다. 또한 아세칠시스테인이 함유되지 않은 검체에 대해서는 검체 10mL를 정확하게 취하여 용량플라스크에 넣고 물을 넣어 전체량을 100mL로 한다. 이 용액 25mL를 취하여 분당 2mL의 유속으로 강산성이온교환수지(H형) 30mL를 충전한 안지름 8~15mm의 칼럼을 통과시킨다. 계속하여 수지층을 물로 씻고 유출액과 씻은 액을 버린다. 수

지층에 3N 암모니아수 60mL를 분당 2mL의 유속으로 통과시킨다. 유출액을 100mL 용량플라스크에 넣고 다시 수지층을 물로 씻어 씻은 액과 유출액을 합하여 100mL로 하여 검액으로 한다. 검액 20mL를 정확하게 취하여 필요하면 묽은염산으로 중화하고(지시약 : 메칠오렌지시액) 요오드화칼륨 4g 및 묽은염산 5mL를 넣고 흔들어 섞어 녹인다. 계속하여 0.1N 요오드액 10mL를 정확하게 넣고 마개를 하여 얼음물 속에서 20분간 암소에 방치한 다음 0.1N 치오황산나트륨액으로 적정한다.(지시약 : 전분시액 3mL) 이 때의 소비량을 GmL로 한다. 같은 방법으로 공시험하여 그 소비량을 HmL로 한다.

시스테인의 함량(%) = 1.2116×2×(H−G)

④ 환원후의 환원성물질(시스틴) : 검체 10mL를 용량플라스크에 취하고 물을 넣어 정확하게 100mL로 하여 검액으로 한다. 이 액 10mL를 정확하게 취하여 1N 염산 30mL 및 아연가루 1.5g을 넣고 기포가 끓어오르지 않도록 교반기로 2분간 저어 섞은 다음 여과지(4A)를 써서 흡인여과한다. 잔류물을 물 소량씩으로 3회 씻고 씻은 액을 여액에 합한다. 계속하여 요오드화칼륨 4g을 넣어 흔들어 섞어 녹인다. 다시 0.1N 요오드액 10mL를 정확하게 넣고 마개를 하여 얼음물 속에서 20분간 암소에 방치한 다음, 0.1N 치오황산나트륨액으로 적정한다.(지시약 : 전분시액 3mL) 이때의 소비량을 ImL로 한다. 같은 방법으로 공시험을 하여 그 소비량을 JmL로 한다.
따로, 검액 10mL를 정확하게 취하여 필요하면 묽은염산으로 중화하고(지시약 : 메칠오렌지시액) 요오드화칼륨 4g 및 묽은염산 5mL를 넣고 흔들어 섞어 녹인다. 계속하여 0.1N 요오드액 10mL를 정확하게 넣고 마개를 하여 얼음물 속에 20분간 암소에서 방치한 다음 0.1N 치오황산나트륨액으로 적정한다.(지시약 : 전분시액 1mL) 이때의 소비량을 KmL로 한다. 같은 방법으로 공시험하여 그 소비량을 LmL로 한다.

환원후의 환원성물질의 함량(%) = 1.2015×{(J−I)−(L−K)}

⑤ 중금속 : 1. 치오글라이콜릭애씨드 또는 그 염류를 주성분으로 하는 냉2욕식 퍼머넌트웨이브용 제품 가. 제1제 시험방법 중 ⑥ 중금속항에 따라 시험한다.
⑥ 비소 : 1. 치오글라이콜릭애씨드 또는 그 염류를 주성분으로 하는 냉2욕식 퍼머넌트웨이브용 제품 가. 제1제 시험방법 중 ⑦ 비소항에 따라 시험한다.
⑦ 철 : 1. 치오글라이콜릭애씨드 또는 그 염류를 주성분으로 하는 냉2욕식 퍼머넌트웨이브용 제품 가. 제1제 시험방법 중 ⑧ 철 항에 따라 시험한다.

나. 제2제
1. 치오글라이콜릭애씨드 또는 그 염류를 주성분으로 하는 냉2욕식 퍼머넌트웨이브용 제품 나. 제2제 시험방법에 따른다.

3 치오글라이콜릭애씨드 또는 그 염류를 주성분으로 하는 냉2욕식 헤어스트레이트너용 제품

가. 제1제 시험방법
① pH : 검체를 가지고 「기능성화장품 기준 및 시험방법」(식품의약품안전처 고시) Ⅵ. 일반시험법 Ⅵ-1. 원료의 "47. pH측정법"에 따라 시험한다.
② 알칼리 : 1. 치오글라이콜릭애씨드 또는 그 염류를 주성분으로 하는 냉2욕식 퍼머넌트웨이브용 제품 가. 제1제 시험방법 중 ② 알칼리 항에 따라 시험한다.
③ 산성에서 끓인 후의 환원성물질(치오글라이콜릭애씨드) : 1. 치오글라이콜릭애씨드 또는 그 염류를 주성분으로 하는 냉2욕식 퍼머넌트웨이브용 제품 가. 제1제 시험방법 중 ③ 산성에서 끓인 후의 환원성물질항에 따라 시험한다.

④ 산성에서 끓인 후의 환원성물질 이외의 환원성물질(아황산, 황화물 등) : 1. 치오글라이콜릭애씨드 또는 그 염류를 주성분으로 하는 냉2욕식 퍼머넌트웨이브용 제품 가. 제1제 시험방법 중 ④ 산성에서 끓인 후의 환원성물질 이외의 환원성물질 항에 따라 시험한다.

⑤ 환원 후의 환원성물질(디치오디글라이콜릭애씨드) : 1. 치오글라이콜릭애씨드 또는 그 염류를 주성분으로 하는 냉2욕식 퍼머넌트웨이브용 제품 가. 제1제 시험방법중 ⑤ 환원 후의 환원성물질 항에 따라 시험한다.

⑥ 중금속 : 1. 치오글라이콜릭애씨드 또는 그 염류를 주성분으로 하는 냉2욕식 퍼머넌트웨이브용 제품 가. 제1제 시험방법 중 ⑥ 중금속항에 따라 시험한다.

⑦ 비소 : 1. 치오글라이콜릭애씨드 또는 그 염류를 주성분으로 하는 냉2욕식 퍼머넌트웨이브용 제품 가. 제1제 시험방법 중 ⑦ 비소항에 따라 시험한다.

⑧ 철 : 1. 치오글라이콜릭애씨드 또는 그 염류를 주성분으로 하는 냉2욕식 퍼머넌트웨이브용 제품 가. 제1제 시험방법 중 ⑧ 철항에 따라 시험한다.

※ 검체가 점조하여 용량 단위로는 그 채취량의 정확을 기하기 어려울 때에는 중량단위로 채취하여 시험할 수 있다. 이때에는 1g은 1mL로 간주한다.

나. 제2제 시험방법

1. 치오글라이콜릭애씨드 또는 그 염류를 주성분으로 하는 냉2욕식 퍼머넌트웨이브용 제품 나. 제2제 시험방법에 따른다.

4 치오글라이콜릭애씨드 또는 그 염류를 주성분으로 하는 가온2욕식 퍼머넌트웨이브용 제품

가. 제1제 시험방법

1. 치오글라이콜릭애씨드 또는 그 염류를 주성분으로 하는 냉2욕식 퍼머넌트웨이브용 제품 가. 제1제 시험방법 항에 따라 시험한다.

나. 제2제 시험방법

함유성분에 따라 1. 치오글라이콜릭애씨드 또는 그 염류를 주성분으로 하는 냉2욕식 퍼머넌트웨이브용 제품 나. 제2제 시험방법에 따른다.

5 시스테인, 시스테인염류 또는 아세틸시스테인을 주성분으로 하는 가온 2욕식 퍼머넌트웨이브용 제품

가. 제1제 시험방법

① pH : 검체를 가지고 「기능성화장품 기준 및 시험방법」(식품의약품안전처 고시) Ⅵ. 일반시험법 Ⅵ-1. 원료의 "47. pH 측정법"에 따라 시험한다

② 알칼리 : 1. 치오글라이콜릭애씨드 또는 그 염류를 주성분으로 하는 냉2욕식 퍼머넌트웨이브용 제품 가. 제1제 시험방법중 ② 알칼리 항에 따라 시험한다.

③ 시스테인 : 2. 시스테인, 시스테인염류 또는 아세틸시스테인을 주성분으로 하는 냉2욕식 퍼머넌트웨이브용 제품 가. 제1제 시험방법 중 ③ 시스테인항에 따라 시험한다.

④ 환원후 환원성물질 : 2. 시스테인, 시스테인염류 또는 아세틸시스테인을 주성분으로 하는 냉2욕식 퍼머넌트웨이브용 제품 가. 제1제 시험방법 중 ④ 환원후 환원성물질항에 따라 시험한다.

⑤ 중금속 : 1. 치오글라이콜릭애씨드 또는 그 염류를 주성분으로 하는 냉2욕식 퍼머넌트웨이브용 제품 가. 제1제 시험방법 중 ⑥ 중금속 항에 따라 시험한다.

⑥ 비소 : 1. 치오글라이콜릭애씨드 또는 그 염류를 주성분으로 하는 냉2욕식 퍼머넌트웨이브용 제품 가. 제1제의 2) 시험방법 중 ⑦ 비소 항에 따라 시험한다.

⑦ 철 : 치오글라이콜릭애씨드 퍼머넌트웨이브용 제품 가. 제1제 시험방법 중 ⑧ 철항에 따라 시험하다.

나. 제2제

1. 치오글라이콜릭애씨드 또는 그 염류를 주성분으로 하는 냉2욕식 퍼머넌트웨이브용 제품 나. 제2제 시험방법에 따른다.

6 치오글라이콜릭애씨드 또는 그 염류를 주성분으로 하는 가온2욕식 헤어스트레이트너 제품

가. 제1제 시험방법

① pH : 검체를 가지고 「기능성화장품 기준 및 시험방법」(식품의약품안전처 고시) Ⅵ. 일반시험법 Ⅵ-1. 원료의 “47. pH측정법”에 따라 시험한다.

② 알칼리 : 1. 치오글라이콜릭애씨드 또는 그 염류를 주성분으로 하는 냉2욕식 퍼머넌트웨이브용 제품 가. 제1제 시험방법 중 ② 알칼리 항에 따라 시험한다.

③ 산성에서 끓인 후의 환원성물질(치오글라이콜릭애씨드) : 1. 치오글라이콜릭애씨드 또는 그 염류를 주성분으로 하는 냉2욕식 퍼머넌트웨이브용 제품 가. 제1제 시험방법 중 ③ 산성에서 끓인 후의 환원성물질항에 따라 시험한다.

④ 산성에서 끓인 후의 환원성물질 이외의 환원성물질(아황산염, 황화물 등) : 1. 치오글라이콜릭애씨드 또는 그 염류를 주성분으로 하는 냉2욕식 퍼머넌트웨이브용 제품 가. 제1제 시험방법중 ④ 산성에서 끓인 후의 환원성물질 이외의 환원성물질 항에 따라 시험한다.

⑤ 환원 후의 환원성물질((디치오디글라이콜릭애씨드) : 1. 치오글라이콜릭애씨드 또는 그 염류를 주성분으로 하는 냉2욕식 퍼머넌트웨이브용 제품 가. 제1제 시험방법 중 ⑤ 환원 후의 환원성물질 항에 따라 시험한다.

⑥ 중금속 : 1. 치오글라이콜릭애씨드 또는 그 염류를 주성분으로 하는 냉2욕식 퍼머넌트웨이브용 제품 가. 제1제 시험방법 중 ⑥ 중금속 항에 따라 시험한다.

⑦ 비소 : 1. 치오글라이콜릭애씨드 또는 그 염류를 주성분으로 하는 냉2욕식 퍼머넌트웨이브용 제품 가. 제1제 시험방법 중 ⑦ 비소 항에 따라 시험한다.

⑧ 철 : 1. 치오글라이콜릭애씨드 또는 그 염류를 주성분으로 하는 냉2욕식 퍼머넌트웨이브용 제품 가. 제1제 시험방법 중 ⑧ 철 항에 따라 시험한다.

나. 제2제

1. 치오글라이콜릭애씨드 또는 그 염류를 주성분으로 하는 냉2욕식 퍼머넌트웨이브용 제품 나. 제2제 시험방법에 따른다.

7 치오글라이콜릭애씨드 또는 그 염류를 주성분으로 하는 고온정발용 열기구를 사용하는 가온2욕식 헤어스트레이트너 제품

가. 제1제 시험방법

① pH : 검체를 가지고 「기능성화장품 기준 및 시험방법」(식품의약품안전처 고시) Ⅵ. 일반시험법 Ⅵ-1. 원료의 “47. pH측정법”에 따라 시험한다.

② 알칼리 : 가. 치오글라이콜릭애씨드 또는 그 염류를 주성분으로 하는 냉2욕식 퍼머넌트웨이브용 제품 1) 제1제 시험방법 중 ② 알칼리 항에 따라 시험한다.

③ 산성에서 끓인 후의 환원성물질(치오글라이콜릭애씨드) : 1. 치오글라이콜릭애씨드 또는 그 염류를 주성분으로 하는 냉2욕식 퍼머넌트웨이브용 제품 가. 제1제 시험방법 중 ③ 산성에서 끓인 후의 환원성물질 항에 따라 시험한다.

④ 산성에서 끓인 후의 환원성물질 이외의 환원성물질(아황산염, 황화물 등) : 1. 치오글라이콜릭애씨드 또는 그 염류를 주성분으로 하는 냉2욕식 퍼머넌트웨이브용 제품 가. 제1제 시험방법 중 ④ 산성에서 끓인 후의 환원성물질 이외의 환원성물질 항에 따라 시험한다.

⑤ 환원 후의 환원성물질(디치오디글라이콜릭애씨드) : 1. 치오글라이콜릭애씨드 또는 그 염류를 주성분으로 하는 냉2욕식 퍼머넌트웨이브용 제품 가. 제1제 시험방법 중 ⑤ 환원 후의 환원성물질 항에 따라 시험한다.

⑥ 중금속 : 1. 치오글라이콜릭애씨드 또는 그 염류를 주성분으로 하는 냉2욕식 퍼머넌트웨이브용 제품 가. 제1제 시험방법 중 ⑥ 중금속 항에 따라 시험한다.

⑦ 비소 : 1. 치오글라이콜릭애씨드 또는 그 염류를 주성분으로 하는 냉2욕식 퍼머넌트웨이브용 제품 가. 제1제 시험방법중 ⑦ 비소 항에 따라 시험한다.

⑧ 철 : 1. 치오글라이콜릭애씨드 또는 그 염류를 주성분으로 하는 냉2욕식 퍼머넌트웨이브용 제품 가. 제1제 시험방법 중 ⑧ 철 항에 따라 시험한다.

나. 제2제

1. 치오글라이콜릭애씨드 또는 그 염류를 주성분으로 하는 냉2욕식 퍼머넌트웨이브용 제품 나. 제2제 시험방법에 따른다.

8 치오글라이콜릭애씨드 또는 그 염류를 주성분으로 하는 냉1욕식 퍼머넌트웨이브용 제품

가. 1. 치오글라이콜릭애씨드 또는 그 염류를 주성분으로 하는 냉2욕식 퍼머넌트웨이브용 제품 가. 제1제 시험방법 항에 따라 시험한다.

9 치오글라이콜릭애씨드 또는 그 염류를 주성분으로 하는 제1제 사용 시 조제하는 발열2욕식 퍼머넌트웨이브용 제품

가. 제1제의 1 시험방법

1. 치오글라이콜릭애씨드 또는 그 염류를 주성분으로 하는 냉2욕식 퍼머넌트웨이브용 제품 가. 제1제 시험방법 항에 따라 시험한다. (다만, ④ 산성에서 끓인 후의 환원성물질 이외의 환원성물질에서 0.1N 요오드액 25mL 대신 50mL를 넣는다.)

나. 제1제의 2 시험방법

① pH : 검체를 가지고 「기능성화장품 기준 및 시험방법」(식품의약품안전처 고시) Ⅵ. 일반시험법 Ⅵ-1. 원료의 "47. pH측정법"에 따라 시험한다.

② 중금속 : 1. 치오글라이콜릭애씨드 또는 그 염류를 주성분으로 하는 냉2욕식 퍼머넌트웨이브용 제품 나. 제2제 시험방법 1) 브롬산나트륨 함유제제 중 ③ 중금속 항에 따라 시험한다.

③ 과산화수소 : 검체 1g을 정밀히 달아 200mL 유리마개 삼각플라스크에 넣고 물 10mL 및 30% 황산 5mL를 넣어 바로 마개를 하여 가볍게 1~2회 흔든다. 이 액에 요오드화칼륨시액 5mL를 주의하면서 넣어 마개를 하고 30분간 어두운 곳에 방치한 다음 0.1N 치오황산나트륨액으로 적정한다(지시약 : 전분시액 3mL). 이때의 소비량을 A(mL)로 한다.

$$\text{과산화수소 함유율 (\%)} = \frac{0.0017007 \times A}{\text{검체의 채취량(g)}} \times 100$$

다. 제1제의 1 및 제1제의 2의 혼합물 시험방법

이 제품은 혼합시에 발열하므로 사용할 때에 약 40℃로 가온된다. 시험에서 제1제의 1, 1인 1회분 및 제 1제의 2, 1인 1회분의 양을 혼합하여 10분간 실온에서 방치한 다음 흐르는 물로 실온까지 냉각한 것을 검체로 한다.

① pH : 검체를 가지고 「기능성화장품 기준 및 시험방법」(식품의약품안전처 고시) Ⅵ. 일반시험법 Ⅵ-1. 원료의 "47. pH측정법"에 따라 시험한다.

② 알칼리 : 1. 치오글라이콜릭애씨드 또는 그 염류를 주성분으로 하는 냉2욕식 퍼머넌트웨이브용 제품 가. 제1제 시험방법 중 ② 알칼리 항에 따라 시험한다.

③ 산성에서 끓인 후의 환원성물질(치오글라이콜릭애씨드) : 1. 치오글라이콜릭애씨드 또는 그 염류를 주성분으로 하는 냉2욕식 퍼머넌트웨이브용 제품 가. 제1제 시험방법 중 ③ 산성에서 끓인 후의 환원성물질 항에 따라 시험한다.

④ 산성에서 끓인 후의 환원성물질 이외의 환원성물질(아황산염, 황화물 등) : 1. 치오글라이콜릭애씨드 또는 그 염류를 주성분으로 하는 냉2욕식 퍼머넌트웨이브용 제품 가. 제1제 2) 시험방법 중 ④ 산성에서 끓인 후의 환원성물질 이외의 환원성물질 항에 따라 시험한다.

⑤ 환원 후의 환원성물질(디치오디글라이콜릭애씨드) : 1. 치오글라이콜릭애씨드 또는 그 염류를 주성분으로 하는 냉2욕식 퍼머넌트웨이브용 제품 가. 제1제 시험방법 중 ⑤ 환원 후의 환원성물질항에 따라 시험한다.

⑥ 온도상승 : 1) 제1제의 1. 1인 1회분 및 제1제의 2. 1인 1회분을 각각 25℃의 항온조에 넣고 때때로 액온을 측정하여 액온이 25℃가 될 때까지 방치한다. 1) 제1제의 1을 온도계를 삽입한 100mL 비이커에 옮기고 액의 온도(T_0)을 기록한다. 다음에 제1제의 2를 여기에 넣고 바로 저어 섞으면서 온도를 측정하여 최고 도달온도(T_1)를 기록한다.

온도의 차(℃) = $T_1 - T_0$

라. 제2제 시험방법

1. 치오글라이콜릭애씨드 또는 그 염류를 주성분으로 하는 냉2욕식 퍼머넌트웨이브용 제품 나. 제2제 시험방법에 따른다.

10 제1제 환원제 물질이 1종 이상 함유되어 있는 퍼머넌트웨이브 및 헤어스트레이트너 제품

가. 시험방법

검체 약 1.0 g을 정밀하게 달아 용량플라스크에 넣고 묽은 염산 10mL 및 물을 넣어 정확하게 200mL로 한다. 이 액을 가지고 클로로포름 20mL로 2회 추출한 다음 물층을 취하여 원심분리하고 상등액을 취해 여과한 것을 검액으로 한다. 따로 치오글라이콜릭애씨드, 시스테인, 아세틸시스테인, 디치오디글라이콜릭애씨드, 시스틴, 디아세틸시스틴 표준품 각각 10 mg을 정밀하게 달아 용량플라스크에 넣고 물을 넣어 정확하게 10mL로 한다 (단, 측정 대상이 아닌 물질은 제외 가능). 이 액을 각각 0.01, 0.05, 0.1, 0.5, 1.0, 2.0mL를 정확하게 취해 물을 넣어 각각 10mL로 한 것을 검량선용 표준액으로 한다. 검액 및 표준액 20 μL씩을 가지고 다음의 조건으로 액체크로마토그래프법에 따라 검액 중 환원제 물질들의 양을 구한다. 필요한 경우 표준액의 검량선 범위 내에서 검체 채취량 또는 희석배수는 조정할 수 있다.

[조작 조건]
- 검출기 : 자외부흡광광도계 (측정파장 215nm)
- 칼 럼 : 안지름 4.6mm, 길이 25cm인 스테인레스강관에 5μm의 액체크로마토그래프용 옥타데실실릴실리카겔을 충전한다.
- 이동상 : 0.1% 인산을 함유한 4mM 헵탄설폰산나트륨액 · 아세토니트릴 혼합액 (95 : 5)
- 유량 : 1.0mL/분

03 일반사항

1. '검체'는 부자재(예 침적마스크 중 부직포 등)를 제외한 화장품의 내용물로 하며, 부자재가 내용물과 섞여 있는 경우 적당한 방법(예 압착, 원심분리 등)을 사용하여 이를 제거한 후 검체로 하여 시험한다. 기출(21-4회)
2. 에어로졸제품인 경우에는 제품을 분액깔때기에 분사한 다음 분액깔때기의 마개를 가끔 열어 주면서 1시간 이상 방치하여 분리된 액을 따로 취하여 검체로 한다.
3. 검체가 점조하여 용량단위로 정확히 채취하기 어려울 때에는 중량단위로 채취하여 시험할 수 있으며, 이 경우 1g은 1mL로 간주한다.
4. 시약, 시액 및 표준액
   1) 철 표준액 : 황산제일철암모늄 0.7021g을 정밀히 달아 물 50mL를 넣어 녹이고 여기에 황산 20mL를 넣어 가온하면서 0.6% 과망간산칼륨용액을 미홍색이 없어지지 않고 남을 때까지 적가한 다음, 방냉하고 물을 넣어 1L로 한다. 이 액 10mL를 100mL 용량플리스크에 넣고 물을 넣어 100mL로 한다. 이 용액 1mL는 철(Fe) 0.01㎎을 함유한다.
   2) 그 밖에 시약, 시액 및 표준액은 「기능성화장품 기준 및 시험방법」(식품의약품안전처 고시) Ⅵ. 일반시험법 Ⅵ-3. 계량기, 용기, 색의 비교액, 시약, 시액, 용량분석용표준액 및 표준액의 것을 사용한다.

부록 5 미생물 한도 시험법 가이드라인

01 미생물 한도 시험법 시 주의사항 및 검체의 전처리

1 미생물 한도 시험법 시 주의사항

① **모든 시험과정에서 미생물 오염의 주의** : 무균 조작을 위하여 클린벤치를 사용, 검체 이외에 모든 재료는 멸균하여 사용, 실험자와 검체, 외부환경 간의 미생물 오염에 주의

② **온도 관리에 주의** : 온도는 시료 내 미생물의 증식 및 사멸에 영향을 미칠 수 있으며, 시료 보관이 필요할 때는 '실온 보관'을 기본 원칙으로 한다. 특정 보관 온도가 별도로 제시되는 화장품이 아닐 경우 냉동 · 냉장 보관하는 것을 권장하지 않는다.

③ **제품 취급 시 미생물 오염을 방지하기 위해 반드시 소독 후 수행** : 제품 개봉 전 70% 에탄올 등을 묻힌 멸균거즈로 제품 입구 주위를 잘 닦아준다.

④ **검체 채취 시 정확한 용량 소분** : 일부 점도가 높은 액상 제품의 경우 정확한 소분을 위하여 바늘을 제거한 1회용 멸균 주사기를 사용 할 수 있다. (단, 주사기 재사용 금지) 이때, 정확한 양을 채취하기 위하여 주사기 내 기포가 생기지 않도록 주의한다.

2 검체의 전처리(검액 제조)

① 검체에 희석액 · 분산제 · 용매 등을 첨가하고 검체를 충분히 분산시키는 과정을 통해 방부제 등 항균활성물질을 중화시키거나 제거하여 실험의 정확도를 향상시킬 수 있기 때문에 검체의 전처리가 중요하다.

② 지용성 용매의 첨가량은 대상 검체 특성에 맞게 설정하며, 희석이 더 필요한 경우 동일한 희석액을 사용한다.

③ 검액의 균질화를 위하여 가온(약 40℃, 30분)하거나 멸균한 유리구슬 첨가 후 교반할 수 있다.

④ 검체 전처리 과정에 사용되는 재료(희석배지, 분산제, 지용성 용매 등)는 미생물 생육에 영향이 없는 것 또는 영향이 없는 농도이어야 한다.

02 대표 제품군별 검액 제조 가이드라인

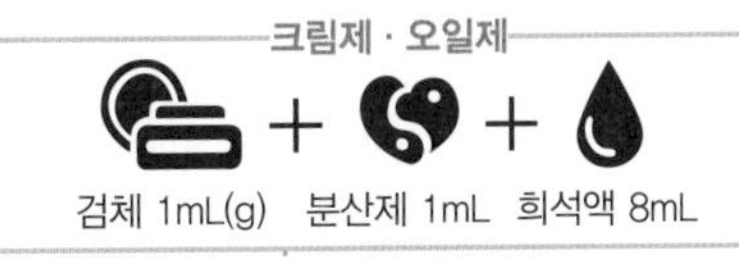

분산제 만으로 균질화되지 않을 경우

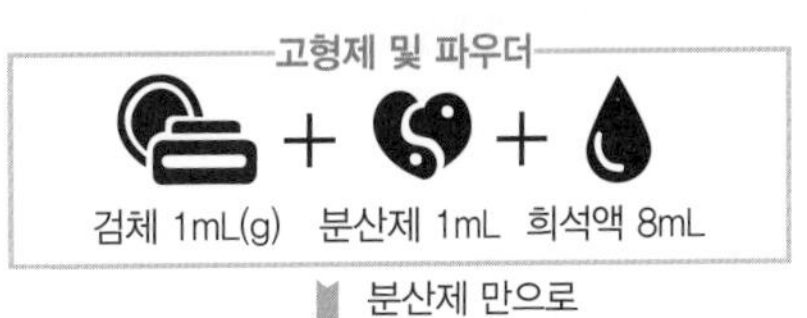

분산제 만으로 균질화되지 않을 경우

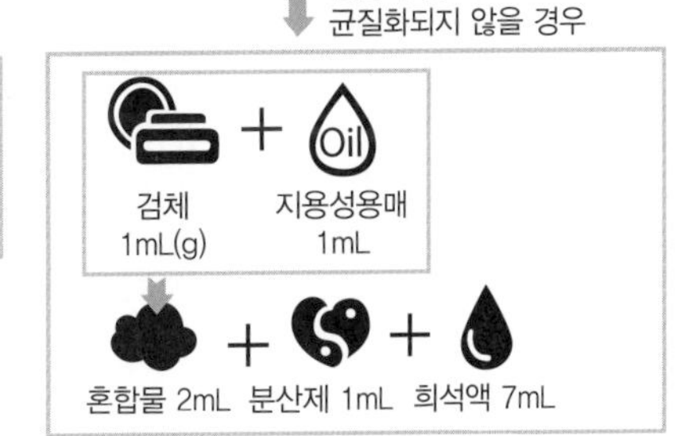

예시 1 – 액제 · 로션제

검체 1 mL(g)에 변형레틴액체배지 또는 검증된 배지나 희석액 9 mL를 넣어 10배 희석액을 만들어준다.

※제품 종류 : 화장수, 샴푸, 폼 클렌저, 로션, 린스 등

① 샘플 채취 : 피펫이나 주사기(점도가 높은 경우)를 이용하여 샘플을 채취하여 검액 제조용 용기에 넣어준다.

② 희석배지 첨가 및 균질화 : 희석배지 첨가후 기계식 교반기를 이용하여 검체를 균질화시켜준다.

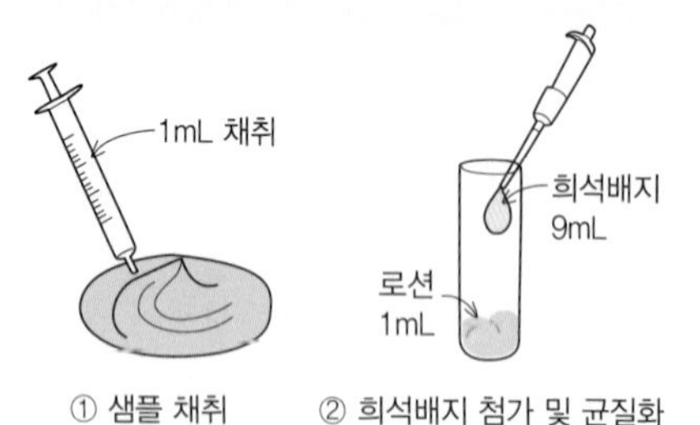

① 샘플 채취 ② 희석배지 첨가 및 균질화

예시 2 – 크림 · 오일제

검체 1 mL(g)에 적당한 분산제 1 mL를 넣어 균질화시키고 변형레틴액체배지 또는 검증된 배지나 희석액 8 mL를 넣어 10배 희석액을 만들어 준다.

※제품 종류 : 크림, 오일, 립글로스, 헤어젤, 포마드 등

① 샘플 채취 : 피펫이나 주사기(점도가 높은 경우)를 이용하여 샘플을 채취하여 검액 제조용 용기에 넣어준다.

② 분산제 첨가 : 분산제 1mL를 첨가한다.

③ 균질화 : 기계식 교반기 등으로 검체를 균질화시켜준다.

④ 희석배지 첨가 및 균질화 : 희석배지 8mL를 첨가한 후 기계식 교반기 등으로 충분히 균질화시켜준다.

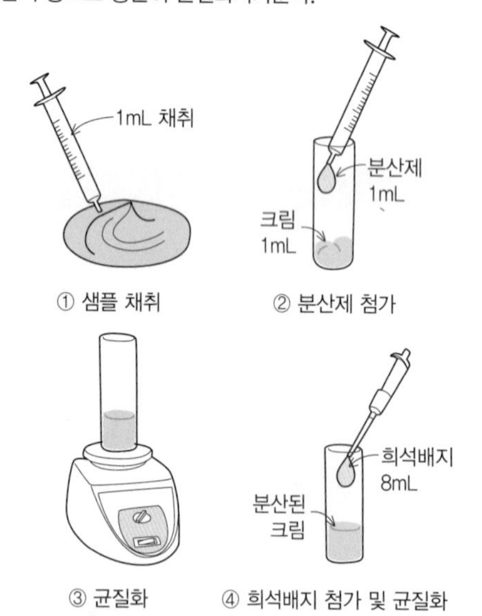

① 샘플 채취 ② 분산제 첨가

③ 균질화 ④ 희석배지 첨가 및 균질화

예시 3 – 포마드

포마드와 같이 분산제만으로 균질화되지 않는 높은 오일 함량의 제품은 검체 1mL(g)에 적당량의 지용성 용매를 첨가하여 검체를 용해시킨 뒤 적당량의 분산제 및 희석액을 넣어 10배 희석액을 만들어 준다.

① 지용성 용매 첨가 : 적당량의 지용성 용매를 첨가한다.

② 검체 용해 : 기계식 교반기 등으로 충분히 용해시켜 준다.

③ 분산제 첨가 및 균질화 : 검액 내 지용성 용매에 의한 상분리 방지를 위해 적당량의 분산제를 첨가 후 균질화한다.

④ 희석배지 첨가 및 균질화 : 희석배지 7mL를 첨가한 후 기계식 교반기 등으로 충분히 균질화시켜준다.

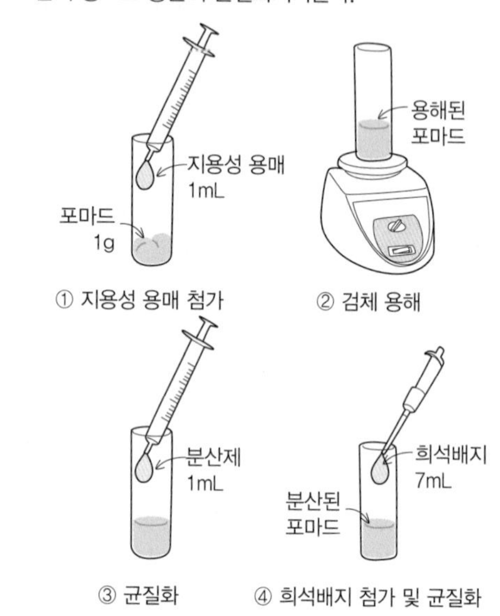

① 지용성 용매 첨가 ② 검체 용해

③ 균질화 ④ 희석배지 첨가 및 균질화

예시 4 – 파우더 · 고형제

검체 1mL(g)에 적당한 분산제 1mL를 넣어 균질화시킨 후 희석액 8mL를 넣어 10배 희석액을 만들어 준다.

※제품 종류 : 파우더케이크, 아이섀도, 립스틱, 아이브로펜슬 등

① 샘플 채취 : 멸균한 스파튤라 및 저울을 이용하여 정확히 소분한다.

② 분산제 첨가 및 균질화 : 분산제 1mL를 첨가 후 균질화한다.

③ 희석배지 첨가 : 희석배지 8mL를 첨가 후 균질화한다.

④ 균질화 : 기계식 교반기 등으로 충분히 균질화시켜준다.

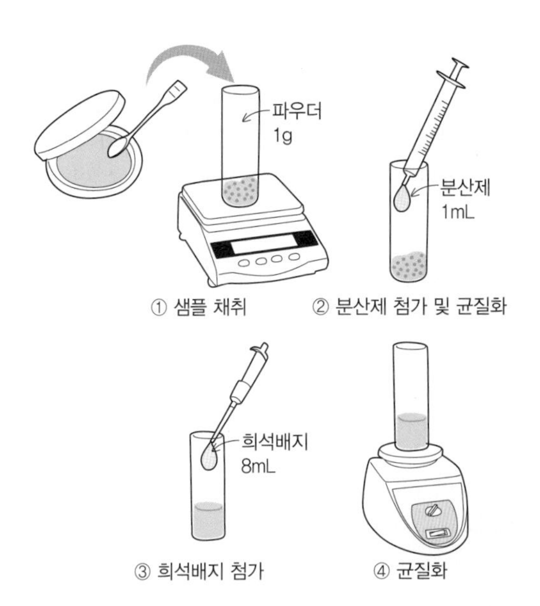

예시 5 - 립스틱

- 립스틱, 립밤 등 비수용성 고형제는 분산제만으로 균질화되지 않을 수 있다.
- 검체 1g에 적당량의 지용성 용매를 첨가한 후 스파튤라, 조직마쇄기(tissue-grinder) 등을 이용하여 검체를 반죽 형태로 만든다. 또는 지용성 용매 없이 분산제만으로 반죽 형태로 만들 수 있다.
- 분산제 및 희석배지를 첨가하여 검액을 만든다.

① 샘플 채취 : 멸균한 스파튤라 및 저울을 이용하여 정확히 소분한다.

② 반죽화 : 적당량의 지용성 용매를 넣고 멸균한 조직마쇄기 등으로 반죽 형태로 만든다.

③ 분산제 첨가 및 균질화 : 검액 내 지용성 용매에 의한 상분리 방지를 위해 적당량의 분산제를 첨가 후 균질화한다.

④ 희석배지 첨가 및 균질화 : 희석배지 6mL를 첨가한 후 기계식 교반기 등으로 충분히 균질화시켜 준다.

※ 추가적으로 검액을 만든 뒤 가온처리(약 40℃, 30분)를 하거나 교반 시 멸균한 유리구슬(5mm: 5~7개, 3mm: 10~15개) 넣어 균질화시킬 수 있다.

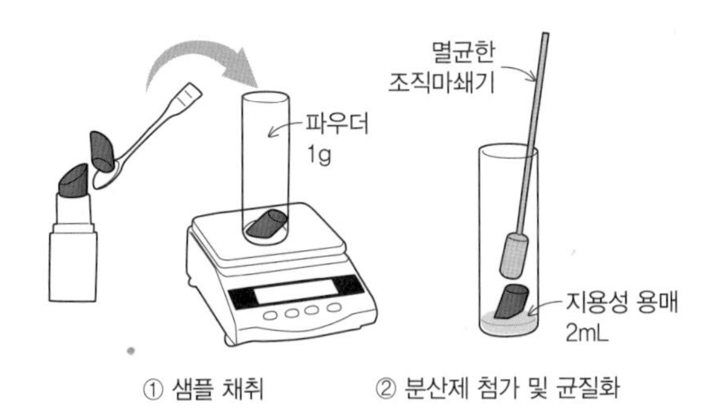

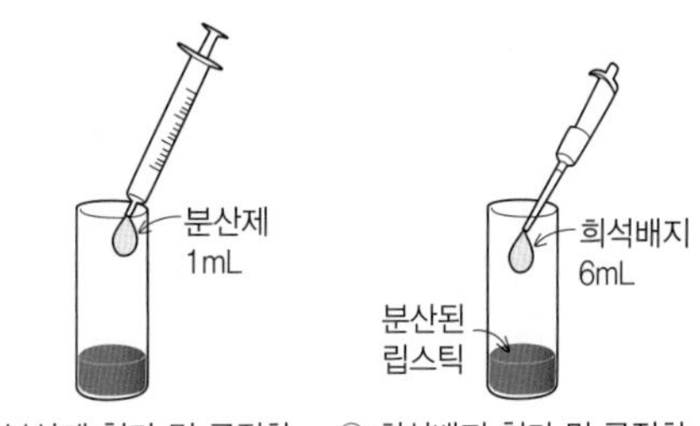

예시 6 - 쉐이빙 폼(에어로졸류)

- 쉐이빙 폼과 같은 폼 형(거품이 분사되는 형태) 등 밀도가 매우 낮은 검체의 경우 멸균된 비커 등 부피가 큰 용기를 이용하여 소분할 수 있다.
- 멸균된 비커 안에 있는 검체 1mL(g)에 적당한 분산제 1mL 및 희석액 8mL를 넣어 10배 희석액을 만들어 준다.

① 샘플 채취 : 밀도가 매우 낮은 검체는 멸균된 비커 등 부피가 큰 용기를 이용하여 소분할 수 있다.

② 분산제 첨가 및 균질화 : 분산제 1mL를 첨가한 후 균질화한다.

③ 희석배지 첨가 및 균질화 : 희석배지 8mL를 첨가한 후 균질화한다. (멸균한 교반자석 등이 사용될 수 있다)

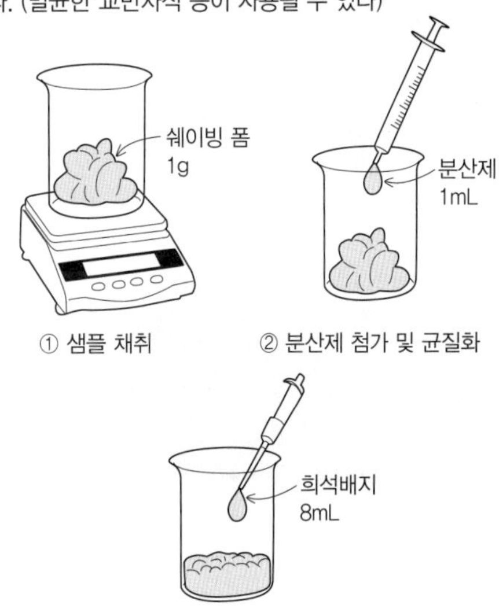

※ 비수용성 고형제의 전처리법 예 - 립스틱

분산제 및 희석배지 첨가 이전에 지용성 용매를 첨가한 다음 스패튤라, 조직마쇄기 등을 이용하여 검체를 반죽 형태로 만드는 작업을 수행하면 충분히 균질화된 검액을 만들 수 있다.

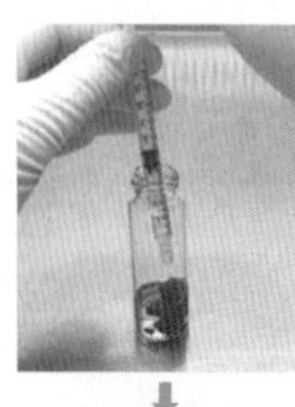

검체 1g에 분산제 1mL와 지용성 용매 2mL 첨가한 모습

↓

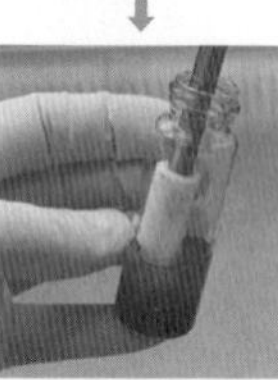

조직마쇄기를 이용하여 반죽 형태로 만드는 모습

↓

희석배지를 첨가하여 균질화된 검액

❶ 분산제 및 희석배지 첨가만으로 검액을 제조할 때 충분히 균질화되지 않은 검액 예시

❷ 적당량 이상의 지용성 용매를 첨가하거나 분산제를 첨가하지 않았을 때 상분리 예시

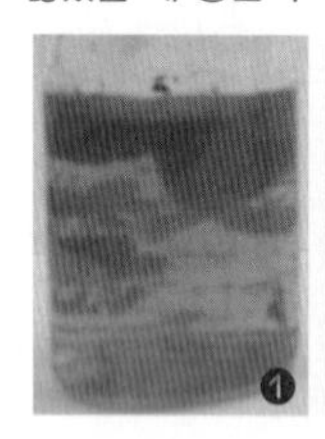

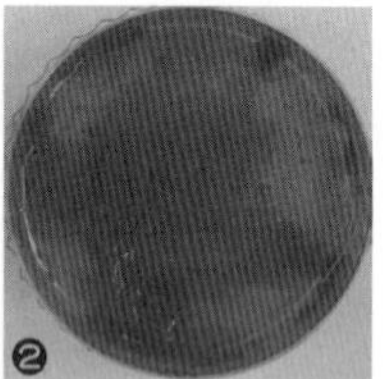

※ 비수용성 고형제의 전처리법 예 - 아이라이너

지용성 용매 없이 분산제만 첨가한 다음 스패튤라 등을 이용하여 검체를 반죽 형태로 만든 후 희석배지를 첨가하여 충분히 균질화된 검액을 만들 수 있다.

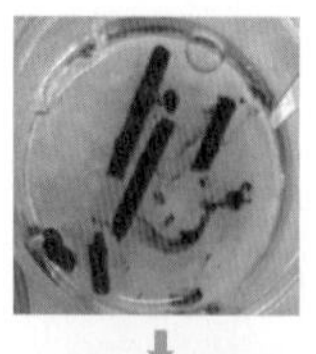

검체 0.2g에 분산제 0.2mL를 첨가한 모습

↓

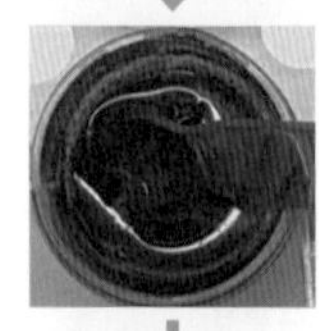

스패튤라를 이용하여 반죽 형태로 만드는 모습

↓

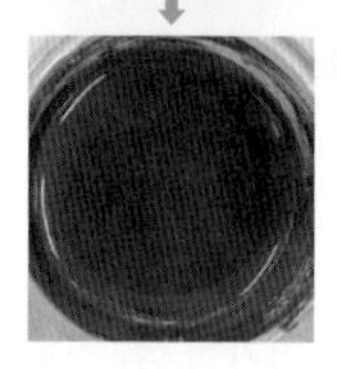

희석배지를 첨가하여 균질화된 검액

❶ 분산제 및 희석배지 첨가만으로 검액을 제조할 때 충분히 균질화되지 않은 검액 예시

❷ 적당량 이상의 지용성 용매를 첨가하거나 분산제를 첨가하지 않았을 때 상분리 예시

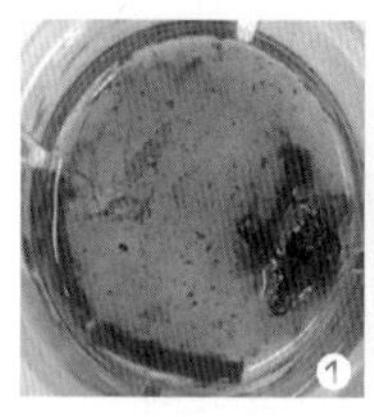

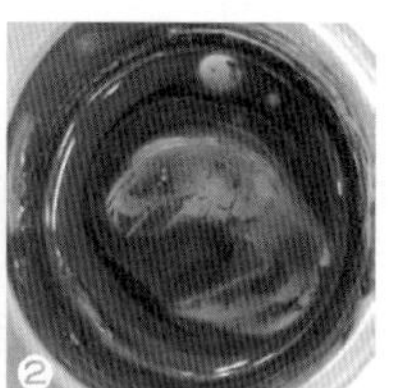

02 배지성능 및 시험법 적합성시험

1 개요

배지성능 및 시험법 적합성시험은 본 시험에 들어가기 전 시험 재료 및 방법을 신뢰할 수 있는지 미리 검증하는 과정이다.

생균수 시험법의 적합성시험 개요도

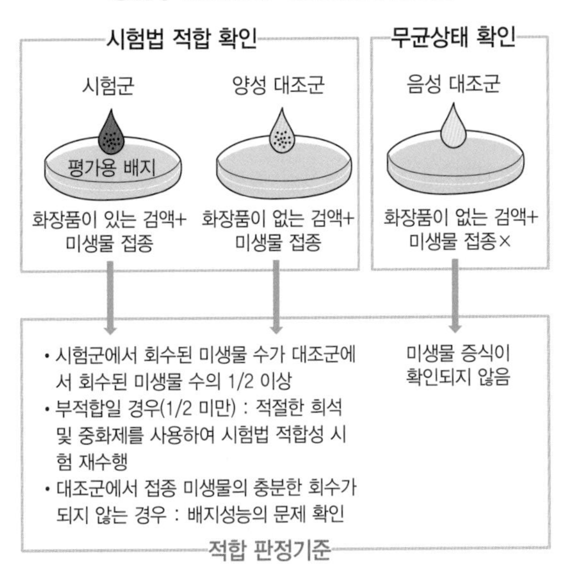

특정 미생물 시험법의 적합성시험 개요도

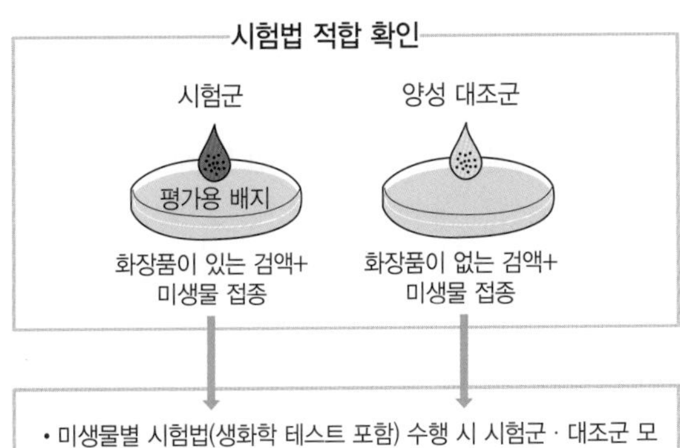

2 총 호기성 생균수 시험법의 적합성시험

검체 내 항균활성물질이 전처리 과정에서 충분히 중화되지 않는 경우 시험재료가 오염되어 있는 경우 정확하게 미생물 수를 측정하기 어렵다.

따라서 화장품 성분에 의해 접종균이 사멸하지 않는지 확인하는 시험법 적합 확인과 희석액과 배지가 오염되지 않았는지 확인하는 무균상태 확인시험을 수행해야 한다.

총 호기성 생균수 시험의 적합성 시험 개요도

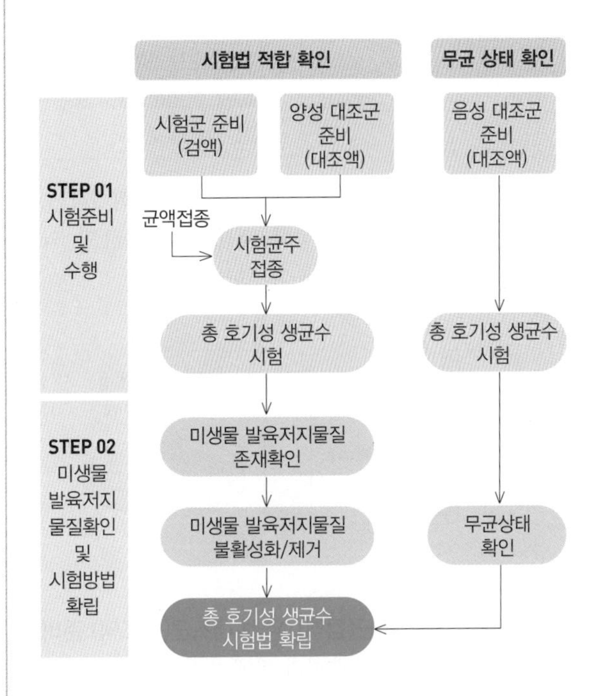

STEP 1. 시험 준비 및 수행

[STEP 1.1] 균액 제조

다음 표에 제시된 세균 및 진균을 대상으로 시험을 수행한다.

◉ 세균은 대두카제인소화액체배지 또는 대두카제인소화한천배지를 사용하여 30~35℃, 18~24시간 배양하는 것을 권장한다.

◉ 진균은 사부로포도당액체배지 또는 사부로포도당한천배지를 사용하여 20~25℃, 48시간 이상 배양하는 것을 권장한다.

【대상별 시험균주】

세균	*Escherichia coli*	ATCC 8739, NCIMB 8545, CIP53.126, NBRC 3972 또는 KCTC 2571
	Bacillus subtilis	ATCC 6633, NCIMB 8054, CIP 52.62, NBRC 3134 또는 KCTC 1021
	Staphylococcus aureus	ATCC 6538, NCIMB 9518, CIP 4.83, NRRC 13276 또는 KCTC 3881
진균	*Candida albicans*	ATCC 10231, NCPF 3179, IP48.72, NBRC 1594 또는 KCTC 7965

배양된 균을 완충식염펩톤수(pH 7.0)로 희석하며, 최종적으로 배지에 접종되는 균수가 0.1mL당 약 100CFU가 되도록 균액을 제조한다.

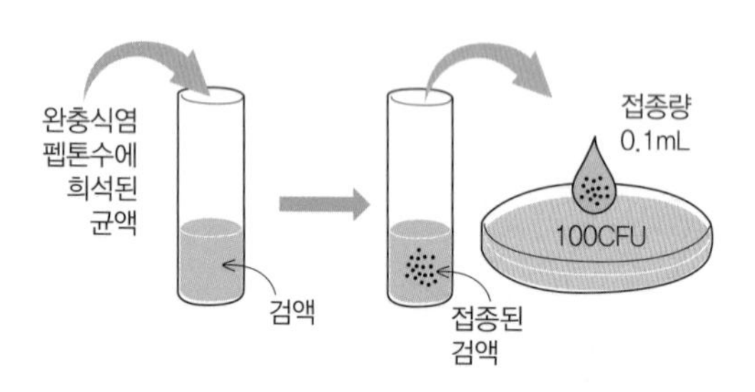

[STEP 1.2] 시험군(검액), 양성 대조군(대조액) 준비

① 제시된 전처리법에 따라 검액(시험군)을 제조한다.

② 양성 대조군은 검체 대신 완충식염펩톤수(pH 7.0)를 사용하여 검액 준비 방법에 따라 제조하여 대조액으로 사용한다.

예시 1) 액제 · 로션제의 경우

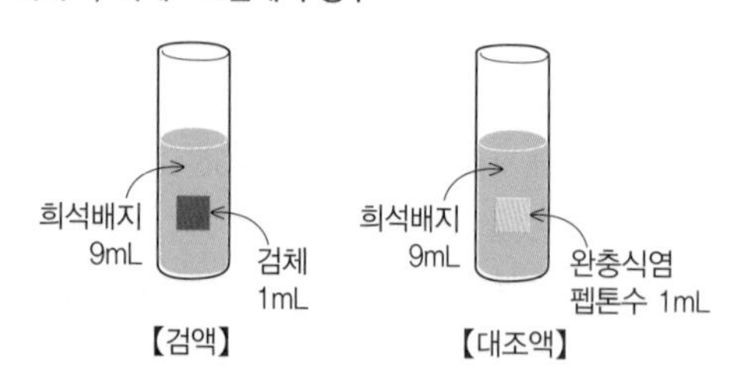

예시 2) 비수용성 고형제(립스틱 등)의 경우

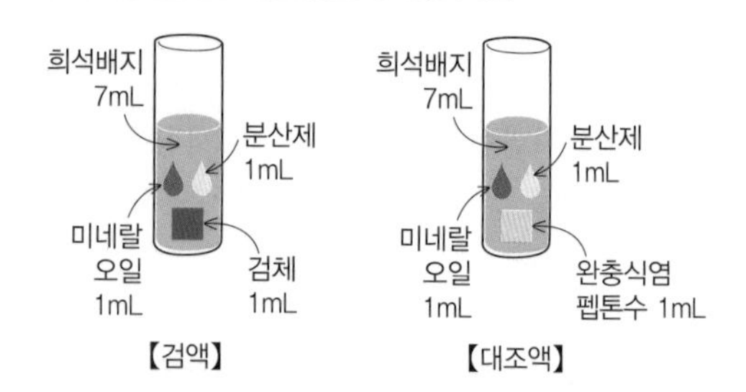

[STEP 1.3] 균액 접종

제조된 검액과 대조액에 균액 0.1mL를 각각 접종한다.

※검체 내 항균활성물질 불활성화 · 제거하기 위한 권고사항 : 검체 내 항균물질을 충분히 중화하기 위하여 검액 및 대조액 제조 후 일정시간(약 20분) 대기한 후 균액을 접종할 수 있다.

[STEP 1.4] 총 호기성 생균수 시험 수행

① 한천평판도말법에 따라, 검액 · 대조액 · 음성대조액은 최소 2개의 평판배지에 0.1mL를 도말한다. 또는 한천평판희석법에 따라 검액 · 대조액 · 음성대조액 1mL를 최소 2개의 페트리 접시에 넣고 그 위에 멸균 후 45℃로 식힌 시험용 배지 15mL를 넣어 잘 혼합한다.

② 배지는 세균의 경우 30~35℃에서 적어도 48시간, 진균의 경우 20-25℃에서 적어도 5일간 배양한다.

STEP 2. 미생물발육저지물질 확인 및 시험법 확립

① 시험군에서 회수한 균수가 대조군에서 회수한 균수의 50% 이상일 경우, 총 호기성 생균수 시험법이 적절하다고 판정한다.

【시험법 적합 예시】

검액에서 회수한 균수	대조액에서 회수한 균수
75 CFU	90 CFU
회수율 : (75 ÷ 90) × 100 = 83%	

【시험법 부적합 예시】

검액에서 회수한 균수	대조액에서 회수한 균수
21 CFU	90 CFU
회수율 : (21 ÷ 90) × 100 = 23%	

② 시험법이 적합하지 않은 경우(검액에서 회수한 균수가 대조군에서 회수한 균수의 50% 미만), 미생물발육저지물질이 존재하는 것으로 판단되므로, 총 호기성 생균수 시험법을 변경해야 한다.
③ 항균활성의 중화를 위하여 희석제 및 중화제(화장품 안전기준 등에 관한 규정, 유통화장품 안전기준 시험방법, 미생물한도, 표 2)를 사용할 수 있다.

3 특정미생물 시험법의 적합성시험

검체 내 항균활성물질이 전처리 과정에서 충분히 중화되지 않는 경우 대상 미생물의 검출이 어려울 수 있다. 따라서 인위적으로 대상 미생물을 접종하여 검액을 제조한 뒤 배양단계부터 최종 판정 단계까지 단계별로 규정된 감별 특성을 나타내는지 평가해야 한다.

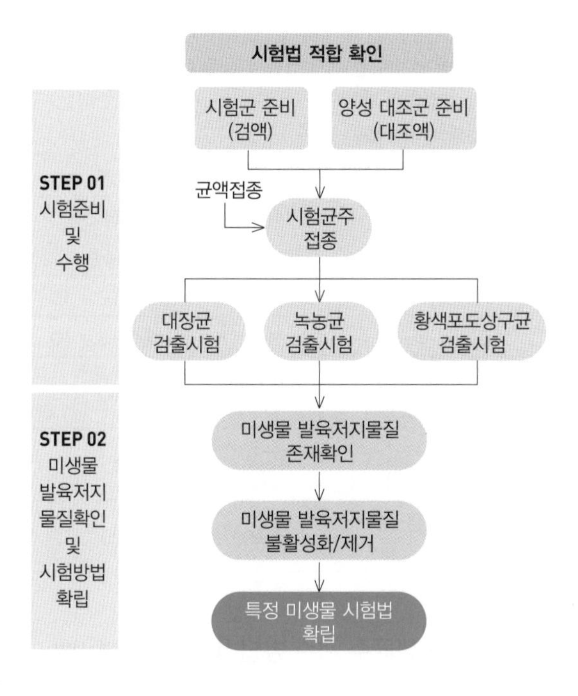

STEP 1. 시험 준비 및 수행

[STEP 1.1] 균액 제조

다음 표에 제시된 세균 및 진균을 대상으로 시험을 수행한다.

◉ 대두카제인소화액체배지 또는 대두카제인소화한천배지를 사용하여 30~35℃, 18~24시간 배양하는 것을 권장한다.

【대상별 시험균주】

특정 미생물	*Escherichia coli*	ATCC 8739, NCIMB 8545, CIP53.126, NBRC 3972 또는 KCTC 2571
	Pseudomonas aeruginosa	ATCC 9027, NCIIMB 8626, CIP 13275 또는 KCTC 2513
	Staphylococcus aureus	ATCC 6538, NCIMB 9518, CIP 4.83, NRRC 13276 또는 KCTC 3881

배양된 균을 완충식염펩톤수(pH 7.0)로 희석하며, 최종적으로 배지에 접종되는 균수가 0.1mL당 약 100CFU가 되도록 균액을 제조한다.

[STEP 1.2] 시험군(검액), 양성 대조군(대조액) 준비

① 제시된 전처리법에 따라 각 특정미생물 검출 시험법에 제시된 액체배지를 희석배지로 이용하여 시험군(검액)을 제조한다.
② 시험군 제조법에 따라, 검체 대신 완충식염펩톤수(pH 7.0)를 첨가하여 대조액을 제조한다.

[STEP 1.3] 균액 접종

제조된 검액 · 대조액에 균액 0.1mL를 접종한다.

※검체 내 항균활성물질 불활성화 · 제거하기 위한 권고사항 : 검체 내 항균물질을 충분히 중화하기 위하여 검액 및 대조액 제조 후 일정시간(약 20분) 대기한 후 균액을 접종할 수 있다.

[STEP 1.4] 특정미생물 시험 수행, 배양

각 특정미생물별 조건에 맞게 시험을 수행한다.

STEP 2. 미생물발육저지물질 확인 및 시험법 확립

① 각 특정미생물 시험법의 단계별 양성반응을 확인하여 미생물발육저지물질 존재 유무를 확인한다.
② 시험법이 적합하지 않은 경우(음성반응이 나올 경우), 미생물발육저지물질이 존재하는 것으로 판단되므로, 특정미생물 시험법을 변경해야 한다.
③ 항균활성을 중화하기 위하여 희석제 및 중화제(화장품 안전기준 등에 관한 규정, 유통화장품 안전기준 시험방법, 미생물한도, 표 2)를 사용할 수 있다.

03 본 시험(미생물 한도 시험)

1 총 호기성 생균수 한도 시험

STEP 1. 검액 제조

제시된 전처리법에 따라 검액을 제조한다.

STEP 2. 배지 도말 및 배양

① 세균수 시험

- 한천평판도말법에 따라 검액은 최소 2개의 총 호기성 세균용 배양평판배지에 0.1mL를 도말한다. 검출 한계를 낮추기 위하여 3개의 평판배지에 1mL를 나누어 분주한 뒤 도말할 수 있다. 또는 한천평판희석법을 수행할 수 있다.
- 배지는 30~35℃에서 적어도 48시간 배양한다.

② 진균수 시험

- 상기 세균수 시험법과 같이 한천평판도말법 또는 한천평판희석법을 수행한다.
- 배지는 20~25℃에서 적어도 5일간 배양한다.

STEP 3. 계수

① 희석수가 다양할 경우 최대 균집락수를 갖는 평판을 사용한다.

② 평판당 300개 이하의 CFU를 최대치로 하여 총 세균수를 측정한다.

③ 평판당 100개 이하의 CFU를 최대치로 하여 총 진균수를 측정한다.

2 총 호기성 생균수 계수 방법 및 예시(평판도말법)

(검체에 존재하는 세균 및 진균 수, CFU/g 또는 mL)

1) 검액 0.1mL를 각 배지에 접종한 경우

$$\frac{\frac{X_1+X_2+\cdots+X_n}{n}\times d}{0.1}$$

- X : 각 배지(평판)에서 검출된 집락 수
- n : 배지(평판)의 갯수
- d : 검액의 희석배수
- 0.1 : 각 배지에 접종한 부피(mL)

[예시] 10배 희석 검액 0.1mL씩 2 반복 기출(20-2회)

	각 배지에서 검출된 집락수	
	평판 1	평판 2
세균용 배지	66	58
진균용 배지	28	24
세균수 (CFU/g (mL))	$\frac{\frac{66+58}{2}\times 10}{0.1}=6,200$	
진균수 (CFU/g (mL))	$\frac{\frac{28+24}{2}\times 10}{0.1}=2,600$	
총 호기성 생균수 (CFU/g (mL))	6,200 + 2,600 = 8,800	

2) 100배 희석 검액 1mL씩 2 반복

$$\frac{S_1+S_2+\cdots+S_n}{n}\times d$$

- S : 3개의 배지(평판)에서 검출된 집락 수의 합
- n : 1mL 접종의 반복수
- d : 검액의 희석배수

[예시] 100배 희석 검액 1mL씩 2 반복

	3개의 배지에서 검출된 집락수	
	반복수 1	반복수 2
세균용 배지	5+3+4 = 12	5+4+7 = 16
진균용 배지	4+2+2 = 8	2+5+3 = 10
세균수 (CFU/g (mL))	$\frac{12+16}{2}\times 100=1,400$	
진균수 (CFU/g (mL))	$\frac{8+10}{2}\times 100=900$	
총 호기성 생균수 (CFU/g (mL))	1,400 + 900 = 2,300	

3 총 호기성 생균수 계수 방법 및 예시(평판희석법)

(검체에 존재하는 세균 및 진균 수, CFU/g 또는 mL)

1) 검액 1mL를 각 배지에 접종한 경우

$$\frac{X_1+X_2+\cdots+X_n}{n}\times d$$

- X : 각 배지(평판)에서 검출된 집락 수
- n : 배지(평판)의 갯수
- d : 검액의 희석배수

[예시 1] 10배 희석 검액 1mL씩 2 반복

	각 배지에서 검출된 집락수	
	평판 1	평판 2
세균용 배지	66	58
진균용 배지	28	24
세균수 (CFU/g (mL))	$\frac{66+58}{2} \times 10 = 620$	
진균수 (CFU/g (mL))	$\frac{28+24}{2} \times 10 = 260$	
총 호기성 생균수 (CFU/g (mL))	620 + 260 = 880	

[예시 2] 100배 희석 검액 1mL씩 2 반복

	각 배지에서 검출된 집락수	
	평판 1	평판 2
세균용 배지	8	11
진균용 배지	5	7
세균수 (CFU/g (mL))	$\frac{8+11}{2} \times 100 = 950$	
진균수 (CFU/g (mL))	$\frac{5+7}{2} \times 100 = 600$	
총 호기성 생균수 (CFU/g (mL))	950 + 600 = 1,550	

04 특정미생물 시험

1 대장균

STEP 1. 검액 제조 및 증균배양

[STEP 1.1] 검액 제조

제시된 전처리법에 따라 유당액체배지를 희석배지로 사용하여 검액을 제조한다.

[STEP 1.2] 증균배양

전처리된 검액은 30~35℃에서 24~72시간 배양한다.

STEP 2. 선별 배양 (1)

[STEP 2.1] 획선도말 및 배양

배양한 검액을 가볍게 흔든 후 백금이 등으로 취하여 맥콘키한천배지 위에 도말하고 30~35℃에서 18~24시간 배양한다.

[STEP 2.2] 성상 확인

주위에 적색의 침강선 띠를 갖는 적갈색의 집락이 검출되는 경우 다음 단계를 수행한다(검출되지 않은 경우 대장균 음성 판정).

STEP 3. 선별 배양 (2)

[STEP 3.1] 획선도말 및 배양

에오신메칠렌블루한천배지에서 'STEP 2.2'에 검출된 집락을 각각 도말하고 30~35℃에서 18~24시간 배양한다.

[STEP 3.2] 성상 확인

금속광택을 나타내는 집락 또는 투과광선 하에서 흑청색을 나타내는 집락이 검출되는 경우 다음 단계를 수행한다.

STEP 4. 가스 발생 확인

[STEP 4.1] 가스발생 확인 및 대장균 양성 판정

① 'STEP 3.2'에서 확인된 집락을 백금이 등으로 취하여 발효시험관이 든 유당액체배지에 넣어 44.3~44.7℃의 항온수조 중에서 22~26시간 배양한다.

② 가스발생이 나타나는 경우에는 대장균 양성으로 의심하고 동정시험으로 확인한다.

※ Escherichia coli **특정미생물 시험**

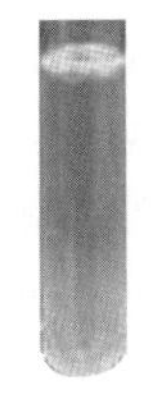

STEP 1
검액 증균 배양
육안으로 균의 증식이 확인되는 경우 ▶ STEP 2

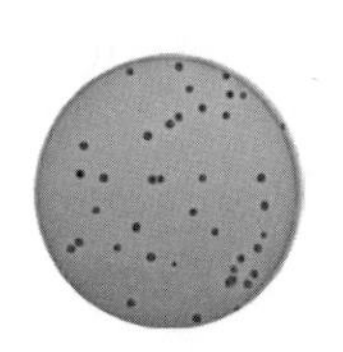

STEP 2
맥콘키한천배지 선별 배양
적색의 침강선 띠를 갖는 적갈색의 집락이 확인되는 경우 ▶ STEP 3

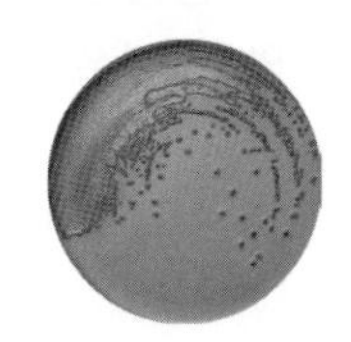

STEP 3
에오신메칠렌블루 한천배지 선별 배양
금속광택을 나타내는 집락 또는 투과광선 하에서 흑청색을 나타내는 집락이 확인되는 경우 ▶ STEP 4

STEP 4
가스발생 확인 및 양성 판정
가스가 발생한 경우 ▶ 대장균 양성 의심, 동정시험 수행

2 녹농균

STEP 1. 검액 제조 및 증균배양

[STEP 1.1] 검액 제조

제시된 전처리법에 따라 카제인대두소화 액체배지를 희석배지로 사용하여 검액을 제조한다.

[STEP 1.2] 증균배양

전처리된 검액은 30~35℃에서 24~48시간 배양한다.

STEP 2. 선별 배양 (1)

[STEP 2.1] 획선도말 및 배양

배양한 검액을 가볍게 흔든 후, 백금이 등으로 취하여 세트리미드한천배지 위에 도말하고 30~35℃에서 24~48시간 배양한다.

[STEP 2.2] 성상 확인

녹색 형광물질을 나타내는 집락이 검출되는 경우 다음 단계를 수행한다. (검출되지 않은 경우 녹농균 음성 판정)

STEP 3. 선별 배양 (2)

[STEP 3.1] 획선도말 및 배양

'STEP 2'의 선별 과정에서 의심 집락이 확인된 경우, STEP 1.2의 증균배양액을 녹농균 한천배지 P 및 F에 도말하여 30~35℃에서 24~72시간 배양한다.

[STEP 3.2] 성상 확인

플루오레세인 검출용 녹농균 한천배지 F의 집락을 자외선 하에서 관찰하여 황색으로 나타나거나 피오시아닌 검출용 녹농균 한천배지 P의 집락을 자외선 하에서 관찰하여 청색으로 나타나면 녹농균 양성으로 판정한다.

STEP 4. 옥시다제 시험

[STEP 4.1] 옥시다제 시험 실시 및 양성판정

① 'STEP 3.2'에서 판정된 녹농균 의심집락은 옥시다제 시험을 실시한다.

② 5~10초 내 보라색이 나타날 경우 녹농균 양성으로 의심하고 동정시험으로 확인한다 (10초 후에도 색의 변화가 없는 경우 녹농균 음성).

STEP 1
검액 증균 배양
육안으로 균의 증식이 확인되는 경우 ▶ STEP 2

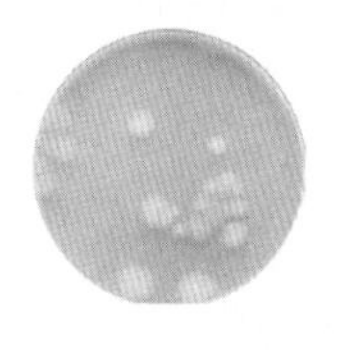

STEP 2
세트리미드 한천배지 배양
녹색 형광물질의 집락이 확인되는 경우 ▶ STEP 3

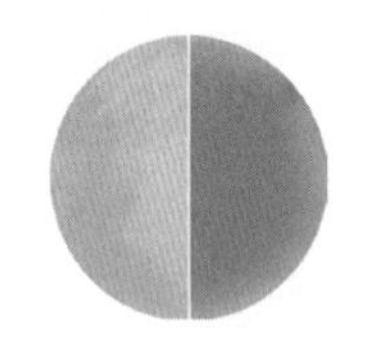

STEP 3
녹농균 한천배지
P, F 배양 및 자외선 하 관찰

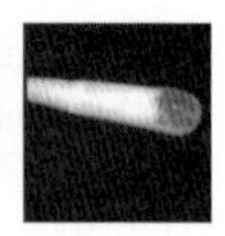

STEP 4
옥시다제 시험 및 양성 판정
5~10초 이내에 보라색이 나타날 경우 ▶ 녹농균 양성 의심, 동정시험 수행

3 황색포도상구균

STEP 1. 검액 제조 및 증균배양

[STEP 1.1] 검액 제조

제시된 전처리법에 따라 카제인대두소화 액체배지를 희석배지로 사용하여 검액을 제조한다.

[STEP 1.2] 증균배양

전처리된 검액은 30~35℃에서 24~48시간 배양한다.

STEP 2. 선별 배양 (1)

[STEP 2.1] 획선도말 및 배양

배양한 검액을 가볍게 흔든 후, 백금이 등으로 취하여 베어드파카한천배지 위에 도말하고 30~35℃에서 24시간 배양

[STEP 2.2] 성상 확인 및 그람염색

집락이 검정색이고 집락주위에 황색투명대가 형성되며, 그람염색법에 따라 염색하여 검경한 결과 그람양성균인 것을 확인한 경우 다음 단계(STEP 3)를 수행한다.

STEP 3. 응고효소시험

[STEP 3.1] 응고효소시험 실시 및 양성판정

STEP 2.2의 의심집락에 대하여 응고효소시험 실시

결과 양성인 경우 황색포도상구균 양성으로 의심하고 동정시험으로 확인한다.

STEP 1
검액 증균 배양
육안으로 균의 증식이 확인되는 경우 ▶ STEP 2

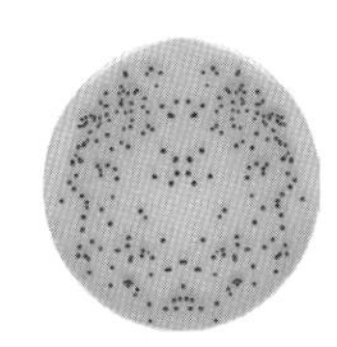

STEP 2
베어드파카 한천배지 선별 배양 및 그람염색
황색투명대를 가진 검정색의 집락이 검출되고 그람양성균이 확인되는 경우 ▶ STEP 3

양성반응

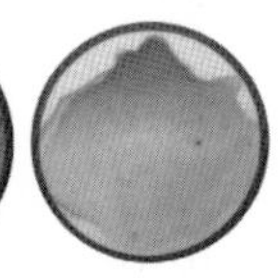

음성반응

STEP 3
응고효소시험 및 양성 판정
응고효소시험 양성인 경우
▶ 황색포도상구균 양성 의심, 동정시험 수행

05 화장품 미생물 한도시험 사례
– 총호기성생균수 및 특정세균시험

1 검체의 전처리방법

(1) 수분산 검체

검체 1mL에 변형레틴액체배지 또는 총 호기성 생균수 시험법의 배지의 적합성시험과 미생물 발육저지물질의 확인 시험을 통하여 검증된 배지나 희석액 9mL를 넣어 10배 희석액을 만들고 필요시 희석한다.

액제 및 로션제

검체 1mL(g)에 변형레틴액체배지 또는 검증된 배지나 희석액 9mL를 넣어 10배 희석액을 만들고 희석이 더 필요할 때에는 같은 희석액으로 조제한다.

㉠ 기초화장품화장용 제품류 - 영양화장수
대부분 영양 화장수는 분산제를 처리할 필요없이 배지 및 희석액으로 10배 희석하여 검체를 전처리한다.

㉡ 손발톱용 네일에나멜 리무버
- 대부분 네일에나멜 리무버는 분산제를 처리할 필요 없이 배지 및 희석액으로 10배 희석하여 검체를 전처리한다.
- 다만 미생물발육저지물질이 확인되면 중화제로서 폴리소르베이트 80 등을 첨가한다.
- 적절한 중화제의 농도는 미생물발육저지물질 확인시험을 통하여 설정하도록 한다.

㉢ 눈화장용-아이라이너(액상타입)
눈화장용 아이라이너는 제품의 제형에 따라 액상, 고형제 및 젤타입이 있으며, 액상 아이라이너 제품류의 경우, 분산제를 처리할 필요없이 배지 및 희석액으로 10배 희석하여 검체를 전처리한다.

㉣ 기초화장용 제품류 - 로션
대부분 로션은 분산제를 처리할 필요 없이 배지 및 희석액으로 10배 희석하여 검체를 전처리한다. 다만, W/O(Water in Oil)형 로션의 경우 분산제를 사용하여 검체를 전처리한다.

(2) 비수분산 검체

검체 1 g(mL)에 적당한 분산제 (예 : 멸균한 폴리소르베이트 80) 1mL를 넣어 균질화 시키고 변형레틴액체배지 또는 총 호기성 생균 수 시험법의 배지의 적합성시험과 미생물 발육저지물질의 확인 시험을 통하여 검증된 배지나 희석액 8 mL를 넣어 10배 희석액을 만들고 필요시 희석한다. 균질화 되지 않을 경우 5 mm 유리구슬 5~7개 (3 mm 유리구슬 10~15개)를 넣어 균질화시키고 변형 레틴액체배지 또는 총 호기성 생균수 시험법의 배지의 적합성시험과 미생물 발육저지물질의 확인 시험을 통하여 검증된 배지나 희석액을 넣어 10배 희석액을 만들고 필요시 희석한다. (단, 사용하는 분산제는 미생물의 생육에 대하여 영향이 없는 것 또는 영향이 없는 농도에서 사용한다)

크림제

검체 1mL(g)에 적당한 분산제 1mL를 넣어 균질화 시키고 변형레틴액체배지 또는 검증된 배지나 희석액 8mL를 넣어 10배 희석액을 만들고 희석이 더 필요할 때에는 같은 희석액으로 조제한다.

▶ 크림제 검체 특성상 점도가 있어 마이크로피펫으로 검체를 취하는 어려움이 있는 경우, Capillary piston 팁을 사용하면 검체 조작이 용이하다.
▶ 크림제는 희석만으로 검체 전처리가 용이하기도 하지만, 일부 제품(검체2 및 검체3)의 특성에 따라 희석만으로는 분산이 어려우므로 분산제를 사용하여 검체를 전처리한다.

㉠ 기초화장용 - 크림(자외선차단 성분 함유)

- Capillary piston 팁을 이용하여 검체 1mL(g)를 취한 후 적당한 분산제(예: 폴리소르베이트 80) 1mL를 넣어 균질화 시킨다.
- 충분히 균질화 시킨 후 변형레틴액체배지 또는 검증된 배지나 희석액 8mL를 넣어 분산시켜 10배 희석액을 만들어 검액으로 한다.

㉡ 색조화장용 - 크림 파운데이션

- Capillary piston 팁을 이용하여 검체 1mL(g)를 취한 후 적당한 분산제(예: 폴리소르베이트 80) 1mL를 넣어 균질화 시킨다.
- 충분히 균질화 시킨 후 변형레틴액체배지 또는 검증된 배지나 희석액 8 mL를 넣어 분산시켜 10배 희석액을 만들어 검액으로 한다.

오일제

▶ 오일제는 희석만으로 검체 전처리가 어려우며, 적당한 분산제를 사용하여 검체를 전처리한다.

㉠ 색조화장용 - 립글로즈

- 검체 1mL(g)를 취한 후 적당한 분산제(예: 폴리소르베이트 80) 1mL를 넣어 균질화 시킨다.
- 충분히 균질화 시킨 후 변형레틴액체배지 또는 검증된 배지나 희석액 8mL를 넣어 분산시켜 10배 희석액을 만들어 검액으로 한다.

㉡ 눈화장장용 - 아이메이크업 리무버

- 아이메이크업 리무버는 검체 특성상 오일층과 물층으로 분리되어 있는 경우가 있어, 검체를 충분히 흔들어 오일층과 물층을 현탁시킨 후 검체 1mL를 취하고 적당한 분산제(예: 폴리소르베이트 80) 1mL를 넣어 균질화 시킨다.
- 충분히 균질화 시킨 후 변형레틴액체배지 또는 검증된 배지나 희석액 8mL를 넣어 분산시켜 10배 희석액을 만들어 검액으로 한다.

파우더 및 고형제

검체 1g에 적당한 분산제를 1 mL를 넣고 충분히 균질화 시킨 후 변형레틴액체배지 또는 검증된 배지 및 희석액 8 mL를 넣어 10배 희석액을 만들고 희석이 더 필요할 때에는 같은 희석액으로 조제한다. 분산제만으로 균질화가 되지 않을 경우 40℃에서 30분 동안 가온한 후 멸균한 유리구슬(5mm: 5~7개, 3mm: 10~15)을 넣어 균질화 시킨다.

▶ 파우더 및 고형제는 희석만으로 검체 전처리가 어려우며, 적당한 분산제를 사용해야 한다.
▶ 고형제는 최대한 분쇄하여 검체를 취하고, 분쇄가 어려운 검체는 40℃에서 30분 동안 가온한 후 멸균한 유리구슬을 넣고 균질화시킨다. 정확한 온도와 시간으로 가온하여 검체 중 균의 증식에 영향이 없도록 한다.

㉠ 색조화장용 제품류 - 페이스 파우더

검체 1g에 적당한 분산제(예: 폴리소르베이트 80)를 1mL 넣고 충분히 균질화 시킨 후 변형레틴액체배지 또는 검증된 배지 및 희석액 8mL를 넣어 10배 희석액을 만들어 검액으로 한다.

㉡ 색조화장용 제품류 - 아이브로 펜슬

- 아이브로 펜슬 1g을 멸균된 적절한 도구를 이용하여 가능한 잘게 분쇄한 후, 적당한 분산제 1mL에 넣고 충분히 분산시킨다.
- 변형레틴액체배지 또는 검증된 배지 및 희석액 8mL를 넣은 10배 희석액을 40℃에서 30분간 가온한 후 유리구슬을 넣고 균질화 시킨다.

2 총 호기성 생균수 시험법

(1) 검액 조제

변형레틴액체배지 또는 총 호기성 생균수 시험법의 배지의 적합성시험과 미생물 발육저지물질의 확인시험을 통하여 검증된 배지나 희석액을 사용하여 검액을 조제한다.

(2) 배지

① 변형레틴액체배지(Modified letheen broth)

육제펩톤 20.0g, 카제인의 판크레아틴 소화물 5.0g, 효모엑스 2.0g, 육엑스 5.0g, 염화나트륨 5.0g, 폴리소르베이트 80 5.0g, 레시틴 0.7g, 아황산수소나트륨 0.1g, 정제수 1000mL를 달아 정제수에 녹여 1L

로 하고 멸균 후의 pH가 7.2±0.2가 되도록 조정하고 121℃에서 15분간 고압멸균한다.

② 변형레틴한천배지(Modified letheen agar)
프로테오즈 펩톤 10.0g, 카제인의 판크레아틱소화물 10.0g, 효모엑스 2.0g, 육엑스 3.0g, 염화나트륨 5.0g, 포도당 1.0g, 폴리소르베이트 80 7.0g, 레시틴 1.0g, 아황산수소나트륨 0.1g, 한천 20.0g, 정제수 1000mL를 달아 정제수에 녹여 1L로 하고 멸균 후의 pH가 7.2±0.2가 되도록 조정하고 121℃에서 15분간 고압멸균한다.

③ 대두카제인소화한천배지(Tryptic soy agar)
카제인제 펩톤 15.0g, 대두제 펩톤 5.0g, 염화나트륨 5.0g, 한천 15.0g, 정제수 1000mL를 달아 정제수에 녹여 1L로 하고 멸균 후의 pH가 7.2±0.2가 되도록 조정하고 121℃에서 15분간 고압멸균한다.

④ 항생물질첨가 포테이토덱스트로즈한천배지(Potato dextrose agar)
- 감자침출물 200.0g, 포도당 20.0g, 한천 15.0g, 정제수 1000mL를 달아 정제수에 녹여 1L로 하고 121℃에서 15분간 고압멸균한다.
- 사용하기 전에 1L당 40mg의 염산테트라사이클린을 멸균배지에 첨가하고 10% 주석산용액을 넣어 pH가 3.5±0.1이 되도록 조정한다.

⑤ 항생물질첨가사부로포도당한천배지
(Sabouraud dextrose agar)
- 육제 또는 카제인제 펩톤 10.0g, 포도당 20.0g, 한천 15.0g, 정제수 1000mL를 달아 정제수에 녹여 1L로 하고 121℃에서 15분간 고압멸균한 다음의 pH가 5.6±0.2이 되도록 조정한다.
- 배지 1L당 벤질페니실린칼륨 0.10g과 테트라사이클린 0.10g을 멸균용액으로 넣거나 배지 1L당 클로람페니콜 50mg을 넣는다.

(3) 조작

㉠ 세균수 시험
- 직경 9~10cm 페트리 접시 내에 미리 굳힌 변형레틴한천배지 표면에 전처리 검액 1mL를 도말한다.
- 또는 검액 1mL를 같은 크기의 페트리접시에 넣고 그 위에 멸균 후 45℃로 식힌 15mL의 배지를 넣어 잘 혼합한다.
- 검체당 최소 2개의 평판을 준비하고 30~35℃에서 적어도 48시간 배양하는데 이때 최대 균집락수를 갖는 평판을 사용하되 평판당 300개 이하의 균집락을 최대치로 하여 총 세균수를 측정한다.

㉡ 진균수 시험
세균수 시험에 따라 시험을 실시하되 배지는 진균수 시험용 배지를 사용하여 배양온도 20~25℃에서 적어도 5일간 배양한 후 100개 이하의 균집락이 나타나는 평판을 세어 총 진균수를 측정한다.

3 특정미생물 시험법

1) 대장균

① 검액의 조제 및 조작 검체 1g 또는 1mL를 달아 유당액체배지를 사용하여 10mL로 하여 30~35℃에서 24~72시간 배양한다.
② 배양액을 가볍게 흔든 다음 백금이 등으로 취하여 맥콘키한천배지 위에 도말하고 30~35℃에서 18~24시간 배양한다.
③ 주위에 적색의 침강선 띠를 갖는 적갈색의 그람음성균의 집락이 검출되지 않으면 대장균 음성으로 판정한다.
④ 위의 특정을 나타내는 집락이 검출되는 경우에는 에오신메칠렌블루한천배지에서 각각의 집락을 도말하고 30~35℃에서 18~24시간 배양한다.
⑤ 에오신메칠렌블루한천배지에서 금속광택을 나타내는 집락 또는 투과광선하에서 흑청색을 나타내는 집락이 발견되면 백금이 등으로 취하여 발효시험관이 든 유당액체배지에 넣어 44.3~44.7℃의 항온수조 중에서 22~26시간 배양한다.
⑥ 가스 발생이 나타나는 경우에는 대장균 양성으로 판정한다.

〈육안으로 증식유무 확인이 가능한 경우〉

검체 특성상 투명한 액상의 경우, 검액을 배양한 후 육안으로 확인하여 균의 증식 유무를 판정할 수 있다. 검액을 배양한 결과 음성대조군[1]과 동일하면 대장균 불검출로 판정하고, 균의 증식이 확인이 되면 대장균 시험법에 따라 선택배지에 배양하여 대장균 검출여부를 확인한다.

주1) 검체를 넣지 않은 유당액체배지를 동일한 조건하에 배양한 것

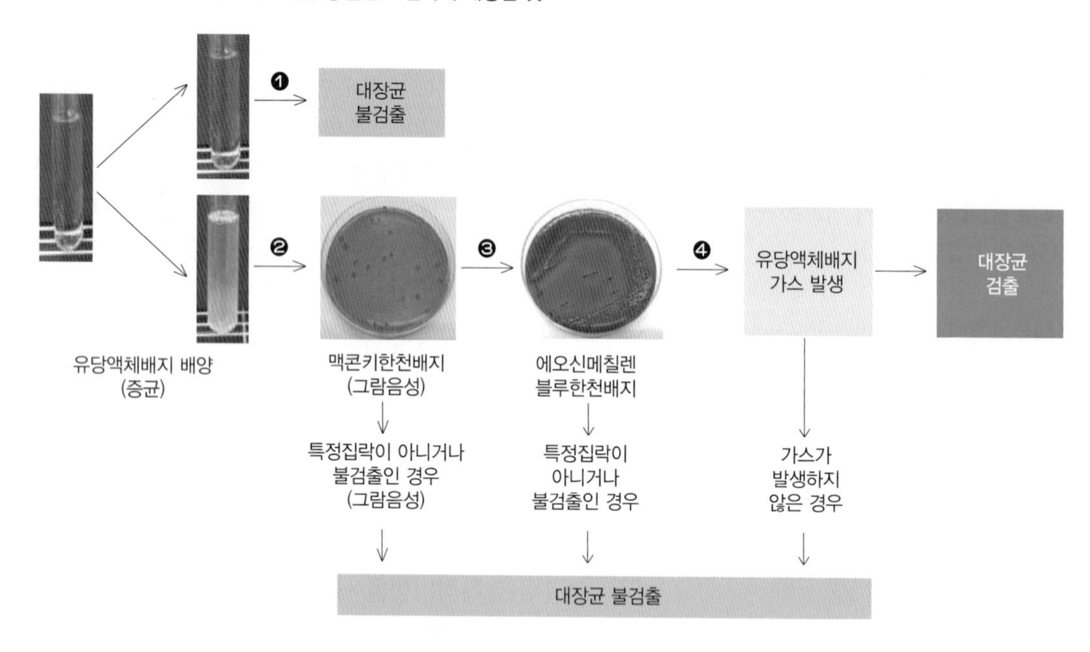

❶ 음성대조군과 같이 균의 증식이 확인되지 않음
❷ 배지가 혼탁해져 균의 증식이 확인
❸ 주위에 적색의 침강선띠를 갖는 적갈색의 그람음성균 집락 검출
❹ 금속광택을 나타내는 집락 또는 투과광선하에서 흑청색을 나타내는 집락 검출

〈육안으로 증식유무 확인이 불가능한 경우〉

로션 및 크림 등 검체의 경우 검액을 배양한 후 균의 증식 유무를 육안으로 확인하기 어려우므로 대장균 시험법에 따라 선택배지에 배양하여 대장균 검출 여부를 확인한다.

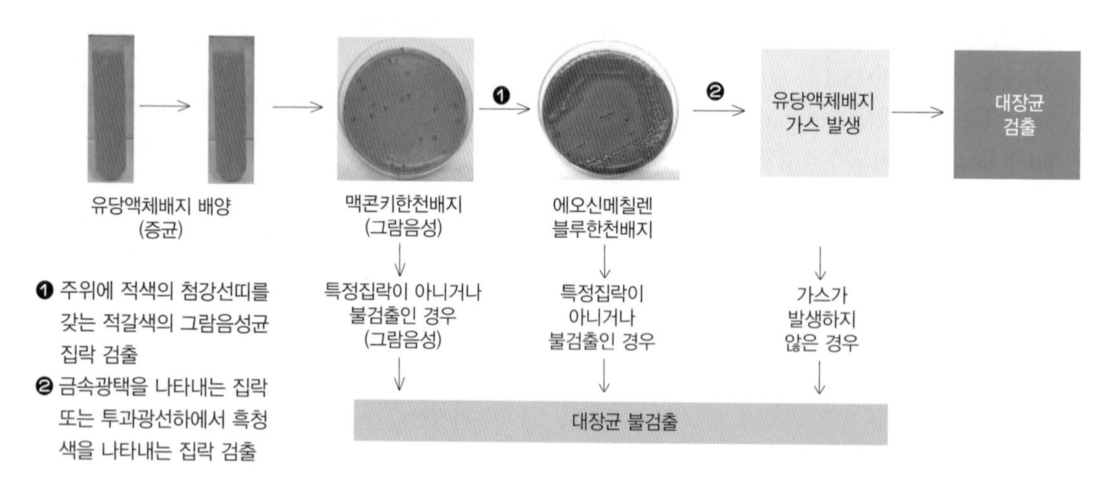

2) 녹농균

① 검액의 조제 및 조작 검체 1g 또는 1mL를 달아 카제인대두소화액체배지를 사용하여 10 mL로 하고 30~35℃에서 24~48시간 증균 배양한다.

② 증식이 나타나는 경우는 백금이 등으로 세트리미드한천배지 또는 엔에이씨한천배지에 도말하여 30~35℃에서 24~48시간 배양한다.

③ 미생물의 증식이 관찰되지 않는 경우 녹농균 음성으로 판정한다.

④ 그람음성간균으로 녹색 형광물질을 나타내는 집락을 확인하는 경우에는 증균배양액을 녹농균 한천배지 P 및 F에 도말하여 30~35℃에서 24~72 시간 배양한다.

⑤ 그람음성간균으로 플루오레세인 검출용 녹농균 한천배지 F의 집락을 자외선 하에서 관찰하여 황색의 집락이 나타나고, 피오시아닌 검출용 녹농균 한천배지 P의 집락을 자외선 하에서 관찰하여 청색의 집락이 나타나면 녹농균 양성으로 판정한다.

⑥ 녹농균의 가능성이 높은 집락은 옥시다제시험을 실시한다.

⑦ 옥시다제 반응 양성인 경우 녹농균양성으로 판정하고, 옥시다제반응 음성인 경우에는 녹농균 음성으로 판정한다.

〈육안으로 증식유무 확인이 가능한 경우〉

검체 특성상 투명한 액상의 경우, 검액을 배양한 후 육안으로 확인하여 균의 증식 유무를 판정할 수 있다. 검액을 배양한 결과 음성대조군[1)]과 동일하면 녹농균 불검출로 판정하고, 균의 증식이 확인이 되면 녹농균 시험법에 따라 선택배지에 배양하여 녹농균 검출 여부를 확인한다.

주1) 검체를 넣지 않은 카제인대두소화액체배지를 동일한 조건하에 배양한 것

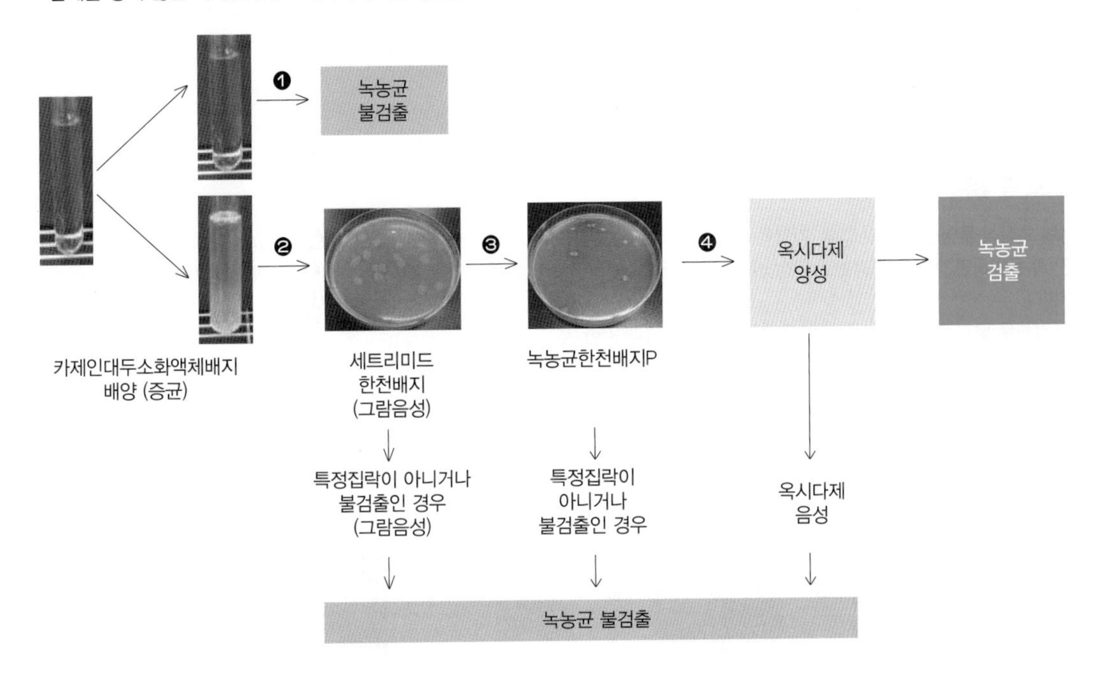

❶ 음성대조군과 같이 균의 증식이 확인되지 않음
❷ 배지가 혼탁해져 균의 증식이 확인
❸ 그람음성간균으로 녹색 형광물질을 나타내는 집락 검출
❹ 자외선 하에서 관찰하였을 때 청색의 집락 검출

〈육안으로 증식유무 확인이 불가능한 경우〉

로션 및 크림 등 검체의 경우 검액을 배양한 후 균의 증식 유무를 육안으로 확인하기 어려우므로 녹농균 시험법에 따라 선택배지에 배양하여 녹농균 검출 여부를 확인한다.

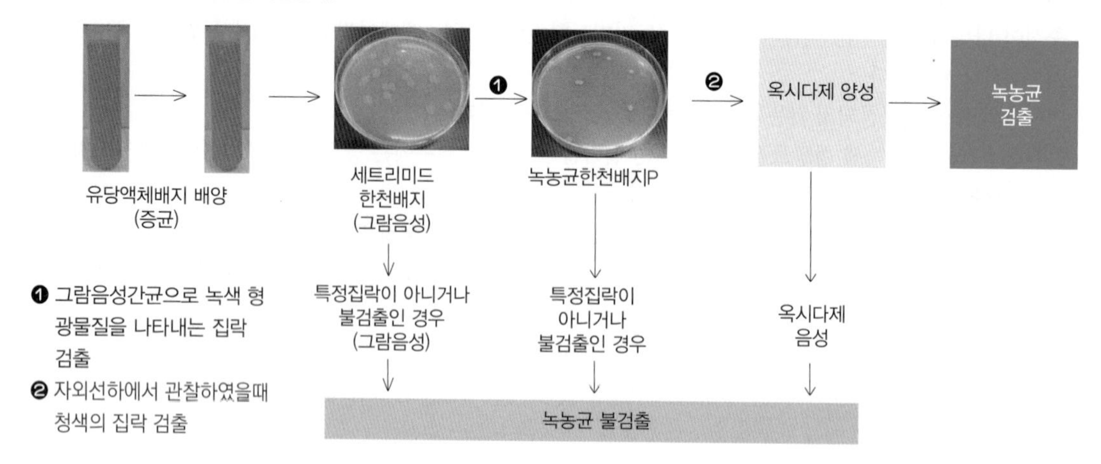

3) 황색포도상구균

① 검액의 조제 및 조작 검체 1g 또는 1mL를 달아 카제인대두소화액체배지를 사용하여 10 mL로 하고 30~35℃에서 24~48시간 증균 배양한다.

② 증균배양액을 보겔존슨한천배지 또는 베어드파카한천배지에 이식하여 30~35℃에서 24시간 배양하여 균의 집락이 검정색이고 집락주위에 황색투명대가 형성되며, 그람염색법에 따라 염색하여 검경한 결과 그람양성균으로 나타나면 응고효소시험을 실시한다.

③ 결과가 양성으로 나타나면 황색포도상구균 양성으로 판정한다.

〈육안으로 증식유무 확인이 가능한 경우〉

검체 특성상 투명한 액상의 경우, 검액을 배양한 후 육안으로 확인하여 균의 증식 유무를 판정할 수 있다. 검액을 배양한 결과 음성대조군[1]과 동일하면 대장균 불검출로 판정하고, 균의 증식이 확인이 되면 대장균 시험법에 따라 선택배지에 배양하여 대장균 검출여부를 확인한다.

주1) 검체를 넣지 않은 유당액체배지를 동일한 조건하에 배양한 것

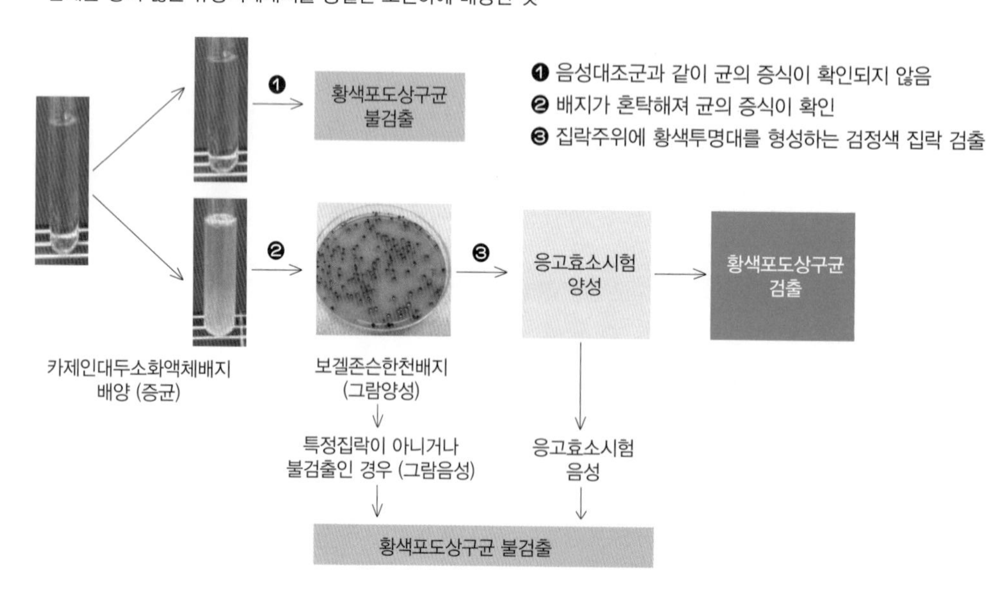

〈육안으로 증식유무 확인이 불가능한 경우〉

로션 및 크림 등 검체의 경우 검액을 배양한 후 균의 증식 유무를 육안으로 확인하기 어려우므로 「3) 황색포도상구균」시험법에 따라 선택배지에 배양하여 황색포도상구균 검출여부를 확인한다.

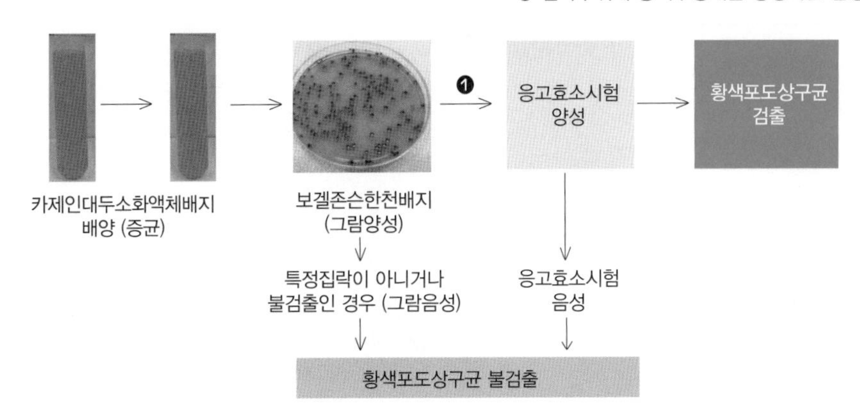

4 배지의 적합성시험

1) 총호기성세균시험용 배지의 적합성시험

다음 [표]의 준비배양조건에서 배양된 균주 또는 이와 동등하다고 생각되는 균주를 쓸 수 있다. 균액 1 mL당 약 100개의 생균이 함유되도록 완충식염펩톤수(pH 7.0)에 희석하여 균액을 만든다. 시험에 쓰는 배지는 균액 1 mL를 접종하여 세균은 30~35℃에서 적어도 48시간, 진균은 20~25℃에서 적어도 5일간 배양할 때 충분한 증식 또는 접종 균수의 회수가 확인되어야 한다. 또한, 시험에 사용된 배지 및 희석액 또는 시험 조작상의 무균상태를 확인하기 위하여 완충식염펩톤수(pH 7.0)를 대조로 하여 총호기성 생균수시험을 실시할 때 미생물의 성장이 나타나서는 안 된다.

【총호기성생균수 배지성능시험용 균주】

시험균주	배양
Escherichia coli ATCC 8739 *Bacillus subtilis ATCC* 6633 *Staphylococcus aureus ATCC* 6538	호기배양, 30~35℃, 18~24시간
Candida albicans ATCC 2091 또는 *ATCC* 10231	호기배양, 20~25℃, 48시간

2) 특정미생물시험용 배지의 적합성시험

황색포도상구균 ATCC 6538P 또는 ATCC 6538와 녹농균 ATCC 9027은 카제인대두소화액체배지를, 대장균 ATCC 8739은 유당액체배지를 사용한다. 각 배양액을 완충식염펩톤수에 1 mL당 약 1,000개의 균주가 함유되도록 희석하고 각 균액을 동량으로 섞은 다음 0.4mL(각 균수가 약 100개)를 황색포도상구균시험, 녹농균시험, 대장균시험의 접종균으로 한다.

【특정세균시험 배지성능시험용 균주】

배지	시험균주
카제인대두소화액체배지	*Pseudomonas aeruginosa ATCC* 9027 *Staphylococcus aureus ATCC* 6538 또는 6538P
유당액체배지	*Escherichia coli ATCC* 8739

Appendix

5 미생물 발육저지물질의 확인시험

1) 총호기성세균시험-미생물 발육저지물질의 확인시험

총호기성세균시험용 배지의 적합성 시험에 따라 시험할 때 검액의 유/무 하에서 균수의 차이가 2배 이상 되어서는 안 된다.

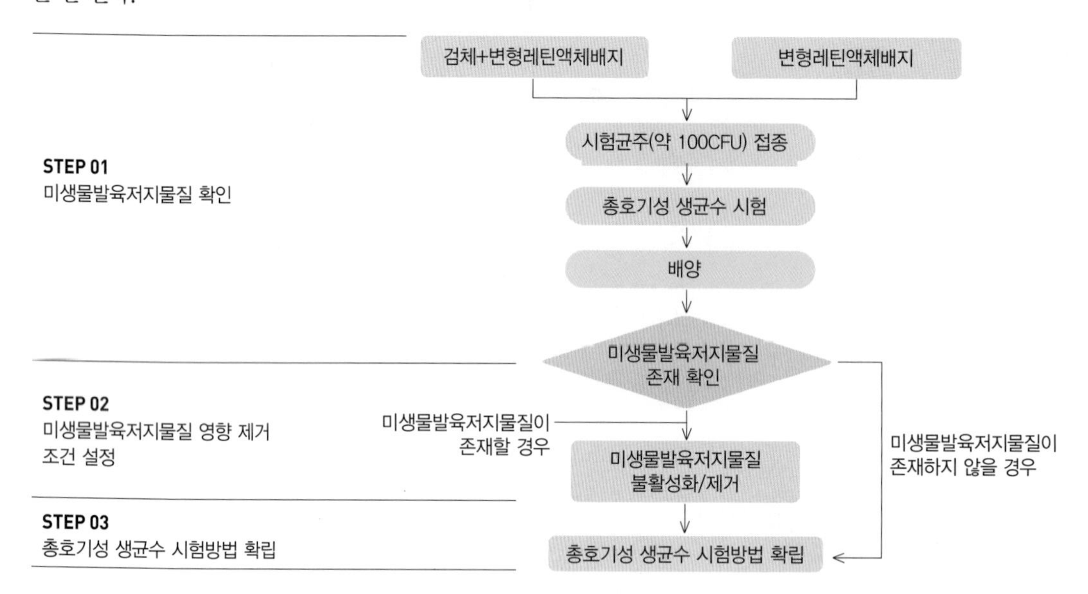

2) 특정미생물시험-미생물 발육저지물질의 확인시험

특정세균시험용 배지의 적합성 시험에 따라 시험할 때 검액의 유 · 무 하에서 접종균 각각에 대하여 양성으로 나타나야 한다.

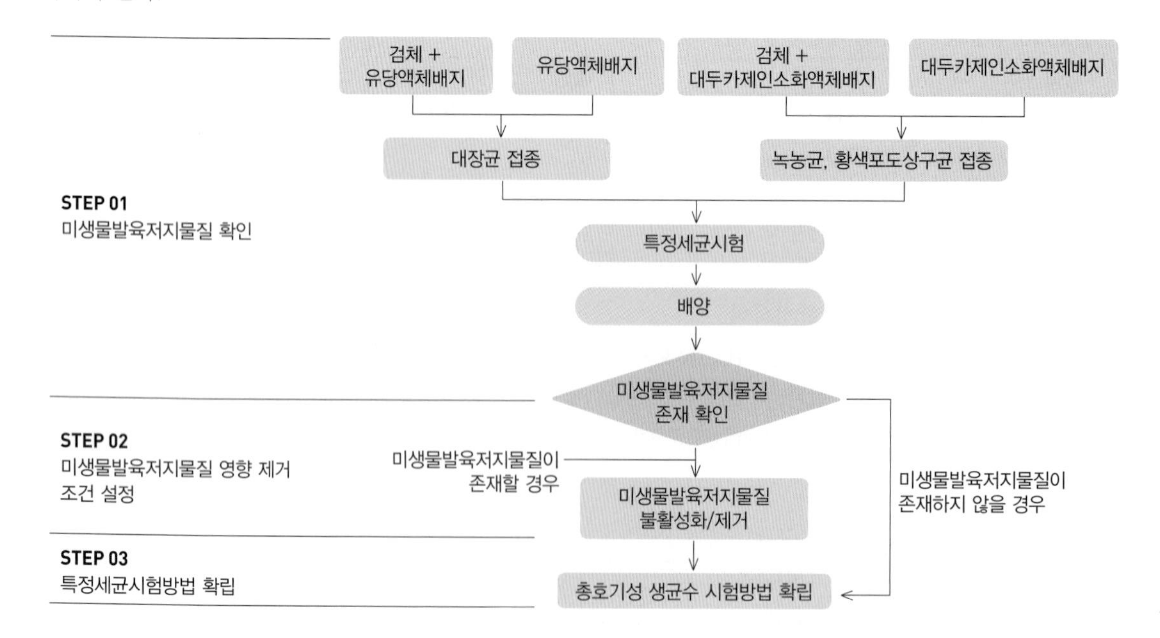

(주)에듀웨이는 자격시험 전문출판사입니다.
에듀웨이는 독자 여러분의 자격시험 취득을 위한 교재 발간을 위해 노력하고 있습니다.

2022 기분파 맞춤형화장품조제관리사

2022년 02월 01일 4판 1쇄 인쇄
2022년 02월 10일 4판 1쇄 발행

지은이 | 권지우, 에듀웨이 R&D 연구소(미용부문)
펴낸이 | 송우혁

펴낸곳 | (주)에듀웨이
주 소 | 경기도 부천시 원미구 송내대로 265번길 59, 6층 603호
(상동, 한솔프라자)
대표전화 | 032) 329-8703
팩 스 | 032) 329-8704
등 록 | 제387-2013-000026호
홈페이지 | www.eduway.net

기획, 진행 | 에듀웨이 R&D 연구소
북디자인 | 디자인동감
교정교열 | 정상일
인 쇄 | (주)상지사 P&B
제 본 | (주)상지사 제본

ISBN 979-11-86179-53-6 (13590)

이 도서의 국립중앙도서관 출판시도서목록(CIP)은 서지정보유통지원시스템 홈페이지(http://seoji.nl.go.kr)와 국가자료공동목록시스템(http://www.nl.go.kr/kolisnet)에서 이용하실 수 있습니다. (CIP제어번호 : CIP2020035982)

Customized Cosmetics Preparation Manager